计算机科学丛书

原书第5版

离散数学

[美] 约翰·A. 多西（John A. Dossey）
艾伯特·D. 奥托（Albert D. Otto）
劳伦斯·E. 思朋斯（Lawrence E. Spence）
查尔斯·范登·艾登（Charles Vanden Eynden） 著

章炯民 王新伟 曹立 译

Discrete Mathematics
Fifth Edition

机械工业出版社
China Machine Press

图书在版编目（CIP）数据

离散数学（原书第5版）典藏版 /（美）约翰 · A. 多西（John A. Dossey）等著；章炯民，王新民，曹立译．—北京：机械工业出版社，2019.12
（计算机科学丛书）
书名原文：Discrete Mathematics, Fifth Edition

ISBN 978-7-111-64045-5

I. 离… II. ① 约… ② 章… ③ 王… ④ 曹… III. 离散数学 - 高等学校教材 IV. O158

中国版本图书馆 CIP 数据核字（2019）第 236768 号

本书版权登记号：图字 01-2006-4625

本书是一本优秀的离散数学入门教材，主要内容包括集合、关系、函数、编码理论、图、树、匹配、网络流、计数技术、递推关系与生成函数、组合电路和有限状态机等。

本书充分考虑到了初学者的需要，叙述浅显易懂，内容、例题、习题都进行了精心的挑选和组织，讲解细致，循序渐进。

本书可作为高等院校计算机专业或其他相关专业的离散数学教材或教学参考书，也可作为自学者的参考书。

出版发行：机械工业出版社（北京市西城区百万庄大街 22 号 邮政编码 100037）
责任编辑：迟振春　　责任校对：殷　虹
印　　刷：中国电影出版社印刷厂　　版　　次：2020 年 1 月第 1 版第 1 次印刷
开　　本：185mm × 260mm　1/16　　印　　张：30.75
书　　号：ISBN 978-7-111-64045-5　　定　　价：89.00 元

客服电话：（010）88361066　88379833　68326294　　投稿热线：（010）88379604
华章网站：www.hzbook.com　　读者信箱：hzjsj@hzbook.com

出版者的话

文艺复兴以来，源远流长的科学精神和逐步形成的学术规范，使西方国家在自然科学的各个领域取得了垄断性的优势；也正是这样的优势，使美国在信息技术发展的六十多年间名家辈出、独领风骚。在商业化的进程中，美国的产业界与教育界越来越紧密地结合，计算机学科中的许多泰山北斗同时身处科研和教学的最前线，由此而产生的经典科学著作，不仅擘划了研究的范畴，还揭示了学术的源变，既遵循学术规范，又自有学者个性，其价值并不会因年月的流逝而减退。

近年，在全球信息化大潮的推动下，我国的计算机产业发展迅猛，对专业人才的需求日益迫切。这对计算机教育界和出版界都既是机遇，也是挑战；而专业教材的建设在教育战略上显得举足轻重。在我国信息技术发展时间较短的现状下，美国等发达国家在其计算机科学发展的几十年间积淀和发展的经典教材仍有许多值得借鉴之处。因此，引进一批国外优秀计算机教材将对我国计算机教育事业的发展起到积极的推动作用，也是与世界接轨、建设真正的世界一流大学的必由之路。

机械工业出版社华章公司较早意识到“出版要为教育服务”。自1998年开始，我们就将工作重点放在了遴选、移译国外优秀教材上。经过多年的不懈努力，我们与Pearson、McGraw-Hill、Elsevier、MIT、John Wiley & Sons、Cengage等世界著名出版公司建立了良好的合作关系，从它们现有的数百种教材中甄选出Andrew S. Tanenbaum、Bjarne Stroustrup、Brian W. Kernighan、Dennis Ritchie、Jim Gray、Afred V. Aho、John E. Hopcroft、Jeffrey D. Ullman、Abraham Silberschatz、William Stallings、Donald E. Knuth、John L. Hennessy、Larry L. Peterson等大师名家的一批经典作品，以“计算机科学丛书”为总称出版，供读者学习、研究及珍藏。大理石纹理的封面，也正体现了这套丛书的品位和格调。

“计算机科学丛书”的出版工作得到了国内外学者的鼎力相助，国内的专家不仅提供了中肯的选题指导，还不辞劳苦地担任了翻译和审校的工作；而原书的作者也相当关注其作品在中国的传播，有的还专门为其书的中译本作序。迄今，“计算机科学丛书”已经出版了近500个品种，这些书籍在读者中树立了良好的口碑，并被许多高校采用为正式教材和参考书籍。其影印版“经典原版书库”作为姊妹篇也被越来越多实施双语教学的学校所采用。

权威的作者、经典的教材、一流的译者、严格的审校、精细的编辑，这些因素使我们的图书有了质量的保证。随着计算机科学与技术专业学科建设的不断完善和教材改革的逐渐深化，教育界对国外计算机教材的需求和应用都将步入一个新的阶段，我们的目标是尽善尽美，而反馈的意见正是我们达到这一终极目标的重要帮助。华章公司欢迎老师和读者对我们的工作提出建议或给予指正，我们的联系方法如下：

华章网站：www.hzbook.com

电子邮件：hzjsj@hzbook.com

联系电话：（010）88379604

联系地址：北京市西城区百万庄南街1号

邮政编码：100037

华章科技图书出版中心

译者序

Discrete Mathematics, Fifth Edition

计算机从其诞生至今短短的几十年间，得到了令人瞩目的飞速发展，它在很多方面都深刻地改变了人类的活动方式和思维习惯。然而，现代数字计算机的理论模型依然是20世纪30年代提出的图灵机，这是一种“离散”的机器，可用来处理“离散”的对象。当然，正如大多数计算机的早期应用那样，通过近似计算等手段，计算机也可以处理“连续”的对象，但本质上，现代的数字计算机仍然是一种“离散”的机器。事实上，目前计算机已经越来越多地用于处理各种“离散”的对象。

离散数学研究离散对象的数量和空间关系，它包括多个数学分支，如本书所涉及的集合论、图论、组合数学、经典概率、自动机理论等，是计算机科学的理论基础，也是计算机应用的有力工具。18世纪以前的数学基本上都属于离散数学的范畴，之后，天文学、物理学等的发展极大地推动了连续数学（如微积分）的发展，直到20世纪中期，尤其是20世纪80年代以后，随着计算机日益渗透到现代社会的几乎各个方面，离散数学再次得到高度重视。当然，离散数学涉及的内容极其广泛，其应用全然不是仅局限于计算机科学，而是涉及我们生活的方方面面。

离散数学是计算机专业重要的必修课程之一，它是许多计算机专业课程的基础，国内外已经出版了大量的离散数学教科书和参考书，那么为什么还要引进出版这本书呢？

对大多数计算机专业的学生而言，囿于有限的数学素养，要学好这门课程不太容易。他们的困难主要表现在两个方面：一是看不懂或不理解某些内容；二是尽管看懂了有关的内容，但是不会应用，面对习题无从着手。另一个常常困惑学生的问题是：离散数学是否真的如教师所说的那样在计算机科学中起着关键的作用？本书针对这些问题进行了很好的处理。它不仅是一本很好的离散数学教材或参考书，还可以启发我们的思路，以便编写出更适合我国国情的教材。这就是我们要翻译此书、把它引荐给读者的原因。

本书充分考虑到计算机专业的学生和初学者的数学素养，对内容、例题、习题都进行了精心的挑选和组织，叙述方式力求深入浅出。对离散数学中出现的大量定义、定理和证明，不是简单地罗列，而是采用浅显易懂的语言娓娓道来，循序渐进地展开，并辅以足够的由易到难的例子，而且这些例子往往十分贴近日常生活或计算机应用。本书所提供的大量习题也是为了使读者在完成习题的过程中不知不觉地巩固和深化所学的知识和技能。本书的另一个特点是强调算法，这使读者很容易就把离散数学和计算机科学联系起来。

本书的第一作者John A. Dossey教授长期从事各个层次的数学教学研究和实践，著有大量数学教科书和科研论文，多次获得美国各种数学教学奖项，具有极其丰富的数学教学的理论和实践经验。本书凝聚了作者多年的研究成果和实践经验，是一本成功的离散数学入门教材，为美国众多大学所采用。事实上，它也是一本很好的自学教材。相信本书也一定会给国内的读者以莫大的帮助。

章炯民、王新伟和曹立曾经共同协作完成了本书第4版的翻译，在此基础上，第5版的翻译工作主要由章炯民完成。此外，万英杰、张钰、左文英等也参与了第5版的部分翻译工作。译者本着尊重原著的原则，力求准确、严谨地翻译，同时也更正了原著中的少量错误。由于译者水平所限，难免有错误和欠妥之处，敬请读者批评指正。

前　言

如今，数学的应用越来越多地涉及离散而非连续的模型，其主要原因是现代社会越来越多地用到计算机。本书适用于一学期的离散数学入门课程。

预备知识

虽然按照本书讲授的课程只要求很少的数学预备知识，但还是要求学生至少达到修读过两年高中数学所应具有的水平，包括解题和运算的技能以及抽象思维的能力。

方法

本书强调算法并以此贯穿全书。算法用文字表述，不需要具体编程语言的知识。

主题的选择

本书主题的选择基于多个专业组织的建议，包括MAA（美国数学协会）一年级和二年级离散数学课程制定工作组的建议、NCTM（National Council of Teachers of Mathematics，美国数学教师理事会）的“学校数学教育的原则与标准”和CBMS（Conference Board of the Mathematical Sciences，美国数学科学联合会）对数学教学的建议等。

灵活性

虽然本书是针对一学期的课程设计的，但是本书所包含的材料多于一个学期所能覆盖的内容。因此，教师可以根据学生的特定需求和兴趣方便地选择主题。本书以前的版本在从计算机科学专业的一年级课程到数学专业的高年级课程等许多课程中用过，并得到了良好的反映。现在的这个版本仍然为教师提供了灵活性，以适用于各种不同专业学生的课程。

第5版的变动

第5版的主要变动是新增了一章——第3章，讨论同余、欧几里得算法及相关的数论方面的内容、RSA公钥密码技术、检错码和纠错码（包括矩阵码）。本书其余内容与这一章不相关，所以可由教师根据需要进行取舍。学习矩阵码的内容要求熟悉矩阵，所以在学习编码理论这一章之前，不熟悉矩阵的学生需要先阅读附录B。（详见下面的“章节独立性”和“课程设置建议”。）

另外，新版本在表述的清晰性方面有所改进，对离散数学的新进展也给予了关注。

习题

本书的习题安排错落有致，灵活性强。每节后都有大量简单的计算题和算法题，其中大多数习题有助于学生针对离散数学的概念和算法进行全面练习，这对数学基础较弱的学生尤其重要；另一些习题拓展了正文中的材料，或者引入了正文中未论述过的新概念。带*号的习题是更具挑战性的问题。教师应根据课程和学生水平从中挑选。奇数号计算题的答案附在本书末尾。在每一章的末尾，有一组补充习题，用来温习各章最重要的概念和技术，以及探讨正文中未讨论的新概念。

章节独立性

在采用本书进行教学时，各章的顺序可以灵活地安排。下图显示了各章的依赖关系。其中，虚线表示第6章仅与第4章的前几节内容相关。本书只假定读者具有高中几何课程对于逻辑与证明的熟练程度，而对那些偏好更形式化处理的读者提供了一个附录（附录A），可以将它作为独立的单元在任何时候讲授，也可以与第9章一起讲授。仅在3.5～3.6节和第4章讨论邻接矩阵时，要求熟悉矩阵（附录B）。

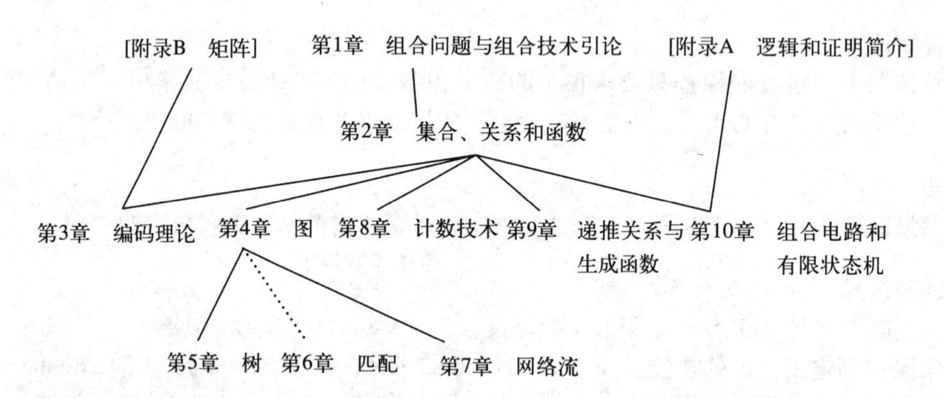

第1章和第2章实质上是导论。第1章给出本书所处理的离散问题的样例，应很快讲授完。该章只是提出某些问题，而在本书的后面才给出解答。1.4节包含对复杂性的讨论，可以略过它，或者推迟到学生有更多算法经验时再讲授。在这一节中，教师可以只讲解与学生关系最密切的示例算法。

第2章复习各种基本主题，包括集合、关系、函数和数学归纳法。该章可以讲授得稍快些，这取决于学生的数学背景和课程的层次。对于数学背景较好的学生，第2章的很多内容应该可以让他们自学。如上图所示，除了第5章和第7章依赖于第4章，以及第6章与第4章前几节的内容相关外，其余各章均彼此独立。

为配合新的第3章，同余的内容从第2章中移出。与第4版一样，这个内容（见第5版的3.1节）可以在讲完2.2节（等价关系）以后的任何时候学习。

课程设置建议

下面的表格给出了三个课程设置范例。课程A的重点是图论及其应用，涵盖了第4～7章的大部分内容。课程B涉及图论较少，更强调计数技术。课程C的重点是计算机科学专业的学生所感兴趣的论题。

课程A		课程B		课程C	
章	课时数	章	课时数	章	课时数
1	4	1（跳过1.4节）	3	1	4
2	5	2	5	2	5
4	6	4	6	附录B	1
5	7	5	6	3	6
6	6	8	8	4	6
7	4	9	5	5	6
8	8	附录A	3	9	5
		9	4	附录A	3
				10	4

本书适用于各种层次的“离散数学”课程。比如，计算复杂性是一个很重要的主题，本书对许多算法的复杂性给予了关注。但是，这是一个较难的主题，其论述深度应当与课程的层次和学生的基础相吻合。

计算机题

各章结尾均给出一组计算机题，这些计算机题与该章的内容、算法等相关。本书刻意用普通的术语来叙述计算机题，以便适应使用各种计算系统和语言的学生。

致谢

我们衷心地感谢下列审阅本书的数学家：米勒斯维尔大学的Dorothee Blum、威斯康星大学麦迪逊分校的Richard Brualdi、佛罗里达州立大学的John L. Bryant、波特兰州立大学的Richard Crittenden、乔治梅森大学的Klaus Fischer、东得克萨斯州立大学的Dennis Grantham、Clemson大学的William R. Hare、东密歇根大学的Christopher Hee、佛罗里达大西洋大学的Frederick Hoffman、佛罗里达国际大学的Julian L. Hook、Broome社区学院的Carmelita Keyes、 Macalester学院的Richard K. Molnar、普度大学Calumet分校的Catherine Murphy、佛罗里达大学的Charles Nelson、迈阿密大学的Fred Schuurmann、Charles S. Mott社区学院的Karen Sharp和新汉普郡大学的Donovan H. Van Osdol。为本书第2版的改进提出有益意见的有我们的同事Saad El-Zanati、Michael Plantholt和Shailesh Tipnis, 本书的使用者，以及伯米吉州立大学的Elaine Bohanon、常青藤州立学院的George Dimitroff、威斯康星-怀特沃特大学的Richard Enstad、西密歇根大学的Donald Goldsmith、肯塔基教育网络的Thomas R. Graviss、威斯康星-怀特沃特大学的Gary Klatt、Kings学院的Mark Michael、Shepherd学院的Peter Morris、密苏里大学的Dix H. Pettey、Puget Sound大学的Matt Pickard、田纳西大学的Terry Walters、南密西西比大学的Porter Webster、Frostburg州立大学的Richard Weimer、威斯康星-伊奥克莱尔大学的Thomas Weininger和佛门大学的Mark Woodard。本书第3版进行了进一步改进，这得益于本书的使用者的意见，以及下列同行的评论意见：威斯康星-伊奥克莱尔大学的Veena Chadha、西密歇根大学的Gary Chartrand、东南路易斯安那大学的Tilak de Alwis、东华盛顿大学的Ron Dalla、 Evergreen 州立学院的George Dimitroff、佐治亚州立大学的Gayla S. Domke、得克萨斯大学阿灵顿分校的Jerome Eisenfeld、富劳斯特堡州立大学的Kathleen Elder、乔治梅森大学的Klaus Fischer、北弗吉尼亚社区学院的Donald A. Goral、南佛罗里达大学的Natasa Jonoska、 乔治梅森大学的Thomas Kiley、圣玛丽学院的Theresa D. Magnus、田纳西大学的Chris Mawata、北卡罗来纳A&T州立大学的Robert C. Mers、普度大学Calumet分校的Catherine M. Murphy、宾夕法尼亚爱丁堡大学的Anne Quinn、莱特州立大学的Steen Pedersen、密苏里大学哥伦比亚分校的Dix H. Pettey、Bemidji州立大学的James L. Richards、Washburn大学的A. Allan Riveland、中密歇根大学的Mohan Shrikhande和西密歇根大学的Allan Schwenk，以及我们的同事Roger Eggleton。

我们要对伊利诺伊州立大学的Michael Plantholt和Dean Sanders表示特别的感谢，他们独立地审核了第3版中所有算法的正确性和可读性，根据他们的建议对算法进行了实质性的修正和改进。

本书第4版的更改源于下列同行的评论意见：中西部州立大学的Mark Ferris、佐治亚州立大学的Johanne Hattingh、圣玛丽学院的Colleen Hoover、杜鲁门州立大学的Jason Miller和太平洋联合学院的Richard Rockwell。

本书第5版的更改源于下列审阅者的意见：旧金山城市学院的Glen Aguiar、Thc Citadel的Stephen Comer、黑鹰学院的Lowell Doerder、黑斯廷斯学院的Mark Hall、太平洋联合学院的George Hilton、布卢姆菲尔德学院的Kenneth Myers、弗吉尼亚工学院和州立大学的Charles Parry、大瀑布大学的Richard Schoyen、西密歇根大学的Allen Schwenk和伊利诺伊中心学院的Fereja Tahir。

此外，在本书的出版过程中，我们还要感谢Jami Darby、Emily Portwood和Bill Hoffman出色的编辑工作，以及资深作者支持和技术专家Joe Vetere的大力协助。

John A. Dossey
Albert D. Otto
Lawrence E. Spence
Charles Vanden Eynden

本书讨论离散对象，即有限的过程以及元素可以列举的集合。这和微积分相反，微积分是关于无限的过程和实数区间的。

离散数学由来已久，近年来，随着计算机重要性的提高，离散数学得到了快速发展。数字计算机是一种复杂的但本质上有限的机器，在任意给定的时刻，都可以用一个很长但有限的0和1的序列来描述它，这个序列对应于其电子元件的内部状态。因此，离散数学对理解计算机和如何应用计算机极为重要。

算法是离散数学的一个重要组成部分，是进行某些计算的明确的指令。大家最早学习算法是在小学，因为算术中遍布着算法。例如，对*长除法*，小学生可能会写出诸如下面这种格式的算式：

$$\begin{array}{r} 32 \\ 13\overline{)425} \\ \underline{39} \\ 35 \\ \underline{26} \\ 9 \end{array}$$

其中，这些熟记在心的步骤是：*在42中有3个13，3乘以13等于39，42减39等于3，把5抄写下来等*。这些步骤就是算法。

算法的另一个例子是计算机程序。假设一家小公司想要找出所有欠款超过100美元，且拖欠至少3个月的顾客。尽管这家公司的计算机文件中包含这些信息，但这些信息只占所有数据的一小部分。所以，要写一个程序，筛选出公司想要知道的信息。这个程序由一组精确的计算机指令构成，并考虑到所有可能的情况，从而使之能将所要的顾客清单提取出来。

我们所举的两个例子在某一点上是相似的，即执行算法的实体并不需要理解算法为什么是有效的。小学生一般不知道为什么长除法会得出正确的答案，仅知道正确的步骤。当然，计算机也不理解任何东西，它只遵从指令（并且，如果指令错了，即程序错了，计算机也将“忠实”地得出错误的答案）。

如果你正在学习本书，那么你早已不是小学生了，而且你是人不是计算机，所以，你不仅要知其然，还要知其*所以然*。

我们会研究一些你以前可能从来没有见过的算法。例如，假设你打算开车从佛罗里达的迈阿密到华盛顿的西雅图。即使限定只走州际高速公路，也还是有数百条线路可以走。哪一条线路最近呢？你可能会拿出地图，一番斟酌后，找到一条你*认为*最近的线路，但是，你能肯定吗？

存在解决这个问题的算法，它可以给出正确的答案。更进一步，你还可以将这个算法在计算机上编程实现，用计算机找出最短的线路。本书将会阐述这个算法。

我们不仅对算法“如何”和“为什么”感兴趣，还对算法的“*时间多长*”感兴趣。计算机的机时可能很昂贵，所以，在把一项任务提交给计算机之前，应估计它将花费多长时间。有时，答案会令人吃惊：即使使用现有的最大、最快的计算机，所需的计算时间也是如此之长，以至于用计算机求解变得不现实。有一种观点认为：计算机可以做任何计算。这种观点很流行但并不正确。事实上，没有一台计算机可以从世界上各个气象站获取数据，并用这些数据提前很多天精确地预测出未来的天气；没有人知道如何高效地进行某些计算，例如，如果n是两个200位左右的十进制素数的乘积，则分解出n的因子需要几百年（即便使用已知的最好的算法和计算机），这是一种重要的加密机制的基础。

可能你已经多次听说过：数学不是一种观赏运动，学习数学的最好方法是实践。在这里重复这个忠告很有必要，因为这是*千真万确*的！而且这也是我们知道并能告诉你的最好的学习方法。仅看别人怎么做，不可能学会弹吉他或投篮，也不可能仅靠阅读本书或听课就学好离散数学，必须集中注意力积极主动地思考。在阅读数学书时，应该随时在手头备好笔和纸，以便做例题，进行详细的计算。在听数学课前，最好先阅读有关的内容，这样，你就可以专注于你的理解是否与教授的讲解相一致，还可以就一些难点提问。

毫无疑问，在学习数学时，做习题是积极主动学习的最好的方法之一。本书中有很多习题。有些是纯粹的计算题，有些则测试对概念的理解，还有些要求给出证明。虽然书后有奇数号习题的答案，*但在得出自己的答案之前，不要去查看*！如果你的答案和书后的答案始终一致，那么你就可以确信你的学习方法很得当。

有些习题比其他习题难，在这种习题上花的时间越多，学到的也就越多。一个广为流传的观点（在一些课程中被强调）是：如果在五分钟内不能解出某道题，就应该继续做下一道题。随着你越来越熟练，这个观点将越来越不适用。重要的结果很少能在五分钟内获得。

许多学生没有认识到学习术语的重要性。在数学中，经常对某些常见的词语赋予特殊的含义，如*集合*、*函数*、*关系*、*图*、*树*、*网络*等。这些词语都有严格的定义，必须认真学习。否则，你就不能理解你在书中所读到的东西和教授所讲述的内容。这些术语对有效的交流是必需的。如果不允许你使用棒球运动的术语，你将怎样向别人讲解棒球比赛呢？每当你想说一个*投球*是“坏球”时，你就不得不说：“这是一个不在好球区，且未被击球手击中的投球。”这里，“*好球区*”也是术语，也需要每次解释。这样进行交流几乎是行不通的。

最后，要有效地与别人共享信息，恰当的术语也是必需的。数学是全人类的共同追求，而人类的合作有赖于交流。在现实生活中，仅仅简单地做出某些东西往往不够，还必须能够向别人解释，使别人确信你的解是正确的。

我们期待你成功地学好离散数学，并从中学到许多技巧和观点，你将会发现它们在许多地方都是有用的。

离散数学纪年表

公元前300	0	1200	1500	1600	1700	1800	1850	1900	1950	2000
■公元前300年 欧几里得在其《几何原本》中发表了欧几里得算法。		■1202年 斐波那契在他的《算盘书》中引入了斐波那契数。	■1575年 马奥罗修勒斯撰写了《算术》，其中，在证明中应用了数学归纳法。	■1654年 著名的帕斯卡三角形出现在《论算术三角形》中。 ■1654年 帕斯卡和费马就概率论的基本原理进行了通信。 ■1666年 莱布尼茨在他的《论组合术》中发表了其关于组合学的思想。	■1713年 伯努利的《猜测术》引入了几个有关排列和组合的思想。 ■1718年 棣莫弗在其《机会的学说》中描述了容斥原理。 ■1720年 棣莫弗开始研究生成函数。 ■1735年 欧拉引入函数的记号。 ■1736年 欧拉发表了关于哥尼斯堡七桥问题的论文。 ■1750年 欧拉提出了关于多面体的棱、顶点和面的数目的公式。	■1801年 高斯出版了《算术研究》，其中概述了模m同余和其他数论问题。 ■1844年 拉梅对欧几里得算法的复杂性进行了分析。 ■1847年 基尔霍夫在研究电路时分析了树。	■1852年 德摩根写信给哈密顿，概述了四色问题。 ■1854年 布尔出版了《思维规律的研究》，把集合代数和逻辑形式化。 ■1855年 柯克曼发表了一篇论文，其中包含旅行推销员问题。 ■1856年 哈密顿提出了旅行推销员问题。 ■1857年 凯莱引入了名词“树”，并计算出具有n条边的根树的数目。 ■1872年 布尔发表了《论有限差分演算》。 ■1877年 西尔威斯特在一篇论文中引入了“图”这个名词。 ■1881年 维恩引入了维恩图用于推理。	■1922年 维布伦证明了每个连通图都含有一棵生成树。 ■1931年 柯尼希发表了关于图中的匹配的论文。 ■1935年 霍尔发表了存在相异代表系的充分必要条件。 ■1936年 柯尼希写了第一本关于图论的书——《有限图和无限图的理论》。 ■1938年 香农发明了开关电路的代数，并说明了其与逻辑的联系。	■1950年 汉明发表了关于纠错码的重要论文。 ■1951年 丹齐克发表了用来求解线性规划问题的单纯形算法。 ■1953年 卡诺引入了卡诺图，用于化简布尔电路。 ■1954年 麋利提出了带输出的有限状态机的模型。 ■1956年 克鲁斯卡尔发表了求最小生成树长度的算法。 ■1956年 福特和富克森发表了他们关于网络中的最大流的工作。 ■1957年 普里姆研究出普里姆算法。 ■1958年 PERT算法被提出并用于建造鹦鹉螺号核潜艇。 ■1959年 迪杰斯特拉发表了一篇论文，其中包含了迪杰斯特拉算法。 ■1976年 阿贝尔和黑肯发布了他们的四色定理证明。 ■1978年 弗斯特、沙米尔和阿德来门发表了他们的RSA密码算法。 ■1991年 米勒和班克尼发表了一个用来解决一类旅行推销员问题的算法。	

目　录

Discrete Mathematics, Fifth Edition

* 带星号标记的章节是可选的。

第1章

Discrete Mathematics, Fifth Edition

组合问题与组合技术引论

组合分析是数学领域里的一个分支，它关注于解决那些可能性的数量有限的问题（虽然可能性的数量可能相当大）。这些问题可以划分为三个主要的大类：存在性问题、计数问题和优化问题。有些问题不清楚是否有解，这就是**存在性**问题；另一些问题虽然知道解是存在的，但是想知道有多少个解，这就是**计数**问题；还有些问题可能希望得到一个在某种意义上是“最好”的解，这就是**优化**问题。我们将对每种类型的问题给出一个简单的例子。

存在性问题

每个星期天的晚上，四对夫妇在两个球场上打混双网球赛。他们玩两个小时，每隔半小时交换搭档和对手。是否可能做出这样的安排：每个男人恰好与每个女人分别做一次搭档和一次对手，且与其他男人至少做一次对手？

计数问题

一个六人投资俱乐部规定每年轮换主席和财务总管。问最多经过几年，他们将不得不使同一个人重复出现在同样的职位上？

优化问题

一个老板有三个雇员：帕特、昆廷和罗宾，他们的工资分别是每小时6美元、7美元和8美元。老板有三项工作要分配给他们。每个工人完成每项工作所需要的时间（以小时计）如下表所示。

	帕特	昆廷	罗宾
工作1	7.5	6	6.5
工作2	8	8.5	7
工作3	5	6.5	5.5

问老板该怎样给每个人分配工作以使完成这些工作所需支付的费用最少？

我们对组合问题给出的解经常会包含**算法**，即一个用来解决问题的、明确的、按步操作的过程。许多算法都可以很好地由计算机来执行。由于计算机的广泛应用，组合数学的重要性也日渐增长。然而，即使使用大型计算机，通过简单地覆盖所有可能的情况来解决组合问题也往往是不可能的，这就需要更复杂的解决方法。本章将给出一些更复杂的组合问题的例子，并分析其可能的解决方法。

1.1 工程完成时间的问题

1.1.1 问题

一个大型百货商店打算举办7月4日⊖大减价活动（实际上将从7月2日开始），他们计划为此散发一个8页的广告。这些广告必须在7月2日的前10天寄出去才会有效果，而在这之前，需要做许多工作和决定。部门经理要决定将哪些存货投入大减价，采购员要决定为大减价采购

⊖ 7月4日是美国独立日。——译者注

哪些商品。然后，管理委员会要决定把哪些项目列在广告上，并设定它们的大减价价格。

美术部要为大减价商品准备图片，文书要为它们配上文字说明。然后，组合了图片和文字的广告的最终设计被汇集到一起。

根据投入大减价的商品，从若干个来源汇集广告的邮送清单。接着，打印邮件的地址标签。等广告印出来后，贴上标签，按照邮政编码分类，送到邮局去。

当然，所有这些工作都要花时间。但现在已经是6月2日了，这样，要完成所有的工作，包括邮寄，就只剩30天了。人们有些担心广告能否及时发出去，于是，根据以往的经验估算出完成各项工作所需要的时间。这些估算时间罗列在下表中。

工 作	天 数	工 作	天 数
选择商品（部门经理）	3	汇集邮送清单	3
选择商品（采购员）	2	打印标签	1
选择要做广告的商品并定价	2	印广告	5
准备图片	4	贴标签	2
准备文字	3	发送广告	10
设计广告	2		

如果把所有这些工作所需要的时间加起来，要37天，这就超过了所剩的时间。不过有些工作可以同时进行，例如，部门经理和采购员可以同时工作，决定哪些商品要投入大减价。但也有许多工作必须在另一些工作完成后才能开始。例如，在要做广告的商品完全决定以前，无法汇集邮送清单。

为了确定哪些工作要在其他工作之前完成，我们将每项工作标记为A，B，…，K，并在每项工作后列出该项工作的前继工作。

工 作	前继工作	工 作	前继工作
A选择商品（部门经理）	无	G汇集邮送清单	C
B选择商品（采购员）	无	H打印标签	G
C选择要做广告的商品并定价	A，B	I印广告	F
D准备图片	C	J贴标签	H，I
E准备文字	C	K发送广告	J
F设计广告	D，E		

例如，字母A和B列在工作C之后，因为只有在部门经理和采购员决定了哪些商品要投入大减价之后，才能确定广告上的商品及其价格。同样，字母C列在工作D之后，因为只有在确定了要做广告的商品之后，才能准备图片。要注意的是，工作A和B也必须在准备图片之前完成，但这个信息被省略了，因为所给出的信息已经隐含了这个信息，即由于A和B必须在C之前，而C必须在D之前，因此在逻辑上A和B必须在D之前，所以这个信息就不必指出了。

假设在每项工作可以开始的时候，工人们都已经准备好了，可以立即开始。即使这样，广告能否及时准备好还是不清楚，尽管所有的相关信息都已获得。这里就有一个*存在性*问题：是否存在能使减价广告及时发出去的日程安排？

1.1.2 分析

有时，将信息表示成图的形式更容易理解。下面用一个点表示一项任务，并且，如果一个点所表示的任务直接在另一个点所表示的任务之前，就从第一个点到第二个点画一个

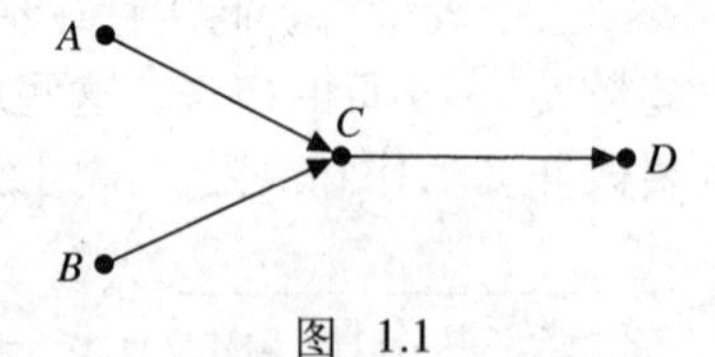

图 1.1

箭头。例如，工作A和B在工作C的前面，工作C又在工作D的前面，如图1.1所示那样画图。

按照这个方法继续画图，得到图1.2a。注意：图的外观不是唯一确定的。例如，图1.2b也表达了同样的信息。

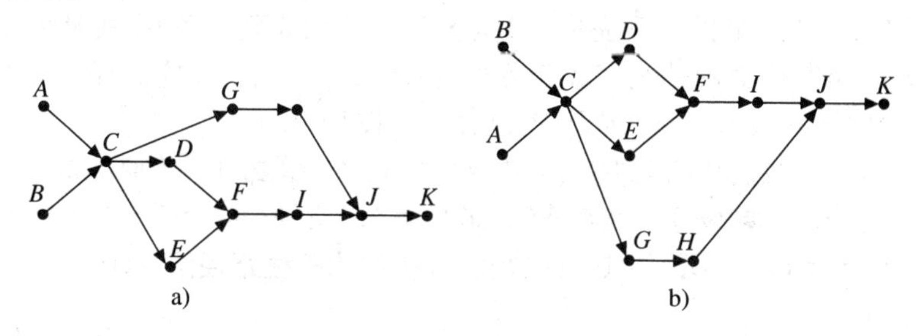

图 1.2

如果约定所有的箭头都从左指向右，则可以把箭头省略。以下我们就这样约定。

上面的图使整个项目看上去似乎更容易理解一些，但是，我们还要考虑每项任务所需要的时间。可以把这些时间引入如图1.3所示的示意图中，方法是用圆圈代替点，用圆圈中的数字表示相应的任务所需的天数。

现在再来确定从整个项目开始到各项任务完成所需要的最少天数。例如，任务A可以立即进行，所以3天后将完成。我们在圆圈A旁边写上3表示这一点。同样，在圆圈B旁边写上2。

如何处理任务C是所要构造的整个算法的关键。这项任务要在A和B都完成之后，也就是3天以后才能开始，因为A所需要的时间是3天。而完成任务C需要2天。这样，到任务C完成，需要5天，这就是在代表C的圆圈旁边所写的数字。至此，示意图如图1.4所示。

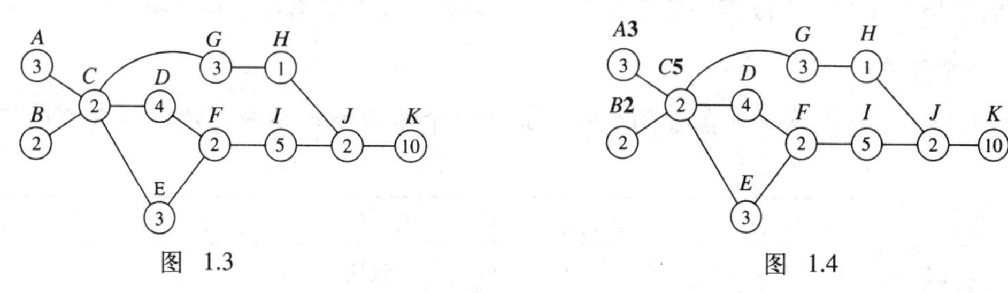

图 1.3　　图 1.4

以同样的方式继续进行。要注意的是，如果左边有多条线进入到一个点，则确定该项任务的最早完成时间的方法是，把这个点的时间加上各条线到来时间中的最大值。例如，到D完成需要9天，到E完成需要8天。因为F必须等待D和E，所以F的完成时间不会早于（8和9中的最大者）$+2=11$天。请读者检验一下如图1.5所示的最终示意图中的数字。

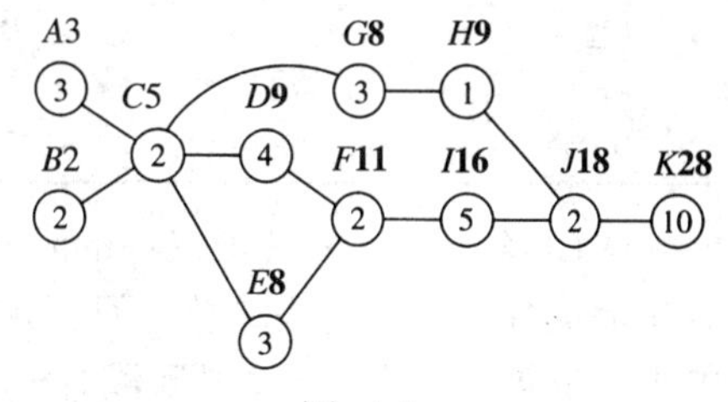

图 1.5

从图1.5可以看出，广告可以在28天内做好并发送，能及时赶上大减价活动！

1.1.3 关键路径分析

上面描述的方法称为PERT，即计划评估技术（Program Evaluation and Review Technique）。PERT方法（以某种更复杂一些的形式）诞生于1958年美国海军北极星潜艇和导弹项目中，杜邦（E. I. du Pont de Nemours）化学公司以及英国、法国和德国也几乎同时发明了类似的技术。在为涉及几百个步骤和分包合同的大型项目编排进程和估算完成时间时，它的作用尤为明显，并且已经以许多不同的形式成为标准的工业技术。任何一个大型图书馆都会有许多这方面的书（检索“PERT”、“关键路径分析”或“网络分析”）。

从前面的图中，还可以得出更多的信息。我们由后向前，从任务*K*开始研究是什么原因使这个项目需要整整28天。显然，到完成*K*时需要28天是因为到任务*J*完成时需要18天。任务*H*和*I*都指向任务*J*，但其中关键的是完成任务*I*需要16天。当然，在完成任务*F*之前无法完成任务*I*。至此，便逆向地描绘出一条从*K*到*F*的路径，如图1.6所示。

按照相同的方法，我们从*F*回到*D*（因为到完成任务*F*需要11天的原因是：*F*在*D*完成之后才能开始，而到完成*D*需要9天），接着是*C*，最后是*A*。路径*A-C-D-F-I-J-K*（如图1.7所示）称为**关键路径**（critical path）。识别出这种路径的方法称为**关键路径法**（critical path method）。

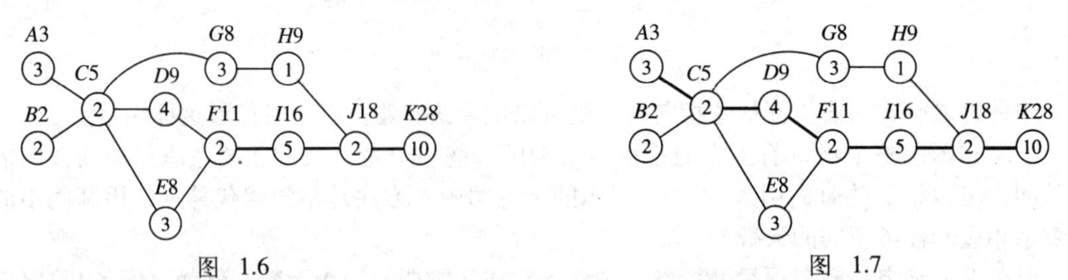

图 1.6　　图 1.7

关键路径很重要，因为其上的任务正是决定整个项目所需时间的那些任务。如果要减少项目所需要的时间，必须加快完成关键路径上的任务。例如，如果汇集邮送清单能在2天而不是3天内完成，则准备和邮寄广告还是需要28天，因为汇集邮送清单（任务*G*）不在关键路径上。但是，如果将印广告（任务*I*）的时间缩短一天，就可以把总时间减到27天，因为*I*在关键路径上。（但是要注意，改变一项任务的时间可能会改变关键路径以及关键路径上的任务。）

1.1.4　一个建筑的例子

下表列出了建造房子所需要的步骤、完成每个步骤所需要的天数以及直接在其前面的步骤。

任　务	天　数	前继任务	任　务	天　数	前继任务
*A*场地准备	4	无	*H*电气设施	3	*E*
*B*地基	6	*A*	*I*绝缘	2	*G*，*H*
*C*排水设施	3	*A*	*J*幕墙	6	*F*
*D*骨架	10	*B*	*K*墙纸	5	*I*，*J*
*E*屋顶	5	*D*	*L*清洁和油漆	3	*K*
*F*窗	2	*E*	*M*地板和装修	4	*L*
*G*管道	4	*C*，*E*	*N*检验	10	*I*

图1.8给出了完成各项任务的时间和它们之间的前继关系。先从左到右，然后从右到左，找出完成各项任务所需的总时间，并确定关键路径，如图1.9所示。在求关键路径时，所要做的唯一决策出现在由*K*倒退回溯时[⊖]，这里关键的是完成任务*J*需要33天。由此可知，建造这幢房子总共需要45天，关键路径是*A-B-D-E-F-J-K-L-M*。

将问题表示为由点以及连接某些点的线段所构成的图，这种技术在许多其他情况下也很有用，我们也将在本书中通篇使用。对这种图的正式研究将从第4章开始。

⊖ 因为在这个例子中，关键路径上的点除了*K*之外都只有一个直接前继。——译者注

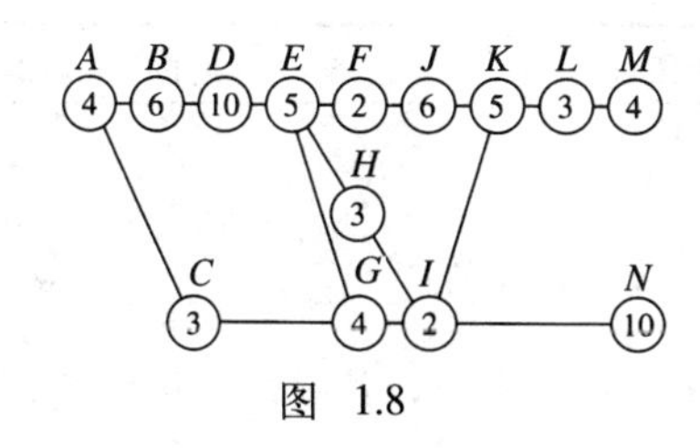

图 1.8

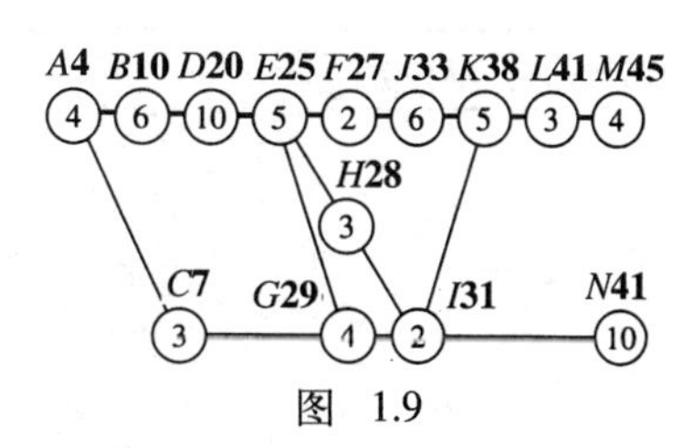

图 1.9

习题1.1

在习题1～8中，用PERT方法确定项目的总时间和所有的关键路径。

1.

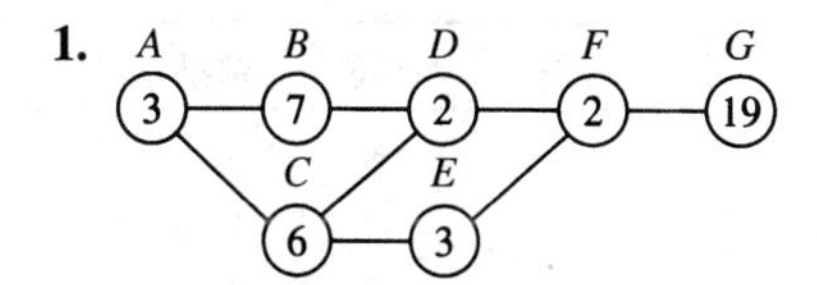

2.

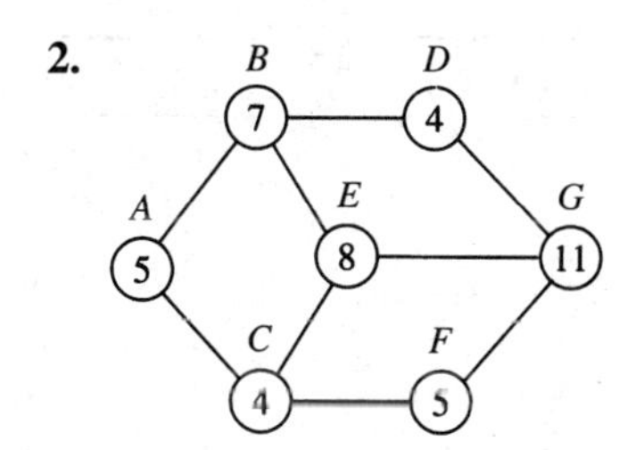

3.

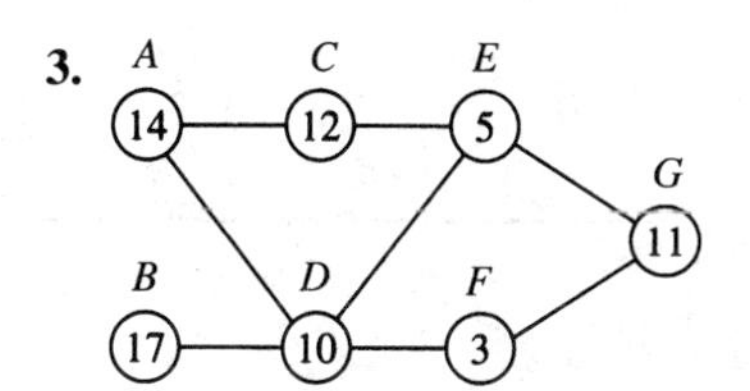

4.

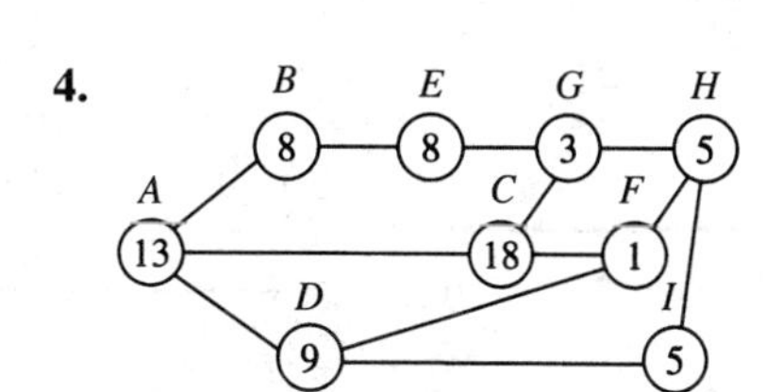

5.

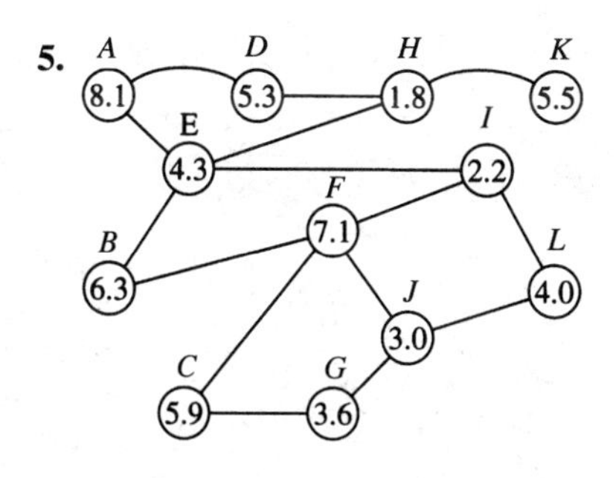

6.

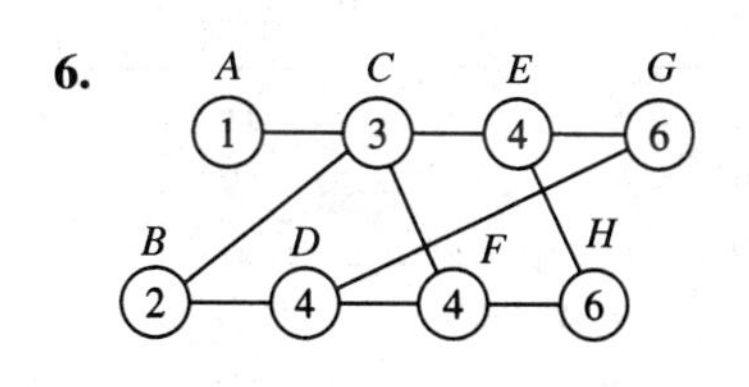

7.

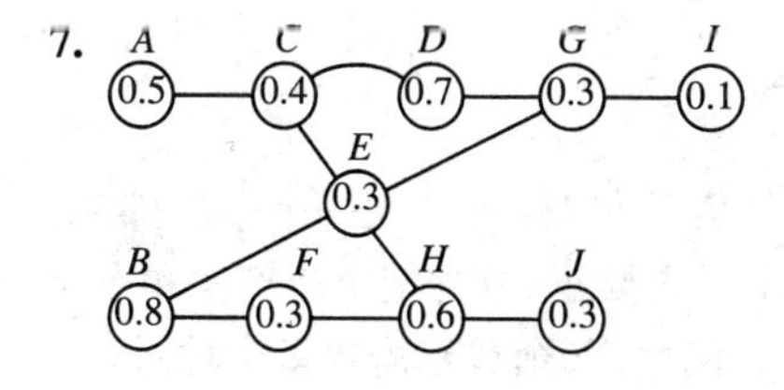

8.

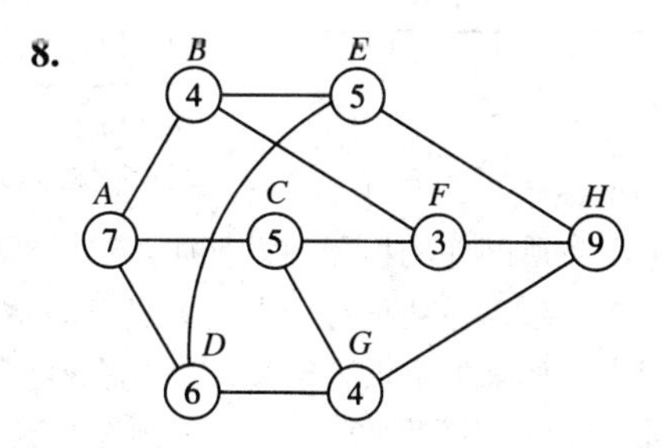

在习题9～16中，表格给出了若干任务所需要的时间和直接在它们前面的任务。画出各题的PERT图，并确定完成项目所需要的时间和关键路径。

9.

任务	时间	前继任务
A	5	无
B	2	A
C	3	B
D	6	A
E	1	B，D
F	8	B，D
G	4	C，E，F

10.

任务	时间	前继任务
A	5	无
B	6	A
C	7	A
D	10	B
E	8	B，C
F	7	C
G	6	D，E，F

11.

任务	时间	前继任务
A	3	无
B	5	无
C	4	A，B
D	2	A，B
E	6	C，D
F	7	C，D
G	8	E，F

12.

任务	时间	前继任务
A	10	无
B	12	无
C	15	无
D	6	A，C
E	3	A，B
F	5	B，C
G	7	D，F
H	6	D，E
I	9	E，F

13.

任务	时间	前继任务
A	3.3	无
B	2.1	无
C	4.6	无
D	7.2	无
E	6.1	无
F	4.1	A，B
G	1.3	B，C
H	2.0	F，G
I	8.5	D，E，G
J	6.2	E，H

14.

任务	时间	前继任务
A	6	无
B	9	A，D
C	10	B，I
D	8	无
E	9	B
F	13	I
G	5	C，E，F
H	9	无
I	6	D，H

15.

任务	时间	前继任务
A	0.05	无
B	0.09	A
C	0.10	A，F
D	0.07	B，C
E	0.02	无
F	0.04	E
G	0.11	E
H	0.09	F，G
I	0.06	D，H

16.

任务	时间	前继任务
A	11	无
B	13	无
C	12	无
D	14	无
E	8	A，C，D
F	6	A，B，D
G	10	A，B，C
H	5	B，C，D
I	9	E，F，H
J	7	F，G，H

17. 在一家小型钱包生产厂中，一台用于生产钱包金属部件的机器，每2分钟生产一个金属部件，另一台生产布质部件的机器每3分钟生产一个布质部件，一个工人要花4分钟把金属部件和布质部件缝合在一起，并且只有一个工人具备做这项工作的技术。问生产6个钱包需要多少时间？

18. 在习题17中，如果那个工人能用2分钟完成缝制工作，那么答案是多少？

19. 在洛杉矶、奥马哈和迈阿密要对超市顾客开展一次问卷调查。首先，在每个城市中进行初步的电话调查，找出各经济阶层和种族群体中愿意合作的顾客，以及他们所看重的超市的特性。这项工作在洛杉矶需要5天，在迈阿密需要4天，在奥马哈需要3天。对每个城市电话调查结束之后，再准备一份该城市中需要派人去登门拜访的顾客名单。这项工作在迈阿密需要6天，在洛杉矶和奥马哈各需要4天。在三个城市的电话调查都完成之后，准备一份标准问卷调查表，需要3天。当要拜访的顾客名单和问卷调查表都准备好之后，还要在各城市进行问卷调查。这项工作在洛杉矶和迈阿密需要5天，在奥马哈需要6天。问完成所有这三个城市的问卷调查需要多少时间？

1.2 匹配问题

1.2.1 问题

在一家航空公司的时刻表上，星期一上午有7架从纽约出发的长途航班，分别飞往洛杉矶、西雅图、伦敦、法兰克福、巴黎、马德里和都柏林。正好有7位能胜任的飞行员，他们是Alfors、Timmack、Jelinek、Tang、Washington、Rupp和Ramirez。但是有一件复杂的事情：飞行员可以申请选择目的地，而且只要可能，这些申请就应得到满足。飞行员们申请的各个城市列举如下：

洛杉矶：Timmack，Jelinek，Rupp

西雅图：Alfors，Timmack，Tang，Washington

伦敦：Timmack，Tang，Washington

法兰克福：Alfors，Tang，Rupp，Ramirez

巴黎：Jelinek，Washington，Rupp

马德里：Jelinek，Ramirez

都柏林：Timmack，Rupp，Ramirez

这些信息也可以用示意图表示（见图1.10a）：如果一个城市列在某位飞行员的申请清单上，就在该城市和飞行员之间画一条线段。

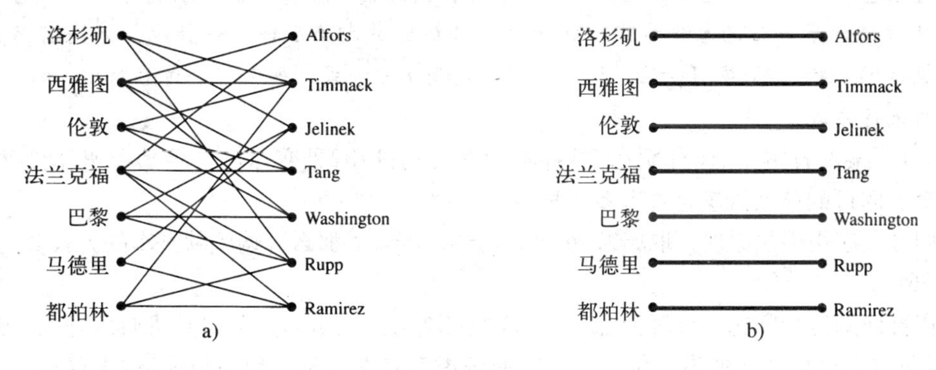

图 1.10

如果可能的话，安排航班的人要让所有的飞行员都满意。如果做不到这一点，就要使尽可能多的飞行员满意。这个问题可被看作优化问题：希望找到飞行员和航班之间的一个匹配，使得尽可能多的飞行员得到他们所申请的航班。

1.2.2 分析

我们首先用一种非常原始的方法来解决这个匹配问题。简单地罗列出给每个航班分配一位飞行员的所有可能的方式，并且对其中的每一种分别计算有多少飞行员的申请得到了满足。例如，一种匹配是将航班和飞行员按照它（他）们排列的次序对应起来，如下表所示。

航　班	飞行员	被申请了吗	航　班	飞行员	被申请了吗
洛杉矶	Alfors	否	巴黎	Washington	是
西雅图	Timmack	是	马德里	Rupp	否
伦敦	Jelinek	否	都柏林	Ramirez	是
法兰克福	Tang	是			

这个匹配如图1.10b所示。这里有4个飞行员将得到他们想要的航班。但是，也许其他匹配会更好。

如果我们约定总是以相同的顺序列出航班，比如按照本节最初的列举顺序，那么分配就取决于这7个飞行员名字的排列。例如，下面的排列

Timmack，Alfors，Jelinek，Tang，Washington，Rupp，Ramirez

就是指分配Timmack到洛杉矶，Alfors到西雅图，而其他航班分到的飞行员与前面的匹配例子相同。类似地，下面的排列

Ramirez，Rupp，Washington，Tang，Jelinek，Timmack，Alfors

将分配Ramirez到洛杉矶，Rupp到西雅图，……请读者验证这个匹配仅满足了3位飞行员的意愿。

我们解决这个问题的设想引发出下面两个疑问：

（1）这项工作将有多少工作量？特别是，必须检验多少个排列？

（2）如何才能生成所有的排列并确保没有任何遗漏？

第二个问题有点专业，我们将到第8章才回答它，但是第一个问题比较简单（注意，它是个**计数**问题）。为了便于计数，我们要援引一个简单的原理，它在本书中将被多次用到。

乘法原理 *考虑一个过程，它是一个由k个步骤组成的序列。假设执行第一步的方式有n_1种，并且对执行第一步的每种方式，执行第二步的方式都有n_2种。一般地，无论前面各步骤是怎样执行的，执行第i步（$i=2, 3, \cdots, k$）总有n_i种方式，那么整个过程有$n_1 \cdot n_2 \cdot \cdots \cdot n_k$种不同的执行方式。*

例1.1 某款日本车有6种颜色、3种不同的发动机和2种变速器（手动变速和自动变速）可供选择。问订购该款汽车总共有多少种方式？

我们可以应用乘法原理，取k=3，n_1=6，n_2=3，n_3=2，那么订购该款汽车的方式数为：$6 \times 3 \times 2 = 36$。■

现在再回到这个问题：计算分配7个航班的可能方式的数目。从洛杉矶航班开始，此时有7位飞行员可以分配。随便挑一位，然后转而考虑西雅图航班。现在只剩6位飞行员了，挑出其中的一位，留下5位供伦敦航班挑选。按这种方法继续，直到都柏林航班，此时只剩下1位飞行员。所以，可以构造的匹配的总数是：$7 \times 6 \times 5 \times 4 \times 3 \times 2 \times 1$。

只要航班的数量与可供安排的飞行员的数目相同，那么同样的论证就有效，即如果有n个航班和n个飞行员，就会产生$n(n-1)(n-2)\cdots 3 \cdot 2 \cdot 1$个可能的匹配。

1.2.3 排列

读者可能已经想到，刚才得到的那种类型的乘积有一个更简略的记号。如果n是任意的非负整数，则定义***n*的阶乘**（n factorial）如下，并用$n!$表示。

$$0!=1，1!=1，2!=1 \cdot 2，$$

一般地，

$$n!=1 \cdot 2 \cdot \cdots \cdot (n-1) \cdot n。$$

注意，若$n>1$，则$n!$正好是整数1到n的乘积。

一组对象的一个**排列**（permutation）是指这些对象的任意一种序列。例如，下面的每一

个序列都是字母a，b，c的排列：

$$abc，acb，bac，bca，cab，cba。$$

把对n个航班和n个飞行员的匹配数问题的分析修改一下，就可以用来证明下面的结论。

定理1.1 *n个对象恰有$n!$种排列。*

排列概念的一个推广经常被用到。假设在航班分配问题中，因为天气恶劣，马德里和都柏林的航班被取消了。现在就只有5个航班，但有7个飞行员。对洛杉矶航班有7种方式选择飞行员，对西雅图航班有6个飞行员可供选择……由于只要选5个飞行员，因此，所有可能的分配方法数为（请注意下面这个乘积只有5个因子）：$7\cdot 6\cdot 5\cdot 4\cdot 3$。同样的论证在一般情况下也成立。

定理1.2 *从n个对象中无重复地选出r个对象组成有序列表，共有*

$$n(n-1)\cdots(n-r+1)=\frac{n!}{(n-r)!}$$

种方式。

证明 第一个对象有n种方式可供选择，第二个对象有$n-1$种方式，依此类推。应用乘法原理，容易看出，等式左端的乘积有r个因子，它给出排列的总数。而推导出等式右端式子的过程如下：

$$n(n-1)\cdots(n-r+1)=\frac{n(n-1)\cdots(n-r+1)(n-r)(n-r-1)\cdots 2\cdot 1}{(n-r)(n-r-1)\cdots 2\cdot 1}=\frac{n!}{(n-r)!}。 \blacksquare$$

例1.2 泰勒中学三年级某班要在30名同学中选举主席、副主席和秘书长。问有多少种可能的选择？

要从30个学生中选出3位领导的有序列表，共有$30\times 29\times 28=24\,360$种可能性。 ■

从n个对象中无重复地选出r个对象的有序列表，它们的总数表示为$P(n,\ r)$。这也称为**从n个对象中一次取出r个对象的排列**（permutations of n objects, taken r at a time）。例如，我们已经看到$P(30,\ 3)=24\,360$。更一般地，根据定理1.2，有

$$P(n,\ r)=\frac{n!}{(n-r)!}。$$

1.2.4 航空公司问题解决方案的实用性

刚才我们打算取遍分配飞行员到7个航班的所有方式，以找出哪一种方式能使最多的飞行员满意。而我们现在已经知道可能的分配方式有$7!=5040$种。这个数目太大，以至于无法手工进行操作。但是，如果有计算机，那么这种方法可能还有希望。我们需要一种途径来告诉计算机如何产生这5040种排列，这就是算法，它将直接给出前面提出的问题（2）的答案。

当然，7个航班和7个飞行员实际上只是很小的数字，小得不符合现实。例如，在芝加哥的O'Hare机场，平均每天有超过1100架飞机起飞。而即使选取一家有20个航班和20个飞行员需要分配的小航空公司，并考虑取遍所有可能的分配的现实可行性，这些分配方式的总数目也要20!，用手持式计算器可以算出20!大约是2.4×10^{18}。这是一个有19位数字的数，显然要用计算机。假设计算机每秒能产生100万个分配，并且同时还能够检查其中有多少位飞行员得到了他们想要的航班，那么取遍所有这些分配需要花费多少时间呢？

答案不难算出。每秒完成100万个计算，那么做2.4×10^{18}次计算所花的时间是

$$\frac{2.4\cdot10^{18}}{1\ 000\ 000}=2.4\cdot10^{12}\text{ 秒},$$

$$\text{或}\ \frac{2.4\cdot10^{12}}{60}=4\cdot10^{10}\text{ 分钟},$$

$$\text{或}\ \frac{4\cdot10^{10}}{60}\approx6.7\cdot10^{8}\text{ 小时},$$

$$\text{或}\ \frac{6.7\cdot10^{8}}{24}\approx2.8\cdot10^{7}\text{ 天},$$

$$\text{或}\ \frac{2.8\cdot10^{7}}{365}\approx7.6\cdot10^{4}\text{ 年。}$$

仅对20个航班和20个飞行员，这个计算就要花费大约76 000年！

这个计算的要点是，即便有了计算机，有时也得更聪明一点才能完成计算。第5章将介绍一种有效得多的方法来解决匹配问题。这种方法将允许一个人在几分钟内解决有7个航班和7位飞行员的匹配问题，并使计算机能在合理的时间内处理有数百个航班和飞行员的匹配问题。

习题1.2

在习题1～16中，计算出所列各数。

1. $5!$ **2.** $6!$ **3.** $\frac{8!}{3!}$ **4.** $\frac{7!}{4!}$

5. $\frac{8!}{2!6!}$ **6.** $\frac{9!}{3!6!}$ **7.** $P(7,4)$ **8.** $P(8,4)$

9. $P(10,7)$ **10.** $P(11,9)$ **11.** $\frac{P(9,4)}{5!}$ **12.** $\frac{P(10,2)}{3!5!}$

13. $P(6,6)$ **14.** $P(7,7)$ **15.** $\frac{P(8,3)}{P(3,3)}$ **16.** $\frac{P(9,5)}{P(5,5)}$

17. 棒球经理已经确定了9个首发击球员，但还没有确定他们的击球顺序。问有多少种可能性？

18. 要在有7个人的俱乐部中选出主席、副主席和财政部长。问有多少种选择方法？

19. 一家音乐公司的经理要确定6个候选人在唱片中的出场顺序。共有多少种选择方案？

20. 一个万圣节的化妆包中有3种不同的胡子、2组不同的眉毛、4个不同的鼻子和一副耳朵。假设至少用一种东西（但可以不用任何一种胡子，等等），则有多少种可能的脸谱？

21. 一个人有5件运动衣、4条宽松裤、6件衬衫和1条领带。如果他必须至少穿一条裤子和一件衬衫，那么他共有多少种穿衣组合？

22. 在选美比赛中，共有12位参加决赛的选手，要选出第一名、第二名和第三名各1名。问共有多少种可能的方式？

23. 有7名女演员试演李尔王的三个女儿：贡纳莉、丽根和考蒂丽。问共有多少种角色分配方式？

24. 一个农夫有7头奶牛，他每天早上喜欢以不同的顺序挤奶。问他最多可以这样不重复地进行多少天？

25. 一个热闹的避暑胜地的汽车旅馆共有5个空房间，有3个游客想要房间。如果每个房间只能分配给一个游客，则经理分配房间的方法有多少种？

26. 一位阿拉斯加医生每月一次乘飞机拜访5位独居的居民。他可以从两架飞机中挑一架，出发后他以某个顺序拜访5个居民，然后回家。问共有多少种可能性？

***27.** 一个大学代表队的网球教练要从9名正式队员和11名预备队员中依次选出最好的队员各6名。

问共有多少种选法？

28. 一家中餐馆有一种供4人享用的套餐，其中允许一道虾（从3种虾中选）、一道牛肉（从5种牛肉中选）、一道鸡肉（从4种鸡肉中选）、一道猪肉（从4种猪肉中选）。每位顾客还可以再选一个汤或一个鸡蛋卷。问有多少种不同的菜单可能会被送到厨房去？

***29.** 把6个钥匙挂在一个钥匙圈上，假设钥匙圈的两面相同，且在钥匙圈上无法区分哪个钥匙是“第一个”。问共有多少种挂钥匙的方法？

30. 证明：如果$n>1$，那么$P(n,\ 2)=n^2-n$。

31. 证明：如果$n>0$，那么$P(n,\ n-1)=n!$。

32. 证明：如果$0\leqslant 2r\leqslant n$，那么$\dfrac{P(n,\ 2r)}{P(n,\ r)}=P(n-r,\ r)$。

1.3 背包问题

1.3.1 问题

一架美国航天飞机将被发射到沿地球轨道运行的空间站，其中有700千克载荷要分配给科学家们设计的实验。全美各地的学者们申请搭载他们的实验。他们必须事先说明想要放到轨道上的实验装置的重量。然后，一个评审小组将确定哪些申请是合理的。根据对科学发展的潜在重要性，这些申请被划分成10个等级（1为最低分，10为最高分），如下表所示。

实　验	重量（千克）	等　级	实　验	重量（千克）	等　级
1云层模型	36	5	7太阳黑子	92	2
2光速	264	9	8老鼠肿瘤	65	8
3太阳能	188	6	9失重藤蔓	25	3
4双子星	203	8	10太空尘埃	170	6
5相对论	104	8	11宇宙射线	80	7
6种子成活力	7	6	12酵母发酵	22	4

实验的选择必须使它们的等级总分尽可能的高。由于还有总重量不得超过700千克的限制，所以不太清楚该怎么做。例如，沿着上表的顺序开始考虑，实验1，2，3和4的总重量是691千克。由于实验5的重量达到104千克，所以不能把实验5放进去，否则就会超过700千克的限制。但是，可以把实验6包括进去，得到总重量698千克。下表显示了如何以这种方式从上至下地处理该表：随时计算当前的总重量，只要总重量不超过700千克就把实验加进去。

实　验	重　量	加入吗	总重量	等　级
1	36	是	36	5
2	264	是	300	9
3	188	是	488	6
4	203	是	691	8
5	104	否	691	—
6	7	是	698	6
7	92	否	698	—
8	65	否	698	—
9	25	否	698	—
10	170	否	698	—
11	80	否	698	—
12	22	否	698	—

注意，按这种方法选出来的实验的等级总分是

$$5+9+6+8+6=34。$$

问题是还能不能做得比这更好。由于选择实验时只是沿着它们的出现顺序，完全没有注意它们的等级，所以，很可能可以做得更好。也许这样的方法会更好：从等级最高的实验开始，把尽可能多的实验包括进去，然后继续考察其次的最高等级，如此继续。如果两个实验的等级一样，那么自然要选择重量轻的实验。下表显示了这个选择过程是如何进行的。

实 验	等 级	重 量	加入吗	总重量
2	9	264	是	264
8	8	65	是	329
5	8	104	是	433
4	8	203	是	636
11	7	80	否	636
6	6	7	是	643
10	6	170	否	643
3	6	188	否	643
1	5	36	是	679
12	4	22	否	679
9	3	25	否	679
7	2	92	否	679

用这种方法选出的实验是2，8，5，4，6和1，等级总分是$9+8+8+8+6+5=44$，这比前面的等级总分高了10分。但是，这个结果也许还可以进一步改进。

另一种思路是，从重量最轻的实验（实验6）开始，接着选出次轻的实验（实验12），如此继续，直到到达700千克的限制。请读者验证，按这种方法选出的实验是6，12，9，1，8，11，7，5和10，等级总分为49，比刚才那种方法更好。

然而，还有一种思路，对每个实验计算每千克的等级分比例，尽可能把比例高的实验包括进去。下面用另一个例子来说明这个想法，其中，被提交的有3个实验，并依然有700千克的重量限制，如下表所示。

实 验	重 量	等 级	比 例
1	390	8	$8/390\approx0.0205$
2	350	6	$6/350\approx0.0171$
3	340	5	$5/340\approx0.0147$

用这种新的方法，应选择实验1，因为它的比例最高。这样，另外两个实验就不能再加入了，等级总分为8。而这个结果不如选择实验2和3（等级总分为11）好。所以，比例方法也不能确保得到最优解。如果把这种方法用在原来的12个实验上，则可以选出9个实验组成的子集，等级总分为51。（见习题19。）然而，这还不是最优解。

1.3.2 分析

继续研究这个问题，拿出一个实验再放入一个实验，或许可以找到一组等级总分大于51的实验组合。即使这样，也难以肯定是否还可以对所得到的结果再进一步改进。注意，这又是一个优化问题：希望从给定的12个实验中选出一组实验，使其等级总分尽可能大，且总重量不超过700千克。

就像上一节的航班匹配问题那样，我们来使用一种冗长枯燥的方法，即尝试所有的可能性。即使有很多实验，让计算机来做计算工作可能仍然是解决这个问题的一个现实的途径。由于实验用1～12编号，为节约时间我们直接用数字表示实验。而为了以简洁的方式叙述问题，我们将引入某些术语（读者对它们可能已经很熟悉了）。

我们需要**集合**的概念。尽管不能用更简单的概念来定义集合，但我们可以把集合看作是某类对象的聚合，并且，对给定的任何一个对象，都可以指出这个对象是否在这个集合中。如果对象x在集合S中，则记作$x \in S$，否则记作$x \notin S$。

例1.3 设P是所有美国总统的集合，则乔治·华盛顿$\in P$，且本杰明·富兰克林$\notin P$。

如果U是1～12的所有整数的集合，则

$$5 \in U，且 15 \notin U。$$ ■

如果一个集合中只有有限个对象，则定义这个集合的一种方式是在大括号内直接列出所有的对象。例如，上例中的集合U也可以如下定义：

$$U=\{1，2，3，4，5，6，7，8，9，10，11，12\}。$$

如果集合中的元素比较多，难以全部列出，则可以用三个点来表示若干元素。例如，也可以把U写成：

$$U=\{1，2，3，\cdots，11，12\}。$$

还有一种表示集合的方式是在大括号里写一个变量表示该集合的典型元素，接着是一个冒号，再接着是对一个或若干个条件的描述，这些条件是变量要落入该集合所必须满足的。例如，

$$U=\{x：x是整数，且0<x<13\},$$

$$P=\{x：x是美国总统\}。$$

第二个表达式读作："使得x是美国总统的所有x的集合"。在这两个例子中，变量名字x是随意选取的，任何一个字母只要之前没有被赋予其他意义，就都可以使用。

设A和B都是集合。如果A的每个元素都在B中，则称A是B的**子集**（subset），记作

$$A \subseteq B$$

此时，也称A**包含于**（is contained in）B，或B**包含**（contain）A。一种等价的记法是

$$B \supseteq A 。$$

例1.4 如果集合U如上定义，且

$$T=\{1，2，3，4，6\},$$

则$T \subseteq U$。同样，如果

$$C=\{林肯，A.约翰逊，格兰特\},$$

则$C \subseteq P$，这里的P同前面一样，是美国总统的集合。而反之，$P \subseteq C$则是错误的。 ■

如果A是一个有限集，则$|A|$表示A中元素的个数。例如，如果C，T，U和P的定义如上，则$|C|=3$，$|T|=5$，$|U|=12$，$|P|=42$（截至2005年）。（不过乔治·布什常被列为美国第43任总统，但是，这是因为格若夫·克利夫兰被计算了两次，因为在克利夫兰的两个任期之间，由本杰明·哈里森担任总统。然而，一个元素只有两种情形：要么在集合中，要么不在；它不能在集合中重复出现。）**空集**（empty set）是指根本没有元素的集合，记为$\varnothing$。所以，如果A是一个集合，则$A=\varnothing$当且仅当$|A|=0$。

如果第一个集合中的每个元素都出现在第二个集合中，并且，第二个集合中的元素也都

出现在第一个集合中，则称这两个集合**相等**（equal）。所以，$A=B$当且仅当$A\subseteq B$且$B\subseteq A$。

1.3.3 回顾实验问题

有了集合的术语后，再回到选择实验这个问题。所有实验的集合为

$$U=\{1,\ 2,\ \cdots,\ 11,\ 12\},$$

而每一组选择对应于U的某个子集。例如，选择实验1，2，3，4和6，则相应的子集为

$$T=\{1,\ 2,\ 3,\ 4,\ 6\}。$$

这正是第一次尝试解决这个问题时选出的实验，它们的等级总分为34。

当然，因为有重量不得超过700千克的限制，U的某些子集是不可接受的。例如{2，3，4，10}这个子集，它的总重量是825千克。

我们可以简单地把U的所有子集都过一遍，同时计算出每个子集的总重量。如果一个子集的总重量不超过700千克，则把相应实验的等级分加起来。最后，就会找到一个（或多个）子集，它（们）具有最大的等级总分。

正如上一节那样，这引发出两个疑问：

（1）存在多少个子集？（又一个计数问题。）

（2）怎样列出所有子集，并确保没有遗漏？

我们先解决问题（1），把问题（2）留到1.4节。首先考虑一些较小的集合，以启发思路。

集 合	子 集	子集数
{1}	∅，{1}	2
{1，2}	∅，{1}，{2}，{1，2}	4
{1，2，3}	∅，{1}，{2}，{1，2}，{3}，{1，3}，{2，3}，{1，2，3}	8

可以发现，元素数为1的集合有2个子集，元素数为2的集合有4个子集，元素数为3的集合有8个子集。这些启发人们得到下面的定理，它将在2.6节中被证明。

定理1.3 *元素数为n的集合有2^n个子集。*

集合U有12个元素，根据这个定理，它有$2^{12}=4096$个子集。如果手工处理全部运算，计算量显然太大了，但对于计算机来说，问题就容易了。事实上，随着n的增大，2^n的增长速度不会像上一节提到的$n!$那么快。例如，2^{20}仅仅只有100万左右。假设计算机每秒能检查100万个子集，则它一秒钟内大约可以处理20个实验的所有可能的选择，这个时间比76 000年短得多。（分配20个飞行员到20个航班有20!种方式，我们已经知道检查这20!种方式要花费76 000年。）但即便这样，对于不算太大的n值，2^n还是会非常大。例如，2^{50}大约是1.13×10^{15}，我们的计算机要花36年才能处理完这么多的子集。

选择实验的问题是**背包问题**（knapsack problem）的一个例子。背包问题名称的来历是，一个徒步旅行者的背包空间是有限的，他必须选择一些东西放在里面——食物、急救包、水、工具等。每样东西都要占据一些空间，但对旅行者来说，都有一定的价值。所以，旅行者要选择放进背包的东西，以使它们的总价值最大。

与上一节的匹配问题不同，人们至今还不知道解决背包问题的高效方法。在下一节讨论了复杂性理论之后，“高效方法”的确切含义将会更清楚。

习题1.3

在习题1～14中，设$A=\{1, 2\}$，$B=\{2, 3, 4\}$，$C=\{2\}$，$D=\{x: x$是正奇数$\}$，$E=\{3, 4\}$，指出下列各命题是否正确。

1. $A \subseteq B$ **2.** $C \subseteq A$ **3.** $2 \subseteq A$ **4.** $B \subseteq D$

5. $10^6 \in D$ **6.** $C \in B$ **7.** $A \subseteq A$ **8.** $B-\{C, E\}$

9. $2 \in \{C, E\}$ **10.** $|\{C, E\}|=2$ **11.** $|\{2, 3, 4, 3, 2\}|=5$ **12.** $|\{\varnothing, \varnothing\}|=1$

13. $\varnothing \in A$ **14.** $\varnothing \subseteq \{C, E\}$

在习题15～18中，给定的集合表示航天飞机的实验选择，这些实验都是从正文中所给出的12个实验中选出的。判断每种选择是否可接受（即总重量不超过700千克）。如果可接受，则算出等级总分。

15. {2，3，9，10，12} **16.** {2，3，9，10，11}

17. {2，4，6，7，9，11} **18.** {2，3，4，6，9}

19. 假设对所提出的12个航天飞机实验中的每一个计算等级分与重量的比例，选择比例最高的实验，且保证总重量不超过700千克。哪些实验会被选中，等级总分是多少？

20. 列出集合{1，2，3，4}的子集，它们共有多少个？

21. 集合{Sunday，Monday，…，Saturday}有多少个子集？

22. 集合{Dopey，Happy，…，Doc}有多少个子集？

23. 集合{Chico，Harpo，Groucho，Zeppo，Gummo}有多少个子集？

24. 集合{13，14，…，22}有多少个子集？

25. 假设m、n是正整数，且$m<n$，集合$\{m, m+1, \cdots, n\}$有多少个元素？

26. 集合{2，4，8，…，256}有多少个子集？

27. 一个玩纸牌的人可以打出其5张牌中的若干张，然后补进新的牌，规则是不能把5张牌都打掉。问出牌的集合可能有多少种？

28. 在上题中，假设最多可以打出3张牌。问玩牌者共有几种选择？

29. 用一台每秒可以检查100万个子集的计算机检查含有40个元素的集合的子集要花费多少时间？

30. 找出正文中的12个实验的一个子集，使其总重量正好为700千克，等级总分为49。

1.4 算法及其效率

1.4.1 算法的比较

前几节介绍了一些算法，用以解决实践中的某些组合问题，从中也可以看到，在有些情况下，要解决一个规模适度的问题，即使使用高速计算机也可能要花费很长（长得不切实际）时间。显然，如果一个算法的运行要使用过于昂贵的设备，超过了我们的预算，或者得等太长的时间才能算出结果，以至于丧失了解答的价值，那么这个算法就是不实用的。本节我们将更详细地考察算法的创建和效率。

假定我们所建立的算法由数字计算机来执行。这意味着必须准备一组精确的指令（即"程序"）来告诉计算机做什么。当把一个算法介绍给人时，可以以一种比较随意的方式进行解释，使用例子或参考其他熟知的算法。（回想一下在小学里是如何向孩子们解释长除法运算的。）而要告诉计算机怎么做，必须使用更有组织的、更精确的表达方式。

大多数计算机程序都使用某种特定的高级语言编写，例如，FORTRAN、BASIC、COBOL或C。本书中，我们将不采用任何特定的计算机语言来编写算法，而采用一种高度组织化的、精确的文字描述，从它出发可以很容易地编写出程序。通常来说，这样的程序是指由若干个步骤组成的带编号的序列，并且还带有如何从一个步骤进行到下一个步骤的精确指令。关于算法中术语的解释请参见附录C。

当然，无论我们找到的算法如何好，一个大而复杂的问题总是需要一个长而复杂的求解过程。对于选择最优的一组实验放到航天飞机上去的那个问题（见1.3节），如果在12个实验中做选择，则需要查看大约4000个子集，如果有20个实验，则大约会有1 000 000个子集，是刚才的250倍。对这个例子中的问题，其“尺寸（size）”的一个合理的度量是实验的个数，我们把它记为n。对于每种类型的问题，我们总可以确定某个量为n，它度量了问题的解答所基于的信息量。不可否认，选择哪个量作为n常常是有点随意的。精细的选择可能并不重要，但是，在比较两个做同样工作的算法时，n在两个算法中应表示相同的量。

我们还要度量在求问题的解时所做的工作量。当然，这依赖于n，并且对于一个令人满意的算法来说，随着n的增大，工作量不会增加太快。这需要某个单位来度量算法求解过程的尺寸。例如，在航天飞机问题中，我们知道n个实验的集合有2^n个子集需要检查。“检查”一个子集本身又包含一些计算：要把实验的重量相加，看一下是否超过700千克这个限制，如果没有超过，则计算子集的等级总分，且要和前面的最高等级分进行比较。对于某个具体子集，这个工作量由其中的实验数量决定。

我们采用度量算法规模的常规方法，计算算法所需要的基本运算的总数，这里，基本运算是指两个数的加、减、乘、除和比较。例如，将k个数a_1，a_2，…，a_k相加，需要$k-1$次加法，计算过程如下：

$$a_1+a_2，(a_1+a_2)+a_3，\cdots，(a_1+\cdots+a_{k-1})+a_k。$$

我们把一个算法所需的基本运算的总数称为算法的**复杂性**（complexity）。

以这种方式度量算法的复杂性有两个缺点：

（1）本质上，这种方法假定每个基本运算都花费同样长的时间，并在此前提下估量算法的执行时间。但是，计算机有内存的限制，算法需要存储的数据可能会超过计算机的容量，可能不得不使用附带的低速存储器，以至于减慢处理速度。至少计算机存储器本身具有一定的价值，这种对基本运算的简单计数没有把它考虑在内。

（2）也许并非所有的运算都花费相同的计算机时间。例如，除法可能比加法花费的时间多。基本运算所花费的时间也与数据的大小有关，对较大的数进行计算，所花费的时间也较长。而仅仅给一个变量赋值也要花费计算机时间，不过这个时间我们没有计算在内。

尽管可以对我们所描述的度量算法复杂性的方法提出种种质疑，但是，为了简化问题并避免考虑特定计算机的内部操作，本书将使用这种方法。

1.4.2 多项式求值

下面考虑有关算法及其复杂性的一些例子。首先从x^n的求值问题开始，这里，x是某个数，n是正整数。为了把它分解成基本运算，可以先计算$x^2=x\cdot x$，然后是$x^3=(x^2)\cdot x$，…，直到得到x^n。计算x^2要用1次乘法，计算x^3要用2次乘法，依次类推，计算x^n总共需要$n-1$次乘法。这个过程可表示成如下算法。

x^n的求值算法

给定一个实数x和一个正整数n，本算法计算$P=x^n$。

步骤1（初始化）

　　令$P=x$，$k=1$

步骤2（下一个幂值）

while $k<n$

（a）令$P=Px$

（b）令$k=k+1$

endwhile

步骤3（输出$P=x^n$）

打印P

注意，步骤2共做了$n-1$次乘法和$n-1$次加法。由于当$k=n$时退出步骤2，所以步骤2还做了n次比较。因此，用这个算法计算x^n共需要$3n-2$次基本运算。

由于估计算法运算次数的方法总包含这样或那样的不精确性，所以，通常对精确计数不感兴趣。只要知道计算x^n大约需要$3n$次运算，甚至只知道运算次数小于n的某个常数倍就可以了。随着n的增加，有些算法的运算次数增长得非常快，我们的重点主要集中在避免（如果可能的话）这样的算法。

在本书以后的章节中，经常会用一种不太正式的方式书写算法，这可能会使对基本运算的精确计数变得不太现实。比如，在上面的算法中，我们可能不说“每次把k增加1，然后将其新值与n做比较”，而是简单地叙述成“for $k=1$ to $n-1$令$P=Px$”。在计算机高级语言中，通常可以用这样的某种语句定义循环。如果对每个k值，运算次数都不超过某个常数C，那么算法的复杂性不超过Cn。（事实上，对刚才的算法，可以取$C=3$。）通常，是否知道C的精确值并不重要。在本节的后面，在有了更多的算法例子以后，我们将说明为什么这是正确的。

下面给出两个目的相同的算法的例子，但其中一个比另一个效率更高。这里，术语“**x的n次多项式**”是指如下形式的表达式：

$$P(x)=a_nx^n+a_{n-1}x^{n-1}+\cdots+a_1x+a_0,$$

这里，a_n，a_{n-1}，…，a_0都是常数，且$a_n\neq 0$。所以，x的多项式是一些项的和，每个项要么是常数，要么是常数和x的正整数次方的乘积。下面将考虑两个计算多项式值的算法。第一个看上去可能更自然：从a_0开始，接着加a_1x，再加a_2x^2，依此类推。

多项式求值算法

给定非负整数n和实数x，a_0，a_1，…，a_n，本算法计算$P(x)=a_nx^n+a_{n-1}x^{n-1}+\cdots+a_0$。

步骤1（初始化）

令$S=a_0$，$k=1$

步骤2（加下一项）

while $k\leqslant n$

（a）令$S=S+a_kx^k$

（b）令$k=k+1$

endwhile

步骤3（输出$P(x)=S$）

打印S

在这个算法的步骤2中，要检验$k\leqslant n$是否成立，随着$k=1$，2，…，$n+1$，总共检验了$n+1$次。对每个具体的k（$k\leqslant n$）值，这个算法要做1次比较、2次加法（计算S和k的新值）和1次乘法（a_k和x^k相乘），总共4次运算，但其中假定已经知道x^k的值。刚才已经看到，计算x^k的值需要进行$3k-2$次运算。所以，对给定的k（$k\leqslant n$）值，要做$4+(3k-2)=3k+2$次运算。取$k=1$，2，…，n，得到总运算次数为

$$5+8+11+\cdots+(3n+2)。$$

2.5节将证明这个和式的值是$\frac{1}{2}(3n^2+7n)$。加上$k=n+1$时的一次额外比较，得出总运算次数是$\frac{1}{2}(3n^2+7n)+1$。

注意，在这里，算法的复杂性本身就是n的多项式，即$1.5n^2+3.5n+1$。对一给定的n的k次多项式，比如说$a_kn^k+a_{k-1}n^{k-1}+\cdots+a_0$，当$n$充分大时，项$a_kn^k$的绝对值大于所有其他项的绝对值之和。所以，如果一个算法的复杂性是n的多项式，那么关键的是多项式的次数，甚至连n的最高次项的系数也是次要的。刚才介绍的那个算法的复杂性是以n^2（而不是n或n^3）为最高次项的n的多项式，对我们来说，这个事实比“n^2的系数是1.5”更重要。

如果一个算法的复杂性不超过$Cf(n)$，其中C是某个常数，$f(n)$是关于n的非负表达式，则称该算法的**阶是至多$f(n)$的**（order at most $f(n)$）。回顾多项式求值算法，其复杂性是$1.5n^2+3.5n+1$。不难看出，对所有正整数n，$3.5n+1\leqslant 4.5n^2$。所以，对所有正整数n有

$$1.5n^2+3.5n+1\leqslant 1.5n^2+4.5n^2=6n^2。$$

所以，该多项式求值算法的阶是至多n^2的（取$C=6$）。类似的证明显示，一般地，如果一个算法的复杂性不超过一个k次多项式，则其阶不超过n^k。

下面介绍一个效率更高的多项式求值算法，它由英国一位中学校长W. G. Horner首先发表于1819年。下列计算（$n=3$）展示了这个算法背后的思想。

$$a_3x^3+a_2x^2+a_1x+a_0=x(a_3x^2+a_2x+a_1)+a_0$$
$$=x(x(a_3x+a_2)+a_1)+a_0=x(x(x(a_3)+a_2)+a_1)+a_0。$$

Horner的多项式求值算法

给定非负整数n和实数x，a_0，a_1，…，a_n，本算法计算$P(x)=a_nx^n+a_{n-1}x^{n-1}+\cdots+a_0$。

步骤1（初始化）

　　令$S=a_n$，$k=1$

步骤2（计算下一个表达式）

　　while $k\leqslant n$

　　　（a）令$S=xS+a_{n-k}$

　　　（b）令$k=k+1$

　　endwhile

步骤3（输出$P(x)=S$）

　　打印S

下表显示了对$n=3$，多项式$P(x)=5x^3-2x^2+3x+4$（即$a_3=5$，$a_2=-2$，$a_1=3$，$a_0=4$）和$x=2$，该算法是如何运行的。

	S	k
开始：	$a_3=5$	1
	$xS+a_2=2(5)+(-2)=8$	2
	$xS+a_1=2(8)+3=19$	3
	$xS+a_0=2(19)+4=42$	4

在步骤2中，对$k=1$，2，…，$n+1$检验$k\leqslant n$是否成立，总共检验$n+1$次。每次（除了最后一次外）仅需要1次比较、1次乘法、2次加法和1次减法。所以，这个n次多项式的求值算法恰好要做$5n+1$次运算，与第一个算法的$\frac{1}{2}(3n^2+7n)+1$次运算相比，如果$n=10$，则第二个算法要做51次运算，而第一个算法要做186次；对更大的n值，区别将更明显。更明确地说，Horner的多项式求值算法优于前一个算法，因为它的阶不超过n，而对第一个算法，我们只能说它的阶不超过n^2。

到目前为止，我们所提出的算法都很简单，可以确切地计算出它的复杂性。但是，所需运算的确切次数经常不仅仅依赖于n。例如，对n个数依照数值的次序进行排序的算法，其所需的步骤可多可少，取决于这些数有怎样的初始排列。这里，可以计算出可能的最坏情况下的运算次数，实际的运算次数将小于或等于这个数。

今后我们可能会以非正式的方式给出比较复杂的算法。对它们的复杂性的精确分析需要更详细的、展现了每个基本运算的描述，类似于用某种计算机语言编写的实际程序。在这种情况下，“算法的阶不超过$f(n)$”的意思是指：存在一个计算机的实现，其基本运算的次数不超过$Cf(n)$（C为某个常数）。

1.4.3 子集生成算法

在航天飞机问题的解答中需要产生子集，现在考虑一个生成子集的算法。若集合S包含n个元素x_1，x_2，…，x_n，则一种简洁的表示S的子集的方法是，把它表示成由0和1组成的串，其中，若$x_k\in S$，则串中的第k个元素为1，否则为0。例如，若$n=3$，则8（$=2^3$）个串及其对应的子集如下所示。

000	$\varnothing$	100	$\{x_1\}$
001	$\{x_3\}$	101	$\{x_1, x_3\}$
010	$\{x_2\}$	110	$\{x_1, x_2\}$
011	$\{x_2, x_3\}$	111	$\{x_1, x_2, x_3\}$

通过这个列表，可以看出如何按照上面的次序来生成这些0-1串：先寻找最右面的0，把它变成1，然后再把它右面的所有数字都变成0。若设

$$a_1a_2\cdots a_n$$

是给定的串，它由n个0和1组成，则下面的算法生成下一个串。

后续子集算法

给定一个正整数n和一个由0、1组成的串$a_1a_2\cdots a_n$，它对应于一个含n个元素的集合的一个子集，本算法将计算下一个子集所对应的0-1串。

步骤1（初始化）

　　令 $k=n$

步骤2（寻找最右面的0）

　　while $k\geqslant 1$且$a_k=1$

　　　　令$k=k-1$

　　endwhile

步骤3（如果存在0，则形成后续串）

　　if $k\geqslant 1$

```
步骤3.1（把最右面的0变成1）
    令a_k=1
步骤3.2（把a_k后面的1变成0）
    for j=k+1 to n
        令a_j=0
    endfor
步骤3.3（输出）
    打印a_1a_2…a_n
otherwise
步骤3.4（没有下一个串）
    打印"本串是全1"
endif
```

在该算法中，步骤2从串的最右面出发寻找等于0的数字a_k。（如果所有的数字都是1，则k取到0，并且算法在步骤3.4结束。）然后，在步骤3.1中a_k变为1；在步骤3.2中，a_k右面的数字都变为0。尽管由于步骤2和步骤3的替换最多重复n次，算法的运算次数不会超过某个常数和n的乘积（n的常数倍），但算法的实际运算次数由初始串$a_1a_2\cdots a_n$决定。

下面考虑如何把这个算法应用到前面的航空实验问题上去。我们将重点判断那些已经生成的子集是否具有不超过700千克的总重量。设W_i是第i个实验的重量，那么需要计算

$$a_1W_1+a_2W_2+\cdots+a_nW_n$$

并检查它是否大于700。如果我们在a_i等于1时包括实验i，在a_i等于0时放弃该实验，那么这个和就是子集中所包括的所有实验的总重量。请读者验证：计算这个和需要使用n次乘法和$n-1$次加法，如果不计任何比较或下标改变，则总共是$2n-1$次运算。

因为包含n个实验的集合存在2^n个子集，又因为产生每个子集并进行检验需要执行n的倍数次运算，所以，这种选择最佳实验组合的方法的复杂性是$Cn\cdot 2^n$（其中C是某个常数）。随着n的增大，这个表达式的值增长得相当快。下表显示了一台每秒执行一百万次运算的计算机，对不同的n执行$n\cdot 2^n$次运算所需要的时间。为了便于比较，执行$1000n^2$次运算所需要的时间也列于表中。

n	10	20	30	40	50
$n2^n$次运算	0.01秒	21秒	9小时	1.4年	1785年
$1000n^2$次运算	0.1秒	0.4秒	0.9秒	1.6秒	2.5秒

上面的表格说明，简单地加快计算机的速度也许并不能使一个算法变得实用，甚至对中等大小的n也是如此。例如，如果计算机每秒能执行10亿次运算而不是100万次（比原来快了1000倍），当$n=50$时，执行$n2^n$次运算也需要1.785年。

通常，若一个算法的复杂性不超过n的某个多项式，则这个算法被认为是“好的”。当然，在实践中，若出现的n值足够小，则非多项式的复杂性也可以接受。

随着n的增大，n的表达式也会以不同的速率增长。通常，以一个比1大的数为底的n的指数表达式比其他类型n的多项式都增长得快，但$n!$增长得更快。另一方面，虽然$\log_2 n$（将在2.4节中解释）会随着n的增长而无限地增长，但它比n的任何一个正数次幂都增长得慢。在数学上，比较这些表达式需要一些不适合在本课程中介绍的分析方法，但是，我们提供了下表

以展示各种表达式的增长情况。表中所给的时间是指在每秒执行100万次运算的计算机上执行$f(n)$次运算所需的时间。

$f(n)$ \ n	10	20	30	40	50	60
$\log_2 n$	0.000 003 3秒	0.000 004 3秒	0.000 004 9秒	0.000 005 3秒	0.000 005 6秒	0.000 005 9秒
$n^{1/2}$	0.000 003 2秒	0.000 004 5秒	0.000 005 5秒	0.000 006 3秒	0.000 007 1秒	0.000 007 7秒
n	0.000 01秒	0.000 02秒	0.000 03秒	0.000 04秒	0.000 05秒	0.000 06秒
n^2	0.000 1秒	0.000 4秒	0.000 9秒	0.001 6秒	0.002 5秒	0.003 6秒
n^2+10n	0.000 2秒	0.000 6秒	0.001 2秒	0.002 0秒	0.003 0秒	0.004 2秒
n^{10}	2.8小时	119天	19年	333年	3097年	19 174年
2^n	0.001秒	1秒	18月	13天	36年	36 559年
$n!$	3.6秒	77 147年	8.4×10^{18}年	2.6×10^{34}年	9.6×10^{50}年	2.6×10^{68}年

1.4.4 冒泡排序

下面将给出一个算法，用于对项的列表排序，这些项拥有自然的顺序，比如高尔夫比赛中的得分（这里指数值的顺序）或列表中的名字（这里指字母的顺序）。这类算法中最为人们熟知的是**冒泡排序**，之所以这么命名是因为它的操作过程与一杯水中底部产生的一个水泡冒到水的表面所发生的移动相似。更小的项“冒到”列表的前面。为了便于讨论，假设列表中的项a_1，a_2，…，a_n是实数。

首先考虑列表中的最后两项a_{n-1}和a_n，如果a_n小于a_{n-1}，则交换这两项。接着考虑在$n-2$和$n-1$这两个位置上的项。若第$n-1$项小于第$n-2$项，则再交换这两项。比较相邻项的这个处理过程一直持续，直到完成最前面的两项的比较及其交换（若需要交换）。

此时，列表中最小的项被移到了第一个位置上。然后重新开始，再重复一次，但这次操作只包括目前在第2到第n个位置上的元素。这次将把第2到第n个位置中最小的元素移到第2个位置上。继续这个处理过程，直到初始列表中的所有元素都按升序排列。

冒泡排序算法

本算法按升序排列列表a_1，a_2，…，a_n中的数。

步骤1（设置子表的起点）

    for $j=1$ to $n-1$

    步骤1.1（寻找子表中的最小元素）

      for $k=n-1$ to j by -1

        步骤1.1.1（如有必要，则交换两个元素）

          if $a_{k+1}<a_k$

            交换a_{k+1}和a_k的值

          endif

      endfor

    endfor

步骤2（按升序输出列表）

    打印a_1，a_2，…，a_n

例1.5 用冒泡排序法对7，6，14，2排序。下图显示了列表中的各个数在执行算法步骤

1.1.1时的位置。带圈的数表示正在被比较的那两个数。

a_1	a_2	a_3	a_4	j	k
7	6	14	2	1	3
7	6	2	14		2
7	2	6	14		1
2	7	6	14	2	3
2	7	6	14		2
2	6	7	14	3	3
2	6	7	14		

所以，按升序排列给定的列表共需6次比较。 ■

为了度量排序算法的效率，就要计算对n个项进行排序时需要多少次比较。注意，每次比较还伴随了若干其他运算，这些运算的次数有一个上界，所以算法的复杂性不会超过某个常数和比较次数的乘积。

第一遍处理贯穿整个列表，需要$n-1$次比较，它把最小的元素放到列表的最前面。第二遍处理排在第2位到第n位的元素，共需要$n-2$次比较。如此持续到最后一遍，此时仅需要比较改变了的列表的最后两项。总共需要

$$(n-1)+(n-2)+(n-3)+\cdots+3+2+1$$

次比较。根据第2章的公式，上面的表达式等于$\dfrac{n^2-n}{2}$。所以冒泡排序算法的阶是至多n^2的。

习题1.4

判断习题1～6中的表达式是否是关于x的多项式，如果是，则给出多项式的次数。

1. $5x^2-3x+\dfrac{1}{2}$　　**2.** 16　　**3.** $x^3-\dfrac{1}{x^2}$

4. 2^x+3x　　**5.** $\dfrac{1}{2x^2+7x+1}$　　**6.** $2x+3x^{1/2}+4$

在习题7～10中，应用多项式求值算法计算$P(x)$的过程，指出在这个过程中S所取到的各个值。然后，利用Horner的多项式求值算法，重复同样的计算。

7. $P(x)=5x+3$，$x=2$　　**8.** $P(x)=3x^2+2x-1$，$x=5$

9. $P(x)=-x^3+2x^2+5x-7$，$x=2$　　**10.** $P(x)=2x^3+5x^2-4$，$x=3$

在习题11～14中，应用后续子集算法，指出所产生的下一个串。

11. 110101　　**12.** 110111　　**13.** 001101　　**14.** 001001

在习题15～18中，将后续子集算法应用于给定的串，制作一个表，列出每一步后k、j和a_1，a_2，…，a_n的值。

15. 101　　**16.** 111　　**17.** 1101　　**18.** 1110

在习题19～22中，如例1.5所示，利用冒泡排序算法对各个给定的数的表列进行排序。

19. 13，56，87，42　　**20.** 23，5，17，12

21. 6，33，20，200，9　　**22.** 88，2，75，10，48

在习题23～26中，对一台每秒执行一百万次运算的计算机，估算它执行3^n次和$100n^3$次运算所花费的时间。

23. $n=20$　　**24.** $n=30$　　**25.** $n=40$　　**26.** $n=50$

在习题27～30中，指出给定的算法要执行多少次基本运算（取决于n）。

27. $n!$的求值算法。

步骤1 令$k=0$，$P=1$
步骤2 **while** $k<n$
(a) 令$k=k+1$
(b) 令$P=kP$
endwhile
步骤3 打印P

28. 含n项的等差级数的求和算法，级数的第一项为a，公差为d。

步骤1 令$S=a$，$k=1$，$t=a$
步骤2 **while** $k<n$
(a) 令$t=t+d$
(b) 令$S=S+t$
(c) 令$k=k+1$
endwhile
步骤3 打印S

29. 含n项的等比级数的求和算法，级数的第一项为a，公比为r。

步骤1 令$S=a$，$P=ar$，$k=1$
步骤2 **while** $k<n$
(a) 令$S=S+P$
(b) 令$P=Pr$
(c) 令$k=k+1$
endwhile
步骤3 打印S

30. 计算F_n的算法，F_n为斐波那契（Fibonacci）数列中的第n个数（定义见2.5节）。

步骤1 令$a=1$，$b=1$，$c=2$，$k=1$
步骤2 **while** $k<n$
(a) 令$c=a+b$
(b) 令$a=b$
(c) 令$b=c$
(d) 令$k=k+1$
endwhile
步骤3 打印b

多项式求值算法的效率不高是因为对每个k的值都要重新计算x^k。下面给出的改进算法改进了这个缺陷。

改进的多项式求值算法

给定非负整数n，实数x，a_0，a_1，…，a_n，本算法计算$P(x)=a_nx^n+a_{n-1}x^{n-1}+\cdots+a_0$。
步骤1（初始化）

令$S=a_0$，$y=1$，$k=1$

步骤2（加下一项）

while $k \leqslant n$

(a) 令$y=xy$

(b) 令$S=S+ya_k$

(c) 令$k=k+1$

endwhile

步骤3（输出$P(x)=S$）

打印S

在习题31～32中，在应用改进的多项式求值算法计算$P(x)$的过程中，指出在这个过程中S所取到的各个值，其中$P(x)$和x与指定习题中的$P(x)$和x相同。

31. 习题9。

32. 习题10。

33. 证明改进的多项式求值算法的复杂性是$5n+1$。

历史注记

Leonardo of Pise (Fibonacci)

第1章描述了算法的组织特性。从PERT图到匹配和背包问题，重点在于考察步骤的序列，这个序列用来处理和解决问题。算法从一开始就是数学的一部分。在《莱因德纸草书》（约公元前1650年）和巴比伦的许多楔形文字泥版（约公元前1750年）上都留有这样的痕迹：人们试图把问题的解概括为计算公式[73，74]⊖。这些公式就是算法的表现形式。

希腊人为如何进行各种几何构造和分析数论中的基本问题提供了方向。在后者中，最著名的也许是给出了前n个素数的埃拉托色尼（Eratosthenes）筛法，寻找一对给定正整数的最大公约数的欧几里得（Euclid）算法，以及求代数方程解的丢番图（Diophantus）方法。1202年，比萨的列昂纳多（Leonardo of Pisa），即斐波那契（Fibonacci），出版了他的《算盘书》（Liber Abaci），正是在这本书中，欧洲人第一次系统地讲述了阿拉伯数字及其运算的算法[78，79，85]。

通过引用问题中第一人和第二人持有的量，解释如何巧妙地获得手头的情况的答案，斐波那契阐述了他的算法。尽管希腊人在很早的时候就用字母来表示点，但直到维特（François Viète，1540—1603）的工作出现后，代数运算的算法才开始被表示成当今的符号形式。

“algorithm”（算法）这个名称有其本身的历史踪迹。在关于印度-阿拉伯数字算术的文献中，最早的文本之一是由穆罕默德·花拉子密（Mohammad ibn-Musa al-Khwarizmi，约783—850年）用阿拉伯文写的，他的书名是《关于还原与消去的规则》（Al-jabr wa’l muqbalah）。虽然此书的原版已经失落，我们只有此书12世纪的拉丁文译本的一部分，但是作者和此书对我们今天所说的和所做的有很大的影响。“algorithm”（算法）这个单词就是“al-Khwarizmi”（花拉子密）名字的某个英国式版本，而我们现今沿用的单词“algebra”（代数）则出自他的书名。在中世纪，花拉子密的名字以“algorithmicians”（算法家）这个单词的形式出现，代表采用印度-阿拉伯算法的计算，以区分“abacists”（算盘家）的工作，后者基于罗马数字并采用计数表格和涉及算盘的方法来计算[73，74，85]。

中世纪以后，“算法”这个单词的各种形式曾经从通常的应用中消失，但在1850年左右又重

⊖ 括号中的数字代表本书末尾“历史注记的参考文献”的序号。

新出现，这是重新分析花拉子密工作的一个结果。1900年以来，数学家和计算机科学家们着力于认识各种过程的效率，于是，详细地说明一个过程中的各个步骤，这样的观念越来越重要。

Augusta Ada Byron

奥古斯塔·艾达·拜伦（Augusta Ada Byron, 1815—1852），即拉夫罗斯（Lovelace）伯爵夫人，是首先认识到算法在开发计算设备中具有重要作用的人之一。艾达·拜伦是英国诗人拜伦勋爵唯一的孩子，她曾有幸得到了德摩根（Augustus De Morgan, 1806—1871）的指导，并与第一台自动计算机的发明人巴比奇（Charles Babbage，1791—1871）一起工作。虽然发明的这台机器从来没有无错地工作过，但对机器背后的思想，艾达·拜伦的贡献与巴比奇同样大。描述如何在巴比奇的分析机上编程以执行计算和推导，这是艾达·拜伦的贡献，人们以她的名字命名了程序设计语言ADA，以纪念她的这项贡献[83]。

1958年，为了组织建造第一艘核潜艇，美国海军和西屋电气公司（Westinghouse）的工程师们首先提出和使用了前面提到的计划评估技术及关键路径方法。这个方法实质上也同时被杜邦（du Pont）公司的化学工程师们及英国、法国和德国的运筹学研究者们所发现。随着图论方法日益为人们所认识，全世界的数学家们都开始采用图论表示法表示和研究与序有关的问题。

补充习题

1. 用PERT方法确定下图的项目总时间和关键路径。

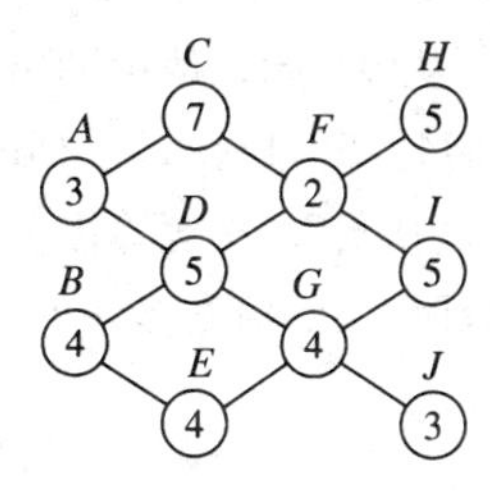

2. 下表给出了完成每项任务所需的时间及其前继任务。画出PERT图，确定项目的总时间和关键路径。

任务	时间	前继任务	任务	时间	前继任务
A	3	无	F	6	C, D, E
B	5	无	G	3	D, E
C	2	A	H	3	F, G
D	4	A, B	I	2	F, G
E	6	A, B			

3. 在制造某种玩具时，机器1制造玩具的A部件需要3分钟，机器2制造B部件需要5分钟，机器3制造盒子需要2分钟，机器4把两个部件装配起来需要2分钟，机器5将玩具装进盒子里需要1分钟。问制造5个玩具且把它们装进盒子需要多少时间？

4. 计算 $\frac{8!}{5!}$。

5. 计算$P(11，6)$。

6. 一个棒球队中有2个接球手，4个首发投手，5个替补投手。必须从中选出接球手、首发投手和替补投手各1名去参加全明星赛。若要求这三个人是不同的，则有多少种选择方法？

7. 一个篮球队中有3个中锋，4个后卫，4个前锋。要从中选出最有价值球员、队长和最有进步球员。

如果这三个球员必须是不同的人，则有多少种选法？

8. 一个学生会中有10名低年级学生，13名高年级学生。根据有关规定，主席和财务主管必须是高年级学生，副主席和秘书必须是低年级学生。四个职位要由不同的学生担任，问有多少种选法？

设$A=\{1，3，5\}$，$B=\{2，6，10\}$，$C=\{x：x$是一个整数且$0<x<10\}$。判断习题9～16中的命题是否为真。

9. $B\subseteq C$　**10.** $A\subseteq C$　**11.** $6\subseteq B$　**12.** $A\in C$

13. $\{1\}\subseteq A$　**14.** $6\in C$　**15.** $\varnothing\subseteq B$　**16.** $|\{\varnothing\}|\in A$

17. $|\{X:X\subseteq\{2, 4, 6, 8, 10\}|$是什么？

18. 在辛辛那提，有一种墨西哥菜是用意大利式细面条做成的，上面可以随意选择加或不加肉酱、奶酪、洋葱末和豆荚。问这种墨西哥菜共有几种订菜方式？

19. 5个学生决定派代表团去说服教授延期考试。代表团中要有一名发言人，可能还要一些陪同人员。问有多少种选择代表团人员的方式？

判断习题20～23中的表达式是否是关于x的多项式，如果是，则给出它的次数。

20. $2x+3+4x^{-1}$　**21.** $x^{100}-3$　**22.** $\log_2 10$　**23.** $3x^{1.5}+1.5x^3$

24. 设$P(x)=3x^3+4x-5$。在应用多项式求值算法计算$P(x)$（$x=3$）的过程中，计算S所取到的各个值。

25. 用Horner多项式求值算法解决上题中的问题。

26. 设$S=\{1，2，3，4\}$。用后续子集算法，从$\varnothing$开始，依次列出S的所有子集。

27. 像例1.5那样，利用冒泡排序算法对数列44，5，13，11，35进行排序。

28. 在一台每秒执行十亿次运算的计算机上，执行25!次运算需要多少时间？

29. 对$n=18$应用下面的算法。问当算法结束时，s的值是多少？

步骤1 令$d=1$，$s=0$

步骤2 **while** $d\leqslant n$

　　步骤2.1 **if** $\dfrac{n}{d}$是整数

　　　　令$s=s+d$

　　endif

　　步骤2.2 令$d=d+1$

　endwhile

30. 对$n=100$应用下面的算法。问当算法结束时，s的值是多少？

步骤1 令$s=n$

步骤2 **repeat**

　　步骤2.1 令$t=s$

　　步骤2.2 **while** s是偶数

　　　　令 $s=\dfrac{s}{2}$

　　endwhile

　　步骤2.3 令$s=3s+1$

　　until $s=t$

31. 下面的算法计算前n个数的平方和，确定它用了多少次基本运算（答案与n有关）。

步骤1 令$S=1$，$k=1$

步骤2 **while** $k<n$

(a) 令$S=S+k\times k$

(b) 令$k=k+1$

endwhile

步骤 3 打印S

32. 下面的算法计算$P(n, r)$，确定它用了多少次基本运算（答案与n和r有关）。

步骤1 令$k=1$，$Q=n$

步骤2 **while** $k<r$

(a) 令$Q=(n-k)Q$

(b) 令$k=k+1$

endwhile

步骤 3 打印Q

33. 编写一个执行PERT方法的形式算法，计算项目时间并确定关键路径。假设输入数据如习题2那样以表格的形式给出。

计算机题

编写具有指定输入和输出的计算机程序。

1. 给定n，计算n的阶乘。

2. 给定n和r，且$0\leqslant r\leqslant n$，计算$P(n, r)$。

3. 用x^n的求值算法计算x^n，x是给定的实数，n是正整数。

4. 给定一个实数x，利用多项式求值算法计算

$$P(x)=35x^4-17x^3+5x^2+41x-29。$$

在这个程序中调用上题的程序。对$x=1, 2, \cdots, 100$，用这个程序计算$P(x)$，并对所花费的时间进行计时。

5. 利用Horner的多项式求值算法，对任意实数x，计算$P(x)$，这里$P(x)$与上题所给出的相同。对$x=1, 2, \cdots, 100$，用这个程序计算$P(x)$，并对所花费的时间进行计时。

6. 给定一个长度为12的由0和1组成的串，应用后续子集算法求下一个串。

7. 利用上题的结果，输出所有可能的长度为12的由0和1组成的串。

8. 在1.3节中的航天实验问题中，检查由12个实验组成的集合的所有子集，从而找出一个最优子集，它的总等级分是53。这个子集中有哪些实验？

9. 给定n，输出所有可能的长度为n的由0和1组成的串。

10. 给定一个有10个数的列表，应用冒泡排序算法，以升序输出列表。

推荐读物

1. Graham, Ronald L. "The Combinatorial Mathematics of Scheduling." *Scientific American* (March 1978): 124–132.
2. Lawler, Eugene L. *Combinatorial Optimization: Networks and Matroids.* New York: Holt, Rinehart, and Winston, 1976.
3. Lewis, Harry R. and Christos H. Papadimitriou. "The Efficiency of Algorithms." *Scientific American* (March 1978): 96–109.
4. Lockyer, K.G. *An Introduction to Critical Path Analysis.* 3d ed. London: Pitman and Sons, 1969.
5. Niven, Ivan. *Mathematics of Choice or How to Count Without Counting.* New York: L.W. Singer, 1965.
6. Pipenger, Nicholas. "Complexity Theory." *Scientific American* (June 1978): 114–124.

集合、关系和函数

正如在第1章所描述的那样，离散数学关注于解决那些可能性的数量是有限的问题。在讨论一个问题以求其解时，往往如同1.3节中分析背包问题那样，需要考虑所有的可能性。利用集合可以使这种方法更简单。在另一些情况下，可能需要考虑集合中元素之间的关系。这种关系常可用数学上的关系和函数的概念来表达。本章将研究这些基本概念以及离散数学中的一种重要的证明方法——数学归纳法原理。

2.1 集合运算

1.3节介绍了一些关于集合的基本概念，本节将讨论由已知集合产生新集合的几种方法。

在1.3节讨论过的那个例子中，假定要在航天飞机两次连续的航行中携带一些实验，如果$S=\{1, 5, 6, 8\}$是第一次航行中携带的实验的集合，$T=\{2, 4, 5, 8, 9\}$是第二次航行中携带的实验的集合，那么$\{1, 2, 4, 5, 6, 8, 9\}$是如下实验的集合：它们或者在第一次航行中携带，或者在第二次航行中携带，或者在两次航行中都携带。这个集合称为集合S和T的并集。

更一般地，集合A和集合B的**并集**（union）指的是由A和B中的所有元素所组成的集合。所以，一个元素x在集合A和集合B的并集中有以下3种情况：

（1）$x\in A$且$x\notin B$

（2）$x\notin A$且$x\in B$

（3）$x\in A$且$x\in B$

集合A和集合B的并集记为$A\cup B$。于是，

$$A\cup B=\{x: x\in A \text{ 或} x\in B\}。$$

在航天实验的例子中，另一个有关的集合是两次航行中都携带的实验的集合$\{5, 8\}$，这个集合称为集合S和T的交集。一般地，集合A和集合B的**交集**（intersection）是由同时属于集合A和集合B的元素所组成的集合。集合A和集合B的交集记为$A\cap B$。所以，

$$A\cap B=\{x: x\in A \text{ 且} x\in B\}。$$

如果两个集合的交集为空集，则称这两个集合是**不相交**（disjoint）的。

例2.1 如果$A=\{1, 2, 4\}$，$B=\{2, 4, 6, 8\}$，$C=\{3, 6\}$，那么

$$A\cup B=\{1, 2, 4, 6, 8\},\ A\cap B=\{2, 4\},$$
$$A\cup C=\{1, 2, 3, 4, 6\},\ A\cap C=\varnothing,$$
$$B\cup C=\{2, 3, 4, 6, 8\},\ B\cap C=\{6\}。$$

所以，A和C是不相交的集合。 ■

集合$\{1, 6\}$的元素是航天飞机在第一次航行中携带而在第二次航行中没有携带的实验，这个集合称为集合S与T的差。更一般地，集合A与集合B的**差**（difference）由属于集合A但不属于集合B的元素所构成，记为$A-B$。所以，

$$A-B=\{x: x\in A\text{且}x\notin B\}。$$

注意，如同下面的例子所说明的那样，$A-B$和$B-A$通常是不相等的。

例2.2 对例2.1中的集合A和B，$A-B=\{1\}$，$B-A=\{6, 8\}$。■

在很多情况下，所有考虑的集合都是某个集合U的子集。例如，在1.3节所讨论的航天实验的例子中，所有的集合都是下列实验集合的子集：

$$U=\{1, 2, 3, 4, 5, 6, 7, 8, 9, 10, 11, 12\}。$$

这种集合包含了某一特定情形中所感兴趣的所有元素，称之为**全集**（universal set）。由于有许多不同的集合都可以作为全集，所以，这个特指的全集必须明确地说明。给定一个全集U和它的一个子集A，集合$U-A$称为A的**补集**（complement），记作$\overline{A}$。

例2.3 如果$A=\{1, 2, 4\}$，$B=\{2, 4, 6, 8\}$，$C=\{3, 6\}$，并且全集$U=\{1, 2, 3, 4, 5, 6, 7, 8\}$，那么$\overline{A}=\{3, 5, 6, 7, 8\}$，$\overline{B}=\{1, 3, 5, 7\}$，$\overline{C}=\{1, 2, 4, 5, 7, 8\}$。■

下面的定理列出了集合运算的一些基本性质。利用这个事实：$A=B$当且仅当$A\subseteq B$且$B\subseteq A$，这些性质可以从上面给出的定义中直接推出。

定理2.1 设集合U为全集，对U的任意子集A，B和C，下面的结论都成立。

(a) $A\cup B=B\cup A$，$A\cap B=B\cap A$ （交换律）

(b) $(A\cup B)\cup C=A\cup(B\cup C)$，$(A\cap B)\cap C=A\cap(B\cap C)$ （结合律）

(c) $A\cup(B\cap C)=(A\cup B)\cap(A\cup C)$，$A\cap(B\cup C)=(A\cap B)\cup(A\cap C)$ （分配律）

(d) $\overline{\overline{A}}=A$

(e) $A\cup\overline{A}=U$

(f) $A\cap\overline{A}=\varnothing$

(g) $A\subseteq A\cup B$，$B\subseteq A\cup B$

(h) $A\cap B\subseteq A$，$A\cap B\subseteq B$

(i) $A-B=A\cap\overline{B}$

集合间的关系可以用**维恩图**（Venn diagram）来表示，这是一种用英国逻辑学家约翰·维恩（John Venn，1834—1923）的名字来命名的图。在维恩图中，全集用矩形区域表示，全集的子集通常表示为画在矩形区域中的圆形区域。如果不确定两个集合是不相交的，则它们应表示为重叠的圆，如图2.1所示。

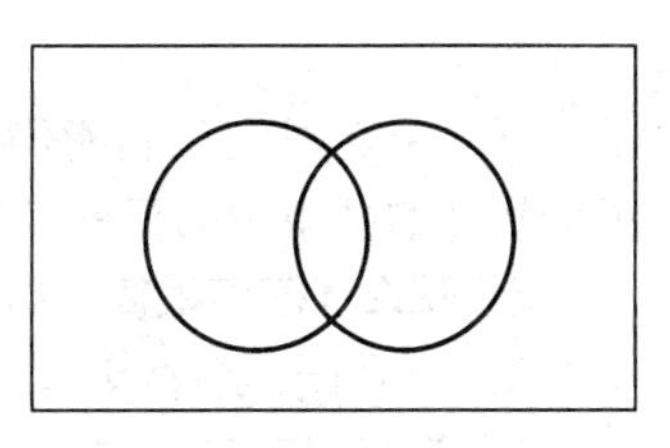

图 2.1

图2.2是前面定义的4种集合运算的维恩图，在每幅图中，阴影区域显示了所要表示的集合。

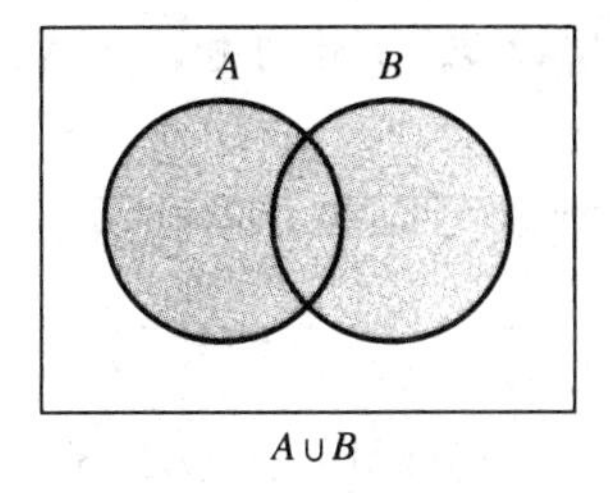

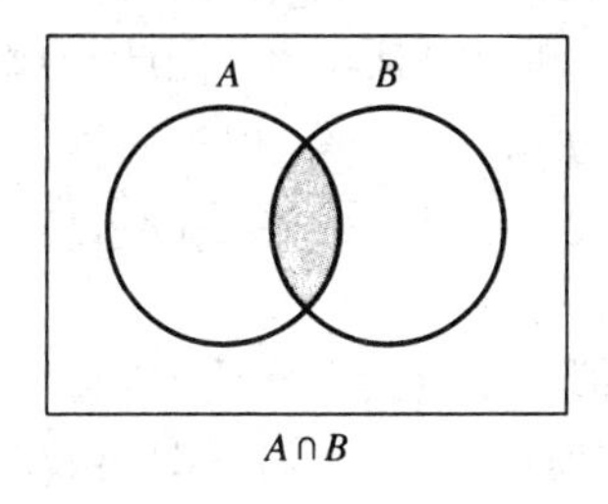

图 2.2

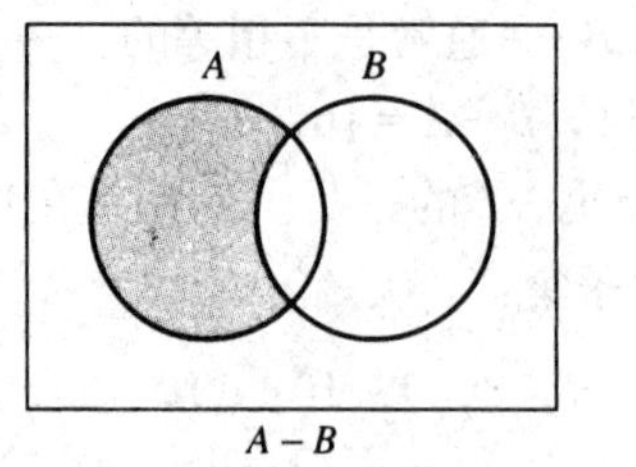

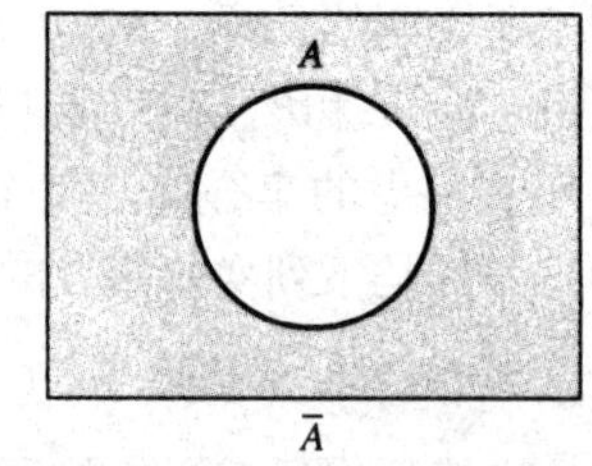

图 2.2（续）

表示更为复杂的集合的维恩图可以通过组合图2.2中的基本图形来构造。例如，图2.3说明了如何构造 $\overline{\overline{A}\cup B}$ 的维恩图。（也可参见例2.4。）

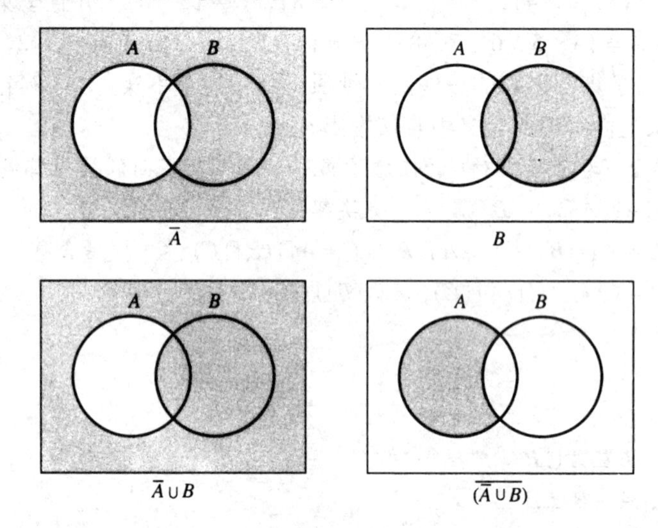

图 2.3

下一个定理使我们能确定交集或并集的补集，8.6节还将需要这个定理以帮助我们计算若干个集合的并集中的元素个数。

定理2.2（**德摩根律**（De Morgan's laws）） 对全集U中的任意子集A和B，下面的结论成立：

(a) $\overline{(A\cup B)}=\overline{A}\cap\overline{B}$

(b) $\overline{(A\cap B)}=\overline{A}\cup\overline{B}$

证明 为了证明 $\overline{(A\cup B)}=\overline{A}\cap\overline{B}$ ，只需证明 $\overline{(A\cup B)}$ 和 $\overline{A}\cap\overline{B}$ 互为对方的子集。

首先，设$x\in\overline{(A\cup B)}$，则$x\notin A\cup B$。于是，$x\notin A$且$x\notin B$。所以，$x\in\overline{A}$且$x\in\overline{B}$，从而$x\in\overline{A}\cap\overline{B}$ 成立。所以，$\overline{(A\cup B)}\subseteq\overline{A}\cap\overline{B}$ 。

再设$x\in\overline{A}\cap\overline{B}$，则$x\in\overline{A}$且$x\in\overline{B}$。因此，$x\notin A$且$x\notin B$。由此可知，$x\notin A\cup B$，从而$x\in\overline{(A\cup B)}$。所以，$\overline{A}\cap\overline{B}\subseteq\overline{(A\cup B)}$。

因为 $\overline{(A\cup B)}\subseteq\overline{A}\cap\overline{B}$ 且 $\overline{A}\cup\overline{B}\subseteq\overline{(A\cup B)}$ ，所以可以推出 $\overline{(A\cup B)}=\overline{A}\cap\overline{B}$ 。这就证明了(a)。

(b) 的证明类似，留给读者作为习题。 ■

例2.4 利用定理2.2（a）、2.1（d）和2.1（i），可以计算出 $(\overline{\overline{A}\cup B})$ 。

$$(\overline{\overline{A}\cup B})=\overline{\overline{A}}\cap\overline{B}=A\cap\overline{B}=A-B\text{。}$$

图2.3说明了这个等式。 ■

例2.5 根据美国海关法，禁止下列人员携带免税酒类进入美国：21岁以下的人，以及30天之内曾携带免税酒类进入美国的人。那么，什么样的人可以携带免税酒类入境呢？

设A表示21岁及21岁以上的人的集合，B表示30天内曾携带免税酒类进入过美国的人的集合。于是，不允许携带免税酒类进入美国的人就是集合 $\overline{A}\cup B$ 中的人，这意味着可以合法携带免税酒类进入美国的人是集合 $\overline{(\overline{A}\cup B)}$ 中的人。例2.4的结果说明，可以携带免税酒类进入美国的人就是集合$A-B$中的人，集合$A-B$是指年龄为21岁或21岁以上，并且在30天之内没有携带免税酒类进入过美国的人的集合。 ■

在列举集合的元素时，元素的排列顺序是无关紧要的。所以，$\{1, 2, 3\}=\{2, 3, 1\}=\{3, 1, 2\}$。但是，我们也经常需要区分列举两个元素的顺序。在元素a和b的**有序偶**（ordered pair）中，元素的列举顺序就被考虑在内。元素a和b的有序偶记为(a, b)。于是，$(1, 2)\neq(2, 1)$，$(a, b)=(c, d)$当且仅当$a=c$且$b=d$。

我们要考虑的最后一个集合运算是笛卡儿积，它出现在关于“关系”（将在2.2节中研究）的内容中。对于给定的集合A和B，它们的**笛卡儿积**（Cartesian product）就是包含所有有序偶(a, b)的集合，其中$a\in A$, $b\in B$。A和B的笛卡儿积记为$A\times B$。于是，

$$A\times B=\{(a, b): a\in A\text{且}b\in B\}。$$

在讨论欧几里得平面时，经常遇到笛卡儿积。如果R表示所有实数的集合，那么就是$R\times R$所有实数有序偶的集合，它可以图示为欧几里得平面。

例2.6 设$A=\{1, 2, 3\}$，$B=\{3, 4\}$，那么

$$A\times B=\{(1, 3), (1, 4), (2, 3), (2, 4), (3, 3), (3, 4)\},$$

$$B\times A=\{(3, 1), (3, 2), (3, 3), (4, 1), (4, 2), (4, 3)\}。$$ ■

通过本例可知，通常$A\times B\neq B\times A$。

例2.7 进行一次民意测验，以调查民主党和共和党几位领先的总统竞选人将如何在1976年的总统大选中遭遇。所考虑的民主党总统竞选人的集合为

$$D=\{\text{Brown, Carter, Humphrey, Udall}\},$$

所考虑的共和党总统竞选人的集合为

$$R=\{\text{Ford, Reagan}\}。$$

一个民主党竞选人与一个共和党竞选人配对，总共有多少种方式？

一个民主党竞选人与一个共和党竞选人配对，所有可能的配对的集合是$D\times R$。这个集合的元素是有序偶

(Brown，Ford)，(Brown，Reagan)，(Carter，Ford)，(Carter，Reagan)，

(Humphrey，Ford)，(Humphrey，Reagan)，(Udall，Ford)，(Udall，Reagan)。

所以，一个民主党竞选人与一个共和党竞选人配对，共有8种不同的配对。 ■

习题2.1

在习题1～4中，对给定的集合A和B，计算$A\cup B$、$A\cap B$、$A-B$、$\overline{A}$和$\overline{B}$，假定全集$U=\{1, 2, \cdots, 9\}$。

1. $A=\{2, 3, 5, 7, 8\}$, $B=\{1, 3, 4, 5, 6, 9\}$

2. $A=\{1, 4, 6, 9\}$, $B=\{1, 2, 4, 5, 6, 7, 9\}$

3. $A=\{1,2,4,8,9\}, B=\{3,7\}$ **4.** $A=\{3,4,6,7,8,9\}, B=\{2,5,7,9\}$

在习题5～8中，对给定的集合A和B，计算$A\times B$。

5. $A=\{1,2,3,4\}, B=\{7,8\}$ **6.** $A=\{3,4,5\}, B=\{1,2,3\}$

7. $A=\{a,e\}, B=\{x,y,z\}$ **8.** $A=\{p,q,r,s\}, B=\{a,c,e\}$

用维恩图表示习题9～12中的集合。

9. $\overline{(A\cap\overline{B})}$ **10.** $\overline{A}-\overline{B}$ **11.** $\overline{A}\cap(B\cup C)$ **12.** $A\cup(B-C)$

13. 举例说明集合A，B和C，使得 $A\cup C=B\cup C$，但是$A\neq B$。

14. 举例说明集合A，B和C，使得 $A\cap C=B\cap C$，但是$A\neq B$。

15. 举例说明集合A，B和C，使得$A-C=B-C$，但是$A\neq B$。

16. 举例说明集合A，B和C，使得$(A-B)-C\neq A-(B-C)$。

效仿例2.4，运用定理2.1和定理2.2，化简习题17～24中的集合。

17. $A\cap(B-A)$ **18.** $(A-B)\cup(A\cap B)$ **19.** $(A-B)\cap(A\cup B)$ **20.** $\overline{A}\cap(A\cap B)$

21. $\overline{A}\cap(A\cup B)$ **22.** $\overline{(A-B)}\cap A$ **23.** $A\cap\overline{(A\cap B)}$ **24.** $A\cup\overline{(A\cup B)}$

25. 如果集合A包含m个元素，集合B包含n个元素，那么$A\times B$包含多少个元素？

26. 在什么情况下$A-B=B-A$？

27. 在什么情况下 $A\cup B=A$？

28. 在什么情况下 $A\cap B=A$？

29. 证明定理2.1中的（c）和（i）。

30. 采用类似于定理2.2（a）的证明中的论证，证明定理2.2（b）。

31. 注意，如果$A=B$，那么 $\overline{A}=\overline{B}$。利用这个条件，从定理2.2（a）推出定理2.2（b）。

32. 设A和B是全集U的子集。证明：如果 $A\subseteq B$，则 $\overline{B}\subseteq\overline{A}$。

证明习题33～38中的集合恒等式。

33. $(A-B)\cup(B-A)=(A\cup B)-(A\cap B)$ **34.** $(A-B)\cup(A-C)=A-(B\cap C)$

35. $(A-B)-C=(A-C)-(B-C)$ **36.** $(A\times C)\cap(B\times D)=(A\cap B)\times(C\cap D)$

37. $(A-B)\cap(A-C)=A-(B\cup C)$ **38.** $(A-C)\cap(B-C)=(A\cap B)-C$

39. 举例说明 $(A\times C)\cup(B\times D)\neq(A\cup B)\times(C\cup D)$。

40. 证明：$(A\times C)\cup(B\times D)\subset(A\cup B)\times(C\cup D)$。

2.2 等价关系

在1.2节中，我们曾考虑过将飞行员与飞往不同目的地的航班配对的问题。回顾一下，7个目的地以及要求前往那些地方的飞行员如下：

洛杉矶：Timmack，Jelinek，Rupp

巴黎：Jelinek，Washington，Rupp

西雅图：Alfors，Timmack，Tang，Washington

马德里：Jelinek，Ramirez

伦敦：Timmack，Tang，Washington

都柏林：Timmack，Rupp，Ramirez

法兰克福：Alfors，Tang，Rupp，Ramirez

这个列表建立了目的地集合与飞行员集合之间的一个关系，其中，当某个飞行员要求前往这7个目的地中的某一个时，这个飞行员就与该目的地相关联。

从这个列表可以构造出一个有序偶的集合，有序偶的第一项是目的地，第二项是要求前往该目的地的飞行员。例如，有序偶（洛杉矶，Timmack）、（洛杉矶，Jelinek）和（洛杉矶，Rupp）对应于要求前往洛杉矶的三位飞行员。目的地及其要求前往的飞行员所组成的有序偶共有22个，令$S=\{$(洛杉矶，Timmack)，(洛杉矶，Jelinek)，…，(都柏林，Ramirez)$\}$表示所有这22个有序偶所组成的集合。这个集合所包含的信息与最初的飞行员及其要求前往的目的地的列表相同。所以，目的地和要求前往那些地方的飞行员之间的关系可以完整地由有序偶的集合来描述。注意，S是$A \times B$的子集，其中，A是目的地集合，B是飞行员集合。

将上面的例子一般化，定义**从集合A到集合B的关系**是笛卡儿积$A \times B$的一个子集。如果R是集合A到集合B的一个关系，且(x, y)是R的一个元素，那么称**x关于R与y相关联**（x is related to y by R），记作$x\ R\ y$，而不是$(x, y) \in R$。

例2.8 假设在三位大学教授中，Lopez说荷兰语和法语，Parr说德语和俄语，Zak说荷兰语。令集合

$$A = \{\text{Lopez}, \text{Parr}, \text{Zak}\}$$

表示教授的集合，集合

$$B = \{荷兰语，法语，德语，俄语\}$$

表示教授们所说的外语的集合。则

$$R = \{(\text{Lopez}, 荷兰语), (\text{Lopez}, 法语), (\text{Parr}, 德语), (\text{Parr}, 俄语), (\text{Zak}, 荷兰语)\}$$

是集合A到集合B的一个关系，其中，只要教授x说语言y，x 就关于R与y相关联。例如，Lopez R法语、Parr R德语都为真，但Zak R 俄语为假。 ■

我们经常需要考虑某个集合中的元素间的关系。例如，在1.1节中，考虑过为百货公司大减价活动制作和投递广告需要花费多少时间的问题。在分析这个问题时，列举了所要做的全部工作，把每项工作都表示为一个字母，然后确定要做每项工作前要完成的工作。这种列举建立了任务集合$S = \{A, B, C, D, E, F, G, H, I, J, K\}$上的一个关系。其中，如果工作$X$必须在工作$Y$之前完成，那么$X$ 与Y相关。所得到的关系$\{(A, C), (B, C), (C, D), (C, E), (D, F), (E, F), (C, G), (G, H), (F, I), (H, J), (I, J), (J, K)\}$是$S$到其自身的一个关系，即是$S \times S$的一个子集。

从S到其自身的关系称为**S上的关系**。

例2.9 设$S = \{1, 2, 3, 4\}$。定义S上的一个关系R，使$x\ R\ y$表示$x < y$。于是，1与4相关联，但4与2不相关联。类似地，2 R 3为真，但3 R 2为假。 ■

集合S上的关系R可能具备下列特殊性质中的任何一个。

（1）如果对于S中的任意元素x，$x\ R\ x$为真，则称R是**自反的**（reflexive）。

（2）如果只要$x\ R\ y$为真，$y\ R\ x$就为真，则称R是**对称的**（symmetric）。

（3）如果只要$x\ R\ y$和$y\ R\ z$都为真，$x\ R\ z$就为真，则称R是**传递的**（transitive）。

例2.9中的关系R不是自反的，因为1 R 1为假。同样，它也不是对称关系，因为1 R 4为真而4 R 1为假。但R是传递的，因为如果x小于y且y小于z，则x小于z。

例2.10 设S是正整数的集合，定义$x\ R\ y$为x整除y（即关于某个整数k，$y = kx$成立）。于是，3 R 6、7 R 35为真，但8 R 4、6 R 9为假。R是S上的一个关系。另外，R是自反的，因为每个正整数均可被自身整除。R也是传递的，因为如果x整除y且y整除z，则x整除z。（要理解这一点，请注意，如果关于整数m和n，$y = mx$且$z = ny$，则关于整数mn，$z = n(mx) = (mn)x$。）但R不是对称的，因为2 R 8为真，但8 R 2为假。 ■

例2.11 设S表示$\{1, 2, 3, 4, 5\}$的所有非空子集的集合，定义$A\ R\ B$为$A \cap B \neq \varnothing$。显然，

R是自反和对称的。但R不是传递的，因为{1，2} R {2，3}，{2，3} R {3，4}为真，而{1，2} R {3，4}为假。■

自反、对称和传递的关系称为**等价关系**（equivalence relation）。相等关系是最常见的等价关系的例子。下面是另两个例子。

例2.12 在某所大学的学生集合上，定义一个学生与另一个学生相关联，只要他们姓的第一个字母相同。很容易看出，这个关系是这所大学的学生集合上的等价关系。■

例2.13 如果一个大于1的整数，其正整数因子仅为自身和1，那么这个整数称为**素数**。开头的几个素数是2、3、5、7、11、13、17、19和23。我们将在定理2.11中看到，每个大于1的整数要么是素数，要么是素数的乘积。例如，67是素数，$65=5\cdot 13$是素数的乘积。在大于1的整数集合S中，定义$x\ R\ y$为x所具有的不同的素数因子的数目与y所具有的不同的素数因子的数目相同。例如，$12\ R\ 55$，因为$12=2\cdot 2\cdot 3$，$55=5\cdot 11$，它们都有两个不同的素数因子。R是S上的等价关系。■

例2.14 设S表示所有美国人的集合，在S上定义一个关系R，使$x\ R\ y$表示x和y有相同的父亲或母亲。容易知道R是自反的和对称的。但R不是传递的，因为x和y可能有相同的母亲，y和z可能有相同的父亲，但x和z可能没有相同的母亲，也没有相同的父亲。所以，R不是S上的等价关系。■

如果R是S上的等价关系，$x\in S$，则S中与x相关联的元素的集合称为包含x的**等价类**（equivalence class），记为$[x]$。所以，

$$[x]=\{y\in S:\ y\ R\ x\}。$$

注意，由于R具有自反的性质，所以，对每个属于S的元素x，$x\in[x]$。在例2.12所描述的等价关系中，有26个可能的等价类，即姓以字母A开头的学生的集合，姓以字母B开头的学生的集合……

例2.15 设S表示所有大于1的整数的集合，对S中的元素x和y，当x的最大素因子等于y的最大素因子时，定义$x\ R\ y$。那么R是S上的等价关系。

R的包含2的等价类由S中所有与2相关联的元素组成，即S中所有最大素因子为2的元素。这种整数必定是2的幂，所以，

$$[2]=\{2^k:\ k=1,\ 2,\ 3,\ \cdots\}。$$

类似地，[3]由S中所有最大素数因子为3的元素组成。这种整数必定有因子3，可以有也可以没有因子2。所以，

$$[3]=\{2^i 3^j:\ i=0,\ 1,\ 2,\ \cdots,\ j=1,\ 2,\ 3,\ \cdots\}。$$

注意，4的最大素因子为2，所以，$4\ R\ 2$。因为R是S上的等价关系，所以S中任何与2相关联的元素也一定与4相关联。因此，

$$[4]=[2]=\{2^k:\ k=1,\ 2,\ 3,\ \cdots\}。$$ ■

在例2.15中，$[2]=[4]$的事实部分地展示了下列定理。

定理2.3 设R是S上的等价关系。

(a) 如果x和y是集合S中的元素，那么x与y相关联当且仅当$[x]=[y]$。

(b) 关系R的两个等价类要么相等，要么互不相交。

证明 (a) 设x，y是集合S中的元素，并且$x\ R\ y$。我们将通过证明$[x]\subseteq[y]$和$[y]\subseteq[x]$来证明$[x]=[y]$。

如果$z\in[x]$，那么z与x相关联，即$z\ R\ x$。既然$z\ R\ x$，并且$x\ R\ y$，那么由关系R的传递性，$z\ R\ y$成立。所以，$z\in[y]$。这就证明了$[x]\subseteq[y]$。

如果$z\in[y]$，那么与上面一样，$z\ R\ y$。由假设$x\ R\ y$，再由关系R的对称性，$y\ R\ x$成立。然后，根据传递性，由$z\ R\ y$和$y\ R\ x$得出$z\ R\ x$。因此，$z\in[x]$，从而证明了$[y]\subseteq[x]$。

由于$[y]\subseteq[x]$且$[x]\subseteq[y]$，所以$[x]=[y]$。

反过来，假设$[x]=[y]$。由自反性，$x\in[x]$，又因为$[x]=[y]$，所以$x\in[y]$。既然$x\in[y]$，那么$x\ R\ y$。(a) 证明完毕。

(b) 设$[u]$和$[v]$是关系R的任意两个等价类，如果$[u]$和$[v]$是相交的，那么它们包含一个公共元素w。既然$w\in[u]$，由 (a) 可知$[w]=[u]$。同样，$[w]=[v]$。所以，$[u]=[v]$。因此，$[u]$和$[v]$要么相等，要么互不相交。 ■

根据定理2.3 (b)，如果R是集合S上的等价关系，则R的等价类将集合S划分成彼此不相交的子集。这个子集族具有下列性质：

(1) 没有一个子集是空的。

(2) 集合S的任何一个元素必定属于某个子集。

(3) 两个不同的子集互不相交。

S的这种子集族称为S的**划分** (partition)。

例2.16 设$A=\{1, 3, 4\}$，$B=\{2, 6\}$，$C=\{5\}$。那么$\mathcal{P}=\{A, B, C\}$是集合$S=\{1, 2, 3, 4, 5, 6\}$的一个划分。参见图2.4。 ■

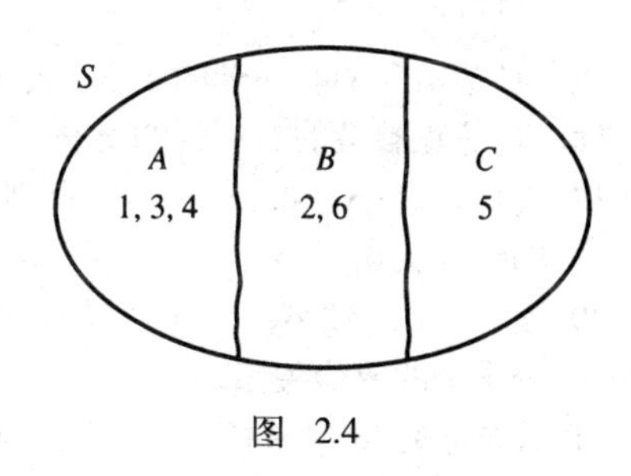

图 2.4

我们已经看到S上的每个等价关系都产生S的一个划分，只要把划分的子集族取作等价关系的各个等价类。反过来，如果$\mathcal{P}$是集合S的一个划分，那么可以定义集合S上的一个关系R，使$x\ R\ y$表示x和y落在$\mathcal{P}$的同一个成员中。例如，利用例2.16中的划分，我们得到关系

$$\{(1, 1), (1, 3), (1, 4), (3, 1), (3, 3), (3, 4), (4, 1), (4, 3),$$
$$(4, 4), (2, 2), (2, 6), (6, 2), (6, 6), (5, 5)\}。$$

显然，R是集合S上的一个等价关系，而R的等价类正好就是划分$\mathcal{P}$的成员。这些事实可以形式化地阐述为下面的定理。

定理2.4 (a) 一个等价关系R产生一个划分$\mathcal{P}$，其中，$\mathcal{P}$的成员就是R的等价类。

(b) 反过来，一个划分$\mathcal{P}$导出一个等价关系R，其中，只要两个元素属于$\mathcal{P}$的同一个成员，它们就关于R相关联。此外，这个关系的等价类就是$\mathcal{P}$的成员。

尽管等价关系和划分的定义看上去有很大的区别，但由定理2.4可知，这两个概念实际上只是描述同一情形的两种不同的方式。

习题2.2

在习题1～12中，确定定义在集合S上的给定关系R满足自反、对称以及传递性质中的哪些性质？

1. $S=\{1, 2, 3\}$，$R=\{(1, 1), (1, 2), (2, 1), (2, 2)\}$。
2. $S=\{1, 2, 3\}$，$R=\{(1, 1), (1, 3), (2, 2), (2, 3), (3, 1), (3, 2), (3, 3)\}$。
3. S是伊利诺伊州全体居民的集合，$x\ R\ y$指x和y的母亲相同。
4. S是美国全体公民的集合，$x\ R\ y$指x和y的体重一样。
5. S是伊利诺伊州立大学全体学生的集合，$x\ R\ y$指x与y的身高相差不到1英尺⊖。
6. S是所有青少年的集合，$x\ R\ y$指x和y的祖父相同。
7. S是密歇根州立大学所有毕业生的集合，$x\ R\ y$指x和y同一年入学。
8. S是洛杉矶所有居民的集合，$x\ R\ y$指x是y的兄弟。
9. S是所有实数的集合，$x\ R\ y$指$x^2=y^2$。
10. S是所有正整数的集合，$x\ R\ y$指x整除y或y整除x。
11. S是集合$\{1, 2, 3, 4\}$的所有子集的集合，$X\ R\ Y$指$X\subseteq Y$。
12. S是实数的有序偶集合，$(x_1, x_2)\ R\ (y_1, y_2)$指$x_1=y_1$且$x_2\leqslant y_2$。

在习题13～18中，证明关系R是S上的等价关系。然后，对S中的给定元素z，描述包含z的等价类，并确定R的不同等价类的个数。

13. 设S是整数集合，令$z=7$，定义$x\ R\ y$指$x-y$为偶数。
14. 设S是由3个或4个字母组成的字符串的集合，令$z=ABCD$，定义$x\ R\ y$指x和y有相同的第一个字母和第三个字母。
15. 设S是大于1的整数的集合，令$z=60$，定义$x\ R\ y$指x和y的最大素因子相等。
16. 设S是集合$\{1, 2, 3, 4, 5\}$的所有子集的集合，令$z=\{1, 2, 3\}$，定义$X\ R\ Y$指$X\cap\{1, 3, 5\}=Y\cap\{1, 3, 5\}$。
17. 设S是实数的有序偶的集合，令$z=(3, -4)$，定义$(x_1, x_2)R(y_1, y_2)$指$x_1^2+x_2^2=y_1^2+y_2^2$。
18. 设S是正整数的有序偶的集合，令$z=(5, 8)$，定义$(x_1, x_2)R(y_1, y_2)$指$x_1+y_2=y_1+x_2$。
19. 设$\{1, 2, 3, 4, 5\}$上的一个划分以$\{1, 5\}$、$\{2, 4\}$和$\{3\}$为其划分子集，写出由该划分导出的等价关系。
20. 设$\{1, 2, 3, 4, 5, 6\}$上的一个划分以$\{1, 3, 6\}$、$\{2, 5\}$和$\{4\}$为其划分子集，写出由该划分导出的等价关系。
21. 设R为集合S上的等价关系。证明：如果x，y是S中的任意元素，那么$x\ R\ y$为假当且仅当$[x]\cap[y]=\varnothing$。
22. 设R为集合S上的等价关系，x、y是S的元素。证明：如果$a\in[x]$，$b\in[y]$且$[x]\neq[y]$，则$a\ R\ b$为假。
23. 下面的论证试图证明：如果集合S上的关系R是对称的和传递的，那么R也是自反的。试指出其中的错误。

    由对称性，从$x\ R\ y$可推出$y\ R\ x$，再由传递性，可从$x\ R\ y$和$y\ R\ x$推出$x\ R\ x$。于是，对任意$x\in S$，$x\ R\ x$为真，所以R是自反的。
24. 设R_1和R_2分别是集合S_1和S_2上的等价关系，在$S_1\times S_2$上定义关系R：$(x_1, x_2)\ R\ (y_1, y_2)$指$x_1\ R_1\ y_1$且$x_2\ R_2\ y_2$。证明$R$是$S_1\times S_2$上的等价关系，并描述$R$的等价类。
25. 设S是包含n个元素的集合，确定S上的关系的个数。
26. 对一个关系R，如果由$x\ R\ y$和$y\ R\ z$能够推断出$z\ R\ x$，则称关系R是循环的。证明：R为等价关系当且仅当R是自反的和循环的。
27. 设集合S包含n个元素（n为正整数）。把S划分成两个子集的划分有多少种？
28. 包含三个元素的集合有多少种划分？
29. 包含四个元素的集合有多少种划分？
30. 证明定理2.4。

⊖ 1英尺=0.3048米。——编辑注

31. 设S是任意非空集合，f是以S为定义域的任意函数，定义s_1Rs_2指$f(s_1)=f(s_2)$。证明R是集合S上的等价关系。

***32.** 叙述并证明习题31的逆命题。

***33.** 设$p_m(n)$是将包含n个元素的集合划分成m个子集的划分的个数。对$1\leqslant m\leqslant n$，证明$p_m(n+1)=mp_m(n)+p_{m-1}(n)$。

*2.3 偏序关系

2.3.1 偏序和全序

1.1节讨论了一个建筑的例子，其中，建造一座房屋所需要的各项工作、完成各项工作所需的天数及其直接的前继任务如下表所列。我们在1.1节中发现，通过同时进行某些工作，在45天内就可以完成所有的工作（从而完全造好房屋）。本节将考虑一个不同的问题：如果所有的工作由一组人来完成，而这组人每次只能进行一项工作，那么所有的工作应该以怎样的顺序来完成？

任务	大数	前继任务	任务	天数	前继任务
A场地准备	4	无	H电气设施	3	E
B地基	6	A	I绝缘	2	G，H
C排水设施	3	A	J幕墙	6	F
D骨架	10	B	K墙纸	5	I，J
E屋顶	5	D	L清洁和油漆	3	K
F窗	2	E	M地板和装修	4	L
G管道	4	C，E	N检验	10	I

在这个建筑项目中，某些任务只有等到别的任务完成之后才能开始。例如，任务G（铺设管道）只有等到任务C和E都完成后才可以开始。回顾一下，还有一些条件在上面的表中没有明确地表示出来。任务G只有等任务A、B、C、D和E都完成后才能开始，这是因为任务E必须等任务D完成后才能开始，而任务D必须在任务B完成后才能开始，要进行任务B又必须先完成任务A。在图2.5中更容易考察任务之间的所有依赖关系，其中，任务X到任务Y的箭头表示任务Y必须在任务X及其之前的所有任务都完成之后才可以开始。如同1.1节中那样，约定所有的箭头都由左指向右，从而省略图2.5中的所有箭头，则所得到的图如图2.6所示。（图2.6与图1.8本质上是一样的。）

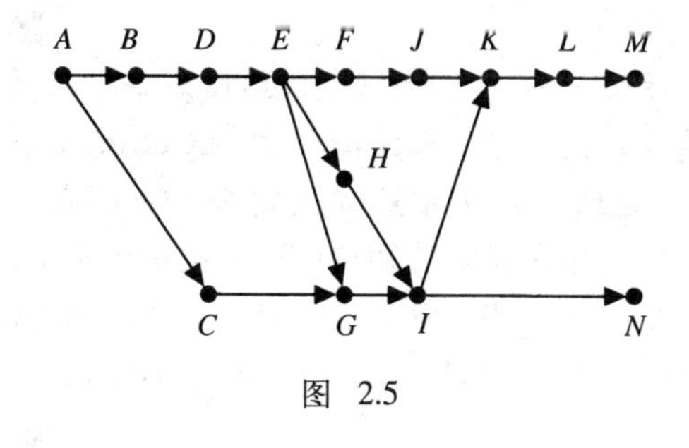

图 2.5

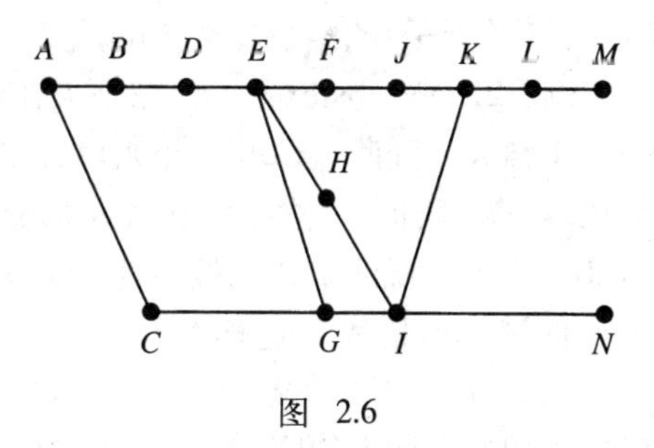

图 2.6

在原表和图2.6中所描述的任务顺序建立了任务集合

$$S=\{A,B,C,D,E,F,G,H,I,J,K,L,M,N\}$$

上的一个关系R，其中，$X\ R\ Y$是指$X=Y$或者Y必须在X完成后才能开始。这个关系具有某些在

2.2节中曾经遇到过的特殊性质。首先，这个关系显然是自反的，因为S中的每个任务等于自身，从而$X\ R\ X$。其次，这个关系是传递的。为了说明这一点，假设$X\ R\ Y$且$Y\ R\ Z$。如果$X=Y$或$Y=Z$，那么显然$X\ R\ Z$；否则，任务Y必须在任务X完成后才能开始，任务Z必须在任务Y完成后才能开始，从而任务Z必须在任务X完成后才能开始。所以，无论在哪种情况下，都有$X\ R\ Z$，这就证明了R的传递性。

但是，这个关系不是对称的，因为$A\ R\ B$为真，但$B\ R\ A$为假。不过，这个关系却具有下面的性质：如果$X\ R\ Y$和$Y\ R\ X$都为真，那么$X=Y$。因为，如果$X\neq Y$，那么任务Y不能在任务X结束前开始，任务X也不能在任务Y结束前开始，则任务X和Y都无法开始，从而项目就不能完成了！

对于集合S上的关系R，如果只要$x\ R\ y$和$y\ R\ x$同时为真，就有$x=y$，则称之为是**反对称的**(antisymmetric)。如果具有以下三个性质，则称之为**偏序关系**（partial ordering relation），或简称为**偏序**（partial order）。

（1）R是自反的，即对S中的每个元素x，$x\ R\ x$为真；

（2）R是反对称的，即只要$x\ R\ y$和$y\ R\ x$都为真，就有$x=y$；

（3）R是传递的，即只要$x\ R\ y$和$y\ R\ z$都为真，$x\ R\ z$就为真。

有许多熟悉的关系都是偏序关系，如例2.17～例2.20所示。

例2.17 任何集合上的相等关系显然是反对称的。又因为相等关系也是自反的和传递的，所以它是该集合上的偏序关系。 ■

例2.18 设S是任意的集合族。对于A，$B\in S$，定义$A\ R\ B$为$A\subseteq B$。那么R是S上的反对称关系。这是因为，如果$X\ R\ Y$和$Y\ R\ X$同时为真，那么$X\subseteq Y$，且$Y\subseteq X$，从而$X=Y$。

另外，R是自反的，因为对任何$X\in S$，$X\subseteq Y$。并且，R也是传递的，因为对任何X，Y，$Z\in S$，若$X\subseteq Y$，$Y\subseteq Z$，则$X\subseteq Z$。因此，R是S上的偏序关系。 ■

例2.19 设S是一个实数集合，熟知的小于等于关系（≤）是S上的反对称关系。而又因为这个关系也是自反的和传递的，所以它是S上的偏序关系。 ■

例2.20 设S是正整数集合，定义S上的关系R，令$a\ R\ b$是指a整除b。假设$x\ R\ y$和$y\ R\ x$都为真，则$x=my$，且$y=nx$，这里m和n都是正整数。所以，$x = my = m(nx) = (mn)x$。既然m和n都是正整数，且$mn=1$，于是$m=n=1$。所以，$x=my=y$。因此，S上的关系R是反对称的。又因为关系R也是自反的和传递的（见例2.10），所以它是S上的偏序关系。 ■

例2.21 例2.13中的等价关系R不是反对称的，因为$6\ R\ 10$和$10\ R\ 6$都成立，但$6\neq 10$。所以，R不是大于1的整数集合上的偏序关系。 ■

例2.22 Webster先生计划今天在9：00、10：00和11：00分别面试三位申请夏季实习医师的申请人，同时，Collins小姐将面试另外三位申请人。很不幸，Webster先生和Collins小姐都生病了，所以，这六名申请人都交由Herrera小姐处理。她决定这样来安排：对原来由Collins小姐面试的申请人按照他们原定的顺序面试；然后按照原定的顺序面试原来由Webster先生面试的申请人。这样，面试进行的顺序将是：(Collins，9：00)，(Collins，10：00)，(Collins，11：00)，(Webster，9：00)，(Webster，10：00)，(Webster，11：00)。Herrera小姐所采用的申请人的顺序是词典序的一个例子。 ■

在例2.22中，有两个集合

$$S_1=\{\text{Webster，Collins}\}\text{ 和 }S_2=\{9:00，10:00，11:00\}，$$

以及这两个集合上的两个偏序R_1和R_2。其中，S_1上的R_1是字母序，S_2上的R_2是数值序（即小于等于），面试的顺序是通过把R_1和R_2扩展成$S_1 \times S_2$上的偏序而得到的。

更一般地，假设R_1是S_1上的偏序，R_2是S_2上的偏序。可以用R_1和R_2在$S_1 \times S_2$上定义一个关系R。我们定义R为：$(a_1, a_2)R(b_1, b_2)$当且仅当下列条件之一为真。

（1）$a_1 \neq b_1$且$a_1R_1b_1$。

（2）$a_1 = b_1$且$a_2R_2b_2$。

这个关系称为$S_1 \times S_2$上的**词典序**（lexicographic order）。这种序也称为“字典序”，因为它与字典中单词的排列顺序相对应。

定理2.5 如果R_1是S_1上的偏序，R_2是S_2上的偏序，则其词典序是$S_1 \times S_2$上的偏序。

证明 设R是$S_1 \times S_2$上的词典序。对任意$(a_1, a_2) \in S_1 \times S_2$，根据词典序定义中的条件（2），可以得到$(a_1, a_2)R(a_1, a_2)$。所以$R$是自反的。

接下来，假设(a_1, a_2)和(b_1, b_2)是$S_1 \times S_2$的元素，并且$(a_1, a_2)R(b_1, b_2)$和$(b_1, b_2)R(a_1, a_2)$都成立。如果$a_1 \neq b_1$，那么词典序定义中的条件（1）应用于$(a_1, a_2)R(b_1, b_2)$，蕴涵了$a_1R_1b_1$。此外，条件（1）应用于$(b_1, b_2)R(a_1, a_2)$，蕴涵了$b_1R_1a_1$。因为R_1是反对称的，且$a_1R_1b_1$和$b_1R_1a_1$均为真，所以必有$a_1 = b_1$，这与假设$a_1 \neq b_1$矛盾。所以$a_1 = b_1$，并且条件（2）必定成立。运用条件（2）于$(a_1, a_2)R(b_1, b_2)$，可知$a_2R_2b_2$；又运用条件（2）于$(b_1, b_2)R(a_1, a_2)$，可知$b_2R_2a_2$。因为R_2是反对称的，于是$a_2 = b_2$。但是，如果$a_1 = b_1$且$a_2 = b_2$，那么$(a_1, a_2) = (b_1, b_2)$，这就证明了R是反对称的。

类似的论证可以证明R也是传递的。所以，词典序是$S_1 \times S_2$上的偏序。 ■

注意，尽管对称关系和反对称关系的名称相似，但它们是互相独立的概念。例2.17中的关系既是对称的也是反对称的，例2.18～例2.20中的关系是反对称的但不是对称的，而例2.21中的关系是对称的却不是反对称的。另外，也不难找到既不是对称也不是反对称的关系。

取名为偏序的理由是：在该关系所基于的集合中，可能有不可比较的元素。例如，由{1，2，3，4}的所有子集组成的集合族S，如果考虑S上的偏序“是…的子集”（$\subseteq$），可以发现集合S中的元素$A = \{1, 2\}$和$B = \{1, 3\}$是不可比较的，即$A \subseteq B$和$B \subseteq A$均不为真。

如果R是S上的偏序，S'是S的任意子集，那么R可以诱导出S'上的偏序R'，只需定义$x\ R'\ y$当且仅当$x\ R\ y$。（换句话说，S'的两个元素有R'的关系当且仅当这两个元素被看作S的元素时有R的关系。）若用有序偶记号来表示关系，这个关系R'可以定义为$R' = R \cap (S' \times S')$。所以，例2.20中的“整除”关系在正整数集合的任意子集上都诱导出一个偏序关系。

对于集合S上的一个偏序关系R，如果S中的每对元素都是可比较的，即对任何$x, y \in S$，总有$x\ R\ y$或$y\ R\ x$，则称R为S上的**全序**（total order，或**线性序**（linear order））。所以，实数集上的“小于等于”（$\leqslant$）关系是一个全序。但是，例2.20中的整除关系不是正整数集合上的全序，因为6不能整除15，15也不能整除6，所以整数6和15是不可比较的。

设R是S上的偏序，x为S中的元素，如果S中满足$s\ R\ x$的唯一的元素s就是x本身，即，如果$s\ R\ x$则$s = x$，那么称x为S的（关于R的）**极小元**（minimal element）。类似地，对于S中的元素z，如果S中满足$z\ R\ s$的唯一的元素s就是z本身，即，如果$z\ R\ s$则$s = z$，那么称z为（关于R的）**极大元**（maximal element）。对一个特定的偏序来说，极大或极小元不一定存在。

例2.23 关系“是…的子集”（$\subseteq$）是集合{1，2，3}的所有子集组成的集合族上的偏序。其中，$\varnothing$（空集）是S的极小元，因为$A \subseteq \varnothing$蕴涵了$A = \varnothing$。又{1，2，3}是S的极大元，因为$\{1, 2, 3\} \subseteq A$蕴涵了$A = \{1, 2, 3\}$。 ■

例2.24 设S表示大于或等于0，且小于或等于7的实数的集合，“小于等于”（$\leqslant$）关系是

S上的一个全序。对于这个关系来说，0是S的极小元，7是S的极大元。■

例2.25 关系“小于等于（$\leqslant$）”是实数集上的全序，但是，这个集合没有极小元和极大元。■

例2.26 设S是集合{1，2，3，4}的包含1个元素、2个元素或3个元素的子集组成的集合族，关系“是…的子集”（$\subseteq$）是S上的一个偏序。在这种情况下，属于S的只包含一个元素的子集是S的极小元，而属于S的包含三个元素的子集是S的极大元。■

在例2.25中，我们看到：关于一个特定的偏序，集合中不一定有极小元或极大元。但是，如果集合是有限的，那么就一定存在极小元或极大元。

定理2.6 设R是有限集合S上的一个偏序，则S有关于R的极小元和极大元。

证明 任意取一个元素$s_1 \in S$，如果除了s_1，不存在其他的元素$s \in S$，使得sRs_1，那么s_1就是S的一个极小元。否则，存在$s_2 \in S$，使得$s_2 \neq s_1$且s_2Rs_1。如果除了s_2，不存在其他的元素$s \in S$，使得sRs_2，那么s_2就是S的一个极小元。否则，存在$s_3 \in S$，使得$s_3 \neq s_2$且s_3Rs_2。注意，$s_3 \neq s_1$，因为$s_3 = s_1$意味着s_1Rs_2。因为R是反对称的，且s_2Rs_1，从而$s_1 = s_2$，这与s_2的选取矛盾。因为S是一个有限集，按照这种方式继续，一定能找到S的极小元。

关于S有极大元的证明与此相似。■

2.3.2 哈斯图

我们已经看到：图2.6中的示意图有助于形象地表示本节开头所讨论的建筑的例子中各项工作间的前继关系。对有限集合S上的任意偏序R都可以构造出类似的示意图。这种图命名为**哈斯图**（Hasse diagram），以纪念德国数论学家哈斯（Helmut Hasse，1898—1979）。

为了构造集合S上的偏序R的哈斯图，用点来表示S中的每个元素，并且对S中每对不同的元素x和y，只要$x\ R\ y$，且不存在不同于x和y的$s \in S$，使得$x\ R\ s$且$s\ R\ y$，就从代表x的点画一条带箭头的线段指向代表y的点。最后，调整各条线段，使得起点在终点的下面，并删除所有的箭头。于是根据惯例，哈斯图是由下而上观察的，图中所有的线段都看作是指向上方的。例如，关于建筑的例子的一个哈斯图可以画作图2.7（这正好是图2.6旋转了90°后的效果）。

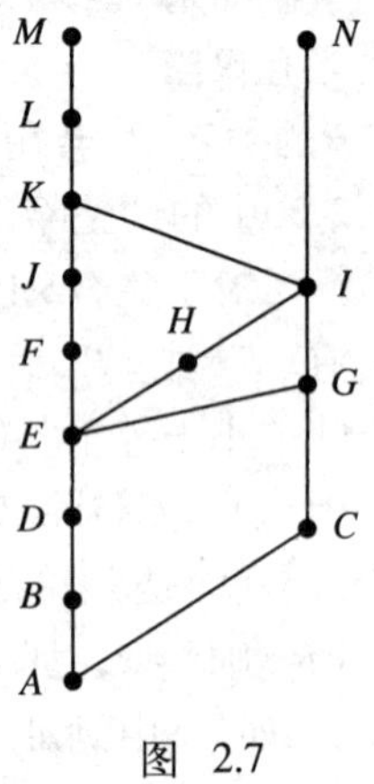

图 2.7

在哈斯图中可以很容易地找出极小元和极大元。极小元是这样的元素：没有更低的点通过线段与之相连；极大元则是这样的元素：没有更高的点通过线段与之相连。于是，从图2.7中可以看到，在建筑的例子中，关于工作的前继关系，A是唯一的极小元，M和N是仅有的极大元。

例2.27 例2.23中的关系的哈斯图由8个点组成，它们对应于S的8个元素。只要$A \subseteq B$，且S中除A和B以外不存在满足$A \subseteq C \subseteq B$的$C$，就从$A$到$B$向上画一条线段。最终得到的图如图2.8所示。■

例2.28 设R是集合S上的偏序“整除”，其中，S={2，3，4，6，8，20，24，48，100，120}。关于R和S的哈斯图如图2.9所示。这里，2和3是S的极小元，100、120和48是S的极大元。■

例2.29 设R是集合S上的偏序“是…的子集”（定义于例2.18），其中，

$$S=\{\{1\},\ \{2\},\ \{3\},\ \{4\},\ \{1,\ 2\},\ \{1,\ 5\},\ \{3,\ 6\},\ \{4,\ 6\},\ \{0,\ 3,\ 6\},\ \{1,\ 5,\ 8\},\ \{0,\ 3,\ 4,\ 6\}\}。$$

关于R和S的哈斯图如图2.10所示。这里，{1}、{2}、{3}和{4}是S的极小元，{1，2}、{1，5，8}和{0，3，4，6}是S的极大元。■

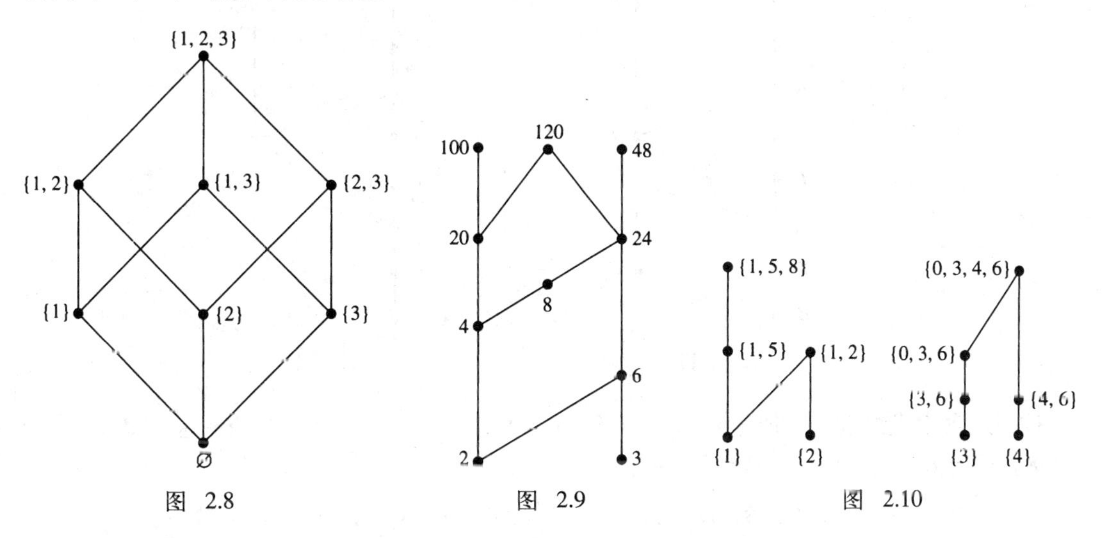

图 2.8　　图 2.9　　图 2.10

2.3.3 拓扑排序

现在回到本节开头所提出的问题：在建筑的例子中，如果所有的工作都由一组人来完成，而这组人每次只能进行一项工作，那么应该按照怎样的顺序来完成所有的工作呢？由于工作必须依次地完成，所以要在工作集合上寻找一个包含原偏序R（图2.7中的哈斯图描述了R）的全序T。即，希望得到一个全序T，使得$x\ R\ y$蕴涵了$x\ T\ y$。

构造一个包含某个给定偏序的全序的过程称为**拓扑排序**（topological sorting）。下面的算法可以为有限集上的任何偏序构造出这样的全序，它基于这样的事实：R在S的每一个子集上都可以诱导出一个偏序。

拓扑排序算法

对有限集S上给定的偏序R，本算法产生一个全序T，使得$x\ R\ y$蕴涵$x\ T\ y$。

步骤1（初始化）

令$k=1$，$S'=S$

步骤2（取下一个元素）

while S'不是空集

(a) 关于R在S'上诱导出来的偏序，选取任意一个极小元，记为s_k

(b) 从S'中删去s_k

(c) 令$k=k+1$

endwhile

步骤3（定义T）

定义S上的全序T：$s_i T s_j$当且仅当$i\leqslant j$。

为了说明拓扑排序算法的使用，我们为建筑例子中的工作集合S构造一个全序，在这个建筑例子中包含有一个给定的偏序。从图2.7中的哈斯图可以看到，A是S的唯一的极小元。因此，取$s_1=A$，并从S中删除A。与这个新集合相对应的哈斯图如图2.11所示。在这个集合中，B和C都是极小元，可以任意地选择其中的一个，假设取$s_2=C$。对应于新集合的哈斯图如图2.12所示。因为B是这个新集合中唯一的极小元，所以取$s_3 = B$。

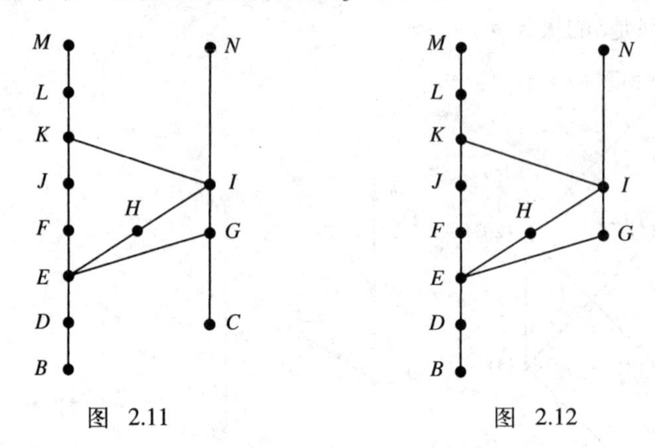

图 2.11　　图 2.12

按照这种方式继续，选取$s_4 = D$，$s_5 = E$，$s_6 = G$，$s_7 = H$，$s_8 = I$，$s_9 = F$，$s_{10} = J$，$s_{11} = N$，$s_{12} = K$，$s_{13} = L$，$s_{14} = M$。于是，

$$A, C, B, D, E, G, H, I, F, J, N, K, L, M$$

就是一个具有这种性质的序列：它包含了关于任务的给定的偏序，且任务可以按照这个序列来进行。当然，可能还会有其他的同类序列，因为在算法的执行过程中，步骤2中可能存在多个可供选择的极小元。另一个可能的序列是

$$A, B, D, E, F, J, C, H, G, I, K, L, M, N。$$

每一个这样的序列都与S中的一个任务的全序相对应，这个全序包含了给定的偏序，并且可以这样来构造：定义X与Y是相关联的，当且仅当$X = Y$或X在序列中出现在Y之前。

例2.30　要得到某所大学篮球比赛的最好的看台座位，你就必须是篮球球迷俱乐部的成员。有时候，体育部会收到来自俱乐部会员的投诉，投诉者认为自己的座位比另一位会员的差。经验表明，通过向投诉者说明另一位会员进入俱乐部的时间较长，或者捐赠更多，可以平息或者减轻抱怨。

对篮球球迷俱乐部的会员们定义一个关系R：如果下列两个条件都成立，则$x \mathrel{R} y$。

（1）x加入俱乐部的时间至少和y一样长。

（2）x目前的捐赠至少和y一样多。

假设体育部收到了来自于或涉及下列会员的关于座位的抱怨：Adams、Biaggi、Chow、Duda、El-Zanati和Friedberg，就会同意检查分配给这六个人的座位，如果发现座位分配不公平就加以更改。下面的表格给出了这些会员取得篮球球迷俱乐部会员资格的年数和目前的捐赠。

会员x	加入俱乐部的年数	当前的捐赠（美元）	会员x	加入俱乐部的年数	当前的捐赠（美元）
Adams	6	150	Duda	8	500
Biaggi	3	200	El-Zanati	7	400
Chow	5	600	Friedberg	4	450

因为这六个人中没有任何两个人具有相同的会员资格年数和捐赠，所以这个关系是集合S上的偏序，其中，

$$S = \{A, B, C, D, E, F\},$$

每个人都用其名字的首字母来表示。集合S上的这个偏序的哈斯图如图2.13所示。

如果对此情况应用拓扑排序算法（在需要进行选择时按字母顺序选择极小元），就得到序列

$$C, D, E, F, A, B。$$

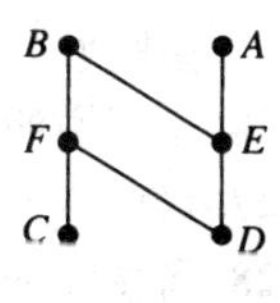

图 2.13

如果体育部按这个顺序分配座位（Chow得到最好的座位，等等，依次类推），那么就能够答复任何关于这六个人的座位的投诉。例如，Chow的座位比Duda的好是因为Chow的捐献更多，而El-Zanati的座位比Friedberg的好是因为她进入俱乐部的时间更长。 ■

习题2.3

判断习题1～8中的关系是否是集合S上的偏序，并证明你的结论。

1. $S=\{1, 2, 3\}$。$R=\{(1, 1), (2, 3), (1, 3)\}$。

2. $S=\{1, 2, 3\}$。$R=\{(1, 1), (1, 2), (2, 2), (2, 3), (3, 3), (3, 1), (1, 3), (3, 2)\}$。

3. $S=\{3, 4, 5\}$。$R=\{(5, 5), (5, 3), (3, 3), (3, 4), (4, 4), (5, 4)\}$。

4. $S=\{\varnothing, \{1\}\}$。$R=\{(\{1\}, \varnothing), (\{1\}, \{1\}), (\varnothing, \varnothing)\}$。

5. $S=\{1, 2, 3, 4\}$。如果y整除x，那么$x\ R\ y$。

6. S是由$\{1, 2, 3\}$的所有的子集所组成的集合族，如果$A\subseteq B$或$B\subseteq A$，那么ARB。

7. S是整数集合。如果x被6除所得到的余数与y被6除所得到的余数相等，那么$x\ R\ y$。

8. S是由$\{1, 2, 3\}$的所有的子集所组成的集合族。如果$|A|\leqslant|B|$，那么$A\ R\ B$。

在习题9～12中，对S上给定的偏序R画出哈斯图。

9. $S=\{1, 2, 3\}$。$R=\{(1, 1), (3, 1), (2, 1), (2, 2), (3, 3)\}$。

10. $S=\{1, 2, 3, 4\}$。$R=\{(1, 1), (2, 2), (3, 3), (4, 4), (2, 4), (3, 1)\}$。

11. $S=\{1, 2, 3, 4, 5, 6, 7, 8\}$。如果$x$整除$y$，那么$x\ R\ y$。

12. S是由$\{1, 2, 3, 4\}$中所有包含一个偶数元素的子集所组成的集合族。如果$A\subseteq B$，那么$A\ R\ B$。

在习题13～16中，由给定的哈斯图构造出S上的偏序R。

13.

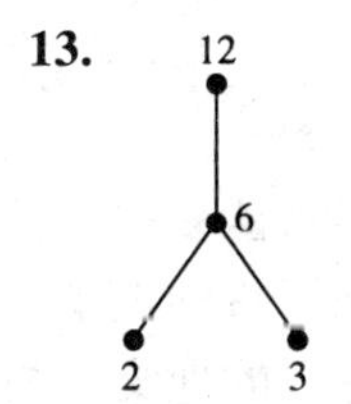

14.

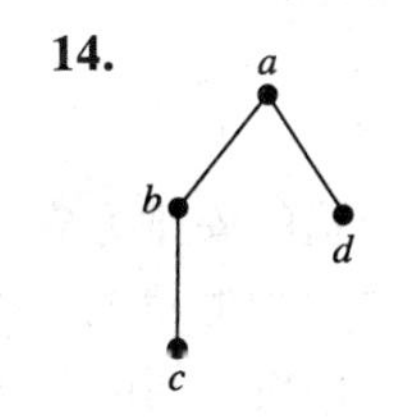

15.

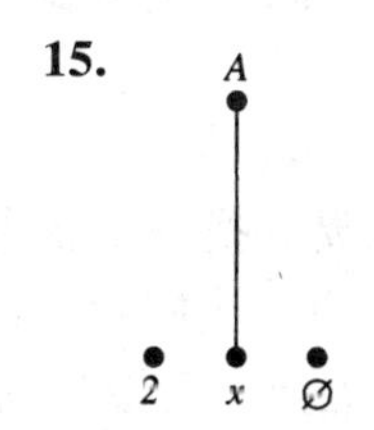

16.

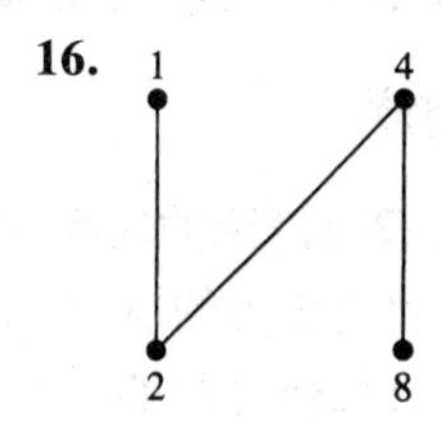

在习题17～20中，关于给定的偏序R，标识出S的极大元和极小元。

17. $S=\{1, 2, 3, 4, 5, 6\}$。如果x整除y，那么$x\ R\ y$。

18. S是由$\{1, 2, 3\}$的非空子集所组成的集合族。如果$B\subseteq A$，那么$A\ R\ B$。

19. $S=\{1, 2, 3, 4\}$。$R=\{(1, 1), (2, 2), (3, 3), (4, 4), (4, 1), (3, 1)\}$。

20. S是所有满足$0\leqslant x<1$的实数x的集合。如果$x\leqslant y$，那么$x\ R\ y$。

在习题21～24中，对给定的集合S和偏序R应用拓扑排序算法，给出选择S中的元素的顺序。

21. $S=\{1, 2, 3, 4\}$。$R=\{(1, 1), (2, 2), (3, 3), (4, 4), (1, 3), (2, 4), (4, 3), (2, 3)\}$。

22. $S=\{1, 2, 3, 4\}$。如果 x整除y，那么$x\ R\ y$。

23. S是由$\{1, 2, 3\}$的所有元素之和小于5的子集所组成的集合族。如果$A\subseteq B$，那么$A\ R\ B$。

24. $S=\{1, 2, 3, 4, 6, 12\}$。如果 x整除y，那么$x\ R\ y$。

25. 设S为非零整数的集合。定义S上的关系R为：如果$\frac{b}{a}$为整数，则$a\ R\ b$。R是S上的反对称关系吗？

26. 举例说明集合S，其上的一个关系R，既不是对称的，也不是反对称的。

27. 给出一个正整数集合的子集S的例子，使得S至少包含3个元素，并且“整除”关系是S上的全序。

28. 考虑大于1的正整数集合上的“整除”关系，确定S的所有极小元和极大元。

29. 举例说明集合S和S上的偏序R，使得S关于R正好有三个极小元和四个极大元。

30. 设$S_1=\{1, 2, 3\}$，$S_2=\{1, 2, 3, 4\}$，R_1是S_1上的“小于等于”关系，R_2是S_2上的“小于等于”关系。相应的词典序是$S_1 \times S_2$上的全序。按词典序列出$S_1 \times S_2$的所有元素。

31. 设S是包含5个元素的集合，R是S上的全序。画出R的哈斯图。

32. 设$S_1=\{7, 8, 9\}$，$S_2=\{2, 3, 4, 6\}$，R_1是S_1上的“小于等于”关系，R_2是S_2上的“整除”关系。构造$S_1 \times S_2$上的词典序的哈斯图。

33. 设R是S上的偏序，S'是S的任意子集。证明$R' = R \cap (S' \times S')$是$S'$上的偏序。

34. 如果R是有限集S上的偏序，那么S有关于R的极大元。由此完成定理2.6的证明。

35. 设R是S上的全序。证明：如果S有极小元，那么S的极小元是唯一的。

36. 设R是S上的偏序，x是S的唯一的极小元。

(a) 证明：如果S是有限集，那么对S中的任意元素s，$x\ R\ s$成立。

(b) 证明：如果S是无限集，那么（a）中的结论不一定为真。

37. 设R_1是S_1上的全序，R_2是S_2上的全序。判断并说明：词典序是$S_1 \times S_2$上的全序。

38. 证明$S_1 \times S_2$上的词典序是传递的，从而完成定理2.5的证明。

39. 设R_1是S_1上的偏序，R_2是S_2上的偏序。

(a) 证明：如果a是S_1的极小元，b是S_2的极小元，那么(a, b)是$S_1 \times S_2$关于词典序的极小元。

(b) 叙述并证明与（a）类似的关于$S_1 \times S_2$的极大元的结论。

40. 设S是恰好包含n个元素的集合。问S上有多少个既是对称的又是反对称的关系？

41. 设S是恰好包含n个元素的集合。问S上有多少个全序？

***42.** 设S是恰好包含n个元素的集合。问S上有多少个反对称关系？

2.4 函数

在1.2节讨论的匹配问题中，要寻找一个航班和飞行员的安排方案，以使尽可能多的飞行员分配到他想飞的航班。在2.2节中，我们看到：飞行员申请的目的地列表导出了目的地集合与飞行员集合之间的一个关系。因此，可以把航班和飞行员之间的安排看作是目的地集合与飞行员集合之间的一种特殊类型的关系，在这个关系中，每个目的地恰好被分配给一个飞行员。从现在起，将开始研究这种特殊类型的关系。

如果X和Y是集合，**从X到Y的函数f**（function f from X to Y）是一个从X到Y的具有如下性质的关系：对于X中的每个元素x，有且仅有一个Y中的元素y，使得$x\ f\ y$。注意，从X到Y的关系实际上是$X \times Y$的一个子集，所以，一个函数是$X \times Y$的一个子集S，对于每一个$x \in X$，都有唯一的$y \in Y$，使得(x, y)属于S。

例2.31 设$X=\{1, 2, 3, 4\}$，$Y=\{5, 6, 7, 8, 9\}$。那么

$$f=\{(1, 5), (2, 8), (3, 7), (4, 5)\}$$

是从X到Y的一个函数，因为对于每个$x \in X$，有且只有一个$y \in Y$，使得$(x, y) \in f$。注意，在这个例子里，并非Y中每个元素都会作为有序偶的第二项在f中出现（6和9就不出现在f的任何有序

偶中），Y的有些元素（即5）则作为多个有序偶的第二项在f中出现。

另一方面，

$$g=\{(1,5),(1,6),(2,7),(3,8),(4,9)\}$$

不是从X到Y的函数，因为有多个$y\in Y$（即5和6），使得$(1,y)$属于g。

$$h=\{(1,5),(2,6),(4,7)\}$$

也不是从X到Y的函数，因为对X中的某些元素（即3），Y中没有与之相关联的元素。但是，h是从$\{1,2,4\}$到Y的函数。 ■

我们用$f: X\to Y$表示从集合X到集合Y的函数f。集合X和集合Y分别称为函数f的**定义域**（domain）和**上域**（codomain）。Y中满足$x\ f\ y$的唯一的元素称为x在f下的**像**（image），并记为$f(x)$，读作“$f\ x$”。例如，对于例2.31中定义的函数f，

$$f(1)=5,\ f(2)=8,\ f(3)=7,\ f(4)=5。$$

所以，$y=f(x)$，是(x,y)属于f的另一种表示方法。

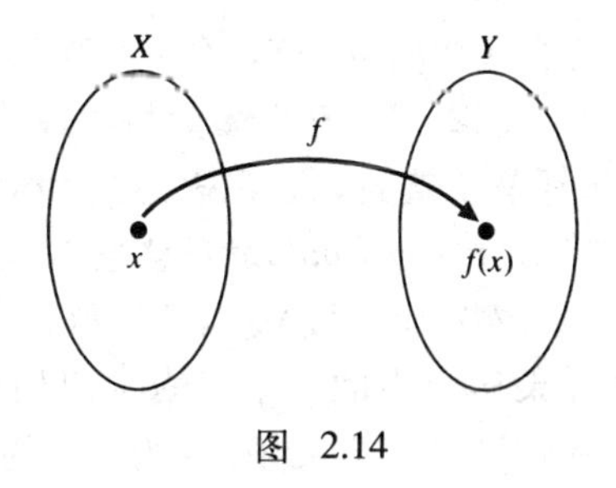

图 2.14

将函数$f: X\to Y$看作为X中的每个元素与Y中特定的元素$f(x)$的偶对常常是有用的。（见图2.14。）事实上，我们经常通过用x表示的$f(x)$的方程式来定义函数。例如，$f(x)=7x^2-5x+4$。

注意，为了使集合X成为函数g的定义域，需要为所有属于X的元素x定义$g(x)$。所以$g(x)=\sqrt{x}$，不能以全体实数的集合为定义域和上域，因为，如果$x<0$，则$g(x)$不是一个实数。类似地，$g(x)=\frac{1}{x}$不能以全体非负实数的集合为定义域，因为，对于$x=0$，$g(x)$没有定义。

例2.32 设$X=\{-1,0,1,2\}$，$Y=\{-4,-2,0,2\}$。定义函数$f: X\to Y$为$f(x)=x^2-x$，f的像如下：

-1在f下的像是Y中的元素$(-1)^2-(-1)=2$；

0在f下的像是Y中的元素$0^2-0=0$；

1在f下的像是Y中的元素$1^2-1=0$；

2在f下的像是Y中的元素$2^2-2=2$。

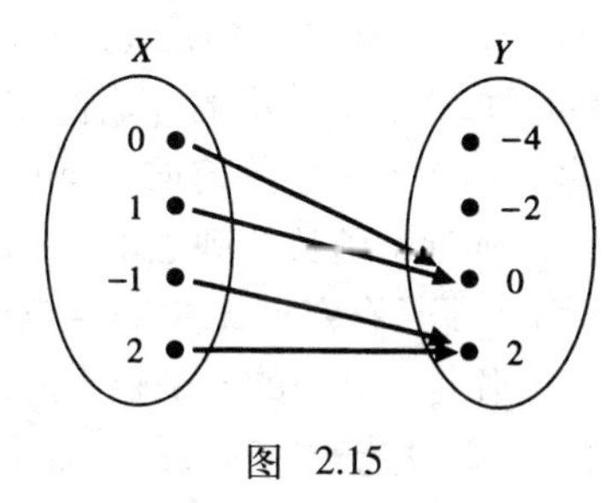

图 2.15

所以，$f(-1)=2$，$f(0)=0$，$f(1)=0$，$f(2)=2$。参见图2.15。 ■

例2.33 设X表示所有实数的集合，Y表示所有非负实数的集合。由$g(x)=|x|$定义的函数$f: X\to Y$将X的每个元素x对应到其绝对值$|x|$。g的定义域是X，上域是Y。 ■

例2.34 设X是0～100之间（包括0和100）所有实数的集合，Y是32到212之间（包括32和212）所有实数的集合。函数$F: X\to Y$定义为$F(c)=\frac{9}{5}c+32$，它把每个摄氏温度c对应到相应的华氏温度$F(c)$。

与例2.33中的情况不同，这里并不能马上看出X的每个元素在F下的像是Y的一个元素。为了确定实际情形确实如此，必须证明：如果$0 \leqslant c \leqslant 100$，则$32 \leqslant F(c) \leqslant 212$。如果

$$0 \leqslant c \leqslant 100,$$

那么

$$0 \leqslant \frac{9}{5}c \leqslant \frac{9}{5} \cdot 100 = 180。$$

所以

$$32 \leqslant \frac{9}{5}c + 32 \leqslant 212。$$

因此，$F(c)$是Y的一个元素。从而F是以X为定义域、以Y为上域的函数。■

例2.35 设Z表示整数集合。函数G：$Z \to Z$定义为$G(m) = 2m$，它把每个整数m对应到$2m$。G的定义域和上域都是Z。■

例2.36 令$X = \{0, 1, 2, 3, 4, 5, 6, 7, 8, 9, 10, 11\}$，$Z$表示整数集合。可以这样定义函数$h$：$Z \to X$，令$h(x)$等于$x$除以12的余数。这里，$h$的定义域是$Z$，上域是$X$。■

例2.37 在大多数科学计算器上，都有一个叫作mod的内嵌函数，其功能如下：如果m和n都是正整数，那么表达式mod(m，n)的值是m除以n的余数。所以，可以将mod视为一个以$\{(m, n): m$和n都是正整数$\}$为定义域，以非负整数集合为上域的函数。■

例2.38 设X表示$U = \{1, 2, 3, 4, 5\}$的所有子集的集合，Y为小于20的非负整数的集合。如果S是X中的一个元素（即如果S是U的一个子集），定义$H(S)$为S中元素的个数。那么H：$X \to Y$是以X为定义域，Y为上域的函数。■

前面已经说过，对一个函数来说，可以将定义域中不同的元素对应到上域中相同的元素。例如，例2.33中的函数$g(x) = |x|$，把定义域中的-4和4都对应到上域中的4。如果不出现这种情况，即，如果定义域中任意两个不同的元素都不对应到上域中相同的元素，则称该函数是**一对一的**（one-to-one）。于是，要证明函数f：$X \to Y$是一对一的，必须证明$f(x_1) = f(x_2)$蕴涵$x_1 = x_2$。

在一个函数中，上域中的一个或多个元素也可能不与定义域中的任何元素组成偶对。例如，例2.32中的函数f就没有为上域中的-4和-2与定义域中的任何元素配对，而只为上域中的0和2与定义域中的元素配了对。与定义域中的元素成为偶对的上域中的元素所组成的上域的子集称为函数的**值域**（range）。在例2.32中，f的值域是$\{0, 2\}$。如果函数的值域与上域相同，则称该函数为**映上的**（onto）。于是，为了证明函数f：$X \to Y$是映上的，必须证明：如果$y \in Y$，那么存在$x \in X$使得$y = f(x)$。

既是一对一的又是映上的函数称为**一一对应**（one-to-one correspondence）。注意，如果函数f：$X \to Y$是一一对应的，那么对每一个$y \in Y$，有且只有一个$x \in X$，使得$y = f(x)$。

对任意集合X，由$I_X(x) = x$定义的函数I_X：$X \to X$是一一对应的。称这个函数为**X上的恒等函数**（identity function on X）。

例2.39 例2.32中的函数f既不是一对一的，也不是映上的。f不是一对一的，是因为f把上域中的同一个元素（即0）指派给了定义域中的0和1，即0和1是定义域中不同的元素，但是$f(0) = f(1)$；f不是映上的，是因为f上域中的元素-4和-2不是f值域中的元素。■

例2.40 设X是实数集合，下面证明由$f(x) = 2x - 3$定义的函数f：$X \to X$既是一对一的又是映上的，因此是一一对应的。

为了证明f是一对一的，必须证明：如果$f(x_1)=f(x_2)$则$x_1=x_2$。令$f(x_1)=f(x_2)$，那么

$$2x_1-3=2x_2-3$$
$$2x_1=2x_2$$
$$x_1=x_2。$$

所以，f是一对一的。

为了证明f是映上的，必须证明：如果y是函数f的上域中的一个元素，则存在定义域中的一个元素x，使得$y=f(x)$。因为函数f的定义域和上域都是实数集合，所以需要证明对任意实数y，存在实数x，使得$y=f(x)$。取$x=\frac{1}{2}(y+3)$。（这个值可以通过从$y=2x-3$求解x得到。）于是

$$f(x)=f\left(\frac{1}{2}(y+3)\right)=2\left[\frac{1}{2}(y+3)\right]-3=(y+3)-3=y。$$

所以，f是映上的，从而是一一对应的。 ■

注意，一个函数是否是映上的取决于定义域和上域的选取。例如，如果把例2.32中的函数f的上域由$\{-4,\ -2,\ 0,\ 2\}$改为$\{0,\ 2\}$，那么f就是映上的。此外，如果将例2.40中的集合X由实数集合改为整数集合，那么例2.40中的函数f就不再是映上的了，因为不存在$x\in X$，使得$f(x)=0$。类似地，一个函数是否是一对一的，也取决于定义域和上域的选取。

例2.41 例2.35中的函数G：$Z\to Z$是一对一的，因为如果$G(x_1)=G(x_2)$，则$2x_1=2x_2$，从而$x_1=x_2$。但G不是映上的，因为，不存在属于定义域Z的元素x，使得$G(x)=5$。事实上，很容易看出G的值域是全体偶数的集合，所以G的值域与上域不相等。 ■

例2.42 容易看出例2.36中的函数h：$Z\to X$是映上的。但h不是一对一的，因为$1\neq 13$，但$h(1)=h(13)=1$。 ■

例2.43 设X表示实数集合，$Y=\{x\in X:\ -1<x<1\}$。定义函数f：$X\to Y$为

$$f(x)=\frac{x}{1+|x|}。$$

下面证明f是一一对应的。

与例2.34类似，首先证明：如果$x\in X$，则$f(x)\in Y$。对于每个$x\in X$，有

$$-|x|\leqslant x\leqslant |x|。$$

而$-1-|x|<-|x|$，$|x|<1+|x|$，所以

$$-1-|x|<x<1+|x|。$$

两边同时除以$1+|x|$得到

$$-1<\frac{x}{1+|x|}<1,$$

所以$f(x)\in Y$。

接下来证明f是一对一的。如果x_1，$x_2\in X$且$f(x_1)=f(x_2)$，那么

$$\frac{x_1}{1+|x_1|}=\frac{x_2}{1+|x_2|}。$$

所以

$$\left|\frac{x_1}{1+|x_1|}\right|=\left|\frac{x_2}{1+|x_2|}\right|$$

$$\frac{|x_1|}{1+|x_1|}=\frac{|x_2|}{1+|x_2|}$$

$$|x_1|(1+|x_2|)=|x_2|(1+|x_1|)$$

$$|x_1|+|x_1||x_2|=|x_2|+|x_2||x_1|$$

$$|x_1|=|x_2|$$

$$1+|x_1|=1+|x_2|\text{。}$$

把 $1+|x_1|=1+|x_2|$ 与原来的等式

$$\frac{x_1}{1+|x_1|}=\frac{x_2}{1+|x_2|}$$

相乘，得到$x_1=x_2$。因此f是一对一的。

为了证明f是映上的，如例2.40，从$y=f(x)$求解x，用y来表示x。于是，如果$0\leqslant y<1$，取$\frac{y}{1-y}\in X$，则$f\left(\frac{y}{1-y}\right)=y$。如果$-1<y<0$，取$\frac{y}{1+y}\in X$，则$f\left(\frac{y}{1+y}\right)=y$。所以$f$是映上的。■

因为函数是有序偶的集合，所以函数相等的定义可以由集合相等的定义导出。即，对于函数f：$X\to Y$和函数g：$V\to W$，如果$X=V$，$Y=W$，并且

$$\{(x,\ f(x)):\ x\in X\}=\{(v,\ g(v)):\ v\in V\}\text{。}$$

则f和g是相等的。由此，$f=g$当且仅当$X=V$，$Y=W$，并且对所有X中的x，$f(x)=g(x)$都成立。看似不同的函数也有可能是相等的，如下面的例子所示。

例2.44 设$X=\{-1,\ 0,\ 1,\ 2\}$，$Y=\{-4,\ -2,\ 0,\ 2\}$。函数f：$X\to Y$和函数g：$X\to Y$定义为：对每个$x\in X$，

$$f(x)=x^2-x,\ g(x)=2\left|x-\frac{1}{2}\right|-1\text{。}$$

这两个函数是相等的，因为它们有相同的定义域和上域，并且对每个$x\in X$，都有$f(x)=g(x)$：

$$f(-1)=2=g(-1),\ f(0)=0=g(0),$$
$$f(1)=0=g(1),\ f(2)=2=g(2)\text{。}$$

■

复合函数和反函数

如果f是从X到Y的函数，g是从Y到Z的函数，那么就有可能组合这两个函数，得到从X到Z的函数gf。函数gf是这样定义的：x在gf下的像是$g(f(x))$，并称函数gf为函数g和f的**复合**（composition）。于是，对所有的$x\in X$，$gf(x)=g(f(x))$。所以，函数g和f的复合是这样得到的：首先将f应用于x，得到Y中的元素$f(x)$，然后将g应用于$f(x)$，得到Z中的元素$g(f(x))$。（参见图2.16。）注意，在计算$gf(x)$时，要先运用f再运用g。如果$X=Z$，那么也可以定义函数fg，这时，要先运用g再运用f。然而，在一般情况下，函数fg和gf是不相等的。

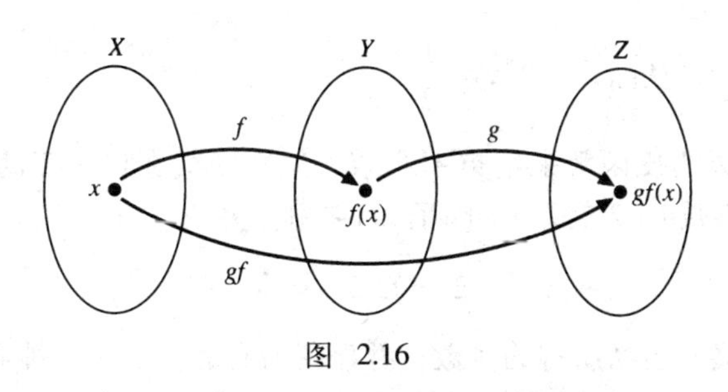

图 2.16

例2.45 设X是由{1，2，3，4，5}的子集组成的集合，Y是小于20的非负整数的集合，Z是非负整数的集合。如果S是X的一个元素，定义$f(S)$为S中的元素的个数。如果$y\in Y$，定义$g(y)=2y$。于是，对于$S=\{1, 3, 4\}$，有$gf(S)=g(f(S))=g(3)=6$。一般地，$gf(S)=g(f(S))=2\cdot f(S)$。所以，$gf$把$S$中的元素个数的两倍指派给$S$。由此，$gf$的定义域为$X$，上域为$Z$。注意，在这个例子中，函数$fg$是没有定义的，因为$g(y)$不在$f$的定义域$X$中。 ■

例2.46 设X，Y和Z均为实数集合。定义f：$X\to Y$和g：$Y\to Z$为：对任意$x\in X$，$f(x)=|x|$；对任意$y\in Y$，$g(y)=3y+2$。于是，函数gf：$X\to Z$就是满足

$$gf(x)=g(f(x))=g(|x|)=3|x|+2$$

的函数。在这个例子中，也可以定义函数fg，但

$$fg(x)=f(g(x))=f(3x+2)=|3x+2|。$$

所以$gf\neq fg$，因为$gf(-1)=5\neq 1=fg(-1)$。 ■

假设f：$X\to Y$是一一对应的，那么对每一个$y\in Y$，有且仅有一个$x\in X$，使得$y=f(x)$。因此，可以定义一个以Y为定义域以X为上域的函数，使得对每一个$y\in Y$，都有唯一的$x\in X$，使得$y=f(x)$。记这个函数为f^{-1}，并称之为函数f的**反函数**（inverse）。（参见图2.17。）下面的定理将列出一些性质，它们是反函数定义的直接推论。

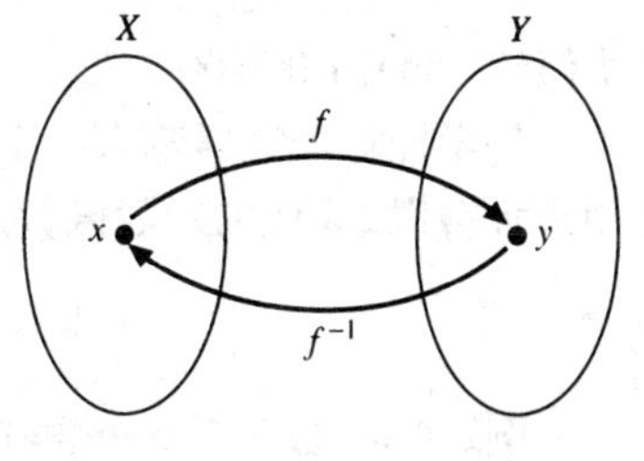

图 2.17

定理2.7 若f：$X\to Y$是一一对应的，则

(a) f^{-1}：$Y\to X$是一一对应的。

(b) f^{-1}的反函数是f。

(c) 对所有的$x\in X$，$f^{-1}f(x)=x$；对所有的$y\in Y$，$ff^{-1}(y)=y$。即$f^{-1}f=I_X$，$ff^{-1}=I_Y$。

例2.47 可以利用定理2.7（c）来计算一个给定函数的反函数。例如，假设S是实数集合，

$$X=\{x\in S: -1<x\leqslant 3\},\ Y=\{y\in S: 6<y\leqslant 14\},$$

函数f：$X\to Y$定义为$f(x)=2x+8$。容易证明f是一一对应的，所以它有反函数。

如果$y=f(x)$，那么由定理2.7（c），$f^{-1}(y)=f^{-1}f(x)=x$。所以，如果解方程$y=f(x)$，求出x，就将得到$f^{-1}(y)$。这个计算可如下进行。

$$y=2x+8$$
$$y-8=2x$$
$$\frac{1}{2}(y-8)=x。$$

所以，$f^{-1}(y)=\frac{1}{2}(y-8)$。从而，$f^{-1}(x)=\frac{1}{2}(x-8)$。 ■

下面讨论一个重要的反函数来结束本小节，这个函数在讨论算法的复杂性时经常出现。回顾一下，对任何正整数n，2^n表示n个因子2的乘积。另外，

$$2^0=1,\ 2^{-n}=\frac{1}{2^n}。$$

可以把指数的定义扩展到包括所有的实数，并保留所有的指数运算性质。如此，方程$f(x)=2^x$就定义了一个以实数集为定义域，以正实数集为上域的函数。我们称f为**以2为底的指数函数**（exponential function with base 2），其图像见图2.18。

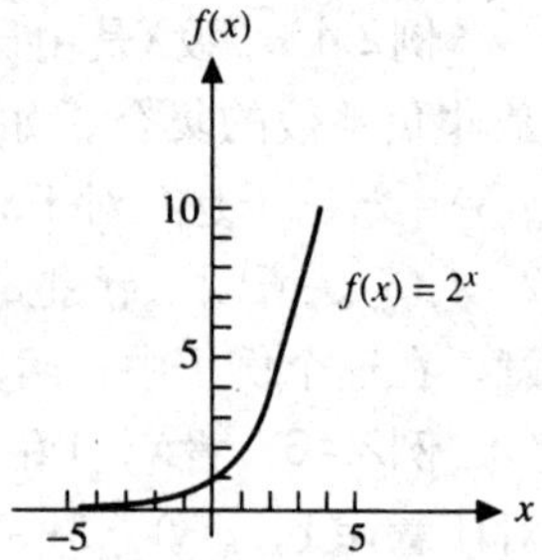

图 2.18

从图2.18中可以看出，以2为底的指数函数是一一对应的，因为上域中的每个元素有且只有一个定义域中的元素与之对应。因此，该函数存在反函数g，称之为**以2为底的对数函数**(logarithmic function with base 2)，记为$g(x)=\log_2 x$。注意，反函数的定义蕴涵了

$$y=\log_2 x\text{当且仅当}x=2^y。$$

所以，$\log_2 x$就是满足$x=2^y$的指数y。特别地，$\log_2 2^n=n$。因此，$\log_2 4=\log_2 2^2=2$，$\log_2 8=\log_2 2^3=3$，$\log_2\frac{1}{2}=\log_2 2^{-1}=-1$，依次类推。尽管$\log_2 x$随$x$的增长而增长，但$\log_2 x$的增长速度相当慢。例如，

$$\log_2 1\,000<\log_2 1\,024=\log_2 2^{10}=10。$$

类似地，$\log_2 1\,000\,000<20$。函数$g(x)=\log_2 x$的图像如图2.19所示。

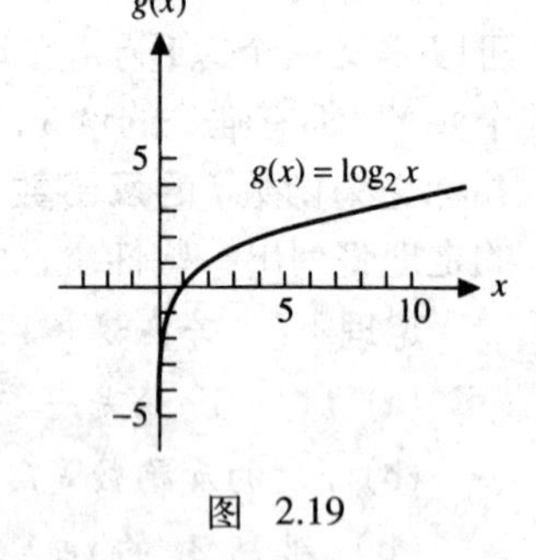

图 2.19

科学计算器通常都有一个标注为“LOG”的键。这个键可以用来计算以2为底的对数函数的值，因为

$$\log_2 x=\frac{\log x}{\log 2}。$$

例2.48 数年前，一群杀人蜂从南美逃逸出来。假设这些杀人蜂最初占据的区域是1平方英里[⊖]，并且它们占据的区域每年都加倍。那么这些杀人蜂覆盖整个地球表面需要多长时间？地球的表面积是197 000 000平方英里。

由于杀人蜂占据的区域面积每年都加倍，所以，n年后，杀人蜂将覆盖2^n平方英里。我们要确定x，使得$2^x=197\,000\,000$。而

$$x=\log_2 197\ 000\ 000=\frac{\log 197\ 000\ 000}{\log 2}\approx 27.55。$$

因此，大约27.55年后，这些杀人蜂将覆盖整个地球表面。 ■

习题2.4

在习题1～4中，对所给定的关系R，判断哪些是以X为定义域的函数。

1. $X=\{1,3,5,7,8\}$，$R=\{(1,7),(3,5),(5,3),(7,7),(8,5)\}$。

2. $X=\{0,1,2,3\}$，$R=\{(0,0),(1,1),(1,-1),(2,2),(3,-3)\}$。

⊖ 1平方英里=2.589 99×10^6平方米。——编辑注

3. $X=\{-2,\ -1,\ 0,\ 1\}$，$R=\{(-2,\ 6),\ (0,\ 3),\ (1,\ -1)\}$。

4. $X=\{1,\ 3,\ 5\}$，$R=\{(1,\ 9),\ (3,\ 9),\ (5,\ 9)\}$。

在习题5～12中，判断所给定的g是否是以X为定义域，以某个Y为上域的函数。

5. X是艾奥瓦州居民的集合，对于$x\in X$，$g(x)$是x的母亲。

6. X是伊利诺伊州立大学目前所使用的计算机的集合，对于$x\in X$，$g(x)$是在x上运行的操作系统。

7. X是伊利诺伊州立大学学生的集合，对于$x\in X$，$g(x)$是x最年长的兄弟。

8. X是美国总统的集合，对于$x\in X$，$g(x)$是x第一次宣誓并进入总统办公室的年份。

9. X是实数集合，对于$x\in X$，$g(x)=\log_2 x$。

10. X是实数集合，对于$x\in X$，$g(x)=x^2+3$。

11. X是实数集合，对于$x\in X$，$g(x)=x2^x$。

12. X是实数集合，对于$x\in X$，$g(x)=\dfrac{x}{|x|}$。

在习题13～20中，计算$f(a)$的值。

13. $f(x)-5x-7,\ a=3$ **14.** $f(x)=4,\ a=8$ **15.** $f(x)=2^x,\ a=-2$

16. $f(x)=3|x|-2,\ a=-5$ **17.** $f(x)=\sqrt{x-5},\ a=9$ **18.** $f(x)-\dfrac{4}{x},\ a=\dfrac{1}{2}$

19. $f(x)=-x^2,\ a=-3$ **20.** $f(x)=2x^2-x-3,\ a=-2$

运用公式$\log_2 2^n=n$，计算习题21～28中的值。

21. $\log_2 8$ **22.** $\log_2\dfrac{1}{2}$ **23.** $\log_2 1$ **24.** $\log_2 64$

25. $\log_2\dfrac{1}{16}$ **26.** $\log_2\dfrac{1}{4}$ **27.** $\log_2\dfrac{1}{32}$ **28.** $\log_2 1024$

使用计算器，计算习题29～36的近似值。

29. $\log_2 37$ **30.** $\log_2 1.72$ **31.** $\log_2 0.86$ **32.** $\log_2 100$

33. $\log_2 1.54$ **34.** $\log_2 9.31$ **35.** $\log_2 1000$ **36.** $\log_2 0.17$

在习题37～44中，确定函数gf和fg的计算公式。

37. $f(x)=4x+7,\ g(x)=2x-3$ **38.** $f(x)=x^2+1,\ g(x)=\sqrt{x}$

39. $f(x)=2^x,\ g(x)=5x+7$ **40.** $f(x)=3x,\ g(x)=\dfrac{1}{x}$

41. $f(x)=|x|,\ g(x)=x\log_2 x$ **42.** $f(x)=2^x,\ g(x)=5x-x^2$

43. $f(x)=x^2-2x,\ g(x)=x+1$ **44.** $f(x)=\dfrac{3x+1}{2-x},\ g(x)=x-1$

在习题45～52中，Z表示整数集合。判定各个函数g是否是一对一的或映上的。

45. g：$Z\to Z$，$g(x)=3x$ **46.** g：$Z\to Z$，$g(x)=x-2$

47. g：$Z\to Z$，$g(x)=3-x$ **48.** g：$Z\to Z$，$g(x)=x^2$

49. g：$Z\to Z$，$g(x)=\begin{cases}\dfrac{1}{2}(x+1) & x\text{为奇数}\\ \dfrac{1}{2}x & x\text{为偶数}\end{cases}$

50. g：$Z\to Z$，$g(x)=3x-5$ **51.** g：$Z\to Z$，$g(x)=|x|$

52. g：$Z\to Z$，$g(x)=\begin{cases}(x-1) & x>0\\ x & x\leqslant 0\end{cases}$

在习题53～60中，X表示实数集合。对各题中的函数f：$X\to X$，如果f的反函数存在，则求出f的反函数。

53. $f(x)=5x$　　**54.** $f(x)=3x-2$　　**55.** $f(x)=-x$　　**56.** $f(x)=x^2+1$

57. $f(x)=\sqrt[3]{x}$　　**58.** $f(x)=\dfrac{-1}{|x|+1}$　　**59.** $f(x)=3\cdot 2^{x+1}$　　**60.** $f(x)=x^3-1$

61. 求出实数集合X的子集Y，使得由$g(x)=3\cdot 2^{x+1}$定义的函数g：$X\to Y$，是一一对应的；然后求出g^{-1}。

62. 求出实数集合X的子集Y，使得由$g(x)=\dfrac{-1}{x}$定义的函数g：$Y\to Y$，是一一对应的；然后求出g^{-1}。

63. 如果X有m个元素，Y有n个元素，那么有多少个以X为定义域，以Y为上域的函数？

64. 如果X有m个元素，Y有n个元素，那么有多少个以X为定义域，以Y为上域的一对一的函数？

65. 证明：如果f：$X\to Y$和g：$Y\to Z$都是一对一的函数，那么gf：$X\to Z$也是一对一的函数。

66. 证明：如果f：$X\to Y$和g：$Y\to Z$都是映上的函数，那么gf：$X\to Z$也是映上的函数。

67. 设函数f：$X\to Y$和g：$Y\to Z$使得gf：$X\to Z$是映上的。证明g必定是映上的，并给出一个例子，说明f不一定是映上的。

68. 设函数f：$X\to Y$和g：$Y\to Z$使得gf：$X\to Z$是一对一的。证明f必定是一对一的，并给出一个例子，说明g不一定是一对一的。

69. 设f：$X\to Y$和g：$Y\to Z$都是一一对应的，证明gf也是一一对应的，并且$(gf)^{-1}=f^{-1}g^{-1}$。

70. 设有函数f：$W\to X$，g：$X\to Y$，h：$Y\to Z$。证明$h(gf)=(hg)f$。

2.5 数学归纳法

在1.4节中曾断言，对任何正整数n，

$$5+8+11+\cdots+(3n+2)=\frac{1}{2}(3n^2+7n)\text{。}$$

因为存在无限多个正整数，所以，在证明这个断言时，不能通过对n的每个值逐一验证等式是否成立。很幸运，有一种规范的方法可用来证明这个命题对所有的正整数都成立，这种方法称为数学归纳法原理。

数学归纳法原理（principle of mathematical induction）　*设$S(n)$是涉及n的命题，假设对某个固定的整数n_0，*

（1）$S(n_0)$为真（即如果$n=n_0$，则命题成立），

（2）只要k是一个整数，使得$k\geqslant n_0$且$S(k)$为真，那么$S(k+1)$就为真，

则$S(n)$就对所有的整数$n\geqslant n_0$都为真。

这个归纳原理是整数的一个基本性质，所以我们不对其进行证明。但是，这个原理看来是很合理的，因为，如果原理中的条件（1）成立，那么命题$S(n_0)$为真。如果原理中的条件（2）也成立，那么就可以令$k=n_0$，应用条件（2）推出$S(n_0+1)$也为真。再令$k=n_0+1$，应用条件（2）即说明$S(n_0+2)$也为真。如果再令$k=n_0+2$，应用条件（2），就可看到$S(n_0+3)$为真，等等。这个论证过程的持续进行表明：$S(n)$对每个整数$n\geqslant n_0$都为真的结论是可信的。

应用数学归纳法的证明包括两个部分。第一部分通过证明某个命题$S(n_0)$为真建立归纳基础。第二部分称为**归纳步骤**（inductive step），证明：如果任何命题$S(k)$为真，那么下一个命题$S(k+1)$也同样为真。我们将在本节给出几个使用数学归纳法的例子。在这些例子中，作为归纳基础的n_0一般是0或1。

下面的例子证明了前面提到的出自1.4节的结论。

例2.49 本例要采用归纳法证明：对任何正整数n，$5+8+11+\cdots+(3n+2)=\frac{1}{2}(3n^2+7n)$。其中$S(n)$是命题：$5+8+11+\cdots+(3n+2)=\frac{1}{2}(3n^2+7n)$，对$n$进行归纳。因为要证明$S(n)$对所有的正整数$n$都为真，所以把归纳基础取为$n_0=1$。

（1）对$n=1$，$S(n)$的左边为5，而右边为

$$\frac{1}{2}[3(1)^2+7(1)]=\frac{1}{2}(3+7)=\frac{1}{2}(10)=5\text{。}$$

因此$S(1)$为真。

（2）为了进行归纳，假设对某个整数k，$S(k)$为真，并且证明$S(k+1)$也为真。$S(k)$是等式

$$5+8+11+\cdots+(3k+2)=\frac{1}{2}(3k^2+7k)\text{。}$$

要证明$S(k+1)$为真，必须证明

$$5+8+11+\cdots+(3k+2)+[3(k+1)+2]=\frac{1}{2}[3(k+1)^2+7(k+1)]\text{。}$$

通过运用$S(k)$，可以如下计算上述等式的左端：

$$\begin{aligned}[5+8+11+\cdots+(3k+2)]+[3(k+1)+2]&=\frac{1}{2}(3k^2+7k)+[3(k+1)+2]\\&=\left(\frac{3}{2}k^2+\frac{7}{2}k\right)+(3k+3+2)\\&=\frac{3}{2}k^2+\frac{13}{2}k+5\\&=\frac{1}{2}(3k^2+13k+10)\text{。}\end{aligned}$$

另一方面，待证明的等式的右端是

$$\begin{aligned}\frac{1}{2}[3(k+1)^2+7(k+1)]&=\frac{1}{2}[3(k^2+2k+1)+7(k+1)]\\&=\frac{1}{2}(3k^2+6k+3+7k+7)\\&=\frac{1}{2}(3k^2+13k+10)\text{。}\end{aligned}$$

因为待证等式的左右两端相等，所以$S(k+1)$为真。

因为（1）和（2）均成立，所以由数学归纳法原理可知，对所有的整数$n\geqslant 1$，即对所有的正整数n，$S(n)$均为真。■

例2.50 数学归纳法常用来验证算法。本例将验证1.4节中的多项式求值算法来说明这一点。回顾一下，这个算法通过下列步骤计算多项式

$$P(x)=a_m x^m+a_{m-1}x^{m-1}+\cdots+a_1 x+a_0$$

的值。

步骤1 令$T=a_0$，$k=1$。

步骤2 while $k\leqslant m$，令$T=T+a_k x^k$，$k=k+1$。

步骤3 $P(x)=T$。

设$S(n)$是命题：如果步骤2中的替换进行了恰好n次，那么$T=a_nx^n+a_{n-1}x^{n-1}+\cdots+a_1x+a_0$。下面要证明：对所有的非负整数$n$，$S(n)$都为真。

（1）如果$n=0$，那么步骤2中的替换没有执行过，所以T的值就等于步骤1给出的a_0。而等式$T=a_0$就是命题$S(0)$，所以$S(0)$为真。

（2）为了进行归纳步骤，假设对某个正整数k，$S(k)$为真，证明$S(k+1)$也为真。因为$S(k)$为真，则当步骤2中的替换正好进行了k次时，$T=a_kx^k+a_{k-1}x^{k-1}+\cdots+a_1x+a_0$。如果步骤2中的替换再进行1次（共$k+1$次），那么$T$的值为

$$\begin{aligned}T+a_{k+1}x^{k+1}&=(a_kx^k+a_{k-1}x^{k-1}+\cdots+a_1x+a_0)+a_{k+1}x^{k+1}\\&=a_{k+1}x^{k+1}+a_kx^k+a_{k-1}x^{k-1}+\cdots+a_1x+a_0。\end{aligned}$$

所以$S(k+1)$为真，归纳步骤完成。

因为（1）和（2）都成立，所以由数学归纳法原理可知，对所有非负整数n，$S(n)$都为真。特别地，$S(m)$为真，而$S(m)$就是命题$P(x)=T$。

上面的证明说明，步骤2中的替换恰好进行了k次后，T的值为$T=a_kx^k+a_{k-1}x^{k-1}+\cdots+a_1x+a_0$。无论步骤2中的while循环重复多少次，由于这个关系总是保持成立，所以称之为**循环不变式**（loop invariant）。■

在接下来的归纳证明中，将按照通常的习惯，不再显式地叙述命题$S(n)$是什么。然而，在每一个归纳证明中，读者应仔细地想清楚这个命题。

例2.51 对于任何非负整数n和任何实数$x\neq 1$，

$$1+x+x^2+\cdots+x^n=\frac{x^{n+1}-1}{x-1}。$$

证明将采用归纳法，对n进行归纳，以0为归纳基础。对于$n=0$，等式的右端是

$$\frac{x^{n+1}-1}{x-1}=\frac{x^1-1}{x-1}=1。$$

所以，对于$n=0$，等式成立。

假设等式对某个非负整数k成立，即

$$1+x+x^2+\cdots+x^k=\frac{x^{k+1}-1}{x-1}。$$

于是，

$$\begin{aligned}1+x+x^2+\cdots+x^k+x^{k+1}&=(1+x+x^2+\cdots+x^k)+x^{k+1}\\&=\frac{x^{k+1}-1}{x-1}+x^{k+1}\\&=\frac{x^{k+1}-1+x^{k+1}(x-1)}{x-1}\\&=\frac{x^{k+1}-1+x^{k+2}-x^{k+1}}{x-1}\\&=\frac{x^{k+2}-1}{x-1}。\end{aligned}$$

从而证明了等式对$k+1$也成立。所以，根据数学归纳法原理，等式对所有非负整数n均成立。■

在例2.49和例2.51中，使用数学归纳法证明了某些公式是正确的。但是，数学归纳法原理并不局限于证明等式或不等式。在下面的例子中，归纳法被用来建立几何结论。

例2.52 本例要证明：对于任何正整数n，如果从$2^n \times 2^n$的棋盘（每行和每列各有2^n个方格）中移去任何一个方格，则剩下的方格可以用若干个L形构件来覆盖，每个L形构件（如图2.20所示）覆盖3个方格。

图2.21表明，每个$2^1 \times 2^1$的棋盘移去一个方格后，可被一个L形构件覆盖。因此，结论对于$n=1$是正确的。

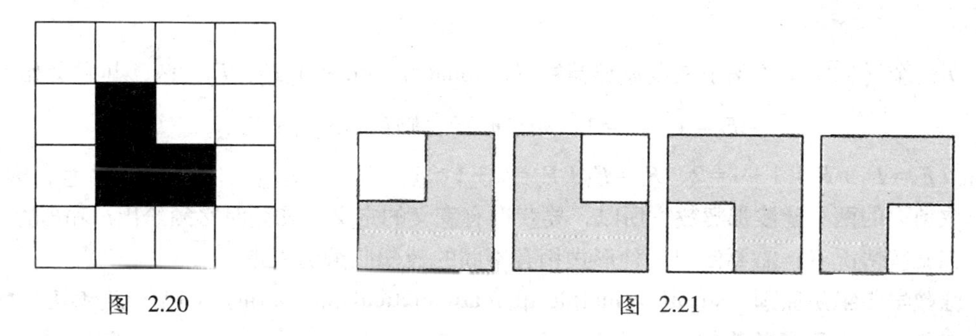

图 2.20　　图 2.21

现在假设对于某个正整数k结论是正确的，即假定每个$2^k \times 2^k$的棋盘移去一个方格后，可用若干个L形构件覆盖。下面要证明：任何一个$2^{k+1} \times 2^{k+1}$的棋盘移去一个方格后，可用L形构件覆盖。如果把$2^{k+1} \times 2^{k+1}$的棋盘在横向和纵向上都平分为两部分，就得到4个$2^k \times 2^k$的棋盘。其中一个$2^k \times 2^k$的棋盘被移去了一个方格，而另外三个是完整的（见图2.22）。从每个完整的$2^k \times 2^k$的棋盘中移去那个位于原$2^{k+1} \times 2^{k+1}$的棋盘中心位置的方格（见图2.23）。由归纳假设可知，图2.23中的所有4个移去了一个方格的$2^k \times 2^k$的棋盘都可以被L形构件覆盖。因此，再用一个L形构件覆盖原$2^{k+1} \times 2^{k+1}$的棋盘中央的3个方格，就可以用L形构件覆盖原来的移去了一个方格的$2^{k+1} \times 2^{k+1}$的棋盘。这就证明了$k+1$的情况。根据数学归纳法原理，对任意一个正整数n，任何去掉了一个方格的$2^n \times 2^n$的棋盘都可以用L形构件覆盖。■

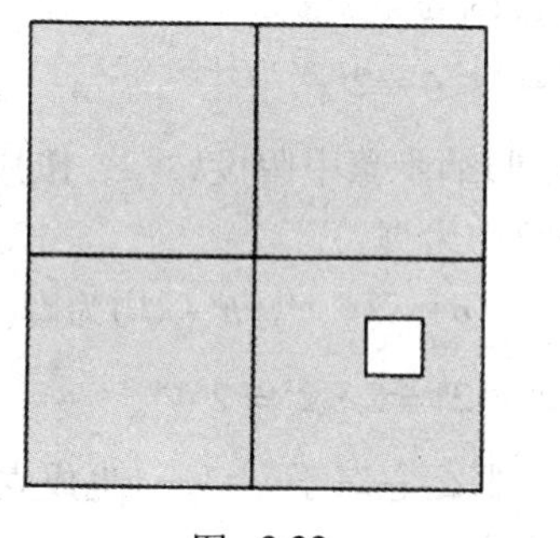

图 2.22

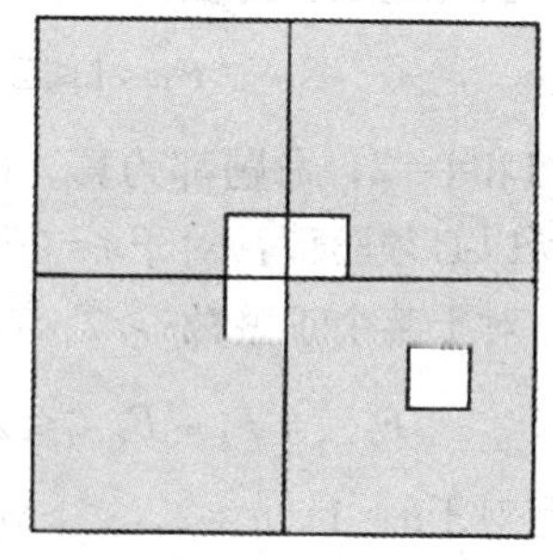

图 2.23

递归定义（recursive definitions）与归纳法原理有着密切的关系。为了递归地定义一个关于整数$n \geqslant n_0$的表达式，必须给出表达式关于n_0的值，以及根据表达式关于n_0，n_0+1，…，k的值计算表达式关于$k+1$的值的方法。1.2节中定义的$n!$的值就是一个例子。$n!$的递归定义如下：

$$0!=1，如果n>0，则n!=n(n-1)!。$$

通过重复应用这个定义，就可以对任何非负整数n计算出$n!$。例如，

$$4! = 4 \times 3! = 4 \times 3 \times 2! = 4 \times 3 \times 2 \times 1! = 4 \times 3 \times 2 \times 1 \times 0! = 4 \times 3 \times 2 \times 1 \times 1 = 24。$$

例2.53 本例应用数学归纳法原理（取$n_0=4$）证明：如果$n \geqslant 4$，则$n! > 2^n$。

（1）如果$n=4$，则$n!=24$且$2^n=16$，所以命题成立。

（2）假设对某个正整数$k \geqslant 4$，$k! > 2^k$成立，那么

$$(k+1)! = (k+1)k! \geqslant (4+1)k! > 2k! > 2(2^k) = 2^{k+1}。$$

这便是所需证明的关于$k+1$的不等式。所以，根据归纳法原理，命题对于所有的$n \geqslant 4$都成立。 ■

另一个递归定义的例子是**斐波那契数**（Fibonacci number）F_1，F_2，…，其定义如下：

$$F_1=1，F_2=1，如果n>2，则F_n=F_{n-1}+F_{n-2}。$$

例如，$F_3=F_2+F_1=1+1=2$，$F_4=F_3+F_2=2+1=3$，$F_5=F_4+F_3=3+2=5$。注意，因为F_n依赖于它前面的两个斐波那契数，所以，要获得有意义的定义，初始时必须给出F_1和F_2的定义。

在某些情况下，需要使用一种形式稍有不同的数学归纳法原理。

强数学归纳法原理（strong principle of mathematical induction） *设$S(n)$是涉及整数n的命题。假设对某个固定的整数n_0，*

（1）$S(n_0)$为真，并且，

（2）只要k是一个整数，使得$k \geqslant n_0$且$S(n_0)$，$S(n_0+1)$，…，$S(k)$均为真，那么$S(k+1)$就为真，则对所有的整数$n \geqslant n_0$，$S(n)$都为真。

强数学归纳法原理与数学归纳法原理的唯一区别在于第（2）个条件：前者不仅可以假设$S(k)$为真，还可以假设$S(n_0)$，$S(n_0+1)$，…，$S(k-1)$都为真。所以，从逻辑推理的观点来看，强数学归纳法原理应该更容易使用，因为可以假定的条件更多。但是，它比前一种形式复杂，往往并不需要使用它。本书将主要运用强数学归纳法原理证明关于某些类型的递推关系的结论。为了说明它的使用，下面将证明一个关于斐波那契数的结论。

例2.54 本例将证明：对任何正整数n，$F_n \leqslant 2^n$。因为

$$F_1=1 \leqslant 2=2^1，且F_2=1 \leqslant 4=2^2。$$

所以，对于$n=1$和$n=2$，命题都为真。（因为需要在归纳步骤中假设$k \geqslant 2$，以应用斐波那契数的递归定义，所以必须验证：对于$n=1$和$n=2$，命题均为真。）

现在假设，对于某个正整数$k \geqslant 2$，命题关于$n=1$，$n=2$，…，$n=k$均为真。那么

$$F_{k+1} = F_k + F_{k-1} \leqslant 2^k + 2^{k-1} \leqslant 2^k + 2^k = 2 \cdot 2^k = 2^{k+1}。$$

所以，如果命题对于$n=1$，$n=2$，…，$n=k$均为真，那么它对于$n=k+1$也成立。

于是，根据强数学归纳法原理，对于所有的正整数n，命题均为真。 ■

习题2.5

1. 计算斐波那契数F_1到F_{10}。

2. 假设数列x_n递归地定义为$x_1=7$，$x_n=2x_{n-1}-5$（$n \geqslant 2$）。计算x_1到x_6。

3. 假设数列x_n递归地定义为$x_1=3$，$x_2=4$，$x_n=x_{n-1}+x_{n-2}$（$n \geqslant 3$）。计算x_1到x_8。

4. 对于正整数n，给出x^n的递归定义。

5. 给出第n个偶正整数的递归定义。

6. 给出第n个奇正整数的递归定义。

在习题7～10中，找出所给定的归纳论证的错误。

7. 本题要证明：对所有的正整数，5整除$5n+3$。

假设对某个正整数k，5整除$5k+3$，那么存在正整数p使得$5k+3=5p$。于是，

$$5(k+1)+3=(5k+5)+3=(5k+3)+5=5p+5=5(p+1)。$$

因为5整除$5(p+1)$，所以5整除$5(k+1)+3$，这就是要证明的命题。因此，根据数学归纳法原理，对于所有的正整数n，5整除$5n+3$。

8. 本题要证明：在任何n个人的集合中，所有人的年龄都相同。

显然，在1个人的集合中，所有人的年龄都相同。所以当$n=1$时，命题为真。

现在假设：在任何k个人的集合中，所有人的年龄都相同。设$S=\{x_1, x_2, \cdots, x_{k+1}\}$是$k+1$个人的集合。那么根据归纳假设，集合$\{x_1, x_2, \cdots, x_k\}$和$\{x_2, x_3, \cdots, x_{k+1}\}$中的所有人的年龄都分别相同，$x_1, x_2, \cdots, x_k$的年龄都相同，$x_2, x_3, \cdots, x_{k+1}$的年龄也都相同，从而，$x_1, x_2, \cdots, x_{k+1}$的年龄都相同。这就完成了归纳步骤。

因此，根据数学归纳法原理，对所有的正整数n，在n个人的集合中，所有人的年龄都相同。

9. 本题要证明：对于任何正整数n，如果两个正整数中的最大值为n，那么这两个整数相等。

如果两个正整数的最大值为1，那么这两个整数均为1，因此这两个整数相等。这就对$n=1$证明了结论。

假设：如果任意两个正整数的最大值为k，那么这两个整数相等。设x和y是两个正整数，它们的最大值是$k+1$。于是，$x-1$和$y-1$的最大值是k。所以，根据归纳假设，$x-1=y-1$。因此，$x=y$，从而对$n=k+1$证明了结论。

由此，根据数学归纳法原理，对于任何正整数n，如果两个正整数中的最大值为n，那么这两个整数相等。因此，任何两个正整数都相等。

10. 设a是非零实数。本题要证明：对于任何非负整数n，$a^n=1$。

因为根据定义$a^0=1$，所以对于$n=0$，命题为真。

假设：对于某个整数k，当$0\leqslant m\leqslant k$时，$a^m=1$。那么

$$a^{k+1}=\frac{a^k a^k}{a^{k-1}}=\frac{1\cdot 1}{1}=1 。$$

于是，根据强归纳法原理可以推出：对于每个非负整数n，$a^n=1$。

在习题11～26中，用数学归纳法证明给定的命题。

11. 对每个正整数n，

$$1+2+\cdots+n=\frac{n(n+1)}{2} 。$$

12. 对每个正整数n，

$$1+4+9+\cdots+n^2=\frac{n(n+1)(2n+1)}{6} 。$$

13. 对每个正整数n，

$$1+8+27+\cdots+n^3=\frac{n^2(n+1)^2}{4} 。$$

14. 对每个正整数n，

$$\frac{1}{1\cdot 2}+\frac{1}{2\cdot 3}+\cdots+\frac{1}{n(n+1)}=\frac{n}{n+1} 。$$

15. 对每个正整数n，

$$1(1!)+2(2!)+\cdots+n(n!)=(n+1)!-1\text{。}$$

16. 对每个正整数n，

$$\left(1-\frac{1}{2}\right)\left(1-\frac{1}{3}\right)\cdots\left(1-\frac{1}{n+1}\right)=\frac{1}{n+1}\text{。}$$

17. 对于每个正整数$n\geqslant 2$，

$$1\cdot 3\cdots(2n-1)\geqslant 2\cdot 4\cdots(2n-2)\text{。}$$

18. 对于每个正整数$n\geqslant 5$，$n^2<2^n$。

19. 对于每个正整数$n\geqslant 7$，$n!>3^n$。

20. 对于每个正整数$n\geqslant 5$，$(2n)!<(n!)^2 4^{n-1}$。

21. 对于每个正整数$n\geqslant 2$，$F_n\leqslant 2F_{n-1}$。

22. 对于每个正整数n，

$$F_1+F_2+\cdots+F_n=F_{n+2}-1\text{。}$$

23. 对于每个正整数n，

$$F_2+F_4+\cdots+F_{2n}=F_{2n+1}-1\text{。}$$

24. 对于每个正整数n，

$$F_n\leqslant\left(\frac{7}{4}\right)^n\text{。}$$

25. 对于每个正整数$n\geqslant 3$，

$$F_n\geqslant\left(\frac{5}{4}\right)^n\text{。}$$

26. 对于任何正整数$n\geqslant 2$，$6\times n$的棋盘都可以用如图2.20所示的L形构件覆盖。

27. 如果对所有的非负整数n，存在常量r，使得$s_n=s_0r^n$，则称序列s_0，s_1，s_2，…为以r为**公比**的**几何级数**。如果s_0，s_1，s_2，…是以r为公比的几何级数，找出计算$s_0+s_1+\cdots+s_n$的公式，把它表示成s_0，r和n的函数。然后，用数学归纳法验证你的公式。（提示：利用例2.51中的等式。）

28. 如果对于所有的非负整数n，存在常量d，使得$s_n=s_0+nd$，则称序列s_0，s_1，s_2，…为以d为**公差**的**算术级数**。如果s_0，s_1，s_2，…是以d为公差的算术级数，找出计算$s_0+s_1+\cdots+s_n$的公式，把它表示成s_0，d和n的函数。然后，用数学归纳法验证你的公式。

2.6 应用

本节将应用2.5节中陈述的两种数学归纳法原理来证明一些结论，本书其他地方需要这些结论。最初的两个结论给出对数的列表进行搜索或排序所需要的最大比较次数，这些结论将在第9章讨论搜索和排序时使用。

例2.55 有一种常见的儿童游戏，在游戏中，一个孩子想出一个整数，另一个则试着猜出这个数。每次猜测后，猜数者被告知，他的最后一次猜测是太大了还是太小了。例如，假设要猜一个介于1和64之间的未知整数，一种方法是从1到64依次猜测，但这种方法也许需要64次才能猜出那个未知的数。一个更好的方法是，在所有可能的数中，猜一个靠近中间的整数，从而每次猜测都将可能性的数量减半。例如，下面的猜测序列将发现未知的整数是37。

尝试	猜测数	结果	结论	尝试	猜测数	结果	结论
1	32	小了	该数在33和64之间	4	36	小了	该数在37和39之间
2	48	大了	该数在33和47之间	5	38	大了	该数在37和37之间
3	40	大了	该数在33和39之间	6	37	正好	

■

不难看出，如果使用这里所描述的策略，至多进行7次猜测就可以猜出介于1和64之间的任何未知整数。通过计算机搜索数的列表以确定一个特定的目标值是否在列表中的问题与这个简单的游戏有关。当然，搜索列表的情况不同于猜数游戏，因为事先不知道被搜索的列表中有哪些数。但是，如果数的列表是按升序排序的，则效率最高的搜索技术与猜数游戏中所使用的方法在本质上是相同的，即反复地将目标数与列表中的一个值进行比较，这个值靠近目标所可能出现的范围的中点。下面的定理给出了这个搜索策略的效率。

定理2.8 *对于任何非负整数n，判断一个特定的数值是否在一个按升序排序的、有2^n个数的列表中，至多需要进行$n+1$次比较。*

证明 采用归纳法，对n进行归纳。对于$n=0$，要证明：判断一个特定的数m是否在一个有$2^0=1$个数的列表中，至多需要进行$n+1=1$次比较。因为这个数列中只有一个数，显然，只需要进行一次比较就可以确定这个数是否是m。这就证明了$n=0$时的结论。

现在假设这个结论对于某个非负整数k成立，即假设：确定一个特定的数是否在一个按升序排列的、有2^k个数的列表中，至多需要进行$k+1$次比较。假设有一个按升序排列的、有2^{k+1}个数的列表，我们必须证明：要确定一个特定的数m是否在这个列表中出现，至多只使用$(k+1)+1=k+2$次比较是可能的。为此，把m与列表第2^k个位置上的数p进行比较。

第一种情况：$m \leqslant p$

因为列表是按升序排列的，所以，如果m在列表中出现，那么它必定位于位置1到位置$2k$之间。而位于位置1到2^k之间的那些数是一个按升序排列的、有2^k个数的列表，因此，根据归纳假设，至多进行$k+1$次比较，就能判断出m是否在这个列表中。所以，在这种情况下，确定m是否在原列表中至多需要进行$1+(k+1)=k+2$次比较。

第二种情况：$m > p$

因为列表是按升序排列的，所以，如果m在列表中出现，那么它必定位于位置2^k+1到位置2^{k+1}之间。再一次根据归纳假设：至多进行$k+1$次比较，就可以判断出m是否在这个已排序的、有2^k个数的列表中。因此，在这种情况下，确定m是否在原列表中也至多只需要进行$k+2$次比较。

所以，在每种情况下，至多进行$k+2$次比较，就可以判断出m是否在已排序的、有2^{k+1}个数的列表中。这样就完成了归纳步骤，从而，对所有非负整数n证明了这个定理。 ■

尽管定理2.8是针对按升序排列的数的列表的，但是，容易看出，对于按降序排序的数的列表结论也成立。此外，该结论同样适用于按字母序排序的单词列表。定理2.9类似于定理2.8，它给出了下列操作所需要的比较次数的上界：把两个已排序的数的列表合并为一个排好序的列表。在陈述这个结论之前，将先说明合并过程，在证明定理2.9时要用到。

例2.56 考虑两个按升序排列的数的列表：

2，5，7，9和3，4，7。

假设要将它们合并为一个按升序排列的列表

$$2, 3, 4, 5, 7, 7, 9。$$

为了高效率地合并这两个列表，首先，比较位于两个列表开头的数（2和3），并取较小者作为合并后的列表的第一个数。（如果一个列表的第一个数与另一个列表的第一个数相同，则在这两个相等的数中任选一个。）然后，把这个较小的数从原先包含它的列表中删除，得到列表

$$5, 7, 9和3, 4, 7。$$

其次，比较这两个新列表开头的数（5和3），并取较小者作为合并后的列表的第二个数。把这个数从原先包含它的列表中删除。继续这个过程，直到所有的数都已合并到一个列表中为止。图2.24演示了这个过程。■

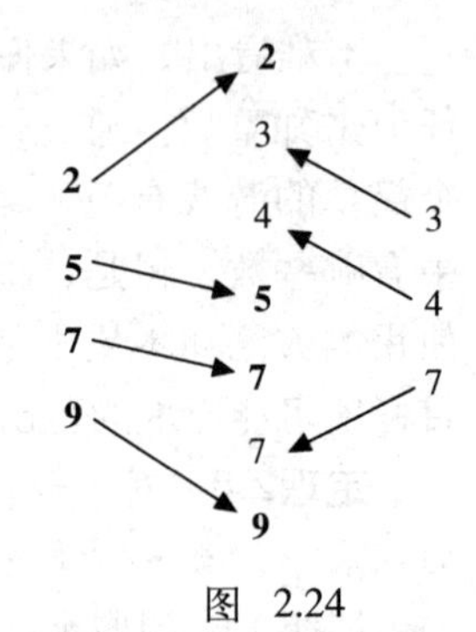

图 2.24

定理2.9 *设A和B是两个按升序排列的数的列表。假设两个列表共有n个数，n是正整数，那么至多需要进行$n-1$次比较，就可以将A和B合并为一个有n个数的按升序排列的列表。*

证明 采用归纳法证明，对n进行归纳。如果$n=1$，则A或B必定有一个是空列表（而另一个必定含有一个数）。另一方面，把列表B加到列表A的末尾，所获得的列表C是按升序排列的，并且只进行了$0=n-1$次比较就得到了列表C。这就对$n=1$证明了定理。

现在假设：对于某个正整数k，定理的结论成立。又设A和B是已排序的列表，其中总共含有$k+1$个数。我们要证明：至多进行k次比较，就可以把A和B合并为一个排好序的列表C。设数a和b分别是A和B的第一个数。把a和b进行比较。

第一种情况：$a \leqslant b$

设从A中删去a后得到的列表是A'，那么A'和B是排好序的总共含有k个元素的列表。所以，根据归纳假设，至多进行$k-1$次比较，就可以把A'和B合并为一个排好序的列表C'。然后，把a作为第一个元素加入到C中形成列表C。因为C'是按升序排列的，且a不大于A和B中的其他数，所以列表C是按升序排列的。另外，在构造C时，判断$a \leqslant b$进行了1次比较，构造C'至多进行$k-1$次比较，所以构造C至多需要进行k次比较。

第二种情况：$a>b$

从B中删去b得到列表B'。然后，如同第一种情况那样，根据归纳假设，至多进行$k-1$次比较，就把A和B'排成一个排好序的列表C。再把b作为第一个元素加入到C'中形成列表C。与第一种情况一样，C是按升序排列的，且构造C至多需要进行k次比较。

所以，在两种情况下，至多进行k次比较，就能将A和B合并为一个排好序的列表。这就完成了归纳步骤的证明，从而对所有的正整数n都证明了结论。■

下面的两个结论研究的是集合子集的个数。这些结论与1.3节中描述的背包问题和第8章将要讨论的计数技术有关。回忆一下，在1.3节中曾经讲过，集合$\{1, 2, \cdots, n\}$恰有2^n个子集。如果这个结论普遍成立，那么n增加1，子集的数目将加倍。下面的例子将给出说明。取$n=2$，考虑$\{1, 2\}$的子集，它们是

$$\varnothing、\{1\}、\{2\}和\{1, 2\}。$$

现在考虑$\{1, 2, 3\}$的子集。当然，刚才列举的4个集合也是这个集合的子集，但这个集合还有其他的子集，即含有3的那些子集。事实上，$\{1, 2, 3\}$的任何一个子集如果不是$\{1, 2\}$的

子集，那么它一定含有元素3。如果除去3，就又得到{1，2}的子集。于是，在原来的4个子集中，每个都加入元素3就构成了新的子集：

{3}、{1，3}、{2，3}和{1，2，3}。

正如前面那个公式所指出的那样，子集的总数加倍了。这个论证是证明定理1.3的基础。

定理1.3 *对任意非负整数n，有n个元素的集合恰有2^n个子集。*

证明 下面将通过对n进行归纳来证明这个结论。

为了建立归纳的基础，请注意，任何含0个元素的集合必定是空集∅，其唯一的子集是∅。于是，含0个元素的集合恰好有$2^0=1$个子集。这就证明了$n=0$时的结论。

为了进行归纳步骤，假设结论对某个非负整数k成立，再对$k+1$证明结论。于是，假设任何有k个元素的集合恰有2^k个子集。设S是一个有$k+1$个元素的集合，比如说S中的元素是a_1，a_2，…，a_{k+1}，并定义集合R为

$$R=\{a_1, a_2, \cdots, a_k\}。$$

因为R有k个元素，所以，根据假设，它恰有2^k个子集。但S的每个子集要么是R的子集，要么是通过把元素a_{k+1}加入到R的子集后构成的子集。所以，S恰有

$$2^k+2^k=2(2^k)=2^{k+1}$$

个子集，从而对$k+1$证明了结论。

根据数学归纳法原理，对所有非负整数n，定理都成立。 ■

例2.57 多年来，Wendy传统风味汉堡餐厅做广告说，他们有256种不同的制作汉堡的方法。这个说法可以通过定理1.3来验证，因为，在Wendy餐厅，汉堡可以按8种浇头（奶酪、调味番茄酱、莴苣、蛋黄酱、芥末、洋葱、醋汁和马铃薯）的任意组合来预定。由于浇头的任何一种选择都可以看作是这8种浇头的集合的子集，所以不同的浇头搭配数目与浇头集合的子集的数目相同，即$2^8=256$。 ■

关于有n个元素的集合的子集的数目问题还可以给出更多的结论。下面的定理表明，在其2^n个子集中，有多少个子集包含指定数目的元素。

定理2.10 *设S是有n个元素的集合，其中n是非负整数。如果r是一个整数，$0\leqslant r\leqslant n$，那么恰好含有r个元素的S的子集的数目是*

$$\frac{n!}{r!(n-r)!}。$$

证明 利用归纳法，对n进行归纳，并从$n=0$开始。

如果$n=0$，那么S是空集，且r必定为0。而∅有且仅有一个含0个元素的子集，即它本身，而且，因为由定义，$0!=1$，所以

$$\frac{n!}{r!(n-r)!}=\frac{0!}{0!0!}=1。$$

所以，对于$n=0$，定理中的公式是正确的。

现在假设定理中的公式对某个整数$k\geqslant 0$是正确的。设S是含有$k+1$个元素的集合，比如说$S=\{a_1, a_2, \cdots, a_k, a_{k+1}\}$。我们要统计出恰好含有$r$个元素的$S$的子集的数目，这里$0\leqslant r\leqslant k+1$。显然，$r=0$时$S$的子集只有∅。类似地，含有$k+1$个元素的$S$的子集也只有一个，即$S$本身。对这两种情况，定理中的公式都给出了正确的值，因为

$$\frac{(k+1)!}{0!(k+1-0)!}=1,\ \frac{(k+1)!}{(k+1)![(k+1)-(k+1)]!}=1\text{。}$$

设R是S的恰好包含r个元素的任意子集，这里$1\leqslant r\leqslant k$。有两种情形需要考虑。

第一种情况：$a_{k+1}\notin R$

这时R是$\{a_1, a_2, \cdots, a_k\}$的有$r$个元素的子集。根据归纳假设，这样的子集共有

$$\frac{k!}{r!(k-r)!}$$

个。

第二种情况：$a_{k+1}\in R$

在这种情况下，如果从R中拿掉a_{k+1}，就得到$\{a_1, a_2, \cdots, a_k\}$的含有$r-1$个元素的子集。根据归纳假设，这样的子集共有

$$\frac{k!}{(r-1)![k-(r-1)]!}$$

个。

把两种情况合起来，可知S共有

$$\frac{k!}{r!(k-r)!}+\frac{k!}{(r-1)!(k-r+1)!}$$

个含有r个元素的子集。而这个值等于

$$\begin{aligned}\frac{k!(k-r+1)}{r!(k-r)!(k-r+1)}+\frac{k!r}{r(r-1)!(k-r+1)!}&=\frac{k!(k-r+1)}{r!(k-r+1)!}+\frac{k!r}{r!(k-r+1)!}\\&=\frac{k!(k-r+1+r)}{r!(k-r+1)!}\\&=\frac{(k+1)!}{r!(k+1-r)!}\text{。}\end{aligned}$$

在定理的公式中，用$k+1$替换n就得到这个式子，因此定理中的公式对于$n=k+1$是正确的。

所以，根据数学归纳法原理，定理中的公式对所有的非负整数n都是正确的。■

许多计数问题都需要知道有n个元素的集合的r-元子集的个数。我们把这个数记为$C(n, r)$[⊖]。定理2.10可用这个记号表述为

$$C(n,\ r)=\frac{n!}{r!(n-r)!}\text{。}$$

例2.58 从5个人的集合中，可以选出多少个2人委员会？

这个问题等价于询问集合$\{1, 2, 3, 4, 5\}$中恰好含有2个元素的子集有多少个。取$n=5$，$r=2$，定理2.10给出的答案是

$$C(5,\ 2)=\frac{5!}{2!(5-2)!}=\frac{5!}{2!3!}=10\text{。}$$

实际上，这些子集是$\{1, 2\}$，$\{1, 3\}$，$\{1, 4\}$，$\{1, 5\}$，$\{2, 3\}$，$\{2, 4\}$，$\{2, 5\}$，$\{3, 4\}$，

⊖ 另一种常见的记号是$\binom{n}{r}$。

{3，5}和{4，5}。 ■

本节最后的定理证明了关于正整数的一个非常基本的结论，这个结论曾在例2.13中提及。

定理2.11 *每个大于1的整数要么是素数，要么是若干素数的乘积。*

证明 设n为大于1的整数。证明将采用强数学归纳法原理，对n进行归纳。因为2是一个素数，于是命题对$n=2$是正确的。

假设对某个整数$k>1$，当$n=2, 3, \cdots, k$时，命题为真。现要证明$k+1$要么是素数，要么是若干素数的乘积。如果$k+1$是素数，那么证明已经完成。所以，假设$k+1$不是素数。于是，存在一个既不是1也不是$k+1$的正整数p，p整除$k+1$。所以$\frac{k+1}{p}=q$是整数，且$q\neq 1$（否则$p=k+1$），$q\neq k+1$（否则$p=1$）。因此，p和q都是$2\sim k$之间的整数（含2和k）。所以，可以对p和q运用归纳假设，即p和q不是素数就是若干素数的乘积，从而$k+1=pq$是若干素数的乘积。这就完成了归纳步骤，因此完成了定理的证明。 ■

随着规模更大、速度更快的计算机的开发，发现大素数成为可能。例如，1978年，两位来自加利福尼亚Hayward的少年Laura Nickel和Curt Noll，用计算机经过440个小时找到了素数$2^{21701}-1$。那时，这个6533位的数是已知的最大素数。但是，分解一个正整数为素数的乘积，仍然是一个非常困难的问题。注意，定理2.11虽然指出了大于1的正整数不是素数就是素数的乘积，但是，这个定理并不能帮助我们判断是两种情形中的哪一种。特别地，定理2.11也不能帮助我们实际地找到特定的正整数的素数因子。

事实上，寻找大整数的素数因子的困难性正是一种重要的加密（对数据或消息编码）方法的基础，这种方法称为RSA方法（RSA方法的名称来自于其发明者R. L. Rivest，A. Shamir和L. Adleman姓名的首字母）。关于RSA方法的更多内容，请参见3.2节和3.3节。

习题2.6

计算习题1～12中的表达式的值。

1. $C(7, 2)$ **2.** $C(8, 3)$ **3.** $C(10, 5)$ **4.** $C(12, 6)$

5. $C(11, 4)$ **3.** $C(10, 7)$ **7.** $C(11, 6)$ **8.** $C(13, 9)$

9. $C(n, 0)$ **10.** $C(n, 1)$ **11.** $C(n, 2)$ **12.** $\frac{P(n, r)}{C(n, r)}$

13. 集合{1，3，4，6，7，9}有多少个子集？

14. 集合$\{a, e, i, o, u\}$的非空子集有多少个？

15. 在Avanti比萨店，比萨饼可以按照以下这些调料订购：绿胡椒粉、火腿、汉堡包、蘑菇、洋葱、意大利辣香肠和腊肠。问总共有多少种不同的比萨可以订购？

16. 如果一份测试由12道是非题组成，那么12道题总共可以以多少种方式解答？

17. 某种汽车在订购时可以选择下列可选项的任意组合：空调、自动换挡、凹背摺椅、导航控制、电动车窗、后窗除雾器、汽车顶棚和CD机。问这种汽车共有多少种订购方法？

18. Jennifer的祖母告诉她：她可以在7个不同颜色的玻璃戒指中随意地选择。问共有多少种选择？

19. 集合{1，3，4，5，6，8，9}有多少个含有5个元素的子集？

20. 集合$\{a, e, i, o, u, y\}$有多少个含有4个元素的子集？

21. 某篮球教练要从12名队员中选出5个人组成首发阵容。问有多少种可能的选择方法？

22. 某个刚创立的摇滚乐队要从他们所熟悉的9首歌曲中选2首录制。共有多少种可能的选择？

23. 某人要在餐厅里点一份套餐，他可以从所提供的6种蔬菜中选择3种。问共有多少种选择方法？

24. 某玩牌者要从手中的13张牌里选3张出牌。问他有多少种出牌的选择？

25. 从10个候选人中选举出3个组成市政会。问可能的获胜候选人的集合有多少种？

26. 一个社会学家打算从9个人中选4个人面谈。问有多少种面谈者的集合可供选择？

27. 从一副52张的扑克牌中，可以发出多少种有13张牌的一手牌？用阶乘形式表示你的答案。

28. 一个非法商人可以带不超过3名的律师去参加参议院听证会，他可以从7名律师中选取。问他有多少种选择方案？

用数学归纳法证明习题29～40中的命题。

29. 对任意不同的实数x和y，以及任意非负整数n，

$$x^n y^0 + x^{n-1} y^1 + \cdots + x^1 y^{n-1} + x^0 y^n = \frac{x^{n+1} - y^{n+1}}{x - y}。$$

30. 对任意整数$n \geqslant 2$，

$$\frac{1}{1^2} + \frac{1}{2^2} + \cdots + \frac{1}{n^2} < 2 - \frac{1}{n}。$$

31. 对任意正整数n，$\dfrac{(2n)!}{2^n}$是整数。

32. 对任意正整数n，$\dfrac{(n+1)(n+2)\cdots(2n)}{2^n}$是整数。

33. 对任意正整数n，3整除$2^{2n}-1$。

34. 对任意正整数n，6整除n^3+5n。

35. 对任意非负整数n，$\dfrac{(4n)!}{8^n}$是整数。

36. 对任意整数$n \geqslant 5$，$\dfrac{(4n-2)!}{8^n}$是整数。

37. 对任意正整数n，

$$(1+2+\cdots+n)^2 = 1^3 + 2^3 + \cdots + n^3 。$$

38. 对任意正整数n，

$$1^2 - 2^2 + \cdots + (-1)^{n+1} n^2 = \frac{(-1)^{n+1} n(n+1)}{2}。$$

39. 对任意整数$n \geqslant 2$，

$$\frac{1}{\sqrt{1}} + \frac{1}{\sqrt{2}} + \cdots + \frac{1}{\sqrt{n}} > \sqrt{n} 。$$

40. 对任意正整数n，

$$\frac{1 \cdot 3 \cdot 5 \cdots (2n-1)}{2 \cdot 4 \cdot 6 \cdots (2n)} \geqslant \frac{1}{2n} 。$$

41. 设n是正整数，A_1，A_2，…，A_n是全集U的子集。用数学归纳法证明

$$\overline{(A_1 \cup A_2 \cup \cdots \cup A_n)} = \overline{A_1} \cap \overline{A_2} \cap \cdots \cap \overline{A_n} 。$$

42. 设n是正整数，A_1，A_2，…，A_n是全集U的子集。用数学归纳法证明

$$\overline{(A_1 \cap A_2 \cap \cdots \cap A_n)} = \overline{A_1} \cap \overline{A_2} \cup \cdots \cup \overline{A_n}。$$

43. 设n是大于3的整数，给出正n边形的对角线的数目。然后用数学归纳法证明你的结论。

44. 假设：n是正整数，在欧几里得平面上有n条直线，并且其中没有平行的直线，也没有相交于同一点的三条直线。这n条直线把欧几里得平面分割成若干个区域，给出这些区域的数目，并用数学归纳法证明你的结论。

***45.** 用数学归纳法证明：至多进行$n \cdot 2^n$次比较，就可以把任何有2^n个数的列表按升序排序。

***46.** 用数学归纳法证明：可以由n个人来分割一个均匀的蛋糕，并使每个人都认为自己所得到的蛋糕的体积至少是整个蛋糕体积的$\frac{1}{n}$。假设每个人都能够把一件物品分成他（或她）认为体积相同的若干份。

***47.** Lewis先生和夫人做东，举办了一个有n对夫妇参加的聚会。客人们到达时，一些人互相握了手。后来，Lewis先生询问了其他的每个人（包括其夫人）各自握了多少次手。使他惊讶的是，没有两个人给他的答案是一样的。如果没有人自己和自己握手，没有夫妇互相握手，两个人之间握手不超过一次，那么Lewis夫人握了多少次手呢？用数学归纳法证明你的答案。

***48.** **良序原理**（well-ordering principle）指出：每一个非空正整数集合都含有最小元素。

(a) 假设良序原理成立，用良序原理证明数学归纳法原理。

(b) 假设数学归纳法原理成立，用数学归纳法原理证明良序原理。

历史注记

George Boole

集合、关系、函数和数学归纳法的理论有许多共同的起源。集合论作为一种讨论对象类及其属性的方法，在19世纪早期至中期，起源于英国数学家们的研究工作。布尔（George Boole, 1815—1864）1854年的著作《思维规律的研究》（Investigation of Laws of Thoughts）为集合代数和相关的逻辑形式奠定了基础。布尔认识到，通过将普通代数的思想限定于值0和1，就可以为数学推理建立模型。

布尔的工作使过去由皮考克（George Peacock，1791—1858）、德摩根（Augustus De Morgan，1806—1871）和苏格兰哲学家哈密顿爵士（Sir William Hamilton, 1788—1856）提出的思想变得更清晰，并进一步拓展了这些思想。通过把数学思想和论证归约为一系列关于广义的数和运算的符号形式，这三位学者一直致力于推广算术和代数之间的联系。1847年，布尔出版了一本著作，名为《逻辑的数学分析》（The Mathematical Analysis of Logic）。在这本书中，他将数理逻辑从希腊人和学院派所用的逻辑中分离出来。布尔的工作把逻辑从应用于具体的辩论事例提高到它应有的地位，即作为数学的一个分支。

在逻辑代数的发展过程中，布尔的工作勾画出了集合代数，其中，集合的并和交分别用符号＋和×表示，空集用0表示。我们现在使用的符号∪、∩和∅是后来出现的，其中∪和∩是从德国代数学家格拉斯曼（Hermann Grassmann, 1809—1877）1844年的著作《扩张理论》（Ausdehnungslehre）中使用的符号发展而来的。后来，这些符号被意大利人皮亚诺（Giuseppe Peano，1858—1932）在其1894年的著作《数学的形式化》（Formulaire de Mathématiques）中普及。在这本书中，皮亚诺还增加了我们现在用来表示集合成员关系的符号∈，以及用来表示集合包含关系的符号⊂。而表示空集的符号∅的来源就没有这么清楚了，尽管它被归功于阿贝尔（Norwegian Niels Henrik Abel，1802—1829）。另外，罗素（Bertrand Russell，1872—1970）和怀特海德（Alfred North Whitehead，1861—1947）在他们经典的多卷本《数学原理》（Principia Mathematica，1910—1913）中引进了另一些被广泛使用的符号，其中有表示集合的花括弧，以及用来表示集合的补集的集合符号上的横线 [73，74，75，80]。

维恩图是英国逻辑学家维恩（John Venn，1834—1923）的发明，在他1881年的著作《符号逻辑》（Symbolic Logic）中，他用这些图诠释了布尔在20多年前所阐述的思想。欧拉（Leonhard Euler，1707—1783）在更早些的时候曾经用一种类似的圆的布局来论证逻辑类之间的关系。用这些图表示集合、集合运算和集合关系，是一种易于理解的论证集合性质的方法。

等价关系概念的发展历史难以追溯。然而，这个概念的核心思想可以在拉格朗日

(Joseph-Louis Lagrange，1736—1813）和高斯（Carl Friedrich Gauss，1777—1855）的工作中发现，他们的工作发展了定义在整数集上的同余关系。这样的思想在皮亚诺1889年的著作《几何原理》(I Principii di Geometria) [82]中也出现过。

Carl Friedrich Gauss

莱布尼茨（Gottfried Wilhelm Leibniz，1646—1716）是第一个使用“函数”这个词的数学家，1692年，他用函数表示一种有关代数关系的量，其中的代数关系是用来描述曲线的。1748年，欧拉在他的《无穷小分析引论》(Introductio in Analysin Infinitorum）中写道：“一个变量的函数是一个解析表达式，它由该变量以任何方式组成……”。我们正是从欧拉和克莱洛（Alexis Clairaut，1713—1765）的著作中，继承了$f(x)$的记号，并一直沿用至今。

LeJeune Dirichlet

1837年，狄利克雷（Peter Gustav LeJeune Dirichlet，1805—1859）对变量、函数和$y = f(x)$中自变量与因变量之间的对应关系等概念给出了更为严谨的表述。狄利克雷的定义不依赖于代数关系，而允许更抽象的关系，以定义实体间的联系。他阐述道：“如果对变量x在区间$a<x<b$中的每个值，都有一个确定的y值与之对应，则y是定义在该区间上的变量x的函数，并且，该对应关系是以什么方式建立的无关紧要。”基于狄利克雷的工作，现代集合论把函数定义为笛卡儿积的子集，这个定义的正式提出来自20世纪30年代后期以布尔巴基(Bourbaki）为笔名的数学家小组[81]。

首先使用数学归纳法的是意大利数学家和工程师马奥罗修勒斯（Francesco Maurocyulus，1494—1575)，他在其1575年的著作《算术》(Arithmetica）中，用数学归纳法证明了前n个正奇数之和是n^2。帕斯卡（Blaise Pascal，1623—1662）在他关于算术三角形（现在称为帕斯卡三角形）的著作中使用了归纳法。在其1653年的著作《论算术三角形》(Traité du triangle arithmétique）中，在证明用来定义他的三角形的基本性质时，帕斯卡清晰地解释了归纳法。德摩根在1838年的一篇关于证明方法的论文[74]中，把这个原理命名为“数学归纳法”。

补充习题

计算习题1～8中的集合。其中，$A=\{1, 2, 3, 4\}$，$B=\{1, 4, 5\}$，$C=\{3, 5, 6\}$，而全集$U=\{1, 2, 3, 4, 5, 6\}$。

1. $A\cap C$　**2.** $A\cup B$　**3.** $\overline{A}$　**4.** $\overline{C}$

5. $\overline{A}\cap\overline{B}$　**6.** $\overline{A}\cup\overline{C}$　**7.** $\overline{(B\cup C)}$　**8.** $A\cap(\overline{B}\cup C)$

画出习题9～12中的集合的维恩图。

9. $\overline{(A-B)}$　**10.** $A-(B\cup C)$　**11.** $\overline{A}\cup(B-C)$　**12.** $A\cap(C-B)$

13. 如果$f(x)=2x+3$，$g(x)=1-4x^2$，确定gf和fg。

14. 如果$f(x)=x^3+1$，$g(x)=2x-5$，确定gf和fg。

在习题15～18中，判断关系R是否是以$X=\{1, 2, 3, 4\}$为定义域的函数。

15. $R=\{(1, 4), (2, 1), (3, 2), (4, 4)\}$

16. $R=\{(1, 3), (3, 4), (4, 1)\}$

17. $R=\{(1, -1), (2, -1), (3, 1), (4, 1)\}$

18. $R=\{(1, 2), (2, 3), (2, 1), (3, 0), (4, 1)\}$

设Z表示整数集。在习题19～22中，哪些函数g：$Z\to Z$是一对一的？哪些是映上的？

19. $g(x)=2x-7$

20. $g(x) = x^2 - 3$

21. $g(x)=\begin{cases} x-2 & x>0 \\ x+3 & x\leqslant 0 \end{cases}$

22. $g(x) = 5 - x$

设X表示实数集。在习题23～26中，求出每个函数f: $X\to X$的反函数，如果f的反函数存在。

23. $f(x) = |x| - 2$

24. $f(x) = 3^x + 1$

25. $f(x) = 3x - 6$

26. $f(x) = x^3 + 5$

27. 在附近的冰激凌小店里，圣代冰激凌可以按照以下调料的任意组合来订购：热牛奶软糖、掼奶油、酸樱桃、核仁和果汁软糖。问有多少种不同的圣代冰激凌可以订购？

28. 最高法院可以提出多少种不同的6比3[⊖]判决？

29. 一个申诉委员会由6人组成，他们从7位男士和8位女士中选出。问可能形成多少个不同的委员会？

30. 某投资者要从经纪人提供的10家公司中挑出6家，购买每家公司的股票100股。该投资者有多少种不同的选择方法？

在习题31～34中，证明S上的关系R是等价关系，并描述R的各个不同的等价类。

31. $S=\{1, 2, 3, 4, 5, 6, 7, 8\}$，$x\ R\ y$是指$x-y\in\{-4, 0, 4\}$。

32. $S=\{1, 2, 3, 4, 5, 6, 7, 8\}$，$x\ R\ y$是指$|4-x|=|4-y|$。

33. S是整数集合，$x\ R\ y$是指$x=y$或者$|x-y|=1$，并且x和y中的较大者是偶数。

34. S是非零实数集合，$x\ R\ y$是指$xy>0$。

35. 在集合$S=\{a, b, c\}$上可以定义多少个关系？

36. 集合$S=\{a, b, c\}$上有多少个等价关系？

37. 如果集合$S=\{a, b, c\}$，那么形如f: $S\to S$的函数有多少个？

38. 如果集合$S=\{a, b, c\}$，那么形如f: $S\to S$的一对一的函数有多少个？

39. 假设R既是S上的等价关系，又是定义域为S的函数，请描述R。

40. 设函数g：$Z\to Z$定义为$g(x) = ax + b$，其中Z为整数集合，$a, b\in Z$且$a\neq 0$。

(a) 证明g是一对一的。

(b) 如果g是映上的，a和b必须满足什么条件？

习题41～43给出了集合S上的关系R。指出R在S上满足自反性、反对称性和传递性中的哪些性质？

41. 设S是由$\{1, 2, 3, 4\}$的全体子集构成的集合，$A\ R\ B$当且仅当$A\subseteq B$且$A\neq B$。

42. $S=\{\{1, 2, 3\}, \{2, 3, 4\}, \{3, 4, 5\}\}$，$A\ R\ B$当且仅当$|A-B|\leqslant 1$。

43. S是正整数集合，$x\ R\ y$当且仅当存在某个正数n，使得$y = n^2x$。

44. 设S是人的集合，对$x, y\in S$，定义$x\ R\ y$为$x = y$或x是y的后代。证明R是S上的偏序。

45. 假设7月4日大减价的广告（见1.1节所述）将由一队职员完成，他们在每个时刻仅执行一项任务。问其中的任务应该以什么顺序依次执行？

46. 设R是集合S上的关系。定义S上的另一个关系如下：$xR'y$当且仅当$yR\ x$。证明：如果R是S上的偏序关系，则R'也是。

47. 设R是集合S上的关系，并且R既是等价关系又是偏序关系。请描述R。

对习题48～52，应用下列信息。设R是集合S上的偏序关系，x，y，z属于S，称z是x和y的**上确界**（supremum），并记为$z = x\vee y$，如果下列两个条件都满足：

⊖ 美国的最高法院共有9名大法官，6比3判决指6名大法官作为多数派形成判决，3名大法官持不同意见。——译者注

(a) $x\,R\,z$且$y\,R\,z$，

(b) 如果存在$w\in S$使得$x\,R\,w$和$y\,R\,w$都满足，则$z\,R\,w$。

48. 设$S=\{1, 2, 3, 4, 5, 6\}$，$x\ R\ y$当且仅当x整除y。对$S\times S$中的所有偶对(x, y)计算$x\vee y$，如果存在的话。

49. 设R是S上的偏序关系，$x, y\in S$。证明：如果$x\vee y$存在，则$y\vee x$也存在，并且$x\vee y= y\vee x$。

50. 设T是集合，S是T的所有子集的集合。对$A, B\in S$，定义$A\ R\ B$ 当且仅当$A\subseteq B$。证明：对所有$A, B\in S$，$A\vee B=A\cup B$。

51. 设R是S上的偏序关系，$x, y, z\in S$。证明：如果$x\vee y$，$y\vee z$，$(x\vee y)\vee z$和$x\vee(y\vee z)$都存在，则$(x\vee y)\vee z$与$x\vee(y\vee z)$相等。

52. 给出集合S上的偏序关系R的一个例子，其中$x\vee y$，$y\vee z$，$x\vee z$都存在，但是$(x\vee y)\vee z$不存在。

在习题53～56中，设Z为整数集，f: $Z\to Z$是函数，$x\,R\,y$定义为$f(x)=f(y)$。

53. 证明R是Z上的等价关系。

54. 如果函数f定义为$f(x)=x^2$，求出包含$n\in Z$的R的等价类$[n]$。

55. 如果对任意的$n\in Z$，等价类$[n]$都仅包含一个元素，那么函数f必须满足什么条件？

56. 给出函数f: $Z\to Z$的一个例子，它使每个等价类$[n]$都恰好包含3个元素。

证明习题57～62中的各个集合等式。

57. $A\times(B\cup C)=(A\times B)\cup(A\times C)$

58. $A\times(B\cap C)=(A\times B)\cap(A\times C)$

59. $A\times(B-C)=(A\times B)-(A\times C)$

60. $(A\cup B)-C=(A-C)\cup(B-C)$

61. $(A-B)-(A-C)=A\cap(C-B)$

62. $(A-B)\cup(A-C)=A-(B\cap C)$

用数学归纳法证明习题63～72中的结论。

63. 对任意正整数n，

$$1^2+3^2+\cdots+(2n-1)^2=\frac{n(2n-1)(2n+1)}{3}。$$

64. 对任意正整数n，

$$\frac{1}{1\cdot 3}+\frac{1}{3\cdot 5}+\cdots+\frac{1}{(2n-1)(2n+1)}=\frac{n}{2n+1}。$$

65. 对任意正整数n，

$$\frac{5}{1\cdot 2\cdot 3}+\frac{6}{2\cdot 3\cdot 4}+\cdots+\frac{n+4}{n(n+1)(n+2)}=\frac{n(3n+7)}{2(n+1)(n+2)}。$$

66. 存在非负整数r和s，使任意整数$n>23$都可以写成$5r+7s$的形式。

67. 任意大于或者等于8分的邮票，都可以仅用3分和5分的邮票组合得到。

68. 对所有正整数n和任意的不同实数x和y，$x-y$整除x^n-y^n。

69. 在圆周上任意选取$n\geqslant 3$个相异的点，将相邻的点用线段连起来，形成n边形。证明这个多边形的内角之和是（$180n-360$）度。

70. 对任意整数m和n，$n>m\geqslant 1$，证明$F_{n+1}=F_{n-m}F_m+F_{n-m+1}F_{m+1}$。（提示：固定$m$，对$n$，从$n=m+1$开始，使用归纳法。）

71. 对任意正整数n，证明F_m整除F_{mn}。

72. 证明：如果n是大于12且不能被3整除的偶数，那么移去一格后的$n\times n$的棋盘可以用如图2.20所示的L形构件覆盖。（提示：把$n\times n$的棋盘划分为$(n-6)\times(n-6)$、$6\times(n-6)$、$(n-6)\times 6$和6×6的小棋盘。）

计算机题

编写具有指定输入和输出的计算机程序。

1. 给定非负整数n，列出$\{1, 2, \cdots, n\}$的所有子集。

2. 设U是实数的有限集。给定全集U、集合A和集合B的元素，列出$A \cup B$，$A \cap B$，$A-B$，$\overline{A}$和$\overline{B}$的元素。

3. 给定整数的有限集合S，以及$S \times S$的子集R，确定S上的关系R具有下列性质中的哪些：自反性、对称性、反对称性和传递性。假定集合S和R的元素已列出。

4. 给定整数的有限集合S，以及$S \times S$的子集R，确定R是否是S上的等价关系。如果是，则列出R的各个相异的等价类。假定集合S和R的元素已列出。

5. 给定整数的有限集合S上的偏序关系R，确定S上包含R的全序关系。假定集合S和R的元素已列出。

6. 给定正整数n，计算$1!, 2!, \cdots, n!$。

7. 给定正整数n，计算$F_1, F_2, \cdots, F_n$。

8. 给定分别包含m和n个元素的集合$X=\{x_1, x_2, \cdots, x_m\}$和$Y=\{y_1, y_2, \cdots, y_n\}$，列出所有以$X$为定义域、$Y$为值域的函数。

9. 给定分别包含m和n个元素的集合$X=\{x_1, x_2, \cdots, x_m\}$和$Y=\{y_1, y_2, \cdots, y_n\}$，列出所有以$X$为定义域、$Y$为值域的一对一的函数。

10. 给定分别包含m和n个元素的集合$X=\{x_1, x_2, \cdots, x_m\}$和$Y=\{y_1, y_2, \cdots, y_n\}$，列出所有以$X$为定义域、$Y$为值域的映上的函数。

11. 给定分别包含n个元素的集合$X=\{x_1, x_2, \cdots, x_n\}$和$Y=\{y_1, y_2, \cdots, y_n\}$，列出所有以$X$为定义域、$Y$为值域的一一对应。

12. 给定两个已排序的实数列表，应用例2.56描述的方法将它们合并成一个排好序的列表。

推荐读物

1. Buck, R.C. “Mathematical Induction and Recursive Definitions.” *American Mathematical Monthly*, vol. 70, no. 2 (February 1963): 128– 135.
2. Halmos, Paul R. *Naive Set Theory*. New York: Springer, 1994.
3. Hayden, S. and J. Kennison. *Zermelo-Fraenkel Set Theory*. Columbus, Ohio: Charles Merrill, 1968.
4. Henken, L. “On Mathematical Induction.” *American Mathematical Monthly*, vol. 67, no. 4 (April 1960): 323–337.

第3章

Discrete Mathematics, Fifth Edition

编 码 理 论

现代生活需要有传输大量数据的能力。银行通过电话线路和因特网发送金融信息；卫星从外层空间传送照片到地球；DVD播放器处理音频和视频信号。安全准确地传输数据是必不可少的。例如，当通过因特网购买一件产品时，*安全地*传输顾客的信用卡卡号以免被身份窃取者截取、*正确地*传输卡号以免发卡机构拒绝交易，都是至关重要的。

本章关注于编码理论。编码理论分为两部分。第一部分的目的是隐匿，这是人们在听到“编码”这一词时通常所想到的。但是，本章将要考虑的隐匿方式比较现代化，不同于30年前所使用的传统编码。这种编码称为*公钥密码系统*，与之前所有的方法不同，它的特点是：不需要在消息的发送者和接收者之间预先做安排。本章所要考察的公钥方法依赖于称为*数论*的那部分数学。数论是研究整数的，如…，-3，-2，-1，0，1，2，3，4，…，所以本章前两节将论述数论领域的一些基础知识。公钥方法的安全性也依赖于1.4节所讨论的算法的复杂性。

本章还要考虑*纠错码*，这是使用冗余对消息进行编码的方法，使得，即使部分消息传输不正确，仍然可能重新构造出原始的消息。这种编码的一种应用是：使得CD光盘能播放出很好的音质，即使光盘表面沾染上了灰尘。这种编码的目标是非理想环境下的准确性，而不是隐匿。

3.1 同余

本节将讨论整数集合上的一个重要的等价关系。这个关系将引出对仅含有有限个元素的数系的研究。这种数系很自然地出现在计算机算术运算中。

下面从讨论算术中的一些概念开始。如果m和n是整数，且$m\neq 0$，则由*除法*，n可以表示成下面的形式：

$$n=qm+r，其中，0\leqslant r<|m|,$$

这里整数q和r是唯一的。（回忆一下，$|m|$是m的绝对值。若$m\geqslant 0$，则$|m|$定义为m；若$m<0$，则$|m|$定义为$-m$。）这两个整数q和r分别称为m除n的**商**（quotient）和**余数**（remainder），可用长除法求得。例如，9除34，商是3，余数是7，因为

$$34=3\cdot 9+7，且0\leqslant 7<9。$$

注意，尽管$-34=3\cdot(-9)+(-7)$，但3不是-9除-34的商数，因为-7不是合法的余数。（-7不在0和$|-9|$之间。）对于-34，有

$$-34=4\cdot(-9)+2，0\leqslant 2<9,$$

所以，在这个除法运算中，商是4，余数是2。如果m除n的余数为0，那么称n**可被m整除**（is divisible by），或称**m整除**（divide）n。所以，n可被m整除即意味着对于某个整数q，$n=qm$成立。

现在设m是大于1的整数。如果x和y是整数，并且$x-y$被m整除，则称**x与y模m同余**（x is congruent to y modulo m）。如果x与y模m同余，则记为$x\equiv y\ (\mathrm{mod}\ m)$；否则，记为$x\not\equiv y\ (\mathrm{mod}\ m)$。这种整数集合上的关系称为**模$m$同余**（congruence modulo m）关系。

例3.1 显然，$3 \equiv 24 \pmod 7$，因为$3-24=-21$可以被7整除。类似地，$98-43=55$可以被11整除，所以$98 \equiv 43 \pmod{11}$。但$42 \not\equiv 5 \pmod 8$，因为$42-5=37$不能被8整除；$4 \not\equiv 29 \pmod 6$，因为$4-29=-25$不能被6整除。■

同余关系常用于表述时间，标准钟表按模12计时。因为$7+15 \equiv 10 \pmod{12}$，所以7点钟过15小时后是10点钟。另一方面，交通时刻表（比如火车时刻表）通常按模24标示时间，因为一天有24小时。

例3.2 同余经常应用于检错码。本例将描述这种编码在出版业中的应用。

从1972年开始，世界上任何地方出版的书都带有一个十位的数字编码，这个编码称为“国际标准书号”（International Standard Book Number，ISBN）。例如，Spence和Vanden Eynden撰写的《Finite Mathematics》的ISBN是0-673-38582-5。这种编号给图书提供了一个标准的标识，相对于用作者、标题和版本来标识每本书的方法，这种方法使出版商和书店可以更容易地将库存和记账过程计算机化。

一个ISBN由4部分组成：组号、出版商号、出版商指定的标识号、校验位。在ISBN 0-673-38582-5中，组号0表示这本书是在英语国家（澳大利亚、加拿大、新西兰、南非、英国或美国）出版的，下一组数字673标识出版商，第三组数字38582在该出版商所出版的所有书中标识出这本书，最后一位数字5是校验位，用于检测在复制和传送ISBN的过程中产生的错误。利用校验位，出版商常可以检测出错误的ISBN，从而避免由错误的订单所导致的昂贵的运输费。

校验位有11个可能的值：0，1，2，3，4，5，6，7，8，9或X（X代表10），校验位是按下列方法计算出来的：分别用10，9，8，7，6，5，4，3和2乘以ISBN的前9位，并将这9个乘积相加得到y，校验位d是满足$y+d \equiv 0 \pmod{11}$的数字。例如，《Finite Mathematics》的校验位为5，因为

$$\begin{aligned}&10\times0+9\times6+8\times7+7\times3+6\times3+5\times8+4\times5+3\times8+2\times2\\&=0+54+56+21+18+40+20+24+4=237,\end{aligned}$$

而$237+5=242 \equiv 0 \pmod{11}$。

类似地，本书英文原版书的ISBN是0-321-30515-9。这里，校验位是9，因为

$$\begin{aligned}&10\times0+9\times3+8\times2+7\times1+6\times3+5\times0+4\times5+3\times1+2\times5\\&=0+27+16+7+18+0+20+3+10=101,\end{aligned}$$

而$101+9=110 \equiv 0 \pmod{11}$。（关于同余用于标识的另一些应用，请参阅本章末尾的推荐读物[1]和[2]。）■

可以证明，若存在某个整数k使得$x=km+y$，则x与y模m同余。特别地，x与“m除x”的余数同余。所以，x与y模m同余当且仅当在被m除时，x和y有相同的余数。（见习题51。）这个结论直接导出下面的定理。

定理3.1 *模m同余关系是等价关系。*

模m同余关系的等价类称为**模m同余类**（congruence classes modulo m）。所有模m同余类的集合记为Z_m。由定理2.3，任意两个模m同余类要么相等，要么不相交。另外，在Z_m中，$[x]=[y]$当且仅当$x \equiv y \pmod m$。于是，如果m除x的余数是r，那么在Z_m中$[x]=[r]$。所以，Z_m中有m个互不相同的同余类，即$[0]$，$[1]$，$[2]$，…，$[m-1]$，它们对应于整数被m除以后所可

能得到的m个余数。

例3.3 在Z_3中，互不相同的同余类为

$$[0]=\{\cdots,\ -6,\ -3,\ 0,\ 3,\ 6,\ 9,\ \cdots\},$$
$$[1]=\{\cdots,\ -5,\ -2,\ 1,\ 4,\ 7,\ 10,\ \cdots\},$$
$$[2]=\{\cdots,\ -4,\ -1,\ 2,\ 5,\ 8,\ 11,\ \cdots\}。$$

注意，Z_3中每一个同余类都有许多种可能的表示。例如，$[0]=[3]=[9]=[-12]$，$[2]=[-4]=[11]=[32]$。■

我们希望在Z_m中定义加法和乘法。一个自然的方法是利用整数的加法和乘法，简单地定义

$$[x]+[y]=[x+y],\ [x][y]=[xy]。$$

但是，为了使这些定义有意义，必须确认这些定义不依赖于同余类的表示方法。换句话说，必须确信这些定义只依赖于同余类本身。例如，在Z_3中，已知$[0]=[9]$以及$[2]=[11]$，所以必须确信$[0]+[2]$和$[9]+[11]$给出相同的结果。下面的结果使我们可以确信这一点。

定理3.2 *如果*$x\equiv x'\ (\bmod\ m)$，*且*$y\equiv y'\ (\bmod\ m)$，*那么*

(a) $x+y\equiv x'+y'\ (\bmod\ m)$

(b) $xy\equiv x'y'\ (\bmod\ m)$

证明 如果$x\equiv x'\ (\bmod\ m)$并且$y\equiv y'\ (\bmod\ m)$，那么一定存在整数a和b，使得$x=am+x'$且$y=bm+y'$。

(a) 于是，$x+y=(am+x')+(bm+y')=(a+b)m+(x'+y')$，从而

$$(x+y)-(x'+y')=(a+b)m。$$

所以，$(x+y)-(x'+y')$可被m整除。这就证明了（a）。

(b) 类似地，$xy=(am+x')(bm+y')=(amb+ay'+bx')m+x'y'$，从而$xy-x'y'=(amb+ay'+bx')m$，所以$xy-x'y'$可被$m$整除，（b）得证。■

注意，定理3.2（b）意味着：如果$x\equiv z\ (\bmod\ m)$，那么对所有正整数n，$x^n\equiv z^n\ (\bmod\ m)$都成立。此外，由$Z_m$中乘法的定义，$[x]^n=[z]^n$。

例3.4 在Z_6中，因为$8\equiv 2\ (\bmod\ 6)$，所以，有

$$[5]+[3]=[5+3]=[8]=[2]。$$

同样，因为$15\equiv 3\ (\bmod\ 6)$，所以

$$[5][3]=[5\cdot 3]=[15]=[3]。$$

又因为$8\equiv 2\ (\bmod\ 6)$，$16\equiv 4\ (\bmod\ 6)$，所以

$$[8]^4=[2]^4=[2^4]=[16]=[4]。$$ ■

例3.5 在Z_8中，因为$11\equiv 3\ (\bmod\ 8)$，所以有

$$[4]+[7]=[4+7]=[11]=[3]。$$

同样，因为$28\equiv 4\ (\bmod\ 8)$，所以

$$[4][7]=[4\cdot 7]=[28]=[4]。$$

又，因为$7\equiv -1\ (\bmod\ 8)$，所以

$$[7]^9=[-1]^9=[(-1)^9]=[-1]=[7]。$$ ■

例3.6 一台科学记录仪每小时要用掉1英尺纸，如果上午11时新安装了一卷100英尺长的纸，那么该仪器用完纸的时候将是几点钟？

为了回答这个问题，要把一天的各个小时编号，午夜是0，凌晨1点是1，等等，依此类推。利用Z_{24}中的运算可知，纸将在$[11]+[100]=[111]=[15]$时用完。因为15时对应于下午3点钟，所以纸用完的时候是下午3点钟。 ■

例3.7 因为一个星期有7天，所以，可以利用模7同余来确定一个具体的日期是星期几。例如，可以证明，如果x年的1月1日是星期y，那么y满足

$$y\equiv x+f(x-1)-g(x-1)+h(x-1)\ (\mathrm{mod}\ 7),$$

其中，星期天表示为$y\equiv 0\ (\mathrm{mod}\ 7)$，星期一表示为$y\equiv 1\ (\mathrm{mod}\ 7)$，星期二表示为$y\equiv 2\ (\mathrm{mod}\ 7)$，等等，依此类推。这里，$f(x)$，$g(x)$和$h(x)$分别被定义为$x$除以400，100和4的商。

为了展示这个公式的应用，我们来计算一下2010年4月15日是星期几。注意，因为

$$2009=5\cdot 400+9,\quad 2009=20\cdot 100+9,\quad 2009=502\cdot 4+1,$$

所以，2009除以400，100和4的商分别是5，20和502。于是，

$$\begin{aligned}y&\equiv x+f(x-1)-g(x-1)+h(x-1)\\&\equiv 2010+f(2009)-g(2009)+h(2009)\\&\equiv 2010+5-20+502\\&\equiv 2497\\&\equiv 5\ (\mathrm{mod}\ 7)。\end{aligned}$$

所以，2010年1月1日是星期五。

2010年不是闰年，1月份有31天，2月份有28天，3月份有31天。因此，2010年4月15日是2010年1月1日之后的第$31+28+31+(15-1)=104$天。既然

$$5+104\equiv 109\equiv 4\ (\mathrm{mod}\ 7),$$

那么2010年4月15日是星期四。注意，如果2010年是闰年，那么2010年4月15日就将是星期五，因为在这种情况下，2月份将有29天。 ■

例3.8 在Sharp EL-506S计算器上，2^{30}的值为1 073 741 820。如果这个值是正确的，那么$2^{28}=\dfrac{2^{30}}{4}$的最后一位一定是5。但很显然，2的幂不可能是奇数，所以2^{30}的最后一位一定是错误的。那么2^{30}的最后一位的正确数字是什么呢？

容易看出，两个正整数有相同的个位数当且仅当它们是模10同余的。但在Z_{10}中，$[2^{30}]=[2^5]^6=[32]^6=[2]^6=[2^6]=[64]=[4]$。因此，$2^{30}$的最后一位为4。（实际上，$2^{30}=1\,073\,741\,824$）。 ■

习题3.1

在习题1～8中，求出m除n的商和余数。

1. $n=67, m=9$　**2.** $n=39, m=13$　**3.** $n=25, m=42$

4. $n=103, m=8$　**5.** $n=-54, m=6$　**6.** $n=-75, m=23$

7. $n=-89, m=-10$　**8.** $n=-57, m=-11$

在习题9～16中，判断$p\equiv q\ (\mathrm{mod}\ m)$是否成立。

9. $p=29, q=-34, m=7$　**10.** $p=47, q=8, m=11$

11. $p=96, q=35, m=10$　**12.** $p=21, q=53, m=8$

13. $p = 39, q = -46, m = 2$

14. $p = 75, q = -1$，$m = 19$

15. $p = 91, q = 37, m = 9$

16. $p = 83, q = -23, m = 6$

在习题17～36中，在Z_m上进行计算，把答案写成$[r]$ $(0 \leqslant r < m)$的形式。

17. 在Z_{12}中计算$[8]+[6]$

18. 在Z_{15}中计算$[9]+[11]$

19. 在Z_{11}中计算$[5]+[10]$

20. 在Z_{13}中计算$[9]+[8]$

21. 在Z_8中计算$[23]+[15]$

22. 在Z_7中计算$[12]+[25]$

23. 在Z_6中计算$[16]+[9]$

24. 在Z_{22}中计算$[43]+[31]$

25. 在Z_6中计算$[8][7]$

26. 在Z_4中计算$[9][3]$

27. 在Z_9中计算$[4][11]$

28. 在Z_{11}中计算$[3][20]$

29. 在Z_8中计算$[5][12]$

30. 在Z_5中计算$[8][11]$

31. 在Z_{10}中计算$[9][6]$

32. 在Z_7中计算$[16][3]$

33. 在Z_7中计算$[9]^7$

34. 在Z_5中计算$[11]^8$

35. 在Z_{12}中计算$[11]^9$

36. 在Z_{15}中计算$[13]^6$

37. 一台新闻电传打字机正常工作时每小时要用4英尺纸。如果下午6点钟给机器新装了一卷200英尺的纸，那么该机器用完纸的时候将是几点钟？

38. 一台医用心脏监测仪器每小时需要用2英尺纸。如果上午8点钟将这台监测仪连接到病人身上，并有150英尺纸，那么该监测仪用完纸的时候将是几点钟？

39. 一个ISBN的前9位是3-540-90518，利用例3.2确定其校验位。

40. 一个ISBN的前9位是0-553-10310，利用例3.2确定其校验位。

41. 通用产品代码（UPC，Universal Product Code）是一种12位的编码，它附加在产品上，使产品可以被电子扫描设备识别。编码的前6位标识生产国家和制造商，接下来的5位标识产品，最后一位是校验位。如果UPC的前11位是$a_1, a_2, \cdots, a_{11}$，那么校验a_{12}位是这样选取的的数字，它满足：$0 \leqslant a_{12} < 10$，且$3a_1 + a_2 + 3a_3 + a_4 + \cdots + 3a_{11} + a_{12} \equiv 0 \pmod{10}$。如果一种产品的前11位是07033020118，请计算出其正确的校验位。

42. 联邦快递的邮包带有一个10位的标识码n，标识码n的最后一位是校验码x，x等于$(n-x)/10$除以7的余数。一个邮包跟踪号的前9位是903786299，请计算出其最后一位。

43. 利用例3.7中的公式确定下列日期是星期几。

(a) 2020年2月12日；

(b) 2020年8月8日。

44. 利用例3.7中的公式确定2015年中的那些其中13日是星期五的月份。

45. 如果A代表Z_6中包含4的等价类，B代表Z_8中包含4的等价类，那么$A=B$吗？

46. 在Z_8中，下列哪些同余类是相等的：$[2]$，$[7]$，$[10]$，$[16]$，$[39]$，$[45]$，$[-1]$，$[-3]$，$[-6]$，$[-17]$和$[-23]$？

47. 设R是例2.13中定义的等价关系。举例说明$p\ R\ x$和$q\ R\ y$同时为真，而$(p+q)\ R\ (x+y)$和$pq\ R\ xy$同时为假是可能的。由此，$[p]+[q]=[p+q]$和$[p][q]=[pq]$不能在R的等价类上定义出有意义的运算。

48. 举例说明：存在整数m，x和y，使得在Z_m中，$[x] \neq [0]$且$[y] \neq [0]$，但$[x][y]=[0]$。

49. 设m和n是正整数，且m整除n。在Z_n上定义关系R为$[x]\ R\ [y]$表示$x \equiv y \pmod{m}$。证明R是Z_n上的等价关系。如果m不能整除n，那么结果又如何呢？

50. 一个项目有9个任务T_1，T_2，$\cdots$，T_9，完成T_i需要i天，其中$i=1, 2, 3, \cdots, 9$。如果i整除j且$i \neq j$，则T_j只有在T_i完成后才能开始。

(a) 画出这个项目的PERT图，在各个圆中写上任务符号T_1，T_2，$\cdots$，T_9和时间。

(b) 应用PERT方法计算出每个任务的最早完成时间。完成整个项目的最短时间是多少?

(c) 关键路径是哪一条?

51. (a) 证明：$x \equiv y \pmod{m}$当且仅当$x = km + y$，k为某个整数。

(b) 证明：$x \equiv y \pmod{m}$当且仅当x和y除以m有相同的余数。

52. (a) 设a，b和c是整数，且$x \equiv y \pmod{m}$。证明：$ax^2 + bx + c \equiv ay^2 + by + c \pmod{m}$。

(b) 如果a，b和c不全为整数，证明：即使$ax^2 + bx + c$和$ay^2 + by + c$都是整数，(a) 的结论仍有可能是错误的。

3.2 欧几里得算法

3.2.1 最大公约数

回想一下，对于给定的整数d和n，其中$d \neq 0$，如果n被d除的余数是0，则称d整除n，也就是说，对于某个整数q，$n = qd$成立。因此，3整除12，-4整除52，5整除-35，但是7不能整除51。所有的整数都能整除0，因为$0 = 0 \cdot d$对所有的整数d都成立。但是，任何一个非零整数都只有一个有限的约数[⊖]集合。比如，12的约数是

$$-12,\ -6,\ -4,\ -3,\ -2,\ -1,\ 1,\ 2,\ 3,\ 4,\ 6\text{和}12,$$

18的约数是

$$-18,\ -9,\ -6,\ -3,\ -2,\ -1,\ 1,\ 2,\ 3,\ 6,\ 9\text{和}18。$$

注意，同时整除12和18的整数是-6，-1，1和6。

给定不同时为0的两个整数m和n，m和n的**最大公约数**（greatest common divisor）定义为能够同时整除m和n的最大整数，记为$\gcd(m, n)$。比如，12和18 的最大公约数为6，记作$\gcd(12, 18) = 6$。注意，如果$m \neq 0$，那么$\gcd(m, 0) = |m|$。

3.2.2 欧几里得算法

通过罗列两个整数的所有约数来计算它们的最大公约数是一个非常费时的过程，幸好我们有一个更好的方法，这个方法基于下面的定理。

定理3.3 设a，b，c和q都是整数，且$b > 0$。如果$a = qb + c$，那么$\gcd(a, b) = \gcd(b, c)$。

证明 设$d = \gcd(a, b)$，$e = \gcd(b, c)$。于是，存在整数k_1，k_2，k_3和k_4，使得$a = dk_1$，$b = dk_2$，$b = ek_3$，$c = ek_4$。注意，

$$a = qb + c = qek_3 + ek_4 = e(qk_3 + k_4),$$

所以，e整除a。于是，e是a和b的公约数，从而$e \leqslant d$，因为d是a和b的最大公约数。

同样，

$$c = -qb + a = -qdk_2 + dk_1 = d(-qk_2 + k_1),$$

所以，d整除c。于是，d是b和c的公约数，从而$d \leqslant e$，因为e 是b和c的最大公约数。由此可以得出结论$d = e$。 ■

为了说明上述定理的有用性，假设希望知道427和154的最大公约数。运用除法，用154除427：

⊖ 整数n的约数（也称为因数、因子）是指能整除n的任何整数。——译者注

$$427=2\cdot 154+119\text{。}$$

由定理3.3可知gcd(427，154)＝gcd(154，119)，虽然没有得到最终结果，但至少这两个数变小了。继续分解，我们有

$$154=1\cdot 119+35,$$

所以，gcd(154，119)＝gcd(119，35)。按照这种方式继续，就有

$$119=3\cdot 35+14,$$
$$35=2\cdot 14+7,$$
$$14=2\cdot 7+0\text{。}$$

因此，gcd(427，154)＝gcd(154，119)＝gcd(119，35)＝gcd(35，14)＝gcd(14，7)＝gcd(7，0)＝7。

例3.9 求出804和654的最大公约数。首先对804和654做除法，然后对654和刚计算出来的余数做除法，……，具体如下：

$$\begin{aligned}
804&=1\cdot 654+150, && 0\leqslant 150<654,\\
654&=4\cdot 150+54, && 0\leqslant 54<150,\\
150&=2\cdot 54+42, && 0\leqslant 42<54,\\
54&=1\cdot 42+12, && 0\leqslant 12<42,\\
42&=3\cdot 12+6, && 0\leqslant 6<12,\\
12&=2\cdot 6+0\text{。}
\end{aligned}$$

于是，与前面一样，gcd(804，654)＝gcd(654，150)＝⋯＝gcd(6，0)＝6。■

注意，因为在这个过程中所产生的余数是非负且递减的（在上一个例子中，余数为150＞54＞42＞12＞6＞0），所以这个过程最终必定产生余数0。

这种求两个整数最大公约数的方法，效率非常高，它曾为希腊几何学家欧几里得所知。注意，对于任意的整数m，m和$-m$拥有相同的约数集合。因此，在计算gcd(m，n)时，可以假定m和n都是非负的，因为gcd(m，n)＝gcd($|m|$，$|n|$)。

欧几里得算法

给定不同时为0的两个非负整数m和n，本算法计算gcd(m，n)。

步骤1（初始化）

　　令$r_{-1}=m$，$r_0=n$，$i=0$

步骤2（进行除法）

　　while $r_i\neq 0$

　　　（a）$i=i+1$

　　　（b）用r_{i-2}除以r_{i-1}，求出商q_i和余数r_i

　　endwhile

步骤3（输出最大公约数）

　　打印r_{i-1}

下表显示了这个算法对$m=804$和$n=654$的工作过程。

i	r_i	i	r_i
−1	804	3	42
0	654	4	12
1	150	5	6
2	54	6	0

[打印6]

3.2.3 欧几里得算法的效率

要如同对待1.4节中的算法那样，估算欧几里得算法的效率比较困难，因为不知道除法要做多少次。1844年法国数学家拉梅（Gabriel Lamé）证明了欧几里得算法所需要的除法次数不超过m和n中较小的那个数的十进制位数的5倍。历史上，这是证明复杂性的第一个实例。下面将证明这个定理的一个稍弱一些的版本。对整数m和n可以进行调整，使得$m \geqslant n$。

定理3.4 如果对整数m和n应用欧几里得算法，其中$m \geqslant n > 0$，那么所需要进行的除法次数不超过$2\log_2(n+1)$。

证明 设在得到余数0时，所使用的除法次数为k，并如同在欧几里得算法中那样设q_i（$1 \leqslant i \leqslant k$）和$r_i$（$-1 \leqslant i \leqslant k$）。那么$r_{-1} \geqslant r_0 > r_1 > r_2 > \cdots > r_{k-1} > r_k = 0$。第$i$次除法可表示为$r_{i-2} = q_i r_{i-1} + r_i$。因为$r_{i-2} > r_i$，所以$q_i \geqslant 1$。于是，

$$r_{i-2} = q_i r_{i-1} + r_i \geqslant r_{i-1} + r_i > r_i + r_i = 2r_i。$$

因此，$r_{i-2} \geqslant 2r_i + 1$，且$r_{i-2} + 1 \geqslant 2(r_i + 1)$。特别地，只要$2i \leqslant k$，就有

$$n+1 = r_0 + 1 \geqslant 2(r_2+1) \geqslant 2(2(r_4+1)) = 2^2(r_4+1) \geqslant \cdots \geqslant 2^i(r_{2i}+1)。$$

现在，用$k-1 = 2s+t$，其中$0 \leqslant t < 2$，来定义整数s和t。那么，因为$r_{k-1} \geqslant 1$，所以，

$$n+1 \geqslant 2^s(r_{2s}+1) \geqslant 2^s(r_{2s+t}+1) = 2^s(r_{k-1}+1) \geqslant 2^{s+1}。$$

由于函数$y = \log_2 x$是递增的（参见第2.4节），所以，$\log_2(n+1) \geqslant \log_2 2^{s+1} = s+1$，从而，正如所希望的那样，

$$2\log_2(n+1) \geqslant 2s+2 \geqslant 2s+t+1 = k。$$

■

3.2.4 扩展的欧几里得算法

容易看出，如果m，n和d是整数，使得d整除m，d整除n，那么对于所有的整数x和y，d整除$mx+ny$。特别地，对于所有的整数x和y，$\gcd(m, n)$整除$mx+ny$。这个结论反过来也成立，即只要$\gcd(m, n)$整除d，就存在整数x和y，使得$mx+ny=d$，这是一个很有用的结论。事实上，欧几里得算法的一个简单的扩展就产生整数x和y，使得$mx+ny=\gcd(m, n)$。

扩展的欧几里得算法

给定两个不同时为零的非负整数m和n，本算法计算$\gcd(m, n)$，以及整数x和y，使得$mx+ny=\gcd(m, n)$。

步骤1（初始化）

令$r_{-1}=m$，$x_{-1}=1$，$y_{-1}=0$，$r_0=n$，$x_0=0$，$y_0=1$，$i=0$

步骤2（进行除法）

while $r_i \neq 0$

(a) $i=i+1$

(b) 用r_{i-2}除以r_{i-1}，求出商q_i和余数r_i

(c) 令$x_i=x_{i-2}-q_i x_{i-1}$，$y_i=y_{i-2}-q_i y_{i-1}$

endwhile

步骤3（输出gcd(m，n)，x和y）

打印r_{i-1}，x_{i-1}和y_{i-1}

对$m=66$和$n=51$应用扩展的欧几里得算法，令$r_{-1}=66$，$x_{-1}=1$，$y_{-1}=0$，$r_0=51$，$x_0=0$，$y_0=1$，$i=0$。因为$r_0\neq0$，所以，令$i=1$，并写出等式$r_{-1}=q_1r_0+r_1$，其中$0\leqslant r_1<r_0$，即$66=q_1\cdot51+r_1$，其中$0\leqslant r_1<51$。因此，$q_1=1$，$r_1=15$。于是，$x_1=x_{-1}-q_1x_0=1-1\cdot0=1$，$y_1=y_{-1}-q_1y_0=0-1\cdot1=-1$。

因为$r_1\neq0$，所以再次执行while循环。下面的表格显示了整个计算过程。

i	q_i	r_i	x_i	y_i	i	q_i	r_i	x_i	y_i
−1		66	1	0	2	3	6	−3	4
0		51	0	1	3	2	3	7	−9
1	1	15	1	−1	4	2	0	−17	22

[打印3，7，−9]

注意，$\gcd(66，51)=3=66\cdot7+51\cdot(-9)$。因为扩展的欧几里得算法中的序列$r_1$，$r_2$，…与原始欧几里得算法中的序列相同，所以，很显然，扩展的欧几里得算法也计算出m和n的最大公约数，且当r_i成为0时，r_{i-1}就是m和n的最大公约数，此时，$r_{i-1}=mx_{i-1}+ny_{i-1}$。这个结论的证明留作习题。

注意，在扩展的欧几里得算法中，当$r_i\neq0$时，步骤2的每次重复执行都必须执行一次比较、一次加法、一次除法、两次减法和两次乘法。因此，如果$r_k=0$，则算法进行了$7k+1$次基本操作。

例3.10 如果可能，求出整数x和y，使得

(a) $539x+396y=154$，

(b) $539x+396y=254$。

对$m=539$和$n=396$应用扩展的欧几里得算法，其执行过程如下表所示。

i	q_i	r_i	x_i	y_i	i	q_i	r_i	x_i	y_i
−1		539	1	0	3	1	33	3	−4
0		396	0	1	4	3	11	−11	15
1	1	143	1	−1	5	3	0	36	49
2	2	110	−2	3					

[打印11，−11，15]

由此可以得出结论：$\gcd(539，396)=11=539\cdot(-11)+396\cdot15$。

但是，(a) 所要求的是两个整数x和y，使得$539x+396y=154$。由于$154=11\cdot14$，所以这两个整数很容易求出，只需给等式$539\cdot(-11)+396\cdot15=11$两边分别乘以14就得到

$$539\cdot(14\cdot(-11))+396\cdot(14\cdot15)=539\cdot(-154)+396\cdot210=154。$$

所以，可以取$x=-154$，$y=210$。

但是，因为254不能被11整除，所以类似的方法不能用于(b)。事实上，(b) 无解，因为，

如果存在整数x和y，使得$539x+396y=254$，那么整除539和396的11将整除254。 ■

习题3.2

1. 按递增顺序列出45的约数。

2. 按递增顺序列出54的约数。

3. 按递增顺序列出40和30的公约数。

4. 按递增顺序列出48和72的公约数。

在习题5～10中，对给定的m和n的值，构作出类似于欧几里得算法后面的表。

5. $m=715$，$n=312$ **6.** $m=341$，$n=217$ **7.** $m=247$，$n=117$

8. $m=451$，$n=143$ **9.** $m=76$，$n=123$ **10.** $m=89$，$n=55$

11. 假设应用欧几里得算法于m和n，其中，$m \geqslant n > 0$，$n < 1\ 000\ 000$。根据定理3.4，可能需要的除法的次数最大是多少？

12. 对于习题11，根据梅拉定理，可能需要的除法的次数最大是多少？

在习题13～18中，对给定的m和n的值，构作出类似于扩展的欧几里得算法后面的表。

13. $m=1479$，$n=272$ **14.** $m=2030$，$n=899$ **15.** $m=4050$，$n=1728$

16. $m=231$，$n=182$ **17.** $m=546$，$n=2022$ **18.** $m=555$，$n=2146$

在习题19～22中，应用欧几里得算法判断各个等式对整数x和y是否是可解的。

19. (a) $414x+594y=492$
(b) $414x+594y=558$

20. (a) $637x+259y=357$
(b) $637x+259y=408$

21. (a) $396x+312y=222$
(b) $396x+312y=228$

22. (a) $638x+165y=451$
(b) $638x+165y=583$

在习题23～26中，如果可能，应用扩展的欧几里得算法，求出满足给定等式的整数x和y。

23. $3157x+656y=2173$ **24.** $216x+153y=171$

25. $455x-169y=1157$ **26.** $1054x-833y=2277$

27. 证明：如果整数a，b和c满足：a整除b，且b整除c，那么a整除c。

28. 证明：如果整数d，m和n满足：d整除m，且d整除n，那么对于所有的整数x和y，d整除$mx+ny$。

29. 设d和m是整数。证明d整除m当且仅当d整除$-m$。

30. 证明：如果对不同时为0的整数m和n应用欧几里得算法，那么最后一个非零余数就是$\gcd(m, n)$。

在习题31～33中，假定对不同时为0的整数m和n应用扩展的欧几里得算法，且最后一个非零余数是r_{k-1}。

31. 证明：对于$i=-1$和$i=0$，$mx_i+ny_i=r_i$成立。

32. 证明：如果$j \leqslant k$，且当$i=j-2$和$i=j-1$时，$mx_i+ny_i=r_i$成立，那么$mx_j+ny_j=r_j$。

***33.** 运用强数学归纳原理证明：对于$-1 \leqslant i \leqslant k$，$mx_i+ny_i=r_i$成立。

3.3 RSA方法

两个小学三年级的学生正通过密码秘密地交流，在这种密码中，他们把消息中的每一个字母都替换为另一个不同的字母。例如，他们可能把每个字母都替换成在字母表中紧跟着该字母的字母，并把z替换为a。在这个系统中，I HAVE A COOKIE（称为明文，plaintext）将变为J IBWF B DPPLJF（称为密文，ciphertext）。伪装消息称为加密（enciphering），重新获取原始信息称为解密（deciphering）。解密逆着字母表进行，所以，J XBOU B CJUF被解密为I WANT A BITE。虽然这个系统很原始，但是已足以迷惑其他不知道加密和解密规则的小学三年级学生。

从人类开始书写直到30年前为止，所有的加密系统都遵循与刚才所介绍的方法相同的总体框架：通过某种方法改变明文，使得不知道加密系统的人无法阅读，接着发送密文，然后通过逆转原来的变换，把密文变回原文。随着技术的进步，加密和解密的规则逐渐包含复杂的数学函数，并用计算机来实现，这些规则必须在发送者和接收者之间预先安排好。这种系统依赖于一个仅为编码的使用者知道的密钥（key），比如，使用字母表中的下一个字母。这个密钥必须保密，因为如果某人知道了如何加密，那么他就很容易推断出如何解密，并获取被加密的消息。

也许你有在因特网上购物的经历，并被告知可以安全地输入你的信用卡号码，因为它将以加密的方式传输。但是，如果没有提前在你和对方之间安排好加密和解密的方法，那么你们如何秘密地交流呢？答案是使用公钥（public-key）系统，它允许所有的人加密，但是只有知道这个系统的人才能解密。这种方法是可行的，因为某些操作很容易执行，但却很难逆转操作。想象一下，在大街上，从两辆车之间的停车位中把车开出来很容易，但是反过来，要把车放进去却需要更高的技术。

在即将介绍的方法中，容易做的操作是把两个大素数相乘，难做的反操作是分解乘积的结果，找出那两个大素数。为了对这两个操作困难程度的巨大差异有一个直观概念，首先不用计算器把两个素数71和59相乘，这十分简单，不是吗？结果得到4189。现在来计算哪两个素数的乘积是4161。你可以使用计算器来做除法。无论如何，这是一个困难得多的问题。

3.3.1 指数取模

即将介绍的公钥方法称为RSA方法，这个方法因其发明者瑞弗斯特（R. L. Rivest）、沙米尔（A. Shamir）和阿德来门（L. Adleman）而得名。在RSA方法中，首先按照某种标准的方法把消息转换为数的序列。例如，可以使用下面的简单转换方法。

符号	数	符号	数	符号	数	符号	数
空格	00	G	07	N	14	U	21
A	01	H	08	O	15	V	22
B	02	I	09	P	16	W	23
C	03	J	10	Q	17	X	24
D	04	K	11	R	18	Y	25
E	05	L	12	S	19	Z	26
F	06	M	13	T	20		

例如，I LOVE YOU可以写作：

I　　L O V E　　Y O U

09 00 12 15 22 05 00 25 15 21

针对这个例子，把这些数字每3个归为一组，这样，这条消息就被写作：

090　012　152　205　002　515　210。

(在最后一组的末尾附加了一个额外的0以使该组完整。)

这个变换把文本消息转变为数，这不是加密，仅仅是一种大家都知道的使信息可以用数学来处理的方法。如何逆转这个过程很显然，只需简单地把数字重新每2个归为一组，并反过来使用上述表格。所以，比如，

041　815　160　004　050　104

重新分组为

$$04\quad 18\quad 15\quad 16\quad 00\quad 04\quad 05\quad 01\quad 04,$$

解码为DROP DEAD。

在RSA方法中，实际的加密由指数取模（modular exponentiation）构成，可以把这个操作看作为：在Z_n中升至E（E表示加密，Enciphering）次幂。因此，如果明文为P_1，P_2，P_3，…，则密文为C_1，C_2，C_3，…，其中，对每个i，有

$$C_i \equiv P_i^E \pmod{n} \text{ 且 } 0 \leqslant C_i < n。$$

例3.11 假设$n=33$，$E=3$，明文为8，7，20，3，11，13。$8^3=512$，512除以33的余数为17。因此，与8相对应的密文为17。类似地，$7^3=343\equiv 13 \pmod{33}$，因此，7加密为13。请读者验证：完整的加密消息是17，13，14，27，11，19。 ■

上面的例子只使用了很小的数来说明指数取模的思想。注意，如果$n=33$，那么明文整数只有33种可能性（0，1，2，…，32）。这些数甚至不够用来表示大小写字母。举一个更现实的例子，令$n=1189$。这样，在明文序列中就允许有三位数，比如，与I LOVE YOU相对应的数的序列90，12，152，205，2，515，210。取$E=101$。这样，加密时就需要计算以下各数除以1189的余数：

$$90^{101}，12^{101}，152^{101}，205^{101}，2^{101}，515^{101}\text{和}210^{101}。$$

这里有一个问题，用手持式计算器按浮点模式计算90^{101}，结果表明这个值接近于2.39×10^{197}，也就是说，整数90^{101}有198位。即使可以计算出这个值并除以1189，这其中也进行了许多不必要的运算。因为所需要的只是余数，它最多只有四位，所以计算出198位数字看来似乎是多余的。而且，当在现实中实现RSA方法时，为了保证安全性，要求所使用的数远大于本例中的数。例如，n也许是有400位的十进制整数而不是1189，对任何计算机来说，所要计算的明文整数的幂都太大了。

但是，事情并非完全无法处理，因为，再回到$n=1189$的例子，指数运算可以分解，从而不需要处理大于手持式计算器所能精确处理的数。例如，可以如下所示在Z_{1189}中计算90^{101}，每次计算一小步：

$$\begin{aligned}
90^2 &= 90\cdot 90 &&= 8100 \equiv 966 &&\pmod{1189}\\
90^3 &= 90^2\cdot 90 \equiv 966\cdot 90 &&= 86\,940 \equiv 143 &&\pmod{1189}\\
90^4 &= 90^3\cdot 90 \equiv 143\cdot 90 &&= 12\,870 \equiv 980 &&\pmod{1189}\\
&\vdots
\end{aligned}$$

尽管这种计算很烦琐，但还是可以按这种方法继续，计算出直到90^{101}模1189的余数。不过，因为有一个更好的基于平方的方法，所以我们不会这样做。注意，

$$\begin{aligned}
90^2 &= &&= 8100 \equiv 966,\\
90^4 &= (90^2)^2 \equiv 966^2 &&= 933\,156 \equiv 980,\\
90^8 &= (90^4)^2 \equiv 980^2 &&= 960\,400 \equiv 877,\\
90^{16} &= (90^8)^2 \equiv 877^2 &&= 769\,129 \equiv 1035,\\
90^{32} &= (90^{16})^2 \equiv 1035^2 &&= 1\,071\,225 \equiv 1125,\\
90^{64} &= (90^{32})^2 \equiv 1125^2 &&= 1\,265\,625 \equiv 529,
\end{aligned}$$

其中，所有的同余都是模1189的。而又因为，$101=1+4+32+64$，所以，

$$
\begin{aligned}
90^{101} &= 90^{1+4+32+64} = 90^1 \cdot 90^4 \cdot 90^{32} \cdot 90^{64} \equiv 90 \cdot 980 \cdot 1125 \cdot 529 \\
&= 88\,200 \cdot 1125 \cdot 529 \equiv 214 \cdot 1125 \cdot 529 = 240\,750 \cdot 529 \equiv 572 \cdot 529 \\
&= 302\,588 \equiv 582,
\end{aligned}
$$

其中，同余也是模1189的。

注意，要计算出最终结果，其中只需要做6次平方（按模1189约简），加上几次乘法和约简。这比先前需要进行100次乘法和除法的思想要好得多。新方法基于以下事实：每个整数都可以写成不同的2的幂的和（即都有一个二进制表示），例如101可以写成$1+4+32+64$。这个方法包含在下一个算法中，每当平方数被计算出来时，该算法就将平方数相乘，不同于前面的例子那样，在最后做乘法运算。

指数取模算法

给定正整数P，E和n，本算法计算P^E除以n的余数。

步骤1（初始化）

  令$r_2=1$，$p=P$，$e=E$

步骤2 **while** $e \neq 0$

  步骤2.1（确定e的奇偶性）

    确定e除以2的商Q和余数R

  步骤2.2（平方并约简）

    确定p^2除以n的余数r_1

  步骤2.3（如果需要，乘以新的平方数）

    if $R=1$

      将r_2的值替换为r_2p除以n的余数

    endif

  步骤2.4（更新变量）

    $p=r_1$，$e=Q$

  endwhile

步骤3（输出P^E的余数）

  打印r_2

例3.12 假设要计算7^{11}除以17的余数，于是，$P=7$，$E=11$，$n=17$。令$r_2=1$，$p=7$，$e=11$。注意，在步骤2.1中，$11=5\cdot 2+1$，所以$Q=5$，$R=1$。在步骤2.2中，由$7^2=49=2\cdot 17+15$可知$r_1=15$。因为$R=1$，在步骤2.3中由$7\cdot 1=0\cdot 17+7$可知$r_2=7$。因此，p和e的更新值分别是15和5。按这种方法继续，就得到如下表格。

Q	R	r_1	r_2	p	e	Q	R	r_1	r_2	p	e
			1	7	11	1	0	16		16	1
5	1	15	7	15	5	0	1	1	14	1	0
2	1	4	3	4	2						

[打印14]

注意，在第4行中，r_2的值没有改变，因为在那里$R=0$。■

设在这个算法步骤2的第i次循环中，e，Q，R的值分别为e_i，Q_i和R_i。那么$e_{i-1}=2Q_i+R_i$，其中R_i为0或1，从而$e_{i-1}\geqslant 2Q_i=2e_i$。假设在第$k$次循环中$e$首次为0，那么$e_{k-1}=1$。于是，

$$E=e_1\geqslant 2e_2\geqslant 2(2e_3)=2^2e_3\geqslant 2^3e_4\geqslant\cdots\geqslant 2^{k-2}e_{k-1}=2^{k-2}。$$

两端分别取以2为底的对数，得到$\log_2 E\geqslant\log_2 2^{k-2}=k-2$，所以$k-1\leqslant\log_2 E+1$。

注意，步骤2.1包含一次除法，步骤2.2包含一次乘法和一次除法，步骤2.3包含一次比较以及至多一次的乘法和一次除法。因此，步骤2包含e与0的比较，且当$e\neq 0$时，最多包含6次基本操作。所以，这个算法的复杂性至多为$7(k-1)+1$，因为当$e=0$时，仅仅执行e与0的比较。根据前面的结果，这不超过$7(\log_2 E+1)+1=7\log_2 E+8$。

这个算法的效率很高。例如，即使E是400位的数字，$E<10^{400}$，计算所需的基本操作也将少于$7\log_2 10^{400}+8<9310$次，计算机可在1秒钟之内完成这些操作。

3.3.2 RSA方法的解密

前面已经看到，在RSA方法中，加密由指数取模构成。解密也如此，但使用不同的指数。当然，新的指数必须谨慎地选取。

回想一下，在RSA方法中，模n选为素数的乘积。假设$n=pq$，其中p和q是不同的素数。在实践中，p和q将是非常大的，例如，每个都可能是200位左右的数，从而使n成为大约400位左右的数。首先选择加密指数E，使得$\gcd(E, b)=1$，其中$b=(p-1)(q-1)$。这样的E很容易找到，因为大多数奇数都满足这个条件。因此，可以随机地选取一个正奇数$E<n$，并用欧几里得算法检验$\gcd(E, b)=1$是否成立。根据拉梅定理，这个算法所需要的除法次数不超过$5\cdot 400=2000$次，所以这个计算可以很容易地由计算机来完成。

用来解密的指数D选为下列同余方程的最小的正整数解x：

$$Ex\equiv 1\ (\mathrm{mod}\ b)。$$

这个同余方程总是可解的，而且，事实上，我们已经有一个高效的求解方法了。因为$\gcd(E, b)=1$，所以，可以使用扩展的欧几里得算法求出满足$Ex+by=1$的整数x和y。于是，$Ex-1=-by\equiv 0\ (\mathrm{mod}\ b)$，从而$x$是一个解。

注意，如果$x'\equiv x\ (\mathrm{mod}\ b)$，那么$x'$也是一个解，因为由定理3.2，

$$Ex'\equiv Ex\equiv 1\ (\mathrm{mod}\ b)。$$

由扩展的欧几里得算法得出的解x不一定是最小的正整数解，但是它除以b的余数是最小的正整数解。

为了演示上述方法，重新回到例3.11。在例3.11中，我们用$E=3$和$n=33=3\cdot 11$来加密。因此，$b=(3-1)(11-1)=20$，需要求解同余方程

$$3x\equiv 1\ (\mathrm{mod}\ 20)。$$

这些数都如此之小，以至于最小的正整数解几乎是显然的：$x=7$。密文是17，13，14，27，11，19，为了对它们进行解密，把这些数升至$D=7$次幂，并求出它们除以33的余数。例如，

$$17^7=410\,338\,673=12\,434\,505\cdot 33+8,$$

所以相应的明文为8。同样，$13^7=62\,748\,517\equiv 7\ (\mathrm{mod}\ 33)$，所以下一个明文是整数7。请读者验证：完整的解密后的序列是8，7，20，3，11，13，这就是原始的明文。

注意，由于E和b都小于n，所以由拉梅定理，当应用欧几里得算法于E和b时，除法的次数k不超过n的十进制位数的5倍。我们还知道扩展的欧几里得算法的复杂性不超过$7k+1$。因此，如果n是一个400位的整数，那么就有$k\leqslant 5\cdot 400=2000$，基本操作的次数不超过$7\cdot 2000+1=14\,001$。

对于前面用过的那个较大的例子，$n=1189$，$E=101$，求D。需要求同余方程$101\ x\equiv 1\ (\text{mod}\ b)$的最小正整数解，其中$b=(p-1)(q-1)$ 。但是p和q是什么？这就需要分解1189。对于像1189这样的小整数，最简单的方法是依次用素数去除1189，直到找到一个素数，它除1189的余数为0。因为1189不是偶数，所以2不行；3也不行，因为$1189/3\approx 396.3$；非素数$4=2\cdot 2$不必试，因为如果4整除1189，那么2肯定能整除1189；同样，$1189/5=237.8$，所以5不行；7也不行，因为$1189/7\approx 169.9$……

我们也许会担心1189实际上是一个素数。在得出结论以前，上述过程要进行到多远？下面的定理将告诉我们答案。

定理3.5 *如果整数$n>1$不是素数，那么n有不大于$\sqrt{n}$的素因子。*

证明 假设n的所有素因子都大于$\sqrt{n}$。因为n不是素数，所以有$n=rs$，其中r和s都是大于1的整数。设r和s分别有素因子p和q。那么

$$n=rs\geqslant pq>\sqrt{n}\cdot\sqrt{n}=n,$$

这是矛盾的。 ■

根据定理3.5，只需用小于$\sqrt{1189}\approx 34.5$的素数去除1189即可。实际上，可以发现$1189/29=41$符合要求，所以$1189=29\cdot 41$。

现在，回过来，在$n=1189$和$E=101$的情况下，求解密指数D。可以取$p=29$，$q=41$，从而$b=(29-1)(41-1)=1120$。还需要求解同余方程

$$101x\equiv 1\ (\text{mod}\ 1120)。$$

对$m=101$和$n=1120$应用扩展的欧几里得算法产生下面的表格。

i	q_i	r_i	x_i	y_i	i	q_i	r_i	x_i	y_i
−1		101	1	0	3	11	2	122	−11
0		1120	0	1	4	4	1	−499	45
1	0	101	1	0	5	2	0	1120	−101
2	11	9	−11	1					

[打印1，−499，45]

检验一下，$-499\cdot 101+45\cdot 1120=1$成立，因此，$101\cdot(-499)\equiv 1\ (\text{mod}\ 1120)$，$x=-499$是同余方程的解。最小的正整数解是$x$除以1120的余数。而$-499=(-1)\cdot 1120+621$，$0\leqslant 621<1120$，所以$D=621$。

例3.13 在讲解指数取模时我们得到，在$n=1189$和$E=101$的情况下，明文90对应的密文为582。为了对582解密，把它升到$D=621$次幂，并取其模1189的余数。应用指数取模算法得到下面的表格。

Q	R	r_1	r_2	p	e	Q	R	r_1	r_2	p	e
			1	582	621	9	1	488	50	488	9
310	1	1048	582	1048	310	4	1	344	620	344	4
155	0	857		857	155	2	0	625		625	2
77	1	836	583	836	77	1	0	633		633	1
38	1	953	1087	953	38	0	1	1185	90	1185	0
19	0	1002		1002	19						

[打印90]

这是正确的，因为90正是原始的明文。■

前面的计算给了我们一个重要的启示。要找到加密指数$D=621$，必须能够分解$n=1189$，因为决定D的同余方程的模是b，b由素数p和q定义。

3.3.3 RSA方法的可行性

考虑可行性首先要回答的问题是：为什么把密文整数C_1，C_2，…升到D（D在前面已定义）次幂可以得到原始的明文整数P_1，P_2，…。证明这一点需要一些初等数论的知识，细节留到本节末尾的习题25～37再讨论。

RSA方法的安全性是另一个需要考虑的问题。RSA方法的协议如下：假设亚当有一家销售花色糖果的商店，他希望顾客可以在网上安全地订货。亚当选取两个不同的大素数p和q，令$n=pq$，再选取一个指数E，使得$0<E<n$且$\gcd(E, b)=1$，其中$b=(p-1)(q-1)$。然后，亚当在网站上公布E和n的值，但保持p和q的私密性。亚当还按照前面所描述的那样，秘密地计算出解密指数D。

贝蒂想在亚当的网站上购买数种甘草糖。于是，贝蒂通过计算机把她的订单和信息，包括她的信用卡号，用某种标准的方法转换成数P_1，P_2，…，然后，运用指数E和模n，利用指数取模运算产生密文序列C_1，C_2，…，并将这个序列通过因特网发送。亚当可以运用指数D，利用指数取模来获取贝蒂的原始信息。

前面已经讲到，所有这些运算都可以用计算机很快地完成，即使p和q非常大，比如说，它们各有200位左右，使得n大约有400位。

某个第三方，比如，邪恶的卡尔，不能计算出D并窃取贝蒂的信用卡号码，原因在于他不知道p和q，因此不能计算出b以及D。但是，卡尔为什么不通过分解n而简单地求出p和q呢？

原因是n是一个400位的数，目前来说，分解一个400位数甚至超出了运行最快的计算机的能力。根据定理3.5，只需把n除以所有不大于其平方根的素数，而这个平方根大约为10^{200}。这种方法仅对小的n值才是实际可行的，因为随着可能的除数的增大，确定除数是否是素数需要耗费太多的时间。可以尝试把所有的奇数当作除数，直到$\sqrt{n}$（这样的奇数大约有$10^{200}/2$个），这样做效率更高一些。

假设有一台每秒可以做10亿（即10^9）次除法的计算机，让它做$10^{200}/2$次除法大约需要3.17×10^{183}年。而到那时，太阳已是冰冷的灰烬，贝蒂的信用卡账户也早已销户。

数论学家已经发明了多种更好的分解大整数的方法，它们比简单地除以所有的奇数直到平方根的方法更好。但是，没有一种方法如同欧几里得算法和指数取模算法那样高效，即使是最好的方法，分解一个400位的数也需要耗费数千年。

习题3.3

在习题1～4中，用给定的E和n的值把明文消息转换为密文。

1. $E=5$，$n=35$，消息2，5，11，8

2. $E=5$，$n=21$，消息19，3，14

3. $E=3$，$n=55$，消息40，31，9

4. $E=3$，$n=51$，消息40，31，9

在习题5～10中，应用指数取模算法，如同例3.12那样做出表格。

5. $P=19$，$E=41$，$n=91$

6. $P=30$，$E=29$，$n=51$

7. $P=11$，$E=73$，$n=187$

8. $P=7$，$E=53$，$n=123$

9. $P=90$，$E=101$，$n=1189$（注意：所有的计算都已在例3.11之后的部分做过了。）

10. $P=12$，$E=101$，$n=1189$

在习题11～14中，求出对应于给定n值的b，其中b和n的含义与RSA方法中的相同。

11. $n=85$ **12.** $n=143$ **13.** $n=323$ **14.** $n=299$

在习题15～22中，应用扩展的欧几里得算法求出与指定习题中的常数相对应的D值。

15. 习题1 **16.** 习题2 **17.** 习题3 **18.** 习题4

19. 习题5 **20.** 习题6 **21.** 习题7 **22.** 习题8

23. 假设$n=55$，$E=7$，密文消息是$C=2$。请求出相应的明文P。

24. 假设$n=93$，$E=17$，密文消息是$C=2$。请求出相应的明文P。

25. 假设整数a，b和c满足：$\gcd(a, b)=1$，a整除bc。证明a整除c。（提示：利用3.2节中的习题30和33，写出$ax+by=1$，再乘以c。）

26. 证明：如果p是素数，且p不能整除整数a，那么$\gcd(p, a)=1$。

27. 证明：如果p是素数，a和b是整数，满足p整除ab，那么p整除a，或者p整除b。

28. 证明：如果p和q是不同的素数，满足p整除a，q整除a，那么pq整除a。（提示：利用习题27。）

29. 证明：如果整数a，b，x和x'满足：$\gcd(a, b)=1$，$ax\equiv ax' \pmod b$，那么$x\equiv x' \pmod b$。

30. 举例说明：如果条件$\gcd(a, b)=1$不成立，则习题29的结论就可能不成立。

*__31.__ 设p为素数，a为整数，且p不能整除a。证明a，$2a$，$3a$，$\cdots$，$(p-1)a$按某种排列顺序与1，2，3，$\cdots$，$p-1$模p同余。

32. 证明费马定理（Fermat's theorem）：如果p为素数，a为整数，满足p不整除a，那么$a^{p-1}\equiv 1 \pmod p$。（提示：证明

$$a\cdot 2a\cdot 3a\cdot \cdots \cdot (p-1)a\equiv 1\cdot 2\cdot 3\cdot \cdots \cdot (p-1) \pmod p,$$

并利用习题29从两边消去2，3，$\cdots$，$p-1$。）

在习题33～35中，假定p和q是不同的素数，$n=pq$，$b=(p-1)(q-1)$，E和D是正整数且$ED\equiv 1 \pmod b$，P和C是整数，且$0\leqslant P<n$，$0\leqslant C<n$，$C\equiv P^E \pmod n$。ED写成$ED=kb+1$的形式。

33. 证明$C^D\equiv P\cdot P^{kb} \pmod n$。

34. 假设p不整除P。利用费马定理证明$C^D\equiv P \pmod p$。

35. 假设p整除P。证明$C^D\equiv P \pmod p$。

*__36.__ 证明$C^D\equiv P \pmod n$。（提示：如果用q替换p，则习题34和35仍然成立。）

*__37.__ 证明C^D除以n的余数是P。

3.4 检错码和纠错码

3.1节中的例3.2讨论了国际标准书号（ISBN）。回想一下，本书英文原版书的ISBN是0-321-30515-9，其最后一位x是这样选取的，使得它满足

$$10\times 0+9\times 3+8\times 2+7\times 1+6\times 3+5\times 0+4\times 5+3\times 1+2\times 5+x=101+x$$

与0模11同余。假设一家书店想要订购这本书，但错误地订购了ISBN为0-321-35015-9的书。通过计算

$$10\times 0+9\times 3+8\times 2+7\times 1+6\times 3+5\times 5+4\times 0+3\times 1+2\times 5+9=115,$$

出版商就会知道出错了，因为115不与0模11同余。因此，国际标准书号提供了一种检测某些错误的方法。

3.4～3.6节将讨论代数编码理论，这是应用数学的一个领域，它使制造诸如CD播放机和传真机这样的设备成为可能，也使与宇宙飞船之间的准确的数据传输成为可能。这个学科由香农（Claude Shannon）、戈莱（Marcel Golay）和汉明（Richard Hamming）于1948～1950年创建。

为简单起见，这里只考虑由二进制数字（即0和1）序列组成的编码。这种编码称为**二进制编码**（binary code）。信息在计算机内存中存储、写在CD和DVD上以及在计算机之间电子化地传输，都是以二进制编码的形式进行的。由0和1构成的组[⊖]（分组，block）可以表示字母、数字、标点符号和数学符号。一种这样的表示方案是ASCII（美国标准信息交换码，American Standard Code for Information Interchange），其中，字母、数字以及某些符号都表示为8个二进制数字的分组。例如，分组

01000001，01100010和00110111

分别表示大写字母A、小写字母*b*和数字7。把多个分组组合起来就可以传送单词和其他信息。例如，消息BAT可以用序列01000010 01000001 01010100来传送。（出于可读性考虑，在显示较长的二进制序列时，将使用空格。前面的消息实际上是以24个二进制数字的序列来发送的，中间没有空格。）可是，在发送消息的时候可能会出现错误，使所接收到的消息不同于所发送的消息。例如，如果第八位出错，则所接收到的消息是

0100001**1** 01000001 01010100，

它被译码为CAT而不是BAT。在消息中引入一些冗余，就有可能检测出，甚至纠正这种传输错误。

例3.14 一种简单的检测错误的方案是在每个消息分组后附加一个**奇偶校验位**（parity check digit）。例如，可以在每个8位的分组之后附加第9位，第9位这样选取，它使得分组中1的总数是偶数。这样，对消息BAT，其编码为

01000010 01000001 01010100，

对前两个分组附加0，对最后一个分组附加1。于是，所传送的消息就变为

01000010**0** 01000001**0** 01010100**1**；

对消息CAT，其编码为

01000011 01000001 01010100，

将被发送为

01000011**1** 01000001**0** 01010100**1**。

和前面一样，假设BAT的第8位数字没有正确地发送，在这种情况下，所接收到的消息将为

0100001**1**0 010000010 010101001。

这里，第一个分组一定有错误，因为它包含奇数个1。不幸的是，尽管知道只有一位被改变，但原始分组可能是**1**10000110，0**0**0000110，01**1**000110，010**1**00110，0100**1**0110，01000**1**110，010000**0**10，0100001**0**0或者01000011**1**中的一个，它取决于被改变的是哪一位。

尽管不知道所收到的消息的第一个分组的正确解释，但是我们知道它是不正确的。所以就可以避免任何基于这个错误的消息而采取的行动，直到第一个分组被纠正，这或许是通过重新传输消息（或仅仅是第一个分组）来实现的。 ■

例3.14展示了一种**检错**（error-detecting）的方法。这种方法可以检测出有错误出现了，但无法重构出原始的信息。注意，如果在例3.14中所发送的消息

⊖ 这里，英文原文block实际上是指定长的0和1的串。本书把block译为组或分组。——译者注

010000111 010000010 010101001

的第6和第8位都错了，那么接收到的消息

010001101 010000010 010101001

可能会被认为是正确的。

但是，如果单独传输每一位出现错误的可能性很小，那么出现两个或更多错误的可能性就更是非常小。通过这些讨论，我们给出以下假设：

（1）0变为1的可能性与1变为0的可能性相同。

（2）每位出错的可能性都相同，并且独立于其他位是否有错误。（用概率的语言来描述就是：任何两位的传输都是独立事件（independent event）。）

（3）由于每位出错的可能性都很小，所以，对每个分组，正确传输的可能性都比有一个错误的可能性大，且对任何分组，有一个错误的可能性比有两个或更多错误的可能性大得多。

可以证明，前两个假设蕴涵了：如果发送任何单独一位出错的可能性是p，那么在发送n位时恰有k个错误的可能性是

$$C(n,\ k)p^k(1-p)^{n-k}。 \tag{3.1}$$

这里，

$$C(n,\ r)=\frac{n!}{r!(n-r)!},$$

如2.6节所定义的那样。所以，如果$p=0.01$，那么9位的分组中没有错误的可能性是

$$C(9,\ 0)\ (0.01)^0\ (0.99)^9\approx 0.9135,$$

有1个错误的可能性是

$$C(9, 1)\ (0.01)^1\ (0.99)^8\approx 0.0830。$$

在这种情况下，可以证明，有两个或更多错误的可能性是0.0034。因此，在这种情况下，没有错误的可能性是有1个错误的可能性的11倍，只有1个错误的可能性是有两个或更多错误的可能性的24倍。

例3.15 另一种检错的方案是将每个分组都传输两遍。例如，消息BAT的第一个分组01000010发送为

01000010 01000010。

完整的消息是

01000010 01000010 01000001 01000001 01010100 01010100。

在这种情况下，如果第8位被错误地发送，则所接收到的消息将是

01000011 01000010 01000001 01000001 01010100 01010100。

因为第一个8位和第二个8位不同，所以接收者就会知道有错误。因为有一个错误的可能性比有两个或更多错误的可能性大得多，所以第一个分组最有可能是

01000010 或 01000011。

但是，接收者无法知道其中哪一个是正确的。 ■

例3.15所用的方案看上去似乎比例3.14所用的方案效率低，因为例3.15的方案要求每个

字母用16位表示，而例3.14只使用9位的分组。为了量化编码方案的效率，下面要引入另一些术语。

假设想要以k个二进制位的分组的形式发送消息，每个这样的分组叫作一个**消息字**(message word)，k称为消息字的**长度**(length)。但是，所发送的并不是k位的消息字，而是更长的称为**码字**(codeword)的串。例如，在例3.15中，8位的消息字01000010发送为16位的码字0100001001000010。如果每个码字的长度是n，那么这个编码方案称为**$(k. n)$-分组码**((k, n)-block code)。所以，例3.14所用的编码方法是(8，9)-分组码，例3.15所用的编码方法是(8，16)-分组码。(k, n)-分组码的**效率**(efficiency)是k/n。所以，例3.14和例3.15中的编码的效率分别是$8/9\approx0.89$和$8/16=0.50$。编码的效率度量传输中信息所占的比例，所以，例3.15的编码用两个二进制位发送一个单位的信息。

因为本书只考虑分组码，所以我们经常省略"分组"一词，简单地把"分组码"就称为"码"。在例3.14和例3.15的编码方案中，各个码字简单地通过连接消息字来组成。尽管还有其他可行的编码方案，但本书只考虑这种类型的编码方案。

一种编码方案全部的需要只是一个从消息字集合到码字集合的一对一的函数E。对给定的消息w_1，w_2，…，w_m，发送$E(w_1)$，$E(w_2)$，…，$E(w_m)$。因为E是一对一的，所以存在从编字集合到消息字集合的反函数D。然后。接收到的码字被译码，以获取原始消息：

$$w_1=D(E(w_1)),\ w_2=D(E(w_2)),\ \cdots,\ w_m=D(E(w_m))。$$

函数E和D分别称为**编码**(encoding)和**译码**(decoding)函数。由于有称为*噪声*的因素，所以在传输过程中可能会出现错误，从而使接收到的字z不是码字。例如，太阳黑子可以引起人造卫星传输错误。在这种情况下，$D(z)$无定义，所以编码方案表明有错误产生了。图3.1说明了这种类型的编码方案。

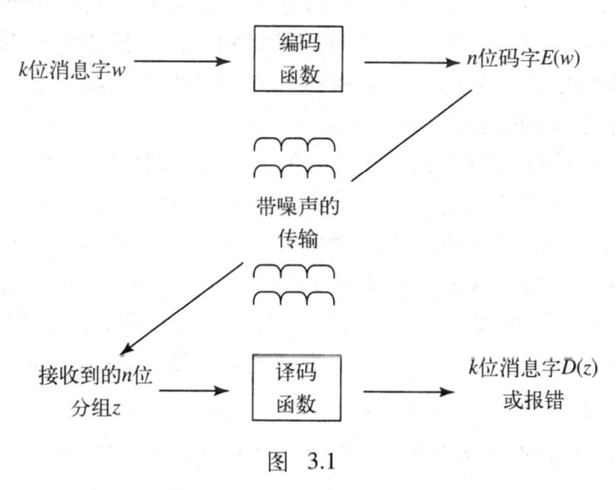

图 3.1

一个需要特别关注的重要问题是，如何解释所接收到的非码字。本章后面假定接收者知道所有可能的码字，并且，如果接收到的字z不是码字，则接收者将z译码为具有最少的与z不同的位的码字。如果这样的码字有好几个，那么z就不能被译码，接收者简单地报告出现了错误。这种译码的方法称为**近邻译码**(nearest-neighbor decoding)。

例3.16 假设修改例3.15，把每个分组发送3遍。例如，消息BAT的第一个分组01000010发送为

$$01000010\quad 01000010\quad 01000010。$$

所以完整的消息是

01000010 01000010 01000010 01000001 01000001 01000001
01010100 01010100 01010100。

这个(8，24)-分组码的效率仅为8/24＝1/3。尽管效率很低，但是它具有之前的编码所不具有的特性：它是*可纠错的*。这就意味着：在某些情况下，即使码字被错误地传输，也有可能识别出想要传输的码字。

再次假设第8位被错误地接收，使得第一个分组被接收为

0100001**1** 01000010 01000010。

把这个分组分为3部分，可以看到各部分的前7位是一样的，但是第8位不同。由此可知出现了传输错误，且错误必定出现在第8、16或24位。因为每个分组出现一个错误的可能性大于出现两个或更多错误的可能性，所以我们断定错误出现在第8位上。一般地，一个错误的可能性大于两个或更多错误的可能性蕴涵了：当出现错误的时候，正确的位可以由多数原则决定。在这里，第16位和第24位都是0，而第8位是1，所以我们断定正确的第8位是0。于是，我们断定：原始消息字是01000010，原始消息是

01000010 01000001 01010100。 ■

在例3.16中，任何只含有一个传输错误的码字都可以被正确地译码。例如，假设所接收到的第3个分组是

01010100 01010100 01000100。

如果把这个分组分成3部分，则多数原则表明正确的消息字是01010100，从而，所接收到的分组可以被正确地译码。所以，我们能够纠正最常见的错误而不需要重新传输。虽然这种编码的效率仅为1/3（所以，传输码字所需要的时间是传输消息字所需时间的3倍），但是相对于以不编码的形式传输原始消息的方法，如果所传输的消息中有错误，那么在这种编码方案中就没有请求和接收重传所需要的延迟。

例3.16中编码的纠错特性所要求的不仅仅是编码函数是一对一的。例如，考虑码字01001100和01001101。如果在传输其中某个码字的过程中，最后一位出现了错误，那么所接收到的将是另一个码字。在这种情况下，我们没有理由认为所接收到的码字是不正确的，因此消息就被错误地译码。更一般地，如果两个码字只差一位，且在传输其中任何一个码字的过程中该位被改变，那么所接收到的码字将被译码为另一个码字，而不知道有错误出现了。

对于长度相同的两个码字c_1和c_2，它们之间的**汉明距离**（Hamming distance）定义为c_1和c_2不相同的位的个数，表示为$d(c_1, c_2)$。例如，

$$d(01\mathbf{0}101,\ 01\mathbf{1}001)=2,\quad d(\mathbf{1}1\mathbf{0}1\mathbf{0}1\mathbf{0}0,\ \mathbf{0}1\mathbf{1}1\mathbf{1}1\mathbf{1}0)=4。$$

注意，对任意码字c_1和c_2，有$d(c_1, c_2)=d(c_2, c_1)$。前面的讨论表明，如果一种编码能够查出单个位错，那么不同码字之间的汉明距离必须至少是2。为了得到确保单个位错可被纠正的条件，需要汉明距离的一个性质。

定理3.6（三角不等式（Triangle Inequality）） *如果c_1，c_2和c_3是具有相同长度的码字，那么*

$$d(c_1, c_3)\leqslant d(c_1, c_2)+d(c_2, c_3)。\tag{3.2}$$

证明 假设c_1和c_3的第j位不同，那么，或者c_1和c_2的第j位不同，或者c_2和c_3的第j位不同。

所以，每当不等式（3.2）的左边有一个不同的位时，其右边也会有一个不同的位，从而左边小于等于右边。■

我们的编码方案大致如下。如果E是编码函数，C是所有码字的集合，那么译码函数$D=E^{-1}$的定义域为C。当接收到码字c时，将其译码为$D(c)$。但是，如果接收到一个分组c'，c'不是码字，则将其译码为$D(c)$，其中c是与c'最近的码字，即c是与c'不相同的位数最少的码字。如果有两个或更多与c'最近的码字，则记录有错误发生。

假设每对不同的码字之间的距离至少为3，并且所接收的字c'不是码字。如果传输中有一个单错，并且对某个码字c_1，$d(c', c_1)=1$成立，则下面将证明c_1必定就是所发送的码字。设c_2是任意不同于c_1的码字。三角不等式意味着

$$3\leqslant d(c_1, c_2)\leqslant d(c_1, c')+d(c', c_2)=1+d(c', c_2),$$

所以$2\leqslant d(c', c_2)$。因此，如果c'中最多只有一位是不正确的，那么c_2不可能是所发送的码字。所以c_1一定是所发送的码字。

以上所陈述的结论可以推广如下。

定理3.7 假设在一个分组码中，不同码字之间的最小汉明距离为m。

(a) 这种编码方案可以检测出的错误不多于r个当且仅当$m\geqslant r+1$。

(b) 这种编码方案可以纠正的错误不多于r个当且仅当$m\geqslant 2r+1$。

证明 这里只证明（b），（a）留作习题。

首先假设$m\geqslant 2r+1$。下面将证明：如果发送码字c，接收到的是c'，且$d(c, c')\leqslant r$，那么c'将被纠正为c。由此这个编码方案可以纠正的错误不多于r个。假设c^*是码字，使得$d(c', c^*)\leqslant r$。那么

$$d(c, c^*)\leqslant d(c, c')+d(c', c^*)\leqslant r+r=2r<m。$$

因为不同码字之间的最小汉明距离是m，所以$c=c^*$必定成立。因此，码字c'将被纠正为c。

反过来，假设$m\geqslant 2r+1$为假，从而$m\leqslant 2r$。那么就存在两个不同的码字c和c^*，使得$d(c, c^*)=s\leqslant 2r$。不失一般性，假设c和c^*的前s位不同，最后$n-s$位相同。设t为r和s中较小的那一个，c'是通过改变c的前t位的每一位而得到的字。于是，$d(c, c')=t\leqslant r$，从而有可能发送c，而接收c'，其中的错误不超过r个。下面要证明$d(c^*, c')\leqslant d(c, c')$。

第一种情况：$s\leqslant r$。根据t的定义，有$t=s$。因此，在这种情况下，$c'=c^*$，从而

$$d(c^*, c')=0\leqslant d(c, c')。$$

第二种情况：$s>r$。根据t的定义，$t=r$成立。因为c'和c^*恰好只在前r位和后$n-s$位相同，所以就得到

$$d(c^*, c')=n-(r+n-s)=s-r\leqslant 2r-r=r=t=d(c, c')。$$

因此，在每种情况，$d(c^*, c')\leqslant d(c, c')=t\leqslant r$都成立。所以，如果$c$或者$c^*$是要发送的码字，且在传输中出现的错误不多于$r$个，那么接收到的字都可能是$c'$。因此，在这种编码方案下，无法对$c'$进行纠错，从而这种编码方案无法纠正$r$个错误。■

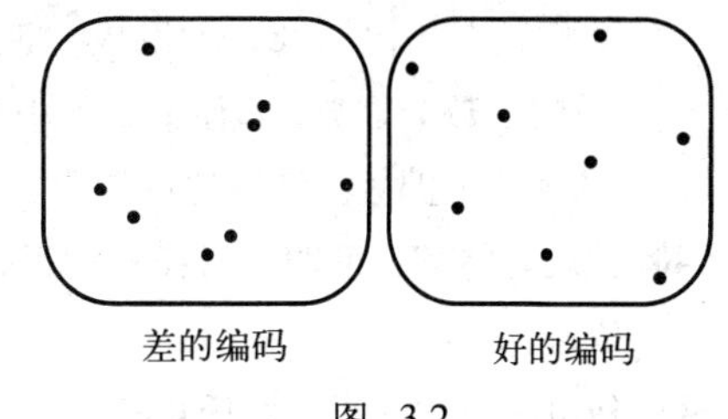

图 3.2

定理3.7说明，要得到一种好的编码，即能纠正分组中尽可能多的错误的编码，码字之间的最小距离必须尽可能的大。（参见图3.2，其中的黑点表示码字。）下面的小节将描述如何构造这样的编码。

习题3.4

在习题1～8中，求出应附加在每个分组末尾的奇偶校验位，它使分组中1的总数为偶数。

1. 01001010 **2.** 01101011 **3.** 00110011 **4.** 00110100

5. 01101010 **6.** 01010000 **7.** 00101010 **8.** 01110111

在习题9～16中，如果传输一位出错的可能性是0.01，利用式（3.1）求出传输n位恰好出现k个错误的可能性。

9. $k=1$，$n=5$ **10.** $k=0$，$n=6$ **11.** $k=2$，$n=7$ **12.** $k=1$，$n=8$

13. $k=0$，$n=8$ **14.** $k=2$，$n=10$ **15.** $k=1$，$n=10$ **16.** $k=0$，$n=10$

在习题17～24中，求出给定码字之间的汉明距离。

17. $c_1=0110$，$c_2=1010$ **18.** $c_1=1001$，$c_2=1101$

19. $c_1=11001$，$c_2=01110$ **20.** $c_1=01010$，$c_2=10101$

21. $c_1=001100$，$c_2=111100$ **22.** $c_1=101010$，$c_2=001110$

23. $c_1=10011100$，$c_2=00111010$ **24.** $c_1=01101100$，$c_2=11000011$

在习题25～32中，把给定的码字相加，对每一位使用Z_2中的加法运算。例如，$0110+0101=0011$。

25. $c_1=1110$，$c_2=0010$ **26.** $c_1=0101$，$c_2=1001$

27. $c_1=10111$，$c_2=10010$ **28.** $c_1=01011$，$c_2=11100$

29. $c_1=101011$，$c_2=001110$ **30.** $c_1=010111$，$c_2=110001$

31. $c_1=01100011$，$c_2=10110101$ **32.** $c_1=11010100$，$c_2=01001101$

在习题33～36中，假定在某种分组码中，码字之间的最小汉明距离为m。

(a) 确定能够检测的最大的错误个数。

(b) 确定能够纠正的最大的错误个数。

33. $m=8$ **34.** $m=13$ **35.** $m=15$ **36.** $m=20$

37. 证明：对于长度相同的两个码字c_1和c_2，它们之间的汉明距离为c_1+c_2中1的个数，其中的加法运算与习题25～32中所描述的加法运算相同。

38. 假设在某种分组中，码字之间的最小汉明距离为m。证明下列结果，从而证明定理3.7（a）。

(a) 如果$m \geqslant r+1$，那么所有不多于r位的错误都可以检测出来。

(b) 如果所有不多于r位的错误都可以检测出来，那么$m \geqslant r+1$。

39. 考虑下面的表格：

c_1	c_2	c_5
c_3	c_4	c_6
c_7	c_8	

如下定义一个(4，8)-分组码：将消息字$c_1c_2c_3c_4$编码为码字$c_1c_2c_3c_4c_5c_6c_7c_8$，其中，c_5使第一行中1的个数为偶数，c_6使第二行中1的个数为偶数，c_7使第一列中1的个数为偶数，c_8使第二列中1的个数为偶数。证明这种编码可以纠正所有的单个位错。

***40.** 扩展习题39，证明：对任意的正整数s，存在一种(s^2, s^2+2s)-分组码，它可以纠正所有的单个位错。

41. 利用习题40证明：对任意$\varepsilon>0$，存在效率高于$1-\varepsilon$的编码，它可以纠正所有的单个位错。

3.5 矩阵码

3.5.1 矩阵码

本节将介绍一种编码，其编码和译码函数均由矩阵乘法（参见附录B）给出。为便于讨论，对于任意正整数m，定义$\mathcal{W}_m$是长度为m的0和1的串的集合。例如，

$$\mathcal{W}_3 = \{000，001，010，011，100，101，110，111\}$$

是长度为3的串的集合。由定理 1.3可以得出$|\mathcal{W}_m| = 2^m$。

在这种表示方法之下，$(k，n)$-分组码的编码函数是一个一对一的函数E：$\mathcal{W}_k \to \mathcal{W}_n$。假设$A$是一个$k \times n$阶矩阵，其元素是0或1，$x$是一个0和1的$1 \times k$阶矩阵。在这种情况下，$x$和$A$在$Z_2$中的乘积[⊖]$xA$是一个0和1的$1 \times n$阶矩阵。因此，如果把$\mathcal{W}_m$的元素看成是0和1的$1 \times m$阶矩阵，那么$\mathcal{W}_k$中的元素$x$与矩阵$A$的乘积$xA$是$\mathcal{W}_n$中的元素。

例3.17 设

$$A = \begin{bmatrix} 1 & 0 & 0 & 1 \\ 0 & 1 & 1 & 1 \\ 1 & 0 & 1 & 1 \end{bmatrix},\ x = [1 \quad 1 \quad 0]。$$

因为x在$\mathcal{W}_3$中，A是0和1的3×4阶矩阵，所以矩阵乘积xA是一个0和1的1×4阶矩阵，因此xA是$\mathcal{W}_4$的一个元素。事实上，

$$xA = [1 \quad 1 \quad 0] \begin{bmatrix} 1 & 0 & 0 & 1 \\ 0 & 1 & 1 & 1 \\ 1 & 0 & 1 & 1 \end{bmatrix} = [1 \quad 1 \quad 1 \quad 0]。$$

同样，如果$y = [0 \quad 1 \quad 0]$，那么

$$yA = [0 \quad 1 \quad 0] \begin{bmatrix} 1 & 0 & 0 & 1 \\ 0 & 1 & 1 & 1 \\ 1 & 0 & 1 & 1 \end{bmatrix} = [0 \quad 1 \quad 1 \quad 1]。$$

注意，乘积zA可以通过把A中与z的非零元素相对应的行在Z_2中相加来计算。例如，因为$x = [1 \quad 1 \quad 0]$，乘积xA等于A的第一行和第二行的和。同样，y唯一的非零元素是其第二个元素，所以yA等于A的第二行。如果$z = [0 \ 0 \ 0]$，那么$zA = [0 \ 0 \ 0 \ 0]$。 ■

考虑函数E：$\mathcal{W}_k \to \mathcal{W}_n$，$E$定义为$E(x) = xA$。当$E$是一对一时，就称$E$定义了一个**矩阵码**（matrix code），并称A是它的**生成矩阵**（generator matrix）。为了保证E是一对一的，一种简单的方法是选取一个矩阵A，使A的前k列构成$k \times k$阶单位矩阵I_k。为了表示A具有这种形式，我们把A写成$A = [I_k \mid J]$，其中，J是$k \times (n-k)$阶矩阵，J的列是A的后$(n-k)$列。对于这样的矩阵A，xA的前k个元素与x的前k个元素相同。因此，如果$x_1A = x_2A$，那么$x_1 = x_2$，从而E是一对一的。例如，如果

⊖ x和A的乘法是用Z_2中的算术运算来完成的，所以，

$$0+0=1+1=0 \cdot 0=0 \cdot 1=1 \cdot 0=0，0+1=1+0=1 \cdot 1=1。$$

$$A=\begin{bmatrix}1&0&0&1&0&0&1\\0&1&0&0&1&0&1\\0&0&1&0&0&1&1\end{bmatrix},$$

那么$A=[I_3 \mid J]$，其中

$$J=\begin{bmatrix}1&0&0&1\\0&1&0&1\\0&0&1&1\end{bmatrix}。$$

于是，定义为$E(x)=xA$的函数E是一对一的（从而产生了一个矩阵码）。

因为上述生成矩阵A是一个3×7阶矩阵，所以相应的矩阵码是一个(3，7)-分组码。对于$\mathcal{W}_3$中的任意$[w_1\ w_2\ w_3]$，有

$$[w_1\ w_2\ w_3]\,A=[w_1\ w_2\ w_3\ \ w_1\ w_2\ w_3\ \ w_1+w_2+w_3]。$$

注意，如果$[w_1\ w_2\ w_3]$包含偶数个1，则表达式$w_1+w_2+w_3$等于0；如果$[w_1\ w_2\ w_3]$包含奇数个1，则表达式$w_1+w_2+w_3$等于1。因此，对于$\mathcal{W}_3$中的任何消息字w，重复w两次并根据w中1的个数的奇偶性附加一个为0或1的奇偶校验位，就得到了相对应的码字$E(w)=wA$。

这种编码的码字如下：

$$\begin{aligned}
E([0\ 0\ 0])&=[0\ 0\ 0\ 0\ 0\ 0\ 0]\\
E([0\ 0\ 1])&=[0\ 0\ 1\ 0\ 0\ 1\ 1]\\
E([0\ 1\ 0])&=[0\ 1\ 0\ 0\ 1\ 0\ 1]\\
E([0\ 1\ 1])&=[0\ 1\ 1\ 0\ 1\ 1\ 0]\\
E([1\ 0\ 0])&=[1\ 0\ 0\ 1\ 0\ 0\ 1]\\
E([1\ 0\ 1])&=[1\ 0\ 1\ 1\ 0\ 1\ 0]\\
E([1\ 1\ 0])&=[1\ 1\ 0\ 1\ 1\ 0\ 0]\\
E([1\ 1\ 1])&=[1\ 1\ 1\ 1\ 1\ 1\ 1]。
\end{aligned}$$

可以验证，任意两个码字之间的汉明距离至少是3，所以，根据定理3.7，这种编码能够检测出两位错误，并能纠正一位错误。

3.5.2 编码的校验矩阵

当传输出现错误时，所接收到的字w'不一定是码字。在这种情况下，为了正确地译码w'，必须确定哪一个码字最接近w'。对于(k, n)-分组码，其中k和n的值比较大，穷竭式地搜索所有的码字将是一个非常耗时的过程。幸运的是，在A具有$[I_k \mid J]$的形式的时候，有一个更高效的译码方法可以使用。

假设$A=[I_k \mid J]$是(k, n)-分组码的$k\times n$阶生成矩阵。定义$n\times(n-k)$阶矩阵A^*，其前k行是矩阵J中对应的行，其后$n-k$行是$(n-k)\times(n-k)$阶单位矩阵的各行。我们把A^*记作

$$A^*=\left[\frac{J}{I_{n-k}}\right],$$

并称A^*为A的关联**校验矩阵**（check matrix）。

例3.18 对矩阵

$$A=\begin{bmatrix}1&0&0&1&0&1&0\\0&1&0&1&1&0&1\\0&0&1&0&1&1&1\end{bmatrix},$$

$A=[I_3 \mid J]$，其中

$$J=\begin{bmatrix}1&0&1&0\\1&1&0&1\\0&1&1&1\end{bmatrix}。$$

A的关联校验矩阵是

$$A^*=\left[\frac{J}{I_4}\right]=\begin{bmatrix}1&0&1&0\\1&1&0&1\\0&1&1&1\\1&0&0&0\\0&1&0&0\\0&0&1&0\\0&0&0&1\end{bmatrix}。$$

注意，

$$AA^*=\begin{bmatrix}1&0&0&1&0&1&0\\0&1&0&1&1&0&1\\0&0&1&0&1&1&1\end{bmatrix}\begin{bmatrix}1&0&1&0\\1&1&0&1\\0&1&1&1\\1&0&0&0\\0&1&0&0\\0&0&1&0\\0&0&0&1\end{bmatrix}$$

$$=\begin{bmatrix}1+1&0&1+1&0\\1+1&1+1&0&1+1\\0&1+1&1+1&1+1\end{bmatrix}$$

$$=\begin{bmatrix}0&0&0&0\\0&0&0&0\\0&0&0&0\end{bmatrix}。$$

■

例3.18最后的计算结果并不是巧合。

定理3.8 设$A=[I_k \mid J]$是(k, n)-分组码的生成矩阵，A^*是其校验矩阵。

(a) 在$k\times(n-k)$阶矩阵AA^*中，每个元素都等于0。

(b) 长度为n的字c是这个编码的码字当且仅当$cA^*=O$，这里，O是$1\times(n-k)$阶零矩阵。

证明 (a) 因为A是(k, n)-分组码的生成矩阵，所以它是一个$k\times n$阶矩阵。于是，A的校验矩阵A^*是一个$n\times(n-k)$阶矩阵，从而AA^*有定义，并且是一个$k\times(n-k)$阶矩阵。令j_{rs}表示J的第r行第s列元素。AA^*的第r行第s列元素是A的第r行元素与A^*的第s列对应元素的乘积之和（在Z_2中），如图3.3所示。这个元素是

$$1\cdot j_{rs}+j_{rs}\cdot 1=0。$$

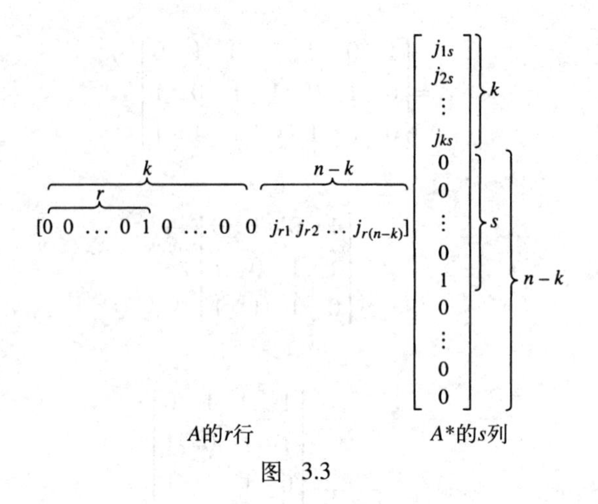

图 3.3

（b）如果c是码字，那么对W_k中的某个消息字x，$c=xA$。因此，由（a），矩阵的乘法结合律蕴涵了

$$cA^*=(xA)A^*=x(AA^*)=\mathrm{O},$$

其中，O表示$1\times(n-k)$阶零矩阵。

反过来，假设c是长度为n的字，使得$cA^*=\mathrm{O}$。设x是长度为k 的字，它的各位与c的前k位相同。那么$c'=xA$是一个码字，其前k位与c的前k位相同。所以，$c-c'$的前k个元素均是0。因为A^*具有形式

$$A^*=\left[\frac{J}{I_{n-k}}\right],$$

所以$(c-c')A^*$的各位恰好就是$c-c'$的最后$n-k$个元素。另一方面，因为cA^*和 $c'A^*$都是码字，矩阵的乘法分配律和（b）的第一部分蕴涵了

$$(c-c')A^*=cA^*-c'A^*=\mathrm{O}-\mathrm{O}=\mathrm{O}。$$

由此得出$c-c'$的最后$n-k$位都是0，从而$c-c'$的所有位都是0。所以，$c=c'$，从而c是码字。■

例3.19 考虑本节前面讨论过的矩阵

$$A=\begin{bmatrix}1&0&0&1&0&0&1\\0&1&0&0&1&0&1\\0&0&1&0&0&1&1\end{bmatrix},$$

回顾一下，它的校验矩阵是

$$A^*=\begin{bmatrix}1&0&0&1\\0&1&0&1\\0&0&1&1\\1&0&0&0\\0&1&0&0\\0&0&1&0\\0&0&0&1\end{bmatrix}。$$

对$x=[1\quad 0\quad 1\quad 0\quad 0\quad 1\quad 1]$，我们有

$$xA^* = [1 \quad 0 \quad 1 \quad 0 \quad 0 \quad 1 \quad 1]\begin{bmatrix} 1 & 0 & 0 & 1 \\ 0 & 1 & 0 & 1 \\ 0 & 0 & 1 & 1 \\ 1 & 0 & 0 & 0 \\ 0 & 1 & 0 & 0 \\ 0 & 0 & 1 & 0 \\ 0 & 0 & 0 & 1 \end{bmatrix} = [1 \quad 0 \quad 0 \quad 1]。$$

因为$xA^* \neq O$，所以由定理3.8可知x不是码字。另一方面，假设

$$[w_1 \quad w_2 \quad w_3 \quad w_4 \quad w_5 \quad w_6 \quad w_7]\,A^* = [0 \quad 0 \quad 0 \quad 0]。$$

利用矩阵A^*，可以看到

$$[w_1 \quad w_2 \quad w_3 \quad w_4 \quad w_5 \quad w_6 \quad w_7]A^* = [w_1 \quad w_2 \quad w_3 \quad w_4 \quad w_5 \quad w_6 \quad w_7]\begin{bmatrix} 1 & 0 & 0 & 1 \\ 0 & 1 & 0 & 1 \\ 0 & 0 & 1 & 1 \\ 1 & 0 & 0 & 0 \\ 0 & 1 & 0 & 0 \\ 0 & 0 & 1 & 0 \\ 0 & 0 & 0 & 1 \end{bmatrix}$$

$$= [w_1 + w_4 \quad w_2 + w_5 \quad w_3 + w_6 \quad w_1 + w_2 + w_3 + w_7]。$$

如果这个乘积等于[0 0 0 0]，那么

$$\begin{aligned} w_1 \qquad + w_4 \qquad\qquad &= 0 \\ w_2 \qquad + w_5 \qquad &= 0 \\ w_3 \qquad + w_6 &= 0 \\ w_1 + w_2 + w_3 \qquad\qquad + w_7 &= 0。\end{aligned}$$

第一个方程表明$w_1 = -w_4$，即$w_1 = w_4$（因为在Z_2中，$-w_4 = w_4$）。类似地，第二个和第三个方程表明$w_2 = w_5$，$w_3 = w_6$。还有，方程$w_1 + w_2 + w_3 + w_7 = 0$可以写作$w_1 + w_2 + w_3 = -w_7 = w_7$。因此，如果$[w_1 \quad w_2 \quad w_3]$包含偶数个1，则$w_7 = 0$；如果$[w_1 \quad w_2 \quad w_3]$包含奇数个1，则$w_7 = 1$。所以，当$[w_4 \quad w_5 \quad w_6]$与$[w_1 \quad w_2 \quad w_3]$相同，并且$w_7$是取决于$[w_1 \quad w_2 \quad w_3]$中1的个数的奇偶性的校验位0或1时，$[w_1 \ w_2 \ w_3 \ w_4 \ w_5 \ w_6 \ w_7]\,A^* = [0 \ 0 \ 0 \ 0]$。这些正是使$xA^*$成为这种编码的码字的条件。 ■

在3.6节中，我们将学习如何利用校验矩阵A^*来高效地对用生成矩阵A编码的字进行译码。

习题3.5

在习题1～4中，计算给定集合中的字的数目。

1. $\mathcal{W}_5$ **2.** $\mathcal{W}_6$ **3.** $\mathcal{W}_8$ **4.** $\mathcal{W}_{10}$

在习题5～8中，假设产生(4, 8)-分组码的生成矩阵是

$$\begin{bmatrix} 1 & 0 & 0 & 0 & 1 & 0 & 1 & 0 \\ 0 & 1 & 0 & 0 & 0 & 1 & 0 & 1 \\ 0 & 0 & 1 & 0 & 0 & 1 & 1 & 0 \\ 0 & 0 & 0 & 1 & 1 & 0 & 0 & 1 \end{bmatrix},$$

确定相应于各个给定消息字的码字。

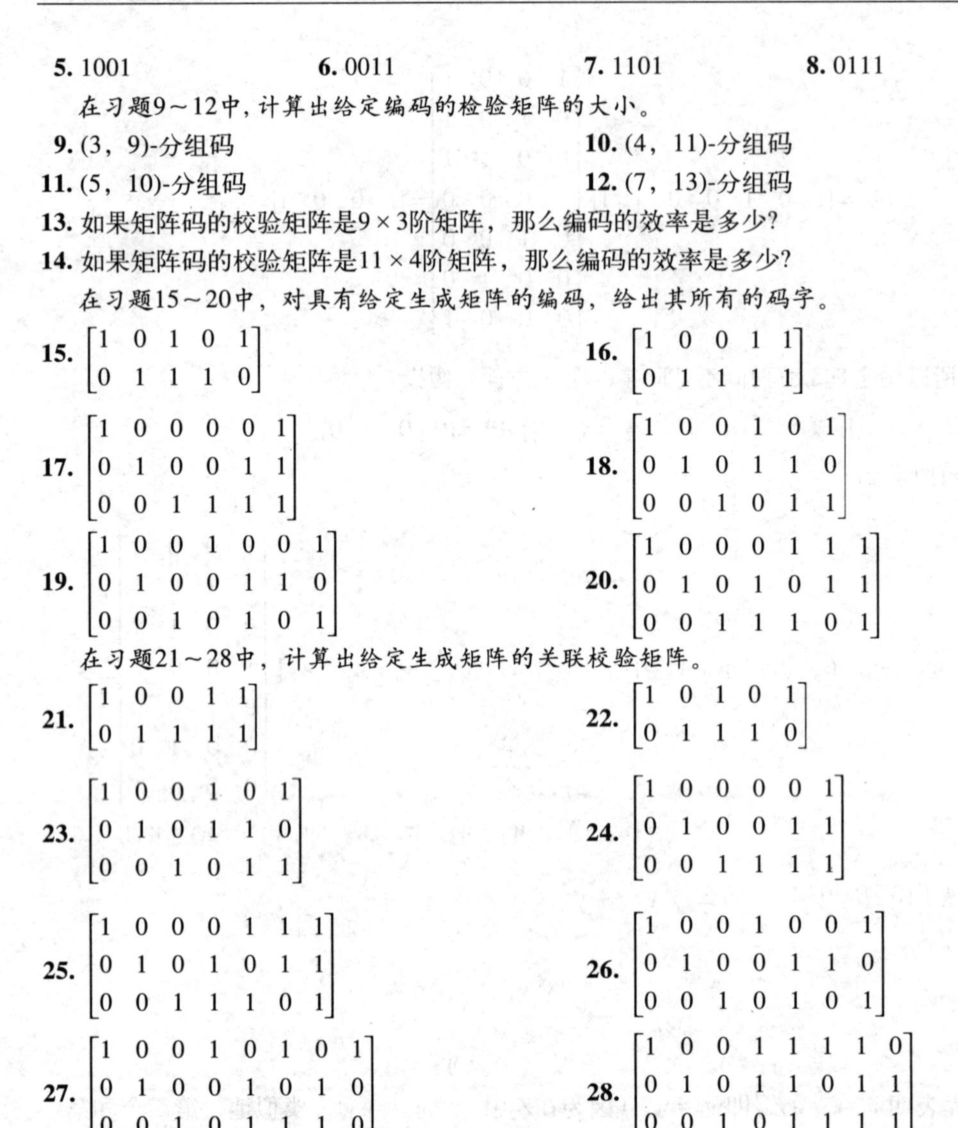

5. 1001　　**6.** 0011　　**7.** 1101　　**8.** 0111

在习题9～12中，计算出给定编码的检验矩阵的大小。

9. (3，9)-分组码　　**10.** (4，11)-分组码

11. (5，10)-分组码　　**12.** (7，13)-分组码

13. 如果矩阵码的校验矩阵是9×3阶矩阵，那么编码的效率是多少?

14. 如果矩阵码的校验矩阵是11×4阶矩阵，那么编码的效率是多少?

在习题15～20中，对具有给定生成矩阵的编码，给出其所有的码字。

15. $\begin{bmatrix}1&0&1&0&1\\0&1&1&1&0\end{bmatrix}$　　**16.** $\begin{bmatrix}1&0&0&1&1\\0&1&1&1&1\end{bmatrix}$

17. $\begin{bmatrix}1&0&0&0&0&1\\0&1&0&0&1&1\\0&0&1&1&1&1\end{bmatrix}$　　**18.** $\begin{bmatrix}1&0&0&1&0&1\\0&1&0&1&1&0\\0&0&1&0&1&1\end{bmatrix}$

19. $\begin{bmatrix}1&0&0&1&0&0&1\\0&1&0&0&1&1&0\\0&0&1&0&1&0&1\end{bmatrix}$　　**20.** $\begin{bmatrix}1&0&0&0&1&1&1\\0&1&0&1&0&1&1\\0&0&1&1&1&0&1\end{bmatrix}$

在习题21～28中，计算出给定生成矩阵的关联校验矩阵。

21. $\begin{bmatrix}1&0&0&1&1\\0&1&1&1&1\end{bmatrix}$　　**22.** $\begin{bmatrix}1&0&1&0&1\\0&1&1&1&0\end{bmatrix}$

23. $\begin{bmatrix}1&0&0&1&0&1\\0&1&0&1&1&0\\0&0&1&0&1&1\end{bmatrix}$　　**24.** $\begin{bmatrix}1&0&0&0&0&1\\0&1&0&0&1&1\\0&0&1&1&1&1\end{bmatrix}$

25. $\begin{bmatrix}1&0&0&0&1&1&1\\0&1&0&1&0&1&1\\0&0&1&1&1&0&1\end{bmatrix}$　　**26.** $\begin{bmatrix}1&0&0&1&0&0&1\\0&1&0&0&1&1&0\\0&0&1&0&1&0&1\end{bmatrix}$

27. $\begin{bmatrix}1&0&0&1&0&1&0&1\\0&1&0&0&1&0&1&0\\0&0&1&0&1&1&1&0\end{bmatrix}$　　**28.** $\begin{bmatrix}1&0&0&1&1&1&1&0\\0&1&0&1&1&0&1&1\\0&0&1&0&1&1&1&1\end{bmatrix}$

在习题29和30中，矩阵码的校验矩阵A^*已经给出。求出生成矩阵A。

29. $\begin{bmatrix}1&0&1\\1&1&1\\0&1&1\\1&1&0\\1&0&0\\0&1&0\\0&0&1\end{bmatrix}$　　**30.** $\begin{bmatrix}1&0&0&1\\0&1&0&1\\1&0&1&0\\0&1&1&0\\1&0&0&0\\0&1&0&0\\0&0&1&0\\0&0&0&1\end{bmatrix}$

在习题31～38中，用定理3.8 (b) 判断各个给定的字是否是矩阵码的码字，矩阵码的生成矩阵是

$$\begin{bmatrix}1&0&0&1&0&1&1\\0&1&0&0&1&1&0\\0&0&1&0&0&1&1\end{bmatrix}。$$

31. 0110110 **32.** 1101101 **33.** 1001011 **34.** 0011110

35. 0110101 **36.** 1111110 **37.** 1101010 **38.** 0111110

39. 对一个特定的(k, n)-分组码，$\mathcal{W}_n$中码字占多少？

40. 考虑一个(3，7)-分组码，它的生成矩阵是

$$\begin{bmatrix} 1 & 0 & 0 & 0 & 0 & 0 & 0 \\ 0 & 1 & 0 & 0 & 0 & 1 & 0 \\ 0 & 0 & 1 & 1 & 1 & 0 & 0 \end{bmatrix}。$$

令$z=[0\ 0\ 0]$，$w=[1\ 0\ 0]$。

(a) 由z和w确定的码字之间的汉明距离是多少？

(b) 这个编码能够检测出所有的单个位错吗？

41. 求出3.4节中习题39所描述的编码的生成矩阵。

42. 求出下列编码的生成矩阵，这个编码把消息字$c_1\ c_2\ c_3\ c_4$编码为$c_1\ c_2\ c_3\ c_4\ c_5\ c_6\ c_7$，其中，位$c_5\ c_6\ c_7$是这样选取的，它们使下图中$A$，$B$和$C$三个圆盘中的1的数目都为偶数。

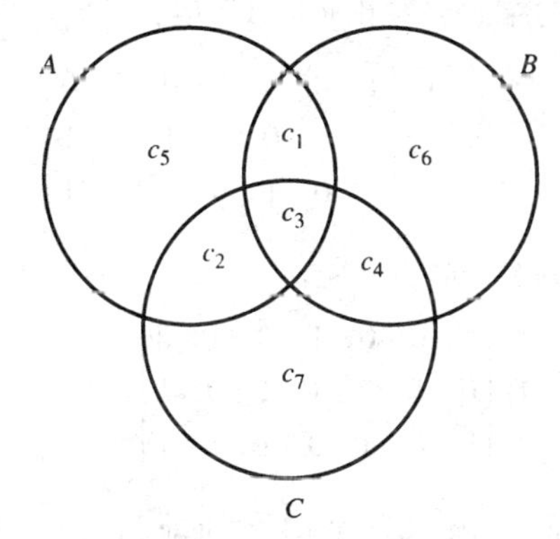

43. 假设A和A'是两个(k, n)-分组码的生成矩阵，C和C'分别是它们的码字集合。证明：如果$C=C'$，那么$A=A'$。因此，码字集合完全决定编码。

3.6 单纠错矩阵码

本节我们将学习如何创建可以纠正所有单个位传输错误的矩阵码。下面的定理表明校验矩阵在这个过程中起着重要的作用。

定理3.9 设A是一个(k, n)-分组码的生成矩阵。这个编码能够纠正所有的单个位错误当且仅当其校验矩阵A^*满足下面两个条件：

(i) A^*没有全部由0组成的行。

(ii) A^*没有完全相同的两行。

证明 假设A^*满足条件（i）和（ii）。首先证明不存在恰好含一个或两个1的码字。令e_r是$1\times n$阶矩阵，其中，除了元素r是1以外，其他元素都为0。注意，$\mathcal{W}_n$中仅有的恰好含一个或两个1的非0字是那些形如e_r或e_r+e_s的字，其中$r\neq s$。如果e_r是码字，那么根据定理3.8，$e_rA^*=O$。但是，根据矩阵乘法的定义，e_rA^*等于A^*的第r行，因此，A^*的第r行全部由0组成，这与条件（i）矛盾。所以，e_r不是码字。另一方面，如果e_r+e_s是码字，那么$(e_r+e_s)A^*=O$。于是，$e_rA^*+e_sA^*=O$，从而$e_rA^*=-e_sA^*=e_sA^*$。因此，A^*的第r行与第s行相等，这与条件（ii）矛盾。所以，e_r+e_s不是码字。总之，不存在恰好含一个或两个1的码字。

要证明这个编码能纠正所有的单个位错误，根据定理3.7，只要证明不同码字之间的最小

汉明距离至少是3就足够了。假设存在不同的消息字x和y，它们所对应的码字$E(x)=xA$和$E(y)=yA$之间的汉明距离小于3。因为E是一对一的函数，所以$E(x)\neq E(y)$。于是。$E(x)$和$E(y)$之间的汉明距离必为1或2。然而，3.4节中的习题37证明了$E(x)+E(y)$中1的数目必为1或2。但是，$E(x)+E(y)=xA+yA=(x+y)A=E(x+y)$，这是消息字$x+y$所对应的码字。这与前面证明的结果矛盾。

习题40和41包含了逆向的证明。 ■

本节后面将利用定理3.9中的两个条件来构造高效的能纠正所有单个位错的矩阵码。现在，请注意，这两个条件确保了例3.18和例3.19中的矩阵码能纠正所有的单个位错误。

3.6.1 校验矩阵行译码法

迄今为止，在讨论矩阵码时，焦点都集中于消息的编码过程。现在把注意力转向译码过程。对于一个由形如$A=[I_k \mid J]$的矩阵所产生的矩阵码，码字的译码很容易，简单地取出码字的前k位即可。

例3.20 对于例3.18中的编码，它由矩阵A产生：

$$A=\begin{bmatrix}1&0&0&1&0&1&0\\0&1&0&1&1&0&1\\0&0&1&0&1&1&1\end{bmatrix},$$

相应于消息字$x=[1\quad 0\quad 1]$的码字是

$$xA=[1\quad 0\quad 1]\begin{bmatrix}1&0&0&1&0&1&0\\0&1&0&1&1&0&1\\0&0&1&0&1&1&1\end{bmatrix}=[1\quad 0\quad 1\quad 1\quad 1\quad 0\quad 1]。$$

因为这是一个(3，7)-分组码，所以这个码字的前3位就是原始的消息字。类似地，码字[0111010]译码为[0 1 1]。 ■

当接收到的字c'不是码字时，必须确定与c'最邻近的码字。我们已经注意到，当k和n的值比较大时，这将是非常耗时的。幸好，对于校验矩阵满足定理3.9中的两个条件的矩阵码，有一个较简单的方法可供使用。

校验矩阵行译码法

假设$(k，n)$-分组码的校验矩阵是A^*，A^*的各行都互不相同且没有全为0的行。

1. 如果接收到字w，则计算$s=wA^*$。
2. 如果$s=O$，O为$1\times n$阶零矩阵，那么w是一个码字，将w译码为其前k位。
3. 如果s等于A^*的第i行，那么改变w的第i位构成字w'，并对w'译码，取其前k位。
4. 如果s是非零矩阵，且不等于A^*的某一行，那么w的错误多于一位。在这种情况下，记录收到了一个错误的字。

第一步中的表达式wA^*称为w的**校正子**（syndrome）。

例3.21 对下列消息进行译码：

0010111　　1011100　　0111010　　1000111　　1100010，

这个消息是用例3.18中的编码发送的。

从例3.18得到这个编码的校验矩阵是

$$A^*=\begin{bmatrix}1&0&1&0\\1&1&0&1\\0&1&1&1\\1&0&0&0\\0&1&0&0\\0&0&1&0\\0&0&0&1\end{bmatrix}。$$

使用校验矩阵行译码方法对这条消息进行译码，译码过程如下表所示。

接收到的字w	校正子wA^*	A^*的行	码字	消息字
0010111	0000	—	0010111	001
1011100	0001	7	1011101	101
0111010	0000	—	0111010	011
1000111	1101	2	1100111	110
1100010	0101	不是A^*的行	未知	未知

因此，这条消息译码为

$$001\quad 101\quad 011\quad 110\quad ??。$$

因为最后一个字的校正子是非零的，并且不是A^*的某一行，所以，在这个字的传输中必有两个或两个以上的错误，因此无法可靠地对它进行译码。 ■

最后还要再提醒一下。在例3.21中，码字间的最小汉明距离是3，因此，这个编码可以纠正所有的单个位错误，并检测出所有的二位错误。考虑消息字011，它被编码为码字0111010。如果传输这个码字，并且在第2位、第3位和第6位上出现错误，那么接收到的字将是0**00**100**0**0。所收到的字的校正子是1000，这是A^*的第4行。因此，最邻近的码字是0000000，我们会认为它就是正确的码字，从而译码出来的消息将为000，而不是原始的消息字011。而且，我们将不会知道这个错误的存在，因为这是一个涉及三位的错误， 而我们的编码最多只能检测出涉及两位的错误。

3.6.2 汉明码

前面看到例3.19中的(3, 7)-分组码能够纠正所有的单个位错误，这个编码的效率是3 / 7。而我们很自然地就会提出一个问题：能纠正所有单个位错误的最高效的(3，n)-分组码是什么？换言之，我们想要求出最小的整数n（$n\geqslant 3$），要求对这个n的值，有一个(3，n)-分组码，它能纠正所有的单个位错误。也就是说，我们要探究：在长度为3的消息字的传输中，要能够纠正所有的单个位错误，必须传输的最少位数。回想一下，对于一个矩阵码，定理3.9中的条件对于它能够纠正所有的单个位错误是充分和必要的，因此可以利用这些条件来解答上述问题。

另外，还需要传输一些额外的位。因为如果$n=3$，那么每个接收到的字都是码字，无法检测出传输错误。假设$A=[I_3 / J]$是一个(3，4)-分组码的生成矩阵，那么A是一个3×4阶矩阵，所以J是一个3×1阶矩阵。显然，这样的矩阵必定有两行是完全相同的，所以

$$A^*=\left[\frac{J}{I_1}\right]$$

有两行完全相同。因此，这个编码无法纠正所有的单个位错误。

如果$A=[I_3\,|\,J]$是一个(3，5)-分组码的生成矩阵，那么J是一个3×2阶矩阵。在这种情况下，A^*具有如下形式：

$$A^*=\left[\frac{J}{I_2}\right]=\begin{bmatrix}? & ?\\ ? & ?\\ ? & ?\\ 1 & 0\\ 0 & 1\end{bmatrix}。$$

这里，A^*同样必定有两行完全相同，所以(3，5)-码不能够纠正所有的单个位错误。然而，对于$n=6$，J是一个3×3阶矩阵，并且很容易找出一个A^*矩阵，它满足定理3.9中的条件。例如，可以选取

$$J=\begin{bmatrix}1 & 1 & 0\\ 1 & 0 & 1\\ 0 & 1 & 1\end{bmatrix},$$

使得

$$A^*=\left[\frac{J}{I_3}\right]=\begin{bmatrix}1 & 1 & 0\\ 1 & 0 & 1\\ 0 & 1 & 1\\ 1 & 0 & 0\\ 0 & 1 & 0\\ 0 & 0 & 1\end{bmatrix}。$$

因此，具有生成矩阵

$$A=\begin{bmatrix}1 & 0 & 0 & 1 & 1 & 0\\ 0 & 1 & 0 & 1 & 0 & 1\\ 0 & 0 & 1 & 0 & 1 & 1\end{bmatrix}$$

的(3，6)-矩阵码能够纠正所有的单个位错误。

上述论证很容易一般化。$(k,\ n)$-分组码的校验矩阵的大小是$n\times(n-k)$，所以其各行都有$(n-k)$个元素，而长度为$(n-k)$的不同的非零行的数目是$2^{n-k}-1$。因为A^*有n行，所以，当且仅当$2^{n-k}-1\geqslant n$时，就可以满足定理3.9中的条件。

定理3.10 可纠正所有单个位错误的$(k,\ n)$-分组码存在，当且仅当$2^{n-k}-1\geqslant n$。

满足$n=2^{n-k}-1$的编码特别方便。令$r=n-k$，则当$n=2^r-1$，即当n比2的某次幂小1时，就满足这个条件。注意，因为$r=1$意味着$k=0$，从而不存在消息字，所以必须要求$r>1$。下表给出了前5个这样的k和n的值。

r	2	3	4	5	6
$k=2^r-r-1$	1	4	11	26	57
$n=2^r-1$	3	7	15	31	63

对这些k和n的值对，可以构造出能纠正所有单个位错误的$(k,\ n)$-分组码。在这种情况下，

校验矩阵是一个$n\times(n-k)=n\times r$阶矩阵，它有n行，每行的长度为r。然而对A^*来说，这样的行只有2^r个，所以每个非零行都必须被使用。也就是说，A^*的各行就构成了所有长度为r的非零字。校验矩阵具有这种性质的矩阵码称为**汉明码**（Hamming code）。

例3.22 前面的表格显示：对于$r=2$的汉明码，$k=1$，$n=3$。因此，这个编码的校验矩阵具有如下的形式：

$$A^*=\left[\frac{J}{I_2}\right]=\begin{bmatrix}? & ?\\1 & 0\\0 & 1\end{bmatrix}。$$

因为A^*的所有行必须是非零的且互不相同，所以，

$$A^*=\left[\frac{J}{I_2}\right]=\begin{bmatrix}1 & 1\\1 & 0\\0 & 1\end{bmatrix}。$$

于是，$J=[1\ \ 1]$，$A=[I_1\,|\,J]=[1\ \ 1\ \ 1]$。这样，对于每一个消息字$[x]$，就有

$$[x]A=[x\ \ x\ \ x],$$

所以，这个编码把每个消息字重复三次。下表给出了每个可能被接收到的字的译码。

接收到的字	校正子	A^*的行	码字	消息字
000	00	—	000	0
001	01	3	000	0
010	10	2	000	0
011	11	1	111	1
100	11	1	000	0
101	10	2	111	1
110	01	3	111	1
111	00	—	111	1

■

假设有一个汉明码，并且接收到了一个字c'。c'的校正子是$s=c'A^*$。如果$s=O$，那么c'是一个码字，我们认为传输中没有错误。但是，如果$s\neq O$，那么s是A^*的某一行，因为所有长度为r的非零行都是A^*的行。设A^*的第i行等于s。于是，c'将被译码为c的前k位，其中c是通过改变c'的第i位得到的。因此，对于汉明码，在使用校验矩阵行译码法时，*步骤4从不发生，并且每个接收到的字都能被译码*。对一个特定的r值，汉明码的效率是

$$\frac{k}{n}=\frac{2^r-r-1}{2^r-1}=1-\frac{r}{2^r-1}。$$

可以证明，通过选择足够大的r值，可以使这个量任意地接近于1。所以，存在效率任意接近于1的汉明码。

习题3.6

在习题1～8中，用校验矩阵

$$A^* = \begin{bmatrix} 1 & 0 & 0 & 1 \\ 0 & 1 & 1 & 0 \\ 1 & 0 & 0 & 0 \\ 0 & 1 & 0 & 0 \\ 0 & 0 & 1 & 0 \\ 0 & 0 & 0 & 1 \end{bmatrix}$$

求出每一个字的校正子。如果这个字是码字或者仅在一位上不同于一个码字，则将其译码。

1. 101111 **2.** 001001 **3.** 010110 **4.** 011010

5. 101010 **6.** 101001 **7.** 110110 **8.** 010000

在习题9～28中，给定的字是在使用生成矩阵

$$A = \begin{bmatrix} 1 & 0 & 0 & 1 & 0 & 1 & 0 \\ 0 & 1 & 0 & 0 & 1 & 1 & 0 \\ 0 & 0 & 1 & 1 & 1 & 0 & 1 \end{bmatrix}$$

编码并传输后所接收到的字。求出各个字的校正子，并且，如果这个字是码字或者仅在一位上不同于一个码字，则将其译码。

9. 1010101 **10.** 1110001 **11.** 1011001 **12.** 1001101

13. 0111011 **14.** 0110011 **15.** 1100110 **16.** 1100001

17. 0011101 **18.** 1010111 **19.** 1011100 **20.** 0011111

21. 1001100 **22.** 1011000 **23.** 1101100 **24.** 0010111

25. 1001011 **26.** 0100110 **27.** 0101011 **28.** 0000110

在习题29和30中，给出了一个校验矩阵和一列接收到的字，请译码这一列字。

29. $\begin{bmatrix} 1 & 1 & 0 \\ 0 & 1 & 1 \\ 1 & 0 & 0 \\ 0 & 1 & 0 \\ 0 & 0 & 1 \end{bmatrix}$，11111，11000，10101，10110

30. $\begin{bmatrix} 1 & 0 & 1 \\ 1 & 1 & 1 \\ 1 & 0 & 0 \\ 0 & 1 & 0 \\ 0 & 0 & 1 \end{bmatrix}$，10101，01110，00101，11100

在习题31～34中，求n的最小值，使得(k, n)-矩阵码能够纠正所有的单个位错误。

31. $k=8$ **32.** $k=10$ **33.** $k=20$ **34.** $k=25$

在习题35～38中，求出n和k的最小值，要求对n和k的这对值，存在效率超过给定值的(k, n)-汉明码。

35. 0.5 **36.** 0.75 **37.** 0.9 **38.** 0.99

39. 设z是长度为n的串，z的每一位都为0。证明：在任何(k, n)-分组码中，z都是码字。

40. 考虑一个校验矩阵为A^*的(k, n)-分组码。证明：如果A^*的某一行完全由0组成，那么这个编码不能检测出所有的单个位错误。

41. 考虑一个校验矩阵为A^*的(k, n)-分组码。证明：如果A^*的某两行完全相同，那么这个编码不能检测出所有的单个位错误。

42. (a) 用数学归纳法证明：对于任意整数$r\geqslant 5$，$r^2+1\leqslant 2^r$。

(b) 用 (a) 证明：对任意整数$r\geqslant 5$，

$$1-\frac{r}{2^r-1}\geqslant 1-\frac{1}{r}\text{。}$$

43. 证明：对于接收到的有多于一个错误的字，每个汉明码都不会正确地译码。

*__44.__ 考虑一种传输方法，其中任何一位传输出错的概率都是p。

(a) 发送未编码的4位消息字，计算没有错误的概率。

(b) 计算 (4，7)-汉明码正确译码一个字的概率。

(c) 证明：如果p满足$0\leqslant p<0.5$，则 (a) 中得出的概率值不超过 (b) 中得出的概率值。

历史注记

Blaise de Vigenère

编码理论有着悠久而丰富的历史，最早可追溯到古希腊和古罗马时代。最初，编码被用来传递保密消息或对国家机密进行加密。今天，编码随处可见，例如，在本地食品杂货店结账时，或在从卫星电视信号提供商那里订购影片时。在所有这些例子中，数论、代数和概率统计为可靠而准确地传输数据提供了基础。

Ronald L. Rivest

历史上第一次有记录的编码应用出现在埃及和美索不达米亚的著作中。到公元前300年，希腊人一直运用各种代换密码对消息进行编码。在随后的几个世纪里，出现了各种改进。公元1412年，al-Kalka-shandi发表了名为《Subh al-a'sha》的百科全书式的著作，该著作总结了早先的密码系统，并扩充了密码分析学，使之包括字母频度技术的使用，也包括替换和移位方法的结合使用。与此同时，培根（Roger Bacon） 和乔叟（Geoffrey Chaucer）在他们的文章中加入了加过密的资料。1624年，不伦瑞克的奥古斯特（August）公爵在他的著作《Cryptomenytices et Cryptographiae Libri IX》中总结了这些和其他的一些发现，这是一本已知编码理论的百科全书。

Adi Shamir

编码理论下一个大的进展是Vigenère表的出现，它是由法国人Blaise de Vigenère在16世纪80年代发明的。这种基于表的方法极大地改进了当时所使用的密码系统的安全性。

虽然从17世纪开始到20世纪早期，编码理论也取得了其他若干进展，但确立密码在军政通信上重要地位的却是第一次世界大战。新系统基于Vigenère的工作成果，还使用了机械工具来加密和解密。美国人赫本（Edward Hebern，1869—1952）、荷兰人科赫（Hugo Koch 1870—1928）和德国人歇尔皮斯（Arthur Scherbius，1878—1929）各自利用互连的转子发明了密码机。其中最著名的是在第二次世界大战中德国军队所使用的Enigma机器。破解德国的密码系统是英国布雷奇莱庄园秘密项目中的数学家们的工作。图灵（Alan Turing，1912—1954）和韦尔什曼（Gordon Welchman，1906—1985）是这个小组的核心。他们成功的方法扩展了以前由波兰数学家雷耶夫斯基（Marian Rejewski，1905—1980）发明的方法。

Leonard Adleman

虽然这些进步使解密更加困难，但密码仍旧是基于替代的某种形式，而且，所有的密码都要求交互共享密钥，而这种密钥的存在使密码易于被侦破，密钥易于被盗窃，且易于做数学分析。

这些问题最终在20世纪70年代初被迪菲（Whitfield Diffie，1944—）、海尔曼（Martin Hellman，1945—）和墨克（Ralph Merkle，1952—）取得的进展克服，他们奠定了公钥密码系统的发展基础。在他们取得突破后不久，瑞弗斯特（Ronald L. Rivest，1947—）、沙米尔（Adi Shamir，1952—）和阿德来门（Leonard Adleman，1945—）取得了其他进展，他们是公钥密码系统RSA 方法的创始人。

Richard Hamming

在密码学得到这些发展的同时，编码理论开始在日常生活中广泛地应用。不经意间，识别码出现在教科书、杂货店和其他商品上，车辆识别代号（VIN）出现在车辆上，识别码还在其他无数应用中出现。苏沃（Bernard Silver，1924—1962）和伍德兰德（Norman Woodland，1922—）于1952年在IBM为食品工业发明了条形码，他们的工作开创了一个新的工业领域，这源于编码理论在后勤和库存控制中的应用。可以检测出错误，并在某些情况下还可以纠错，这种编码的思想是这些应用的中心。这些进展的很大一部分基于汉明（Richard Hamming，1915—1998）1950年的开创性贡献。工业领域和其他领域的编码理论研究工作至今仍在延续。

补充习题

判断习题1～4中各命题的真假。

1. $37 \equiv 18 \pmod 2$

2. $45 \equiv -21 \pmod{11}$

3. $-7 \equiv 53 \pmod{12}$

4. $-18 \equiv -64 \pmod 7$

在习题5～10中，在Zm中完成指定的运算，并把答案写成$[r]$的形式，其中$0 \leqslant r < m$。

5. $[43]+[32]$（在Z_{11}中）

6. $[-12]+[95]$（在Z_{25}中）

7. $[5][11]$（在Z_9中）

8. $[-3][9]$（在Z_{15}中）

9. $[22]^7$（在Z_5中）

10. $[13]^6[23]^5$（在Z_{12}中）

11. 如果$x \equiv 4 \pmod{11}$，$y \equiv 9 \pmod{11}$，则11除x^2+3y的余数是多少？

12. 当一个整数被15除时，余数为7。求出这个整数被3除和被5除的余数。

13. 如果100除以正整数d，余数为2，那么198除以d的余数是多少？

14. 若正整数n除以7的余数为5，则$5n$除以7的余数是多少？

在习题15～18中，利用欧几里得算法求出a和b的最大公约数。

15. $a=770$，$b=1764$

16. $a=1320$，$b=1575$

17. $a=-9798$，$b=552$

18. $a=-7661$，$b=4183$

在习题19～22中，利用扩展的欧几里得算法把a和b的最大公约数写成a和b的线性组合。

19. $a=770$，$b=1764$

20. $a=2002$，$b=1080$

21. $a=-9798$，$b=552$

22. $a=-7661$，$b=4183$

23. 如果可能，利用扩展的欧几里得算法求出下列各方程的整数解x和y。

(a) $666x+1414y=30$

(b) $666x+1414y=55$

在习题24和25中，使用例3.11中的方法，其中$E=5$和$n=39$，把给定的明文消息加密成密文。

24. 4，15，17，21

25. 18，10，6，2

在习题26和27中，如同例3.12那样。做一个表，对于给定的P，E和 n的值，演示指数取模算法的工作过程。

26. $P=25$，$E=11$，$n=33$

27. $P=18$，$E=29$，$n=57$

在习题28和29中，求出给定的n值所对应的b值，其中，n和b的含义如RSA方法中的那样。

28. $n=1763$

29. $n=1829$

在习题30和31中，运用给定的n和E的值，用指数取模方法对给定的密文C进行解密。

30. $n=35$，$E=11$，$C=4$

31. $n=143$，$E=11$，$C=6$

在习题32和33中，为给定的分组附加一个奇偶校验位，使1的数目为偶数。

32. 01100110110101

33. 11011010101010

在习题34和35中，如果传输一位时出错的概率是0.001，求出传输n位时恰有k个错误的概率。

34. $k=3$，$n=8$

35. $k=4$，$n=10$

在习题36和37中，对给定集合中的码字，求出两个码字之间的最小汉明距离。

36. {010101，101010，111111，000000}

37. {1110110111，010010010，000000000，111111111}

38. 如果一个码字集合包含一个各位全为0的码字，那么，关于两个码字之间的最小汉明距离可以得出什么结论？

39. 如果一个码字集合包含一个各位全为1的码字，那么，关于两个码字之间的最小汉明距离可以得出什么结论？

40. 一个(k, n)-分组码中有多少个码字？

41. 设z是W_n中的元素，s是整数，$0 \leqslant s \leqslant n$。问$W_n$中与$z$之间的汉明距离等于$s$的元素有多少个？

42. 设z是W_n中的元素，s是整数，$0 \leqslant s \leqslant n$。问$W_n$中与$z$之间的汉明距离至多为$s$的元素有多少个？

在习题43和44中，(5，9)-码的生成矩阵是

$$\begin{bmatrix} 1 & 0 & 0 & 0 & 0 & 1 & 1 & 1 & 1 \\ 0 & 1 & 0 & 0 & 0 & 0 & 0 & 1 & 1 \\ 0 & 0 & 1 & 0 & 0 & 1 & 0 & 1 & 0 \\ 0 & 0 & 0 & 1 & 0 & 1 & 1 & 0 & 0 \\ 0 & 0 & 0 & 0 & 1 & 0 & 1 & 0 & 1 \end{bmatrix}。$$

求出给定消息字的码字。

43. 10101

44. 00101

45. 给出具有生成矩阵

$$\begin{bmatrix} 1 & 0 & 1 & 1 \\ 0 & 1 & 0 & 0 \end{bmatrix}$$

的编码的所有码字。

46. 给出具有生成矩阵

$$\begin{bmatrix} 1 & 0 & 0 & 0 \\ 0 & 1 & 1 & 1 \end{bmatrix}$$

的编码的所有码字。

在习题47～50中，求出给定生成矩阵的关联校验矩阵。

47. 习题43和44的生成矩阵

48. $[1\ 1\ 1\ 1\ 1\ 1\ 1]$

49. $\begin{bmatrix} 1 & 0 & 0 & 1 & 0 & 1 & 0 & 1 \\ 0 & 1 & 0 & 0 & 0 & 1 & 1 & 1 \\ 0 & 0 & 1 & 1 & 1 & 0 & 1 & 1 \end{bmatrix}$

50. $\begin{bmatrix} 1 & 0 & 0 & 0 & 1 & 0 & 0 & 0 & 1 \\ 0 & 1 & 0 & 0 & 0 & 1 & 1 & 1 & 0 \\ 0 & 0 & 1 & 0 & 0 & 0 & 0 & 1 & 1 \\ 0 & 0 & 0 & 1 & 1 & 0 & 0 & 0 & 1 \end{bmatrix}$

在习题51和52中，求出给定校验矩阵的生成矩阵。

51. $\begin{bmatrix} 1 & 0 & 1 \\ 0 & 1 & 1 \\ 1 & 0 & 0 \\ 0 & 1 & 0 \\ 0 & 0 & 1 \end{bmatrix}$

52. $\begin{bmatrix} 0 & 1 & 1 & 0 & 0 \\ 1 & 0 & 0 & 0 & 1 \\ 0 & 0 & 1 & 1 & 1 \\ 1 & 0 & 0 & 1 & 1 \\ 1 & 0 & 0 & 0 & 0 \\ 0 & 1 & 0 & 0 & 0 \\ 0 & 0 & 1 & 0 & 0 \\ 0 & 0 & 0 & 1 & 0 \\ 0 & 0 & 0 & 0 & 1 \end{bmatrix}$

53. 有种编码将0编码为000000，将1编码为111111。求出该编码的生成矩阵。

在习题54～60中，给定的字是在使用生成矩阵

$$A = \begin{bmatrix} 1 & 0 & 0 & 1 & 0 & 1 & 1 \\ 0 & 1 & 0 & 0 & 1 & 1 & 1 \\ 0 & 0 & 1 & 1 & 0 & 0 & 1 \end{bmatrix}$$

编码并传输后所接收到的。求出各个字的校正子，并且，如果这个字是一个码字或者仅在一位上不同于一个码字，则用校验矩阵行译码法将其解密。

54. 1001100　**55.** 0111110　**56.** 1010111　**57.** 1010110

58. 0101010　**59.** 1001011　**60.** 1100111

61. 考虑具有如下生成矩阵的编码：

$$\begin{bmatrix} 1 & 0 & 0 & 0 & 1 & 1 & 0 \\ 0 & 1 & 0 & 0 & 1 & 0 & 1 \\ 0 & 0 & 1 & 0 & 1 & 1 & 1 \\ 0 & 0 & 0 & 1 & 0 & 1 & 1 \end{bmatrix}。$$

(a) 证明这个矩阵产生(4，7)-汉明码。

(b) 如果可能的话，把接收到的字0001110，1110000和1001000解码。

(c) 这个编码能检测出多少个传输错误？

(d) 这个编码能纠正多少个传输错误？

62. (a) (57，63)-汉明码的生成矩阵的大小是多少？

(b) (57，63)-汉明码的校验矩阵的大小是多少？

63. 考虑一种编码，其中每个码字的长度是10，并且两个不同码字之间的最小汉明距离是4。求出这个编码的码字数目的上界。

64. 考虑一种编码，它能纠正两个或两个以下的传输错误，每个码字的长度是12。求出这个编码的码字数目的上界。

65. 证明：如果c和d是一个矩阵码的码字，那么$c+d$也是这个矩阵码的码字，其中的加法运算是这样进行的：对各位分别使用Z_2中的加法。

66. 一个屠夫要用天平称100磅以内的整数重量，他希望购买尽可能少的砝码。问他应当购买哪些砝码？

67. 如果a，b和c是整数，并且a整除$b+c$，那么a一定整除b或c吗？通过证明或反例来证实你的答案。

68. 如果a，b和c是整数，$\gcd(a, bc)=\gcd(a, b)\ \gcd(a, c)$成立吗？通过证明或反例来证实你的答案。

69. 证明：如果n是大于1的整数，则n^3+1不是素数。

70. 用数学归纳法证明：对于任意正整数n，$2^n+3^n \equiv 5^n \pmod 6$。

71. 用数学归纳法证明：对于任意正整数n，$16^n \equiv 1-10n \pmod{25}$。

72. 用数学归纳法证明：对于任意非负整数n，$3^{2n+1}+2(-1)^n \equiv 0 \pmod 5$。

73. 用数学归纳法证明：对于任意非负整数n，$7^{n+2}+8^{2n+1} \equiv 0 \pmod{57}$。

计算机题

编写具有指定输入和输出的计算机程序。

1. 给定整数x，y和m，$m \geqslant 2$，在Z_m中计算$[x]+[y]$和$[x][y]$，把答案写成$[r]$的形式，其中$0 \leqslant r < m$。

2. 给定两个不同时为0的整数m和n，求$\gcd(m, n)$。

3. 给定两个不同时为0的整数m和n，求出$\gcd(m, n)$以及整数x和y，使得$mx+ny=\gcd(m, n)$。

4. 给定正整数P，E和n，计算P^E除以n的余数。

5. 给定任意大于1的整数n，计算n的最小素约数。（提示：如果n是奇数，则用大于1的奇数除n，直到找到一个约数或应用定理3.5。）

6. 编写一个计算机程序，判断两个给定的矩阵A和B的和是否有定义。如果有定义，则打印出它们的和；否则，输出信息：和无定义。

7. 编写一个计算机程序，它判断两个给定的矩阵A和B的乘积是否有定义。如果有定义，则打印它们的出乘积；否则，输出信息：乘积无定义。

8. 给定一个码字集合，计算出两个不同码字之间的最小汉明距离。

9. 给定一个(k, n)-分组码的生成矩阵A，求出$\mathcal{W}_n$中的所有码字。

10. 给定一个(k, n)-分组码的$k \times n$阶生成矩阵，求出其关联校验矩阵。

11. 给定一个(k, n)-分组码的$k \times n$阶生成矩阵和一个接收到的$\mathcal{W}_n$中的字w，求出w的校正子。

推荐读物

1. Gallian, Joseph A., "Assigning Driver's License Numbers." *Mathematics Magazine*, vol. 64, no. 1 (February 1991): 13–22.
2. _______, "The Mathematics of Identification Numbers." *The College Mathematics Journal*, vol. 22, no. 3 (May 1991): 194–202.
3. Lehmer, D.H., "Computer Technology Applied to the Theory of Numbers," in *Studies in Number Theory*, MAA Studies in Mathematics, vol. 6, W.J. LeVeque, ed., Mathematical Association of America, 1969, 117–151.
4. Knuth, Donald E., *The Art of Computer Programming, vol. 2: Seminumerical Algorithms*, 3d ed., Reading, MA: Addison-Wesley, 1997.
5. Tuchinsky, Phillip M. "International Standard Book Numbers." *The UMAP Journal*, vol. 6, no. 1 (1985): 41–53.
6. Vanden Eynden, Charles. *Elementary Number Theory*, 2d ed. New York: McGraw–Hill, 2001.

第4章

Discrete Mathematics, Fifth Edition

图

图的研究历史已经很长了，而随着计算机技术日益广泛的应用，又引起了对图的新的关注。图不仅在计算机科学中得到应用，而且在诸如商业和科学等许多其他领域中也有应用。所以，图的研究对许多领域都很重要。

4.1 图及其表示

对象和对象之间的关系通常可以用一个图来表示，这个图由点和线段组成，线段将有关联的点连起来。下面研究几个有关这个思想的具体例子。

例4.1 考虑一张航线地图，图中用点表示城市，当两个城市间有直达航班时，就用一条线段将相应的两个点连起来。这种航线地图的一部分如图4.1所示。 ■

图 4.1

例4.2 假设有4台计算机，分别标记为A，B，C，D，在计算机A和B、C和D以及B和C之间有信息流。这种情形可用图4.2表示，通常称这种图为通信网络。 ■

图 4.2

例4.3 假设有一群人和一组工作，这群人中的某些人能够做这组工作中的某些工作。例如，有3个人A，B和C以及3件工作D，E和F，假设A只能做工作D，B能做工作D和E，C能做工作E和F。这种情形可以用图4.3表示，其中，在人和这个人能够做的工作之间画有线段。 ■

图 4.3

这三个例子的基本思想是：用图形来表示一组对象，其中的有些对象对是相互有关联的。下面将更详细地描述这种表示方法。

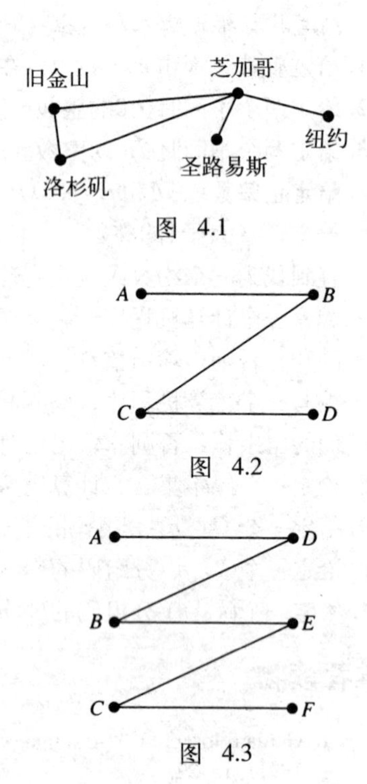

4.1.1 图的概念和表示

图（graph）由非空有限集合$\mathcal{V}$和集合$\mathcal{E}$组成，其中$\mathcal{E}$是$\mathcal{V}$的2-元素子集的集合。$\mathcal{V}$中的元素称为**顶点**（vertices），$\mathcal{E}$中的元素称为**边**（edges）。

图4.2表示一个有顶点A，B，C，D以及边$\{A, B\}$，$\{B, C\}$，$\{C, D\}$的图。可见，图可以用集合来描述，也可以用图形来表示，顶点之间的连线表示图中包含的$\mathcal{V}$的2-元素子集。图4.3表示一个有顶点A，B，C，D，E，F，以及边$\{A, D\}$，$\{B, D\}$，$\{B, E\}$，$\{C, E\}$，$\{C, F\}$的图。

这里要提醒读者注意，图论的术语在使用上不统一，在参考其他书时，应该检查一下定义，了解各个词语的用法。在本书对图的定义中，要求顶点集合是有限集。而有些书则没有这个限制，但我们认为有了这样的限制以后会比较方便。另外在本书对图的定义中，也不允许有从一个顶点到其自身的边，或相同的两个顶点之间有若干条不同的边。有些书允许这样的边，但本书不允许。

每当有边$e=\{U, V\}$时，就称边e**连接**（join）顶点U和V，U和V**相邻**（adjacent）。又称边e**关联**（incident）顶点U，顶点U**关联**边e。在图4.2中，顶点A和B相邻，而顶点A和C不相邻，因为它们之间没有线段（即集合$\{A, C\}$不是边）。类似地，在图4.3中，边$\{B, E\}$关联顶点B。

注意，如图4.2所示的图可以用不同的方式来画，但仍然表示同一个图。这个图的另一种画法如图4.4所示。

尽管某个图形可能比其他图形更容易理解，但画图的方式并不重要。在图形中，重要的是哪些顶点是由边连接起来的，因为这些边描述了顶点之间存在的关系。在图4.5中，重新画了图4.2所示的图，使边在不是顶点的位置上有相交，请不要误认为现在图中有了新的顶点。有时，这种方式的边相交在画图时是不可避免的，理解这种交叉不产生新的顶点很重要。一个图是否能这样画：边在除顶点以外的任何点上都不交叉，要确定这一点往往是非常困难的。

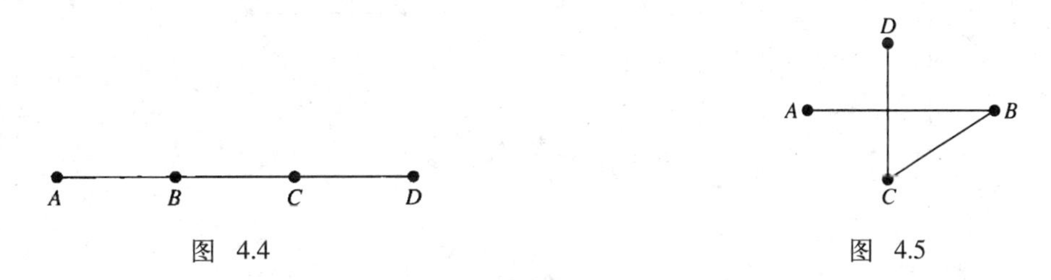

图 4.4 图 4.5

在一个图中，与顶点V关联的边的数目称为V的**度**（degree），记为$\deg(V)$。在图4.6中，$\deg(A)=1$，$\deg(B)=3$，$\deg(C)=0$。

经常遇到的一种特殊的图是有n个顶点的**完全图**（complete graph），其中，每个顶点都与其余各顶点相邻。这种图记为$\mathcal{K}_n$。图4.7展示了$\mathcal{K}_3$和$\mathcal{K}_4$。

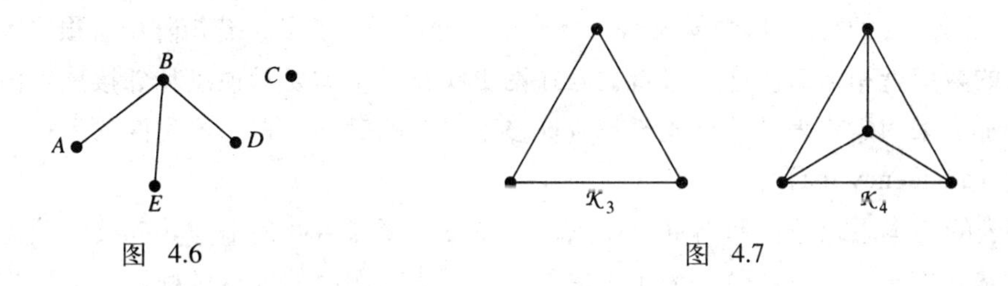

图 4.6 图 4.7

请注意，在图4.6和图4.7中，顶点的度数之和都等于边数的两倍。这个结论在一般情况下也是成立的。

定理4.1 *在任意图中，顶点的度数之和等于边数的两倍。*

证明 理解这个定理为什么是正确的关键是：要注意到每条边与两个顶点相关联。在计算顶点的度数之和的时候，每条边都在这个和中被计数两次。所以，度数之和是边数的两倍。请再看一下图4.5、图4.6和图4.7，领会边是如何被计数两次的。 ■

4.1.2 图的其他表示

分析图并在图上执行各种过程和算法是经常要用到的。当一个图有许多顶点和边时，也许必须用计算机来执行这些算法。所以，必须把图的顶点和边传输给计算机。有一种做法是用矩阵（将在附录B中讨论）来表示图，计算机处理矩阵很容易。

假设有一个图$\mathcal{G}$，$\mathcal{G}$中有n个顶点，标记为V_1，V_2，…，V_n。称这样的图为**带标记的图**（labeled graph）。为了用矩阵表示带标记的图$\mathcal{G}$，构造一个$n\times n$阶矩阵，若顶点V_i和V_j之间有边，则矩阵的（i，j）元素是1；若顶点V_i和V_j之间没有边，则矩阵的（i，j）元素是0。这种矩阵称为$\mathcal{G}$（关于该标记）的**邻接矩阵**（adjacency matrix），记作$A(\mathcal{G})$。

例4.4 如图4.8所示，有两个图和它们的邻接矩阵。对图4.8a，（1，2）元素是1，因为顶点V_1和V_2之间有一条边；而（3，4）元素是0，因为顶点V_3和V_4之间没有边。对图4.8b，我们看到（1，2）元素和（1，3）元素都是1，因为顶点V_1和V_2之间以及V_1和V_3之间都有边。■

注意，在$A(\mathcal{G}_1)$中，第一行中的元素之和是1，这是V_1的度；同样，第二行中的元素之和是V_2的度。这显示了一个更为普遍的结论。

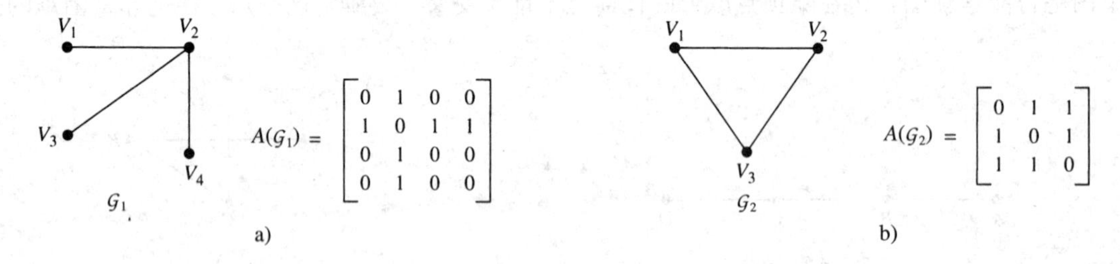

图 4.8

定理4.2 *图的邻接矩阵的第i行元素之和是图中顶点V_i的度。*

证明 回忆一下：第i行中的每个1对应于顶点V_i上的一条边。所以，第i行中1的数目就是V_i上边的数目，即V_i的度。■

矩阵并不是在计算机中表示图的唯一方法。尽管邻接矩阵很容易构造，但是，对于一个含n个顶点的图，这种表示形式需要$n\cdot n=n^2$个存储单元。所以，若矩阵中有很多零，则这种表示方式的效率就相当低。这意味着，若在图上执行一个需要对顶点和邻接顶点做多次搜索的算法，那么采用矩阵表示就可能要花费许多不必要的时间。表示这类图的一种更好的方式是**邻接表**（adjacency list）。

邻接表的基本思想是：列出每个顶点，并在每个顶点后面列出与其邻接的顶点。这就给出了图的基本信息：顶点和边。为了构造邻接表，先对图中的顶点做标记，然后将所有顶点排成一列，再在每个顶点后面写上与其邻接的顶点。由此可以看出，邻接矩阵一行中的1指出了哪些顶点要列在邻接表的相应行中。

例4.5 图4.9所示的图有6个带标记的顶点，将它们列成一列，如图4.9b所示。在顶点V_1旁边，列出它的邻接顶点V_2和V_3。接着处理下一个顶点V_2，列出它的邻接顶点V_1和V_4。继续这个处理过程，直到得到图4.9b中的邻接表。■

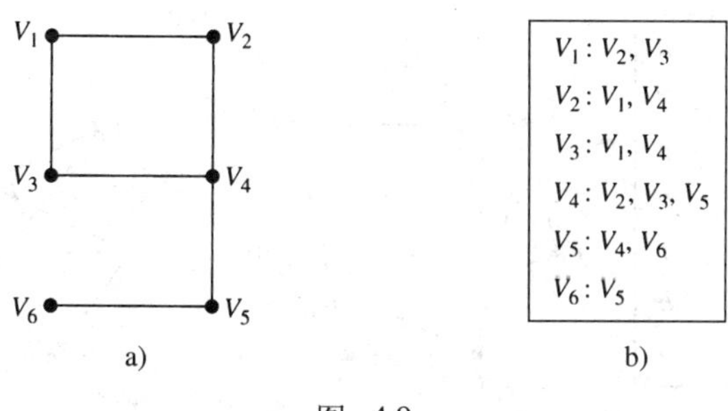

图 4.9

4.1.3 同构

1953年，CIA（美国中央情报局）设法拍到了一份KGB（克格勃）的文件，文件列出了KGB在某个第三世界国家的大城市中的特工，并说明了他们过去的行动、职责和他们之间的联络。可是所列出的特工是用D到L的代码表示的。文件显示，特工D的联络人是F和L；E的联络人是J和K；F的联络人是D、J和L；G的联络人是I和L；H的联络人是I和J；I的联络人是G、H和K；J的联络人是E、F和H；K的联络人是E和I；L的联络人是D、F和G。在有联系的两个特工之间画一条边，得到如图4.10所示的图$\mathcal{A}$。但是，不知道特工的身份，文件中的信息几乎没有什么用处。

该城市的CIA机关调查后，发现可疑的特工是：Telyanin, Rostov，Lavrushka，Kuragin，Ippolit，Willarski，Dolokhov，Balashev和Kutuzov。通过检查他们之间以前的接触记录，把已知曾经有过接触的两个人用一条边连接起来，CIA构造出如图4.11所示的联络图$\mathcal{C}$。

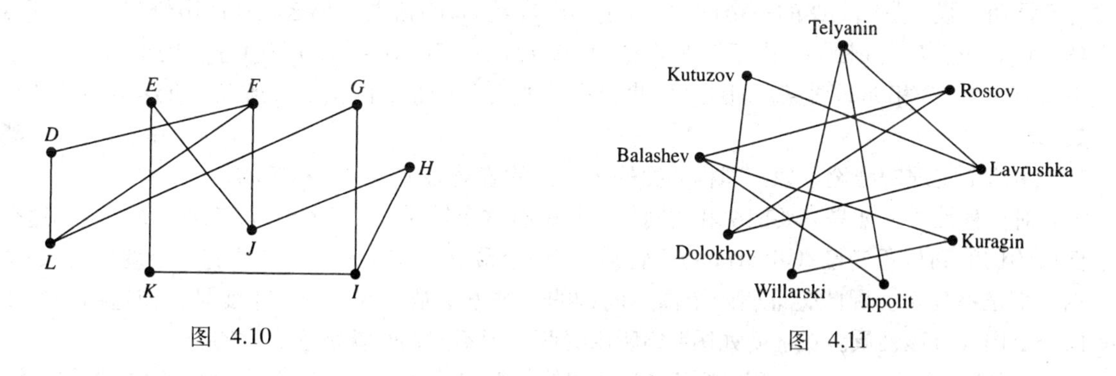

图 4.10　　图 4.11

如果这9个人就是KGB文件中描述的特工，则一定可以将D到L的代码与图4.11中的人名相匹配，使$\mathcal{A}$中的边恰好与$\mathcal{C}$中的边相对应。一般地，如果图$\mathcal{G}_1$中的顶点和$\mathcal{G}_2$中的顶点之间存在一个一一对应f，使得$\mathcal{G}_1$中的顶点U和W是相邻的当且仅当顶点$f(U)$和$f(W)$在$\mathcal{G}_2$中也是相邻的，那么称图$\mathcal{G}_1$**同构于**（isomorphic）图$\mathcal{G}_2$，函数f称为$\mathcal{G}_1$与$\mathcal{G}_2$的一个**同构**（isomorphism）。因为在任何一个图的集合中，关系“同构于”是对称关系（见习题38），所以，通常仅称图$\mathcal{G}_1$与$\mathcal{G}_2$**是同构的**。除符号外，同构的图具有相同的顶点和相同的相邻顶点对，从这个意义上看，同构的图本质上是相同的。

观察如图4.12所示的两个图，采用图中指出的对应关系，可以看出它们是同构的。然而，如图4.10所示的图与如图4.12所示的图不同构，因为它们的顶点数不同。在图4.13中，$\mathcal{G}_1$中的顶点C与顶点A，B，D，E相邻。所以，在$\mathcal{G}_1$和$\mathcal{G}_2$的任何一个同构下，C的像也要有4个相邻的顶点。由于$\mathcal{G}_2$中没有度数为4的顶点，所以$\mathcal{G}_1$与$\mathcal{G}_2$不同构。

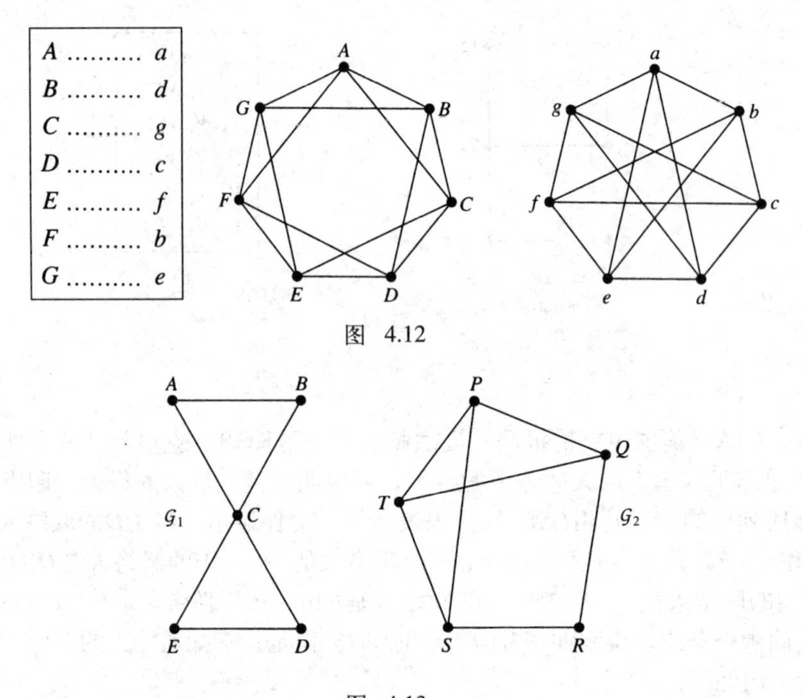

图 4.12

图 4.13

最后的这个观察结果说明了下面的定理。

定理4.3 设f是图$\mathcal{G}_1$与$\mathcal{G}_2$的同构。对$\mathcal{G}_1$中的任何一个顶点V，V和$f(V)$的度数相等。

证明 设f是$\mathcal{G}_1$与$\mathcal{G}_2$的一个同构，V是$\mathcal{G}_1$中度数为k的顶点。那么，在$\mathcal{G}_1$中恰好有k个顶点U_1，U_2，…，U_k与V相邻。由于f是同构，所以$f(U_1)$，$f(U_2)$，…，$f(U_k)$与$f(V)$相邻。由于$\mathcal{G}_1$中没有其他与V相邻的顶点，因此$\mathcal{G}_2$中也没有其他与$f(V)$相邻的顶点。所以，在$\mathcal{G}_2$中$f(V)$的度数为k。 ■

由这个定理的结论可知：同构的图的各顶点的度数必定是严格相等的。

对一种性质，如果只要图$\mathcal{G}_1$和$\mathcal{G}_2$同构，且$\mathcal{G}_1$有这个性质，那么$\mathcal{G}_2$就也有该性质，则称这个性质为图的同构**不变量**（invariant）。性质“有n个顶点”“有e条边”和“有一个度数为k的顶点”都是不变量。因此，证明两个图不同构的一种方法是：找出一个不变量，使这两个图中仅一个图具有该性质。在证明如图4.13所示的两个图不同构时就是这么做的。

回到图4.10和图4.11，通过观察这两个图的相似之处，下面将显式地构造出$\mathcal{A}$与$\mathcal{C}$的同构。注意，在$\mathcal{A}$中，顶点L、D和F构成唯一的一个“三角形”，即唯一的一个三个顶点两两相邻的集合。因此，要得到同构，这些顶点必须以某个次序与Kutuzov、Lavrushka和Dolokhov相对应，因为它们在$\mathcal{C}$中构成了唯一的一个相似集合。事实上，由于这六个顶点中只有D和Kutuzov的度数为2，所以必须使$f(D)$ = Kutuzov。此外，由于对L和F，只有L和另一个度数为2的顶点（即G）相邻，而对Lavrushka和Dolokhov，只有Dolokhov连接另一个度数为2的顶点（即Rostov），所以必须使$f(L)$ = Dolokhov，$f(F)$ = Lavrushka，$f(G)$ = Rostov。

继续使用这种方法，可以发现：为了使f是一个同构，必须使$f(J)$ = Telyanin，$f(I)$ = Balashev，$f(H)$ = Ippolit，$f(K)$ = Kuragin，$f(E)$ = Willarski。很容易验证f确实是一个同构。

注意，如果从$\mathcal{A}$到$\mathcal{C}$有多个同构，则不可能完全识别出特工的身份。例如，考虑如图4.14所示的特工图$\mathcal{R}$和联络图$\mathcal{S}$。

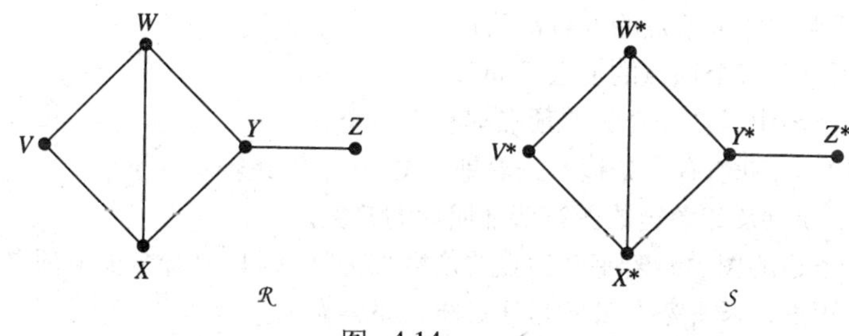

图 4.14

请注意，除了将V，W，X，Y，Z分别映射到V^*，W^*，X^*，Y^*，Z^*的明显的同构外，还有一个同构，这个同构除了将W映射到X^*、将X映射到W^*之外，其他的映射与前面的同构一样。因此，在这种情况下，不可能推断出特工W的身份是W^*还是X^*。

习题4.1

在习题1～4中，列出各个图的边集和顶点集。

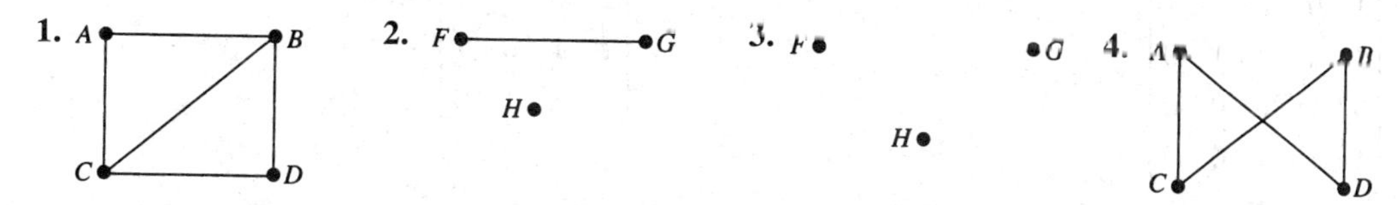

在习题5～8中，画出表示图的图形，其中的图具有顶点集$\mathcal{V}$和边集$\mathcal{E}$。

5. $\mathcal{V}=\{A, B, C, D\}$, $\mathcal{E}=\{\{B, C\}, \{C, A\}, \{B, D\}\}$

6. $\mathcal{V}=\{X, Y, Z, W\}$, $\mathcal{E}=\{\{X, Y\}, \{X, Z\}, \{Y, Z\}, \{Y, W\}\}$

7. $\mathcal{V}=\{G, H, J\}$, $\mathcal{E}=\varnothing$

8. $\mathcal{V}=\{A, X, B, Y\}$, $\mathcal{E}=\{\{A, X\}, \{X, B\}, \{B, Y\}, \{Y, A\}\}$

在习题9～14中，确定哪些是图。

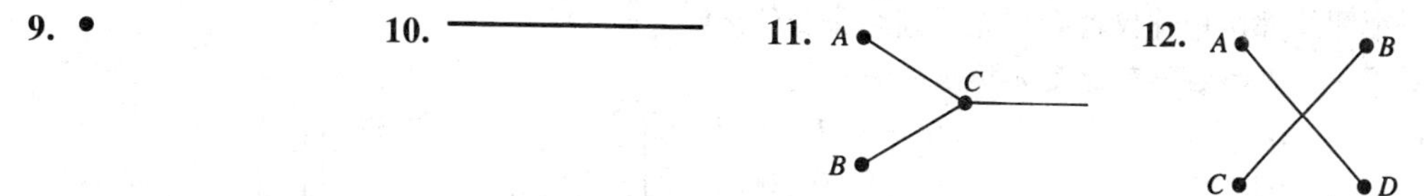

13. $\mathcal{V}=\{A, B, C, D\}$, $\mathcal{E}=\{\{A, B\}, \{A, A\}\}$

14. $\mathcal{V}=\{A, B\}$, $\mathcal{E}=\{\{A, B\}, \{B, C\}\}$

15. 构造一个图，其中的顶点是你、你的父母、你的祖父母，关系是“性别相同”。

16. 构造一个图，其中的顶点是你、你的父母、你的祖父母，关系是“出生在同一个国家”。

17. 有6个学生，他们是：Alice，Bob，Carol，Dean，Santos和Tom，其中，Alice和Carol一直不和，Dean和Carol也不和，Santos、Tom和Alice也是这样。画一个图表示这种情形。

18. 画出一个图，其顶点集合为$\mathcal{V}=\{1，2，\cdots，10\}$，边集为

$$\mathcal{E}=\{\{x, y\}: x, y\in \mathcal{V}, x\neq y, x\text{整除}y\text{或}y\text{整除}x\}。$$

在习题19和20中，列出与顶点A和B邻接的顶点，并给出A和B的度数。

21. 画出两个图，其中

(a) 有4个顶点，每个顶点的度数都为1。

(b) 有4个顶点，每个顶点的度数都为2。

22. 证明：在任何图中，度为奇数的顶点都有偶数个。

23. $\mathcal{K}_3$有几条边？$\mathcal{K}_4$和$\mathcal{K}_5$有几条边？一般地，$\mathcal{K}_n$中有多少条边？

24. 有没有含8个顶点及29条边的图？请证明你的答案。

25. 在一个有10条边的图中，若每个顶点的度数都为2，则其中有多少个顶点？

在习题26～29中，求出每个图的邻接矩阵和邻接表。

26. $\mathcal{K}_4$ 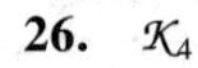

27.

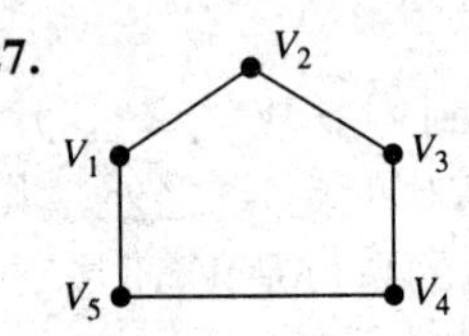

28. 顶点 V_1, V_2, V_3, V_4（图）

29. 顶点 V_1, V_2, V_3（图）

在习题30和31中，从各个邻接矩阵构造出图，并将顶点标记为V_1，V_2，V_3，…。

30.
$$\begin{bmatrix} 0 & 1 & 1 & 0 & 1 \\ 1 & 0 & 1 & 1 & 1 \\ 1 & 1 & 0 & 1 & 0 \\ 0 & 1 & 1 & 0 & 0 \\ 1 & 1 & 0 & 0 & 0 \end{bmatrix}$$

31.
$$\begin{bmatrix} 0 & 1 & 1 & 1 \\ 1 & 0 & 1 & 1 \\ 1 & 1 & 0 & 1 \\ 1 & 1 & 1 & 0 \end{bmatrix}$$

在习题32和33中，从各个邻接表构造出图。

32.
$V_1 : V_2$，V_4，V_5
$V_2 : V_1$，V_3
$V_3 : V_2$，V_5
$V_4 : V_1$
$V_5 : V_1$，V_3

33.
$V_1 : V_2$，V_3
$V_2 : V_1$，V_4
$V_3 : V_1$，V_4
$V_4 : V_2$，V_3

34. 若一个图的邻接矩阵仅含有零元，则意味着什么？

习题35～37中的矩阵可能是邻接矩阵吗？

35.
$$\begin{bmatrix} 0 & 1 & 1 & 0 \\ 1 & 0 & 1 & 0 \\ 1 & 1 & 0 & 1 \\ 0 & 0 & 1 & 0 \end{bmatrix}$$

36.
$$\begin{bmatrix} 0 & 1 & 0 & 1 & 0 \\ 1 & 0 & 0 & 1 & 1 \\ 0 & 0 & 0 & 0 & 1 \\ 1 & 1 & 0 & 0 & 0 \\ 0 & 0 & 0 & 0 & 0 \end{bmatrix}$$

37.
$$\begin{bmatrix} 1 & 1 & 1 \\ 1 & 1 & 1 \\ 1 & 1 & 1 \end{bmatrix}$$

38. 证明：在任何图的集合上，关系“同构于”是等价关系。

39. 顶点数相同的两个图总是同构的吗？请证明你的答案。

40. 边数相同的两个图总是同构的吗？请证明你的答案。

41. 若对每个非负整数k，两个图都含有相同个数的度数为k的顶点，则这两个图总是同构的吗？请证明你的答案。

42. (a)、(b) 和 (c) 中的三对图同构吗？请证明你的答案。

(a)

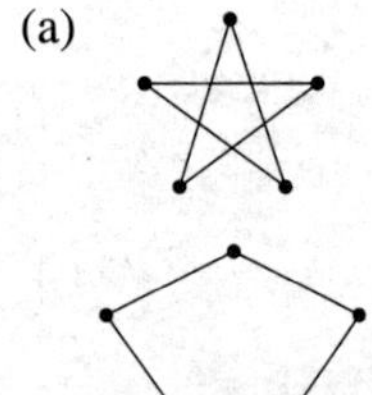

(b)

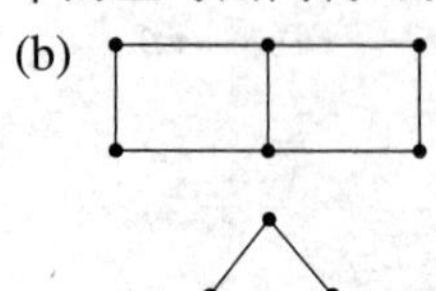

(c)

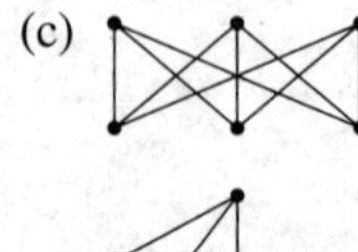

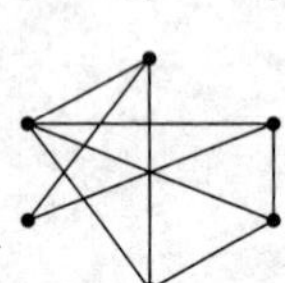

43. (a)、(b)和(c)中的三对图同构吗？请证明你的答案。

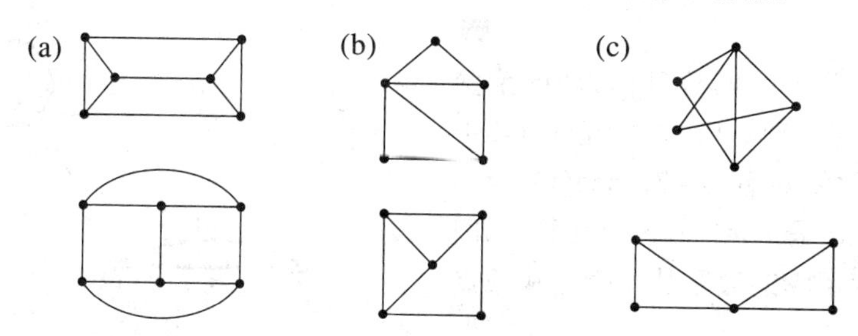

44. 画出所有含有3个顶点的非同构的图。

45. 画出所有含有4个顶点的非同构的图。

46. 画出所有含有5个顶点且其顶点的度数分别是1，2，2，2和3的非同构的图。

47. 画出所有含有6个顶点且其顶点的度数分别是1，1，1，2，2和3的非同构的图。

48. 考虑一个图，其顶点是各个闭区间$[m, n]$，其中，m和n是1～4之间（包括1和4）的不同的整数，且$m<n$。若两个不同的顶点所对应的区间至少含有一个公共点，则使这两个顶点相邻。请画出这个图。

49. 假设一个图有n个顶点，每个顶点的度数至少是1。问它的边数最小是多少？请证明你的答案。

50. 假设一个图有n个顶点，每个顶点的度数至少是2。问这个图的边数最小是多少？请证明你的答案。

51. 假设一个图有m条边，$m\geqslant 2$。问它的顶点的数目最小是多少？请证明你的答案。

***52.** 对$n>3$，设$\mathcal{V}=\{1, 2, \cdots, n\}$，且

$$\mathcal{E}=\{\{x, y\}: x, y\in\mathcal{V}, x\neq y, x\text{整除}y\text{或}y\text{整除}x\}。$$

问图中哪些顶点的度数为1？

***53.** 某天晚上Lewis先生和太太参加了一个桥牌聚会，参加的人中还有另外三对夫妇，他们之间进行了多次握手。假设没有人自己与自己握手，没有夫妻之间的握手，且两个人握手不超过一次。当其他人告诉Lewis先生，他或她握了多少次手时，答案都不相同。请问Lewis先生和太太分别握了几次手？

***54.** 证明：如果一个图至少有两个顶点，那么其中一定有两个不同的顶点，它们的度数相同。

4.2 通路和回路

4.2.1 多重图、通路和回路

我们已经看到，图可以用来描述各种情形。在许多情况下，我们想要知道沿着边是否能够从一个顶点到达另一个顶点。而有时可能需要找出一条经过所有顶点或经过所有边的线路。尽管许多情形都可以用已经定义的图来描述，但还有一些其他情形可能要求图中允许从一个顶点到它自身有边或顶点之间有多条边。例如，当描述一个公路系统时，相同两个镇之间可以有两条公路，一条州际高速公路和一条比较陈旧的两车道公路。甚至还可以有一条起点和终点都在同一个镇的景观线路。为了描述这些情形，需要扩展图的概念。**多重图**（multigraph）由有限的非空顶点集和边集组成，其中，允许一条边连接一个顶点到其自身或其他不同的顶点，也允许几条边连接同一对顶点。从一个顶点到它自身的边称为**环**（loop）。两个顶点之间的边超过一条时，这些边称为**平行边**（parallel edge）。需要注意的是：图是多重图的特例。所以，关于多重图的所有定义也可以应用于图。

例4.6 如图4.15所示的图形表示的是一个多重图，但不是一个图，因为顶点Y和Z之间有平行边k与m，顶点X上有环h。■

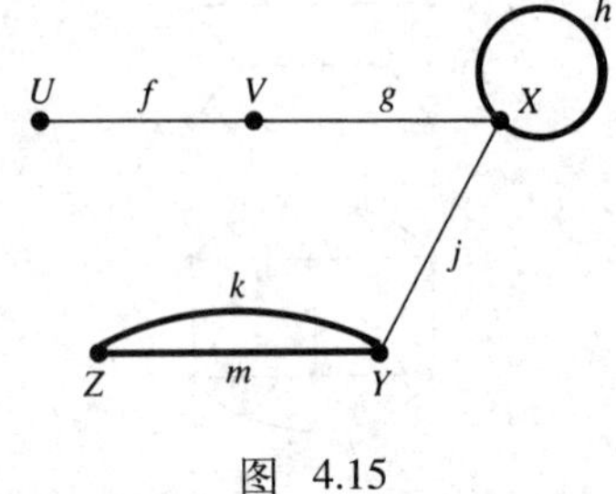

图 4.15

在多重图中，与顶点V关联的边的数目称为V的**度数**（degree），表示为deg(V)。注意，顶点V上的环在deg(V)中被计数两次。所以，在图4.15中，deg(Y)=3，deg(X)=4。

假设G是一个多重图，U和V是顶点（U和V可以是相同的顶点）。一条***U*-*V*通路**或**从*U*到*V*的通路**是一个边和顶点的交替序列：

$$V_1, e_1, V_2, e_2, V_3, \cdots, V_n, e_n, V_{n+1},$$

其中，第一个顶点V_1是U，最后一个顶点V_{n+1}是V，边e_i连接V_i和V_{i+1}，$i=1, 2, \cdots, n$。这条通路的**长度**（length）是n，即序列中边的数目。注意，U是一条到其自身的、长度为0的通路。

在通路中，顶点可以是相同的，有些边也可以是相同的边。当不发生混淆时，一条通路可以只用顶点V_1，V_2，…，V_{n+1}表示，或只用边e_1，e_2，…，e_n表示。注意，在图中，对通路只要列出顶点的序列或边的序列就足够了。

例4.7 在图4.15中，U，f，V，g，X是一条长度为2，从U到X的通路。这条通路也可以写成f，g。同样f，g，h是一条长度为3，从U到X的通路。U，f，V，f，U是一条长度为2，从U到U的通路。注意，通路Z，m，Y不能只通过列出顶点Z和Y来描述，因为它没有指明顶点Z和Y之间的哪条边（k或m）是这条通路的一部分。■

一条通路描述从一个顶点如何沿着边到达另一个顶点。其中，U-V通路不一定是便捷的路线，即通路中的顶点和边可以重复。但是，***U*-*V*简单通路**（simple path）则是其中没有重复的顶点的U到V的通路，因而也没有重复的边。

由简单通路的定义可知，不存在从一个顶点到它本身的、长度等于或大于1的简单通路。此外，在简单通路中，不存在环和相互平行的边。从某种意义上说，简单通路是顶点之间的便捷的路线，但通路则允许前后徘徊、顶点和边重复。

例4.8 对如图4.16所示的多重图，边a，c，d，j组成从U到Z的简单通路，而a，c，m，d，j是从U到Z的通路，但不是简单通路，因为顶点W重复出现。类似地，e，i是从X到Z的简单通路，而f，i，j是从X到Z的通路，但不是简单通路。注意，c，p，f，i，e，n是从V到U的通路，但不是简单的，而删去f，i，e就产生了一条从V到U的简单通路c，p，n。这说明了定理4.4。■

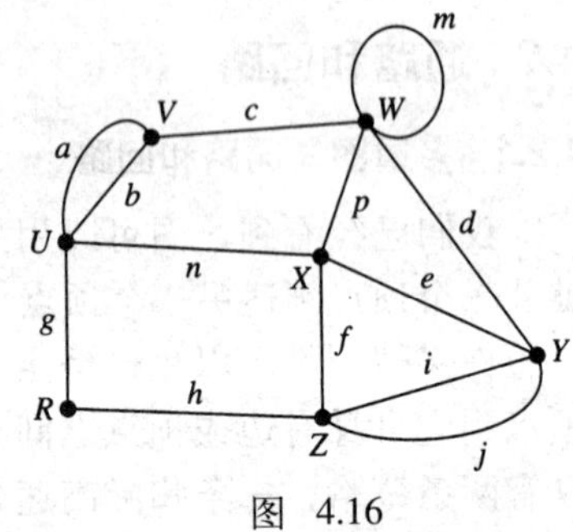

图 4.16

定理4.4 *每条U-V通路都包含一条U-V简单通路。*

证明 假设$U=V_1$，e_1，V_2，…，e_n，$V_{n+1}=V$是一条U-V通路。在$U=V$的特殊情况下，可以选择U-V简单通路恰好就是顶点U。所以假设$U \neq V$。如果最初所有的顶点V_1，V_2，…，V_{n+1}都是不同的，则该通路已经是一条U-V简单通路。所以接着假设至少有两个顶点相同，即$V_i=V_j$，$i<j$。如图4.17所示，它说明了构造从U到V的简单通路⊖。

从原通路中删去e_i，V_{i+1}，…，e_{j-1}，V_j。被删去的是顶点V_i和边e_j之间的部分。剩下的还

⊖ 原文误为“从V_i到V_j的简单通路”，译文纠正为“从U到V的简单通路”。——译者注

是一条从U到V的通路。如果经过这次删除后只剩下互不相同的顶点，则结束。如果剩余的顶点中还有相同的，则如同前面那样删除顶点和边。因为顶点数有限，所以这个过程最终会结束并得到一条从U到V的U-V简单通路。■

若多重图的每对顶点之间都有通路，则称该图是**连通的**（connected）。在一个连通多重图中，从任何一个顶点出发都可以沿某条由边组成的路线到达另一个顶点。

例4.9　如图4.16所示的多重图是连通的，因为在任意两个顶点之间都可以找到一条通路。但是，如图4.18所示的图不是连通的，因为顶点U和W之间没有通路。■

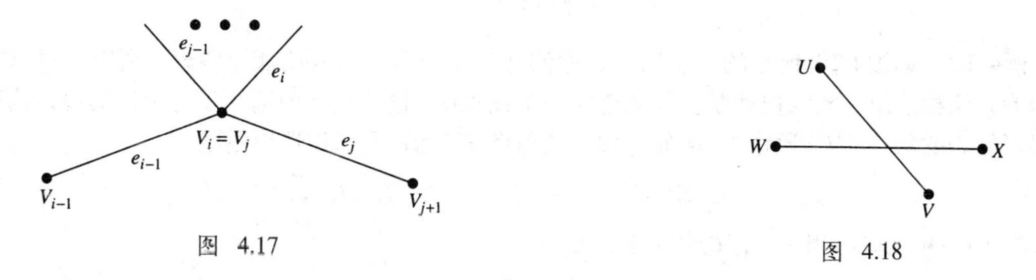

图　4.17　　　　　图　4.18

一条**回路**（cycle）是指一条通路V_1，e_1，V_2，e_2，…，V_n，e_n，V_{n+1}，其中，$n>0$，$V_1=V_{n+1}$，且所有的顶点V_1，V_2，…，V_n和所有的边e_1，e_2，…，e_n都互不相同。所以，在长度等于或大于3的回路中不可能有环或平行边。

例4.10　对于如图4.16所示的多重图，边a，c，p，n构成一个回路。同样，边g，b，c，p，f，h也构成一个回路。而边f，p，d，e，n，g，h不构成回路，因为顶点X出现了两次。■

4.2.2　欧拉回路和欧拉通路

在测试一个通信网络时，常常需要检查系统中的每个链接（边）。为了使这种测试的代价最小，比较理想的做法是设计一条每条边恰好经过一次的路线。类似地，在设计一条拾取垃圾的路线时（沿着街道走一遍，在街道两边捡垃圾），希望每条街恰好经过一次。即使用多重图建模时（路口为顶点，街道为边），希望找出一条每条边恰好经过一次的通路。

由于数学家欧拉（Leonhard Euler）是已知的第一个考虑这个概念的人，因此在多重图$\mathcal{G}$中，包含$\mathcal{G}$中所有的边恰好一次，并且第一个顶点和最后一个顶点不相同的通路称为**欧拉通路**（Euler path）；而包含$\mathcal{G}$中所有的边恰好一次，并且起始顶点和终止顶点相同的通路称为**欧拉回路**（Euler circuit）。

例4.11　对于如图4.19a所示的图，通路a，b，c，d是欧拉回路，这是因为所有的边都包括在其中了，且每条边恰好只经过一次。但是，如图4.19b所示的图既没有欧拉通路，也没有欧拉回路，这是由于为了把图中的三条边都包括进去，将不得不从原路返回，使用一条边两次。对于如图4.19c所示的图，有一条欧拉通路a，b，c，d，e，f，但没有欧拉回路。■

当沿着欧拉回路前进时，每次沿着某条边到达一个顶点时，必有另一条边引导离开这个顶点。这就意味每个顶点的度数必为偶数。而我们很快将看到，逆命题也是正确的：只要一个多重图是连通的，且每个顶点的度数都为偶数，那么该图就有欧拉回路。下一个例子将说明，在这种情况下如何构造出一条欧拉回路。

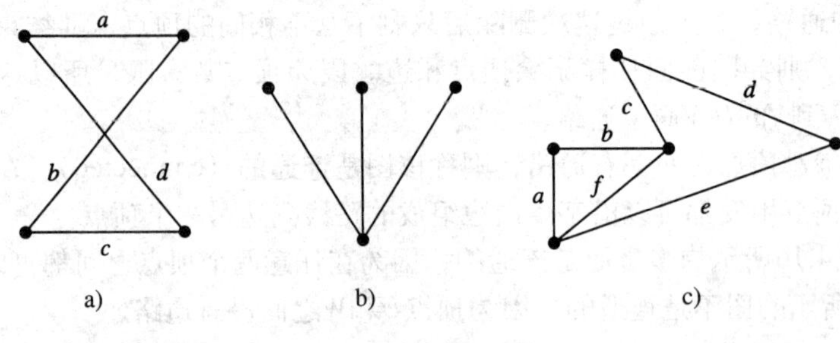

图 4.19

例4.12 如图4.20a所示的多重图是连通的，且每个顶点的度数都为偶数。所以，可以按下面的方法构造出一条欧拉回路。任意选择一个顶点U，接着随意地选择没有用过的边，构造出尽可能长的从U到U的通路C。例如，如果从顶点G开始，可以构造出通路

$$C: G, h, E, d, C, e, F, g, E, j, H, k, G。$$

图4.20b中用粗线段标出了通路C中的边。

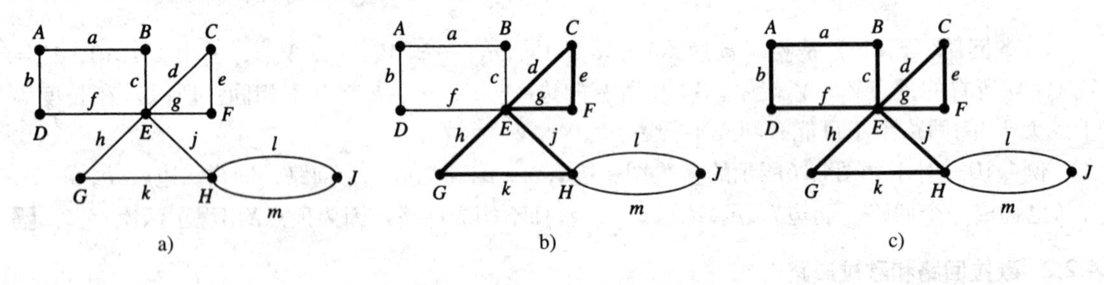

图 4.20

注意，这样的通路一定可以回到起始顶点，因为每个顶点的度数都为偶数，且顶点数有限。此外，每条与起始顶点关联的边一定包含在这个通路中。在这种情况下，如果通路C不是欧拉回路，那么一定存在不属于C的边。另外，由于多重图是连通的，一定存在C中的顶点与C以外的边关联。在本例中，C中的顶点E和H与C以外的边关联。从中任意选择一个顶点，如E，按构造C的方法构造出一条从E到E的通路$\mathcal{P}$。$\mathcal{P}$的一种可能如下：

$$\mathcal{P}: E, c, B, a, A, b, D, f, E。$$

现在扩展C，把通路$\mathcal{P}$包括进去，用$\mathcal{P}$替换C中出现的两个E的任意一个。例如，如果用$\mathcal{P}$替换C中出现的第一个E，则可以得到：

$$C': G, h, E, c, B, a, A, b, D, f, E, d, C, e, F, g, E, j, H, k, G。$$

扩展的通路C'中的边如图4.20c中的粗线段所示。注意，尽管C'比C大，但它还不是欧拉回路。现在，重复上述过程。构造出C'后，H是唯一属于C'且和C'以外的边相关联的顶点。可以构造出从H到H的通路$\mathcal{P}'$，比如说$\mathcal{P}'$: H, m, J, l, H。按上述方法扩展C'，使它包含通路$\mathcal{P}'$，就得到欧拉回路

$$G, h, E, c, B, a, A, b, D, f, E, d, C, e, F, g,$$
$$E, j, H, m, J, l, H, k, G。$$ ■

在每个顶点的度数都为偶数的连通多重图中，例4.12所演示的过程总能生成一条欧拉回

路。下面给出这个过程的算法描述。

欧拉回路算法

本算法为顶点的度数都是偶数的连通多重图$\mathcal{G}$构造一条欧拉回路。

步骤1（起始通路）

(a) 令$\mathcal{E}$是$\mathcal{G}$的边集

(b) 选择一个顶点U，令通路$\mathcal{C}$仅由U组成

步骤2（扩充通路）

while $\mathcal{E}$非空

步骤2.1（为扩充选择一个起始点）

(a) 令V是$\mathcal{C}$中的顶点，它与$\mathcal{E}$中的某条边关联

(b) 令通路$\mathcal{P}$恰好包含V

步骤2.2（扩充$\mathcal{P}$，使它成为一条从V到V的通路）

(a) 令$W=V$

(b) **while** $\mathcal{E}$中有邻接W的边e

(a) 从$\mathcal{E}$中删去e

(b) 用邻接e的另一个顶点替换W

(c) 将边e和顶点W添加到通路$\mathcal{P}$

endwhile

步骤2.3（扩充$\mathcal{C}$）

用通路$\mathcal{P}$替换$\mathcal{C}$中出现的任意的某一个V

endwhile

步骤3（输出）

通路$\mathcal{C}$是一条欧拉回路

下面的定理给出了连通多重图有欧拉回路或欧拉通路的充分必要条件，并证明了欧拉回路算法。

定理4.5 假设多重图$\mathcal{G}$是连通的。$\mathcal{G}$有欧拉回路当且仅当每个顶点的度都是偶数。此外，$\mathcal{G}$有欧拉通路当且仅当除两个不同顶点的度是奇数外，其余各顶点的度都是偶数。在这种情况下，欧拉通路从其中的一个奇数度的顶点开始，到另一个奇数度的顶点终止。

证明 这里仅对$\mathcal{G}$不包含环的情况给出证明。简单地修改一下下面的论证，就可以对$\mathcal{G}$包含环的情况证明这个结论。

假设多重图$\mathcal{G}$有一条欧拉回路。每当这个欧拉回路经过一个顶点时，它沿着一条边进入，再沿着另一条边离开。由于在欧拉回路中每条边都被用到了，所以经过一个顶点的各条边可以配成对，其中的一条“入”，另一条“出”，从而每个顶点的度都是偶数。

反之，假设每个顶点的度都是偶数。欧拉回路算法构造了一条从顶点V开始的通路，这条通路必定回到顶点V。这是因为，当沿着一条边进入一个不同于V的顶点时，由于该顶点的度数为偶数，因而一定有另一条边离开这个顶点。所以，欧拉回路算法构造出一条V-V通路，算法从与这条通路上的顶点相关联的而没有用过的边开始不断推进。由于多重图是连通的，因而从任意一条没有用过的边到已经建立的通路总存在一条通路，所以最终每条边都会被包括进来，从而形成一条欧拉回路。

如果在两个不同的顶点U和V之间存在一条欧拉通路，那么显然，U和V的度数一定是奇数，而其他所有顶点的度数都是偶数。反之，在一个连通多重图中，如果只有U和V的度是奇数，就可以在U和V之间加一条边e。这个新的多重图的所有顶点的度数都是偶数，所以存在欧拉回路，这在前面已经证明。删去e就产生一条U和V之间的欧拉通路。 ■

从定理4.5的证明的最后一段可以看到：在恰好只有两个顶点度数是奇数的连通多重图中，可以用欧拉回路算法找到一条欧拉通路。方法是在这两个顶点之间加一条边，组成一个新的多重图，对新的多重图应用该算法。

例4.13 对于如图4.21a所示的多重图，在两个度数为奇数的顶点U和V之间加一条边e，得到如图4.21b所示的多重图，对它使用欧拉回路算法可以找到一条欧拉回路，如e，a，d，c，b。将边e从回路中删去，就得到如图4.21a所示的多重图的通路a，d，c，b，它是U和V之间的欧拉通路。 ■

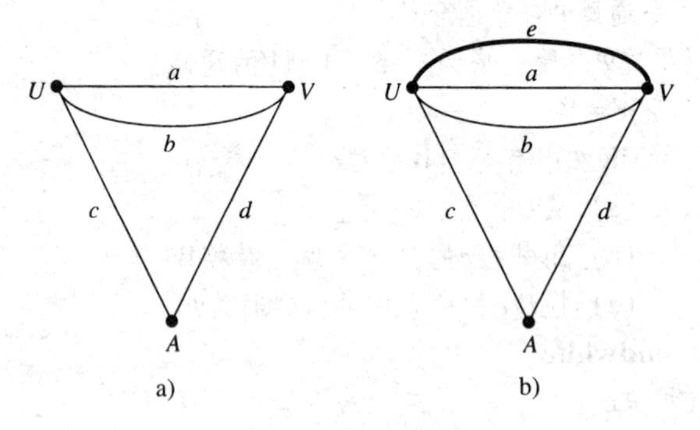

图 4.21

在分析欧拉回路算法的复杂性时，我们把挑选一条边看作一个基本操作。由于e条边中的每条都被使用一次，所以这个算法是至多e阶的。对于一个有n个顶点的图，因为不同的顶点对的数目是 $C(n,\ 2)=\frac{1}{2}n(n-1)$（见定理2.10），所以，

$$e \leqslant \frac{1}{2}n(n-1)=\frac{1}{2}(n^2-n)\text{。}$$

所以，对一个有n个顶点的图，欧拉回路算法是至多n^2阶的。

4.2.3 哈密顿回路和哈密顿通路

例4.1用图描述了一个直达航班系统。假设一个推销员要访问这个图中的每个城市。在这种情况下，如果每个城市恰好访问一次的话可以节约钱和时间。一个高效的日程安排需要这样一条通路：它出发和终止于同一个顶点，并且每个顶点用到一次且仅一次。

在本节的第一部分，考虑了经过每条边一次且仅一次的通路，现在我们希望寻找一条经过多重图每个顶点一次且仅一次的回路。由于要避免顶点的重复，所以不用考虑环和平行边。因此，可以假设处理的是图⊖。在图中，**哈密顿通路**（Hamiltonian path）是包含每个顶点一次且仅一次的通路，**哈密顿回路**（Hamiltonian cycle）是包含每个顶点的回路。这些都是以哈密顿（William Rowan Hamilton）爵士的名字命名的，他设计了一个智力游戏，其解答要求构造这种回路。

⊖ 图为本书定义的，即不允许出现环和平行边。——译者注

例4.14 假设图4.22描述了一个航线系统，其中，顶点表示城镇，边表示航线。顶点U是某推销员的总部，推销员必须定期访问其余的所有城市。为了节省开支，推销员希望找到一条从U出发，到U结束，访问其余每个顶点一次且仅一次的通路。通过观察可以发现，边a，b，d，g，f，e构成一个哈密顿回路。

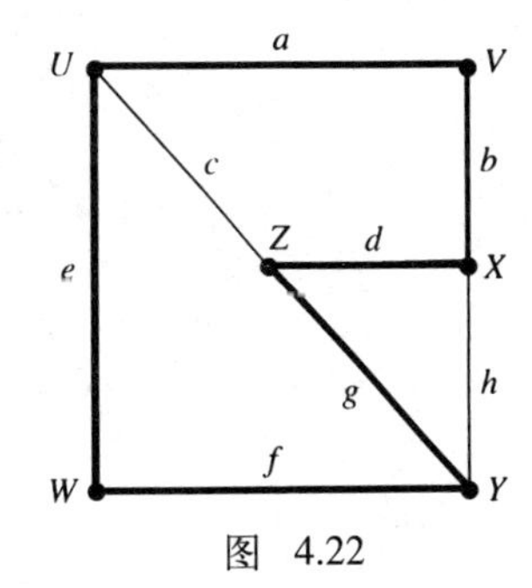

图 4.22

如图4.1所示的图没有哈密顿回路。到达纽约或圣路易斯的路线都只有一条，都是从芝加哥出发的，一旦到了纽约或圣路易斯后，离开的唯一路线是回到芝加哥。 ■

确定是否存在欧拉回路或欧拉通路有一个相对简单的准则，所必须做的就是检查每个顶点的度数。而且还有一个简单的算法可以用来构造欧拉回路或通路。遗憾的是，对哈密顿回路和通路这种情况不成立，确定一个图存在哈密顿回路或通路的充分必要条件是尚未解决的一个重要问题。通常，寻找图的哈密顿回路是非常困难的，但是，有一些定理可以保证图中哈密顿回路的存在性。下面将给出这种定理的一个例子。

定理4.6 *假设$\mathcal{G}$是一个有n个顶点的图，$n>2$。如果对每对不相邻的顶点U和V都有*

$$\deg(U)+\deg(V)\geqslant n, \tag{4.1}$$

则$\mathcal{G}$有哈密顿回路。

证明 用反证法来证明。假设存在这样的图，其每对不相邻的顶点都满足（4.1）式，但它没有哈密顿回路。在所有有n个顶点的这样的图中，设$\mathcal{G}$是边数最大的。所以，如果在$\mathcal{G}$上任意增加一条边，则这个新图就有哈密顿回路。因为$\mathcal{G}$没有哈密顿回路，所以$\mathcal{G}$不是完全图，必有不相邻的顶点U和V。设将边$\{U, V\}$加入到$\mathcal{G}$中，所形成的图是$\mathcal{G}'$。

根据假设，$\mathcal{G}'$有哈密顿回路。事实上，$\mathcal{G}'$的每个哈密顿回路都必定包含边$\{U, V\}$。把这条边从回路中删去就得到一条$\mathcal{G}$中的哈密顿通路

$$U=U_1,\ U_2,\cdots,\ U_n=V\ 。$$

可以断言：对$2\leqslant j\leqslant n$，如果边$\{U_1, U_j\}$在$\mathcal{G}$中，那么边$\{U_{j-1}, U_n\}$就不在$\mathcal{G}$中。若这两条边都在$\mathcal{G}$中，则$\mathcal{G}$中就存在哈密顿回路

$$U_1,\ U_j,\ U_{j+1},\cdots,\ U_n,\ U_{j-1},\ U_{j-2},\cdots,\ U_1\ ,$$

这与假设矛盾（参见图4.23）。

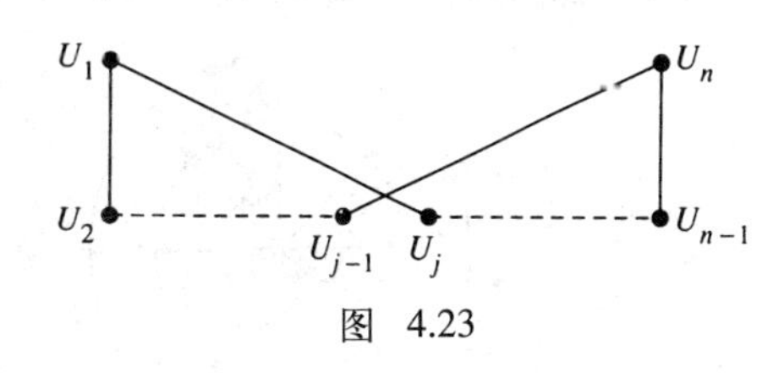

图 4.23

设d和d'分别是$\mathcal{G}$中U_1和U_n的度数。于是，从顶点U_1到U_j（$2\leqslant j\leqslant n$）共有d条边。这就给出了d个不与U_n相邻的顶点U_{j-1}，$1\leqslant j-1\leqslant n-1$。所以，$d'\leqslant(n-1)-d$，即$d+d'\leqslant n-1$，这与（4.1）式矛盾。 ■

例4.15 根据定理4.6，在一个有n个顶点的图中，如果每个顶点的度数至少为$\frac{n}{2}$，那么这个图就必有哈密顿回路。所以，如图4.24a所示的图存在哈密顿回路，这是因为，图中共有6个顶点，每个顶点的度都为3。然而，尽管定理4.6告诉我们哈密顿回路存在，但它没有说明如何找出哈密顿回路。好在这个图可以通过反复试验找出一条哈密顿回路。

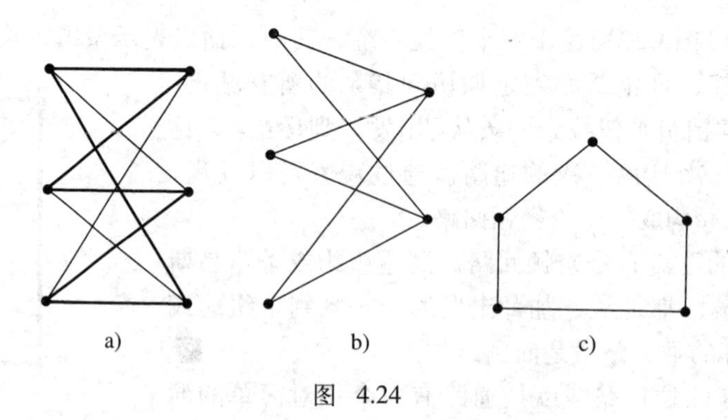

图 4.24

另一方面，如图4.24b所示的图是有5个顶点的图，它没有哈密顿回路，因为，无论从哪个顶点出发，都将终止在左边，并需要再走到左边的某个顶点，但不存在将左边的顶点连接起来的边。注意，该图不满足定理4.6的条件，因为在5个顶点中，存在多个度数为2的不相邻顶点，所以不满足（4.1）式。然而，如图4.24c所示的图也是有5个顶点的图，每个顶点的度数都为2，但它包含哈密顿回路。所以，在发现某对不相邻的顶点不满足（4.1）式时，一般情况并不能确定哈密顿回路是否存在。■

例4.16　在有些情况下，需要以这种方式列出所有的n位串（n个符号的序列，每个符号要么是0，要么是1）：每个n位串和前一个串恰好相差一位，而且最后一个串和第一个串也恰好相差一位。这种排列称为**格雷码**（Gray code）。对于$n=2$，排列00，01，11，10是格雷码，但00，01，10，11不是，因为第二个串和第三个串相差两位，第一个和第四个串也相差两位。

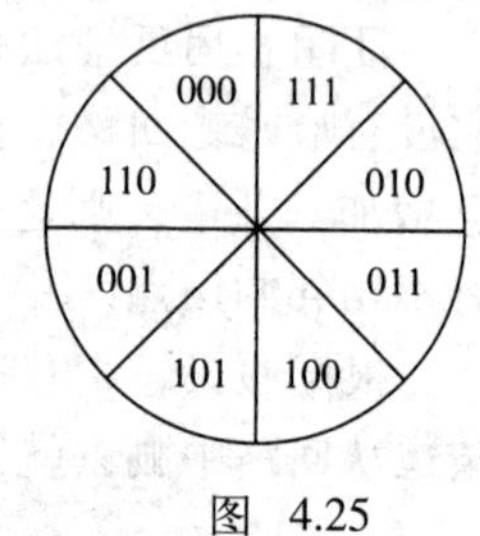

图 4.25

格雷码的一种应用是，在圆盘停止旋转后确定它的位置。在这种情况下，把一个圆盘等分成2^n个扇区，为每个扇区配置一个n位串。图4.25展示了将3位串赋予等分为$2^3=8$个扇区的圆盘的一种方法。

为了确定n位串的赋值，将圆盘分成n个圆环。所以，每个扇区又被分成n个部分，每个部分可以用两种方式中的一种处理，例如，处理成不透明或透明的。在转盘下放置n个诸如光电管之类的电子装置，它们可以确定其上方的材料是哪种类型的。图4.26a显示了如何对图4.25中的赋值进行这样的处理，其中，在阴影区域下的电子装置会发送一个1，在非阴影区域下的装置会发送一个0，这些区域按照从外围到中心的顺序读取。

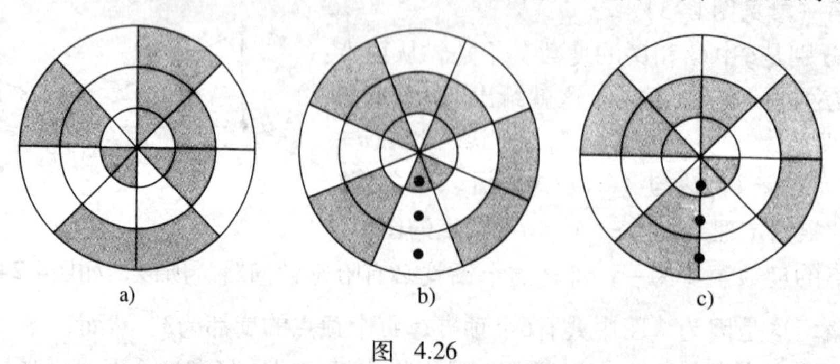

图 4.26

在图4.26b中，转盘已经停下来，并且三个电子装置完全被包围在一个扇区中。在这种情况下，电子装置发送0 0 1，从而指明圆盘停在哪个扇区。但是，如果圆盘停的位置如图4.26c

所示，就可能产生不正确的读数。这时，最里面的装置可能发送0或1，另外两个装置也是如此。因此，当圆盘的位置如图4.26c所示时，八个可能的3位串中的任何一个都可能被发送。为了将这种错误减到最少，希望对相邻的两个扇区赋予只相差一位的n位串，即n位串按照格雷码排列。这样，无论相邻扇区下的各装置发送0还是1，在指示圆盘的位置时，只有两种可能的串会被发送，这两个串指明圆盘停在哪两个相邻的扇区之间。

为了寻找格雷码，先构造一个图，用2^n个顶点表示2^n个可能的n位串。如果两个n位串恰好相差一位，则将相应的两个顶点用边连接起来。可以证明：用这种方式构造的图总包含哈密顿回路。因此，可以用这种方法对任意n找到格雷码。对于$n=3$的情况，参见图4.27，其中，粗边指出了一条哈密顿回路。所以，当$n=3$时，其中一种格雷码是000，001，011，010，110，111，101，100。感兴趣的读者可以查阅推荐读物[11]以获悉更多细节。 ■

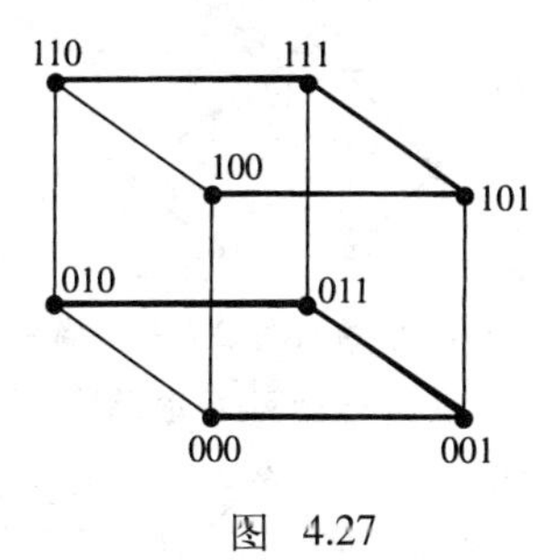

图 4.27

习题4.2

在习题1～4中，确定多重图是否是图。

1.　2.　3.　4.

在习题5～8中，列出多重图中的环和平行边。

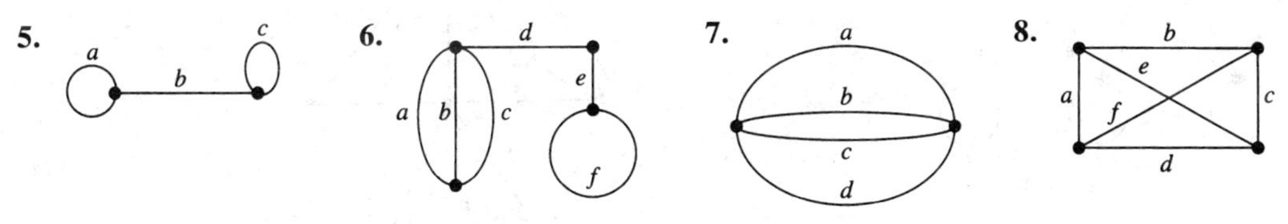

在习题9和10中，

(a) 至少列出3条从A到D的不同通路，并给出每条通路的长度。

(b) 列出从A到D的各条简单通路，并给出每条通路的长度。

(c) 对在（a）中列出的每条通路，找出包含在其中的从A到D的简单通路。

(d) 列出不同的回路，给出每条回路的长度。（对两条回路，如果有一条边在其中的一条回路中，但不在另一条回路中，则这两条回路是不同的回路。）

11. 分别举出一些满足下列各条件的多重图的例子。

(a) 恰好有两条回路。

(b) 有一条长度为1的回路。

(c) 有一条长度为2的回路。

在习题12～17中，确定多重图是否是连通的。

12.

13.

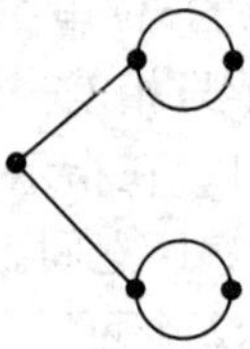

14.

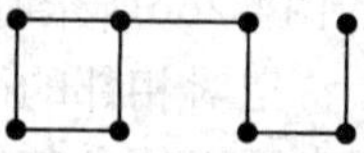

15.

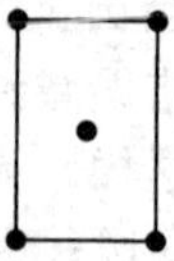

16.

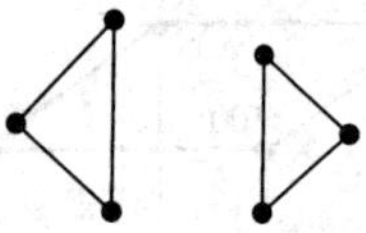

17.

在习题18～23中，确定多重图是否有欧拉通路。如果有，如同例4.13那样，用欧拉回路算法构造出一条欧拉通路。

18.

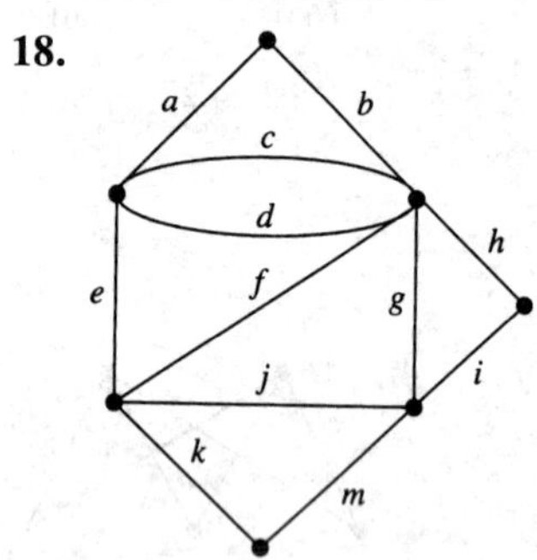

19.

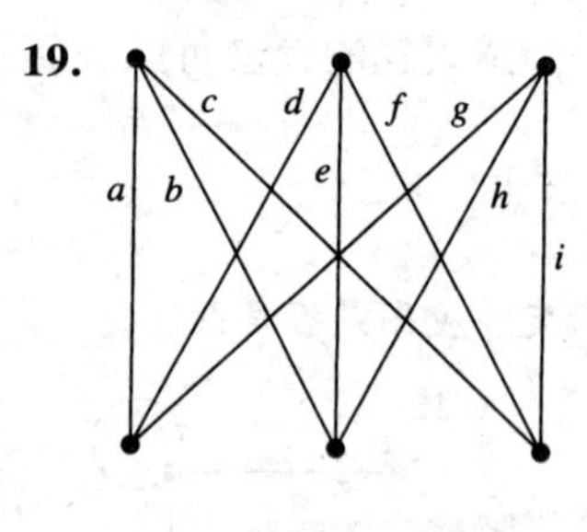

20.

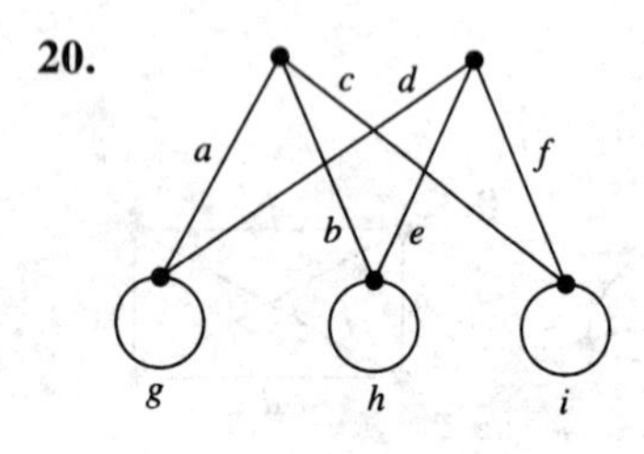

21.

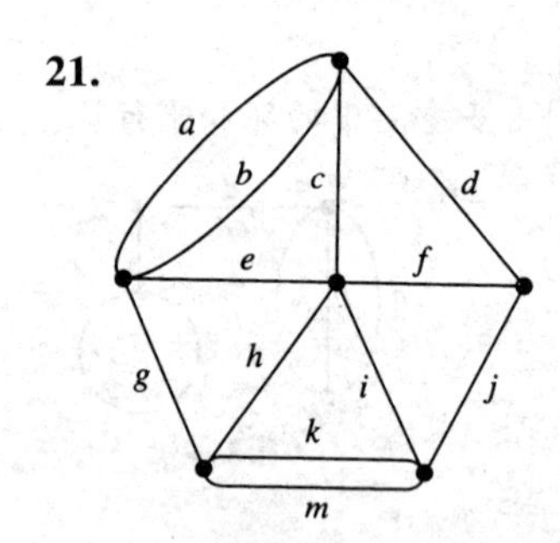

22.

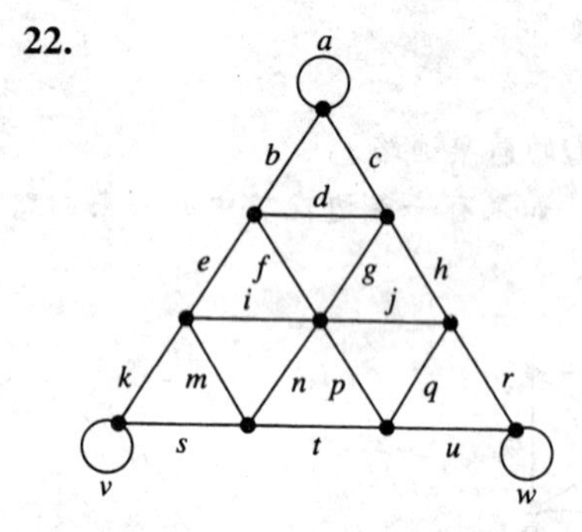

23.

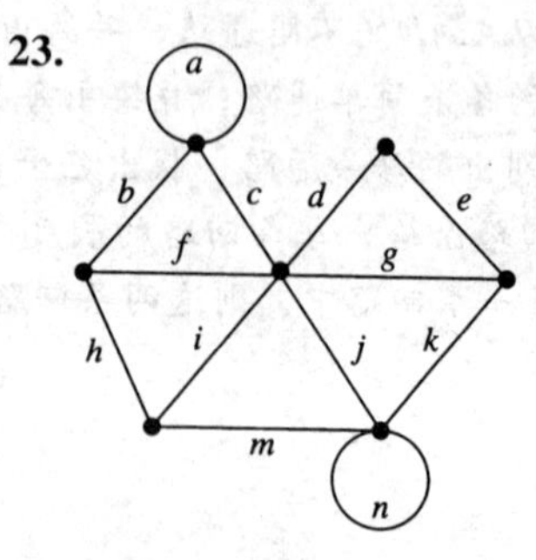

在习题24～29中，确定指定习题中的多重图是否有欧拉回路。如果有，用欧拉回路算法构造出一条欧拉回路。

24. 习题18　　**25.** 习题19　　**26.** 习题20

27. 习题21　　**28.** 习题22　　**29.** 习题23

30. 哥尼斯堡城坐落在普雷格尔河岸边，如下图所示，有7座桥将河中的岛屿和河岸连接起来。城中的居民有星期天下午散步的习惯，特别是要走过这些桥。哥尼斯堡城的居民想要知道有没有可能以这样的方式进行散步：经过每座桥一次且仅一次，并回到起点。问这可能吗？（提示：仔细考虑顶点表示什么。）（这个问题曾被呈递给著名数学家欧拉，而他对这个问题的解答经常被认为是图论的起源。）

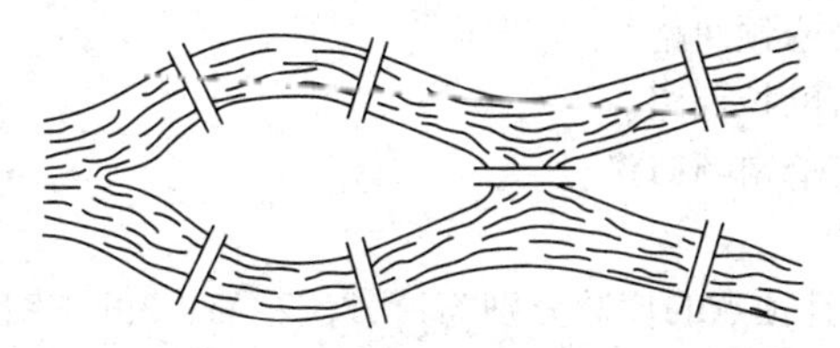

31. 哥尼斯堡的居民能否通过建一座新桥来找到一条可接受的路线？如果可以，该怎么做？

32. 哥尼斯堡的居民能否通过建两座新桥来找到一条可接受的路线？如果可以，该怎么做？

33. 哥尼斯堡的居民能否通过拆掉一座桥来找到一条可接受的路线？如果可以，该怎么做？

34. 哥尼斯堡的居民能否通过拆掉两座桥来找到一条可接受的路线？如果可以，该怎么做？

一个古老的儿童游戏要求孩子们用铅笔描一幅图，要求笔不能离开图，也不能把某条线描绘多次。假设必须在同一点开始和结束，确定习题35～38中的图形是否可以这么描。

35.

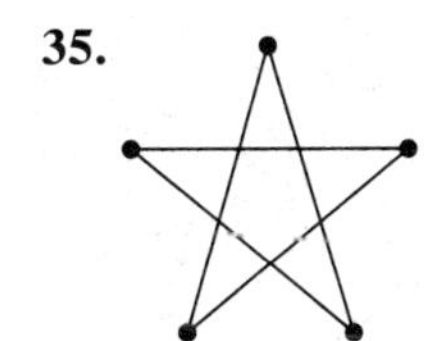

36.

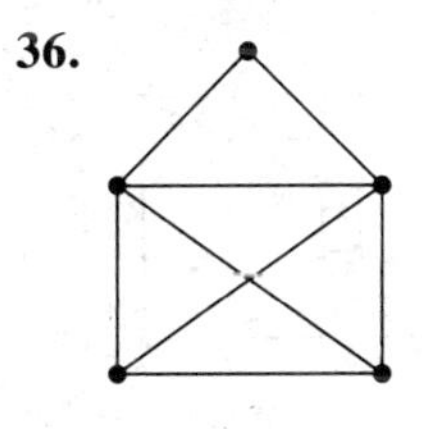

37.

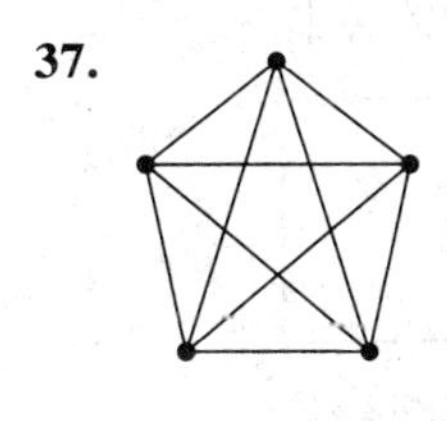

38.

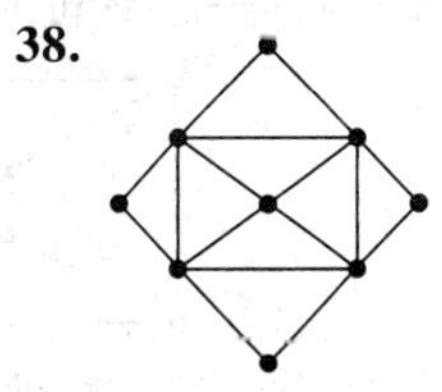

39. 下面的图有4个度数是奇数的顶点A，B，C，D，所以它们没有欧拉回路和欧拉通路。然而，可以找到两条不同的通路，一条从A到B，另一条从C到D，这两条通路用到了所有的边，但是它们没有共同的边。请找出两条这样的通路。（参见习题63。）

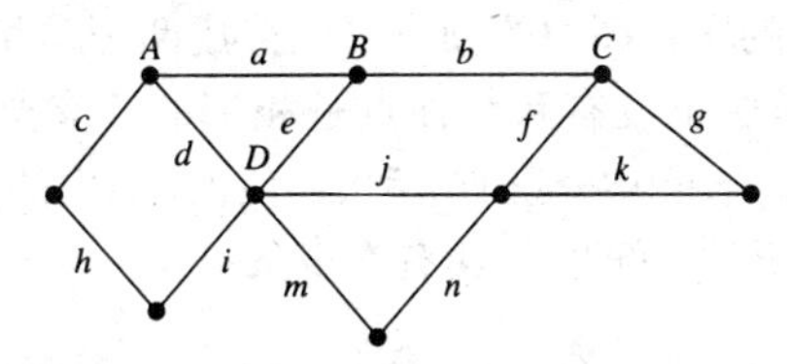

40. 1859年，著名的爱尔兰数学家哈密顿推出了一种智力玩具，其中有一个木制的正十二面体，每个角代表一个著名的城市。这个游戏是要找出这样一条路线：沿着十二面体的边旅行，恰好访问每个城市一次，然后回到原来出发的城市。（为使这个任务简单一些，在每个拐角上安置一个钉子，并用细绳表示路线。）把这个智力玩具画在平面上，如下图所示。你能找出这个智力游戏的答案吗？

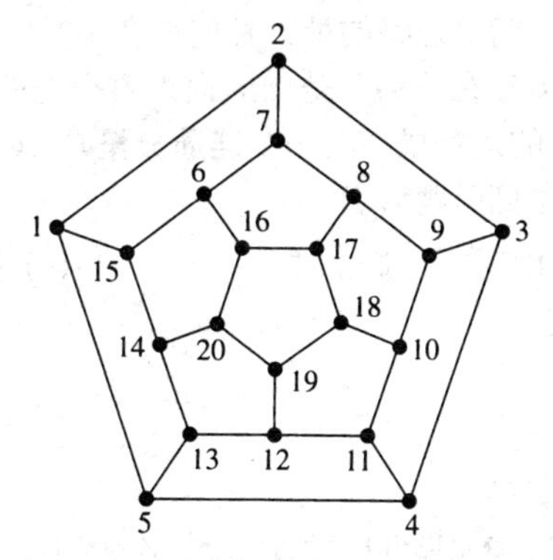

41. 请分别给出满足下列各组条件的连通图的例子。
(a) 既有欧拉回路也有哈密顿回路。
(b) 既没有欧拉回路也没有哈密顿回路。
(c) 有欧拉回路但没有哈密顿回路。
(d) 有哈密顿回路但没有欧拉回路。
(e) 有哈密顿通路但没有哈密顿回路。

42. 对$n=4$，构造一个格雷码。

43. 画出所有含有5个顶点，且顶点的度数分别为1，1，2，3，3的不同构的多重图。

44. 画出所有含有4个顶点，且顶点的度数分别为1，2，3，4的不同构的多重图。

45. 画出所有含有6个顶点，且顶点的度数分别为1，1，1，2，2，3的不同构的多重图。

46. 画出所有含有5个顶点，且顶点的度数分别为1，2，2，2，3的不同构的多重图。

47. 性质“有一个长度为n的回路”是图的同构不变量吗？请证明你的答案。

48. 性质“所有顶点的度数都为偶数”是图的同构不变量吗？请证明你的答案。

49. 性质“有哈密顿通路”是图的同构不变量吗？请证明你的答案。

50. 下面的两个图同构吗？请证明你的答案。

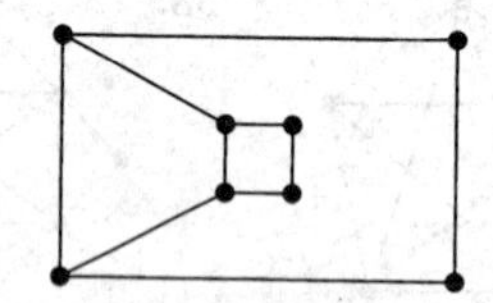
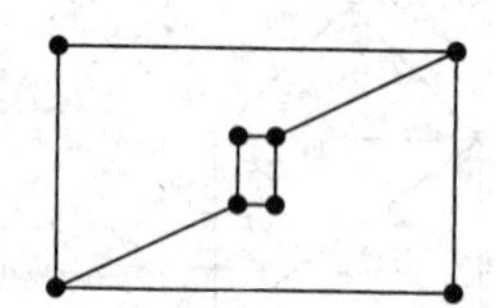

51. 下面的两个图同构吗？请证明你的答案。

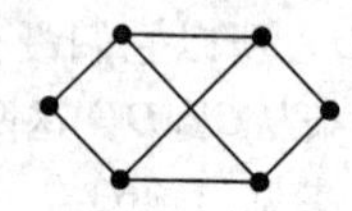
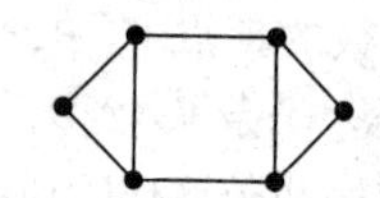

52. **偶图**（bipartite graph）是这样的图：图中的顶点可以分成两个不相交的非空集合A和B，使得A中没有两个顶点是相邻的，B中也没有两个顶点是相邻的。**完全偶图**（complete bipartite graph）$\mathcal{K}_{m,n}$是这样的偶图：集合A和B分别有m和n个顶点，A中的每个顶点与B中的所有顶点都相邻。例如，图$\mathcal{K}_{2,3}$如下图所示。问$\mathcal{K}_{m,n}$共有多少条边？

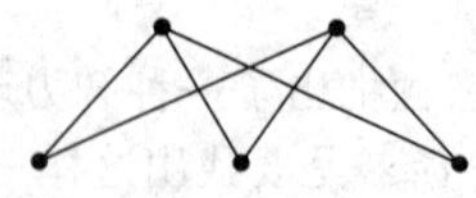

53. 对怎么样的m和n，$\mathcal{K}_{m,n}$有欧拉回路？

54. 对怎么样的m和n，$\mathcal{K}_{m,n}$有哈密顿回路？

55. 证明：当$n>2$时，$\mathcal{K}_n$有哈密顿回路。

56. 在一个有n个顶点的多重图中，简单通路的最大长度是多少？

57. 证明：关系“从顶点V到顶点U存在通路”是图的顶点集合上的等价关系。这个关系的一个等价类中的顶点和连接这些顶点的边构成图的一个**连通分量**[⊖]（connected component）。

58. 找出下列各图的连通分量。（参见习题57。）

(a)

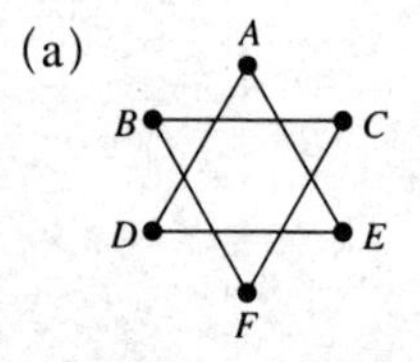

(b) G　H　I

(c)

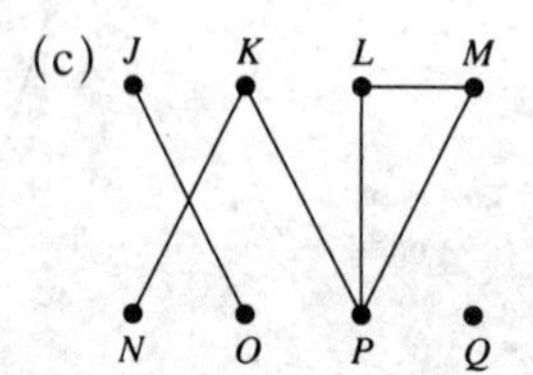

⊖ 原文是component，直译为分量。这里译为更常见的术语：连通分量。——译者注

59. 找出下列各图的连通分量。(参见习题57。)

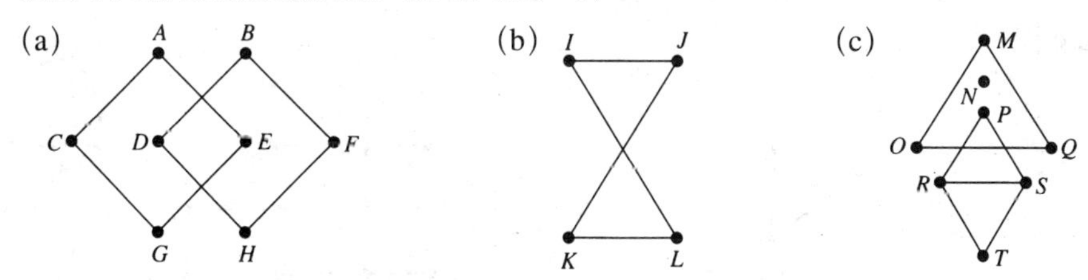

60. 一场狗选美比赛正在根据狗的照片进行评判。为了做出最后的决定，裁判员想把下列各对狗的照片两两并列地放在一起查看：Arfie和Fido，Arfie和Edgar，Arfie和Bowser，Bowser和Champ，Bowser和Dawg，Bowser和Edgar，Champ和Dawg，Dawg和Edgar，Dawg和Fido，Edgar和Fido，Fido和Goofy，Goofy和Dawg。

(a) 画出为这种情形建模的图。

(b) 假设需要把狗的照片挂在墙上排成一行，使得每对想要一起查看的狗的照片出现在一起，且只一起出现一次（每张照片有许多副本）。问应探寻图论中的什么对象？

(c) 图片能用这种方法挂在墙上吗？如果可以，该怎么挂？

***61.** 在一次大学聚会上，有许多男女青年出席，其中一些最近相互之间有约会。这种情况可以用图来表示，顶点表示出席的人，用最近有约会来定义相邻。如果这个图有哈密顿回路，证明男人和女人的数目相同。

***62.** 用数学归纳法证明定理4.4。

***63.** 假设一个连通多重图有这样的性质："恰好有4个度数为奇数的顶点"。证明：存在两条通路，一条在其中的两个奇数度的顶点之间，另一条在剩下的两个奇数度的顶点之间，使得图中的每条边恰好在其中的一条通路上出现一次。

***64.** 证明：在一个图中，如果对某个顶点U有一条长度为奇数的U-U通路，则该图有长度为奇数的回路。

***65.** 证明：如果连通图有n个顶点，那么它至少有$n-1$条边。

4.3 最短通路和距离

4.3.1 广度优先搜索算法

本节将考虑求出图中两个顶点间的最短通路的方法。在许多不同的情形中都需要求这样的通路。

我们希望在顶点S和T之间找到一条长度最短的通路，即一条从S到T的、可能的含边最少的通路，这个可能是最小的边数就称为从S到T的**距离**（distance）。求从S到T的距离，通常的方法是：首先考虑S，接着考虑与S相邻的顶点，然后考虑与这些顶点相邻的顶点，等等。通过记录顶点被检查的路线，就可以构造出一条从S到T的最短通路。为了求出从S到每个顶点T的距离（若从S到T有通路），对图中的某些顶点做标记。比如如果顶点V被标为$3(U)$，那么从S到V的距离为3，在从S到V的最短通路上U是V的前驱（即某条从S到V的最短通路包含边$\{U, V\}$）。

例4.17 如图4.28所示，求从S到每个顶点的距离（若从S到该顶点有通路）。首先将S标为$0(-)$，表示从S到S的距离为0，而且这条通路上没有边。然后，确定从S到其距离为1的顶点。这些顶点是A和B，把它们标为$1(S)$，如图4.29所示。

对从S到其距离为1的顶点做好标记后，确定从S到其距离为2的顶点。这些顶点还没有被标记，并且与从S到其距离为1的某个顶点相邻。例如，与S距离为2且未被标记的顶点C和E，与A相邻，所以，把它们标记为2(A)。同样，未被标记的顶点D与B相邻，所以把D标记为2(B)。现在，这些标记如图4.30所示。

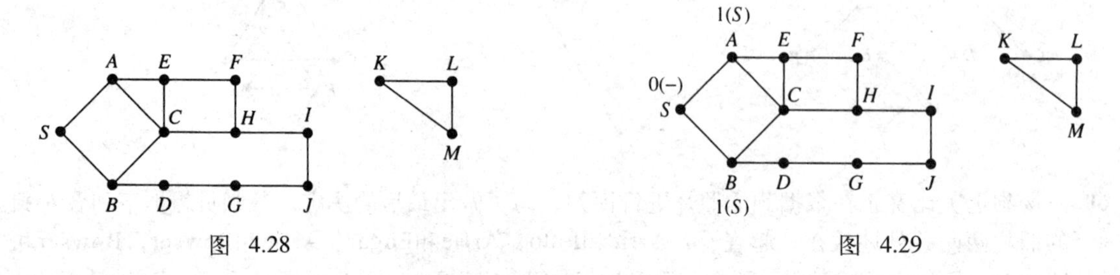

图 4.28 图 4.29

重复上述步骤，直到没有与未被标记的顶点相邻的已被标记的顶点。当这种情况出现时，如果图中的每个顶点都被做了标记，那么这个图是连通的；否则，从S到任何一个未被标记的顶点都没有通路。对如图4.28所示的图，从顶点A到顶点J以及顶点S最终都被做了标记，如图4.31所示。此时，停止操作，因为没有与未被标记的顶点相邻的已被标记的顶点。注意，从S到任意一个未被标记的顶点（K，L或M）都没有通路。

任何一个已被标记的顶点的标记给出了从S到该顶点的距离。例如，由于I的标记是4(H)，所以从S到I的距离是4。还有，I的前驱是H，这意味着从S到I的某条最短通路包含边$\{H, I\}$。同样，H的前驱是C，C的前驱是A，A的前驱是S。因此一条从S到I的最短通路包含边$\{H, I\}$，$\{C, H\}$，$\{A, C\}$和$\{S, A\}$，所以，从S到I的一条最短通路是S，A，C，H，I。在这个图中，还存在另外一条从S到I的最短通路，即S，B，C，H，I。所求得的是哪一条最短通路依赖于顶点C是如何标记的，因为顶点C既与A相邻又与B相邻。■

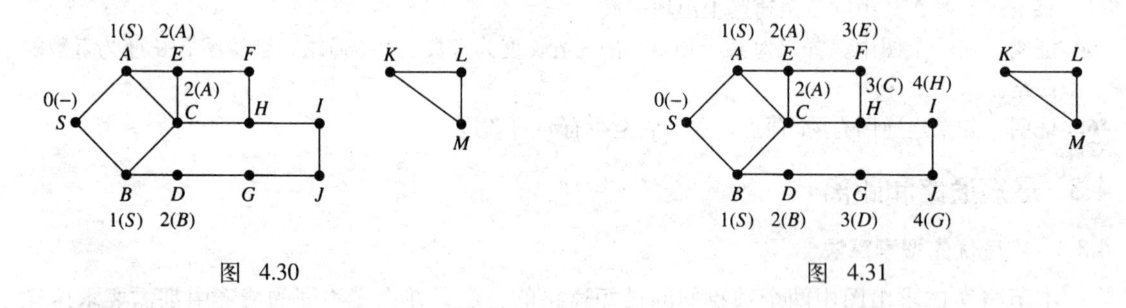

图 4.30 图 4.31

下面是这个过程的算法描述。

广度优先搜索算法

本算法确定图中从S到其他各个顶点的距离和最短通路（若S到这些顶点有通路）。在这个算法中，$\mathcal{L}$表示已被标记的顶点的集合，顶点A的前驱是用来对A做标记的、$\mathcal{L}$中的一个顶点。

步骤1（对S做标记）

(a) 将S标记为0，并使S没有前驱

(b) 令$\mathcal{L}=\{S\}$，$k=0$

步骤2（对其他顶点做标记）

repeat

步骤2.1（增加标记值）

令$k=k+1$

步骤2.2（扩大做标记的范围）

while $\mathcal{L}$包含标记为$k-1$的顶点V，且V与不在$\mathcal{L}$中的顶点W相邻

(a) 把W标记为k

(b) 指定V为W的前驱

(c) 把W加入到$\mathcal{L}$中去

endwhile

until $\mathcal{L}$中没有与不在$\mathcal{L}$中的顶点相邻的顶点

步骤3（构造到达一个顶点的最短通路）

if 顶点T属于$\mathcal{L}$

T上的标记是从S到T的距离。沿着下列序列的逆序就构成从S到T的一条最短通路：T，T的前驱，T的前驱的前驱，……，直至S

otherwise

从S到T不存在通路

endif

可以证明，通过广度优先搜索算法给每个顶点做标记，每个顶点上的标记就是从S到该顶点的距离。（参见习题18。）

在分析这个算法时，把对顶点做标记和利用一条边寻找相邻顶点看作是基本操作。对一个有n个顶点和e条边的图，对每个顶点恰好做一次标记，并且每条边在寻找相邻顶点时至多用到一次，因此最多需要$n+e$次基本操作。而由于

$$n+\mathrm{e}\leqslant n+C(n,\ 2)=n+\frac{1}{2}n(n-1)\ ,$$

所以这个算法至多是n^2阶的。

4.3.2 带权图

用图来描述对象之间的关系时，一条边常常与一个数相关联。例如，如果按常规的方式用图来表示高速公路系统，那么每条边都可被赋予一个数，表示两个城市间的英里⊖里程。在应用中，给每条边赋予一个数的思想非常重要。

带权图（weighted graph）是指每条边都被赋予一个称为**权**（weight）的数的图。**通路的权**（weight of a path）是指该通路上各边的权之和。当用一个带权图来描述高速公路系统（顶点表示城市，权表示两个城市间的英里里程）时，通路的权就是通路始点和终点所表示的两个城市之间的总英里里程。

例4.18 图4.32所示的图是一个带权图，因为每条边都被赋予了一个数。例如，连接A和B的边的权为3，连接D和F的边的权为5。通路A，C，D，F的权是$4+2+5=11$，通路F，D，B，E，D的权是$5+1+2+1=9$。■

在许多应用中，需要寻找权最小的通路。然而，并不一定都会存在权最小的通路。例如，当图中存在权为负的回路时，就不存在权最小的通路。

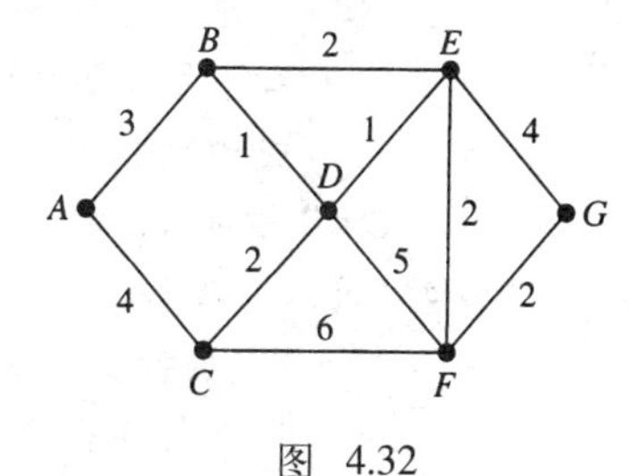

图 4.32

例4.19 如图4.33所示，通路A，B，D，E的权为2，而通路A，B，D，C，B，D，E的权为-2，比第一条通路的权小。注意，如果在A到E的通路上重复回路B，D，C，那么通路A-E的权就将变得越来越小。所以，在A和E之间没有权最小的通路。■

⊖ 1英里=1609.344米。——编辑注

因此，除非明确地指明，本书假设带权图没有权为负数的回路。如果两个顶点之间有通路，这个假设则保证了它们之间的最小通路的存在性。可以假设两个顶点之间的权最小的通路是简单通路，因为任何一个权为0的回路都可以删去，如同在定理4.4中那样。两个顶点之间权最小的通路称为这两个顶点之间的**最短通路**(shortest path)，这条通路的权称为这两个顶点之间的**距离**(distance)。

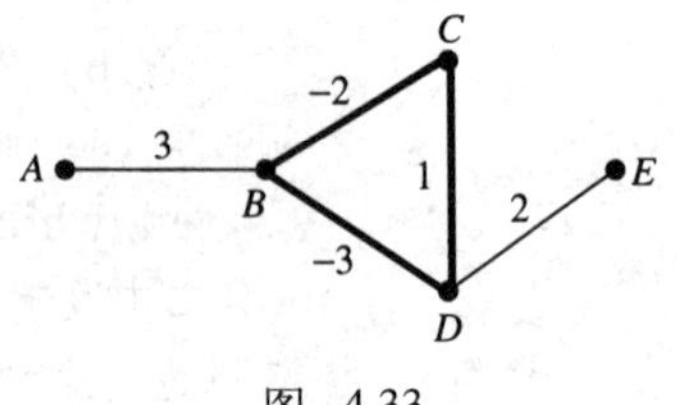

图 4.33

当边上的权如同高速公路或航线的英里里程那样肯定是正数时，有一个计算两个顶点S和T之间的距离和最短通路的算法。事实上，这个算法可以同时用来找出S到其他所有各顶点之间的距离和最短通路。

这个算法的思想是：先找出距S最近的顶点，接着找出距S第二近的顶点，……，依此类推。通过这种方法可以找出S到其他所有各顶点之间的距离。此外，在确定距离时，如果把用到的顶点记录下来，那么就可以找到从S到其他任意一个顶点的最短通路。这个算法归功于迪杰斯特拉（E. Dijkstra)，他是计算机科学的先驱之一。

迪杰斯特拉算法

设$\mathcal{G}$是带权图，图中的顶点多于一个，且所有的权都为正数。本算法确定从顶点S到$\mathcal{G}$中其他各个顶点的距离和最短通路。在算法中，$\mathcal{P}$表示带永久标记的顶点的集合。顶点A的前驱是$\mathcal{P}$中的一个顶点，用来标记A。顶点U和V之间的边上的权用$W(U, V)$表示，如果U和V之间没有边，则记作$W(U, V)=\infty$。

步骤1（对S做标记）

(a) 将S标记为0，并使S没有前驱

(b) 令$\mathcal{P}=\{S\}$

步骤2（对其他顶点做标记）

将每个不在$\mathcal{P}$中的顶点V标记为$W(S, V)$（可能是暂时的），并且使V的前驱为S（可能是暂时的）

步骤3（扩大$\mathcal{P}$，修改标记）

repeat

步骤3.1（使另一个标记永久化）

把不在$\mathcal{P}$中且带有最小标记的顶点U加入到$\mathcal{P}$中去（如果这样的顶点超过一个，则从中任意选一个）

步骤3.2（修改临时标记）

对每个不在$\mathcal{P}$中并且和U相邻的顶点X，把X的标记替换为下列这二者中的较小者：X的旧标记、U上的标记与$W(U, X)$之和。如果X的标记改变了，则使U成为X的新前驱（可能是暂时的）

until $\mathcal{P}$包含$\mathcal{G}$的每个顶点

步骤4（求出距离和最短通路）

顶点Y上的标记是从S到Y的距离。如果顶点Y上的标记是∞，那么从S到Y就没有通路，从而没有最短通路；否则，按照下列序列的逆序使用顶点就构成从S到Y的一条最短通路：Y，Y的前驱，Y的前驱的前驱，……，直至S

事实上这个算法算出了S与其他各个顶点之间的距离，证明可在习题21～24中找到。

对有n个顶点的图分析这个算法，把关于一个顶点的设置仅看作为一次操作。于是，在步骤1中，刚好有一次操作；在步骤2中，有$n-1$次。步骤3要执行$n-1$遍，每遍对标记最多执行$n-2$次比较以找出最小的标记，接着最多有一次设置。另外，在修改标记时，最多检查$n-1$个顶点，每次检查需要做一次加法和一次比较，还可能有两次设置，总共4次操作。所以，在步骤3中，最多执行$(n-1)[n-2+1+4(n-1)]=(n-1)(5n-5)$次操作。在步骤4中，查找距离以及最多回溯$n-1$个前驱以找出最短通路，最多执行$n$次操作。由此可以看到，算法最多执行

$$1+(n-1)+(n-1)(5n-5)+n=5n^2-8n+5$$

次操作，所以这个算法是至多n^2阶的。

例4.20 对如图4.34所示的带权图，希望求出从S到其他各个顶点的最短通路和距离。

步骤1，设置$\mathcal{P}=\{S\}$，把S标记为0。在图中，在S旁边写下标记和前驱（在圆括号中），以表示这个操作。用星号表示S在$\mathcal{P}$中。这时的图如图4.35所示。

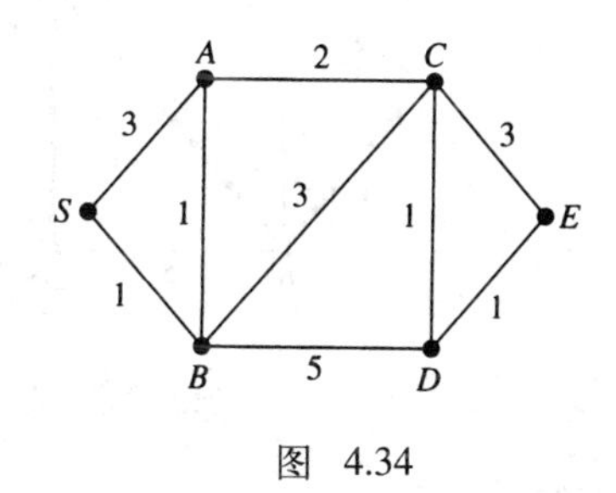

图 4.34

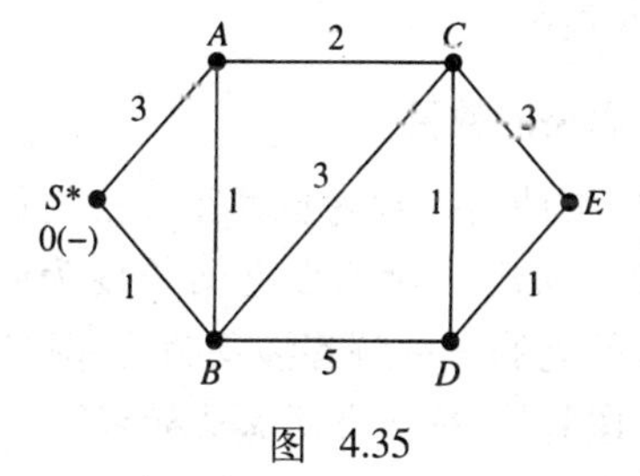

图 4.35

步骤2，对其他各个顶点V，设置标记$W(S, V)$和前驱S。需要指出的是，当S和V之间没有边连接时，$W(S, V)=\infty$。这时的图如图4.36所示。

现在执行步骤3。由于在不属于$\mathcal{P}$的顶点中，B的标记最小，所以把B放入$\mathcal{P}$中。不属于$\mathcal{P}$且与B相邻的顶点是A，C和D；对每个这样的顶点X，把X的标记替换为下列这二者中的较小者：X的旧标记、顶点B的标记与$W(S, B)$的和。这些数如下表所示。

顶点X	旧标记	B上的标记$+W(B, X)$	最小值
A	3	$1+1=2$	2
C	∞	$1+3=4$	4
D	∞	$1+5=6$	6

由于每个标记都改变了，还要将这些顶点的前驱替换为B，得到图4.37。

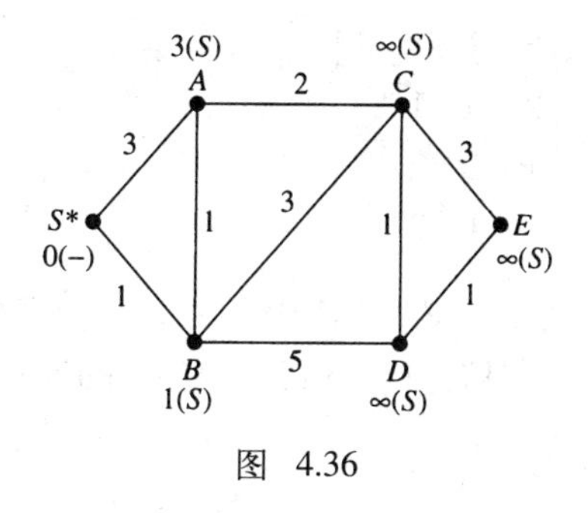

图 4.36

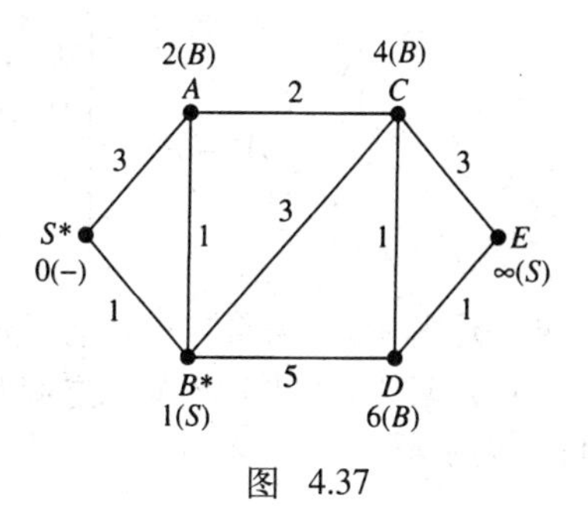

图 4.37

继续上述步骤，直到$\mathcal{P}$包含带权图的每个顶点。下表显示了各阶段的标记、前驱和加入$\mathcal{P}$

的顶点（空白的单元表示相对于前阶段没有变化）。

顶点	标记和前驱						加入P的顶点
	S	A	B	C	D	E	
	0(−)	3(S)	1(S)	∞(S)	∞(S)	∞(S)	S
		2(B)		4(B)	6(B)		B
							A
					5(C)	7(C)	C
						6(D)	D
							E

最终的图如图4.38所示。在这个图中，每个顶点上的标记给出了它与S之间的距离，沿着顶点的前驱回溯，可以找到一条以这个距离为长度的通路。例如，从S到E的距离为6，通路S，B，C，D，E具有长度6。 ■

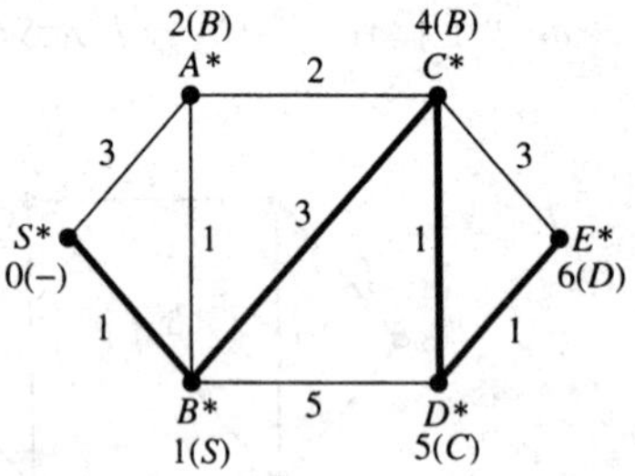

图 4.38

4.3.3 通路的数目

本节的最后，要考虑两个顶点之间的通路的数目，或者说，考虑一对顶点之间长度为m的通路的数目。对这些问题的一种解答涉及图的邻接矩阵的幂。

定理4.7 对一个顶点被标为V_1，V_2，…，V_n，邻接矩阵是A的图$\mathcal{G}$，从V_i到V_j的长度为m的通路的数目是A^m的$(i,\ j)$元素。

在对$m=1$，2和3证明这个定理前，先给出一个例子来说明这个定理。

$$A=\begin{bmatrix}0&1&1&1\\1&0&1&1\\1&1&0&0\\1&1&0&0\end{bmatrix}$$

a) b)

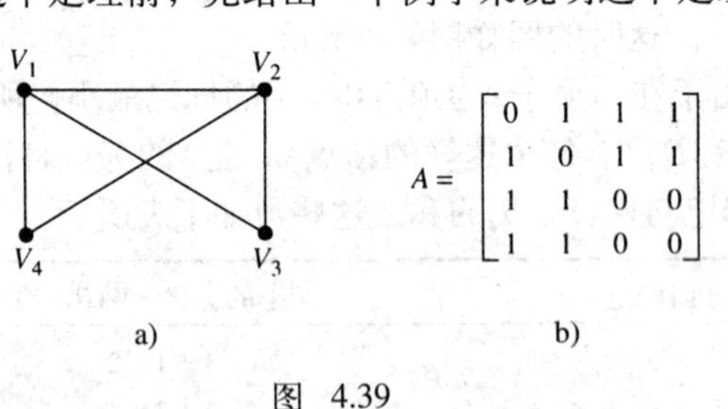

图 4.39

例4.21 图4.39a的邻接矩阵A如图4.39b所示。为了求出长度为2的通路的数目，计算矩阵A的平方

$$A^2=AA=\begin{bmatrix}0&1&1&1\\1&0&1&1\\1&1&0&0\\1&1&0&0\end{bmatrix}\begin{bmatrix}0&1&1&1\\1&0&1&1\\1&1&0&0\\1&1&0&0\end{bmatrix}=\begin{bmatrix}3&2&1&1\\2&3&1&1\\1&1&2&2\\1&1&2&2\end{bmatrix}。$$

（3，4）元素为2意味着V_3与V_4之间长度为2的通路有两条，即V_3，V_1，V_4和V_3，V_2，V_4。同样，（1，3）元素为1意味着V_1与V_3之间长度为2的通路仅有1条，即V_1，V_2，V_3。长度为3的通路的数目由乘积$A^2\cdot A=A^3$给出，

$$A^3 = A^2A = \begin{bmatrix} 3 & 2 & 1 & 1 \\ 2 & 3 & 1 & 1 \\ 1 & 1 & 2 & 2 \\ 1 & 1 & 2 & 2 \end{bmatrix} \begin{bmatrix} 0 & 1 & 1 & 1 \\ 1 & 0 & 1 & 1 \\ 1 & 1 & 0 & 0 \\ 1 & 1 & 0 & 0 \end{bmatrix} = \begin{bmatrix} 4 & 5 & 5 & 5 \\ 5 & 4 & 5 & 5 \\ 5 & 5 & 2 & 2 \\ 5 & 5 & 2 & 2 \end{bmatrix}。$$

由于A^3的（1，2）元素为5，所以，V_1与V_2之间长度为3的通路有5条，即V_1，V_2，V_1，V_2；V_1，V_2，V_4，V_2；V_1，V_2，V_3，V_2；V_1，V_3，V_1，V_2和V_1，V_4，V_1，V_2。■

现在对$m=1$，2和3给出定理4.7的证明。设a_{ij}表示A的$(i，j)$元素。$m = 1$时，在V_i和V_j之间长度为1的通路的数目要么是0，要么是1，取决于是否有连接这两个顶点的边，这个数即为a_{ij}。当有边连接V_i和V_j时，$a_{ij}=1$，否则$a_{ij}=0$。所以，A的$(i，j)$元素给出了从V_i到V_j的长度为1的通路的数目。

对于$m = 2$的通路，需要有一个顶点V_k，对于V_k，连接V_i和V_k的边以及连接V_k和V_j的边都存在。以邻接矩阵的观点，这等同于存在下标k使得a_{ik}和a_{kj}都为1，或者等价为，$a_{ik}a_{kj}=1$。所以，V_i与V_j之间长度为2的通路的数目是满足$a_{ik}a_{kj}=1$的k的数目，即

$$a_{i1}a_{1j}+a_{i2}a_{2j}+\cdots+a_{in}a_{nj}，$$

因为其中的每一项都是1或0。而这个和也是A^2的$(i，j)$元素，所以，A^2的$(i，j)$元素是V_i与V_j之间长度为2的通路的数目。

对于$m = 3$的通路，需要有顶点V_p和V_k以及连接V_i和V_p、V_p和V_k、V_k和V_j的边。而这意味着在V_i与V_k之间有长度为2的通路，且V_k和V_j之间有边连接。如果用b_{ik}表示A^2的$(i，k)$元素，那么V_i和V_j之间长度为3的通路V_i，V_p，V_k，V_j的数目是$b_{ik}a_{kj}$。所以，V_i和V_j之间长度为3的通路的总数是

$$b_{i1}a_{1j}+b_{i2}a_{2j}+\cdots+b_{in}a_{nj}，$$

这与$A^2 \cdot A=A^3$的$(i，j)$元素相同。因此，A^3的$(i，j)$元素就是V_i与V_j之间长度为3的通路的数目。

对定理4.7一般情况的证明留作习题，刚才对归纳步骤已做了提示。

习题4.3

在习题1～4中，用广度优先搜索算法确定图中从S到T的距离和一条最短通路。当前驱有多种选择时，按字母顺序选择最前面的字母。

1.

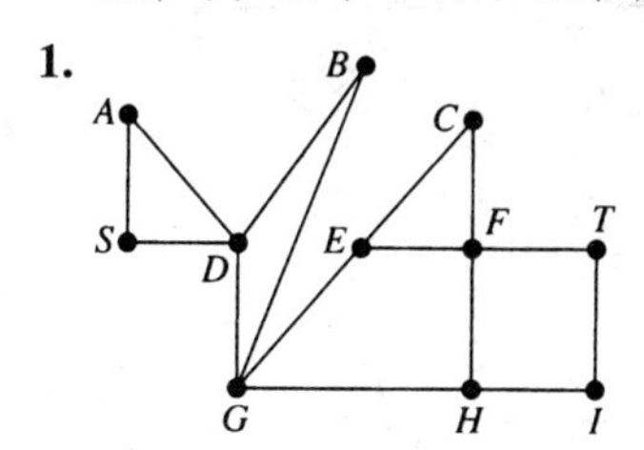

2.

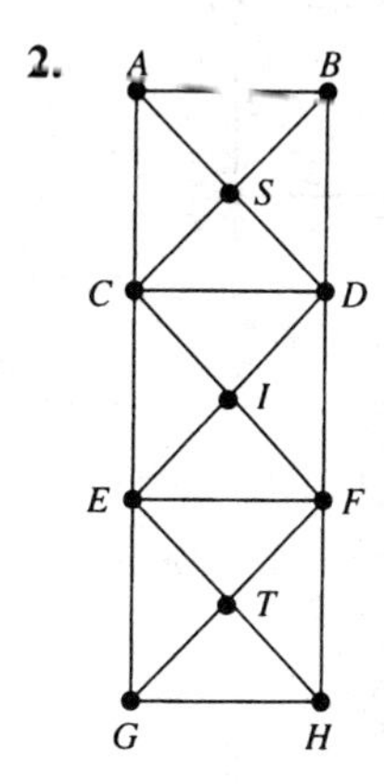

3.

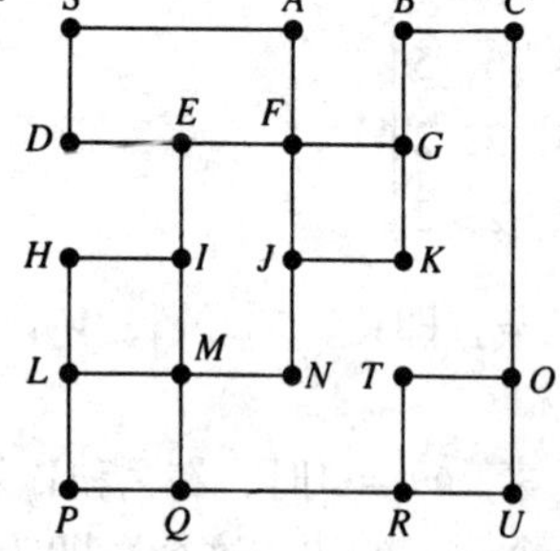

4.

S A B C D E F G H I J K L M N O P Q R U V W T

在习题5～8中，确定带权图中从S到其他所有各个顶点的距离，并找出一条从S到A的最短通路。

5.

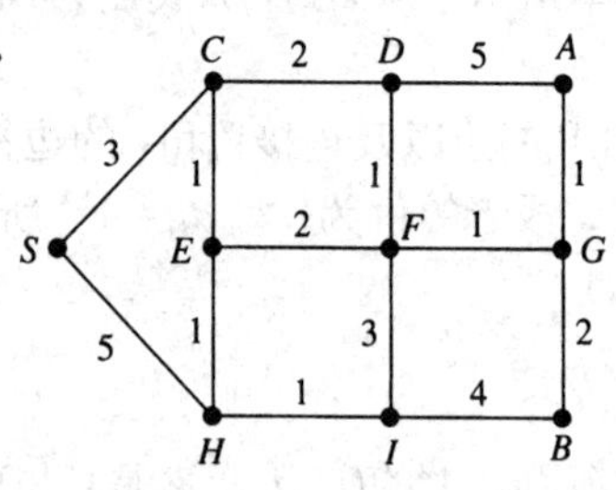

6.

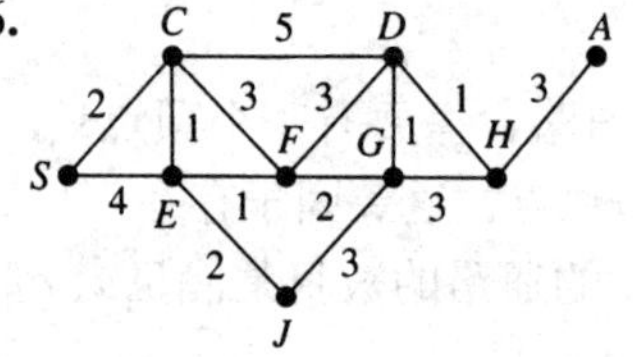

7.

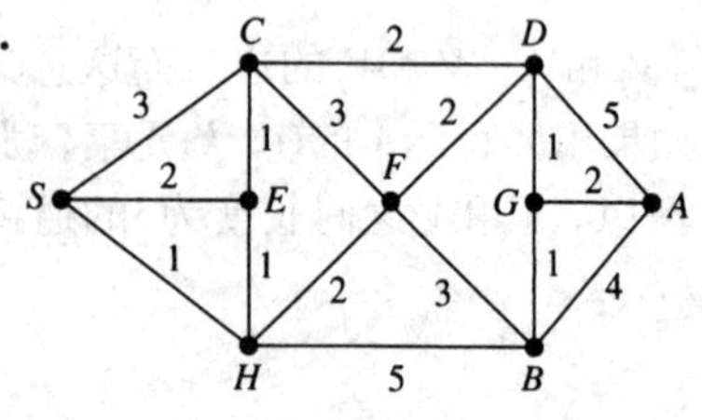

8.

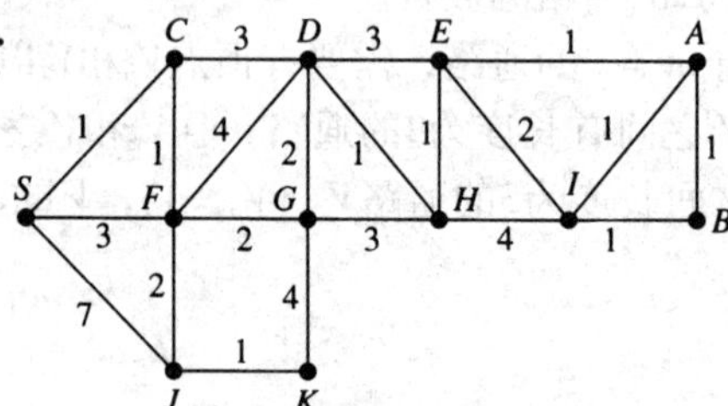

在习题9～12中，在带权图中找出一条从S到T的经过顶点A的最短通路。并说明你的解答过程。

9.

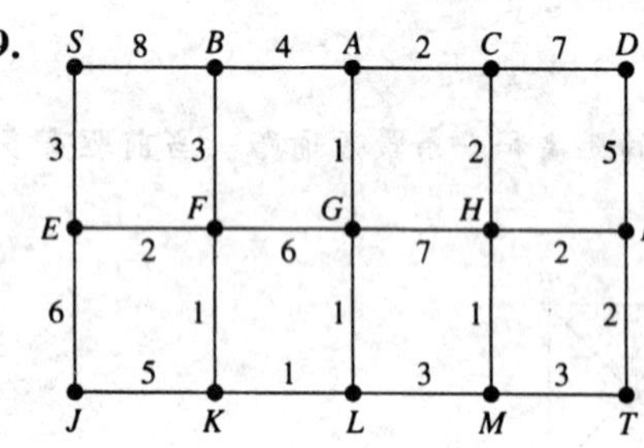

10.

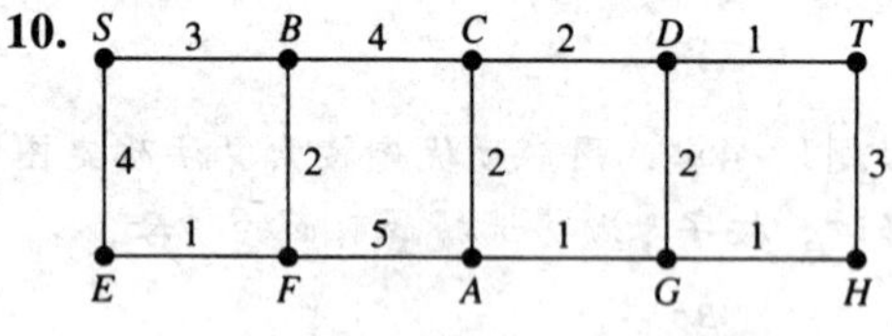

11.

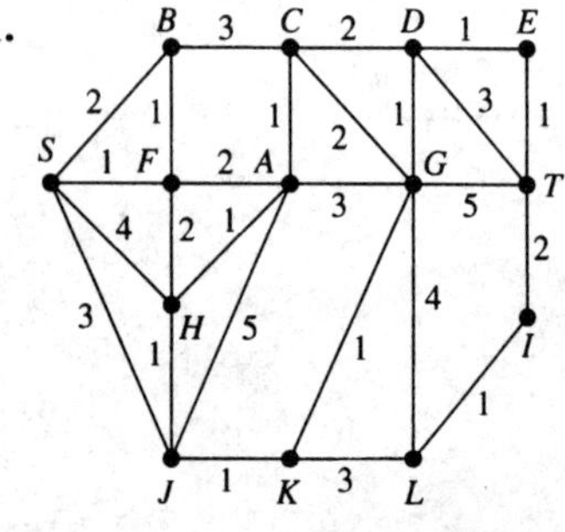

12.

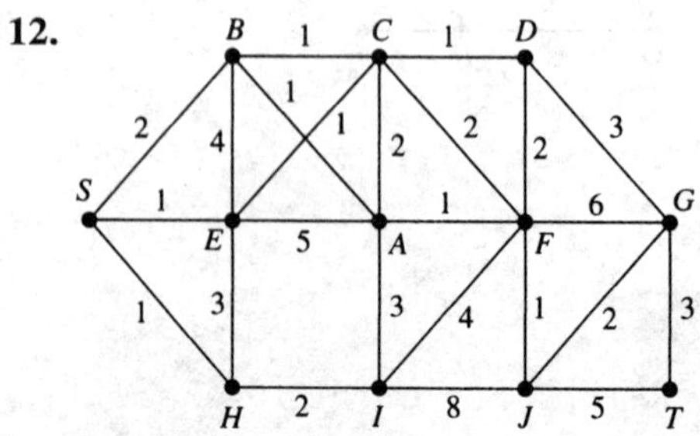

利用定理4.7求解习题13～16。

13. 对下面的图，确定从V_1到V_2及从V_2到V_3的长度分别为1，2，3和4的通路的数目。

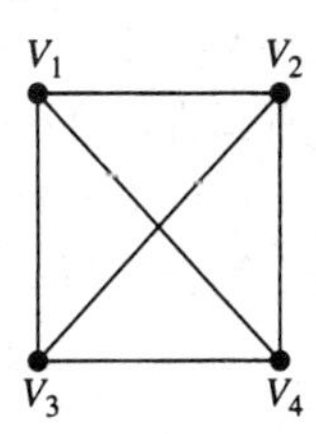

14. 对下面的图，确定从V_1到V_2及从V_1到V_3的长度分别为1，2，3和4的通路的数目。

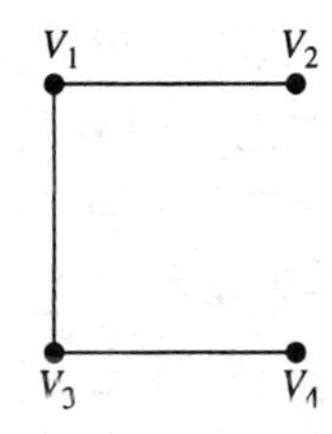

15. 对下面的图，确定从V_1到V_1及从V_4到V_3的长度分别为1，2，3和4的通路的数目。

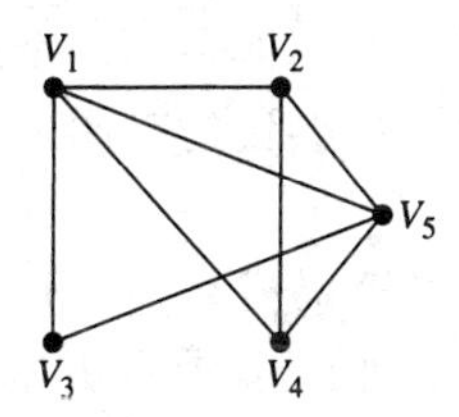

16. 对下面的图，确定从V_1到V_3及从V_2到V_4的长度分别为1，2，3和4的通路的数目。

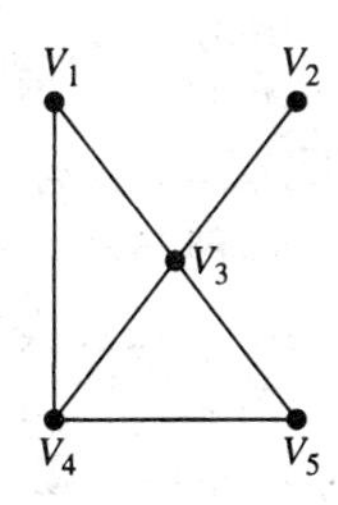

17. 如果A是带标记的图G的邻接矩阵，那么$A+A^2+A^3$的 (i, j) 元素表示什么？

18. 证明：广度优先搜索算法为每个顶点设置的标记是从S到该顶点的距离。

19. 用数学归纳法证明定理4.7。

20. 若两个带权图的底图之间存在一个同构使得连接相应顶点的边有相同的权，则称这两个带权图**同构**。给出一个这样的例子：两个带权图是不同构的，而其底图是同构的。

习题21～24给出了迪杰斯特拉算法的有效性证明。其中，假设G是带权图，所有的权$W(U, V)$都是正数，S是G的一个顶点。

***21.** 假设G中的每个顶点V都被赋予了一个标记$L(V)$，它要么是一个数，要么是∞。假设$\mathcal{P}$是G的顶点的集合，$\mathcal{P}$包含S，满足：(i)如果V属于$\mathcal{P}$，则$L(V)$是从S到V的最短通路的长度，并且存在这样的从S到V的最短通路：通路上的顶点都在$\mathcal{P}$中；(ii)如果V不属于$\mathcal{P}$，则$L(V)$是从S到V的满足下面限制的最短通路的长度：V是通路中唯一一个不属于$\mathcal{P}$的顶点。设U是不属于$\mathcal{P}$的顶点中标记最小的顶点。证明：从S到U的最短通路中除U外不包含不属于$\mathcal{P}$的元素。

*22. 在习题21的假设下，证明从S到U的最短通路的长度是$L(U)$。

*23. 假定习题21的假设成立，令$\mathcal{P}'$是由U和$\mathcal{P}$的元素组成的集合。证明$\mathcal{P}'$满足习题21的性质(i)；并且，如果V不属于$\mathcal{P}'$，则从S到V的满足下列限制的最短通路的长度是$L(V)$和$L(U)+W(U, V)$这二者中的较小者：通路上，除V外的所有顶点都在$\mathcal{P}'$中。

*24. 通过对$\mathcal{P}$中的元素个数应用数学归纳法，证明迪杰斯特拉算法给出了从S到$\mathcal{G}$中各个顶点的最短通路的长度。令归纳假设为：$\mathcal{P}$是顶点的集合，$\mathcal{P}$包含S且满足习题21的性质(i)和(ii)。

4.4 图着色

在4.1节、4.2节和4.3节中，我们讨论了用图或多重图来描述一些情形。而有时，在一些意想不到的场合也能应用到图。下面就是这样的两个例子。

例4.22 假设一家化学工厂要将多种化学产品利用铁路从精炼厂运到炼油厂。但是，根据EPA（美国环保署）的规定，这些化学产品不能全部都装在同一节车厢里运输，因为如果它们混合起来就会产生剧烈反应，从而引发事故。应该如何运输这些产品？为了使费用最低，厂长希望使用尽可能少的车厢。问这个最小数目是多少？ ■

例4.23 州参议院有许多专业常务委员会，每个议员参加一个或多个委员会，每个委员会每周开一小时会，每个议员必须保证能够参加他加入的委员会的会议。所以，如果两个委员会有共同的会员，那么这两个委员会就不能在同一个时间开会。议会的办事员负责为这些会议排时间表。问办事员应该如何排这些会议的时间表才能使议员们能参加他们的专业委员会的会议，并且会议的时段尽可能少？ ■

在这两个例子中，存在对象（化学产品或委员会）和它们之间的关系（不能在同一节车厢里运输，或不能在同一个时间开会）。由于这是图的基本思想，所以用图来描述这些例子似乎是很自然的。在第一个例子中，顶点是化学产品，只要两个顶点所表示的两种化学产品不能放在同一节车厢里，就在这两个顶点之间画一条边。在第二个例子中，顶点是委员会，只要有某个议员同时在某两个委员会中，就在这两个顶点之间画一条边。

为了进一步说明这个思想，假设在例4.22中，有6种化学品P_1，P_2，P_3，P_4，P_5和P_6。P_1不能与P_2，P_3或P_4在同一节车厢里运输，P_2不能与P_3或P_5一起运输，P_3不能与P_4在一起，P_5不能与P_6在一起。相应的图如图4.40所示，其中，顶点表示这6种产品，用边将不能一起运输的产品两两连接起来。

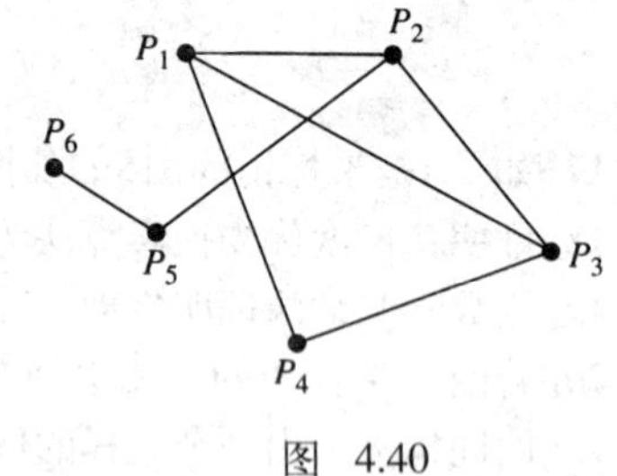

图 4.40

问题仍然悬而未决：所需要的最少车厢数是多少？在图4.40中，相邻的顶点所表示的产品要在不同的车厢中。例如，产品P_1可放在车厢1中，那么由于P_1与P_2相邻，所以P_2需要一节不同的车厢，比如车厢2。由于P_3与P_1以及P_2相邻，所以P_3需要另一节不同的车厢，比如车厢3。但是P_4不需要新的车厢，车厢2可以再用一次。同样，P_5也不需要新的车厢，车厢1或车厢3都可以用，假设选择车厢1。接着对P_6，可以选车厢2或车厢3，比如说选车厢2。图4.41说明了如何标记这些顶点，以使不相容的化学产品在不同的车厢里运输。此外，由于P_1，P_2和P_3相互邻接，因此至少要用三节不同的车厢。所以，可行的最小的车厢数是3。

给图中的顶点指定标记，使得相邻的顶点有不同的标记。这种想法经常出现在图论中，由于这种想法起源于给地图中相邻国家涂不同颜色的最少颜色数的研究，因此这些标记被称为**颜色**（color）。**着色一个图**（color a graph）是指给每个顶点指定一种颜色，使得相邻的顶点有不同的颜色。在例4.22中，求所需要的最少的车厢数就相当于求给图4.40着色所需要的最少的颜色数，一种颜色对应于一节车厢。

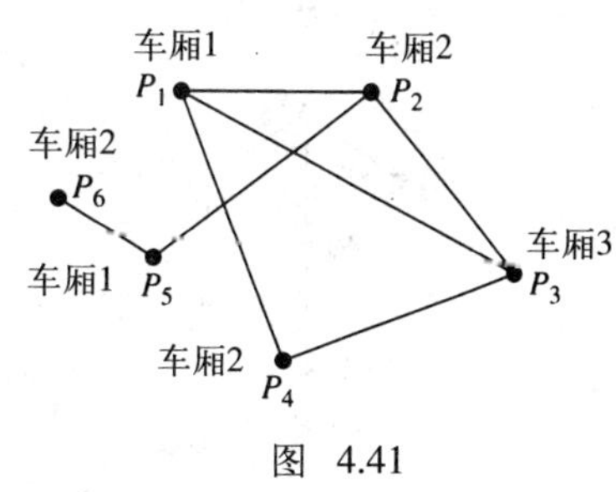

图 4.41

当可用n种颜色，但不能用更少的颜色给一个图着色时，称该图具有**色数**（chromatic number）n。可见，图4.40色数是3。

例4.24 图4.42a具有色数2，因为顶点V_1，V_3和V_5可用同一种颜色着色（比如说红色），其他3个顶点可用另一种颜色着色（比如说蓝色），如图4.42b所示。一般来说，如果回路中有偶数个顶点，那么可以用两种颜色给这个回路着色。 ■

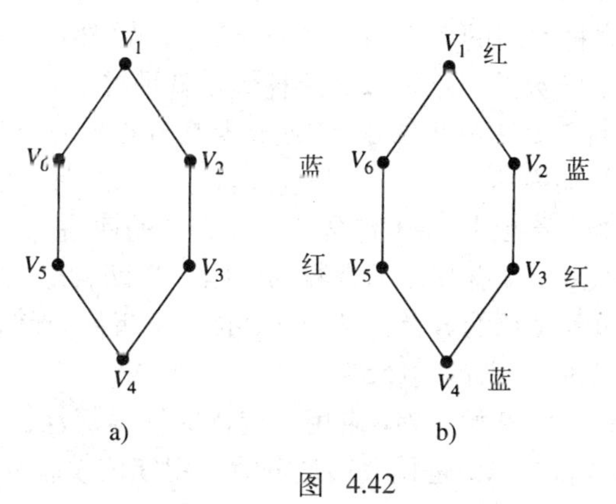

图 4.42

例4.25 当一个回路有奇数个顶点时，如同图4.43a所示的图，则必须要用3种颜色。因为显而易见，其不可能像图4.42一样交替着色。图4.43b展示了如何用3种颜色为一个有奇数个顶点的回路着色。 ■

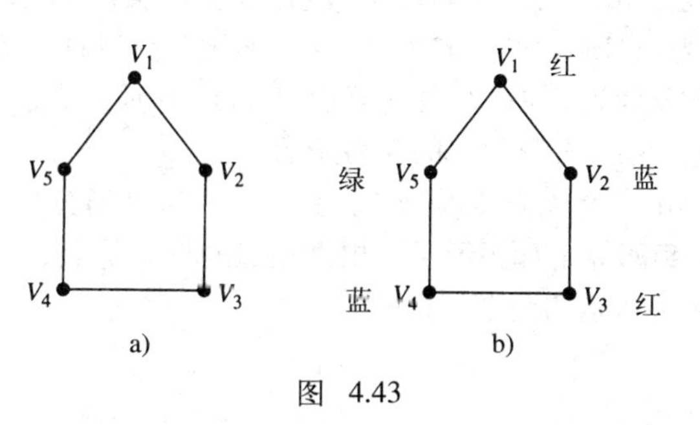

图 4.43

例4.26 有n个顶点的完全图$\mathcal{K}_n$可以用n种颜色着色。而由于每个顶点都与其他所有顶点相邻，所以使用更少的颜色数不可行，于是$\mathcal{K}_n$的色数是n。 ■

例4.27 图4.44a可用两种颜色着色，如图4.44b所示。 ■

例4.28 图4.45的色数是2。左边的顶点可用一种颜色着色，而右边的顶点可用另一种颜色着色。 ■

在一般情况下，要确定着色一个图所需要的最小的颜色数是非常困难的。一种方法是：对图中的顶点，罗列出所有不同的指定颜色的方法，然后，逐个检验这些方法，考察其中哪些是着色，最后，确定哪些着色的颜色数最少。但很遗憾，即使一个图的顶点数相对较小，这也是一个极其耗时的过程，即使用超级计算机，所需要的时间也要用世纪来度量。

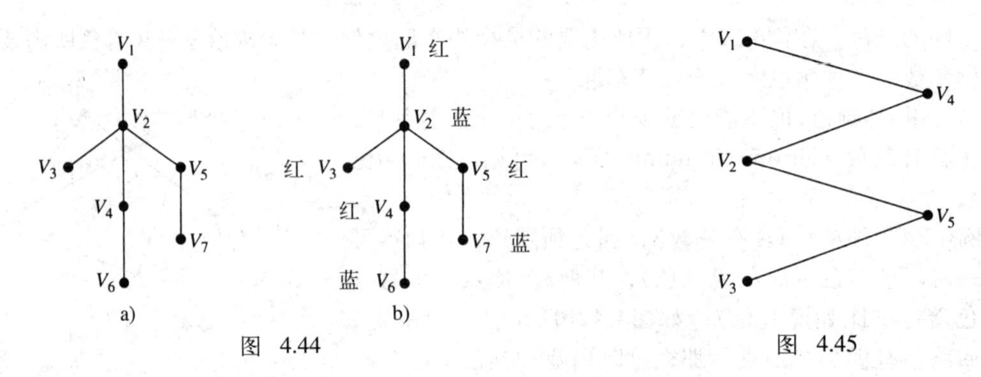

图 4.44　　图 4.45

然而，也存在许多关于图的色数的结论。例如，由例4.25的图可知，长度为奇数的回路色数是3。所以，任何一个有这种回路的图至少需要3种颜色。如图4.41所示的图就是一个这样的例子。如果图中没有长度为奇数的回路，那么两种颜色就足够了。

定理4.8　*图$\mathcal{G}$可用两种颜色着色当且仅当$\mathcal{G}$不包含长度为奇数的回路。*

证明　正如上面所指出的那样，当$\mathcal{G}$有一个长度为奇数的回路时，给$\mathcal{G}$着色至少需要3种颜色。因此，当可用两种颜色为$\mathcal{G}$着色时，$\mathcal{G}$不包含长度为奇数的回路。

反之，下面将证明，假设$\mathcal{G}$中没有长度为奇数的回路，用两种颜色就可以给$\mathcal{G}$着色。因为对$\mathcal{G}$的每个连通分量的任何两种颜色的着色都给出了$\mathcal{G}$的一个两种颜色的着色，所以可以假设$\mathcal{G}$是连通的。(连通分量的定义见4.2节的习题57。)

选择$\mathcal{G}$的任意一个顶点S，从S开始，对$\mathcal{G}$应用广度优先搜索算法。由于$\mathcal{G}$是连通的，所以每个顶点都会被标记。根据顶点的标记是偶数还是奇数，用红色或蓝色为每个顶点着色。

必须证明：没有相邻的顶点，比如说U和V，有相同的颜色。采用反证法⊖。假定存在相邻的两个顶点U和V，它们被着以相同的颜色，因而它们的标记都是偶数或都是奇数。由广度优先搜索算法可知，相邻顶点上的标记之差不会超过1。由于U和V的标记都是偶数或都是奇数，所以它们的标记一定是相同的，比如是m。利用前驱，从U和V沿最短通路回溯到S。设这些通路首次相遇于标记为k的顶点W。(参见图4.46，可能会遇到$W=S$和$k=0$的情况。)此时，这两条通路的从W到U和从W到V的这两段连同边$\{U, V\}$形成一条长度为$2(m-k)+1$的回路，这是一个奇数，与假设$\mathcal{G}$不包含奇数长度的回路矛盾。■

例4.29　对图4.47应用广度优先搜索算法，分别从左边连通分量中的顶点V和右边连通分量中的顶点X开始，所得到的标记如图所示。根据顶点的标记是偶数还是奇数，用红色或蓝色给顶点着色，得到如图4.48所示的两个颜色的着色。■

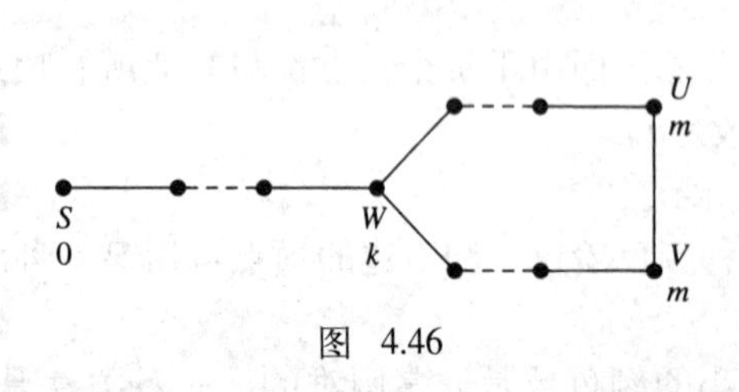

图 4.46

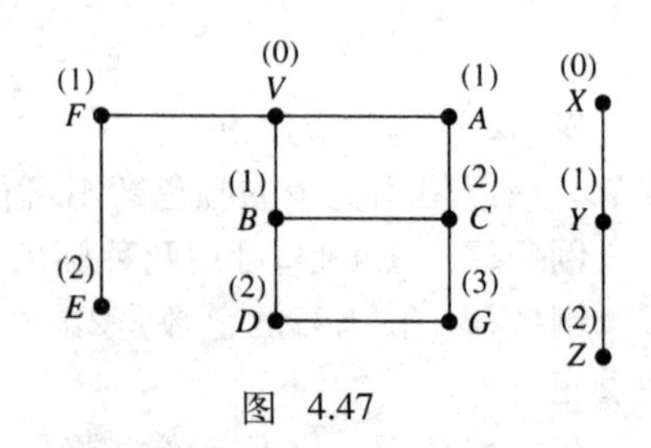

图 4.47

下面的定理给出了着色一个图所需要的颜色数的上界。

⊖ 原文关于这个定理的证明比较简略，译文作了少量补充，以便于读者理解。——译者注

定理4.9 图G的色数不超过G中顶点的最大度数加1。

证明 设G的顶点的最大度数是k。下面将证明可用$k+1$种颜色C_0，C_1，…，C_k为图G着色。首先，选择一个顶点V，为它指定一种颜色。接着，另选某个其他顶点W。由于最多有k个顶点与W相邻，并且至少有$k+1$种颜色可供选择，所以至少有一（也可能有很多）种颜色尚未用在与W相邻的顶点上。选择这样的一种颜色，把它指定给W。这个过程可以一直继续，直到G中所有的顶点都已被着色。 ■

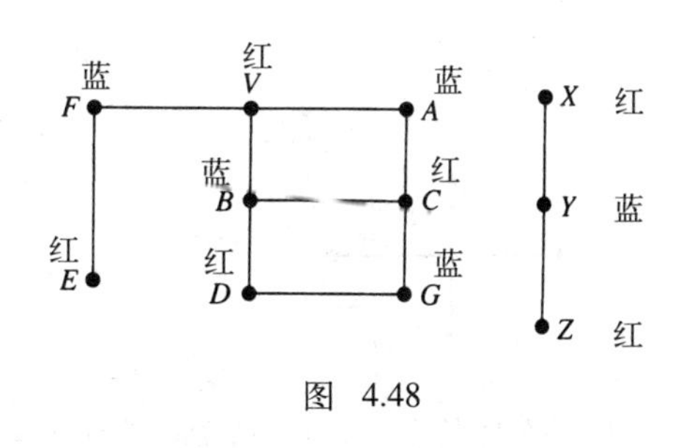

图 4.48

例4.30 定理4.9中描述的过程可能会使使用的颜色比实际所需要的颜色更多。图4.49有一个度数为4的顶点，这是该图最大的顶点度数。所以，根据定理4.9，该图可用$1+4=5$种颜色着色。但是，通过使用定理4.8中描述的过程，可以只用两种颜色来着色这个图。 ■

图 4.49

19世纪最著名的问题之一是研究给地图着色所需要的颜色数。显然，在给一个地图着色时，有公共边界（公共边界不是一个点）的国家要用不同的颜色着色。假设地图画在平面上或球面上，而不是画在诸如圆环曲面这类更复杂的曲面上。处理这个问题的常规方法是：把每个国家表示为图中的一个顶点，若两个顶点所代表的国家有公共边界（公共边界不是一个点），则将它们连接起来。于是，给地图着色就相当于给这个图的顶点着色，使得相邻的顶点没有相同的颜色。早在1852年就有人猜测：用4种颜色就可以给任何一个这样的地图着色。而直到1976年，两位伊利诺伊州立大学的数学家，阿贝尔（Kenneth Appel）和黑肯（Wolfgang Haken）才证明了这个猜测。他们的证明需要对1900多种情况进行穷举分析，这个过程在一台高速计算机上耗时超过了1200个小时。

例4.31 图4.50a所示的是美国地图的一部分。按上述方法得到的相应的图如图4.50b所示。这个图可用3种颜色着色，如图4.50c所示。 ■

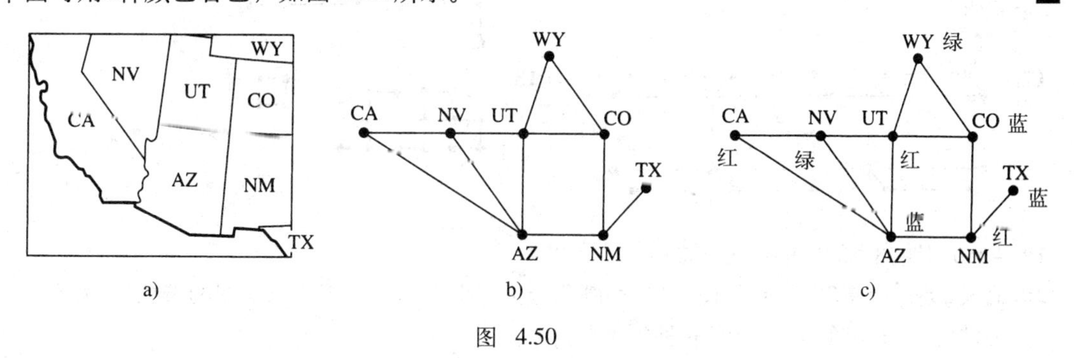

图 4.50

习题4.4

在习题1～8中，求出图的色数。

1. 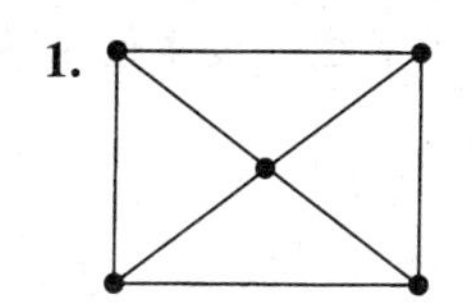

2. 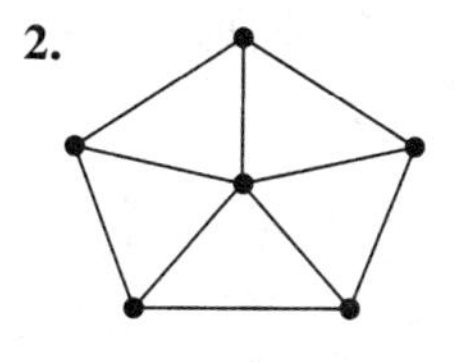

3. 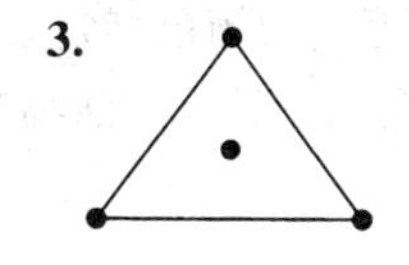

4. 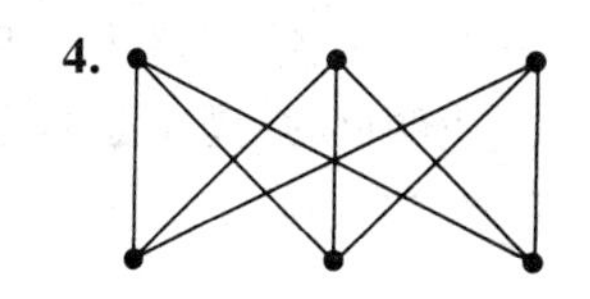

5.

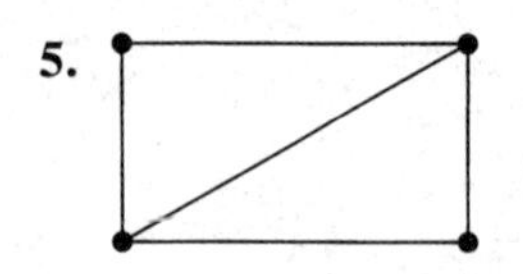

6.

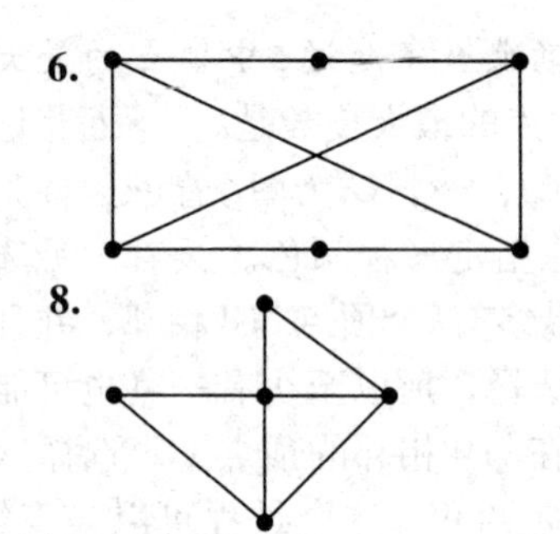

7.

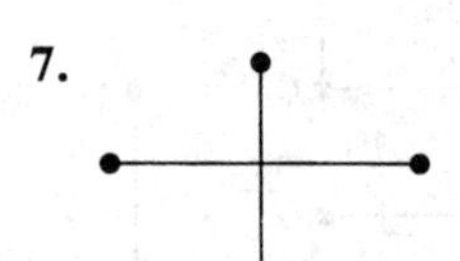

8.

9. 一个图的色数是1，这意味着什么？

10. $\mathcal{K}_{2,3}$，$\mathcal{K}_{7,4}$和$\mathcal{K}_{m,n}$的色数分别是多少？（$\mathcal{K}_{m,n}$的定义参见4.2节的习题52。）

11. 给出图的例子，其中

(a) 色数比顶点的最大度数大1。

(b) 色数不比顶点的最大度数大1。

12. 有人猜想：如果一个图有许多顶点且每个顶点的度数都很大，那么这个图的色数也一定很大。构造一个至少有12个顶点的图，每个顶点的度数至少为3，而此图的色数为2。由此说明前面的猜想是不正确的。

13. 应用定理4.8的证明过程，编写一个给图着色的形式算法，假定图中不包含长度为奇数的回路。

14. 证明：当把习题13中的算法应用到一个有n个顶点和e条边的图上时，对这个图着色至多用到$n+e$次基本运算。（在分析这个算法时，把"给一个顶点着色和使用一条边"看作是基本操作。）

在习题15～18中，应用习题13中的算法给图着色。

15.

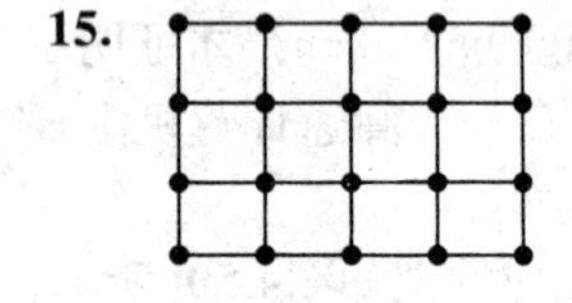

16.

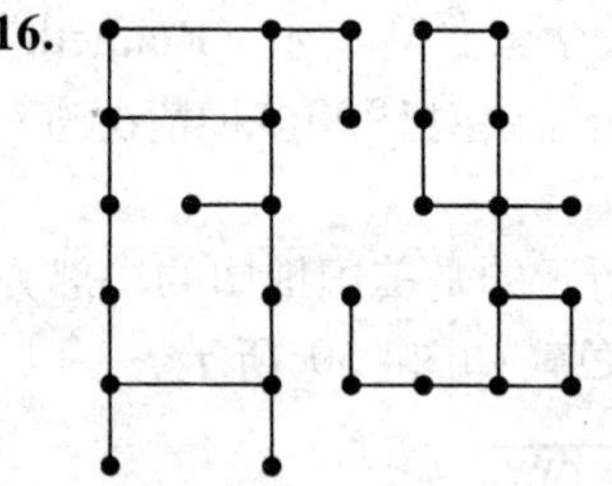

17.

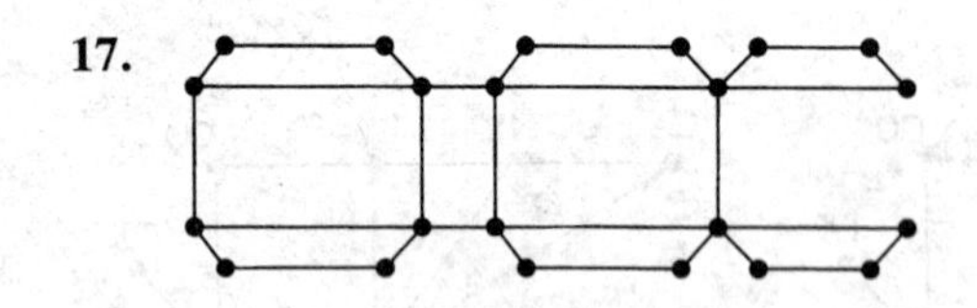

18.

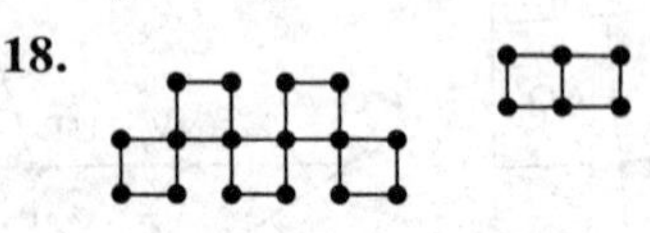

19. 4.1节习题48中的图的色数是多少？

20. 假设G是一个有3个顶点的图。用3种颜色给顶点指定颜色（不要求是图的着色），共有多少种方法？如果有4个顶点，可用4种颜色呢？

21. 把习题20推广到有n个顶点的图和可用n种颜色的情况。

22. 假设G是有n个顶点的图，可用n种颜色给顶点指定颜色。如果一个操作包含"为各顶点指定颜色和检验该颜色指定是否是图的着色"，那么，用一台每秒执行十亿次操作的计算机，对一个有20个顶点的图检验所有可能的颜色指定要花费多少时间？对于寻找图的着色，要求使用最少颜色的问题，这种方法会是一种好方法吗？

23. 仅用3种颜色为下面的地图着色。

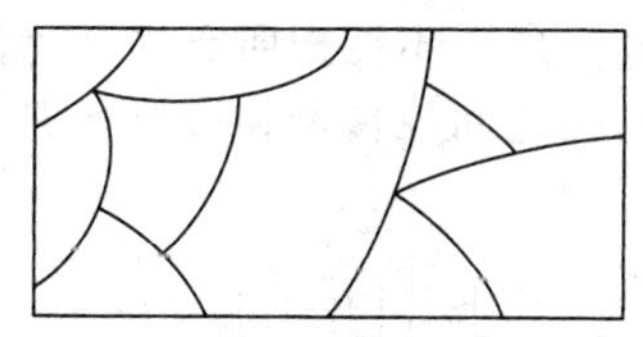

24. 仅用3种颜色为下面的地图着色。

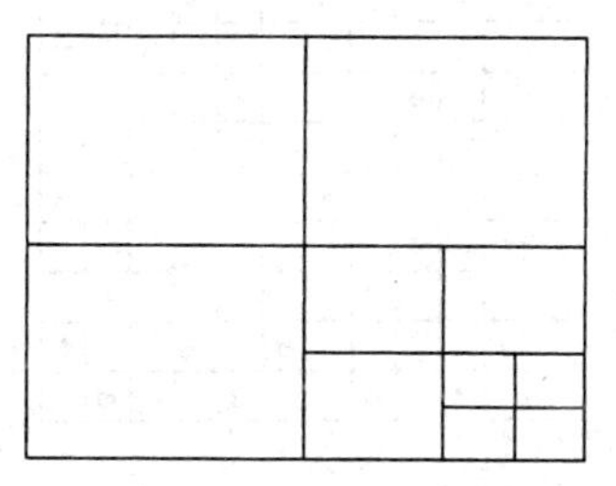

25. 仅用4种颜色为下面的地图着色。

26. 仅用4种颜色为下面的地图着色。

27. 在有5个专业委员会的情况下求解例4.23。这5个专业委员会分别是财政、预算、教育、劳动和农业。议会办事员只需考虑州议员Brown、Chen、Donskvy、Geraldo、Smith和Wang。财政委员会有成员Chen、Smith和Wang；预算委员会有成员Chen、Donskvy和Wang；教育委员会有成员Brown、Chen、Geraldo和Smith；劳动委员会只有成员Geraldo；农业委员会有成员Donskvy和Geraldo。

28. 在下面的图形中，为每个圆着色，使得互相接触的圆有不同的颜色。用图表示下面的图形，确定所需要的最少颜色。

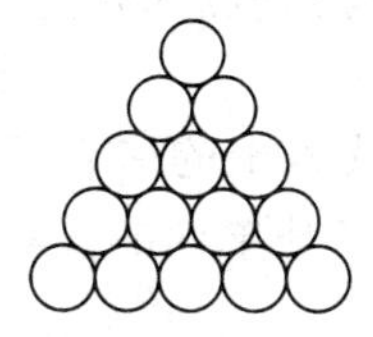

29. 一家大型动物园的饲养员希望重建动物园，使动物按照它们的自然习性栖息在一起。但是由于有些动物要掠食另一些动物，所以不能把所有的动物都放养在同一个地方。在下面的表中，字母表示动物，点表示动物之间掠食者和被掠食者的关系。饲养员所需要的场所最少是多少个？

	a	b	c	d	e	f	g	h	i	j
a		●			●					●
b	●			●			●			
c								●		●
d		●				●				
e	●								●	
f				●						●
g		●								
h			●						●	
i					●			●		●
j	●		●			●			●	

30. "可用3种颜色着色"是图的同构不变量吗？

31. 证明："色数是3"是图的同构不变量。

32. 洛杉矶地区有7家汽车旅游公司，在一天中，每家公司最多参观下列景点中的三个不同景点，这些景点是好莱坞、贝弗利山、迪士尼乐园和通用电影制片厂。同一天中，参观一个景点的旅游公司不能超过一个。第一家旅游公司只参观好莱坞，第二家只参观好莱坞和迪士尼乐园，第三家只参观通用电影制片厂，第四家只参观迪士尼乐园和通用电影制片厂，第五家只参观好莱坞和贝弗利山，第六家只参观贝弗利山和通用电影制片厂，第七家只参观迪士尼乐园和贝弗利山。请问这些游览可以只安排在星期一、星期三和星期五吗？

33. 证明：如果一个有n个顶点的图的色数是n，那么这个图有 $\frac{1}{2}n(n-1)$ 条边。

34. 证明：存在给$\mathcal{K}_5$的每条边指定红色或蓝色的方法，使图中没有3条边的颜色都相同的长度为3的回路。

***35.** 证明：若用$\mathcal{K}_6$替换$\mathcal{K}_5$，则习题34中的命题是不正确的。

***36.** 用数学归纳法（对顶点数进行归纳）证明定理4.9。

***37.** 假设图$\mathcal{G}$的每个顶点都具有下列性质：如果把一个顶点以及与它相关联的边从$\mathcal{G}$中删除，那么所得到的图就会有较小的色数。证明：如果$\mathcal{G}$的色数是k，那么$\mathcal{G}$的每个顶点的度数都至少为$k-1$。

4.5 有向图和有向多重图

在前面所述的图的应用中，用一条边来表示两个顶点之间的双向或对称的关系。但是，在有些情形中，仅有一个方向的关系成立，用线段不足以描述这些情形，需要用有向线段。

例4.32 在许多城市的市区，城市的街道是单向的。在这种情况下，就需要用有向线段来指明所允许的交通流向。在图4.51中，用点表示市区的主要场所，当通过一条单向街道可以从第一个场所走到第二个场所时，就用箭头将两个点连接起来。例如，从银行到旅店的箭头表示从银行到旅店有一条单向街道。 ■

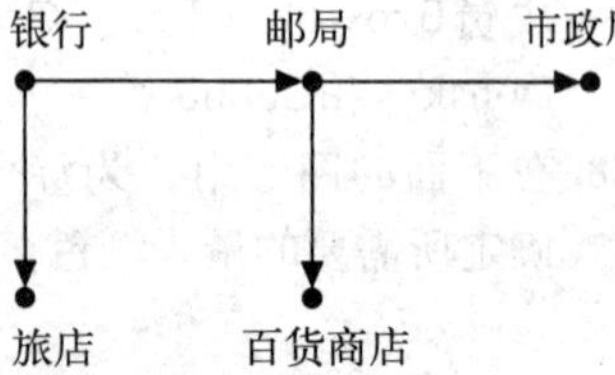

图 4.51

例4.33 尽管在通信网络中有些线路上的信息可以双向流动，但也有些线路上的信息流只是单向的。在微机系统中，通常数据在中央处理器

(CPU) 和存储器 (Memory) 之间可以双向流动，但是，数据只能从输入设备到存储器、从存储器到输出设备单向流动。这种情形可用图4.52表示，箭头表示数据是如何流动的。 ■

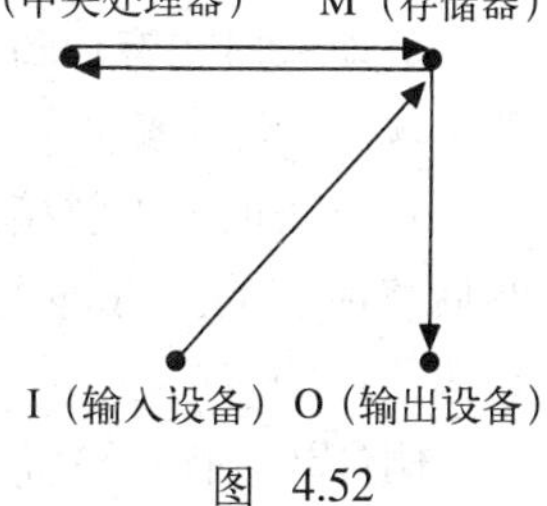

图 4.52

4.5.1 有向图

有向图 (directed graph) 由一个有限非空集合$\mathcal{V}$和一个有序偶的集合$\mathcal{E}$组成，$\mathcal{E}$中的有序偶由$\mathcal{V}$中的不同的元素组成。$\mathcal{E}$中的元素称为**顶点** (vertices)，$\mathcal{E}$中的元素称为**有向边** (directed edges)。

图4.52表示了一个有向图，其顶点为C, I, M和O，有向边为(C, M), (M, C), (I, M)和(M, O)。与图一样，有向图既可用集合也可用图形来描述，图形中，$\mathcal{V}$中的顶点之间的箭头描述了所包含的顶点有序偶。

如果存在有向边$e=(A, B)$，则称e**是从A到B的有向边** (directed edge from A to B)。在图4.52中，从M到O有一条有向边，但从O到M没有有向边。类似地，从M到C有一条有向边，从C到M也有一条有向边。

正如图一样，两条有向边在图形中相交不产生新的顶点。同样，在本书中，顶点集合是有限集（尽管不是所有的书中都这样要求）。最后，不存在从一个顶点到它自身的有向边，从一个顶点到另一个顶点也不存在两条或两条以上的有向边。

在有向图中，从顶点A出发的有向边的数目称为A的**出度** (outdegree)，记为$\text{outdeg}(A)$。类似地，到达顶点A的有向边的数目称为A的**入度** (indegree)，记为$\text{indeg}(A)$。在图4.52中，可以看到：$\text{outdeg}(M)=2$，$\text{indeg}(C)=1$，$\text{outdeg}(O)=0$。定理4.1指出：在图中，所有顶点的度数之和等于边数的两倍。因为每条有向边从一个顶点离开而进入另一个顶点，所以对有向图有如下的类似定理。

定理4.10 *在有向图中，下列3个数是相等的：所有顶点的入度之和、所有顶点的出度之和以及有向边的数目。*

4.5.2 有向图的表示

与图一样，有向图也可以用矩阵表示。假设有一个有向图$\mathcal{D}$，它有n个顶点，分别标为V_1, V_2, …, V_n，这样的有向图称为是**带标记的** (labeled)。构造一个$n\times n$阶矩阵，如果从顶点V_i到顶点V_j有一条有向边，则矩阵的(i, j)元素为1，反之为0。这个矩阵称为$\mathcal{D}$（关于该标记）的**邻接矩阵** (adjacency matrix)，记为$A(\mathcal{D})$。

例4.34 图4.53所示的是一个有向图和它的邻接矩阵。(1, 4)元素为0，因为从V_1到V_4没有有向边；但是(4, 1)元素为1，因为从V_4到V_1存在有向边。因为没有从顶点V_3出发的有向边，所以邻接矩阵的第3行元素全为0。由于没有到达顶点V_4的有向边，所以邻接矩阵的第4列元素也全为0。 ■

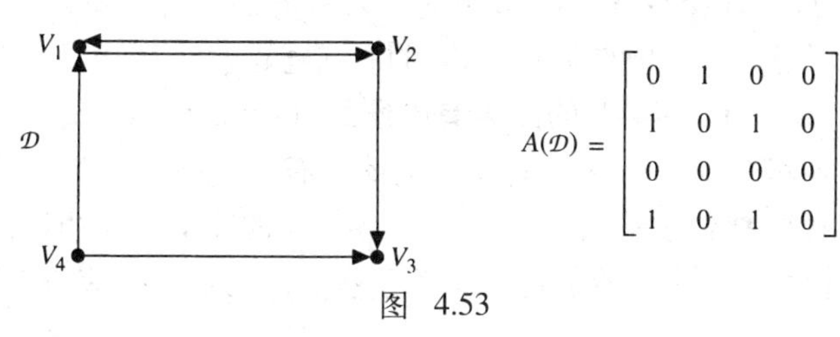

图 4.53

上例中的最后两个观察结论提示了一个类似于定理4.2的关于有向图的定理。可以从有向图邻接矩阵的定义证明这个定理。

定理4.11 有向图邻接矩阵第i行的所有元素之和等于顶点V_i的出度，第j列所有元素之和等于顶点V_j的入度。

有向图也可用**邻接表**（adjacency lists）表示。为了构造邻接表，首先标记有向图的顶点，然后将所有的顶点排成一列，并在每个顶点后面列出这样的顶点：有一条从指定的顶点出发到该顶点的有向边。

例4.35 图4.53所示的有向图的邻接表如下：

V_1: V_2

V_2: V_1, V_3

V_3: 空

V_4: V_1, V_3

由于V_2是唯一一个从V_1出发通过有向边到达的顶点，所以V_2是唯一的列在V_1之后的顶点。类似地，因为存在从V_4到达V_1和V_3的有向边，所以这两个顶点列在V_4之后。■

4.5.3 有向多重图

在4.2节和4.3节中，我们介绍了多重图、带权图、通路、简单通路和回路的概念，针对有向边，也有相应的类似概念。有向带权图的概念将留在习题中。为了说明其他定义，考虑如图4.54所示的图。

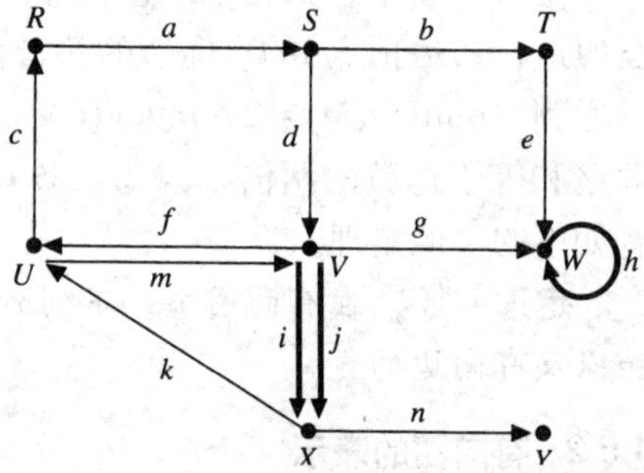

图4.54表示了一个**有向多重图**（directed multigraph）。在顶点W上有一个**有向环**（directed loop）h，从V到X存在**平行有向边**（parallel directed edges）i和j。因为有向图也是一种特殊的有向多重图，所以在有向多重图上给出的定义也可以应用于有向图。另外要注意，诸如f和m这样的有向边不是平行有向边，但i和j是平行有向边。

图 4.54

如果对每个$i=1, 2, \cdots, n$，存在边$e_i=(V_i, V_{i+1})$，则称顶点和有向边的交替序列

$$V_1, e_1, V_2, e_2, \cdots, V_n, e_n, V_{n+1}$$

为从V_1到V_{n+1}的**有向通路**（directed path）。这条有向通路的长度为n，即其中有向边的数目。所以，R，a，S，b，T，e，W是一条从R到W的长度为3的通路，也可以记作：R，S，T，W或a，b，e。由于从V到X存在两条有向边，有向通路V，i，X，k，U，m，V，j，X不能只用顶点来描述。但是，这条有向通路可以通过仅列出有向边i，k，m，j来描述。此外，T，b，S，d，V不是有向通路，因为有向边b不是从T到S而是从S到T的。同样，不存在从Y出发的长度为正数的有向通路。如前所述，一个顶点是长度为0的有向通路。

有向通路a，d，g是一条从R到W的**简单有向通路**（simple directed path），即没有重复顶点的有向通路。有向通路a，d，i，k，m，g不是简单有向通路，这是因为顶点V重复出现了。容易看出：每条有向通路都包含一条简单有向通路，且该简单有向通路的两个端点与原来的有向通路的两个端点相同。这个结论的证明与关于多重图的定理4.4的证明相似，这里从略。

定理4.12 *每一条U-V有向通路都包含一条U-V简单有向通路。*

如图4.54所示的有向通路a，d，f，c是一个**有向回路**（directed cycle），因为在这条从R到R的长度为正数的有向通路中不存在其他被访问两次的顶点。但是，b，e，g，d不是有向回路，这是因为有向边g和d的方向不对。序列h和序列f，m都可看作为有向回路。有向通路k，m，f，c，a，d，j不是有向回路，这是因为顶点U和V出现了两次。

在有向多重图$\mathcal{D}$中，如果对每对顶点A和B都存在从A到B的有向通路，则称$\mathcal{D}$为**强连通的**（strongly connected）。所以，在强连通的有向多重图中，可以顺着有向边，按照某条路线从任何一个顶点出发到达其他任何一个顶点。

例4.36 图4.54所示的有向多重图不是强连通的，因为从Y到其他任何一个顶点都不存在有向通路。但是，图4.55a所示的有向图是强连通的，因为从任何一个顶点到其他任何一个顶点都可以找到一条有向通路。而图4.55b所示的有向图不是强连通的，因为从A到C不存在有向通路。■

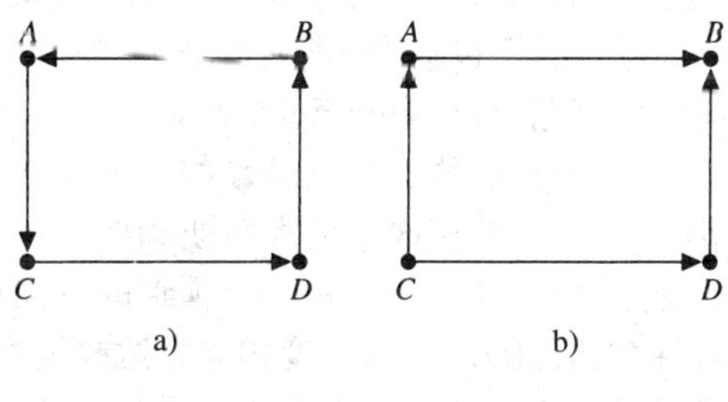

图 4.55

例4.37 假设一个中等城市的议会正关注于市区的交通拥堵问题。议会指示城市交通工程师将市区的每条双向道路都改成单向道路，并要保证从市区的每个地方到市区的其他任何地方仍然有路线可通。

如果用一个图来表示现在的市区道路系统（其中，十字路口是顶点，道路是边），那么城市交通工程师可以给每条边指定一个方向，把图转变成有向图。由于要保证从任何一个地方到其他任何地方都有路线可通，所以，希望这个新的有向图是强连通的。例如，如果图4.56所示的图表示市区的道路系统，那么如图4.55a所示的那样指定边的方向就产生一个强连通的有向图。所以这样指定道路的方向满足市议会的要求。但是，如图4.55b所示的那样指定边的方向就产生一个非强连通的有向图，不能满足市议会的要求。■

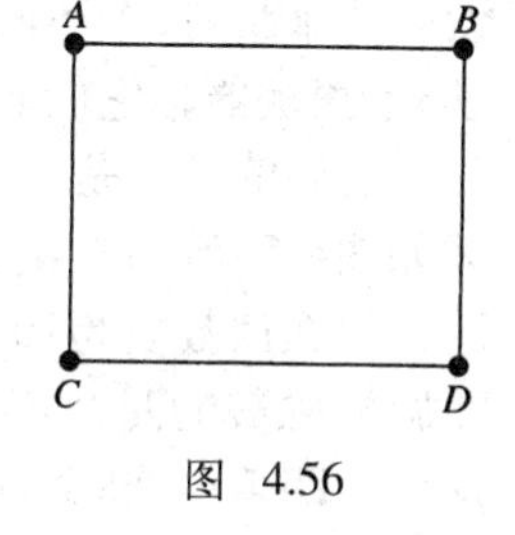

图 4.56

这里有一个重要的问题：在什么情况下给一个图的边指定方向可以产生一个强连通的有向图？图4.57所示的是一个不能变为强连通有向图的例子。不能变换的根源在于连接A和B的边。这是因为，如果把这条边的方向指定为从A到B，那么从右边的一个地方到左边的任何一个地方都没有路线可通；如果把这条边的方向指定为从B到A，则会出现类似的问题。这条连接A和B的边有一个值得注意的性质：如果将它从图中删除，那么这个图就不再是连通的。

可以证明：没有这样的边，即删除该边将使连通图变为不连通，等价于存在一个对此连通图边的方向的指定，使之产生一个强连通图。证明可以在推荐读物[9]中找到。所以，对例4.37中的城市交通工程师来说，要确定是否有一个可接受的单行道方案，只要确定是否存在下面这样的边就足够了：删除该边将使图不连通。

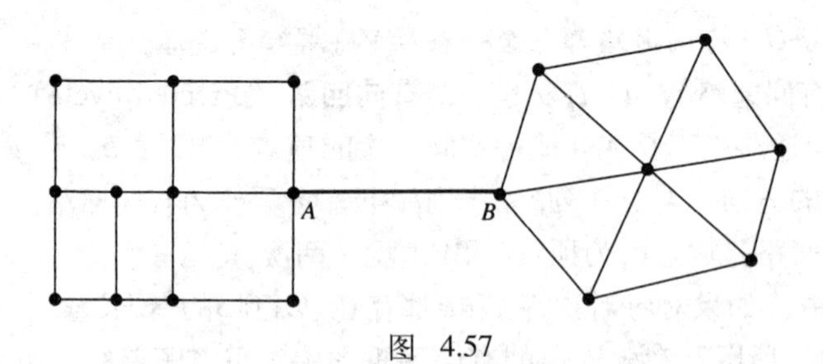

图 4.57

对4.2节的内容以一种简单自然的方式加以改造后就可以应用于有向图。为说明这个论断，考虑有向欧拉通路和有向欧拉回路以及有向哈密顿通路和有向哈密顿回路。

4.5.4 有向欧拉回路和有向欧拉通路

有向多重图中的有向欧拉通路和有向欧拉回路的概念与多重图中的相应概念类似。在有向多重图$\mathcal{D}$中，恰好包括$\mathcal{D}$中所有有向边一次且初始顶点和终止顶点不同的有向通路称为**有向欧拉通路**（directed Euler path）。恰好包括$\mathcal{D}$中所有的有向边一次且第一个顶点和最后一个顶点相同的有向通路称为**有向欧拉回路**（directed Euler circuit）。

回忆一下，在定理4.5的证明中，要构造出一条欧拉回路要求：每次沿着一条边进入一个顶点时，都有另外一条边离开这个顶点。这个要求转变为要求每个顶点的度数都是偶数。在构造有向欧拉回路时，类似地，要求对每条进入一个顶点的有向边，都必须有另一条离开那个顶点的有向边。这意味着每个顶点的入度与出度相等。这些观察被总结成下面的定理。

定理4.13 *假设有向多重图$\mathcal{D}$具有性质：当忽略有向边上的方向时，得到的图是连通的，那么$\mathcal{D}$有有向欧拉回路当且仅当$\mathcal{D}$的每个顶点的入度和出度相等。此外，$\mathcal{D}$有有向欧拉通路当且仅当除两个不同的顶点B和C之外，$\mathcal{D}$的其他顶点的入度和出度相等，且B的出度比入度大1，C的入度比出度大1。在这种情况下，有向欧拉通路自B出发，至C终止。*

可以通过一种简单的方式对在多重图中构造一条欧拉回路的算法加以改造（通过选择一条没有用过的，离开该顶点的有向边），所得到的算法可为满足定理4.13中的假设条件的有向多重图构造有向欧拉回路或有向欧拉通路。

例4.38 在无线电通信中，有一个有趣的有向欧拉回路的应用。（参见推荐读物[7]。）假设有一个带有8个不同扇区的旋转磁鼓，每个扇区要么包含一个0，要么包含一个1。其中安置了3个探测器，它们能读出3个相邻扇区的内容。（参见图4.58。）

我们的任务是：对扇区赋予1和0，使探测器的读数能描述旋转磁鼓的确切位置。假设扇区如图4.59所示被赋予0和1。于是，探测器的读数是010。如果磁鼓沿顺时针方向转动1个扇区，那么读数变为101。但是，如果磁鼓再沿顺时针方向转动一个扇区，那么读数又变为010。即旋转磁鼓的两个不同位置给出了相同的读数。我们希望有一种赋值，从而使这种情况不会发生，即希望把8个1或0安排成一个圆环，使得每3个连续单元的序列都是不同的。

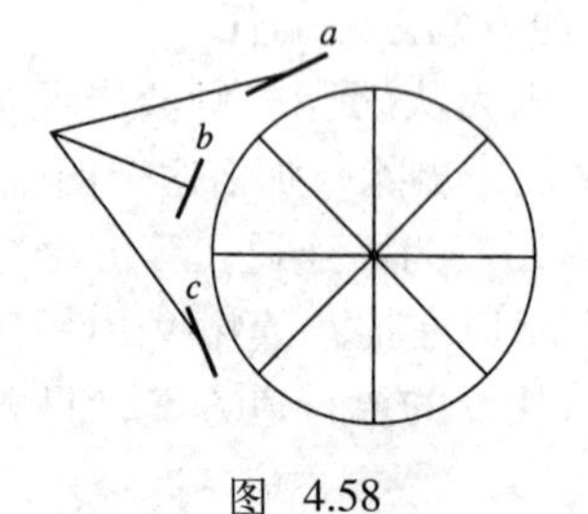

图 4.58

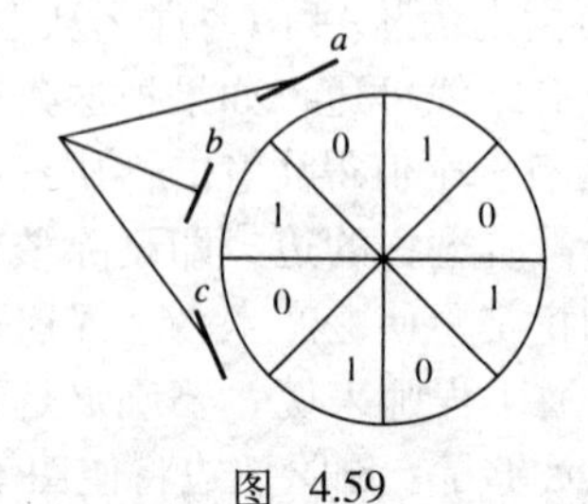

图 4.59

下面构造一个以00，01，11和10为顶点的有向图。从每个顶点出发，以下述方式构造两条有向边：对顶点ab，考虑两个顶点$b0$和$b1$（通过在ab中删去a并在后面加上0或1后得到）。从顶点ab到顶点bc（c是0或1）构造一条有向边，给这条有向边指定标记abc。例如，从01到10有一条标记为010的有向边，从01到11有一条标记为011的有向边。这个有向多重图如图4.60所示。注意，为有向边指定的标记都是不相同的，并且这些标记将构成探测器读数的一个可接受的集合。

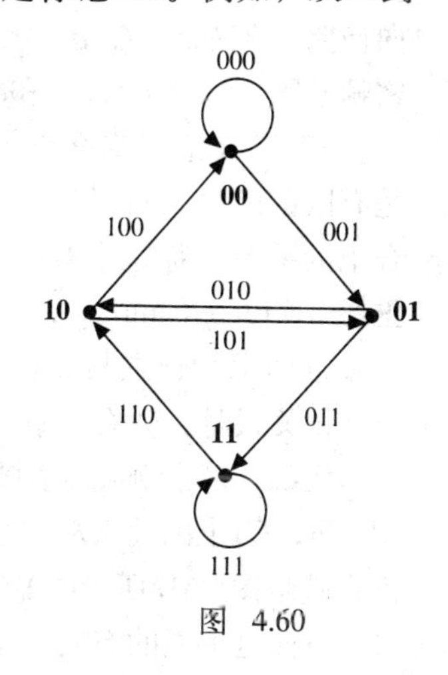

图 4.60

这是一个有向多重图，当忽略有向边的方向时，所得到的多重图是连通的。此外，每个顶点的入度和出度相等，所以存在一条有向欧拉回路。利用前面所指出的改造后的欧拉回路算法，可以从顶点01开始构造有向欧拉回路011，111，110，101，010，100，000，001。在这个有向欧拉回路中，每条有向边标记的后两个数字是其后一条有向边标记的前两个数字。所以，如果在有向欧拉回路中选择每条有向边标记的第一个数字，就得到一个8位的序列，其中每3个连续单元的序列都互不相同（因为所有的标记都不同）。对这个例子，这个过程给出序列01110100。当把这个序列放在旋转磁鼓的扇区中时，磁鼓的8个位置将给出8组不同的读数。 ■

4.5.5 有向哈密顿回路和有向哈密顿通路

一个**有向哈密顿回路（通路）**（directed Hamiltonian cycle（path））是一个恰好包含每个顶点一次的有向回路（通路）。因为有向哈密顿回路或有向哈密顿通路不需要有向环和有向平行边，所以本书将对有向图而不是对有向多重图进行讨论。与图一样，要确定是否存在有向哈密顿回路，并且在存在的前提下找到一条有向哈密顿回路是非常困难的。

这些概念的出现和体育循环比赛有关。在循环比赛中，每个队和其他各队恰好进行一次比赛，而且两个队之间不允许平局。这种比赛可用有向图来描述，其中，用顶点表示队，如果第一个队打败了第二个队，则从第一个顶点到第二个顶点有一条有向边。这种有向图称为**竞赛有向图**（tournament directed graph），或更简单地称为**竞赛图**（tournament）。考虑竞赛图的另一种方式是：采用完全图$\mathcal{K}_n$，并给每条边指定一个方向。

例4.39 假设有3个队A，B和C，A队打败了B队和C队，并且B队打败了C队。图4.61a描述了这种情况。如果C队打败了A队，那么竞赛图就如图4.61b所示。 ■

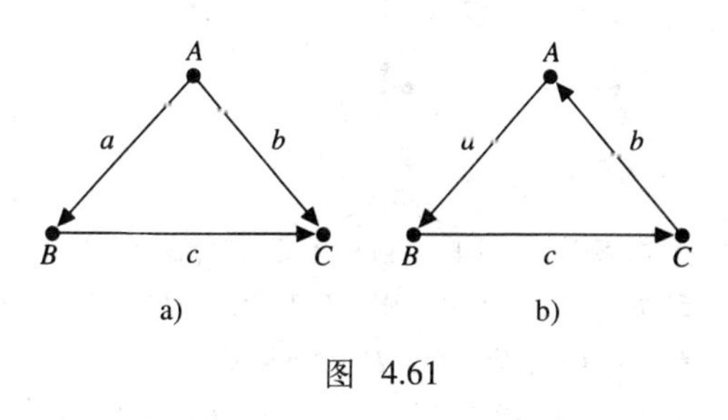

图 4.61

也许我们想要寻找参赛队的一种排名，使得第一个队打败第二个队，第二个队打败第三个队，……，寻找一个队的排名与为竞赛图寻找一条有向哈密顿通路是等同的。可以证明：每个竞赛图都有有向哈密顿通路。在图4.61a所示的竞赛图中，有向通路a，c是哈密顿通路，因而提供了参赛队的一个排名。但是，对图4.61b的检验说明：存在3条有向哈密顿通路，即a和c、b和a以及c和b。这意味着可以找到3种不同的排名。请注意，图4.61b中有一条有向回路，而图4.61a中则没有。一般地，如果一个竞赛图没有有向回路，那么就只有一条哈密顿通路，它提供了参赛队的唯一排名。

图4.62是对这些观点的进一步例证。图4.62a所示的竞赛图没有有向回路，只有一条有向哈密顿通路，即a，f，d，它给出了参赛队的一个排名：A，B，C，D。图4.62b所示的竞赛图有有向回路，例如a，f，d，e，所以就有多条有向哈密顿通路，比如a，f，d和e，a，f。

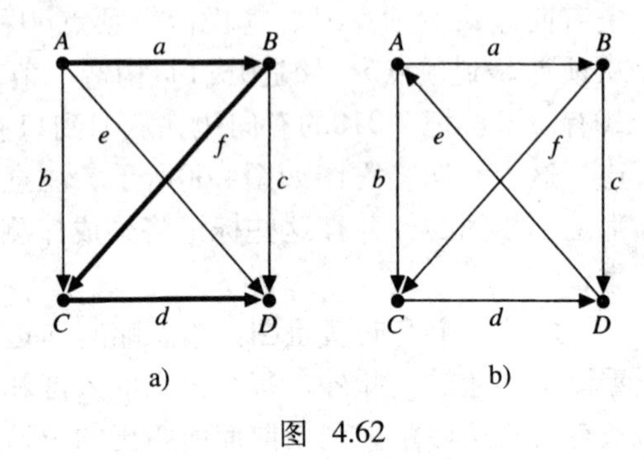

图 4.62

第2章介绍了集合上的关系的概念。当集合是有限的时候，可以用一个有向多重图来描述集合上的关系，称这个有向多重图为**关系的有向多重图**（directed multigraph of the relation）。在这个多重图中，顶点与集合中的元素相对应，每当x与y相关联时，就有一条从x到y的有向边。

例如，考虑例4.39中描述的3个队A，B和C之间的循环比赛。这种情形可被描述为集合$S=\{A, B, C\}$上的关系R，这里$X\ R\ Y$表示X队打败了Y队。在这种情况下，关系R的有向多重图正好就是图4.61a所示的竞赛图。

下面是关系的有向多重图的另一个例子。

例4.40 设R是集合$S=\{2, 3, 4, 5, 6\}$上的关系，R定义为：只要x整除y，就有$x\ R\ y$。于是，R可以表示成如下的$S\times S$的子集：

$$R=\{(2, 2), (2, 4), (2, 6), (3, 3), (3, 6), (4, 4), (5, 5), (6, 6)\}。$$

所以，这个关系的有向多重图有5个顶点及8条有向边，如图4.63所示。■

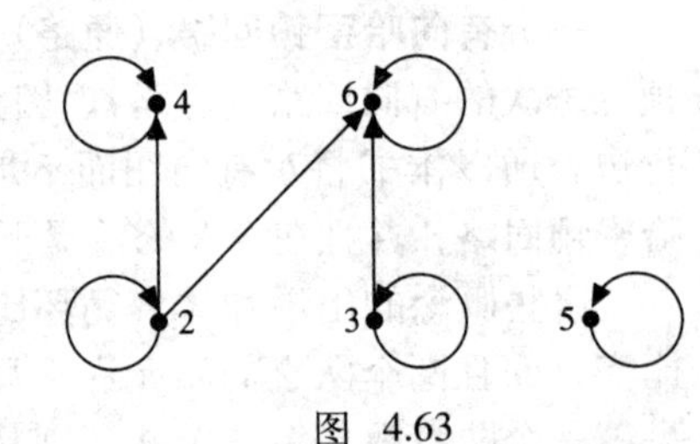

图 4.63

4.1～4.3节中的其他内容也可以以适当的方式改造并用于有向图，下面的习题中有一些这样的例子。

习题4.5

在习题1～4中，列出每个有向图的顶点和有向边。

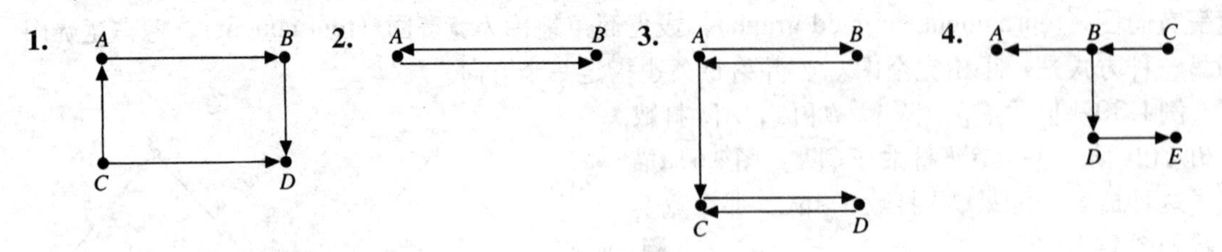

在习题5～8中，画出表示有向图的图形，图的顶点集合是$\mathcal{V}$，有向边集合是$\mathcal{E}$。

5. $\mathcal{V}=\{X, Y, Z, W, U\}$，$\mathcal{E}=\{(X, Y), (Z, U), (Y, X), (U, Z), (W, X), (Z, X)\}$

6. $\mathcal{V}=\{A, B, C, D\}$，$\mathcal{E}=\varnothing$

7. $\mathcal{V}=\{A, B, C\}$，$\mathcal{E}=\{(A, B), (B, C), (C, A), (B, A), (C, B)\}$

8. $\mathcal{V}=\{A, B, C, D\}$，$\mathcal{E}=\{(A, D), (D, B), (D, A)\}$

在习题9～12中，为邻接矩阵构造出带标记的有向图。

9. $\begin{bmatrix} 0 & 1 & 0 & 1 \\ 1 & 0 & 1 & 0 \\ 0 & 0 & 0 & 0 \\ 0 & 1 & 1 & 0 \end{bmatrix}$ **10.** $\begin{bmatrix} 0 & 0 & 0 \\ 0 & 0 & 0 \\ 0 & 0 & 0 \end{bmatrix}$ **11.** $\begin{bmatrix} 0 & 1 & 1 & 1 \\ 1 & 0 & 1 & 1 \\ 1 & 1 & 0 & 1 \\ 0 & 1 & 0 & 0 \end{bmatrix}$ **12.** $\begin{bmatrix} 0 & 1 & 0 & 1 & 1 \\ 1 & 0 & 0 & 0 & 0 \\ 1 & 0 & 0 & 1 & 1 \\ 1 & 1 & 0 & 0 & 0 \\ 1 & 0 & 0 & 1 & 0 \end{bmatrix}$

在习题13～16中，对各有向图列出到达顶点A的有向边上的其他顶点、从A出发的有向边上的其他顶点、A的入度以及A的出度。

13.

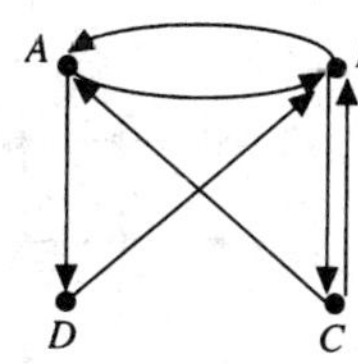

14. **15.** **16.**

对习题17和18中的有向图，

(a) 列出从A到B的所有简单有向通路，并给出每条通路的长度。

(b) 列出所有不同的有向回路，并给出每条回路的长度。(如果有一条有向边在一条回路上但不在另一条回路上，那么这两条有向回路是不同的。)

17.

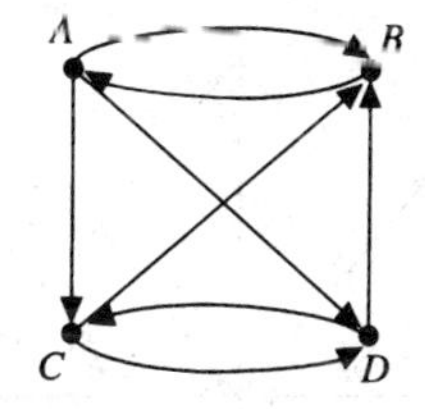

18.

在习题19～22中，给出指定习题中的有向图的邻接矩阵和邻接表。以字母的顺序为顶点进行排序。

19. 习题13 **20.** 习题14 **21.** 习题15 **22.** 习题16

23. 设$\mathcal{V}=\{1, 2, \cdots, 10\}$，$\mathcal{E}=\{(x, y): x, y$属于$\mathcal{V}$，$x\neq y$，且$x$整除$y\}$。画出顶点集为$\mathcal{V}$，边集为$\mathcal{E}$的有向图。

24. 如果一个有向图的邻接矩阵的某一行只包含0，这意味着什么？如果某一列只包含0呢？

25. 画出有两个顶点的所有不同构的有向图。

26. 设$S=\{1, 2, 4, 8\}$，$R=\{(1, 8), (2, 4), (8, 2), (4, 1), (2, 2), (8, 1)\}$是定义在$S$上的关系。画出这个关系的有向多重图。

27. 设$S=\{3, 5, 8, 10, 15, 24\}$，$R$是定义在$S$上的关系，$x\ R\ y$若$x$整除$y$。画出这个关系的有向多重图。

28. 设S是$\{1, 2, 3\}$的所有子集的集合，R是定义在S上的关系，$A\ R\ B$若A是B的子集或B是A的子集。画出这个关系的有向多重图。

29. 描述自反关系的有向多重图。

30. 描述对称关系的有向多重图。

31. 描述反对称关系的有向多重图。

32. 用关系“是…的孩子”构造有向图，其中，顶点是你、你的父母和你的祖父母。

33. 用关系“是…的父母”替换习题32中的关系“是…的孩子”来构造有向图。然后对习题32和习题33中的两个有向图进行比较。

34. Susan喜欢巧克力甜点，特别是布丁、馅饼、冰激凌、小蛋糕和小甜饼。她偏爱馅饼胜于冰激凌和布丁，偏爱小蛋糕胜于馅饼和小甜饼，偏爱小甜饼胜于布丁和冰激凌，偏爱布丁胜于小蛋糕。除此以外，Susan没有其他偏爱。请画一个有向图表示这种情形。

在习题35和36中，确定指定习题中的有向图是否是强连通的。

35. 习题17 **36.** 习题18

37. 给出一个有4个顶点的有向图的例子，其中，每条长度为正数的有向通路的长度都是1。

38. 在有n个顶点的有向多重图中，简单有向通路的最大长度是多少？

在习题39～42中，确定是否可对图中的每条边指定方向以得到一个强连通的有向图。如果可以，请给出一个这样的指定。

39.

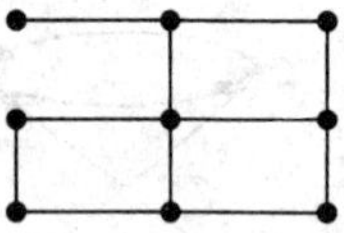

40.

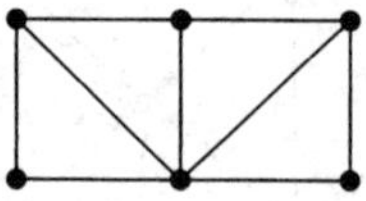

41.

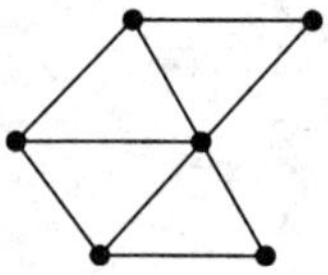

42.

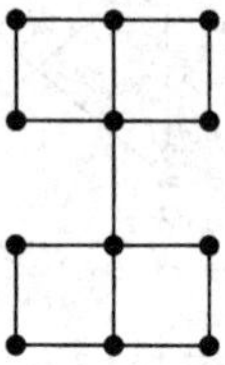

***43.** 如果一个有向图有一条有向哈密顿回路，为什么它一定是强连通的？

在习题44～49中，确定有向多重图是否有有向欧拉通路或回路。如果有，则利用本节讨论过的适当的算法把它构造出来。

44.

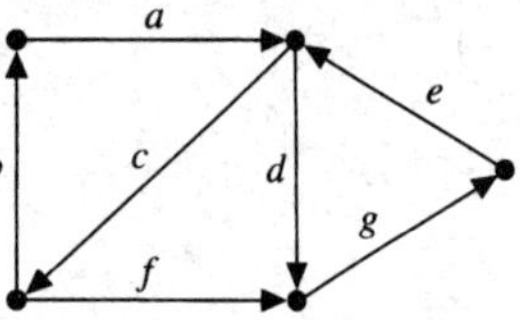

45.

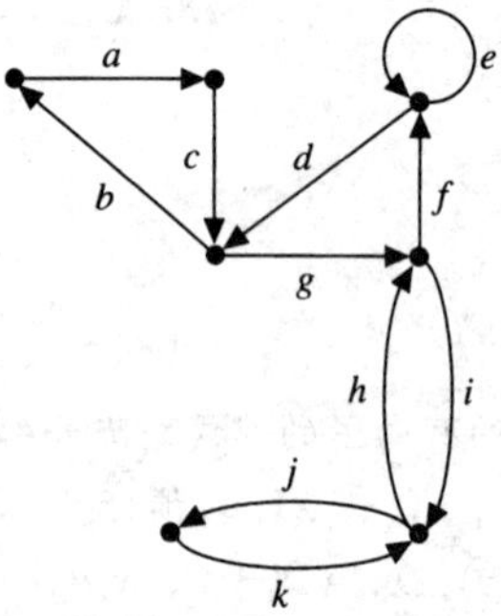

46.

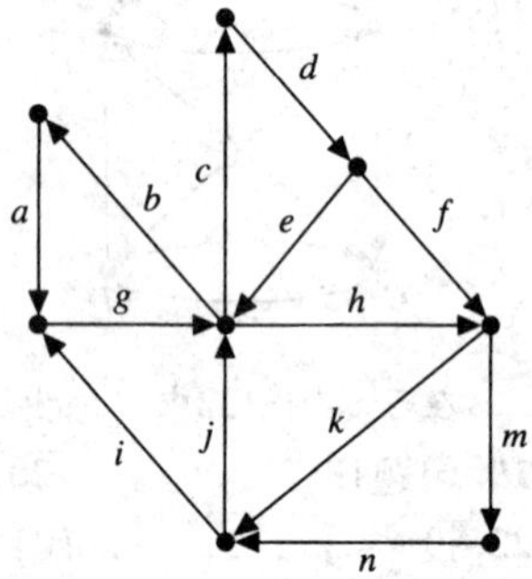

47.

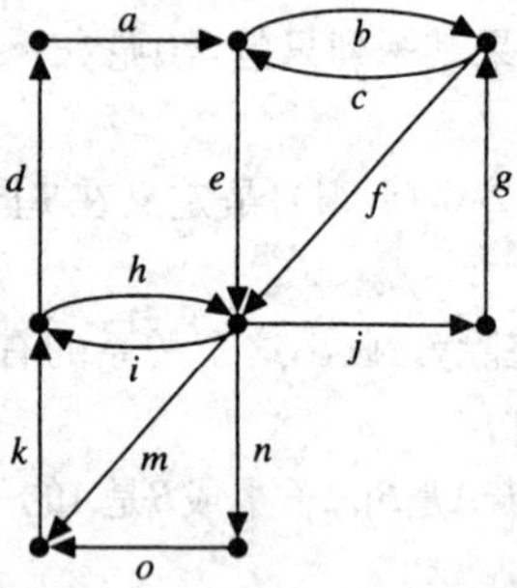

48.

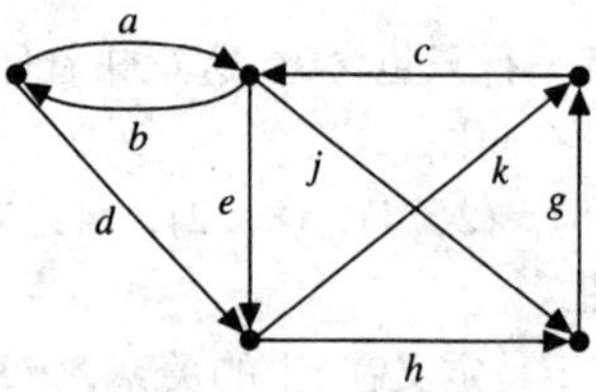

49.

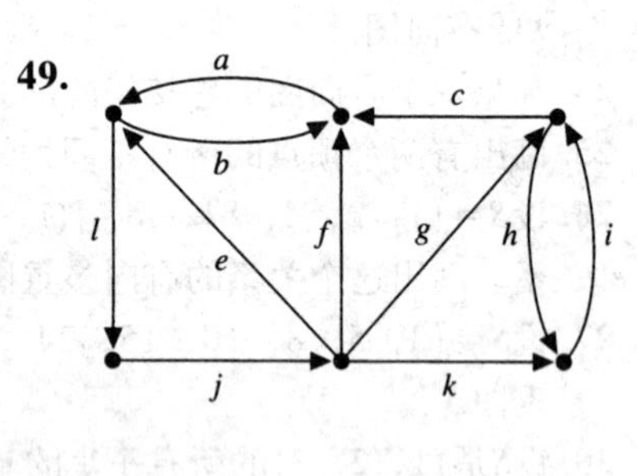

50. 假设在例4.38中，旋转磁鼓仅有4个不同的扇区和两个探测器。用该例子描述的过程，找出由4个0和1组成的序列，使得将它应用到旋转磁鼓上时，每两个连续单元的序列都是不同的。

51. 证明：在有n个顶点的竞赛图中，出度之和为$\frac{1}{2}n(n-1)$。

52. 证明：在有7个参赛者的循环比赛中，不可能有23个胜利者。

在习题53和54中，找出竞赛图中所有的有向哈密顿通路。

53.

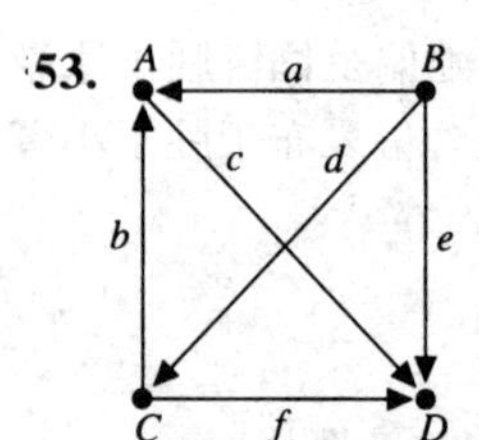

54.

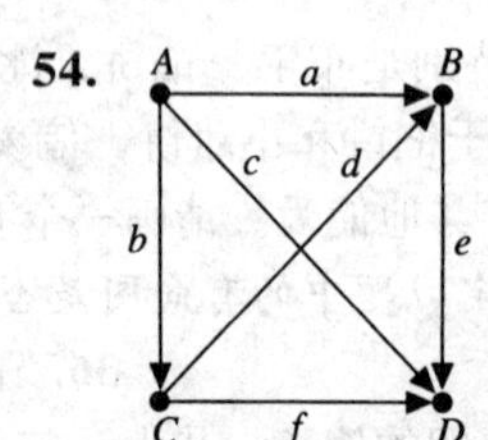

55. 假设Susan在任意两种巧克力甜点（馅饼、布丁、冰淇淋、小甜饼和小蛋糕）之间都有偏爱。她偏爱小甜饼胜于其他所有的甜点，偏爱冰淇淋胜于除小甜饼之外的所有甜点，偏爱馅饼胜于布丁，偏爱小蛋糕胜于馅饼和布丁。请问对她的偏爱是否存在排序？有多少种排序？

56. 在竞赛图中，一个顶点的出度称为**得分**（该队获胜的次数）。在下面的竞赛图中，找出一个得分最大的顶点，并说明从这个顶点出发到其他任何一个顶点都存在长度为1或2的有向通路。

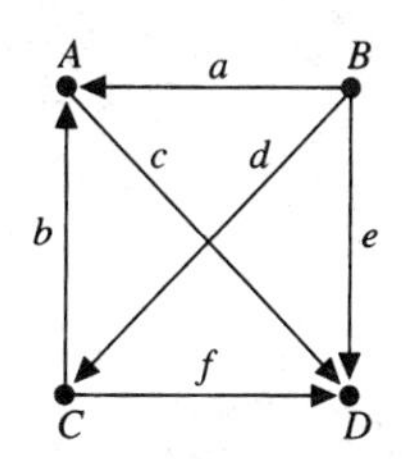

57. 对下面的竞赛图重复习题56。

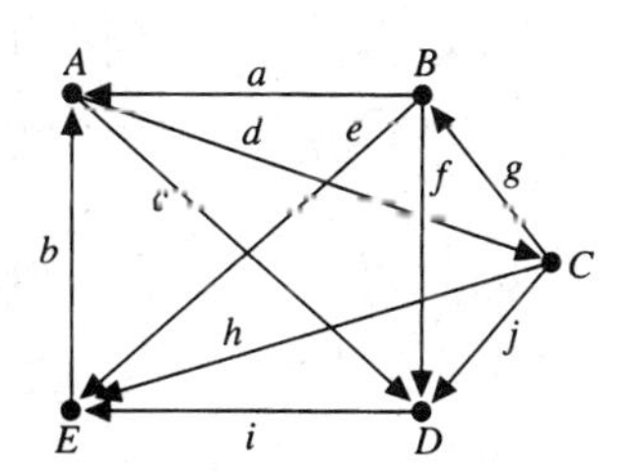

58. 在一个循环比赛中，是否会有两个每场都失利的队？

59. 假设1978年，NFL（全美橄榄球联盟）的北区球队（大熊、狮子、包装工和海盗队）进行循环比赛，每个队和其他队恰好交手一次。如果大熊打败了其他各个队，狮子败于其他各个队，海盗打败了除大熊外的其他各个队。请问是否存在一个球队的排名？这个排名是唯一的吗？

60. 编写一个寻找有向欧拉回路的算法。

61. 编写一个有向图的广度优先搜索算法。

在习题62～65中，用有向图的广度优先搜索算法（参见习题61）确定有向图中从S到T的距离和一条最短的有向通路。

62.

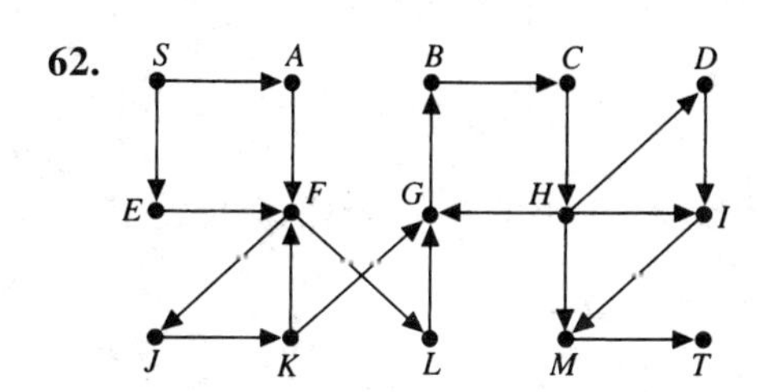

63.

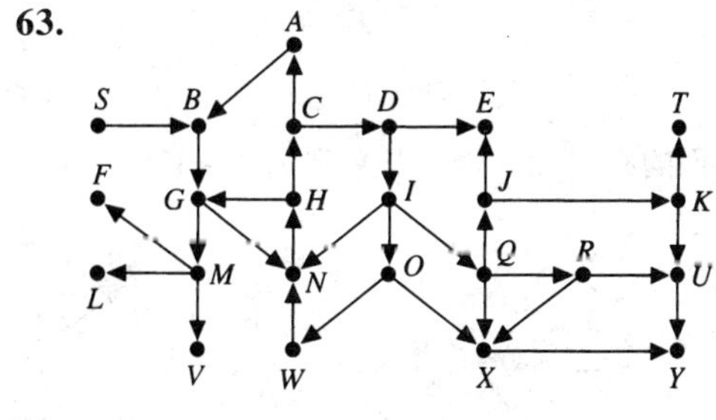

64.

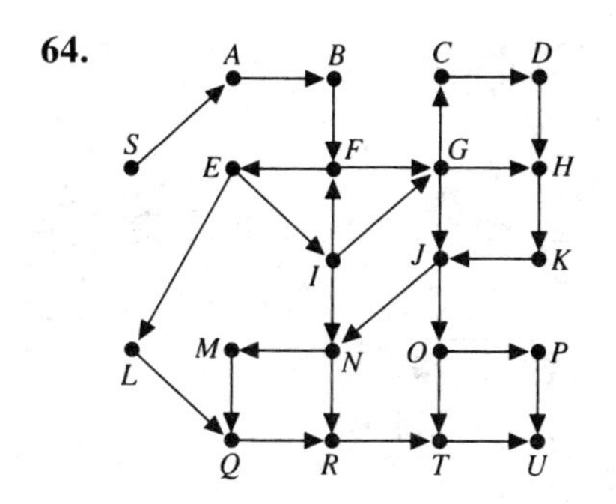

65.

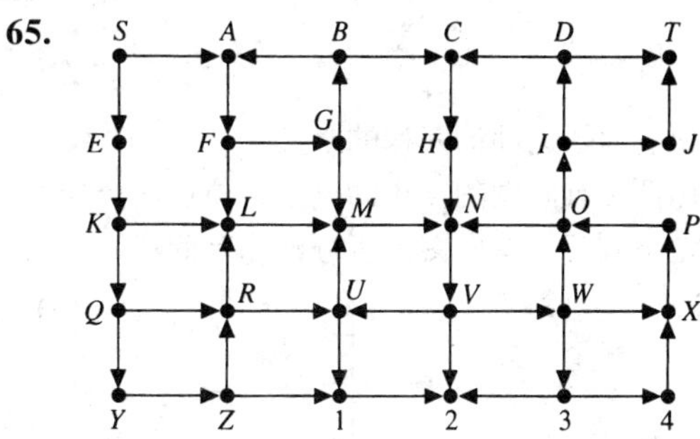

66. 为有向带权图编写一个算法，求出从顶点S到其余各个顶点的距离和一条最短的有向通路。

在习题67～70中，确定有向带权图中从S到其他各个顶点的距离，并找出一条从S到A的最短的有向通路。

67.

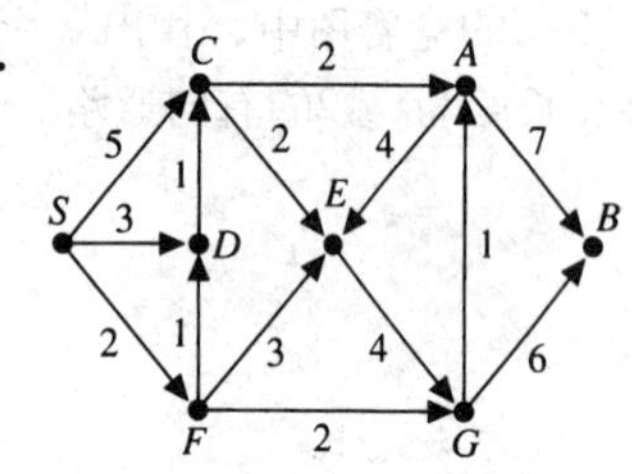

68.

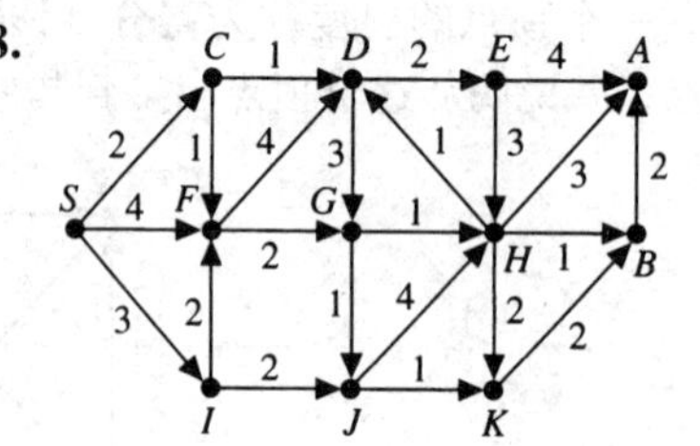

69.

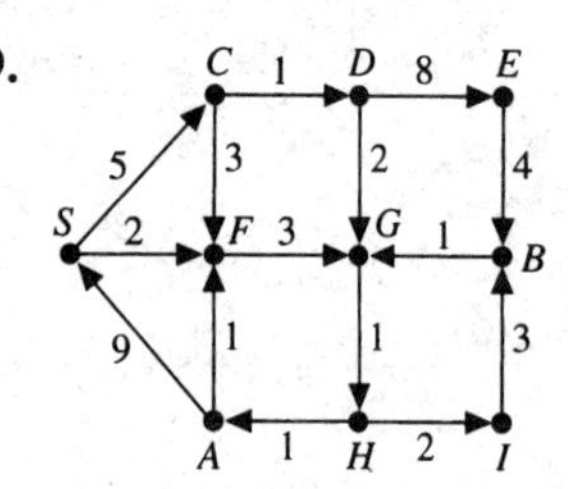

70.

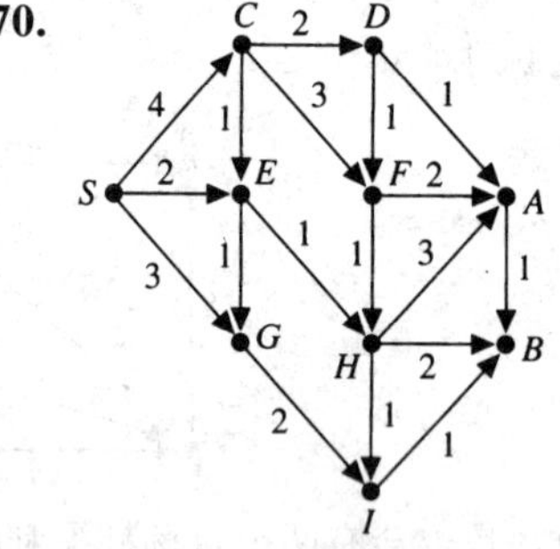

71. 证明：对一个含有顶点V_1，V_2，…，V_n，邻接矩阵是A的有向图$\mathcal{D}$，从V_i到V_j的长度为m的有向通路的数目是A^m的(i, j)元素。

72. 对下面的有向图，确定从V_1到V_3和从V_2到V_4的长度分别为1，2，3和4的有向通路的数目。

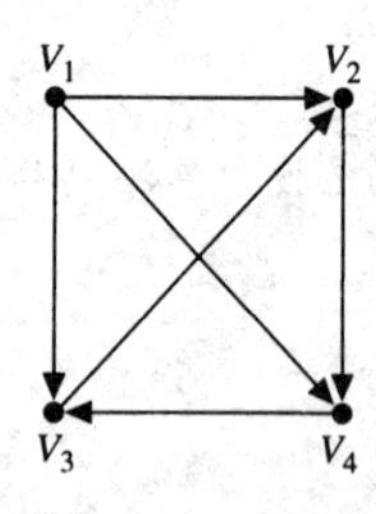

73. 对下面的有向图，确定从V_1到V_4和从V_4到V_1的长度分别为1，2，3和4的有向通路的数目。

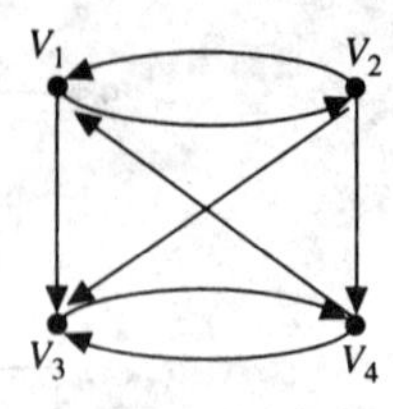

74. 给出有向图之间的同构的定义。

75. 给出两个有向图的性质的例子，使这两个性质在同构的意义下是不变的。并证明你的答案。

76. 确定下列两对有向图是否分别相互同构。

(a) 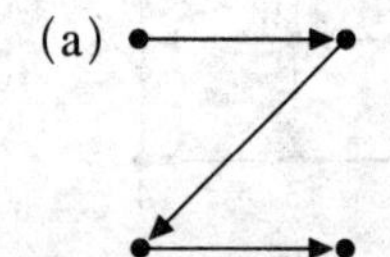 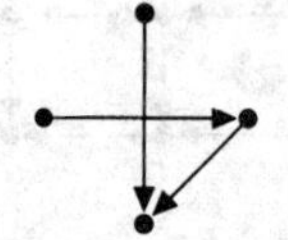　(b) 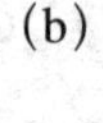 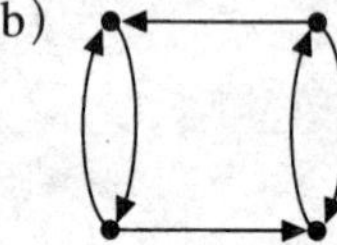 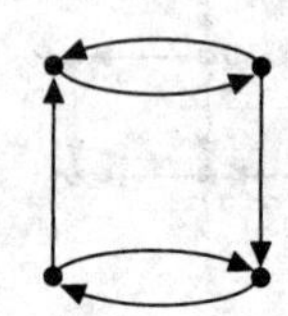

77. 确定下列两对有向图是否分别相互同构。

(a) 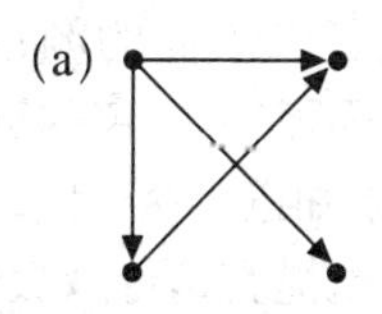 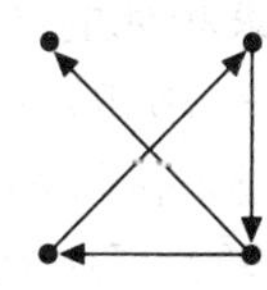 (b) 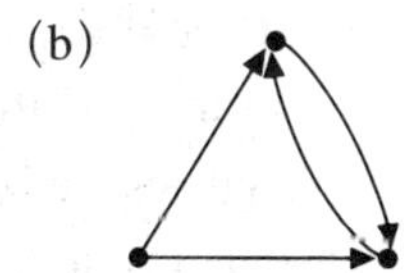 

78. 证明定理4.10。
79. 证明定理4.11。
80. 证明定理4.12。
81. 证明定理4.13。
82. 证明每个竞赛图都有有向哈密顿通路。
83. 证明：在一个竞赛图中，如果A是得分最高的顶点（参见习题56），那么从A到任何其他顶点都有长度为1或2的有向通路。
84. 给出有向带权图同构的定义。（参见4.3节习题20中同构带权图的定义。）给出两个有向带权图的例子，使这两个有向带权图是不同构的，但它们的底图是同构的。

历史注记

Leonhard Euler

图论的起源常常与列昂哈德·欧拉（Leonhard Euler，1707—1783）对哥尼斯堡七桥问题的研究联系在一起。（见4.2节习题30。）这个问题涉及一个流传于哥尼斯堡东普鲁士镇的长期无法解答的难题。哥尼斯堡的旧城中心坐落在普雷格尔河的一个岛上，这个岛恰好在上游两条支流的交汇点的下面。七座桥将支流之间的陆地、岛屿和坐落在两岸的城区连接起来，如4.2节习题30中的图所示。哥尼斯堡市民想设计一条行走路线，这条路线要恰好经过每座桥一次，且终止于出发地。欧拉第一个证明了这是不可能实现的。在证明时，欧拉描述了可能存在这种通路和回路的情形。

欧拉的解没有应用图的表示，而是应用了组合类的推理，这与图论形式的数学推理是有区别的。在描述如何为这种情形构造欧拉通路和回路时，他的工作采用了这样一种方法："在心中删除"图的边，并且考虑剩下结构的特性。后来，在1752年，欧拉证明了其著名的、关于多面体及其相关平面图的公式：$f-e+v=2$，上述呈现过程在证明中起了关键的作用。（见本章补充习题中的习题8。）在欧拉的证明中，他切去与平面图关联的多面体的四面体部分，并注意到下面的量保持不变：

$$(\text{面的数目})-(\text{棱的数目})+(\text{顶点的数目}),$$

最后得到一个四面体。但是，在欧拉的方法中存在一些缺陷。1813年，奥古斯丁－路易斯·柯西（Augustin-Louis Cauchy，1789—1857）弥补了这些缺陷[72]。

William Rowan Hamilton

1859年，威廉·罗万·哈密顿（William Rowan Hamilton，1805—1865）爵士推出了一种智力玩具，这种智力玩具要求在与正十二面体相关的由边和顶点组成的平面图上找到指定的通路和回路。（见4.2节的习题40。）第一个问题是要寻找一条经过每个顶点一次且仅一次的回路。这种智力玩具后来演变成这样的形式：一个顶点上有钉子的正十二面体和一根用于标记这种回路上的边的细绳。当基本底图是一个带权图时，寻求具有最小权值的哈密顿回路的问题就是"旅行推销员"问题。到目前为止，数学家们还未能找到这样的充分必要条件：确定一个图是否存在哈密顿通路或回路。

Edsger Dijkstra

Dénes König

图论中最著名的问题是四色问题。这个问题研究为一幅地图着色时最少需要几种颜色。在为地图着色时，要求相邻的区域着以不同的颜色。1850年，古特利（Francis Guthrie，1831—1899）首先研究了四色问题。1852年，德摩根（Augustus De Morgan）通过古特利的弟弟知道了这个问题，1878年，凯莱（Arthur Cayley，1821—1895）将这个问题提交给伦敦数学协会，但多年来只出现了几个不正确的证明，直至1976年伊利诺伊州立大学的阿贝尔（Kenneth Appel）和黑肯（Wolfgang Haken）的证明。阿贝尔和黑肯的方法借助于计算机，需要用一个复杂的算法检验近2000种情况。

以上这些仅仅是图论研究的一小部分，它们代表了图论最初250年中的成果。这些成果中的许多工作都与算法设计有关，设计出的算法用于解决涉及图的实际问题。有几位科学家，如迪杰斯特拉（Edsger Dijkstra，1930—2002），设计或改进了一些与图论有关的算法，从而同时对图论和计算机科学都做出了贡献。随着其不断发展，图论在商业和工业上的应用已变得越来越重要。1936年，第一本关于图论的书[72]出版，这本书由匈牙利数学家柯尼希（Dénes König，1884—1944）编写。现如今，有大量的有关图论的课本，还有数本专注于图论的杂志。

补充习题

1. 对一个图$\mathcal{G}$，$\mathcal{G}$的补（complement）是这样的图：其顶点与$\mathcal{G}$中的顶点相同，并且顶点A和B之间有边当且仅当A和B之间在$\mathcal{G}$中没有边。给出下图的补图。

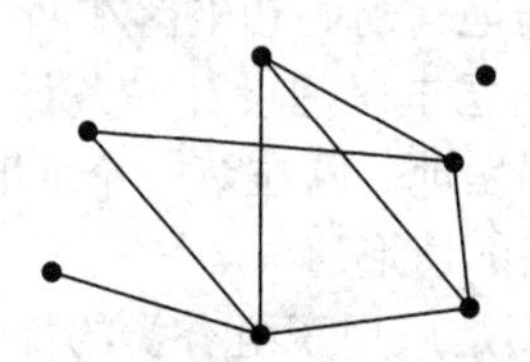

2. 是否存在有5个顶点的图，其中每个顶点的度数都为1？每个顶点的度数都为2呢？每个顶点的度数都为3呢？请证明你的答案。

3. 画出一个具有顶点X，Y，Z，W，R和S的图，其中，X和R相邻，W，R和S两两相邻，Y和Z相邻。

4. 几年前，全美橄榄球联盟有两个赛区，每个赛区有13支球队。假设联盟决定每支球队总共要进行14场比赛，其中11场与自己赛区的球队进行，另外3场与另外赛区的球队进行。请证明这是不可能的。

5. 下面的图同构吗？请证明你的答案。

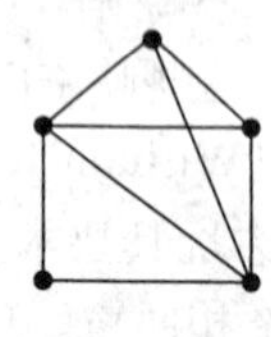
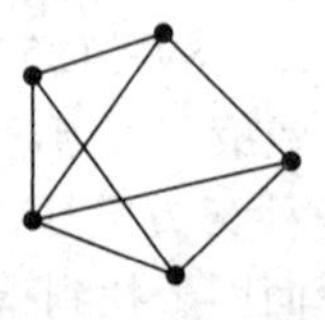

6. 考虑下面的图，先为每个顶点做标记并构造出邻接矩阵，然后用另一种不同的方式标记顶点并构造出新的邻接矩阵。比较这两个邻接矩阵，并描述它们之间的联系。

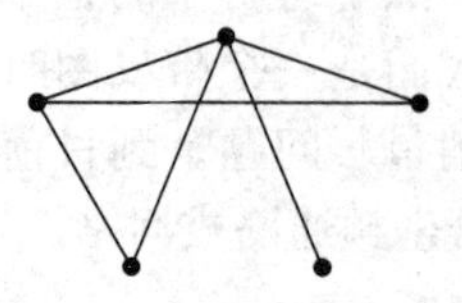

7. 从下面的邻接表构造出图。

V_1: V_2, V_3, V_5
V_2: V_1, V_4, V_5
V_3: V_1, V_4, V_5
V_4: V_2, V_3, V_5
V_5: V_1, V_2, V_3, V_4

假设图G画在平面上，且G中的边仅在G的顶点处相交，那么G将平面划分成有限个部分，称之为**区域**。在下面的例子中，各区域分别被标记为A，B，C，D，E，F，H和I。

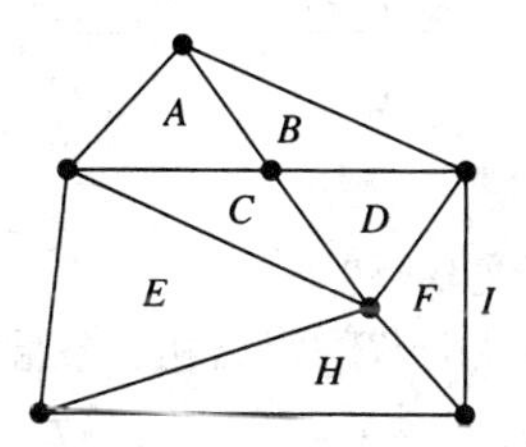

8. 如果G是上述这样的一个连通图，并且共边数是e，顶点数是v，区域数是f，证明$f-e+v=2$。(这个结论称为欧拉公式。)

9. 一所新住宅底层的建筑平面图如下所示。有没有可能从前面进入这幢房子，从后面离开，并走遍整幢房子且每个房门恰好经过一次？

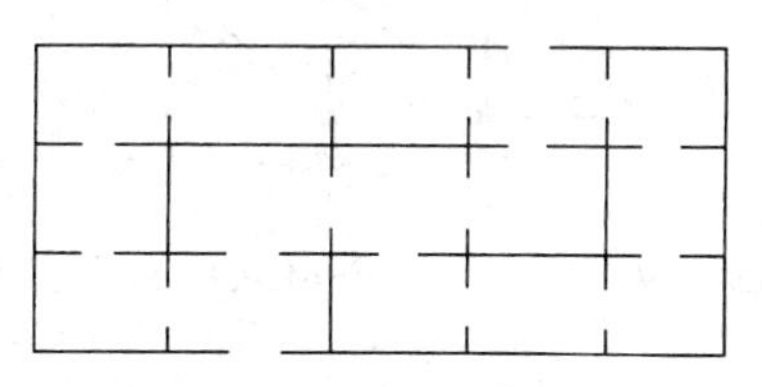

10. 分别为$\mathcal{K}_4$和$\mathcal{K}_5$找出一条哈密顿回路。

11. 哥尼斯堡的市民能否通过拆一座桥和建一座新桥而得到一条可接受的路线？（参见4.2节的习题30。）

12. 判断下面的多重图是否有欧拉通路。如果有，则用欧拉回路算法构造出一条欧拉通路。

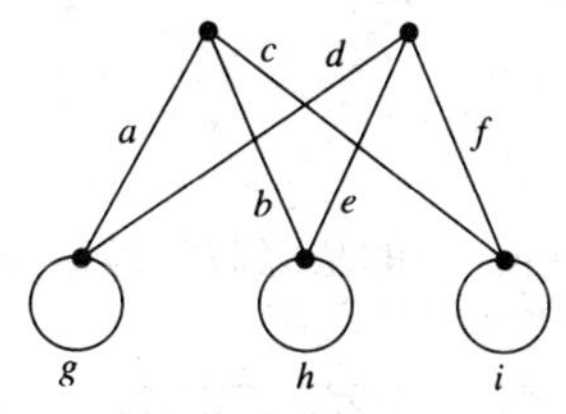

13. 判断下面的多重图是否有欧拉回路。如果有，则用欧拉回路算法构造出一条欧拉回路。

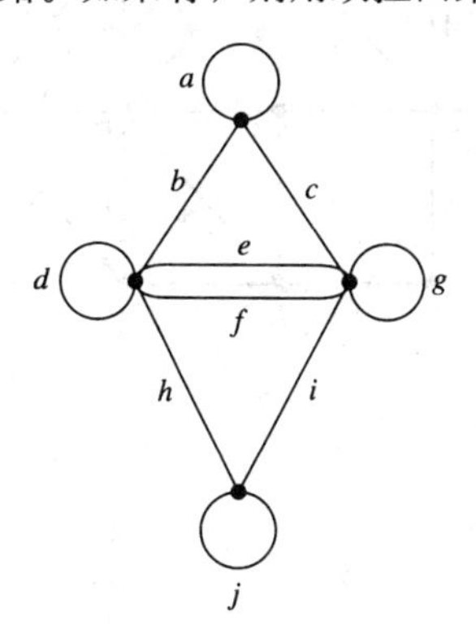

14. 一个街道巡视员想要检查其辖区内街道的路况。如果该巡视员辖区的地图如下所示，问她是否有可能设计出这样一条路线，使她恰好检查每条街道一次并返回其办公室？

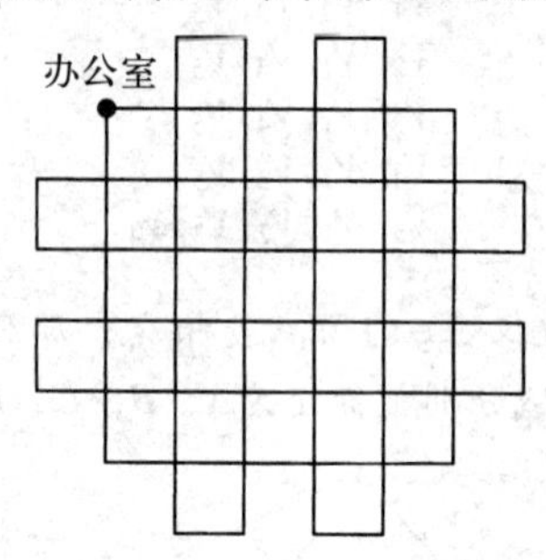

15. “连通的”是图的同构不变量吗？

16. “有一条欧拉回路”是图的同构不变量吗？

17. 利用广度优先搜索算法确定下图中从S到T的距离和一条最短通路。

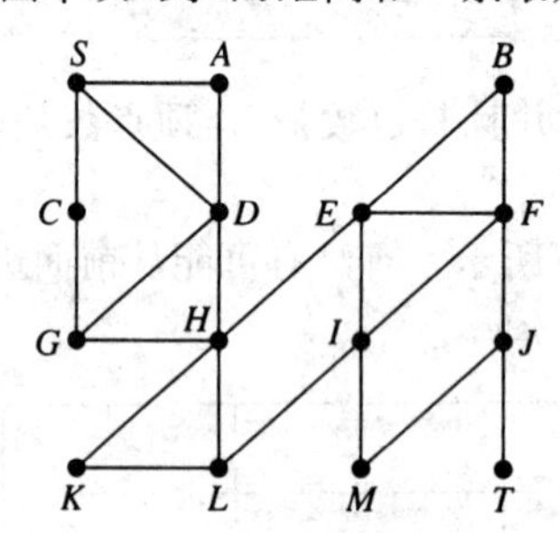

在习题18和19中，确定带权图中从S到其他各个顶点的距离，并找出一条从S到A的最短通路以及一条从S到B的最短通路。

18.

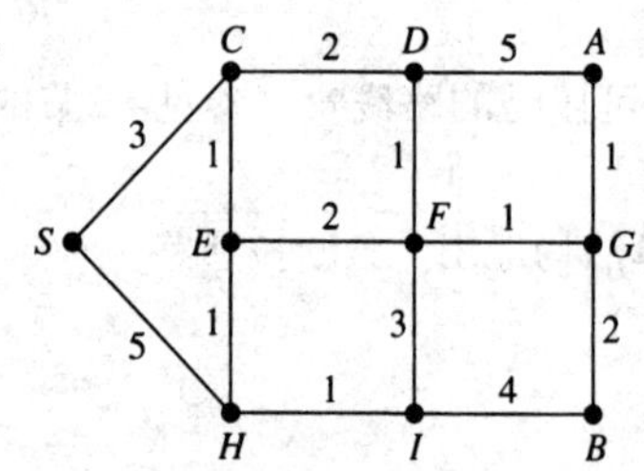

19.

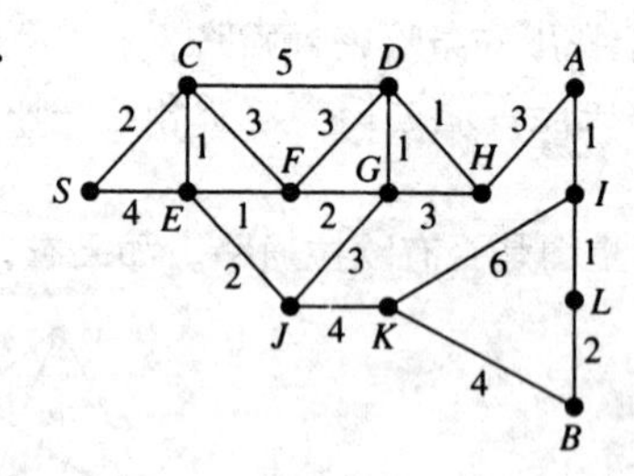

20. 在下面的带权图中，找出一条经过顶点A的从S到T的最短通路。

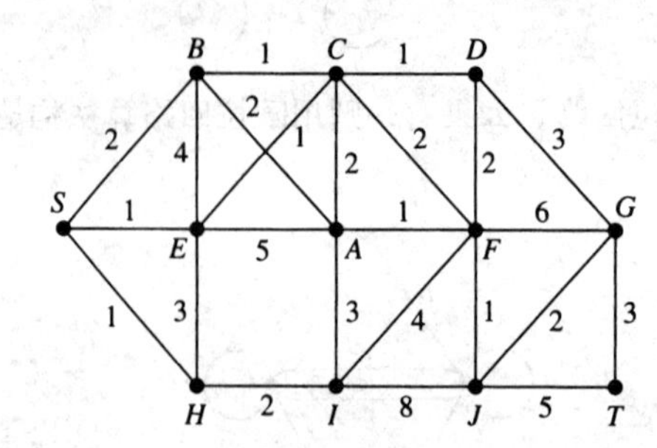

21. 对下面的图，确定从V_1到V_2和从V_1到V_4的长度分别为1，2，3和4的通路的数目。

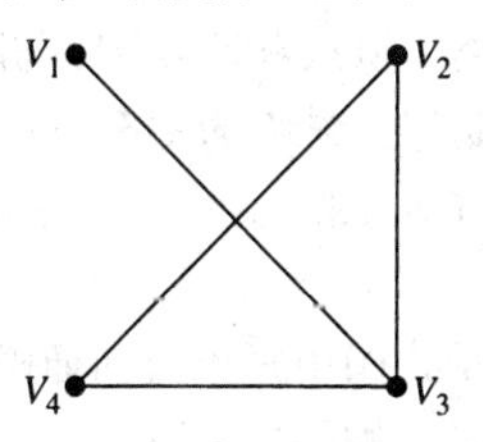

22. 求出下列各图的色数。

(a)

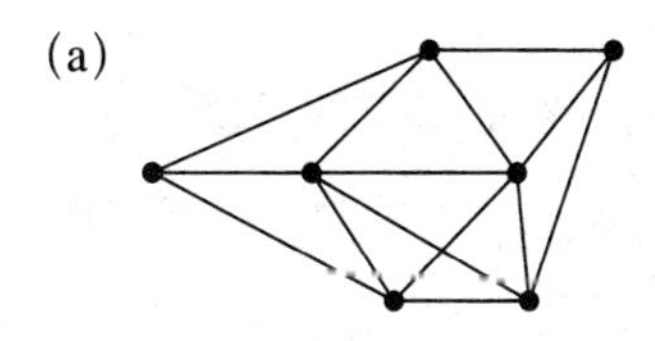

(b)

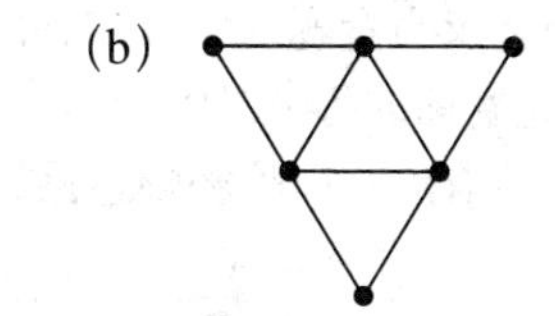

23. 给下面的地图着色。

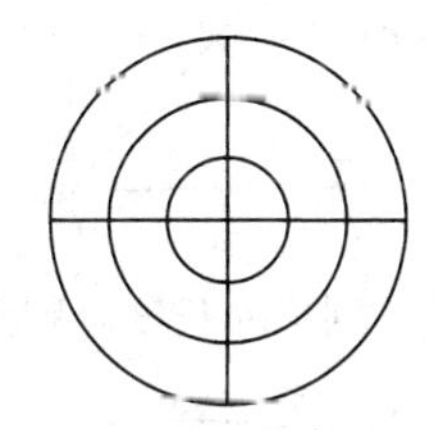

24. “有两个顶点具有相同的颜色”是图的同构不变量吗？

25. 用若干条线段穿过一个正方形，证明这样形成的地图可以用两种颜色着色。

26. 证明：“色数为n”是图的同构不变量。

27. 在计算机程序的执行过程中，栈存储在计算机内存的一些区域中。此外，一个区域一次仅能存储一个栈。假设在计算机程序的执行过程中要建立栈S_1，S_2，…，S_{10}。如果$i \equiv j \pmod 3$或$i \equiv j \pmod 4$，则需要同时使用栈S_i和S_j。在该计算机程序的执行过程中，栈最少需要几个存储区域？

28. 假设伊利诺伊州电气公司有一座发电厂，从这里出发将电力沿传输线送到周围的社区。但是，由于线路的损坏，在这些线路上一直存在电力损失问题。下表描述了沿传输线从一个社区到另一个社区的电力损失情况。(表中的破折号表示没有传输线。) 找出从发电厂到周围每个社区的最好的传输路线（电力损失最少的路线）。

	发电厂	Normal	Hudson	Ospur	Kenney	Lane	Maroa
发电厂	—	3	2	6	1	4	5
Normal	—	—	4	4	—	3	—
Hudson	9	2	—	3	5	6	3
Ospur	3	—	—	—	6	9	4
Kenney	2	3	1	1	—	7	2
Lane	1	—	2	2	7	—	6
Maroa	6	2	3	4	2	2	—

29. 为下面的邻接矩阵构造有向图。

$$\begin{bmatrix} 0 & 0 & 1 & 1 \\ 0 & 0 & 0 & 0 \\ 1 & 0 & 0 & 1 \\ 1 & 0 & 1 & 0 \end{bmatrix}$$

30. 在一家大公司，首席执行官可以与她的副总裁们联络，副总裁也能与首席执行官联络；副总裁可以与董事、区域经理及部门负责人联络，但只有董事可以与副总裁联络；还有，区域经理及部门负责人可以与销售员联络，但销售员只能与区域经理联络。画一个有向图表示这些职位的联络路线。

31. 如果可能，构造一个有6个顶点的有向图，其中，顶点的出度分别为2，3，4，1，0和5，顶点的入度分别为2，4，1，1，5和2。

32. 给出一个有6个顶点的有向图的例子，图中每条有向通路都是简单有向通路。

33. 如果有16个不同的扇区和4个探测器，解答例4.38。

如果每当(A, B)和(B, C)是一个竞赛图的有向边时，(A, C)也是，则称这个竞赛图是**传递的**。

34. 证明：竞赛图是传递的当且仅当竞赛图中没有有向回路。

35. 证明：有n个顶点的传递竞赛图的得分是0，1，2，3，…，$n-1$。（参见4.5节的习题56。）

36. 在下面的竞赛图中，找出所有的有向哈密顿通路。

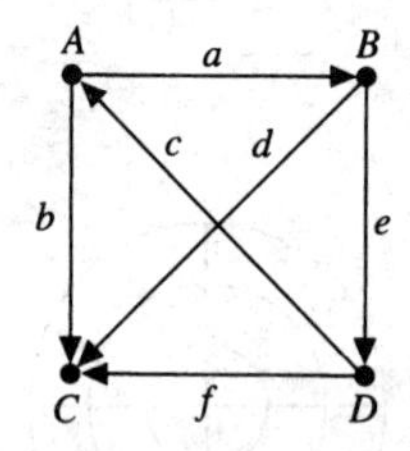

37. 对下面的有向图，确定从V_1到V_4和从V_2到V_5的长度分别为1，2，3和4的有向通路的数目。

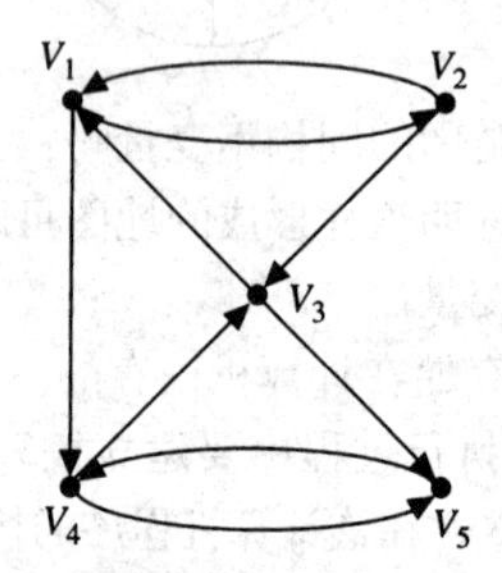

38. 证明：连通图可转变为强连通的有向图当且仅当连通图的每条边都是某条回路的边。

39. 有向图的有向边可以看作是顶点集合上的一个关系。（参见2.2节。）什么时候这种关系是自反的？对称的？传递的？

40. 对下面的有向带权图，确定从S到其他各个顶点的距离，并分别找出一条从S到A及从S到B的最短有向通路。

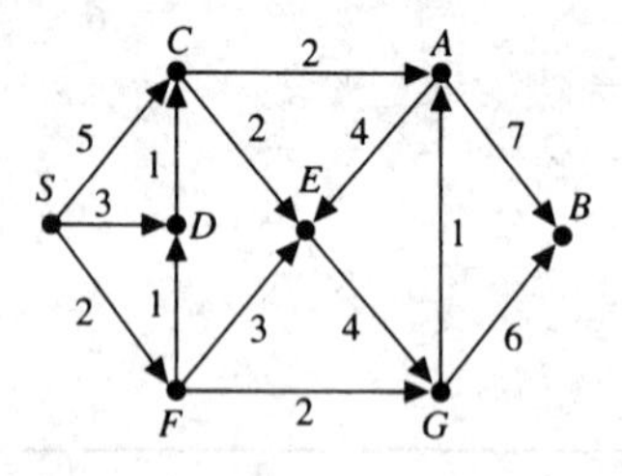

计算机题

编写具有指定输入和输出的计算机程序。

1. 给定一个图的邻接矩阵，求出每个顶点的度数。

2. 给定一个有向图的邻接矩阵，求出每个顶点的入度和出度。

3. 给定一个图的邻接矩阵，给出它的邻接表。
4. 给定一个图的邻接表，给出它的邻接矩阵。
5. 给定一个具有顶点V_1，V_2，…，V_n的图的邻接矩阵，求出从V_i到V_j的长度为m的通路的数目。
6. 确定给定的图是否是一个完全图。
7. 给定一个图和一条U-V通路，找出一条U-V简单通路。
8. 给定一个多重图，确定其中是否存在环和平行边。
9. 确定给定的图是否是偶图。
10. 用广度优先搜索算法求出给定图的连通分量。（参见4.2节的习题57。）
11. 给定一个图，给出其顶点的一个着色，其中的颜色数不超过顶点的最大度数加1。
12. 给定一个图，用广度优先搜索算法标记它的顶点。
13. 给定权为正数的带权图$\mathcal{G}$和一个顶点S，用迪杰斯特拉算法确定从S到$\mathcal{G}$中其他各个顶点的距离和一条最短通路。
14. 给定一个连通图，图中每个顶点都有偶数度，求出一条欧拉回路。
15. 给定一个连通图，图中除两个顶点A和B外，每个顶点都有偶数度，求出A和B之间的一条欧拉通路。
16. 给定一个具有n个顶点的图，图中每个顶点的度数都大于$\frac{n}{2}$，求出一条哈密顿回路。
17. 给定一个图和正整数n，确定图中是否存在长度为n的回路。

推荐读物

1. Bogart, Kenneth P. *Introductory Combinatorics*, 3d ed. San Diego: Academic Press, 1999.
2. Bondy, J.A. and U.S.R. Murty. *Graph Theory with Applications*. New York: Elsevier Science, 1979.
3. Chachra, Vinod, Prabhakar M. Ghare, and James M. Moore. *Applications of Graph Theory Algorithms*. New York: Elsevier Science, 1979.
4. Chartrand, Gary. *Graphs as Mathematical Models*. Boston: Prindle, Weber & Schmidt, 1977.
5. Even, Shimon. *Graph Algorithms*. New York: Freeman, 1984.
6. Harary, Frank. *Graph Theory*. Reading, MA: Addison-Wesley, 1994.
7. Liu, C.L. *Introduction to Combinatorial Mathematics*. New York: McGraw-Hill, 1968.
8. Ore, Oystein. *Graphs and Their Uses*, Washington, DC: Mathematical Association of America, 1963.
9. Polimeni, Albert D. and Joseph H. Straight. *Foundations of Discrete Mathematics*, 2d ed. Pacific Grove, CA: Brooks/Cole, 1990.
10. Roberts, Fred S. *Graph Theory and Its Applications to Problems of Society*. Philadelphia: SIAM, 1978.
11. Wilf, Herbert S. *Combinatorial Algorithms: An Update*. Philadelphia: SIAM, 1989.

第5章

Discrete Mathematics, Fifth Edition

树

我们在第4章中研究了几种不同类型的图及其应用，人们发现有一类特殊的图——树，在计算机科学中非常有用。1847年，基尔霍夫（Gustav Kirchhoff）在他的关于电路网络的工作中首次用到了树。后来，凯莱（Arthur Cayley）在化学研究中也使用了树。现在，树作为一种组织和处理数据的方法，在计算机科学中已经得到了广泛的应用。

5.1 树的性质

首先来考虑一些例子。

例5.1 1857年，凯莱研究了碳氢化合物，即一种由氢原子和碳原子组成的化学化合物。他特别研究了具有k个碳原子和$2k+2$个氢原子的饱和碳氢化合物。凯莱确认：一个氢原子和另外一个原子相结合（化学上保持在一起），每个碳原子和另外4个原子相结合。这些化合物通常用图形的方式来表示，如图5.1所示，其中两个原子之间的线段表示一个化学键。

这些化学示意图可重新画为图，如图5.2所示。注意，在这些图中，按照习惯做法，不同顶点上的相同的化学符号表示相同的元素。但是，由于度数为4的顶点表示碳，度数为1的顶点表示氢，所以，实际上不需要用C和H给顶点做标记。通过对这些图的数学分析，凯莱预言存在新的饱和碳氢化合物。后来的发现证明他的预言是正确的。■

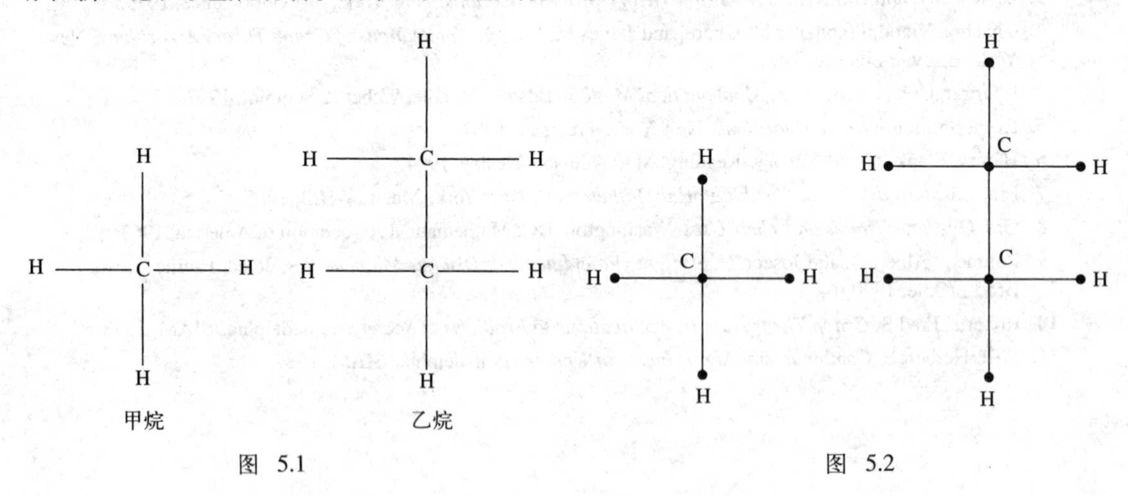

图 5.1

图 5.2

例5.2 假设要为一个不发达地区规划电话网，目的是把5个孤立的城镇连起来。可以在任意两个城镇之间架设电话线路，但是，由于时间和费用的限制要求架设尽可能少的线路。重要的是每个城镇之间可以进行通信，但并不需要在任意两个城镇之间都有一条线路，可以通过其他城镇转接电话。如果用图的顶点表示城镇，用顶点之间的边表示可能的电话线路，那么图5.3表示了所有可能架设的电话线路。（这就是5个顶点的完全图。）

我们需要选择一个边的集合，使任意两个顶点之间存在一条通路，且这个边集中没有多余的边。例如{a，b，c，d}，如图5.4所示。这个边集的选择使得任意两个城镇之间都可以进行通信。例如，要在Y和X之间通信，可以按顺序使用边d，b，a，c。注意，如果从这个边集中删去任意一条边，那么在某两个城镇之间就不能通信了。例如，如果仅使用边a，b和c，则城镇U和Y之间就不能通信。另一个合适的边集是$\{e, g, h, k\}$。边集$\{g, h, j, k\}$和$\{a, b, e, h\}$不符合要求，因为在其中，并非每对城镇之间都能通信。此外，边集$\{a, b, g, j, k\}$比必需的大，因为省略边g不会破坏任意两个城镇之间的通信。■

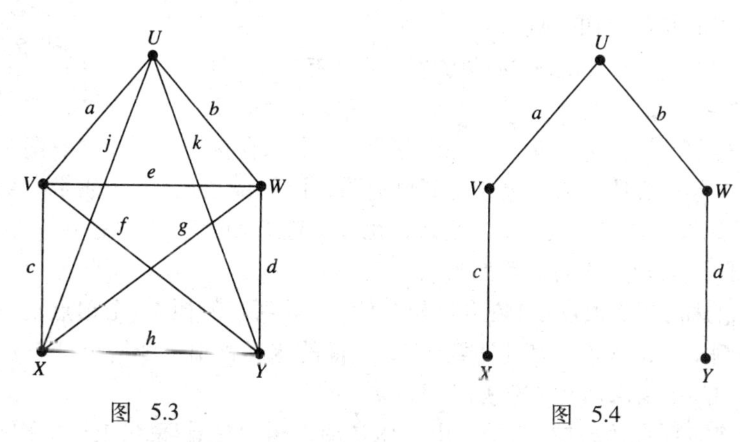

图 5.3　　图 5.4

观察图5.2和图5.4，可以发现它们有到两个共同的特征，即这两个图都是连通的（任意两个顶点之间都有通路）且没有回路。任何一个连通且没有回路的图称为**树**（tree），下面是另一些树的例子。

例5.3　由于图5.5所示的每个图都是连通的且没有回路，所以它们都是树。■

例5.4　图5.6所示的图都不是树，因为图5.6a所示的图不连通，而图5.6b所示的图有回路。■

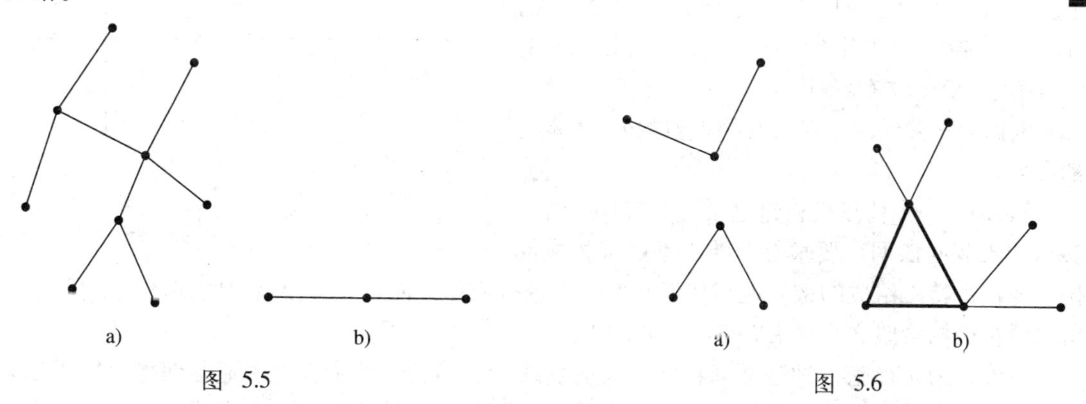

图 5.5　　图 5.6

定理5.1　*设U和V是树中的顶点，那么从U到V恰好有一条简单通路。*

证明　由于树是连通图，所以至少存在一条从U到V的通路。于是，根据定理4.4，存在从U到V的简单通路。

现在要证明从U到V不会有两条不同的简单通路。为了证明这一点，假设从U到V有两条不同的简单通路$\mathcal{P}_1$和$\mathcal{P}_2$，并证明这将导致矛盾。由于$\mathcal{P}_1$和$\mathcal{P}_2$是不同的，所以一定有一个既在$\mathcal{P}_1$中又在$\mathcal{P}_2$中的顶点A（可能$A=U$），使得在$\mathcal{P}_1$中跟在A后面的顶点B，在$\mathcal{P}_2$中不跟在A后面。换句话说，$\mathcal{P}_1$和$\mathcal{P}_2$在A处分离。（参见图5.7。）现在沿着通路$\mathcal{P}_1$而行，直至到达第一个又同时在这两条通路上的顶点C。（这两条通路必定会重合，因为它们在V上重新相遇。）考虑简单通路$\mathcal{P}_1$中从A到C的部分和简单通路$\mathcal{P}_2$中从C到A的部分，这两部分构成一个回路。但是树不含回路，所以得出矛盾。因此树中任意一对顶点之间不存在两条不同的简单通路。■

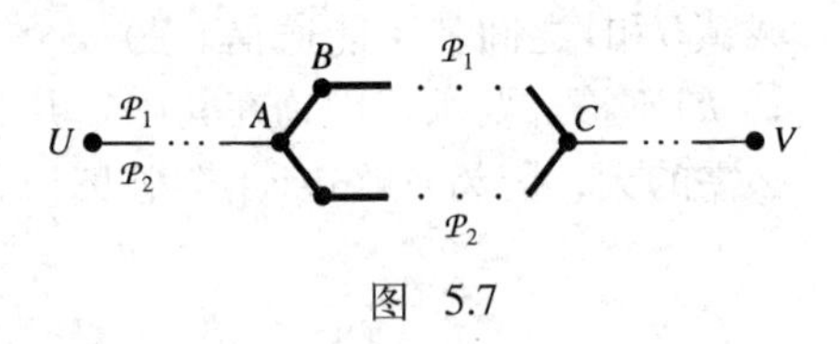

图 5.7

对上述各个树的例子的仔细观察将进一步强化这个观念：从任何一个顶点到另一个顶点都存在一条唯一的简单通路。另外也请注意，在所有这些例子中，每棵树都至少有两个度数为1的顶点。

定理5.2 *在一棵顶点数超过1的树$\mathcal{T}$中，至少有两个度数为1的顶点。*

证明 因为$\mathcal{T}$是一个至少有两个顶点的连通图，所以存在一条至少含有两个不同顶点的简单通路。于是，$\mathcal{T}$有一条具有最大边数的简单通路，比如说是从U到V的简单通路，其中U和V是不同的顶点。如果U的度数大于1，那么，由于$\mathcal{T}$没有回路，就将存在一条更长的简单通路；对V也是如此。所以U和V的度数都为1。■

如图5.4所示的树有5个顶点及4条边；如图5.5（a）所示的树有9个顶点及8条边。事实上，在上述各个树的例子中，顶点数都比边数大1。下面的定理指出这个结论总是成立的。

定理5.3 *具有n个顶点的树恰好有$n-1$条边。*

证明 证明将对顶点数n进行归纳。由于树是图，树中没有环，因此，在仅有一个顶点的树中没有边。所以当$n=1$时，定理成立。

现在假设：对所有具有k个顶点的树，定理成立。下面将证明：对具有$k+1$个顶点的树$\mathcal{T}$，定理也成立。根据定理5.2，$\mathcal{T}$中存在一个度数为1的顶点V。从图$\mathcal{T}$中删去顶点V和V上的边，得到一个新的图$\mathcal{T}'$。（参见图5.8。）这个图$\mathcal{T}'$有k个顶点，且还是一棵树。（为什么？）根据归纳假设，$\mathcal{T}'$有$k-1$条边。所以$\mathcal{T}$有k条边。

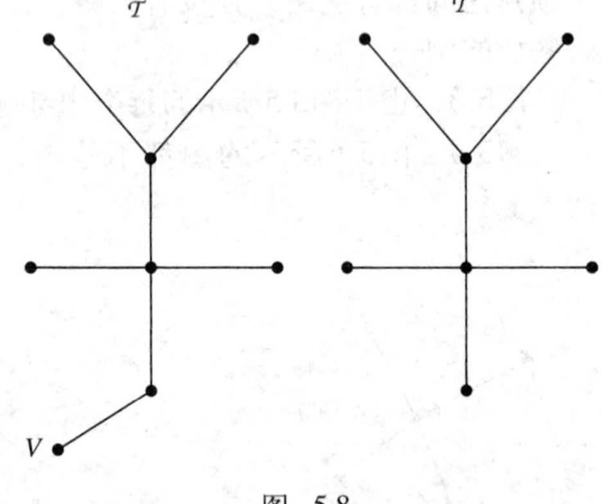

图 5.8

根据数学归纳法，对所有的正整数n，本定理都成立。■

例5.5 一个情报机构建立了一个有10个特工参与的工业间谍网，要求每个特工都能直接或间接（通过由特工组成的链）地与任何其他特工进行通信。而设立交换情报的秘密地点很困难，所以情报机构希望这些接头地点尽可能的少。

另外，为了保密，知道全部特定接头地点的特工不超过两个。这个通信网络可以用图来表示，顶点与特工对应，若相对应的两个特工知道同一个接头地点，则用边将这两个顶点连接起来。事实上，这个图是一棵有10个顶点的树，所以总共需要9个接头地点。■

定理5.4 *（a）从一棵树中删去一条边后（留下所有的顶点），所得到的图是不连通的，因此不是树。*

（b）给一棵树增加一条边后（不增加额外的顶点），所得到的图存在一个回路，因此不是一棵树。

证明 如果给一棵树增加一条边或删去一条边，那么根据定理5.3，所得到的新图不再是一棵树。由于删去一条边不会产生一个回路，而增加一条边也不会使图不连通，定理的这两部分证明可随之得出。■

定理5.4说明：树恰好含有使之连通但又不包含回路的正确的边数。通过观察如图5.5a所示的树可以看出删去任意一条边是如何把树分成两部分而产生一个不连通的图的。此外，还可以看到在树中的两个顶点之间增加一条边是如何在新图中产生一个回路的。

下面的定理以另外一些形式描述了树的特征，定理的证明留作习题。

定理5.5 对图T，下面的命题等价。

(a) T是树。

(b) T是连通的，且顶点数比边数大1。

(c) T没有回路，且顶点数比边数大1。

(d) T中每对顶点之间恰好有一条简单通路。

(e) T是连通的，且删去T中的任意一条边都将产生一个不连通的图。

(f) T没有回路，且在任意两个不相邻的顶点之间增加一条边都将产生一个有回路的图。

正是由于定理5.5中的（a）和（b）的等价性，它有助于对C_kH_{2k+2}之类的饱和碳氢化合物进行数学分析。（参见例5.1。）我们知道，图中将表示出k个碳原子和$2k+2$个氢原子。此外，由于这些原子构成一种化合物，所以这个图是连通的。由于每个顶点表示一个原子，所以共有$k+(2k+2)=3k+2$个顶点。再则，由于一个碳原子的度数为4，一个氢原子的度数为1，所以度数之和为$4k+(2k+2)=6k+2$。根据定理4.1，边数为$\frac{1}{2}(6k+2)=3k+1$，它比顶点数小1。因此，由定理5.5（b），这个表示化合物的图一定是树。据此，凯莱应用关于树的事实预言：存在新的饱和碳氢化合物。感兴趣的读者可以查阅推荐读物[2]。

习题5.1

在习题1～8中，确定各个图是否是树。

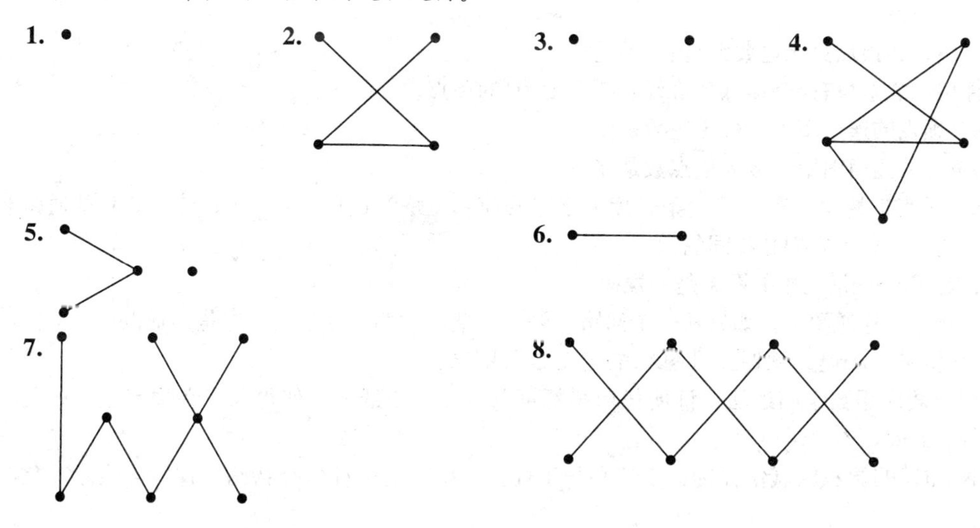

9. 在一棵有15条边的树中共有多少个顶点？

10. 在一棵有21个顶点的树中共有多少条边？

11. 艾奥瓦州的7个农社想要建设计算机通信网络，以便于危机期间的通信。由于经济的原因，他们希望架设尽可能少的线路，但仍然能保证任意两个镇之间的通信。说明对下面的地图该怎么做。

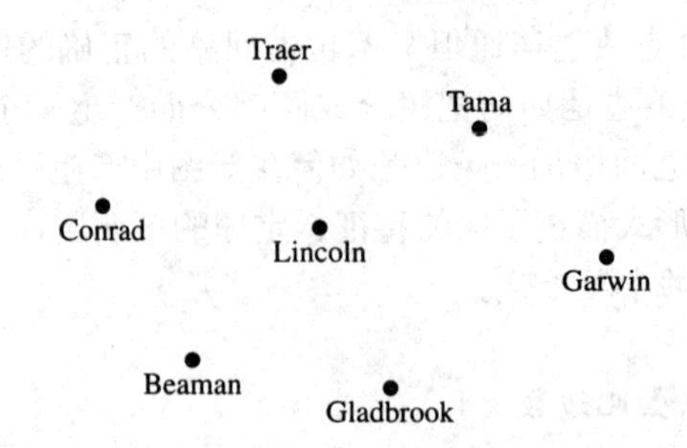

12. 在一个原始村落中，房子之间要建造尽可能少的小路，以使居民能从任意一幢房子走到另外的任何房子。如果有34幢房子，共要建造多少条小路？由于认为住在一条路的尽头运气不好，问是否能建造这些小路使得没有房子坐落在路的尽头？

13. 一个农夫需要灌溉田地，他的庄稼就生长在这些田地中。在下面的地图中，田地是包围起来的区域，边表示田地之间的土墙。由于缺少现代化设备，他的灌溉方法是在墙上打洞，让从外面来的水覆盖所有的田地。他希望灌溉每块田地，且在墙上打尽可能少的洞。问他应该在多少面墙上打洞？

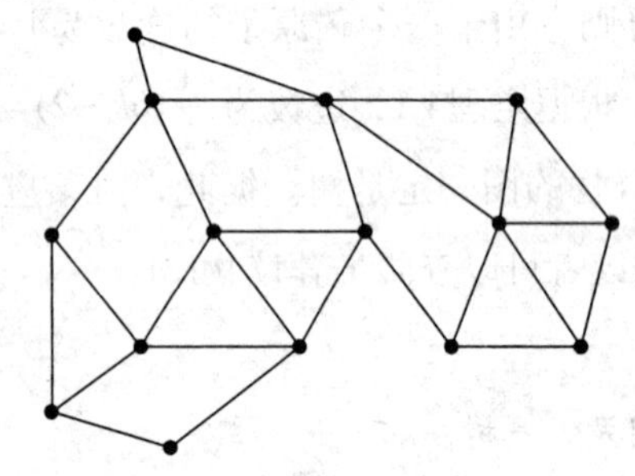

14. 画一个图，其顶点数比边数大1但它不是树。

15. 画一棵树，它至少有6个顶点且恰好有两个度为1的顶点。

16. 在有n个顶点的连通图中，最小边数是多少？

17. 在有n条边的连通图中，最大顶点数是多少？

18. 在有n个顶点的树中，存在多少条长度大于零的简单通路？这里$n \geqslant 2$。（如果两条简单通路有相同的边，就认为它们是相同的。）

19. 证明：定理5.3的证明中的图$\mathcal{T}'$是一棵树。

20. 证明：在一个连通图中，如果从一个回路上删去一条边，那么这个图仍然是连通的。

21. n取什么值时，$\mathcal{K}_n$是一棵树？（图$\mathcal{K}_n$的定义参见4.1节。）

22. 关于顶点数应用数学归纳法，证明任何树都可以画在一张纸上，使得除了在顶点上，边是不相交的。

23. 有两种C_4H_{10}的饱和碳氢化合物：丁烷和异丁烷。分别对这两种化合物画一棵树来表示其化学结构。

24. 画图表示一种有5个碳原子的饱和碳氢化合物。

25. 一棵有13个顶点的树能有4个度数为3的顶点、3个度数为4的顶点和6个度数为1的顶点吗？

26. 一棵树有3个度数为4的顶点、1个度数为3的顶点、两个度数为2的顶点，没有度数超过4的顶点，问它有多少个度数为1的顶点？

对于下面顶点被标记为A，B和C的树，图a和b所示的两棵树是相同的，因为它们有相同的边集，即$\{A, B\}$和$\{B, C\}$。图a和c所示的树是不相同的，因为它们的边集不相同。例如，$\{A, C\}$是图c所示的树的边，但不是图a所示的树的边。

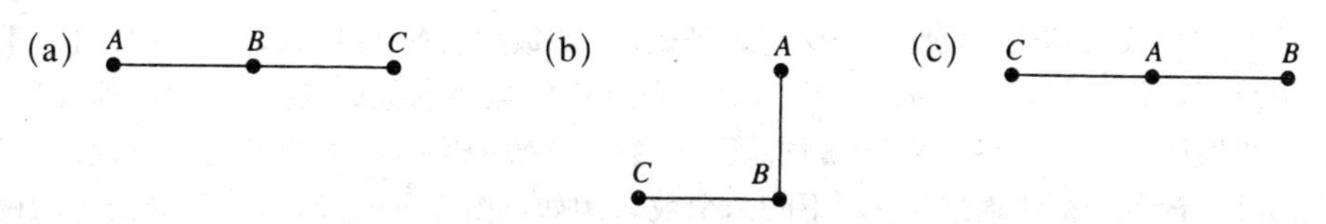

27. 画出3棵具有3个带标记的顶点的不同的树。（用1，2和3作为标记。）

28. 画出16棵具有4个带标记的顶点的不同的树。（用1，2，3和4作为标记。）

为了计算具有被标记为1，2，…，n的顶点的不同的树的数目，在每棵这样的树和列表a_1，a_2，…，a_{n-2}之间建立一个一一对应，这里$1 \leqslant a_i \leqslant n$，$i=1$，2，…，$n-2$。下面的算法说明了如何从一棵带标记的树$T$得到一个这样的列表。

Prufer算法

本算法为一棵具有n个带标记的顶点的树构造一个数的列表a_1，a_2，…，a_{n-2}，其中$n \geqslant 3$，且顶点上的标记分别为1，2，…，n。

步骤1（初始化）

（a）令T是给定的树

（b）令$k=1$

步骤2（选择a_k）

while T的顶点多于两个

步骤2.1（寻找一个度数为1的顶点）

从T中找出顶点X，其度数为1且具有最小的标记

步骤2.2（构造一棵新的树）

（a）找出X上的边e，令W表示e的另一个顶点

（b）置a_k为W上的标记

（c）从T中删去边e和顶点X，形成一棵新的树T'

步骤2.3（改变T和k）

（a）令$T=T'$

（b）令$k=k+1$

endwhile

例如，下面的树的列表是6，5，1，5，6。

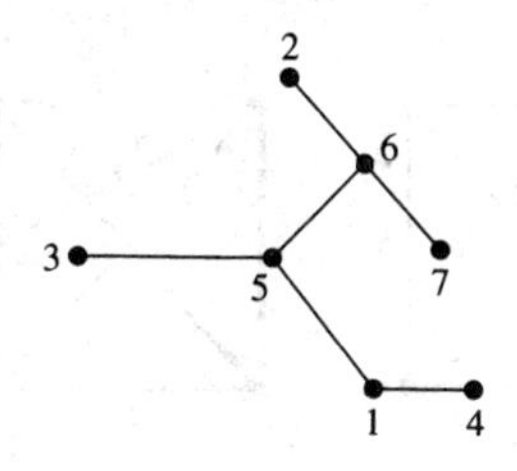

在习题29～32中，用Prufer算法为指定的习题或图求出树的列表。

29. 习题27

30. 习题28

31.

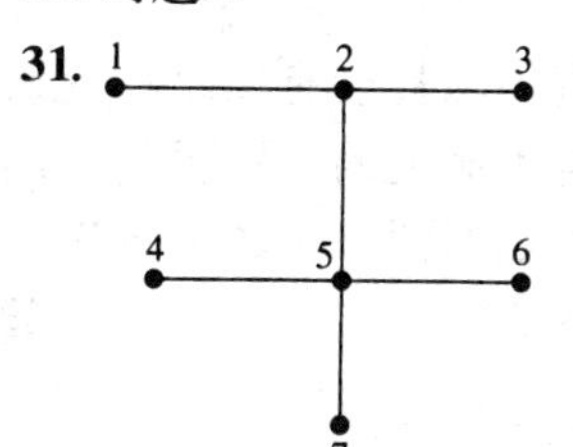

32.

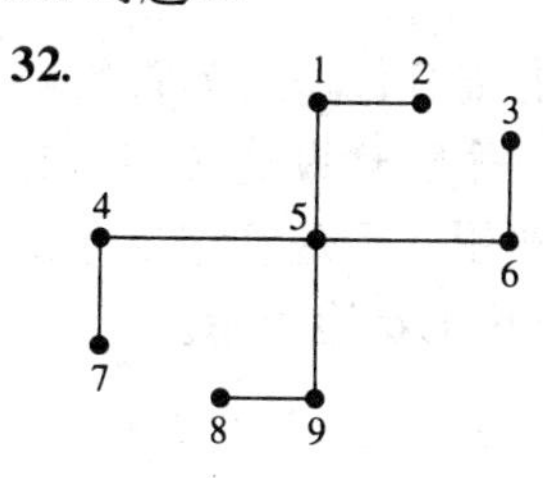

33. 可以如下从$n-2$个数的列表L构造出一棵树，列表L中的数来自$N=\{1，2，\cdots，n\}$。（这里假定树中的顶点标记为1，2，…，n）从N中选出不在L中的最小的数k，在这个数和列表L中的第一个数之间构造一条边。然后从L中删去第一个数，从N中删去k，并重复这个过程。当L中的数被用完时，构造一条边连接N中剩下的两个数。例如，由序列6，5，1，5，6产生的树画在习题29前面。请为序列2，2，2，2构造树。

在习题34～37中，对每个列表重复习题33。

34. 1，2，3，4 **35.** 1，2，3，2，1 **36.** 4，3，2，1 **37.** 3，5，7，3，5，7

***38.** 假定Prufer算法在有n个标记为1，2，…，n的顶点的树和习题33所描述的列表之间建立了一个一一对应，证明具有顶点1，2，…，n（$n>1$）的不同的树有n^{n-2}棵。

习题39～44以循环的方式给出了定理5.5的一个证明。

39. 证明：定理5.5中的（a）蕴涵（b）。

***40.** 证明：定理5.5中的（b）蕴涵（c）。

***41.** 证明：定理5.5中的（c）蕴涵（d）。

42. 证明：定理5.5中的（d）蕴涵（e）。

43. 证明：定理5.5中的（e）蕴涵（f）。

44. 证明：定理5.5中的（f）蕴涵（a）。

45. 给出定理5.3的归纳证明，这个证明不得应用定理5.2。（提示：关于边数应用数学归纳法。）

46. 利用定理5.3给出定理5.2的另一个证明。

***47.** 证明：Prufer算法在顶点被标为1，2，…，n的树和习题33所描述的列表之间建立了一个一一对应。

5.2 生成树

在5.1节的例5.2中，我们找到了一棵包含原图所有顶点的树。这种思想出现在许多应用中，包括那些涉及电力线路、管道网络和道路建筑的应用。

例5.6 假设一家石油公司要在6个贮藏设施之间建造若干管道，以便能从任意一个贮藏设施向其他贮藏设施传输石油。因为管道建设非常昂贵，所以公司希望建造尽可能少的管道。于是，公司不介意传输石油是否必须经过一个或更多的中间贮藏设施。由于周围环境的因素，在某几对贮藏设施之间不可能建造管道。图5.9a显示了可以建造的管道。

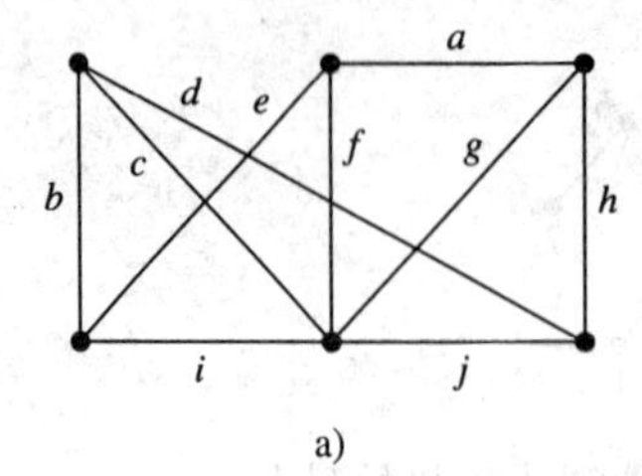

a)

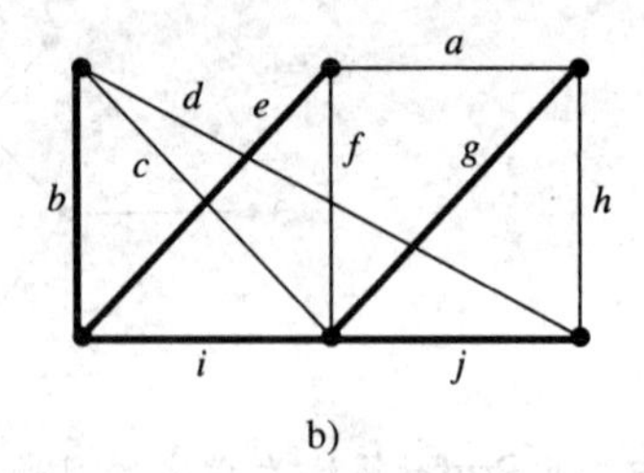

b)

图 5.9

这里要求找出一个边的集合，与其关联的顶点形成一个包含所有顶点且没有回路的连通图，从而使石油能从任意一个贮藏设施转移到其他贮藏设施，而没有不必要的线路重复，因此也就没有不必要的建造费用。于是又需要寻找一棵包含图中所有顶点的树。边的一种选择是b，e，g，i和j，如图5.9b中的粗边所示。 ■

5.2.1 生成树

一个图$\mathcal{G}$的**生成树**（spanning tree）是指一棵包含$\mathcal{G}$中所有顶点的树（由$\mathcal{G}$的边和顶点构成）。所以在图5.9中，边b，e，g，i和j以及它们的关联顶点形成所示的图的一棵生成树。按照描述树的惯例，只列出树的边，它的顶点理解成与那些边关联的顶点。所以，对于图5.9，可以说边b，e，g，i和j形成图的一棵生成树。

如果图是一棵树，那么它的唯一生成树就是它自身。但是，在一般情况下，一个图可能会有多棵生成树。例如，边a，b，c，d和e也构成图5.9a的生成树。

有几种求图的生成树的方法。一种方法是通过删除边来消除回路。这个过程将在下面的例子中说明。

例5.7 图5.10a不是树，因为它包含诸如a，b，e，d那样的回路。为了获得一棵树，我们的处理过程是在每个回路中删去一条边。从回路a，b，e，d中删去b得到图5.10b。因为存在回路c，e，d，所以它仍然不是一棵树。因此，在这个回路中再删去一条边，比如说e，所得到的图5.10c现在是树了。因此，它是原图的一棵生成树。 ■

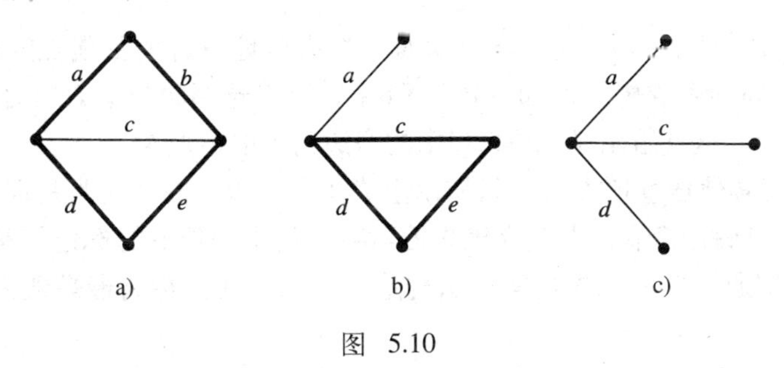

图 5.10

如果一个连通图有n个顶点和e条边，$e \geqslant n$，那么为了得到一棵生成树，必须删除$e-n+1$条边。通过这些删除，边数从e变为$e-(e-n+1)=n-1$，这是一棵有n个顶点的树的边数。

5.2.2 广度优先搜索法

上面描述的方法不是求生成树的唯一方法，还有许多其他方法，其中有些在计算机上编程比较容易，因为它们不需要找出回路。其中的一种方法是使用广度优先搜索算法，广度优先搜索算法已在4.3节中讨论过了。

回顾一下，在广度优先搜索算法中，从顶点S开始，然后找出与S相邻的顶点，将它们标记为1(S)。（广度优先算法给出的顶点标记指明了该顶点与S之间的距离，以及该顶点的从S到它的一条最短通路上的前驱。）接下来，考虑每个与标记为1的顶点V相邻的未被标记的顶点，把这些顶点标记为2(V)。按这种方式继续进行，直到没有与已被标记的顶点相邻的未被标记的顶点。

令$\mathcal{T}$表示把每个已被标记的顶点连接到其前驱的边的集合。广度优先搜索算法步骤2.2中的标记过程保证：$\mathcal{T}$中的边形成一个连通图。此外，$\mathcal{T}$中的每条边连接两个被标记为相继整数的顶点，且$\mathcal{L}$中没有这样的顶点V，它通过$\mathcal{T}$中的边连接到多个具有更小的标记（比V的标记小）的顶点。因此，$\mathcal{T}$中没有会形成回路的边的集合。由于连通图中的每个顶点最终都被标记，$\mathcal{T}$中的边构成一棵包含图中每个顶点的树，所以$\mathcal{T}$是图的一棵生成树。（与前面一样，本书称$\mathcal{T}$为树，树的顶点理解成与这些边关联的顶点。）

例5.8 应用广度优先搜索算法求图5.11的生成树。

可以从任意顶点开始广度优先搜索算法，比如说从K开始，把它标记为0(−)。与K相邻的顶点是A和B，把它们标记为1(K)。接下来，对邻接于A和B的未被标记的顶点D和E做标记，分别将它们标记为2(A)和2(B)。按这样的方法继续，直到所有的顶点都被标记为止。一组可能的标记如图5.12所示。连接每个顶点到其前驱（在顶点的标记中指明）的边就构成了该图的一棵生成树，这些边在图5.12中以粗边显示。 ■

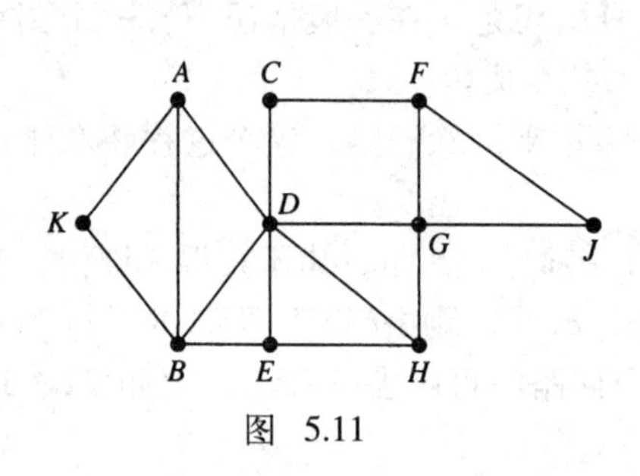

图 5.11

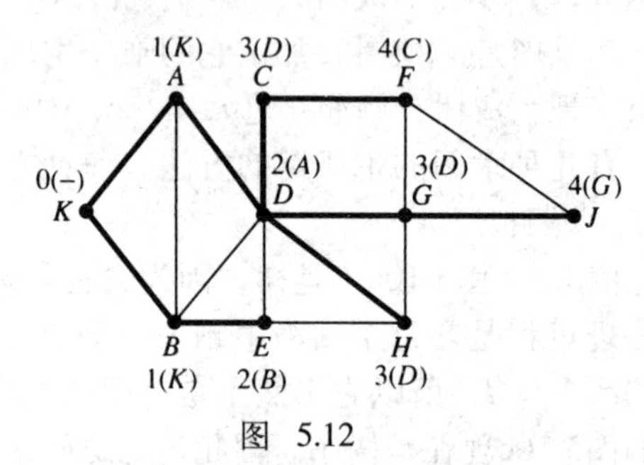

图 5.12

应该注意到，在使用广度优先搜索算法时，在有些地方，前驱顶点的选取是随机的。不同的选择将产生不同的生成树。例如，在例5.8中，可以选择边$\{E, H\}$和$\{F, G\}$，而不选择边$\{D, H\}$和$\{C, F\}$，这就给出了如图5.13中的粗边所示的生成树。

从起始顶点S到其他任意顶点的、只使用生成树中的边的简单通路是原图中这些顶点之间的一条最短通路。（回顾4.3节，由广度优先搜索算法给出的顶点的标记就是从S到该顶点的距离。）因此，有时把通过广度优先搜索算法构造出来的生成树称为**最短通路树**（shortest path tree）。

在本节到此为止的所有例子中，所有的图都有生成树。但是，情况并不总是这样，如下一个例子所示。

例5.9 图5.14没有生成树，这是因为不可能选出一组连接所有顶点的边。具体来说，即无法找到可用来构成从A到E的通路的边。 ■

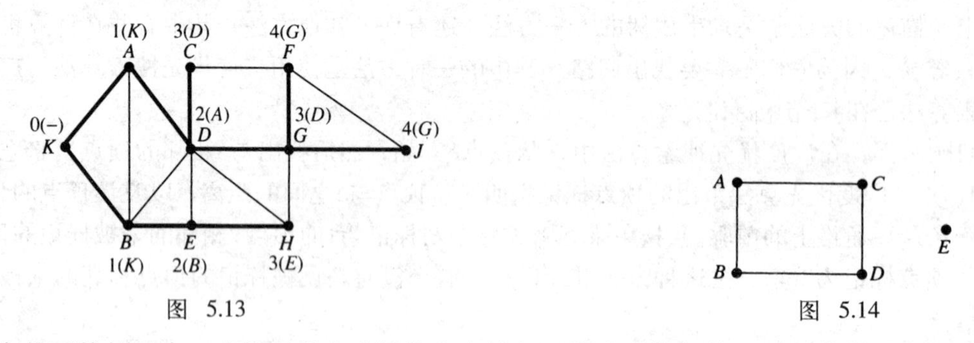

图 5.13 图 5.14

在前面的例子中，我们看到生成树的存在性与图的连通性相关。下面的定理将明确地表述这种关系。

定理5.6 一个图是连通的当且仅当它有生成树。

证明 假设图$\mathcal{G}$有一棵生成树$\mathcal{T}$。由于$\mathcal{T}$是一个包含$\mathcal{G}$中所有顶点的连通图，因此，在$\mathcal{G}$中任意两个顶点U和V之间存在一条由$\mathcal{T}$中的边构成的通路。由于$\mathcal{T}$中的边也是$\mathcal{G}$中的边，所以在U和V之间存在一条由$\mathcal{G}$中的边构成的通路。因此$\mathcal{G}$是连通的。

反之，假设$\mathcal{G}$是连通的。对$\mathcal{G}$利用广度优先搜索算法可以得到一个带标记的顶点的集合$\mathcal{L}$

和一个连接$\mathcal{L}$中的顶点的边的集合$\mathcal{T}$，而且$\mathcal{T}$是一棵树。由于$\mathcal{G}$是连通的，因此$\mathcal{G}$中每个顶点都被标记。所以$\mathcal{L}$包含$\mathcal{G}$的所有顶点，$\mathcal{T}$是$\mathcal{G}$的一棵生成树。

接下来将讨论在应用中经常出现的两类生成树。

5.2.3 最小生成树和最大生成树

在石油贮藏设施之间建造管道时，建造各条管道的代价很可能是不相同的，因为地形、距离和其他因素，建造某一条管道可能会比建造另一条管道的代价高。可以用带权图（在4.3节中讨论过）来描述这个问题，带权图中每条边的权是建造相应管道的代价。图5.15描绘了这样一个带权图。这里的问题是要建造最便宜的管道网，换句话说，就是希望找到一棵这样的生成树，树中所有边的代价之和尽可能小。

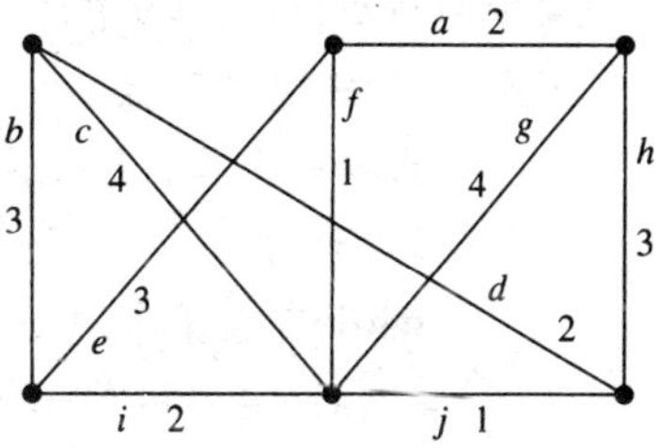

图 5.15

在带权图中，**树的权**（weight of a tree）是其边的权之和。带权图的**最小生成树**（minimal spanning tree）是权尽可能小的生成树，换句话说，最小生成树是一棵生成树，并且没有权更小的其他生成树。

例5.10 对图5.15所示的带权图，边b，c，e，g和h构成一棵生成树，其权为$3+4+3+4+3=17$。边a，b，c，d和e构成另一棵生成树，其权为$2+3+4+2+3=14$。边a，d，f，i和j又构成另一棵生成树，其权为8。由于这棵生成树使用了权最小的五条边，所以不存在其他权更小的生成树。因此，边a，d，f，i和j就构成该带权图的一棵最小生成树。 ■

在例5.10中，通过反复试验找到了最小生成树。但是，对有很多顶点和边的带权图来说，这种方法不太实用。一种系统化的方法是：找出所有可能的生成树，比较它们的权，然后选出一棵权最小的生成树。尽管这种方法总能找出带权图的最小生成树，但检验所有的可能性将是一项非常耗时的工作，即使对超级计算机来说也是如此。构造生成树的一种自然的方法是用权最小的边来构造生成树。例5.11将说明这种方法。

例5.11 在图5.16a所示的带权图中，从任意一个顶点开始，比如说从A开始，选出其上权最小的边，即b。为了继续构造树，考虑与边b有接触的边，a，c，e和f，选出其中权最小的边，即f。接下来考虑的边是a，c，e和g，即与已选出的边b和f有接触的边，其中有两条权最小的边e和g，任意选择一条，比如说e。接下来考虑边a，c和d，（不再考虑边g，因为把它包括进来会与e和f形成一个回路。）其中权最小的边是a，所以把它加到树中。这4条边a，b，e和f构成一棵生成树（参见图5.16b），事实上，这棵生成树也是一棵最小生成树。 ■

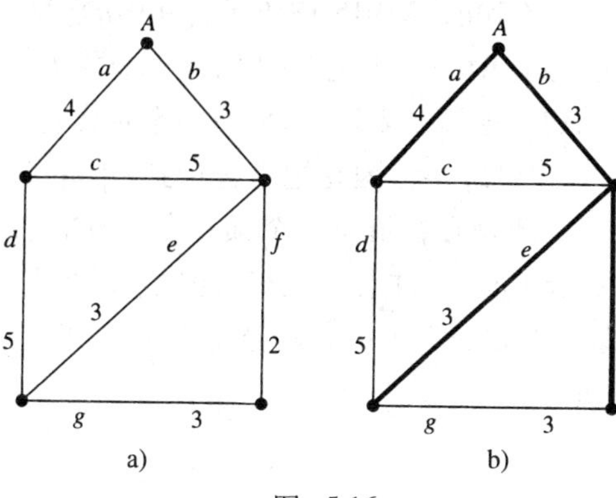

图 5.16

例5.11中的方法归功于普里姆（Prim），利用这种方法总能产生一棵最小生成树。普里姆算法通过选择任意一个顶点以及其上权最小的一条边构造出一棵树。然后，通过选择权最小的、与前面已选出的那条边构成一棵树的边来扩展这棵树。再通过选择权最小的、与前面已选出的那两条边构成一棵树的边进一步扩展这棵树。继续这个过程直到获得一棵生成树，这棵生成树就是一棵最小生成树。这个过程可以如下形式化。

普里姆算法

本算法为一个有n个顶点的带权图求出一棵最小生成树（如果有）。在这个算法中，$\mathcal{T}$是构成一棵树的边集，$\mathcal{L}$是与$\mathcal{T}$中的边相关联的顶点的集合。

步骤1（选择起始顶点）

选择一个顶点U，置$\mathcal{L}=\{U\}$，$\mathcal{T}=\varnothing$

步骤2（扩大$\mathcal{T}$）

while存在某条边，它有一个顶点在$\mathcal{L}$中，另一个顶点不在$\mathcal{L}$中

(a) 在那些有一个顶点在$\mathcal{L}$中、另一个顶点不在$\mathcal{L}$中的边中，选出一条权最小的边

(b) 将该边加入$\mathcal{T}$中

(c) 将其顶点加入$\mathcal{L}$中（其中的另一个顶点已经在$\mathcal{L}$中了）

endwhile

步骤3（是否存在一棵最小生成树？）

if $|\mathcal{L}|<n$

这个图是不连通的，所以它没有最小生成树

otherwise

$\mathcal{T}$中的边及其关联顶点构成一棵最小生成树

endif

在普里姆算法的步骤2中，选择一个顶点在$\mathcal{L}$中而另一个顶点不在$\mathcal{L}$中的边可以保证：$\mathcal{T}$中的任意一组边都不会形成回路。所以，步骤2中的循环每次迭代结束时，$\mathcal{T}$中的边和$\mathcal{L}$中的顶点构成一棵树。更进一步，当$\mathcal{L}$包含$\mathcal{T}$的所有顶点时，就构成一棵生成树。按照常规，这棵树也用$\mathcal{L}$来表示。普里姆算法可以产生最小生成树的证明可在本节的结尾处找到。

例5.12 对图5.17所示的带权图应用普里姆算法。从顶点F开始，置$\mathcal{L}=\{F\}$，$\mathcal{T}=\varnothing$。由于存在一个顶点在$\mathcal{L}$中而另一个顶点不在$\mathcal{L}$中的边，执行步骤2中的（a），（b）和（c）。另一个顶点不在$\mathcal{L}$中的F上的边是a，b，f和g，如图5.18所示，其中a是权最小的一条边。因此，把a包括到$\mathcal{T}$中去，把它的顶点包括到$\mathcal{L}$中去。于是$\mathcal{L}=\{F, C\}$，$\mathcal{T}=\{a\}$。由于继续存在一个顶点在$\mathcal{L}$中而另一个顶点不在$\mathcal{L}$中的边，继续步骤2。恰好有一个顶点在$\mathcal{L}$中的边是b，d，e，f和g，如图5.19所示。在这些边中，e的权最小，因此把它包括到$\mathcal{T}$中去，把顶点E包括到$\mathcal{L}$中去。现在$\mathcal{L}=\{F, C, E\}$，$\mathcal{T}=\{a, e\}$。还是存在恰有一个顶点在$\mathcal{L}$中的边，所以继续步骤2。这次要考虑的边是b，d，g和j，如图5.20所示。注意，没有考虑边f，因为它的两个顶点都在$\mathcal{L}$中。在边b，d，g和j中，有两条权最小的边，即b和d，任意地选定b，把它包括到$\mathcal{T}$中去，把B包括到$\mathcal{L}$中去。于是$\mathcal{L}=\{F, C, E, B\}$，$\mathcal{T}=\{a, e, b\}$。

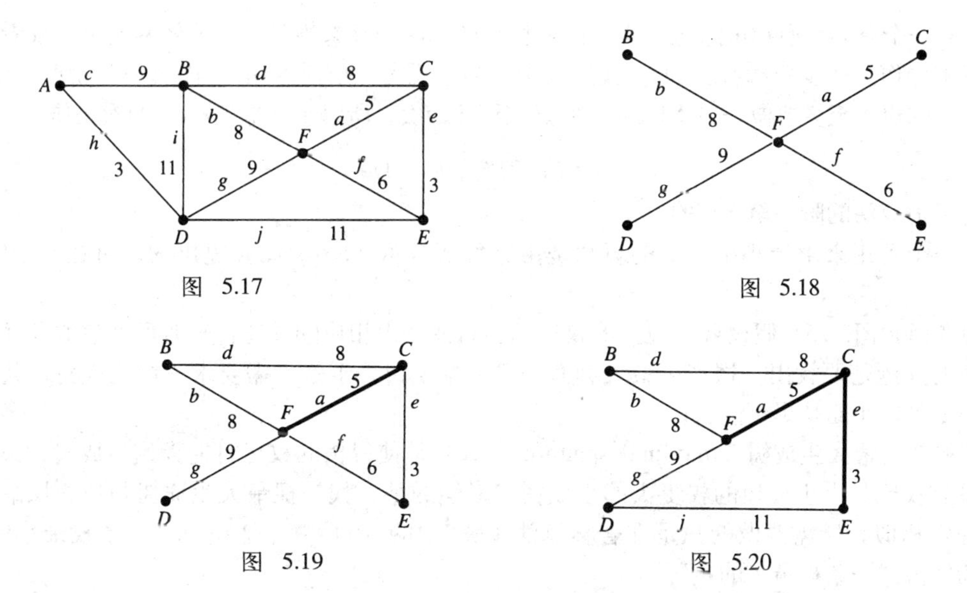

图 5.17　图 5.18

图 5.19　图 5.20

现在仍然存在一个顶点在$\mathcal{L}$中而另一个顶点不在$\mathcal{L}$中的边，所以继续步骤2。恰有一个顶点在$\mathcal{L}$中的边是c，g，i和j，其中c和g都具有最小的权。假设选择c。于是，把c包括到$\mathcal{T}$中去，把A包括到$\mathcal{L}$中去，使得

$$\mathcal{L}=\{F, C, E, B, A\}, \mathcal{T}=\{a, e, b, c\}。$$

当继续步骤2时，要考虑的边是g，h，i和j。权最小的边是h，所以把它插入到$\mathcal{T}$中，把D插入到$\mathcal{L}$中。现在

$$\mathcal{L}=\{F, C, E, B, A, D\}, \mathcal{T}=\{a, e, b, c, h\}。$$

由于现在不再存在恰有一个顶点在$\mathcal{L}$中的边（因为$\mathcal{L}$包含了带权图中的所有顶点），所以开始进行步骤3。步骤3指出$\mathcal{T}$中的边及其关联顶点构成了一棵最小生成树，如图5.21所示。这棵生成树的权是28。 ■

在上面的例子中，有两次要在具有相同的最小权的边中进行选择。算法步骤2中的（a）指出：在这种情况下，可以任意选择一条权最小的边。如果做出另外的选择，则将构造出不同的最小生成树。例如，在例5.12中，如果选择边d而不是b，接着选择g和h，结果就得到如图5.22所示的最小生成树。由此可见，最小生成树可能不是唯一的。

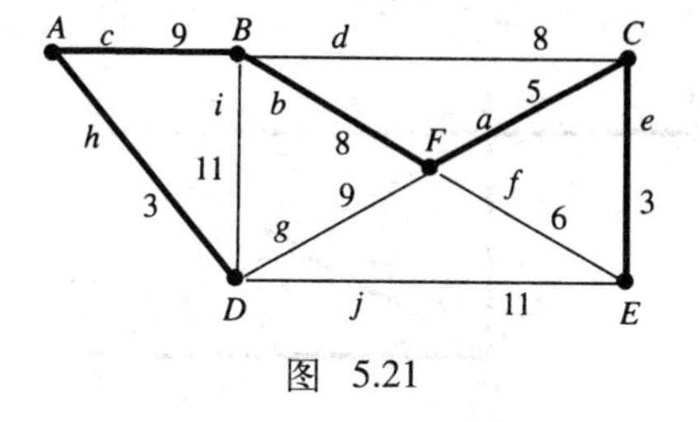

图 5.21

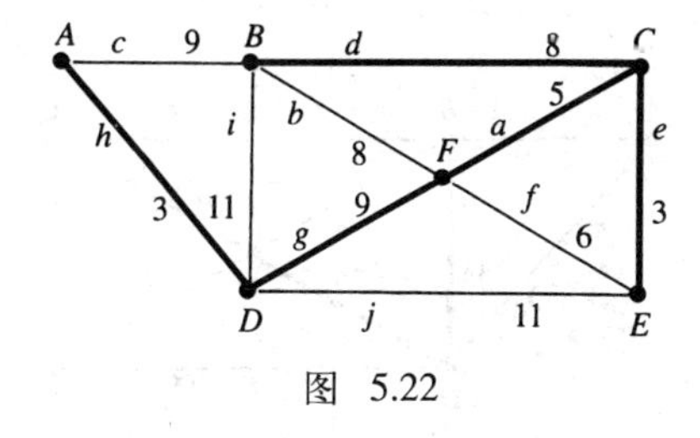

图 5.22

普里姆算法是贪婪算法的一个例子，因为在每次迭代时，都做了对那一步来说似乎是最好的选择（选择一条权最小的、可用的边来扩展树）。尽管在一般情况下，贪婪算法并不一定产生可能的最好结果（参见习题36和37），但是在普里姆算法中，这种方法确实最后产生一棵最小生成树。

在对一个有n个顶点和e条边的带权图分析普林算法的复杂性时，把比较两条边的权看作是一个基本操作。在步骤2的循环的每次迭代中，为了找出一个顶点在$\mathcal{L}$中而另一个顶点不在$\mathcal{L}$中的权最小的边，至多要做$e-1$次比较。步骤2至多做n次，所以至多需要$n(e-1)$次操作。由于

$$e \leqslant C(n,\ 2)=\frac{1}{2}n(n-1),$$

所以普里姆算法的阶是至多n^3的。

另一个可用来求最小生成树的算法是由克鲁斯卡尔（Kruskal）提出的，可在习题5.2中找到。

现在回到图5.15。假设现在边上的权表示当石油经由相应的管道传输时所产生的利润，那么现在的问题是要找出一棵产生最大利润的管道生成树。于是，需要求一棵生成树，其权之和不是尽可能小而是尽可能大。

带权图的**最大生成树**（maximal spanning tree）是使得树的权尽可能大的生成树，换句话说，没有权比最大生成树的权更大的生成树。幸运的是，找一棵最大生成树与找一棵最小生成树非常相似，所需要做的只是在普林算法步骤2中的（a）中，把短语“一条权最小的边”替换为短语“一条权最大的边”。

例5.13 对图5.17所示的带权图，从顶点F开始构造一棵最大生成树。于是，$\mathcal{T}=\varnothing$，$\mathcal{L}=\{F\}$。检查F上的边，如图5.23所示，选择一条权最大的边。这条边是g，所以$\mathcal{T}=\{g\}$，$\mathcal{L}=\{F,D\}$。现在，一个顶点在$\mathcal{L}$中而另一个顶点不在$\mathcal{L}$中的边是a，b，f，h，i和j，如图5.24所示，其中，有两条权最大的边i和j，任意选择一条，比如说i。那么现在，$\mathcal{T}=\{g,i\}$，$\mathcal{L}=\{F,D,B\}$。再次重复这个过程，如图5.25所示，选出边j（一个顶点在$\mathcal{L}$中而另一个顶点不在$\mathcal{L}$中的权最大的边）。现在，$\mathcal{T}=\{g,i,j\}$，$\mathcal{L}=\{F,D,B,E\}$。再考虑一个顶点在$\mathcal{L}$中而另一个顶点不在$\mathcal{L}$中的边，其中，c是权最大的边，所以，$\mathcal{T}=\{g,i,j,c\}$，$\mathcal{L}=\{F,D,B,E,A\}$。再做一次迭代导致对边$e$的选择，因此得到，$\mathcal{T}=\{g,i,j,c,d\}$，$\mathcal{L}=\{F,D,B,E,A,C\}$，这是所有顶点的集合。所以，$\mathcal{T}$是一棵最大生成树，如图5.26所示。请读者验证这棵树的权是48。 ■

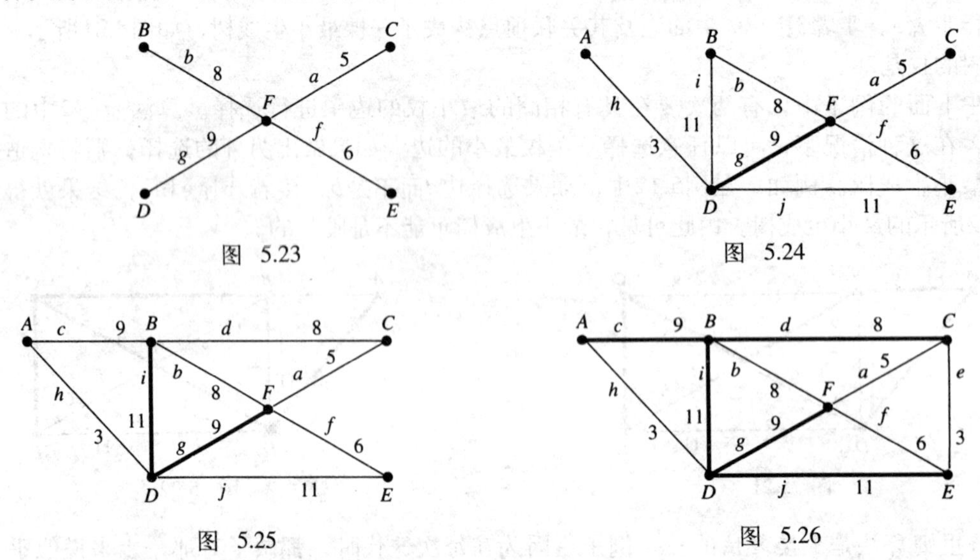

图 5.23　　图 5.24

图 5.25　　图 5.26

5.2.4 普里姆算法的证明

现在证明：如果将普里姆算法用于一个有n个顶点的连通带权图，那么它确实产生一棵最小生成树。令$\mathcal{T}$是算法中的边集，即$\mathcal{T}$是一个边的集合，边被逐条加入到其中，直到得到一棵

生成树为止。下面对$\mathcal{T}$中的边数m应用归纳法，证明这棵生成树是最小的。

归纳假设是：当$\mathcal{T}$有m条边时，$\mathcal{T}$包含在某棵最小生成树中。如果$m=0$，那么$\mathcal{T}$是一个空集。由于存在最小生成树，所以这个假设对$m=0$成立。

现在假设$\mathcal{T}$是一个有k条边的集合，且$\mathcal{T}$包含在一棵最小生成树$\mathcal{T}'$中。设$\mathcal{L}$是普里姆算法给出的相应的顶点集合，假设$\{U, V\}$是下一条将被放入$\mathcal{T}$中的边，其中，U在$\mathcal{L}$中，而V不在$\mathcal{L}$中。

如果$\{U, V\}$在$\mathcal{T}'$中，那么归纳假设对$k+1$成立，证明完成。所以假设$\{U, V\}\notin\mathcal{T}'$。由于$\mathcal{T}'$是一棵生成树，所以$\mathcal{T}'$中一定有一条从$U$到$V$的通路。由于$U\in\mathcal{L}$，$V\notin\mathcal{L}$，所以这条通路一定包含一条边$e$，它的一个顶点在$\mathcal{L}$中而另一个顶点不在$\mathcal{L}$中。

因为普里姆算法选择了边$\{U, V\}$，而不是边e，所以$\{U, V\}$的权一定小于或等于e的权。于是，如果将$\{U, V\}$加入$\mathcal{T}'$，并从$\mathcal{T}'$中去掉e构成$\mathcal{T}''$，那么$\mathcal{T}''$的权不会增加。由于$\mathcal{T}''$是连通的且有$n-1$条边，所以它也是一棵最小生成树。但$\mathcal{T}''$包含了$\mathcal{T}\cup\{U, V\}$的$k+1$条边，这就对$k+1$证明了归纳假设。

由数学归纳法可知，普里姆算法产生的树$\mathcal{T}$总是包含在一棵最小生成树中。但是，当算法结束且$\mathcal{T}$有$n-1$条边时，这棵最小生成树只能是$\mathcal{T}$本身。因此，普里姆算法产生一棵最小生成树。

习题5.2

在习题1～6中，用广度优先搜索算法求出每个连通图的一棵生成树。（从A开始，在选择顶点时，使用字母顺序。）

1.

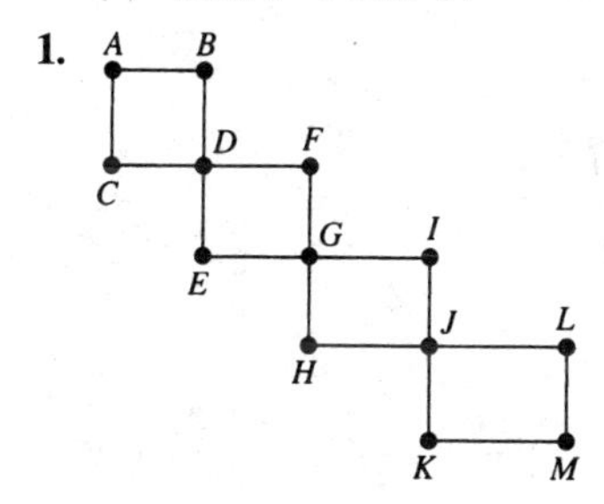

2.

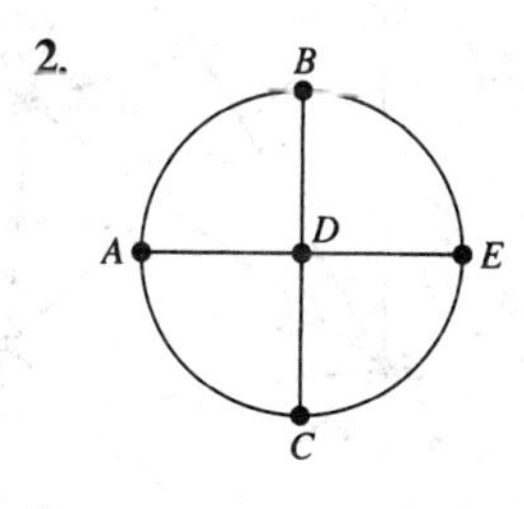

3.

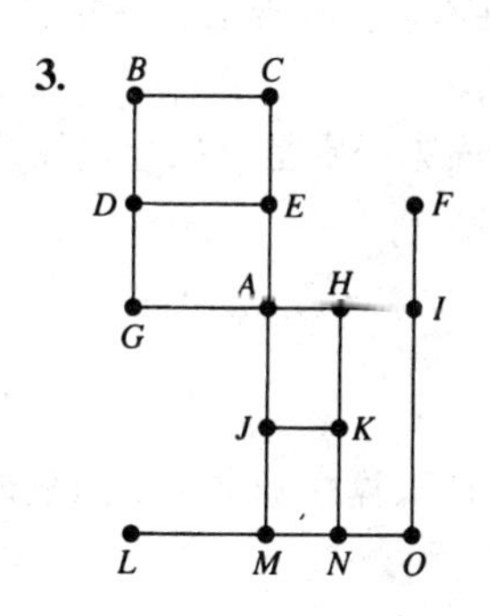

4.

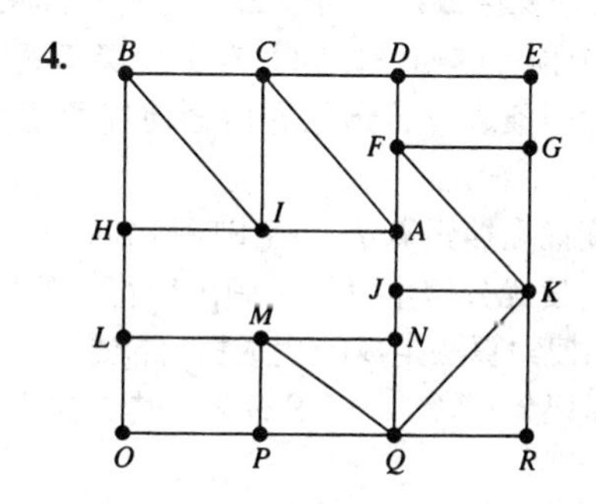

5.

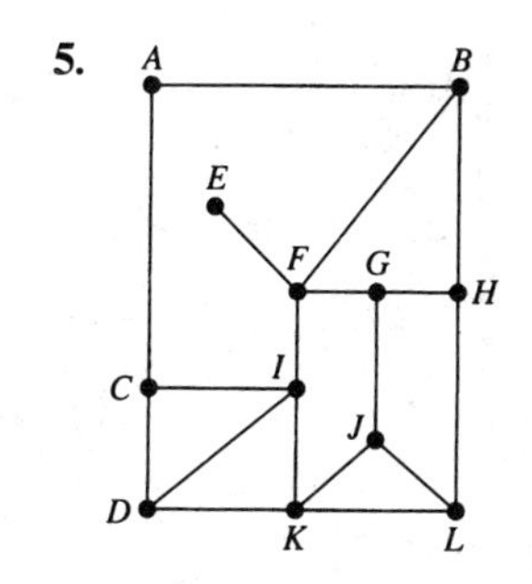

6.

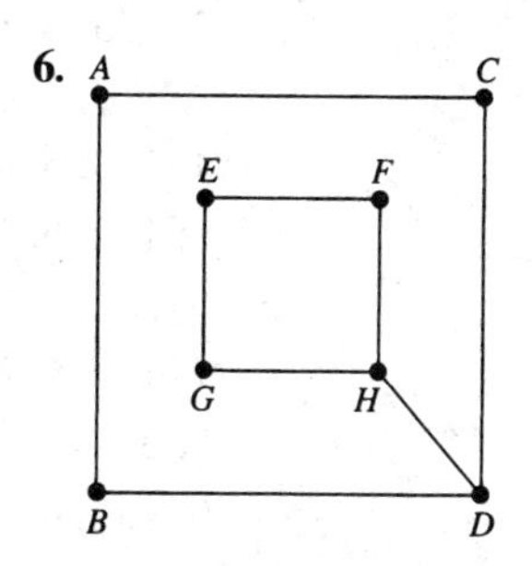

7. 一家石油公司的炼油厂有7幢大楼，通过地道将这些大楼连接起来，如下图所示。由于存在大爆炸的可能性，所以，为了避免可能的坍塌，需要加固一些地道。公司希望在地面发生大火的情况下能够从任何一幢大楼走到其他大楼，但希望所加固的地道尽可能地少。问该怎么做？

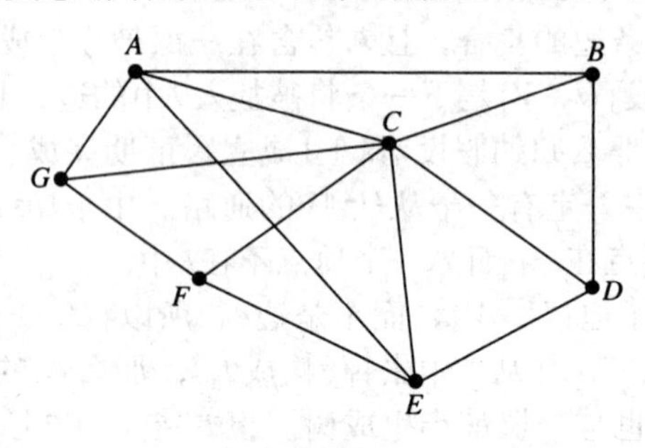

8. 国家安全局主要的职责之一是：协助其他政府部门提供安全的计算机通信。农业部平时不需要涉及这个问题，但在对未来的农作物产量做估计时，保守这些机密直到公开发布很重要。农业部各个提供报告的部门之间的计算机连接图如下图所示。由于只在某些时段才需要有完全的安全性，所以国家安全局将仅对最少的线路确保安全。问该怎么做？

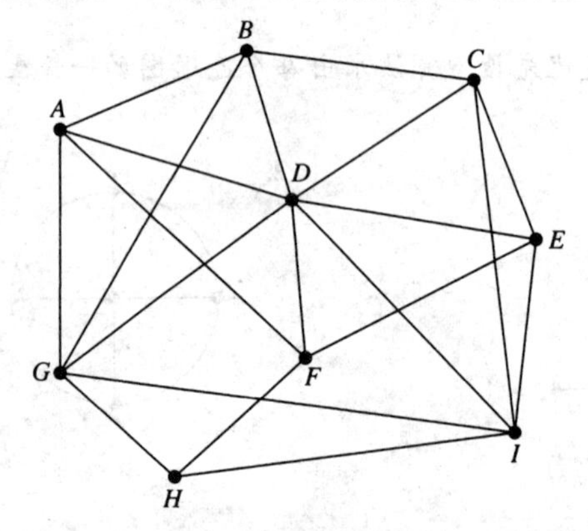

9. 连通图的任意两棵生成树总含有公共边吗？如果是，给出证明；如果不是，则举出一个反例。

10. 对于一个有n个顶点的回路，问共有多少棵不同的生成树？这里$n \geqslant 3$。

11. 证明：对任意一条边，若删除它后会使连通图变成不连通的图，则该边一定是每棵生成树的一部分。

12. 对$\mathcal{K}_n$应用广度优先搜索算法，画出所得到的生成树。

13. 对$\mathcal{K}_{m,n}$应用广度优先搜索算法，画出所得到的生成树。

14. 利用广度优先搜索算法生成的生成树可能是一条简单通路吗？

15. 一个顶点被标记为1，2，…，9的图，其邻接表如下。应用广度优先搜索算法确定这个图是否是连通的。

1: 2, 3, 5, 7, 9
2: 1, 3, 4, 5, 9
3: 1, 2, 4, 6, 8
4: 2, 3, 5, 6
5: 1, 2, 6, 7
6: 3, 4, 5, 7, 9
7: 1, 5, 6, 8, 9
8: 3, 7
9: 1, 2, 6, 7

16. 对下面的邻接表重复习题15。

1: 2, 5
2: 1, 3
3: 2, 6
4: 5, 6
5: 1, 4
6: 3, 4
7: 8, 9
8: 7, 9
9: 7, 8

在剩余的习题中，在构造最小或最大生成树时，如果要选择所用的边，则按照字母顺序选择边。

在习题17～20中，应用普里姆算法求出每个带权图的最小生成树（从A开始），并给出所求出的最小生成树的权。

17.

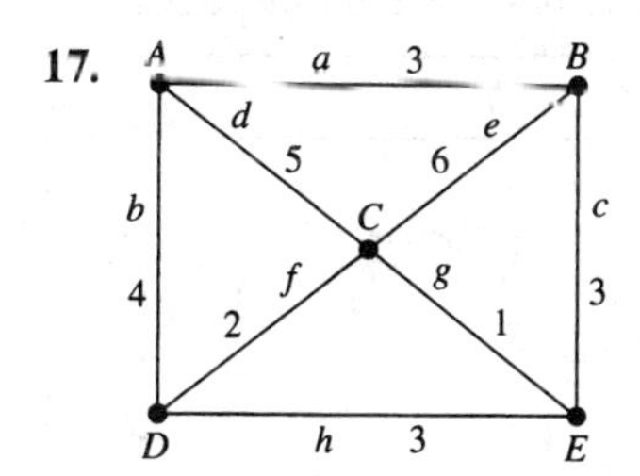

18.

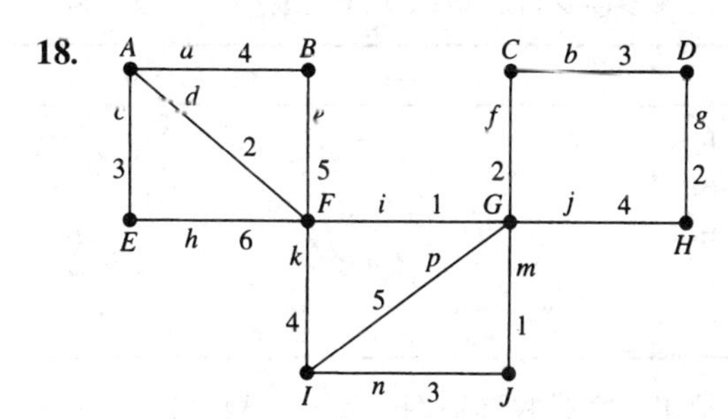

19.

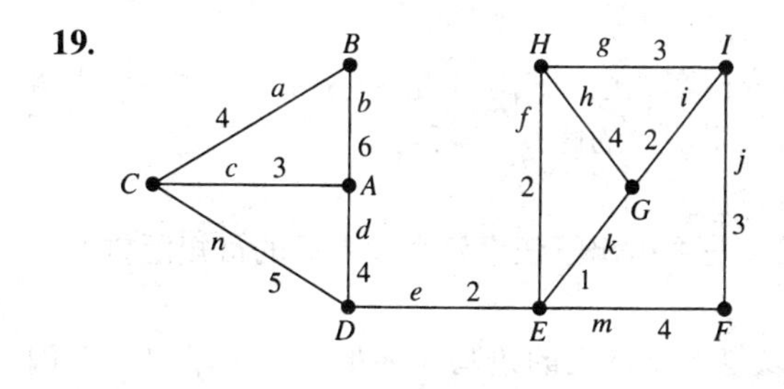

20.

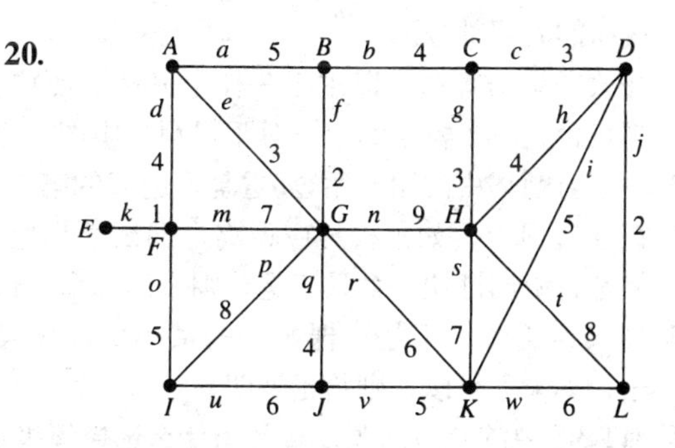

在习题21～24中，应用普里姆算法求出指定习题中的带权图的最小生成树，并给出所求出的最小生成树的权。

21. 习题17（从E开始）

22. 习题18（从H开始）

23. 习题19（从G开始）

24. 习题20（从H开始）

在习题25～28中，应用普里姆算法求出指定习题中的带权图的最大生成树，并给出所求出的最大生成树的权。

25. 习题17（从A开始）

26. 习题18（从A开始）

27. 习题19（从F开始）

28. 习题20（从D开始）

29. Gladbrook饲料公司有7个谷物箱，要通过谷物管道将它们连接起来，以使谷物能从任意一个箱子转移到其他箱子。为了使建造费用最少，希望建造尽可能少的管道。在两个箱子之间建造管道的费用（以10万美元计）由下表给出，这里“－”表示不能建造管道。应该怎样建造管道才能使费用最少？

谷物箱	1	2	3	4	5	6	7
1	—	4	—	6	2	—	3
2	4	—	5	2	—	3	1
3	—	5	—	7	—	2	2
4	6	2	7	—	4	1	—
5	2	—	—	4	—	1	—
6	—	3	2	1	1	—	2
7	3	1	2	—	—	2	—

30. FBI（美国联邦调查局）的特工Hwang正在与5个线人一起工作，这些线人已经渗透到了犯罪组织中。Hwang要做出安排，使得线人能直接或通过其他人相互联络，但是决不能有超过两人在一起。出于安全的考虑，接头地点的数目必须尽可能少。此外，每对线人都被赋予了一个危险等级，指出他们被发现在一起的危险性。下表列出了这些线人及其危险等级。Hwang应该怎样安排联络以使危险最小？假设危险与直接接触的人之间的危险等级之和成比例。

	Jones	Brown	Hill	Ritt	Chen
Jones	—	3	4	5	2
Brown	3	—	3	1	4
Hill	4	3	—	2	3
Ritt	5	1	2	—	4
Chen	2	4	3	4	—

31. 给出一个带权连通图（不是一棵树）的例子，其中有一条边是每棵最小生成树和每棵最大生成树的共同部分。

32. 修改普里姆算法，以求出一棵生成树，使该生成树在这些生成树中是最小的，且这些生成树都包含某一条特定的边。对于习题17中图，用边g说明你的修改。

33. 对于习题19中的图，用边b重复习题32的第二部分。

34. 在连通图中，如果权对应距离，那么最小生成树是否给出了任意两个顶点间的最短距离？如果是，给出证明；如果不是，则举出一个反例。

35. 带权连通图（不是一棵树）的最小生成树可以包含权最大的边吗？如果可以，举出一个例子；如果不可以，则给出证明。

36. 对1.3节中的背包问题，解释为什么选择等级最高的实验的方法不能解决问题。

37. 假设要邮寄包裹，且有面值1分、13分和22分的邮票。如果要用最少的邮票数来产生所需的邮资，贪婪算法的方法是：首先尽可能多地使用面值22分的邮票，接着尽可能多地使用13分邮票，最后使用必要数量的1分邮票。证明这个方法不一定导致使用邮票数最少的结果。

克鲁斯卡尔算法

本算法为有n个顶点的带权图$\mathcal{G}$求出一棵最小生成树（如果存在），这里$n \geqslant 2$。在算法中，$\mathcal{S}$和$\mathcal{T}$是由$\mathcal{G}$中的边组成的集合。

步骤1(初始化)

(a) 令$\mathcal{T}=\varnothing$

(b) 令$\mathcal{S}$为$\mathcal{G}$中所有边的集合

步骤2(扩大$\mathcal{T}$)

while $|\mathcal{T}|<n-1$且$\mathcal{S}$非空

(a) 从$\mathcal{S}$中选择一条权最小的边e

(b) 如果$\mathcal{T}\cup\{e\}$中的任何边都不构成回路，则将$\mathcal{T}$替换为$\mathcal{T}\cup\{e\}$

(c) 从$\mathcal{S}$中删去e

endwhile

步骤3 (最小生成树存在吗？)

if $|\mathcal{T}|<n-1$

$\mathcal{G}$没有最小生成树，因为$\mathcal{T}$不是连通的

otherwise

$\mathcal{T}$中的边及其关联顶点构成一棵最小生成树

endif

在习题38～41中，应用克鲁斯卡尔算法求出指定习题中的带权图的最小生成树。

38. 习题17 **39.** 习题18 **40.** 习题19 **41.** 习题20

42. 修改克鲁斯卡尔算法，以求出一棵生成树，使该生成树在这些生成树中是最小的，这些生成树都包含某一条特定的边。对于习题17中的图，用边d说明你的修改。

43. 对于习题19中的图，用边b重复习题42的第二部分。

***44.** 证明：克鲁斯卡尔算法给出连通带权图的一棵最小生成树。

45. 证明：如果一个带权连通图中所有的权都互不相同，那么该带权图有且仅有一棵最小生成树。

5.3 深度优先搜索

5.3.1 深度优先搜索法

在5.2节中，我们看到如何用广度优先搜索算法求连通图的生成树。该算法从一个顶点开始，扩展到其所有的相邻顶点，从这些顶点出发，再扩展到所有没有到达过的相邻顶点，按这种方式继续，直到不能进一步扩展为止。这样，就得到从起始顶点到其他每个顶点的距离和一棵生成树。

另一种求连通图的生成树的算法是深度优先算法。在这个算法中，用连续的整数标记顶点，这些整数指明了遇到顶点的顺序。这个算法的基本思想是：标记顶点V后，在寻找应紧接着做标记的顶点时，首先要考虑的顶点是与V相邻但还未被标记的顶点。如果有一个与V相邻的未被标记的顶点W，就为W指定下一个标记数，再从W开始搜索下一个要标记的顶点。如果V没有未被标记的相邻顶点，就沿着给V做标记时所走过的边后退，并且，如果有必要，连续后退，直到到达一个顶点，它有未被标记的相邻顶点U。接着为顶点U指定下一个标记数，并从U开始搜索下一个要标记的顶点。

深度优先算法的关键思想是：当已经走到所能够到达的最远端时，就后退。作为这个过程的一个例子，考虑图5.27。下面将给每个顶点V指定一个标记，这个标记指明了V被标记的顺序及其前驱（我们从这个前驱顶点到达V）。从任意一个顶点开始，比如说A，给它指定标记1(−)，指明它是第一个被标记的顶点，而且没有前驱。接着，在两个相邻顶点B和D中，任意选择一个，比如说B，把它标记为2(A)。下一步，在与B相邻的两个未被标记的顶点中，任意选择C，把它标记为3(B)。由于C没有未被标记的相邻顶点，所以退回到B（C的前驱），并在下一步走到D，将D标记为4(B)。当所有的顶点都被标记以后，通过选取连接每个顶点与其前驱的边（以及它们的关联顶点），就可以构造出图的一棵生成树。这些边如图5.27中的粗边所示。

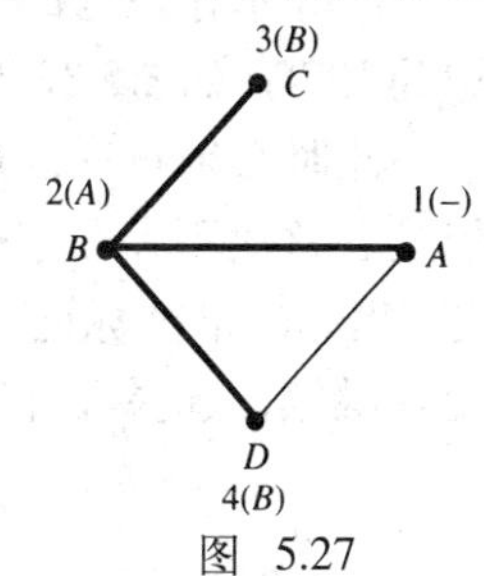

图 5.27

下面的例子将在一个更复杂的图上演示这种方法。

例5.14　本例将应用深度优先搜索法求出图5.28的一棵生成树。在这个例子中，将遵循惯例，即当需要对顶点做选择时，按字母顺序选择顶点。从选择起始顶点开始，按照惯例选择A。接着给A指定标记1(−)，这表明A是第一个被标记的顶点且没有前驱。现在选择一个与A相邻的未被标记的顶点。可能的选择是B和G，按照字母顺序选择B，并给B指定标记2(A)。如图5.29所示，我们在每个顶点的近旁列出其标记，并用粗边表示连接一个顶点到其前驱的边。

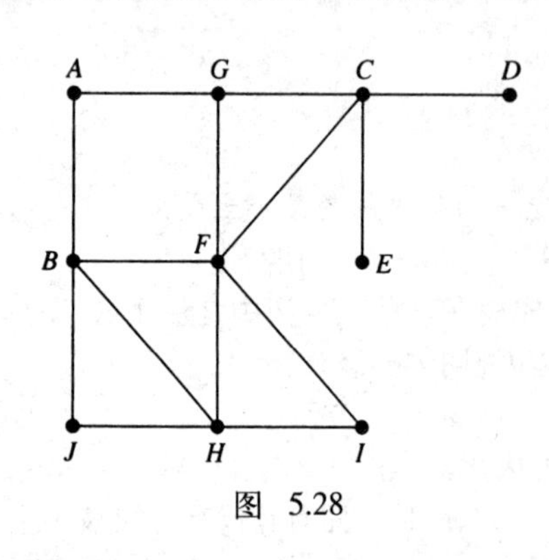

图　5.28

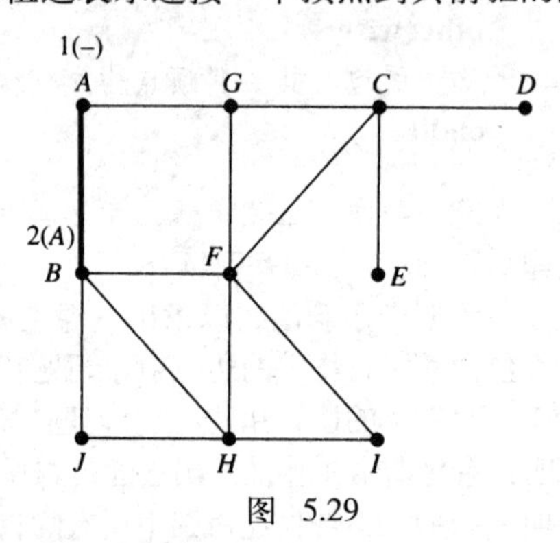

图　5.29

现在从B出发继续，在F，J和H中选择一个与B相邻的未被标记的顶点。这里选择F，并将F标记为3(B)。从F出发继续，选择C，并将C标记为4(F)。下一步，选择D，并将D标记为5(C)。现在的情况如图5.30所示。

此时，没有与D（最后一个被标记的顶点）相邻的未被标记的顶点，于是，必须从D退回到其前驱C。由于存在与C相邻的未被标记的顶点，所以选择一个，即E，并将E标记为6(C)。现在的情况如图5.31所示。

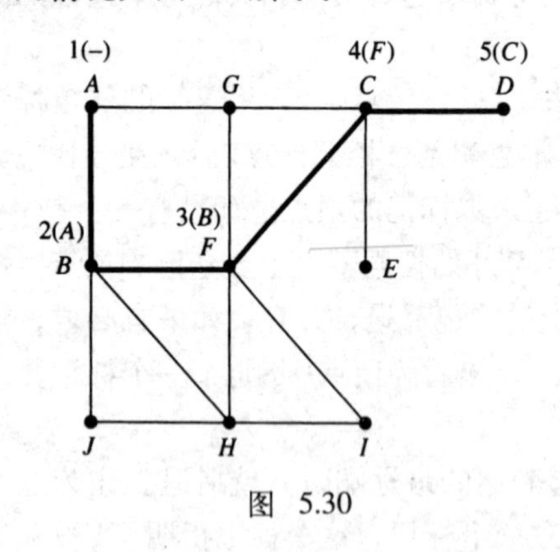

图　5.30

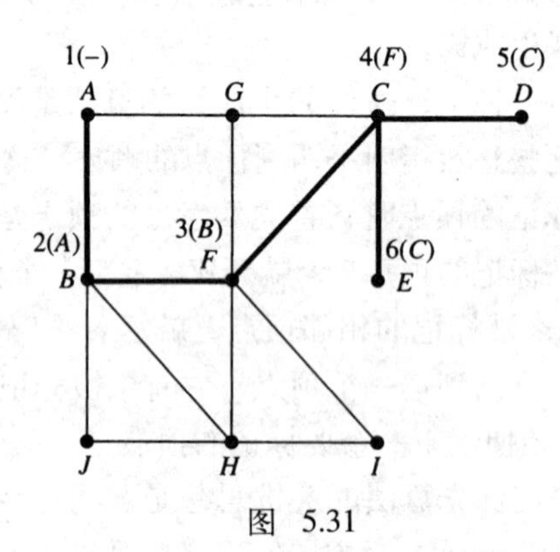

图　5.31

因为不存在与E相邻的未被标记的顶点，所以退回到E的前驱C。下一步选择G，并将G标记为7(C)，如图5.32所示。

此时必须再一次后退，因为不存在与G相邻的未被标记的顶点。于是回到C（G的前驱）。但是，这次不存在与C相邻的未被标记的顶点，所以只得继续后退到F（C的前驱）。由于存在与F相邻的未被标记的顶点，所以从F出发继续做标记。下一步选择H，将H标记为8(F)。从H出发继续，选择I，将I标记为9(H)。现在的情况如图5.33所示。

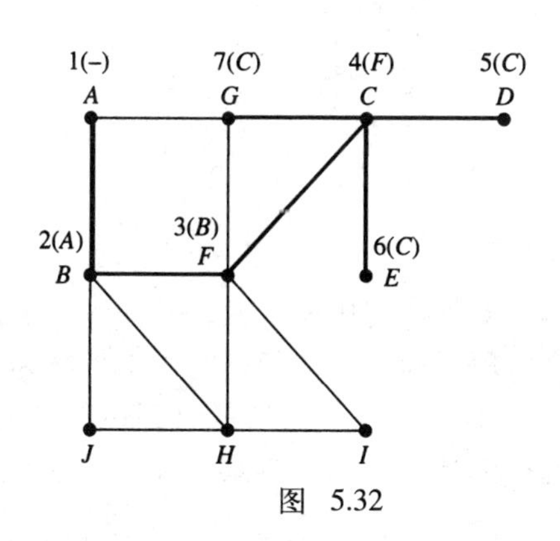

图 5.32

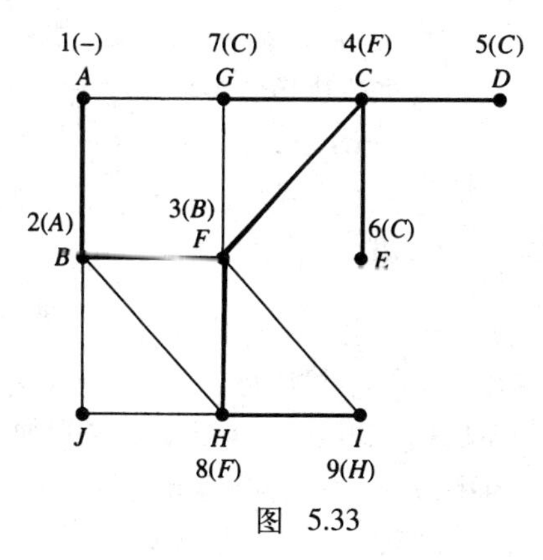

图 5.33

因为不存在与I相邻的未被标记的顶点，因此退回到H。现在选择J，将J标记为10(H)。此时，每个顶点都已被标记，如图5.34所示，所以停止标记。在图5.34中，粗边（及其关联顶点）构成一棵生成树。■

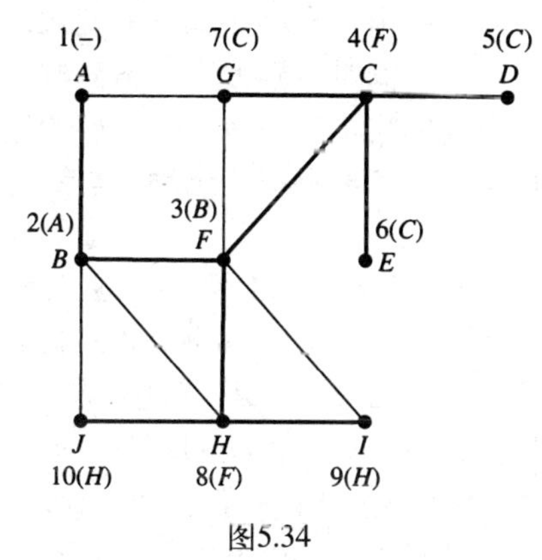

图5.34

下面将例5.14中的过程算法化。

深度优先搜索算法

本算法为至少有两个顶点的图$\mathcal{G}$求出一棵生成树（如果存在）。在算法中，$\mathcal{L}$是已被标记的顶点的集合，顶点Y的前驱是$\mathcal{L}$中的一个顶点，它被用于标记Y，$\mathcal{T}$是连接各个顶点与其前驱的边的集合。

步骤1（标记起始顶点）

(a) 选择一个顶点U，将它标记为1，并令U没有前驱

(b) 令$\mathcal{L}=\{U\}$，$\mathcal{T}=\varnothing$

(c) 令$k=2$，$X=U$

步骤2（标记其他顶点）

repeat

步骤2.1（标记一个与X相邻的顶点）

while 存在与X相邻且不属于$\mathcal{L}$的顶点Y

(a) 将边$\{X, Y\}$加入到$\mathcal{T}$中

(b) 指定X为Y的前驱

(c) 将Y标记为k

(d) 将Y包括到$\mathcal{L}$中

(e) 令$k=k+1$

(f) 令$X=Y$

endwhile

步骤2.2（后退）

令$X=X$的前驱

until $X=$null或者$\mathcal{G}$的每个顶点都在$\mathcal{L}$中

步骤3（生成树存在吗？）

if $\mathcal{G}$的每个顶点都在$\mathcal{L}$中

 $\mathcal{G}$中的边及其关联顶点构成$\mathcal{T}$的一棵生成树

otherwise

 $\mathcal{G}$没有生成树，因为$\mathcal{G}$不是连通的

endif

广度优先搜索和深度优先搜索之间有根本的区别。对于广度优先搜索，我们从一个顶点扩展到其所有的相邻顶点，并在每个顶点上重复这个过程。此外，在任何时候都不会为了继续搜索而后退。但是，对于深度优先搜索，我们从一个顶点出发走到所能够到达的最远端，当不能再继续时，就后退到最近的、在其上还存在选择的顶点；然后再重新开始，走到所能够到达的最远端。

勘探有许多分叉的洞穴有两种不同的方法，其中有类似的情况。若采用广度优先搜索的方法，则由一个勘探队搜索洞穴，并且每当一条涵洞分叉为若干条涵洞时，勘探队就分成几个小队，同时分别搜索每条涵洞。若采用深度优先搜索的方法，则一个人搜索洞穴，方法是留下磷的痕迹标记他已经到过的地方，当要选择涵洞时，随机地选择一条没有搜索过的涵洞作为下一条要勘探的涵洞。当到达尽头时，就根据所标记的痕迹后退，找出下一条未走过的涵洞。

定理5.7 对图$\mathcal{G}$应用深度优先搜索算法。

(a) $\mathcal{T}$中的边和$\mathcal{L}$中的顶点构成一棵树。

(b) 此外，如果$\mathcal{G}$是连通的，那么这棵树是一棵生成树。

证明 (a) 根据深度优先搜索的构造过程，$\mathcal{T}$中的边和$\mathcal{L}$中的顶点构成一个连通图。在步骤2中，每次选择一条边加入到$\mathcal{T}$中，这条边的一个顶点在$\mathcal{L}$中而另一个顶点不在$\mathcal{L}$中。于是，这个选择不会与$\mathcal{T}$中的其他边形成任何回路。所以，在深度优先搜索算法结束时，由$\mathcal{T}$中的边和$\mathcal{L}$中的顶点所构成的图不包含回路，因而是树。

(b) 的证明留作习题。 ■

按照本书的惯例，把定理5.7中由$\mathcal{T}$中的边和$\mathcal{L}$中的顶点构成的树记为$\mathcal{T}$。树$\mathcal{T}$称为**深度优先搜索树**（depth-first search tree），$\mathcal{T}$中的边称为**树边**（tree edge），其他边称为**后向边**（back edge），对顶点所做的标记称为**深度优先搜索编号**（depth-first search numbering）。因此，在图5.34中，顶点F有深度优先搜索编号3，顶点F和C之间的边是树边，顶点F和G之间的边是后向边。当然，边被指定为树边或后向边以及深度优先搜索编号都依赖于算法执行过程中所做的选择。

为了分析深度优先搜索算法的复杂性，把标记一个顶点和使用一条边都看作是基本操作。对一个有n个顶点和e条边的图，每个顶点最多被标记一次，每条边最多使用两次，一次在从一个已被标记的顶点走到一个未被标记的顶点时使用，另一次在回溯到前一个已被标记的顶点时使用。因此，最多有

$$n+2e \leqslant n+2C(n,\ 2)=n+2\cdot\frac{1}{2}n(n-1)$$

次操作，所以这个算法的阶是至多n^2的。

可以以多种方式应用深度优先搜索来解决涉及图的问题。下面将介绍其中的一些问题。

接着4.5节的例4.37，前面研究了如何为图的边指定方向以产生强连通有向图（任意两个顶点之间都有有向通路的有向图）的问题。我们称删除后使图不连通的边为**桥**（bridge）。前

面曾断定：对于确保存在一种为边指定方向的方法，以产生一个强连通有向图的问题，没有桥是充分和必要的。但是，我们没有给出确定一个图是否有桥的算法。下面将要研究如何为此而应用深度优先搜索。

首先，对连通图$\mathcal{G}$应用深度优先搜索法得到一棵生成树$\mathcal{T}$。注意，$\mathcal{G}$中的桥一定是$\mathcal{T}$中的边。现在，逐条考察$\mathcal{T}$中的边，把它从$\mathcal{G}$中删去，并应用深度优先搜索法考察由此得到的图是否连通。如果不连通，则被删去的边一定是桥。

接下来说明如何为一个没有桥的连通图$\mathcal{G}$的边指定方向，以使$\mathcal{G}$转变为一个强连通的有向图。首先对$\mathcal{G}$应用深度优先搜索法，并为树的边指定方向，从较小的深度优先搜索编号指向较大的编号。然后，为后向边指定方向，从较大的深度优先搜索编号指向较小的编号。这些方向的指定就构成一个强连通有向图。

例5.15 把深度优先搜索法应用于图，产生如图5.35a所示的深度优先搜索编号，其中，树边被加粗。现在，如前面所描述的那样对所有的边指定方向，产生如图5.35b所示的有向图。通过检验，证实这个有向图是强连通的，因为从每个顶点到其他各个顶点都有有向通路。■

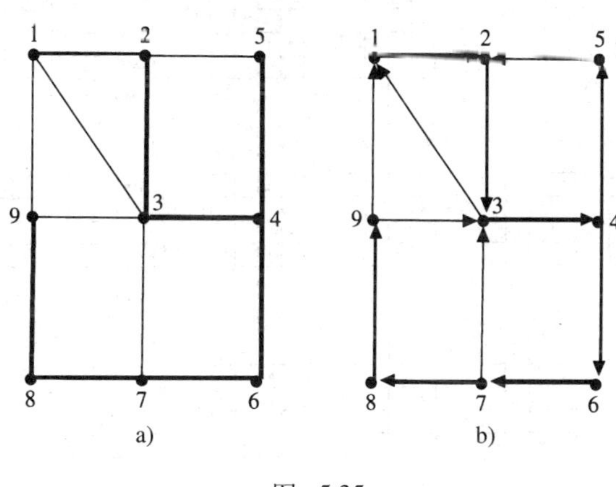

图 5.35

这个例子说明了下面的定理。

定理5.8 假定将深度优先搜索法应用于一个没有桥的连通图。如果为树边指定方向，从较小的深度优先搜索编号指向较大的编号，并为后向边指定方向，从较大的深度优先搜索编号指向较小的编号，那么所得到的图是强连通的。

5.3.2 回溯

在后退前尽可能远行，当把这种过程用作为一种通用的解决问题的策略时，我们称之为回溯。在寻找具有特定特征的一个或所有解的时候，回溯经常被用作为一种系统地探索大量可能性的方法。下面将用两个例子来说明回溯的思想。

尽管回溯与应用于图的深度优先搜索法似乎没有直接的联系，但是，问题的可能解的集合往往可以表示为图。于是深度优先搜索法就可以作为一种系统的搜索解的方法。下面的第一个例子说明了这个思想。

例5.16 在4皇后问题中，要求在一个4×4的棋盘上放置4个皇后，使得任意两个皇后都不可以互相攻击。这就意味着必须在4×4的网格上放置4个标志，使得任意两个标志都不会出现在同一行、同一列或同一条对角线上。下面将说明如何用回溯来求这个问题的解。

首先考虑如何用图来描述皇后的放置。每个顶点表示n（$n\geqslant0$）个互不攻击的皇后的一种放置，n个皇后放置在从左到右的连续的n列上。若一种放置形态中的皇后比另一种放置形态中的皇后多一个，除此之外这两种放置形态完全相同，则一条边将连接对应的这两个顶点。为了便于标识棋盘上的位置，把棋盘看作是一个4×4阶的矩阵。从在位置（1，1）上放置一个皇后开始。然后，在第2列上，可行的皇后位置只有（3，2）和（4，2），因为，位置（1，2）会导致两个皇后在同一行，位置（2，2）会导致两个皇后在同一条对角线上。选择在位置（3，2）放置皇后，将不允许后继的放置；而放置在位置（4，2）则允许将另一个皇后放置在位置（2，3）上。剩下的那部分图可按同样的方法完成构造，最终得到图5.36。现在，可用深度优先搜索法来搜索这个图，以求出这个问题的解，即一个包含4个互不攻击的皇后的放置。

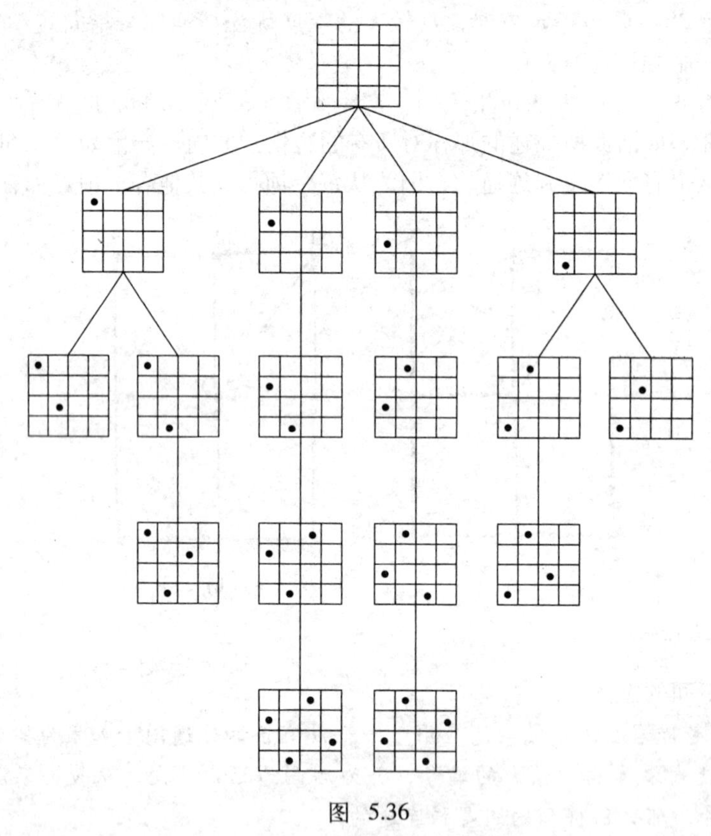

图 5.36

但是，在实践中，常常希望不用构造图5.36，而直接搜索问题的解。下面将重新求解上面描述的4皇后问题，以说明这种技术。这次的总体搜索策略是：在棋盘上，按列从左到右、按行从上到下的次序放置皇后。如果不能在某一列上放置皇后，那么回溯到前面的列，改变那里的皇后的位置。如果仍然不能放置皇后，则再退回一列。与前面一样，为了标识棋盘上的位置，把棋盘看作是一个4×4阶的矩阵。

从在位置（1，1）上放置一个皇后开始，如图5.37a所示。接着在第2列上，从上到下，因为位置（1，2）将导致两个皇后在同一行上，而位置（2，2）将导致两个皇后在同一条对角线上，所以我们在位置（3，2）上放置一个皇后，如图5.37b所示。但是，现在可以看到在第3列上没有地方放置皇后了。所以回溯到第2列中的皇后，把这个皇后移到位置（4，2），如图5.37c所示。然后，在第3列上，可以在位置（2，3）上放置一个皇后，如图5.37d所示。但是，现在无法在第4列上找到放置皇后的位置。由于在第3列上为皇后选择的位置是唯一可能的位置，所以必须回溯到第2列。但是，在第2列上也没有移入皇后的位置了（除了前面已考虑过的位置（3，2）。所以必须回溯到第1列，并在第1列上把皇后移动到位置（2，1）上，如图5.37e所示。然后在第2列上，皇后的唯一位置是位置（4，2），在第3列上，皇后的唯一位置是位置（1，3），在第4列，皇后的唯一位置是位置（3，4），如图5.37f所示。于是就找到了4皇后问题的一个解。■

例5.17 回溯的另一种用途是：提供一种系统地穿越诸如图5.38所示的迷宫的方法，图中的粗边表示障碍物。由于每个位置上都有4种可能的选择，所以总体策略是按东、北、西或南的顺序走，不回到前面已占据过的位置。当不能再往前走时，回溯到上一个位置（这里已经有过一次选择了），并按总体策略中的方向优先序列选择下一个方向。这里仍然用矩阵描述迷宫中的位置。从起始位置（1，1）开始，向东走，再向东走，然后向南走，在位置（2，3）处停止。从这个位置无法继续前进，所以退回到位置（1，2）。然后向南走，向西走，向南走，向东走，向东走，向东走，向北走，向北走，在位置（1，4）处停止。又不能再前行了，因此回溯到位置（3，1）。然后向南走，向东走，向东走，再向东走，在位置（4，4）处结束。■

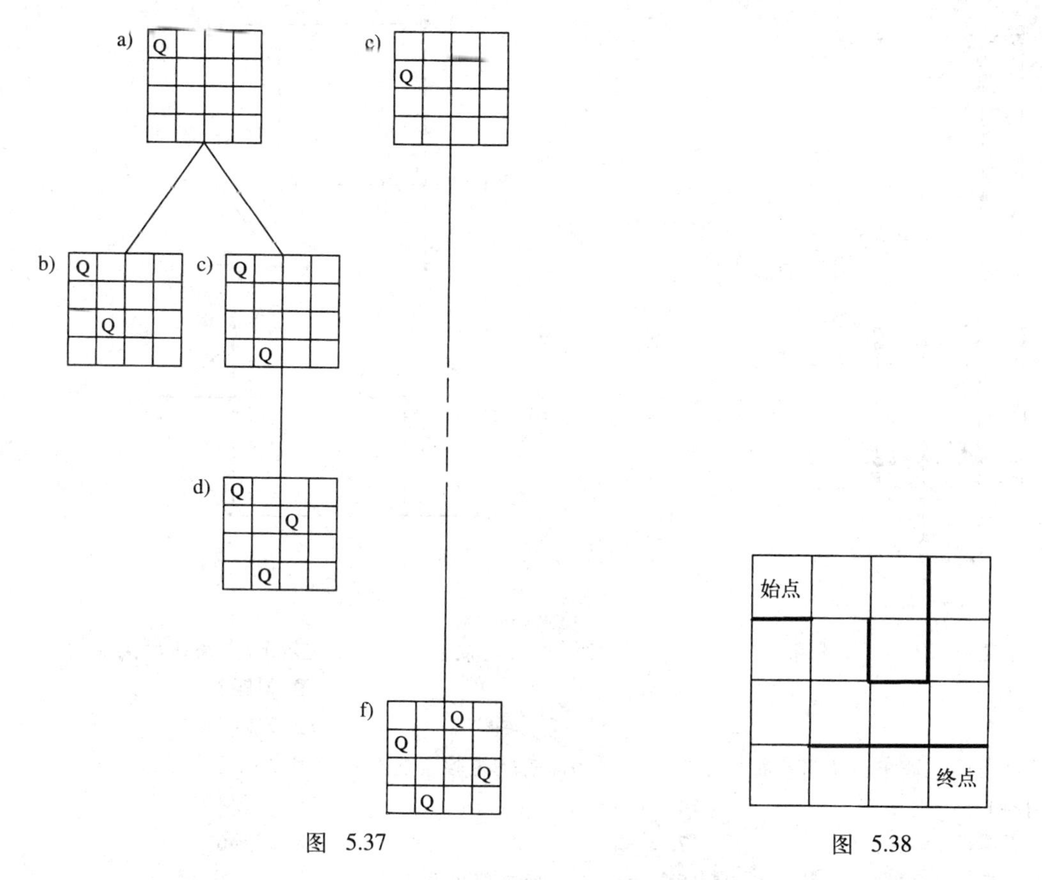

图 5.37　　　图 5.38

关于深度优先搜索法的其他应用，有兴趣的读者可以查阅本章末尾的推荐读物[9]。

习题5.3

在所有的习题中，如果要选择顶点，则选择按字母顺序首先出现的顶点。

在习题1～6中，对各图应用深度优先搜索法以获得顶点的深度优先搜索编号。

1.

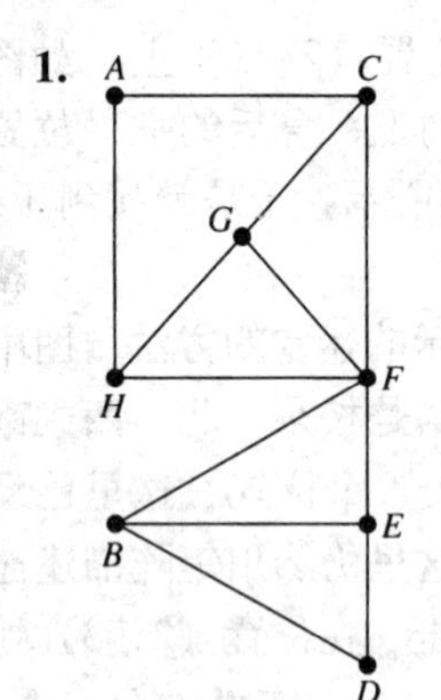

2.

3.

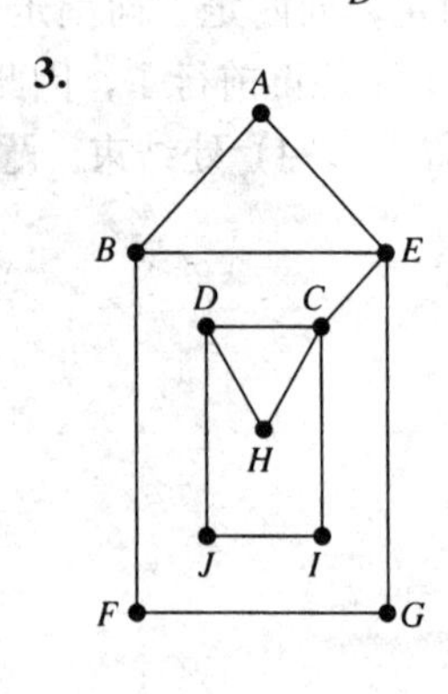

4.

5.

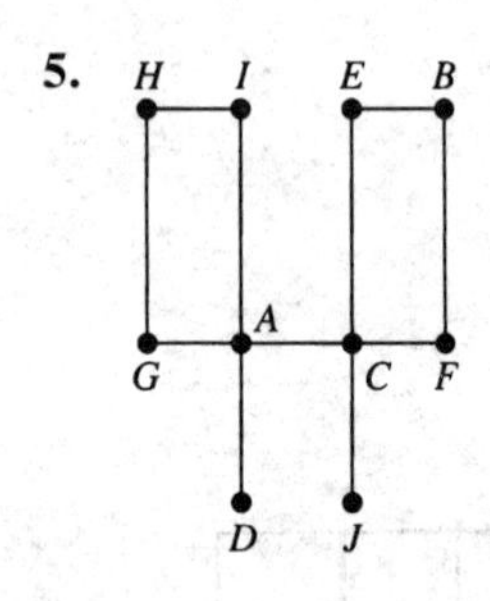

6.

在习题7～12中，使用在指定习题中获得的深度优先搜索编号构造定理5.7中描述的生成树。

7. 习题1　**8.** 习题2　**9.** 习题3

10. 习题4　**11.** 习题5　**12.** 习题6

在习题13～18中，使用在指定习题中获得的深度优先搜索编号列出图中的后向边。

13. 习题1　**14.** 习题2　**15.** 习题3

16. 习题4　**17.** 习题5　**18.** 习题6

在习题19～22中，应用前面例5.15中的讨论，确定图中是否有桥。

19.

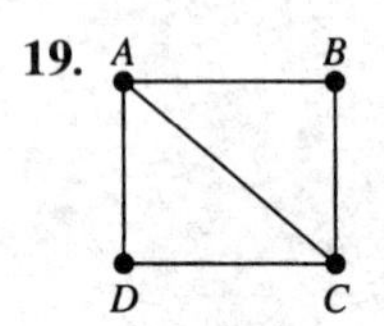

20.

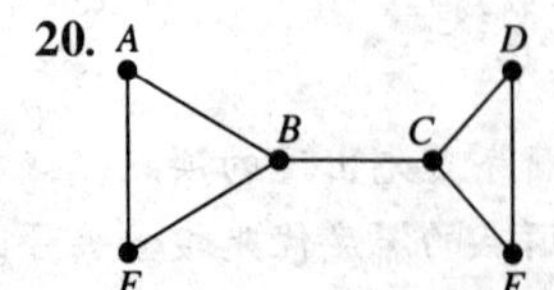

21.

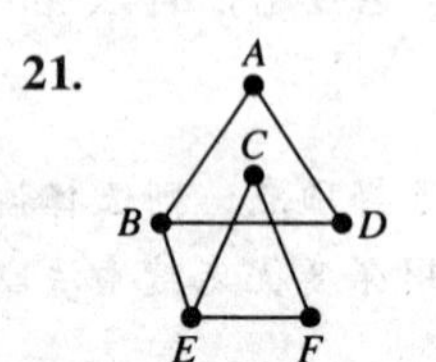

22.

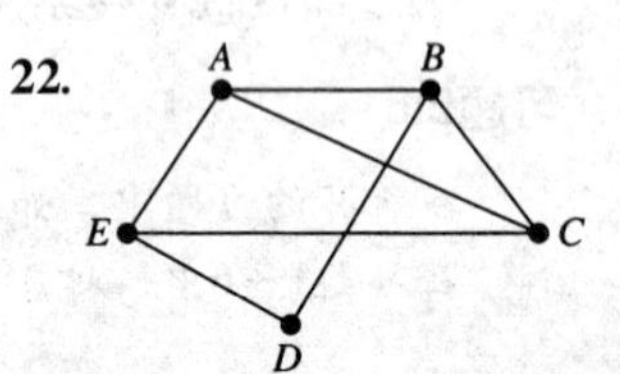

在习题23～26中，用定理5.8和在指定习题中获得的深度优先搜索编号给边指定方向，把图变

换成强连通的有向图。

23. 习题1 **24.** 习题2 **25.** 习题4 **26.** 习题6

27. 一个社区中有一所规模很大的大学，在开学的时候，为了处理极大的汽车涌入量，社区的市政执行官认为需要做一些事情。她指示警察局长把现在的双向道路系统改成单向道路系统以处理额外的交通流量，但要保证学生们仍然能够从任何一个地方到达其他地方。校园区域如下图所示。问警察局长是否有办法执行这个指示？如果有，该怎么做？

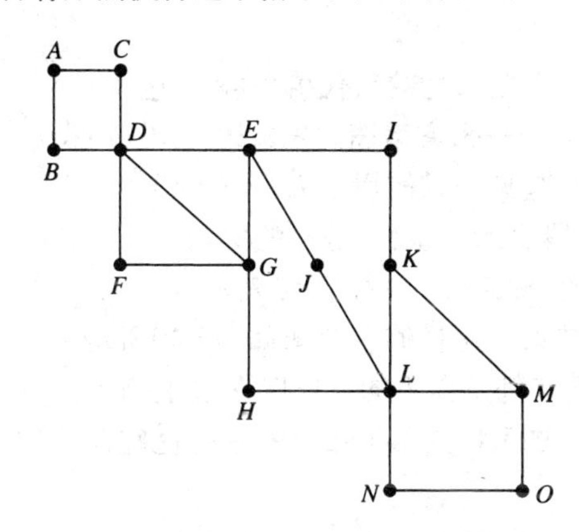

28. 对连通图，用广度优先搜索法和深度优先搜索法产生的生成树可能是一样的吗？

29. 证明定理5.7（b）。

30. 证明：每个含有多于一个顶点的强连通有向图至少还有另一种边的取向，在这种边的取向下它也是强连通的。

31. 把$\mathcal{K}_3$的顶点标记为1，2和3。从1开始，对$\mathcal{K}_3$应用深度优先搜索法。问有多少种不同的深度优先搜索编号？

32. 把$\mathcal{K}_4$的顶点标记为1，2，3和4。从1开始，对$\mathcal{K}_4$应用深度优先搜索法。问有多少种不同的深度优先搜索编号？

33. 把$\mathcal{K}_n$的顶点标记为1，2，…，n。从1开始，对$\mathcal{K}_n$应用深度优先搜索法。问有多少种不同的深度优先搜索编号？

34. 假设在连通图上，从同一个顶点开始，分别应用广度优先搜索法和深度优先搜索法。如果b是通过广度优先搜索法指定给一个顶点的标记，d是通过深度优先搜索法指定给同一个顶点的标记，那么b和d之间有什么关系？为什么？

35. 对连通图$\mathcal{G}$应用深度优先搜索法。证明：$\mathcal{G}$的每条回路都包含后向边，并且$\mathcal{G}$的每条后向边也都包含在$\mathcal{G}$的某条回路中。

若在连通图$\mathcal{G}$中删去顶点A及其关联边后产生一个不连通的图，则称顶点A为$\mathcal{G}$的**关节点**(articulation point)。例如，顶点A是下图的关节点。

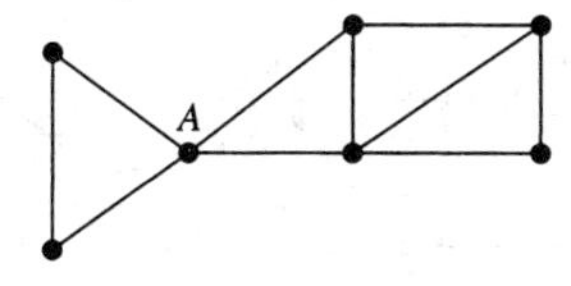

***36.** 证明：A是连通图$\mathcal{G}$的关节点当且仅当存在顶点U和V，使得U，V和A互不相同，且U和V之间的每条通路都包含顶点A。

37. 利用回溯证明：2皇后问题没有解。

38. 利用回溯证明：3皇后问题没有解。

39. 用回溯求出5皇后问题的一个解。

40. 利用回溯证明：不可能把7个多米诺（由两个单位正方形组成）置于一个4×4的缺少对角的棋盘中。

41. 用回溯构造一个由数字1，2和3组成的、长度为8的序列，这个序列具有性质：没有完全相同的相邻的子序列。

5.4 根树

人们总是对了解历史上重要人物的后代感兴趣。为了有助于这些研究，常常会画一张家谱图。图5.39给出了一个例子，这里，为简单起见，只使用了人名（而没有给出姓）。图中向下的线段表示关系："是…的父亲"。

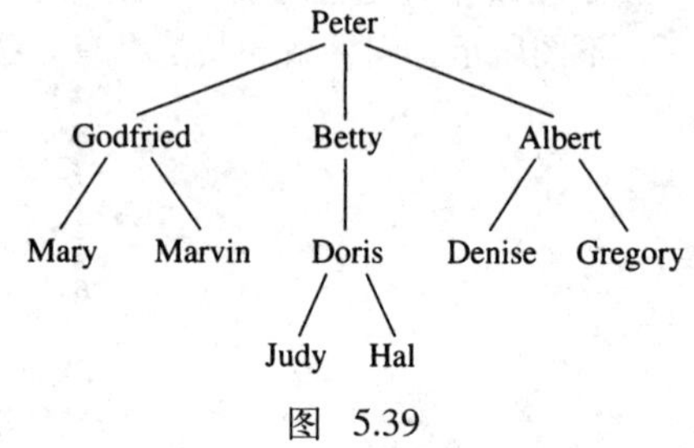

图 5.39

这个图也可以用有向图来表示，其中顶点表示人，有向边从父亲开始到孩子结束。这样的有向图如图5.40所示。

由于图5.40中所有的箭头都是向下的，所以在边上画出箭头并非是真正必需的，只要把方向理解成都是向下的即可。图5.41显示了相应的没有这些箭头的有向树。

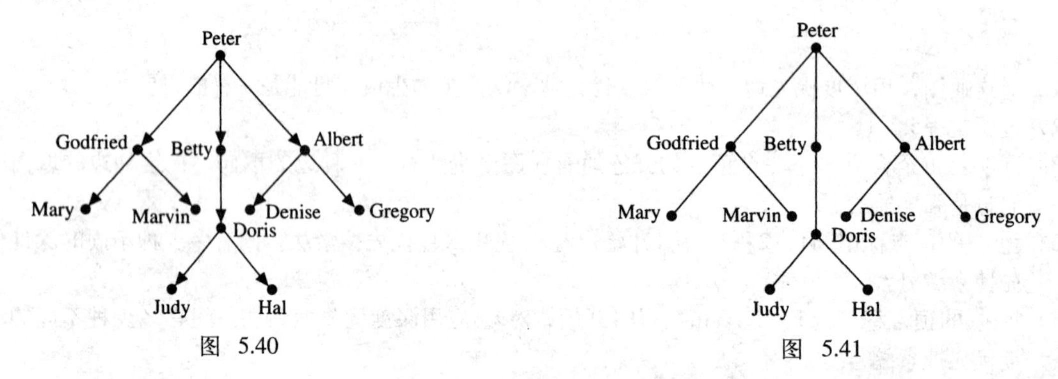

图 5.40 图 5.41

对于图5.40中的有向图，有一个顶点的入度为0，其余所有顶点的入度都为1。此外，当忽略边上的方向时，就得到一棵树。

根树（rooted tree）是一个有向图T，它满足两个条件，其一是当忽略T中的边的方向时，所得到的无向图是一棵树；其二是存在一个唯一的顶点R，R的入度为0，其他任何顶点的入度都为1。顶点R称为根树的**根**（root）。如图5.40所示的有向图是一棵以Peter为根的根树。本书将遵循画根树的惯例：根画在最上面，并省略有向边上的箭头，把边的方向理解成都是向下的。

例5.18 图5.42a是一棵以A为根的根树，因为，当忽略边上的方向时，所得到的图是一棵树；并且，A的入度是0，其余顶点的入度都是1。这棵树的常规画法如图5.42b所示。■

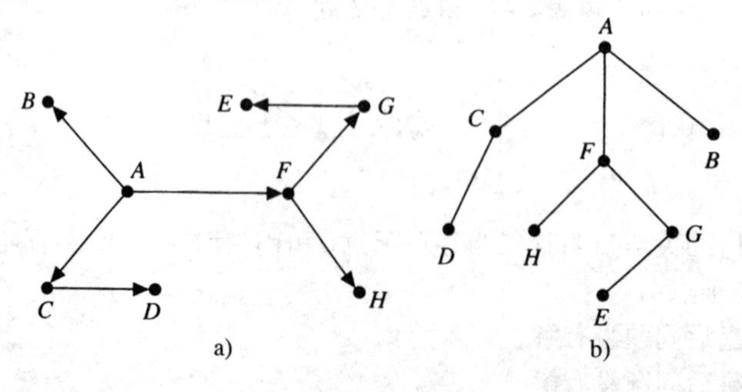

图 5.42

根树常被用来描述层次结构。Peter的家族树是一个这样的例子。下面给出了另一个例子。

例5.19 通常可以用根树来描述书的结构，用“书”作为根，其他顶点作为各个章节。在有些书中，节还有子节，在这种情况下可以再增加一层顶点，参见如图5.43所示的例子。 ■

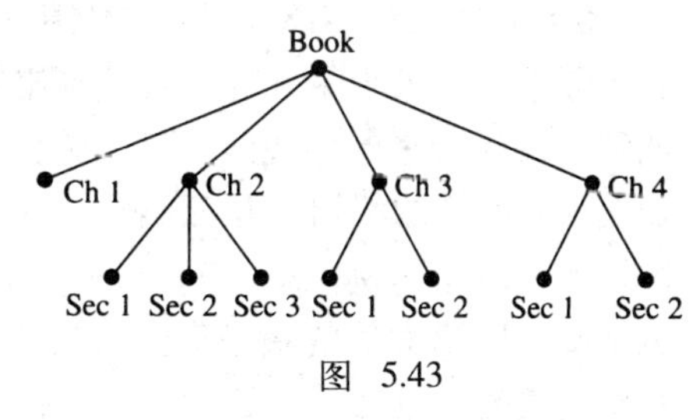

图 5.43

下一个定理给出了根树的一些性质。

定理5.9 在根树中，

(a) 顶点数比有向边数多1；

(b) 没有有向回路；

(c) 从根到其余各个顶点都有一条唯一的简单有向通路。

证明 假设T是一棵以R为根的根树。(a) 和 (b) 的证明可以直接得出，这是因为，如果忽略有向边上的方向，则T是一棵树。接下来将证明：从R到任何一个其他顶点V（$V \neq R$）都有一条有向通路（从而有一条简单有向通路）。由于V的入度是1，所以有一个顶点V_1（$V_1 \neq V$）和一条从V_1到V的有向边。如果$V_1 = R$，则证明完成。如果$V_1 \neq R$，由于V_1的入度是1，所以有一个顶点V_2（$V_2 \neq V_1$）和一条从V_2到V_1的有向边。由于没有有向回路，所以$V_2 \neq V$。如果$V_2 = R$，则证明完成。否则，可重复上面的过程，每次重复都产生一个新的顶点。由于顶点数有限，所以最终必到达R。于是就构造出一条从R到V的有向通路。从R到V的简单有向通路的唯一性可以像 (a) 和 (b) 一样直接得到。 ■

家族成员的称呼被用来描述根树中顶点间的关系，就如同家谱图中的关系一样。如果在根树中有一条从顶点U到顶点V的有向边，则称U是V的**双亲**（parent）或V是U的**孩子**（child）。对某个顶点V，在从根到V的简单有向通路上，除V以外的所有顶点都称为V的**祖先**（ancestor），或等价地，称V是这些顶点的后代（descendent）。**终端顶点**（terminal vertex）是指没有孩子的顶点，**内部顶点**（internal vertex）是指有孩子的顶点。对于如图5.42所示的根树，E是G的孩子，A，F和G是E的祖先。F有后代H，G和E。顶点B，D，E和H是终端顶点，其他顶点都是内部顶点。注意，在任何根树中，根没有祖先，除根以外的其他顶点都是根的后代。终端顶点是出度为0的顶点，内部顶点有非零的出度。

下面考虑两个例子，其中，在问题的求解过程中利用了根树。

例5.20 第2章介绍了集合划分的概念。为了列出{1, 2, ⋯, n}的所有划分，需要一种系统的方法，使得任何一种可能性都不会丢失。如图5.44所示的根树对n = 4说明了一种这样

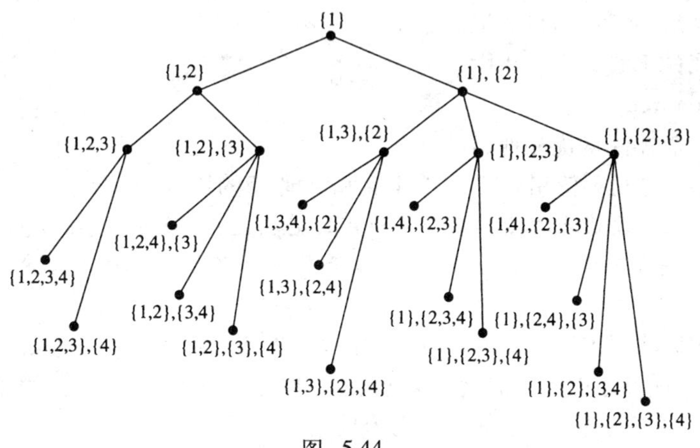

图 5.44

的方法。这里终端顶点是划分。你能看出其中的模式吗？{1，3}，{2}的孩子是{1，3，4}，{2}；{1，3}，{2，4}和{1，3}，{2}，{4}。■

例5.21 假设有8枚硬币，其中有7枚是相同的，另外一枚看起来相同但稍重一些。现在要用天平，以最少的称量次数识别出假硬币。我们把硬币分别标记为1，2，…，8。注意，当把硬币放在天平的两边时，要么左边下降，要么两边平衡，要么右边下降。可以构造出一棵如图5.45所示的根树，从而给出一个称硬币的系统方法。顶点旁边的标记表示在天平两边各称了哪些硬币。例如{1，2}－{3，4}表示：在左边称硬币1和2，在右边称硬币3和4。如果右边下降，则沿右边的孩子继续进行下一次称重；当左边下降时，也类似地进行。终端顶点将指出较重的那枚硬币。例如，从比较硬币1，2，3，4（在左边）与硬币5，6，7，8（在右边）的重量开始。如果天平向左边倾斜，则接着比较硬币1，2与硬币3，4。如果这次右边下降，那么下一次比较硬币3和4。如果这次右边再次下降，就到达了终端顶点，这个终端顶点指出标记为4的硬币是假硬币。由于每个终端顶点都在一条从根开始的长度为3的简单有向通路的末端，所以可以看出：要找出假硬币，最少要称量3次。

{1,2,3,4}–{5,6,7,8}
{1,2}–{3,4}
{5,6}–{7,8}
{1}–{2}
{3}–{4}
{5}–{6}
{7}–{8}
{1}
{2}
{3}
{4}
{5}
{6}
{7}
{8}

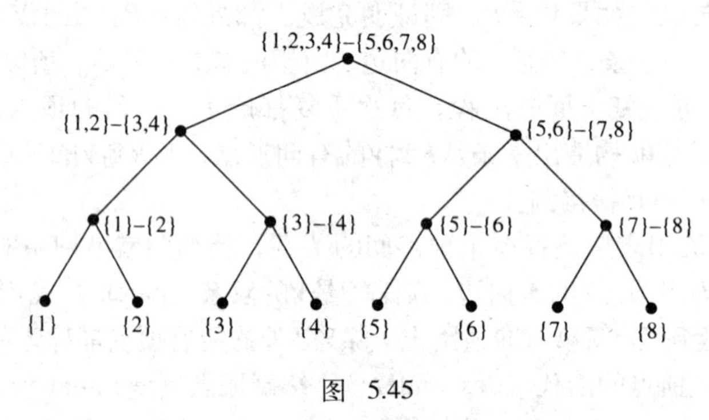

图 5.45

是否存在不同的方法，能以更少的称量次数找出假硬币呢？由于一次天平称量有三种可能的结果，所以，可以构造出一棵根树，其中有3个儿子，而不像刚才那样只有两个儿子。图5.46给出了一种这样的可能性，其中，当两边平衡时，沿中间的孩子继续。这里，因为每个终端顶点都在一条从根开始的长度为2的简单有向通路的末端，所以只要称量两次就能找出假硬币。由于如图5.45和图5.46所示的根树把决策过程组织成了树的形式，所以称它们为**决策树**（decision tree）。■

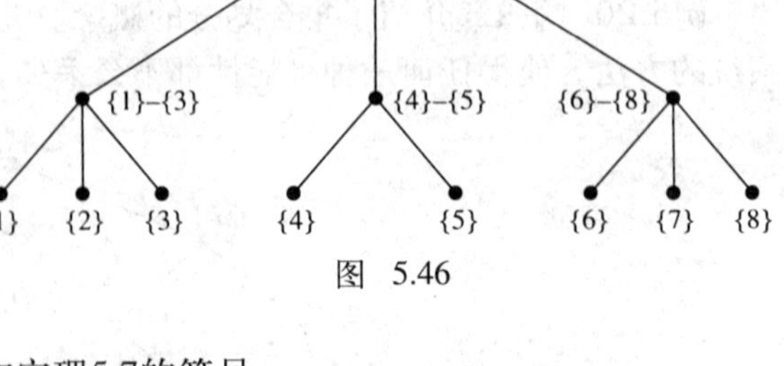

{1,2,3}–{6,7,8}
{1}–{3}
{4}–{5}
{6}–{8}
{1}
{2}
{3}
{4}
{5}
{6}
{7}
{8}

图 5.46

本节末尾将描述深度优先搜索法与根树之间的关系。这里要使用5.3节中的定义和定理5.7的符号。

定理5.10 *把深度优先搜索算法应用于图，若指定T中的边的方向是从深度优先搜索编号较小的顶点指向编号较大的顶点，则T中的边形成一棵根树，其根是深度优先搜索编号为1的顶点。*

证明 定理5.7说明T是一棵树。设R是深度优先搜索编号为1的顶点。只有在深度优先搜索的步骤2.1中，顶点才被指定深度优先搜索编号和进入这个顶点的树的边。这说明根R的入度为0，树中除R以外的各个顶点的入度均为1。■

例5.22 通过对图5.47a应用深度优先搜索法，顶点被标记为深度优先搜索编号，如图5.47b所示。如果如同定理5.10所描述的那样为树边指定方向，并删去后向边，那么就得到如图5.47c所示的根树。■

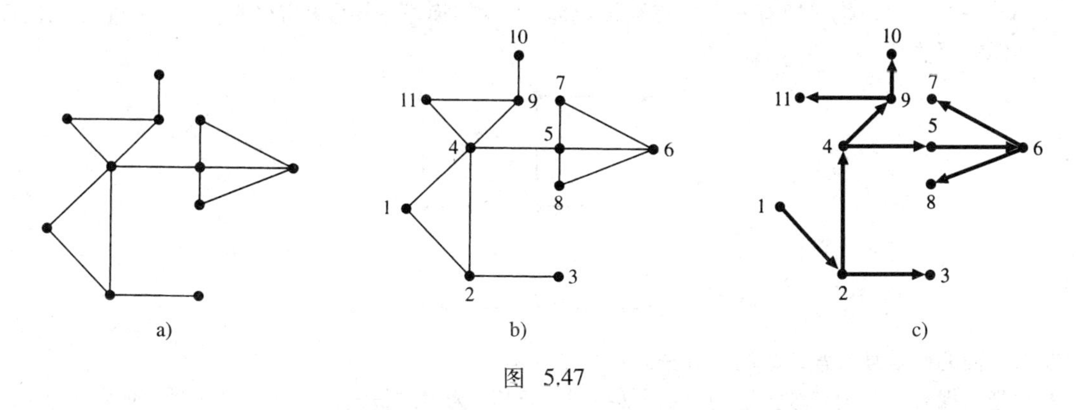

图 5.47

例5.22中的思想也可以用来寻找图中的桥，感兴趣的读者可以查阅推荐读物[3]。

习题5.4

在习题1～8中，确定各个有向图是否是根树。

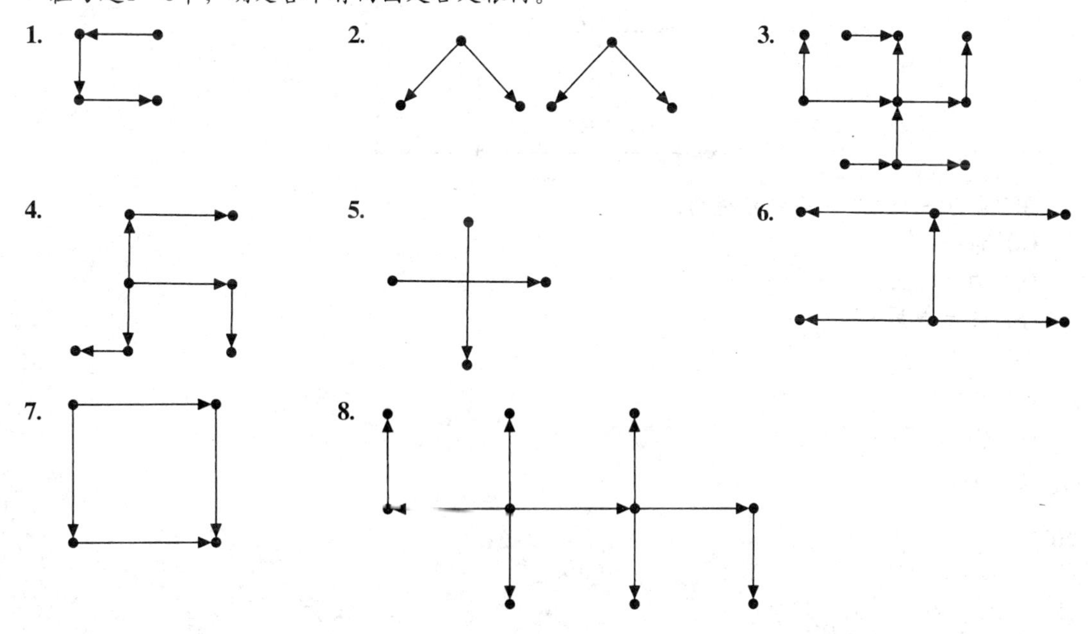

在习题9～12中，按常规方法画出指定习题中的根树，使根在最上面且边上不带箭头。

9. 习题1 **10.** 习题4 **11.** 习题6 **12.** 习题8

13. LISP是一种用于人工智能的重要编程语言。近几年来，LISP的一种变体COMMON LISP已成为LISP的主要版本。COMMON LISP处理的基本数据类型和子类型有8种：*S*表达式、原子、表、数、符号、整数、比率和浮点数。一个*S*表达式可以是一个原子或一个列表，一个原子可以是一个数或一个符号，一个数可以是一个整数、一个比率或一个浮点数。请画一棵根树描述这些关系。

14. 为你的母亲和她的后代画一棵根树。

15. Tom和Sue生活在率先允许表兄妹结婚的州中，他们是被允许结婚的第一对表兄妹。如果在这个婚姻中有一个孩子出生，则将对家谱图产生什么影响？家谱图以Tom和Sue的共同祖父为根。

16. 众所周知，一只公蜂只有一个母亲，而一只雌蜂有一个母亲和一个父亲。画出一棵根树，给出一只公蜂的前4代祖先，假设各代祖先之间没有交配[⊖]。

17. 编写一个算法，把一棵有一个顶点被标记为R的树转换成一棵以R为根的根树。对下面的树说明你的算法。

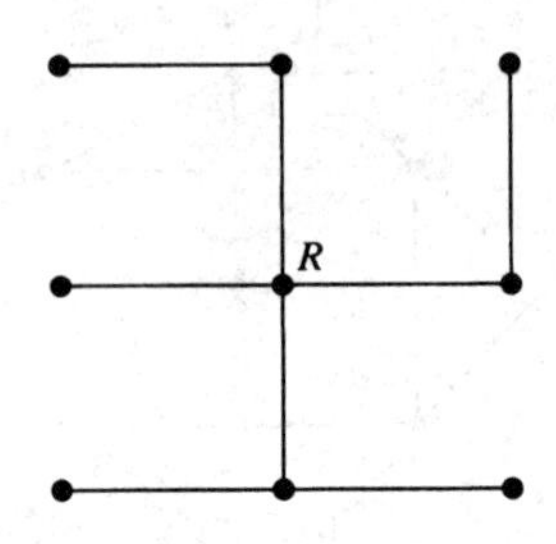

18. 对下面的树重复习题17的第二部分。

19. 要把一棵有一个顶点被标记为R的树转换成一棵以R为根的根树，一共有多少种不同的方法？

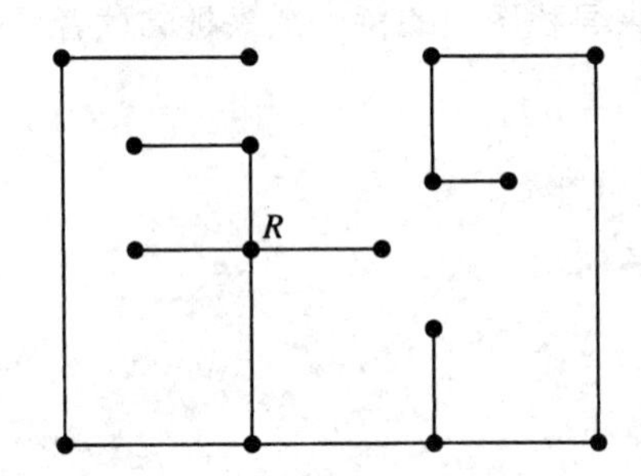

在习题20～23中，为每棵根树列出：

(a) 根；

(b) 内部顶点；

(c) 终端顶点；

(d) G的双亲；

(e) B的孩子；

(f) D的后代；

(g) H的祖先。

20.

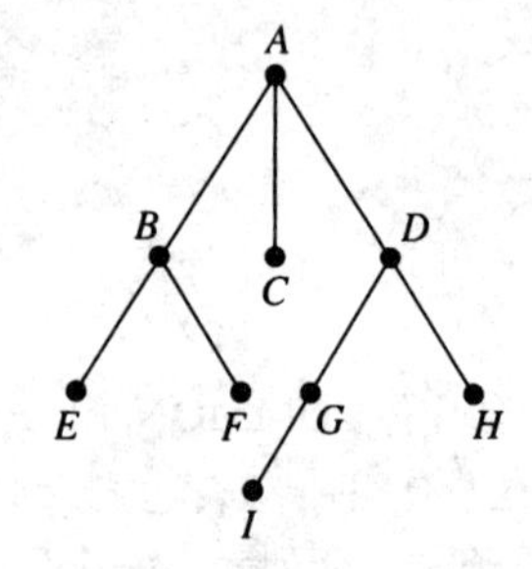

21.

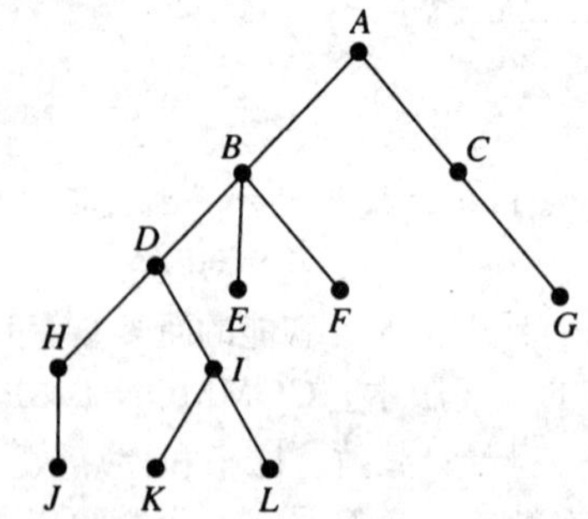

⊖ 这里按原文直译应该是："假设祖先之间没有交配"，译文更确切地翻译为"假设各代祖先之间没有交配"。——译者注

22.

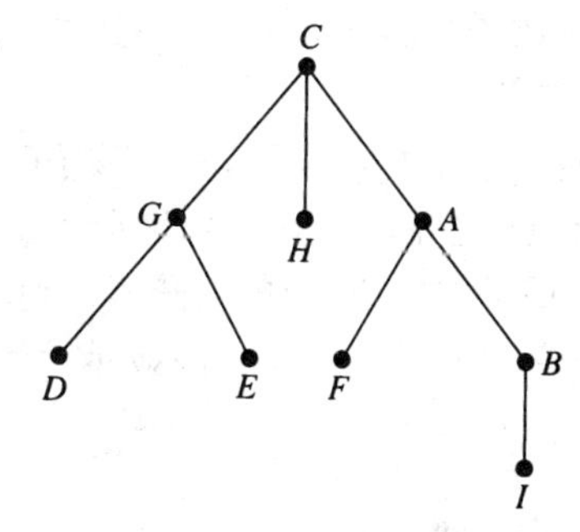

23.

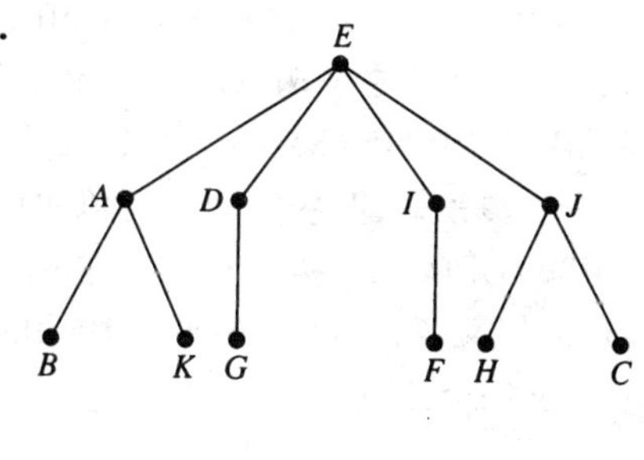

24. 画出一棵具有7个顶点且终端顶点尽可能多的根树。

25. 画出一棵具有7个顶点且内部顶点尽可能多的根树。

26. 利用图5.44确定{1，2，3，4，5}的划分个数。

27. 画出一棵根树，描述两个对弈者之间的一场两局制的比赛，树中包含所有可能的结果。（注意，国际象棋比赛的结果可以是胜、平或输。）

28. 画出一棵根树，说明如何按邮政编码对信进行排序。（邮政编码由三位数字组成，编码中的数字是1或2。）

29. 假设有4枚硬币，其中有3枚是相同的，另外一枚看起来相同，但稍轻一些。构造一棵决策树，以找出假硬币，要求用天平称量的次数不超过2。

30. 假设有12枚硬币，其中有11枚是相同的，另外一枚看起来相同，但稍轻一些。构造一棵决策树，以找出假硬币，要求用天平称量的次数不超过3。

31. 假设有4枚硬币，其中有3枚是相同的，另外一枚看起来相同，但稍重或稍轻一些。构造一棵决策树，以找出假硬币，要求用天平称量的次数不超过3。

***32.** 假设有8枚硬币，其中有7枚是相同的，另外一枚看起来相同，但稍重或稍轻一些。构造一棵决策树，以找出假硬币并确定它是较轻还是较重，要求用天平称量的次数不超过3。

33. 在一棵根树中，一个顶点的**层数**（level）定义为从根到这个顶点的简单有向通路的长度。问根的层数是多少？

34. 有多少棵有两个顶点的根树？有3个顶点的呢？有4个顶点的呢？

在习题35～38中，确定各个指定顶点的层数。（“层数”的定义见习题33。）

35. 习题20的根树中的顶点F

36. 习题21的根树中的顶点L

37. 习题22的根树中的顶点H

38. 习题23的根树中的顶点F

39. 将深度优先搜索法应用于连通图，对所得到的根树证明：任何顶点V的后代（关于深度优先搜索树）的深度优先搜索编号都比V大。

5.5 二叉树和遍历

5.5.1 表达式树

在前面根树的例子和应用中，不需要对一个双亲的孩子进行区分。换句话说，即不需要指定一个双亲的孩子是第一个孩子还是第二个孩子。但是，在许多情况下则需要进行这样的区分。例如，在一个诸如$A-B$的算术表达式中，A和B的顺序是至关重要的。因此，如果用一棵根树表示$A-B$，树中根表示运算（$-$），孩子表示操作数（A和B），那么孩子的顺序就很重要。

二叉树（binary tree）是这样一棵根树：树中每个顶点至多有两个孩子，且每个孩子被分别指定为**左孩子**（left child）或**右孩子**（right child）。因此，在一棵二叉树中，每个顶点可以有0，1或2个孩子。在画二叉树时，按照惯例，左孩子画在双亲的左下方，右孩子画在双亲的右下方。二叉树中顶点V的**左子树**（left subtree）是由V的左孩子L及L的后代和连接这些顶点的边构成的图。V的**右子树**（right subtree）则以类似的方式定义。

例5.23　对于图5.48a所示的二叉树，A是根。顶点A有两个孩子，左孩子B和右孩子C。顶点B只有一个孩子，即左孩子D。类似地，C有右孩子E，但没有左孩子。图5.48b所示的二叉树与图5.48c所示的二叉树不相同，在b中，B是A的左孩子，而在c中，B是A的右孩子。对于图5.48d所示的二叉树，V的左子树在图5.48e中显示为粗边，W的右子树在图5.48f中显示为粗边，V的右子树仅包含顶点U。■

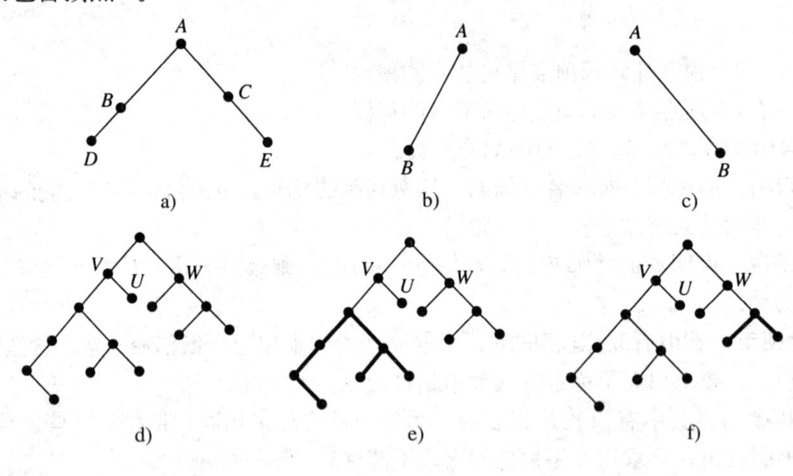

图 5.48

在计算机科学中，二叉树广泛地用于组织数据和描述算法。例如，在一个计算机程序的执行过程中，可能需要计算诸如$(2-3\cdot 4)+(4+8/2)$之类的表达式的值。关于运算优先级规则的知识指示我们如何进行这个计算：从左到右扫描，先做乘除，后做加减，并约定括号优先。但是，当需要对表达式频繁地求值时，这种方法不能在计算机上高效地使用。一种替代的方法是用二叉树表示算术表达式，然后用其他方法处理数据。

下面将把算术表达式表示为二叉树，其中，运算表示为内部顶点，操作数表示为终端顶点。在这种表示中，用根表示表达式最后执行的运算，并把左操作数置为根的左孩子，右操作数置为根的右孩子。如果有必要，则对左右两个操作数再重复上述过程。由这个过程产生的二叉树称为**表达式树**（expression tree）。

例5.24　图5.49所示的二叉树表示表达式$a*b$（这里$*$表示乘法）。注意，运算$*$表示为内部顶点，操作数a和b表示为终端顶点。■

例5.25　表达式$a+b*c$意指$a+(b*c)$，最后执行的运算是加法。因此，首先用图5.50a所示的二叉树表示这个表达式。对操作数$b*c$重复这个过程，得到图5.50b所示的表达式树。■

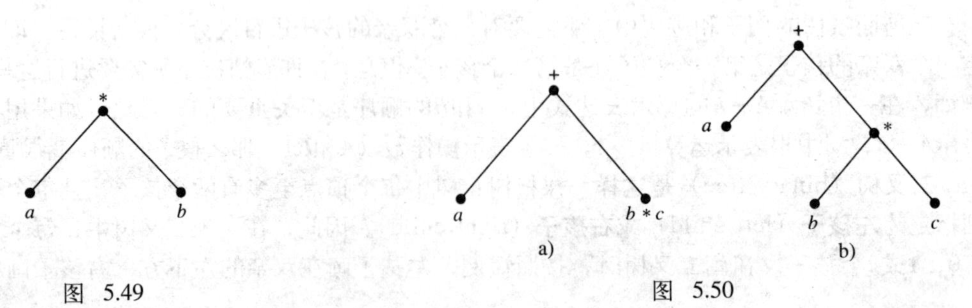

图 5.49　　图 5.50

例5.26 图5.51所示的二叉树序列产生$a+d*(b-c)$的表达式树。 ■

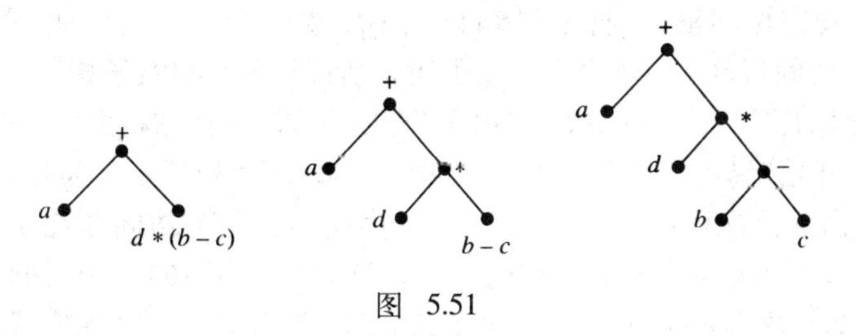

图 5.51

例5.27 表达式

$$(a+b*c)-(f-\frac{d}{e})$$

可用图5.52所示的表达式树表示。 ■

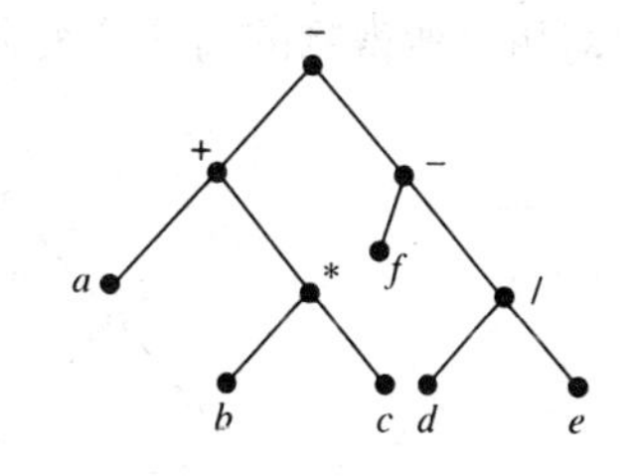

图 5.52

5.5.2 前序遍历

前面已经看到算术表达式可以用表达式树表示，接下来要以某种方法处理表达式树以得到原表达式的值。首先寻找一种系统的方法，恰好检查表达式树中的每个顶点一次。处理顶点上的数据通常称为**访问顶点**（visiting a vertex）。恰好访问图中每个顶点一次的搜索过程称为图的**遍历**（traversal）。例如，广度优先搜索和深度优先搜索都是连通图的遍历，因为通过这两种方法，图中的每个顶点都恰好被访问了（标记）一次。注意，"访问"一词的含义是技术性的，在一个算法中，仅仅考虑一个顶点并不一定构成一次访问。

下面将考虑一种二叉树的遍历，其特征是：在访问孩子之前先访问双亲，在访问右孩子之前先访问左孩子。（这一点对二叉树的所有顶点都成立。）这样的遍历称为**前序遍历**（preorder traversal）。按前序遍历中顶点被访问的顺序列出各个顶点，所得到的顶点序列称为**前序列表**（preorder listing）。

尽管可以用深度优先搜索法[⊖]给出一种前序遍历的描述，但本书还是将陈述一个前序遍历算法，这个算法与后面讨论的其他遍历的描述相一致。这个算法是前序遍历的**递归**（recursive）形式，这意味着在算法的描述中，算法将调用它自己。这与2.5节中给出的$n!$的定义相似。

前序遍历算法

本算法给出二叉树顶点的前序列表。

步骤1（访问）

访问根

步骤2（向左走）

走到左子树（如果存在），执行前序遍历

步骤3（向右走）

走到右子树（如果存在），执行前序遍历

例5.28 对于图5.53a所示的二叉树，从访问根A开始。（"访问"一词表示列出顶点。在

⊖ 把深度优先搜索法应用于二叉树，从根开始，且总是优先选择左孩子而非右孩子。顶点被标记的次序就是前序列表。

图中，在顶点旁边的括号中说明了访问的顺序。）然后走到A的左子树，如图5.53b所示，并再次开始前序遍历。现在访问根B，再走到B的左子树，如图5.53c所示，并在这里开始另一次前序遍历。下一步，访问根D。由于D没有左子树，所以走到D的右子树（它仅由顶点F组成），再次开始一次前序遍历。于是访问根F。由于F没有子树，所以就完成了B的左子树的前序遍历。因此，下一步开始对B的右子树进行前序遍历，如图5.53d所示。为此，访问根E，接着走到E的左子树（仅由顶点G组成），开始另一次前序遍历。于是访问顶点G。由于G没有子树，E没有右子树，所以B的两棵子树都已被遍历了。这就完成了A的左子树的遍历。所以，下面对A的右子树开始另一次前序遍历。这次只要访问根C就可以了，从而完成整个二叉树的前序遍历。所得到的前序列表是A，B，D，F，E，G，C，顶点的标记如图5.53e所示。■

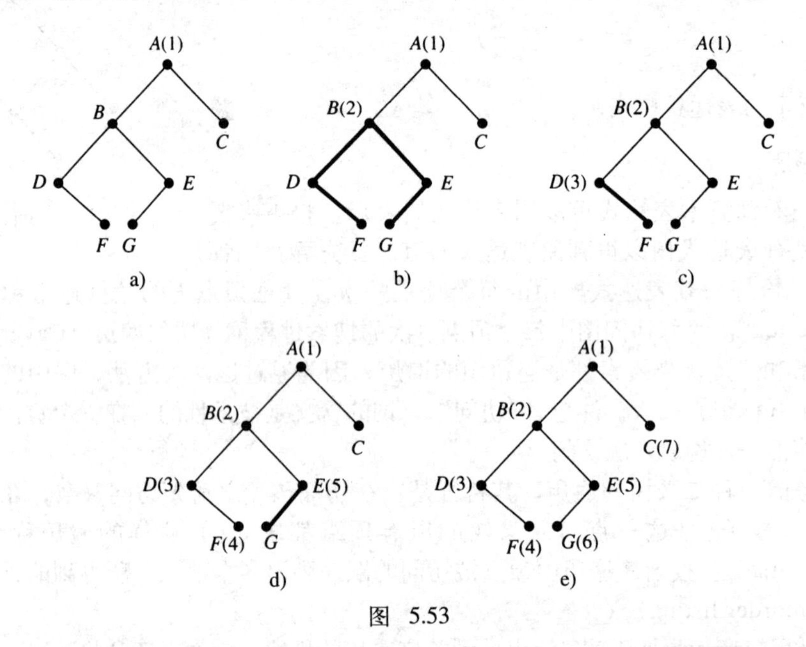

图 5.53

例5.29 对图5.54所示的二叉树应用前序遍历，得到如图5.55所示的访问次序。■

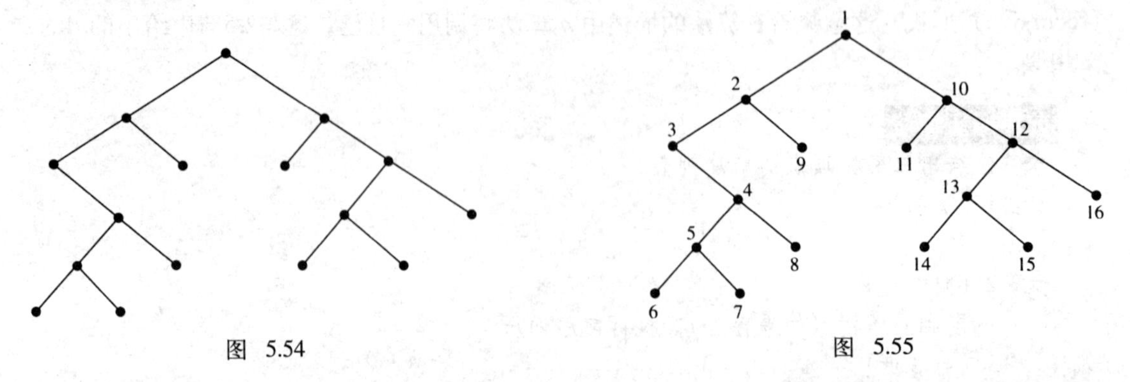

图 5.54　　　　图 5.55

对表达式树执行前序遍历，所得到的运算符和操作数的序列称为表达式的**前缀形式**（prefix form）或**波兰记法**（Polish notation）。（使用后一个名称是为了纪念著名的波兰逻辑学家卢卡锡维茨（Lukasiewicz）。）例如，例5.24、例5.25、例5.26和例5.27中的4个表达式的波兰记法分别是

$$*a\ b,\ +a*b\ c,\ +a*d-bc\text{和}-+a*b\ c-f/d\ e。$$

用波兰记法表示的表达式按照下面的规则求值：从左往右扫描，直到到达一个运算符，比如说T，其后连续跟着两个数，比如说a和b。把$T\ a\ b$作为$a\ T\ b$来求值，并在表达式中用这个值替代$T\ a\ b$。重复这个过程直到求出整个表达式的值。（等价地，可以从右往左扫描用波兰记法表示的表达式，直到到达两个连续出现的数，其后直接跟着一个运算符。）

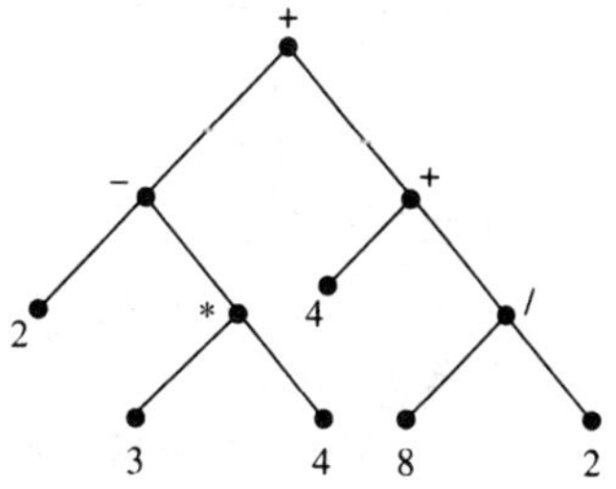

例5.30 图5.56所示的表达式树表示表达式$(2-3*4)+(4+8/2)$。这个表达式的波兰记法（通过对这棵表达式树执行前序遍历得到）是$+-2*3\ 4+/8\ 2$。其求值过程如下。

第1步，计算$*\ 3\ 4$的值，用$3*4=12$替换$*\ 3\ 4$，得到新的表达式是$+-2\ 12+4/8\ 2$。

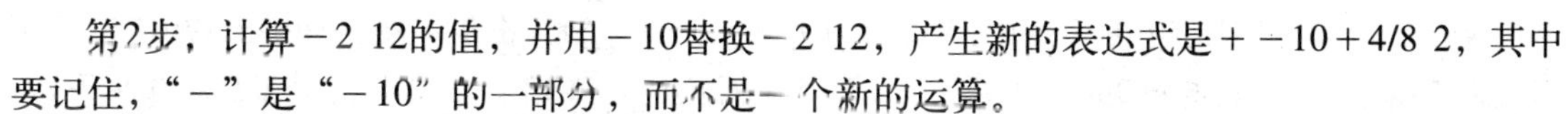

图 5.56

第2步，计算$-2\ 12$的值，并用-10替换$-2\ 12$，产生新的表达式是$+-10+4/8\ 2$，其中要记住，“$-$”是“-10”的一部分，而不是一个新的运算。

第3步，计算$/8\ 2$的值，用4替换这些符号。因此，现在的表达式是$+-10+4\ 4$。

第4步，计算$+4\ 4$的值，是8。表达式现在的形式是$+-10\ 8$。

第5步，计算$+\ -10\ 8$的值，得到最终结果-2。 ■

表达式的波兰记法为表达式提供了一种无歧义的写法，其中不使用括号和运算的优先级规则。许多计算机都被设计成用这种形式重写表达式。

5.5.3 后序遍历

熟悉手摇计算器的读者知道，有些计算器要求代数表达式以一种被称为**逆波兰记法**（reverse Polish notation）或**后缀形式**（postfix form）的形式输入，这种形式也是由卢卡锡维茨引入的。在波兰记法中，运算符出现在操作数之前，而逆波兰记法则与之相反，运算符出现在操作数之后。例5.30中的表达式的逆波兰记法是$2\ 3\ 4*-\ 4\ 8\ 2/++$。逆波兰记法的求值方式与波兰记法相似，只是在从左往右扫描时，要寻找后面紧跟着一个运算符的两个数。（与波兰记法一样，也可以从右往左扫描，寻找运算符，其后直接连续地跟着两个操作数。）计算前面这个表达式的步骤如下。

$2\ 3\ 4*-\ 4\ 8\ 2/++$	（首先，计算$3\ 4*$，并替换之。）
$2\ 12-4\ 8\ 2/++$	（下一步，计算$2\ 12-$，并替换之。）
$-10\ 4\ 8\ 2/++$	（接着，计算$8\ 2/$，并替换之。注意，第一个符号是数-10的一部分，而不是一个运算符。）
$-10\ 4\ 4++$	（下一步，计算$4\ 4+$，并替换之。）
$-10\ 8+$	（最后，计算$-10\ 8+$，获得最终结果。）
-2	

这里再次看到：不需要括号，也不用考虑运算的优先级，就可以计算出表达式的值。因此，逆波兰记法是一种用于手摇计算器和计算机的有效方法。如何从表达式树得到表达式的逆波兰记法呢？

通过应用**后序遍历**（postorder traversal），可以得到表达式的逆波兰记法。后序遍历的特征是：在访问双亲之前先访问孩子，在访问右孩子之前先访问左孩子。（这一点对二叉树的所有顶点都成立。）下面的递归算法描述了进行后序遍历的一种系统的方法。

后序遍历算法

本算法给出二叉树顶点的后序列表。

步骤1（开始）

走到根

步骤2（向左走）

走到左子树（如果存在），执行后序遍历

步骤3（向右走）

走到右子树（如果存在），执行后序遍历

步骤4（访问）

访问根

例5.31 对于图5.57a所示的二叉树，从根A开始，走到A的左子树，如图5.57b所示，再开始后序遍历。于是走到B的左子树，如图5.57c所示，再开始后序遍历。由于D没有左子树，所以走到D的右子树（它仅由顶点F组成），再开始后序遍历。因为F没有子树，所以访问F。由于D的右子树已被遍历，所以接下来访问D。（再次用“访问”一词表示列出顶点。在图中，在顶点旁边的括号中说明了访问的顺序。）现在B的左子树已被遍历了，所以走到B的右子树，如图5.57d所示，再开始后序遍历。接下来走到E的左子树（仅由顶点G组成），再开始后序遍历。由于G没有子树，所以访问G。因为E的左子树已被遍历了且E没有右子树，所以访问E。现在B的左子树和右子树都已被遍历了，所以访问B。这就完成了A的左子树的遍历，所以走到A的右子树，再开始后序遍历。因为C没有子树，所以访问C。由于A的两棵子树都已被遍历了，所以访问A。这一步完成了后序列表F，D，G，E，B，C，A，顶点的标记显示在图5.57e中。■

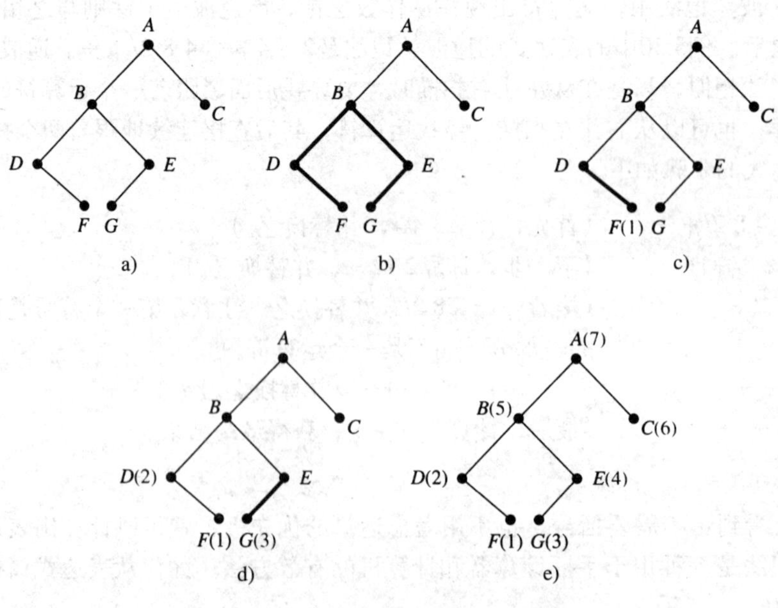

图 5.57

例5.32 对图5.54所示的二叉树应用后序遍历，所得到的访问顺序如图5.58所示。■

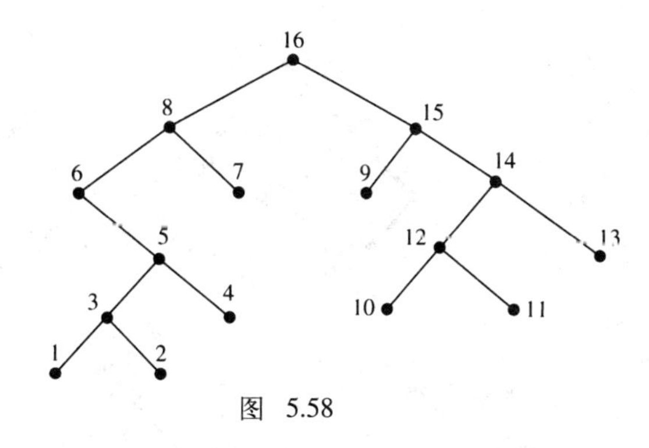

图 5.58

5.5.4 中序遍历

前面已经看到表达式树是如何产生表达式的波兰记法和逆波兰记法的。在这些记法中，运算符分别出现在操作数的前面或后面。通过应用**中序遍历**（inorder traversal），能够得到运算符出现在操作数之间的表达式。但是，为了正确地计算这个表达式的值，需要在这个遍历中小心地插入括号。

中序遍历的特征是：访问双亲之前先访问左孩子，访问双亲之后再访问右孩子。（这一点对二叉树的所有顶点都成立。）下面的递归算法描述了进行中序遍历的一种系统的方法。

中序遍历算法

本算法给出二叉树顶点的中序列表。

步骤1（开始）

走到根

步骤2（向左走）

走到左子树（如果存在），执行中序遍历

步骤3（访问）

访问根

步骤4（向右走）

走到右子树（如果存在），执行中序遍历

例5.33 对图5.59a所示的二叉树，从根A开始，走到A的左子树，如图5.59b所示，再开始中序遍历。接下来走到B的左子树，如图5.59c所示，再开始中序遍历。由于D没有左子树，所以访问根D。（再次用“访问”一词表示列出顶点。图中，在顶点旁边的括号中说明了访问的顺序。）然后走到D的右子树（它仅由顶点F组成），再开始中序遍历。由于F没有左子树，所以访问根F。由于F没有右子树，所以就完成了B的左子树的遍历。因此访问B，走到B的右子树，如图5.59d所示，再执行中序遍历。于是走到E的左子树（它仅由顶点G组成），再开始中序遍历。由于G没有左子树，所以访问G。因为G没有右子树，所以就完成了E的左子树的遍历。于是访问E。由于E没有右子树，所以就完成了B的右子树的遍历。现在A的左子树已被遍历了。于是访问根A，并走到A的右子树（它仅由顶点C组成），再开始中序遍历。由于C没有左子树，所以访问C。这一步结束了中序遍历，给出中序列表D，F，B，G，E，A，C，顶点的标号如图5.59e所示。 ■

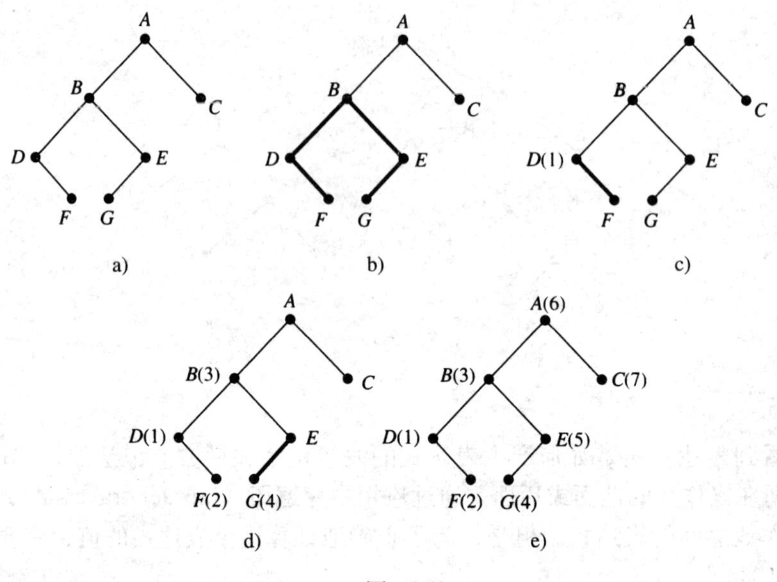

图 5.59

例5.34 对图5.54所示的二叉树应用中序遍历，顶点按图5.60所示的编号列表。 ■

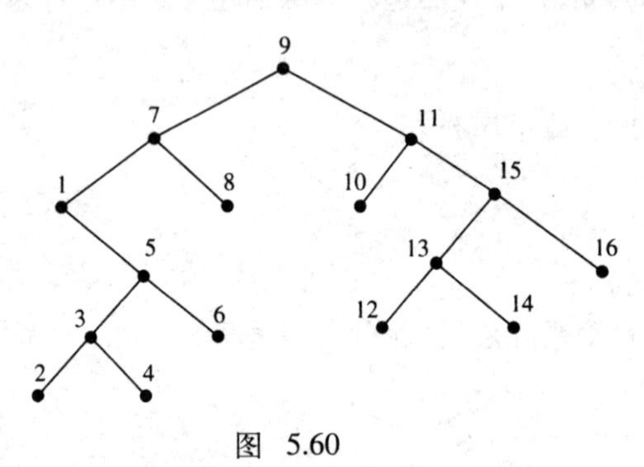

图 5.60

例5.35 把中序遍历应用到图5.56所示的表达式树中，产生表达式$2-3*4+4+8/2$。■

有关遍历的其他应用可查阅本章末尾的推荐读物[7]。

习题5.5

在习题1～6中，为各个表达式构造表达式树。

1. $a*b+c$

2. $(4+2)*(6-8)$

3. $((a-b)/c)*(d+e/f)$

4. $(((6-3)*2)+7)/((5-1)*4+8)$

5. $a*(b*(c*(d*e+f)-g)+h)+j$

6. $(((4*2)/3)-(6-7))+(((8-9)*8)/5)$

在习题7～12中，求出指定的子树。

7. 顶点A的左子树

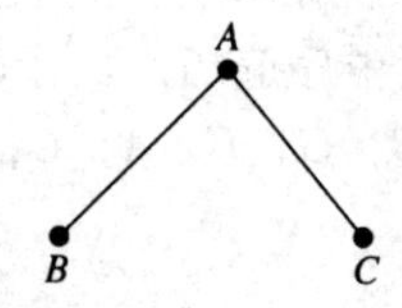

8. 顶点A的右子树

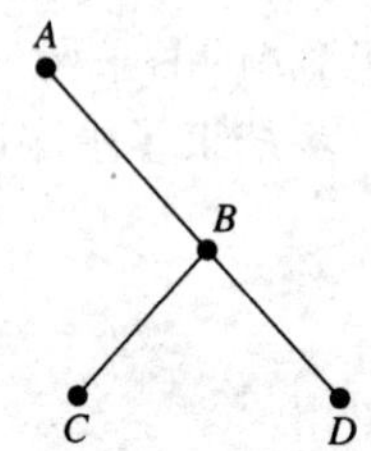

9. 顶点C的左子树

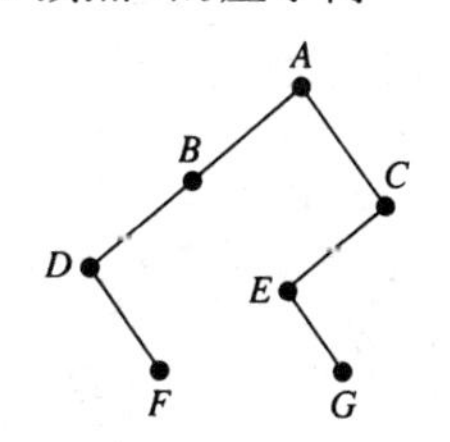

10. 顶点E的右子树

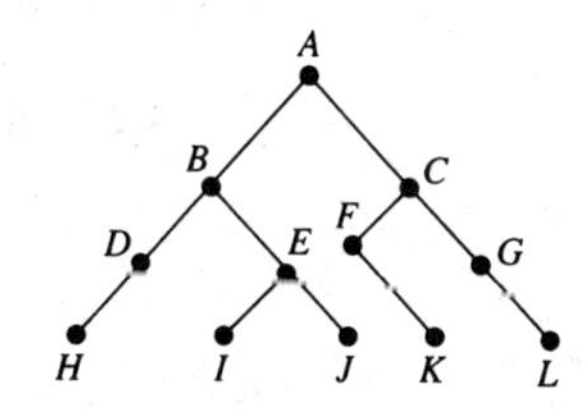

11. 顶点E的左子树

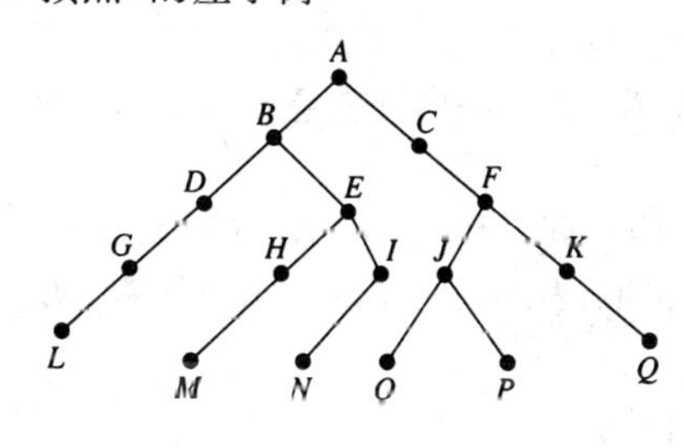

12. 顶点D的右子树

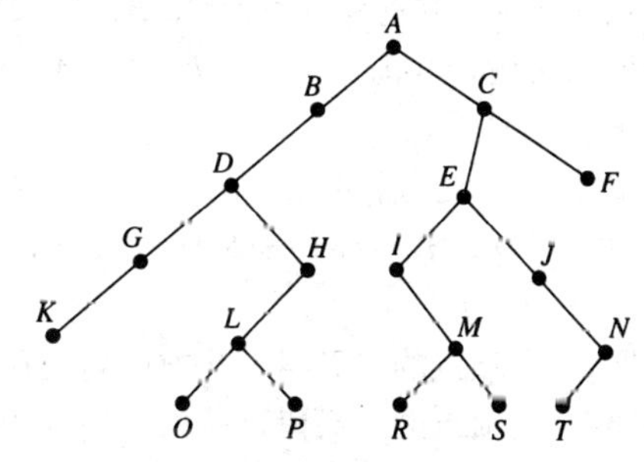

在习题13～18中，给出指定习题中的二叉树的顶点的前序列表。

13. 习题7　**14.** 习题8　**15.** 习题9

16. 习题10　**17.** 习题11　**18.** 习题12

在习题19～24中，给出指定习题中的二叉树的顶点的后序列表。

19. 习题7　**20.** 习题8　**21.** 习题9

22. 习题10　**23.** 习题11　**24.** 习题12

在习题25～30中，给出指定习题中的二叉树的顶点的中序列表。

25. 习题7　**26.** 习题8　**27.** 习题9

28. 习题10　**29.** 习题11　**30.** 习题12

在习题31～36中，给出指定习题中的表达式的波兰记法。

31. 习题1　**32.** 习题2　**33.** 习题3

34. 习题4　**35.** 习题5　**36.** 习题6

在习题37－42中，给出指定习题中的表达式的逆波兰记法。

37. 习题1　**38.** 习题2　**39.** 习题3

40. 习题4　**41.** 习题5　**42.** 习题6

计算习题43～46中的波兰表达式。

43. +/4 2 + 5 6　**44.** *+−+4 3 6 2 8

45. +* 4/6 2 − + 4 2 5　**46.** +*+3 4 − 12 − 3/4 2

计算习题47～50中的逆波兰表达式。

47. 4 5 − 7 * 2 3 ++　**48.** 5 6 4 2 2 /+*−

49. 2 3 + 4 6 − − 5 * 4 +　**50.** 3 4 + 1 2 − *4 2/3−+

51. 构造波兰表达式

$$* + B\ D - A\ C$$

的表达式树。

52. 构造波兰表达式

$$* + B - D\ F + A\ C\ E$$

的表达式树。

53. 构造逆波兰表达式

$$A\ C * B - D +$$

的表达式树。

54. 构造逆波兰表达式

$$E\ D - A + B\ C - F * +$$

的表达式树。

55. 构造一棵二叉树，其前序列表是C，B，E，D，A，中序列表是B，E，C，A，D。

56. 构造一棵二叉树，其前序列表是E，C，A，D，B，F，G，H，中序列表是A，C，D，E，F，B，G，H。

57. 构造一棵二叉树，其后序列表是E，B，F，C，A，D，中序列表是E，B，D，F，A，C。

58. 构造一棵二叉树，其后序列表是D，H，F，B，G，C，A，E，中序列表是D，F，H，E，B，A，G，C。

59. 构造一棵有7个顶点的二叉树，其前序列表和中序列表相同。

60. 构造一棵有8个顶点的二叉树，其后序列表和中序列表相同。

61. 构造一棵二叉树，其前序列表和后序列表相同。

62. 构造两棵不同的（非同构的）二叉树，其顶点的前序列表是1，2，3。

63. 构造两棵不同的（非同构的）二叉树，其顶点的后序列表是1，2，3。

64. 对$n=1$，2和3，验证有n个顶点的二叉树的数目是

$$\frac{(2n)!}{n!(n+1)!}。$$

这种数称为**卡特兰数**（Catalan number）。

65. 证明：如果在二叉树中顶点X是顶点Y的后代，那么在顶点的前序列表中，Y在X之前；在后序列表中，X在Y之前。

***66.** 证明：如果给出一棵二叉树的顶点的前序列表和中序列表，则可以重新构造出该二叉树。

***67.** **斐波那契树**（Fibonacci tree）递归地定义如下：$\mathcal{T}_1$和$\mathcal{T}_2$都只有一个顶点；对$n\geqslant 3$，$\mathcal{T}_n$是一棵树，其根的左子树是$\mathcal{T}_{n-1}$，右子树是$\mathcal{T}_{n-2}$。给出并证明$\mathcal{T}_n$的顶点数的公式。

5.6 最优二叉树和二叉搜索树

本节将介绍两个应用，这两个应用都需要通过构造二叉树来求解问题。可以按任意顺序研究这两个应用。

5.6.1 最优二叉树

计算机用0和1的串表示符号，称之为**码字**（codeword）。例如，在ASCII编码（美国信息交换标准码）中，用码字01000001表示字母A，用01000010表示字母B，用01000011表示字母C。在这个系统中，每个符号都用某个8位串表示，这里的每一位要么是0要么是1。下面的过程把一个0和1的长串翻译成它的ASCII符号：找出前8位所表示的ASCII符号、其后8位所表示的ASCII符号、……。例如，010000110100000101000010被解码为CAB。

对许多应用而言，这种表示方法运作得很好。但是在有些情况下，如存储大量数据时，这种表示方法的效率不高。在诸如ASCII编码的固定长度表示法中，每个符号都用相同长度的码字表示。一种更高效的方法是：使用可变长度的码字，使常用的符号的码字的长度比不常

用的符号的码字的长度短。例如，在正常的英语运用中，字母E，T，O和A比字母Q，J和X用得更频繁。有没有一种为最频繁使用的符号指定最短码字的方法？如果消息只使用这8个字母，则可尝试一种自然的指定：

E:0, T:1, O:01, A:11,
Q:00, J:10, X:101, Z:011。

这里，较短的码字被指定给最频繁使用的字母，较长的码字被指定给其他字母。相对于给所有字母指定一个相同的固定长度的码字的方法（其中固定的长度必须是3或大于3。为什么？），这种方法似乎更高效。

但是，如何为0和1的串解码呢？例如，应该如何为串0110110解码？应该从查看前几个数字开始呢？是第一个数字，还是前两个数字或者是前三个数字？根据所使用的数字位数，第一个字母可能是E，O或Z。所以，为了使用可变长度的码字，需要选择能确保解码无歧义的表示方法。

为了达到这个目的，构造码字的一种方法是：使得没有一个码字是任何其他码字的首部。称这样的码字集合具有**前缀性质**（prefix property）。前面的码字选择不满足这个性质，因为T的码字也是A的码字的首部。另一方面，码字集合$S=\{000，001，01，10，11\}$具有前缀性质，因为没有一个码字出现在另一个码字的首部。把0和1的串解码为具有前缀性质的码字的方法是：一次读入一个数字，直到这个数字串变成一个码字；接着从下一个数字开始重复这个过程，一直持续到解码完成为止。例如，用上面的码字集合S，可以把串001100100011解码为001，10，01，000和11。因此，高效的表示方法应使用这样的码字，使得：（1）码字有前缀性质；（2）常用的符号的码字比不常用的符号的码字短。

任何二叉树都可以用来构造一个具有前缀性质的码字集合。把从双亲到其左孩子的每条边都指定为0，从双亲到其右孩子的每条边都指定为1，沿着从根到一个终端顶点的唯一的有向通路将给出一个0和1的串，所有这样构成的串的集合是一个具有前缀性质的码字的集合。这是因为，对应于任何一个码字，都可以从二叉树的根向下走，根据数字是0或1向左或右走，从而找到那条唯一的有向通路；根据定义，这个过程将终止于一个终端顶点，所以这个码字不可能是另一个码字的首部。

例5.36 对图5.61a所示的二叉树，为其边指定0和1，如图5.61b所示。于是从根到所有终端顶点的有向通路产生码字000，001，01，10和11，如图5.62所示，其中，每个码字写在相应的终端顶点的下面。■

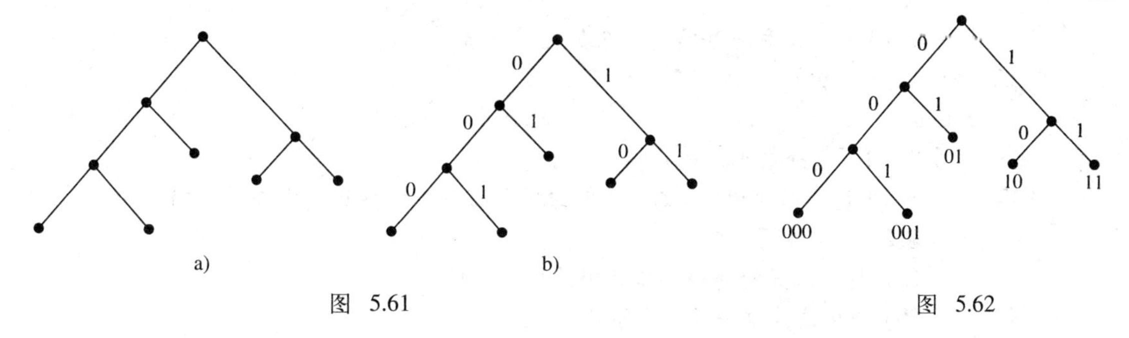

图 5.61　　　　图 5.62

所以，通过应用二叉树，我们找到了产生具有前缀性质的码字的方法。剩下的是要寻找一个为常用的符号配置较短码字的方法。如果只有图5.62中的5个符号，那么应对3个最常用的符号应用码字01，10和11。注意，这些码字都对应于离根最近的终端顶点。因此，为了通过可变长度的码字获得表示符号的高效方法，可以应用二叉树，把最常用的符号配置给离根最近的终端顶点。

下面将把讨论限制于那些每个内部顶点都恰有两个孩子的二叉树中。假设w_1，w_2，…，w_k是非负实数。**带权**w_1，w_2，…，w_k**的二叉树**（binary tree for the weight）是具有k个被标记为w_1，w_2，…，w_k的终端顶点的二叉树。带权w_1，w_2，…，w_k的二叉树具有**权**（weight）$d_1w_1 + d_2w_2 + \cdots + d_kw_k$，其中，$d_i$是从根到标记为$w_i$的顶点的有向通路的长度（$i=1$，2，…，$k$）。

例5.37　图5.63a所示的二叉树是一棵带权2，4，5和6的二叉树，它具有权$3 \cdot 6+3 \cdot 5+2 \cdot 4+1 \cdot 2=43$。图5.63b所示的二叉树是另一棵带权2，4，5和6的二叉树，因为从根到每个终端顶点的距离都为2，所以它的权是$2(2+4+5+6)=34$。■

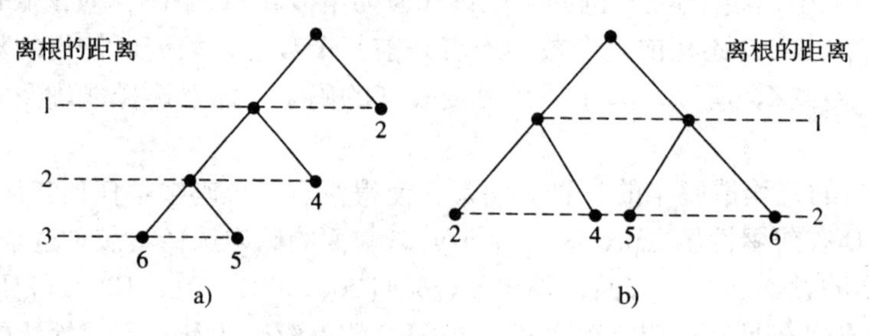

图　5.63

对于编码问题，需要找到一棵权最小的二叉树，其中，权是要编码的符号的频率。一棵带权w_1，w_2，…，w_k的二叉树，若其权是尽可能的小，则称之为**带权**w_1，w_2，…，w_k**的最优二叉树**（optimal binary tree for the weight）。因此，图5.63a所示的二叉树不是带权2，4，5和6的最优二叉树，因为存在另一棵具有更小权的二叉树，即图5.63b所示的那棵二叉树。

下面的算法是由赫夫曼（David A. Huffman）提出的，它产生带权w_1，w_2，…，w_k的最优二叉树。

赫夫曼最优二叉树算法

对非负实数w_1，w_2，…，w_k，$k \geqslant 2$，本算法构造带权w_1，w_2，…，w_k的最优二叉树。在算法中，用顶点的标记表示顶点。

步骤1（产生树）

　　(a) 对$i=1$，2，…，k，构造k棵二叉树，其中，第i棵二叉树由一个标记为w_i的顶点组成

　　(b) 令S表示按这种方法构造出来的树的集合

步骤2（构造更大的树）

　　repeat

　　　步骤2.1（选择最小的权）

　　　　从S中选择两棵树T_1和T_2，它们的根具有最小的标记，比如说V和W

　　　步骤2.2（合并两棵树）

　　　　(a) 构造二叉树的根，指定根的标记为$V+W$

　　　　(b) 使T_1成为这个根的左子树

　　　　(c) 使T_2成为这个根的右子树

　　　　(d) 在S中，用根被标记为$V+W$的树替换T_1和T_2

　　until $|S|=1$

例5.38 下面构造一棵带权2，3，4，7和8的最优二叉树。首先构造5棵二叉树，每棵二叉树只有一个顶点，并用给定的权分别为这些顶点做标记，如图5.46所示。S表示由这5棵树组成的集合。现在选择两棵树T_1和T_2，其根具有最小的标记（即2与3）。（为了方便起见，用顶点的标记表示顶点。）

2 3 4 7 8

图 5.64

将T_1和T_2合并成一棵根为5的新树，并用这棵新树替换S中的T_1和T_2。现在S中的二叉树分别有标记为5，4，7和8的根，如图5.65所示。接下来，继续步骤2，把根被标记为5和4的两棵二叉树合并起来，组成一棵根为9的新二叉树。用这棵新二叉树替换S中两棵标记为5和4的树。现在S中的二叉树的根分别被标记为9，7和8，如图5.66所示。继续步骤2，将根被标记为7和8的两棵二叉树合并起来，构成一棵根为15的二叉树。用这棵新二叉树替换S中被标记为7和8的树。此时，S中有两棵根分别被标记为9和15的二叉树，如图5.67所示。合并这两棵二叉树得到带权2，3，4，7和8的最优二叉树，如图5.68所示。这棵树的权是

$$2(4+7+8)+3(2+3)=53。$$ ■

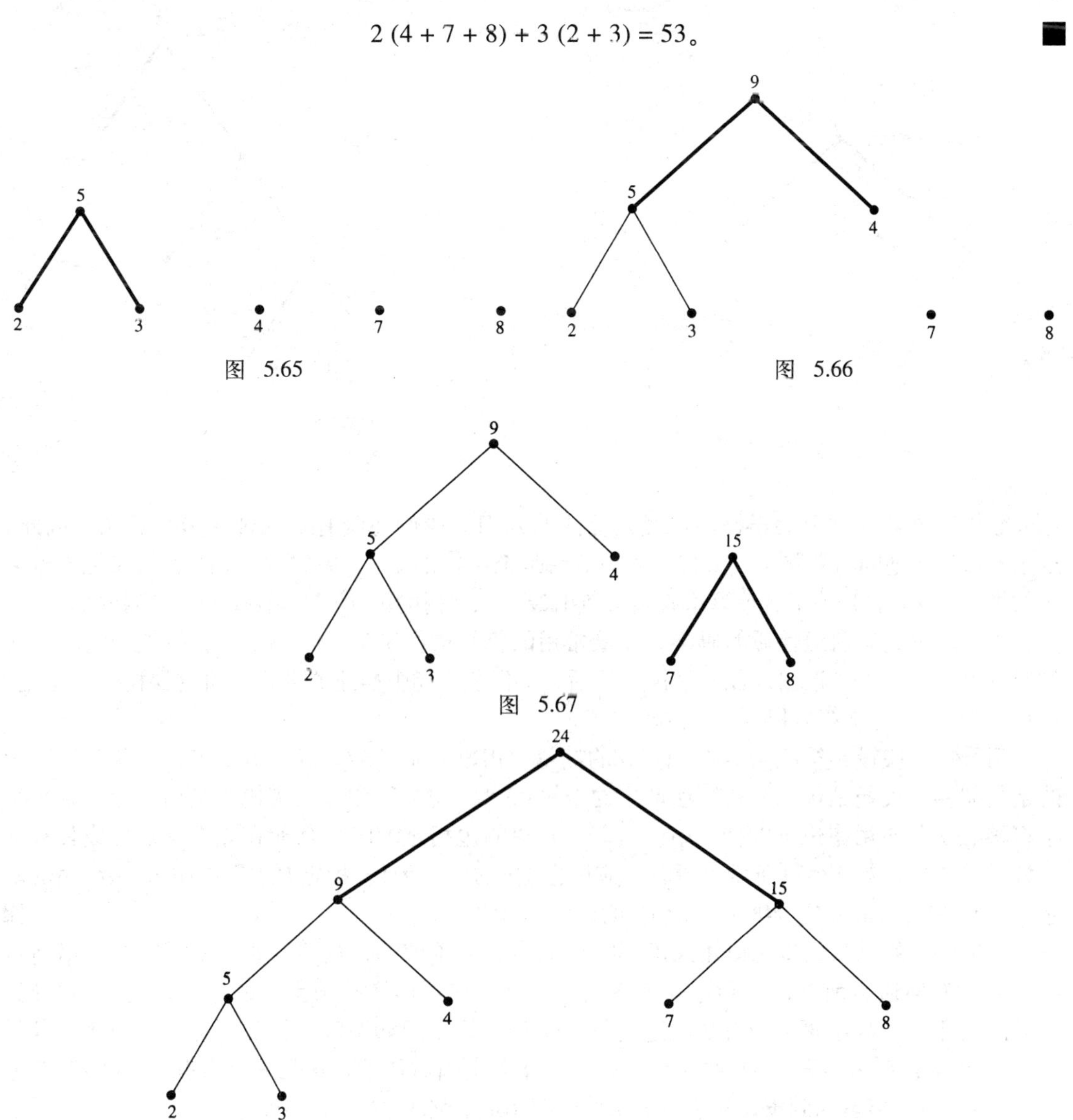

图 5.65　图 5.66

图 5.67

图 5.68

例5.39 应用赫夫曼最优二叉树算法，按照图5.69中所示的步骤，可以构造出一棵带权2，4，5和6的最优二叉树。这棵树的权为

$$1 \cdot 6 + 2 \cdot 5 + 3\,(2 + 4) = 34。$$

注意，在步骤2.1中，还可以选择只有一个标记为6的顶点的二叉树，而不是具有3个分别被标记为2，4和6的顶点的二叉树。如果这样的话，就会得到一棵不同的最优二叉树。 ■

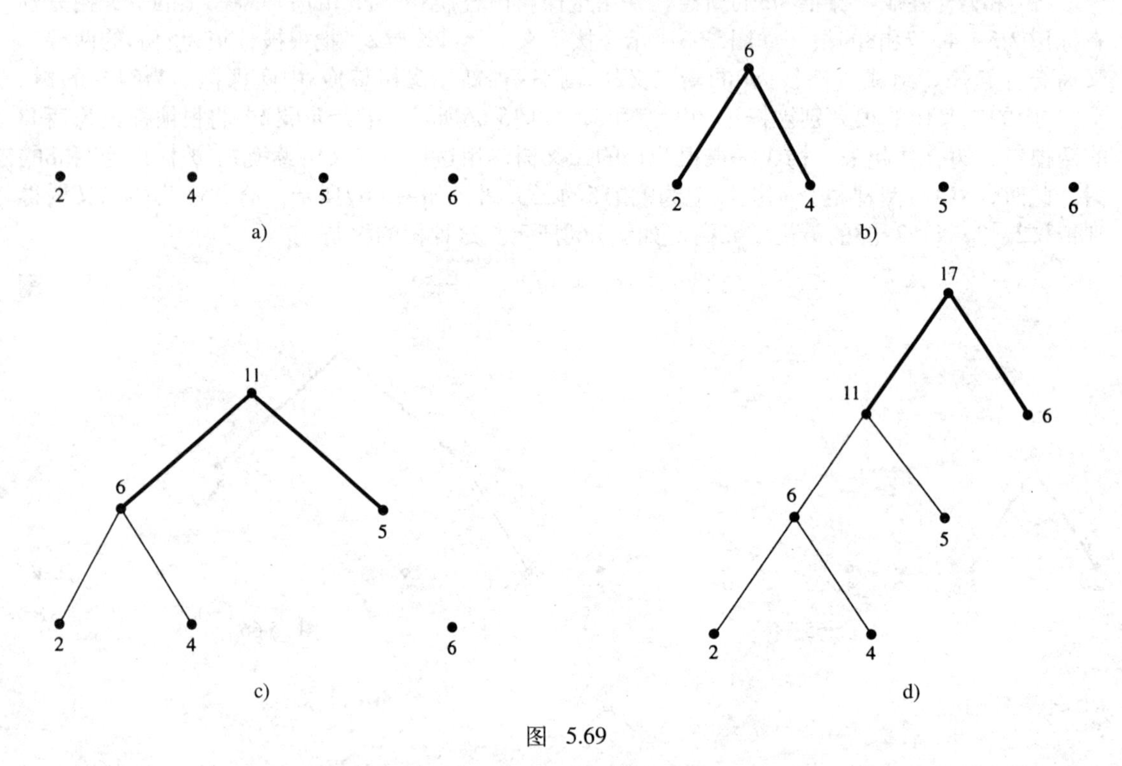

图 5.69

分析这个算法需要关于排序和插入算法的知识，我们还没有研究过这两个算法。因此，这里不做证明地断言：赫夫曼最优二叉树算法是至多k^2阶的，其中k是权的个数。（参见本章末尾的推荐读物[4]。）关于这个算法确实构造出最优二叉树的证明可在习题45～47中找到。

为了求出具有前缀性质的码字，使最常用的符号被指定最短的码字，我们把给定的符号的频率当作权，去构造出最优二叉树。然后，如同例5.36中描述的那样，对这棵树的边指定0或1，就可以为各个符号指定高效的码字了。

例5.40 假设字符E，T，A，Q和Z的期望使用率分别是32，28，20，4和1。图5.70所示的是一棵由赫夫曼最优二叉树算法产生的带权1，4，20，28和32的最优二叉树。此外，每个字符被置于其使用率边上的括号中。接着，对树的边指定0和1，从而在终端顶点形成具有前缀性质的码字，如图5.71所示。所以，应该指定E的码字为1、指定T的码字为01、指定A的码字为001、指定Q的码字为0001、指定Z的码字为0000。 ■

描述码字的二叉树也可以用来解码0和1的串。为了解码，从根开始，根据0或1，沿着从根开始的有向通路前进。当到达一个终端顶点时，就用该终端顶点上的码字对这个串解码。接着，对下一个数字再从根开始上述过程。例如，为了用如图5.71所示的树对串00101解码，从根开始，走到左孩子，然后再走到左孩子，接着走到右孩子，这是一个带有码字001和符号A的终端顶点。接着回到根，对剩下的那些位01解码，那些位对应字符T。

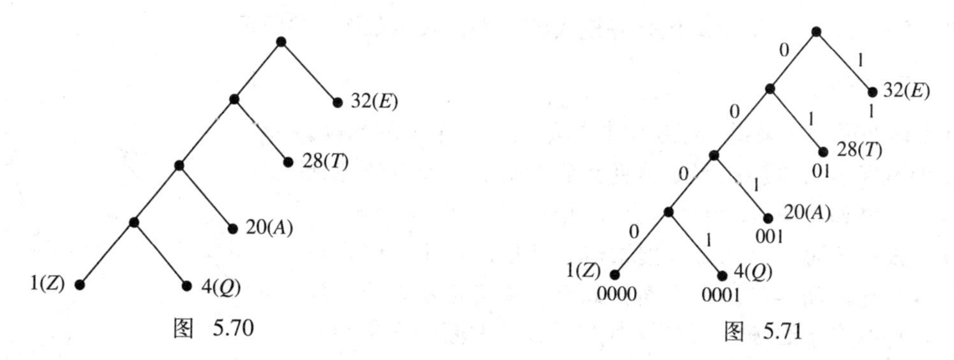

图 5.70　　图 5.71

赫夫曼最优二叉树算法的另一个应用出现在合并有序列表的过程中。假设有两个已排好序的整数列表L_1和L_2，现在要把它们合并成一个排好序的列表。回顾定理2.9，如果L_1和L_2分别有n_1和n_2个数，那么最多进行n_1+n_2-1次比较就可以把这两个排好序的列表合并成一个排好序的列表。现在假设有3个排好序的列表L_1，L_2和L_3，它们分别含有150，320和80个数。如果一次仅合并两个列表，如何才能把这3个列表合并成一个排好序的列表，并使所需要的比较次数最小呢？一种方法是把L_1和L_2合并成第三个有470个数的有序列表，这最多需要进行469次比较。然后合并这个新的列表和L_3，这最多需要进行$470+80-1=549$次比较。这种合并模式总共最多需要进行$469+549=1018$次比较。这个合并过程可以用图5.72a所示的二叉树表示，其中的标记表示序列的长度。

第二种合并模式是：首先合并L_1和L_3，接着合并这个新列表和L_2。这种合并模式最多需要进行$229+549=778$次比较，如图5.72b所示。最后，可以先合并L_2和L_3，然后合并所得到的结果和L_1，这种合并模式最多需要进行$399+549=948$次比较，如图5.72c所示。所以，第二种合并模式所需要的比较次数最少。更进一步地，可以观察到：优先使用那些最小的列表，就会导致最优的合并模式（即所需的比较次数最少），因为，在这种方式下，所进行的比较次数整体上较少。事实上，一个项参与排序的次数就是图5.72所示的二叉树的从根到该项所属的列表的距离。因此，最优合并模式对应于图5.72中权最小的树，其中，顶点的权是对应的列表的项数。所以，可以利用赫夫曼最优二叉树算法找到最优的合并模式。

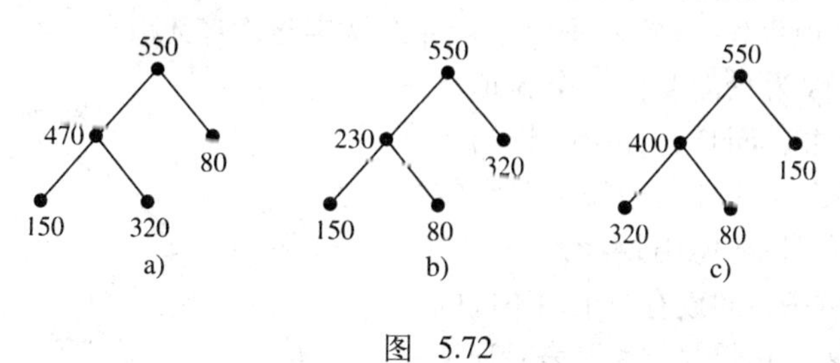

图 5.72

例5.41　为了最优地合并5个分别具有20，30，40，60和80个数的已排好序的列表，首先把两个具有最少项数的列表合并起来，这两个列表分别是具有20和30个数的列表，于是得到一个新的具有50个数的排好序的列表，其中最多进行49次比较。现在考虑4个分别具有50，40，60和80个数的排好序的列表，把两个分别具有50和40个数的列表合并起来，这个合并最多进行89次比较，产生一个具有90个数的新的排好序的列表。接下来，在3个分别具有90，60和80个数的排好序的列表中，把两个分别具有60和80个数的列表合并起来，产生一个新的具有140个数的排好序的列表，这最多进行139次比较。最后，把两个分别具有90和140个数的列表合并起来，得到一个具有230个数的排好序的列表，这最多进行229次比较。这个最优合并模式

最多进行506次比较。这个最优合并模式的二叉树表示如图5.73所示。 ■

5.6.2 二叉搜索树

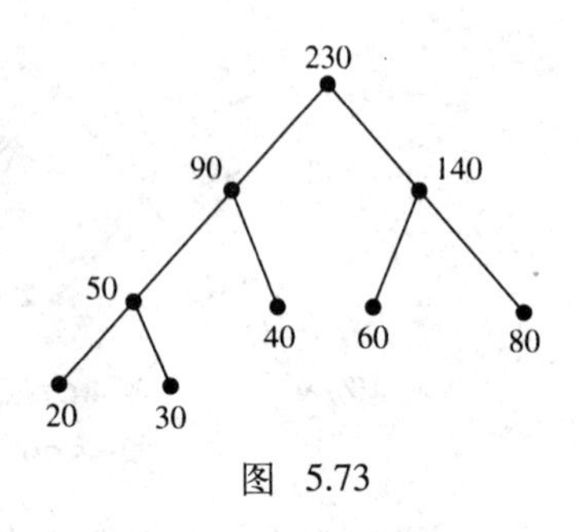

图 5.73

对数据处理程序来说，维护大数据集是一个常见的问题。这种维护不仅包括添加和删除等更新数据集的工作，还包括数据检索。例如，假设Acme制造公司要维护一张客户名单。当接到一张订单时，公司必须搜索这个名单以确定这张订单来自老客户还是新客户。一方面，如果订单来自新客户，那么这个客户的名字必须加到名单中去。另一方面，当客户停业时，该客户的名字必须从名单中删除。

维护这种表的一种方法是按收到数据的顺序保存数据。例如，如果Acme制造公司有10个客户，其名字分别是：Romano，Cohen，Moore，Walters，Smith，Armstrong，Garcia，O'Brien，Young和Tucker，那么Acme公司可以按这个给定的顺序把这些名字保存在一个列表中。利用这种方法很容易添加数据项。如果Jones是一个新客户，可以把这个名字添加到已有列表的末尾。但是，利用这种方法在确定一个特定的名字是否在名单中非常耗时。例如，要确定Kennedy不是一个客户，需要检查名单中的每个名字。当然，当Acme只有10个客户时，所需的检查量很小。但是，如果Acme有100万个客户，则检查名单中的每个名字就不可行了。

另一种方法是按字母的次序保存名单。例如，Acme制造公司的客户姓名名单可以存储为：Armstrong，Cohen，Garcia，Moore，O'Brien，Romano，Smith，Tucker，Walters和Young。按这种方法，从名单中搜索某个特定的名字就很容易。（可以通过修改定理2.8的证明中所使用的过程，给出一个高效的搜索方法。）但是，在名单中添加或删除就比较困难了，因为在添加或删除数据项时，需要对有些项重新定位。例如，如果Acme获得了一个叫Baker的新客户，那么就需要把这个名字插入为名单的第二项。这需要对原名单中除Armstrong以外的每个名字重新定位。如果这个名单很长，则这个过程也是不可行的。

第三种方法是在二叉树的顶点上存储数据。例如，Acme制造公司的客户姓名名单可以如图5.74那样存储。这棵二叉树是这样组织的：如果顶点U属于顶点V的左子树，那么按字母次序U处于V之前；如果顶点W在V的右子树中，那么按字母次序W跟在V之后。向这棵树中添加一个新名字很简单，因为只需要把一个新顶点和一条新边加到树中去。而且，如果按恰当的方式搜索这棵树，那么在这棵树中搜索某个特定的名字所需要进行的比较不超过4次。

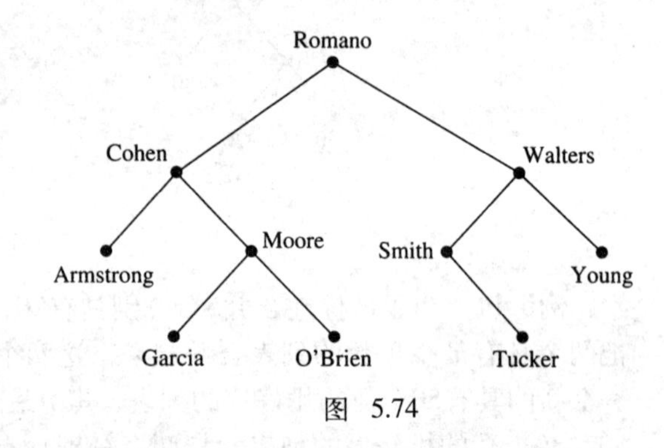

图 5.74

下面一般化这个例子，假设有一个由不同的数（或词）组成的列表。用符号“≤”表示通常的数的顺序或字母（字典）序。例如，$7 \leqslant 9$，$ABGT \leqslant ACE$。一个列表的**二叉搜索树**（binary search tree）是这样一棵二叉树：二叉树的每个顶点都被列表的一个元素标记，使得

（1）没有两个顶点有相同的标记；

（2）如果顶点U属于顶点V的左子树，那么$U \leqslant V$；

（3）如果顶点W属于顶点V的右子树，那么$V \leqslant W$。

因此，对于每个顶点V，在其左子树中的所有后代都排在V之前，在其右子树中的所有后

代都跟在V之后。

例5.42 列表1，2，4，5，6，8，9，10的一棵可能的二叉搜索树如图5.75a所示。另一种可能如图5.75b所示。■

例5.43 列表if，this，for，break，else，while，throw的一棵二叉搜索树如图5.76所示。■

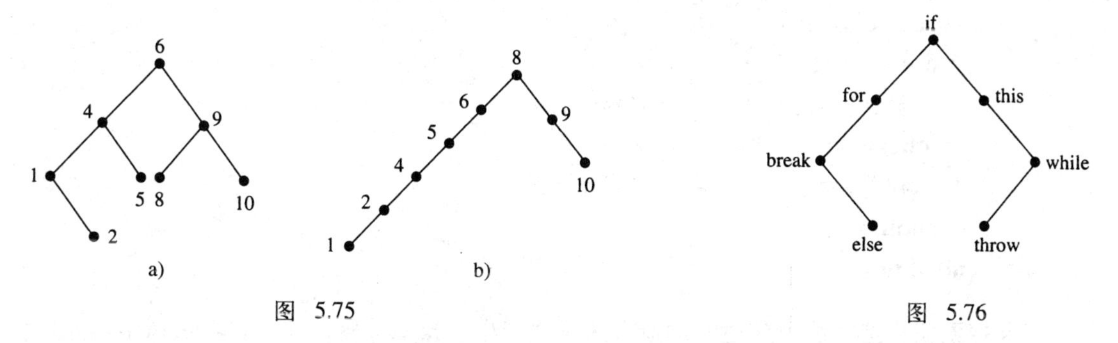

图 5.75 图 5.76

有一种从列表构造二叉搜索树的系统方法，其基本思想是：把较小的元素置为左孩子，把较大的元素置为右孩子。

二叉搜索树构造算法

本算法用来构造二叉搜索树，树中的顶点被标记为a_1，a_2，…，a_n，这里a_1，a_2，…，a_n互不相同，$n \geqslant 2$。在算法中，顶点用标记表示。

步骤1（构造根）

(a) 构造二叉树的根，标记为a_1

(b) 令$k=1$

步骤2（把元素插入到树中）

while $k<n$

步骤2.1（寻找插入点）

步骤2.1.1（为下行初始化）

(a) 令V表示树的根

(b) 令$k=k+1$

步骤2.1.2（沿树下行）

repeat

执行下面三个步骤中的一个：

(a) 向左走

if $a_k<V$且V有左孩子W

用W替换V

endif

(b) 向右走

if $a_k>V$且V有右孩子W

用W替换V

endif

(c) 留在原地

if（a）和（b）都不是

什么都不做

endif

unitl（$a_k < V$且V没有左孩子）或者（$a_k > V$且V没有右孩子）

步骤2.2（插入a_k）

if $a_k < V$

构造V的左孩子，并把它标记为a_k

otherwise

构造V的右孩子，并把它标记为a_k

endif

endwhile

二叉搜索树构造算法中描述的构造方法确实产生一棵二叉树，并且，在该树中，左后代（在左面的那些后代）的标记比双亲的标记小，右后代的标记比双亲的标记大。因此，这个算法所产生的二叉树是二叉搜索树。

例5.44 对列表5，9，8，1，2，4，10，6应用二叉搜索树构造算法，结果如图5.77所示。■

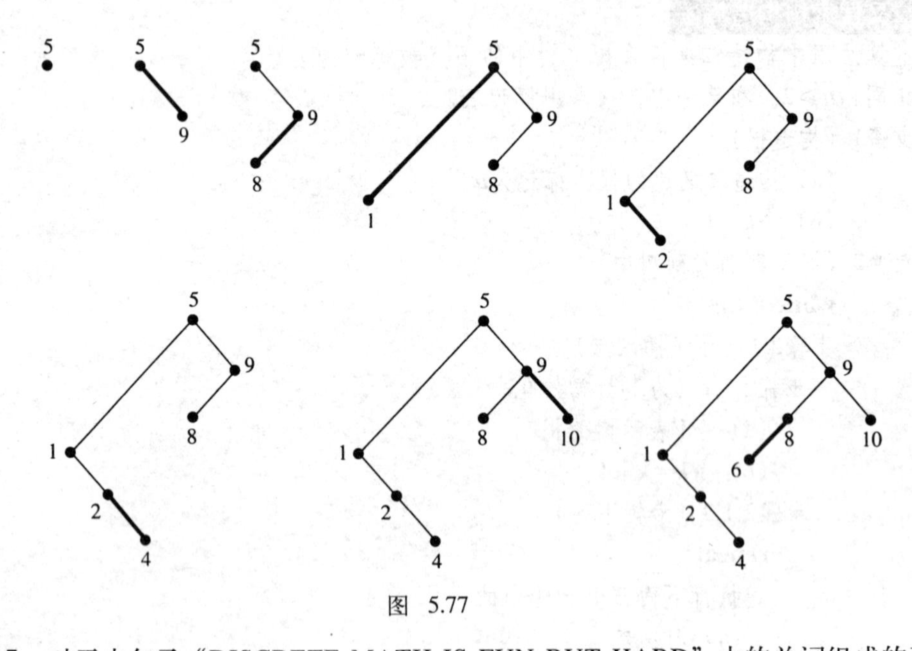

图 5.77

例5.45 对于由句子“DISCRETE MATH IS FUN BUT HARD”中的单词组成的列表，二叉搜索树构造算法产生如图5.78所示的二叉树。■

如果要把一个额外的项添加到二叉搜索树中去，则可以简单地对这个项再使用一次二叉搜索树构造算法。例如，要把“SOMETIMES”添加到句子“DISCRETE MATH IS FUN BUT HARD”的单词列表的末尾，可以用单词“SOMETIMES”，对如图5.78所示的二叉搜索树再使用一次这个算法，得到如图5.79所示的二叉搜索树。这个给一棵二叉搜索树中添加一项的过程是一个高效的过程。

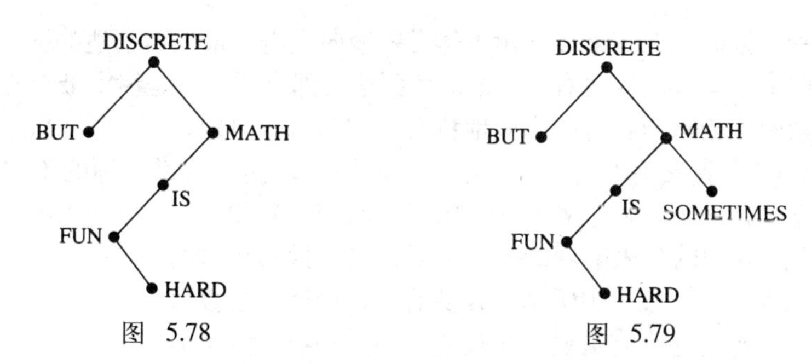

图 5.78　　图 5.79

要确定一个项是否在一棵二叉搜索树（或等价地，一个列表）中，可以仿效用于构造二叉搜索树的过程。更明确地来说，把这个项与根进行比较，如果它比根小，则向左走；如果它比根大，则向右走。重复这个过程直到把这个项与树中的某个项匹配起来，或者发现这个项不在树中。这个过程可以如下算法化。

二叉搜索树搜索算法

本算法用来检查二叉搜索树以确定给定的项a是否在树中。

步骤1（初始化）

　令V是二叉搜索树的根

步骤2（沿树下行）

　while（$a<V$且V有左孩子）或（$a>V$且V有右孩子）

　　if $a<V$且V有左孩子

　　　用V的左孩子替换V

　　otherwise

　　　用V的右孩子替换V

　　endif

　endwhile

步骤3（a是否在树中？）

　if $a\neq V$

　　元素a不在树中

　otherwise

　　元素a在树中

　endif

例5.46　用这个算法在图5.77所示的最后一棵二叉搜索树中搜索7。从比较7和树根开始。由于7大，所以走到右孩子9，再进行比较。这次7小，所以走到左孩子8。比较7和8，走到左孩子6。现在比较7和6，走到6的右孩子。由于6没有右孩子，所以7不在二叉搜索树中。注意，如果这时要把7添加到这棵二叉搜索树中去，那么它将成为6的右孩子。■

例5.47　为了在图5.78所示的树中搜索单词“FUN”，从根“DISCRETE”开始。第一次比较把我们引导到右孩子“MATH”。从这里，再进行比较则把我们引导到左孩子“IS”。接着，又走到左孩子“FUN”。这个比较导致一个匹配，所以可知“FUN”在树中。■

对图5.77所示的二叉搜索树应用中序遍历，得到中序列表1，2，4，5，6，8，9，10，这是这些数从小到大的顺序。类似地，对于图5.76所示的二叉搜索树，中序遍历给出列表break，else，for，if，this，throw，while，这是这些单词的字母序。一般地，若把中序遍历应用于二叉搜索树，则所得到的列表就是这些元素通常的排序。从这个中序列表中，可以找到树的最小元素和最大元素。因此，在二叉搜索树中尽可能地向左走，最后所到达的那个顶点就是树中最小的元素。类似地，尽可能地向右走，最后所到达的那个顶点就是树中最大的元素。

从二叉搜索树中删除项也可以高效地执行。细节留作习题。

二叉搜索树的构造依赖于项在列表中出现的顺序。换句话说，项的不同的顺序可以产生不同的二叉搜索树。例如，对于列表10，9，8，6，5，4，2，1，其项的集合与例5.44中的列表的项的集合相同，二叉搜索树构造算法产生的二叉搜索树如图5.80所示。容易看出，相对于按数值顺存储这些数，这棵树并没有提供什么优势，因为一次搜索可能需要与树中的每个项进行比较。不过现有大量关于构造二叉树的文献，这些文献有助于产生高效的搜索。例如，可以构造二叉搜索树，使得经常存取的项离根比较近（与那些不常被存取的项比较）。感兴趣的读者请查阅本章末尾的推荐读物[7]和[9]。

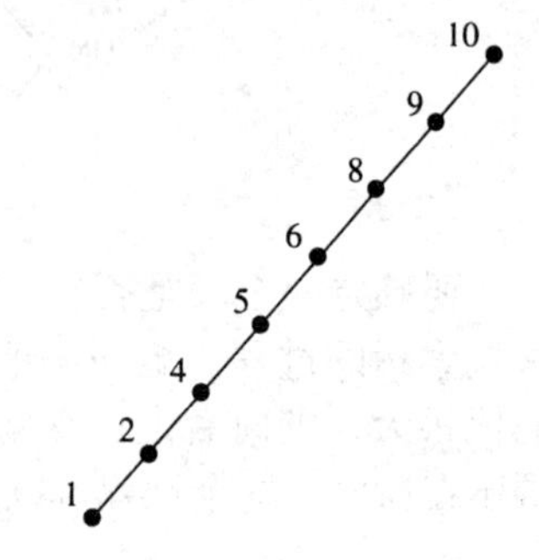

图 5.80

习题5.6

在习题1～4中，确定给定的码字集合是否具有前缀性质。

1. {0, 100, 101, 11, 1011}

2. {00, 11, 010, 100, 011}

3. {00, 101, 111, 10001, 1010}

4. {00, 110, 101, 01}

5. 可能存在包含0，10和11的具有前缀性质的6个码字的集合吗？

6. 可能存在包含10，00和110的具有前缀性质的6个码字的集合吗？

7. 确定a，b和c的值，使得{00，01，101，a10，bc1}是具有前缀性质的5个码字的集合。

8. 确定a，b，c和d的值，使得{00，0a0，0bc，d0，110，111}是具有前缀性质的6个码字的集合。

对习题9～14中给定的n的值，画出一棵二叉树，树中的每个顶点或者没有孩子或者是有两个孩子。如同例5.36中的二叉树那样，产生具有前缀性质的n个码字的集合。请用码字标记顶点。

9. $n = 2$

10. $n = 3$

11. $n = 4$

12. $n = 7$

13. $n = 8$

14. $n = 9$

在习题15～18中，画出一棵二叉树，如同例5.36中的二叉树那样，在终端顶点生成给定的码字。

15. 1, 00, 011, 0100, 0101

16. 101, 00, 11, 011, 100, 010

17. 1111, 0, 1110, 110, 10

18. 1100, 000, 1111, 1101, 0010, 10, 0011

19. 指定编码A(010), B(111), M(000), N(110)以及T(10), 对消息11101010000010110进行解码。

20. 指定编码O(0), B(10), R(110), I(1110), N(11110)以及T(11111), 对消息1100101110111110进行解码。

21. 指定编码A(111), E(0), N(1010), O(1011)以及T(100), 对消息10010111010101001011进行解码。

22. 指定编码B(1100), D(111), E(1101), J(0011), N(0000), O(01), S(0010)以及T(0001), 对消息00111100010000111进行解码。

在习题23～26中，用给定的二叉树为消息解码。

23. 消息：01110111

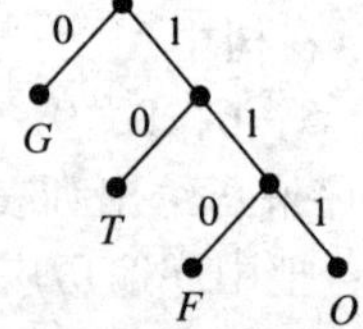

24. 消息：11001001011000

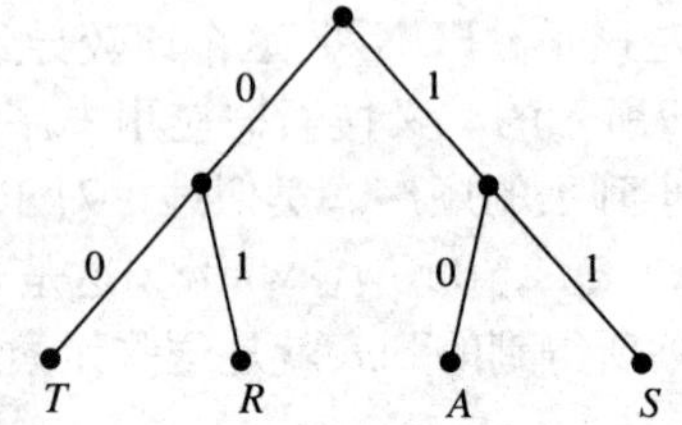

25. 消息：011111111011101001100

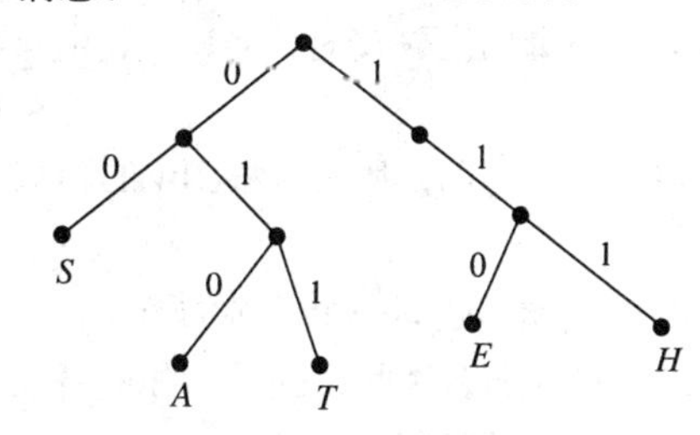

26. 消息：000010010011000011101001

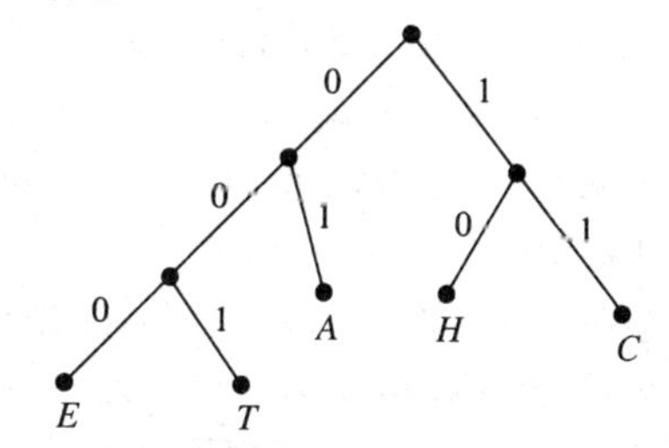

在关于计算机编程的书中找一份ASCII码表，并用它对习题27～30中给定的消息解码。

27. 010001000100111101000111

28. 01001000010011110100110101000101

29. 0101000101010101010100100101000101010100

30. 01001000010001010100110001010000

在习题31～34中，对给定的权构造最优二叉树。在构造过程中，若需要对根的标记相同的树进行选择，则选择具有较多顶点的树。

31. 2，4，6，8，10

32. 4，6，8，14，15

33. 1，4，9，16，25，36

34. 10，12，13，16，17，17

在习题35～38中，确定把具有给定项数的排好序的列表合并成一个排好序的列表所需要的最小的最大比较次数。

35. 4个分别具有20，30，40和50个项的列表。

36. 5个分别具有15，25，35，40和50个项的列表。

37. 6个分别具有20，40，60，70，80和120个项的列表。

38. 7个分别具有10，30，40，50，50，50和70个项的列表。

在习题39～42中，在构造最优二叉树的过程中，若需要对根的标记相同的树进行选择，则选择具有较多顶点的树。

39. 国家安全局正在帮助驻外的美国外交官将编成码的消息发送回华盛顿国务院。这些消息要用字符R，I，H和V发送，每100个字符中，这些字符的预期使用率分别是40，35，20和5。给出一种码字指定，使发送消息所需的位数最小。

40. Tom和Susan在上课时交换情书，为了不让其他人读懂这些浪漫的甜言蜜语，仅用字符T，A，I，L，P和J给消息编码，每100个字符中，这些字符的预期使用率分别是34，27，21，10，6和2。给出一种码字指定，使发送消息所需的时间（因而也是位数）最少。

41. NASA（美国国家航空和宇航局）正在从它的一个航天探测器接收信息。这些信息以数的形式出现，这些数表示图像（每个数对应白色、黑色或灰色的亮度）。所用到的数是1，2，3，4，5，6，7，8，9和10，每1000个有颜色的点中，这些数的预期使用率分别是125，100，75，40，60，180，20，120，150和130。对这些数给出一种码字指定，使存储这些信息所需的位数最小。

42. Gregory计算机公司接到一个合同，要存储伊利诺伊州布卢明顿地区所有医院的护理数据。即使将这些数据存储在硬盘中，这么大的数据量也使得高效地存储数据变得很重要。对样本数据的分析显示：只用到了某些符号，rn，@，c，s，po，os，od，tid和qod。更进一步地，分析显示：每100个符号中，各个符号的使用率分别是7，12，4，9，10，8，2，18和30。给出一种码字指定，使存储这些数据所需的位数最小。

***43.** 证明：对任何正整数n，存在具有n个终端顶点的二叉树，其中每个顶点有0或2个孩子。

*44. 在一棵每个顶点或者没有或者有两个孩子的二叉树中，证明终端顶点数比内部顶点数大1。

习题45～47提供了赫夫曼最优二叉树算法产生最优二叉树的证明。假设w_1，w_2，…，w_k是非负实数，且$w_1 \leqslant w_2 \leqslant \cdots \leqslant w_k$。

*45. 证明：如果T是一棵带权w_1，w_2，…，w_k的最优二叉树，且$w_i < w_j$，那么从根到w_i的距离大于或等于从根到w_j的距离。

*46. 证明：存在一棵带权w_1，w_2，…，w_k的最优二叉树，其中w_1和w_2是同一个双亲的孩子。

*47. 证明：如果T是一棵带权w_1+w_2，w_3，…，w_k的最优二叉树，那么用两个孩子w_1和w_2替换二叉树的终端顶点w_1+w_2，所得到的树是一棵带权w_1，w_2，…，w_k的最优二叉树。

在习题48～53中，按给定的顺序构造二叉搜索树。

48. Busby保险公司的会计部有8个分部，其中分别有11，15，8，3，6，14，19和10个工作人员。用这些分部的工作人员数构造一棵二叉搜索树。

49. 一些词语，诸如list，static，or，char，this，endl，heap，do，parameter和else等，被用来描述程序设计语言C++的技术和概念。请对这些词语构造一棵二叉搜索树。

50. 一些词语，诸如object，char，variable，string，pointer，function，virtual，Boolean，parse，global，template，class，range和array等，被用来描述程序设计语言C++的技术和概念。请对这些词语构造一棵二叉搜索树。

51. 数学系有13个教员，他们分别有14，17，3，6，15，1，20，2，5，10，18，7和16年的教龄。为教员的教龄年数构造一棵二叉搜索树。

52. 在一次对15个数学系的调查中，发现它们分别有18，9，27，20，30，15，4，13，25，31，2，19，7，5和28个教员。用教员的数量构造一棵二叉搜索树。

53. ASCII码不仅仅被用来表示字母，它也被用来表示符号：)，:，%，-，#，<，@，?，$，(，! 和&。对应的ASCII码字可以被解释成二进制数（十进制值分别是41，58，37，45，35，60，64，63，36，40，33和38)，从而可为这些符号提供一个序。为这些符号构造一棵二叉搜索树。

54. 为字母表中的字母构造一棵二叉搜索树，使得找到任何一个指定的字母最多只需要5次比较。

55. 在习题49的二叉搜索树中，画出说明词语“filenames”不在树中所需要的有向通路。然后指出词语“filenames”会被添加在树的什么位置上。

56. 在习题48的二叉搜索树中，画出说明数16不在树中所需要的有向通路。然后指出16会被添加在树的什么位置上。

57. 在习题51的二叉搜索树中，画出说明数4不在树中所需要的有向通路。然后指出4会被添加在树的什么位置上。

58. 在习题50的二叉搜索树中，画出说明词语“path”不在树中所需要的有向通路。然后指出词语“path”会被添加在树的什么位置上。

59. 在习题53的二叉搜索树中，画出说明 >（对应的十进制数是62）不在树中所需要的有向通路。然后指出 > 会被添加在树的什么位置上。

60. 在习题52的二叉搜索树中，画出说明数8不在树中所需要的有向通路。然后指出8会被添加在树的什么位置上。

61. 假设一棵二叉树的顶点被赋予一个列表中的不同的元素，这些元素要么是数要么是词，二叉树具有性质：如果L是顶点V的左孩子，那么$L \leqslant V$；如果R是顶点V的右孩子，那么$V \leqslant R$。具有这种赋值的二叉树一定是这个列表的二叉搜索树吗？

从二叉搜索树中删除一个终端顶点是如下完成的：删除顶点V以及连接V和其双亲的边。

62. 从习题48的二叉树中删除6，画出所得到的二叉搜索树。

63. 从习题49的二叉树中删除“parameter”，画出所得到的二叉搜索树。

若二叉搜索树的根R只有一个孩子，则删除根是如下完成的：删除R以及连接R和其孩子的边。

64. 从下面的二叉搜索树中删除根，画出所得到的二叉搜索树。

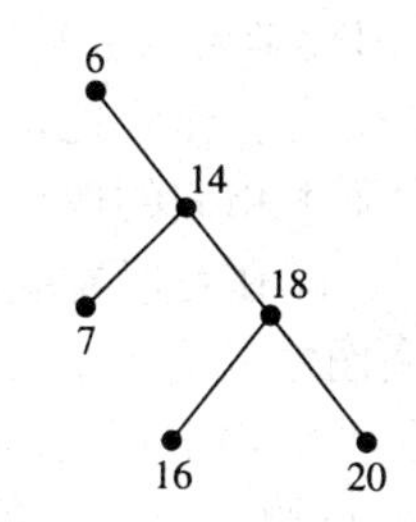

65. 对下面的二叉搜索树重复习题64。

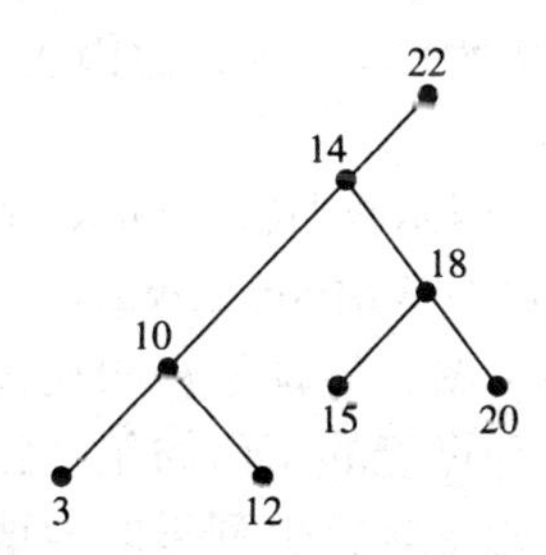

假设V是二叉搜索树中的一个顶点，V不是根且只有一个孩子C。从二叉搜索树中删除V是如下完成的：删除V以及连接C到V的边，用由C及其后代构成的树替换由V及其后代构成的树。

66. 从习题53的二叉搜索树中删除<，画出所得到的二叉搜索树。

67. 对习题48的二叉搜索树中的顶点3重复习题66。

在一棵二叉搜索树中，删除一个有两个孩子的顶点V是如下完成的：找出V的左子树中的最大项L。如果L没有左孩子，那么删除L以及连接L到其双亲的边，并用L替换V。如果L有左孩子C，那么删除L以及连接C到L的边，用由C及其后代构成的树替换由L及其后代构成的树，然后用L替换V。

68. 从习题52的二叉搜索树中删除数9，画出所得到的树。

69. 从习题51的二叉搜索树中删除数3，画出所得到的树。

70. 从习题50的二叉搜索树中删除词语“object”，画出所得到的树。

71. 从习题50的二叉搜索树中删除词语“variable”，画出所得到的树。

72. 从习题52的二叉搜索树中删除数27，画出所得到的树。

73. 从习题52的二叉搜索树中删除数4，画出所得到的树。

***74.** 证明：二叉搜索树中的顶点的中序列表给出了树中元素的自然顺序。

历史注记

与哥尼斯堡七桥问题具有现实世界的动机不同，树的研究始于对微分学中的算子的思考。树的直观概念首先由德国人冯·施陶特（G.K. C. Von Staudt，1798—1867）和古斯塔夫·基尔霍夫（Gustav Kirchhoff，1824—1887）在各自发表于1847年的论文中使用。基尔霍夫的论文涉及有关电流的欧姆定律的一个推广。但是，术语“树”的引入和这个概念的数学发展是英国数学家亚瑟·凯莱（Arthur Cayley, 1821—1895）于1857年提出的。

Arthur Cayley

凯莱注意到：通过观察从树中删除根结点的效果并检查剩下的根树，可以求出具有n条边的根树的数目。这个观察和一些涉及生成函数的基本思想结合起来导出了一个公式。凯莱在这个领域的研究持续于18世纪70年代中期，期间他发现了一种计算非根树的数目的方法。

大约在同时，法国数学家卡米勒·若尔当（Camille Jordan，1838—1922）开始对图进行系统的研究。作为这个研究工作的一部分，若尔当关注的问题是：什么时候两个本质上相同的图会有不同的表示，即什么时候两个图是同构的。在特殊情况下，即在可以重新标记顶点而导致一个同构的情况下，称这个映射为*自同构*。若尔当指出完全图$\mathcal{K}_n$具有$n!$个自同构。若尔当也指出某些树具有一个或多个称为*双形心*的特殊顶点，它们在自同构下不变。这项工作引起了凯莱的注意，他在1881年应用约当的概念给出了关于根树数目的一个更优美的证明。在凯莱对树的发展的贡献中，一个重大的贡献是他在1889年的证明：连接n个分离的带标记的顶点以构成一棵树的方法有n^{n-2}种。（参见5.1节中的习题38。）1918年，德国人海因茨·普吕弗（Heinz Prüfer，1896—1934）独立地证明了这个结论[72]。

James Joseph Sylvester

詹姆士·约瑟夫·西尔威斯特（James Joseph Sylvester，1814—1897）和威廉·金登·克利夫特（William Kingdon Clifford，1845—1879）进行了其他的尝试。他们发展了图，特别是树的代数学，目的是通过连接各种物质的原子，构造和列举各种可能的不同的化合物。虽然由这些成果得到的图形表示对化学产生了巨大的影响，但列举的尝试却最终失败了。这些成果的一个副产品是“图”这个词的使用，这个词于1878年首先出现在《Nature》杂志上由西尔威斯特撰写的一篇论文中。

虽然基尔霍夫最初的工作集中在电流网络上，但美国数学家乔治·大卫·伯克霍夫（George David Birkhoff，1884—1944）和奥斯瓦德·维布伦（Oswald Veblen，1880—1960）没有错过他的思想。维布伦分析了基尔霍夫的工作，于1922年得出一个定理：每个连通图都含有一棵树，称为生成树，它包含图的各个顶点。约瑟夫·克鲁斯卡尔（Joseph B. Kruskal，1928—）和罗伯特·普里姆（Robert C. Prim，1921—）是新泽西州默里山上的贝尔电话实验室的两个同事，他们分别在1956年和1957年研究出了以他们的名字命名的在带权图中求最小生成树的算法，为通信系统的网络设计开辟了新的途径[72]。

补充习题

1. 在FBI（美国联邦调查局）伊利诺伊州办事处里，特工Jones和7个线人一起工作，这些线人混入了一个赌场。Jones要为线人们做出安排，让这些线人以两人为一组互相通信，要求消息要能传递给所有的线人。为了保密起见，接头地点的数目必须尽可能地少。问Jones必须找到多少个接头地点？
2. 给一棵有n个顶点的树着色，所需的最小颜色数是多少？这里$n \geqslant 2$。
3. 如果$m \geqslant 2$，那么对哪些n，$\mathcal{K}_{m,n}$是树？（图$\mathcal{K}_{m,n}$已在习题4.2的习题52中定义。）
4. 请教一个化学家关于苯的化学结构，画一个图描述它。问它是树吗？
5. 证明：如果一棵树中存在一个度为k的顶点，那么其中至少有k个度为1的顶点。
6. 证明：如果一棵树有n个顶点，其度数分别为d_1，d_2，…，d_n，那么这些度数的和为$2n-2$。
7. 证明：如果正整数d_1，d_2，…，d_n的和等于$2n-2$，那么其中的某个$d_i=1$；如果$n \geqslant 3$，那么其中的某个$d_i>1$。

8. 对$n \geqslant 2$，假设正整数d_1，d_2，…，d_n的和等于$2n-2$。证明：存在一棵具有n个顶点的树，其顶点的度数分别为d_1，d_2，…，d_n。（提示：用数学归纳法对n进行归纳。）

9. 找出下图的所有生成树。

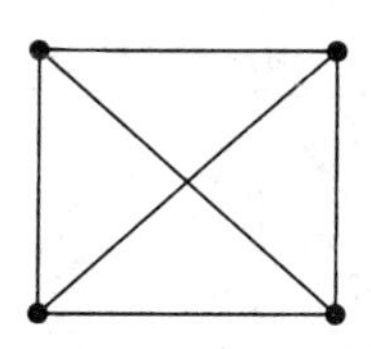

10. 对连通图考虑这样的选择边的过程：如果一条边和已经选择的边构成一条回路，那么就不选择这条边。证明这个过程产生一棵生成树。

11. 假设G是包含10个顶点和19条边的连通图。从G中删除一些边，使剩下的图还是连通的。问最多可以删除多少边？请证明你的答案。

12. 对下面的图，用广度优先搜索算法求出一棵生成树。（从B开始，若要选择顶点，则按字母顺序进行。）

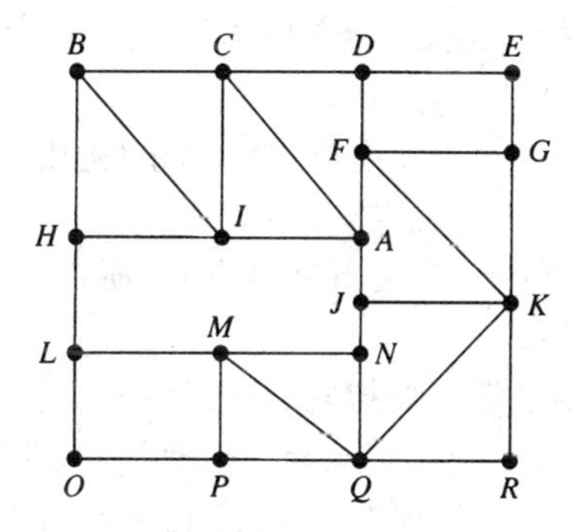

13. 如果G是连通带权图，且G中所有的权都是不同的，那么G的不同的生成树一定有不同的权吗？请证明你的答案。

14. 考虑下面的两个带权图：

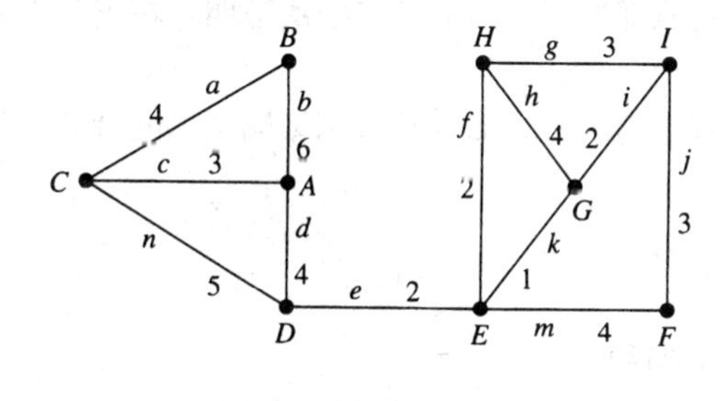

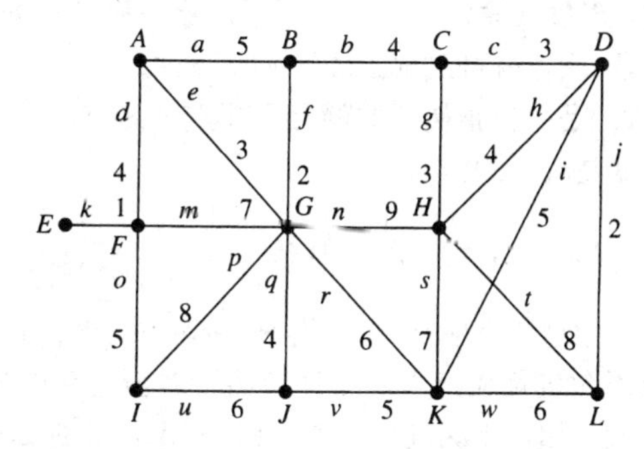

用普里姆算法分别求出它们各自的最小生成树。（从G开始，如果要选择构成最小生成树的边，则按字母顺序进行。）给出最终得到的最小生成树的权值。

15. 证明：如果G是连通带权图，e是关联于某个顶点V的权最小的边，那么G中存在一棵包含e的最小生成树。

16. 在连通带权图（不是树）的最大生成树中可以包含权最小的边吗？如果可以，请举出一个例子；如果不可以，请给出证明。

17. 假设要求出一棵生成树，它在所有包含两条指定的边的生成树中是最小的。问是否可以通过修改克鲁斯卡尔算法来求出这样的最小生成树？请证明你的结论。（参见5.2节中的习题42。）

18. 应用深度优先搜索法在下面的各个图中求得顶点的深度优先搜索编号。（如果要选择顶点，则按字母顺序进行。）

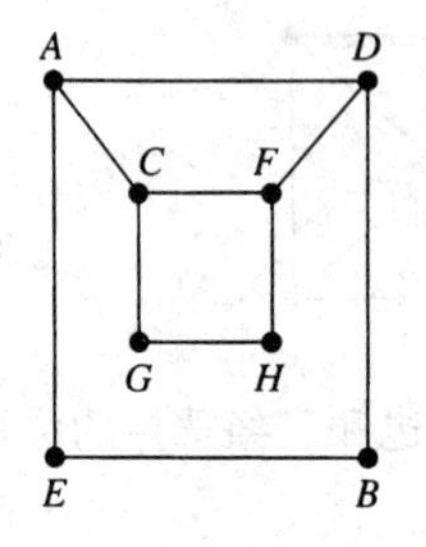

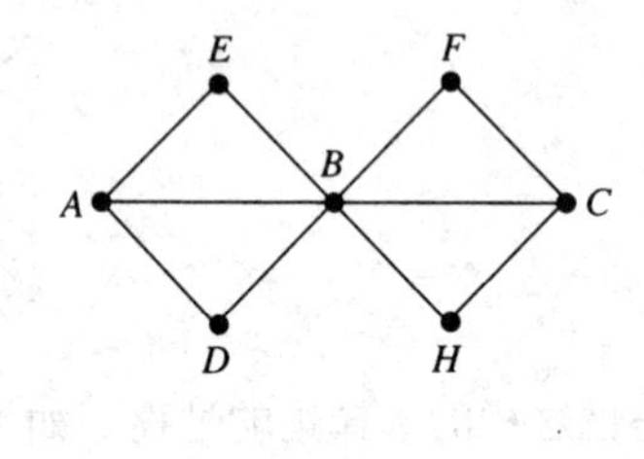

19. 用习题18中获得的各个图的深度优先搜索编号构造定理5.7中描述的生成树。

20. 用定理5.8和习题18中获得的深度优先搜索编号指定边的方向，把习题18中的各个图转变为强连通有向图。

21. 证明：连通图中的边$\{A,\ B\}$是桥当且仅当从A到B的每条通路都包含$\{A,\ B\}$。

22. 证明：连通图中的一条边是桥当且仅当这条边不属于任何一个回路。

23. 用回溯求出6皇后问题的解。（参见例5.16。）

24. 用回溯构造一个长度为10的序列，它由数字1，2和3构成，且序列中没有完全相同的相邻子序列。

25. 对正整数p，q和n，其中$p+q=n$，问：存在具有n个顶点，且其中内部顶点有p个，终端顶点q个的根树吗？请证明你的答案。

26. 一个外语实验室有28个CD播放器，要把它们连到墙上一个有4个插口的插座，打算用有4个插口的延长线来连接。问：要把这些CD播放器连起来以使它们可用，最少需要多少条延长线？

27. 一棵根树有p个内部顶点，每个内部顶点恰好有q个孩子，问这棵根树有多少个顶点？请证明你的答案。

28. 一棵根树有p个内部顶点，每个内部顶点恰好有q个孩子，问这棵根树有多少个终端顶点？请证明你的答案。

29. 考虑3^n枚（或较少一些）硬币，除一枚较轻外其他都相同。用数学归纳法证明：在天平上最多称量n次，就可测试出较轻的那一枚。

30. 假设$\mathcal{T}$是一棵根树，它的每个顶点最多有k（$k\geqslant 2$）个孩子，而且从根到终端顶点的最长通路的长度是h。证明：

(a) $\mathcal{T}$最多有$\dfrac{k^{h+1}-1}{k-1}$个顶点。

(b) 如果某个顶点有k个孩子，那么$\mathcal{T}$至少有$h+k$个顶点。

31. 应用深度优先搜索法于连通图，对所得到的树证明：如果深度优先搜索编号为k的顶点有m个后代（相对于深度优先搜索树），$m\geqslant 1$，那么这些后代的深度优先搜索编号是$k+1$，$k+2$，…，$k+m$。

32. 证明：若把深度优先搜索法应用于连通图，那么后向边上的一个顶点是其另一个顶点的祖先（相对于深度优先搜索树）。

33. 证明：若把深度优先搜索法应用于连通图，那么边上的一个顶点是其另一个顶点的祖先（相对于深度优先搜索树）。

对于习题34～35，如同在定理5.10中那样，把深度优先搜索应用于连通图$\mathcal{G}$，并设A是$\mathcal{G}$的一个顶点。

34. 如果深度优先搜索从A开始，证明：A是$\mathcal{G}$的关节点当且仅当A的孩子多于一个。（参见5.3节中的习题36。）

35. 如果深度优先搜索不是从A开始的，证明：A是$\mathcal{G}$的关节点当且仅当对A的某个孩子C，在C或C的任何一个后代与A的祖先之间不存在后向边。

定义一棵二叉树的**高度**（height）是它的终端顶点的最大层数。

36. 如果$\mathcal{T}$是具有n个顶点且高度为h的二叉树，证明$n \leqslant 2^{h+1}-1$。

37. 证明：高度为h的二叉树最多有2^h个终端顶点。

对高度为h的二叉树，若没有孩子的顶点只出现在第h层或第$h-1$层上，则称这棵树是**平衡的**（balanced）。

38. 构造一棵有8个顶点的平衡树。

39. 构造两棵不同的二叉树，每棵树的顶点都多于一个，且它们有相同的前序列表和后序列表。

40. 一棵完全二叉树有顶点$\mathcal{V}=\{1, 2, 3, 4, 5, 6, 7, 8, 9, 10\}$，二叉树的后序列表为4，5，2，8，9，6，10，7，3，1。如果树的高度为3，则构造出这棵树。

41. 写出波兰记法和逆波兰记法中的乘法结合律。

42. 写出波兰记法和逆波兰记法中的乘法关于加法的分配律。

43. 码字的集合{00，01，100，1010，1011，11}具有前缀性质吗？请证明你的答案。

44. 存在包含11，101和0101的具有前缀性质的有7个码字的集合吗？

45. 画出一棵二叉树，它在终端顶点产生下面的码字：11，00，10，010，0110，01111，01110。

46. 构造一棵带权1，3，5，7，9，11，13，15的最优二叉树。在构造过程中，选择有孩子的顶点优先于没有孩子的顶点；将权较小的顶点作为左孩子；如果两个顶点的权相同，则将拥有较多孩子的顶点作为左孩子。

47. 对句子“Gladly would he learn so that others can be taught”中的单词，按所给出的顺序构造一棵二叉搜索树。

计算机题

编写具有指定输入和输出的计算机程序。

1. 给定图，确定它是否是树。

2. 给定根树，找出其内部顶点、终端顶点和根。

3. 给定图，如果生成树存在，则用广度优先搜索算法求出一棵生成树。

4. 给定图，用广度优先搜索算法确定它是否是连通的。

5. 给定图，用深度优先搜索算法为其顶点指定标记。

6. 给定图，用深度优先搜索算法确定它是否是连通的。

7. 给定图，如果生成树存在，则用深度优先搜索算法求出一棵生成树。

8. 给定图，根据例5.15前面的讨论确定它是否有桥。

9. 给定带权图，如果生成树存在，则用普里姆算法求出一棵最小生成树。

10. 给定带权图，如果生成树存在，则用克鲁斯卡尔算法求出一棵最小生成树。

11. 给定带权图，如果生成树存在，则用普里姆算法求出一棵最大生成树。

12. 给定二叉树，用前序遍历算法给出顶点的前序列表。

13. 给定二叉树，用后序遍历算法给出顶点的后序列表。

14. 给定二叉树，用中序遍历算法给出顶点的中序列表。

15. 给定用波兰记法表示的算术表达式，计算其值。

16. 给定用逆波兰记法表示的算术表达式，计算其值。

17. 给定非负实数w_1，w_2，…，w_n，用赫夫曼最优二叉树算法构造一棵带权w_1，w_2，…，w_n的最优二叉树。

18. 给定单词a_1，a_2，…，a_n，用二叉搜索树构造算法构造出一棵顶点标记为a_1，a_2，…，a_n的二叉搜索树。

19. 给定一棵二叉搜索树和一个元素a，用二叉搜索树算法确定a是否在树中。

20. 给定一棵有n个带标记的顶点的树$\mathcal{T}$，用Prufer算法构造一个数的列表，使该列表唯一地描述了$\mathcal{T}$。

21. 给定一个正整数n，用回溯确定n皇后问题的一个解。

22. 给定一个图，如果可能的话，用定理5.8把它转换成一个强连通的有向图。

推荐读物

1. Aho, Alfred V., John E. Hopcroft, and Jeffrey D. Ullman. *Data Structures and Algorithms*. Reading, MA: Addison-Wesley, 1983.
2. Balaban, A.T. *Chemical Applications of Graph Theory*. New York: Academic Press, 1976.
3. Bogart, Kenneth P. *Introductory Combinatorics*, 3d ed. San Diego: Academic Press, 1999.
4. Horowitz, Ellis and Sartaj Sahni. *Fundamentals of Computer Algorithms*. New York: Freeman, 1984.
5. ________. *Fundamentals of Data Structures in Pascal*. 4th ed. New York: Freeman, 1992.
6. Hu, T.C., T.C. Shing, and Y.S. Kuo. *Combinatorial Algorithms*. Reading, MA: Addison-Wesley, 1982.
7. Knuth, Donald E. *The Art of Computer Programming*, vol. 1: *Fundamental Algorithms*, 2d ed. Reading, MA: Addison-Wesley, 1973.
8. Liu, C.L. *Elements of Discrete Mathematics*, 2d ed. New York: McGraw-Hill, 1985.
9. Reingold, Edward, Jurg Nievergelt, and Narsingh Deo. *Combinatorial Algorithms*. Englewood Cliffs, NJ: Prentice-Hall, 1977.
10. Stubbs, Daniel and Neil W. Webre. *Data Structures with Abstract Data Types and Pascal*. Monterey, CA: Brooks/Cole, 1985.
11. Tarjan, Robert Endre. *Data Structures and Network Algorithms*. Philadelphia: SIAM, 1983.

匹　　配

许多组合问题都涉及在某些限制条件下的匹配。1.2节介绍的为航空公司飞行员分配航班的问题就是一个例子。另一个例子是给每对参加会议的人分配房间，使同屋的人有相同的抽烟嗜好和性别。有时可能希望得到一个最优的匹配，例如，篮球教练要对对方的每个队员安排自己的一个队员去防守，教练必须找到一个最佳方案，以使对手的总得分最少。本章将处理这样的问题。

6.1 相异代表系

6.1.1 相异代表系

同样的匹配问题可以从多个角度来审视。例如，考虑一所小型学院英语系的夏季课程表。需要开设6门课程。为简化起见，下面把这些课程分别称为课程1，课程2，…，课程6。每门课程都有几位教授可以讲授，如下表所示。

课　程	教　授	课　程	教　授
1	Abel，Crittenden，Forcade	4	Abel，Forcade
2	Crittenden，Donohue，Edge，Gilmore	5	Banks，Edge，Gilmore
3	Abel，Crittenden	6	Crittenden，Forcade

为了简化书写，下面按照教授姓名的首字母，分别用A，B，C，D，E，F和G表示这些教授。为了尽可能公平地分配夏季教学工作，规定每个教授讲授的课程都不能超过一门。问题是：在这个限制下，这6门课程是否都有人去教？如果不是，最多可以讲授多少门课程？

这与1.2节配置航空公司飞行员的问题完全是同一类的问题。由于只有6门课程和7位教授，所以，或许可以通过考虑所有可能的匹配来寻求答案。完成这项工作的一种系统的方法如下。令P_1表示可以讲授课程1的教授的集合，P_2表示可以讲授课程2的教授的集合，……于是，

$$\begin{aligned}P_1&=\{A,\ C,\ F\},\\P_2&=\{C,\ D,\ E,\ G\},\\P_3&=\{A,\ C\},\\P_4&=\{A,\ F\},\\P_5&=\{B,\ E,\ G\},\\P_6&=\{C,\ F\}。\end{aligned}$$

如果我们暂时忘记关于每个教授讲授的课程都不超过一门的限制，那么把一个教授指定到一门课程的一种可能的分配由一个6元组$(x_1,\ x_2,\ x_3,\ x_4,\ x_5,\ x_6)$组成，其中，$x_1\in P_1$，$x_2\in P_2$，…，$x_6\in P_6$。这是笛卡儿积

$$P_1\times P_2\times P_3\times P_4\times P_5\times P_6$$

的一个元素，其中共有$3\cdot 4\cdot 2\cdot 2\cdot 3\cdot 2=288$个元素。对于这288个6元组，我们需要知道其中是否有6个元素都互不相同的（从而每个教授讲授的课程都不超过一门）6元组。可以不借

助于计算机来进行这项检查，但极其烦琐。与飞行员配置问题中的情况一样，随着要匹配的项数越来越大，这种原始的搜索解的方法甚至很快就超出了计算机的能力。例如，如果有30门课程，每门课程有3个教授可以讲授，那么笛卡儿积将包含3^{30}个元素，要把它们都检查一遍，一台每秒能检查100万个6元组的计算机要花费6年以上的时间。

对这种元素相异且各个元素分别取自一个给定集合序列中的各个集合的序列，有一个名称。设S_1，S_2，…，S_n是集合的有限序列，这些集合可以是相同的。S_1，S_2，…，S_n的一个**相异代表系**（system of distinct representative）是指这样一个序列：x_1，x_2，…，x_n，其中，$x_i \in S_i$（$i=1, 2, \cdots, n$），并且各个元素x_i都互不相同。

例6.1 求集合$S_1=\{1, 2, 3\}$，$S_2=\{1, 3\}$，$S_3=\{1, 3\}$，$S_4=\{3, 4, 5\}$的所有相异代表系。

注意，从S_2和S_3中选出的元素必须是按某种顺序的1和3。存在4个相异代表系：

2，1，3，4

2，3，1，4

2，1，3，5

2，3，1，5 ■

例6.2 求集合$S_1=\{2, 3\}$，$S_2=\{2, 3, 4, 5\}$，$S_3=\{2, 3\}$，$S_4=\{3\}$的所有相异代表系。

这些集合没有相异代表系。因为，如果x_1，x_2，x_3，x_4是一个相异代表系，那么x_1，x_3和x_4应该是$S_1 \cup S_3 \cup S_4=\{2, 3\}$中的3个不同的元素，这是不可能的。 ■

例6.3 序列S，S，S，S有多少个相异代表系？这里$S=\{1, 2, 3, 4\}$。

在这种情况下，一个相异代表系就是整数1，2，3，4的一个排列。根据定理1.1，恰好有$4!=24$个相异代表系。 ■

6.1.2 霍尔定理

现在回到为每门夏季课程指定一位教授的问题，要寻求序列

$$P_1=\{A, C, F\},$$
$$P_2=\{C, D, E, G\},$$
$$P_3=\{A, C\},$$
$$P_4=\{A, F\},$$
$$P_5=\{B, E, G\},$$
$$P_6=\{C, F\}$$

的一个相异代表系。问题看起来比较小，所以我们可以指望：如果相异代表系存在，那么通过简单地尝试不同的组合，就可以找到解。但是，也许能得到的最好的结果是包含6门课程中的5门。例如，可以按下面的清单分配前5门课程。

课程1 给 Abel

课程2 给 Donohue

课程3 给 Crittenden

课程4 给 Forcade

课程5 给 Banks

我们可以猜想不可能比这做得更好了，但是要得到确认是困难的。希望有一种方法，不需要检查所有这288种可能性，就可以确信：不存在含所有6门课程的分配。

这样的方法存在，其关键可以在例6.2中发现。如果可以找到某个集合族，其中的集合选自P_1到P_6，且它们的并集所包含的元素的个数比集合族中的集合的个数小，那么就可以确定不可能有相异代表系。因为这是一个有些抽象的思想，所以，下面将列举一个这样的集合族，以使上述论证更具体。如何寻找这样的集合族将在本章后面的小节中讨论。

我们记忆中的集合族是P_1，P_3，P_4和P_6。注意，

$$P_1 \cup P_3 \cup P_4 \cup P_6 = \{A, C, F\}。$$

论证过程与例6.2中的一样。假设有一个相异代表系x_1，x_2，…，x_6。于是，x_1，x_3，x_4和x_6将是属于集合P_1，P_3，P_4和P_6的并集的4个不同的元素。但是，这是不可能的，因为这个并集只包含3个元素。只有3位教授（Abel，Crittenden和Forcade）可以讲授这些课程中的这4门课程，所以不能做出这样的分配：其中每位教授讲授的课程都不超过一门。

我们发现了一个一般的原理，即假设S_1，S_2，…，S_n是一个集合的有限序列，并且假设I是$\{1, 2, \cdots, n\}$的一个子集，使得所有集合S_i（$i \in I$）的并集所包含的元素的个数比集合I所包含的元素的个数小，那么S_1，S_2，…，S_n没有相异代表系。在上面的例子中（$S_i = P_i$，$i=1$，…，6），集合I是$\{1, 3, 4, 6\}$。

找到这样的集合I就可以确信相异代表系不存在。在上面的例子中，如果要开设所有这6门夏季课程，那么负责分配夏季课程的人将不得不指定其中一位教授同时讲授两门课程。没有夏季工作的教授可能会反对说这不公平，但是排课者可以用集合I来向他们说明不这样安排就无法开设所有的课程。

如果一个集合的序列没有相异代表系，那么是否总是像上面的所讨论那样，存在某个集合I，用它可以简洁地说明这个事实呢？答案是肯定的，但是证明有些复杂。这是归功于菲利普·霍尔（Phillip Hall）的一个著名定理的内容。

定理6.1（霍尔定理） 有限集合序列S_1，S_2，…，S_n有相异代表系当且仅当对$\{1, 2, \cdots, n\}$的任意子集I，S_i（$i \in I$）的并集所包含的元素的个数不小于集合I所包含的元素的个数。

这个定理的“仅当”部分相当于我们所发现的原理。“当”部分将在6.4节中证明，直接的证明参见习题31。

例6.4 本例将用霍尔定理来说明序列

$$S_1 = \{A, C, E\},$$
$$S_2 = \{A, B\},$$
$$S_3 = \{B, E\}$$

有相异代表系。$\{1, 2, 3\}$的子集I和相应的集合S_i的并集如下：

I	集合S_i的并集，$i \in I$	I	集合S_i的并集，$i \in I$
∅	∅	$\{1, 2\}$	$\{A, B, C, E\}$
$\{1\}$	$\{A, C, E\}$	$\{1, 3\}$	$\{A, B, C, E\}$
$\{2\}$	$\{A, B\}$	$\{2, 3\}$	$\{A, B, E\}$
$\{3\}$	$\{B, E\}$	$\{1, 2, 3\}$	$\{A, B, C, E\}$

由于右边的每个集合所包含的元素至少与左边相应的集合一样多，所以序列的相异代表系存在。当然，在这种情况下，很容易通过检查找到一个相异代表系，例如，A，B，E。■

把霍尔定理应用于排课的例子，要涉及检查$\{1, 2, 3, 4, 5, 6\}$的$2^6=64$个子集，以及

对每个子集计算相应的集合P_i的并集。（当然，我们会发现不存在相异代表系。）尽管这似乎比前面介绍的方法（需要考虑288种可能的分配）好，但是，这对于判断是否存在相异代表系仍然还是不现实的，因为，如果有n个集合S_i，那么就有2^n个集合I，随着n的增加2^n将非常快速地增长。另外，尽管定理说明了在什么情况下相异代表系存在，但它没有说明如何找到一个相异代表系。寻找最优匹配的有效方法将在本章后面给出。

对霍尔定理的推广感兴趣的读者可以查阅本章末尾的推荐读物[7]。

习题6.1

在习题1～6中，指出给定的集合序列有多少个相异代表系。

1. $\{1, 2\}, \{2, 3\}, \{1, 3\}$

2. $\{1, 4\}, \{2\}, \{2, 3\}, \{1, 2, 3\}$

3. $\{1, 2, 3\}, \{1, 2, 3\}, \{1, 2, 3\}$

4. $\{1, 2, 3, 4, 5,\}, \{1, 2, 3, 4, 5\}$

5. $\{1, 2, 5\}, \{2, 1\}, \{3, 4\}, \{1, 5\}, \{1, 2, 5\}, \{2, 4, 5\}$

6. $\{1, 2, 3\}, \{4, 5\}, \{6, 7\}$

在习题7～10中，给出了集合序列S_1，S_2，…，S_n。对$\{1, 2, \cdots, n\}$的每个子集I，计算相应的集合S_i的并集，并且根据这些并集确定该集合序列是否有相异代表系。

7. $\{1, 2, 4\}, \{2, 4\}, \{2, 3\}, \{1, 2, 3\}$

8. $\{1, 2, 5\}, \{5, 1\}, \{1, 2\}, \{2, 5\}$

9. $\{1\}, \{1, 2\}, \{1, 2, 3\}, \{1, 3\}$

10. $\{4, 5, 5, 7\}, \left\{\frac{9}{2}, 6, 7\right\}, \{\varnothing\}$

在习题11～16中，给出了集合序列S_1，S_2，…，S_n。找出$\{1, 2, \cdots, n\}$的一个子集I，使相应的集合S_i的并集所包含的元素比I所包含的元素少。

11. $\{1, 2\}, \{2, 3\}, \varnothing$

12. $\{1\}, \{1, 2\}, \{2, 3\}, \{2\}$

13. $\{1, 2, 3\}, \{1, 2, 4\}, \{1, 3, 4\}, \{1, 2, 3, 4\}, \{2, 3, 4\}$

14. $\{1, 2\}, \{2, 3\}, \{5\}, \{1, 3\}, \{4, 5\}, \{4, 5\}$

15. $\{2, 5, 7\}, \{1, 3, 4, 5\}, \{5, 7\}, \{2, 7\}, \{1, 3, 6\}, \{2, 5\}$

16. $\{1, 2\}, \{2, 4, 5, 7\}, \{1, 2, 3, 5, 6\}, \{1, 4, 7\}, \{2, 5, 7\}, \{1, 4, 5, 7\}, \{2, 4, 7\}$

17. 设$S_i=\{1, 2, \cdots, n\}$（$i=1, 2, \cdots, n$）。问序列S_1，S_2，…，S_n有多少个相异代表系？

18. 设$S_i=\{1, 2, \cdots, k\}$（$i=1, 2, \cdots, n, n\leqslant k$）。问$S_1$，$S_2$，…，$S_n$有多少个相异代表系？

19. 设$S_i=\{1, 2, \cdots, k\}$（$i=1, 2, \cdots, n, k<n$）。问S_1，S_2，…，S_n有多少个相异代表系？

20. 证明：如果非空集合S_i有k_i个元素（$i=1, 2, \cdots, n$），那么序列S_1，S_2，…，S_n恰好有$k_1k_2\cdots k_n$个相异代表系当且仅当集合S_i互不相交。

21. Jones先生带了6种不同味道的软糖回家，给他的6个孩子。但是，当他到家时，发现每个孩子都只喜欢某几种味道的糖。Amy只吃巧克力、香蕉或香草味的糖，Burt只喜欢巧克力和香蕉味的糖，Chris只吃香蕉、草莓和桃子味的糖，Dan只接受香蕉和香草味的糖，Edsel艾迪塞只喜欢巧克力和香草味的糖，Frank只吃巧克力、桃子和薄荷味的糖。证明并非每个孩子都会得到他（或她）喜欢的软糖。

22. 5个女孩到图书馆去借书。Jennifer只想读《The Velvet Room》或《Daydreamer》，Lisa只想读《Summer of the Monkeys》或《The Velvet Room》，Beth和Kim只想读《Jelly Belly》或《Don't Hurt Laurie!》，Kara只想读《Jelly Belly》、《Don't Hurt Laurie!》或《Daydreamer》。如果每种书图书馆只有一本，那么每个女孩是否都能得到她所想要的书呢？

23. 证明：如果集合S_1，S_2，…，S_n的并集所包含的元素超过n个，且序列S_1，S_2，…，S_n有相异代表系，那么这个集合序列有多个相异代表系。

24. 设S是包含m个元素的集合，$S_i=S$（$i=1, 2, \cdots, n$）。证明：S_1，S_2，…，S_n的相异代表系的个数与从$\{1, 2, \cdots, n\}$到$\{1, 2, \cdots, m\}$的一对一的函数的数目相同。

25. 在1.2节的例子中，有7座城市，每座城市都有一个想要飞往它的飞行员的集合。请找出这个集合序列的一个相异代表系，或证明这个集合序列不存在相异代表系。

26. 设S_1，S_2，…，S_m和T_1，T_2，…，T_n是集合序列，对任意i和j，S_i和T_j都不相交。证明：序列S_1，S_2，…，S_m，T_1，T_2，…，T_n存在相异代表系当且仅当S_1，S_2，…，S_m和T_1，T_2，…，T_n都存在相异代表系。

27. 设S_1，S_2，…，S_n是一个集合序列，且$|S_i| \geqslant i$（$i=1$，2，…，n）。证明这个序列有相异代表系。

28. 设$S_i=\{1, 2, \cdots, i\}$（$i=1$，2，…，n）。问S_1，S_2，…，S_n有多少个相异代表系？

29. 设$S_i=\{0, 1, 2, \cdots, i\}$（$i=1$，2，…，$n$）。问$S_1$，$S_2$，…，$S_n$有多少个相异代表系？

30. 假设$S_i \subseteq S_{i+1}$（$i=1$，2，…，$n-1$），并且$|S_i|=k_i$（$i=1$，2，…，n）。问S_1，S_2，…，S_n有多少个相异代表系？

***31.** 如果对于任意$I \subseteq \{1, 2, \cdots, n\}$，集合$S_i$（$i \in I$）的并集中的元素个数至少是$|I|$，则称有限集合序列$S_1$，$S_2$，…，$S_n$满足**霍尔条件**（Hall's condition）。霍尔定理的“当”部分相当于这样的陈述：任何满足霍尔条件的序列都存在相异代表系。通过对n使用强归纳原理可以证明这个结论。为了证明归纳步骤，考虑两种情形：(a) 对于$\{1, 2, \cdots, k+1\}$的任意非空子集I，若I所包含的元素少于$k+1$个，那么集合S_i（$i \in I$）的并集所包含的元素比I所包含的元素至少多一个；(b) 对于$\{1, 2, \cdots, k+1\}$的某个非空子集I，其中I所包含的元素少于$k+1$个，集合S_i（$i \in I$）的并集所包含的元素与I所包含的元素一样多。

***32.** 对于$r \leqslant n$，$r \times n$的**拉丁矩形**（Latin rectangle）是这样的$r \times n$阶矩阵：这个矩阵的元素是数1，2，…，n中的数，且在任何一行或一列中最多出现一次。一个$n \times n$阶的拉丁矩形称为一个**拉丁方**（Latin square）。证明：如果$r<n$，那么一定可以附加$n-r$行到一个$r \times n$阶的拉丁矩形，以形成一个拉丁方。（提示：应用霍尔定理。）

6.2 图中的匹配

6.2.1 匹配

当如同6.1节中那样，在以集合的术语陈述匹配问题时，存在一个隐含的对称的问题。例如，当试图把教授与英语课程相匹配时，把这6门课程中的每门课程与一个集合联系在一起，这个集合是能讲授该课程的教授的集合。但是，也可以把这个问题反转过来，考虑各个教授能够讲授的课程的集合。如果如同在图1.10中为航空公司飞行员问题画图那样画一个图，这种对称性就会更好地显现出来。令课程和教授是图的顶点，只要某个教授能讲授某门课程，就在该课程与该教授之间画一条边。结果如图6.1所示。

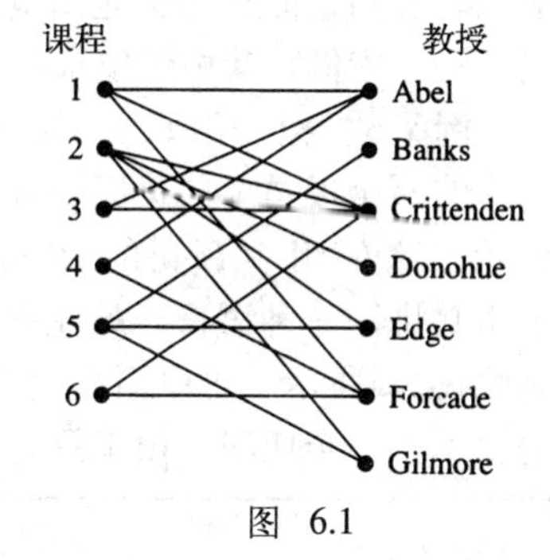

图 6.1

这样得到的图是一种特殊的图，因为没有连接一门课程到另一门课程，或者连接一个教授到另一个教授的边。对顶点集是$\mathcal{V}$、边集是$\mathcal{E}$的图，如果顶点集$\mathcal{V}$可以写成两个不相交的集合$\mathcal{V}_1$和$\mathcal{V}_2$的并集，使得边集$\mathcal{E}$中的每条边都连接$\mathcal{V}_1$中的一个元素和$\mathcal{V}_2$中的一个元素，则称该图为**偶图**（bipartite）。图6.1是偶图，因为我们可以令$\mathcal{V}_1$表示课程的集合，$\mathcal{V}_2$表示教授的集合。

例6.5　图6.2是偶图（即使可能看起来不是），因为每条边都出现在一个奇数顶点和一个偶数顶点之间。因此，可以取$\mathcal{V}_1=\{1, 3, 5, 7\}$，$\mathcal{V}_2=\{2, 4, 6, 8\}$。■

例6.6　通过考虑顶点1，3和4，可以看出图6.3不是偶图。例如，如果1在$\mathcal{V}_1$中，那么3一定在$\mathcal{V}_2$中。但是，4就不能在这两个集合的任何一个之中了。■

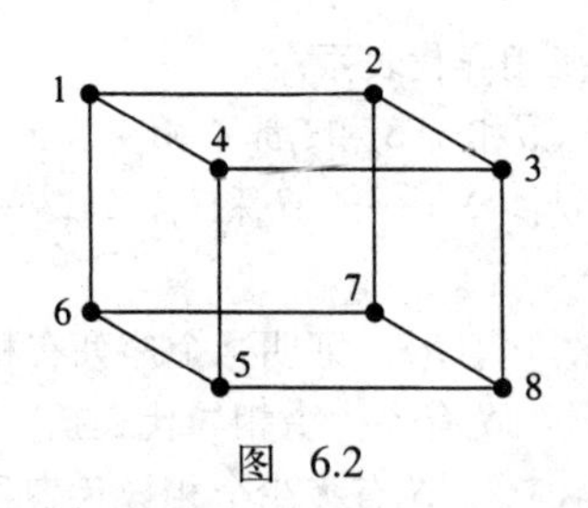

图 6.2

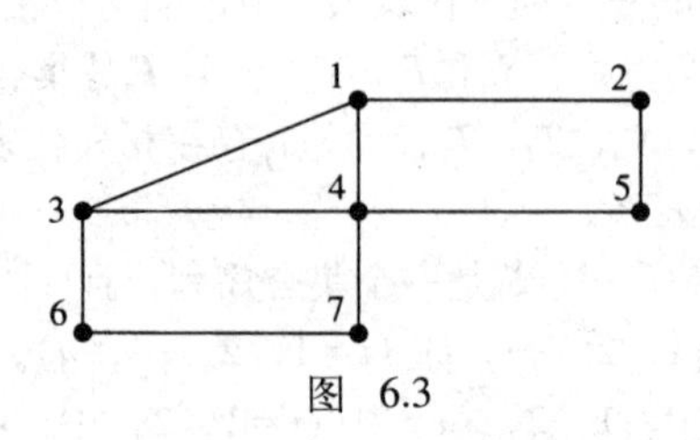

图 6.3

在课程分配问题中，我们要把课程和教授配对。在图6.1所示的表示这个问题的图中，采用图的术语，这意味着要选出一个边集的子集，比如说$\mathcal{M}$。一门课程不能由两个教授讲授，一个教授也不能讲授多门课程。这意味着图中没有一个顶点可与$\mathcal{M}$中的多条边关联。在这个应用中，我们希望$\mathcal{M}$包含尽可能多的边。这些考虑导致了下面的定义。

图的一个**匹配**（matching）是这样的一个边的集合$\mathcal{M}$：图中没有一个顶点与$\mathcal{M}$中的多条边相关联。**最大匹配**（maximum matching）是指所包含的边最多的匹配。

例6.7 如图6.4a所示的粗边构成了所示偶图的一个匹配，因为没有两条粗边与同一个顶点相关联。但是，这个3条边的匹配不是最大匹配，因为图6.4b展示了另一个有4条边的匹配。注意，尽管第一个匹配不是最大匹配，但无法在其中加边并使之仍旧是一个匹配。最大匹配不必是唯一的。图6.4c展示了这个图的另一个最大匹配。■

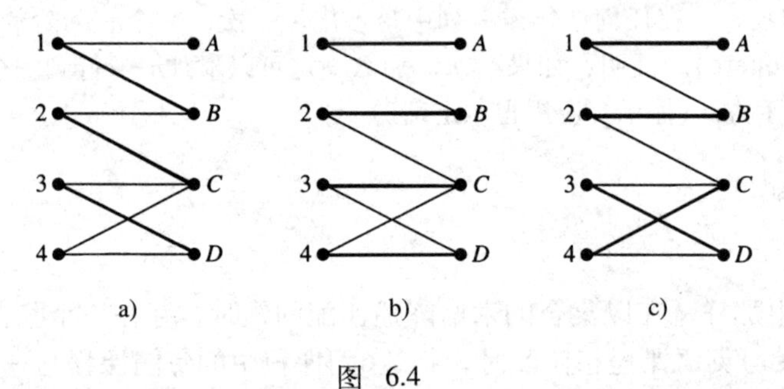

图 6.4

在图的匹配的定义中，没有规定所涉及的图必须是偶图。但是，为偶图找出一个最大匹配比较容易，而且许多应用也都产生偶图。下面的例子给出了一个案例，其中希望求出一个非偶图的最大匹配。

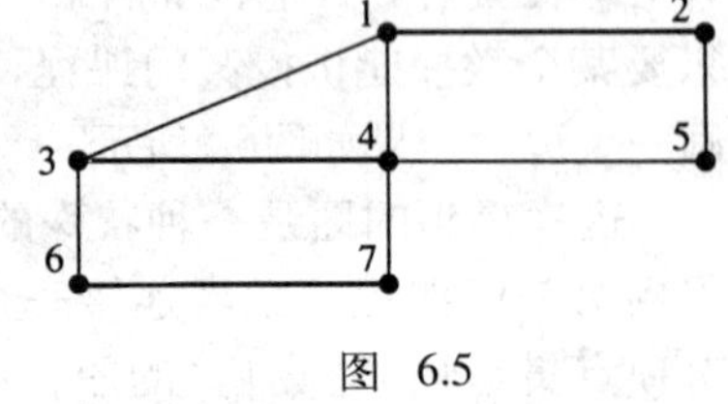

图 6.5

例6.8 把一组联合国维和士兵分成两个人的小队，同队的两个成员要能讲同一种语言，这一点很重要。下表显示了这7个士兵所讲的语言。如果构造一个图，只要两个士兵讲同一种语言，就在这两个士兵之间画一条边，结果如图6.3所示。可以看到这个图不是偶图。图6.5中的粗边表示了一个匹配。由于只有一个士兵未被匹配，所以很明显这是一个最大匹配。■

士兵	语言	士兵	语言
1	法语、德语、英语	5	西班牙语、俄语
2	西班牙语、法语	6	汉语、朝鲜语、日语
3	德语、朝鲜语	7	希腊语、汉语
4	希腊语、德语、俄语、阿拉伯语		

6.2.2 偶图的矩阵

表示偶图（其中每条边连接$\mathcal{V}_1$中的一个顶点到$\mathcal{V}_2$中的一个顶点）的一种简易方法是使用0-1矩阵，矩阵的行对应于$\mathcal{V}_1$中的元素，列对应于$\mathcal{V}_2$中的元素。只要有边连接相应于行和列的顶点，就在矩阵中放置1，否则放置0。例如，图6.4的矩阵是

$$\begin{array}{c} \\ 1 \\ 2 \\ 3 \\ 4 \end{array}\begin{array}{c} \begin{matrix} A & B & C & D \end{matrix} \\ \begin{bmatrix} 1 & 1 & 0 & 0 \\ 0 & 1 & 1 & 0 \\ 0 & 0 & 1 & 1 \\ 0 & 0 & 1 & 1 \end{bmatrix} \end{array}。$$

当然，只有为$\mathcal{V}_1$和$\mathcal{V}_2$中的顶点指定了某种次序后，这个矩阵才是唯一确定的。回忆一下，图的一个匹配是图的边集的一个子集，而每条边都对应于矩阵中的一个1。关联同一个顶点的两条边对应于矩阵的同一行或同一列中的1，这依赖于这个顶点是在$\mathcal{V}_1$中还是在$\mathcal{V}_2$中。因此，偶图的一个匹配对应于图的矩阵中1的某个集合，该集合中没有两个1在同一行或同一列中。然而，矩阵也有自己的术语。

矩阵的一**排**（line）是指矩阵的一行或一列。设A是一个矩阵，对于一个A的元素的集合，如果其中没有两个元素出现在同一排上，则称该集合是**独立的**（independent）。A中包含1最多的1的独立集称为**最大独立集**（maximum independent set）。

我们用星号标记独立集中的1。请读者验证下面3个矩阵中的星号标出了与图6.4所示的3个匹配相对应的独立集。

$$\begin{bmatrix} 1 & 1^* & 0 & 0 \\ 0 & 1 & 1^* & 0 \\ 0 & 0 & 1 & 1^* \\ 0 & 0 & 1 & 1 \end{bmatrix} \quad \begin{bmatrix} 1^* & 1 & 0 & 0 \\ 0 & 1^* & 1 & 0 \\ 0 & 0 & 1^* & 1 \\ 0 & 0 & 1 & 1^* \end{bmatrix} \quad \begin{bmatrix} 1^* & 1 & 0 & 0 \\ 0 & 1^* & 1 & 0 \\ 0 & 0 & 1 & 1^* \\ 0 & 0 & 1^* & 1 \end{bmatrix}$$

例如，由于$\{1, B\}$是图6.4a所示的匹配的一条边，所以在第一个矩阵第1行、第B列的1上置了一个星号。

尽管术语不同，但是，在偶图中寻找一个最大匹配与在一个0-1矩阵中寻找一个1的最大独立集实际上是同一个问题。哪一种形式更方便，就使用哪一种。有时图更直观，而矩阵可能更适合于计算。

6.2.3 覆盖

回忆例6.8，要把一组士兵分成两个人的小队，队中的两个人能讲同一种语言。假设在组成任何一个小队之前，一些士兵要参加一个会议。希望每个可能的小组中至少有一个成员参加会议。

由于图6.5的每条边表示一个可能的小组，所以需要的是一个顶点的集合，使得图中的每条边至少与这个集合中的一个顶点相关联。我们可能希望这个集合尽可能地小，以使参加会议的士兵最少。这样的考虑导致了下面的定义。

图的一个**覆盖**（covering）C是指一个顶点的集合，使得每条边至少与C中的一个顶点相关联。如果C所包含的顶点最少，则称C是一个**最小覆盖**（minimum covering）。例如，集合$\{2, 3, 4, 5, 6\}$可以看作是图6.5的一个覆盖。这个覆盖不是最小覆盖，因为覆盖$\{1, 3, 5, 7\}$包含的顶点更少。

例6.9　图6.6表示的是一个小城市市区的街道和十字路口。一家公司要在若干十字路口设置热狗摊，使得市区中的所有人距离最近的摊位不超过一个街区。该公司希望设置尽可能少的摊位来达到这个要求。

如果把图6.6解释成一个图，顶点是十字路口，那么这个问题就是一个寻找最小覆盖的问题。其中一个覆盖是顶点的集合{1，3，6，8，9，11}。由下面定理的结论，我们将发现这是一个最小覆盖。■

下面的定理给出了图的匹配与图的覆盖之间的关系。

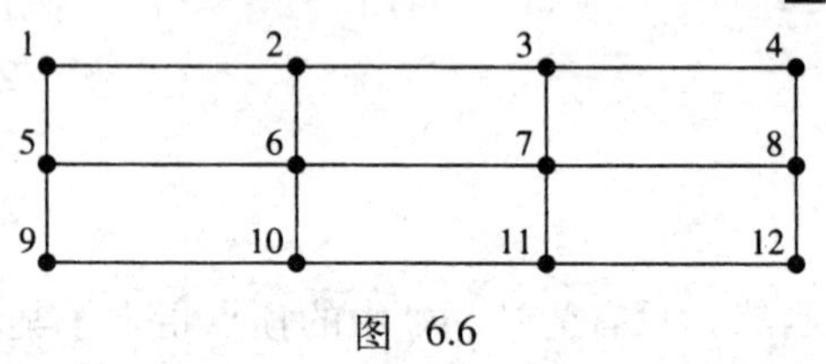

图　6.6

定理6.2　*设一个图有一个匹配$\mathcal{M}$和一个覆盖C，那么$|\mathcal{M}| \leqslant |C|$。此外，如果$|\mathcal{M}| = |C|$，那么$\mathcal{M}$是一个最大匹配，$C$是一个最小覆盖。*

证明　根据覆盖的定义，图中的每条边，特别是$\mathcal{M}$中的每条边，与C中的某个顶点相关联。如果边e在$\mathcal{M}$中，设$v(e)$是C中关联e的顶点。注意，如果e_1和e_2是$\mathcal{M}$中不同的边，那么$v(e_1)$和$v(e_2)$也是不同的，因为根据定义，匹配中的两条边不能共享一个顶点。因此，C中的顶点至少与$\mathcal{M}$中的边一样多，所以$|\mathcal{M}| \leqslant |C|$。

现在假设$|\mathcal{M}| = |C|$。如果$\mathcal{M}$不是一个最大匹配，那么存在一个匹配$\mathcal{M}'$，使得$|\mathcal{M}'| > |\mathcal{M}| = |C|$，这与定理的第一部分矛盾。同样，如果$C$不是一个最小覆盖，则存在一个顶点少于$|\mathcal{M}|$个的覆盖，这将导致同样的矛盾。■

根据这个定理的第二部分，通过列出一个有相同元素个数（即6）的匹配，就可以说明例6.9中给出的覆盖是一个最小覆盖。图6.7中的粗边显示了这样的一个匹配。当然，根据定理6.2也可知这个匹配是一个最大匹配。

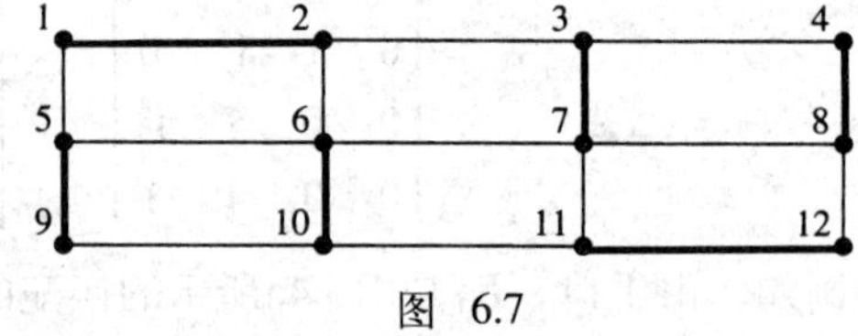

图　6.7

在偶图的情况下，可以把定理6.2翻译成矩阵的语言。图的顶点对应于其矩阵的排，若与一条边对应的1在一个顶点所对应的排中，则该边与该顶点相关联。因此，定义0-1矩阵的1**覆盖**（covering）是包含该矩阵所有1的排的集合。如果不存在具有更少排的覆盖，那么它就是一个**最小**（minimum）覆盖。根据这些定义，下面的定理是定理6.2的直接推论。

定理6.3　*如果一个0-1矩阵有一个含m个1的独立集和一个含c排的覆盖，那么$m \leqslant c$。如果$m = c$，那么这个独立集是一个最大独立集，并且这个覆盖是一个最小覆盖。*

例6.10　科学婚介服务公司有5个男客户：Bob，Bill，Ron，Sam和Ed，和5个女客户：Cara，Dolly，Liz，Tammy和Nan。公司认为：如果两个人的名字中不包含相同的字母，那么这两个人不能共处。以这个原则为基础，公司构造出下面的矩阵，其中，1意味着与相应的行和列对应的男人和女人能共处。

	Cara	Dolly	Liz	Tammy	Nan
Bob	0	1	0	0	0
Bill	0	1	1	0	0
Ron	1	1	0	0	1
Sam	1	0	0	1	1
Ed	0	1	0	0	0

该公司希望匹配尽可能多的客户，即想要一个1的最大独立集。由于所有的1正好在4排上，即第3、4行和第2、3列，所以没有1的独立集会拥4个以上的元素。但是，有4个元素的独立集确实存在，其中一个是

$$\begin{bmatrix} 0 & 1^* & 0 & 0 & 0 \\ 0 & 1 & 1^* & 0 & 0 \\ 1 & 1 & 0 & 0 & 1^* \\ 1^* & 0 & 0 & 1 & 1 \\ 0 & 1 & 0 & 0 & 0 \end{bmatrix}。\qquad \blacksquare$$

习题6.2

在习题1～6中，指出其中的图是否是偶图。如果是，则给出不相交的顶点集合$\mathcal{V}_1$和$\mathcal{V}_2$，使每条边都连接$\mathcal{V}_1$中的一个顶点和$\mathcal{V}_2$中的一个顶点。

1. 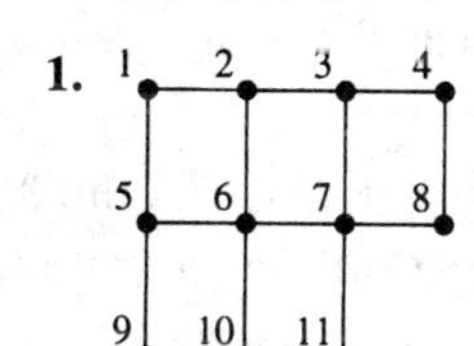

2. 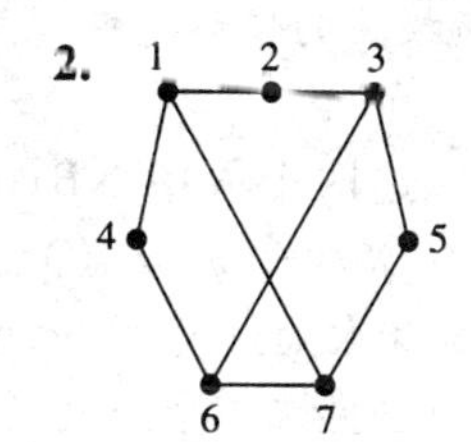

3. 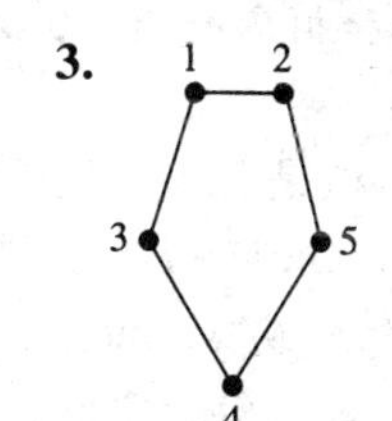

4. 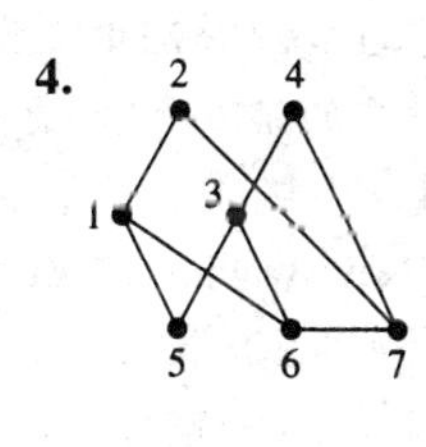

5. 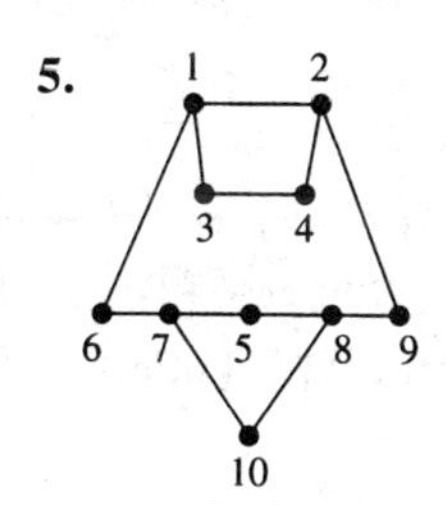

6. 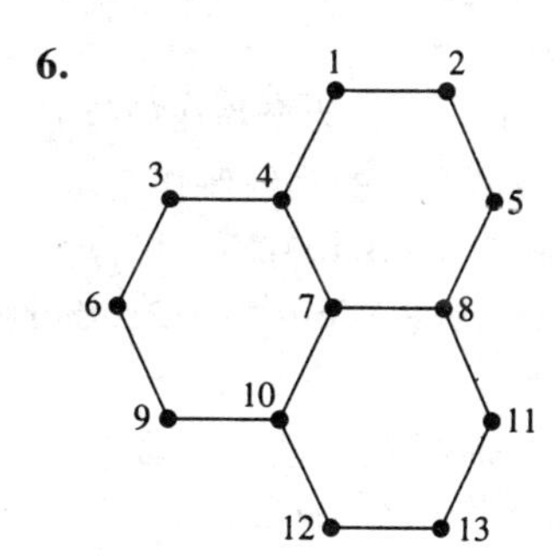

7. 给出习题1、2和3中的每个图的一个最大匹配。

8. 给出习题4、5和6中的每个图的一个最大匹配。

9. 给出习题1、2和3中的每个图的一个最小覆盖。

10. 给出习题4、5和6中的每个图的一个最小覆盖。

在习题11～16中，图中的每条边连接$\mathcal{V}_1=\{1, 3, 5, \cdots\}$中的一个顶点和$\mathcal{V}_2=\{2, 4, 6, \cdots\}$中的一个顶点。给出各图的矩阵。(按升序排列顶点。)

11. 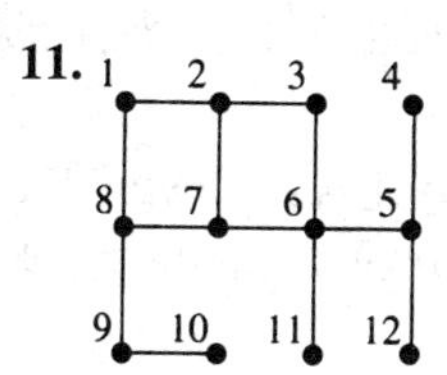

12. 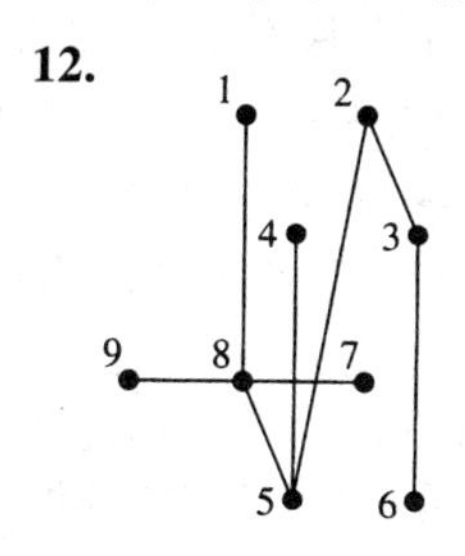

13. 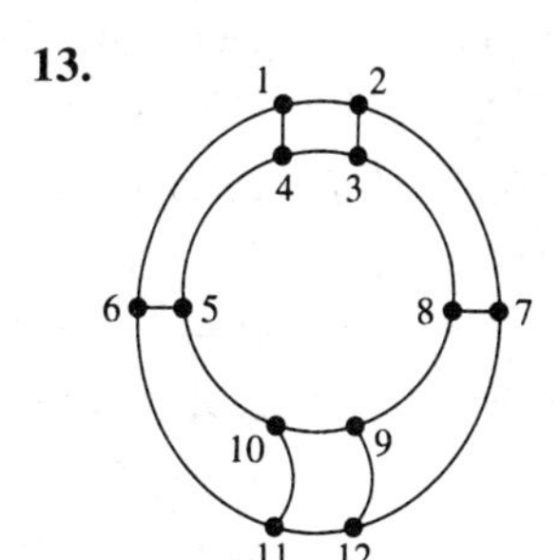

14.

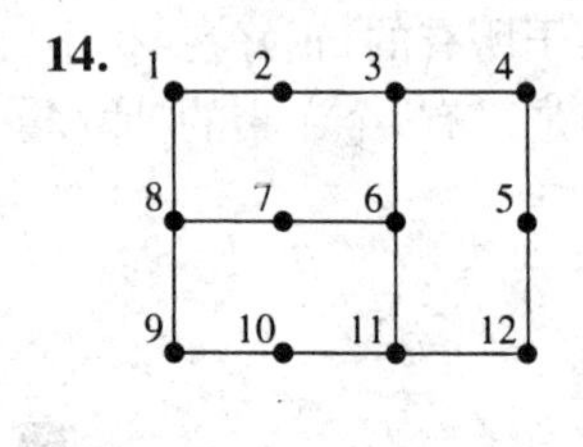

15.

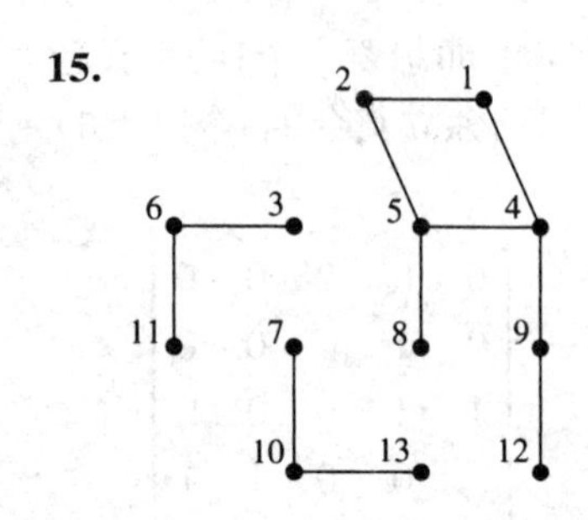

16.

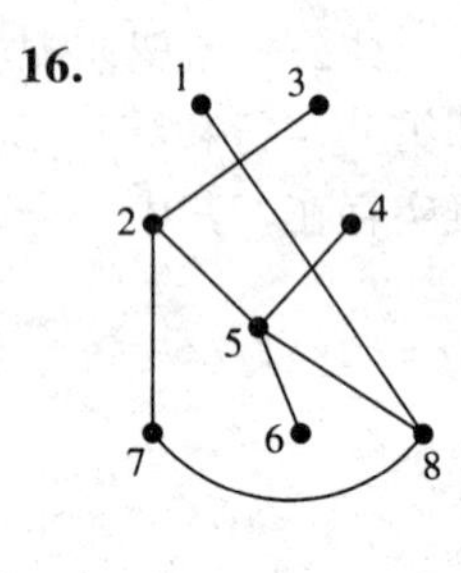

17. 找出习题11、12和13中的矩阵的一个1的最大独立集。

18. 找出习题14、15和16中的矩阵的一个1的最大独立集。

19. 找出习题11、12和13中的矩阵的一个最小覆盖。

20. 找出习题14、15和16中的矩阵的一个最小覆盖。

在习题21和22中，构造偶图和相应的矩阵，为所描述的情形建模，并指出图中的最大匹配和相应的矩阵的1的最大独立集。

21. 4位飞机乘客想要读杂志，但是只有5本杂志。这四个人中，Brown先生只读《Time》、《Newsweek》或《Fortune》；Garvey太太只读《Newsweek》或《Organic Gardening》；Rollo小姐只读《Organic Gardening》或《Time》；Onishi太太只读《Fortune》或《Sunset》。

22. Glumby一家打算去欧洲，之前，每个家庭成员分别挑选一个国家（他或她懂得该国的语言）进行研究。Glumby先生懂俄语和法语；Glumby太太只懂俄语；Sally懂法语、德语和西班牙语；Tim只懂法语。

在习题23和24中，构造图，为所描述的情形建模，并找出图的一个最大匹配。

23. 教堂缝纫团要分成两个人的小组制作祭坛罩，一个组中的两个人应该拥有同一个牌子的缝纫机。Ann有Necchi牌的；Beth有Necchi牌和Singer牌的；Cora有Necchi牌、Singer牌和White牌的；Debby有Singer牌、White牌和Brother牌的；Ellie有White牌和Brother牌的；Felicia有Brother牌的。

24. 减肥俱乐部希望分成两人一组的互助小组，同一个组中的两个人的重量相差不应该超过20磅。Andrew重185磅，Bob重250磅，Carl重215磅，Dan重210磅，Edward重260磅，Frank重205磅。

在习题25和26中，用偶图为所描述的情形建模，并构造相应的矩阵。找出图的一个最小覆盖，并指出矩阵的相应排。

25. 警察局有一个策略：把一个有经验的警官和一个新手安排在同一辆巡逻车里。有经验的警官是Anderson、Bates、Coony和Dotson，新手是Wilson、Xavier、Yood和Zorn。Anderson总是和Wilson或Xavier一起工作；Bates和Xavier、Yood或Zorn一起；Coony和Wilson一起；Dotson和Wilson或Xavier一起。副巡官不知道下个月的小组怎么搭配，但他至少要把各小组的时间安排告诉每个小组中的一个成员，他希望给尽可能少的警官打电话。

26. 在混合双打中，Roger总是和Venus、Maria或Serena配对；Andre和Lindsay配对；Lleyton总是和Venus或Lindsay配对；Andy总是和Venus配对。锦标赛的负责人希望打尽可能少的电话，把各自的等级告知每对可能的混双对。

27. 证明：偶图的矩阵是这个图的邻接矩阵（如4.1节中所定义的矩阵）的子矩阵。矩阵A的一个子矩阵是通过从A中删除一些行或列（或两者）而形成的矩阵。

28. 找出一个图，其最大匹配所包含的边比最小覆盖所包含的顶点少。

***29.** 证明：如果一个图包含一个具有奇数条边的回路，那么该图不是偶图。

***30.** 证明：如果一个图不包含具有奇数条边的回路，那么该图是偶图。

31. 证明：一个图是偶图当且仅当它可以用两种颜色来着色。

32. 考虑20个顶点的完全图$\mathcal{K}_{20}$。

（a）在$\mathcal{K}_{20}$的最大匹配中有多少条边？

（b）在$\mathcal{K}_{20}$的最小覆盖中有多少个顶点？

33. 假设一个图的顶点集是$\mathcal{V}$，边集是$\mathcal{E}$，邻接矩阵是$A=[a_{ij}]$。证明：$\mathcal{V}$的子集C是一个覆盖当且仅当对任意两个不在C中的顶点$i \notin C$和$j \notin C$，$a_{ij}=0$都成立。

6.3 匹配算法

到目前为止，所举的例子都足够小以至于可以通过反复试验找到最大匹配。但是，对较大的图，就需要有更好的方法。而且，正如6.1节所指出的那样，对所有可能性的简单穷举很快就变得不可行，甚至用计算机也是如此。求图的最大匹配的高效算法存在。为了简单起见，本书只考虑针对对偶图的算法。为了便于解释算法，本书把这个算法陈述为在0-1矩阵中求1的最大独立集的方法。正如在6.2节中所看到的，这等价于在偶图中求最大匹配的问题。

6.3.1 独立集算法的应用示例

在本节稍后以更形式的方法叙述这个算法之前，先给出这个算法的一个运用示例。从某个1的独立集开始。这个集合可以通过检验找到，甚至可以是空集！但是，从一个较大的独立集开始将加快找到最大独立集的过程！这个算法要么告知已经得到了一个1的最大独立集，要么产生一个新的独立集，这个新独立集所包含的1比原独立集所包含的1多一个。继续应用这个算法直到到达一个最大独立集。

以下面的矩阵为例：

$$
\begin{array}{c} \\ 1 \\ 2 \\ 3 \\ 4 \end{array}
\begin{array}{c}
\begin{array}{cccc} A & B & C & D \end{array} \\
\left[\begin{array}{cccc} 1^* & 0 & 1 & 1 \\ 0 & 1^* & 0 & 0 \\ 1 & 1 & 0 & 0 \\ 0 & 1 & 0 & 0 \end{array}\right]
\end{array}
$$

其中，已标出了一个1的独立集。注意，如果把任何一个1加到这个集合中去，那么这个集合就不再独立了。我们的算法要在这个矩阵的某些排上执行两个分别被称为标记和扫描的操作。一旦某个排被标记，那么在这个算法的同一次应用中将不会被再次标记，对扫描也同样如此。在一个排可以被扫描之前，它必须被标记。从标记（用符号“#”）所有不带星号的1的列开始。（如果没有这样的列，那么有星号的1的集合就已经是一个最大独立集了。）在本例中，这个操作产生了以下矩阵：

$$
\begin{array}{c} \\ 1 \\ 2 \\ 3 \\ 4 \\ \\ \end{array}
\begin{array}{c}
\begin{array}{cccc} A & B & C & D \end{array} \\
\left[\begin{array}{cccc} 1^* & 0 & 1 & 1 \\ 0 & 1^* & 0 & 0 \\ 1 & 1 & 0 & 0 \\ 0 & 1 & 0 & 0 \end{array}\right] \\
\begin{array}{cccc} & & \# & \# \end{array}
\end{array}
$$

现在，扫描每个被标记的列，寻找不带星号的1。在C列中，在第1行发现一个不带星号的1，所以用C标记这个行以指示这个不带星号的1是在C列中发现的。（通常，行的标记是列的名称，列的标记除了标记“#”外，是行的名称。）然后，在C列下面做一个已检讫的标记，指示它已经被扫描过了。现在，矩阵如下所示。

$$\begin{array}{c|cccc|l} & A & B & C & D & \\ \hline 1 & 1^* & 0 & 1 & 1 & C \\ 2 & 0 & 1^* & 0 & 0 & \\ 3 & 1 & 1 & 0 & 0 & \\ 4 & 0 & 1 & 0 & 0 & \\ \hline & & & \#\surd & \# & \end{array}$$

当扫描D列时，在第1行也发现一个不带星号的1。由于该行已经被标记了，所以，在D列下面做一个已检讫的标记，指示它也已经被扫描过了。

由于所有被标记的列都已经被扫描，所以现在把注意力转向行。只有第1行已被标记，所以扫描第1行，寻找带星号的1。在A列中有一个带星号的1，所以用1（被扫描的行）来标记这个列，并在第1行后面做一个已检讫的标记，指示它已经被扫描过了。

$$\begin{array}{c|cccc|l} & A & B & C & D & \\ \hline 1 & 1^* & 0 & 1 & 1 & C\surd \\ 2 & 0 & 1^* & 0 & 0 & \\ 3 & 1 & 1 & 0 & 0 & \\ 4 & 0 & 1 & 0 & 0 & \\ \hline & 1 & & \#\surd & \#\surd & \end{array}$$

由于所有已被标记的行都已经被扫描过了，所以我们再回过去扫描列。A列被做了标记但未被扫描，所以我们扫描它，找不带星号的1。在第3行中有一个不带星号的1。因为我们是在扫描A列的时候发现这个不带星号的1的，所以我们用A标记该行。

$$\begin{array}{c|cccc|l} & A & B & C & D & \\ \hline 1 & 1^* & 0 & 1 & 1 & C\surd \\ 2 & 0 & 1^* & 0 & 0 & \\ 3 & 1 & 1 & 0 & 0 & A \\ 4 & 0 & 1 & 0 & 0 & \\ \hline & 1\surd & & \#\surd & \#\surd & \end{array}$$

现在我们处于这个算法的转折点。当扫描已被标记的第3行时，没有发现带星号的1，所以用一个感叹号给这个行做记号。这表明我们可以改进初始的1的独立集。矩阵排上的标记确切地说明如何进行这个改进。由于第3行被标记为A，所以在A列（和第3行）中的1外面画一个圆圈。该列被标记为1，所以在第1行（和A列）中的带星号的1外面画一个圆圈。第1行被标记为C，所以在C列（和第1行）中的1外面画上一个圆圈。C列被符号“#”标记，所以此时停止画圆圈。矩阵现如下所示。

$$\begin{array}{c|cccc|l} & A & B & C & D & \\ \hline 1 & \textcircled{1}^* & 0 & \textcircled{1} & 1 & C\surd \\ 2 & 0 & 1^* & 0 & 0 & \\ 3 & \textcircled{1} & 1 & 0 & 0 & A! \\ 4 & 0 & 1 & 0 & 0 & \\ \hline & 1\surd & & \#\surd & \#\surd & \end{array}$$

此时，通过反转带圆圈的1上的星号，即在所有带圆圈但不带星号的1上添加星号，并把所有带圆圈和星号的1上的星号去掉，就找到了一个更大的1的独立集。结果是一个有3个元素而不是两个元素的1的独立集。

$$\begin{array}{c} \\ 1 \\ 2 \\ 3 \\ 4 \end{array}\begin{array}{c} \begin{array}{cccc} A & B & C & D \end{array} \\ \left[\begin{array}{cccc} 1 & 0 & 1^* & 1 \\ 0 & 1^* & 0 & 0 \\ 1^* & 1 & 0 & 0 \\ 0 & 1 & 0 & 0 \end{array}\right] \end{array}$$

从图的角度来考察在这个例子中所做的事情很有启发性。图6.8a表示了与矩阵相对应的偶图，对应于含两个1的初始集合的匹配表示为粗边。

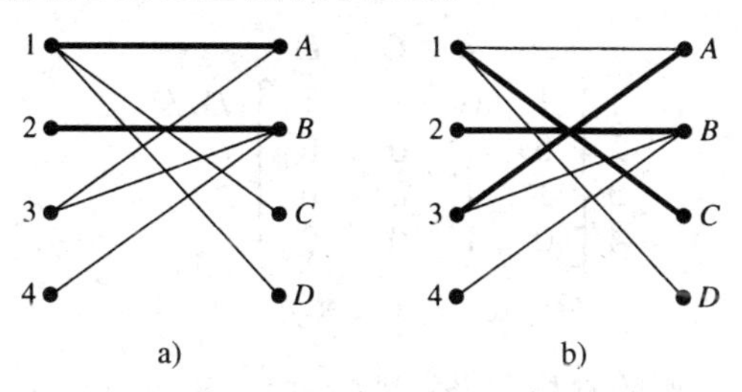

图 6.8

在矩阵操作中画上了圆圈的3个位置与图中的边{3，A}，{1，A}和{1，C}相对应，这些边构成一条从3到A到1到C的简单通路，如图6.9a所示。由于矩阵中带圆圈的1进行了“带星号与不带星号”的更迭，所以这条通路上的边也进行了“在与不在初始匹配中”的更迭。注意，当在矩阵中加入圆圈时，从一个不带星号的1（对应于一个没有星号的被标记的行）开始，并同样地结束于一个不带星号的1（对应于一个用符号“#”标记的列，因为它不含有星号）。因此，通路中的边数一定是奇数，反转匹配中的这些边，如图6.9b所示，使匹配中的边数增加1。这个较大的匹配如图6.8b所示。

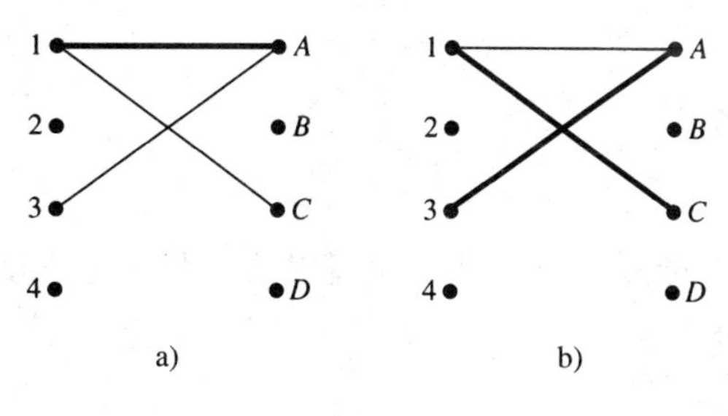

图 6.9

6.3.2 将算法运用于最大独立集

现在从新集合开始，对矩阵应用这个算法，这个新集合有3个带星号的1。由于只有D列中没有带星号的1，所以从标记D列开始。

$$\begin{array}{c} \\ 1 \\ 2 \\ 3 \\ 4 \\ \\ \end{array}\begin{array}{c} \begin{array}{cccc} A & B & C & D \end{array} \\ \left[\begin{array}{cccc} 1 & 0 & 1^* & 1 \\ 0 & 1^* & 0 & 0 \\ 1^* & 1 & 0 & 0 \\ 0 & 1 & 0 & 0 \end{array}\right] \\ \begin{array}{cccc} & & & \# \end{array} \end{array}$$

扫描这一列，找出不带星号的1，致使第1行被标记。

$$\begin{array}{c} \\ 1 \\ 2 \\ 3 \\ 4 \\ \\ \end{array}\begin{array}{c} \begin{array}{cccc} A & B & C & D \end{array} \\ \begin{bmatrix} 1 & 0 & 1^* & 1 \\ 0 & 1^* & 0 & 0 \\ 1^* & 1 & 0 & 0 \\ 0 & 1 & 0 & 0 \end{bmatrix} \\ \begin{array}{cccc} & & & \#\surd \end{array} \end{array}\begin{array}{c} \\ D \\ \\ \\ \\ \\ \end{array}$$

扫描第1行，找出带星号的1，致使C列被标记。

$$\begin{array}{c} \\ 1 \\ 2 \\ 3 \\ 4 \\ \\ \end{array}\begin{array}{c} \begin{array}{cccc} A & B & C & D \end{array} \\ \begin{bmatrix} 1 & 0 & 1^* & 1 \\ 0 & 1^* & 0 & 0 \\ 1^* & 1 & 0 & 0 \\ 0 & 1 & 0 & 0 \end{bmatrix} \\ \begin{array}{cccc} & & 1 & \#\surd \end{array} \end{array}\begin{array}{c} \\ D\surd \\ \\ \\ \\ \\ \end{array}$$

这是本次算法运用中最重要的时刻。当扫描C列时，再没有什么可标记的了，矩阵如下。

$$\begin{array}{c} \\ 1 \\ 2 \\ 3 \\ 4 \\ \\ \end{array}\begin{array}{c} \begin{array}{cccc} A & B & C & D \end{array} \\ \begin{bmatrix} 1 & 0 & 1^* & 1 \\ 0 & 1^* & 0 & 0 \\ 1^* & 1 & 0 & 0 \\ 0 & 1 & 0 & 0 \end{bmatrix} \\ \begin{array}{cccc} & & 1\surd & \#\surd \end{array} \end{array}\begin{array}{c} \\ D\surd \\ \\ \\ \\ \\ \end{array}$$

所有被标记的排也都已被扫描过了，再没有别的任何事情可做了。这说明我们是从一个1的最大独立集开始的。

6.3.3 独立集算法

下面将这个过程算法化。

独立集算法

给定0-1矩阵的一个带星号的1的独立集，本算法要么指出这个独立集是一个最大独立集，要么给出一个更大的独立集。

步骤1（开始）

给每个不包含带星号的1的列做标记

步骤2（扫描和标记）

repeat

步骤2.1（扫描列）

对于每个已被标记但未被扫描的列，考察该列中各个不带星号的1。如果这样的1在一个未被标记的行中，则用正被扫描的列的名称标记这个行。标记该列，以指示它已经被扫描过了

步骤2.2（扫描行）

对于每个已被标记但未被扫描的行，在该行中寻找带星号的1。如果在该行中有带星号的1，则用正在被扫描的行的名称标记这个带星号的1所在的列。标记该行，以指示它已经被扫描过了

until 要么某个已被标记的行不包含带星号的1，要么所有已被标记的行和所有已

被标记的列都已经被扫描过了

步骤3（如果可能，扩大这个独立集）

if 某个已被标记的行不包含带星号的1

步骤3.1（回溯）

寻找第一个不包含带星号的1的已被标记的行。对在该行和用来标记该行的列上的1画上圆圈。对在该列和用来标记该列的行上的带星号的1画上圆圈。然后对在这个新的行和用来标记该行的列上的不带星号的1画上圆圈。按这种方式继续，直到在步骤1中被标记的某列中的一个1被画上了圆圈

步骤3.2（更大的独立集）

更迭所有被画上圆圈的1上的星号。这给出了一个1的独立集，这个集合比原集合多一个元素

otherwise

步骤3.3（无改进）

当前的独立集就是一个最大独立集

end if

这个算法归功于福特（Ford）和富克森（Fulkerson），可以在本章末尾的推荐读物[3]中找到这个算法。下一节将证明这个算法做了它所声称要做的事情。当然，改变算法中的术语后，这个算法也可应用于图，但如果该图不是偶图，则有麻烦。对这个算法的一个改进可以在推荐读物[2]中找到，改进后的算法可应用于任意图。

下面来考察这个算法的复杂性。在下面的分析中，将以有些模糊的方式使用“操作”这个词，以指查看矩阵的某个元素、行或列的标记，或者执行某些简单的操作，如应用或改变一个符号。

假设一个0-1矩阵有m行和n列。步骤1要查看矩阵的所有mn个元素，把这些操作算作mn次操作。此后，算法在步骤2.1和2.2之间交替，二者都要进行扫描。为了扫描n列中的某一列，需要查看该列中的m个元素，所以，扫描所有的列最多要执行mn次操作。同样，扫描行最多要执行nm次操作。

如果到达步骤3.3，则算法就执行完毕了，所以分析步骤3.1和3.2。由于每个画了圆圈的1都可以与一个不同的行或列关联，所以回溯最多执行$m+n$次。事实上，不需要任何额外的工作就可以把步骤3.2结合到步骤3.1中去，在回溯时反转星号。因此，应用算法最多执行$3mn+m+n$次操作。即使从空集开始，把空集作为第一个1的独立集，逐步构造1的最大独立集，算法也最多重复$\min\{m, n\}$次。因此，在一个$m\times n$阶的矩阵中寻找一个1的最大独立集的算法，其复杂性的阶不超过$(3mn+m+n)\cdot\min\{m, n\}$。对于$m=n=30$的情况，所需的操作次数不到90 000次，一台高速计算机可以在一秒钟内解决该问题。

6.3.4 课程分配

回到6.1节为课程指定英语教授的例子，把它作为另一个应用算法的例子。图6.1的矩阵是

$$
\begin{array}{c}
 \\ 1\\ 2\\ 3\\ 4\\ 5\\ 6
\end{array}
\begin{array}{c}
\begin{array}{ccccccc} A & B & C & D & E & F & G \end{array}\\
\begin{bmatrix}
1^* & 0 & 1 & 0 & 0 & 1 & 0\\
0 & 0 & 1^* & 1 & 1 & 0 & 1\\
1 & 0 & 1 & 0 & 0 & 0 & 0\\
1 & 0 & 0 & 0 & 0 & 1^* & 0\\
0 & 1^* & 0 & 0 & 1 & 0 & 1\\
0 & 0 & 1 & 0 & 0 & 1 & 0
\end{bmatrix}
\end{array}
$$

其中所示的1的独立集是通过如下的方式选取的：在满足不从同一列中选择两个1的条件下，在第1行中取第一个可行的1，在第2行中取第一个可行的1，……下面将展示算法每个步骤后的矩阵的情况。

	A	B	C	D	E	F	G
1	1*	0	1	0	0	1	0
2	0	0	1*	1	1	0	1
3	1	0	1	0	0	0	0
4	1	0	0	0	0	1*	0
5	0	1*	0	0	1	0	1
6	0	0	1	0	0	1	0
				#	#		#

步骤1之后

	A	B	C	D	E	F	G	
1	1*	0	1	0	0	1	0	
2	0	0	1*	1	1	0	1	D
3	1	0	1	0	0	0	0	
4	1	0	0	0	0	1*	0	
5	0	1*	0	0	1	0	1	E
6	0	0	1	0	0	1	0	
				#√	#√		#√	

步骤2.1之后

	A	B	C	D	E	F	G	
1	1*	0	1	0	0	1	0	
2	0	0	1*	1	1	0	1	D√
3	1	0	1	0	0	0	0	
4	1	0	0	0	0	1*	0	
5	0	1*	0	0	1	0	1	E√
6	0	0	1	0	0	1	0	
		5	2	#√	#√		#√	

步骤2.2之后

	A	B	C	D	E	F	G	
1	1*	0	1	0	0	1	0	C
2	0	0	1*	1	1	0	1	D√
3	1	0	1	0	0	0	0	C
4	1	0	0	0	0	1*	0	
5	0	1*	0	0	1	0	1	E√
6	0	0	1	0	0	1	0	C
		5√	2√	#√	#√		#√	

步骤2.1之后

$$
\begin{array}{c|ccccccc|l}
 & A & B & C & D & E & F & G & \\
\hline
1 & 1^* & 0 & 1 & 0 & 0 & 1 & 0 & C \\
2 & 0 & 0 & \textcircled{1^*} & \textcircled{1} & 1 & 0 & 1 & D\surd \\
3 & 1 & 0 & \textcircled{1} & 0 & 0 & 0 & 0 & C! \\
4 & 1 & 0 & 0 & 0 & 0 & 1^* & 0 & \\
5 & 0 & 1^* & 0 & 0 & 1 & 0 & 1 & E\surd \\
6 & 0 & 0 & 1 & 0 & 0 & 1 & 0 & C \\
\hline
 & 1 & 5\surd & 2\surd & \#\surd & \#\surd & & \#\surd &
\end{array}
$$

步骤3.1之后

$$
\begin{array}{c|ccccccc|}
 & A & B & C & D & E & F & G \\
\hline
1 & 1^* & 0 & 1 & 0 & 0 & 1 & 0 \\
2 & 0 & 0 & 1 & 1^* & 1 & 0 & 1 \\
3 & 1 & 0 & 1^* & 0 & 0 & 0 & 0 \\
4 & 1 & 0 & 0 & 0 & 0 & 1^* & 0 \\
5 & 0 & 1^* & 0 & 0 & 1 & 0 & 1 \\
6 & 0 & 0 & 1 & 0 & 0 & 1 & 0 \\
\hline
\end{array}
$$

步骤3.2之后

如果现在对这个新的1的独立集应用算法，那么算法将指出已经得到了一个1的最大独立集，且算法将以下面的形态结束。

$$
\begin{array}{c|ccccccc|l}
 & A & B & C & D & E & F & G & \\
\hline
1 & 1^* & 0 & 1 & 0 & 0 & 1 & 0 & \\
2 & 0 & 0 & 1 & 1^* & 1 & 0 & 1 & E\surd \\
3 & 1 & 0 & 1^* & 0 & 0 & 0 & 0 & \\
4 & 1 & 0 & 0 & 0 & 0 & 1^* & 0 & \\
5 & 0 & 1^* & 0 & 0 & 1 & 0 & 1 & E\surd \\
6 & 0 & 0 & 1 & 0 & 0 & 1 & 0 & \\
\hline
 & & 5\surd & & 2\surd & \#\surd & & \#\surd &
\end{array}
$$

要注意的是，在步骤2.1和2.2中，选择已被标记但未被扫描的排的顺序可能会影响算法所产生的更大的1的独立集。在对本节中的例子求解时，我们总是从上到下地选择行，从左到右地选择列。

习题6.3

在所有这些习题中，当应用独立集算法时，从上到下地选择行，从左到右地选择列。

习题1和2显示了独立集算法应用中的某个阶段。请适当地应用步骤2.1或2.2。

1.

$$
\begin{array}{c|cccc|l}
 & A & B & C & D & \\
\hline
1 & 0 & 1^* & 0 & 1 & D \\
2 & 1^* & 0 & 0 & 1 & D \\
3 & 1 & 1 & 0 & 0 & \\
4 & 1 & 0 & 0 & 0 & \\
\hline
 & & & \#\surd & \#\surd &
\end{array}
$$

2.

$$
\begin{array}{c|ccccc|l}
 & A & B & C & D & E & \\
\hline
1 & 1^* & 0 & 1 & 0 & 1 & C\surd \\
2 & 0 & 1^* & 0 & 1 & 1 & E\surd \\
3 & 1 & 1 & 0 & 0 & 0 & \\
4 & 0 & 1 & 0 & 1^* & 0 & \\
\hline
 & 1 & 2 & \#\surd & & \#\surd &
\end{array}
$$

习题3和4中的矩阵可用来执行步骤3.1。问应该为哪些元素画上圆圈？

3.

$$\begin{array}{c} \\ 1\\2\\3\\4\\ \\ \end{array}\begin{array}{c}\begin{array}{cccc} A & B & C & D\end{array}\\ \left[\begin{array}{cccc} 0 & 1^* & 1 & 0\\ 1^* & 0 & 0 & 1\\ 1 & 1 & 0 & 0\\ 0 & 0 & 1^* & 1\end{array}\right]\\ \begin{array}{cccc} 2\surd & 1 & 4\surd & \#\surd\end{array}\end{array}\begin{array}{l} \\ C\surd\\ D\surd\\ A!\\ D\surd\\ \\ \end{array}$$

4.

$$\begin{array}{c} \\ 1\\2\\3\\4\\ \\ \end{array}\begin{array}{c}\begin{array}{ccccc} A & B & C & D & E\end{array}\\ \left[\begin{array}{ccccc} 0 & 0 & 1^* & 0 & 1\\ 1^* & 0 & 1 & 0 & 0\\ 0 & 1^* & 0 & 1 & 0\\ 1 & 0 & 1 & 0 & 0\end{array}\right]\\ \begin{array}{ccccc} 2 & 3\surd & 1\surd & \#\surd & \#\surd\end{array}\end{array}\begin{array}{l} \\ E\surd\\ C\surd\\ D\surd\\ C!\\ \\ \end{array}$$

在习题5～10中，给出了一个矩阵以及一个1的独立集。应用独立集算法直到终止于步骤3.3。

5. $\begin{bmatrix} 0 & 1^* & 0 & 1\\ 1^* & 1 & 0 & 0\\ 0 & 0 & 1^* & 1\\ 1 & 1 & 1 & 0\end{bmatrix}$

6. $\begin{bmatrix} 1^* & 0 & 0 & 1\\ 1 & 0 & 1^* & 0\\ 1 & 1^* & 0 & 0\\ 0 & 1 & 1 & 0\end{bmatrix}$

7. $\begin{bmatrix} 1^* & 1 & 0 & 1 & 1\\ 1 & 0 & 0 & 0 & 1^*\\ 0 & 1^* & 0 & 1 & 0\\ 1 & 1 & 0 & 0 & 1\end{bmatrix}$

8. $\begin{bmatrix} 0 & 0 & 1^* & 1 & 0\\ 0 & 1^* & 1 & 0 & 0\\ 1^* & 1 & 0 & 0 & 0\\ 0 & 1 & 1 & 0 & 0\end{bmatrix}$

9. $\begin{bmatrix} 1^* & 1 & 1 & 1 & 1\\ 1 & 0 & 0 & 0 & 0\\ 0 & 1^* & 0 & 0 & 0\\ 1 & 1 & 0 & 0 & 0\\ 1 & 0 & 1^* & 0 & 1\end{bmatrix}$

10. $\begin{bmatrix} 0 & 1^* & 0 & 1 & 0\\ 0 & 0 & 1^* & 1 & 0\\ 0 & 1 & 1 & 0 & 0\\ 0 & 1 & 1 & 0 & 0\\ 1^* & 0 & 1 & 1 & 1\end{bmatrix}$

在习题11～16中，给出了一个偶图和一个匹配。把图转变为矩阵，并用独立集算法从对应的1的独立集开始，找出一个最大匹配。

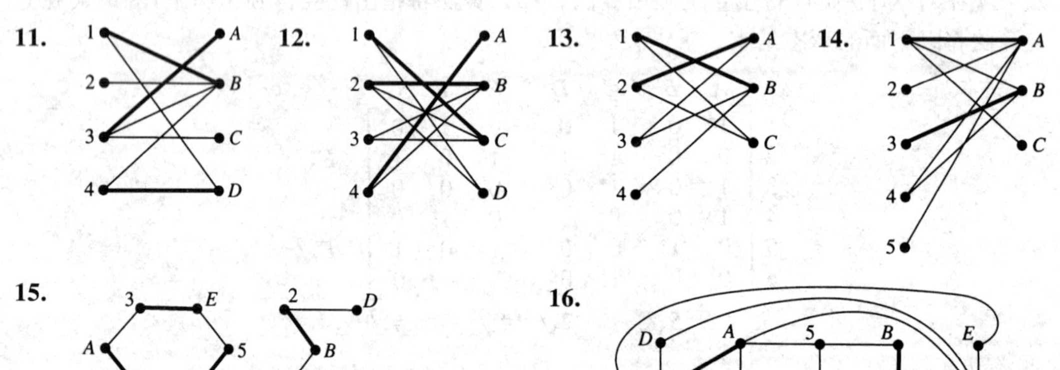

在习题17～22中，给出了一个集合的序列，其中某些集合中的元素带星号，所有带星号的元素互不相同。请把集合序列转换成矩阵，如果可能的话，从对应的1的独立集开始，用独立集算法找出一个相异代表系。

17. {B*}, {A*, B, C, D}, {A, B}, {B, D*}

18. {C*, D}, {A*, B}, {A, D*}, {A, C, D}

19. {W*}, {Y*, Z}, {W, Y}, {W, X*, Y, Z}

20. {1*, 3, 5}, {1, 4*}, {2*, 3, 5}, {1, 2, 4}

21. {胡萝卜*，鸡蛋}，{苹果*，香蕉，枣椰子，茴香}，{苹果，胡萝卜，鸡蛋*}，{苹果，胡萝卜，鸡蛋}

22. {5*, 13}, {1*, 6, 9}, {1, 5}, {1, 6*, 13}

23. 有5艘船，Arabella号、Constantine号、Drury号、Egmont号和Fungo号，停靠5个码头。由于技术原因，每个码头只能接受某些船。码头1只能接受Constantine号和Drury号，码头2只能接受Egmont号和Fungo号，码头3只能接受Constantine号、Egmont号和Fungo号，码头4只能接受Arabella号、Drury号和Fungo号，码头5只能接受Arabella号、Constantine号和Egmont号。港口管理员把Constantine号送到码头1，把Egmont号送到码头2，把Fungo号送到码头3，把Arabella号送到码头4。如果可能的话，用独立集算法改进这个分配。

24. 一个广播电台要播放一小时的摇滚音乐，接着是古典音乐、波尔卡舞曲和打击乐各一小时。有6个碟片播放员，但每个人都有自己的顾虑。只有Barb、Cal、Deb和Felicia愿意播摇滚乐。同样，只有Andy、Barb、Erika和Felicia愿意播古典音乐；只有Barb、Deb和Felicia愿意播波尔卡舞曲；只有Andy、Barb和Deb愿意播打击乐。每个播放员每天的工作时间不允许超过一小时。现在，电台经理计划头3小时用Barb、Andy和Deb，但是在剩下的人中没有人愿意播打击乐。用独立集算法找出一种更好的匹配。

6.4　算法的应用

本节将证明独立集算法确实做了它所宣称要做的工作。同时，我们还将发现这个算法确实进一步揭示了独立集、覆盖和相异代表系之间的关系。下面从一系列简单的引理开始，这些引理是关于独立集算法所产生的结果的。

引理6.1　*如果独立集算法到达步骤3.1，那么就会产生一个比原始集合有更多元素的1的独立集。*

证明　回溯过程中发生的事情已在6.3节中说明。用图来示意，得到如图6.10所示的模式。根据算法的工作方式，带圆圈的符号构成一个交替的序列，这个序列由不带星号的1和带星号的1组成，并以不带星号的1开始和结束。很明显，反转这些1上的星号使带星号的1的个数增加了1。这个新的集合还是独立的，原因是：如果一个被赋予了星号的1在一个包含带星号的1的排上，那么后者的星号在步骤3.2中被删除。 ■

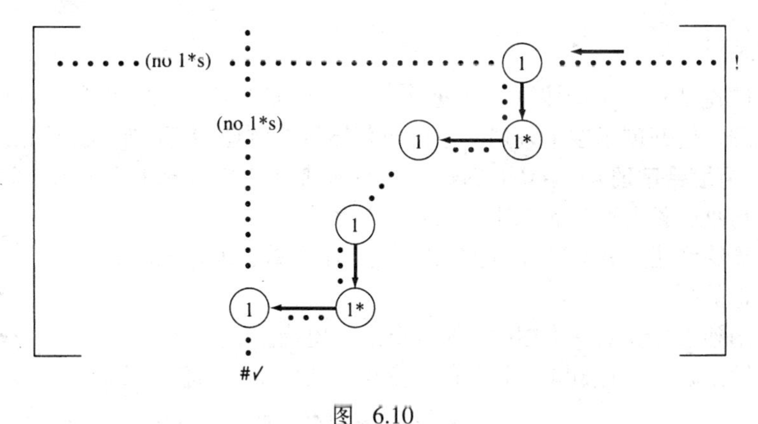

图　6.10

现在证明一些引理，它们是关于矩阵在下列情况下具有的性质：独立集算法到达了步骤3.3并指出得到了一个带星号的1的最大集。回忆一下，在这种情况下，每个已被标记的排也都被扫描了。

引理6.2　*如果独立集算法到达步骤3.3，那么已被标记的行和未被标记的列构成一个覆盖。*

证明　如果不构成一个覆盖，那么某个1同时在一个未被标记的行和一个已被标记的列中。如果这个1是带星号的，那么只有在扫描它的行时才会标记它的列，这与行未被标记矛盾。但是，如果1是不带星号的，那么在扫描它的列时，它的行已经被标记了，这又是矛盾的。 ■

引理6.3　*如果独立集算法到达步骤3.3，那么每个已被标记的行和未被标记的列中都包含一个带星号的1。*

证明 一方面，每个未被标记的列都包含一个带星号的1，因为那些不包含带星号的1的列在步骤1中被加了标记。另一方面，如果有一个已被标记的行不包含带星号的1，那么独立集算法将到达步骤3.1而不是步骤3.3。■

引理6.4 如果独立集算法到达步骤3.3，那么带星号的1不会同时在已被标记的行和未被标记的列中。

证明 如果一个带星号的1在一个已被标记的行中，那么在扫描行时它的列被做了标记。■

定理6.4 当应用独立集算法于一个独立集，且这个独立集不是最大独立集时，算法将增加独立集中的元素的数目。当应用于一个最大独立集时，算法将指出这个独立集是最大独立集。

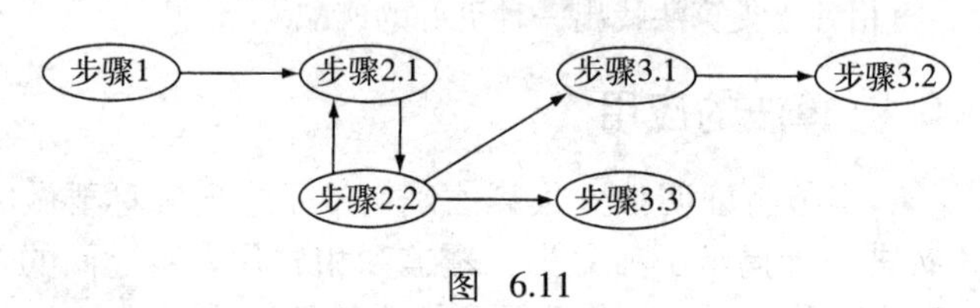

图 6.11

证明 算法的流程如图6.11所示。

在步骤2.1和2.2中，扫描列和行。由于一个矩阵只有有限个排，所以独立集算法将最终转到步骤3.2或3.3。如果独立集算法到达步骤3.2，那么引理6.1指出，算法构造了一个独立集，且这个独立集所包含的元素比初始独立集多。

剩下来还要说明：如果独立集算法到达步骤3.3，那么初始的独立集事实上就是一个最大独立集。根据引理6.2，已被标记的行和未被标记的列构成一个覆盖。但是，引理6.3和6.4说明这个覆盖中的排与初始独立集是一一对应的。因此，覆盖和初始独立集包含的元素的数目相等。于是，根据定理6.3，这个覆盖是一个最小覆盖，这个独立集是一个最大独立集，这就是所要证明的。■

6.4.1 柯尼希定理

刚才给出的论证相当于图论中一个著名定理的证明。1931年，柯尼希（D. König）首先陈述了这个定理，他开创了这个领域。下面将陈述这个定理的矩阵形式和偶图形式。

定理6.5（柯尼希定理） 在0-1矩阵中，1的最大独立集和最小覆盖包含的元素个数相同。等价地，在偶图中，最大匹配和最小覆盖包含的元素个数相同。

当独立集算法到达步骤3.3时，它给出一个最小覆盖，即已被标记的行和未被标记的列。

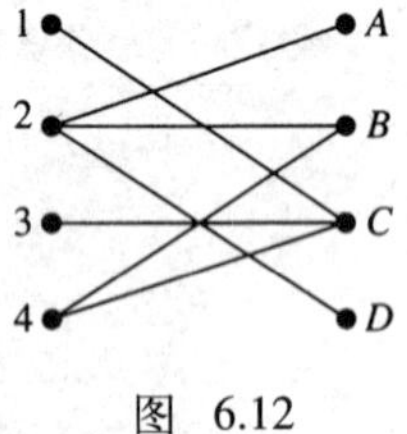

图 6.12

例6.11 用独立集算法求出图6.12的一个最小覆盖。

把这个图转换成下面的矩阵，并通过观察得到其中所示的独立集。

$$\begin{array}{c} \\ 1 \\ 2 \\ 3 \\ 4 \end{array}\begin{array}{c} \begin{array}{cccc} A & B & C & D \end{array} \\ \begin{bmatrix} 0 & 0 & 1^* & 0 \\ 1^* & 1 & 0 & 1 \\ 0 & 0 & 1 & 0 \\ 0 & 1^* & 1 & 0 \end{bmatrix} \end{array}$$

应用独立集算法得到如下矩阵。

$$\begin{array}{c} \\ 1 \\ 2 \\ 3 \\ 4 \\ \\ \end{array}\begin{array}{c} \begin{array}{cccc} A & B & C & D \end{array} \\ \begin{bmatrix} 0 & 0 & 1^* & 0 \\ 1^* & 1 & 0 & 1 \\ 0 & 0 & 1 & 0 \\ 0 & 1^* & 1 & 0 \end{bmatrix} \\ \begin{array}{cccc} 2\surd & & & \#\surd \end{array} \end{array}\begin{array}{c} \\ \\ D\surd \\ \\ \\ \\ \end{array}$$

可以看到：通过观察所找到的匹配是一个最大匹配，因为独立集算法到达了步骤3.3。一个最小覆盖由已被标记的行和未被标记的列组成，即由第2行和B列、C列组成。因此顶点2，B和C构成原图的一个最小覆盖。 ■

注意，尽管匹配和覆盖都是定义于任意图上的，但是柯尼希定理仅适用于偶图。请读者验证：图6.13所示的非偶图的一个最大匹配包含两条边，而一个最小覆盖包含3个顶点。

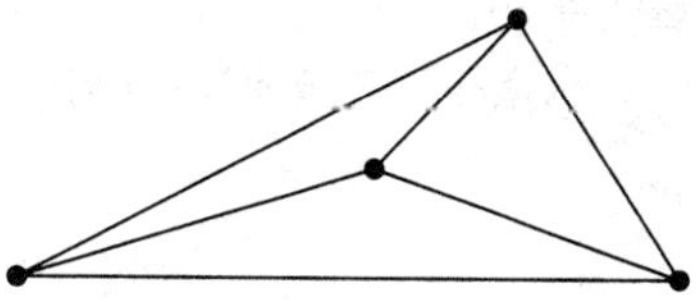

图 6.13

6.4.2 霍尔定理的证明

也可以利用关于独立集算法的结论来完成6.1节中所陈述的霍尔定理的证明。回忆一下，余下还要证明的是：如果S_1，S_2，…，S_n是一个没有相异代表系的集合序列，则存在一个{1，2，…，n}的子集I，使得集合S_i（$i \in I$）的并集所包含的元素少于$|I|$个。

设所有集合S_i（$i=1$，2，…，n）的并集是$\{t_1, t_2, \cdots, t_m\}$，其中$t_j$（$j=1$，2，…，$m$）互不相同。构造一个0-1矩阵，行对应于集合$S_i$，列对应于元素$t_j$。更明确地，如果$t_j \in S_i$，那么$i$行和$j$列上的元素是1，否则为0。（前面已经构造过这样的矩阵。例如，6.1节中提到的讲授某些课程的教授集合的序列P_1，P_2，…，P_6，它们导出了6.3节中第2个例子的矩阵。）

应用独立集算法若干次，这个次数就是在矩阵中确定一个1的最大独立集所需要的次数。令r_L，r_U，c_L和c_U分别表示最后一次应用独立集算法之后，这个矩阵中已被标记的行、未被标记的行、已被标记的列和未被标记的列的数目。当然，$r_L + r_U = n$（集合的数目），且$c_L + c_U = m$（元素的数目）。根据引理6.2、6.3和6.4，最大独立集有$r_L + c_U$个元素。

如果最大独立集有n个元素，那么它与一个相异代表系相对应。所以可以假设

$$r_L + c_U < n = r_L + r_U,$$

因此$c_U < r_U$。

可以断言：与未被标记的行对应的r_U个集合的并集所包含的元素少于r_U个。原因是：根据引理6.2，未被标记的行中的每个1一定出现在某个未被标记的列中，因而，对应集合的并集至多包含c_U个元素，并且$c_U < r_U$。因此，可以取I为未被标记的（行的）行号的集合。这就完成了霍尔定理的证明。

注意，利用独立集算法，我们得到了一个实际构造集合I的方法。例如，由课程和教授的问题导出下面的矩阵。

	A	B	C	D	E	F	G	
1	1*	0	1	0	0	1	0	
2	0	0	1	1*	1	0	1	E√
3	1	0	1*	0	0	0	0	
4	1	0	0	0	0	1*	0	
5	0	1*	0	0	1	0	1	E√
6	0	0	1	0	0	1	0	
		5√		2√	#√		#√	

未被标记的行是第1，3，4和6行。如同在6.1节中所看到的，对应集合的并集所包含的元素少于4个。注意，未被标记的列对应3个教授，他们能讲授所有这4门课程。

例6.12　在一次商业会议中，6个演讲者要分别安排在9点钟、10点钟、11点钟、1点钟、2点钟和3点钟。Brown先生只能在中午前演讲，Krull女士只能在9点钟或2点钟演讲，Zeno女

士不能在9点钟、11点钟和2点钟演讲，Toomey先生2点钟以前不能演讲，Abernathy夫人不能在10点钟和3点钟之间演讲，Ng先生从10点钟到2点钟不能演讲。安排时间的人似乎不能满足所有的人。证明不可能这样安排时间，并且给出一个方法，使安排时间的人能让演讲者相信这个事实。

构造下面的矩阵，行与演讲者对应，列与时间对应。

$$
\begin{array}{c}
\\ B \\ K \\ Z \\ T \\ A \\ N
\end{array}
\begin{array}{c}
\begin{array}{cccccc} 9 & 10 & 11 & 1 & 2 & 3 \end{array} \\
\left[\begin{array}{cccccc}
1^* & 1 & 1 & 0 & 0 & 0 \\
1 & 0 & 0 & 0 & 1^* & 0 \\
0 & 1^* & 0 & 1 & 0 & 1 \\
0 & 0 & 0 & 0 & 1 & 1^* \\
1 & 0 & 0 & 0 & 0 & 1 \\
1 & 0 & 0 & 0 & 1 & 1
\end{array}\right]
\end{array}
$$

所指示的独立集是通过观察找到的。应用独立集算法首先产生矩阵

$$
\begin{array}{c|cccccc|c}
 & 9 & 10 & 11 & 1 & 2 & 3 & \\
\hline
B & \textcircled{1}^* & 1 & \textcircled{1} & 0 & 0 & 0 & 11\surd \\
K & 1 & 0 & 0 & 0 & 1^* & 0 & 9\surd \\
Z & 0 & 1^* & 0 & 1 & 0 & 1 & 1\surd \\
T & 0 & 0 & 0 & 0 & 1 & 1^* & \\
A & \textcircled{1} & 0 & 0 & 0 & 0 & 1 & 9! \\
N & 1 & 0 & 0 & 0 & 1 & 1 & 9 \\
\hline
 & B\surd & Z\surd & \#\surd & \#\surd & K & &
\end{array}
$$

然后产生矩阵

$$
\begin{array}{c|cccccc|c}
 & 9 & 10 & 11 & 1 & 2 & 3 & \\
\hline
B & 1 & 1 & 1^* & 0 & 0 & 0 & 10\surd \\
K & 1 & 0 & 0 & 0 & 1^* & 0 & \\
Z & 0 & 1^* & 0 & 1 & 0 & 1 & 1\surd \\
T & 0 & 0 & 0 & 0 & 1 & 1^* & \\
A & 1^* & 0 & 0 & 0 & 0 & 1 & \\
N & 1 & 0 & 0 & 0 & 1 & 1 & \\
\hline
 & Z\surd & B\surd & \#\surd & & & &
\end{array}
$$

注意，对应于Krull、Toomey、Abernathy和Ng的行未被标记。这4个演讲者都希望在9点钟、2点钟或3点钟（未被标记的列）演讲，这说明无法满足他们所有的要求。 ■

6.4.3 瓶颈问题

某工头有4项工作要做，他可以把这些工作分配给5个工人。每个工人做各项工作所需要的时间（以小时计）如下表所示。

	工作1	工作2	工作3	工作4
工人1	3	7	5	8
工人2	6	3	2	3
工人3	3	5	8	6
工人4	5	8	6	4
工人5	6	5	7	3

工头希望尽早结束这4项工作，所以他感兴趣的是使所选出的4个工人的最大工作时间尽可能地短。

只有一个工人能在两个小时内完成一项工作，所以，显然不可能使所有4项工作都那么快地完成。3个小时更合理一些。下面构造一个0-1矩阵，在每个对应于3小时或更短的工作时间的位置上置1：

$$\begin{bmatrix} 1 & 0 & 0 & 0 \\ 0 & 1 & 1 & 1 \\ 1 & 0 & 0 & 0 \\ 0 & 0 & 0 & 0 \\ 0 & 0 & 0 & 1 \end{bmatrix}$$

我们想要得到一个包含4个元素的1的独立集，这4个元素与4项工作对应。不幸的是，没有这样的集合存在。由于所有的1都在3排（第2行，第1列和第4列）上，所以柯尼希定理蕴涵了这个事实。这些工作至少要花4个小时，所以在矩阵中增加1，这些1对应于初始表格中的4：

$$\begin{bmatrix} 1 & 0 & 0 & 0 \\ 0 & 1 & 1 & 1 \\ 1 & 0 & 0 & 0 \\ 0 & 0 & 0 & 1 \\ 0 & 0 & 0 & 1 \end{bmatrix}$$

同样的理由说明：还是不存在4个1的独立集。所以在矩阵中增加1，这些1对应于初始表格中的5：

$$\begin{bmatrix} 1^* & 0 & 1 & 0 \\ 0 & 1^* & 1 & 1 \\ 1 & 1 & 0 & 0 \\ 1 & 0 & 0 & 1^* \\ 0 & 1 & 0 & 1 \end{bmatrix}$$

带星号的独立集是通过观察得到的。应用独立集算法，得到下面更大的集合：

$$\begin{bmatrix} 1 & 0 & 1^* & 0 \\ 0 & 1^* & 1 & 1 \\ 1^* & 1 & 0 & 0 \\ 1 & 0 & 0 & 1^* \\ 0 & 1 & 0 & 1 \end{bmatrix}$$

所以，完成所有工作的最短时间是5个小时。

诸如此类的问题称为**瓶颈**（bottleneck）问题，因为我们感兴趣的是使最慢的工人的工作时间尽可能短。在其他情形下，可能对完成所有工作所需要的总时间进行最小化感兴趣。这样的问题将在下一节中处理。

习题6.4

在习题1～4中，分别给出了一个0-1矩阵，并标出了一个独立集。应用独立集算法求出一个最小覆盖。

1. $$\begin{bmatrix} 0 & 1^* & 0 & 1 \\ 1^* & 1 & 1 & 0 \\ 0 & 1 & 0 & 1^* \\ 0 & 0 & 0 & 1 \end{bmatrix}$$

2. $$\begin{bmatrix} 1^* & 0 & 0 & 0 \\ 0 & 1^* & 0 & 1 \\ 1 & 0 & 0 & 0 \\ 1 & 0 & 1^* & 1 \end{bmatrix}$$

3. $\begin{bmatrix} 1^* & 0 & 1 & 0 & 0 \\ 0 & 0 & 1^* & 1 & 0 \\ 1 & 1^* & 0 & 1 & 1 \\ 1 & 0 & 1 & 1^* & 0 \\ 1 & 0 & 0 & 1 & 0 \end{bmatrix}$

4. $\begin{bmatrix} 0 & 1^* & 0 & 0 & 0 \\ 0 & 0 & 1^* & 0 & 0 \\ 0 & 1 & 1 & 0 & 0 \\ 0 & 0 & 1 & 0 & 0 \\ 1^* & 1 & 0 & 1 & 1 \end{bmatrix}$

在习题5～8中，分别给出了一个偶图，并标出了一个匹配。应用独立集算法求出一个最小覆盖。

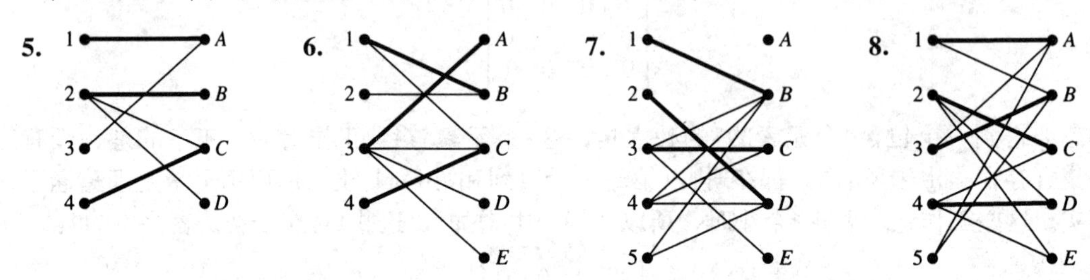

在习题9～12中，分别给定了一个集合序列S_1，S_2，…，S_n。如果可能的话，应用独立集算法寻找{1，2，…，n}的一个子集I，使集合S_i（$i \in I$）的并集所包含的元素比I所包含的元素少。

9. {2, 4, 5}, {1, 3, 5}, {2, 3, 5}, {3, 4, 5}, {2, 3, 4}

10. {1, 2, 4}, {2, 3, 4, 5}, {2, 4, 6}, {1, 6}, {1, 4, 6}, {1, 2, 6}

11. {2, 7}, {1, 3, 6}, {5, 7}, {3, 4, 6}, {2, 5}, {2, 5, 7}

12. {1, 2}, {4, 6}, {0, 1, 3, 5, 6}, {1, 4, 7}, {2, 6}, {1, 4, 7}, {2, 6, 7}

13. 一位指挥官要给4个军事基地分别派一位通信员，以将攻击计划告知基地。因为地形和技能的不同，每个通信员到达每个军事基地的时间（以小时计）不同。通信员A到达军事基地1要花6个小时，到达军事基地2要花5个小时，到达军事基地3要花9个小时，到达军事基地4要花7个小时。通信员B到达这4个军事基地分别要花4，8，7和8个小时。同样，通信员C要花5，3，9和8个小时；通信员D要花7，6，3和5个小时。直到所有的军事基地都得到了消息后，攻击才能开始。问攻击可以开始的最短时间是多少?

14. 制造过程的一个步骤需要5个操作，这些操作可以同时执行。这些操作在5台可用的机器上所花费的时间（以分钟计）是不同的，下表给出了在不同的机器上，不同的操作所花费的时间。

	$M1$	$M2$	$M3$	$M4$	$M5$
操作1	6	7	3	6	2
操作2	6	3	4	3	3
操作3	2	5	3	7	4
操作4	3	4	2	6	3
操作5	4	7	2	7	6

问完成整个步骤最少需要多少时间?

15. 下图表示一张城市地图。相邻的顶点相距一个街区。希望在一些顶点上安排警察，使任何人都可以在一个街区内找到一个警察。应用独立集算法求出实现这个目标所需要的最少警察数，并说出他们应该安排在哪里。

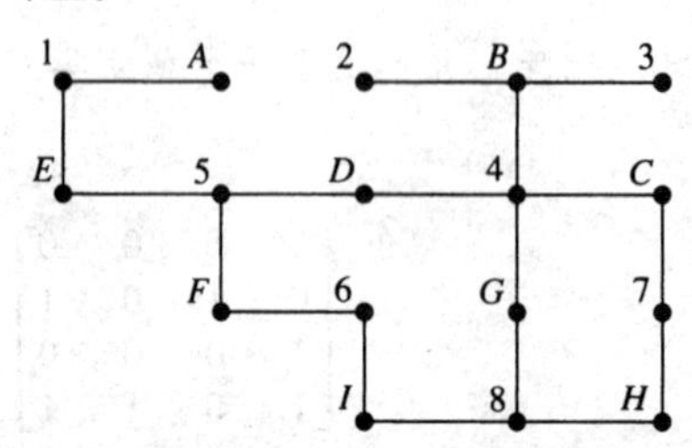

*16. 证明：如果到达了独立集算法中的步骤3.3，那么已被标记的列的数目等于已被标记的行的数目加上不含带星号的1的列的数目。

*17. 证明：如果把独立集算法应用于由一个集合序列S_1，S_2，…，S_n导出的矩阵，如同在霍尔定理的证明中那样，且算法到达步骤3.3，那么与未被标记的行对应的集合的并集恰好有c_U个元素，其中c_U是未被标记的列的数目。

*18. 考虑一个偶图，图中的每条边都是从$\mathcal{V}_1$中的一个顶点到不相交的集合$\mathcal{V}_2$中的一个顶点。如果$\mathcal{S} \subseteq \mathcal{V}_1$，令$\mathcal{S}^*$是$\mathcal{V}_2$中与$\mathcal{S}$中的顶点相邻的顶点的集合。证明：这个图存在具有$|\mathcal{V}_1|$个顶点的覆盖当且仅当对于$\mathcal{V}_1$的任意子集$\mathcal{S}$（$\mathcal{S} \subseteq \mathcal{V}_1$），$|\mathcal{S}^*| \geqslant |\mathcal{S}|$成立。

6.5 匈牙利方法

6.5.1 匈牙利算法

6.4节考虑了这样一个问题：将4项工作分配给5个工人，要使这4项工作尽早完成。尽管在特殊情形下这可能就是我们的目标，但更常见的目标是将完成这4项工作所需要的总时间最小化。例如，如果每小时支付给各个工人的费用相同，那么这就把项目的劳动力成本减到了最小。

为简单起见，我们将从工作和工人的数目相同的例子开始。下表给出了每个工人做每项工作所需要的时间（以小时计）。

	工人1	工人2	工人3	工人4
工作1	3	6	3	5
工作2	7	3	5	8
工作3	5	2	8	6
工作4	8	3	6	4

为每项工作指定一个工人的分配与相应矩阵的4个元素的独立集相当，我们希望这个独立集中的元素之和尽可能地小。例如，两种可能的分配是

$$\begin{bmatrix} 3^* & 6 & 3 & 5 \\ 7 & 3^* & 5 & 8 \\ 5 & 2 & 8^* & 6 \\ 8 & 3 & 6 & 4^* \end{bmatrix} \qquad \begin{bmatrix} 3 & 6 & 3 & 5^* \\ 7 & 3^* & 5 & 8 \\ 5^* & 2 & 8 & 6 \\ 8 & 3 & 6^* & 4 \end{bmatrix}$$

其中，第一种分配的和是$3+3+8+4=18$，第二种分配的和是$5+3+5+6=19$。所以，就我们的目标而言，第一个独立集比第二个独立集好。当然，其他分配甚至可能产生更小的和。

假设从矩阵第1行的每个元素中减去3，那么对应于新矩阵的两种分配是

$$\begin{bmatrix} 0^* & 3 & 0 & 2 \\ 7 & 3^* & 5 & 8 \\ 5 & 2 & 8^* & 6 \\ 8 & 3 & 6 & 4^* \end{bmatrix} \qquad \begin{bmatrix} 0 & 3 & 0 & 2^* \\ 7 & 3^* & 5 & 8 \\ 5^* & 2 & 8 & 6 \\ 8 & 3 & 6^* & 4 \end{bmatrix}$$

现在，第一个独立集的和为$0+3+8+4=15$，第二个独立集的和为$2+3+5+6=16$。第一种分配的和仍然比第二种分配的和小1。这里的关键是：尽管从第1行的每个元素中减去同一个数改变了问题，但并没有改变答案中的位置。由于任何一个4个元素的独立集都将恰好含有第1行中的一个元素，所以，上面的减法操作将使任何一个这样的集合中的元素的和减少3。

任何一个产生新矩阵的最小和的分配也将给出原始矩阵的一个最小和，而且，同样的分析也适用于其他行。为了在不引入负数前提下使元素尽可能地小，将各行中的所有元素都减去该行中的最小的元素。这意味着将第2行中的元素减去3，将第3行中的元素减去2，将第4行

中的元素减去3，得到矩阵

$$\begin{bmatrix} 0 & 3 & 0 & 2 \\ 4 & 0 & 2 & 5 \\ 3 & 0 & 6 & 4 \\ 5 & 0 & 3 & 1 \end{bmatrix}$$

同样的论证也适用于列。因此，将第4列中的每个元素减去1，可得

$$\begin{bmatrix} 0 & 3 & 0 & 1 \\ 4 & 0 & 2 & 4 \\ 3 & 0 & 6 & 3 \\ 5 & 0 & 3 & 0 \end{bmatrix}$$

在这个矩阵中寻找一个4个元素的独立集将解决原来的问题。此外，至少现在也许能识别出一个解。假设能找出一个4个0的独立集，由于矩阵没有负元，所以这个集合显然具有最小的和。不幸的是，0的最大独立集只包含3个元素，这一点可以用独立集算法（修改独立集算法以找出0的而不是1的独立集）来确认。

$$\begin{array}{c} \\ 1 \\ 2 \\ 3 \\ 4 \\ \\ \end{array}
\begin{array}{c} \begin{array}{cccc} A & B & C & D \end{array} \\ \left[\begin{array}{cccc} 0^* & 3 & 0 & 1 \\ 4 & 0^* & 2 & 4 \\ 3 & 0 & 6 & 3 \\ 5 & 0 & 3 & 0^* \end{array}\right] \\ \begin{array}{cccc} 1\surd & & \#\surd & \end{array} \end{array}
\begin{array}{c} \\ C\surd \\ \\ \\ \\ \\ \end{array}$$

独立集算法到达了步骤3.3，所以，所指示的3个0的独立集是一个0的最大独立集。现在要说明如何改变这个矩阵，以使找到4个0的独立集的概率更高。后面将证明为什么最小和问题的解没有改变。

由于0的最大独立集所包含的元素少于4个，所以有一个最小覆盖，组成这个最小覆盖的排数小于4。事实上，根据6.4节中所发现的事实，这样的覆盖由上面的矩阵中已被标记的行和未被标记的列组成。这些排如下所示。

$$\begin{array}{c} \\ 1 \\ 2 \\ 3 \\ 4 \\ \\ \end{array}
\begin{array}{c} \begin{array}{cccc} A & B & C & D \end{array} \\ \left[\begin{array}{cccc} 0^* & 3 & 0 & 1 \\ 4 & 0^* & 2 & 4 \\ 3 & 0 & 6 & 3 \\ 5 & 0 & 3 & 0^* \end{array}\right] \\ \begin{array}{cccc} 1\surd & & \#\surd & \end{array} \end{array}
\begin{array}{c} \\ C\surd \\ \\ \\ \\ \\ \end{array}$$

考虑不在这个覆盖中的排中的元素（根据覆盖的定义，它们都是正的），这些元素中最小的是2。现在如下改变矩阵。

（1）将不在这个覆盖的排中的每个元素减去2。

（2）将既在这个覆盖的行中又在这个覆盖的列中的每个元素增加2。

（3）对恰好只在覆盖的一个排中的元素保持不变。

如此得到的矩阵是

$$\begin{bmatrix} 0 & 5 & 0 & 3 \\ 2 & 0 & 0 & 4 \\ 1 & 0 & 4 & 3 \\ 3 & 0 & 1 & 0 \end{bmatrix}$$

现在可以找出4个0的独立集，并在原始矩阵中挑选出对应的集合，可得

$$\begin{bmatrix} 0^* & 5 & 0 & 3 \\ 2 & 0 & 0^* & 4 \\ 1 & 0^* & 4 & 3 \\ 3 & 0 & 1 & 0^* \end{bmatrix} \qquad \begin{bmatrix} 3^* & 6 & 3 & 5 \\ 7 & 3 & 5^* & 8 \\ 5 & 2^* & 8 & 6 \\ 8 & 3 & 6 & 4^* \end{bmatrix}$$

原始矩阵中，4个元素的独立集的最小和是$3+5+2+4=14$。

当然，有几个问题需要解答。一个是刚才所描述的涉及最小覆盖的操作是否合理，即没有改变最小和问题的解。另一个是这个操作对产生一个4个0的独立集的目标是否有帮助，因为尽管对矩阵的一些元素做了减法，但对另一些却做了加法。我们在把这个方法算法化之后会回答这些问题。

匈牙利算法

本算法从一个$n\times n$阶的整数矩阵开始，找出一个具有最小和的n个元素的独立集。

步骤1（减小矩阵）

(a) 将每行中的各个元素减去该行中的最小元

(b) 将每列中的各个元素减去该列中的最小元

步骤2（确定一个0的最大独立集）

在矩阵中找出一个0的最大独立集S

步骤3（如果$|S|<n$，扩大独立集）

while $|S|<n$

(a) 找出矩阵的一个0的最小覆盖

(b) 设k是不在这个覆盖的排上的最小的矩阵元素

(c) 将不在覆盖的排上的每个元素减去k

(d) 将既在这个覆盖的行中又在这个覆盖的列中的每个元素加上k

(e) 用一个新的0的最大独立集替代S

endwhile

步骤4（输出）

集合S是具有最小和的n个元素的独立集

6.5.2 匈牙利算法的证明

首先说明为什么匈牙利算法步骤3中的循环不改变问题的解。原因是：这个循环可以分解成对矩阵的行和列加或减一些数，前面已经看到这样做不会改变问题的解。特别地，设k是不在覆盖的排上的最小的（正的）元素。把整个矩阵每行的各个元素都减去k，然后逐排地将覆盖的排上的每个元素都加上k。最终结果恰好就是步骤3的循环的结果。不在覆盖的排上的每个元素都被减去k。如果一个元素仅在覆盖的排上出现一次，那么该元素不会被改变，因为既从它减去k又给它加上k。既在覆盖的行中又在覆盖的列中的元素被减去了一次k，但又加上了两次k，最终结果是$+k$。

现在处理步骤3是否有帮助的问题。可以想到有这样的可能性：算法始终在这里循环，永远不产生含n个0的独立集。下面将证明这不可能发生。步骤1之后，矩阵只包含非负整数元素。下面将证明：步骤3的循环每执行一次，矩阵的所有元素之和就将减少。显然，如果这个和是0，那么所有的矩阵元素都是0，存在含n个0的独立集。因此，如果算法不停地继续，那么矩

阵的所有元素之和将产生一个正整数的无限递减序列，这是不可能的。

只有当含n个0的独立集不存在时，步骤3才会持续。此时，一个最小覆盖将包含c个行和列，这里$c<n$。(这是柯尼希定理的结论)。下面计算步骤3的一次循环对矩阵的所有元素之和的影响。正如刚才所看到的那样，这等价于将整个矩阵的每个元素减去k，然后将覆盖的排上的每个元素加上k。由于矩阵中有n^2个元素，所以通过减法将所有元素的和减少了kn^2。同样，由于覆盖中有c排，每排包含n个元素，所以通过加法将所有元素的和加上kcn。矩阵的所有元素之和净增加

$$-kn^2 + kcn = kn(-n + c)。$$

但这个值是负的，因为$c<n$。所以，正如前面所说的那样，最终效果是使得矩阵的所有元素之和减少了。

这种方法称为“匈牙利”是为了纪念匈牙利人柯尼希，这种方法正是基于他的定理。这个算法归功于库恩（H. W. Kuhn）。

6.5.3 不是方阵的矩阵

假设在前面的例子中，有了第5个工人，因此，现在的表格改为

	工人1	工人2	工人3	工人4	工人5
工作1	3	6	3	5	3
工作2	7	3	5	8	5
工作3	5	2	8	6	2
工作4	8	3	6	4	4

如何分配这4项工作，以使4项工作所需的时间之和最小，这个问题仍然是合理的。但是，矩阵不再是方阵，而算法只能应用于方阵。当然，有一个工人将不会得到工作，这个简单的想法提供了如何改造这个方法的关键。我们引入第5项工作，且这项工作根本不需要人来做。这等价于在矩阵中添加了一行0，产生下面左边的方阵。

$$\begin{bmatrix} 3 & 6 & 3 & 5 & 3 \\ 7 & 3 & 5 & 8 & 5 \\ 5 & 2 & 8 & 6 & 2 \\ 8 & 3 & 6 & 4 & 4 \\ 0 & 0 & 0 & 0 & 0 \end{bmatrix} \quad \begin{bmatrix} 0 & 3 & 0 & 2 & 0 \\ 4 & 0 & 2 & 5 & 2 \\ 3 & 0 & 6 & 4 & 0 \\ 5 & 0 & 3 & 1 & 1 \\ 0 & 0 & 0 & 0 & 0 \end{bmatrix}$$

上面第二个矩阵展示了应用步骤1之后的结果。将独立集算法应用于这个矩阵得到下面左边的矩阵。右边的矩阵展示了对它应用步骤3（$k=1$）之后的结果。

$$\begin{array}{c} \\ 1 \\ 2 \\ 3 \\ 4 \\ 5 \\ \\ \end{array} \begin{array}{c} \begin{matrix} A & B & C & D & E \end{matrix} \\ \begin{bmatrix} 0^* & 3 & 0 & 2 & 0 \\ 4 & 0^* & 2 & 5 & 2 \\ 3 & 0 & 6 & 4 & 0^* \\ 5 & 0 & 3 & 1 & 1 \\ 0 & 0 & 0^* & 0 & 0 \end{bmatrix} \\ \begin{matrix} 1\surd & & 5\surd & \#\surd & \end{matrix} \end{array} \begin{array}{l} C\surd \\ \\ \\ \\ D\surd \end{array} \quad \begin{bmatrix} 0 & 4 & 0 & 2 & 1 \\ 3 & 0 & 1 & 4 & 2 \\ 2 & 0 & 5 & 3 & 0 \\ 4 & 0 & 2 & 0 & 1 \\ 0 & 1 & 0 & 0 & 1 \end{bmatrix}$$

该矩阵的5个0的独立集连同原始矩阵中的相应集合如下所示。

$$\begin{bmatrix} 0^* & 4 & 0 & 2 & 1 \\ 3 & 0^* & 1 & 4 & 2 \\ 2 & 0 & 5 & 3 & 0^* \\ 4 & 0 & 2 & 0^* & 1 \\ 0 & 1 & 0^* & 0 & 1 \end{bmatrix} \quad \begin{bmatrix} 3^* & 6 & 3 & 5 & 3 \\ 7 & 3^* & 5 & 8 & 5 \\ 5 & 2 & 8 & 6 & 2^* \\ 8 & 3 & 6 & 4^* & 4 \\ 0 & 0 & 0^* & 0 & 0 \end{bmatrix}$$

通过使用第5个工人，现在可以在$3+3+4+2=12$个小时内，而不是前面的最少14个小时内完成所有的工作。

6.5.4 最大和独立集

一家羊毛衫厂有4个工人和4台编织羊毛衫的机器。一个工人一天可以编织的羊毛衫的数量取决于他（或她）使用的机器，如下表所示。

	机器1	机器2	机器3	机器4		机器1	机器2	机器3	机器4
工人1	3	6	7	4	工人3	6	3	4	4
工人2	4	5	5	6	工人4	5	4	3	5

在这种情况下，我们要寻找一个具有4个元素的独立集，使这些元素的和最大而不是最小。把这个问题转化为一个我们已经知道该如何解决的问题，将相应的矩阵乘以-1。结果显示在下面的左边。

$$\begin{bmatrix} -3 & -6 & -7 & -4 \\ -4 & -5 & -5 & -6 \\ -6 & -3 & -4 & -4 \\ -5 & -4 & -3 & -5 \end{bmatrix} \quad \begin{bmatrix} 4 & 1 & 0 & 3 \\ 2 & 1 & 1 & 0 \\ 0 & 3 & 2 & 2 \\ 0 & 1 & 2 & 0 \end{bmatrix}$$

在原始矩阵中寻找最大的和等价于在这个矩阵中寻找最小的和。负数项不会引发问题，因为，在减去各行的最小元素（分别是-7，-6，-6和-5）之后，负数就消失了。这个结果显示在上面的右边。因此，应用匈牙利方法于原始矩阵的负矩阵，可以解决最大和问题。请读者验证：每天最多可以生产23件羊毛衫。

习题6.5

在习题1～8中，求出矩阵独立集的最小和，其中独立集包含的元素的个数与矩阵的行数相等。

1. $\begin{bmatrix} 1 & 2 & 3 \\ 6 & 5 & 4 \\ 7 & 8 & 9 \end{bmatrix}$

2. $\begin{bmatrix} 1 & 4 & 3 & 8 \\ 2 & 7 & 9 & 3 \\ 8 & 2 & 5 & 5 \\ 6 & 6 & 4 & 7 \end{bmatrix}$

3. $\begin{bmatrix} 6 & 2 & 5 & 8 \\ 6 & 7 & 1 & 6 \\ 6 & 3 & 4 & 5 \\ 5 & 4 & 3 & 4 \end{bmatrix}$

4. $\begin{bmatrix} 2 & 3 & 5 & 1 & 2 \\ 4 & 3 & 5 & 4 & 2 \\ 3 & 6 & 3 & 1 & 4 \\ 3 & 6 & 4 & 5 & 4 \\ 4 & 2 & 4 & 5 & 4 \end{bmatrix}$

5. $\begin{bmatrix} 3 & 5 & 5 & 3 & 8 \\ 4 & 6 & 4 & 2 & 6 \\ 4 & 6 & 1 & 3 & 6 \\ 3 & 4 & 4 & 6 & 5 \\ 5 & 7 & 3 & 5 & 9 \end{bmatrix}$

6. $\begin{bmatrix} 0 & 1 & 0 & -1 & 1 \\ 3 & 0 & 4 & 4 & 5 \\ 1 & 3 & 7 & 4 & 7 \\ -1 & -2 & 2 & 3 & 3 \\ 2 & 4 & 7 & 5 & 9 \end{bmatrix}$

7. $\begin{bmatrix} 3 & 4 & 5 & 7 & 6 \\ 5 & 3 & 4 & 5 & 2 \\ 1 & 3 & 4 & 5 & 3 \\ 5 & 6 & 5 & 4 & 3 \end{bmatrix}$

8. $\begin{bmatrix} 5 & 6 & 2 & 3 & 4 & 3 \\ 6 & 4 & 4 & 2 & 0 & 3 \\ 5 & 4 & 5 & 2 & 6 & 6 \\ 5 & 6 & 1 & 4 & 7 & 6 \end{bmatrix}$

在习题9～12中，求出矩阵独立集的最大和，其中独立集包含的元素的个数与矩阵的行数相等。

9. $\begin{bmatrix} 5 & 4 & 2 & 3 \\ 3 & 1 & 4 & 3 \\ 1 & 1 & 1 & 3 \\ 5 & 3 & 6 & 3 \end{bmatrix}$ **10.** $\begin{bmatrix} 5 & 4 & 3 & 4 \\ 5 & 3 & 1 & 7 \\ 7 & 5 & 2 & 10 \\ 2 & 4 & 2 & 7 \end{bmatrix}$ **11.** $\begin{bmatrix} 6 & 5 & 3 & 1 & 4 \\ 2 & 5 & 3 & 7 & 8 \\ 8 & 3 & 7 & 5 & 4 \\ 7 & 1 & 5 & 3 & 8 \end{bmatrix}$ **12.** $\begin{bmatrix} 6 & 7 & 3 & 8 & 9 \\ 4 & 7 & 5 & 6 & 2 \\ 2 & 5 & 8 & 6 & 9 \end{bmatrix}$

13. 报纸的体育新闻编辑必须派4个记者去4座城市。根据过去的经验，他知道每个记者在每座城市的预期开支。他预计Addams在洛杉矶花费700美元，在纽约花费500美元，在拉斯维加斯花费200美元，在芝加哥花费400美元；预计Hart在这些城市分别花费500美元、500美元、100美元和600美元；Young花费500美元、300美元、400美元和700美元；Herriman花费400美元、500美元、600美元和500美元。为了使总费用最小，该编辑应该如何指派记者的去向？

14. 一个管理员管理5名售货员，下个月，管理员可以把这5名售货员分配到5条不同的线路上去。可以预计Adam在线路1上会卖出价值9000美元的商品，在线路2上会卖出8000美元，在线路3上会卖出10 000美元，在线路4上会卖出7000美元，在线路5上会卖出8000美元；Betty在这些线路上将会分别卖出价值6000美元、9000美元、5000美元、7000美元和4000美元的商品；Charles将会卖出价值4000美元、5000美元、4000美元、8000美元和2000美元的商品；Denise将会卖出价值4000美元、7000美元、5000美元、4000美元和2000美元的商品；Ed将会卖出价值5000美元、5000美元、7000美元、9000美元和3000美元的商品。问下个月可能的最大总预期销售额是多少？

***15.** 一个工头有4项工作和5个他可分配工作的工人。每个工人做每项工作所需要的时间（以小时计）如下表所示。

	工人1	工人2	工人3	工人4	工人5
工作1	7	3	5	7	2
工作2	6	1	4	2	6
工作3	8	3	8	9	1
工作4	7	2	1	5	6

从所对应的矩阵的行和列中减去最小元素后，得到矩阵

$$\begin{bmatrix} 0^* & 1 & 3 & 4 & 0 \\ 0 & 0^* & 3 & 0 & 5 \\ 2 & 2 & 7 & 7 & 0^* \\ 1 & 1 & 0^* & 3 & 5 \end{bmatrix}$$

其中，星号指出了一个0的最大独立集。相应的工作分配总共将需要$7+1+1+1=10$小时。但是通过把工作分配给工人2，4，5和3，总时间可以减少到$3+2+1+1=7$小时。问什么地方出问题了？

历史注记

Philip Hall

霍尔（Philip Hall，1904—1982）是一个非常有天分的英国数学家，他发明了定理6.1。霍尔在获得代数学博士学位之后，研究了西洛（Sylow）定理在群论中的一般化，及其与统计学的关联。1935年，霍尔发表了一篇论文，给出了有限个集合的序列存在相异代表系的充分必要条件。二战期间，霍尔在著名的英国布雷奇莱庄园（Bletchley Park）密码小组中工作。

将相异代表系和匹配联系起来的方法是匈牙利数学家柯尼希(Dénes König，1884—1944)以及两个美国数学家福特（Lester R. Ford Jr.，1927—）和富克森（Delbert R. Fulkerson，1924—1976）的工作的融合。福特和富克森考虑了这样的

问题：偶图中是否存在一个边的子集，使得图中的每个顶点恰好与这个子集中的某一条边相遇。福特和富克森的方法使用了6.3节中的独立集算法。若将独立集算法推广后应用于偶图，则其结果等价于柯尼希于1931年给出的算法。

补充习题

1. 下面各个集合序列中各有多少个相异代表系？

(a) {1, 2, 3, 4, 5}, {1, 2, 3, 4, 5}, {1, 2, 3, 4, 5}

(b) {1, 2, 3, 4}, {1, 2, 3, 4}, {5, 6, 7}

(c) {1, 2, 3}, {2, 3, 4}, {1, 2, 4}, {1, 3, 4}, {1, 2, 4}

2. 设$S_1=\{1, 2, 5\}$，$S_2=\{1, 5\}$，$S_3=\{1, 2\}$，$S_4=\{2, 3, 4\}$，$S_5=\{2, 5\}$。证明序列S_1，S_2，S_3，S_4，S_5没有相异代表系。

3. 指出下面各个图是否是偶图。如果是，则给出不相交的集合$\mathcal{V}_1$和$\mathcal{V}_2$，使每条边都连接$\mathcal{V}_1$中的一个顶点和$\mathcal{V}_2$中的一个顶点。

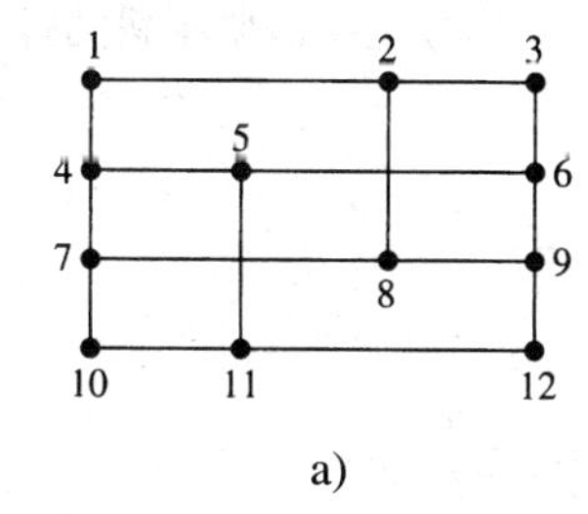

a)

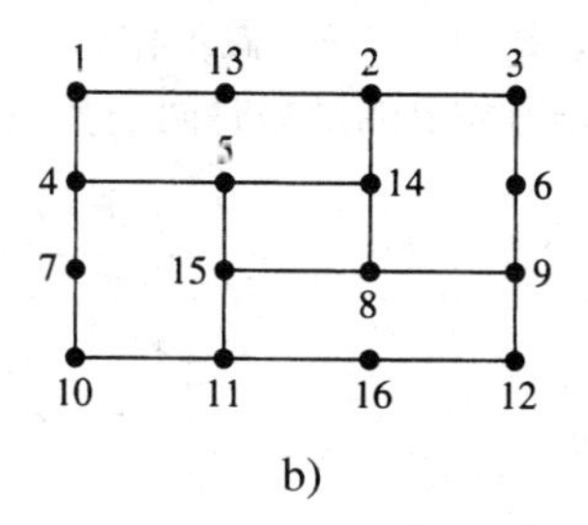

b)

4. 给出习题3中各个图的一个最大匹配。

5. 给出习题3中各个图的一个最小覆盖。

6. 下图是偶图，图中每条边连接$\mathcal{V}_1=\{1, 3, 6, 8\}$中的一个顶点和$\mathcal{V}_2=\{2, 4, 5, 7\}$中的一个顶点。请给出该图的矩阵。

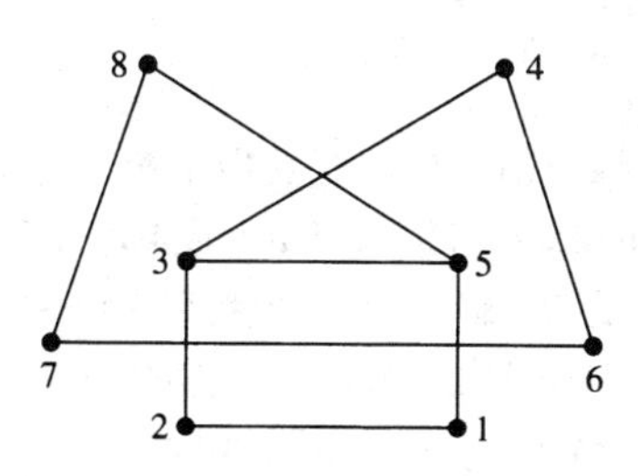

7. 求出习题6中的矩阵的一个1的最大独立集。

8. 求出习题6中的矩阵的一个最小覆盖。

9. 从带星号的1的集合开始，用独立集算法求出下列矩阵的一个1的最大独立集，并用该算法求出一个最小覆盖。

$$\begin{bmatrix} 1^* & 0 & 0 & 0 & 1 \\ 0 & 0 & 1^* & 1 & 0 \\ 0 & 0 & 1 & 0 & 0 \\ 1 & 1^* & 0 & 1 & 1 \\ 0 & 0 & 1 & 0 & 0 \end{bmatrix}$$

10. 把下面的偶图表示成矩阵，并从与给定的匹配相对应的1的集合开始，用独立集算法求出该图的一个最大匹配和一个最小覆盖。

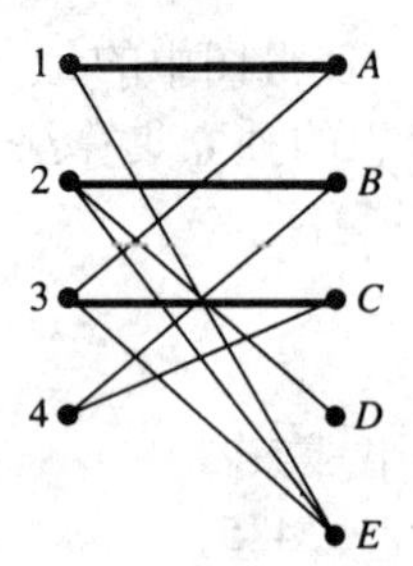

11. 将集合序列{w^*, y}, {x^*, z}, {v^*, z}, {w, x}, {v, y^*}表示成一个矩阵，如果可能的话，用独立集算法求出一个相异代表系，从与带星号的元素所对应的1的集合开始。

12. Dan，Ed，Fred，Gil和Hal以及Ivy，June，Kim，Lil，Mae正在参加一场舞会。适合的舞伴是Dan和Kim或Lil，Ed和Ivy或Mae，Fred和June或Mae，Gil和June或Lil，Hal和Ivy或Kim，没有其他适合的舞伴。正在跳舞的是Dan和Kim，Ed和Ivy，Fred和June。Gil和Lil以及Hal和Mae没有跳舞。请用独立集算法为每个人找一个舞伴。

13. 下表显示了工人A，B，C，D和E做工作1，2，3，4和5分别所需要花费的时间（以小时计）。问完成所有这5项工作所需要的最短时间是多少？

	A	B	C	D	E
1	7	5	8	6	4
2	4	3	5	4	6
3	5	8	6	7	3
4	6	7	3	4	5
5	4	3	6	5	3

14. 用匈牙利算法为下列各矩阵找出具有最小和的独立集。

(a) $\begin{bmatrix} 1 & 3 & 5 & 7 \\ 2 & 8 & 6 & 4 \\ 5 & 4 & 1 & 2 \\ 6 & 4 & 3 & 5 \end{bmatrix}$ (b) $\begin{bmatrix} 3 & 4 & 7 & 8 \\ 7 & 5 & 6 & 5 \\ 5 & 3 & 4 & 4 \\ 8 & 6 & 5 & 7 \\ 4 & 2 & 8 & 9 \end{bmatrix}$

15. 一家汽车经销商有4个销售员，每个销售员都要被指派卖一种特定品牌的汽车。Adam每个月可以卖6辆Hupmobiles、8辆Studebakers、7辆Packards或4辆Hudsons；Beth每个品牌分别可以卖7辆、3辆、2辆或5辆；Cal分别可以卖6辆、7辆、8辆或7辆；Danielle分别可以卖6辆、4辆、5辆或4辆。问应该如何为每个人分配不同的品牌，使卖出的汽车总数量最大？

16. 证明：如果具有v个顶点的图有一个匹配$\mathcal{M}$，那么$2|\mathcal{M}| \leqslant v$。

17. 假设$\mathcal{M}$是图的一个匹配，且该图有一条长度为奇数的简单通路e_1，e_2，…，e_n，这条通路的开始顶点和结束顶点与$\mathcal{M}$中的任意边都不关联。证明：如果e_1，e_3，…，e_n不在$\mathcal{M}$中，但e_2，e_4，…，e_{n-1}在$\mathcal{M}$中，那么$\mathcal{M}$不是最大匹配。

18. 设一个图有一个具有m条边的最大匹配和一个具有c个顶点的最小覆盖。关于m用数学归纳法证明：不超过$\dfrac{c+1}{2}$的最大整数小于或等于m。

计算机题

编写具有指定输入和输出的计算机程序。

1. 给定具有m个元素的集合S和S的n个子集T_1，T_2，…，T_n，产生所有可能的列表x_1，x_2，…，x_n，其中$x_i \in T_i$ ($i=1$，2，…，n)。对于每个列表，检查元素x_i是否都互不相同。把这个程序应用于

6.1节中的教授和课程的例子，确认其中的集合序列P_1，P_2，…，P_6没有相异代表系。

2. 给定一个图，其顶点集合为$\mathcal{V}=\{1, 2, \cdots, n\}$，邻接矩阵为$A=\{a_{ij}\}$。判定$\mathcal{V}$的给定的子集$\mathcal{W}$是否是一个覆盖。（参见6.2中节的习题33。）

3. 将独立集算法应用于一个$m \times n$阶的0，1和2的矩阵，其中，矩阵的一排上不会有两个2。0和1如同算法中那样解释，而2对应于带星号的1。于是，程序要么置换某些1和2，得到一个新矩阵，它具有更大的2的独立集；要么确定这是不可能的。在后者的情况下，输出对应于一个最小覆盖的行号和列号。

4. 通过反复调用上面习题中的程序，在0-1矩阵中求出一个1的最大独立集。

5. 从$m \times n$阶的正整数矩阵$A=[a_{ij}]$开始，求解瓶颈问题。（提示：对于$k=1$，2，…，构造一个新矩阵$B=[b_{ij}]$，其中，根据$a_{ij}>k$是否成立，取$b_{ij}=0$或1。应用前面习题中的程序直到k足够大，使得B有一个具有n个元素的独立集。）

6. 给定一个$m \times m$阶的矩阵，执行匈牙利算法的步骤1得到一个具有非负元素的矩阵，且每排上至少有一个0元素。

7. 给定一个$m \times m$阶的矩阵，实现匈牙利算法。使用习题4的程序。注意，应用这个程序需要一个辅助矩阵，其中，0和1分别对应于正的元素和0元素。

推荐读物

1. Berg, C. *Graphs and Hypergraphs*, 2d ed. New York: Elsevier Science, 1976.
2. Edmonds, J. "Paths, Trees, and Flowers." *Canad. J. Math.* 17, 1965, 449–467.
3. Ford, L.R. and D.R. Fulkerson. *Flows in Networks*. Princeton, NJ: Princeton University Press, 1962.
4. Hall, P. "On Representations of Subsets." *J. London Math. Soc.* 10, 1935, 26–30.
5. Kuhn, H.W. "The Hungarian Method for the Assignment Problem." *Naval Res. Logist. Quart.* 2, 1955, 83–97.
6. Lawler, E.L. *Combinatorial Optimization: Networks and Matroids*. New York: Holt, Rinehart and Winston, 1976.
7. Mirsky, L. *Transversal Theory*. New York: Academic Press, 1971.
8. Roberts, Fred S. *Applied Combinatorics*. Englewood Cliffs, NJ: Prentice-Hall, 1984.

第7章

Discrete Mathematics, Fifth Edition

网 络 流

许多实际问题要求把一些物品从一个地方转移到另一个地方。例如，石油公司要把原油从油田运送到其炼油厂，长途电话公司要把消息从一个城市传送到另一个城市。在这两种情况下，一次可以移动的物品的数量都有限制。例如，石油必须流经的管道的容量限制了石油公司可以运送的原油量，电话公司的电缆和交换设备的容量限制了可以处理的电话呼叫的数目。必须在不超过某些容量限制的条件下，把某些物品从一个地方移动到另一个地方，这类问题称为**网络流**（network flow）问题。本章将研究如何解决这种问题。

7.1 流和割

在石油公司把原油从油田运送到其炼油厂时，石油有一个起点（油田）和一个目的地（炼油厂）。但是，可能有许多不同的可用管道，可以通过它们运送石油。图7.1所示的是一家石油公司的管道情况，石油公司的油田在Prudhoe湾，炼油厂在阿拉斯加州的Seward。（这里，所给出的管道容量为每天数千桶。）这张图显示了从油田到炼油厂的可能的路线，属于一类特殊的带权有向图。

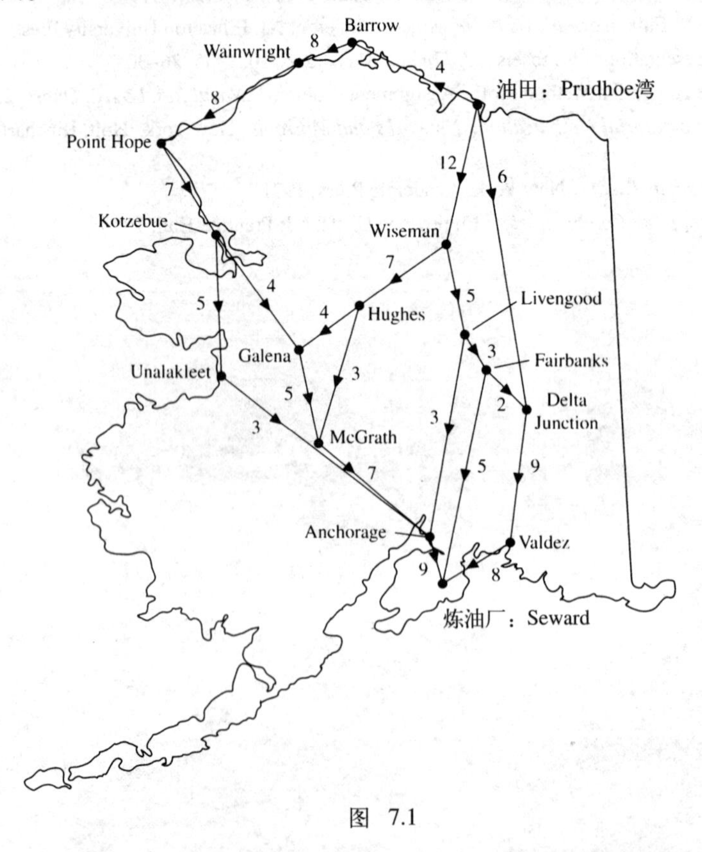

图 7.1

运输网络（transportation network），或更简单地，**网络**（network），是指满足下面三个条

件的带权有向图。

（1）恰有一个顶点没有入边，即恰好有一个入度为0的顶点，这个顶点称为**源**（source）。

（2）恰有一个顶点没有出边，即恰好有一个出度为0的顶点，这个顶点称为**汇**（sink）。

（3）赋予各条边的权都是非负的数。

在本书中，网络的有向边称为**弧**（arc），弧上的权称为弧的**容量**（capacity）。

例7.1 图7.2是一个有5个顶点和7条弧的带权有向图。7条弧是：容量为6的（A, B）、容量为8的（A, C）、容量为3的（A, D）、容量为5的（B, C）、容量为6的（B, D）、容量为4的（C, E）和容量为9的（D, E）。显然，每条弧的容量都是非负的数。注意，顶点A是唯一的没有入弧的顶点，顶点E是唯一的没有出弧的顶点。因此，图7.2所示的有向图是一个运输网络，顶点A是该网络的源，顶点E是该网络的汇。■

在运输网络中，我们考虑物品沿着弧从源流到汇，其中，每条弧上的运送量都不能超过弧的容量，沿途也不会丢失物品。因此，在除了源和汇的每个顶点上，到达的物品量必须与离开的物品量相等。下面的定义将把这些思想形式化。

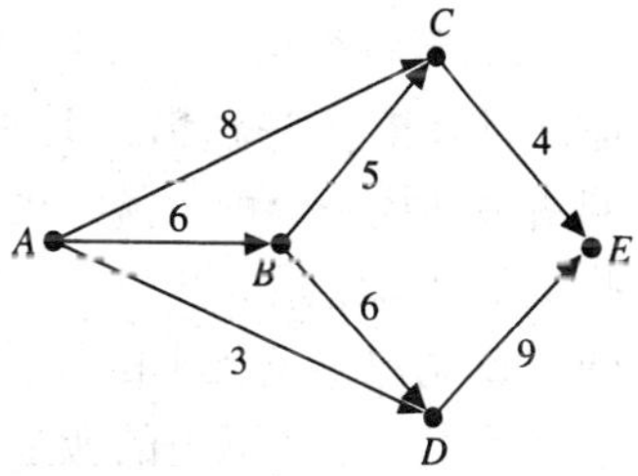

图 7.2

设$\mathcal{A}$是运输网络$\mathcal{N}$中弧的集合，对于$\mathcal{A}$中的每条弧e，设$c(e)$表示e的容量。$\mathcal{N}$中的一个**流**（flow）是一个函数f，f赋予每条弧e一个数$f(e)$，称为**沿弧e的流**（flow along arc e），且满足

（1）$0 \leqslant f(e) \leqslant c(e)$；

（2）除了源和汇之外，对于每个顶点V，流入V的总流量（在V结束的所有弧上的流之和）与流出V的总流量（从V开始的所有弧上的流之和）相等。

由于弧的容量非负，所以，很显然，在一个运输网络中，把数0指派给每条弧的函数f总是运输网络中的一个流。因此，每个网络都有流。

例7.2 对于图7.2所示的运输网络，函数f是一个流：$f(A, B) = 6$，$f(A, C) = 0$，$f(A, D) = 3$，$f(B, C) = 4$，$f(B, D) = 2$，$f(C, E) = 4$，$f(D, E) = 5$。这个流如图7.3所示，其中，每条弧上的第一个数是该弧的容量，第二个数是该弧上的流。注意，f的每个值是一个不超过对应弧的容量的非负数。此外，在顶点B，C和D上，流入顶点的总流量等于流出顶点的总流量。例如，沿着弧（A, B）流入顶点B的总流量是6；流出顶点B的总流量也是6，沿着弧（B, C）是4，沿着弧（B, D）是2。同样，流入顶点D的总流量是5，沿着弧（A, D）是3，沿着弧（B, D）是2；沿着弧（D, E）流出顶点D的总流量也是5。■

如图7.3所示，流出顶点A的总流量是9，沿着弧（A, B）是6，沿着弧（A, C）是0，沿着弧（A, D）是3。注意，这个数和流入顶点E的总流量相同，其中沿着弧（C, E）的流是4，沿着弧（D, E）的流是5。这个相等性质是每个流的基本性质。

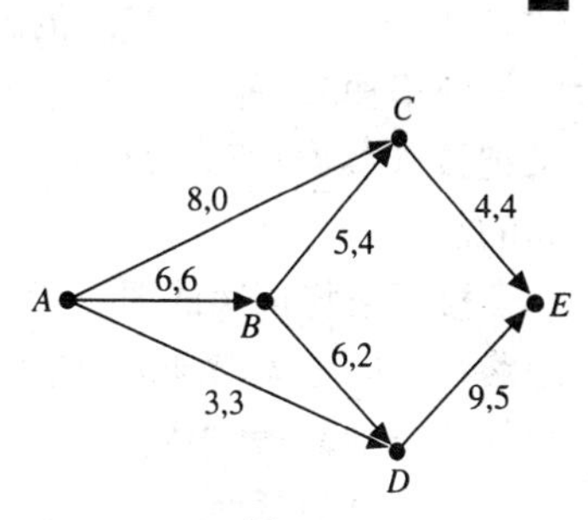

图 7.3

定理7.1 对于运输网络中的任何一个流，流出源的总流量等于流入汇的总流量。

证明 令V_1，V_2，…，V_n表示网络的顶点，V_1是源，V_n是汇。设f是这个网络中的一个流，对于每个k（$1 \leqslant k \leqslant n$），定义$I_k$是流入$V_k$的总流量，$O_k$是流出$V_k$的总流量。最后，令$S$表示网络中各条弧上的流之和。

对于每条弧$e = (V_j, V_k)$，$f(e)$恰好在和式$I_1 + I_2 + \cdots + I_n$中被包含一次（在项I_k中），并且

在$O_1 + O_2 + \cdots + O_n$中也恰好被包含一次（在项O_j中）。因此，$I_1 + I_2 + \cdots + I_n = S$，且$O_1 + O_2 + \cdots + O_n = S$。所以，$O_1 + O_2 + \cdots + O_n = I_1 + I_2 + \cdots + I_n$。但是，对于除源和汇之外的任意一个顶点$V_k$，$I_k = O_k$。在前面的等式中，消去这些相等的项，就得到$O_1 + O_n = I_1 + I_n$。现在，因为源没有入弧，所以$I_1 = 0$；因为汇没有出弧，所以$O_n = 0$。由此可知$O_1 = I_n$，即流出源的总流量等于流入汇的总流量。■

如果f是运输网络中的一个流，则流出源的总流量和流入汇的总流量的公共值称为流f的**值**（value）。

在图7.1所示的网络中，要通过管道输送原油，石油公司关心的是，每天可以从油田输送多少石油到炼油厂去。同样，在任何一个运输网络中，重要的是要知道在不超过各弧容量的情况下，从源到汇可以运送的物品的数量。换句话说，就是要知道运输网络中流的可能的最大值。网络中，一个有最大值的流称为**最大流**（maximal flow）。

7.2节将给出一个在运输网络中求最大流的算法。为了更好地理解这个算法，下面首先考虑所涉及的一些思想。例如，假设我们要在图7.2所示的运输网络中寻找一个最大流。由于这个网络很小，所以不难通过一些实验来确定最大流。实验的方法是寻找一个值递增的流的序列。首先把每条弧上的流都取为零。于是，当前流如图7.4所示，其中，各条弧上的数是该弧上的容量和当前的流。

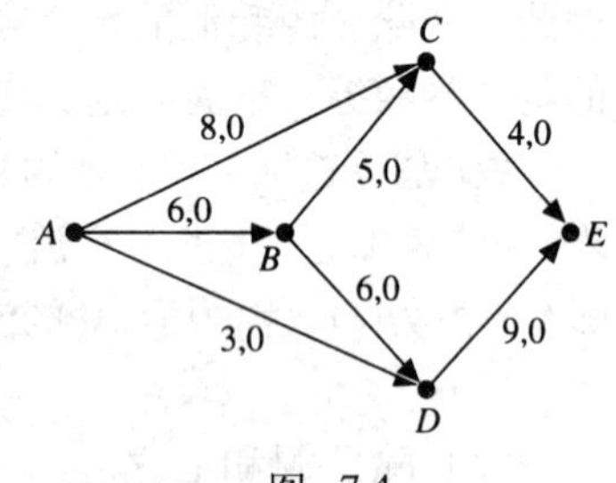

图 7.4

现在，我们将试图寻找一条从源到汇的通路，沿着这条通路可以增加当前的流。这样的通路称为**流增广**（flow-augmenting）通路。在当前情况下，由于没有流等于容量的弧，所以从源到汇的任意一条有向通路都满足要求。假设选择通路A, C, E。沿着这条通路上的弧可以把流增加多少呢？因为通路中的弧（A, C）和（C, E）的容量分别是8和4，所以，很显然，可以把这两条弧上的流增加4，且不会超过它们的容量。回想一下，我们只改变所选择的通路A, C, E上的弧的流，并且流出顶点C的流必须与流入C的流相等。因此，如果试图把弧（A, C）上的流增加超过4，那么弧（C, E）上的流也要增加超过4。但是，弧（C, E）上的大于4的流将超过其容量。因此，沿着通路A, C, E，可以增加的流的最大量是4。如果按这种方法增加流，就得到图7.5所示的流。

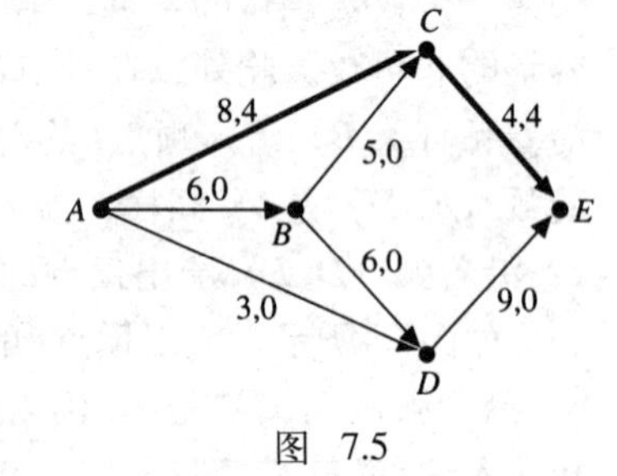

图 7.5

现在要试图寻找另一条流增广通路，以增加当前的流。注意，这样的通路不能包括弧（C, E），因为这条弧上的流已经达到其容量。一条可接受的通路是A, D, E。对于这条通路，可以把流增加3，且不会超过任何一条弧的容量。（为什么？）如果把弧（A, D）和（D, E）上的流增加3，就得到图7.6所示的新的流。

接下来将再次试图寻找一条流增广通路。通路A, B, D, E就是这样的一条通路。对于这条通路，可以把流增加6，且不会超过任何一条弧的容量。如果把弧（A, B），（B, D）和（D, E）上的流增加6，就得到图7.7所示的新的流。

还有可能找到另一条流增广通路吗？注意，任何一条通向汇的通路必须使用弧（C, E）或弧（D, E），因为这些弧是通往汇的仅有的弧。但是，这两条弧上的流已经达到弧的容量。因此，不可能再进一步增大图7.7所示的流。所以，图7.7所示的流就是一个最大流，这个流的值是13，即流出源和流入汇的流的公共值。

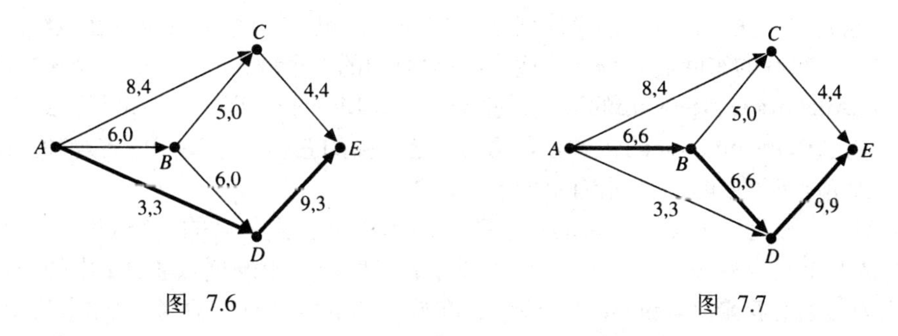

图 7.6　　　　图 7.7

这里用来证明不可能有值超过13的流的论证很重要。正如这个论证所提示的那样，最大流的值受限于某些弧的集合的容量。再次回忆图7.1所示的石油管道网络。假设在分析了这个网络之后，你确定最大流的值是18，但是你的同事怀疑你的计算，他们指出：每天从Prudhoe湾运出22 000桶石油，且每天运22 000桶石油到Seward是可能的。所以他们相信应该有一个值为22的流。你如何才能使他们相信不可能有值大于18的流呢？

假设将网络的顶点划分成两个集合$\mathcal{S}$和$\mathcal{T}$，源属于$\mathcal{S}$，汇属于$\mathcal{T}$。（回忆一下，这句话意味着每个顶点恰好属于集合$\mathcal{S}$或$\mathcal{T}$中的一个。）由于从源到汇的每条通路都是从$\mathcal{S}$中的一个顶点开始，到$\mathcal{T}$中的一个顶点结束，所以每条这样的通路都必须包含一条连接$\mathcal{S}$中的某个顶点到$\mathcal{T}$中的某个顶点的弧。所以，如果能按某种方式把网络的顶点划分成集合$\mathcal{S}$和$\mathcal{T}$，使所有这种弧的总容量等于18（其中的弧是指所有从$\mathcal{S}$中的一个顶点到$\mathcal{T}$中的一个顶点的弧），那么就证明了不可能有值大于18的流。

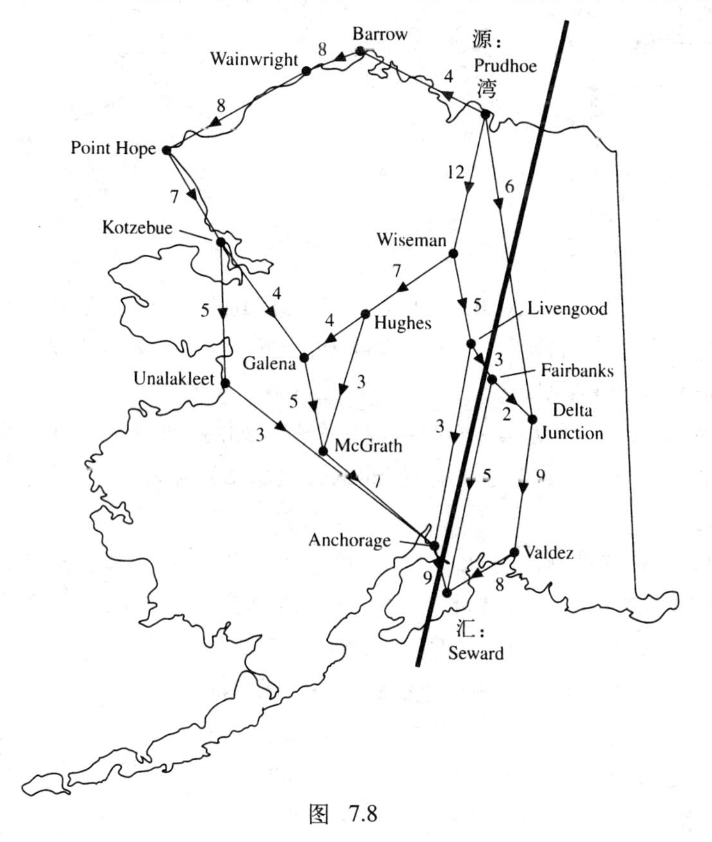

图 7.8

在图7.8中可以看到，取

$$\mathcal{T}=\{\text{Fairbanks, Delta Junction, Valdez, Seward}\},$$

$\mathcal{S}$为图中的其他城市，就得到一个这样的划分。图7.8中的粗线把$\mathcal{S}$中的城市（在粗线的西北面）和$\mathcal{T}$中的城市（在粗线的东南面）分开。注意，连接$\mathcal{S}$中的一个城市到$\mathcal{T}$中的一个城市的仅有的那些弧是：从Anchorage到Scward的弧（容量为9）、从Livengood到Fairbanks的弧（容量为3）和从Prudhoe湾到Delta Junction的弧（容量为6），这些弧的总容量是9 + 3 + 6 = 18。所以，没有从$\mathcal{S}$中的一个顶点到$\mathcal{T}$中的一个顶点的流会超过18。

把这个例子一般化，定义网络中的一个**割**（cut）是其顶点集合的一个划分，这个划分把顶点集合分成两个集合$\mathcal{S}$和$\mathcal{T}$，使源属于$\mathcal{S}$，汇属于$\mathcal{T}$。所有从$\mathcal{S}$中的顶点通往$\mathcal{T}$中的顶点的弧的容量之和称为该割的**容量**（capacity）。注意，在确定割的容量时，只考虑从$\mathcal{S}$中的顶点通往$\mathcal{T}$中的顶点的弧的容量，不考虑那些从$\mathcal{T}$中的顶点通往$\mathcal{S}$中的顶点的弧的容量。

例7.3 在图7.8中，令

$$\mathcal{S} = \{\text{Prudhoe湾，Barrow，Wainwright，Point Hope，Kotzebue}\},$$

$\mathcal{T}$包含那些不在$\mathcal{S}$中的城市。$\mathcal{S}$，$\mathcal{T}$是一个割，因为Prudhoe湾在$\mathcal{S}$中，Seward在$\mathcal{T}$中。从$\mathcal{S}$中的一个城市通往$\mathcal{T}$中的一个城市的弧是：从Kotzebue到Unalakleet的弧（容量为5）、从Kotzebue到Galena的弧（容量为4）、从Prudhoe湾到Wiseman的弧（容量为12）、从Prudhoe湾到Delta Junction的弧（容量为6）。所以，这个割的容量是5 + 4 + 12 + 6 = 27。 ■

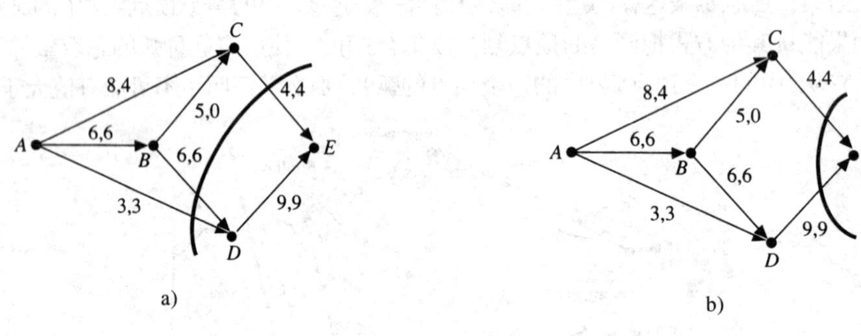

图 7.9

例7.4 在图7.9a中，$\mathcal{S} = \{A, B, C\}$和$\mathcal{T} = \{D, E\}$构成一个割。从$\mathcal{S}$中的一个顶点通往$\mathcal{T}$中的一个顶点的弧是：容量为3的弧（$A, D$）、容量为6的弧（$B, D$）和容量为4的弧（$C, E$）。因此，这个割的容量是3 + 6 + 4 = 13。

集合$\mathcal{S}' = \{A, B, C, D\}$和$\mathcal{T}' = \{E\}$也构成一个割，如图7.9b所示。在这个割中，从$\mathcal{S}'$中的一个顶点通往$\mathcal{T}'$中的一个顶点的弧是：容量为4的弧（$C, E$）和容量为9的弧（$D, E$）。因此，这个割的容量也是13。 ■

在图7.10中，令$\mathcal{S}$，$\mathcal{T}$是割，其中$\mathcal{S} = \{A, C, D\}$，$\mathcal{T} = \{B, E\}$。考虑连接$\mathcal{S}$中的顶点和$\mathcal{T}$中的顶点的弧上的总流量（不是容量）。首先注意，从$\mathcal{S}$到$\mathcal{T}$的总流量（即从$\mathcal{S}$中的顶点通往$\mathcal{T}$中的顶点的各弧上的总流量）是6 + 4 + 7 = 17，即弧（A, B），（C, E）和（D, E）的流之和。同样，从$\mathcal{S}$到$\mathcal{T}$的总流量是1 + 5 = 6，即弧（B, C）和（B, D）的流之和。因此，从$\mathcal{S}$到$\mathcal{T}$的总流量与从$\mathcal{T}$到$\mathcal{S}$的总流量之差是17−6 = 11，这是图7.10所示的流的值。正如下面的定理所指出的那样，这个等式一般是正确的。

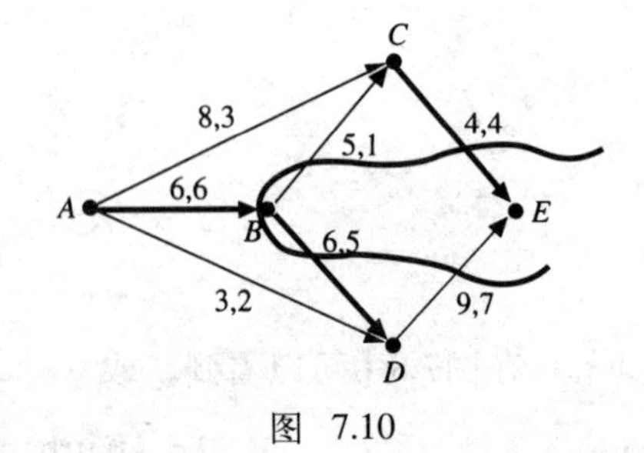

图 7.10

定理7.2 *如果f是运输网络中的一个流，$\mathcal{S}$，$\mathcal{T}$是割，那么f的值等于从$\mathcal{S}$中的顶点通往$\mathcal{T}$中的顶点的各弧的总流量与*

从$\mathcal{T}$中的顶点通往$\mathcal{S}$中的顶点的各弧的总流量的差。

证明 如果$\mathcal{U}$和$\mathcal{V}$是网络中顶点的集合，那么就用$f(\mathcal{U}, \mathcal{V})$表示从$\mathcal{U}$中的顶点通往$\mathcal{V}$中的顶点的各弧的总流量。设$f$的值是$a$。在这种表示方法下，要证明的结果可以写成$a = f(\mathcal{S}, \mathcal{T}) - f(\mathcal{T}, \mathcal{S})$。注意，如果$\mathcal{V}_1 \cap \mathcal{V}_2 = \varnothing$，那么$f(\mathcal{U}, \mathcal{V}_1 \cup \mathcal{V}_2) = f(\mathcal{U}, \mathcal{V}_1) + f(\mathcal{U}, \mathcal{V}_2)$；同样，如果$\mathcal{U}_1 \cap \mathcal{U}_2 = \varnothing$，那么$f(\mathcal{U}_1 \cup \mathcal{U}_2, \mathcal{V}) = f(\mathcal{U}_1, \mathcal{V}) + f(\mathcal{U}_2, \mathcal{V})$。

根据流的定义，如果一个顶点V既不是源也不是汇，那么$f(\{V\}, \mathcal{S} \cup \mathcal{T}) - f(\mathcal{S} \cup \mathcal{T}, \{V\}) = 0$；如果顶点$V$是源，那么$f(\{V\}, \mathcal{S} \cup \mathcal{T}) - f(\mathcal{S} \cup \mathcal{T}, \{V\}) = a$。对于$\mathcal{S}$中的每个顶点$V$都有一个这样的等式，把所有这些等式相和，就得到等式

$$f(\mathcal{S}, \mathcal{S} \cup \mathcal{T}) - f(\mathcal{S} \cup \mathcal{T}, \mathcal{S}) = a。$$

因此，

$$\begin{aligned} \mathrm{a} &= f(\mathcal{S}, \mathcal{S} \cup \mathcal{T}) - f(\mathcal{S} \cup \mathcal{T}, \mathcal{S}) \\ &= [f(\mathcal{S}, \mathcal{S}) + f(\mathcal{S}, \mathcal{T})] - [f(\mathcal{S}, \mathcal{S}) + f(\mathcal{T}, \mathcal{S})] \\ &= f(\mathcal{S}, \mathcal{T}) - f(\mathcal{T}, \mathcal{S})。 \end{aligned}$$

■

推论 如果f是运输网络中的一个流，$\mathcal{S}$，$\mathcal{T}$是一个割，那么f的值不超过割$\mathcal{S}$、$\mathcal{T}$的容量。

证明 采用定理7.2的证明中的表示方法。因为$f(\mathcal{T}, \mathcal{S}) \geqslant 0$，所以

$$a = f(\mathcal{S}, \mathcal{T}) - f(\mathcal{T}, \mathcal{S}) \leqslant f(\mathcal{S}, \mathcal{T})。$$

但是，从$\mathcal{S}$中的一个顶点通往$\mathcal{T}$中的一个顶点的任何一条弧的流不可能超过该弧的容量。因此，$f(\mathcal{S}, \mathcal{T})$不可能超过割$\mathcal{S}$，$\mathcal{T}$的容量，从而推出$f$的值不超过割$\mathcal{S}$，$\mathcal{T}$的容量。 ■

定理7.2的推论是一个有用的结论，它意味着运输网络中最大流的值不可能超过网络中任何一个割的容量。利用这个结论，可以容易地得到最大流的上界。在7.3节中，我们将证明每个运输网络都至少包含一个容量与最大流的值相等的割，从而加强了上述结论。（注意，例如，例7.4给出了两个割，其容量与图7.7所示的网络的最大流的值相等。）这个结论使我们能够证明一个特定的流是一个最大流，正如在分析图7.7所示的流时所做的那样。

习题7.1

在习题1~6中，判断给定的带权有向图是否是一个运输网络。如果是，则指出源和汇；如果不是，则说明为什么。

1.

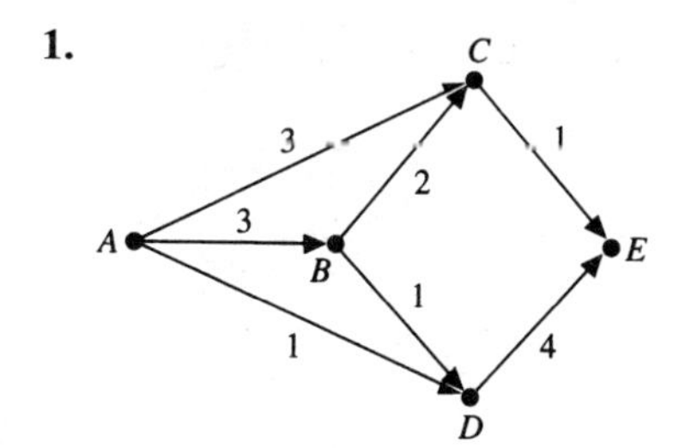

2.

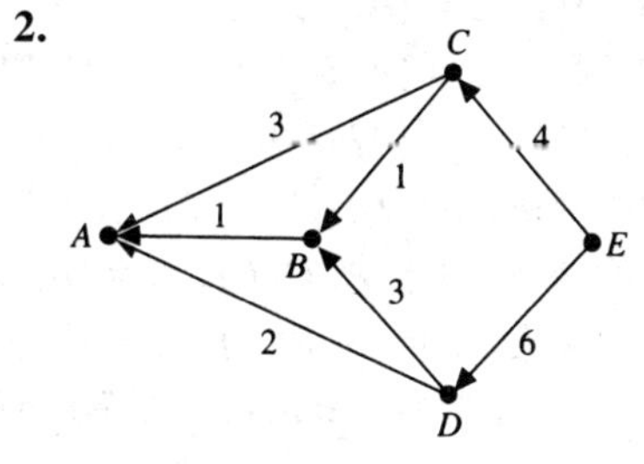

3.

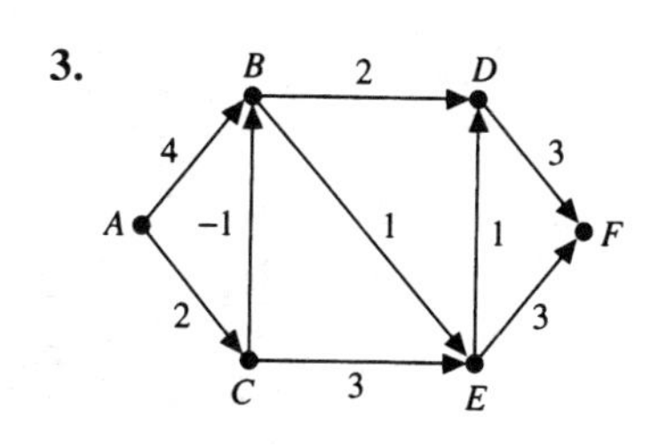

4.

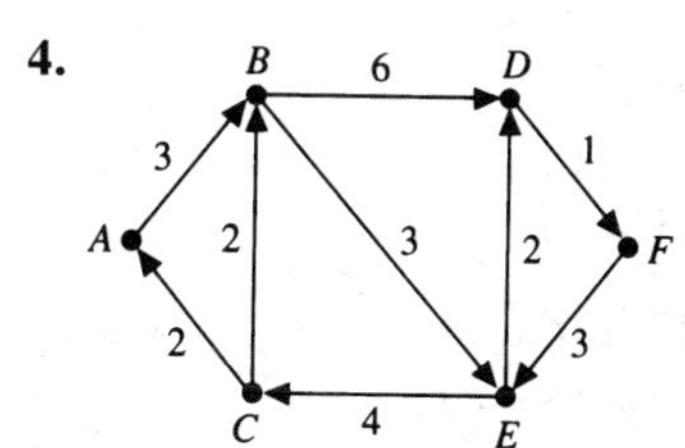

5.

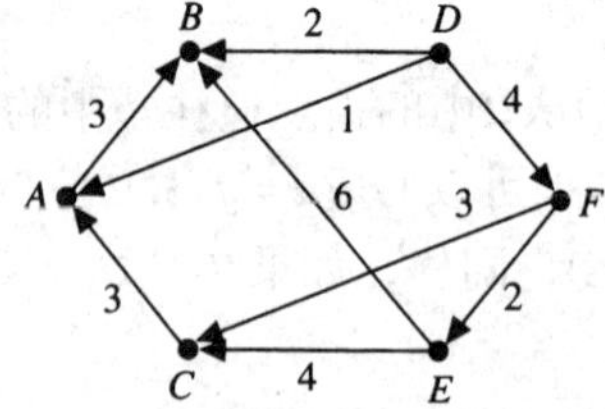

6.

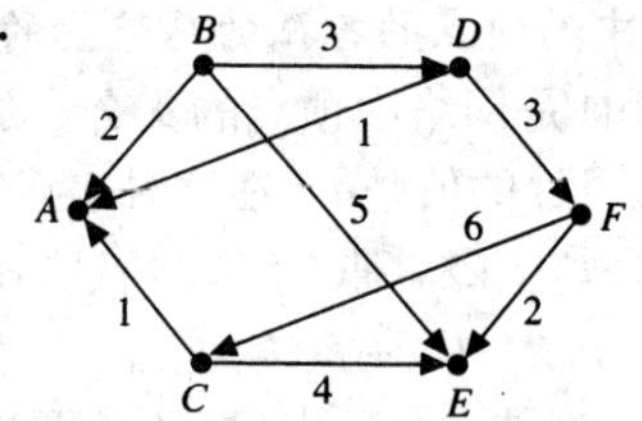

在习题7~12中，分别给出了一个运输网络，每条弧上的第一个数给出了弧的容量。请说明弧上的第二个数是否构成该网络的一个流。如果是，则给出流的值；如果不是，则说明为什么。

7.

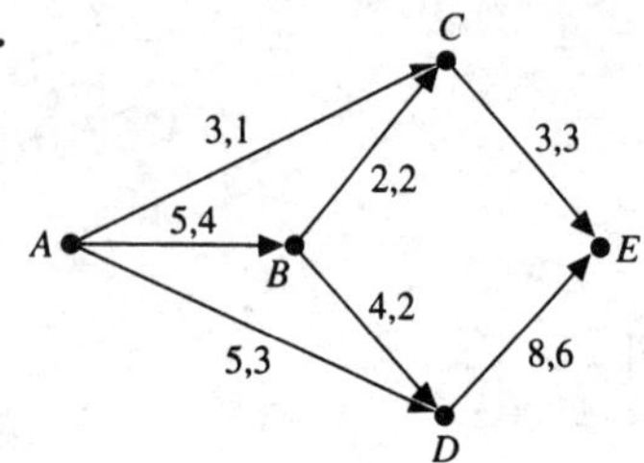

8.

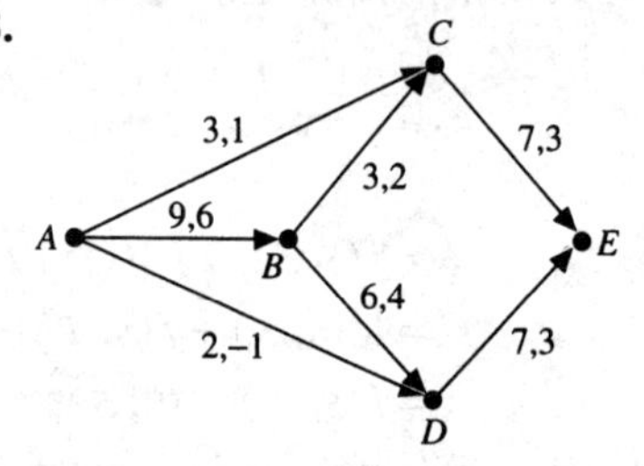

9.

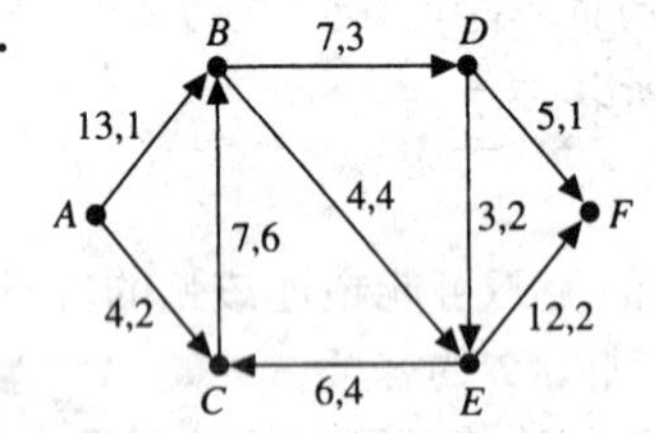

10.

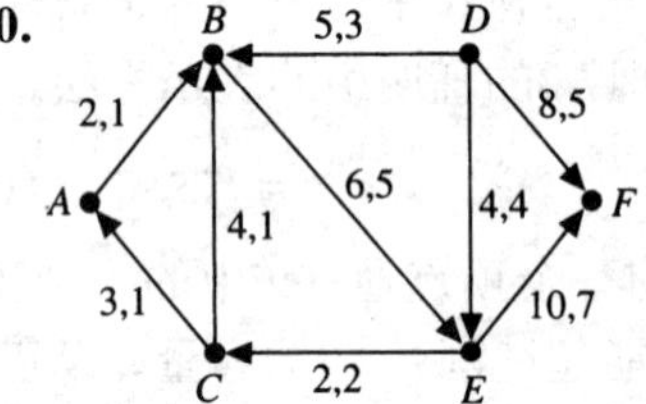

11.

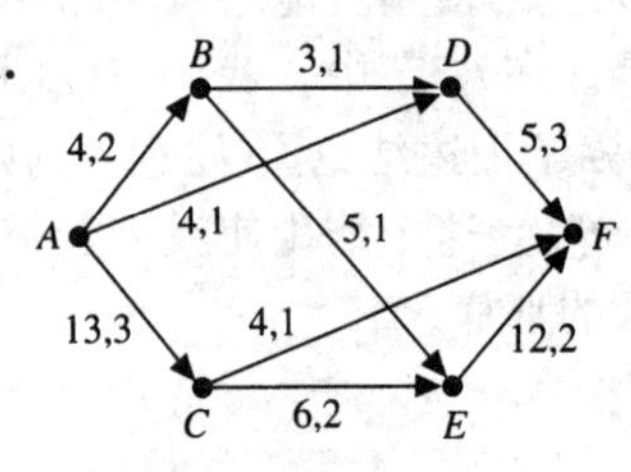

12.

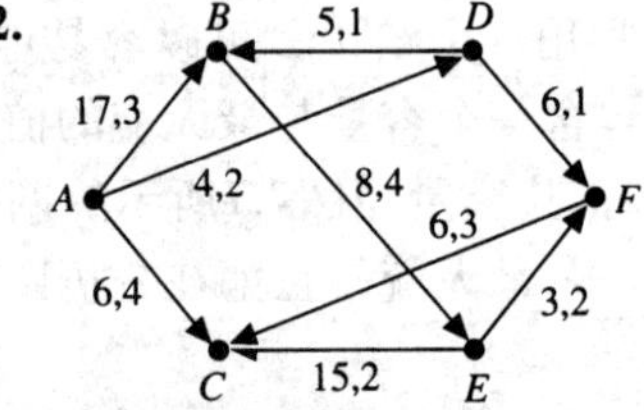

在习题13~18中，判断给定的集合S，T是否构成所指定网络的一个割。如果是，则给出割的容量；如果不是，则说明为什么。

13. 对于习题7中的网络，$S = \{A, B\}$，$T = \{D, E\}$

14. 对于习题8中的网络，$S = \{A, D\}$，$T = \{B, C, E\}$

15. 对于习题9中的网络，$S = \{A, D, E\}$，$T = \{B, C, F\}$

16. 对于习题10中的网络，$S = \{A, B, C, D\}$，$T = \{D, E, F\}$

17. 对于习题11中的网络，$S = \{A, D, E\}$，$T = \{B, C, F\}$

18. 对于习题12中的网络，$S = \{A, B, C\}$，$T = \{D, E, F\}$

在习题19~24中，通过观察找出满足给定条件的流。

19. 习题7的网络中值为11的流。

20. 习题8的网络中值为13的流。

21. 习题9的网络中值为11的流。

22. 习题10的网络中值为17的流。

23. 习题11的网络中值为18的流。

24. 习题12的网络中值为18的流。

在习题25~30中，通过观察找出满足给定条件的割。

25. 习题7的网络中容量为11的割。

26. 习题8的网络中容量为13的割。

27. 习题9的网络中容量为11的割。

28. 习题10的网络中容量为17的割。

29. 习题11的网络中容量为18的割。

30. 习题12的网络中容量为18的割。

31. 电话呼叫可以沿着多条线路从芝加哥传送到亚特兰大。从芝加哥到印第安纳波利斯的线路可以同时承载40个呼叫，其他线路及其容量如下：芝加哥到圣路易（30个呼叫）、芝加哥到孟菲斯（20个呼叫）、印第安纳波利斯到孟菲斯（15个呼叫）、印第安纳波利斯到列克星敦（25个呼叫）、圣路易到小石城（20个呼叫）、小石城到孟菲斯（15个呼叫）、小石城到亚特兰大（10个呼叫）、孟菲斯到亚特兰大（25个呼叫）、列克星敦到亚特兰大（15个呼叫）。请画出运输网络以表示这些信息。

32. 水坝上的一台发电机能够发送300MW到变电站1, 200MW到变电站2, 250MW到变电站3。另外，变电站2能发送100MW到变电站1，发送70MW到变电站3。变电站1最多可以发送280MW到配电中心，变电站3最多可以发送300MW到配电中心。请画出运输网络以表示这些信息。

在习题33-36中，设$f(\mathcal{U}, \mathcal{V})$如定理7.2的证明中那样定义。

33. 如果f是习题10中的流，$\mathcal{U} = \{B, C, D\}$，$\mathcal{V} = \{A, E, F\}$，求出$f(\mathcal{U}, \mathcal{V})$和$f(\mathcal{V}, \mathcal{U})$。

34. 如果f是习题12中的流，$\mathcal{U} = \{C, E, F\}$，$\mathcal{V} = \{A, B, D\}$，求出$f(\mathcal{U}, \mathcal{V})$和$f(\mathcal{V}, \mathcal{U})$。

35. 给出一个例子，说明：如果$\mathcal{V}_1$和$\mathcal{V}_2$不是不相交的，那么$f(\mathcal{U}, \mathcal{V}_1 \cup \mathcal{V}_2)$不等于$f(\mathcal{U}, \mathcal{V}_1) + f(\mathcal{U}, \mathcal{V}_2)$是可能的。

36. 证明：对于任何顶点集合$\mathcal{U}, \mathcal{V}$和$\mathcal{W}$，$f(\mathcal{U}, \mathcal{V} \cup \mathcal{W}) = f(\mathcal{U}, \mathcal{V}) + f(\mathcal{U}, \mathcal{W}) - f(\mathcal{U}, \mathcal{V} \cap \mathcal{W})$。

7.2 流增广算法

本节将介绍一个在运输网络中寻找最大流的算法。这个算法基于福特（Ford）和富克森（Fulkerson）所阐述的过程，并且利用了埃德蒙孜（Edmonds）和喀帕（Karp）提出的修改。（参见本章末尾的推荐读物[5]和[3]）。这个算法的本质已在7.1节中做了描述。

（1）从任何一个流开始，例如，一个每条弧上的流都为零的流。

（2）找出一条流增广通路（一条从源到汇的通路，沿着这条通路，可以增加当前的流），尽可能多地增加沿着这条通路的流。

（3）重复步骤（2），直到再也不能找出流增广通路为止。

在确定是否有流增广通路时必须要小心。例如，考虑图7.11所示的运输网络和流，其中，每条弧上的数依次是弧的容量和当前的流。图中所示的流是这样的：沿着通路A, B, C, E发送4个单位的流，沿着通路A, D, E发送3个单位的流，沿着通路A, B, D, E发送2个单位的流。

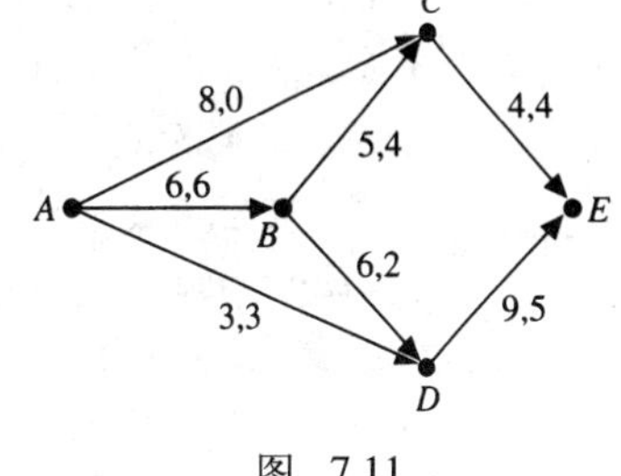

图 7.11

图7.11所示的流的值是9，从图7.7后面的论证可以知道这个网络的最大流的值是13。因此，我们要寻找一条从A到E的通路，沿着这条通路可以增加当前的流。很显然，增加流出A的流的唯一方法是使用弧（A, C）。但是，（C, E）是唯一的一条离开顶点C的弧，且这条弧上的当前流等于它的容量，从而不能增加弧（C, E）上的流。因此，没有从A到E的且沿着它可以增加流的有向通路。但是，如果允许从顶点C到顶点B的、沿弧（B, C）的流，就可以沿通路A, C, B, D, E发送4个单位的流。这额外的4个单位将使我们得到一个从A到E的最大流。

弧的方向是从B到C，如何解释从C到B发送4个单位呢？由于弧（B, C）上已经有4个单位的流，所以从C到B发送4个单位的流的效果是抵消了原先弧（B, C）上的流。因此，通过沿通路A, C, B, D, E发送4个单位的流，就得到图7.7所示的最大流。

如果更仔细地考虑图7.11所示的网络，就可以发现第一条通路A, B, C, E选择得不太好。使用弧（C, E）作为这条通路的一部分阻止了以后再使用弧（A, C）。（注意，因为除了弧（C, E）之外，没有其他离开顶点C的弧，所以任何沿弧（A, C）送入顶点C的流必须沿弧（C, E）离开。）因此，在通路A, C, B, D, E中使用弧（B, C）修正了原来对于通路A, B, C, E的低劣选择。很显然，我们的算法需要某种方法来修正早先做出的对于从源到汇的通路的低劣的选择。在下面版本的算法中，这个修正出现在步骤2.2（b）中。

与6.3节中的独立集算法一样，这个算法基于由福特和富克森发明的标记过程。在这个算法中，要在顶点上执行两种操作，这两种操作分别称为*标记*和*扫描*。与独立集算法一样，一个顶点在可以被扫描之前必须先被标记。

流增广算法

对于一个运输网络，其中，弧（X, Y）有容量$c(X, Y)$，本算法将指出当前的流f是一个最大流，或用一个有更大值的流替换f。

步骤1（标记源）

用三元组（源，+，∞）标记源

步骤2（扫描和标记）

repeat

步骤2.1（选择一个顶点来扫描）

在所有已被标记但还未被扫描的顶点中，令V表示第一个被标记的顶点，并假设V上的标记是（U, ±, a）

步骤2.2（扫描顶点V）

对于每个未被标记的顶点W，执行下面的操作。

（a）如果（V, W）是一条弧，并且$f(V, W) < c(V, W)$，则把标记（V, +, b）赋予W，这里b是a和$c(V, W) - f(V, W)$中的较小者。

（b）如果（W, V）是一条弧，并且$f(W, V) > 0$，则把标记（V, −, b）赋予W，这里b是a和$f(W, V)$中的较小者。

（c）如果（a）和（b）都不成立，则不标记W。

步骤2.3（做已被扫描的记号）

把顶点V标记为已被扫描过了

until汇被标记，或每个已被标记的顶点都已被扫描了

步骤3（如果可能，增加流）

if汇未被标记

当前流是一个最大流

otherwise

步骤3.1（突破）

现在令V表示汇，并假设V上的标记是（U, +, a）

步骤3.2（调整流）

repeat

（a）**if** V的标记是（U, +, b）

用$f(U, V)$ + a替换$f(U, V)$

```
            endif
        (b) if V上的标记是 (U, -, b)
              用f (V, U)-a替换f (V, U)
            endif
        (c) 现在令V表示顶点U
    until V是源
endif
```

如果当前流不是一个最大流，那么流增广算法用广度优先搜索法找出一条最短的流增广通路（即一条包含弧最少的通路）。这条通路上的每个顶点V都以（U, +, a）或（U, −, a）被标记。标记的第一个元素U表示在这条通路上顶点U在V之前。标记的第二个元素表示（U, V）或（V, U）是这条通路上的弧，分别取决于这个元素是+还是−。标记的第三个元素a是一个正数，指示对从源到V的通路上的任何一条弧，当前的流可以增加多少（如果标记的第二个元素是+）或减少多少（如果标记的第二个元素是−），且不会违反流定义的条件（1）中的限制。

下面将通过为7.1节中所讨论的网络寻找一个最大的流来说明流增广算法的应用。当到达算法中步骤2.2时，按字母顺序检查未被标记的顶点。为了开始应用这个算法，把每条弧上的流都取为零，如图7.12所示。（写在每条弧旁边的两个数仍然是这条弧的容量和当前的流。）

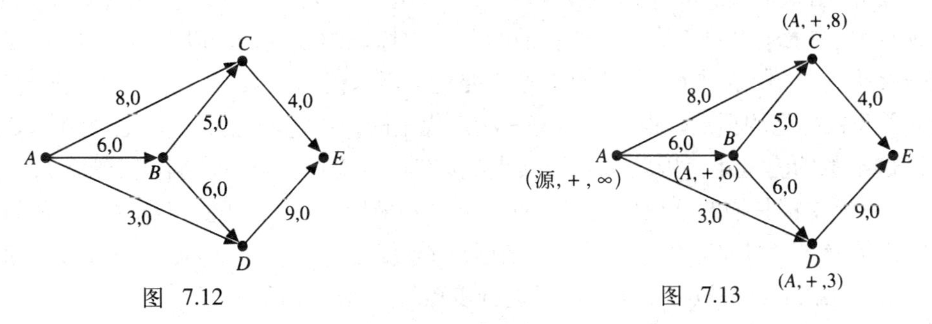

图 7.12　　图 7.13

在步骤1中，把标记（源，+，∞）赋予源，即顶点A。在步骤2中，注意，只有顶点A已被标记但还未被扫描。在步骤2.2中，扫描A，即检查未被标记的顶点（B，C，D和E），考察它们中的任何一个是否可以被赋予标记。注意，顶点B未被标记，（A, B）是一条弧，而且沿着这条弧的流（0）小于容量（6）。因此，可以在顶点B上执行步骤2.2中的操作（a）。由于6是∞（A上的标记中的第三个元素）和6−0中的较小者，所以用（A，+，6）标记B。同样，可以在顶点C和D上执行操作（a），分别将它们标记为（A，+，8）和（A，+，3）。因为顶点E不与顶点A连接，所以还不能被赋予标记。至此就完成了顶点A的扫描。当前的标记如图7.13所示。

扫描顶点A之后，回到步骤2.1。有3个已被标记但还未被扫描的顶点（即顶点B, C和D）。在这些顶点中，顶点B是第一个被标记的顶点，所以扫描顶点B。由于没有通过一条弧连接顶点B的未被标记的顶点，所以顶点B的扫描没有产生变化。因此，再一次回到步骤2.1。在此阶段，有两个还未被扫描的已被标记[⊖]的顶点（即顶点C和D），其中C是首先被标记的。所以，在步骤2.2中扫描顶点C。由于E没有被标记，（C, E）是一条弧，而且这条弧上的流（0）比容量（4）小，所以执行操作（a）。这个操作把标记（C，+，4）赋予顶点E，因为4是8（C上的标记中的第三个元素）和4−0（弧（C, E）上的容量减去弧（C, E）上的流）中的较小者。由于没有剩余的未标记的顶点，这就完成了顶点C的扫描。当前的标记如图7.14所示。

⊖ 原文误为"未被标记的顶点"，译文中已纠正。——译者注

在顶点C的扫描过程中，汇被标记，所以进行到步骤3。汇被标记为（C, +, 4）的事实说明：沿着经过顶点C的一条通路，当前的流可以增加4。在这条通路上，C之前的顶点是C上的标记（A, +, 8）中的第一个元素。因此，沿着它可以使流增加4的、从源到汇的通路是A, C, E。当沿这条通路上的弧把流增加4时，所得到的流如图7.15所示。

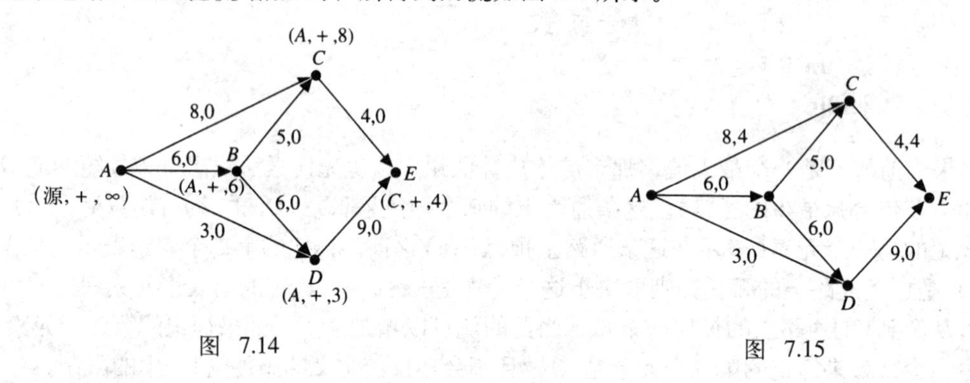

图　7.14　　　　图　7.15

步骤3就此结束，所以流增广算法的第一次迭代就完成了。现在，删去所有的标记，对图7.15所示的流重复流增广算法。如前所述，把标记（源, +, ∞）赋予顶点A，然后在步骤2.2中扫描顶点A。结果是顶点B, C和D分别得到标记（A, +, 6）、（A, +, 4）和（A, +, 3）。这就完成了顶点A的扫描。由于B是还未被扫描的首先被标记的顶点，所以现在扫描顶点B。与算法的第一次迭代一样，顶点B的扫描没有产生变化。所以回到步骤2.1。这一次，顶点C是还未被扫描的首先被标记的顶点。但是，与第一次迭代不同，不能标记顶点E，因为弧（C, E）上的流不比这条弧的容量小。因此，扫描顶点C没有产生变化。再一次回到步骤2.1。这一次，顶点D是唯一还未被扫描的已被标记的顶点，所以扫描顶点D。由于弧（D, E）上的流小于容量，所以执行操作（a）。这个操作的结果是顶点E被标记为（D, +, 3）。这就完成了顶点D的扫描。但是，现在汇已经被标记了，所以进行步骤3，如图7.16所示。

因为汇上的标记是（D, +, 3），所以可以沿着一条经过顶点D的通路把当前的流增加3。为了找出这条通路上在D之前的顶点，检查D上的标记（A, +, 3）。由于这个标记的第一个元素是A，所以，沿着它可以使流增加3的通路是A, D, E。当沿着这条通路上的弧把流增加3时，就得到了图7.17所示的流。这就完成了流增广算法的第二次迭代。

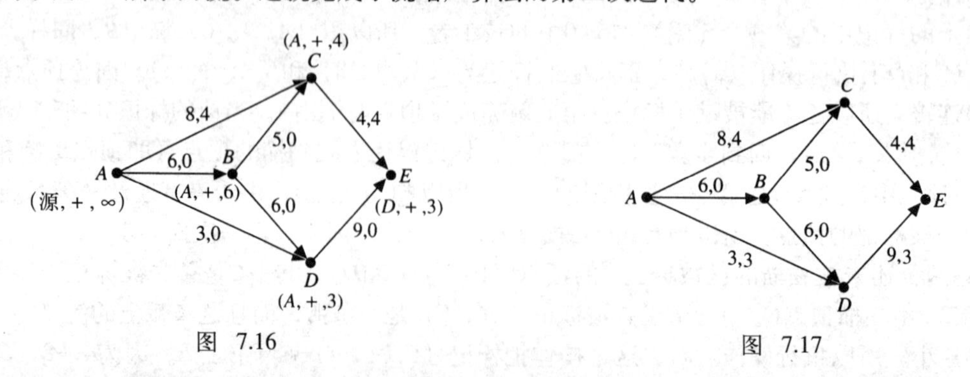

图　7.16　　　　图　7.17

再次去掉所有的标记，再执行一次算法迭代。在这第三次迭代中，当到达步骤3时，所得到的标记如图7.18所示。从这些标记可以看出：沿着它可以使流增加6的通路是A, B, D, E。沿着这条通路上的弧把流增加6，就得到了图7.19所示的流。

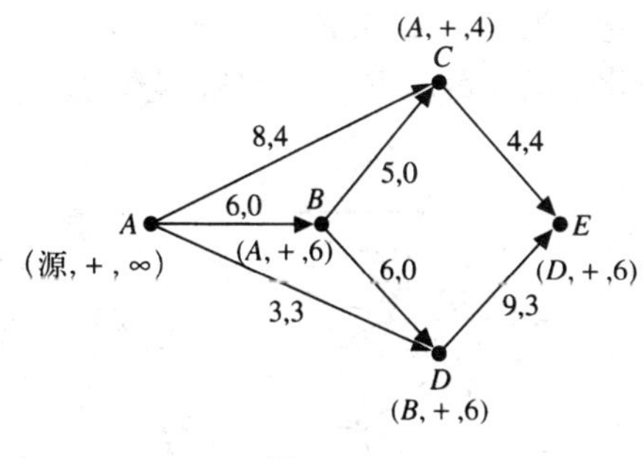

图 7.18

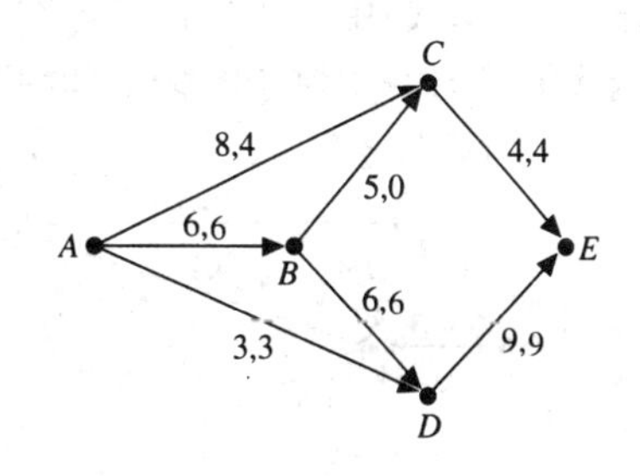

图 7.19

再次去掉所有的标记，再执行一次算法迭代。但是，这一次，在扫描顶点A时，仅能标记顶点C，如图7.20所示。而且，在扫描顶点C时，没有产生变化。因此，所有已被标记的顶点都已被扫描了。于是，步骤3使我们确信现在的流（图7.19所示的流）是一个最大流。算法结束时，已被标记的顶点的集合$S = \{A, C\}$和未被标记的顶点的集合$T = \{B, D, E\}$构成了一个割。注意，这个割的容量是$4 + 6 + 3 = 13$，等于图7.19所示的最大流的值。如果流增广算法结束时，汇未被标记，则已被标记的顶点的集合和未被标记的顶点的集合总是确定了一个割，其容量等于最大流的值。在7.3节中将看到，这不是巧合。

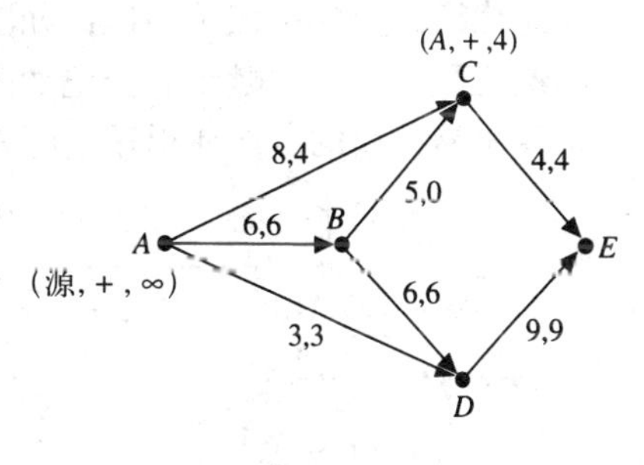

图 7.20

例7.5　用流增广算法找出图7.21所示的网络的一个最大流。在步骤2.2中标记顶点时，按照字母顺序考虑顶点。

迭代1　迭代1中赋予的标记如图7.22所示。因此，沿通路A, B, F, G把流增加3。

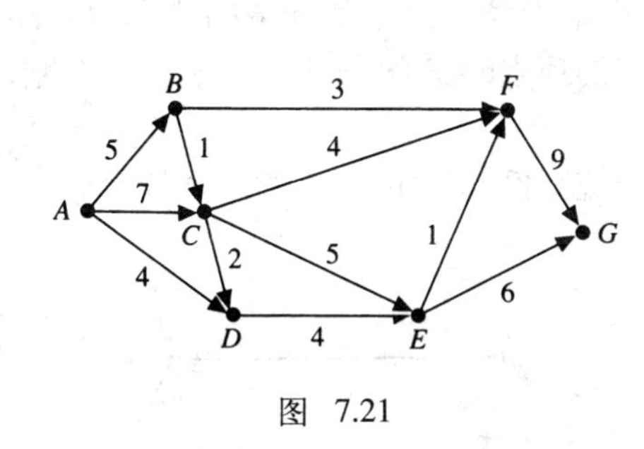

图 7.21

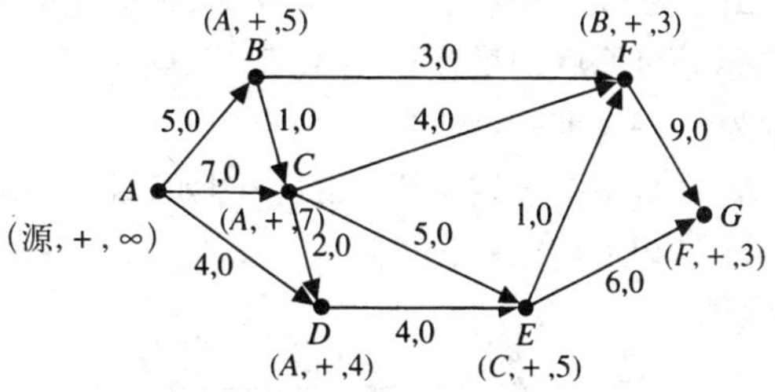

图 7.22

迭代2　迭代2中赋予的标记如图7.23所示。因此，沿通路A, C, E, G把流增加5。

迭代3　迭代3中赋予的标记如图7.24所示。因此，沿通路A, C, F, G把流增加2。

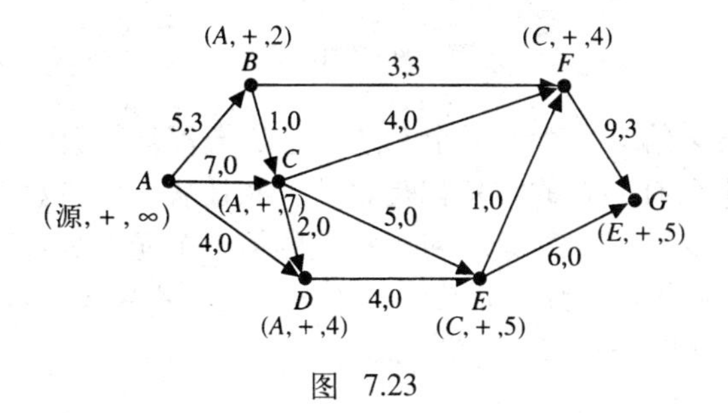

图 7.23

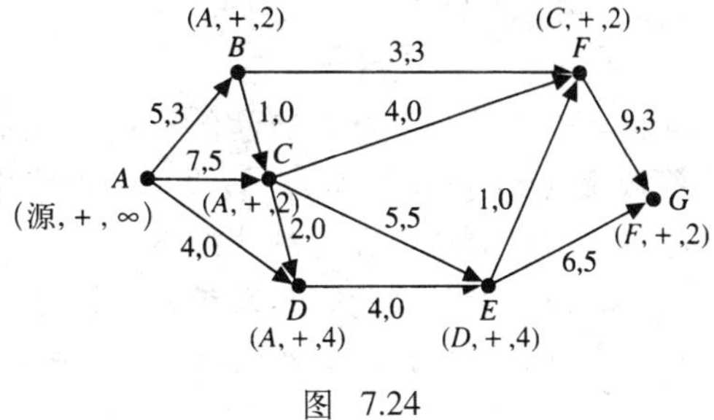

图 7.24

迭代4　迭代4中赋予的标记如图7.25所示。因此，沿通路A, D, E, G把流增加1。

迭代5　迭代5中赋予的标记如图7.26所示。因此，沿通路A, B, C, F, G把流增加1。

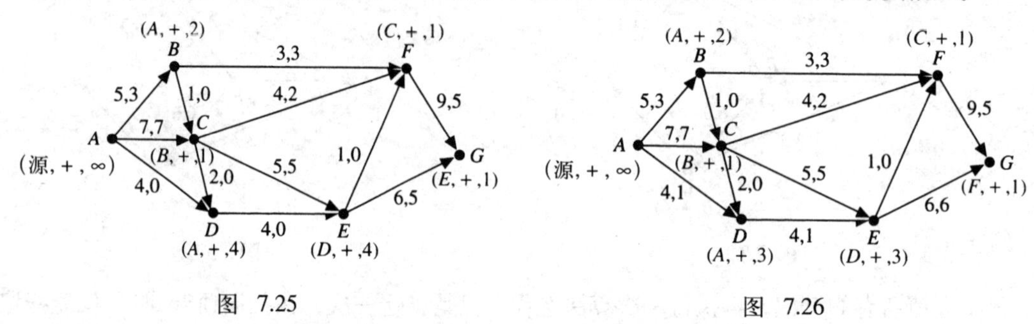

图 7.25　　　　图 7.26

迭代6　迭代6中赋予的标记如图7.27所示。因此，沿通路A, D, E, F, G把流增加1。

迭代7　迭代7中赋予的标记如图7.28所示。因此，沿通路A, D, E, C, F, G把流增加1。（注意，这里沿错误的方向使用弧（C, E），以抵消迭代2中沿这条弧发送的1个单位的流。）

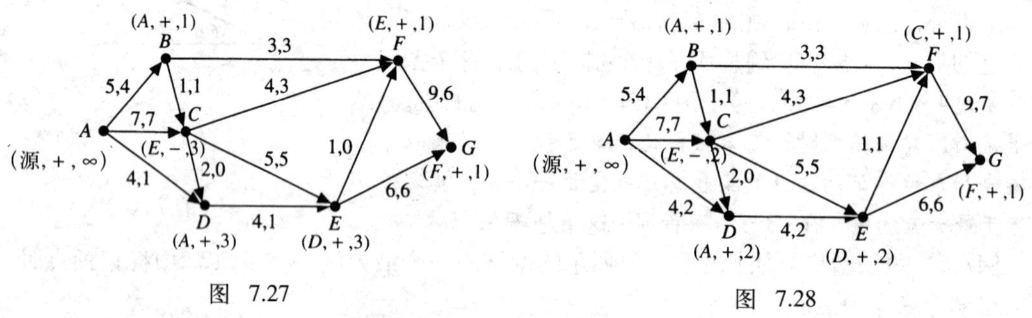

图 7.27　　　　图 7.28

迭代8　迭代8中赋予的标记如图7.29所示。

由于汇没有被标记，所以图7.29所示的流是一个最大流。这个最大流的值是14。注意，已被标记的顶点的集合$\mathcal{S} = \{A, B, C, D, E\}$和未被标记的顶点的集合$\mathcal{T} = \{F, G\}$构成一个割，其容量为$3 + 4 + 1 + 6 = 14$。■

最大流并不一定是唯一的。例如，图7.30所示的流是例7.5中的网络的一个最大流。这个流与图7.29所示的流不同。

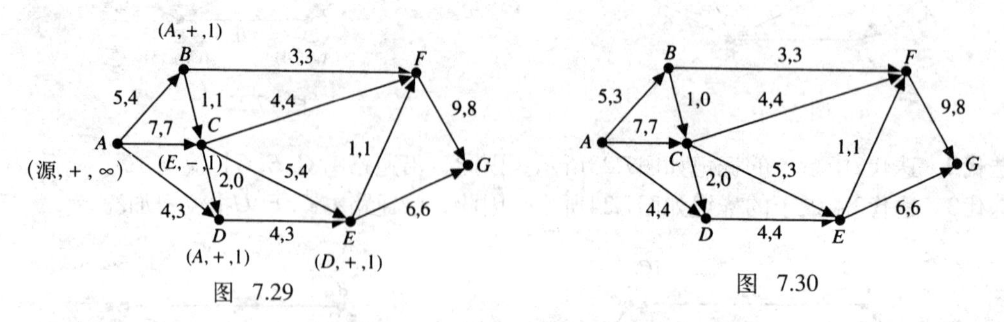

图 7.29　　　　图 7.30

下面以一个关于流增广算法的有用的观察来结束本节。一个每条弧上的流都是整数的流称为**整数流**（integral flow）。假设一个网络中所有的弧的容量都是整数，并且从一个整数流开始应用流增广算法。在这种情况下，在算法步骤2.2中赋予的每个标记的第三个元素是若干个整数中的最小者。因此，如果所有的弧的容量都是整数，并且每条弧上的流都是从零开始，那么重复应用流增广算法所产生的最大流是一个整数流。

习题7.2

在所有这些习题中，在使用流增广算法时，如果要选择一个顶点作标记，则按字母顺序标记顶点。

在习题1~4中，分别给出了一个网络、一个流和一个流增广通路。请确定沿给定的通路可以增加的流的量。

1. 通路：A, B, D, E

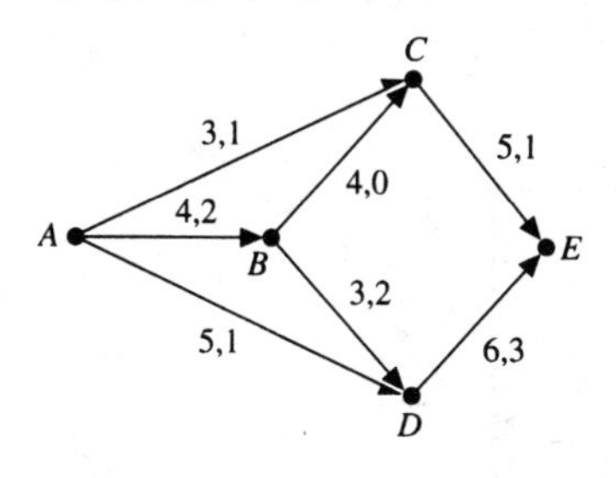

2. 通路：A, B, C, E

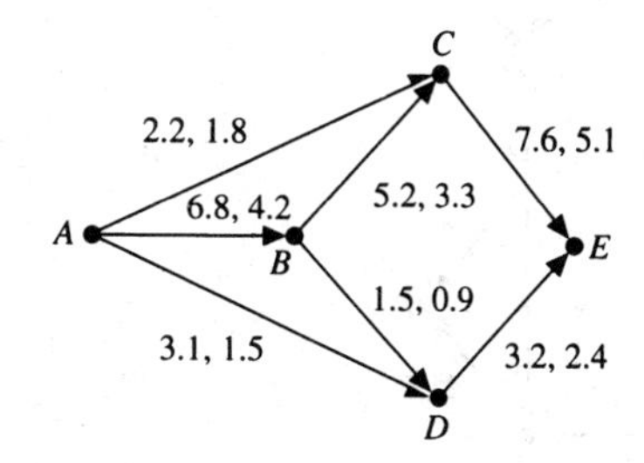

3. 通路：A, B, E, D, F

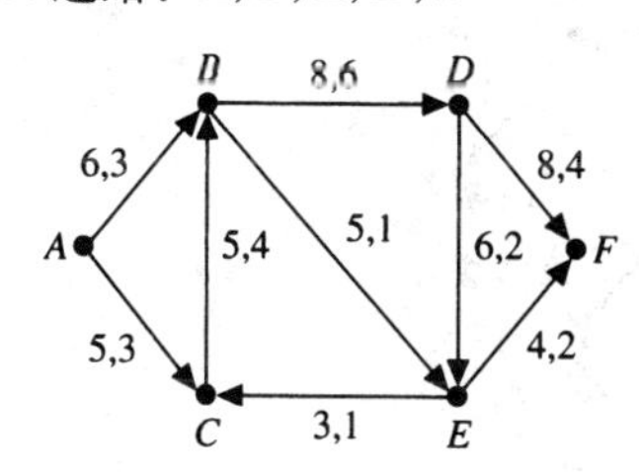

4. 通路：D, B, C, E, F

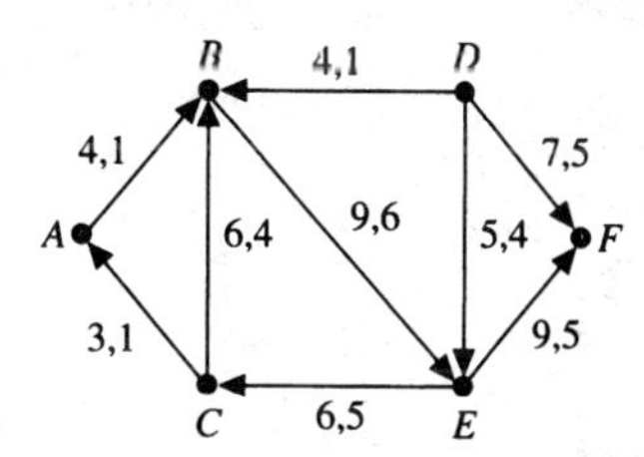

在习题5~8中，分别给出了一个网络和一个流。对给定的网络和流执行流增广算法，得到了所示的标记。请执行流增广算法中的步骤3.1和3.2，确定一个比给定的流有更大的值的流。

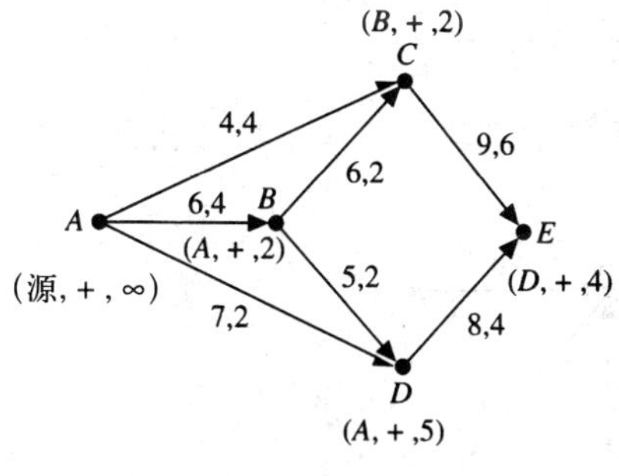

6.

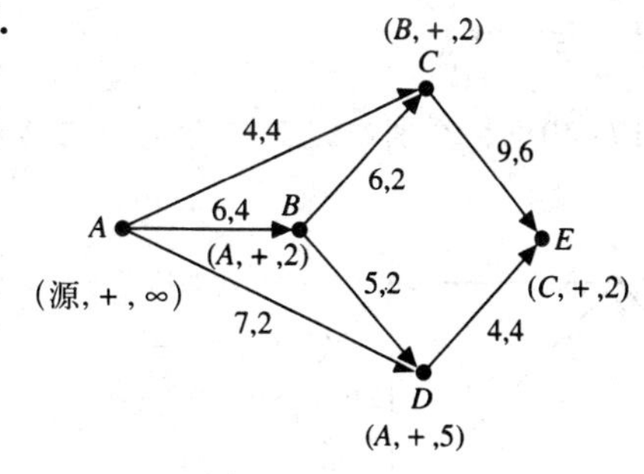

7.

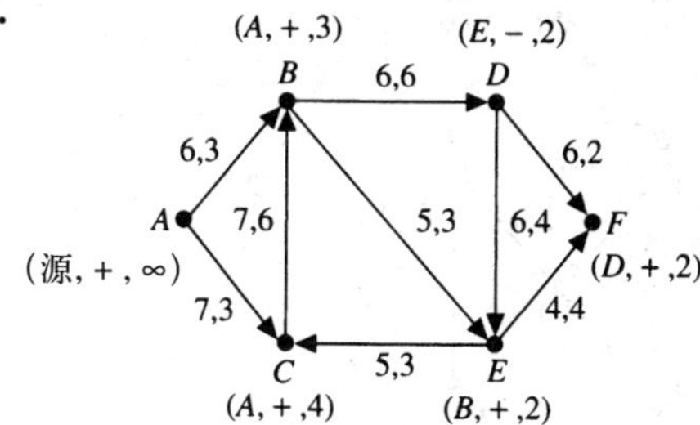

8.

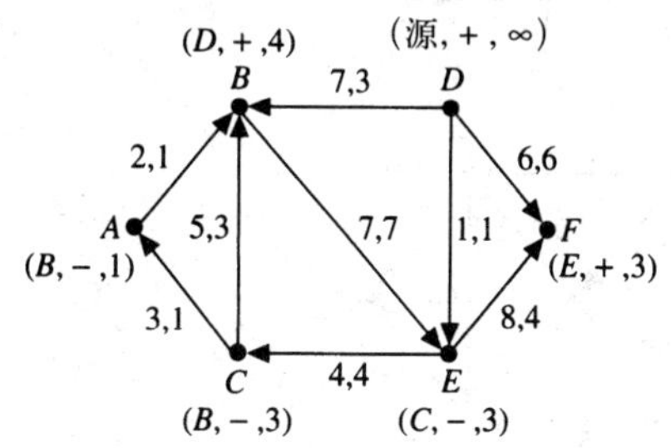

在习题9~16中，分别给定了一个网络和流。请用流增广算法证明给定的流是最大的，或者找出一个值更大的流。如果给定的流不是最大的，则请指出流增广通路和可增加的流的量。

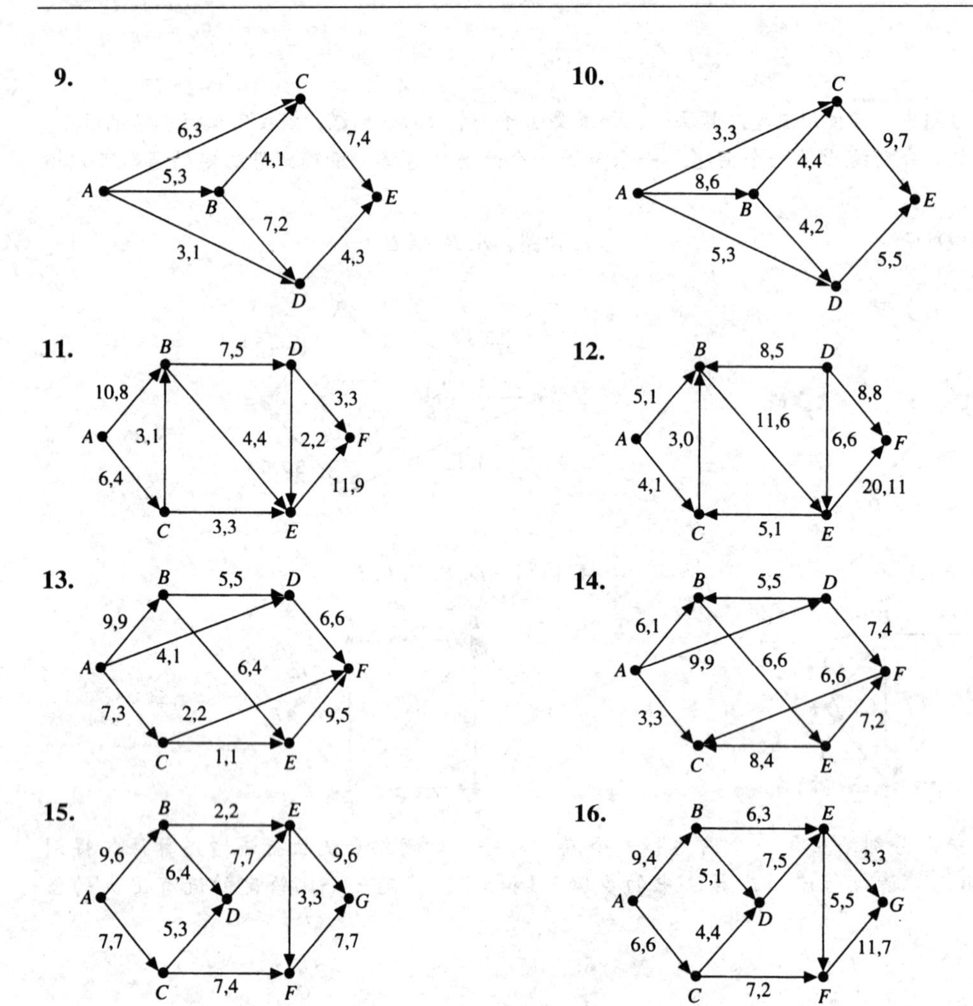

在习题17~20中，分别给定了一个运输网络和流。请用流增广算法为各个网络找出一个最大流。

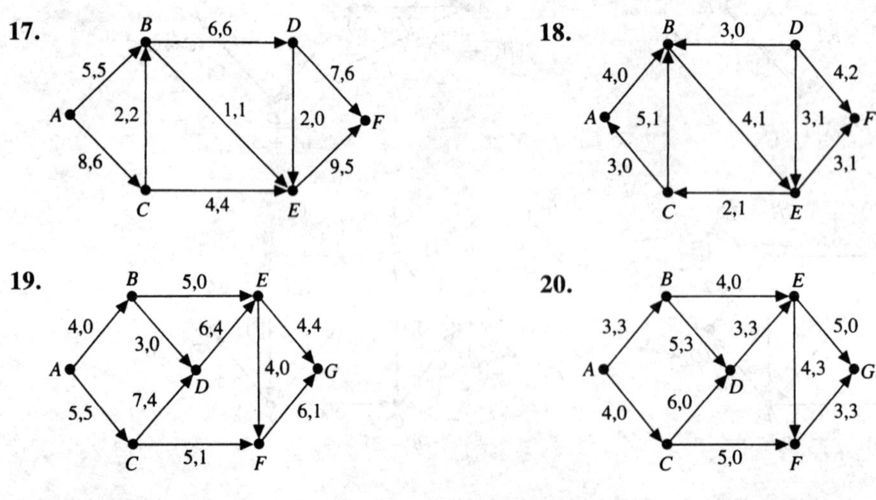

在习题21~28中，分别给定了一个运输网络。每条弧上的流都从零开始，应用流增广算法找出各个网络中的一个最大流。

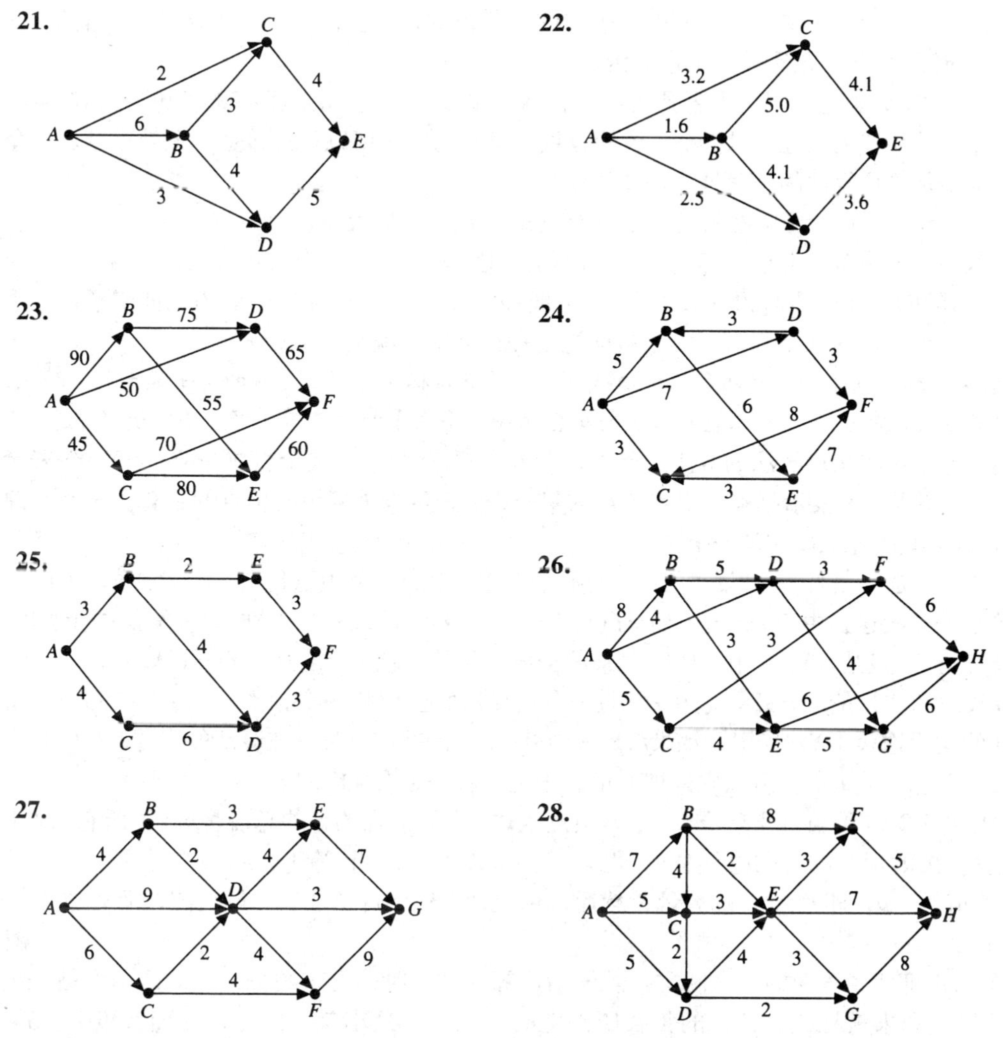

29. 给出一个运输网络的例子，其中，每条弧的容量都是整数，但有一个最大流，它在某些弧上的流不是整数。

***30.** 考虑一个源是U、汇是V的运输网络，其中每条弧的容量都是1。证明：最大流的值等于从U到V的没有公共弧的有向通路的最大数目。

7.3 最大流最小割定理

本节将证明7.2节中所描述的流增广算法确实完成了它应该做的事情，即确认当前的流是一个最大流，或者找出一个有更大的值的流。本节还将验证一个观察结果：算法结束时，已被标记的顶点的集合和未被标记的顶点的集合确定了一个割，其容量等于最大流的值。这种割特别重要，因为，就如我们将在定理7.4中所看到的那样，它们是可能的容量最小的割。

称运输网络中的一个割为**最小割**（minimal cut），若没有具有更小容量的其他割。下面的定理提供了检测最大流和最小割的方法。

定理7.3 *在任何一个运输网络中，如果f是一个流，$\mathcal{S}$，$\mathcal{T}$是一个割，且f的值等于割$\mathcal{S}$，$\mathcal{T}$的容量，那么f是一个最大流，而割$\mathcal{S}$，$\mathcal{T}$是一个最小割。*

证明 设f是一个值为c的流，$\mathcal{S}$，$\mathcal{T}$是一个容量为c的割。设f'是这个网络中任意一个其他的流，f'的值是v。对f'和割$\mathcal{S}$，$\mathcal{T}$应用定理7.2的推论可知$v \leqslant c$。因此，这个网络中没有值比c（即f的值）更大的流。从而f是一个最大流。

现在，设$\mathcal{S}'$，$\mathcal{T}'$是这个网络中容量为k的割。对f和割$\mathcal{S}'$，$\mathcal{T}'$应用定理7.2的推论，得到$c \leqslant k$。因此，这个网络中没有值比c（即割$\mathcal{S}$，$\mathcal{T}$的容量）更小的割。所以，$\mathcal{S}$，$\mathcal{T}$是一个最小割。 ■

为了证明流增广算法的正确性，需要说明：

(1) 若算法结束时，汇未被标记，那么当前的流是一个最大流；

(2) 若算法结束时，汇已被标记，那么原始的流已被替换为一个有更大的值的流。

第2个命题的证明留作习题（习题24）。定理7.4验证了第一个命题，因为它证明了：如果在流增广算法的一次迭代结束时，汇未被标记，那么当前的流是一个最大流。

定理7.4 *如果在流增广算法的一次迭代中，汇没有被标记，那么当前的流是最大的。而且，已被标记的顶点的集合和未被标记的顶点的集合构成一个最小割，其容量等于当前流的值。*

证明 假设在流增广算法的某次迭代中，汇没有被标记。令f表示当前的流，$c(X, Y)$表示弧(X, Y)的容量，$\mathcal{S}$表示已被标记的顶点的集合，$\mathcal{T}$表示未被标记的顶点的集合。于是，源在$\mathcal{S}$中，汇在$\mathcal{T}$中，所以$\mathcal{S}$，$\mathcal{T}$是一个割。

设(X, Y)是一条弧，它从$\mathcal{S}$中的一个顶点X通往$\mathcal{T}$中的一个顶点Y。由于X在$\mathcal{S}$中，所以在流增广算法的这次迭代中X被标记。如果$f(X, Y) < c(X, Y)$，那么在扫描X时，在算法的步骤2.2(a)中要标记Y。但是，Y在$\mathcal{T}$中，所以它未被标记。于是，就一定有$f(X, Y) = c(X, Y)$。

现在设(Y, X)是一条弧，它从$\mathcal{T}$中的一个顶点Y通往$\mathcal{S}$中的一个顶点X。由于X在$\mathcal{S}$中，所以在算法的这次迭代中X被标记。如果$f(Y, X) > 0$，那么在扫描X时，在算法的步骤2.2(b)中要标记Y。但是，Y在T中，所以它未被标记。于是，就一定有$f(Y, X) = 0$。

根据定理7.2，f的值等于所有从$\mathcal{S}$中的顶点通往$\mathcal{T}$中的顶点的弧的总流量p减去所有从$\mathcal{T}$中的顶点通往$\mathcal{S}$中的顶点的弧的总流量q。但是，上两段论述说明p等于割$\mathcal{S}$，$\mathcal{T}$的容量，$q = 0$。因此，f的值等于p，即割$\mathcal{S}$，$\mathcal{T}$的容量。然后，由定理7.3得出：f是一个最大流，而$\mathcal{S}$，$\mathcal{T}$是一个最小割。 ■

定理7.4也证明了早先的一个断言：若流增广算法结束时，汇未被标记，那么由已被标记的顶点的集合和未被标记的顶点的集合所确定的割是一个最小割。因此，在图7.20中，$\mathcal{S} = \{A, C\}$和$\mathcal{T} = \{B, D, E\}$形成一个最小割；在图7.29中，$\mathcal{S} = \{A, B, C, D, E\}$和$\mathcal{T} = \{F, G\}$也形成一个最小割。

前面已经看到一个网络可能有多个最大流。同样，一个网络也可能有多个最小割。例如，在图7.20中，$\{A, B, C\}$和$\{D, E\}$是一个最小割，这个最小割与前面提到的最小割$\mathcal{S} = \{A, C\}$和$\mathcal{T} = \{B, D, E\}$不同。

例7.6 天然气公司要把天然气从在阿玛里洛的源头经过图7.31所示的管道网络传送到小石城。在这个图中，每条管道旁边的第一个数是管道的容量，第二个数是当前的流量，计量单位都是每天几亿立方英尺。天然气公司提出要提高价格以偿付额外的管道费用。尽管阿肯色州规章委员会也认为小石城每天需要的天然气多于现在的14.7亿立方英尺，但是委员会不能确信需要建造额外的管道。委员会对需要更多的管道提出质疑，因为天然气公司所运营的大多数管道都没有被用足其容量，有些管道根本就没有被使用。天然气公司该如何为新管道而据理力争呢？

为了证明确实需要额外的管道，天然气公司应该对图7.31所示的网络和流应用流增广算法。应用算法以后，天然气公司会发现只有顶点A, B, C, G, H和J被标记。因此，图7.31所示的流是一个最大流，并且

$$\mathcal{S} = \{A, B, C, G, H, J\}\text{和}\mathcal{T} = \{D, E, F, I, K, L\}$$

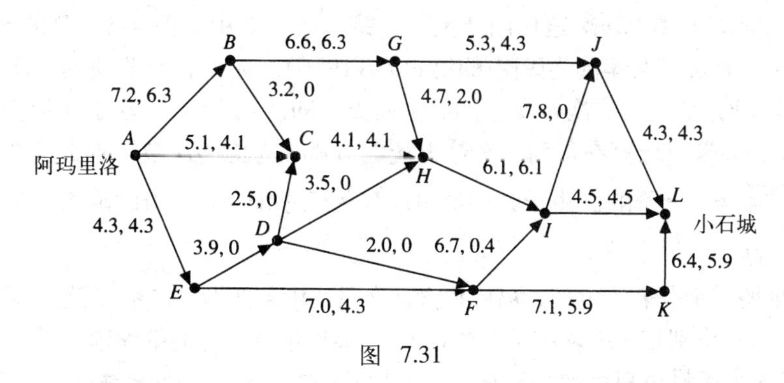

图 7.31

构成一个最小割。因此，天然气公司应该准备一张如图7.32所示的地图，其中，A, B, C, G, H和J在西北地区，D, E, F, I, K和L在东南地区。这张地图说明：仅有3条管道（以粗边表示）把天然气从西北地区输送到东南地区，而且，这些通道中的每一条都被用足了其容量。在此基础上，天然气公司就可以说明需要更多的从西北地区到东南地区的管道。 ■

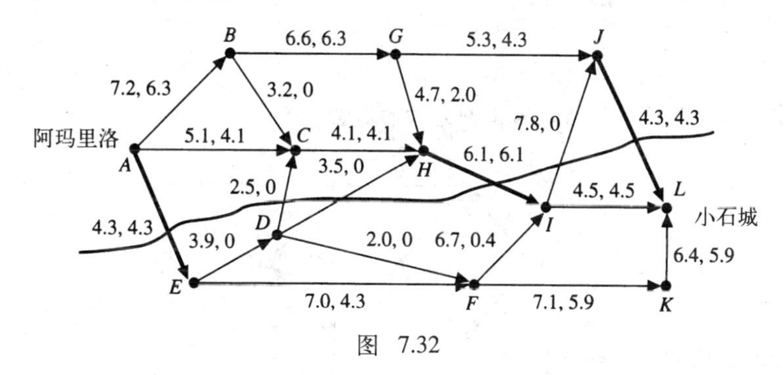

图 7.32

可以想到流增广算法也许永远不会产生最大流，因为不标记汇的迭代不出现。但是，下一个结果说明：如果网络中所有的容量都是有理数，那么这种情况就不可能发生。

定理7.5 如果一个运输网络中的所有容量都是有理数，并且每条弧上的流都从零开始应用流增广算法，那么在有限次迭代后，流增广算法的反复应用将产生一个最大流。

证明 首先假设网络中所有的容量都是整数。设$\mathcal{S}$，$\mathcal{T}$是割，其中$\mathcal{S}$仅包含源，$\mathcal{T}$包含其余所有的顶点。由于所有弧的容量都是整数，所以割$\mathcal{S}$，$\mathcal{T}$的容量是一个整数c。

每条弧上的流都从零开始，应用流增广算法。现在考虑算法的任意一次迭代，其中汇被标记。汇上的标记必定具有（U, $+$, a）或（U, $-$, a）的形式，其中，$a>0$。而且，因为所有的容量都是整数，a是若干个整数中的最小者，因而是一个整数。所以，$a \geqslant 1$，从而每次汇被标记的算法迭代都使流的值至少增加1。但是，根据定理7.2的推论，这个网络中没有值超过c的流。因此，最多在$c + 1$次迭代之后，流增广算法一定在汇未被标记的情况下结束。但是，如果汇未被标记，那么由定理7.4可以确定已经得到了一个最大流。

现在，假设网络中的所有容量都是有理数。找出所有弧容量的最小公分母d，把所有的原始容量乘以d，得到新的网络，考虑这个新的网络。在这个新网络中，所有的容量都是整数。因此，根据上面的论证，应用流增广算法于新网络一定在有限步以后产生一个最大流f。而同样的步骤序列将产生原始网络的一个最大流，在原始网络中，弧（X, Y）上的流是$f(X, Y)/d$。（参见习题13~15。） ■

没有容量是有理数的条件也可以证明定理7.5。更一般地，埃德蒙孜和喀帕（1972）证明了流增广算法在不超过1/2mn次迭代内产生一个最大流，其中m是网络中弧的数目，n是顶点的数目。（参见本章末尾推荐读物[9]中的第117~119页）。注意，在算法的每次迭代中，最多考虑一条弧（V, W）两次，一次是在正确的方向上，即从V到W，一次是在相反的方向上，即从W到V。因此，如果只计算在得到一个最大流之前弧被考虑的次数，那么流增广算法的复杂性是至多$\frac{2m(mn)}{2}=m^2n$阶的。由于弧的数目m不会超过$n(n-1)$，所以流增广算法的复杂性是至多$n^3(n-1)^2$阶的。

本书末尾证明一个著名的定理，福特和富克森以及伊莱亚斯（Elias）、范尼斯坦（Feinstein）和香农（Shannon）分别独立地发现了这个定理。（参见本章末尾的推荐读物[6]和[4]。）

定理7.6（最大流最小割定理） 在任何运输网络中，最大流的值等于最小割的容量。

证明 设f是运输网络中的一个最大流。应用流增广算法于这个网络，将f作为当前的流。很显然，汇不会被标记，因为，若不然，就会得到一个值比f更大的流，而f是一个最大流。但是，如果汇未被标记，那么由定理7.4可知已被标记的顶点的集合和未被标记的顶点的集合构成一个最小割，其容量等于f的值。 ■

习题7.3

在习题1~4中，对于下面的网络，给出割S, T的容量。

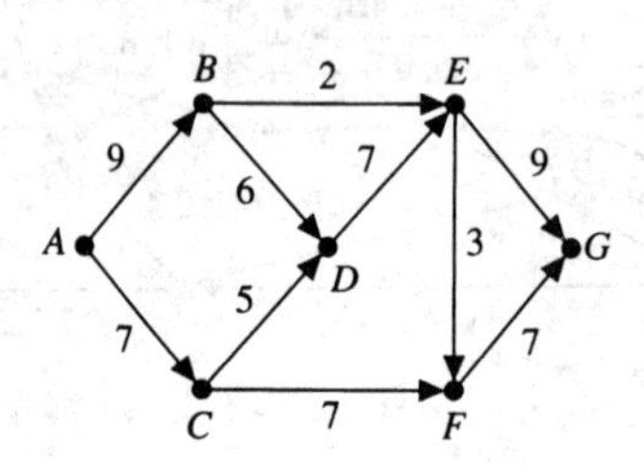

1. $S=\{A, C, F\}$，$T=\{B, D, E, G\}$
2. $S=\{A, B, E\}$，$T=\{C, D, F, G\}$
3. $S=\{A, D, E\}$，$T=\{B, C, F, G\}$
4. $S=\{A, E, F\}$，$T=\{B, C, D, G\}$

在习题5~8中，分别给定了一个网络和一个最大流。对这些网络和流应用流增广算法，分别找出每个网络的一个最小割。

5.

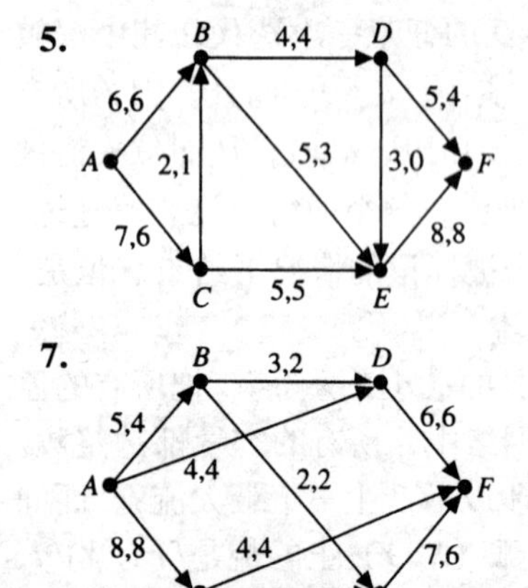

6.

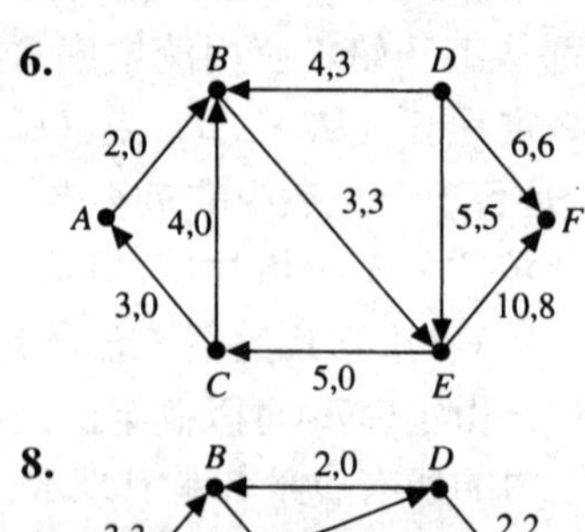

7.

8.

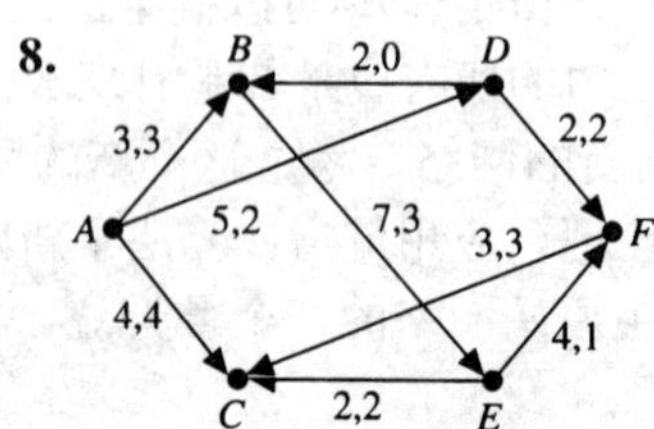

在习题9~12中，用流增广算法找出一个最小割。

9.

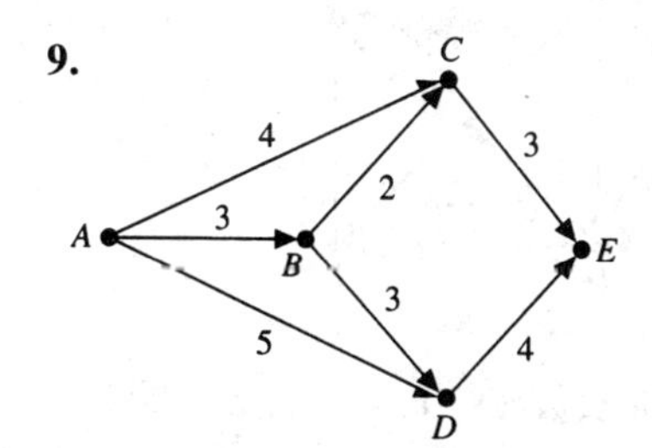

10.

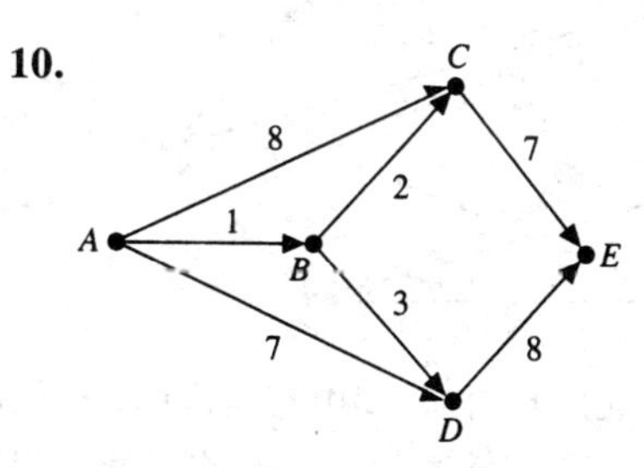

11.

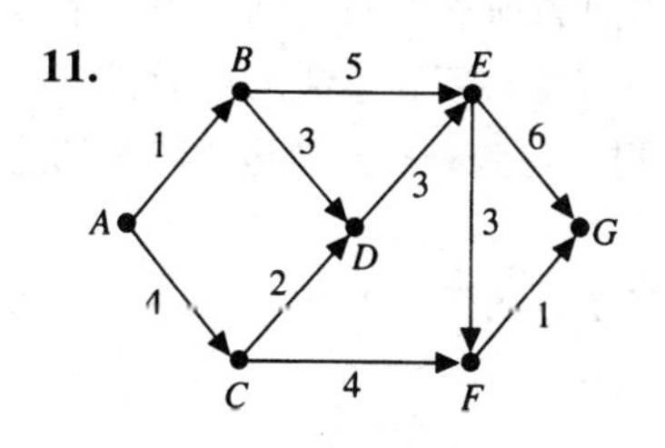

12.

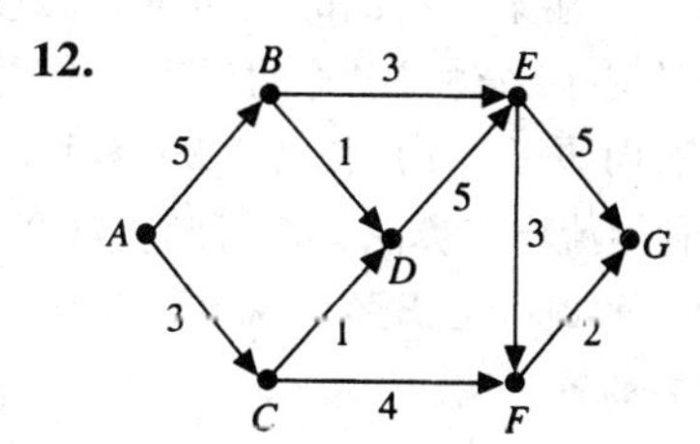

在习题13和14中，分别给定了一个弧容量为有理数的网络$\mathcal{N}$。给$\mathcal{N}$中的所有容量乘以d，d是各容量的最小公分母，设这样得到的网络是$\mathcal{N}'$。应用流增广算法于$\mathcal{N}'$，并利用所得到的结果确定原来的网络$\mathcal{N}$的一个最大流。

13.

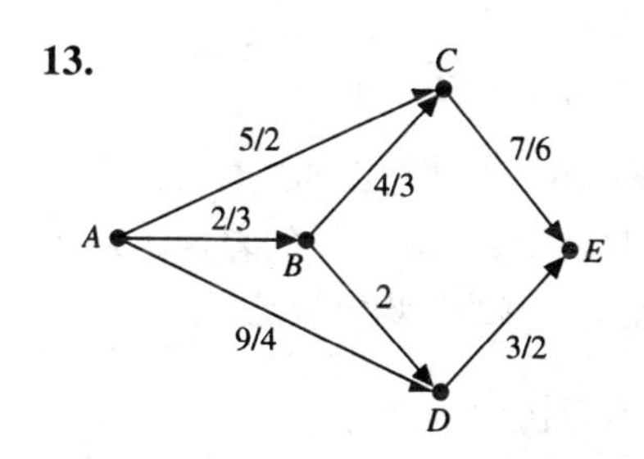

14.

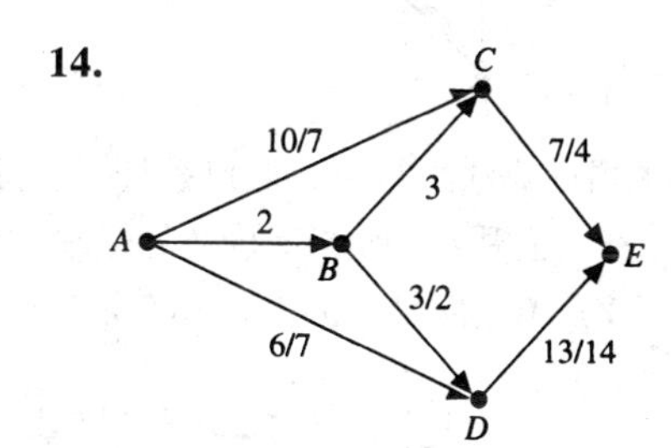

15. 设$\mathcal{N}$是一个运输网络，$d>0$。如同习题13和14中那样定义一个网络$\mathcal{N}'$，$\mathcal{N}'$具有与$\mathcal{N}$相同的有向图，但其所有的弧容量都为$\mathcal{N}$中相应的弧容量乘以d。

(a) 证明：$\mathcal{S}$，$\mathcal{T}$是$\mathcal{N}'$的一个最小割当且仅当它是$\mathcal{N}$的一个最小割。

(b) 证明：如果v和v'分别是$\mathcal{N}$和$\mathcal{N}'$的最大流的值，那么$v'=dv$。

(c) 证明：f是$\mathcal{N}$的一个最大流当且仅当f'是$\mathcal{N}'$的一个最大流，其中，f'由$f'(X, Y)=df(X, Y)$定义。

16. 假设$\mathcal{D}$是一个带权有向图，每条有向边上都有一个非负权（容量）。证明：如果指定$\mathcal{D}$中任意两个不同的顶点为源和汇，那么重复应用流增广算法将产生一个从源到汇的最大流。（因此，即使不满足运输网络定义中的条件1和2，也可以应用流增广算法。）

17. 在一个有n个顶点的运输网络中有多少个割？

***18.** 设$\mathcal{D}$是一个有向图，X和Y是$\mathcal{D}$中不同的顶点。指定每条有向边的容量为1，使$\mathcal{D}$成为一个网络，其中，源为X，汇为Y。证明：这个网络中的最大流的值等于n，这里，n是为了使从X到Y没有有向通路而必须从$\mathcal{D}$中删去的最少的有向边的数目。（提示：证明如果$\mathcal{S}$，$\mathcal{T}$是一个最小割，那么n等于从X到Y的弧的数目。）

在习题19和20中，利用习题18的结论，找出有向边的一个最小集合，删除该集合中的有向边将导致从S到T没有有向通路。

19.

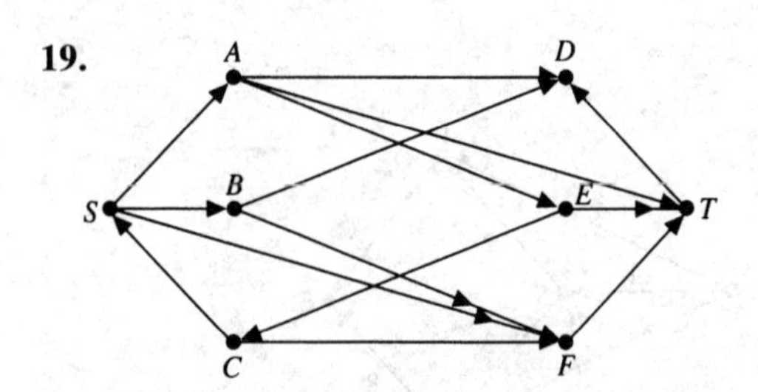

20.

21. 考虑一个（无向）图$\mathcal{G}$，图中每条边$\{X, Y\}$都被指定了一个非负数$c(X, Y) = c(Y, X)$，表示它在任何一个方向上传输某种物品的流容量。假设要在$\mathcal{G}$的两个不同的顶点S和T之间找出一个最大可能的流，且对于除S和T以外的任意一个顶点X，流入X的总流量必须等于流出X的总流量。证明：用两条有向边（X, Y）和（Y, X）替换$\mathcal{G}$中的每条边$\{X, Y\}$，这两条有向条边的容量都是$c(X, Y)$，然后利用流增广算法，即可解决这个问题。

对习题22和23中的图，边上的数表示沿任何一个方向的流的容量。用习题21中描述的方法找出从S到T的可能的最大流。

22.

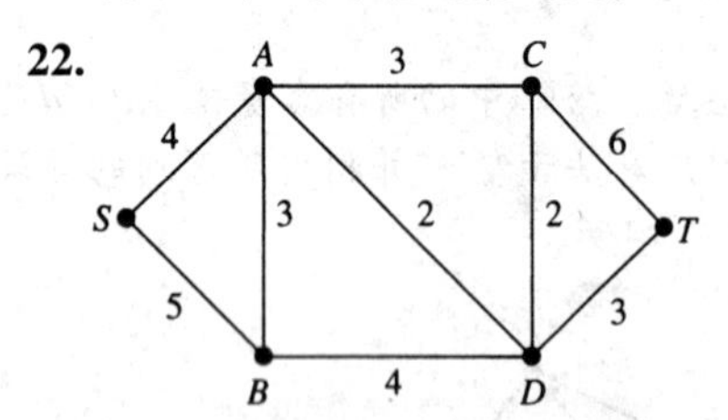

23.

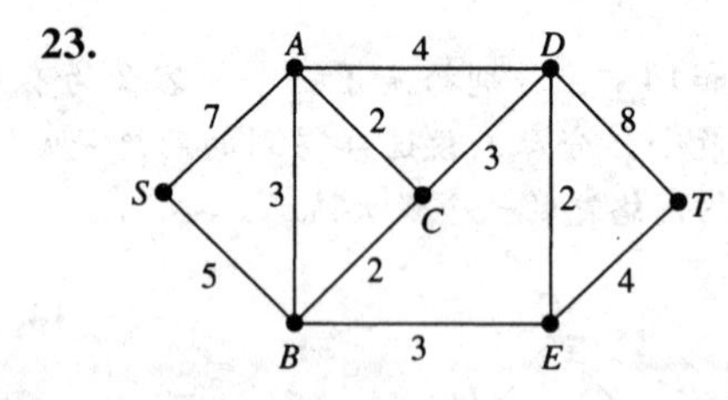

***24.** 证明：如果流增广算法结束时，汇已被标记，那么原来的流将被一个值更大的流替换。

***25.** 考虑一个源是S，汇是T，顶点集是$\mathcal{V}$ 的运输网络。设$c(X, Y)$表示弧（X, Y）的容量。如果$X, Y \in \mathcal{V}$，但（X, Y）不是网络中的弧，那么定义$c(X, Y) = 0$。证明：割的平均容量是

$$\frac{1}{4}\left(c(S, T) + \sum_{X \in \mathcal{V}} c(S, X) + \sum_{X \in \mathcal{V}} c(X, T) + \sum_{X, Y \in \mathcal{V}} c(X, Y)\right)。$$

7.4 流和匹配

本节将把网络流与6.2节中研究过的匹配联系起来。回忆一下6.1节和6.2节，如果图$\mathcal{G}$的顶点集$\mathcal{V}$可以写成两个不相交的集合$\mathcal{V}_1$和$\mathcal{V}_2$的并集，使$\mathcal{G}$中的每条边都连接$\mathcal{V}_1$中的一个顶点到$\mathcal{V}_2$中的一个顶点，那么称这个图$\mathcal{G}$为**偶图**（bipartite）。$\mathcal{G}$的**匹配**（matching）$\mathcal{M}$是$\mathcal{G}$的边集的子集，$\mathcal{V}$中的每个顶点都不与$\mathcal{M}$中的多条边相关联。另外，称$\mathcal{G}$的匹配为$\mathcal{G}$的**最大匹配**（maximum matching），如果$\mathcal{G}$没有包含更多边的匹配。

从偶图$\mathcal{G}$可以构造出一个运输网络$\mathcal{N}$，方法如下：

（1）$\mathcal{N}$的顶点是$\mathcal{G}$的顶点以及另两个顶点s和t，这两个顶点s和t分别是$\mathcal{N}$的源和汇。

（2）$\mathcal{N}$中的弧有三种类型：

（a）在$\mathcal{N}$中，从s到$\mathcal{V}_1$中的每个顶点都有一条弧。

（b）在$\mathcal{N}$中，从$\mathcal{V}_2$中的每个顶点到t都有一条弧。

（c）如果X属于$\mathcal{V}_1$，Y属于$\mathcal{V}_2$，并且$\{X, Y\}$是$\mathcal{G}$中的一条边，那么在$\mathcal{N}$中就有一条从X到Y的弧。

（3）$\mathcal{N}$中所有弧的容量都为1。

称$\mathcal{N}$是**与$\mathcal{G}$关联的网络**（network associated with $\mathcal{G}$）。

例7.7 在图7.33所示的偶图$\mathcal{G}$中，顶点集合$\mathcal{V} = \{A, B, C, W, X, Y, Z\}$划分成集合$\mathcal{V}_1 = \{A,$

$B, C\}$和$\mathcal{V}_2 = \{W, X, Y, Z\}$。

与$\mathcal{G}$关联的网络$\mathcal{N}$如图7.34所示。注意，$\mathcal{N}$包含$\mathcal{G}$的一个副本和两个新顶点s和t，这两个新顶点s和t分别是$\mathcal{N}$的源和汇。$\mathcal{G}$的连接$\mathcal{V}_1$中的顶点到$\mathcal{V}_2$中的顶点的边成为$\mathcal{N}$中容量为1的、从$\mathcal{V}_1$中的那个顶点指向$\mathcal{V}_2$中的那个顶点的弧。$\mathcal{N}$中的其他弧是从源s指向$\mathcal{V}_1$中的每个顶点的弧，以及从$\mathcal{V}_2$中的每个顶点指向汇t的弧，这些弧的容量也都为1。■

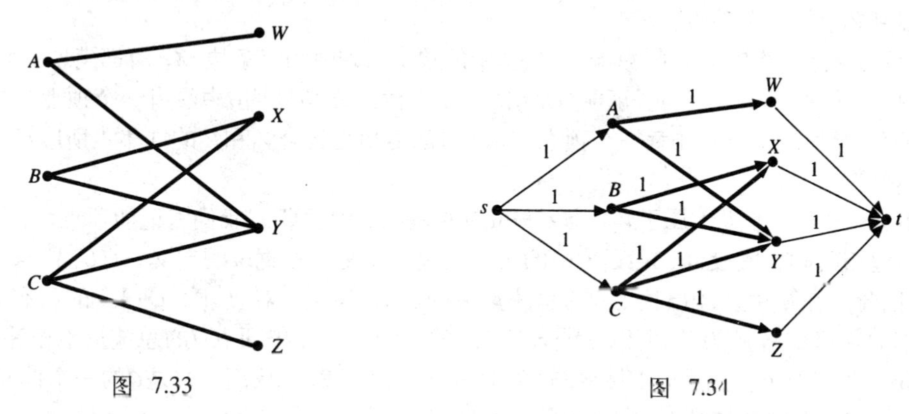

图 7.33　　图 7.34

考虑图7.35所示的偶图，与这个图关联的网络如图7.36所示。

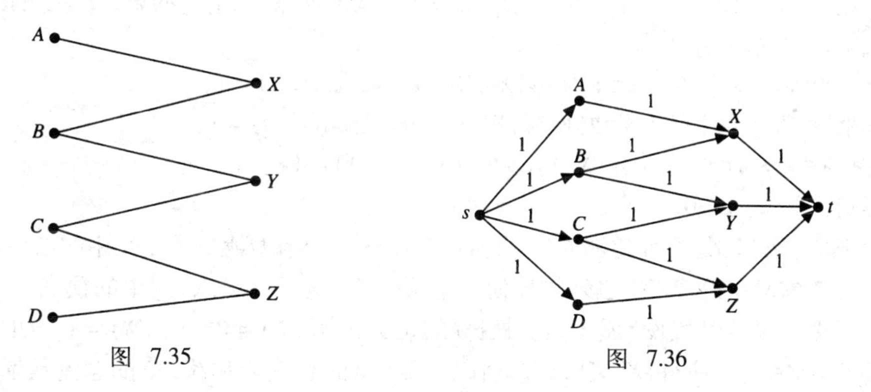

图 7.35　　图 7.36

若应用流增广算法于图7.36所示的网络，则零流可以沿通路s, A, X, t增加1个单位；沿通路s, B, Y, t增加1个单位；沿通路s, C, Z, t增加1个单位。所得到的最大流如图7.37所示。注意，这是一个整数流。

于是，我们看到图7.36所示的网络的最大流的值为3，其中的一个最大流可以这样得到：

沿s, A, X, t传送1个单位，
沿s, B, Y, t传送1个单位，
沿s, C, Z, t传送1个单位。

图 7.37

如果忽略这3条通路中的源和汇，则得到3条弧(A, X)，(B, Y)和(C, Z)。这些弧对应于图7.35所示的图的边$\{A, X\}$，$\{B, Y\}$和$\{C, Z\}$。显然，这些边是图7.35所示的偶图的一个最大匹配，因为在这个图中，集合$\mathcal{V}_2$只包含3个顶点。

因此，通过对与偶图关联的网络应用流增广算法，我们得到了偶图的一个最大匹配。定理7.7将说明这种方法总是可行的。

定理7.7　设$\mathcal{G}$是一个偶图，$\mathcal{N}$是与$\mathcal{G}$关联的网络。

(a) $\mathcal{N}$ 中的每个整数流都对应于$\mathcal{G}$中的一个匹配，并且，$\mathcal{G}$中的每个匹配都对应于$\mathcal{N}$ 中的一个整数流。$\mathcal{N}$ 中的流与$\mathcal{G}$中的匹配的对应关系是：$\mathcal{G}$中的两个顶点被匹配当且仅当在$\mathcal{N}$的流中对应的弧上有1个单位的流。

(b) $\mathcal{N}$ 中的一个最大流对应于$\mathcal{G}$中的一个最大匹配。

证明 设$\mathcal{G}$的顶点集表示为两个不相交的集合$\mathcal{V}_1$和$\mathcal{V}_2$的并集，使$\mathcal{G}$的每条边连接$\mathcal{V}_1$中的一个顶点到$\mathcal{V}_2$中的一个顶点。

(a) 设f是$\mathcal{N}$ 中的一个整数流，$\mathcal{M}$是$\mathcal{G}$中的边集，$\mathcal{M}$中的每条边$\{X, Y\}$都满足：X在$\mathcal{V}_1$中，Y在$\mathcal{V}_2$中，且$f(X, Y) = 1$。为了证明$\mathcal{M}$是$\mathcal{G}$的一个匹配，必须证明$\mathcal{G}$中没有一个顶点与$\mathcal{M}$中的多条边相关联。设U是$\mathcal{G}$中的任意一个顶点，由于$\mathcal{G}$是不相交集合$\mathcal{V}_1$和$\mathcal{V}_2$的并集，所以U仅属于集合$\mathcal{V}_1$或$\mathcal{V}_2$中的一个。

不失一般性，假设U属于$\mathcal{V}_1$，且U与$\mathcal{M}$中的边$\{U, V\}$关联。我们将证明顶点U不与$\mathcal{M}$中的其他任何边相关联。假设$\{U, W\}$是$\mathcal{M}$中的另一条边。于是，根据$\mathcal{M}$的定义，$f(U, V) = 1$，$f(U, W) = 1$。因此，在$\mathcal{N}$ 中，流出顶点U的总流量最少是2。但是，在$\mathcal{N}$ 中，进入U的仅有的弧是（s, U)，且这条弧的容量为1。所以，流入顶点U的总流量与流出顶点U的总流量不相等，这与f是$\mathcal{N}$ 中的一个流矛盾。因此，U最多与$\mathcal{M}$中的一条边相关联，从而，$\mathcal{M}$是$\mathcal{G}$的一个匹配。这就证明了$\mathcal{N}$ 中的每个整数流都对应于$\mathcal{G}$中的一个匹配。

现在，假设$\mathcal{M}$是$\mathcal{G}$的一个匹配。设$\mathcal{N}$ 是与$\mathcal{G}$关联的网络，s是$\mathcal{N}$ 的源，t是$\mathcal{N}$ 的汇。对于$\mathcal{N}$ 中的每条弧，定义函数f为

如果$X\in \mathcal{V}_1$，并且存在$Z\in \mathcal{V}_2$使得$\{X, Z\}\in \mathcal{M}$，那么$f(s, X) = 1$；

如果$Y\in \mathcal{V}_2$，并且存在$W\in \mathcal{V}_1$使得$\{W, Y\}\in \mathcal{M}$，那么$f(Y, t) = 1$；

如果$X\in \mathcal{V}_1$，$Y\in \mathcal{V}_2$，并且$\{X, Y\}\in \mathcal{M}$，那么$f(X, Y) = 1$；

否则，$f(U, V) = 0$。

由于$\mathcal{N}$ 中每条弧e的容量都为1，并且$0\leqslant f(e)\leqslant 1$，所以$f$满足流定义中的条件（1）。

现在考虑$\mathcal{N}$ 中除了s和t之外的任何一个顶点X。这样的顶点是$\mathcal{G}$中的顶点，因此它属于$\mathcal{V}_1$或$\mathcal{V}_2$。不失一般性，假设X属于$\mathcal{V}_1$。根据f的定义，$f(s, X) = 0$或$f(s, X) = 1$。如果$f(s, X) = 0$，那么不存在$Z\in \mathcal{V}_2$，使得$\{X, Z\}\in \mathcal{M}$。所以，流入X的总流量和流出X的总流量都是0。另一方面，如果$f(s, X) = 1$，那么存在$Z\in \mathcal{V}_2$使得$\{X, Z\}\in \mathcal{M}$。因为$\mathcal{M}$是$\mathcal{G}$的一个匹配，所以Z是唯一的。因此，在这种情况下，流入X的总流量也等于流出X的总流量。所以，f满足流定义中的条件（2）。由此可知，f是$\mathcal{N}$ 中的一个流。这就证明了$\mathcal{G}$中的每个匹配都对应于$\mathcal{N}$ 中的一个整数流。

(b) 在（a）中所描述的对应关系下，与$\mathcal{V}_2$中的顶点匹配的$\mathcal{V}_1$中的顶点的总数就是流f的值。于是，$\mathcal{M}$是$\mathcal{G}$中的一个最大匹配当且仅当f是$\mathcal{N}$ 中的一个最大流。 ■

例7.8 回忆6.1节中的例子，英语系希望分配课程给教授，每个教授分配一门课程。能讲授各门课程的教授如下表所示。

课程	教 授	课程	教 授
1	Abel, Crittenden, Forcade	4	Abel, Forcade
2	Crittenden, Donohue, Edge, Gilmore	5	Banks, Edge, Gilmore
3	Abel, Crittenden	6	Crittenden, Forcade

英语系想要得到一个最大匹配，以提供尽可能多的课程。

如同在6.2节中那样，可以用一个偶图来表示这个问题，这个偶图的顶点集是$\mathcal{V} = \{1, 2, 3,$

4, 5, 6, A, B, C, D, E, F, G}，其中，用教授姓名的首字母表示教授。这里，集合$\mathcal{V}$可以划分成不相交的课程集合和教授集合的并集，即

$$\mathcal{V}_1 = \{1, 2, 3, 4, 5, 6\}，\mathcal{V}_2 = \{A, B, C, D, E, F, G\}。$$

在每个教授和他（或她）所能讲授的课程之间画一条边，就得到图7.38。（这就是以前在6.1节中得到的图。）

下面将利用流增广算法来获得图7.38的一个最大匹配。从分别分配教授A, C, F和E讲授课程1, 2, 4和5开始，这给出了具有边{1, A}，{2, C}，{4, F}和{5, E}的匹配。与图7.38关联的网络如图7.39所示。这里，所有的弧都从左边指向右边，并具有容量1。上面所得到的匹配{1, A}，{2, C}，{4, F}和{5, E}对应于图7.40所示的流，其中，粗边表示流为1的弧，其他的边表示流为零的弧。

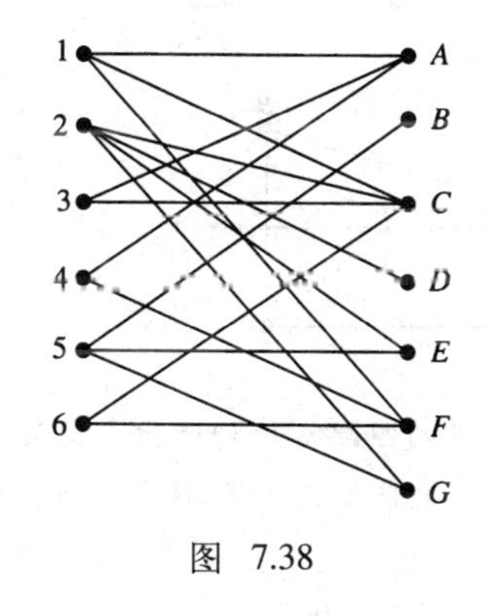

图 7.38

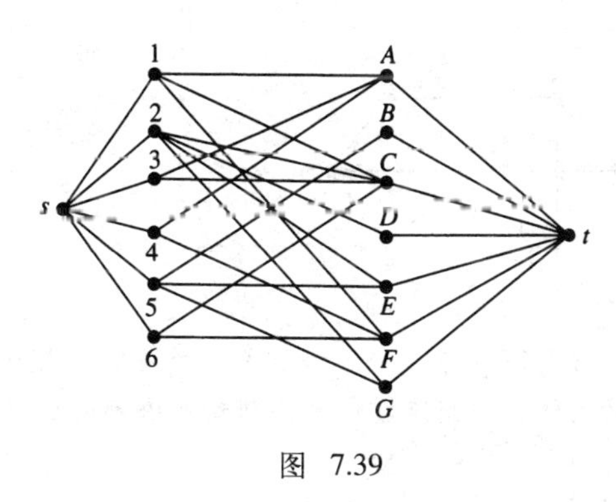

图 7.39

对图7.40所示的网络和流应用流增广算法，发现s, 3, C, 2, D, t是一条流增广通路。沿这条通路把流增加1，给出图7.41所示的流。

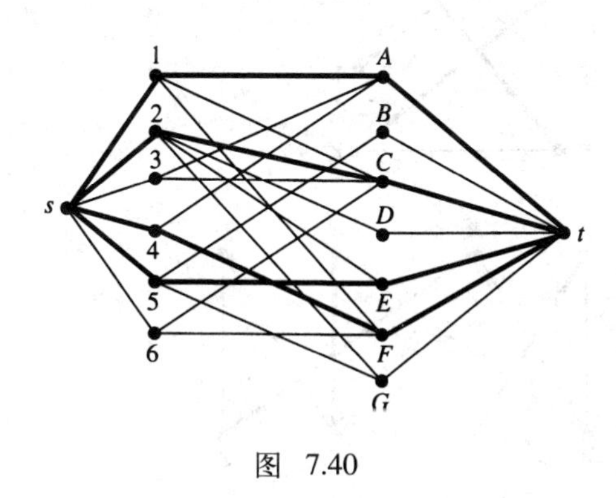

图 7.40

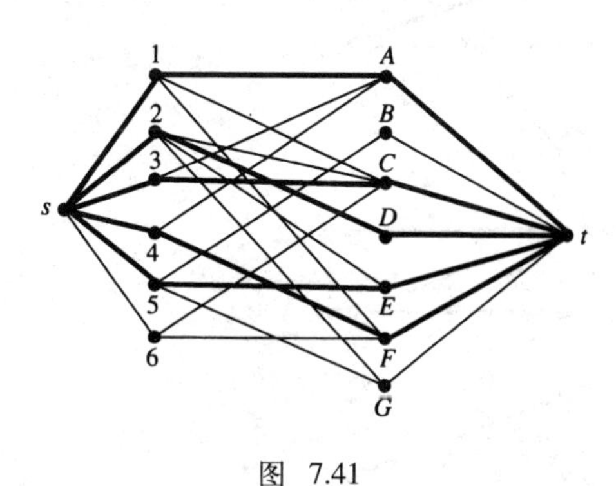

图 7.41

如果对图7.41所示的流再执行一次流增广算法的迭代，那么只有顶点s, 1, 3, 4, 6, A, C和F会被标记。于是，图7.41所示的流是一个最大流。根据定理7.7，这意味着对应的匹配{1, A}，{2, D}，{3, C}，{4, F}和{5, E}是图7.38所示的偶图的一个最大匹配。因此，英语系可以提供6门课程中的5门课程，把课程1分配给Abel，课程2分配给Donohue，课程3分配给Crittenden，课程4分配给Forcade，课程5分配给Edge。 ■

习题7.4

在习题1~6中，判断所给出的图是否是偶图。如果是，则构造出相关联的网络。

1.

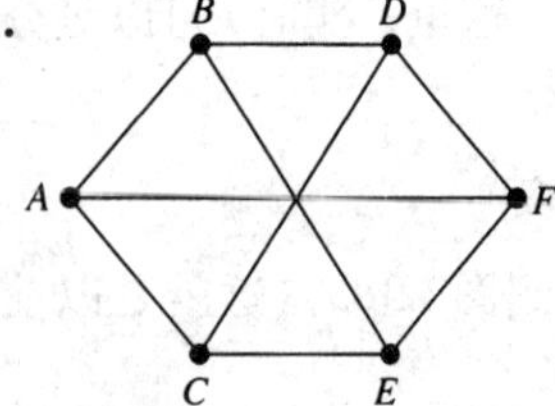

2.

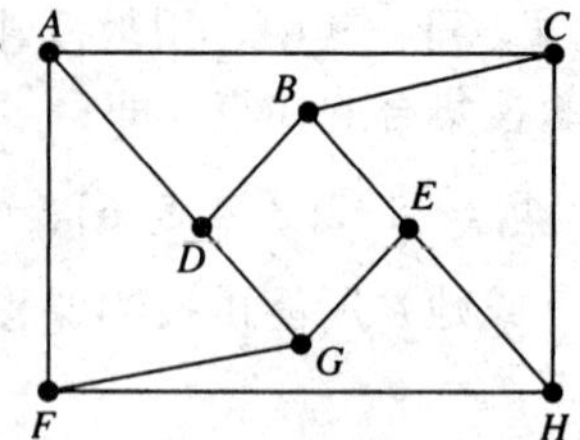

3.

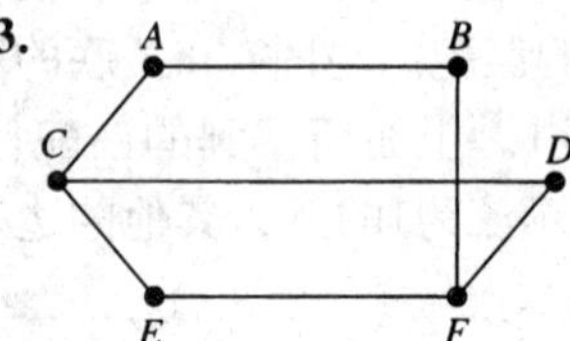

4.

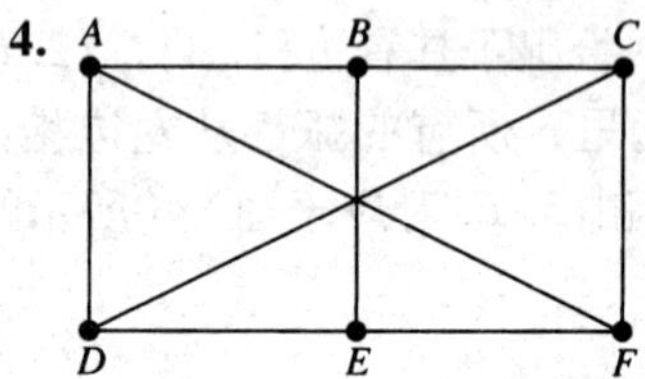

5.

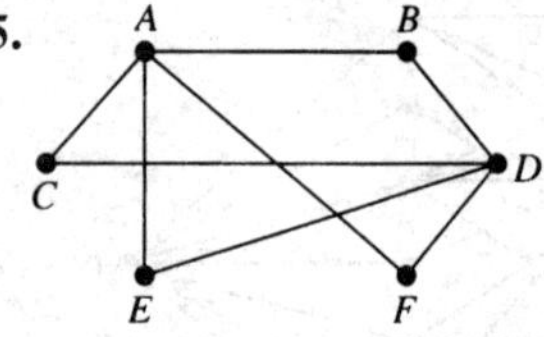

6.

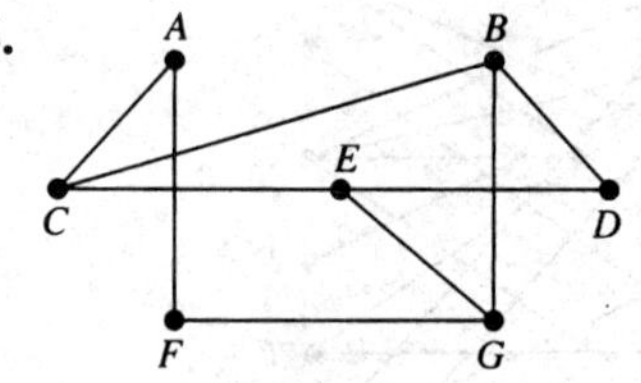

在习题7~10中，分别给出了一个偶图及其一个表示为粗边的匹配。请构造出与给定的图相关联的网络，并用流增广算法判断所给定的匹配是否是一个最大匹配，如果不是，则找出一个更大的匹配。

7.

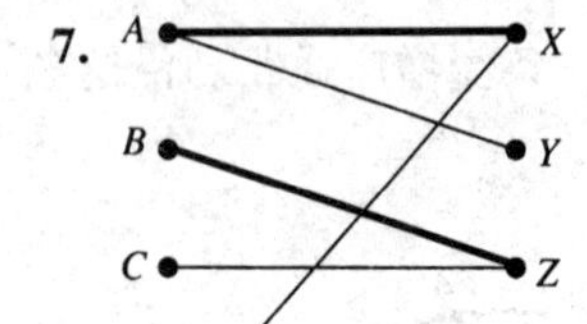

8.

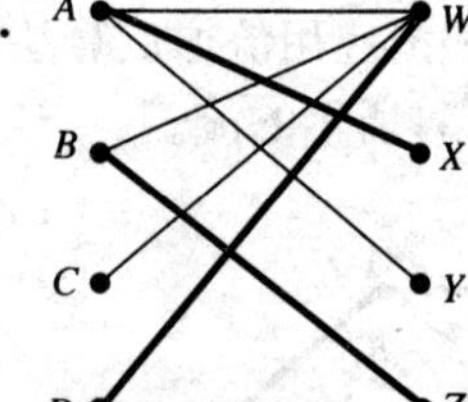

9.

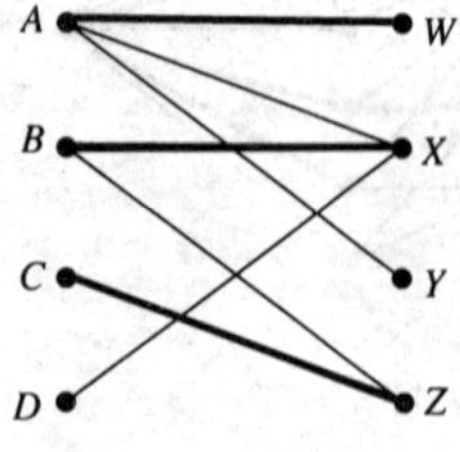

10.

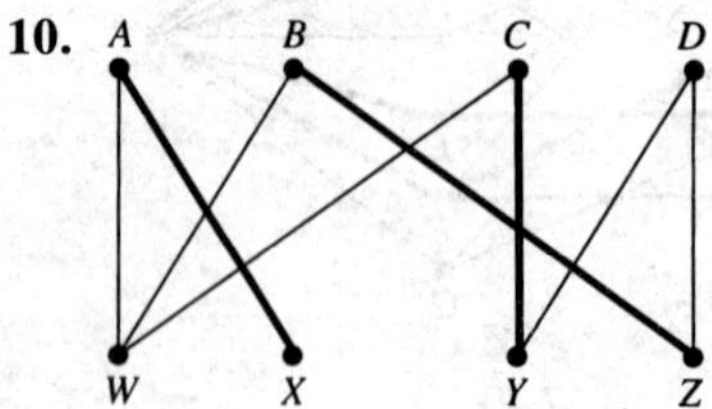

在习题11~14中，用流增广算法为给定的偶图找出一个最大匹配。

11.

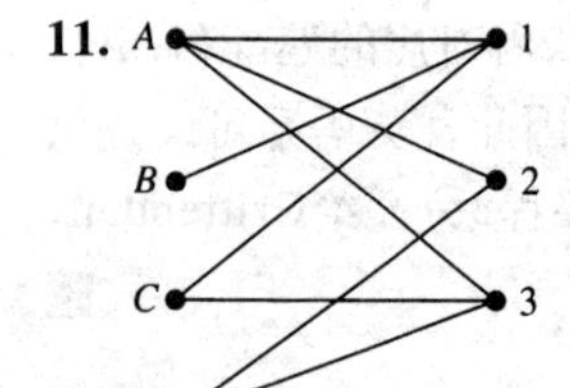

12.

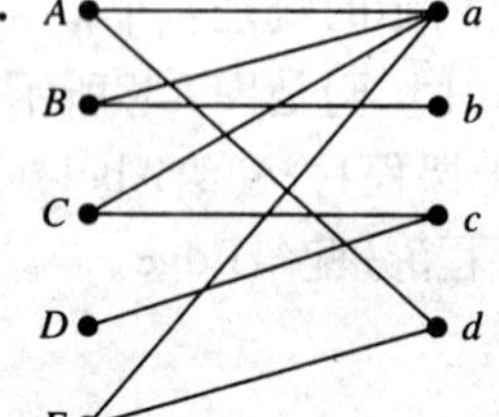

13. 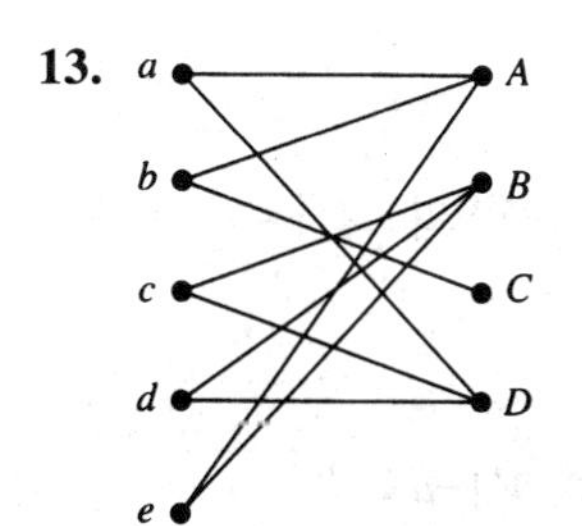

14. 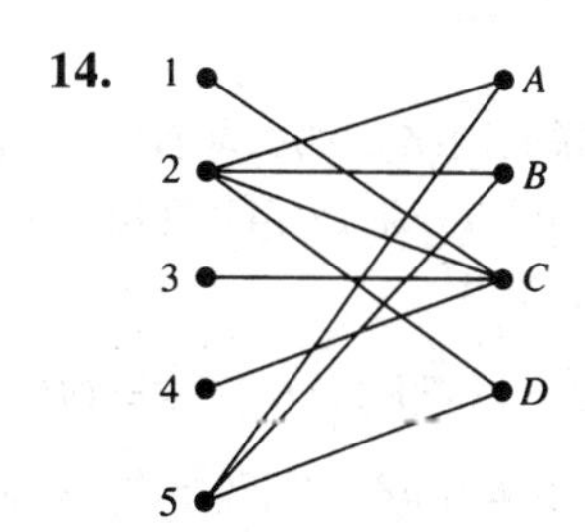

15. 一个网球队需要4对混合双打，有5个男人和4个女人可供选择。Andrew不和Flo及Hannah一起打球，Bob不和Iris一起打球，Flo、Greta及Hannah不和Ed一起打球，Dan不和Hannah或Iris一起打球，Cal只和Greta一起打球。在这些条件下，能组建起一个队吗？如果能，该怎么做？

16. 一部戏剧需要5位女演员扮演角色，该戏剧要求有汉语、丹麦语、英语、法语和德语口音。Sally可以发英语和法语口音，Tess可以发汉语、丹麦语和德语口音，Ursula可以发英语和法语口音，Vickie可以发除英语外的所有口音，Winona威诺娜可以发除丹麦语和德语外的所有口音。在这些条件下，这5个角色能满足吗？如果能，该怎么做？

17. 数学系的5位助教要决定各人将做的工作。Craig喜欢整理档案和校对，Dianne可以分发薪水和辅导学生，Gale打字和校对，Marilyn喜欢打字和分发薪水，Sharon喜欢辅导学生。问可以给每位助教分配一个他（或她）喜欢的工作吗？如果可以，该怎么做？

18. 当流增广算法应用于图7.41所示的网络和流时，只有顶点s, 1, 3, 4, 6, A, C和F会被标记。在例7.8的情形中，课程1, 3, 4, 6和教授A, C, F的意义是什么？

19. 对集合序列$S_1, S_2, \cdots, S_n$，描述如何使用流增广算法来确定该集合序列是否有相异代表系。

20. 如果可能，如同习题19中所描述的那样，应用流增广算法为集合序列{3, 4}，{1, 5}，{2, 3}，{2, 5}，{1, 4}找出一个相异代表系。

21. 如果可能，如同习题19中所描述的那样，应用流增广算法为集合序列{2, 5}，{1, 6}，{3, 5}，{4, 6}，{2, 3}，{2, 3, 5}找出一个相异代表系。

22. 5个男人和5个女人正在参加一个舞会。Ann只和Gregory或Harry一起跳舞，Betty只和Frank或Ian一起跳舞，Carol只和Harry或Jim一起跳舞，Diane只和Frank或Gregory一起跳舞，Ellen只和Gregory或Ian一起跳舞。问是否可能使所有这10个人都和合适的舞伴跳最后一支舞？如果可能，该怎么做？

23. 一所州立大学的历史系希望在夏季提供6门课程，有7位教授希望讲授这些课程。课程和能讲授它们的教授如下表所示。问是否存在为课程分配教授的方案，使每位教授最多只讲一门课程？

课　程	教　授	课　程	教　授
美国历史	Getsi，Dammers，Kagle，Ericksen	奥利弗·克伦威尔	Duncan，Harris
英国历史	Duncan，Getsi，Harris	古代史	White，Kagle，Harris
拉丁美洲历史	Duncan，Getsi	20世纪历史	Getsi，Harris

24. 假设如同习题19中所描述的那样，应用流增广算法为集合序列$S_1, S_2, \cdots, S_n$寻找一个相异代表系。证明：如果将算法应用于一个值小于n的最大流上，那么已被标记的集合的数目一定超过已被标记的集合的并集中的元素个数。

*在习题25~28中，设G是偶图，图中顶点的集合被分成两个不相交的集合$\mathcal{V}_1$和$\mathcal{V}_2$的并集，使G中的每条边都连接$\mathcal{V}_1$中的一个顶点到$\mathcal{V}_2$中的一个顶点。对$\mathcal{V}_1$的每个子集$\mathcal{A}$，令$\mathcal{A}^*$表示G中与$\mathcal{A}$中的某个顶点相邻的顶点的集合。遍及$\mathcal{V}_1$的所有子集$\mathcal{A}$，$|\mathcal{A}|-|\mathcal{A}^*|$的最大值$d$称为$G$的***亏格***(deficiency)。*

25. 证明：$d \geqslant 0$。

26. 证明：如果$\mathcal{N}$是与$\mathcal{G}$关联的网络，那么$\mathcal{N}$有一个值为$|\mathcal{V}_1|-d$的流。

27. 设$\mathcal{N}$是与$\mathcal{G}$关联的网络，s和t分别是$\mathcal{N}$的源和汇。设$\mathcal{A}$是$\mathcal{V}_1$的一个子集，使得$|\mathcal{A}|-|\mathcal{A}^*| = d$。证明：割$\mathcal{S}$，$\mathcal{T}$的容量为$|\mathcal{V}_1|-d$，其中，

$$\mathcal{S} = \{s\} \cup \mathcal{A} \cup \mathcal{A}^*,\ \mathcal{T} = (\mathcal{V}_1-\mathcal{A}) \cup (\mathcal{V}_2-\mathcal{A}^*) \cup \{t\}。$$

28. 请推断出结论：$\mathcal{N}$中的最大流的值是$|\mathcal{V}_1|-d$，从而，$\mathcal{G}$中的最大匹配包含$|\mathcal{V}_1|-d$条边。

在习题29~31中，设$\mathcal{G}$是偶图，图中顶点的集合被分成两个不相交的集合$\mathcal{V}_1$和$\mathcal{V}_2$的并集，使$\mathcal{G}$中的每条边都连接$\mathcal{V}_1$中的一个顶点到$\mathcal{V}_2$中的一个顶点。假设在与$\mathcal{G}$关联的网络上重复执行流增广算法，直到某次算法执行结束时，汇未被标记为止。

29. 证明：如果$X \in \mathcal{V}_1$，$Y \in \mathcal{V}_2$，且$f(X, Y) = 1$，那么在流增广算法的最后一次迭代中，X未被标记或Y已被标记了。

30. 在习题29中，证明这种情况是不可能的：X未被标记但Y已被标记了。请推断出结论：$\mathcal{V}_1$中未被标记的顶点的数目加上$\mathcal{V}_2$中已被标记的顶点的数目等于当前流f的值。

31. 在习题30的情况下，证明：$\mathcal{G}$中没有这样的边，它连接一个已被标记的顶点$X(X \in \mathcal{V}_1)$到一个未被标记的顶点Y（$Y \in \mathcal{V}_2$）。请推断出结论：$\mathcal{V}_1$中未被标记的顶点和$\mathcal{V}_2$中已被标记的顶点构成了$\mathcal{G}$的一个最小覆盖（在6.2节的意义下）。（提示：X上的标记必定是（s, +, 1）或（Z, −, 1），这里$Z \neq Y$。）

历史注记

L.R.Ford, Jr.

运输网络中流的概念是近代的数学发现，这个领域中的大多数成果出现自1960年以后。这个领域的最初成果是由福特（Lester Randolph Ford Jr.,1927—）和富克森（Delbert Ray Fulkerson，1924—1976）在一系列论文中提供的，其中最早的一些出现在1956年和1957年。他们在1962年的开创性著作《Flows in Networks》给出了这个领域的轮廓。虽然以后其他人能够对他们的算法做一些改进，但他们的基本方法仍然确立了认识网络流的概念的方式。

补充习题

在习题1~8中，应用流增广算法，为每个运输网络找出一个最大流和一个最小割，从每条弧上的流都为零的流开始，如果要选择一个顶点进行标记，则按字母序标记顶点。

1.

2.

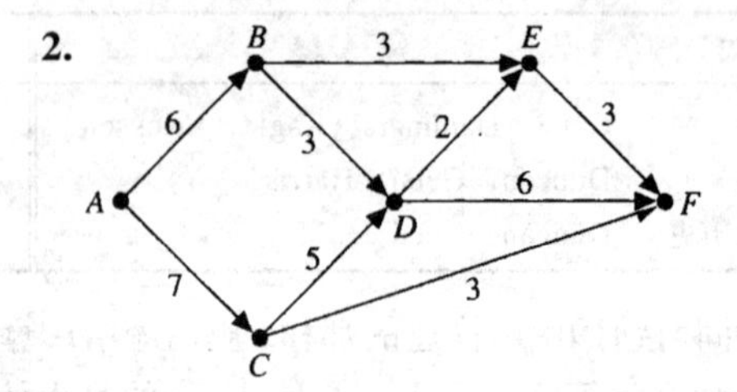

3.

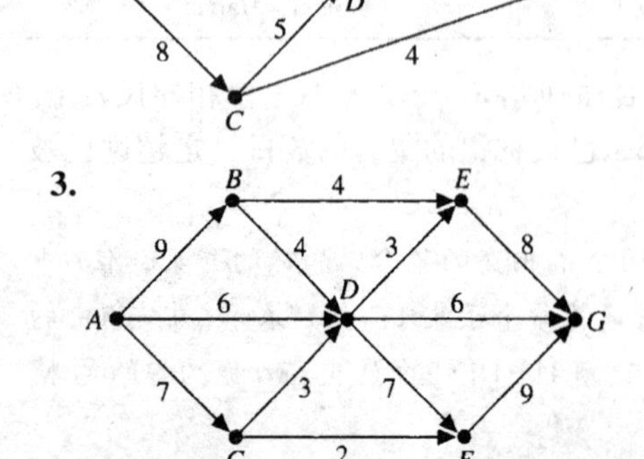

4.

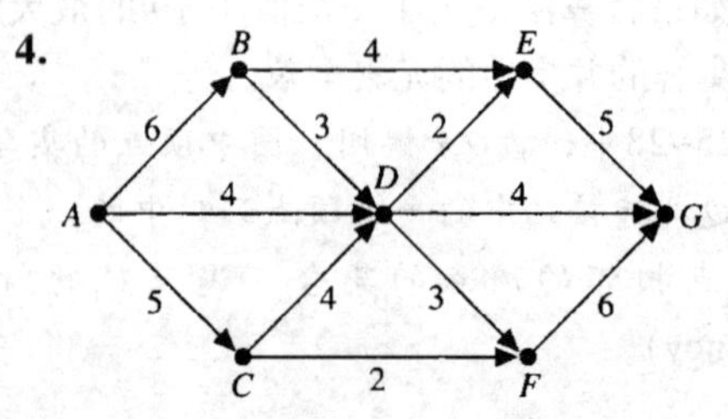

5.

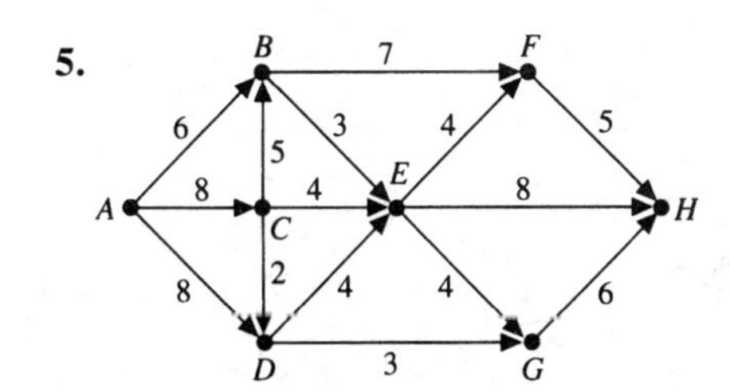

6.

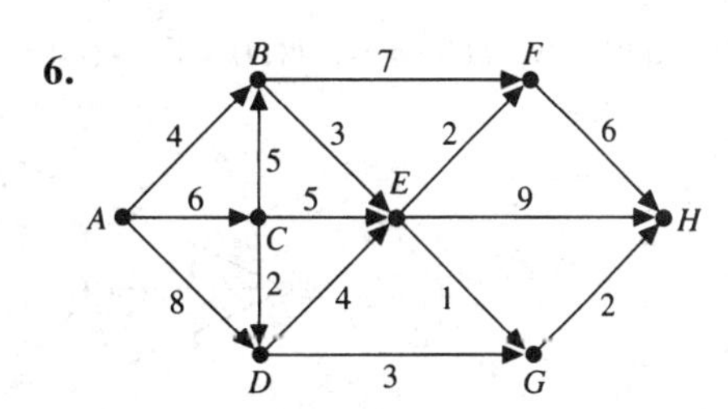

7.

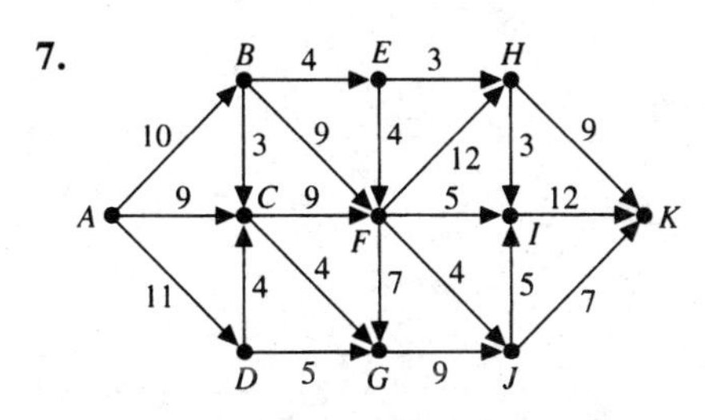

8.

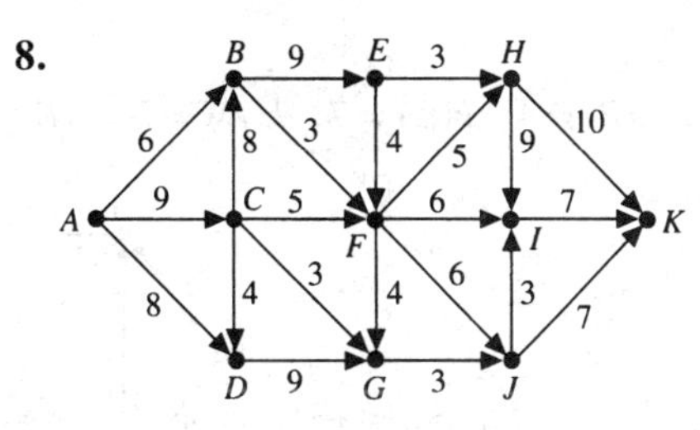

多源运输网络（multisource transportation network）是指一个带权有向图，它有一个非空的顶点的有限集S_0，S_0中的顶点的入度都为零，而不是只包含一个入度为零的顶点，除了这一点以外，它满足运输网络定义中的所有其他条件。称f是这种网络中的一个流，如果：

(i) 对于每条弧e，$0 \leqslant f(e) \leqslant c(e)$，这里$c(e)$是弧$e$的容量；

(ii) 对于除了汇和S_0中的元素以外的每个顶点V，流入V的总流量等于流出V的总流量。

这种流的**值**（value）是流入汇的总流量。如果一个流的值是尽可能大的，则称之为**最大流**（maximal flow）。

9. 证明：在一个多源运输网络中，流的值等于流出S_0中所有顶点的总流量。

10. 给定一个多源运输网络$\mathcal{N}$，引入一个新顶点u和从u到S_0中每个顶点的边，边的容量为无穷大，于是就由$\mathcal{N}$产生一个运输网络$\mathcal{N}'$。证明：通过在$\mathcal{N}'$上应用流增广算法，可以找到$\mathcal{N}$中的一个最大流。

利用习题10，为习题11和12中给定的每个多源运输网络找出一个最大流。

11.

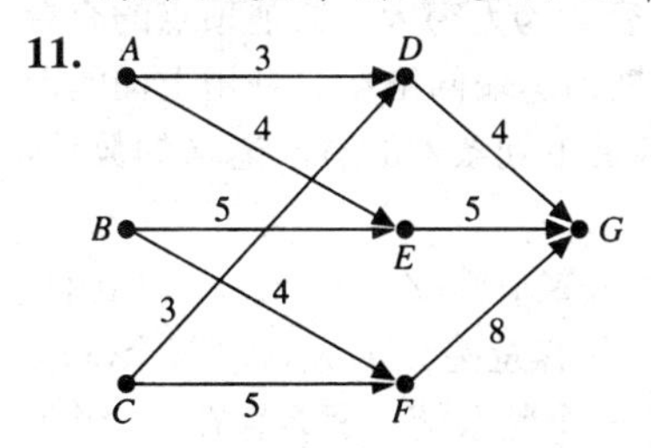

12.

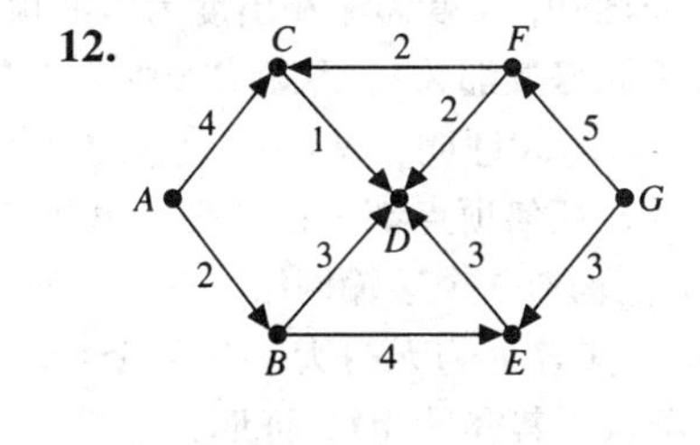

13. 推广运输网络的概念，允许有多个源和汇；然后为这样的网络定义"流""流的值"和"最大流"。对这样的网络，陈述并证明与定理7.1类似的定理。

14. 如果运输网络$\mathcal{N}$中存在从网络的顶点集合到非负实数的函数k，则称运输网络$\mathcal{N}$为**具有顶点容量的网络**（network with vertex capacities）。在这样一个网络中，流必须满足额外的限制：对每个顶点V，流入V的总流量和流出V的总流量都不能超过$k(V)$。（当然，如果V是除源和汇以外的顶点，那么这两个总流量相等。）证明：这种网络中的最大流的值等于普通网络$\mathcal{N}^*$中的最大流的值，其中，$\mathcal{N}^*$如下构成：

(i) 对于$\mathcal{N}$中的每个顶点X，在$\mathcal{N}^*$中加入两个顶点X'和X''；

(ii) 对于$\mathcal{N}$中的每个顶点X，在$\mathcal{N}^*$中加入容量为$k(X)$的弧（X', X''）；

(iii) 对于$\mathcal{N}$中的每条弧（X, Y），在$\mathcal{N}^*$中加入一条等容量的弧（X'', Y'）。

（注意，如果在$\mathcal{N}$中源是s，汇是t，那么在$\mathcal{N}^*$中源是s'，汇是t''。）

对习题15~17中具有顶点容量的网络，构造习题14中所描述的网络$\mathcal{N}^*$。

15. $k(A)=9$，$k(B)=8$，$k(C)=9$，$k(D)=7$，$k(E)=10$。

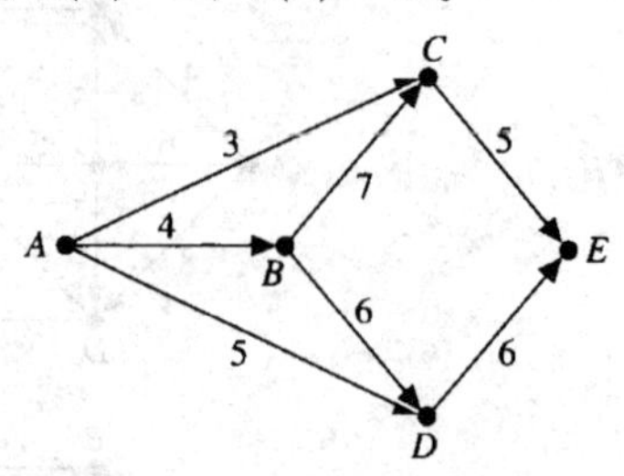

16. $k(A)=8$，$k(B)=4$，$k(C)=7$，$k(D)=7$，$k(E)=6$，$k(F)=9$。

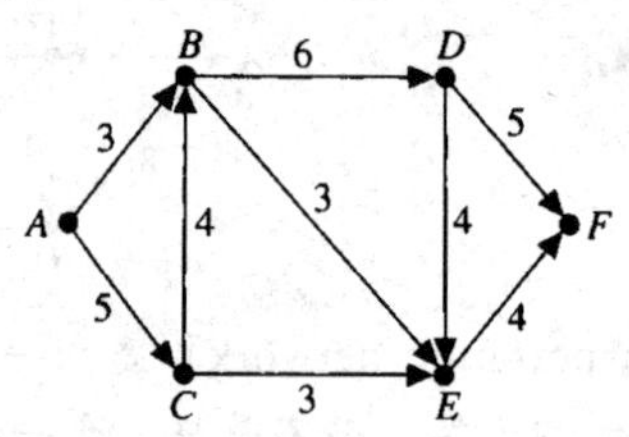

17. $k(A)=16$，$k(B)=9$，$k(C)=6$，$k(D)=5$，$k(E)=8$，$k(F)=7$，$k(G)=15$。

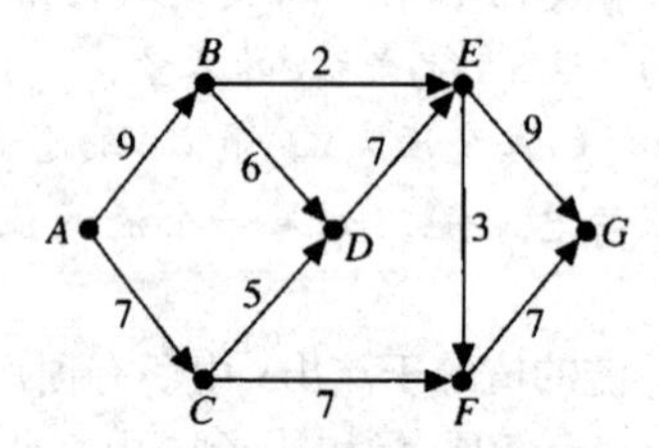

在习题18和19中，用习题14的方法，为指定习题中具有顶点容量的网络找出一个最大流。

18. 习题15

19. 习题16

20. 设s和t分别是有向图$\mathcal{D}$中入度为零和出度为零的顶点。令s和t的容量为无穷大，其他顶点的容量为1，并令每条弧的容量都为1，从而使$\mathcal{D}$成为一个具有顶点容量的运输网络$\mathcal{N}$。利用上面的习题14和7.2节中的习题30证明：$\mathcal{N}$的最大流的值等于从s到t的满足下列条件的有向通路的数目：除了顶点s和t之外，任何顶点都不在通路上出现多次。

21. 设m和n是正整数。构造一个运输网络，其中，顶点是$s, X_1, X_2, \cdots, X_m, Y_1, Y_2, \cdots, Y_n, t$；从$s$到每个$X_i$都有一条弧，其容量为无穷大，从每个$Y_j$到$t$都有一条弧，其容量为无穷大；对每个$i$和$j$，从$X_i$到$Y_j$都有一条弧，其容量为1。证明：如果$f$是这个网络中的一个整数流，那么存在一个$m \times n$阶的0−1矩阵，对每个$i$和$j$，该矩阵在第$i$行中有$f(s, X_i)$个1，在第$j$列中有$f(Y_j, t)$个1。

22. 设A是一个$m \times n$阶的0−1矩阵，对于每个i和j，该矩阵在第i行中有u_i个1，在第j列中有v_j个1。证明：

$$u_1 + u_2 + \cdots + u_m = v_1 + v_2 + \cdots + v_n。$$

23. 设m和n是正整数，且对任意$1 \leqslant i \leqslant m$和$1 \leqslant j \leqslant n$，$u_i$和$v_j$都是非负整数。假设

$$u_1 + u_2 + \cdots + u_m = v_1 + v_2 + \cdots + v_n。$$

构造一个网络，它具有与习题21中的网络相同的弧，但令每条弧(s, X_i)的容量为u_i，每条弧(Y_j, t)的容量为v_j。证明：如果这个网络中的最大流的值是$u_1 + u_2 + \cdots + u_m$，那么存在一个$m \times n$阶的0-1矩阵，对于每个i和j，该矩阵在第i行中有u_i个1，在第j列中有v_j个1。

24. 在习题23中，证明：如果最大流的值不是$u_1 + u_2 + \cdots + u_m$，那么不存在这样的$m \times n$阶的0-1矩阵：对于每个i和j，该矩阵在第i行中有u_i个1，在第j列中有v_j个1。

25. 利用习题23构造一个4×6阶的0−1矩阵，其中，

（i）第1, 2, 4行中有4个1；第3行中有两个1；

（ii）第1, 3, 6列中有3个1；第2, 4列中有两个1，第5列中有1个1。

计算机题

编写具有指定输入和输出的计算机程序。

1. 对一个给定的运输网络，计算每个割的容量。

2. 对一个给定的运输网络，反复应用流增广算法以确定一个最大流，从每条弧上的流都为零的流开始。

3. 对一个给定的偶图，用7.4节中所描述的方法生成一个最大匹配。

4. 对一个给定的偶图，用7.4节中所描述的方法生成一个最小覆盖。（参见7.4节中的习题31。）

5. 对一个给定的偶图，为$\mathcal{V}_1$的每个子集$\mathcal{A}$，计算$|\mathcal{A}| - |\mathcal{A}^*|$。（这里的记号与7.4节中习题25~28的说明中的记号一样。）

6. 为一个给定的具有多个源和汇的网络（参见补充习题13）确定一个最大流。

7. 为一个给定的具有顶点容量的网络（参见补充习题14）确定一个最大流。

8. 设m和n是正整数，且对任意$1 \leqslant i \leqslant m$，$1 \leqslant j \leqslant n$，$u_i$和$v_j$都是非负整数，且

$$u_1 + u_2 + \cdots + u_m = v_1 + v_2 + \cdots + v_n。$$

如果可能，则构造一个$m \times n$阶的0-1矩阵，对每个i和j，该矩阵在第i行中有u_i个1，在第j列中有v_j个1。（参见补充习题23。）

推荐读物

1. Bondy, J.A. and U.S.R. Murty. *Graph Theory with Applications.* New York: Elsevier Science, 1979.
2. Burr, Stefan A., ed. "The Mathematics of Networks." In *Proceedings of Symposia in Applied Mathematics*, vol. 26. Providence, RI: American Mathematical Society, 1982.
3. Edmonds, Jack and Richard M. Karp. "Theoretical Improvements in Algorithmic Efficiency for Network Flow Problems." *J. Assoc. Computing Machinery*, vol. 19, no. 2 (April 1972): 248–264.
4. Elias, P., A. Feinstein, and C.E. Shannon. "Note on Maximal Flow Through a Network." *IRE Transactions on Information Theory, IT-2* (1956): 117–119.
5. Ford, Jr., L.R. and D.R. Fulkerson. *Flows in Networks.* Princeton, NJ: Princeton University Press, 1962.
6. ________. "Maximal Flow Through a Network." *Canad. J. Math.* vol. 8, no. 3 (1956): 399–404.
7. Frank, Howard and Ivan T. Frisch. "Network Analysis." *Sci. Amer.* vol. 223, no. 1 (July 1970): 94–103.
8. Fulkerson, D.R., ed. *Studies in Graph Theory*, Part I. *MAA Studies in Mathematics*, vol. 11. The Mathematical Association of America, 1975.
9. Lawler, Eugene L. *Combinatorial Optimization: Networks and Matroids.* New York: Holt, Rinehart, and Winston, 1976.
10. Wilf, Herbert S. *Algorithms and Complexity.* Englewood Cliffs, NJ: Prentice-Hall, 1986.
11. Zadeh, Norman. "Theoretical Efficiency of the Edmonds-Karp Algorithm for Computing Maximal Flows." *J. Assoc. Computing Machinery*, vol. 19, no. 1 (January 1972): 184–192.

第8章

Discrete Mathematics, Fifth Edition

计 数 技 术

正如在1.2节和1.3节所看到的那样，许多组合问题都涉及计数。因为需要考虑的对象往往非常多，所以希望能够直接对一个集合中的对象进行计数而不必把它们全部都列举出来。本章将讨论几种基本的计数技术，这些技术常用于解决组合问题。读者应该仔细复习1.2节和2.6节，其中包含了几个即将涉及的结果。

8.1 帕斯卡三角形和二项式定理

组合分析中一个最基本的问题是：计算n-元集合[⊖]的含r个元素的子集的数目。回忆一下，这个数记为$C(n, r)$。定理2.10指出

$$C(n,r)=\frac{n!}{r!(n-r)!}。 \tag{8.1}$$

例8.1 从元音字母的集合$\{a, e, i, o, u\}$中任选两个组成子集，由（8.1）式可知这样的子集的个数是

$$C(5,2)=\frac{5!}{2!3!}=\frac{5\cdot4\cdot3!}{2\cdot1\cdot3!}=\frac{5\cdot4}{2\cdot1}=10。$$

这个问题中的10个子集分别是$\{a, e\}$，$\{a, i\}$，$\{a, o\}$，$\{a, u\}$，$\{e, i\}$，$\{e, o\}$，$\{e, u\}$，$\{i, o\}$，$\{i, u\}$和$\{o, u\}$。 ■

定理2.10的证明说明：集合$\{a_1, a_2, \cdots, a_n\}$的任何一个包含$r$个元素（$1\leqslant r\leqslant n$）的子集$R$必定是

（1）$\{a_1, a_2, \cdots, a_{n-1}\}$的包含$r$个元素的子集（如果$a_n\notin R$），或者

（2）$\{a_1, a_2, \cdots, a_{n-1}\}$的包含$r-1$个元素的子集与$\{a_n\}$的并集（如果$a_n\in R$）。

于是，$\{a_1, a_2, \cdots, a_n\}$中包含$r$个元素的子集的个数$C(n, r)$是类型（1）的子集个数$C(n-1, r)$与类型（2）的子集个数$C(n-1, r-1)$的和，从而得到定理8.1。

定理8.1 *如果r和n是满足$1\leqslant r<n$的整数，那么*

$$C(n, r) = C(n-1, r-1) + C(n-1, r)。$$

例8.2 由定理8.1得到$C(7, 3) = C(6, 2) + C(6, 3)$。下面利用（8.1）式计算$C(7, 3)$，$C(6, 2)$和$C(6, 3)$的值来验证这个等式。

$$C(6,2)=\frac{6!}{2!4!}=\frac{6\cdot5\cdot4!}{2\cdot1\cdot4!}=\frac{6\cdot5}{2\cdot1}=15,$$

$$C(6,3)=\frac{6!}{3!3!}=\frac{6\cdot5\cdot4\cdot3!}{3\cdot2\cdot1\cdot3!}=\frac{6\cdot5\cdot4}{3\cdot2\cdot1}=20,$$

$$C(7,3)=\frac{7!}{3!4!}=\frac{7\cdot6\cdot5\cdot4!}{3\cdot2\cdot1\cdot4!}=\frac{7\cdot6\cdot5}{3\cdot2\cdot1}=35$$

于是，$C(6, 2) + C(6, 3) = 15 + 20 = 35 = C(7, 3)$。 ■

⊖ n-元集合指含个元素的集合。——译者注

三角形阵列

$$
\begin{array}{lccccccccc}
n=0 & & & & & C(0,0) & & & & \\
n=1 & & & & C(1,0) & & C(1,1) & & & \\
n=2 & & & C(2,0) & & C(2,1) & & C(2,2) & & \\
n=3 & & C(3,0) & & C(3,1) & & C(3,2) & & C(3,3) & \\
n=4 & C(4,0) & & C(4,1) & & C(4,2) & & C(4,3) & & C(4,4) \\
 & & & & & \vdots & & & &
\end{array}
$$

称为**帕斯卡三角形**（Pascal’s triangle）。尽管这个三角形最早是由中国人发现的，但它的名字来自法国数学家帕斯卡（Blaise Pascal，1623—1662），帕斯卡的文章《论算术三角形》（Traité du Triangle Arithmétique）建立了这个三角形的很多性质。

注意，这个三角形的行是从$n = 0$开始编号的，并且对于固定的r值，元素$C(n, r)$位于从右上方延伸到左下方的对角线上。

下面更细致地来讨论帕斯卡三角形中的元素。因为每个集合都有一个包含零个元素的子集（即空集），所以$C(n, 0) = 1$。而且，包含n个元素的集合中只有一个子集包含n个元素（即全集），因此$C(n, n) = 1$。所以，帕斯卡三角形中每一行的第一个数和最后一个数是1。另外，定理8.1指出，除了每行第一个元素和最后一个元素之外，帕斯卡三角形中的任何一个元素是上一行中最接近它的那两个元素的和。比如，$C(4, 2) = C(3, 1) + C(3, 2)$，$C(4, 3) = C(3, 2) + C(3, 3)$。重复运用这些性质，就可以简单地计算出帕斯卡三角形中的元素，所得到的那些数组织成下面的形式：

$$
\begin{array}{ccccccccc}
 & & & & 1 & & & & \\
 & & & 1 & & 1 & & & \\
 & & 1 & & 2 & & 1 & & \\
 & 1 & & 3 & & 3 & & 1 & \\
1 & & 4 & & 6 & & 4 & & 1 \\
 & & & & \vdots & & & &
\end{array}
$$

例8.3 继续上面的三角形，就得到下一行（即$n = 5$时）的那些数

$$1, 1 + 4 = 5, 4 + 6 = 10, 6 + 4 = 10, 4 + 1 = 5, 1。$$ ■

帕斯卡三角形有一个重要的对称性：每一行从右向左读和从左向右读是一样的。用我们的记号来表达，这个命题就是$C(n, r) = C(n, n-r)$，其中$0 \leqslant r \leqslant n$。虽然这个性质可以（用（8.1）式）通过计算$C(n, r)$和$C(n, n-r)$来验证，但是我们要用组合学的论据来证明这个命题，这个证明基于对组合数的定义。（这和定理8.1的论证方式属于同一类型。）

定理8.2 *如果r和n是满足$0 \leqslant r \leqslant n$的整数，那么$C(n, r) = C(n, n-r)$。*

证明 回顾一下，含n个元素的集合所生成的含k个元素的子集的数目是$C(n, k)$。令S是含n个元素的集合。定义一个函数，它将r元子集$A \subseteq S$对应到A关于S的补集（$n-r$）元子集$\overline{A}$。容易看出，这个函数是S的含有r个元素的子集和S的含有$n-r$个元素的子集之间的一个一一对应。于是，S的r元子集的个数与恰好包含$n-r$个元素的S的子集的个数相同，即$C(n, r) = C(n, n-r)$。 ■

数值$C(n, r)$被称为**二项式系数**（binomial coefficient），因为它出现在二项式$(x + y)^n$的代

数展开式中。更具体地说，在这个展开式中，$C(n, r)$是项$x^{n-r}y^r$的系数。所以，在$(x + y)^n$的展开式中出现的系数是帕斯卡三角形第n行中的数。例如，

$$\begin{aligned}(x + y)^3 &= (x + y)(x + y)^2 = (x + y)(x^2 + 2xy + y^2)\\ &= x(x^2 + 2xy + y^2) + y(x^2 + 2xy + y^2)\\ &= (x^3 + 2x^2y + xy^2) + (x^2y + 2xy^2 + y^3)\\ &= x^3 + 3x^2y + 3xy^2 + y^3。\end{aligned}$$

注意，出现在展开式中的系数（1, 3, 3, 1）就是帕斯卡三角形中$n = 3$那一行中的数。

定理8.3（二项式定理） 对每个正整数n，

$$(x + y)^n = C(n, 0)x^n + C(n, 1)x^{n-1}y + \cdots + C(n, n-1)xy^{n-1} + C(n, n)y^n。$$

证明 在展开

$$(x + y)^n = (x + y)(x + y)\cdots(x + y)$$

时，从n个因子（$x + y$）的每一个中，要么挑选x，要么挑选y。在展开式中，$x^{n-r}y^r$这一项由所有这样的项合并而成：它们从r个因子中选择y，并从其余$n-r$个因子中选择x。这样的项的个数也就是选择r个因子（从中选择y）的方法数。（从每个未被选择y的因子中挑选x。）因此，在$(x + y)^n$ 的展开式中$x^{n-r}y^r$的系数是$C(n, r)$。■

例8.4 应用二项式定理及帕斯卡三角形中$n = 4$这一行的系数，可以得到

$$\begin{aligned}(x + y)^4 &= C(4, 0)x^4 + C(4, 1)x^3y + C(4, 2)x^2y^2 + C(4, 3)xy^3 + C(4, 4)y^4\\ &= x^4 + 4x^3y + 6x^2y^2 + 4xy^3 + y^4。\end{aligned}$$ ■

习题8.1

计算习题1~12中的数。

1. $C(5, 3)$ **2.** $C(7, 2)$ **3.** $C(8, 5)$ **4.** $C(12, 7)$

5. $(x + y)^4$的展开式中x^2y^2项的系数。

6. $(x + y)^6$的展开式中x^5y项的系数。

7. $(x-y)^{12}$的展开式中x^3y^9项的系数。

8. $(x-y)^9$的展开式中x^5y^4项的系数。

9. $(x + 2y)^{10}$的展开式中x^6y^4项的系数。

10. $(3x + y)^{13}$的展开式中x^4y^9项的系数。

11. $(x-3y)^{10}$的展开式中x^3y^7项的系数。

12. $(2x-y)^9$的展开式中x^7y^2项的系数。

13. 写出帕斯卡三角形中$n = 6$这一行的数。

14. 写出帕斯卡三角形中$n = 7$这一行的数。

15. 计算$(x + y)^6$。

16. 计算$(x + y)^7$。

17. 计算$(3x-y)^4$。

18. 计算$(x-2y)^5$。

19. 集合$\{1, 2, 3, 4, 5, 6, 7\}$有多少个包含4个不同数的子集？

20. 集合$\{a, b, c, d, e, f, g, h, i, j, k, l\}$有多少个包含8个不同字母的子集？

21. 集合$\{b, c, d, f, g, h, j, k, l, m\}$有多少个包含5个字母的子集？

22. 集合$\{2, 3, 5, 7, 11, 13, 17, 19, 23\}$有多少个包含4个数的子集？

23. 集合$\{1, 2, 3, 4, 5, 6, 7, 8, 9, 10, 11, 12\}$有多少个不含奇数的4元子集？

24. 集合$\{a, b, c, d, e, f, g, h, i, j, k\}$有多少个不含元音字母的3元子集？

25. 用二项式定理证明：$C(n, 0) + C(n, 1) + \cdots + C(n, n) = 2^n$，$n$为非负整数。

26. 用（8.1）式证明：$C(n, r) = C(n, n-r)$，$0 \leqslant r \leqslant n$。

27. 用二项式定理证明：对$n \geqslant 0$，

$$C(n, 0) - C(n, 1) + C(n, 2) - C(n, 3) + \cdots + (-1)^n C(n, n) = 0。$$

28. 证明：$2^0C(n, 0) + 2^1C(n, 1) + \cdots + 2^nC(n, n) = 3^n$，$n$为正整数。

29. 证明：$rC(n, r) = nC(n-1, r-1)$，$1 \leqslant r \leqslant n$。

30. 证明：$2C(n, 2) + n^2 = C(2n, 2)$，$n \geqslant 2$。

***31.** 证明：对任意正整数k和非负整数r，

$$C(k, 0) + C(k+1, 1) + \cdots + C(k+r, r) = C(k+r+1, r)。$$

***32.** 证明：$C(r, r) + C(r+1, r) + \cdots + C(n, r) = C(n+1, r+1)$，$0 \leqslant r \leqslant n$。你认为这个结论为什么会被命名为“曲棍球棒公式”？

***33.** 证明：对任意非负整数n，$C(2n+1, 0) + C(2n+1, 1) + \cdots + C(2n+1, n) = 2^{2n}$。

***34.** 设p，r为整数，p为素数，且$1 \leqslant r \leqslant p-1$。证明$C(p, r)$可以被$p$整除。

***35.** 设k，n为非负整数，$k < \frac{n}{2}$。证明$C(n, k) \leqslant C(n, k+1)$。

***36.** 证明：对任意整数$m, n \geqslant 2$，$C(m, 2) + C(n, 2) \leqslant C(m+n-1, 2)$。

***37.** 证明任意n个连续的正整数的乘积能被$n!$整除。

***38.** 证明：对任意非负整数n，

$$1 \cdot C(n, 0) + 2 \cdot C(n, 1) + \cdots + (n+1) \cdot C(n, n) = 2^n + n2^{n-1}。$$

8.2 3个基本原理

本节介绍3个基本原理，它们将在本章中频繁地使用。第1个原理是一个极其简单的存在性命题，但它有许多深刻的推论。

定理8.4（鸽笼原理） *假设要把一些鸽子放到鸽笼中去，鸽子的总数多于鸽笼，那么一定有某个鸽笼里至少有两只鸽子。更一般地，如果鸽子的总数超过鸽笼总数的k倍，那么某只鸽笼必定至少包含$k+1$只鸽子。*

证明 第1个命题是更一般的结论的一个特例，即当$k=1$时的情况。所以我们只证明更一般的结论。

设有p只鸽笼，q只鸽子。倘若没有鸽笼至少包含$k+1$只鸽子，那么p只鸽笼中的每一只都最多只有k只鸽子，所以p只鸽笼中鸽子的总数就不会超过kp。于是，如果鸽子的总数超过鸽笼总数的k倍（即$q > kp$），那么某只鸽笼一定至少包含$k+1$只鸽子。 ■

例8.5 从15对已婚夫妇的集合中必须选出多少人，才能确保至少有两个被选中的人是一对夫妻？

直观上容易看出：如果从15对夫妇的集合中任选16人，那么其中必定至少有一对夫妻。这个结论就是基于鸽笼原理的。我们按下面的方式把人（鸽子）放入集合（鸽笼）：当且仅当他们是夫妻时，两个人被放在同一个集合中。因为只有15个可能的集合，不论怎样分配这16个人，一定会有两个人被放在同一个集合中。于是，必定至少有一对已婚夫妇包含在这16 个人中。注意，如果所选人数少于16个，则其中有可能不包含任何一对夫妻。（例如，选择15位女士。） ■

例8.6 要选择多少个不同的整数才能确保其中至少有10个整数具有相同的模7同余类?

可以把这个问题看作将整数(鸽子)放入同余类(鸽笼)中。注意,只有7个不同的模7同余类,即[0],[1],[2],[3],[4],[5]和[6]。于是,如果要保证至少有$10 = k + 1$个整数在相同的同余类中,那么由鸽笼原理的一般形式可知,必须选择多于$7k = 7 \cdot 9 = 63$个不同的整数。所以至少要选择64个整数。 ■

有些问题要求找出具有特殊属性的一对元素,鸽笼原理往往是获得解答的关键。下一个例子就属于这种类型。

例8.7 在边长为1的等边三角形内部任取5个点。证明:在这些点中,必有某些点,它们之间的距离不超过1/2。

如图8.1所示,把给定的三角形划分为4个边长为1/2的等边三角形。因为有5个点,而只有4个小三角形,所以必定至少有一对点落在同一个小三角形中。容易看出:对于任何落在同一个小三角形中的两个点,它们之间的距离不超过1/2。 ■

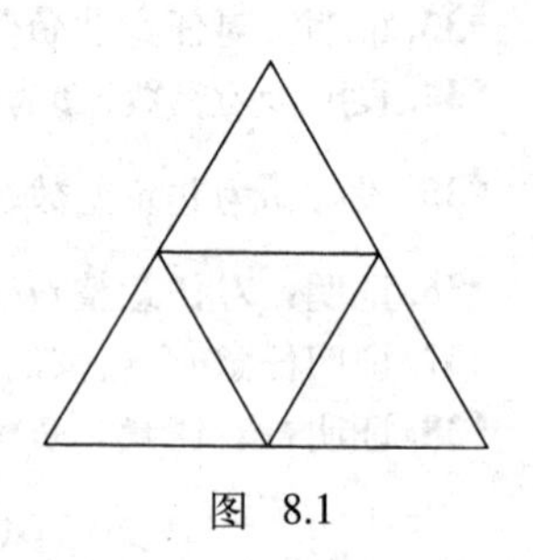

图 8.1

鸽笼原理断言:某个鸽笼包含一定数目的鸽子(这是存在性命题)。与鸽笼原理不同,下面两个结论指出如何计算执行某个过程有多少种方法。第一个定理是1.2节的一个结论的另一种描述形式,利用这个定理可以计算出执行一个由一系列操作组成的过程有多少种方法。

定理8.5(乘法原理) *考虑一个过程,它是由k个步骤组成的一个序列。假设执行第一步的方法有n_1种,且对执行第一步的每种方法,执行第二步的方法有n_2种。一般地,不管怎样执行前面各步,执行第i步($i = 2, 3, \cdots, k$)有n_i种方法。那么执行整个过程的不同方法就有$n_1 n_2 \cdots n_k$种。*

为了说明乘法原理,假设有一对即将生孩子的夫妇,他们决定如果生女孩,就给她取首名为Jennifer,Karen或者Linda,取中间名为Ann或者Marie。因为为孩子取名的过程可以分为两步,先选首名,再选中间名。由乘法原理可知,他们为孩子取的名字共有$3 \cdot 2 = 6$种选择。为了看清结果的正确性,图8.2列出了所有的选择。

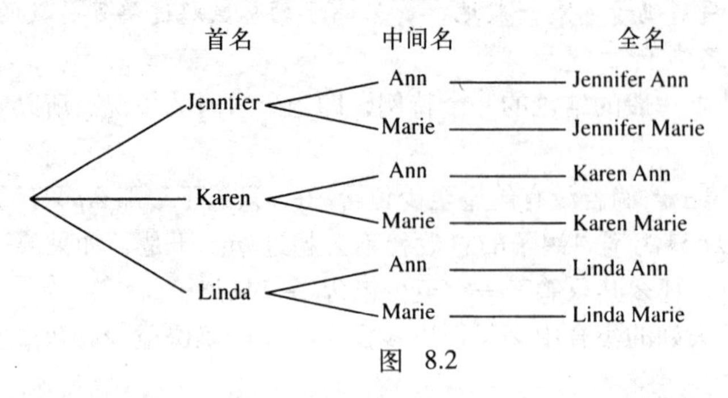

图 8.2

例8.8 一个**位**(bit)(或**二进制位**(binary digit))是一个0或者一个1。一个n**位串**(n-bit string)是指n个位的序列。于是,01101110就是一个8位串。在计算机里,信息是以二进制位的形式存储和处理的,因为位串可以被看成是计算机内的开关的"开"或"关"的状态序列。

下面用乘法原理来计算8位串的个数。为此,把8位串看作由8次选择所组成的序列(先选择第1位,然后选择第2位,……)。因为每一位有两种选择方法(即0或1),所以8位串的个数是

$$2 \cdot 2 \cdot 2 \cdot 2 \cdot 2 \cdot 2 \cdot 2 \cdot 2 = 2^8 = 256。$$

因为8位串可以看作是一个非负整数的二进制表示，所以这个计算表明：使用不超过8个二进制位可以表示256个非负整数。更一般地，类似的论证证明：n位串的总数是2^n。(因而，可以用不超过n个二进制位表示的非负整数的个数是2^n。) ■

例8.9 1996年1月20日，芝加哥北郊的电话有了新的区号（847)，以前所有的郊区都使用同一个区号（708)，其他郊区和城区也很快要进行类似的划分。由于商业对连接计算机、传真机和手机的电话线路的需求不断增长，大城市的电话号码实际上已经用完了。请问，同一个区号下可能有多少个不同的电话号码?

在一个区号下，本地电话号码是由7个数字（从0~9中选）所组成的序列，其中第一位和第二位不得为0和1。这样，本地电话号码的总数就可以用乘法原理来计算。前两位的数字可以取2~9中的任意数，其他数字可以取0~9中的任意值。所以，所有可能的本地电话号码的总数等于选择7个数字的方法数，即

$$8 \cdot 8 \cdot 10 \cdot 10 \cdot 10 \cdot 10 \cdot 10 = 6\,400\,000。$$ ■

*在应用乘法原理的时候尤其要注意，执行任何一步操作的方法数不得依赖于前面任何一步所做出的具体选择。*换句话说（在定理8.5的表述中)，无论第一步怎么执行，第二步必定有n_2种执行方法；无论最初两步怎么执行，第三步必定有n_3种执行方法；以后依此类推。由于这个限制，为了正确地解答某些问题，可能需要一些技巧，如下一个例子所示。

例8.10 假如要用数字1~8不重复地组成5位数。

(a) 可以组成多少个不同的5位整数?

(b) 在(a)中有多少个数是以7开头的?

(c) 在(a)中有多少个数同时包含1和2?

(a) 可以对整数中的5个数字逐一选择一个值，以此构造5位数。这相当于在下面的每个空格中填上1~8中的某个数字：

$$\_\_\ \ \_\_\ \ \_\_\ \ \_\_\ \ \_\_$$

显然第1位有8种选择方法，因为1到8中的任何一个数字都可以用。但是第2位只有7种选择方法了，因为不能与第1位重复。类似的推演说明：第3位有6种选择方法、第4位有5种选择方法、第5位有4种选择方法。因此，由乘法原理可知：做5次选择的可能的方法数是

$$8 \cdot 7 \cdot 6 \cdot 5 \cdot 4 = 6720。$$

这是不重复地用数字1~8组成的5位数的总数。

(b) 要计算以7开头的数的个数，可以像上面那样进行，除了第1位只有一种选择方法外(只能是7)。因此，在(a)的6720个整数中，有$1 \cdot 7 \cdot 6 \cdot 5 \cdot 4 = 840$个整数是以7开头的。

(c) 在(a)和(b)中使用的方法不能用来计算包含1和2的5位数的总数。该方法失败的原因是选择第4位和第5位数字的方法数依赖于前面的选择。例如，如果前3位是231，那么第4位有5种选择方法（即4, 5, 6, 7和8)。但是，如果前3位是567，那么第4位只有两种选择方法(即1和2)。

因此必须寻找其他方法。既然数字1和2必须要用到，所以一开始就先决定把它们放在哪里。然后，可以用3~8中的任何数字填充剩下的三个位置，如下所示：

为1选一个位置（有5种方法)，
为2选一个位置（有4种方法)，
选一个值放入第一个未填的空格（从6个可选的数字中选一个)，

选一个值放入第二个未填的空格（从5个可选的数字中选一个），

选一个值放入第三个未填的空格（从4个可选的数字中选一个）。

于是，由乘法原理，做出全部5个选择的方法有$5 \cdot 4 \cdot 6 \cdot 5 \cdot 4 = 2400$种。因此在（a）的6720个整数中，有2400个整数同时包含1和2。 ■

第2个基本的计数原理有关若干个集合（它们两两不相交）的并集的元素个数。

定理8.6（加法原理） *假设有k个集合，第一个集合有n_1个元素，第二个集合有n_2个元素，依此类推。如果所有的元素都是不相同的（即k个集合中的任意两个互不相交），那么这些集合的并集有$n_1 + n_2 + \cdots + n_k$个元素。*

为了说明这个结果，设$A = \{1, 2, 3\}$，$B = \{4, 5, 6, 7\}$。因为在A和B中的元素各不相同，所以，由加法原理，集合A和B的并集所拥有的元素个数等于集合A的元素个数（3个）加上集合B的元素个数（4个）。因此，在本例中，$A \cup B$有$3 + 4 = 7$个元素。这个结果显然是正确的，因为$A \cup B = \{1, 2, 3, 4, 5, 6, 7\}$。但是，要注意，元素必须是不相同的。如果集合$A$改为$A = \{1, 2, 4\}$，那么结果就不再是7了，因为在这种情况下，$A \cup B = \{1, 2, 4, 5, 6, 7\}$。

例8.11 假设一对夫妇即将生孩子，他们决定：如果是女孩，就从6个名字（Jennifer Ann，Jennifer Marie，Karen Ann，Karen Marie，Linda Ann和Linda Marie）中选择一个；如果是男孩，就从4个名字（Michael Alan，Michael Louis，Robert Alan和Robert Louis）中选择一个。这个孩子可能取的不同的名字有多少个？

因为给女孩的名字不同于给男孩的名字，所以加法原理指出：所有可能的名字的总数是女孩名的总数与男孩名的总数之和，从而上述问题的答案是$6 + 4 = 10$。 ■

例8.12 1~100之间（包括100）共有多少个整数是偶数或以5结尾？

用A代表1~100之间的偶数的集合，B代表1~100之间以5结尾的整数的集合。1~100之间的偶数或以5结尾的整数个数就是$A \cup B$的元素个数。A包含50个元素，因为从1到100每隔一个数字就是偶数。B包含10个元素，因为5, 15, 25, 35, 45, 55, 65, 75, 85和95是1~100之间仅有的以5结尾的整数。而且，集合A和B中的元素是不相同的，因为以5结尾的数字不可能是偶数。于是，由加法原理就得出：1~100之间的偶数或以5结尾的整数共有$50 + 10 = 60$个。 ■

在解决问题时，经常需要同时使用乘法原理和加法原理，如下面的例子所示。

例8.13 在Applesoft BASIC语言中，实型变量的名字是由数字和字母组成的，并以字母开头，字母是A~Z，数字是0~9。尽管变量的名字最长可达238个字符，但计算机仅仅依据变量的前两个字符来识别变量。（于是，RATE和RATIO就被看作是相同的名字。）另外，还有7个保留字（*AT, FN, GR, IF, ON, OR*和*TO*），它们不是合法的变量名。下面将利用乘法原理和加法原理计算Applesoft BASIC语言中可以被识别的合法变量名有多少个。

显然，有26个由单个字符组成的实型变量名，即A~Z。其他的名字由一个字母跟随一个字母或数字组成。从乘法原理得出：由多于一个字符组成的可识别的变量名有$26 \cdot 36 = 936$个（因为有26个字母，36个字母或数字）。于是，由加法原理，单字符变量名和双字符变量名的数目共有$26 + 936 = 962$个。所以，在Applesoft BASIC语言中，可识别的实型变量名共有962个，而合法的可识别的实型变量名有$962-7 = 955$个。 ■

例8.14 （a）有多少个8位串是以1011或01开头的？

（b）有多少个8位串是以1011开头或以01结尾的？

(a) 以1011开头的8位串的形式为

$$1011----,$$

其中，短线代表0或1。所以，以1011开头的8位串的总数等于选择第5位到第8位的方法数。由类似于例8.8的推演可知：这个数目是$2^4 = 16$。同样，以01开头的8位串的数目有$2^6 = 64$个。因为以1011开头的位串的集合和以01开头的位串的集合是不相交的，所以加法原理说明：以1011或01开头的8位串共有16 + 64 = 80个。

(b) 尽管很容易使人想到要如同 (a) 那样来解决这个问题，但以1011开头的位串的集合和以01结尾的位串的集合不是不相交的，所以正确答案并非如前面那样是16 + 64 = 80。因为加法原理只对不相交的集合才可以用，所以如下定义8位串的集合A，B和C：

A = {以1011开头但不以01结尾的串}，
B = {以01结尾但不以1011开头的串}，
C = {以1011开头且以01结尾的串}。

显然，集合A，B和C中的任意一对都是不相交的，并且$A \cup B \cup C$是由以1011开头或以01结尾的串构成的。因此，加法原理指出：$A \cup B \cup C$中的元素的数目是集合A，B和C中的元素的个数的总和。集合A中的串由1011开头，以00，10或11结尾。所以，对A中的串，选择前4位只有一种方法，即1011，选择第5位和第6位各有两种方法（0或1），选择最后两位共有三种方法（00, 10或11）。于是，A中的串的数目是$1 \cdot 2 \cdot 2 \cdot 3 = 12$。类似的论证说明：$B$和$C$中的串的数目分别是$15 \cdot 2 \cdot 2 \cdot 1 = 60$和$1 \cdot 2 \cdot 2 \cdot 1 = 4$。所以$A \cup B \cup C$中的串的数目是12 + 60 + 4 + 76。 ■

习题8.2

1. 要确保至少有两个人的生日落在同一个月份，必须有多少人？

2. 如果一个委员会的开会时间经常变动，那么至少要安排多少次会议以后，才能肯定至少有两次会议将在一周内的同一天举行？

3. 一个抽屉中有未归类的黑色、棕色、蓝色和灰色的袜子。要取出多少只袜子才可以保证其中至少有两只袜子的颜色是相同的？

4. 要选择多少个单词才可以保证其中至少有两个单词是以相同的字母开头的？

5. 一个会议室有8张桌子和105把椅子。在座位最多的桌子旁边，至少有多少把椅子？

6. 如果离散数学有6个班，总共招收199名学生，那么学生最多的班至少有多少个学生？

7. 从24本数学书、25本计算机科学书、21本文学书以及15本经济学书中，必须选择多少本书才可以使其中至少有12本书是关于同一个科目的？

8. 一位社会学家打算给32个白人、19个黑人、27个西班牙人及31个土著美国人发放问卷。为了保证至少有15份问卷来自于同一个种族群，他至少要回收多少份问卷？

9. 订购一辆汽车可以附带下列可选部件的任意组合：空调、自动排放器、座椅、后窗扫雾器和CD播放机。问装备这辆车有多少种方法？

10. 假如一个比萨饼可以加入下列成分的任意组合：鹌鱼、火腿、蘑菇、橄榄、胡椒、洋葱和香肠。问有多少种不同的比萨饼可以订购？

11. 用乘法原理计算包含n个元素的集合的子集的个数。

12. 抛掷一枚硬币20次，可以产生多少个不同的正面和反面的序列？

13. 一个商人星期一要从堪萨斯城飞往芝加哥，星期二要从芝加哥飞往波士顿。如果从堪萨斯城到芝加哥每日有8个航班，从芝加哥到波士顿每日有21个航班，那么这次旅行有多少种不同航线组合可以选择？

14. 一个室内装饰家正在设计由地毯和布料组成的搭配。如果地毯有4种选择，布料有6种选择，那么为了展示所有的可能性，需要做多少种搭配？

15. 直到最近，电话区号都是3位数，它们不能以0或1开头，但是中间的数字必须是0或1。问这样的可能的区号有多少个？

16. 用A, B, C, D, E和F中的字母组成长度为3的字符串。问对于下列的两个条件，分别可以组成多少个满足条件的字符串？

(a) 字母可以重复；

(b) 字母不可以重复。

17. 6把椅子排成一行，由3对夫妻坐。问在下列条件下，有多少种不同的顺序？

(a) 任何一个人可以坐任何一把椅子。

(b) 第一把和最后一把椅子必须由男士坐。

(c) 前3把椅子由男士坐，后3把椅子由女士坐。

(d) 每个人必须与其配偶相邻。

18. 在学生表彰大会上，一所高级中学要给4个高年级学生和3个低年级学生颁奖。问在下列条件下，有多少种颁奖的顺序？

(a) 可按任意次序颁奖。

(b) 先为低年级同学颁奖，后为高年级同学颁奖。

(c) 第一个和最后一个奖必须颁发给低年级同学。

(d) 第一个和最后一个奖必须颁发给高年级同学。

19. Apple Pascal编程语言中的标识符（即变量名、文件名等）有以下规定：

(a) 标识符的第一个字符必须为字母（大小写均可）；

(b) 第一个字符后面的字符可以是字母或数字（0~9）。

如果保留字*IF*, *LN*, *ON*, *OR*和*TO*不可以用作标识符，那么Apple Pascal语言中恰好有两个字符的不同的标识符共有多少个？

20. 在FORTRAN语言中，除非显式声明了一个整型变量，否则只有以I, J, K, L, M和N开头的变量才是整型变量，第一个字符后面的字符可以是A~Z或者0~9中的任意字符。问有多少个恰好包含4个字符的这样的整型变量名？

21. 一家男装商店选出一些西装和休闲装降价出售，降价的西装有30套，休闲装有40套。一位顾客要从中挑选一套，问有多少种选择？

22. 一家餐厅提供3种绿色蔬菜或者用5种方式烹调的土豆。问有多少种不同的蔬菜可供选择？

23. 以1001或者010开头的8位串有多少个？

24. 以1000或者01011结尾的8位串有多少个？

25. 在美国，广播电台的呼号由3个或4个字母组成，并以K或W开头。问可能的不同呼号有多少组？

26. 假设许可证牌照必须是由6个字母或数字组成的序列，其中，前两位是字母、后4位是数字，或者前3位是字母、后3位是数字。问不同的许可证牌照共有多少种？

27. 从4位男士和6位女士组成的小组中，挑选3人派往不同城市任分店经理。问在下列各种条件下，分别共有多少种不同的指定方式？

(a) 每个人都有资格被指定；

(b) 要指定1位男士和两位女士；

(c) 至少指定两位男士；

(d) 男女各至少指定一个人。

28. 假设有3个大一新生、5个大二学生和4个大三学生被提名奖励500元、250元和100元的奖学金。问在下列条件下，这3项奖学金有多少种不同的分配方式？

（a）每个人都可以得到任何一项奖学金；

（b）500元的奖学金给大一新生，250元的奖学金给大二学生，100元的奖学金给大三学生；

（c）至少有两项奖学金给大三学生；

（d）每个年级各有一名学生得到一项奖学金。

29. 以11开头或者以00结尾的8位串有多少个？

30. 以010开头或者以11结尾的8位串有多少个？

31. 用数字1~6组成4位数。

（a）如果允许重复，可以组成多少个这样的数？

（b）如果不允许重复，可以组成多少个这样的数？

（c）在（b）中，有多少个数是以3开头的？

（d）在（b）中，有多少个数是包含2的？

32. 一个补习课程的大学任务组即将成立，成员选自3位数学老师、4位英语老师、两位自然科学老师和两位人文学科老师。这个工作组必须至少包含1位数学老师和1位英语老师。问按照以下各种假定，分别可以形成多少个不同的工作组？

（a）如果两个工作组的成员完全相同，则认为它们是相同的；

（b）如果两个工作组所拥有的各个学科的老师个数都相同，则认为它们是相同的。

33. 证明：如果将26个英文字母以任意顺序写成一个圆形，那么一定有5个辅音字母相连。

***34.** 证明：对任意n个整数（不必互异）的非空序列，存在非空的子序列，其和可以被n整除。

***35.** 设$S = \{a_1, a_2, \cdots, a_9\}$是欧几里得空间中任意9个点的集合，每个点的三个坐标值都是整数。证明：对某些i和j（$i \neq j$），连接a_i和a_j的线段的中点的坐标值都是整数。

***36.** 假设书架上有15本相同的《The Great Gatsby》和另外12本互不相同的传记。

（a）要挑选12本书，问有多少种不同的选择？

（b）要挑选10本书，问有多少种不同的选择？

8.3 排列和组合

有两类计数问题十分常见，值得特别注意：

（1）用n个不同的对象可以构成多少种r个对象的不同排列（有序列表）？

（2）从n个不同的对象中选取r个对象（无序列表），可以有多少种不同的选择？

本节将在n个不同对象不能重复选取的情况下考虑这两类问题。8.4节将回答同样的问题，但允许重复选取。

回顾一下1.2节，n个不同对象的顺序安排或排序称为这些对象的**排列**（permutation）。如果$r \leqslant n$，则n个不同对象中的r个对象的顺序安排或排序称为r**排列**（r-permutation）。于是，3142是数字1, 2, 3, 4的一个排列，而412是这些数字的一个3排列。

对有n个元素的集合，其不同r排列的数目记为$P(n, r)$。由定理1.2可知

$$P(n,r)=\frac{n!}{(n-r)!}\text{。} \tag{8.2}$$

因此，（8.2）式给出了上面第一个问题的解答。

例8.15 不重复地用数字5, 6, 7, 8和9可以组成多少个不同的3位数？

这个问题问的是：由5个数字的集合形成的3排列的总数。这个数是$P(5, 3)$。于是由（8.2）式可知，上述问题的答案是

$$P(5,3)=\frac{5!}{2!}=\frac{5\cdot 4\cdot 3\cdot 2!}{2!}=5\cdot 4\cdot 3=60\text{。}$$

■

例8.16 4把椅子排成一行，4个人有多少种不同顺序的坐法？

这个问题的答案是：4个元素的集合的排列总数。回忆一下，$0! = 1$。由（8.2）式可知，答案是

$$P(4,4)=\frac{4!}{0!}=\frac{4!}{1}=4!=24。\quad\blacksquare$$

注意，例8.16也可以用定理1.1求解，定理1.1可用现在的记号重写成$P(n, n) = n!$。

现在来考虑上面的第二个问题。如果$r\leqslant n$，从包含n个不同对象的集合中不计次序地选择r个对象，称这种选择为该n个对象的**r组合**（r-combination）。于是，$\{1, 4\}$和$\{2, 3\}$都是数字1, 2, 3和4的2组合。注意，因为组合是无序的选择，所以$\{1, 4\}$和$\{4, 1\}$是相同的2组合。实际上，从有n个不同元素的集合中不计次序地选出r个元素，就是从该集合中选取一个包含r个元素的子集。因此，对有n个不同元素的集合，其不同的r组合的数目是$C(n, r)$。所以，应用（8.1）式可知，上面问题（2）的答案是

$$C(n,r)=\frac{n!}{r!(n-r)!}。$$

例8.17 要从一个7人代表团中选出4个成员组成委员会，问有多少种不同的选择？

因为一个4人委员会就是从7人代表团中选4位成员的一种选择，所以问题的答案是$C(7, 4)$。应用（8.1）式得到

$$C(7,4)=\frac{7!}{4!3!}=\frac{7\cdot 6\cdot 5\cdot 4!}{4!\cdot 3\cdot 2\cdot 1}=\frac{7\cdot 6\cdot 5}{3\cdot 2\cdot 1}=35。\quad\blacksquare$$

例8.18 有多少8位串恰好包含3个0？

注意，如果知道3个0的位置，那么一个恰好包含3个0的8位串就完全确定了（因为其他5个位置上一定都是1）。所以，恰好包含3个0的8位串的个数就等于3个0占据的位置的分布的数目。这个数目是从8个位置中选出3个位置的方法数，也就是$C(8, 3)$。于是，恰好包含3个0的8位串的总数是

$$C(8,3)=\frac{8!}{3!5!}=\frac{8\cdot 7\cdot 6\cdot 5!}{3\cdot 2\cdot 1\cdot 5!}=\frac{8\cdot 7\cdot 6}{3\cdot 2\cdot 1}=56。\quad\blacksquare$$

由（8.1）式和（8.2）式，显然有

$$P(n, r) = r!C(n, r)。$$

这个等式可以按组合学意义解释为：*从有n个对象的集合中选取r个对象进行排列，其方法数等于从n个对象中先选择r个对象，然后对选中的对象进行排序的方法数。*

许多计数问题要求区分排列和组合。排列是有序列表，它们出现在选择顺序至关重要的问题中，比如，所挑选的对象被看作是不同的；另一方面，组合是*无序*列表，它们出现在选择顺序无关紧要的问题中，比如，所挑选的对象被看作是相同的。请注意下一个例子中排列和组合的用法。

例8.19 一位投资者打算投资16 000美元购买股票，她打算从经纪人提供的12种股票中选择4种股票。问在下列两种情况下，分别有多少种不同的投资方式？

（a）每种股票投资4000美元；

（b）第1种股票投资6000美元，第2种投资5000美元，第3种3000美元，第4种2000美元。

（a）既然对每种股票的处理方式都相同，所以需要4种股票的不计次序的列表。因此，在这种情况下，投资方式的总数是

$$C(12, 4)=\frac{12!}{4!8!}=\frac{12\cdot 11\cdot 10\cdot 9}{4\cdot 3\cdot 2\cdot 1}=495。$$

(b) 因为每种股票被以不同的方式处理，所以需要4种股票的有序列表。因此，在这种情况下，投资方式的总数是

$$P(12, 4)=\frac{12!}{8!}=12\cdot 11\cdot 10\cdot 9=11\,880。$$ ■

计数问题经常要求排列或者组合同时与乘法原理或者加法原理结合使用，例8.20~8.24就属于这种类型。

例8.20 6把椅子排成一行，由3位男士和3位女士坐，要求两端的座位由男士坐。问有多少种不同的安排方式？

可以把指定座位的过程分为两个步骤：首先安排两端的座位，然后安排中间的4个座位。因为两端的座位必须由3位男士中的两位来坐，所以有$P(3, 2)$种方法安排两端的座位。余下的4人可以按任意顺序安排在中间的座位上，所以有$P(4, 4)$种不同方法安排中间的座位。于是，根据乘法原理，把两端和中间的座位都安排好的方法数是

$$P(3, 2)\cdot P(4, 4)=6\cdot 24=144。$$ ■

例8.21 一位投资者想要购买4种股票，这4种股票选自她的经纪人提供的12种股票。如果她要在其中两种股票上分别投资5000美元，并在另外两种股票上分别投资3000美元，那么可以有多少种不同的投资方式？

可以把选择股票的过程分为两个步骤：首先选择要投资5000美元的股票，然后选择要投资3000美元的股票。显然，可以有$C(12, 2)$种方式选择投资5000美元的股票。投资3000美元的股票必须从余下的10种股票中选择，所以可以有$C(10, 2)$种选择方式。于是，由乘法原理可知，不同的投资方式的数目是

$$C(12, 2)\cdot C(10, 2)=66\cdot 45=2970。$$ ■

例8.22 对于由6位男士和9位女士组成的小组，组成仅包含男士或者仅包含女士的3人委员会有多少种方式？

仅包含男士的3人委员会的数目是$C(6, 3)$，仅包含女士的3人委员会的数目是$C(9, 3)$。由于仅包含男士的委员会的集合和仅包含女士的委员会的集合是不相交的，所以，由加法原理，仅包含男士或仅包含女士的3人委员会的数目是

$$C(6, 3)+C(9, 3)=20+84=104。$$ ■

例8.23 有多少个8位串至少包含6个1？

如果一个8位串至少包含6个1，那么它所包含的1的个数一定是6，7或8。如同例8.18那样进行推演，可以看到：恰好包含6个1的位串的个数是$C(8, 6)$，恰好包含7个1的位串的个数是$C(8, 7)$，恰好包含8个1的位串的个数是$C(8, 8)$。于是，由加法原理，至少包含6个1的8位串的总数是

$$C(8, 6)+C(8, 7)+C(8, 8)=28+8+1=37。$$ ■

例8.24 有多少个8位串恰好包含两个1且这两个1不相邻？

如果一个8位串恰好包含两个1，那么它也一定恰好包含6个0。按照最后一位是1还是0考虑两种情况。如果最后一位是0且两个1不相邻，那么每个1后面至少有一个0。因此，可以把需要安排的位看作是两个10串和4个单独的0。安排这样6个对象的方法数就是在6个位置中为4个0选择位置的方法数，即$C(6, 4)$。另一方面，如果最后一位是1且两个1不相邻，那么我们必

须安排5个0和1个10串（另一个1在最后一位）。这种安排的方法数就是在6个位置中为5个0选择位置的方法数，即$C(6, 5)$。所以，由加法原理，恰好包含两个不相邻的1的8位串的数目是

$$C(6, 4) + C(6, 5) = 15 + 6 = 21。$$ ■

习题8.3

计算习题1~12。

1. $C(6, 3)$ **2.** $C(7, 4)$ **3.** $C(5, 2)$ **4.** $C(8, 4)$

5. $P(4, 2)$ **6.** $P(6, 3)$ **7.** $P(9, 5)$ **8.** $P(12, 3)$

9. $P(10, 4)$ **10.** $P(8, 3)$ **11.** $P(n, 1)$ **12.** $P(n, 2)$

13. 字母a, b, c和d有多少种不同的排列？

14. 单词“number”中的字母有多少种不同的排列？

15. 不重复地用数字1, 2, 3, 4, 5和6可以组成多少个4位数？

16. 从7人小组中选出5个人，让他们坐在排成一行的5把椅子上，问有多少种不同的坐法？

17. 从13个人的委员会中选出3个人组成从属委员会，问有多少种不同的方法？

18. 有多少个16位串恰好包含4个1？

19. 集合$\{1, 2, 3, \cdots, 10\}$有多少个恰好包含6个元素的子集？

20. 从12人中选出4位代表，问有多少种不同的选法？

21. 5个人要为一个典礼致辞，问共有多少种不同的出场次序？

22. 6个人竞争镇委员会的4个席位，问这4个席位可能有多少种不同的安排方式？

23. 为了营销的目的，一个制造商想在3个地区试验一种新产品。如果有9个地区可供选择，那么有多少种不同的选择试验地区的方法？

24. 一位投资者想要购买3家公司的股票，这3家公司选自她的经纪人提供的12家公司。问在下列条件下，分别有多少种不同的投资方式？

(a) 对每家公司的投资金额都相等；

(b) 分别对所选中的公司投资5000美元、3000美元和1000美元。

25. 从6位管理方代表和5位劳方代表中，选出3位管理方代表和两位劳方代表组成委员会，问有多少种不同的选法？

26. 从8部小说和10部传记中选出4部小说和6部传记，小说排在前面，传记排在后面，问有多少种不同的排列顺序？

27. 某大学的委员会要通过选举补充3个教师席位和两个学生席位，得票最多的老师将有3年任期，得票数次之的老师将有两年任期，得票数占第三位的老师将有1年任期，所有的学生席位任期都是1年。如果有9位老师和7位学生参加选举，假设没有发生不分胜负的情况，那么有多少种可能的不同的选举结果？

28. 在一场舞会上，8位女士可以有多少种不同的方式与12位男士中的8位配对？

29. 假设有3个大一新生、4个大二学生、两个大三学生和3个大四学生，他们是4个相同的学校服务奖的候选人。问在以下各种条件下，分别有多少种方法选出得奖者？

(a) 任何候选人都可以得到任意的奖项；

(b) 只有大三和大四的学生可以得奖；

(c) 每个年级各有一人得到一个奖项；

(d) 1个大一新生、两个大二学生以及1个大四学生得到奖项。

30. 假设有3个大一新生、5个大二学生、4个大三学生和两个大四学生被提名加入学生咨询委员会。问在以下各种情况中，分别可以组成多少种不同的委员会？

(a) 委员会由任意4个人组成；

(b) 委员会由1个大一新生、1个大二学生、1个大三学生和1个大四学生组成；

(c) 委员会由两个人组成，1个大一或大二学生和1个大三或大四学生；

(d) 委员会由来自不同年级的3个人组成。

31. 用组合学的方法证明：$2C(n, 2) + n^2 = C(2n, 2)$，$n \geqslant 2$。

32. 用组合学的方法证明：$rC(n, r) = nC(n-1, r-1)$，$1 \leqslant r \leqslant n$。

***33.** 用组合学的方法证明：$C(n, m) \cdot C(m, k) = C(n, k) \cdot C(n-k, m-k)$，$k \leqslant m \leqslant n$。

***34.** 对每个正整数n，证明$C(n, 0)^2 + C(n, 1)^2 + \cdots + C(n, n)^2 = C(2n, n)$。

***35.** 用组合学的方法证明：对任意正整数n，$C(1, 1) + C(2, 1) + \cdots + C(n, 1) = C(n + 1, 2)$。

***36.** 叙述并证明习题35的一个推广。

8.4 允许重复的排列和组合⊖

在本节中，我们将学习怎样对包含重复对象的聚集体⊜计算其排列的数目，以及当集合中的元素可以被多次选取时怎样计算选择的数目。我们将看到，这两种计数问题都要用到前两节的思想。

首先考虑聚集体包含不可区分的重复对象时的排列总数。作为这种问题的简单例子，计算单词“egg”中的字母组成的不同排列的数目。由于“egg”只有3个字母，不难列出所有可能的排列，即

egg　　geg　　gge

所以“egg”中的字母只有3种排列，相比而言，如果所有的字母互不相同，我们将预期有$P(3, 3) = 6$种排列。为了更清楚地看出重复字母的作用，把“egg”中的第一个“g”大写，并认为大写字母不同于小写字母。于是，单词“eGg”中的字母就有6种可能的排列，即

eGg　　Geg　　Gge　　egG　　geG　　gGe

注意，因为第一个列表中的两个g是相同的，交换它们的位置不产生新的排列。但是，第一个列表中的每个排列给出第二个列表中的两个排列，一个是“G”在“g”之前，另一个是“g”在“G”之前。于是，第一个列表中的排列的数目就等于第二个列表中的排列的数目除以$P(2, 2) = 2$（即两个g的排列数）。

计算“egg”的字母的排列数的另一种方法是：考虑有3个位置的排列。首先为两个g选位置，然后再为字母“e”选位置。因为为g选位置有$C(3, 2)$种方法，而剩下的“e”的位置只能以$C(1, 1)$种方法选择。所以，由乘法原理可知，可能的排列的数目是$C(3, 2) \cdot C(1, 1) = 3 \cdot 1 = 3$。这种分析方法和上一段的方法得到相同的结果（参见习题35），这展示了下面的结论。

定理8.7　*设S是包含k种类型的n个对象的聚集体。（同一类型的对象是不可区分的，不同类型的对象是可以区分的。）假设每个对象仅属于一种类型，并且有n_1个对象属于类型1，n_2个对象属于类型2，一般地，n_i个对象属于类型i。那么由S中的对象组成的不同排列的数目是*

$$C(n, n_1) \cdot C(n-n_1, n_2) \cdot C(n-n_1-n_2, n_3) \cdots C(n-n_1-n_2-\cdots-n_{k-1}, n_k),$$

⊖ 本节标题的原文是“Arrangements And Selections with Repetitions”。为了与通常的中文文献相一致，我们将“arrangement”译为“排列”，“selection”译为“组合”。但是，在正文中，根据上下文，有时仍然译为“选取”或者“选择”。——译者注

⊜ 按照原著的用法，“collection”有两种含义，其一是指集合的集合，即元素均为集合的集合，我们把这种集合翻译为“集合族”；其二是指多重集合，它与通常的“集合”（set）的区别在于允许有重复的元素，我们把它翻译为“聚集体”。——译者注

这等于

$$\frac{n!}{n_1!n_2!\cdots n_k!}。$$

这个定理的结论指出：S中对象的不同排列的数目等于在n个可能的位置上安排n_1个类型1的对象的方法数$C(n, n_1)$，乘以在$n-n_1$个未被占用的位置上安排n_2个类型2的对象的方法数$C(n-n_1, n_2)$，乘以在$n-n_1-n_2$个未被占用的位置上安排n_3个类型3的对象的方法数$C(n-n_1-n_2, n_3)$，……根据习题35，这个数也可以写成

$$\frac{n!}{n_1!n_2!\cdots n_k!}$$

的形式。注意，$n = n_1 + n_2 + \cdots + n_k$，因为在$S$的$n$个元素中，根据假设，每个元素属于$k$种类型中的一种，且仅仅属于一种。

例8.25 单词“banana”中的字母共有多少种不同的排列？

因为“banana”是6个字母的单词，由3种类型的字母组成（1个b、3个a和两个n），所以它的字母的排列总数是

$$\frac{6!}{1!3!2!}=\frac{6\cdot5\cdot4\cdot3!}{1\cdot3!\cdot2}=\frac{6\cdot5\cdot4}{2}=60。$$ ■

例8.26 一个9人委员会中的每个成员都要被指定到3个下级委员会之一（执行委员会、财政委员会和管理委员会）。如果这些下级委员会分别接纳3，4和两个成员，那么可以制定多少种不同的委派委员到下级委员会的方案？

按照字母顺序排列这9个成员，给每个人一张纸条，上面有下级委员会的名称。那么委派委员到下级委员会的不同方案的数目就等于这9张纸条的排列数，其中，3张纸写着“执行委员会”，4张写着“财政委员会”，2张写着“管理委员会”。由定理8.7，这个数目是

$$\frac{9!}{3!4!2!}=1260。$$ ■

现在考虑集合中的元素可以重复选取的计数问题。作为例子，假定在一家宾馆会议室里有7个人，他们要求服务台添加饮料。如果备选的饮料只有咖啡、茶和牛奶，那么这7份饮料可能有多少种不同的选择？注意，我们是从服务台的角度来考虑这个问题的，即，对谁要什么饮料不感兴趣，感兴趣的是所需的每种饮料的总数。例如，一种选择是4杯咖啡、1杯茶和2杯牛奶。于是，我们在{咖啡，茶，牛奶}中有重复地选择了7次。

为了解答这个问题，假定在房间里的7个人中，有一个人问了每个人他（或她）要什么饮料。为了跟踪结果，将每个人的回答记录在如下的登记单上（注意，要把登记单划分为三列，仅需要两条竖线）：

咖啡	茶	牛奶

例如，一份由4杯咖啡、1杯茶和2杯牛奶组成的订单可以记录如下。

咖啡	茶	牛奶
XXXX	X	XX

如果总是按照这个次序列出饮料，那么饮料的名称就可以从登记单上省略，因为每份订单都唯一地对应了某个7个X和两条｜的排列。例如，4杯咖啡、1杯茶和两杯牛奶可以表示为XXXX｜X｜XX，5杯咖啡、两杯茶和零杯牛奶可以表示为XXXXX｜XX｜。所以，不同的饮料

订单的数目与7个X和两条 | 的排列数相等，或者等价地，就是从9个可能的位置中为7个X选择位置的方法数。所以，可能有$C(9, 7) = 36$种不同的饮料订单。（因为$C(9, 2) = C(9, 7) = 36$，也可以把不同的饮料订单的数目解释成从9个位置中选出两个以安排 | 的方法数。）

通过类似的推理就可以得到定理8.8中的结果，其中，S代表选取的次数，t代表被选对象的类型数。（在饮料的例子中，$s = 7$，$t = 3$。）

定理8.8 *如果允许重复，那么从包含t个不同元素的集合中选取s个元素的方案数是$C(s + t-1, s)$。*

例8.27 假定从一个扑满中取出5个硬币，其中有1美分、5美分和25美分的硬币。问可能得到的不同的金额有多少种？

注意，因为要选择的是5枚硬币，每一种可能的选取都对应一个不同的金额总数。（如果选择6枚硬币，情况就不是这样了，因为1个25美分硬币加上5个1美分硬币恰好与6个5美分硬币的金额总数相等。）于是，由定理8.8，问题的答案是

$$C(5 + 3-1, 5) = C(7, 5) = 21。$$

■

例8.28 一家面包店做4种不同的油炸面圈。

(a) 购买一打油炸面圈，问有多少种不同的品种组合？

(b) 购买一打油炸面圈，并且每种至少买一个，问有多少种不同的品种组合？

(a) 因为要从4种油炸面圈中选择12个，品种允许重复，所以，应用定理8.8，其中，$s = 12$，$t = 4$。可以选择方案数是

$$C(s + t-1, s) = C(12 + 4-1, 12) = C(15, 12) = 455。$$

(b) 因为每种油炸面圈至少包含1个，所以先每个品种挑一个。于是，可能的品种组合的数目就是选择其余8个油炸面圈的不同的方案数。类似于 (a)，这个数目是

$$C(s + t-1, s) = C(8 + 4-1, 8) = C(11, 8) = 165。$$

■

例8.29 有多少个8位二进制串恰好包含两个1，并且这两个1是不相邻的？

要计算的串由两个1和6个0组成。把两个1排成一行。为了使1不相邻，在两个1之间插入0。现在的形态如下所示。

$$1 \quad 0 \quad 1$$

如果知道第一个1前面的0的个数、两个1之间0的个数以及第二个1后面0的个数，那么这个串就完全确定了。所以，具有指定形式的串的个数，就等于将其余5个0放入上述3个位置的不同的方法数。而在3个位置上安排其余5个0的不同的方法数，就等于从3种类型的位置中重复选择5次的不同的方法数，即

$$C(5 + 3-1, 5) = C(7, 5) = 21。$$

请比较这里的解答方法与例8.24中的方法。 ■

有关对象分配的计数问题可以解释成可重复的排列或选取问题。通常，*关于互异对象的分配问题对应于可重复的排列；关于相同对象的分配问题对应于可重复的选取*。下面的例子演示了定理8.7和定理8.8在求解分配问题中的应用。

例8.30 分配10本不同的书，Carlos分到5本书，Doris分到3本书，Earl分到2本书。有多少种可能的分配方案？

分配这10本书等价于：把它们按某种次序排成一列，然后在每本书中插入一张标有获得者名字的纸片。这样，可能的分配方案数就等于5张写了“Carlos”、3张写了“Doris”和2张写了“Earl”的纸片的排列数。应用定理8.7，可知这个数是

$$\frac{10!}{5!3!2!}=2520\text{。}$$

注意这个解法与例8.26的解法的相似性。■

例8.31 有9个红色气球和6个蓝色气球要分给4个孩子。如果对每种颜色的气球，每个孩子都至少要分到一个，那么有多少种可能的分配方案？

首先分红色的气球，然后再分蓝色的气球。因为每个孩子都要得到一个红色气球，所以就为每个孩子发一个红色气球。现在，可以按照不管什么样的任意方式来发放余下的5个红色气球。为了决定这5个气球中的每一个将被谁得到，设想从孩子名字的集合中重复选择5次。由定理8.8，可能的选择有$C(5+4-1,5)=C(8,5)$种。同样的推演说明：分配蓝色气球（其中每个孩子至少分到一个）的方案数是$C(2+4-1,2)=C(5,2)$。于是，由乘法原理，如果对每种颜色的气球，每个孩子都至少分到一个，那么可能的分配方案数是

$$C(8,5)\cdot C(5,2)=56\cdot 10=560\text{。}$$

■

在8.3节中提出了两种基本的计数问题：

(1) 用n个不同的对象可以构成多少种r个对象的不同排列（有序列表）？

(2) 从n个不同的对象中选r个对象可以有多少种不同的选择（无序列表）？

定理8.8提供了问题(2)在允许重复选取时的答案。在允许重复的情况下，问题(1)的答案可以简单地从乘法原理得到。因为有r个对象要选择，每个对象有n种选择方式，所以，若允许重复，则由包含n个不同对象的集合可构成的r个对象的排列的总数是

$$\underbrace{n\cdot n\cdots n}_{r\text{个因子}}=n^r\text{。}$$

下表总结了对前面那两个问题的解答。

重复	排列（有序列表）数	组合（无序列表）数
不允许	$P(n,r)$	$C(n,r)$
允许	n^r	$C(n+r-1,r)$

注意，定理8.7给出的是下列情况下的允许重复的排列的数目：*每种类型的对象的数目是指定的*。

习题8.4

1. 单词“redbird”中的字母共有多少种不同的排列？

2. 单词“economic”中的字母共有多少种不同的排列？

3. 用5 363 565中的数字可以组成多少个不同的7位数？

4. 用277 728 788中的数字可以组成多少个不同的9位数？

5. 仅用苹果、橘子和梨可以组成多少种不同的包含8个水果的水果篮？

6. 有6箱谷物制品，分别装着玉米片、碎小麦和麦麸中的一种。问组成这6箱谷物制品的方法有多少种？

7. 一家面包店用巧克力、香草、肉桂、糖粉和糖衣做炸面圈，问从这家店买一打炸面圈共有多少种不同的组合方式？

8. 用英国干酪、伊丹干酪、荷兰干酪和瑞士干酪组成一盒有10块干酪的礼盒，问这种礼盒有多少种不同的组合方式？
9. 一个盒子中有16支蜡笔，它们的颜色互不相同，4个孩子每人分到4支蜡笔。问有多少种不同的分配方式？
10. 要分配15本不同的书，使Carol得到6本，Don得到4本，Ellen得到5本。问有多少种不同的分配方式？
11. 委员会的主席和秘书要电话通知另外7个成员关于改变开会时间的事。如果主席要通知3个人，秘书要通知4个人，那么有多少种不同的电话通知方式？
12. Paula买了6张不同的CD作为圣诞节礼物。要送给她的3个男朋友每人两张CD，问她有多少种不同的分配方案？
13. 把8张相同的彩色美术纸分给4个孩子，问有多少种不同的方式？
14. 把10个相同的25美分硬币分给5个人，问有多少种不同的方式？
15. 把6支相同的白色粉笔分给3个学生，每个学生至少分到一支粉笔，问有多少种不同的分配方案？
16. 一位父亲有10份相同的寿险保单，每份保单指定他的3个孩子中的一个作为受益人。如果每个孩子至少是两份保单的受益人，那么共有多少种不同的选择受益人的方法？
17. 一位钢琴家正在准备一场独奏会，他要准备1首巴洛克作品、3首古典作品和3首浪漫主义作品。假设为了便于曲目安排，把同一时期的曲子看作是不可区别的，那么这7首曲子有多少种不同的安排方式？
18. 在桥牌中，由52张牌分发成4手牌组成一局牌，每手牌13张。问桥牌中可能有多少种不同的牌局？
19. 把8本相同的数学书和10本相同的计算机书分给6个学生，问有多少种不同的分配方案？
20. 把12个孩子分为3组玩不同的游戏，问有多少种不同的分组方式？
21. 10名外交官正等待派往外国大使馆。如果3个人要派往英格兰，4个人派往法国，3个人派到德国，那么有多少种不同的派遣方式？
22. 为了错开新当选的12人委员会中的成员的服务期，4个人要被指定1年任期，4个人被指定两年任期，4个人被指定3年任期。问有多少种不同的指定方式？
23. 有多少个16位二进制串包含6个0和10个1，且没有连续的0？
24. 方程$x + y + z = 17$有多少个正整数解？
25. 有两只相同的玩具熊和7只不同的玩具娃娃要分给3个孩子，每个孩子得到3件礼物。问有多少种分配方案？（3件礼物中可以有两只玩具熊。）
26. 重新排列13 979 397中的数字可以组成多少个大于50 000 000的数？
27. 在小于10 000的正整数中，各位数字相加之和等于8的整数有多少个？
28. 两个a、1个e、1个i、1个o和7个x可以有多少种不同的排列，其中任何两个元音字母都不相邻？
29. 小于1 000 000且各位数字相加之和等于12的正整数有多少个？
30. 一张骨牌有两个不可区分的方形面，每个面标有0, 1, 2, 3, 4, 5或6个点。可能有多少种不同的骨牌？
31. 在下列计算机程序片段中，PRINT语句执行了多少次？

```
FOR I: = 1 TO 10
  FOR J: = 1 TO I
    FOR K: = 1 TO J
      PRINT I，J，K
    NEXT K
  NEXT J
NEXT I
```

32. 一只钱袋中有总额为1美元的1美分硬币、总额为1美元的5美分硬币和总额为1美元的10美分硬币，问从这只钱袋中选出12枚硬币有多少种不同的方式？（假设同一面值的硬币之间是不可区分的。）

33. 一副皮纳克尔牌由两组牌组成，其中每组有24张不同的牌。可能有多少种不同的12张的一手皮纳克尔牌？

34. 如果$m \geqslant n$，那么把m个不可区分的球分配到n个不可区分的坛子中去，共有多少种不同的方法？

35. 证明定理8.7中的两个表达式是相等的。

***36.** 利用8.1节中的习题31，通过对t进行归纳，证明定理8.8。

8.5 概率

概率学通常被认为开始于1654年两位伟大的法国数学家帕斯卡（Blaise Pascal）和费马（Pierre de Fermat）的通信中。在其后的200年里，概率和统计结合起来形成了统一的数理统计理论，任何对概率的透彻的讨论都必须置于这个背景之下。然而，概率的发展历史是和组合学（关于计数的数学分支）的历史紧密相连的。本节将讨论概率，把它当作8.2~8.4节中表述的组合学思想的一个应用。

直观地说，概率表达的是某件事发生的可能性。法国数学家拉普拉斯（Pierre Simon Laplace，1749—1827）在他的著作《Theorie Analytique des Probabilités》中对概率做了如下的定义：概率是有利事例的个数与所有事例的个数的比率，其中假设所有各个事例的可能性相同。按照拉普拉斯的定义，概率意味着有利事例的发生频率。本书仅在符合这一定义的情形下讨论概率。注意，这个定义要求知道有利事例的个数和事例的总数，所以，要用到计数技术。

我们把任何一个产生可观察结果的过程称为**实验**（experiment）。于是，我们可以研究抛硬币的实验（观察它落下来后是正面朝上还是反面朝上）或者掷骰子的实验（观察掷出的点数）。包含实验所有可能的结果的集合称为这个实验的**样本空间**（sample space）。值得注意的是，对于一个实验，可以有很多可能的样本空间。例如，在掷一颗均匀的骰子的实验中，3个可能的样本空间是：

$$\{1, 2, 3, 4, 5, 6\}、\{奇数，偶数\}和\{完全平方数，非完全平方数\}。$$

这些样本空间中的哪一个最有用，取决于所要考虑的结果的具体类型。但是，为了应用拉普拉斯的概率定义，必须确保样本空间中各结果发生的可能性都相同。在刚才讨论过的样本空间中，前两个样本空间正是这种情况，但是第三个样本空间中的结果不是等可能的，因为在1到6中仅有两个完全平方数，即1和4。因此样本空间{完全平方数，非完全平方数}不能用来计算概率。

样本空间的任何一个子集称为一个**事件**（event）。于是，在掷骰子的实验中，以{1, 2, 3, 4, 5, 6}为样本空间，下面的集合都是事件：

$$A = \{1, 2, 4, 6\}，B = \{n : n为整数，且4 < n \leqslant 6\}和C = \{n : n为小于7的正偶数\}。$$

回忆一下，有限集X中的元素个数记为$|X|$。在一个由等可能的结果组成的有限样本空间S中，对任意事件E，定义E的**概率**（probability）为

$$P(E) = \frac{|E|}{|S|}。\tag{8.3}$$

所以，对上面的事件A, B和C，有

$$P(A)=\frac{4}{6}=\frac{2}{3}, P(B)=\frac{2}{6}=\frac{1}{3}, P(C)=\frac{3}{6}=\frac{1}{2}。$$

例8.32 在一个实验中将一枚均匀的硬币抛3次，恰好有两次是正面朝上的概率是多少？

每次抛硬币都有两种可能性，正面（H）或者反面（T），根据乘法原理，3次抛掷的可能的结果有$2 \cdot 2 \cdot 2 = 8$种。集合

$$S = \{\text{HHH, HHT, HTH, HTT, THH, THT, TTH, TTT}\}$$

是这个实验的样本空间，它由等可能的结果组成。恰好有两次正面朝上的事件是集合$E = \{\text{HHT, HTH, THH}\}$。所以，恰好有两次正面朝上的概率是

$$P(E)=\frac{|E|}{|S|}=\frac{3}{8}。$$ ■

在例8.32中，列出了由等可能的结果组成的样本空间中的所有结果，从而得到所要求的概率。但是，通常一个样本空间很大，必须通过计数技术才能计算出它的大小。例8.33~8.37就属于这种类型。注意，在这些例子中，在对感兴趣的事件中的结果进行计数之前，首先要确定样本空间的大小。

例8.33 假设某项工作有6位申请者，其中有4位男士和两位女士。以随机的次序对这些申请者进行面试。4位男士全部在两位女士之前被面试的概率是多少？

为了回答这个问题，必须首先确定一个合适的由等可能结果组成的样本空间。既然面试的顺序是重要的，所以显然的选择是：6位面试者所有可能的排列所组成的集合S。令E是S的子集，其中4位男士的面试排在女士之前。应用乘法原理，集合E中的元素的个数等于男士排列的个数乘以女士排列的个数。于是，由（8.3）式得到

$$P(E)=\frac{|E|}{|S|}=\frac{P(4,4)\cdot P(2,2)}{P(6,6)}=\frac{24\cdot 2}{720}=\frac{1}{15}。$$ ■

例8.34 假设在一盒有12支钢笔的盒子中，有两支钢笔是次品。如果随机地抽出3支钢笔，那么没有抽到次品的概率是多少？

在这个问题中，把从12支钢笔中选出3支钢笔的所有取法的集合作为样本空间S，把从10支正品钢笔中选出3支钢笔的所有取法的集合作为感兴趣的事件E。于是，由（8.3）式得到

$$P(E)=\frac{|E|}{|S|}=\frac{C(10,3)}{C(12,3)}=\frac{120}{220}=\frac{6}{11}。$$ ■

例8.35 把单词“computer”中的字母随机地进行排列，那么任意两个元音字母都不相邻的概率是多少？

令样本空间S是单词“computer”中的字母的所有排列的集合，令E表示由任意两个元音字母都不相邻的排列所组成的子集。

为了计算E中的排列的个数，首先按$P(5, 5) = 120$种方法中的一种方法排列5个辅音字母，比如，

_p_t_c_r_m_。

因为没有两个元音字母是相邻的，所以在每一个空格中最多只能插入一个元音字母。为3个元音字母选择位置总共有$C(6, 3) = 20$种方法。最后，对选定位置上的元音字母进行排列，共有$P(3, 3) = 6$种方法。所以，E包含$120 \cdot 20 \cdot 6 = 14\,400$个排列。于是，

$$P(E)=\frac{|E|}{|S|}=\frac{14\,400}{P(8,8)}=\frac{14\,400}{40\,320}=\frac{5}{14}。$$ ■

例8.36 假设有10本不同的小说，其中5本的作者是海明威，另外5本的作者是福克纳。现要把小说分给3个人，假设要分给Barbara 5本，Cathy 2本，Danielle 3本。如果每本小说都是随机分发的，那么Barbara分到全部5本海明威写的书的概率是多少？

样本空间S是把小说分给Barbara 5本、Cathy 2本和Danielle 3本的所有分法的集合，感兴趣的事件E是使得Barbara分到所有的海明威的小说的分法的集合。

注意，Barbara分到所有的海明威的小说就相当于Cathy分到的2本书和Danielle 分到的3本书都是福克纳的小说。通过与例8.30相同的推演，就得到

$$P(E)=\frac{|E|}{|S|}=\frac{\left(\dfrac{5!}{2!3!}\right)}{\left(\dfrac{10!}{5!2!3!}\right)}=\frac{5!5!}{10!}=\frac{1}{252}。$$ ■

例8.37 从一副52张的普通纸牌[⊖]中发5张牌，计算被发到以下一手牌的概率。

(a) 同花（5张牌的花色相同）；

(b) 呋哈[⊜]（其中3张牌的大小相同，另外两张牌的大小也相同）。

在两种情况下，样本空间S都是所有可能的由5张牌组成的一手牌的集合，其数目是

$$C(52, 5) = 2\ 598\ 960。$$

(a) 计算不同的同花的总数。为了得到一副同花，首先必须选出一种花色，然后从这个花色中选出5张牌。因此，由乘法原理，不同的同花的总数是

$$C(4, 1)\cdot C(13, 5) = 4\cdot 1287 = 5148。$$

于是，被发到同花的概率是

$$\frac{5148}{2\ 598\ 960}\approx 0.00198。$$

(b) 与 (a) 一样，计算所有可能的呋哈的总数。为了得到一副呋哈，首先必须选择一个点数，并从4张点数相同的牌中选出3张，然后再选一个不同的点数，并从4张点数相同的牌中选出两张。所以，所有可能的呋哈的总数是

$$C(13, 1)\cdot C(4, 3)\cdot C(12, 1)\cdot C(4, 2) = 13\cdot 4\cdot 12\cdot 6 = 3744。$$

于是，被发到呋哈的概率是

$$\frac{3744}{2\ 598\ 960}\approx 0.00144。$$

因为得到呋哈的概率比得到同花的概率小，所以在扑克中呋哈的等级比同花高。 ■

因为我们的概率定义要求样本空间由等可能的结果组成，所以在应用定理8.8时要特别小心。例如，把6块相同的曲奇饼随机地分给3个孩子，每个孩子恰好得到两块曲奇饼的概率是多少？

在这个问题中，必须考虑“随机”是什么意思。假设第一块曲奇饼要分给其中的一个孩子，那么每个孩子得到它的可能性都相等，第二块曲奇饼也如此，剩下的也如此。于是，样本空

⊖ 普通纸牌意指不含大王和小王。——译者注

⊜ 在扑克牌游戏中，我国各地对一手牌的称呼各不相同，“呋哈”是比较接近英文谐音的名称。习题中的翻译类此。——译者注

间S的元素就是全体由6个数字组成的序列，每个数字从集合{1, 2, 3}中选出。例如，序列2, 1, 3, 3, 3, 1对应第一块曲奇饼分给孩子2，第二块曲奇饼分给孩子1，……由乘法原理，$|S| = 3^6$。

事件E由序列1, 1, 2, 2, 3, 3的全体排列组成。于是，

$$|E| = \frac{6!}{2!2!2!} = 90。$$

因此，每个孩子恰好得到两块曲奇饼的概率是

$$P(E) = \frac{90}{3^6} = \frac{10}{81}。$$

注意，尽管每块曲奇饼都是相同的，但前面的分析以独立的方式处理这6块曲奇饼（第一块曲奇饼、第二块曲奇饼、……）。如果把样本空间S取为：6个不可区分的对象分割成3个集合C_1，C_2和C_3的所有方式，就会得到错误的结果。如果这样取样本空间，那么，由定理8.8，$|S| = C(6 + 3-1, 6) = 28$，而$|E| = 1$，所以，

$$\frac{|E|}{|S|} = \frac{1}{28}。$$

这个比值不是$P(E)$的原因是：这个样本空间中的元素不是等可能的。例如，每个孩子得到两块曲奇饼的可能性是第一个孩子得到全部6块曲奇饼的可能性的90倍。

习题8.5

1. 在掷骰子的实验中，掷出的点数大于1的概率是多少？

2. 在掷骰子的实验中，掷出的点数能被3整除的概率是多少？

3. 抛一枚硬币5次，每次都是正面朝上的概率是多少？

4. 掷3个骰子，每个骰子都出现1的概率是多少？

5. 掷两个骰子，两个骰子的点数相加等于11的概率是多少？

6. 抛4枚硬币，所有的硬币都是同一面朝上的概率是多少？

7. 抛5枚硬币，恰好有3枚反面朝上的概率是多少？

8. 抛1枚硬币8次，恰好有4次正面朝上的概率是多少？

9. 从有5位男士和6位女士的集合中随机地挑出3个人，恰好挑中3位女士的概率是多少？

10. 用数字1, 2, 3, 4和5组成4位数，这个数恰好包含两个1和两个4的概率是多少？

11. 在一场7匹马的比赛中，一个投注者赌大满贯。大满贯要求下注的前3匹马的次序与比赛结果一样。如果随机地猜3匹马，那么赢得大满贯的概率是多少？

12. 一个班级由8名大一新生和12名大二学生组成，从中随机地选出4个人，恰好选中4名大一新生的概率是多少？

13. 在随机选出的4位数中不包含有重复数字的概率是多少？

14. 随机挑选由3个字母组成的字符串，这个字符串没有重复字母的概率是多少？

15. 如果将“sassafras”中的字母随机地进行排列，那么4个“*s*”相连且3个“*a*”相连的概率是多少？

16. 在一个消费者的爱好调查中，要求10个人从苹果、香蕉和橘子中挑出他们最喜欢的水果。如果每个人都随机地说一种水果，那么没有人说香蕉的概率是多少？

17. 随机地选择5位职工的个人档案，那么他们被按工资上升的顺序选择的概率是多少？（假设所有职工的工资都不相同。）

18. 在某个小组中，10个人习惯用右手，4个人习惯用左手。如果随机地选择其中的5个人，那么恰好有1个习惯用左手的人被选中的概率是多少？

19. 从集合{1, 2, 3, 4, 5, 6}中随机地选出的一个子集，这个子集既包含3又包含5的概率是多少？

20. 一个5人委员会要从两位数学老师、两位英语老师、两位自然科学老师和两位人文科学老师中

选取。如果所有这样的委员会都是等可能出现的，那么委员会中恰好包含1位英语老师的概率是多少？

21. 把13块口香糖随机地分给3个孩子。每个孩子至少得到4块口香糖的概率是多少？

22. 把3张10美元钞票、4张5美元钞票和6张1美元钞票随机地进行排列，所有5美元钞票相连的概率是多少？

23. 一个5人委员会要从7位老师和6个学生中随机地选取，委员会恰好包含3位老师和两个学生的概率是多少？

24. 假设随机地把5个不同的玩具娃娃和3只相同的玩具熊分给4个孩子，那么每个孩子得到两只礼物的概率是多少？

25. 在一个小花园中，种着一排8株番茄，其中有3株得病。假设每株植物得病的机会是随机的，那么3株相连的番茄得病的概率是多少？

26. 把10个25美分的硬币随机地发给4个人，每个人至少得到50美分的概率是多少？

27. 把9本不同的书随机地分给Rebecca，Sheila和Tom。Rebecca得到两本、Sheila得到4本、Tom得到3本的概率是多少？

28. 1000到9000之间的某个奇数没有重复数字的概率是多少？

29. 随机排列单词“determine”中的字母，排列中没有相邻的e的概率是多少？

30. 20张微机磁盘中恰有4张是坏的。如果把这些磁盘按盒打包，每盒10张磁盘，那么下列事件的概率分别是多少？

(a) 所有坏磁盘都被打包在一个盒子中；

(b) 3张坏磁盘被打包在同一个盒子中；

(c) 各有两张坏磁盘分别被打包在每个盒子中。

在习题31~34中，假设从一副52张的普通纸牌中发5张牌，计算下列各手牌被发到的概率。

31. 一对（两张牌的点数相同，其余牌是另外三个点数）。

32. 两对（两张牌是一个点数，另两张是另一个点数，剩下的1张是第三个点数）。

33. 克子（3张牌点数相同，剩下的牌取另外两个点数）。

34. 顺子（5张牌的点数相连。A是点数最大的牌）。

35. 一个文件包含25个账户，分别标号1~25。如果从其中随机地选出5个账户进行审计，那么没有标号相连的账户被选中的概率是多少？

***36.** 在美国伊利诺伊州的六合彩中，要从1, 2, …, 54中选出6个作为赢数。在这样随机选出的6个数中，有3个连续的数字n, $n+1$和$n+2$，且除了n和$n+1$以及$n+1$和$n+2$之外，再没有其他连续数字对的概率是多少？

*8.6 容斥原理

加法原理（定理8.6）告诉我们，对两两不交的集合如何从各个集合的元素个数来计算其并集的元素的个数。本节将提出一个类似的结论，这个结论允许我们计算任意集合的并集的元素的个数，而不论这些集合是否两两不相交。

下面的简单例子展示了所要研究的那种计数问题。假设某计算机科学小组的学生正在学习逻辑学或数学。如果12个人学习逻辑学，26个人学习数学，5个人既学习逻辑学又学习数学，那么这个小组共有多少个人？用A表示学习逻辑学的学生的集合，B表示学习数学的学生的集合，那么这个问题的答案是$A \cup B$的元素的个数。因为A和B是相交的，所以不能直接使用加法原理。然而，不难看出，

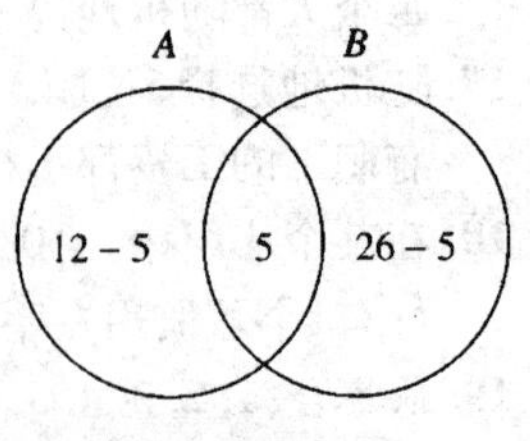

图 8.3

学习数学但不学逻辑学的人组成集合B'，其中有$26-5=21$个人。现在，A和B'是不相交的，且包含了小组中所有的学生。于是，这个问题的答案是集合$A\cup B'$中的元素的个数。由加法原理，答案是$12+(26-5)$，如图8.3所示。

上例中的分析说明

$$|A\cup B|=|A|+|B|-|A\cap B|。\tag{8.4}$$

不难看出（8.4）式对任意的有限集合A和B都成立，和式$|A|+|B|$对$A\cap B$中的元素计数了两次（一次作为A的元素，一次作为B的元素），于是$|A|+|B|-|A\cap B|$对$A\cup B$中的每个元素恰好计数一次。

例8.38 在例8.14中，用加法原理计算了以1011开头或者以01结尾的8位串的个数。下面用（8.4）式重新计算一次。

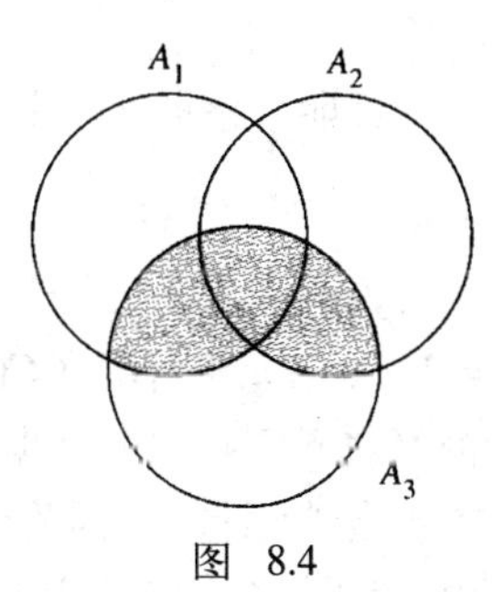

图 8.4

设A和B分别表示以1011开头和以01结尾的8位串的集合。那么$A\cap B$就是以1011开头并以01结尾的8位串（即形如1011_ _ 01的8位串）的集合。由于只有第5位和第6位是未知的，所以这样的串有$2\cdot 2=4$个。因为，由例8.14，$|A|=2^4=16$，$|B|=2^6=64$，于是，根据（8.4）式可知，以1011开头或者以01结尾的8位串的个数是

$$|A\cup B|=|A|+|B|-|A\cap B|=16+64-4=76。$$ ■

本节的目标是把（8.4）式从两个集合推广到r个集合，$A_1, A_2, \cdots, A_r$。首先考虑$r=3$的情况。由图8.4容易得到$(A_1\cup A_2)\cap A_3=(A_1\cap A_3)\cup(A_2\cap A_3)$。利用这个事实和（8.4）式，可以得到

$$\begin{aligned}|A_1\cup A_2\cup A_3|&=|(A_1\cup A_2)\cup A_3|=|A_1\cup A_2|+|A_3|-|(A_1\cup A_2)\cap A_3|\\&=(|A_1|+|A_2|-|A_1\cap A_2|)+|A_3|-|(A_1\cap A_3)\cup(A_2\cap A_3)|\\&=(|A_1|+|A_2|-|A_1\cap A_2|)+|A_3|-(|A_1\cap A_3|+|A_2\cap A_3|-|A_1\cap A_3\cap A_2\cap A_3|)\\&=|A_1|+|A_2|+|A_3|-|A_1\cap A_2|-|A_1\cap A_3|-|A_2\cap A_3|+|A_1\cap A_2\cap A_3|\\&=(|A_1|+|A_2|+|A_3|)-(|A_1\cap A_2|+|A_1\cap A_3|+|A_2\cap A_3|)+|A_1\cap A_2\cap A_3|。\end{aligned}$$

为了把（8.4）式推广到r个集合，对$1\leqslant s\leqslant r$，从A_1，A_2，$\cdots$，A_r中不重复地选择s个集合并计算其交集的大小，对所有可能的选择，定义n_s为这些值的和。（对$s=1$，规定单个集合的"交集"就是该集合本身，于是$n_1=|A_1|+|A_2|+\cdots+|A_r|$。）注意，从$A_1$，$A_2$，$\cdots$，$A_r$中选择$s$个集合共有$C(r,s)$种方法，所以每个$n_s$都是$C(r,s)$项之和。

如果$r=3$，那么只有3个集合A_1，A_2和A_3，从而有

$$\begin{aligned}n_1&=|A_1|+|A_2|+|A_3|,\\n_2&=|A_1\cap A_2|+|A_1\cap A_3|+|A_2\cap A_3|,\\n_3&=|A_1\cap A_2\cap A_3|。\end{aligned}$$

利用这个记号，上面得出的公式可以写成

$$|A_1\cup A_2\cup A_3|=n_1-n_2+n_3。$$

同理，如果$r=4$（有4个集合A_1, A_2, A_3和A_4），则有

$$\begin{aligned}n_1&=|A_1|+|A_2|+|A_3|+|A_4|,\\n_2&=|A_1\cap A_2|+|A_1\cap A_3|+|A_1\cap A_4|+|A_2\cap A_3|+|A_2\cap A_4|+|A_3\cap A_4|,\end{aligned}$$

$$n_3 = |A_1 \cap A_2 \cap A_3| + |A_1 \cap A_2 \cap A_4| + |A_1 \cap A_3 \cap A_4| + |A_2 \cap A_3 \cap A_4|,$$
$$n_4 = |A_1 \cap A_2 \cap A_3 \cap A_4|。$$

对$r = 4$的情形，可以证明

$$|A_1 \cup A_2 \cup A_3 \cup A_4| = n_1 - n_2 + n_3 - n_4。$$

于是，想要的（8.4）式的推广可以表述如下。

定理8.9 容斥原理 对任意有限集合$A_1, A_2, \cdots, A_r$，从$A_1, A_2, \cdots, A_r$中不重复地选择s（$1 \leqslant s \leqslant r$）个集合并计算其交集的大小，对所有可能的选择，定义n_s为这些值的和。那么

$$|A_1 \cup A_2 \cup \cdots \cup A_r| = n_1 - n_2 + n_3 - n_4 + \cdots + (-1)^{r-1} n_r。$$

证明 设$m = |A_1 \cup A_2 \cup \cdots \cup A_r|$。下面将证明

$$m - n_1 + n_2 - n_3 + \cdots + (-1)^r n_r = 0。$$

设$a \in A_1 \cup A_2 \cup \cdots \cup A_r$，并假设恰好有$k$个集合$A_i$使$a$落入其中。于是，$a$在$m$中计算了$C(k, 0) = 1$次，在$n_1$中计算了$C(k, 1) = k$次（因为$a$恰好属于$k$个集合$A_i$），在$n_2$中计算了$C(k, 2)$次（因为$a$恰好属于$C(k, 2)$个交集$A_i \cap A_j$），……，在$n_k$中计算了$C(k, k) = 1$次。另外，如果$s > k$，那么$a$根本不会被$n_s$计算，因为$a$不属于任何多于$k$个集合$A_i$的交集。因此，在$m - n_1 + n_2 - n_3 + \cdots + (-1)^r n_r$中，$a$被计算的次数是

$$C(k, 0) - C(k, 1) + C(k, 2) - C(k, 3) + \cdots + (-1)^k C(k, k)。$$

但是，由二项式定理，这个值是$[1 + (-1)]^k = 0^k = 0$。于是，就得到

$$m = n_1 - n_2 + n_3 - n_4 + \cdots + (-1)^{r-1} n_r。$$

■

例8.39 在一个程序员小组中，49个人研习Pascal，37个人研习COBOL，21个人研习FORTRAN。如果其中有9个人研习Pascal和COBOL，5个人研习Pascal和FORTRAN，4个人研习COBOL和FORTRAN，3个人研习Pascal、COBOL和FORTRAN，那么这个小组中共有多少个程序员？

分别用P，C和F（而不是A_1，A_2和A_3）表示研习Pascal、COBOL和FORTRAN的程序员的集合。于是，小组中程序员的人数是$|P \cup C \cup F|$。现在，

$$n_1 = |P| + |C| + |F| = 49 + 37 + 21 = 107,$$
$$n_2 = |P \cap C| + |P \cap F| + |C \cap F| = 9 + 5 + 4 = 18,$$
$$n_3 = |P \cap C \cap F| = 3。$$

所以，由容斥原理，

$$|P \cup C \cup F| = n_1 - n_2 + n_3 = 107 - 18 + 3 = 92。$$

因此，这个小组中有92个程序员。 ■

例8.40 有多少个比2101小的正整数可以被素数2, 3, 5或7中的一个整除？

设A_1, A_2, A_3和A_4分别表示能被2, 3, 5和7整除且比2101小的正整数的集合。如同在容斥原理中那样定义n_s。显然，

$$|A_1| = \frac{2100}{2} = 1050, \qquad |A_2| = \frac{2100}{3} = 700,$$
$$|A_3| = \frac{2100}{5} = 420, \qquad |A_4| = \frac{2100}{7} = 300。$$

于是，

$$\begin{aligned} n_1 &= |A_1| + |A_2| + |A_3| + |A_4| \\ &= 1050 + 700 + 420 + 300 \\ &= 2470。\end{aligned}$$

$A_1 \cap A_2$中的元素可以同时被2和3整除，因而也可以被6整除。因此，

$$|A_1 \cap A_2| = \frac{2100}{6} = 350。$$

类似地，

$$|A_1 \cap A_3| = \frac{2100}{10} = 210, \qquad |A_1 \cap A_4| = \frac{2100}{14} = 150,$$

$$|A_2 \cap A_3| = \frac{2100}{15} = 140, \qquad |A_2 \cap A_4| = \frac{2100}{21} = 100,$$

$$|A_3 \cap A_4| = \frac{2100}{35} = 60。$$

所以，

$$\begin{aligned} n_2 &= |A_1 \cap A_2| + |A_1 \cap A_3| + |A_1 \cap A_4| + |A_2 \cap A_3| + |A_2 \cap A_4| + |A_3 \cap A_4| \\ &= 350 + 210 + 150 + 140 + 100 + 60 \\ &= 1010。\end{aligned}$$

类似的推演表明

$$|A_1 \cap A_2 \cap A_3| = \frac{2100}{30} = 70, \qquad |A_1 \cap A_2 \cap A_4| = \frac{2100}{42} = 50,$$

$$|A_1 \cap A_3 \cap A_4| = \frac{2100}{70} = 30, \qquad |A_2 \cap A_3 \cap A_4| = \frac{2100}{105} = 20。$$

因此，

$$\begin{aligned} n_3 &= |A_1 \cap A_2 \cap A_3| + |A_1 \cap A_2 \cap A_4| + |A_1 \cap A_3 \cap A_4| + |A_2 \cap A_3 \cap A_4| \\ &= 70 + 50 + 30 + 20 \\ &= 170。\end{aligned}$$

最后，

$$n_4 = |A_1 \cap A_2 \cap A_3 \cap A_4| = \frac{2100}{210} = 10。$$

所以，由容斥原理，比2101小且能被2, 3, 5或7中的一个整除的正整数的个数是

$$\begin{aligned} |A_1 \cup A_2 \cup A_3 \cup A_4| &= n_1 - n_2 + n_3 - n_4 \\ &= 2470 - 1010 + 170 - 10 \\ &= 1620。\end{aligned}$$

■

许多问题都有某种对称性，这种对称性使得对n_s的计算比例8.40中的计算简便。下面的例子就是这种类型。

例8.41 从52张的标准扑克牌中选出13张牌，组成一手桥牌。那么含花色缺门（即不包含某种花色）的一手牌有多少种？

设A_1, A_2, A_3和A_4分别表示不包含黑桃、红桃、方块或梅花的一手牌的集合。于是，含花色缺门的一手牌的总数是

$$|A_1 \cup A_2 \cup A_3 \cup A_4|。$$

如同在容斥原理中那样定义n_s。

因为不包含黑桃的一手牌一定是从红桃、方块和梅花共39张牌中选出的13张，所以有

$$|A_1| = C(39, 13)。$$

根据集合A_i定义的对称性，可知

$$|A_1| = |A_2| = |A_3| = |A_4|。$$

于是，

$$\begin{aligned} n_1 &= |A_1| + |A_2| + |A_3| + |A_4| \\ &= C(4, 1) \cdot |A_1| \\ &= 4 \cdot C(39, 13)。\end{aligned}$$

同理，不包含黑桃和红桃的一手牌一定是从26张方块和梅花中选出的13张牌。于是$|A_1 \cap A_2| = C(26, 13)$。再次根据对称性，所有的交集$A_i \cap A_j$都具有相同的大小。于是，

$$\begin{aligned} n_2 &= |A_1 \cap A_2| + |A_1 \cap A_3| + |A_1 \cap A_4| + |A_2 \cap A_3| + |A_2 \cap A_4| + |A_3 \cap A_4| \\ &= C(4, 2) \cdot |A_1 \cap A_2| \\ &= 6 \cdot C(26, 13)。\end{aligned}$$

类似的推演表明：缺3种花色的一手牌一定是由剩下的一种花色的所有牌组成的。于是，

$$n_3 = C(4, 3) \cdot |A_1 \cap A_2 \cap A_3| = 4 \cdot C(13, 13)。$$

最后，缺所有4种花色的一手牌是不存在的。于是，

$$A_1 \cap A_2 \cap A_3 \cap A_4 = \varnothing,$$

因而，$n_4 = 0$。

所以，由容斥原理可知

$$\begin{aligned} |A_1 \cup A_2 \cup A_3 \cup A_4| &= n_1 - n_2 + n_3 - n_4 \\ &= 4 \cdot C(39, 13) - 6 \cdot C(26, 13) + 4 \cdot C(13, 13) - 0 \\ &= 4 \times 8\,122\,425\,444 - 6 \times 10\,400\,600 + 4 \times 1 - 0 \\ &= 32\,427\,298\,180。\end{aligned}$$

因此，含缺门花色的一手牌共有32 427 298 180种不同的情形。 ■

在例8.39~8.41中，所感兴趣的是计算

$$A_1 \cup A_2 \cup \cdots \cup A_r$$

中的元素个数，即至少属于集合A_i中的某一个集合的元素的个数。当集合A_i是某个集合U的子集合时，也可以用容斥原理计算不在任何一个集合A_i中的元素的个数，即集合

$$\overline{(A_1 \cup A_2 \cup \cdots \cup A_r)} = \overline{A_1} \cap \overline{A_2} \cap \cdots \cap \overline{A_r}$$

中的元素的个数。

比如，假设想要知道比2101小且不能被素数2, 3, 5和7整除的正整数的个数。在例8.40中，用容斥原理计算出比2101小且至少能被素数2, 3, 5或7中的一个整除的正整数有1620个。于是，比2101小且不能被素数2, 3, 5和7整除的正整数的个数是

$$2100-1620 = 480。$$

本节下面的例子将演示容斥原理的这种用法。

例8.42 在一组200个大学生中，19人学习法语，10人学习德语，28人学习西班牙语。如果有3人既学习法语又学习德语，8人既学习法语又学习西班牙语，4人既学习德语又学习西班牙语，1人学习法语、德语和西班牙语，那么有多少个人既不学习法语又不学习德语和西班牙语？

令U表示200个学生的集合，F, G和S分别表示由学法语、德语或西班牙语的学生组成的U的子集。那么在U中，既不学习法语又不学习德语和西班牙语的学生总数为$|U|-|F\cup G\cup S|$。现在，

$$n_1 = |F| + |G| + |S| = 19 + 10 + 28 = 57,$$
$$n_2 = |F\cap G| + |F\cap S| + |G\cap S| = 3 + 8 + 4 = 15,$$
$$n_3 = |F\cap G\cap S| = 1。$$

于是，由容斥原理，

$$|F\cup G\cup S| = n_1-n_2 + n_3 = 57-15 + 1 = 43。$$

所以，有200−43 = 157个学生既不学习法语又不学习德语和西班牙语。■

例8.43 在麦当劳餐厅，一个快乐餐盒中有一份礼物，这样的礼物共有4种。如果买5份快乐餐，那么得到全部4种礼物的概率是多少？

令U表示得到5份礼物的所有可能的序列的集合，令A_i表示由不包含第i（$1\leqslant i\leqslant 4$）种礼物的所有序列组成的U的子集。我们要计算在集合U中但不在任何一个集合A_i中的元素的个数。

显然A_1中的序列仅由第2种、第3种和第4种礼物组成，于是$|A_1| = 3^5$。由对称性，

$$n_1 = C(4, 1)\cdot|A_1| = 4\times 3^5 = 4\times 243 = 972。$$

同样，$A_1\cap A_2$中的序列仅由第3种和第4种礼物组成，于是$|A_1\cap A_2| = 2^5$。因此，

$$n_2 = C(4, 2)\cdot|A_1\cap A_2| = 6\times 2^5 = 6\times 32 = 192。$$

类似的推演说明

$$n_3 = C(4, 3)\cdot|A_1\cap A_2\cap A_3| = 4\times 1^5 = 4\times 1 = 4,$$
$$n_4 = C(4, 4)\cdot|A_1\cap A_2\cap A_3\cap A_4| = 1\times 0^5 = 1\times 0 = 0。$$

于是，由容斥原理，

$$\begin{aligned}|A_1\cap A_2\cap A_3\cap A_4| &= n_1-n_2 + n_3-n_4\\ &= 972-192 + 4-0\\ &= 784。\end{aligned}$$

从而，在集合U中但不在任何一个集合A_i中的元素的个数是

$$|U|-|A_1\cup A_2\cup A_3\cup A_4| = 4^5-784 = 1024-784 = 240。$$

因此，买5个快乐餐盒并得到全部4种礼物的概率是

$$\frac{240}{1024}\approx 0.234。$$ ■

对于整数1, 2, ⋯, n的一个排列如果每个整数都不在它的自然位置上，则称这个排列为**错排列**（derangement）。于是，41532就是整数1, 2, 3, 4, 5的一个错排列，因为1不是第1个数字，2不是第2个数字，⋯⋯错排列的计数是一个可以用容斥原理来解决的著名问题。

例8.44 整数1, 2, 3, 4的错排列有多少种？

令U表示1, 2, 3, 4的排列的集合，A_1表示由U中的第1位数字是1的元素所组成的集合，A_2表示由U中的第2位数字是2的元素所组成的集合，……。于是，整数1, 2, 3, 4的错排列的个数就是在U中但不在$A_1 \cup A_2 \cup A_3 \cup A_4$中的元素的个数。

注意，A_1中的任何一个排列都有以下的形式：1_ _ _，其中，第2位、第3位和第4位的数字可以任意选择。所以，这样的排列的总数是$P(3, 3)$。同理，$|A_2| = |A_3| = |A_4| = P(3, 3)$。

$A_1 \cap A_2$中的排列具有形式12_ _，所以$A_1 \cap A_2$中有$P(2, 2)$个这样的排列。同理，

$$|A_1 \cap A_3| = |A_1 \cap A_4| = |A_2 \cap A_3| = |A_2 \cap A_4| = |A_3 \cap A_4| = P(2, 2)。$$

类似的推演说明

$$|A_1 \cap A_2 \cap A_3| = |A_1 \cap A_2 \cap A_4| = |A_1 \cap A_3 \cap A_4| = |A_2 \cap A_3 \cap A_4| = P(1, 1),$$

$$|A_1 \cap A_2 \cap A_3 \cap A_4| = 1。$$

于是，由容斥原理，

$$\begin{aligned}|A_1 \cup A_2 \cup A_3 \cup A_4| &= 4 \cdot P(3, 3) - 6 \cdot P(2, 2) + 4 \cdot P(1, 1) - 1 \\ &= 4 \cdot 6 - 6 \cdot 2 + 4 \cdot 1 - 1 = 15。\end{aligned}$$

所以1, 2, 3, 4的错排列的个数是

$$|U| - |A_1 \cup A_2 \cup A_3 \cup A_4| = P(4, 4) - 15 = 24 - 15 = 9。$$ ■

习题8.6

1. 在一项针对电影观众的调查中，有33个人喜欢Bergman的电影，有25个人喜欢Fellini的电影。如果有18 个人对这二位导演的电影都喜欢，那么喜欢Bergman或Fellini的电影的人有多少个？

2. 在一群孩子中，88个人喜欢比萨，27个人喜欢中国食品。如果有13个人二者都喜欢，那么喜欢比萨或者喜欢中国食品的人有多少个？

3. 在一个有318名成员的当地组织中，有127人支持他们的议会代表，84人支持他们的州长。如果有53人二者都支持，那么在这个组织中既不支持议会代表又不支持州长的人有多少？

4. 在某个宿舍中，有350名大学新生。他们中有312人修读英语课，108人修读数学课。如果有95名新生同时修读这两门课，那么既不修读英语课，也不修读数学课的人有多少？

5. 在某城市的一组650名居民中，得到以下信息：

310个人接受过大学教育，
356个人已婚，
328个人拥有房产，
180个人接受过大学教育并且已婚，
147个人接受过大学教育并且拥有房产，
166个人已婚并且拥有房产，
94个人接受过大学教育、已婚并且拥有房产。

问这些居民中，既没有受过大学教育，又没有结婚，也没有房产的人有多少个？

6. 一个国会女议员在列出她的选民对调查表的回答时发现：

3819个人支持税制改革，
3307个人支持预算平衡，
2562个人支持海底钻探，
2163个人支持税制改革和预算平衡，
1985个人支持税制改革和海底钻探，

1137个人支持预算平衡和海底钻探，

984个人支持税制改革、预算平衡和海底钻探。

问有多少人反对税制改革、平衡预算或跨国投资？

7. 以下的数据来自于某个城市的快餐店：

13家提供汉堡包，

8家提供牛肉三明治，

10家提供比萨，

5家提供汉堡包和牛肉三明治，

3家提供汉堡包和比萨，

2家提供牛肉三明治和比萨，

1家提供汉堡包、牛肉三明治和比萨，

5家不提供以上3种食品中的任何一种。

问这个城市有多少家快餐店？

8. 以下信息是关于某个退休社区的居民的：

38个人打高尔夫，

21个人打网球，

56个人打桥牌，

8个人打高尔夫和网球，

17个人打高尔夫和桥牌，

13个人打网球和桥牌，

5个人打高尔夫、网球和桥牌，

72个人不打高尔夫、网球和桥牌。

问这个退休社区中共有多少居民？

9. 8对已婚夫妇参加一场桥牌聚会，在聚会上，每位女士都随机地与一位男士配对作为她的搭档。问4位丈夫恰好和他们的妻子搭档的概率是多少？

10. 列出1, 2, 3, 4的所有的错排列。

11. 在参加一个为期6周的夏季数学班时，艾莉森经常与她的7位同乡朋友一起吃晚饭。她恰好与每位朋友吃饭15次，与每两个朋友吃饭8次，与每3个朋友吃饭6次，与每4个朋友吃饭5次，与每5个朋友吃饭4次，与每6个朋友吃饭3次，但她从不与她的所有朋友一起吃饭。问艾莉森不与任何一个朋友在一起吃晚饭的日子有几天？

12. 从0~9中选5个数字组成序列，问至少包含一个4且至少包含一个7的序列有多少个？

13. 对以下的图，给每个顶点分配k种颜色中的一种。问使相邻顶点的颜色互不相同的分配方法有多少种？

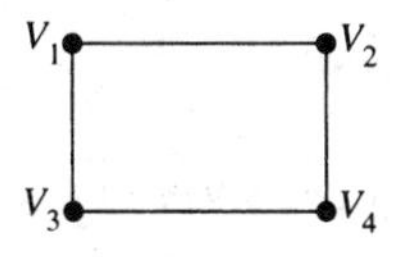

14. 假设3对夫妇随机地坐在一张圆桌周围的6把椅子上，那么没有一对夫妇相邻而坐的概率是多少？

15. 有多少个比101小且不含平方因子的（也就是不能被大于1的完全平方数整除）的正整数？

16. 从0~9中选6个数字组成序列，问包含至少一个3、一个5和一个8的序列有多少个？

17. 埃拉托西尼筛法是古代在整数数列2, 3, …, n中寻找素数的一种方法：首先，划掉数列中比2 大的2的倍数，然后对下一个素数（3），划掉比该素数大的该素数的倍数，重复这个步骤直到不能再划掉任何数为止，剩下的数就是素数了。下面演示的是筛法从数列2, 3, …, 20中划掉2和3的倍数后的样子。

2	3	~~4~~	5	~~6~~	7	~~8~~	~~9~~	~~10~~
11	~~12~~	13	~~14~~	~~15~~	~~16~~	17	~~18~~	19	~~20~~

问在数列2, 3, …, 1000中划掉素数2, 3, 5和7的倍数之后还剩下多少个整数？

18. 在一家医院，某个星期从星期一到星期四有6个不同的妇女生下6个婴儿。假设每个婴儿在这4天中的任何一天出生的概率都相等，那么每天至少有一个婴儿出生的概率是多少？

19. 4对夫妇坐在一排8把椅子上，问没有一位丈夫坐在他妻子旁边的坐法有多少种？

20. 如果要求相邻的数字都不相等，那么1, 1, 2, 2, 3, 3, 4, 4的所有排列中有多少个这样的排列？

21. 一手5张的扑克牌，每种花色至少包含一张，问这样的一手牌可能有多少种？

22. 定义域是{5, 6, 7, 8, 9, 10}而上域是{1, 2, 3, 4}的满射有多少个？

23. 如果每一个x_i都不超过4，问$x_1 + x_2 + x_3 + x_4 = 12$的非负整数解有多少个？

24. 假设一个瓮中有5个编号为1, 2, 3, 4和5的球，现要从瓮中相继拿出这些球。若第k次恰好拿出编号为k的球，则称之为一次巧合。问没有巧合发生的概率是多少？

***25.** 设S为包含m个元素的集合，n是一个正整数，$n \geqslant m$。从S中选出n个元素组成序列，其中，S的每个元素至少出现一次。证明这样的排列的数目是

$$C(m, 0)(m-0)^n - C(m, 1)(m-1)^n + \cdots + (-1)^{m-1} C(m, m-1)(1)^n。$$

***26.** 两个正整数称为是*互素的*，如果1是能同时整除它们的仅有的正整数。证明：若正整数n的不同的素因子是$p_1, p_2, \cdots, p_k$，那么比n小且与n互素的正整数的个数是

$$n - \frac{n}{p_1} - \frac{n}{p_2} - \cdots + \frac{n}{p_1 p_2} + \frac{n}{p_1 p_3} + \cdots + (-1)^k \frac{n}{p_1 p_2 \cdots p_k}。$$

***27.** 计算1, 2, …, k的错排列的个数D_k。

28. 对习题27中的D_n，计算$D_{n+1} - (n+1)D_n$的值，其中n是正整数。

*对非负整数n和m，定义$S(n, m)$为下列分配的方法数：把n个可区分的球分到m个不可区分的盒子中去，且使没有一个盒子是空的。这个数以英国数学家斯特林（James Stirling, 1692—1770）的名字命名为***第二类斯特林数**（Stirling numbers of the second kind）。

29. 设n是正整数，计算$S(n, 0)$，$S(n, 1)$，$S(n, 2)$，$S(n, n-2)$，$S(n, n-1)$和$S(n, n)$。

30. 设X是n个元素的有限集合，把X分为k个子集的划分有多少个？（划分的定义见2.2节）

31. 在有n个元素的集合上，有多少种可能的等价关系？

***32.** 对所有的整数$n>0$，$m>1$，证明：

$$S(n+1, m) = C(n, 0)S(0, m-1) + C(n, 1)S(1, m-1) + \cdots + C(n, n)S(n, m-1)。$$

***33.** 对所有的整数$n>0$，$m>1$，证明：$S(n+1, m) = S(n, m-1) + m \cdot S(n, m)$。

34. 利用习题33的结论描述一个计算$S(n, m)$ 的过程，这个过程类似于利用帕斯卡三角形计算$C(n, r)$的方法。

35. 对所有的正整数n和m，证明：

$$S(n, m) = \frac{1}{m!}[C(m, 0)(m-0)^n - C(m, 1)(m-1)^n + \cdots + (-1)^{m-1}C(m, m-1)(1)^n]。$$

36. 设X和Y分别为包含n和m个元素的有限集合，定义域是X而上域是Y的满射有多少个？

***37.** 设U为包含n_0个元素的有限集合，A_1，A_2，…，A_r为U的子集。对$1 \leqslant s \leqslant r$，如同容斥原理中那样定义$n_s$。又对$0 \leqslant s \leqslant r$，设$p_s$为落入子集$A_1$，$A_2$，…，$A_r$中恰好$s$个子集的$U$的元素的个数。证明：

$$p_s = C(s, o) \cdot n_s - C(s+1, 1) \cdot n_{s+1} + \cdots + (-1)^{r-s} C(r, r-s) \cdot n_r$$
$$= \sum_{k=0}^{r-s} (-1)^k C(s+k, k) \cdot n_{s+k}。$$

38. 对单词“correspondents”中的字母重新排列，要求其中恰好有3对相同的字母处在相邻的位置上。利用习题37计算出这种排列的数目。

*8.7 排列和r组合的生成

很遗憾，现在还有很多实际问题（例如，1.3节中描述的背包问题）尚未找到有效的解法。对这类问题，唯一可能的解法是进行穷竭式的搜索，即系统地罗列并检查所有的可能性。正如1.2节那样，列出所有的可能性经常等同于逐一地枚举某个集合的所有排列或者组合。本节将介绍一些算法，用来列举有n个元素的集合的所有排列和r组合。为了简便起见，假设问题中的集合是$\{1, 2, \cdots, n\}$。

8.7.1 排列的词典序枚举

列举排列的最自然的顺序称为**词典序**（lexicographic order），又称**字典序**（dictionary order）。为了描述这个顺序，设$p = (p_1, p_2, \cdots, p_n)$和$q = (q_1, q_2, \cdots, q_n)$是整数1, 2, …, n的两个不同的排列。既然p和q是不同的，那么它们必定有某个元素不相同。令k表示满足$p_k \neq q_k$的最小下标，那么p和q的前$k-1$个元素（从左向右读）相同，而第k个元素不相同。在这种情况下，如果$p_k > q_k$，则称按照词典序p**大于**（greater than）q。如果按照词典序p大于q，那么就表示为$p > q$或者$q < p$。因此，按照词典序，我们有

$$(2, 4, 1, 5, 3) > (2, 4, 1, 3, 5)，(3, 2, 4, 1, 5, 6) < (3, 2, 6, 5, 1, 4)。$$

通过使用树形图并按照数值的顺序选择元素，可以依词典序罗列出1, 2, …, n的所有排列。图8.5描绘了$n = 3$的情况。罗列在最后一列的排列是遵照词典序的。

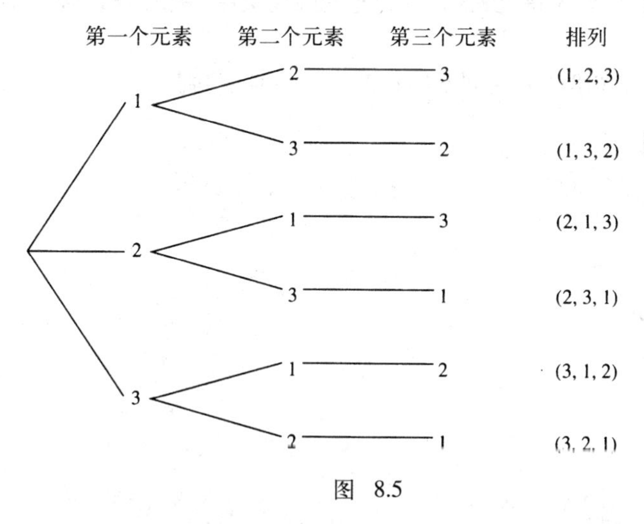

图 8.5

为了得到一个按词典序罗列所有排列的有效算法，必须知道怎样求出排列p在词典序下的后继，即第一个比p大的排列。例如，考虑整数1到6的一个排列$p = (3, 6, 2, 5, 4, 1)$。令q表示在词典序下排列p的后继，r表示任何比q大的排列。因为$p < q < r$，所以，从左端开始往右连续比较，每当在一个位置上r与p的元素相同，则q与p在该位置上的元素也必定相同，这样的情形一直持续到第一个r与p的元素不相同的位置为止。于是，q与p的不同元素必定出现在尽可能靠右边的位置上。显然，不能通过重排p的最后两个元素（4和1）或者p的最后3个元素（5, 4和1）来得到一个更大的排列。但是，可以重排p的最后4个元素（2, 5, 4和1）来得到一个更大的排列，且最小的这种重排是（4, 1, 2, 5）。因此，按照词典序，p的后继是$q = (3, 6, 4, 1, 2, 5)$。注意，q的前两个元素和p的前两个元素相同，q的第3个元素大于p的第3个元素。而且，

q的第3个元素恰好是p中比p的第3个元素大的最右边的元素。最后，请注意，在q的第3个元素右面，各元素是递增排列的。

更一般地，考虑整数1到n的排列$p = (p_1, p_2, \cdots, p_n)$。在词典序下，$p$的后继是满足下列性质的排列$q = (q_1, q_2, \cdots, q_n)$：

（1）q与p的前$k-1$个元素相同；

（2）q的第k个元素q_k是p中最右边的比p_k大的元素；

（3）q_k右面的元素按数值递增排列。

因此，如果知道k的值，即p中最左面的待改变的元素的下标，那么就可以从p完全确定q。正如在上面的例子中所看到的那样，要把k选得尽可能大。于是，由条件（2），必须选择可能的最大下标k，使p_k小于它右边的某个元素。于是，k是使得$p_k < p_{k+1}$的最大下标。因此，如果自右向左检查p的元素，那么所遇到的第一个比右邻小的元素就是p中要改变的元素。此外，因为在第k个元素右边p的元素是递减的，所以q_k等于p中最右边的大于p_k的元素。如果现在把p_k与最右边的比它大的元素互换，那么就得到一个新的排列，其中最右边的元素是q剩余的元素，但按相反的顺序排列。

例8.45 求整数1到7的排列$p = (4, 1, 5, 3, 7, 6, 2)$的后继$q$。从右向左扫描$p$，可以看到，所遇到的第一个小于其右邻的元素是第4个元素3。(于是按照前面的记号，$k = 4$)。于是，q具有形式（4, 1, 5, ?, ?, ?, ?）。而且，q的第4个元素就是p最右边的大于待改变元素（在这里是3）的元素。再次从右向左扫描p，可以发现q的第4个元素应该是6。在p中交换3和6的位置，得到（4, 1, 5, 6, 7, 3, 2）。现在，如果将位置k右边的元素颠倒次序，那么就得到（4, 1, 5, 6, 2, 3, 7），这就是p的后继。■

下面的算法用上例所描述的方法列举出1, 2, ⋯, n的所有排列。

排列的词典序算法 ⊖

这个算法按词典序打印出1, 2, ⋯ , n的所有排列。在算法中，$(p_1, p_2, \cdots, p_n)$表示当前正在考虑的排列。

步骤1（初始化）

    for $i = 0$ to n

        令 $p_i = i$

    endfor

步骤2（生成排列）

    repeat

        步骤2.1（输出）

            打印 $(p_1, p_2, \cdots, p_n)$

        步骤2.2（求出最左面的待改变的元素的下标）

            找出满足$p_k < p_{k+1}$的最大下标k，如果没有找到这样的下标，则令$k = 0$

        步骤2.3（有什么要改变吗？）

            if $k>0$

                步骤2.3.1（决定p_k的新值）

                    找到满足$p_j > p_k$的最大下标j，互换p_j和p_k的值

⊖ 原算法有多处错误，译文做了校正。此外，译文对步骤2.2进行了补充，以使算法更完整。——译者注

步骤2.3.2（准备重排）

令$r = k + 1, s = n$

步骤2.3.3（重排）

while $r>s$

（a）互换p_r和p_s的值

（b）令$r = r + 1, s = s-1$

endwhile

endif

until $k = 0$

尽管词典序是列出所有排列的最自然的方法，但是，在词典序下，求一个给定排列的后继需要做多次比较。由于这个原因，按词典序罗列所有排列的算法的效率可能比按其他不同顺序罗列所有排列的算法的效率低。但是，由于1, 2, …, n的排列有$n!$个，所以，任何列出这些排列的算法的复杂性都至少是$n!$的。如果读者对更高效地列出所有排列的算法有兴趣，则可以查阅推荐读物[3]。

8.7.2 r组合的词典序枚举

1.4节讨论过一个算法，对拥有n个元素的集合，生成其全部子集。然而，我们经常只需要考虑某些特定大小的子集。现在要描述一个算法，用来生成$\{1, 2, \cdots, n\}$的所有r元子集。如同对排列那样，这个算法将按照词典序罗列出这些子集。由于子集不是一个有序的阵列，所以我们约定*从左向右按升序罗列子集的元素*。于是，我们把子集$\{3, 6, 2, 4\}$写成$\{2, 3, 4, 6\}$。

为了得到按照词典序列举子集的算法，需要求出任意一个特定子集的后继。例如，考虑$\{1, 2, 3, 4, 5, 6\}$的4元子集。有$C(6, 4) = 15$个这样的子集，它们依词典序从左至右罗列如下。

$\{1, 2, 3, 4\}$，　$\{1, 2, 3, 5\}$，　$\{1, 2, 3, 6\}$，　$\{1, 2, 4, 5\}$，　$\{1, 2, 4, 6\}$，
$\{1, 2, 5, 6\}$，　$\{1, 3, 4, 5\}$，　$\{1, 3, 4, 6\}$，　$\{1, 3, 5, 6\}$，　$\{1, 4, 5, 6\}$，
$\{2, 3, 4, 5\}$，　$\{2, 3, 4, 6\}$，　$\{2, 3, 5, 6\}$，　$\{2, 4, 5, 6\}$，　$\{3, 4, 5, 6\}$。

正如排列的词典序那样，子集S的后继与S不同的地方应该是在其元素列表中尽可能靠右的地方。于是，如果在前一个列表中，子集的最后一个元素不是6，那么其后继就可以通过对它的最后一个元素加1来获得。例如，

$\{1, 2, 3, 4\}$的后继是$\{1, 2, 3, 5\}$，
$\{1, 2, 3, 5\}$的后继是$\{1, 2, 3, 6\}$，
$\{1, 3, 4, 5\}$的后继是$\{1, 3, 4, 6\}$。

如果子集的最后一个元素是6，那么它的后继要用不同的方法来获得。例如，考虑$\{1, 2, 5, 6\}$。因为最后一个元素是6，它不能再增加了。同样，倒数第2个元素是5，所以它也不能再增加。然而，倒数第3个元素可以从2增加到3，再列出以3开始的连续整数，就得到了所求的子集。于是，

$\{1, 2, 5, 6\}$的后继是$\{1, 3, 4, 5\}$。

类似地，

$\{2, 3, 5, 6\}$的后继是$\{2, 4, 5, 6\}$。

更一般地，考虑$\{1, 2, \cdots, n\}$的r元子集$S = \{s_1, s_2, \cdots, s_r\}$。$S$在词典序下的后继是满足下列

性质的子集$T = \{t_1, t_2, \cdots, t_r\}$：

（1）T与S的前$k-1$个元素相同；

（2）T的第k个元素t_k等于S的第k个元素s_k加1；

（3）元素t_k，t_{k+1}，$\cdots$，t_r是连续的整数。

于是，就像对排列一样，如果知道了S中需改变的最左面的元素s_k，那么就可以从S完全确定T。上面的例子说明s_k是S中可以增大的最右端的元素，也就是S中最右面的不等于其最大值的元素。注意，“最大值”的意思是：S中最后一个元素的最大值是n，倒数第2个元素的最大值是$n-1$，依此类推。因此，s_k就是S中最右端的满足s_k不等于$n-r+k$的元素。于是将s_k替换成s_k+1，将s_{k+1}替换成s_k+2，依次类推，就得到了T。例如，在$\{1, 2, 3, 4, 5, 6, 7, 8\}$的5元子集的词典序下，

$$S = \{1, 3, 4, 7, 8\}\text{的后继是}T = \{1, 3, 5, 6, 7\},$$

因为4（S的第3个元素）是集合中最右端的可以增大的元素。

虽然上述过程对人来说很容易执行，但搜寻元素s_k所需要的比较操作比所必需的多。因此，通过寻找k而不是s_k，可以使在计算机上执行这个过程的效率更高。回到早先考虑过的例子，即列举集合$\{1, 2, 3, 4, 5, 6\}$的所有4元子集。表8.1给出了确定各个子集的后继所需要的k的值。

表 8.1

子　集	下标k	子　集	下标k	子　集	下标k
{1, 2, 3, 4}	4	{1, 2, 5, 6}	2	{2, 3, 4, 5}	4
{1, 2, 3, 5}	4	{1, 3, 4, 5}	4	{2, 3, 4, 6}	3
{1, 2, 3, 6}	3	{1, 3, 4, 6}	3	{2, 3, 5, 6}	2
{1, 2, 4, 5}	4	{1, 3, 5, 6}	2	{2, 4, 5, 6}	1
{1, 2, 4, 6}	3	{1, 4, 5, 6}	1	{3, 4, 5, 6}	无

通过观察表 8.1，可以得出一个结果，使我们能更快地求出k，即对子集S的后继来说，它的k的值要么是r，要么是S的k值减1。下面的算法使用了这个确定k的方法。

r组合的词典序算法

这个算法按词典序打印出集合$\{1, 2, \cdots, n\}$的所有r元子集，其中$1 \leqslant r \leqslant n$。在算法中，$\{s_1, s_2, \cdots, s_r\}$表示当前正在考虑的子集。

步骤1（初始化）

```
for j = 1 to r
    s_j = j
endfor
if r = n
    k = 1
otherwise
    k = r
endif
```

步骤2（生成子集）

```
repeat
  步骤2.1（输出）
```

```
        打印{s_1, s_2, …, s_r}
      步骤2.2（找出第一个要改变的元素的下标k）
        if s_k ≠ n−r + k
           k = r
        otherwisc
           k = k−1
    endif
      步骤2.3（确定后继）
        if k ≠ 0
           (a) s_k = s_k + 1
           (b) for i = k + 1 to r
                  s_i = s_k + (i−k)
               endfor
        endif
    until k = 0
```

可以证明这个算法是至多n^r阶的。因此，对于固定的r值，这个按词典序罗列所有r组合的算法是一个“好”算法。

习题8.7

对习题1~6中的排列p和q，判断在词典序下是$p<q$还是$p>q$？

1. $p = (3, 2, 4, 1)$，$q = (4, 1, 3, 2)$

2. $p = (2, 1, 3)$，$q = (1, 2, 3)$

3. $p = (1, 2, 3)$，$q = (1, 3, 2)$

4. $p = (2, 1, 3, 4)$，$q = (2, 3, 1, 4)$

5. $p = (4, 2, 5, 3, 1)$，$q = (4, 2, 3, 5, 1)$

6. $p = (2, 5, 3, 4, 1, 6)$，$q = (2, 5, 3, 1, 6, 4)$

在习题7~18中，对于$\{1, 2, 3, 4, 5, 6\}$的排列p，计算p在词典序下的后继。

7. $p = (2, 1, 4, 3, 5, 6)$　　**8.** $p = (3, 6, 4, 2, 1, 5)$

9. $p = (2, 1, 4, 6, 5, 3)$　　**10.** $p = (3, 6, 5, 4, 2, 1)$

11. $p = (5, 6, 3, 4, 2, 1)$　　**12.** $p = (5, 1, 6, 4, 3, 2)$

13. $p = (6, 5, 4, 3, 2, 1)$　　**14.** $p = (1, 2, 3, 6, 5, 4)$

15. $p = (5, 2, 6, 4, 3, 1)$　　**16.** $p = (4, 5, 6, 3, 2, 1)$

17. $p = (6, 3, 5, 4, 2, 1)$　　**18.** $p = (2, 3, 1, 6, 5, 4)$

19. 依词典序罗列出1, 2, 3, 4的所有排列。

在习题20~31中，写出集合$\{1, 2, 3, 4, 5, 6, 7, 8, 9\}$的5元子集$S$在词典序下的后继。

20. $S = \{1, 2, 4, 5, 6\}$　　**21.** $S = \{1, 3, 5, 7, 9\}$

22. $S = \{1, 3, 6, 8, 9\}$　　**23.** $S = \{2, 3, 5, 8, 9\}$

24. $S = \{2, 4, 6, 7, 9\}$　　**25.** $S = \{3, 4, 5, 7, 8\}$

26. $S = \{3, 4, 7, 8, 9\}$　　**27.** $S = \{3, 5, 7, 8, 9\}$

28. $S = \{4, 5, 6, 7, 8\}$　　**29.** $S = \{4, 5, 7, 8, 9\}$

30. $S = \{4, 6, 7, 8, 9\}$　　**31.** $S = \{5, 6, 7, 8, 9\}$

32. 依词典序，列出$\{1, 2, 3, 4, 5, 6\}$的所有3元子集。

历史注记

Blaise Pascal

组合计数的起源至少可以追溯到《莱因德纸草书》第79题（约公元前1650年）。此外，还存在于东方数学家和印度数学家的著作中，以及来自迦尔切墩（Chalcedon）的克塞诺克拉底（Xenocrates，公元前396—314年）的著作中，克塞诺克拉底试图解决包含排列和组合的问题。到公元前6世纪，有著作记载了由6种基本味觉（甜、酸、咸、辣、苦和涩）得到的味觉组合。印度数学家婆什伽罗（Bhaskara，约1114—1185）在他的著作《美丽》(Lilavati）中写下了组合计算的法则以及我们所熟悉的排列的$n!$法则。同样有证据显示，对于小的正整数n，印度人也熟悉二项展开式$(a + b)^n$[71, 73, 78, 86, 87]。

Jacob Bernoulli

卡丹诺（Girolamo Cardano, 1501—1576）陈述了二项式定理，帕斯卡(Blaise Pascal，1623—1662）在他1665年的著作《论算术三角形》（Traité du Triangle Arithmétique）中给出了已知的第一个证明。伯努利（Jacob Bernoulli, 1654—1705）在他的著作《猜测术》（Ars Conjectandi）中给出了定理的另一个证明，并经常被错误地赋予“定理的第一个证明者”的荣誉。算术三角形通常也被称为帕斯卡三角形，通过朱世杰在1303年所著的《四元玉鉴》⊖（Ssu Yuan Yii Chien）可知，中国人早已知道算术三角形，并且，人们相信在此之前东方还有人知道算术三角形[73]。

棣莫弗（Abraham De Moivre, 1667—1754）于1697年把二项式定理推广为多项式定理，多项式定理可以给出$(x_1 + x_2 + \cdots + x_r)^n$的展开式，其中$r$和$n$是正整数。1730年，棣莫弗和英国数学家斯特林（James Stirling, 1692—1770）得到了对于大正整数n的渐进结果，即我们现在所熟知的斯特林公式

$$n! \approx \left(\frac{n}{e}\right)^n (2\pi n)^{1/2}。$$

差不多与此同时，概率的基础也逐渐形成。这一领域的早期工作来自卡丹诺和塔泰利亚(Niccolo Tartaglia, 1500—1557)，他们的工作研究了机会和投机的情况。1526年，卡丹诺出版了他的关于赌博技巧的《赌博游戏之书》(Liber de Ludo Alea)。在这本书中，卡丹诺阐述了有关独立事件和乘法法则的知识。

1657年，荷兰人惠更斯（Christian Huygens, 1629—1695）写了《论赌博游戏》(De Ludo Aleae)。在这本书中，他考虑了从瓮中摸彩球的概率问题。

伯努利的《猜测术》（Ars Conjectandi）在他死后出版于1713年，书中包含了排列和组合的知识、基本概率论的工作和大数法则。由于伯努利的工作，人们知道了二项式定理可用来计算二项试验的概率。在拉普拉斯（Pierre Simon Laplace, 1749—1827）于1814年的著作《关于概率的哲学短文》(Essai Philosophique sur les Probabilités）中，拉普拉斯扩展了伯努利的工作。拉普拉斯特别关注于人口统计学和其他社会科学问题的概率应用。

复合事件的概率等于各组成部分的概率的乘积，这个论断被认为属于棣莫弗。他还在1718年关于概率的著作《机会的学说》(Doctrine of Chances）中提出了分析形式的容斥原理。

⊖ 算术三角形在中国通常称为杨辉三角形，由华罗庚在阅读杨辉《详解九章算法》时定名。杨辉的书部分失传，但是，流失海外的《永乐大典》中记载了杨辉的注记，称该三角形“出《释锁算书》，贾宪用此术”，故目前中国学术界多改称贾宪三角形。贾宪著有《九章算经细草》九卷，已失传，著书大约在1020—1050年间，比朱世杰的《四元玉鉴》约早250年。——译者注

然而，容斥原理的现代形式通常归功于英/美数学家西尔威斯特（James Joseph Sylvester, 1814—1897）[86, 87]。

补充习题

计算习题1~8中的表达式。

1. $C(9, 7)$ **2.** $P(8, 5)$ **3.** $P(9, 4)$ **4.** $C(10, 6)$

5. $(x-1)^6$ **6.** $(x+2y)^7$ **7.** $(2x+3y)^5$ **8.** $(5x-2y)^4$

9. 在字典序下，1, 2, 3, 4, 5, 6, 7, 8的排列（8, 2, 3, 7, 6, 5, 4, 1）的后继是什么？

10. 在字典序下，{1, 2, 3, 4, 5, 6, 7, 8}的5组合{1, 3, 6, 7, 8}的下一个组合是什么？

11. 在帕斯卡三角形的第$n = 17$行中，前9个数字是1, 17, 136, 680, 2380, 6188, 12376, 19448和24310。问这一行剩下的数字是什么？

12. 利用习题11的答案写出二项式$(x-2)^{17}$的展开式中x^{12}项的系数。

13. 利用习题11的答案计算$C(18, 12)$的值。

14. 在一个小镇一年一度的复活节寻找彩蛋的活动中，共藏了15打鸡蛋，其中有6个金蛋、30个红蛋、30个绿蛋、36个蓝蛋、36个黄蛋和42个紫蛋。问一个孩子至少要找到多少个蛋，才能确保至少得到3个颜色相同的蛋？

15. 一家电影院的小卖部卖5种不同分量的爆米花、12种不同的糖果和4种不同的饮料。问有多少种不同的方法选择一份零食？

16. 一位女士有6条不同的宽松裤、8件不同的衬衫、5双不同的鞋和3个不同的钱包。问她可以搭配出多少套不同的装束（由1条宽松裤、1件衬衫、1双鞋和1个钱包组成）？

17. 一位女士有6条不同的宽松裤，8件不同的衬衫，5双不同的鞋，3个不同的钱包。问她可以搭配出多少套不同的装束（由1条宽松长裤，1件衬衫，1双鞋组成，可以带一个钱包也可以不带）？

18. 1500到8000之间（包括1500和8000）有多少个不包含重复数字的整数？

19. 一位参加肖邦音乐比赛的钢琴家决定演奏肖邦14首华尔兹舞曲中的5首，问有多少种可能的演奏顺序？

20. 从一个12人委员会中选出5个人组成下属分委员会，问有多少种不同的方法？

21. 从1, 2, …, 60中选出两个不同的整数，问它们的和是偶数的概率是多少？

22. 从5位女士和6位男士中随机地选出4位成立一个委员会，问这个委员会至少有3位女士的概率是多少？

23. 在一个有12位毕业生的文学班上，指导老师要选出3名学生分析《Howard's End》，另外4名学生分析《Room with a View》，剩下的5名学生分析《A Passage to India》，问有多少种不同的方式选择这些学生？

24. 等式$x + y + z = 15$的非负整数解有多少个？

25. 单词"rearrangement"中的所有字母组成的排列有多少种？

26. 如果随机地选择单词"rearrangement"中的所有字母的一个排列，那么其中所有的"r"都相连的概率是多少？

27. 一个文学班要从16本小说中选择4本阅读，问有多少种选择方法？

28. 9名运动员参加跳高比赛，问有多少种不同的授予金牌、银牌和铜牌的方式？

29. 为了完成下学期的课程安排，一名大学生要再选择1门课程。她正在考虑4门商业课程、7门物理教育课程和3门经济学课程，问她有多少门不同的课程可以选择？

30. 假设在一次敬酒中有8个人举杯。如果每个人恰好和其他各位碰杯1次，那么一共有多少次碰杯？

31. 假设要不重复地用1~7之间的数字组成5位数。

(a) 可以组成多少个不同的5位整数?

(b) 如果从所有这些5位整数中随机地选出1个,那么所选出的数是以6开头的概率有多少?

(c) 如果从所有的5位整数中随机地选出1个,那么所选出的数包含1和2的概率有多少?

32. 将一个骰子掷6次,问掷出两个3点、三个4点和一个5点的概率是多少?

33. 一个新成立的消费者行动小组有30位成员,该小组有多少种方法选举

(a) 一位主席、一位副主席、一位秘书和一位财务主管?(不允许兼职。)

(b) 有5位成员的执行委员会?

34. 一家面包店卖8种不同的面包圈。如果每种面包圈至少包含1个,那么购买一打面包圈有多少种方式?

35. 一所大学的校友服务奖每年至多授予5人。今年要从6个提名中选择接受者,问有多少种不同的方式选择接受者?

36. 一家糖果厂可以无限量地供应樱桃口味、酸橙口味、甘草口味和橘子口味的橡皮软糖。每盒橡皮软糖中有15棵软糖,其中至少有3种口味。问可能有多少种不同的糖盒?

37. 从整数1, 2, …, 40中选出10个不同的数,问其中没有相连的两个数的概率是多少?

38. 有6种不同的杯形蛋糕,要买两打蛋糕,问有多少种不同的选择?

39. 有6种不同的杯形蛋糕,要买两打蛋糕,且每种蛋糕至少要选两个,问有多少种不同的选择?

40. 在Bogart的餐馆里,主菜有上等牛肋、菲列牛排、肋骨牛排、扇贝以及当天的新鲜鱼。每餐配一份色拉和一份蔬菜,顾客可以从4种色拉和5种蔬菜中选择,但是,海鲜配菰米,并且不能再选蔬菜。问每餐有多少种不同的点菜方式?

41. 在10 000到99 999之间(含这两个数)随机地选择一个整数,问这个整数包含0的概率是多少?

42. 在随机选出的5个字母的序列中,有3个不同的辅音字母和两个不同的元音字母的概率是多少?(把"*y*"看作辅音字母。)

43. 有4本相同的几何书、6本相同的代数书、3本相同的微积分书和5本相同的离散数学书,要把它们排在一个书架上,问有多少种不同的排法?

44. 土耳其烤羊肉串是这样制作的:在串肉扦上穿一片牛肉,然后再穿7份蔬菜,每一份蔬菜可能是一个蘑菇、一个青辣椒或者一个洋葱。如果每种蔬菜至少放两份,那么可能有多少种不同的土耳其烤羊肉串?

45. 在一个有3种实验药物的试验中,要使用16个测试对象,每一种实验药物要给4个对象,每一个对象至多接受1种药物的测试,没有获得药物的4个对象将得到一付安慰剂。问有多少种不同的方式将药物分配给对象?

46. 在一个表彰宴会上,12位荣誉客人将获得胸花,每位荣誉客人都可以在粉红色、红色、黄色或白色的胸花中选择一朵。问向花商购买胸花的方式可能有多少种?

47. 要种一排15株天竺葵,其中有4株红色的天竺葵、6株白色的天竺葵和5株粉色的天竺葵。假设除了颜色以外,天竺葵是不可辨认的。问有多少种可区分的种植天竺葵的方式?

48. 设S表示集合$\{1, 2, \cdots, 9\}$的一个6元子集。证明S中必有一对元素的和等于10。

49. 将整数1, 2, …, 12沿圆周排列,是否有可能使所有相连的5个整数的和都不超过32?

50. 等式$x_1 + x_2 + x_3 + x_4 = 28$的非负整数解有多少个?其中$x_1 \leqslant 8$,$x_2 \leqslant 6$,$x_3 \leqslant 12$,$x_4 \leqslant 9$。

51. 一种扑克牌游戏有48张牌,每种花色(红桃、方块、梅花和黑桃)各有两张A。问在随机选择的一手牌(12张)中,每种花色的A都至少包含1张的概率是多少?

52. n对夫妇坐在一排$2n$把椅子上,如果每位丈夫都和他的妻子不相邻,那么有多少种坐法?

53. 给出$C(n, k) \leqslant 2^n$ $(0 \leqslant k \leqslant n)$的组合学证明。

54. 证明:对$n \geqslant 4$,帕斯卡三角形中第n行中的最大的元素超过$(1.5)^n$。

55. 计算$C(2, 2) + C(3, 2) + \cdots + C(n, 2)$，并用数学归纳法验证你的结果。

56. 如果展开$(x_1 + x_2 + \cdots + x_k)^n$，并且合并同类项，那么答案中有多少项？

57. 证明多项式定理：对任意的正整数k和n，

$$(x_1+x_2+\cdots+x_k)^n=\sum\frac{n!}{n_1!n_2!\cdots n_k!}x_1^{n_1}x_2^{n_2}\cdots x_k^{n_k},$$

其中，求和式取遍方程$n_1 + n_2 + \cdots + n_k = n$的所有非负整数解。

58. 令$S_n = C(n, 0) + C(n-1, 1) + C(n-2, 2) + \cdots + C(n-r, r)$，其中$r$表示小于等于$n/2$的最大整数。

(a) S_n在帕斯卡三角形中呈现出怎么样的图案？

(b) 对所有的非负整数n，给出一个关于S_n的值的猜想。

(c) 证明（b）中的猜想。

59. 给$\{1, 2, \cdots, n\}$的每个子集指定n种颜色中的一种。证明：无论怎样指定颜色，都存在两个不同的集合A和B，使得以下4个集合A, B, $A\cap B$和$A\cap B$被指定了相同的颜色。证明：如果有$n + 1$种颜色可以选择，那么结论就不一定成立了。

60. 完成下表，对所示的8种情形，写出把n个球分配到m个可辨认的瓮中去的方法数。在其中的6种情形中，答案是否为零取决于$m>n$，$m=n$或者$m<n$的情况。注意：这n个球都必须放入到瓮中。

球可以相互区别吗	允许每个瓮多于1个球吗	瓮可以是空的吗	n个球分配到m个可辨认的瓮中去的方法数
是	是	是	
是	是	否	
是	否	是	
是	否	否	
否	是	是	
否	是	否	
否	否	是	
否	否	否	

计算机题

编写具有指定输入和输出的计算机程序。

1. 给定整数n和r，$0\leqslant r\leqslant n$，计算$P(n, r)$和$C(n, r)$的值。

2. 给定一个非负整数n，计算帕斯卡三角形中第0, 1, ⋯, n行上的数字。

3. 给定正整数k和n，列出等式$x_1 + x_2 + \cdots + x_k = n$的所有非负整数解。

4. 给定一个正整数n，求出在随机选择的n个人中没有两个人有相同生日的概率。假设没有人在2月29日出生。

5. 给定一个正整数n，列出整数1, 2, ⋯, n的所有错排列。（错排列的定义见8.6节。）

6. 给定一个正整数n，用埃拉托西尼筛法求出小于或者等于n的所有素数。（参见8.6节的习题17。）

7. 给定正整数k和n，计算第二类Stirling数$S(n, k)$。（参见8.6节的习题33。）

8. 给定一个正整数n，按字典序列出1, 2, ⋯, n的所有排列。

9. 给定正整数n和r，按字典序列出$\{1, 2, \cdots, n\}$的所有r元子集。

10. 给定正整数n和r，按字典序列出1, 2, ⋯, n的所有r排列。

11. 给定正整数n和r，打印出所有可能的r个元素的有序列表，列表中的元素选自集合$\{1, 2, \cdots, n\}$，并允许重复。

12. 给定正整数n和r，打印出所有可能的r个元素的无序列表，列表中的元素选自集合$\{1, 2, \cdots, n\}$，并允许重复。

推荐读物

1. Beckenbach, E. *Applied Combinatorial Mathematics*. New York: Wiley, 1964.
2. Even, Shimon. *Algorithmic Combinatorics*. New York: Macmillan, 1973.
3. Nijenhuis, Albert and Herbert S. Wilf. *Combinatorial Algorithms*, 2d ed. New York: Academic Press, 1978.
4. Ryser, Herbert J. *Combinatorial Mathematics*, Carus Monograph Number 14. New York: Mathematical Association of America, 1963.
5. Whitworth, William Allen. *Choice and Chance*. Reprint of the 5th edition. New York: Hafner, 1965.

递推关系与生成函数

在前几章中，我们已经看到几种情况，在其中，要把个体的集合与一个数联系起来，比如，集合的子集个数，或者排列集合中的个体的方法数等等。有时，可以把这个数与一个更小的集合所对应的数关联起来。比如在2.6节，我们看到拥有n个元素的集合的子集个数是拥有$n-1$个元素的集合的子集个数的两倍。这种关系经常可用来为所求的数推导公式。本章将探讨这种技术。

9.1 递推关系

无限个元素依次排成一列，称为**序列**（sequence），其中的每个元素称为序列的**项**（terms）。例如，

$$0!, 1!, 2!, \cdots, n!, \cdots$$

是一个序列，其第一项是0!，第二项是1!，其余依此类推。在这个例子中，序列的第n项可以显式地定义成n的函数，即$(n-1)!$。

本章将研究一些序列，其通项可以定义成前几项的函数。将通项与其前几项联系起来的等式称为**递推关系**（recurrence relation）。在2.5节中，通过规定

$$0! = 1,$$
$$n! = n(n-1)! \ (n \geqslant 1),$$

可以递归地定义$n!$。在这个定义中，等式

$$n! = n(n-1)! \ (n \geqslant 1)$$

是一个递推关系，它定义这个阶乘序列的每一项为其相邻的前一项的函数。

为了得到递归地定义的序列中的各项的值，必须知道序列中特定几项的值，通常是开始几项。对这几项的赋值给出了序列的一组**初始条件**（initial condition）。在阶乘序列的例子中，只有一个初始条件，即$0! = 1$。知道了这个条件，就可以通过递推关系计算出序列中其他项的值。所以，

$$1! = 1 \times 0! = 1 \cdot 1 = 1,$$
$$2! = 2 \times 1! = 2 \cdot 1 = 2,$$
$$3! = 3 \times 2! = 3 \cdot 2 = 6,$$
$$4! = 4 \times 3! = 4 \cdot 6 = 24,$$

等等。

用递推关系定义序列的另一个例子是斐波那契（Fibonacci）数列。回顾2.5节，斐波那契数满足递推关系

$$F_n = F_{n-1} + F_{n-2} \ (n \geqslant 3)。$$

因为F_n被定义成其前两项的函数，所以必须知道序列中连续两项的值，才能求出后面一项的值。对于斐波那契数，初始条件是$F_1 = 1$和$F_2 = 1$。注意，除了斐波那契数列，还有其他数列

也满足同样的递推关系$s_n = s_{n-1}+s_{n-2}$。例如，

$$3, 4, 7, 11, 18, 29, 47, 76, \cdots。$$

这里，第二项后面的每一项都是前两项的和，因此这个序列完全由初始条件$s_1 = 3$和$s_2 = 4$决定。

本节还将考察其他含有递推关系的例子，并演示如何用这些递推关系来解决某些涉及计数的问题。

例9.1 从递推的角度来考察有n个顶点的完全图$\mathcal{K}_n$的边数e_n的问题。首先考虑从图$\mathcal{K}_{n-1}$到图$\mathcal{K}_n$需要新增几条边。增加一个新的顶点需要增加$n-1$条边，分别连到图$\mathcal{K}_{n-1}$的各个顶点。($n = 4$的情形如图9.1a所示，$n = 5$的情形如图9.1b所示。）因此可知$\mathcal{K}_n$的边数满足递推关系

$$e_n = e_{n-1} + (n-1) \quad (n \geqslant 2)。$$

在这个等式中，e_n的定义只包括前一项e_{n-1}，因此要使用递推公式只需知道e_n的一个值。因为只有1个顶点的完全图没有边，由此可知$e_1 = 0$，这就是这个序列的初始条件。 ■

例9.2 **汉诺塔**（Towers of Hanoi）游戏由一组大小不同的中间有洞的盘子和安装在游戏板上的三根柱子（用来套那些盘子）构成，如图9.2所示。游戏的目标是把所有的盘子从柱子A移到柱子C，一次只能移动一个盘子，并且不允许将大盘子放在小盘子上。当有n个盘子时，最少需要移动多少次盘子？

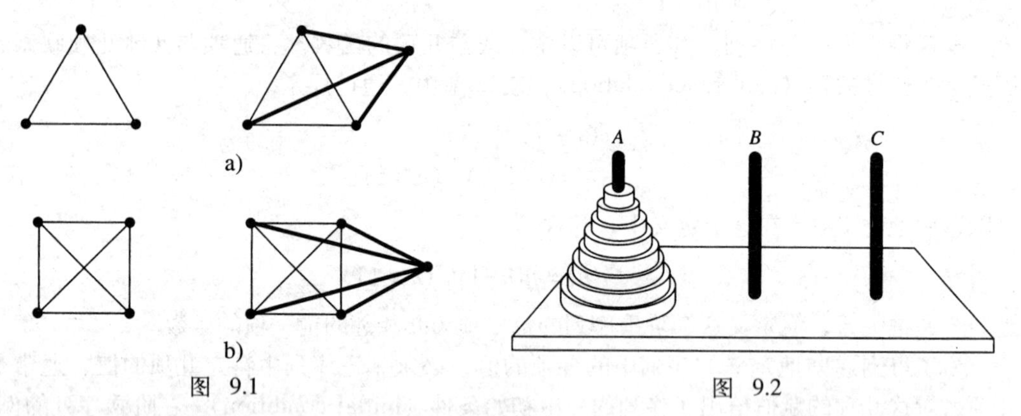

图 9.1　　图 9.2

为了解答这个问题，设m_n是把n个盘子从一个柱子移动到另一个柱子所需要移动的最少次数，我们来建立m_n的递推关系，用前面的项m_i来表示m_n。很容易看出，当盘子数$n \geqslant 2$时，赢得这个游戏的最有效的办法如下（如图9.3所示）。

(1) 按照规则，用最有效的方法把最小的$n-1$个盘子从柱子A移到柱子B。

(2) 把最大的盘子从柱子A移到柱子C。

(3) 按照规则，用最有效的方法把最小的$n-1$个盘子从柱子B移到柱子C。

因为第一步要把$n-1$个盘子从一个柱子移动到另一个柱子，所以第一步所需移动的最少次数恰好是m_{n-1}。完成第二步只需1次移动，而完成第三步也需要m_{n-1}次。以上分析导出递推关系

$$m_n = m_{n-1} + 1 + m_{n-1},$$

化简为

$$m_n = 2m_{n-1} + 1 \qquad (n \geqslant 2)。$$

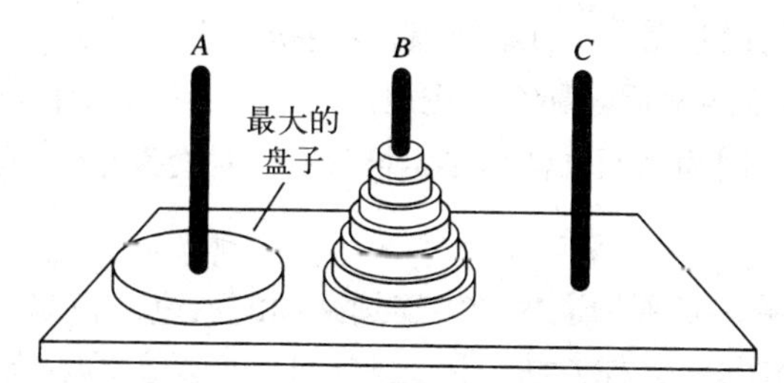

第一步：将$n-1$个盘子从柱子A移到柱子B

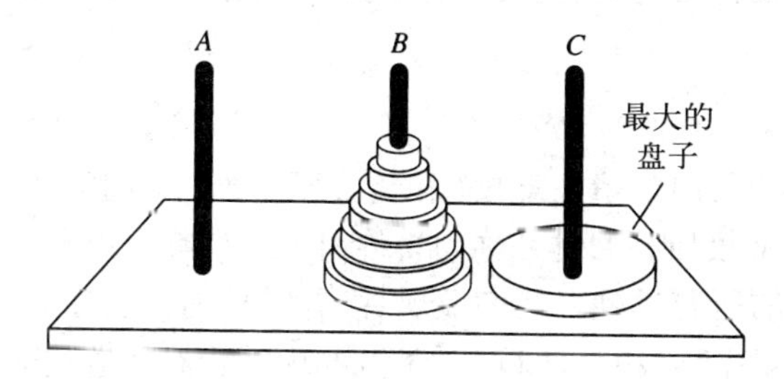

第二步：把最大的盘子从柱子A移到柱子C

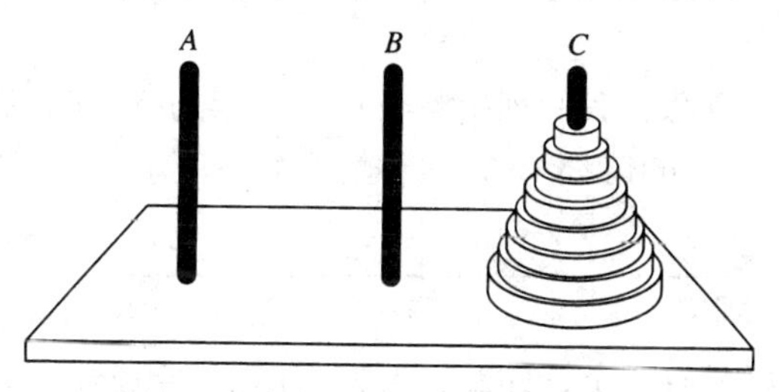

第三步：把$n-1$个盘子从柱子B移到柱子C

图 9.3

同样，要使用这个递推关系，也必须知道m_n的一个取值。因为对一个盘子的情况只需移动一次就可赢得游戏，所以这个序列的初始条件是$m_1 = 1$。通过递推关系和初始条件，就能得出移动任意数量的盘子所需要的移动次数。例如，

$$m_1 = 1,$$
$$m_2 = 2 \times 1 + 1 = 3,$$
$$m_3 = 2 \times 3 + 1 = 7,$$
$$m_4 = 2 \times 7 + 1 = 15,$$
$$m_5 = 2 \times 15 + 1 = 31。$$

我们将在9.2节得到一个显式的用n来表示m_n的公式。 ■

例9.3 一个木匠要用1英尺或2英尺宽的木板覆盖n个连续的1英尺宽的屋椽间隙，如图9.4所示。问该木匠完成这个任务有几种方法？

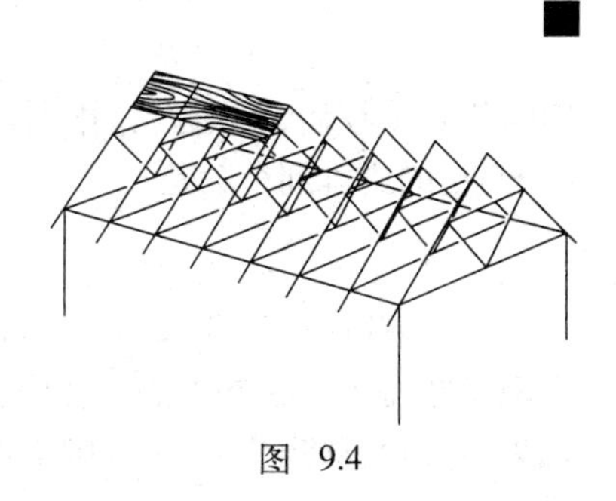

图 9.4

用s_n表示覆盖n个间隙的方法数。我们的方法是：推导出序列s_n的递推关系和初始条件。这就要把s_n表示成s_n前面若干项s_i的函数。注意，木匠必须用1尺宽或是2尺宽的木板覆盖n条间隙。如果木匠最后使用的是1英尺宽的木板，那么在

使用最后一块木板前他已经覆盖了$n-1$条间隙。覆盖$n-1$条间隙有s_{n-1}种方法。另一方面，如果木匠最后使用的是2英尺宽的木板，那么在使用最后一块木板前他已经覆盖了$n-2$条间隙。覆盖$n-2$条间隙有s_{n-2}种方法。因为这两种情形必定恰好有一种会发生，所以，由加法原理可得

$$s_n = s_{n-1} + s_{n-2} \qquad (n\geqslant 3)。$$

要使用这个递推关系，必须知道序列中连续两项的取值。很明显，覆盖一条1英尺宽的间隙只有使用1英尺宽的木板这一种方法，因此$s_1 = 1$。而覆盖2条1英尺宽的间隙有两种方法，即用一块2英尺宽的木板或者用两块1英尺宽的木板，因此$s_2 = 2$。所以，木匠完成任务的方法数s_n由递推关系

$$s_n = s_{n-1} + s_{n-2} \qquad (n\geqslant 3)$$

以及初始条件$s_1 = 1$和$s_2 = 2$得出。请注意数s_n和斐波那契数F_n之间的相似性。■

例9.4 回顾8.6节，整数1到n的排列称为错排列，如果其中没有一个整数处于其自然位置上。通过枚举1, 2, …, n的所有排列，我们发现1没有错排列，而1, 2有一个错排列（即2, 1），1, 2, 3的错排列有两个（即2, 3, 1和3, 1, 2）。在例8.44中，我们知道整数1, 2, …, n的错排列个数D_n可以由容斥原理算出。本例将利用递推关系计算出错排列的个数。上面的分析表明：$D_1 = 0$，$D_2 = 1$，$D_3 = 2$。

为了说明所使用的基本方法，我们列出整数1, 2, 3, 4的以2开头的错排列。这些错排列有两类。第一类错排列在位置2上的值都为1，这种情形如下所示。

禁止值	1	2	3	4
错排列	2	1	?	?

容易验证：这类错排列恰好只有一个，即2, 1, 4, 3。注意，完成错排列

2 1 ? ?

归结为对整数3和4进行错排列，且两个整数的错排列个数是$D_2 = 1$。

在第二类以2开头的1, 2, 3, 4的错排列中，数值2在位置1上，但是数值1却不在位置2上。注意，在这种情况下，位置2有两个限制条件：1和2都不能出现在位置2上。由于数值2已经在位置1上，所以2不会再出现在位置2上。因此，数值1不在位置2上是唯一要注意的限制条件。这种情形如下所示。

禁止值	1	1	3	4
错排列	2	?	?	?

容易验证：在这种情况下，这类错排列正好有两个，即2, 3, 4, 1和2, 4, 1, 3。注意，因为1不能出现在位置2, 3不能出现在位置3，而4不能出现在位置4，所以完成错排列

2 ? ? ?

归结为对整数1, 3, 4进行错排列，且三个整数的错排列个数是$D_3 = 2$。因此，整数1, 2, 3, 4的以2开头的错排列个数是

$$D_2 + D_3 = 1 + 2 = 3。$$

在一般情况下，1, 2, …, n的错排列的第一项一定是k，其中，$k = 2, 3, \cdots, n$。当$n\geqslant 3$时，有两类错排列，在其中的一类中，整数1被移到位置k上，而在另一类中，1未被移到位置k上。如果整数1被移到位置k上，则情形如下所示。

禁止值	1	2	...	$k-1$	k	$k+1$ ... n
错排列	k	?	...	?	1	? ... ?

这里，剩下的$n-2$个位置可以被除1和k之外的其他整数占据，有D_{n-2}种方式完成这个错排列。在第二类错排列中，整数k在位置1上，但是整数1不能在位置k上。既然整数k在位置1上，那么k就不可能再在位置k上，从而只要求位置k上不是1就足够了。这种情形如下所示。

禁止值	1	2	...	$k-1$	1	$k+1$ ... n
错排列	k	?	...	?	?	? ... ?

因此，必须将除了k以外的$n-1$个整数放入$n-1$个位置，并且，没有一个数出现在禁止位置上。完成这项工作有D_{n-1}种方式。

于是，由加法原理，整数1到n的错排列中整数k在位置1上的有

$$D_{n-2}+D_{n-1}$$

个。然而，k有$n-1$种可能的取值（即2, 3, …, n），所以D_n必定满足递推关系

$$D_n=(n-1)(D_{n-2}+D_{n-1}) \quad (n\geqslant 3)。$$

要使用这个递推关系，需要知道序列D_n的连续两项的取值。我们已经知道$D_1=0$和$D_2=1$，这就是初始条件。在9.2节中，我们会得到一个公式，把D_n显式地表示为n的函数。 ■

例9.5 在计算机科学中，栈是一种重要的数据结构。栈用来保存数据，并且规定所有的插入和删除只能在栈的一端（称为栈顶）进行。这个规定使得最后插入栈中的项必定是最先被删除的项。所以栈是后进先出结构的例子。

把整数1, 2, …, n按照由小到大的顺序全部插入栈中，现在我们对这些整数可能的出栈顺序进行计数。注意，从1到n，每个整数入栈和出栈都正好一次。用k表示整数k入栈，用$\bar{k}$表示整数k出栈。如果$n=1$，那么只有一种可能的序列，即$1, \bar{1}$。对于$n=2$，有两种可能性：

	出栈顺序
(a) $1, 2, \bar{2}, \bar{1}$	2, 1
(b) $1, \bar{1}, 2, \bar{2}$	1, 2

于是，如果$n=2$，那么整数1, 2可能的出栈序列有两个。现在考虑$n=3$的情况。将整数1, 2, 3插入栈中并将它们从栈中删除的可能性仅有5种：

	出栈顺序
(a) $1, 2, 3, \bar{3}, \bar{2}, \bar{1}$	3, 2, 1
(b) $1, 2, \bar{2}, 3, \bar{3}, \bar{1}$	2, 3, 1
(c) $1, 2, \bar{2}, \bar{1}, 3, \bar{3}$	2, 1, 3
(d) $1, \bar{1}, 2, 3, \bar{3}, \bar{2}$	1, 3, 2
(e) $1, \bar{1}, 2, \bar{2}, 3, \bar{3}$	1, 2, 3

于是，在整数1, 2, 3的6个可能的排列中，只有5个排列可以由整数1, 2, 3通过栈的插入和删除来产生。

下面用c_n表示能够以这种方式用栈产生的整数1, 2, …, n的排列个数。（于是，如果整数1到n依次进栈，则c_n就是这些整数不同的出栈的方法数。）前面的分析说明

$$c_1=1, \qquad c_2=2, \qquad c_3=5。$$

不妨再定义$c_0=1$。对任意正整数n，考虑整数1什么时候从栈中删除。如果1是第一个从栈中

删除的整数，那么这个操作序列的前几项是

$$1,\ \overline{1},\ 2,\ \cdots。$$

可以由这样的操作序列产生的排列的数目恰好是2, 3, …, n的可能的出栈的方式数（如果它们依次进栈的话）。因此这种排列的数目是$c_{n-1} = c_0\, c_{n-1}$。

如果1是第二个从栈中删除的整数，那么第一个从栈中删除的整数一定是2。于是，这个操作序列的头几项必定是

$$1,\ 2,\ \overline{2},\ \overline{1},\ 3,\ \cdots。$$

可以由这样的操作序列产生的排列的数目是$c_1\, c_{n-2}$。

如果1是第三个从栈中删除的整数，那么首先从栈中删除的两个整数一定是2和3。因此，操作次序必定是这样的：1进栈，2和3按某种顺序进栈并出栈，然后1出栈，最后4, 5, …, n再按某种顺序进栈并出栈。可以由这样的操作序列产生的排列的数目是$c_2\, c_{n-3}$。

一般地，假设1是第k个从栈中删除的整数，那么在整数1被删除前，$k-1$个整数2, 3, …, k必须按某种顺序进栈并出栈，而$n-k$个整数$k+1, k+2, \cdots, n$则必定在整数1被删除后按某种顺序进栈并出栈。根据乘法原理，进行这两步操作的方法数为$c_{k-1}c_{n-k}$。于是，由加法原理可得

$$c_n = c_0c_{n-1} + c_1c_{n-2} + \cdots + c_{n-1}c_0 \qquad (n \geqslant 1)。$$

由于已经知道$c_0 = 1$，所以，上面这个递推关系可以用来计算序列中后面各项的值。例如，

$$\begin{aligned}
c_1 &= c_0c_0 = 1\cdot 1 = 1,\\
c_2 &= c_0c_1 + c_1c_0 = 1\cdot 1 + 1\cdot 1 = 2,\\
c_3 &= c_0c_2 + c_1c_1 + c_2c_0 = 1\cdot 2 + 1\cdot 1 + 2\cdot 1 = 5,\\
c_4 &= c_0c_3 + c_1c_2 + c_2c_1 + c_3c_0 = 1\cdot 5 + 1\cdot 2 + 2\cdot 1 + 5\cdot 1 = 14,\\
c_5 &= c_0c_4 + c_1c_3 + c_2c_2 + c_3c_1 + c_4c_0\\
&= 1\cdot 14 + 1\cdot 5 + 2\cdot 2 + 5\cdot 1 + 14\cdot 1 = 42,
\end{aligned}$$

等等。

c_n称作**卡特兰数**(Catalan numbers)，以纪念卡特兰(Eugene Charles Catalan, 1814—1894)。卡特兰证明了：在表达式

$$x_1x_2\cdots x_{n+1}$$

中插入n对圆括号，以把各因子组合成n对数的乘积，插入这n对括号的方法数是c_n。例如，把$x_1x_2x_3x_4$分成三对数的乘积有$c_3 = 5$种方法，分别是：

$$((x_1x_2)x_3)x_4，\ x_1(x_2(x_3x_4))，\ (x_1(x_2x_3))x_4，\ x_1((x_2x_3)x_4)\text{和}(x_1x_2)(x_3x_4)。$$

卡特兰数出现在计算机科学的许多基本问题中。 ■

前面的例子展示了几个计数问题，其中出现了递推关系。在考察离散时间框架下的变化时，递推关系也很有用，如下例所示。

例9.6 一个粮食储存公司从开始收获起，每星期从农场收到200吨谷物。公司经理计划一旦收获季节开始，每个星期运出所存谷物的30%。如果公司在收获季节开始时有600吨谷物，那么在收获季节里，描述公司每周末的谷物库存量的递推关系是怎样的？

如果g_n表示收获季节第n个周末的谷物库存量，那么可以把上述情形表示为递推关系

$$g_n = g_{n-1} - 0.30g_{n-1} + 200 \qquad (n \geqslant 1),$$

其中，初始条件为$g_0 = 600$。即

$$g_n = 0.70g_{n-1} + 200 \quad (n\geqslant 1)，且 g_0 = 600。$$

g_{n-1}的系数0.70说明每星期有70%的谷物没有运出，常数项200说明每星期输入谷仓的新谷物的数量。 ■

递推关系也经常用于研究金融账户的资金流通和预期状况。

例9.7 汤普森购买了一套价值200 000美元的新房，首付25 000美元，抵押贷款30年。未偿付的贷款余额的利息按月利率1%计算，每个月的还贷额为1800美元。还款n个月后，汤普森还有多少欠款?

用b_n表示还款n个月后的欠款余额（单位为美元）。下面将得到一个递推关系，用以前的欠款余额来表示b_n。注意，n个月后的欠款余额等于$n-1$个月后的欠款余额加上第n个月的利息减去第n个月的还款额。于是就有

$$b_n = b_{n-1} + 0.01b_{n-1} - 1800,$$

化简为

$$b_n = 1.01b_{n-1} - 1800 \quad (n\geqslant 1)。$$

因为，在等式中，b_n仅由b_{n-1}表示，所以，要使用这个递推关系，只需要知道一项就可以了。刚开始时，所欠贷款等于售价减去首付，因此初始条件为$b_0 = 175\ 000$。 ■

当递推关系应用在研究像例9.6和9.7这样的变化时，常被称为**离散动力系统**（discrete dynamical systems），它们是微分方程的离散替代物，微分方程用于研究连续时间框架下的变化。

本节的例子展示了产生递推关系的几种情况，本章还要考虑其他的例子。在序列由递推关系定义的情况下，有时能找到把通项表示为n的函数的显式公式，9.2节和9.3节将主要关注这个主题。

习题9.1

在习题1~12中，设序列$s_0, s_1, s_2, \cdots$满足给定的递推关系和初始条件，求s_5。

1. $s_n = 3s_{n-1} - 9 \ (n\geqslant 1)，s_0 = 5$。

2. $s_n = -s_{n-1} + n^2 \ (n\geqslant 1)，s_0 = 3$。

3. $s_n = 2s_{n-1} + 3n \ (n\geqslant 1)，s_0 = 5$。

4. $s_n = 5s_{n-1} - 2^n \ (n\geqslant 1)，s_0 = 1$。

5. $s_n = 2s_{n-1} + s_{n-2} \ (n\geqslant 2)，s_0 = 2，s_1 = -3$。

6. $s_n = 5s_{n-1} - 3s_{n-2} \ (n\geqslant 2)，s_0 = -1，s_1 = -2$。

7. $s_n = -s_{n-1} + ns_{n-2} - 1 \ (n\geqslant 2)，s_0 = 3，s_1 = 4$。

8. $s_n = 3s_{n-1} - 2ns_{n-2} + 2^n \ (n\geqslant 2)，s_0 = 2，s_1 = 4$。

9. $s_n = 2s_{n-1} + s_{n-2} - s_{n-3} \ (n\geqslant 3)，s_0 = 2，s_1 = -1，s_2 = 4$。

10. $s_n = s_{n-1} - 3s_{n-2} + 2s_{n-3} \ (n\geqslant 3)，s_0 = 2，s_1 = 3，s_2 = 4$。

11. $s_n = -s_{n-1} + 2s_{n-2} + s_{n-3} + n \ (n\geqslant 3)，s_0 = 1，s_1 = 2，s_2 = 5$。

12. $s_n = s_{n-1} - 4s_{n-2} + 3s_{n-3} + (-1)^n \ (n\geqslant 3)，s_0 = 3，s_1 = 2，s_2 = 4$。

13. 1995~1996学年，斯坦福大学的学费为28 000美元，在过去的15年中，学费平均每年至少增长5.25%。假设将来斯坦福大学的学费每年增长5.25%。设1995年后的第n年，斯坦福大学的学费是t_n。请写出t_n的递推关系和初始条件。

14. 1970年常青网球俱乐部个人会员的会费是50美元，从那时起到现在，平均每年增长2%。设1970年后的第n年，个人会员的会费是m_n。请写出m_n的递推关系和初始条件。

15. 1975年，一家连锁饭店有24家连锁店，从那时起每年新开6家连锁店。假设这种趋势无限的持续下去。设1975年后的第n年，饭店的连锁店数是r_n。请写出r_n的递推关系和初始条件。

16. 银行对其储蓄账户每年支付6%的存款利息。假设你在一个账户中存入800美元后，不再存入或提取现金。设n年后，账户内的余额是b_n。请写出b_n的递推关系和初始条件。

17. 一位顾客用一家百货公司的信用卡购物，透支了280美元，利息按每月1.5%计算。假设不再透支，且每个月至少还款25美元。设n个月之后，该顾客的账户余额是b_n。请写出b_n的递推关系和初始条件。

18. 大学毕业生汤姆刚刚获得一份工作，第一年年薪为24 000美元，从那以后每年加薪1000美元，再增加5%生活指数调节。设受聘n年后，汤姆的年薪是s_n。请写出s_n的递推关系和初始条件。

19. 清理核反应堆内室的处理过程每周能消除其中85%的废料。如果在监测期开始时，内室有1.7千克的核废料，且每周新产生2千克废料。设在监测期的第n个周末，内室所含的废料数量为w_n。请写出w_n的递推关系和初始条件。

20. Jabby鸟是一种被列入濒危物种清单的鸟类，因为已知现存的Jabby鸟仅有975只。当一种鸟的数量以百计时，这种鸟就被列入濒危清单。假设每年有27%的Jabby鸟死亡或被偷猎，而只有5只Jabby鸟出生。请写出n年之后的Jabby鸟的数量j_n的递推关系和初始条件。

21. 假设你每天恰好购买下列清单中的一件物品：磁带（价值1美元）、直尺（价值1美元）、钢笔（价值2美元）、铅笔（价值2美元）、纸（价值2美元）、活页夹（价值3美元）。设可能的花费n（$n \geqslant 1$）美元的不同的序列的数目是s_n。请写出s_n的递推关系和初始条件。

22. 假定你有大量的2分、3分和5分的邮票。设将n分的邮资贴在信封上的方法数是s_n，假定要考虑邮票的粘贴次序。（即2分邮票贴在3分邮票后和3分邮票贴在2分邮票后是不同的。）请写出s_n的递推关系和初始条件。

23. 设整数序列$1, 2, \cdots, n$的排列数是a_n。请写出a_n的递推关系和初始条件。

24. 设含有n个元素的集合的子集的数目是s_n。请写出s_n的递推关系和初始条件。

25. 设含有n个元素的集合的含两个元素的子集的数目是s_n。请写出s_n的递推关系和初始条件。

26. 设没有连续两个0的n位二进制串的数目是s_n。请写出s_n的递推关系和初始条件，并求出s_6。

27. 设s_n表示依次将5分、1角和2角5分的硬币塞入自动售货机购买价值$5n$分的软饮料的方法数，其中要考虑硬币的塞入次序。请写出s_n的递推关系和初始条件。问对价值50分的饮料，有多少种塞入硬币的序列？

28. 当$n \geqslant 2$时，$6 \times n$的棋盘可以用如图2.20所示的L形构件覆盖。设p_n表示覆盖$6 \times n$的棋盘所需要的L形构件的数目。请写出p_n的递推关系和初始条件。

29. $2n$个人组对，玩n盘国际象棋。请写出组对的方法数c_n的递推关系和初始条件。

30. 设p_n表示$1, 2, \cdots, n$的符合下列规则的排列的数目：每个整数要么出现在它的自然位置上，要么与它的自然位置相邻。请写出p_n的递推关系和初始条件。

31. 对正整数n，在欧几里得平面上画n个圆使得每对圆相交于两点且任意三个圆不相交于一点。设r_n表示这些圆将平面分成的区域数。请写出r_n的递推关系和初始条件。

32. 假设你有无限多个红色、白色、蓝色、绿色和金色的玩纸牌的筹码，除了颜色以外这些筹码没有区别。堆叠n个筹码，并使其中没有连续的红筹码。设这样堆叠n个筹码的方法数是s_n。请写出s_n的递推关系和初始条件。

33. 设没有连续三个0的n位二进制串的数目是s_n。请写出s_n的递推关系和初始条件。

34. 设有n个元素的集合的3元子集的数目是s_n。请写出s_n的递推关系和初始条件。

35. 假设一个圆上有$2n$个点，编号为$1, 2, \cdots, 2n$。设将点两两相连得到n条互不相交的弦的方法数是c_n。请写出c_n的递推关系和初始条件。

36. 设s_n表示可用$n \times n$的棋盘上的棋格组成的任意大小的正方形的数目。写出s_n的递推关系和初始条件。

37. 设不包含子串010的n位二进制串的数目是s_n。请写出s_n的递推关系和初始条件，并计算出s_6。

***38.** 设不包含子串1000和0011的n位二进制串的数目是s_n。请写出s_n的递推关系和初始条件。

9.2 迭代法

从例9.2中可知，在汉诺塔游戏中，为了将n个盘子从一根柱子移到另一根柱子，需要移动盘子的最少次数满足递推关系

$$m_n = 2m_{n-1} + 1 \quad (n \geqslant 2)$$

和初始条件$m_1 = 1$。由此，可以对任意正整数n求出m_n的值。例如，由这些条件定义的序列的前几项是

$$\begin{aligned} m_1 &= 1, \\ m_2 &= 2 \times 1 + 1 = 2 + 1 = 3, \\ m_3 &= 2 \times 3 + 1 = 6 + 1 = 7, \\ m_4 &= 2 \times 7 + 1 = 14 + 1 = 15, \\ m_5 &= 2 \times 15 + 1 = 30 + 1 = 31。 \end{aligned}$$

可以按照这种方式不断地计算出序列中的项，所以，对任何特定的项，最终都能求出其值。但是，如果要对很大的n计算m_n，那么这个计算过程可能非常冗长乏味。例如，在例9.7中，可能需要知道20年后（240个月后）所欠的贷款余额，这就要计算b_{240}。如果用这种方法手工地计算这些项，虽然直截了当，但却很花费时间。

所以，对由递推关系定义的序列，有计算通项的公式而不必计算前面的项，常常是很方便的。一种可以用来试着求出这种通项公式的简单方法是：如上面所演示的那样，先从初始条件开始，再求出序列中随后的几项；如果发现规律，那么就可以猜测一个显式的通项公式，并尝试用数学归纳法证明之。这个过程称为**迭代法**（method of iteration）。

下面将对满足汉诺塔递推关系

$$m_n = 2m_{n-1} + 1 \quad (n \geqslant 2)$$

和初始条件$m_1 = 1$的序列，用迭代法求出其显式的通项公式。前面已经算出了满足上述条件的序列的前几项。虽然从这些计算过程中有可能看出规律，但是，重复这些计算，并且不把结果化简为一个数，将是十分有帮助的。

$$\begin{aligned} m_1 &= 1, \\ m_2 &= 2 \times 1 + 1 = 2 + 1, \\ m_3 &= 2 \times (2 + 1) + 1 = 2^2 + 2 + 1, \\ m_4 &= 2 \times (2^2 + 2 + 1) + 1 = 2^3 + 2^2 + 2 + 1, \\ m_5 &= 2 \times (2^3 + 2^2 + 2 + 1) + 1 = 2^4 + 2^3 + 2^2 + 2 + 1, \\ &\vdots \end{aligned}$$

根据这些计算过程可以猜测m_n的显式公式是

$$m_n = 2^{n-1} + 2^{n-2} + \cdots + 2^2 + 2 + 1。$$

通过使用一个熟知的代数恒等式（参见例2.51）

$$1 + x + x^2 + \cdots + x^n = \frac{x^{n+1} - 1}{x - 1},$$

m_n的公式可以表示成更简洁的形式：

$$m_n = \frac{2^n - 1}{2 - 1} = 2^n - 1\text{。}$$

到这里为止，m_n的公式还只是一个经验猜测。为了证明这个公式确实给出了m_n的正确值，必须用归纳法证明它是正确的。为此，我们必须证明：如果一个序列m_1, m_2, m_3, …满足递推关系

$$m_n = 2m_{n-1} + 1 \quad (n \geqslant 2)$$

和初始条件$m_1 = 1$，那么对于任意正整数n，$m_n = 2^n - 1$。当$n = 1$时，这个公式显然是正确的，因为

$$2^1 - 1 = 2 - 1 = 1 = m_1\text{。}$$

现在假设当n为某个非负整数k时这个公式是正确的，即假设

$$m_k = 2^k - 1\text{。}$$

接下来要证明这个公式对$k + 1$是正确的。由递推关系可知

$$m_{k+1} = 2m_k + 1\text{。}$$

因此，

$$\begin{aligned} m_{k+1} &= 2(2^k - 1) + 1 \\ &= 2^{k+1} - 2 + 1 \\ &= 2^{k+1} - 1, \end{aligned}$$

这证明了公式对$k + 1$是正确的。根据数学归纳法原理，对任意正整数n，公式

$$m_n = 2^n - 1$$

都是正确的。

在使用迭代法时，某些公式在化简代数表达式时非常有用。比如，例2.51中的恒等式

$$1 + x + x^2 + \cdots + x^n = \frac{x^{n+1} - 1}{x - 1}\text{。}$$

另一个有用的公式是前n个正整数的和的公式，即

$$1 + 2 + 3 + \cdots + n = \frac{n(n+1)}{2}\text{。}$$

这个公式是在2.5节的习题11中得出的。

例9.8 由例9.1可知，完全图$\mathcal{K}_n$的边数e_n满足递推关系

$$e_n = e_{n-1} + (n-1) \quad (n \geqslant 2)$$

和初始条件$e_1 = 0$。下面将通过迭代法得到e_n的通项公式。首先，利用递推关系计算出序列的若干项。

$$\begin{aligned} e_1 &= 0, \\ e_2 &= 0 + 1, \\ e_3 &= (0 + 1) + 2, \\ e_4 &= (0 + 1 + 2) + 3, \\ e_5 &= (0 + 1 + 2 + 3) + 4, \\ &\vdots \end{aligned}$$

从这些计算过程可以猜测

$$
\begin{aligned}
e_n &= 0+1+2+\cdots+(n-1) \\
&= \frac{(n-1)n}{2} \\
&= \frac{n^2-n}{2}。
\end{aligned}
$$

为了验证这个公式是正确的，又需要使用归纳法来证明：如果一个序列满足递推关系

$$e_n = e_{n-1} + (n-1) \qquad (n\geqslant 2)$$

和初始条件$e_1 = 0$，那么这个序列的每一项可以由公式

$$e_n = \frac{n^2-n}{2}$$

给出。当$n = 1$时，这个公式是正确的，因为

$$\frac{n^2-n}{2} = \frac{1^2-1}{2} = 0 = e_1。$$

假设对某个$k\geqslant 1$，

$$e_k = \frac{k^2-k}{2},$$

那么

$$
\begin{aligned}
e_{k+1} &= e_k + [(k+1)-1] \\
&= \frac{k^2-k}{2} + k \\
&= \frac{k^2-k}{2} + \frac{2k}{2} \\
&= \frac{(k^2+2k+1)-(k+1)}{2} \\
&= \frac{(k+1)^2-(k-1)}{2}。
\end{aligned}
$$

因此，公式对$k+1$也是正确的。由数学归纳法原理，公式对所有的正整数n都是正确的。 ■

例9.9 设p_n是将$2n$个人两两组成n对的方法数，求p_n的通项公式。

首先求出p_n的递推关系和初始条件。为了将$2n$个人组成对，先选择一个人，然后选择与他组对的伙伴。这个伙伴可以是原先群体中其余$2n-1$个人中的任何一个，所以有$2n-1$种方法形成第一对。现在，余下的问题是将剩下的$2n-2$个人结成对子，而完成这件事的方法数是p_{n-1}。于是，根据乘法原理就有

$$p_n = (2n-1)\, p_{n-1} \qquad (n\geqslant 1)。$$

因为两个人只有一种组对方法，所以初始条件为$p_1 = 1$。

下面用迭代法求出p_n的通项公式。因为

$$
\begin{aligned}
&p_1 = 1, \\
&p_2 = 3\times 1,
\end{aligned}
$$

$$p_3 = 5 \times 3 \times 1,$$
$$p_4 = 7 \times 5 \times 3 \times 1,$$
$$p_5 = 9 \times 7 \times 5 \times 3 \times 1,$$

看起来似乎

$$p_n = (2n-1)(2n-3)\cdots \times 3 \times 1,$$

即1到$2n-1$之间的所有奇数的乘积。这个表达式可以用阶乘记号更简洁地表示。因为在乘式中没有偶数，所以在分子和分母中同时插入偶数：

$$\begin{aligned}(2n-1)(2n-3)\cdots\times 3\times 1 &= \frac{(2n)(2n-1)(2n-2)(2n-3)\cdots\times 3\times 2\times 1}{(2n)(2n-2)\cdots\times 2}\\ &= \frac{(2n)!}{2\times n\times 2\times(n-1)\cdots\times 2\times 1}\\ &= \frac{(2n)!}{2^n n!}。\end{aligned}$$

所以，我们猜测

$$p_n = \frac{(2n)!}{2^n n!}。$$

必须用数学归纳法证明这个公式对任意正整数n都是正确的。当$n = 1$时，公式给出

$$\frac{(2n)!}{2^n n!} = \frac{2!}{2^1 \times 1!} = \frac{2}{2} = 1,$$

这是正确的。假设对某个正整数k，

$$p_k = \frac{(2k)!}{2^k k!}。$$

那么

$$\begin{aligned}p_{k+1} &= [2(k+1)-1]p_k\\ &= (2k+1)\frac{(2k)!}{2^k k!}\\ &= \frac{(2k+1)!}{2^k k!}\\ &= \frac{2k+2}{2(k+1)}\cdot\frac{(2k+1)!}{2^k k!}\\ &= \frac{(2k+2)!}{2^{k+1}(k+1)!},\end{aligned}$$

这证明了公式对$k+1$是正确的。根据数学归纳法，公式对任意正整数n都是正确的。 ■

对于与递推关系相关的序列，求其通项公式的过程与在连续环境下解微分方程的过程相似。因为这个原因，表达递推关系的通项公式有时也称为递推关系的**解**（solution）。

在到目前为止的所有例子中，所验证的通项公式都是用s_{n-1}而不用其他的s_i项来表示s_n。当需要验证的通项公式所对应的递推关系要用s_i（$i \leqslant n-2$）来表示s_n的时候，就需要使用强数学归纳法原理了。

例9.10 证明：如果x_n满足$x_n = x_{n-1} + 2x_{n-2} + 2n-9$（$n \geqslant 2$），初始条件为$x_0 = 6$和$x_1 = 0$，那么

$$x_n = 3(-1)^n + 2^n + 2 - n \qquad (n \geqslant 0)。$$

容易验证：当$n = 0$或$n = 1$时，上面的公式是正确的。现在，对$k \geqslant 1$，假设这个公式对$n = 0$，

1, ⋯ , k都是正确的。那么

$$\begin{aligned}
x_{k+1} &= x_k + 2x_{k-1} + 2(k+1)-9 \\
&= [3(-1)^k + 2^k + 2-k] + 2[3(-1)^{k-1} + 2^{k-1} + 2-(k-1)] + 2k-7 \\
&= -3(-1)^{k-1} + 2^k + 2-k + 6(-1)^{k-1} + 2(2^{k-1}) + 4-2(k-1) + 2k-7 \\
&= -3(-1)^{k-1} + 6(-1)^{k-1} + 2^k + 2^k + 2-k + 4 + 2-7 \\
&= 3(-1)^{k-1} + 2(2^k) + 2-k-1 \\
&= 3(-1)^{k+1} + 2^{k+1} + 2-(k+1)。
\end{aligned}$$

这就证明了公式对$k + 1$是正确的。根据强数学归纳法原理，公式对任何非负整数n都是正确的。 ■

对某个特定的序列，可以有很多公式与其开始的几项相一致。下面是一个著名的例子，由其前几项很容易诱导出错误的规律。可以证明：对任意正整数n，可以在欧几里得平面上画n个圆，使得任意两个圆恰好相交于两点，且没有3个圆有公共点，此外，无论这些圆的分布形态如何，它们把平面分割成的区域数r_n都是相同的。下面将求出把r_n表示为n的函数的公式。

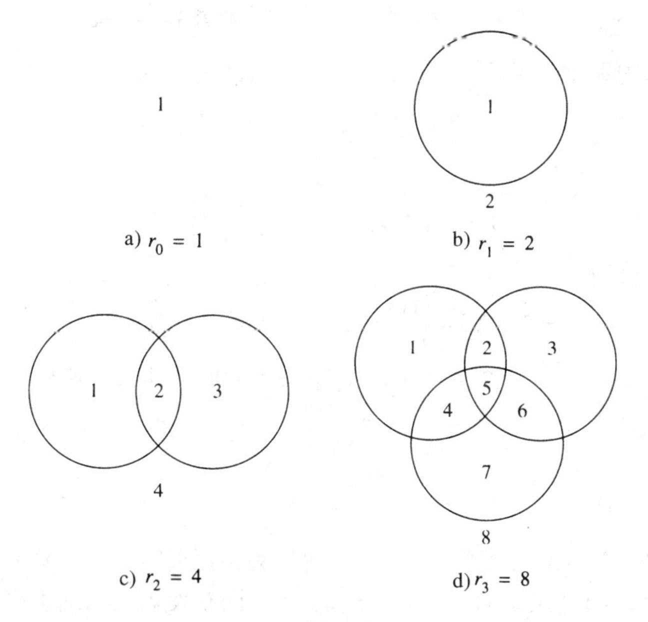

a) $r_0 = 1$　b) $r_1 = 2$　c) $r_2 = 4$　d) $r_3 = 8$

图 9.5

图9.5表明：$r_0 = 1$，$r_1 = 2$，$r_2 = 4$，$r_3 = 8$。根据这几个数，很自然地会猜测$r_n = 2^n$。但是，公式$r_n = 2^n$是不正确的，因为由图9.6可知$r_4 = 14$。要获得正确的公式，必须找到一个递推关系，它把分别由n个圆和由$n-1$个圆所形成的区域数关联起来。

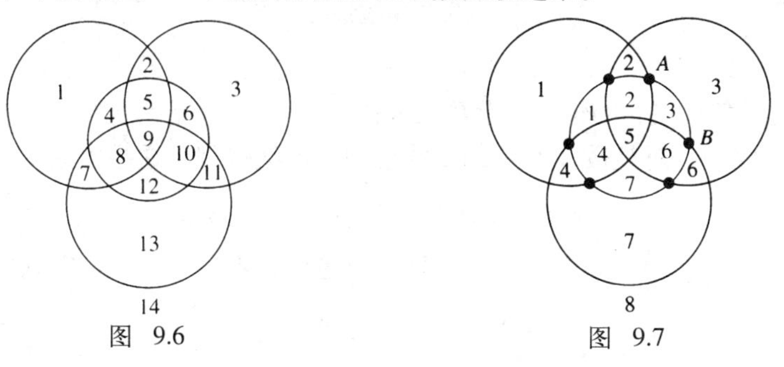

图 9.6　图 9.7

假设对图9.5d所示的3个圆加入第4个圆。这个新的圆（即画在图9.7正中间的那个圆）没有再分割图9.5d中的区域5和区域8。但是，可以看到，因为这个圆和其他3个圆中的每一个都交于两点，所以这个圆被分割成6（$=2\times3$）段弧。每段弧把一个区域分成两个新区域。例如，在图9.7中，弧AB把图9.5d中的区域3分成图9.7中标记为3的两个区域。同样的情形也出现在一般的情况下：如果已有$n-1$个满足给定条件的圆，再另画一个圆，使得每两个圆相交于恰好两点，并且没有3个圆交于一点，那么新的圆将形成$2(n-1)$个新区域。由此可以发现

$$r_n = r_{n-1} + 2(n-1) \quad (n\geqslant 2)。$$

注意，这个递推关系对$n=1$不成立。因此，在试图求r_n的公式时，不能期望该公式对$n=0$成立。

根据这个递推关系，可得

$$\begin{aligned}
&r_1 = 2,\\
&r_2 = r_1 + 2\times1 = 2 + 2\times1,\\
&r_3 = r_2 + 2\times2 = 2 + 2\times1 + 2\times2,\\
&r_4 = r_3 + 2\times3 = 2 + 2\times1 + 2\times2 + 2\times3,\\
&r_5 = r_4 + 2\times4 = 2 + 2\times1 + 2\times2 + 2\times3 + 2\times4。
\end{aligned}$$

这些计算过程呈现出的规律似乎是

$$r_n = 2 + 2[1 + 2 + \cdots + (n-1)]。$$

利用前k个正整数之和的公式，即

$$1 + 2 + 3 + \cdots + k = \frac{k(k+1)}{2},$$

可以将上面的表达式化简为

$$r_n = 2 + 2\,\frac{(n-1)n}{2} = 2 + (n-1)n = n^2 - n + 2。$$

于是，我们猜想$r_n = n^2-n+2$（$n\geqslant1$）。这个公式的归纳法证明留作习题。注意，正如预期的那样，所得到的公式

$$r_n = n^2 - n + 2$$

仅对$n\geqslant1$成立。

尝试一下去证明那个错误的公式$r_n = 2^n$满足递推关系，观察一下所发生的情况，将是很有益的。注意，公式对$n=1$是正确的，因为$2^1=2=r_1$。困难发生在归纳步骤。假设公式对某个正整数k是正确的，即假设$r_k=2^k$。那么

$$r_{k+1} = r_k + 2k = 2^k + 2k。$$

对每个正整数k，2^k+2k都不等于2^{k+1}。既然归纳证明失败了，那么可以得出结论：递推关系

$$r_n = r_{n-1} + 2(n-1)$$

的通项公式不是$r_n = 2^n$。

本节末尾将推导整数1到n的错排列个数的公式。

例9.11 在例9.4中，对整数1, 2, …, n的错排列个数D_n得到了递推关系

$$D_n = (n-1)(D_{n-1} + D_{n-2}) \qquad (n\geqslant3),$$

以及初始条件$D_1=0$和$D_2=1$。可以证明：满足这个递推关系的序列也一定满足关系式

$$D_n = nD_{n-1} + (-1)^n。$$

要说明为什么，首先注意到

$$
\begin{aligned}
D_n - nD_{n-1} &= D_n - (n-1)D_{n-1} - D_{n-1} \\
&= (n-1)D_{n-2} - D_{n-1} \\
&= -[D_{n-1} - (n-1)D_{n-2}],
\end{aligned}
$$

从而

$$
\begin{aligned}
D_n - nD_{n-1} &= (-1)\ [D_{n-1} - (n-1)D_{n-2}] \\
&= (-1)^2\ [D_{n-2} - (n-2)D_{n-3}] \\
&= (-1)^3\ [D_{n-3} - (n-3)D_{n-4}] \\
&\ \vdots \\
&= (-1)^{n-2}[D_2 - 2D_1] \\
&= (-1)^{n-2}[1 - 2\times 0] \\
&= (-1)^{n-2} \\
&= (-1)^n。
\end{aligned}
$$

所得到的递推关系

$$D_n = nD_{n-1} + (-1)^n$$

不仅对$n \geqslant 3$成立，而且对$n = 2$也成立。因此这个递推关系对$n \geqslant 2$成立。

下面用迭代法求用n表示D_n的公式。因为新的递推关系只将D_n关联到D_{n-1}，而不是D_{n-1}和D_{n-2}，所以将迭代法用于这个新的递推关系，比将迭代法用于例9.4中的递推关系简单。迭代产生下列各项。

$$
\begin{aligned}
D_2 &= 1, \\
D_3 &= 3\times 1 - 1 = 3 - 1, \\
D_4 &= 4\times(3-1) + 1 = 4\times 3 - 4 + 1, \\
D_5 &= 5[4\times 3 - 4 + 1] - 1 = 5\times 4\times 3 - 5\times 4 + 5 - 1, \\
D_6 &= 6[5\times 4\times 3 - 5\times 4 + 5 - 1] + 1 \\
&= 6\times 5\times 4\times 3 - 6\times 5\times 4 + 6\times 5 - 6 + 1。
\end{aligned}
$$

注意，

$$
\begin{aligned}
D_6 &= P(6,4) - P(6,3) + P(6,2) - P(6,1) + P(6,0) \\
&- \frac{6!}{2!} - \frac{6!}{3!} + \frac{6!}{4!} - \frac{6!}{5!} + \frac{6!}{6!} \\
&= 6!\left(\frac{1}{2!} - \frac{1}{3!} + \frac{1}{4!} - \frac{1}{5!} + \frac{1}{6!}\right)。
\end{aligned}
$$

于是，可以猜测

$$D_n = n!\left[\frac{1}{2!} - \frac{1}{3!} + \cdots + (-1)^n \frac{1}{n!}\right]。$$

这个公式的验证留作习题。 ■

迭代法的关键在于识别出相继项形成的规律。在实践中，这可能非常困难，甚至不可能做到。尽管如此，还是经常可以用迭代法来找出由递推关系定义的序列的通项公式，特别是在递推关系比较简单的问题中。此外，迭代法不局限于特定形式的递推关系。9.3节将使用迭代法求出两类极为常见的递推关系的通项公式。

习题9.2

1. 设递推关系$r_n = r_{n-1} + 2(n-1)$（$n \geqslant 2$），初始条件$r_1 = 2$。用数学归纳法证明$n^2 - n + 2$是该递推关系的解。

2. 设递推关系$s_n = 2s_{n-1} - 3$（$n \geqslant 1$），初始条件$s_0 = 7$。用数学归纳法证明$4 \times 2^n + 3$是该递推关系的解。

3. 设递推关系$s_n = 7s_{n-1} - 12s_{n-2} + 6$（$n \geqslant 2$），初始条件$s_0 = 1$，$s_1 = 2$。用数学归纳法证明$4^n - 3^n + 1$是该递推关系的解。

4. 设递推关系$s_n = 3s_{n-1} + 3^n$（$n \geqslant 1$），初始条件$s_0 = 3$。用数学归纳法证明$3^n(3 + n)$是该递推关系的解。

5. 在例9.11中，用数学归纳法证明

$$D_n = n!\left[\frac{1}{2!} - \frac{1}{3!} + \cdots + (-1)^n \frac{1}{n!}\right] \quad (n \geqslant 2)。$$

6. 设递推关系

$$S_n = \frac{4n-6}{n} S_{n-1} \quad (n \geqslant 1),$$

初始条件$s_1 = 1$。用数学归纳法证明

$$\frac{1}{n} C(2n-2, n-1)$$

是该递推关系的解。

7. 设递推关系$s_n = s_{n-1} + 4n^2$（$n \geqslant 2$），初始条件$s_1 = 4$。用数学归纳法证明$C(2n + 2, 3)$是该递推关系的解。

8. 设递推关系$s_n = s_{n-1} + (2n-1)^2$（$n \geqslant 2$），初始条件$s_1 = 1$。用数学归纳法证明$C(2n + 1, 3)$是该递推关系的解。

9. 计算$2^2 + 4^2 + 6^2 + \cdots + (2n)^2$。

10. 计算$1^2 + 3^2 + 5^2 + \cdots + (2n-1)^2$。

在习题11~24中，已知s_n的递推关系和初始条件，用迭代法求s_n关于n的函数表达式。

11. $s_n = s_{n-1} + 4$，$s_0 = 9$

12. $s_n = -2s_{n-1}$，$s_0 = 3$

13. $s_n = 3s_{n-1}$，$s_0 = 5$

14. $s_n = s_{n-1} - 2$，$s_0 = 7$

15. $s_n = -s_{n-1}$，$s_0 = 6$

16. $s_n = -s_{n-1} + 10$，$s_0 = -4$

17. $s_n = 5s_{n-1} + 3$，$s_0 = 1$

18. $s_n = 5 - 3s_{n-1}$，$s_0 = 2$

19. $s_n = s_{n-1} + 4(n-3)$，$s_0 = 10$

20. $s_n = -s_{n-1} + (-1)^n$，$s_0 = 6$

21. $s_n = -s_{n-1} + a^n$，$s_0 = 1$，$a \neq -1$

22. $s_n = s_{n-1} + 2n + 4$，$s_0 = 5$

23. $s_n = ns_{n-1} + 1$，$s_0 = 3$

24. $s_n = 4s_{n-2} + 1$，$s_0 = 1$，$s_1 = 7/3$

25. 假设一所高中1995年开学初有1000名学生注册，在此前的20年中，每年开学注册的学生数s_n比前一年减少5%。

(a) 假设这种趋势继续，求s_n的递推关系和初始条件。

(b) 求s_n关于n的函数表达式。

(c) 如果这种趋势继续，那么由这个公式预测的2005年开学初的学生数是多少？

26. 斑马贝是一种淡水软体动物，它们损害水下结构。假设在一个封闭的区域中，这种贝占据的区域体积按每天0.2%的速度增长。

(a) 在伊利诺伊河的一个船闸区域中，如果现在有10立方英尺的贝，m_n表示n天之后贝群占据的区域体积。求出m_n的递推关系和初始条件。

(b) 求出m_n关于n的函数表达式。

27. 如下图所示，搭一个1×1的正方形需要4根牙签，搭一个由4个1×1的正方形组成的2×2的正方

形需要12根牙签，而搭一个由9个1×1的正方形组成的3×3的正方形需要24根牙签。问搭一个由1×1的正方形组成的$n\times n$的正方形需要多少根牙签？

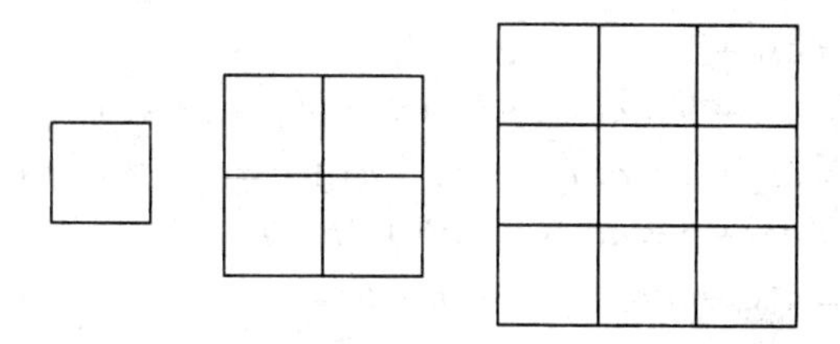

28. (a) 一个兔子饲养员有一对一雌一雄的新生兔子。这两只兔子以及它们的后代，两个月大以后，每个月繁殖两对兔子。设n个月以后的兔子对数是r_n。求出r_n的递推关系和初始条件。假设这n个月中没有兔子死亡。

(b) 证明 (a) 中的递推关系满足$r_n = 2r_{n-1} + (-1)^n$ ($n\geqslant2$)，并求出r_n关于n的函数表达式。(提示：类似于例9.11。)

29. 考虑由n个项组成的序列，其中每个项都是-1, 0或1，并且在序列中1后面不出现0。设s_n表示这种序列的数量。求出s_n关于n的函数表达式。

30. 考虑由n个项组成的序列，其中每个项都是-1, 0或1，并且1在序列中出现偶数次。设s_n表示这种序列的数量。求出s_n关于n的函数表达式。

31. 设n是正整数，在欧几里得平面上画n条直线，使得这些直线两两相交且没有3条直线交于一点。求出这些直线将平面分割成的区域数r_n。

32. 设a_n表示在用展开余子式的方法求$n\times n$阶矩阵的行列式的过程中所做的加法次数，求出a_n关于n的函数表达式。

33. 考虑有$2n$个盘子的汉诺塔游戏，盘子共有n个尺寸，每个尺寸有两个盘子。盘子可以移到同样大小或是更大的盘子上去，但不能移到较小的盘子上去。设在将$2n$个盘子从一根柱子移到另一根柱子上去的过程中，所需移动的最少次数是m_n。求出m_n的通项公式。

34. 假设在汉诺塔游戏中，一个盘子只能从一根柱子移到相邻的柱子上去，m_n表示将n个盘子从最左边的柱子移到最右边的柱子所需移动的最少次数。求m_n关于n的函数表达式。

9.3 常系数线性差分方程

9.3.1 一阶常系数线性差分方程

最简单的一类递推关系将s_n表示成s_{n-1}的函数（当$n\geqslant1$时）。形如

$$s_n = as_{n-1} + b$$

的方程，其中a和b是常数且$a\neq0$，称为**一阶常系数线性差分方程**（first-order linear difference equation with constant coefficients）。例如，下列几个递推关系都是一阶常系数线性差分方程：

$$s_n = 3s_{n-1}-1,\ s_n = s_{n-1} + 7,\ s_n = 5s_{n-1}。$$

这类递推关系在应用中经常出现，特别是在金融交易分析中。例9.2、9.6和9.7中的递推关系就是一阶常系数线性差分方程。

因为一阶常系数线性差分方程是用s_{n-1}来表示s_n，所以由这种差分方程定义的序列，只要知道一项，就可以确定整个序列。下面将用迭代法对这类方程求出显式公式，把s_n表示成n和s_0的函数。

考虑一阶常系数线性差分方程$s_n = as_{n-1} + b$，首项为s_0。由这个方程定义的序列的前几项是

$$\begin{aligned}
s_0 &= s_0,\\
s_1 &= as_0 + b,\\
s_2 &= as_1 + b = a(as_0 + b) + b = a^2s_0 + ab + b,\\
s_3 &= as_2 + b = a(a^2s_0 + ab + b) + b = a^3s_0 + a^2b + ab + b,\\
s_4 &= as_3 + b = a(a^3s_0 + a^2b + ab + b) + b\\
&= a^4s_0 + a^3b + a^2b + ab + b。
\end{aligned}$$

看来

$$\begin{aligned}
s_n &= a^ns_0 + a^{n-1}b + a^{n-2}b + \cdots + a^2b + ab + b\\
&= a^ns_0 + (a^{n-1} + a^{n-2} + \cdots + a^2 + a + 1)b。
\end{aligned}$$

如果$a = 1$，则括号中的表达式等于n；否则，可以用例2.51中的恒等式化简：

$$1+x+x^2+\cdots+x^n=\frac{x^{n+1}-1}{x-1}。$$

将这个恒等式用于上面s_n的表达式，就得到

$$\begin{aligned}
s_n &= a^ns_0+\left(\frac{a^n-1}{a-1}\right)b\\
&= a^ns_0+a^n\left(\frac{b}{a-1}\right)-\left(\frac{b}{a-1}\right)\\
&= a^n(s_0+c)-c,
\end{aligned}$$

其中，

$$c=\frac{b}{a-1}。$$

这个结论被表述为下面的定理9.1，其使用数学归纳法的证明过程留作习题。

定理9.1 *初始值为s_0的一阶常系数线性差分方程$s_n = as_{n-1} + b$的通项满足*

$$s_n=\begin{cases}a^n(s_0+c)-c & (a\neq 1)\\ s_0+nb & (a=1),\end{cases}$$

其中，

$$c=\frac{b}{a-1}。$$

例9.12 如果$s_n = 3s_{n-1}-1$（$n\geqslant 1$），且$s_0 = 2$，求s_n的通项公式。

按照定理9.1中的记号，这里$a = 3$，$b = -1$。于是，

$$c=\frac{b}{a-1}=\frac{-1}{3-1}=\frac{-1}{2},$$

所以

$$\begin{aligned}
s_n &= a^n(s_0+c)-c\\
&= 3^n\left[2+\frac{-1}{2}\right]-\frac{-1}{2}\\
&= \frac{3}{2}(3^n)+\frac{1}{2}\\
&= \frac{1}{2}(3^{n+1}+1)。
\end{aligned}$$

将$n = 0, 1, 2, 3, 4$和5代入这个式子，得到

$$s_0 = 2, s_1 = 5, s_2 = 14, s_3 = 41, s_4 = 122, s_5 = 365。$$

很容易利用递推关系

$$s_n = 3s_{n-1} - 1 \quad (n \geqslant 1)$$

和初始条件$s_0 = 2$来验证这些结果。■

例9.13 在例9.7中，n个月后Thompson家未偿付的抵押贷款的余额是b_n，求出b_n的通项公式。

在例9.7中，我们已经知道b_n满足递推关系

$$b_n = 1.01b_{n-1} - 1800 \qquad (n \geqslant 1)$$

和初始条件$b_0 = 175\ 000$。因为这个递推关系是一阶常系数差分方程，所以可以用定理9.1将b_n表示成n和b_0的函数。按照定理9.1中的记号，$a = 1.01, b = -1800$。因此，

$$c = \frac{b}{a-1} = \frac{-1800}{1.01-1} = \frac{-1800}{0.01} = -180\ 000。$$

所以，所要求的b_n的通项公式是

$$\begin{aligned} b_n &= a^n(b_0 + c) - c \\ &= (1.01)^n[175\ 000 + (-180\ 000)] - (-180\ 000) \\ &= -5\ 000 \times 1.01^n + 180\ 000。\end{aligned}$$

例如，还款20年（240个月）后的贷款余额是

$$b_{240} = -5000 \times 1.01^{240} + 180\ 000 \approx -54\ 462.77 + 180\ 000 = 125\ 537.23。$$

因此，20年后，Thompson家还欠125 537.23美元。■

例9.14 一家木材公司有7000棵白桦树，该公司计划每年砍伐12%的树木，并新栽600棵树。问：

(a) 10年后有多少棵树?

(b) 经过长期经营后，会有多少棵树?

设n年后有s_n棵树。在第n年，存活于第$n-1$年的树木将有12%被砍伐，这个数目是$0.12s_{n-1}$。又因为第n年会再种600棵树，因此n年后的树木数可表示为

$$s_n = s_{n-1} - 0.12s_{n-1} + 600,$$

即

$$s_n = 0.88s_{n-1} + 600。$$

这是一个一阶常系数线性差分方程，其系数为$a = 0.88$，$b = 600$。现要求出这个方程满足初始条件$s_0 = 7\ 000$的解。按照定理9.1中的记号，

$$c = \frac{b}{a-1} = \frac{600}{0.88-1} = \frac{600}{-0.12} = -5000。$$

所以，用n表示的s_n的公式是

$$\begin{aligned} s_n &= a^n(s_0 + c) - c \\ &= 0.88^n(7000 - 5000) + 5000 \\ &= 2000 \times 0.88^n + 5000。\end{aligned}$$

（a）因此，10年后，树木数将为

$$s_{10} = 2000 \times 0.88^{10} + 5000 \approx 5557。$$

（b）随着n的增加，0.88^n趋于零。所以，公式

$$s_n = 2000 \times 0.88^n + 5000$$

意味着树木数趋向于5000。（注意，当树木数接近5000时，每年砍伐的树木数接近于每年新栽种的树木数。）■

9.3.2　二阶线性齐次差分方程

毫无疑问，根据中世纪欧洲最著名的数学家斐波那契（Fibonacci，即比萨的列昂纳多，约1170—1250）命名的斐波那契数列，是数学中最著名的序列之一。这个序列首次出现在斐波那契的著作《算盘书》（Liber Abaci）的下列问题中。

某人有一对一雌一雄的兔子，放在一个全封闭的兔笼中。这种兔子每对在出生两个月后，每个月繁殖一对小兔子。现希望知道：一年里，从这一对兔子可以繁殖出多少对兔子，假设这一年中没有兔子死亡。

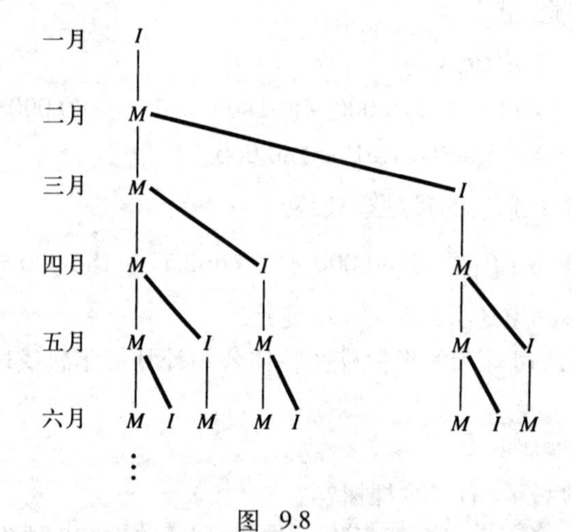

图　9.8

在图9.8中，字母“M”表示一对成熟的兔子，字母“I”表示一对未成熟的兔子。该图显示了问题中的兔子的繁殖方式。

可以看到，每月月初的兔子对数等于前一个月月初的兔子对数加上新增加的兔子对数，而新增的兔子对数等于两个月前的兔子对数。因此，第n个月月初的兔子对数满足递推关系

$$F_n = F_{n-1} + F_{n-2} \qquad (n \geqslant 3),$$

初始条件为$F_1 = F_2 = 1$。容易验证，一年后，兔笼中将有$F_{13} = 233$对兔子！

递推关系

$$F_n = F_{n-1} + F_{n-2} \qquad (n \geqslant 3)$$

称为**斐波那契递推式**（Fibonacci recurrence），它经常出乎意料地出现在各种应用中。例如，回忆一下，斐波那契递推式就曾出现在例9.3中。

形如

$$s_n = as_{n-1} + bs_{n-2}$$

的递推关系，其中，a和b是常数且$b \neq 0$，称为**二阶常系数线性齐次差分方程**（second-order homogeneous linear difference equation with constant coefficients）。单词“齐次”表示在递推关系中没有常数项。斐波那契递推式是二阶常系数线性齐次差分方程的一个例子。由于这类递推关系在应用中经常出现，所以，对这类递推式所定义的序列，有必要求出用n来表示s_n的公式。

定理9.2 考虑二阶常系数线性齐次差分方程

$$s_n = as_{n-1} + bs_{n-2} \qquad (n \geqslant 2),$$

初始值为s_0和s_1。设r_1和r_2表示下列方程的根：

$$x^2 = ax + b。$$

那么，

(a) 如果$r_1 \neq r_2$，则存在常数c_1和c_2，使得$s_n = c_1 r_1^{\,n} + c_2 r_2^{\,n}$，$n = 0, 1, 2, \cdots$。

(b) 如果$r_1 = r_2 = r$，则存在常数c_1和c_2，使得$s_n = (c_1 + nc_2)r^n$，$n = 0, 1, 2, \cdots$。

证明 (a) 如果$s_n = c_1 r_1^{\,n} + c_2 r_2^{\,n}$，$n = 0, 1, 2, \cdots$，那么对$n = 0$和$n = 1$，就一定有

$$s_0 = c_1 + c_2 \text{和} s_1 = c_1 r_1 + c_2 r_2。$$

第一个方程两边乘以r_2，再减去第二个方程得到

$$\begin{aligned} r_2 s_0 - s_1 &= c_1 r_2 - c_1 r_1 \\ &= c_1(r_2 - r_1)。\end{aligned}$$

因为$r_1 \neq r_2$，所以有

$$\frac{r_2 s_0 - s_1}{r_2 - r_1} = c_1。$$

从而，

$$\begin{aligned} c_2 &= s_0 - c_1 \\ &= s_0 - \frac{r_2 s_0 - s_1}{r_2 - r_1} \\ &= \frac{s_0(r_2 - r_1)}{r_2 - r_1} - \frac{r_2 s_0 - s_1}{r_2 - r_1} \\ &= \frac{s_1 - r_1 s_0}{r_2 - r_1}。\end{aligned}$$

对c_1和c_2的这些取值，在$n = 0$和$n = 1$时，表达式$c_1 r_1^{\,n} + c_2 r_2^{\,n}$产生初始值$s_0$和$s_1$。这个结论的证明留给读者。

这就确立了归纳证明的基础。现在假设当$n = 0, 1, \cdots, k$时，$s_n = c_1 r_1^{\,n} + c_2 r_2^{\,n}$。因为$r_1$和$r_2$是方程$x^2 = ax + b$的根，所以$ar_1 + b = r_1^{\,2}$，$ar_2 + b = r_2^{\,2}$。因此，

$$\begin{aligned} s_{k+1} &= as_k + bs_{k-1} \\ &= a[c_1 r_1^{\,k} + c_2 r_2^{\,k}] + b[c_1 r_1^{\,k-1} + c_2 r_2^{\,k-1}] \\ &= c_1[ar_1^{\,k} + br_1^{\,k-1}] + c_2[ar_2^k + br_2^{\,k-1}] \\ &= c_1 r_1^{\,k-1}(ar_1 + b) + c_2 r_2^{\,k-1}(ar_2 + b) \\ &= c_1 r_1^{\,k-1}(r_1^{\,2}) + c_2 r_2^{\,k-1}(r_2^{\,2}) \\ &= c_1 r_1^{\,k+1} + c_2 r_2^{\,k+1}, \end{aligned}$$

即当$n=k+1$时，$s_n=c_1r_1{}^n+c_2r_2{}^n$。根据强数学归纳法原理，对所有非负整数$n$，$s_n=c_1r_1{}^n+c_2r_2{}^n$。

(b) 注意，在方程$x^2=ax+b$中，$b\neq 0$（因为给定的递推关系是二阶的），所以必有$r\neq 0$。因此，如果$s_n=(c_1+nc_2)r^n$，$n=0, 1, 2, \cdots$，那么取$n=0$和$n=1$，就得到

$$s_0=c_1\text{和}s_1=c_1r+c_2r\text{。}$$

由此可得

$$c_1=s_0,\ c_2=\frac{s_1-s_0r}{r}\text{。}$$

对c_1和c_2的这些取值，在$n=0$和$n=1$时，表达式$(c_1+nc_2)r^n$产生初始值s_0和s_1。这个结论的证明也留给读者。

假设当$n=0, 1, \cdots, k$时，$s_n=(c_1+nc_2)r^n$。因为

$$x^2-ax-b=(x-r)^2=x^2-2rx+r^2,$$

所以，

$$a=2r,\ b=-r^2\text{。}$$

于是，

$$\begin{aligned}s_{k+1}&=as_k+bs_{k-1}=a(c_1+kc_2)r^k+b[c_1+(k-1)c_2]r^{k-1}\\&=2r(c_1+kc_2)r^k+(-r^2)[c_1+(k-1)c_2]r^{k-1}\\&=(2c_1+2kc_2)r^{k+1}-[c_1+(k-1)c_2]r^{k+1}\\&=[c_1+(k+1)c_2]r^{k+1}\text{。}\end{aligned}$$

所以，根据强数学归纳法原理，对所有非负整数n，$s_n=(c_1+nc_2)r^n$。 ■

定理9.2中的方程$x^2=ax+b$称为递推关系$s_n=as_{n-1}+bs_{n-2}$的**辅助方程**（auxiliary equation）。

注意，常数c_1和c_2出现在用n来表示$s_n=as_{n-1}+bs_{n-2}$的通项公式中，在定理9.2的证明过程中，实际上求出了这两个常数。但是，与其记住这些常数的公式，不如像证明定理9.2时所做的那样，通过解线性方程组求出c_1和c_2的值。例9.15和9.16演示了这种方法。

例9.15 如果s_n满足递推关系

$$s_n=-s_{n-1}+6s_{n-2}\quad (n\geqslant 2),$$

以及初始条件$s_0=7$和$s_1=4$，求s_n的通项公式。

给定的递推关系是一个二阶常系数线性齐次差分方程，它的辅助方程是

$$x^2=-x+6\text{。}$$

把方程整理为

$$x^2+x-6=0,$$

进行因式分解，得到

$$(x+3)(x-2)=0\text{。}$$

于是，辅助方程的根是-3和2。因为这两个根不相等，所以用定理9.2中的（a）得出s_n的通项公式。于是，存在常数c_1和c_2，使得$s_n=c_1(-3)^n+c_2\cdot 2^n$。为了确定这些系数，利用初始条件$s_0=7$和$s_1=4$。对$n=0$，有

$$7=s_0=c_1(-3)^0+c_2\cdot 2^0=c_1+c_2\text{。}$$

同样，对$n=1$，有

$$4=s_1=c_1(-3)^1+c_2\cdot 2^1=-3c_1+2c_2。$$

因此，c_1和c_2的值满足线性方程组

$$c_1+c_2=7$$
$$-3c_1+2c_2=4。$$

通过简单的计算，得出$c_1=2$，$c_2=5$。所以，由给定的递推关系和初始条件定义的序列的项满足

$$s_n=c_1(-3)^n+c_2\cdot 2^n=2(-3)^n+5\cdot 2^n。$$ ■

例9.16 如果s_n满足递推关系

$$s_n=6s_{n-1}-9s_{n-1}\quad (n\geqslant 2)，$$

以及初始条件$s_0=-2$和$s_1=6$，求s_n的通项公式。

给定的递推关系是一个二阶常系数线性齐次差分方程，它的辅助方程是

$$x^2=6x-9。$$

整理这个方程并进行因式分解，得到

$$x^2-6x+9=(x-3)^2=0。$$

这里，辅助方程的根相等，所以用定理9.2中的（b）求s_n的通项公式。根据定理9.2，存在常数c_1和c_2，使得$s_n=(c_1+nc_2)\cdot 3^n$。为了确定这些系数，利用初始条件$s_0=-2$和$s_1=6$。对$n=0$，有

$$-2=s_0=(c_1+0c_2)\cdot 3^0=c_1。$$

同样，对$n=1$，有

$$6=s_1=(c_1+1c_2)\cdot 3^1=3c_1+3c_2。$$

因此，c_1和c_2的值满足线性方程组

$$c_1=-2$$
$$3c_1+3c_2=6。$$

显然，$c_1=-2$，$c_2=4$。所以，由给定的递推关系和初始条件定义的序列的项满足

$$s_n=(c_1+nc_2)\cdot 3^n=(-2+4n)\cdot 3^n。$$ ■

在下一个例子中，我们用定理9.2求出斐波那契数的通项公式。

例9.17 求出用n来表示第n个斐波那契数F_n的通项公式。

回忆一下，斐波那契数所满足的递推关系是

$$F_n=F_{n-1}+F_{n-2}\quad (n\geqslant 3)。$$

这是一个二阶常系数线性齐次差分方程。它的辅助方程是

$$x^2=x+1。$$

将这个方程整理为$x^2-x-1=0$。应用二次方程的求根公式，可以发现这个方程有两个不同的根：

$$r_1=\frac{1+\sqrt{5}}{2}\text{和}r_2=\frac{1-\sqrt{5}}{2}。$$

于是，由定理9.2（a）可知，存在常数c_1和c_2，使得

$$F_n = c_1\left(\frac{1+\sqrt{5}}{2}\right)^n + c_2\left(\frac{1-\sqrt{5}}{2}\right)^n。$$

为了确定c_1和c_2的值，利用初始值F_1和F_2得到

$$1 = c_1\left(\frac{1+\sqrt{5}}{2}\right)^1 + c_2\left(\frac{1-\sqrt{5}}{2}\right)^1$$

$$1 = c_2\left(\frac{1+\sqrt{5}}{2}\right)^2 + c_2\left(\frac{1-\sqrt{5}}{2}\right)^2。$$

求解这两个关于c_1和c_2的方程，得到

$$c_1 = \frac{1}{\sqrt{5}}, \qquad c_2 = \frac{-1}{\sqrt{5}}。$$

将这些值代入上面给出的F_n的公式，得到

$$F_n = \frac{1}{\sqrt{5}}\left(\frac{1+\sqrt{5}}{2}\right)^n - \frac{1}{\sqrt{5}}\left(\frac{1-\sqrt{5}}{2}\right)^n。$$

■

最后一个例子提供了*赌徒破产*问题的解答。

例9.18 道格拉斯和詹尼弗约定掷一枚均匀的硬币来赌钱，每次下注 1 美元，赌局将一直进行，直到其中的一个人将另一个人的钱全部赢完为止。如果道格拉斯一开始有a美元，詹尼弗一开始有b美元，那么道格拉斯将詹尼弗的钱全部赢完的概率是多少？

为了分析这场赌局，设d_n是道格拉斯将詹尼弗的钱全部赢完的概率，如果他现在有n美元。下面将求出d_n的递推关系和初始条件。设$t = a + b$，t表示两位赌钱者总共拥有的钱数。注意，$d_0 = 0$，因为这时道格拉斯没有钱剩下；而$d_t = 1$，因为道格拉斯已经拥有全部的钱。此外，如果$1 \leqslant n \leqslant t-1$，那么在下次掷硬币时，道格拉斯赢得1美元（他的钱数增加到$n + 1$美元）的概率是0.5，输掉1美元（他的钱数减少到$n-1$美元）的概率也是0.5。因此，

$$d_n = 0.5d_{n+1} + 0.5d_{n-1} \quad (1 \leqslant n \leqslant t-1)。$$

给这个方程两边同时乘以2，并重新整理，得到

$$d_{n+1} = 2d_n - d_{n-1} \quad (1 \leqslant n \leqslant t-1)。$$

在这个方程中用$n-1$替代n，就得到二阶常系数线性齐次差分方程

$$d_n = 2d_{n-1} - d_{n-2} \quad (2 \leqslant n \leqslant t)。$$

辅助方程是

$$x^2 = 2x - 1,$$

它有两个重根$r = 1$。定理9.2（b）确保：存在常数c_1和c_2，使得$d_n = (c_1 + nc_2)1^n$。由初始条件$d_0 = 0$和$d_t = 1$，得到

$$d_0 = 0 = c_1 + 0c_2$$
$$d_t = 1 = c_1 + tc_2。$$

这个线性方程组的解是$c_1 = 0$和$c_2 = 1/t$。因此，

$$d_n = \left(0 + \frac{n}{t}\right) \times 1^n = \frac{n}{t} = \frac{n}{a+b}。$$

所以，在赌局开始时（那时道格拉斯有a美元），道格拉斯赢得这场赌局的概率是

$$\frac{a}{a+b},$$

而詹尼弗赢得赌局的概率是

$$1-\frac{a}{a+b}=\frac{b}{a+b}。$$

所以，赌钱者赢得赌局的概率与他（或她）在游戏开始时拥有的钱数有关。■

习题9.3

在习题1~24中，设序列$s_0, s_1, s_2, \cdots$满足下列递推关系和初始条件，请求出s_n的通项公式。

1. $s_n = s_{n-1} + 3$，$s_0 = 2$

2. $s_n = 5s_{n-1} - 4$，$s_0 = 1$

3. $s_n = 4s_{n-1}$，$s_0 = 5$

4. $s_n = 1.5s_{n-1} - 1$，$s_0 = 4$

5. $s_n = -s_{n-1} + 6$，$s_0 = -4$

6. $s_n = s_{n-1} - 10$，$s_0 = 32$

7. $s_n = 3s_{n-1} - 8$，$s_0 = 3$

8. $s_n = -2s_{n-1}$，$s_0 = -5$

9. $s_n = s_{n-1} - 5$，$s_0 = 100$

10. $s_n = -s_{n-1} + 7$，$s_0 = 1$

11. $s_n = -2s_{n-1} - 9$，$s_0 = 7$

12. $s_n = 10s_{n-1} - 45$，$s_0 = 2$

13. $s_n = s_{n-1} + 2s_{n-2}$，$s_0 = 9$，$s_1 = 0$

14. $s_n = -2s_{n-1} - s_{n-2}$，$s_0 = 3$，$s_1 = 1$

15. $s_n = 8s_{n-1} - 16s_{n-2}$，$s_0 = 6$，$s_1 = 20$

16. $s_n = 4s_{n-2}$，$s_0 = -1$，$s_1 = -14$

17. $s_n = 9s_{n-2}$，$s_0 = 1$，$s_1 = 9$

18. $s_n = 6s_{n-1} - 9s_{n-2}$，$s_0 = 1$，$s_1 = 9$

19. $s_n = -4s_{n-1} - 4s_{n-2}$，$s_0 = -4$，$s_1 = 2$

20. $s_n = -8s_{n-1} - 15s_{n-2}$，$s_0 = 2$，$s_1 = 2$

21. $s_n = 10s_{n-1} - 25s_{n-2}$，$s_0 = -7$，$s_1 = -15$

22. $s_n = 10s_{n-1} - 24s_{n-2}$，$s_0 = 1$，$s_1 = 0$

23. $s_n = -5s_{n-1} - 4s_{n-2}$，$s_0 = 3$，$s_1 = 15$

24. $s_n = 4s_{n-1} - 4s_{n-2}$，$s_0 = -3$，$s_1 = 4$

25. 为了治疗高血压，洛伦佐先生打算每天清晨醒来后服用一颗含25毫克药物的胶囊，在随后的24小时内，体内20%的药物将被代谢掉。

(a) 写出一个差分方程及其初始条件，描述刚服用第n颗胶囊后，洛伦佐先生体内的药物含量。

(b) 洛伦佐先生刚服下第8颗胶囊后，他体内的药物含量是多少？

(c) 药物将最终在他体内累积到什么水平？

26. 在梅维勒，每年现存的养狗许可证有90%要重新发放，同时还要发放1200本新的养狗许可证。2000年共发放了15 000本养狗许可证。

(a) 写出一个差分方程及其初始条件，描述2000年后的第n年，梅维勒将发放的养狗许可证的数目。

(b) 2009年，梅维勒要发放多少本养狗许可证？

(c) 如果按照当前的趋势发展，那么预计许多年后梅维勒将要发放多少本养狗许可证？

27. 米歇尔刚开了一个储蓄账户，一开始存入1000美元。每月月底米歇尔将从她的兼职收入中拿出100美元存入。如果这个账户的利息按月结算，月利率为0.5%，则两年后账户内有多少钱？

28. 假设在35年中，一家公司的主管每年在一个退休账户中存入2000美元。如果利息按年结算，年利率为8%，那么最后一笔钱存入后，账户内有多少钱？

29. 约翰逊家考虑购买一套价值159 000美元的房子，他们将首付32 000美元，剩下的按揭贷款30年。贷款按月结算利息，月利率为0.9%。在这种情况下，约翰逊家每月要付多少钱？

30. 一则汽车广告说：每月支付175美元就可以购买一辆新的Dodge Stratus LE。如果要支付60个月，利息按月结算，月利率为1.075%，那么这辆车价值多少钱？

31. 考虑由若干个1和2组成的序列，s_n表示各项之和为n的这种序列的数目。写出s_n满足的递推关系和初始条件。根据该递推关系和初始条件求出s_n关于n的函数表达式。

32. 假设一家银行为了增加顾客的长期存款，批准了一种新的储蓄账户。对储蓄账户中的存款，第一年银行支付6%的利息，超过一年支付8.16%的利息。利息按年结算。如果你在这样一个账户中存入1100美元且利息继续存入账户，那么n年后账户中有多少钱？

33. 设v_1，v_2，⋯，v_n（$n\geqslant 3$）是一条回路（如4.2节中所定义的那样）上的顶点，用红、黄、蓝、绿4种颜色给这些顶点着色，使得没有相邻的顶点具有相同的颜色。设c_n表示给这些顶点着色的不同的方法数。求c_n关于n的函数表达式。

34. 用定理9.1求几何级数前$n+1$项的和

$$s_n = s_0 + s_0 r + s_0 r^2 + \cdots + s_0 r^n$$

的通项公式，其中，s_0为级数的首项，$r\neq 1$为公比。（提示：序列s_0，s_1，s_2，⋯满足一阶线性差分方程$s_n = rs_{n-1}+s_0$，首项为s_0。）

35. 用数学归纳法证明：如果序列s_0，s_1，s_2，⋯满足一阶线性差分方程$s_n = as_{n-1}+b$，那么对任意非负整数n，

$$s_n = \begin{cases} a^n(s_0+c)-c & a\neq 1 \\ s_0+nb & a=1 \end{cases}$$

其中，

$$c=\frac{b}{a-1}。$$

36. 设序$s_0, s_1, s_2, \cdots$满足一阶线性差分方程$s_n = as_{n-1}+b$（$n\geqslant 1$）。定义$t_n = s_0+s_1+s_2+\cdots+s_n$（$n\geqslant 0$）。用数学归纳法证明

$$t_n = \begin{cases} \left(\dfrac{a^{n+1}-1}{a-1}\right)s_0 + b\left[\dfrac{a^{n+1}-(n+1)a+n}{(a-1)^2}\right] & a\neq 1 \\ (n+1)\left(s_0+\dfrac{nb}{2}\right) & a=1 \end{cases}$$

37. 证明：在定理9.2（a）的证明中，如果

$$c_1=\frac{r_2 s_0 - s_1}{r_2 - r_1}，\ c_2=\frac{s_1 - r_1 s_0}{r_2 - r_1},$$

那么对$n=0$和$n=1$，$c_1 r_1{}^n + c_2 r_2{}^n$的值分别等于$s_0$和$s_1$。

38. 证明：在定理9.2（b）的证明中，如果

$$c_1 = s_0，\ c_2=\frac{s_1 - s_0 r}{r},$$

那么对$n=0$和$n=1$，$(c_1+nc_2)r^n$的值分别等于s_0和s_1。

*9.4 用递推关系分析算法的效率

9.4.1 顺序查找算法和冒泡排序算法的效率

递推关系的一个重要应用是分析算法的复杂性。本节将讨论递推关系在确定查找和排序算法的复杂性中的应用，这两个算法是计算机科学中的两个基本过程。为了简化讨论，假定待查找或待排序的元素列表由实数组成，但是，所提出的算法也可以用于任何具有适当序关系的对象（例如，姓名和字母序）。

为了说明递推关系的应用，我们分析下列算法的复杂性，该算法检验一个特定的目标值

是否在一个未排好序的列表中。算法采用了一种自然的方法：把目标值与列表中的每一项进行比较。如果发现一个匹配，或者整个列表已搜索完毕，那么算法就终止。

顺序查找算法

本算法在具有n个元素a_1，a_2，…，a_n的列表中，搜索给定的目标值t。如果对某个下标k，有$t = a_k$，则该算法给出第一个这样的下标k；否则算法给出$k = 0$。

步骤1（初始化起始点）

令$j = 1$

步骤2（寻找匹配项）

while $j \leqslant n$且$a_j \neq t$

步骤2.1（移到下一个元素）

令$j = j + 1$

endwhile

步骤3（有匹配项吗？）

if $j \leqslant n$

令$k = j$

otherwise

令$k = 0$

endif

顺序查找算法的效率如何？为了回答这个问题，我们要计算出目标值与给定列表中的元素进行比较的最大次数。因此，要确定算法执行中所进行的比较次数的上界。这种分析称为最坏情况分析。

假设待查找的列表含有n个元素，现要计算目标值与列表元素之间的最大比较次数。在最坏的情况下，算法将不得不查找整个列表，才能确定目标值是否在列表中，这需要把目标值与列表中的每一项进行比较。于是，在最坏的情况下，需要进行n次比较。所以顺序查找算法是至多n阶的。

另一种求顺序查找算法的最大比较次数的方法是利用递推关系。对有n个元素的列表，令c_n表示目标值与列表中的项进行比较的最大次数。确定目标值是否在有0个元素的列表中不需要进行任何比较，因此$c_0 = 0$。为了搜索有n个元素的列表，先把目标值与列表的第一个元素进行比较，然后，在最坏的情况下，还必须搜索一个有$n-1$个元素的列表。由此可知，c_n满足递推关系

$$c_n = c_{n-1} + 1 \quad (n \geqslant 1)$$

以及初始条件$c_0 = 0$。由定理9.1可以得到这个一阶线性差分方程的解的通项公式

$$c_n = n \quad (n \geqslant 0)。$$

例9.19 用冒泡排序法将n个数a_1，a_2，…，a_n按升序进行排列，下面将求出在这个过程中元素所进行比较的次数b_n。

回顾1.4节，在进行冒泡排序时，第一轮迭代要比较a_{n-1}和a_n，然后比较a_{n-2}和a_{n-1}，依此类推，直到比较a_1和a_2为止。每次比较后，如果有必要，就交换a_k和a_{k+1}的值，使$a_k \leqslant a_{k+1}$。因此，第一轮迭代完成后，a_1是原列表中最小的数。然后，第二轮迭代在较小的列表a_2，a_3，…，a_n中进行，

以使a_2成为原列表中第二个最小的数。$n-1$轮这样的迭代后，原列表就将是按升序排列的了。

因为冒泡排序的第一轮迭代要比较a_k和a_{k+1}，其中$k = n-1, n-2, \cdots, 1$，所以需要进行$n-1$次比较以确定原列表中的最小项。第一轮迭代完成后，冒泡排序算法将继续把较小的列表$a_2, a_3, \cdots, a_n$排成升序，所需要的项的比较次数恰好为b_{n-1}。

由此可知，b_n满足递推关系

$$b_n = b_{n-1} + (n-1) \qquad (n \geqslant 2)。$$

由于对只含一个元素的列表进行排序不需要进行比较，所以这个递推关系的初始条件是$b_1 = 0$。这与例9.1中所遇到过的以及在例9.8中所分析过的递推关系和初始条件相同。所以，当$n \geqslant 1$时，有

$$b_n = \frac{n^2 - n}{2}。$$

因此，冒泡排序算法是至多n^2阶的。 ■

9.4.2 分治算法的效率

在分析一类称为分治的算法时，会出现一种特殊类型的递推关系。**分治算法**（divide-and-conquer algorithm）是这样的一种算法：它把一个问题分成几个同类型的较小的问题；这些小问题再各自被分为同样数量的更小的问题，如此继续，直到问题变得如此之小以至于可以很容易解决；然后，整合所得到的这些小问题的解，并进而给出原问题的解。

例9.20 下面描述一个分治的方法，它在一个有$n = 2^k$个元素的列表$a_1, a_2, \cdots, a_n$中求出最大元素。首先将原列表分成两个子列表

$$a_1, a_2, \cdots, a_r \text{和} a_{r+1}, a_{r+2}, \cdots, a_n,$$

其中，为了使两个子列表大小相同，取$r = n/2$。接着，求第一个子列表中的最大元素u和第二个子列表中的最大元素v。u和v中较大的那个就是原列表中的最大元素。

于是，原问题就归结为两个问题，每个问题涉及有2^{k-1}个元素的子列表，而原问题涉及有2^k个元素的列表。为了解决这两个问题，将每个子列表再分成两半，得到4个各有2^{k-2}个元素的子列表。按这样的方式继续，经过k次这样的细分后，将得到2^k个子列表，每个子列表仅有一个元素。由于在只含单个元素的列表中最大元素是显然的，所以最终就可以求出各子列表的最大元素。 ■

在例9.20中，如果n不是2的幂，那么在细分过程中的某些阶段，将得到包含奇数个元素的列表，例如，

$$a_1, a_2, \cdots, a_m。$$

为了得到长度大致相同的子列表，把列表划分成

$$a_1, a_2, \cdots, a_r \text{和} a_{r+1}, a_{r+2}, \cdots, a_m,$$

其中，

$$r = \frac{m-1}{2}。$$

这就把r个元素归入第一个子列表，把$m-r = r+1$个元素归入第二个子列表。注意，r正好是小于$\frac{m}{2}$的最大[⊖]正整数。小于或等于实数x的最大整数称为x的**向下取整**（floor），并记作$\lfloor x \rfloor$。

⊖ 原文误为“最小”，译文已纠正。——译者注

例9.21 求下列数的向下取整：

$$312.5, \frac{10}{3}, 7, -3.6 和 \sqrt{1000}。$$

因为一个数的向下取整是小于或等于这个数的最大整数，所以，

$$\lfloor 312.5 \rfloor = 312, \left\lfloor \frac{10}{3} \right\rfloor = 3, \lfloor 7 \rfloor = 7, \lfloor -3.6 \rfloor = -4。$$

因为$31 < \sqrt{1000} < 32$，所以

$$\left\lfloor \sqrt{1000} \right\rfloor = 31。$$

■

在例2.55中，我们用分治的方法在数1，2，…，64中查找未知数。现在，我们将这个查找过程算法化。

二分查找算法

本算法在含有n个元素$a_1 \leqslant a_2 \leqslant \cdots \leqslant a_n$的有序列表中查找给定的目标值$t$。如果对某个下标$k$，有$t = a_k$，则算法给出一个这样的下标$k$；否则返回$k = 0$。在算法中，$b$和$e$是列表$a_1$，$a_2$，…，$a_n$中当前正被查找的子列表的开头和结尾的下标。

步骤1（初始化起始点）

令$b = 1$，$e = n$

步骤2（寻找匹配项）

repeat

步骤2.1（确定子列表的中间值）

令 $m = \left\lfloor \frac{1}{2}(b+e) \right\rfloor$

步骤2.2（确定新的子列表边界）

步骤2.2.1（t在a_m之前吗？）

if $t < a_m$

令$e = m-1$

endif

步骤2.2.2（t在a_m之后吗？）

if $t > a_m$

令$b = m + 1$

endif

until $a_m = t$或者$b > e$。

步骤3（有匹配吗？）

if $a_m = t$

令$k = m$

otherwise

令$k = 0$

endif

下面的例子演示了二分查找算法的使用，其中，目标值不在给定的列表中。

例9.22 运用二分查找算法确定目标值253是否在从2到1000的500个偶数的列表（即$a_i = 2i$，

$1 \leqslant i \leqslant 500$）中。

在步骤2.1中，m的第一个取值是

$$m=\left\lfloor \frac{1}{2}(1+500) \right\rfloor = \left\lfloor \frac{1}{2} \times 501 \right\rfloor = \lfloor 250.5 \rfloor = 250。$$

比较$a_m = 500$和$t = 253$，发现$t \neq a_m$。实际上，$t < a_m$。因此，将e的取值改为249，b还是1。下表将二分查找算法的运行过程展示为问和答的序列。

b	e	m	a_m	a_m是否等于253
1	500	$\left\lfloor \frac{1}{2}(1+500) \right\rfloor = 250$	500	不相等，太大
1	249	$\left\lfloor \frac{1}{2}(1+249) \right\rfloor = 125$	250	不相等，太小
126	249	$\left\lfloor \frac{1}{2}(126+249) \right\rfloor = 187$	374	不相等，太大
126	186	$\left\lfloor \frac{1}{2}(126+186) \right\rfloor = 156$	312	不相等，太大
126	155	$\left\lfloor \frac{1}{2}(126+155) \right\rfloor = 140$	280	不相等，太大
126	139	$\left\lfloor \frac{1}{2}(126+139) \right\rfloor = 132$	264	不相等，太大
126	131	$\left\lfloor \frac{1}{2}(126+131) \right\rfloor = 128$	256	不相等，太大
126	127	$\left\lfloor \frac{1}{2}(126+127) \right\rfloor = 126$	252	不相等，太小
127	127	$\left\lfloor \frac{1}{2}(127+127) \right\rfloor = 127$	254	不相等，太大
127	126			

因为在表格的最后一行，$b > e$，所以目标值不在给定的列表中。■

二分查找算法检索有n个元素的列表所需要进行的最大比较次数设为c_n，我们通过计算c_n的值来分析二分查找算法的复杂性。为了简化分析，假设$n = 2^r$，r为某个非负整数。在步骤2.2中，目标值与列表的中间元素a_m进行比较。在最坏的情况下，$t \neq a_m$，接下来必须查找两个子列表$a_1 \leqslant a_2 \leqslant \cdots \leqslant a_{m-1}$和$a_{m+1} \leqslant a_{m+2} \leqslant \cdots \leqslant a_n$中的一个。因为较长的一个子列表含有$n/2$个元素，所以$c_n$满足递推关系

$$c_n = c_{n/2} + 1 \quad (n = 2^r \geqslant 2)。$$

因为查找含有单个元素的列表只需要进行一次比较，所以这个递推关系的初始条件是$c_1 = 1$。这个递推关系定义的序列的通项公式是

$$c_n = 1 + \log_2 n \quad (n = 2^r \geqslant 1)。$$

这个公式的证明留给读者。

在一般情况下，n为任意正整数，可以证明c_n满足递推关系

$$c_n = c_{\lfloor n/2 \rfloor} + 1 \quad (n \geqslant 2)$$

及初始条件$c_1 = 1$。在这种情况下，由递推关系定义的序列的通项公式是

$$c_n = 1 + \lfloor \log_2 n \rfloor \quad (n \geqslant 1)。$$

（参见习题39。）因此，二分查找算法是至多$\log_2 n$阶的，而顺序查找算法是至多n阶的。因为对任意正整数n，

$$\log_2 n < n,$$

所以，在查找一个排好序的列表时，二分查找算法比顺序查找算法的效率高。

上面所得到的递推关系是典型的分析分治算法时产生的递推关系。更一般地，如果分治算法将一个问题细分为p个更小的问题，则复杂性分析通常得出形如

$$c_n = kc_{\lfloor n/p \rfloor} + f(n)$$

的递推关系，其中，k是常数，f是关于n的函数。

现在介绍一种高效的排序算法，这种排序算法称为**归并排序**（merge sort），它采用了分治的方法。这种排序方法通过将两个已排好序的列表归并为一个更大的已排好序的列表来实现排序，如例2.56所示。首先给出归并过程的算法描述。

归并算法

本算法将两个有序列表

$$A: a_1 \leqslant a_2 \leqslant \cdots \leqslant a_m 和 B: b_1 \leqslant b_2 \leqslant \cdots \leqslant b_n$$

归并为一个有序列表

$$C: c_1 \leqslant c_2 \leqslant \cdots \leqslant c_{m+n}。$$

步骤1（初始化）

令$i = 1$，$j = 1$，$k = 1$

步骤2（构造C，直到A或B的元素用完）

repeat

步骤2.1（查找C的下一个元素）

if $a_i < b_j$

(a) 令$c_k = a_i$

(b) 令$i = i + 1$

(c) 令$k = k + 1$

otherwise

(a) 令$c_k = b_j$

(b) 令$j = j + 1$

(c) 令$k = k + 1$

endif

until $i > m$或$j > n$。

步骤3（如果A有剩余元素，则将A的尾部复制到C中去）

while $i \leqslant m$

(a) 令$c_k = a_i$

(b) 令$i = i + 1$

(c) 令$k = k + 1$

endwhile

步骤4（如果B有剩余元素，则将B的尾部复制到C中去）

while $j \leqslant n$

（a）令$c_k = b_j$

（b）令$j = j + 1$

（c）令$k = k + 1$

endwhile

现在用归并算法为含有n个元素的列表排序。首先把原列表看成是n个子列表，每个子列表只含一个元素。这些子列表必定是已排好序的，把它们两两归并起来。以这种方式继续归并，直到所有的子列表都合并成一个列表为止。

归并排序算法

本算法将含有n个元素a_1，a_2，…，a_n的列表按升序进行排列。在算法中，k表示当前正被处理的子列表的数目。

步骤1（初始化）

（a）把每个元素a_i看成是含有单个元素的列表

（b）令$k = n$

步骤2（归并子列表）

while $k > 1$

if k是偶数

步骤2.1（归并偶数个子列表）

（a）用归并算法归并子列表1和子列表2，再归并子列表3和子列表4，…，子列表$k-1$和子列表k

（b）令$k = \dfrac{n}{2}$

otherwise

步骤2.2（归并奇数个子列表）

（a）用归并算法归并子列表1和子列表2，再归并子列表3和子列表4，…，子列表$k-2$和子列表$k-1$，子列表k和空列表

（b）令$k = \dfrac{(n+1)}{2}$

endif

endwhile

下面两个例子演示了归并排序算法的运行过程。

例9.23 运用归并排序算法把下面的列表按升序进行排列。

(19，14，11，18，30，17，6)。

在步骤1中，将原列表看作7个含有单个元素的子列表：

(19)，(14)，(11)，(18)，(30)，(17)，(6)。

因为每个子列表只包含一个元素，所以每个子列表都已按升序排序。由于恰好有7个子列表，所以转到步骤2并把归并算法应用于第1个和第2个子列表、第3个和第4个子列表、第5个和第6个子列表。第7个子列表则与空列表（没有元素的列表）归并，因此没有变化。此时，得到如下所示的4个子列表（每个都按升序排列）。

(14，19)，(11，18)，(17，30)，(6)。

再回到步骤2，把归并算法应用于这些子列表中的第1个和第2个、第3个和第4个。这就产生了下面的两个有序子列表：

(11，14，18，19)，(6，17，30)。

归并这两个子列表，就得到单个列表，因此算法在步骤2结束。所得到的列表

(6，11，14，17，18，19，30)

就是原列表按升序进行排列的结果。■

例9.24 例9.23中的排序过程可以用一张树形图来说明。图中的每一层表示归并排序算法中步骤2的一次迭代（即归并算法对当前各子列表的应用）。

图9.9的最后一行是归并排序算法的输出结果。■

用归并排序算法对含有$n = 2^r$个元素（r是正整数）的列表进行排序所需要的最大比较次数设为c_n，我们通过计算c_n的值来分析归并排序算法的复杂性。前面已经看到，归并排序算法是通过逐次运用归并算法合并两个子列表来进行排序的。回顾定理2.9，归并算法在合并两个长度为$\left\lfloor \frac{n}{2} \right\rfloor$的列表时最多需要进行

$$\left\lfloor \frac{n}{2} \right\rfloor + \left\lfloor \frac{n}{2} \right\rfloor - 1 = n - 1$$

次比较。因此，c_n满足递推关系

$$c_n = 2c_{\lfloor n/2 \rfloor} + (n-1) \quad (n = 2^r \geqslant 2)。$$

因为对单个元素的列表进行排序不需要进行比较，所以这个递推关系的初始条件是$c_1 = 0$。可以证明，由这个递推关系定义的序列的通项公式是

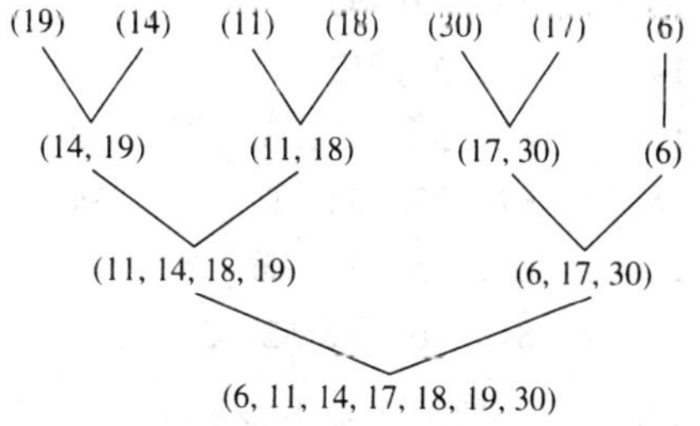

(19) (14) (11) (18) (30) (17) (6)

(14, 19) (11, 18) (17, 30) (6)

(11, 14, 18, 19) (6, 17, 30)

(6, 11, 14, 17, 18, 19, 30)

图 9.9

$$c_n = 1 + n(\log_2 n - 1) \quad (n = 2^r \geqslant 1)。$$

（参见习题37。）因此，归并排序算法是至多$n\log_2 n$阶的。

9.4.3 排序算法的效率

我们在本节看到冒泡排序算法是至多n^2阶的，而归并排序算法是至多$n\log_2 n$阶的。所以，对比较大的n值，归并排序算法的效率较高。但是，有可能找到一种效率更高的算法吗？

假设要将一个含有n个不同元素的列表a_1，a_2，…，a_n按升序进行排列。在任何排序算法中，都要比较若干对元素a_i和a_j，以确定是$a_i \leqslant a_j$还是$a_i > a_j$。这种比较必定导致两种可能的结果之一。当然，有些比较不会提供新的信息，例如，没有理由重复以前进行过的比较，或者在知道$a_1 \leqslant a_2$和$a_2 \leqslant a_3$的情况下比较a_1和a_3。但是，不管怎样进行比较，由k次比较所可能得到的信息至多有2^k种不同的模式。结论是：通过k次比较，最多能区分2^k种不同的顺序。如果要对列表进行排序，就必须获得足够的信息，以便从其元素的$n!$种可能的不同排列中辨别出这个列表来。因此，要对这个列表进行排序，至少需要进行k次比较，这里，

$$2^k \geqslant n!。$$

可以证明$n! \geqslant n^{n/2}$。（参见习题33~36。）于是，

$$2^k \geqslant n^{n/2}$$
$$\log_2(2^k) \geqslant \log_2(n^{n/2})$$
$$k \geqslant \frac{n}{2}\log_2 n。$$

从这个不等式可以看到：任何排序算法的复杂性都至少是$cn\log_2 n$，其中，c为常数。于是，除了一个常数因子外，在所有可能的排序算法中，归并排序算法的效率最高。

习题9.4

在习题1~8中，求各数的向下取整。

1. 243　**2.** −34.5　**3.** $\frac{33}{7}$　**4.** 28.963

5. 0.871　**6.** −2487　**7.** $\frac{-(-34+2)}{2}$　**8.** $\frac{-343}{26}$

在习题9~12中，像例9.22那样制作表格，演示二分查找算法的运行过程。

9. $t=83$，$n=100$，$a_i=i$，其中$i=1$，2，…，100

10. $t=17$，$n=125$，$a_i=i$，其中$i=1$，2，…，125

11. $t=400$，$n=300$，$a_i=3i$，其中$i=1$，2，…，300

12. $t=305$，$n=100$，$a_i=2i+100$，其中$i=1$，2，…，100

在习题13~18中，像例9.24那样绘制示意图，演示归并排序算法是如何将给定的数按升序排列的。

13. 19，56，87，42

14. 42，87，56，13

15. 13，89，56，45，62，75，68

16. 34，67，23，54，92，18，34，54，47

17. 95，87，15，42，56，54，16，23，73，39

18. 34，81，46，2，53，5，4，8，26，1，0，45，35

19. 假设一种排序算法需要进行$\frac{n^2}{2}$次比较，而另一种需要进行$n\log_2 n$次比较。问n必须多大才会使第二种算法更有效？

20. 说明归并算法是如何处理出现在被归并的两个列表中的相等的项的。

在习题21~23中，证明命题对任意实数x和y都成立。

21. $\lfloor x\rfloor \leqslant x < \lfloor x\rfloor + 1$。

22. $\lfloor x\rfloor + \lfloor y\rfloor \leqslant \lfloor x+y\rfloor$。举例说明等号不一定成立。

23. $\lfloor x\rfloor + \lfloor y\rfloor \geqslant \lfloor x+y\rfloor - 1$。举例说明等号不一定成立。

24. 如果x为任意实数，n是整数，证明$\lfloor x+n\rfloor = \lfloor x\rfloor + n$。

25. 1.4节给出了计算x^n的算法。设e_n表示该算法所做的基本运算的次数。请写出e_n的递推关系和初始条件。（这里，基本运算指两个数的加、减、乘、除和比较。）

26. 1.4节给出了计算多项式值的算法。设e_n表示该算法所做的基本运算的次数。请写出e_n的递推关系和初始条件。（这里，基本运算指两个数的加、减、乘、除和比较。）

27. 1.4节给出了计算多项式值的Horner算法。设e_n表示该算法所做的基本运算的次数。请写出e_n的递推关系和初始条件。（这里，基本运算指两个数的加、减、乘、除和比较。）

28. 设c_n表示例9.20中的分治算法所进行的比较次数。请写出c_n的递推关系和初始条件。

29. 求习题25中的e_n关于n的函数表达式。

30. 求习题26中的e_n关于n的函数表达式。

31. 求习题27中的e_n关于n的函数表达式。

32. 求习题28中的c_n关于n的函数表达式。

33. 证明：对任意整数k，如果$1\leqslant k\leqslant n$，则$k(n+1-k)\geqslant n$。（提示：$(n-k)(k-1)\geqslant 0$。）

34. 证明：如果n为正偶数，则$n!\geqslant n^{n/2}$。（提示：利用习题33。）

35. 证明：对任意正整数n，$\frac{n+1}{2} \geqslant \sqrt{n}$。（提示：证明$(n+1)^2 \geqslant (2\sqrt{n})^2$。）

36. 证明：如果n为正奇数，则$n! \geqslant n^{n/2}$。（提示：利用习题33和35。）

37. 对任意形如$n = 2^k$的正整数n，证明$1 + n(\log_2 n - 1)$是满足递推关系$s_n = 2s_{\lfloor n/2 \rfloor} + (n-1)$（$n \geqslant 2$）和初始条件$s_1 = 0$的解。

38. 证明：对任意正整数r，

$$\left\lfloor \log_2 \left\lfloor \frac{r+1}{2} \right\rfloor \right\rfloor = \left\lfloor \log_2 \left(\frac{r+1}{2} \right) \right\rfloor。$$

39. 设c和k为常数。对任意正整数n，证明$k + c\lfloor \log_2 n \rfloor$是满足递推关系$s_n = s_{\lfloor n/2 \rfloor} + c$（$n \geqslant 2$）和初始条件$s_1 = k$的解。（提示：利用强数学归纳法原理和习题38。）

40. 下面介绍的分治排序算法是由R．C．Bose和R．J．Nelson提出的。（参见推荐读物[1]。）为简单起见，下面对有$n = 2^k$个元素（k是非负整数）的列表叙述这个算法。

为了对有2^k个元素的列表进行排序，把列表分成两个子列表，每个子列表包含2^{k-1}项，分别对这两个子列表进行排序；然后用下面的算法归并那两个已排好序的列表。为了归并已排好序的列表A和B，把每个列表分别分成两个长度相同的子列表（已排好序），A_1和A_2以及B_1和B_2，归并A_1和B_1为列表C，归并A_2和B_2为列表D；然后把列表C和D分别分成两个长度相同的子列表C_1和C_2以及D_1和D_2，归并C_2和D_1为列表E。最后，排好序的列表是C_1，E，D_2。

(a) 设m_k表示按上述方法归并两个列表（每个列表含有2^k项）所需要进行的比较次数。请写出m_k的递推关系和初始条件。

(b) 求m_k关于k的函数表达式。

(c) 设用Bose-Nelson算法对含有2^k项的列表进行排序所需要进行的比较次数为b_k。请写出b_k的递推关系和初始条件。

(d) 用迭代法求出b_k关于k的函数表达式。

9.5 用生成函数计数

我们在8.1节中看到，数$C(n, r)$作为系数出现在$(x+y)^n$的展开式中。例如，

$$(1+x)^n = C(n, 0) + C(n, 1)x + \cdots + C(n, r)x^r + \cdots + C(n, n)x^n。$$

取$n = 5$，得到

$$\begin{aligned}(1+x)^5 &= C(5, 0) + C(5, 1)x + C(5, 2)x^2 + C(5, 3)x^3 + C(5, 4)x^4 + C(5, 5)x^5 \\ &= 1 + 5x + 10x^2 + 10x^3 + 5x^4 + x^5。\end{aligned} \tag{9.1}$$

于是，在$(1+x)^5$的展开式中，x^r的系数恰好是从含有5个元素的集合中选取r个元素的方法数。这是正确的，因为正如在第8章看到的那样，在$(1+x)^5$中，x^r的系数恰好是从乘式

$$(1+x)(1+x)(1+x)(1+x)(1+x)$$

的r个因子中选择x（而非1）的方法数。

例9.25 一个篮子中放着苹果、橘子、梨、香蕉和李子各一个，让一个男孩从中选取两个水果。有多少种可能的选择方法？

因为男孩要从含有5个元素的集合中选取两个，所以方法数是10，即（9.1）式中x^2的系数。当然，(9.1) 式还展示了男孩选择其他数量的水果的方法数。为了看出选择r个水果和多项式$(1+x)^5$中x^r的系数之间的联系，一种启发式的方法是把

$$(1+x)(1+x)(1+x)(1+x)(1+x)$$

替换成

(0个苹果 + 1个苹果)(0个橘子 + 1个橘子)(0个梨 + 1个梨)(0个香蕉 + 1个香蕉)(0个李子 + 1个李子)。 ■

例9.26 一个篮子中有两个苹果、一个橘子、一个梨和一个香蕉，允许男孩从中选取两个水果。如果认为两个苹果是一样的，那么男孩有多少种选择方法？

这里不采用第8章的计数方法，取而代之，我们将寻找一个类似于（9.1）式的多项式，使得x^r的系数给出选择r个元素的方法数。能做到这一点的多项式是

$$(1 + x + x^2)(1 + x)(1 + x)(1 + x)。\quad (9.2)$$

苹果　橘子　梨　香蕉

考虑下面的式子也许会有助于理解（9.2）式：

(0个苹果 + 1个苹果 + 2个苹果)(0个橘子 + 1个橘子)(0个梨 + 1个梨)(0个香蕉 + 1个香蕉)

男孩总共要挑选两个水果，对苹果，他可以挑0个、1个或两个；对橘子、梨和香蕉，他可以挑0个或1个。这种选择的方法数正好是（9.2）式中x^2的系数。通过计算

$$(1 + x + x^2)(1 + x)(1 + x)(1 + x) = 1 + 4x + 7x^2 + 7x^3 + 4x^4 + x^5 \quad (9.3)$$

可以看到，这个方法数是7。作为检验，我们把这些选择方法列举在下面。

苹果的个数	2	1	1	1	0	0	0
橘子的个数	0	1	0	0	1	1	0
梨的个数	0	0	1	0	1	0	1
香蕉的个数	0	0	0	1	0	1	1

例如，第3列对应于形成x^2的下列方法：从第1个因式中选x、从第2个因式中选1、从第3个因式中选x、从第4个因式中选1。

当然，（9.3）式不仅仅说明男孩从篮子中选取两个水果有7种方法。从（9.3）式可以推出：男孩选取0个水果有1种方法，选取1个水果有4种方法，选取两个水果有7种方法，选取3个水果有7种方法，等等。

注意，在（9.2）式中，不同的东西（如橘子和梨）出现在不同的因式中，而相同的东西（如两个苹果）包含在同一个因式中。 ■

9.5.1 生成函数

在例9.25和9.26中，我们找到了具有下列性质的多项式：x^r的系数给出了集合中的元素的个数，其中的集合以某种方式取决于r。在例9.25中，多项式的系数给出了从篮子中选取r个水果的方法数，篮子里有5种不同的水果各一个。在例9.26中，多项式的系数给出了从篮子中选取r个水果的方法数，篮子里有两个苹果和其他3种水果各一个。

一般地，考虑一个无限数列

$$a_0,\ a_1,\ a_2,\ \cdots,$$

其中，对某个整数n，有$a_{n+1} = a_{n+2} = \cdots = 0$。称多项式

$$a_0 + a_1x + a_2x^2 + a_3x^3 + \cdots + a_nx^n$$

是该序列的**生成函数**（generating function）。例如，如果定义a_r为从包含两个苹果、一个橘子、一个梨和一个香蕉的篮子中选取r个水果的方法数，那么，因为篮子中只有5个水果，所以有$a_6 = a_7 = \cdots = 0$，根据例9.26，序列$\{a_r\}$的生成函数是

$$(1 + x + x^2)(1 + x)(1 + x)(1 + x) = 1 + 4x + 7x^2 + 7x^3 + 4x^4 + x^5。$$

例9.27 有r个人，每人都想从面包店订购一个丹麦酥皮饼。很遗憾，这家面包店只剩下3个奶酪酥皮饼、两个杏仁酥皮饼和4个黑莓酥皮饼了。设d_r表示订购r个酥皮饼的方法数，求$\{d_r\}$的生成函数。特别地，d_7是多少？

既然总共要挑选r个酥皮饼，其中奶酪酥皮饼0到3个、杏仁酥皮饼0到两个、黑莓酥皮饼0到4个，所以生成函数是

$$(1 + x + x^2 + x^3)\ (1 + x + x^2)\ (1 + x + x^2 + x^3 + x^4)。$$

奶酪　　杏仁　　黑莓

这是一个9次多项式，很合适，因为面包店只有9个酥皮饼，当$r>9$时，显然$d_r = 0$。通过一个烦琐冗长的计算过程，可知前面的多项式等于

$$1 + 3x + 6x^2 + 9x^3 + 11x^4 + 11x^5 + 9x^6 + 6x^7 + 3x^8 + x^9。$$

因此订购7个酥皮饼正好有6种方法。作为检验，我们把这些订购方法列举在下面。

奶酪饼的数目	3	3	3	2	2	1
杏仁饼的数目	2	1	0	2	1	2
黑莓饼的数目	2*	3	4*	3	4*	4*

例如，第4列对应于形成x^7的下列方法：从第1个因式中选x^2、从第2个因式中选x^2、从第3个因式中选x^3。

现在假设黑莓酥皮饼只能成对装入盒子，因此面包店只能以2的倍数卖出黑莓酥皮饼。因为只能卖0, 2或4个黑莓酥皮饼，所以订购r个酥皮饼的生成函数变为

$$(1 + x + x^2 + x^3)\ (1 + x + x^2)\ (1 + x^2 + x^4)。$$

奶酪　　杏仁　　黑莓

计算出乘法的结果，得到

$$1 + 2x + 4x^2 + 5x^3 + 6x^4 + 6x^5 + 5x^6 + 4x^7 + 2x^8 + x^9。$$

例如，因为x^7的系数是4，所以，在新的限制条件下，订购7个酥皮饼有4种方法。在前面的表格中，用星号对这4种方法做了标记。■

9.5.2 形式幂级数

在例9.27中，最多只能订购9个酥皮饼。然而，在有些情况下，选择数实际上是没有限制的。

例9.28 现在假设一家跨国公司在这家面包店隔壁建了一座大型杏仁酥皮饼工厂。于是，对所有现实的情况来说，杏仁酥皮饼的供应都是无限量的。遗憾的是，仍然只有3个奶酪酥皮饼和4个黑莓酥皮饼可供应，而且黑莓酥皮饼必须成对购买。希望求出购买r个酥皮饼的方法数的生成函数。

因为能够供应任何数量的杏仁酥皮饼，所以把下式

$$(1 + x + x^2 + x^3)\ (1 + x + x^2)\ (1 + x^2 + x^4)$$

奶酪　　杏仁　　黑莓

中的因子（$1 + x + x^2$）替换为

$$(1 + x + x^2 + x^3 + \cdots), \tag{9.4}$$

其中，x的指数无限增长，这似乎是自然而然的事情。当然，这个表达式有一个问题，因为它表示要把无限多个量加起来。但是，只要永远不对x代入具体的数值，这个问题就不会发生。我们可以以一种形式化的方式处理（9.4）式，用通常的多项式加法和乘法的运算规则来计算它，得出类似的表达式。例如，可以这样来计算

$$\begin{aligned}
&(1 + 2x + 5x^3) + (1 + x + x^2 + x^3 + \cdots)\\
&= (1 + 1) + (2 + 1)x + (0 + 1)x^2 + (5 + 1)x^3 + (0 + 1)x^4 + \cdots\\
&= 2 + 3x + x^2 + 6x^3 + x^4 + x^5 + \cdots
\end{aligned}$$

和

$$\begin{aligned}
&(1 + x + x^2 + x^3)(1 + x + x^2 + x^3 + \cdots)\\
&= 1(1 + x + x^2 + x^3 + \cdots)\\
&\quad + x(1 + x + x^2 + x^3 + \cdots)\\
&\quad + x^2(1 + x + x^2 + x^3 + \cdots)\\
&\quad + x^3(1 + x + x^2 + x^3 + \cdots)\\
&= 1 + x + x^2 + x^3 + x^4 + x^5 + \cdots\\
&\quad + x + x^2 + x^3 + x^4 + x^5 + \cdots\\
&\quad + x^2 + x^3 + x^4 + x^5 + \cdots\\
&\quad + x^3 + x^4 + x^5 + \cdots\\
&= 1 + 2x + 3x^2 + 4x^3 + 4x^4 + 4x^5 + \cdots。
\end{aligned} \tag{9.5}$$

如果允许使用（9.4）式，那么所求的生成函数是

$$F = \underbrace{(1 + x + x^2 + x^3)}_{\text{奶酪}}\underbrace{(1 + x + x^2 + x^3 + \cdots)}_{\text{杏仁}}\underbrace{(1 + x^2 + x^4)}_{\text{黑莓}}。$$

上面已经算出前两个因式的乘积为（9.5）式。因此，

$$\begin{aligned}
F &= (1 + 2x + 3x^2 + 4x^3 + 4x^4 + 4x^5 + \cdots)(1 + x^2 + x^4)\\
&= (1 + 2x + 3x^2 + 4x^3 + 4x^4 + 4x^5 + \cdots)1\\
&\quad + (1 + 2x + 3x^2 + 4x^3 + 4x^4 + 4x^5 + \cdots)x^2\\
&\quad + (1 + 2x + 3x^2 + 4x^3 + 4x^4 + 4x^5 + \cdots)x^4\\
&= 1 + 2x + 3x^2 + 4x^3 + 4x^4 + 4x^5 + 4x^6 + 4x^7 + 4x^8 + \cdots\\
&\quad + x^2 + 2x^3 + 3x^4 + 4x^5 + 4x^6 + 4x^7 + 4x^8 + \cdots\\
&\quad + x^4 + 2x^5 + 3x^6 + 4x^7 + 4x^8 + \cdots\\
&= 1 + 2x + 4x^2 + 6x^3 + 8x^4 + 10x^5 + 11x^6 + 12x^7 + 12x^8 + \cdots,
\end{aligned}$$

其中，当$r \geqslant 7$时，x^r的系数是12。特别地，既然x^7的系数是12，那么就有12种选购7个酥皮饼的方法。我们把这些订购方法列举在下面。

奶酪	0	0	0	1	1	1	2	2	2	3	3	3
杏仁	3	5	7	2	4	6	1	3	5	0	2	4
黑莓	4	2	0	4	2	0	4	2	0	4	2	0

■

根据例9.28的启发，将早先给出的**生成函数**（generating function）的定义推广为形如

$$a_0 + a_1x + a_2x^2 + a_3x^3 + \cdots$$

的表达式，其中，现在允许无限多个系数a_r不为零。这样的表达式称为**形式幂级数**（formal power series）。生成函数的加法和乘法运算完全类似于多项式，所以，

$$
\begin{aligned}
&(a_0 + a_1x + a_2x^2 + a_3x^3 + \cdots) + (b_0 + b_1x + b_2x^2 + b_3x^3 + \cdots)\\
&= (a_0 + b_0) + (a_1 + b_1)x + (a_2 + b_2)x^2 + (a_3 + b_3)x^3 + \cdots,\\
&(a_0 + a_1x + a_2x^2 + a_3x^3 + \cdots)(b_0 + b_1x + b_2x^2 + b_3x^3 + \cdots)\\
&= a_0b_0 + (a_0b_1 + a_1b_0)x + (a_0b_2 + a_1b_1 + a_2b_0)x^2 + \cdots。
\end{aligned}
$$

例9.29 在滑雪区的一家餐馆，一个烤奶酪三明治卖2美元，一碗汤面卖3美元。设a_r表示购买价值为r美元的烤奶酪三明治和汤面的方法数。下面将求出序列$\{a_r\}$的生成函数。

所求的生成函数是

$$
\underbrace{(1 + x^2 + x^4 + x^6 + \cdots)}_{\text{烤奶酪三明治}}\underbrace{(1 + x^3 + x^6 + x^9 + \cdots)}_{\text{汤面}}。
$$

从上面第一个因式中选取一项，确定是否花0美元、2美元、4美元，……来购买烤奶酪三明治。同样，第二个因式中的项对应于汤面的数量。注意，

$$
\begin{aligned}
&(1 + x^2 + x^4 + x^6 + \cdots)(1 + x^3 + x^6 + x^9 + \cdots)\\
&= 1 + x^2 + x^3 + x^4 + x^5 + 2x^6 + x^7 + 2x^8 + 2x^9 + 2x^{10} + \cdots。
\end{aligned}
$$

例如，因为$a_8 = 2$，所以花8美元正好有两种方法，即买4个烤奶酪三明治而不买汤面，或者买一个烤奶酪三明治和两碗汤面。■

例9.30 一个女孩有大量的1美分、2美分和3美分的邮票（面值相同的邮票看成是相同的）。她要在信封上贴3张邮票，这3张邮票排成一行且邮票的总面值为r美分。设a_r表示她贴邮票的方法数，求$\{a_r\}$的生成函数。如果可以贴任意数量的邮票，生成函数又是怎样的？

因为第1张邮票可以是1美分、2美分或3美分，且第2张和第3张邮票也是这样，所以$\{a_r\}$的生成函数为

$$
\begin{aligned}
(x + x^2 + x^3)(x + x^2 + x^3)(x + x^2 + x^3) &= (x + x^2 + x^3)^3\\
&= x^3 + 3x^4 + 6x^5 + 7x^6 + 6x^7 + 3x^8 + x^9。
\end{aligned}
$$

例如，总面值为5美分的邮票有6种贴法，即113, 131, 311, 122, 212和221。

同样，如果可以贴4张邮票，相应的生成函数是$(x + x^2 + x^3)^4$。如果既可以贴3张也可以贴4张邮票，那么恰当的生成函数是

$$
(x + x^2 + x^3)^3 + (x + x^2 + x^3)^4,
$$

因为这个表达式中x^r的系数表示了排列3张或4张总面值为r美分的邮票的方法数之和。

如果不管使用多少张邮票，希望对总面值为r美分的邮票的所有排列计数，那么生成函数是怎样的呢？因为允许使用0张，1张，2张，…邮票，所以相应的生成函数是

$$
\begin{aligned}
&1 + (x + x^2 + x^3) + (x + x^2 + x^3)^2 + (x + x^2 + x^3)^3 + \cdots\\
&= 1 + x + x^2 + x^3\\
&\qquad + x^2 + 2x^3 + 3x^4 + 2x^5 + x^6\\
&\qquad\quad + x^3 + 3x^4 + 6x^5 + 7x^6 + 6x^7 + 3x^8 + x^9\\
&\qquad\qquad \vdots\\
&= 1 + x + 2x^2 + 4x^3 + 7x^4 + \cdots。
\end{aligned}
$$

例如，排列总面值为3美分的邮票有4种方法，即3，12，21和111。■

习题9.5

考虑下列生成函数：

$$A = 1 + x + x^2, \quad B = 1 + 2x + 4x^4 + x^5,$$
$$C = 1 - x^2 + x^4, \quad D = 1 + x + x^2 + x^3 + \cdots,$$
$$E = 1 + x^3 + x^6 + x^9 + \cdots, \quad F = 1 - x + x^2 - x^3 + x^4 - \cdots。$$

在习题1~12中，将所给的每个表达式写成如下的形式：

$$a_0 + a_1x + a_2x^2 + a_3x^3 + \cdots。$$

如果表达式是一个多项式，就完全展开它；否则计算至x^7项。

1. $A + B$ **2.** $B + C$ **3.** AB **4.** AC

5. $B + D$ **6.** $C + F$ **7.** AD **8.** CF

9. EC **10.** DC **11.** DE **12.** FD

在习题13~22中，求出序列$\{a_r\}$的生成函数，然后将其写成$a_0 + a_1x + a_2x^2 + a_3x^3 + \cdots$的形式，直至$x^6$项。

13. 冰箱中有3瓶可口可乐和4瓶百事可乐。a_r表示从冰箱中取r瓶饮料的方法数。

14. 一家租车行有一辆别克、一辆道奇、一辆本田和一辆大众。a_r表示从该公司选择r辆车的方法数。

15. 一个篮子中有3块甘草软糖、4块草莓软糖和两块柠檬软糖。a_r表示从篮子中选择r块软糖的方法数。

16. 一家商店有3个C电池、两个D电池和6个AA电池。假设AA电池必须成对地买。a_r表示从该店购买r个电池的方法数。

17. 一家食品店有4个鸡翅、3个鸡胸和5个鸡腿，其中鸡腿被打成两个包，一个包中有两个鸡腿，另一个包中有三个鸡腿，且包不能拆开。a_r表示从该食品店购买r个鸡部件的方法数。

18. 假设有4张完全相同的1美元的海报和3张完全相同的2美元的海报。a_r表示花r美元购买海报的方法数。

19. 假设有3杯牛奶和无限量的水可以供应。a_r表示订购r杯饮料的方法数。

20. 假设一个蛤重3盎司，一个贻贝重2盎司。a_r表示从海滩上采集r盎司的蛤和贻贝的方法数。

21. a_r表示挑选r片橡叶和枫叶制作剪贴簿的方法数。要求剪贴簿中至少有4片橡叶和两片枫叶。

22. 假设有1张Mickey Mantle卡、1张Stan Musial卡、1张Willie Mays卡和无数张Pete Rose卡。a_r表示从中购买r张棒球卡的方法数。

在习题23~26中，求$\{a_r\}$的生成函数。

23. 有7本不同的数学书和5本完全相同的Peyton Place。a_r表示从中选择r本书的方法数。

24. 有3种不同的书定价7美元（每种只有一本）和无数本相同的9美元的书。a_r表示花r美元买书的方法数。

25. 假设一条浅蓝色大太阳鱼重1磅，一条鲶鱼重3磅，一条鲈鱼重4磅。a_r表示捕获总重r磅的浅蓝色大太阳鱼、鲶鱼和鲈鱼的方法数。

26. a_r表示$a + b = r$的解的个数，这里a和b是集合$\{1, 2, 4, 8, \cdots\}$中的元素。

在习题27~32中，将生成函数F写成$a_0 + a_1x + a_2x^2 + a_3x^3 + \cdots$的形式，求出用$r$表示的$a_r$的公式。

27. $F = (1 + x + x^2 + x^3 + \cdots)^2$

28. $F = (1 + x + x^2 + x^3 + \cdots)(1 - x)$

29. $F = (1 + x + x^2 + x^3 + \cdots)(1 + x)$

30. $F = (1 + x + x^2 + x^3 + \cdots)(1 - x + x^2 - x^3 + \cdots)$

31. $F = (1 - x + x^2 - x^3 + \cdots)(1 + x)$

***32.** $F = (1 + x + x^2 + x^3 + \cdots)^3$

33. 设a_r是方程$p + q = r$的解的个数，其中p和q是素数。求$\{a_r\}$的生成函数，并将它写到x^{10}项为止。一个尚未证明的猜想（称为**哥德巴赫猜想**（Goldbach conjecture））是：当r是偶数且大于2时，$a_r>0$。

34. 设a_r是方程$2^k + p = r$的解的个数，其中，k是非负整数，而p是素数。求$\{a_r\}$的生成函数，并将它写到x^{10}项为止。求出满足$r>2$且$a_r = 0$的最小r值。

35. 设a_r是方程$a^2 + b^2 + c^2 + d^2 = r$的解的个数，其中$a$，$b$，$c$和$d$都是非负整数。求$\{a_r\}$的生成函数，并将它写到$x^{10}$项为止。（可以证明：对任意$r\geqslant 0$，$a_r>0$。）

9.6 生成函数的代数

我们在9.5节中看到，可以对生成函数做加法和乘法运算，就如同对多项式做加法和乘法运算那样，即使对那些具有无穷多项的生成函数也如此。根据这些定义，生成函数和多项式服从同样的代数规则。举例来说，有加法和乘法的结合律、交换律以及乘法分配律。下面这个生成函数起到了加法单位元的作用：

$$0 = 0 + 0x + 0x^2 + 0x^3 + \cdots,$$

即对任意生成函数G，有

$$0 + G = G + 0 = G。$$

同样，下面的生成函数是乘法单位元：

$$1 = 1 + 0x + 0x^2 + 0x^3 + \cdots。$$

即对任意生成函数G，有

$$1G = G1 = G,$$

生成函数的减法定义为

$$\begin{aligned}&(a_0 + a_1x + a_2x^2 + a_3x^3 + \cdots)-(b_0 + b_1x + b_2x^2 + b_3x^3 + \cdots)\\&= (a_0-b_0) + (a_1-b_1)x + (a_2-b_2)x^2 + (a_3-b_3)x^3 + \cdots。\end{aligned}$$

除法有些问题。关键是*逆元*的存在性，即给定一个生成函数G，要找出另一个生成函数G^{-1}，使得$GG^{-1} = 1$，这里，1是乘法单位元。这样的逆往往存在。例如

$$(1-x)(1 + x + x^2 + x^3 + \cdots) = 1 + x + x^2 + x^3 + \cdots-x-x^2-x^3-\cdots = 1。$$

因此

$$(1 + x + x^2 + x^3 + \cdots)^{-1} = 1-x,$$

并且，

$$(1-x)^{-1} = 1 + x + x^2 + x^3 + \cdots。$$

事实上，类似的计算表明：对常数项为0的任意生成函数G，

$$(1-G)(1 + G + G^2 + G^3 + \cdots) = 1。\qquad (9.6)$$

例如，在（9.6）式中取$G = -x$，就得到

$$(1 + x)(1-x + x^2-x^3 + \cdots) = 1。$$

而在（9.6）式中取$G = 2x$，则得到

$$(1-2x)(1 + 2x + 4x^2 + 8x^3 + \cdots) = 1。$$

在例9.30中，我们看到：排列1美分、2美分和3美分的邮票，使它们的总面值为r美分，这种排列的方法数的生成函数是

$$1+(x+x^2+x^3)+(x+x^2+x^3)^2+(x+x^2+x^3)^3+\cdots。$$

在（9.6）式中取$G=x+x^2+x^3$，就可以把上式写成

$$(1-x-x^2-x^3)^{-1}。$$

可以证明：为了使生成函数$a_0+a_1x+a_2x^2+a_3x^3+\cdots$的逆存在，所需要的全部条件是$a_0\neq 0$。

定理9.3 *假设*

$$G=a_0+a_1x+a_2x^2+a_3x^3+\cdots,$$

其中$a_0\neq 0$。则存在唯一的生成函数H，使得$GH=1$。

证明 所感兴趣的生成函数

$$H=b_0+b_1x+b_2x^2+b_3x^3+\cdots$$

满足

$$\begin{aligned}GH&=(a_0+a_1x+a_2x^2+a_3x^3+\cdots)(b_0+b_1x+b_2x^2+b_3x^3+\cdots)\\&=a_0b_0+(a_0b_1+a_1b_0)x+(a_0b_2+a_1b_1+a_2b_0)x^2+\cdots\\&=1。\end{aligned}$$

这导出下列方程：

$$\begin{aligned}a_0b_0&=1,\\a_0b_1+a_1b_0&=0,\\a_0b_2+a_1b_1+a_2b_0&=0,\\&\vdots\end{aligned}$$

第一个方程当且仅当$b_0=a_0^{-1}$时成立，并且因为$a_0\neq 0$，所以a_0^{-1}存在。然后，将b_0的值代入第二个方程，可唯一地确定b_1。同样，当把先前确定的b_0和b_1的值代入第三个方程后，就可以解第三个方程求得b_2。继续使用这种方法，可以看到：一个序列b_0，b_1，b_2，b_3，…被唯一地确定了，使得

$$(a_0+a_1x+a_2x^2+a_3x^3+\cdots)(b_0+b_1x+b_2x^2+b_3x^3+\cdots)=1。$$ ■

例9.31 试求生成函数

$$1+2x+3x^2+4x^3+\cdots$$

的逆。

这里希望确定一个序列$\{b_r\}$，使得

$$(1+2x+3x^2+4x^3+\cdots)(b_0+b_1x+b_2x^2+b_3x^3+\cdots)=1。$$

由这个方程两边的常数项相等，得到

$$1b_0=1。$$

因此$b_0=1$。同样，方程两边x项的系数必须相等，因此，

$$1b_1+2b_0=b_1+2=0。$$

这意味着$b_1=-2$。由x^2项的系数相等，得出

$$1b_2+2b_1+3b_0=b_2-4+3=0。$$

因此$b_2=1$。下一个方程是

$$1b_3+2b_2+3b_1+4b_0=b_3+2-6+4=0,$$

所以$b_3=0$。读者应验证b_4也等于0。事实上，可以证明剩下的系数b_r都是0。因此，

$$(1+2x+3x^2+4x^3+\cdots)^{-1}=1-2x+x^2。$$

细节留作习题33。

如果假定生成函数也服从某些熟知的指数运算规则，那么同样的结果也可以经由另一条途径来获得。根据9.5节的习题27，有

$$(1+x+x^2+x^3+\cdots)^2=1+2x+3x^2+4x^3+\cdots。$$

因此，

$$\begin{aligned}(1+2x+3x^2+4x^3+\cdots)^{-1}&=[(1+x+x^2+x^3+\cdots)^2]^{-1}\\&=[(1+x+x^2+x^3+\cdots)^{-1}]^2\\&=[1-x]^2\\&=1-2x+x^2,\end{aligned}$$

其中，倒数第二个等号由（9.6）式得出。■

生成函数是研究组合序列的极具伸缩性的工具，但是，在这里，只能接触到生成函数很少的若干个应用。当给定一个递推关系后，常常可以利用该递推关系构造出相应序列的生成函数。下一个例子说明了这一点。

例9.32 考虑例9.2中的序列$\{m_r\}$，这个序列与汉诺塔游戏有关。数值m_r表示将r个盘子移到一根空柱子所需要移动盘子的最少次数。前面已经求出$m_1=1$，并且对$r\geqslant 2$，有$m_r=2m_{r-1}+1$。事实上，如果定义m_0为0，那么这个递推关系对$r\geqslant 1$都成立。

定义M为序列$\{m_r\}$的生成函数。于是，

$$M=m_0+m_1x+m_2x^2+m_3x^3+\cdots。$$

因为$m_0=0$，并且对$r\geqslant 1$，有$m_r=2m_{r-1}+1$，所以，

$$\begin{aligned}M&=0+(2m_0+1)x+(2m_1+1)x^2+(2m_2+1)x^3+\cdots\\&=2m_0x+1x+2m_1x^2+1x^2+2m_2x^3+1x^3+\cdots\\&=2x(m_0+m_1x+m_2x^2+m_3x^3+\cdots)+x+x^2+x^3+\cdots\\&=2xM+x(1+x+x^2+\cdots)。\end{aligned}$$

于是，

$$M-2xM=x(1+x+x^2+\cdots),$$

即

$$M(1-2x)=x(1+x+x^2+\cdots)=x(1-x)^{-1},$$

其中，最后一个等式由（9.6）式取$G=x$得到。因此，

$$M=\frac{x}{(1-2x)(1-x)},$$

其中，我们用通常的分式记号表示逆。

为了得到M的系数的公式，将右边的分式表示成如下的形式⊖：

⊖ 学过微积分的学生可以看出这是部分分式法。

$$\frac{a}{1-2x}+\frac{b}{1-x},$$

其中，a和b是常数。由于

$$\frac{x}{(1-2x)(1-x)}=\frac{a}{1-2x}+\frac{b}{1-x}=\frac{a(1-x)+b(1-2x)}{(1-2x)(1-x)}$$
$$=\frac{(a+b)+(-a-2b)x}{(1-2x)(1-x)},$$

所以，由分子的系数相等，得到$a + b = 0$和$-a-2b = 1$。很容易看出，这两个方程有解$a = 1$和$b = -1$。因此，

$$M=\frac{x}{(1-2x)(1-x)}=\frac{1}{1-2x}-\frac{1}{1-x}\text{。}$$

但另一方面，由（9.6）式可知

$$\begin{aligned}M &= (1-2x)^{-1}-(1-x)^{-1}\\ &= (1 + 2x + 4x^2 + 8x^3 + \cdots)-(1 + x + x^2 + x^3 + \cdots)\\ &= (1-1) + (2-1)x + (4-1)x^2 + (8-1)x^3 + \cdots\text{。}\end{aligned}$$

于是可知，x^r的系数m_r等于2^r-1。这与9.2节中得到的结果相同。■

例9.32的方法可用于任意一阶线性差分方程。事实上，定理9.1的另一种证明可基于这种方法得到，证明的细节留作习题。生成函数也可用于高阶递推关系，如下一个例子所示。

例9.33 考虑递推关系

$$s_0 = 0,\ s_1 = 1,\ s_n = 2s_{n-1}-s_{n-2}\quad (n\geqslant 2)\text{。}$$

若S是这个序列的生成函数，那么

$$\begin{aligned}S &= s_0 + s_1x + s_2x^2 + s_3x^3 + \cdots\\ &= s_0 + s_1x + (2s_1-s_0)x^2 + (2s_2-s_1)x^3 + \cdots\\ &= 0 + x + 2x(s_1x + s_2x^2 + \cdots)-x^2(s_0 + s_1x + \cdots)\\ &= x + 2x(S-s_0)-x^2S\\ &= x + 2xS-x^2S\text{。}\end{aligned}$$

由此可得，

$$S-2xS + x^2S = x,$$
$$S(1-2x + x^2) = x,$$

因此，

$$S = x(1-2x + x^2)^{-1}\text{。}$$

在例9.31中，我们已经知道生成函数

$$1-2x + x^2\text{和}1 + 2x + 3x^2 + 4x^3 + \cdots$$

互为逆。所以，

$$\begin{aligned}S &= x(1 + 2x + 3x^2 + 4x^3 + \cdots)\\ &= x + 2x^2 + 3x^3 + 4x^4 + \cdots\text{。}\end{aligned}$$

从这个结果可以得知，对任意非负整数r，$s_r = r$。■

例9.34　用生成函数的方法求s_n的通项公式，其中，$s_0 = s_1 = 1$，并且当$n \geqslant 2$时，$s_n = -s_{n-1} + 6s_{n-2}$。如果$S$是$\{s_n\}$的生成函数，那么

$$\begin{aligned} S &= s_0 + s_1x + s_2x^2 + s_3x^3 + \cdots \\ &= 1 + x + (-s_1 + 6s_0)x^2 + (-s^2 + 6s_1)x^3 + \cdots \\ &= 1 + x - x(s_1x + s_2x^2 + \cdots) + 6x^2(s_0 + s_1x + \cdots) \\ &= 1 + x - x(S - s_0) + 6x^2S \\ &= 1 + x - x(S-1) + 6x^2S \\ &= 1 + 2x - xS + 6x^2S。\end{aligned}$$

因此，

$$\begin{aligned} &S + xS - 6x^2S = 1 + 2x, \\ &S(1 + x - 6x^2) = 1 + 2x, \\ &S(1 + 3x)(1-2x) - 1 + 2x, \end{aligned}$$

所以，

$$S = \frac{1+2x}{(1+3x)(1-2x)}。$$

下面尝试求出常数a和b，使得上面的分式具有形式

$$\frac{a}{1+3x} + \frac{b}{1-2x}。$$

这就导出

$$\frac{1+2x}{(1+3x)(1-2x)} = \frac{a}{1+3x} + \frac{b}{1-2x} = \frac{a(1-2x)+b(1+3x)}{(1+3x)(1-2x)}。$$

因此，$a + b = 1$，$-2a + 3b = 2$。解这两个联立方程得到$a = \dfrac{1}{5}$，$b = \dfrac{4}{5}$。

利用（9.6）式，把S写成

$$\begin{aligned} S &= \frac{1}{5} \times \frac{1}{1+3x} + \frac{4}{5} \times \frac{1}{1-2x} \\ &= \frac{1}{5}(1-3x+9x^2-27x^3+\cdots) + \frac{4}{5}(1+2x+4x^2+8x^3+\cdots)。\end{aligned}$$

取出x^n的系数，得到

$$s_n = \frac{1}{5}(-3)^n + \frac{4}{5} \times 2^n。$$

比如，$s_0 = \dfrac{1}{5} + \dfrac{4}{5} = 1$，$s_1 = \dfrac{1}{5} \times (-3) + \dfrac{4}{5} \times 2 = -\dfrac{3}{5} + \dfrac{8}{5} = 1$，$s_2 = \dfrac{1}{5} \times 9 + \dfrac{4}{5} \times 4 = \dfrac{9}{5} + \dfrac{16}{5} = 5$。 ■

例9.34的结果也可用定理9.2得出。事实上，本节末尾的习题给出了用生成函数证明定理9.2的轮廓。

例9.35　某大使馆与其国家通信，所用的码字由长度为n的十进制数字串组成。为了捕捉到传输中的错误，约定每个码字中字符3和字符7的总个数必须是奇数。问可能的码字有多少个？

设s_n表示长度为n的容许码字的个数。s_n的递推关系可以如下得到。考虑长度为$n+1$的字W，它由s_{n+1}计数。W的末尾是3或者7，或者都不是。如果W以3或者7结尾，那么从W中删除最后一个数字得到长度为n的字W^*，它一定有偶数个3和7。因为共有10^n个长度为n的十进制数字串，所以这种字W^*共有$10^n - s_n$个。因为W的最后一个数字可以是3或者7，因此可能的这

种形式的字W共有$2(10^n-s_n)$个。

现在假设容许字W不以3或7结尾。那么删除它的最后一个数字后就得到一个被s_n计数的字。因为W的最后一个数字有8种可能性，所以这种形式的容许字的个数是$8s_n$。

综合上面这两个结果得到

$$s_{n+1}=2(10^n-s_n)+8s_n=2\times10^n+6s_n,$$

其中，$n\geqslant1$。显然，$s_0=0$，因为空串不可能有奇数个3和7。利用这个递推关系可以计算出下表。

n	s_n	n	s_n
0	0	2	$2\times10^1+6\times2=32$
1	$2\times10^0+6\times0=2$	3	$2\times10^2+6\times32=392$

例如，s_2计算恰好有一个3或7的2位串的个数。因为可以用3也可以用7，又因为这可以是第一个数字也可以是第二个数字，并且因为剩下的那个数字有8种选择，因此这样的串有$2\times2\times8=32$个。

现在要利用生成函数得到s_n的显式公式。设S是序列$\{s_n\}$的生成函数。于是，

$$S=s_0+s_1x+s_2x^2+s_3x^3+\cdots。$$

我们有

$$\begin{aligned}S&=s_0+(2\times10^0+6s_0)x+(2\times10^1+6s_1)x^2+(2\times10^2+6s_2)x^3+\cdots\\&=s_0+2x(10^0+10^1x+10^2x^2+\cdots)+6x(s_0+s_1x+s_2x^2+s_3x^3+\cdots)\\&=0+2x(1+10x+(10x)^2+\cdots)+6xS\\&=2x(1-10x)^{-1}+6xS。\end{aligned}$$

求解S，得到

$$S(1-6x)=2x(1-10x)^{-1},$$

即

$$S=\frac{2x}{(1-6x)(1-10x)}。$$

求常数a和b，使得

$$\frac{2x}{(1-6x)(1-10x)}=\frac{a}{1-6x}+\frac{b}{1-10x}=\frac{a(1-10x)+b(1-6x)}{(1-6x)(1-10x)}。$$

由分子相等给出方程$a+b=0$和$-10a-6b=2$。很容易解得$a=-\frac{1}{2}$，$b=\frac{1}{2}$。因此，

$$\begin{aligned}S&=-\frac{1}{2}(1-6x)^{-1}+\frac{1}{2}(1-10x)^{-1}\\&=\frac{1}{2}[(1-10x)^{-1}-(1-6x)^{-1}]\\&=\frac{1}{2}[(1+10x+100x^2+\cdots)-(1+6x+36x^2+\cdots)]。\end{aligned}$$

从这个结果可以得知，S中x^r的系数是

$$s_r=\frac{10^r-6^r}{2}。$$

例如，$s_2=\frac{100-36}{2}=32$，$s_3=\frac{1000-216}{2}=392$。这些值与先前的计算结果相吻合。■

习题9.6

在习题1~10中，求给定生成函数的逆。

1. $1-3x$ **2.** $1-5x$ **3.** $1+2x+4x^2+8x^3+\cdots$

4. $1-3x+9x^2-27x^3+\cdots$ **5.** $1+x^2$ **6.** $1+2x^3$

7. $1-x-x^2$ **8.** $1+x+x^3$ **9.** $2+6x$

10. $\frac{1}{3}+x^4$

在习题11~20中，设S是序列$\{s_n\}$的生成函数。如同例9.32~9.35那样，写出S满足的方程，并求解S。

11. $s_0=1$，且对$n\geqslant1$，$s_n=2s_{n-1}+1$。

12. $s_0=3$，且对$n\geqslant1$，$s_n=-s_{n-1}+2$。

13. $s_0=1$，$s_1=1$，且对$n\geqslant2$，$s_n=2s_{n-1}-s_{n-2}$。

14. $s_0=2$，$s_1=1$，且对$n\geqslant2$，$s_n=s_{n-1}-3s_{n-2}$。

15. $s_0=-1$，$s_1=0$，且对$n\geqslant2$，$s_n=-s_{n-1}+2s_{n-2}$。

16. $s_0=0$，$s_1=-2$，且对$n\geqslant2$，$s_n=3s_{n-1}+s_{n-2}$。

17. $s_0=-2$，$s_1=1$，且对$n\geqslant2$，$s_n=s_{n-1}+3s_{n-2}+2$。

18. $s_0=-3$，$s_1=2$，且对$n\geqslant2$，$s_n=4s_{n-1}-5s_{n-2}-1$。

19. $s_0=2$，$s_1=-1$，$s_2=1$，且对$n\geqslant3$，$s_n=s_{n-1}-3s_{n-2}+s_{n-3}$。

20. $s_0=1$，$s_1=1$，$s_2=5$，且对$n\geqslant3$，$s_n=2s_{n-1}+s_{n-2}-s_{n-3}$。

在习题21~26中，求常数a和b，使得给定的方程成为关于x的恒等式。

21. $\frac{x}{(1-x)(1+2x)}=\frac{a}{1-x}+\frac{b}{1+2x}$

22. $\frac{2}{(1+x)(1+3x)}=\frac{a}{1+x}+\frac{b}{1+3x}$

23. $\frac{1+3x}{(1+2x)(1-x)}=\frac{a}{1+2x}+\frac{b}{1-x}$

24. $\frac{1-x}{(1+2x)(1-3x)}=\frac{a}{1+2x}+\frac{b}{1-3x}$

25. $\frac{1+x}{(1+2x)^2}=\frac{a}{1+2x}+\frac{b}{(1+2x)^2}$

26. $\frac{3-x}{(1-x)^2}=\frac{a}{1-x}+\frac{b}{(1-x)^2}$

在习题27~32中，$\{s_n\}$的生成函数是S，求s_n的通项公式。

27. $S=\frac{1}{1-2x}+\frac{1}{1+x}$

28. $S=\frac{3}{1-x}+\frac{1}{1+3x}$

29. $S=\frac{1}{1-2x}+\frac{4}{1+5x}$

30. $S=\frac{3}{1-x}+\frac{2}{1+2x}$

31. $S=\frac{2}{1-3x^2}$

32. $S=\frac{2}{1-x}+\frac{1}{1+x^2}$

33. 设$b_0=1$，$b_1=-2$，$b_2=1$，且对所有$n\geqslant1$，

$$b_n+2b_{n-1}+3b_{n-2}+\cdots+(n+1)b_0=0。$$

用数学归纳法证明：当$n\geqslant3$时，$b_n=0$。

在习题34~36中，假设s_0已经给定，且当$n\geqslant1$时$s_n=as_{n-1}+b$，其中，a和b是常数，且$a\neq1$。

34. 证明：如果S是$\{s_n\}$的生成函数，那么

$$S=s_0+axS+bx(1-x)^{-1}。$$

35. 证明：

$$\frac{s_0+(-s_0+b)x}{(1-ax)(1-x)}=\frac{k_1}{1-ax}+\frac{k_2}{1-x},$$

其中，$k_1=s_0+\dfrac{b}{a-1}$且$k_2=\dfrac{-b}{a-1}$。

36. 证明：当$n\geqslant 0$时，

$$s_n=\left(s_0+\frac{b}{a-1}\right)a^n-\frac{b}{a-1}。$$

在习题37~43中，考虑二阶齐次差分方程

$$s_n=as_{n-1}+bs_{n-2},$$

其中s_0和s_1已经给定。假设$x^2-ax-b=(x-r_1)(x-r_2)$。

37. 证明：$r_1+r_2=a$，$r_1r_2=-b$，且$1-ax-bx^2=(1-r_1x)(1-r_2x)$。

38. 证明：如果S是$\{s_n\}$的生成函数，那么

$$S=s_0+s_1x+ax(S-s_0)+bx^2S。$$

在习题39~40中，假设$r_1\neq r_2$。

39. 证明：存在常数c_1和c_2，使得

$$\frac{s_0+(s_1+as_0)x}{(1-r_1x)(1-r_2x)}=\frac{c_1}{1-r_1x}+\frac{c_2}{1-r_2x}。$$

40. 证明：当$n\geqslant 0$时，$s_n=c_1r_1{}^n+c_2r_2{}^n$，这里，$c_1$和$c_2$与习题39中的相同。

在习题41~43中，假设$r_1=r_2=r\neq 0$。

41. 证明：存在常数k_1和k_2，使得

$$\frac{s_0+(s_1+as_0)x}{(1-rx)^2}=\frac{k_1}{1-rx}+\frac{k_2}{(1-rx)^2}。$$

42. 证明：当$n\geqslant 0$时，$s_n=k_1r^n+k_2(n+1)r^n$，其中，k_1和k_2与习题41中的相同。

43. 证明：存在常数c_1和c_2，使得当$n\geqslant 0$时，$s_n=c_1r^n+nc_2r^n$。

历史注记

递推的使用始于古希腊时代。但是，递推的正式发展只能追溯到过去的两个半世纪。

阿基米德（Archimedes）有两个关系涉及递推。如果a_n和A_n分别表示一个圆的内接n边形和外切n边形的面积，那么

$$a_{2n}=\sqrt{a_nA_n}，A_{2n}=\frac{2A_na_{2n}}{A_n+a_{2n}}。$$

类似地，如果p_n和P_n分别表示一个圆的内接正多边形和外接正多边形的周长，那么

$$P_{2n}=\sqrt{p_nP_{2n}},\quad P_{2n}=\frac{2P_np_n}{P_n+p_n}。$$

从正六边形开始计算，阿基米德建立了π值的合理估计[73]。

Edouard Lucas

比萨的列昂纳多（Leonardo，约1175—1250），以斐波那契之名著称于世，他所著的《算盘书》（Liber Abaci，1202年）第一次向欧洲人系统地介绍了数字的阿拉伯符号和它们的算术运算算法。在《算盘书》中，斐波那契提出了其著名的讨论兔子繁殖的递推问题。尽管斐波那契并没有进一步发展任何源于这个递推式的众多关系，但是，这个递推模式仍然在19世纪初被法国数学家卢卡斯（Edouard Lucas）以斐波那契的名字命名。

例9.17中的关于斐波那契数的公式直到1718年才得出，当时，棣莫弗

Abraham De Moivre

(Abraham De Moivre，1667—1754）用生成函数的方法得到了这个结果。通过拓展这个一般的方法，欧拉（Leonhard Euler，1707—1783）在其1748年的两卷本著作《无穷小分析引论》(Introductio in Analysin Infinitorum）中推进了整数拆分的研究。拉普拉斯（Pierre Simon Laplace，1749—1827）也在其1754年的著作《生成函数的演算》(Calculus of Generating Functions）中发表了大量关于生成函数及其应用的成果。汉诺塔游戏的数学分析及其由生成函数得到的解析形式的解归功于卢卡斯1884年的著作《数学游戏》(Récréations Mathématiques）[74]。

补充习题

在习题1~5中，如果序列s_0，s_1，s_2，…满足给定的递推关系和初始条件，请求出s_5。

1. $s_n = 3s_{n-1} + n^2$ $(n \geqslant 1)$，$s_0 = 2$。

2. $s_n = (-1)^n + s_{n-1}$ $(n \geqslant 1)$，$s_0 = 1$。

3. $s_n = 2ns_{n-1}$ $(n \geqslant 1)$，$s_0 = 1$。

4. $s_n = 3(s_{n-1} + s_{n-2})$ $(n \geqslant 2)$，$s_0 = 1$，$s_1 = 2$。

5. $s_n = ns_{n-1} - s_{n-2}$ $(n \geqslant 2)$，$s_0 = 1$，$s_1 = 1$。

6. 假设在一个账户中存入20 000美元，利息每季度结算一次，年利率为8%。每个季度利息存入账户后立刻取出200美元。初次存钱后，第n个季度时账户内的存款额表示为v_n。请给出v_n的递推关系和初始条件。

7. 一份从事数据处理工作的职务起薪是16 000美元，薪水每年增加500美元，再加生活指数调节费，比例为当年薪水的4%。请给出第n年的薪水s_n的递推关系和初始条件。

8. 为了印传单，某生态组织花18 000美元购买了一部印刷机。印刷机的转售价格每年递减12%，购买印刷机n年后印刷机的转售价格表示为v_n。请写出v_n的递推关系和初始条件。

9. 考虑由n个点和横线符号组成的码字，其中不出现连续的两个横线。设c_n表示所有这样的码字的个数。请写出c_n的递推关系和初始条件。

10. 假设实验开始时，样本中有500个细胞，且细胞数按每小时150%的比率增长。c_n表示实验开始n个小时后样本中的细胞数。请写出c_n的递推关系和初始条件。

11. 假设一个工人在装配线上每分钟加工n个部件的效率是e_n，它等于同一名工人每分钟加工$n-1$个部件的效率减去因为增加了第n个部件而损失的效率。假设这种损失与n^2成反比。请写出描述该工人效率的递推关系。

12. 20年前，某人将一笔遗产存入一个账户，利息按复利8%计算，每季度结算一次。如果现在账户中有75 569.31美元，那么初始存款是多少？

13. 用数学归纳法证明：$2n^2 + 2n$是满足递推关系$s_n = s_{n-1} + 4n$ $(n \geqslant 1)$和初始条件$s_0 = 0$的解。

14. 用数学归纳法证明：$2^{n-1} + 2$是满足递推关系$s_n = 2s_{n-1} - 2$ $(n \geqslant 2)$和初始条件$s_1 = 3$的解。

15. 用数学归纳法证明：$(n+1)! - 1$是满足递推关系$s_n = s_{n-1} + n \cdot n!$ $(n \geqslant 1)$和初始条件$s_0 = 0$的解。

16. 证明：$2^n + 2 \times 3^n + n - 7$是满足递推关系$s_n = 5s_{n-1} - 6s_{n-2} + 2n - 21$ $(n \geqslant 2)$和初始条件$s_0 = -4$，$s_1 = 2$的解。

在习题17~20中，序列s_0，s_1，s_2，…满足给定的递推关系和初始条件，请求出s_n的通项公式。

17. $s_n = 3s_{n-1} - 12$ $(n \geqslant 1)$，$s_0 = 5$

18. $s_n = s_{n-1} + 7$ $(n \geqslant 1)$，$s_0 = 2$

19. $s_n = 4s_{n-1} - 4s_{n-2}$ $(n \geqslant 2)$，$s_0 = 4$，$s_1 = 6$

20. $s_n = 7s_{n-1} - 10s_{n-2}$ $(n \geqslant 2)$，$s_0 = -2$，$s_1 = -1$

卢卡斯序列（Lucas sequence）与斐波那契序列相似，是一个二阶常系数线性齐次差分方程。一般的卢卡斯序列可定义为

$$L_n = \begin{cases} p & n=1 \\ q & n=2 \\ L_{n-1} + Ln-2 & n \geqslant 3, \end{cases}$$

其中p和q是整数。

21. 设初始条件为$L_1 = 3$，$L_2 = 4$，请写出该卢卡斯序列的前10项。

22. 用习题21中得到的值计算$\dfrac{L_{i+1}}{L_i}$的商（精确到小数点后三位）并将所得到的商与黄金分割比率$\dfrac{1+\sqrt{5}}{2}$进行比较。

23. 证明：如果L_n是一个卢卡斯序列，初始条件为$L_1 = p$，$L_2 = q$，那么对所有的$n \geqslant 3$，$L_n = qF_{n-1} + pF_{n-2}$。

24. 求解递推关系

$$s_n = 8s_{n-1} - 9t_{n-1}$$
$$t_n = 6s_{n-1} - 7t_{n-1},$$

初始条件是$s_0 = 4$，$t_0 = 1$。（提示：将$s_n = 3u_n + v_n$和$t_n = 2u_n + v_n$代入，并求解u_n和v_n。）

25. 设k是一个正整数，a_1，a_2，…，a_k为实数序列，且$a_k \neq 0$。称方程$x^k = a_1x^{k-1} + a_2x^{k-2} + \cdots + a_k$为递推关系

$$s_n = a_1s_{n-1} + a_2s_{n-2} + \cdots + a_ks_{n-k} \tag{9.7}$$

的**辅助方程**（auxiliary equation）。证明：r^n是（9.7）式的解当且仅当r是辅助方程的根。

26. 证明：如果当$n \geqslant k$时，u_n和v_n满足（9.7）式，那么对任意常数b和c，当$n \geqslant k$时，$bu_n + cv_n$也满足（9.7）式。

27. 对$n \geqslant 3$，序列s_0，s_1，s_2，…满足$s_n = 3s_{n-1} + 10s_{n-2} - 24s_{n-3}$，初始条件是$s_0 = -4$，$s_1 = -9$，$s_2 = 13$。求$s_n$的通项公式。（提示：利用习题25和26的结论，如同定理9.2（a）那样求解。）

28. 对$n \geqslant 3$，序列s_0，s_1，s_2，…满足$s_n = 6s_{n-1} - 12s_{n-2} + 8s_{n-3}$，初始条件是$s_0 = 5$，$s_1 = 6$，$s_2 = -20$。求$s_n$的通项公式。（提示：利用习题25和26的结论，如同定理9.2（b）那样求解。）

29. 对$n \geqslant 3$，序列s_0，s_1，s_2，…满足$s_n = 3s_{n-2} + 2s_{n-3}$，初始条件是$s_0 = 4$，$s_1 = 4$，$s_2 = -3$。求$s_n$的通项公式。（提示：利用习题25和26的结论，如同定理9.2（b）那样求解。）

30. **常系数线性非齐次差分方程**（linear inhomogeneous difference equation with constant coefficients）是形如

$$s_n = a_1s_{n-1} + a_2s_{n-2} + \cdots + a_ks_{n-k} + f(n) \tag{9.8}$$

的递推关系，其中，f是非零函数。证明：如果当$n \geqslant k$时，u_n满足（9.8）式，那么（9.8）式的每个解都具有$u_n + v_n$的形式，其中，当$n \geqslant k$时，v_n满足（9.7）式。（提示：如果对$n \geqslant k$，w_n是（9.8）式的解，则考虑$w_n - u_n$。）

31. （a）求a和b的取值，使得$an + b$满足递推关系$s_n = s_{n-1} + 6s_{n-2} + 6n - 1$（$n \geqslant 2$）。

（b）如果序列s_0，s_1，s_2，…满足递推关系$s_n = s_{n-1} + 6s_{n-2} + 6n - 1$（$n \geqslant 2$）和初始条件$s_0 = -6$，$s_1 = 10$，利用习题30求出$s_n$的通项公式。

32. 如同习题31那样，如果序列s_0，s_1，s_2，…满足递推关系$s_n = 5s_{n-1} + 6s_{n-2} + 10n - 37$（$n \geqslant 2$）和初始条件$s_0 = 7$，$s_1 = 3$，求出$s_n$的通项公式。

33. 如同例9.22那样，说明用二分查找算法在列表2，4，6，8中查找6的过程。

34. 如同例9.22那样，说明用二分查找算法在列表2，4，6，8中查找7的过程。

求出用归并算法归并习题35~38中的序列所需要进行的比较次数。

35. (45，57）和（59，87）

36. (45，59）和（57，87）

37. (1，3，5，7）和（2，4，6，8）

38. [(1)和(2，3)]以及(4)

39. 举例说明列表a_1，a_2，…，a_m和b_1，b_2，…，b_n，使得在用归并算法归并它们时，所需要进行的比较次数最小。假定$m \leqslant n$。

40. 举例说明列表a_1，a_2，…，a_m和b_1，b_2，…，b_n，使得在用归并算法归并它们时，所需要进行的比较次数最大。假定$m \leqslant n$。

在习题41~44中，设S是序列$\{s_n\}$的生成函数。如同在9.6节中那样，写出S所满足的方程，并求解S。

41. $s_0 = 1$，且对$n \geqslant 1$，$s_n = 2s_{n-1}$。

42. $s_0 = 1$，且对$n \geqslant 1$，$s_n = s_{n-1} + 2$。

43. $s_0 = 1$，$s_1 = 1$，且对$n \geqslant 2$，$s_n = -2s_{n-1} - s_{n-2}$。

44. $s_0 = 0$，$s_1 = 1$，且对$n \geqslant 2$，$s_n = s_{n-2}$。

在习题45~48中，$\{s_n\}$具有给定的生成函数S，请求出$\{s_n\}$的通项公式。

45. $S = \dfrac{5}{1+2x}$

46. $S = \dfrac{-4}{1+6x}$

47. $S = \dfrac{1}{1-2x} + \dfrac{2}{1-3x}$

48. $S = \dfrac{1}{1-2x} + \dfrac{5}{1-x}$

在习题49~55中，求出序列$\{a_r\}$的生成函数。

49. 设a_r是从3个红球、两个绿球和5个白球中选取r个球的方法数。

50. 一家冰淇淋店有一种用糖条制作的冰淇淋，它有3种不同的口味可供挑选。设a_r是订购r个这种冰淇淋的可能的方法数。

51. 在某商店的有奖问答活动中，有6个优胜者，每个优胜者至少得到两份奖品，但是不超过4份奖品，现共有r份相同的奖品要颁发。设a_r是分发这r份奖品给优胜者的方法数。

52. 橱柜里有8种糕点，每种糕点各有3个。设a_r是从中选择r个糕点的方法数。

53. 仅用5美分、12美分和25美分的邮票，在一封信上贴r美分的邮资。设a_r是完成这项工作的方法数，不考虑邮票在信封上的位置。

54. 假设正在制作巧克力和甘草糖的样品盒，每盒必须有r块糖果，其中，至少有3块巧克力，最多有两块甘草。设a_r是不同的装盒的方法数。

55. 设a_r是用1美分、5美分和10美分的硬币支付价值r美分的物品的方法数。

计算机题

编写具有指定的输入和输出的计算机程序。

1. 给定递推关系$s_n = a_1 s_{n-1} + a_2 s_{n-2} + \cdots + a_k s_{n-k}$和初始值$s_0$，$s_1$，…，$s_{k-1}$，计算出由这些条件定义的序列中的某个指定的项。

2. 给定正整数n，列出以最少的移动次数赢得有n个盘子的汉诺塔游戏所需要的各次移动。

3. 给定正整数n，求第n个卡特兰数。（参见例9.5。）

4. 给定正整数n，若数1，2，…，n依次进栈，列出它们所有可能的出栈序列。（参见例9.5。）

5. 给定正整数a和b，模拟例9.18中的赌局的500次投掷。

6. 给定有n个整数的列表和一个目标整数t，用9.4节中的顺序查找算法找出t在列表中的第一次出现。

7. 给定有n个整数的列表和一个目标值t，用9.4节中的二分查找算法找出t在列表中的一次出现。

8. 给定有n个实数的列表，用9.4节中的归并排序算法将该列表按升序进行排列。

9. 设k为非负整数，给定有2^k个实数的列表，用9.4节习题40中介绍的Bose-Nelson算法对该列表进行排序。

10. 给定非负整数k以及$f(x) = a_0 + a_1x + \cdots + a_nx^n$和$g(x) = b_0 + b_1x + \cdots + b_nx^n$，计算$x^k$在多项式$f(x)g(x)$中的系数。

推荐读物

1. Bose, R.C. and R.J. Nelson. "A Sorting Problem," *J. Assoc. Computing Machinery*, vol. 9 (1962): 282–296.
2. Goldberg, Samuel. *Introduction to Difference Equations*. New York: Wiley, 1958.
3. Horowitz, Ellis and Sartaj Sahni. *Fundamentals of Computer Algorithms*. New York: Freeman, 1984.
4. Levy, H. and F. Lessman. *Finite Difference Equations*. New York: Dover, 1992.
5. Ryser, Herbert John. *Combinatorial Mathematics*. Washington, DC: Mathematical Association of America, 1963.
6. Stanat, Donald F. and David F. McAllister. *Discrete Mathematics in Computer Science*. Englewood Cliffs, NJ: Prentice-Hall, 1977.

第10章

Discrete Mathematics, Fifth Edition

组合电路和有限状态机

现如今被称为**微处理器**（microprocessor）的微型电子装置广泛地用于各种场合，如：汽车、电子表、导弹、电子游戏机、CD播放器和面包烘烤机等等。这些装置植入在较大的设备中，它们按照预先设定好的模式响应各种输入，从而控制这些设备。本章将介绍这种电路的逻辑。

10.1 逻辑门

录音控制室里敏感的电子设备需要在温度和湿度这两方面得到防护。一旦温度超过80°，或者湿度超过50%，空调就必须启动。这里，所需要的是一个有两个输入和一个输出的控制装置，其中的一个输入来自温度调节器，另一个来自湿度调节器，而它的输出则连接到空调。这个装置必须实现这样的功能：如果从两个输入设备中的任何一个得到一个"是"信号，那么就启动空调。这个装置的功能归纳在下表中。

温度>80°	湿度>50%	空调开启	温度>80°	湿度>50%	空调开启
否	否	否	是	否	是
否	是	是	是	是	是

按照惯例，分别用x和y标识这两个输入信号，用1和0分别表示输入和输出信号的值："是"和"否"。于是，x和y只能取值0或1，这样的变量称为**布尔变量**（boolean variable）。这些约定导出了一种更简单的表格形式。

x	y	输出	x	y	输出
0	0	0	1	0	1
0	1	1	1	1	1

这里所需要的装置是**逻辑门**（logical gate）的一个例子，具有刚才所描述的功能的逻辑门称为**或门**（OR-gate），因为只要x或者y中的任何一个为1，其输出就是1。输入是x和y的或门的输出表示为$x \vee y$。因此，

$$x \vee y = \begin{cases} 1 & \text{如果} x = 1 \text{或者} y = 1 \\ 0 & \text{否则} \end{cases}$$

本书不研究这里称之为逻辑门的装置的内在工作原理，只是描述它们的功能。逻辑门是一种电子装置，它有一个或者两个输入，只有一个输出。这些输入和输出处于两种状态中的一种，我们把这两种状态表示为0和1。例如，这两种状态可能分别是高电压状态和低电压状态。

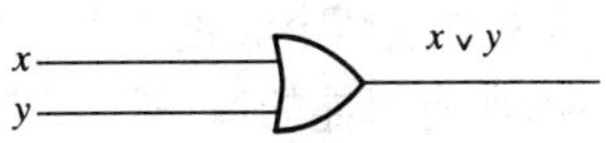

x y $x \vee y$

或门

图 10.1

逻辑门可以用标准的符号表示成图形，这些标准的符号是由IEEE（Institute of Electrical and Electronics Engineer）制定的。或门的符号如图10.1所示。

除或门外，本书将只研究另外两种逻辑门，即**与门**（AND-gate）和**非门**（NOT-gate），它们的符号如图10.2所示。注意，或门和与门的符号非常相似，要仔细地区分这两种逻辑门。

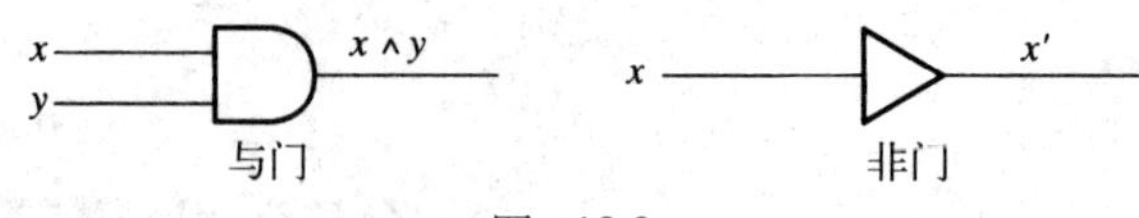

图 10.2

仅当输入x和y都为1时，与门的输出才是1。与门的输出用$x \wedge y$表示。因此，$x \wedge y$的值由下表给出。与在逻辑中一样，这种表称为**真值表**（truth table）。

x	y	$x \wedge y$	x	y	$x \wedge y$
0	0	0	1	0	0
0	1	0	1	1	1

例10.1 连接在个人电脑上的喷墨打印机，只有当在线按钮已被按下，且纸张感应器指示打印机中有纸时，它才会打印。这种情况可以表示成与门，如图10.3所示。 ■

本书要考虑的另一种逻辑门是非门，它只有一个输入。非门的输出总是恰好与它的输入相反。如果输入是x，用x'表示非门的输出，则非门的输出如下。

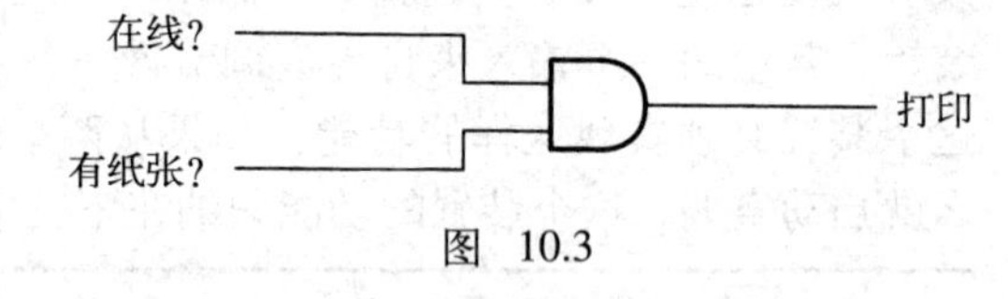

图 10.3

x	x'	x	x'
0	1	1	0

例10.2 一辆出租卡车配备了一个控制器，如果计速器上的时速超过每小时70英里，就切断卡车的点火系统。这种情况可以表示成非门，如图10.4所示。 ■

熟悉逻辑的读者会发现本书所描述这三种门与“或”、“与”和“非”这三个逻辑运算之间的相似性。虽然还可以定义出其他的逻辑门，但是，通过适当地组合已经介绍过的这三种逻辑门，可以模拟出任何逻辑门，只要其输入不超过两个。

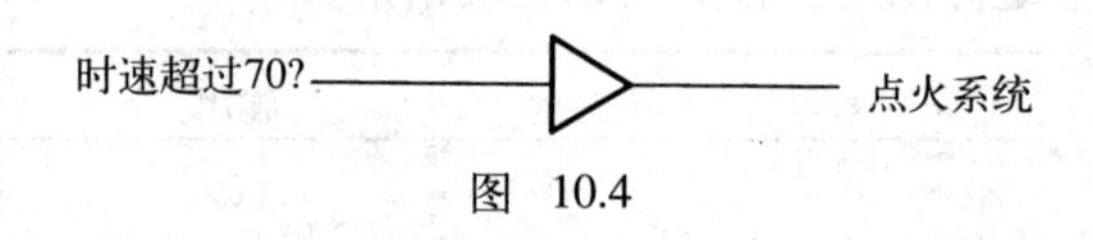

图 10.4

例10.3 一台家用燃气炉上连接着两个温度调节器，一个安装在起居区，另一个安装在燃烧室，燃气炉在燃烧室里加热空气以使空气循环流通。如果第一个温度调节器探测到屋内的温度低于68° F，那么它就发一个信号到燃气炉以开启炉子。另一方面，如果燃烧室里的温度调节器的温度高于150° F，那么它就发一个信号到燃气炉以关闭炉子。这个信号是出于对安全性的考虑，无论房间内的温度调节器发出的信号是什么，都应该服从这个信号。

图10.5所示的是能产生所希望的输出的一种逻辑门的组合。如图10.6所示，如果用x和y表示来自这两个温度调节器的信号，则可以更容易地检查这种组合的功效。可以通过真值表对x和y所有可能的取值计算出$x \wedge y'$的值。

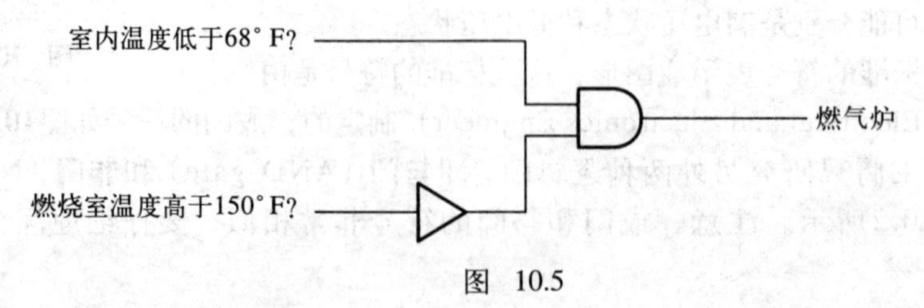

图 10.5

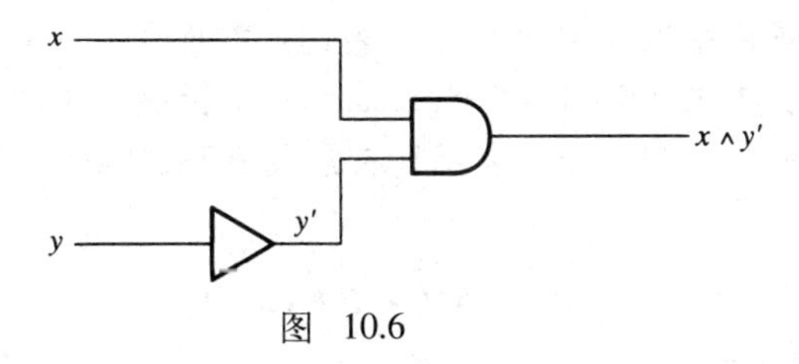

图 10.6

x	y	y'	$x \wedge y'$
0(室温正常)	0(燃烧室温度正常)	1	0(关闭炉子)
0(室温正常)	1(燃烧室温度过高)	0	0(关闭炉子)
1(室温太冷)	0(燃烧室温度正常)	1	1(开启炉子)
1(室温太冷)	1(燃烧室温度过高)	0	0(关闭炉子)

注意，只有在屋内较冷且燃烧室的温度并非过高时，燃气炉才会工作。 ■

图10.6演示了通过组合逻辑门来产生电路的例子，这种电路称为**组合电路**（combinatorial circuit），通常也简单地称之为“电路”。这样的电路允许有两个以上的独立输入，而且，一个输入可以输入多个门。图10.7展示了一个更加复杂的例子，其中的输入表示为x，y和z。

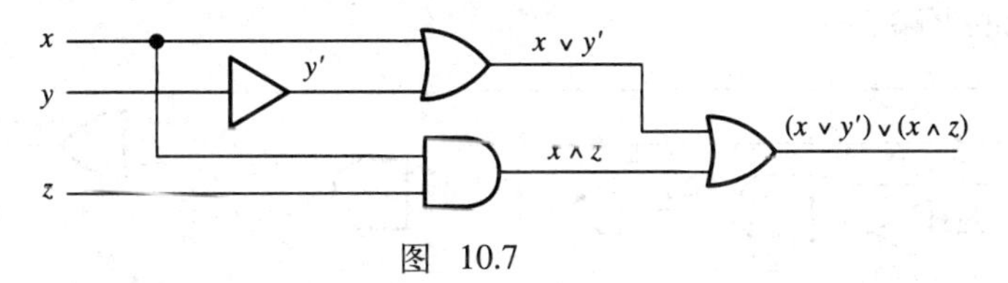

图 10.7

本书仅考虑只有一个输出的电路，也不允许如图10.8所示的那种电路，其中非门的输出反馈回来成为前面的一个与门的输入。（对这种情况的精确描述留作习题。）在图10.7中，输入x在黑点处分开。为了简化图，也可以把多个原始输入标注为同一个变量。所以，图10.9仅是图10.7的另一种画法。

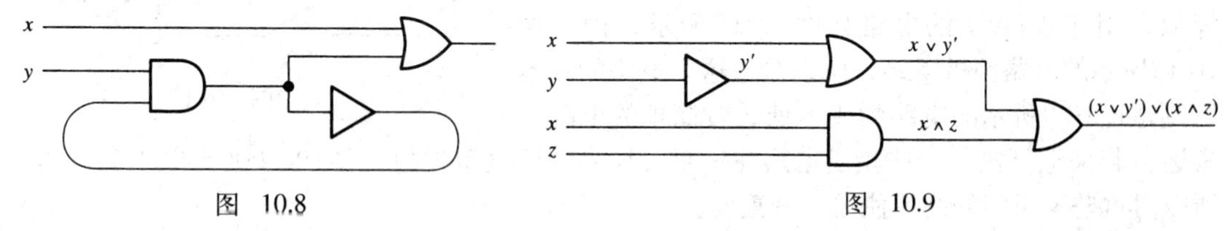

图 10.8　　图 10.9

复杂电路的功效可以通过这样的方法来计算：对所有可能的输入变量的值，逐个计算出每个门的输出，如下面的真值表所示。

x	y	z	y'	$x \vee y'$	$x \wedge z$	$(x \vee y') \vee (x \wedge z)$
0	0	0	1	1	0	1
0	0	1	1	1	0	1
0	1	0	0	0	0	0
0	1	1	0	0	0	0
1	0	0	1	1	0	1
1	0	1	1	1	1	1
1	1	0	0	1	0	1
1	1	1	0	1	1	1

上述真值表列标题栏中的符号串是布尔表达式的例子。一般地，给定一个有限的布尔变量的集合，一个**布尔表达式**（Boolean expression）是指这些布尔变量中的任意一个布尔变量，或常量0和1中的任意一个（0和1分别表示具有常数值0和1的变量），或任意随后形成的下列几种表达式：

$$B \vee C,\ B \wedge C\text{或}B',$$

其中，B和C是布尔表达式。

例10.4 对于由x, y和z组成的布尔变量的集合，下列哪些是布尔表达式？

$$x \vee (y \wedge (x \wedge z')'),\ 1 \wedge y,\ z,\ (x \wedge 'z) \vee y,\ \vee y' \wedge 0。$$

前三个是布尔表达式，最后两个不是，因为$\wedge '$和$\vee y'$都没有意义。 ■

正如一个组合电路可以导出一个布尔表达式那样，每个布尔表达式也对应一个电路。对表达式从外层开始进行剖析，可以得到所对应的电路。考虑例10.4 中的第一个表达式$x \vee (y \wedge (x \wedge z')')$，它对应于一个有或门的电路，这个或门的输入是$x$和$y \wedge (x \wedge z')'$，如图10.10所示。以这样的方式向后继续进行，最终得到如图10.11所示的电路。

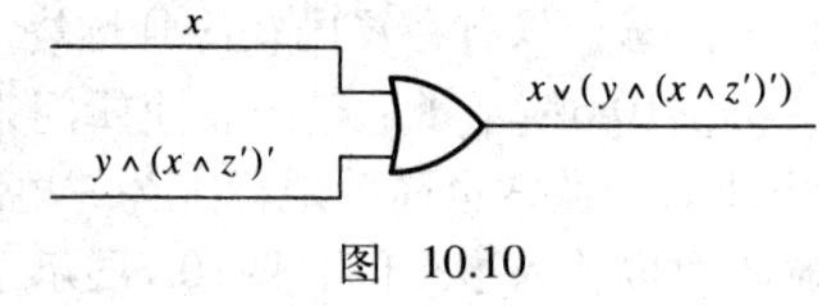

图 10.10

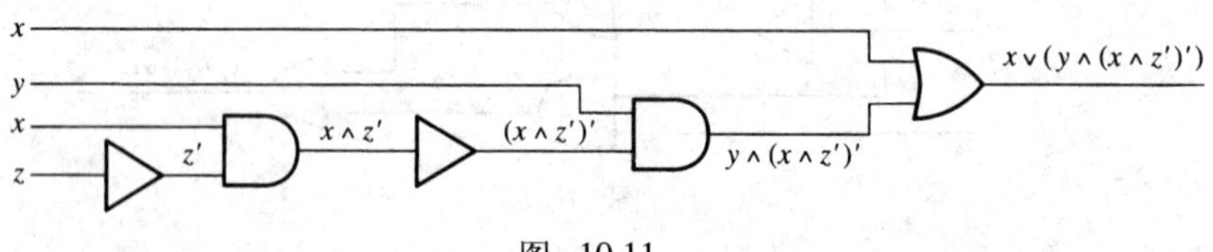

图 10.11

不同的电路可能对各种输入变量的值的组合都产生相同的输出。例如，研究上一页下面的表，其中分析了图10.9所示的电路的输出功效。可以发现：这个电路的输出为1当且仅当x为1或者y为0。因此，这个电路与对应于$x \vee y'$的电路等效，对应于$x \vee y'$的电路如图10.12所示。由于图10.12所示的电路简单得多，所以制造这个电路的成本比制造图10.9所示的电路的成本低。较简单的电路通常运行起来也更快。一些集成电路在一平方厘米的区域里就包含了100 000个以上的逻辑门，所以对这些逻辑门的高效使用十分重要。

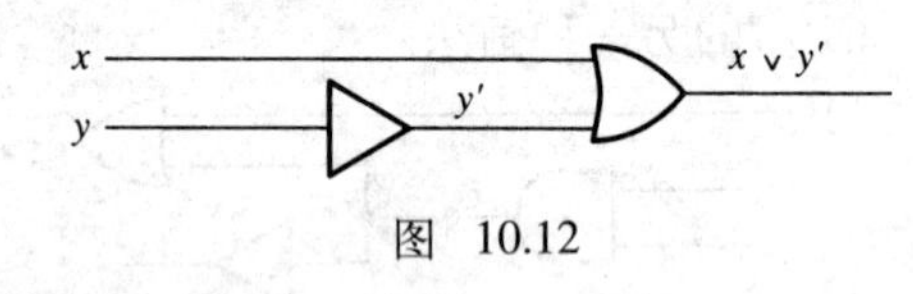

图 10.12

若两个电路对输入变量的所有可能的取值都给出相同的输出，则称这两个电路是**等效的**（equivalent），称与它们相应的布尔表达式是**相等的**（equivalent）。因此，$(x \vee y') \vee (x \wedge z)$与$x \vee y'$相等，通过把下表与$(x \vee y') \vee (x \wedge z)$的真值表（上一页下面的表）做比较，可以验证这一点。

x	y	z	y'	$x \vee y'$	x	y	z	y'	$x \vee y'$
0	0	0	1	1	1	0	0	1	1
0	0	1	1	1	1	0	1	1	1
0	1	0	0	0	1	1	0	0	1
0	1	1	0	0	1	1	1	0	1

因为对应于相等的布尔表达式的电路具有完全相同的功效，所以在这种表达式之间画等号。例如，可以这样写：

$$(x \vee y') \vee (x \wedge z) = x \vee y',$$

因为这两个表达式的真值表相同。在接下来的几个小节中，将研究如何把布尔表达式化简为更简单的相等的表达式，以改进电路的设计。

习题10.1

在习题1~8中，分别写出与各个电路相对应的布尔表达式。

1.
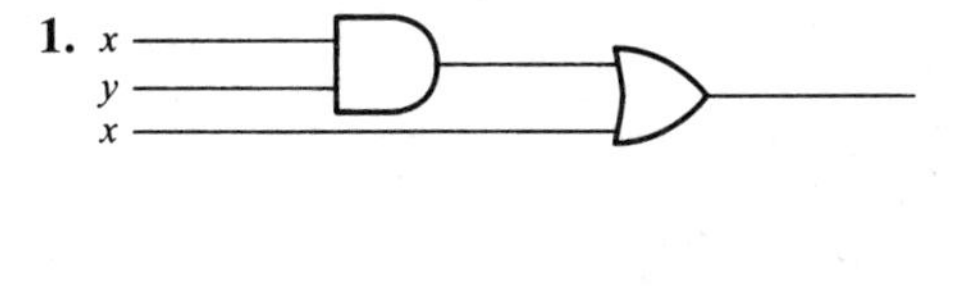

2.
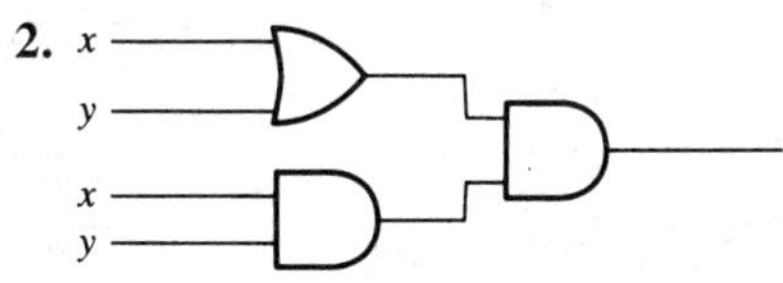

3.
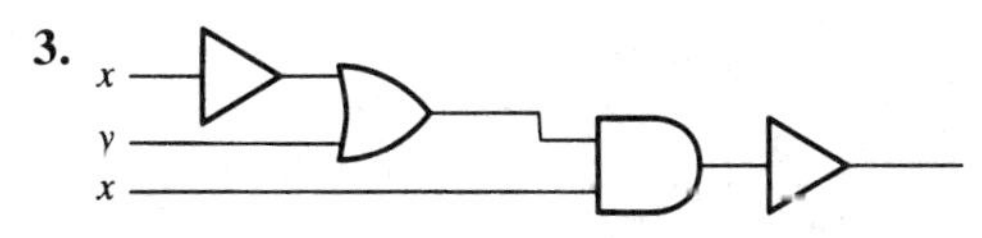

4.
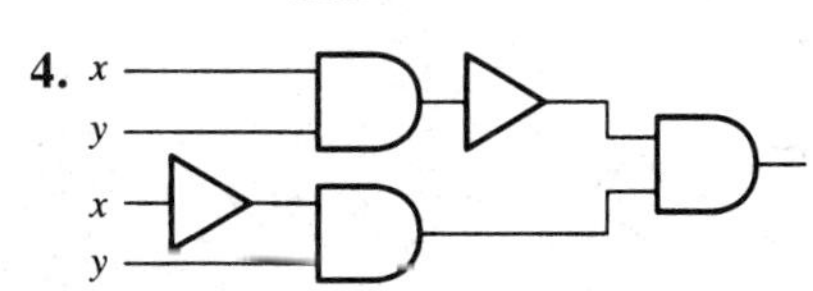

5.
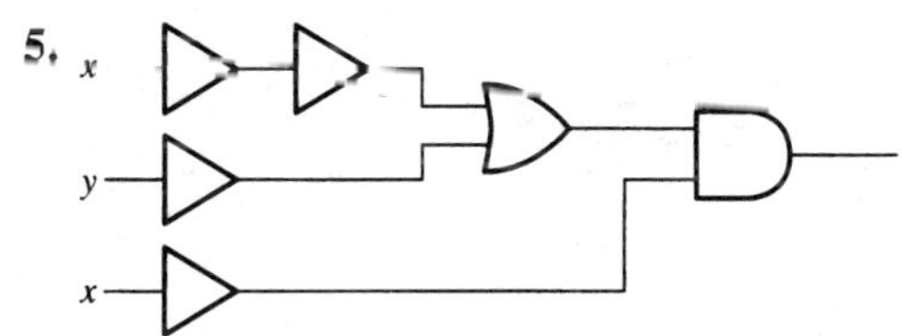

6.
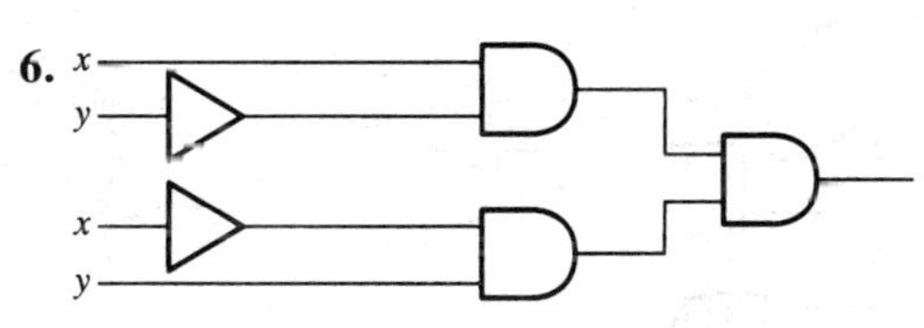

7.
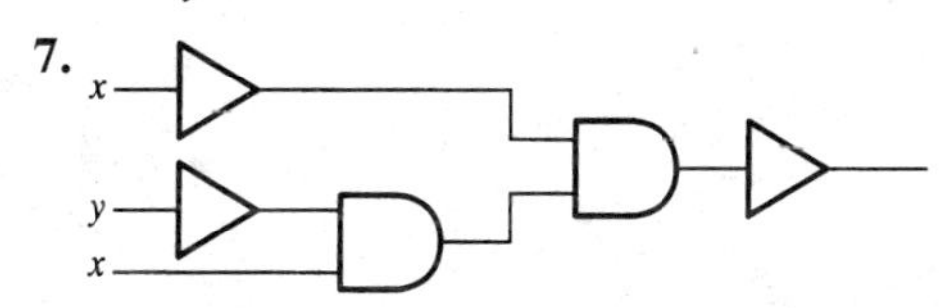

8.
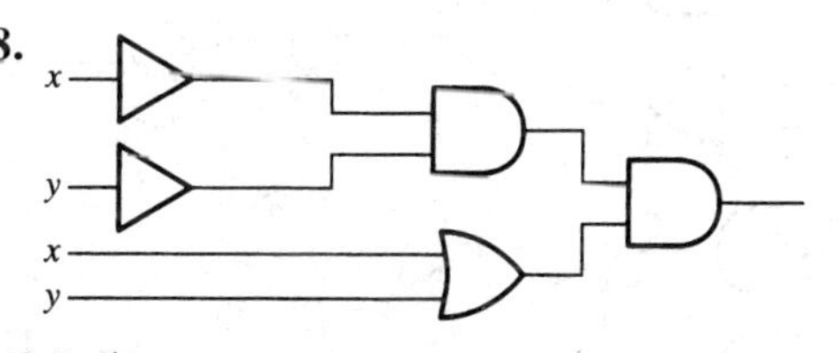

在习题9~14中，分别画出表示各个布尔表达式的电路。

9. $(x \wedge y) \vee (x' \vee y)$

10. $(x' \wedge y) \vee [x \wedge (y \wedge z)]$

11. $[(x \wedge y') \vee (x' \wedge y')] \vee [x' \wedge (y \vee z)]$

12. $(w \wedge x) \vee [(x \vee y') \wedge (w' \vee x')]$

13. $(y' \wedge z') \vee [(w \wedge x') \wedge y']'$

14. $[x \wedge (y \wedge z)] \wedge [(x' \wedge y') \vee (z \wedge w')]$

在习题15~18中，对给定的输入值，给出布尔表达式的输出值。

15. $(x \vee y) \wedge (x' \vee z)$，输入值：$x = 1$，$y = 1$，$z = 0$。

16. $[(x \wedge y) \vee z] \wedge [x \vee (y' \wedge z)]$，输入值：$x = 0$，$y = 1$，$z = 1$。

17. $[x \wedge (y \wedge z)]'$，输入值：$x = 0$，$y = 1$，$z = 0$。

18. $[(x \wedge (y \wedge z')) \vee ((x \wedge y) \wedge z)] \vee (x \vee z')$，输入值：$x = 0$，$y = 1$，$z = 0$。

在习题19~22中，为所示的电路构造真值表。

19.
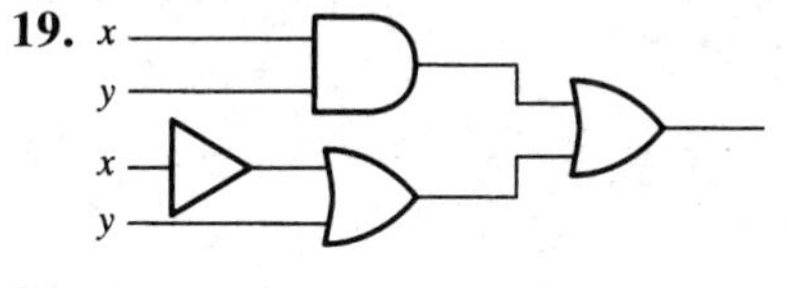

20.
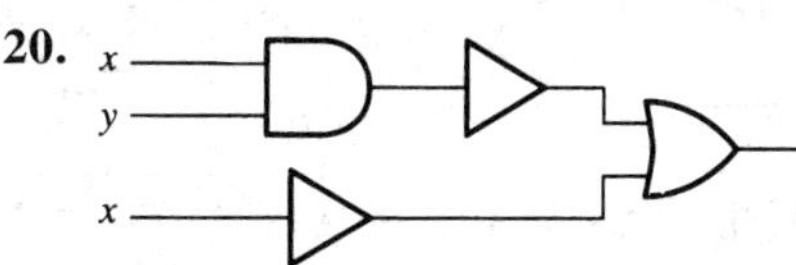

21.
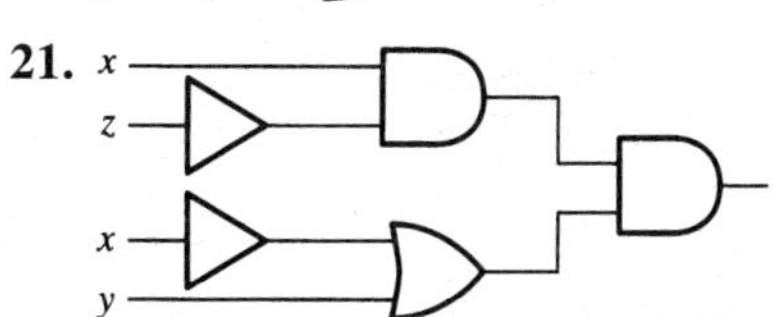

22.
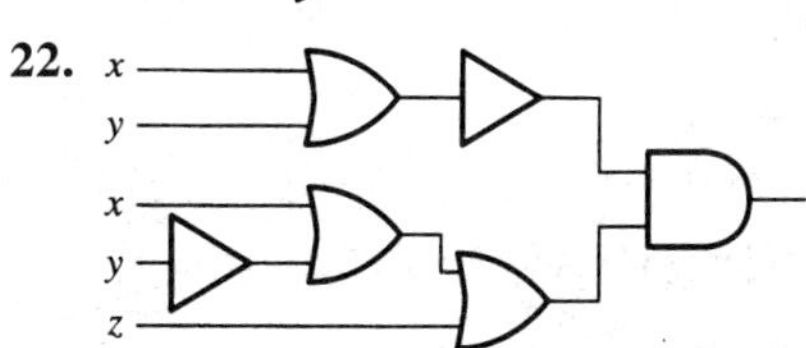

在习题23~28中，为给定的布尔表达式构造真值表。

23. $x \wedge (y \vee x')$

24. $(x \vee y')' \vee x$

25. $(x \wedge y) \vee (x' \wedge y')'$

26. $x \vee (x' \wedge y)$

27. $(x \vee y') \vee (x \wedge z')$

28. $[(x \wedge y) \wedge z] \vee [x \wedge (y \wedge z')]$

在习题29~36中，运用真值表确定哪些电路是等效的。

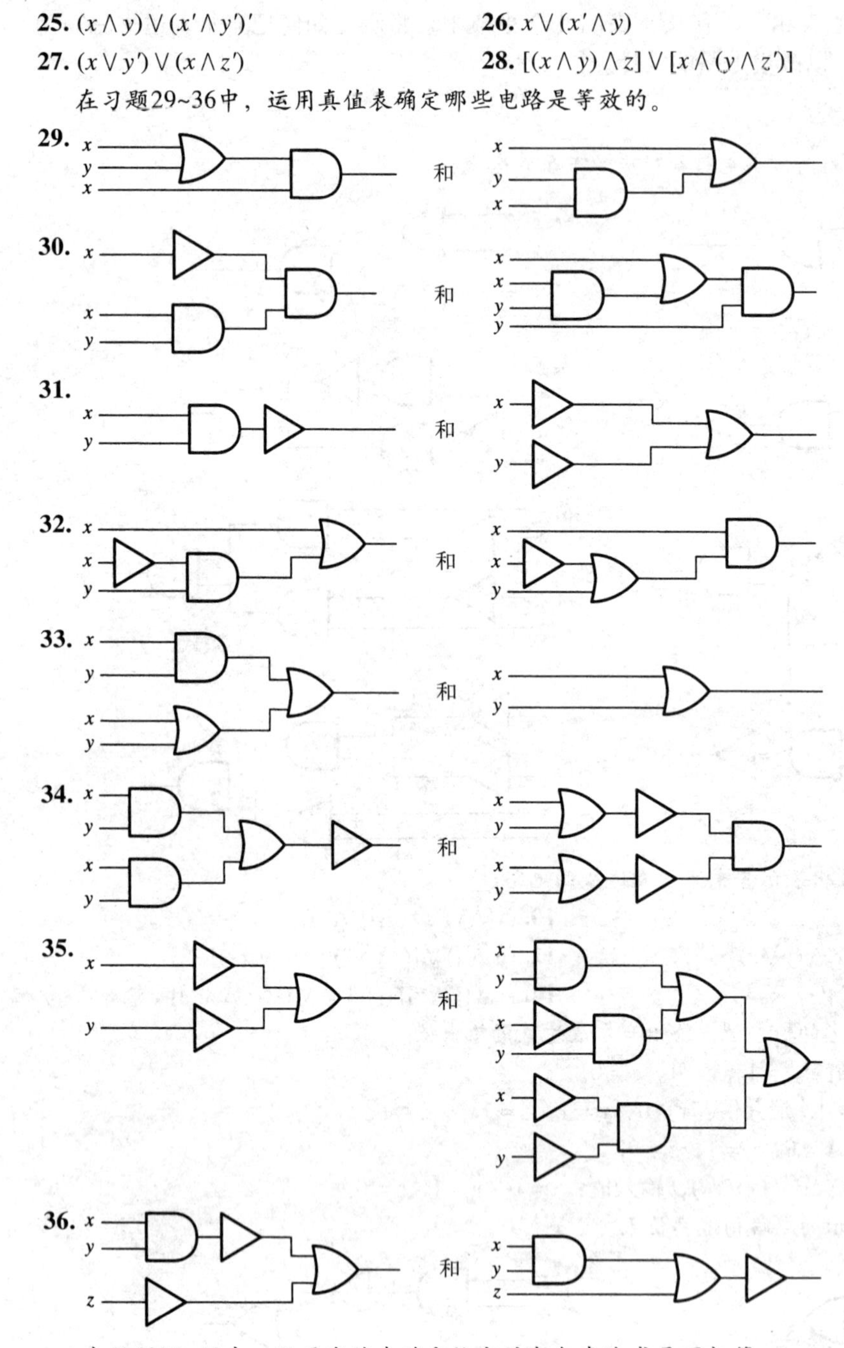

在习题37~42中，运用真值表确定给定的布尔表达式是否相等。

37. $x \vee (x \wedge y)$和x。

38. $x \wedge (x' \wedge y)$和$x \wedge y$。

39. $[(x \vee y) \wedge (x' \vee y)] \wedge (y \vee z)$和$(x \vee y) \wedge (x' \vee z)$。

40. $(x \wedge (y \wedge z)) \vee [x' \vee ((x \wedge y) \wedge z')]$和$x' \vee y$。

41. $y' \wedge (y \vee z')$和$y' \wedge x'$。

42. $x \wedge [w \wedge (y \vee z)]$和$(x \wedge w) \wedge (y \vee z)$。

43. 一个住宅安全警报系统是这样设计的：如果有窗户信号传来，或者未先关上安全开关而打开了房门，则警报系统就向警察局报警。针对这种情况画出一个电路，并解释你的输入变量的含义。

44. 在一辆汽车中，若驾驶员一侧的安全带没有扣好，或重量感应器显示有人在位置上，或钥匙在点火系统中，则驾驶员一侧的安全带蜂鸣器就鸣响。针对这种情况画出一个电路，并解释你的输入变量的含义。

45. 证明：对一个确定的布尔变量的有限集合，布尔表达式上的相等关系是如第2章所定义的等价关系。

***46.** 对组合电路定义相关联的有向图，并叙述关于这种图的条件，使之可以排除类似于如图10.8所示的电路。

47. 对$x = 0$和1，下面这个不合法的电路的输出是什么？

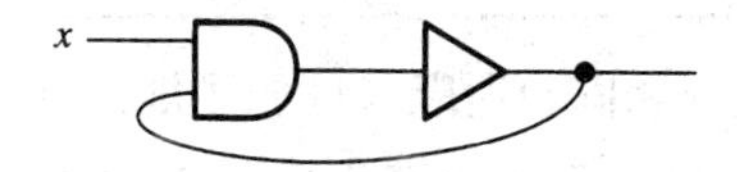

10.2 构造组合电路

在10.1节中看到，一个组合电路是怎样与一个布尔表达式相对应的，有时还可以通过找到等价的较简单的布尔表达式来化简电路。化简布尔表达式的一种方法是利用标准的恒等式，就如同可以运用代数运算规则把代数表达式$(a + b)^2-b(b-3a)$简化为$a(a + 5b)$一样。定理10.1列出了一些布尔恒等式，这些恒等式可用于化简布尔表达式。

定理10.1 对任意布尔表达式X，Y和Z，

(a) $X \wedge Y = Y \wedge X$，$X \vee Y = Y \vee X$

(b) $(X \wedge Y) \wedge Z = X \wedge (Y \wedge Z)$，$(X \vee Y) \vee Z = X \vee (Y \vee Z)$

(c) $X \wedge (Y \vee Z) = (X \wedge Y) \vee (X \wedge Z)$，$X \vee (Y \wedge Z) = (X \vee Y) \wedge (X \vee Z)$

(d) $X \vee (X \wedge Y) = X \wedge (X \vee Y) = X$

(e) $X \vee X = X \wedge X = X$

(f) $X \vee X' = 1$，$X \wedge X' = 0$

(g) $X \vee 0 = X \wedge 1 = X$

(h) $X \wedge 0 = 0$，$X \vee 1 = 1$

(i) $(X')' = X$，$0' = 1$，$1' = 0$

(j) $(X \vee Y)' = X' \wedge Y'$，$(X \wedge Y)' = X' \vee Y'$

在这些恒等式中，有许多恒等式都有着与熟知的代数运算规则相同的形式。例如，规则（a）指出$\vee$和$\wedge$运算是可交换的，而规则（b）是这两个运算的结合律。尽管有规则（b），但$X \vee (Y \wedge Z)$不等于$(X \vee Y) \wedge Z$。

规则（c）给出了两条分配律。例如，在规则（c）的第一个等式中，如果用乘替换$\wedge$，用加替换$\vee$代，就得到

$$X(Y + Z) = (XY) + (XZ)。$$

这就是普通代数运算的分配律。然而，在第二个等式中做同样的替换，却得到

$$X + (YZ) = (X + Y)(X + Z)。$$

这不是普通代数运算的恒等式。所以，必须小心地运用这些规则，不能基于其他代数系统的规则而直接得出关于如何操作布尔表达式的结论。

规则（j）中的等式称为**德摩根律**（De Morgan's laws），请对照这两个等式与定理2.2中关

于集合并和交的补的规则。所有这些恒等式的正确性都可以通过计算其中的表达式的真值表来证明。

例10.5 证明定理10.1中的规则（d）。

计算表达式$X \vee (X \wedge Y)$和$X \wedge (X \vee Y)$的真值表如下。

X	Y	$X \wedge Y$	$X \vee (X \wedge Y)$	$X \vee Y$	$X \wedge (X \vee Y)$
0	0	0	0	0	0
0	1	0	0	1	0
1	0	0	1	1	1
1	1	1	1	1	1

因为这张表的第1、第4和第6列完全相同，所以就证明了规则（d）。■

作为应用这些规则的一个例子，下面将证明表达式$(x \vee y') \vee (x \wedge z)$与表达式$x \vee y'$相等，但不像在10.1节中做的那样计算每个表达式的真值表。我们从较复杂的表达式开始，利用规则进行化简。

$$
\begin{aligned}
(x \vee y') \vee (x \wedge z) &= (y' \vee x) \vee (x \wedge z) && \text{（规则（a））}\\
&= y' \vee (x \vee (x \wedge z)) && \text{（规则（b））}\\
&= y' \vee x && \text{（规则（d））}\\
&= x \vee y' && \text{（规则（a））}
\end{aligned}
$$

例10.6 化简与图10.11所示的电路相对应的表达式$x \vee (y \wedge (x \wedge z')')$。

$$
\begin{aligned}
x \vee (y \wedge (x \wedge z')') &= x \vee (y \wedge (x' \vee z'')) && \text{（规则（j））}\\
&= x \vee (y \wedge (x' \vee z)) && \text{（规则（i））}\\
&= (x \vee y) \wedge (x \vee (x' \vee z)) && \text{（规则（c））}\\
&= (x \vee y) \wedge ((x \vee x') \vee z) && \text{（规则（b））}\\
&= (x \vee y) \wedge (1 \vee z) && \text{（规则（f））}\\
&= (x \vee y) \wedge 1 && \text{（规则（h））}\\
&= x \vee y && \text{（规则（g））}
\end{aligned}
$$

可以看到，图10.11所示的复杂电路可替换为仅有一个门的电路。■

根据定理10.1中的规则（b），可以使用诸如$X \vee Y \vee Z$那样的表达式，因为无论先计算$X \vee Y$还是先计算$Y \vee Z$，其结果都一样。在电路中，这意味着图10.13所示的两个电路是等效的。于是，下面就用图10.14所示的电路图来表示图10.13所示的任何一个电路，当X，Y或Z中的任何一个为1时，这个电路的输出就为1。

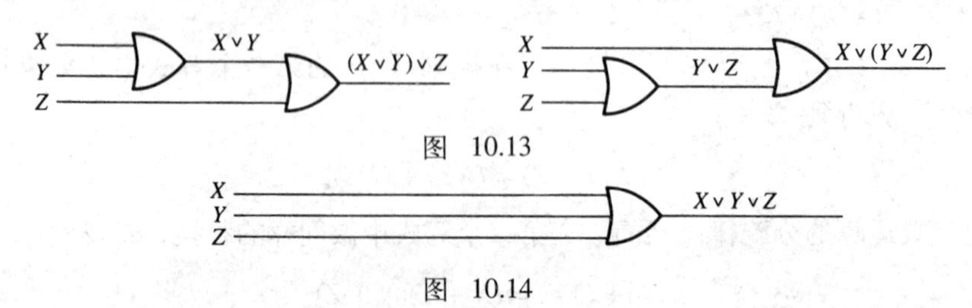

图 10.13

图 10.14

对3个以上的输入应用同样的规则。例如，图10.15所示的电路代表了任何一个对应于下列布尔表达式的等效电路：该布尔表达式是在$W \wedge X \wedge Y \wedge Z$中插入括号而得到的布尔表达式，$(W \wedge X) \wedge (Y \wedge Z)$是一个这样的布尔表达式，$((W \wedge X) \wedge Y) \wedge Z$则是另一个。

当然，在化简电路以前必须先有一个电路。因此，必须考虑如何构造能够完成预期功能的电路的问题，所构造的电路是简单的还是复杂的则是其次。通过化简电路所对应的布尔表达式来简化复杂的电路总是可能的。

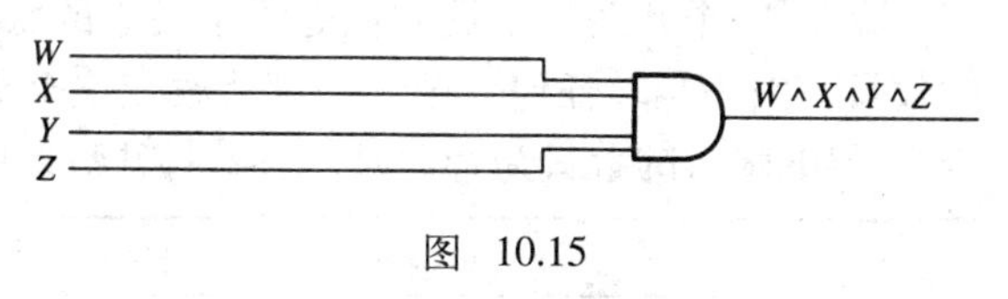

图 10.15

作为一个例子，考虑州参议院的3人财政委员会。委员会要对所有的税收议案进行投票，当然，一项议案要获得委员会通过，必须有两张或3张赞成票。现要设计一个这样的电路，它以3位参议员的投票作为输入，并把议案是否通过作为输出。（这个设备将是一个规模缩小了的、应用于一些立法机构的电子投票设备。）如果用1表示赞成票和议案获得通过，那么所要构造的是具有下表所示的真值表的电路。

x	y	z	通过吗	x	y	z	通过吗
0	0	0	0	1	0	0	0
0	0	1	0	*1	0	1	1
0	1	0	0	*1	1	0	1
*0	1	1	1	*1	1	1	1

上面对输出列为1的行做了标记，因为这些行将被用来按这个真值表构造布尔表达式。例如，考虑表的第4行。因为在这行的输出列有一个1，所以，当x为0且y和z为1时，布尔表达式应取值为1。但x为0当且仅当x'为1，因此这一行对应于x'，y和z的值都为1的情况。这种情况恰好发生在$x' \wedge y \wedge z$的值为1的时候。其他做了记号的行指出：当$x \wedge y' \wedge z$，$x \wedge y \wedge z'$或者$x \wedge y \wedge z$为1时，输出也为1。所以，我们所要的是这样一个输出：它恰好在表达式$(x' \wedge y \wedge z) \vee (x \wedge y' \wedge z) \vee (x \wedge y \wedge z') \vee (x \wedge y \wedge z)$的值为1时，取1。这个表达式正是所要找的表达式。与这个表达式相对应的电路如图10.16所示。

注意，因为上面所构造的电路对赞成票进行计数，并且指出是否有两张或更多的赞成票，所以一台初级的算术计算机已经设计出来了。

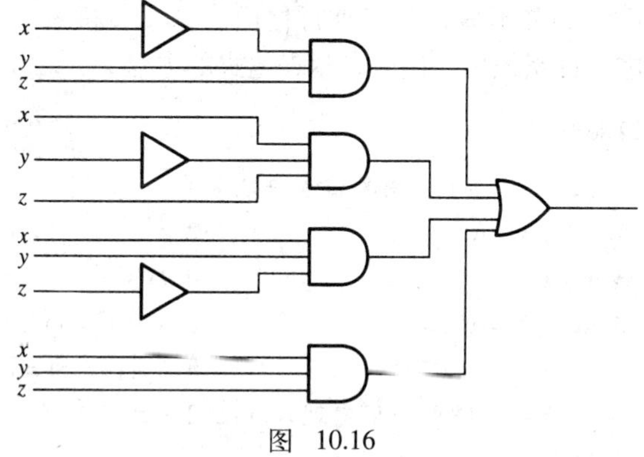

图 10.16

现在总结一下构造与一个给定的真值表相对应的布尔表达式的方法。假设输入变量是x_1，x_2，x_3，…，x_n。如果所有的输出都为0，则所要的布尔表达式是0。否则按下列步骤进行。

第一步：选出输出为1的真值表的行，对每个这样的行构造布尔表达式

$$y_1 \wedge y_2 \wedge \cdots \wedge y_n。$$

其中，如果这一行的x_i列是1，则取y_i为x_i；如果这一行的x_i列是0，则取y_i为x_i'。这样构造出来的表达式称为**极小项**（minterm）。

第二步：如果B_1，B_2，…，B_k是第一步构造出来的极小项，则构造表达式

$$B_1 \vee B_2 \vee \cdots \vee B_k。$$

这个布尔表达式的真值表与初始时的真值表完全相同。

例10.7 车库的一盏灯由3个开关控制，一个开关在与车库紧邻的厨房里，另一个在车库正门，还有一个在车库后门。无论其他开关处于什么状态，任何一个开关都要能够开或关灯。

设计一个满足这个要求的电路。

输入是3个开关，根据它们处于上或下的状态，用1或者0来标记它们。考虑等于1的输入的数目，因为翻转任何一个开关都将改变这个数的奇偶性，所以，下面将设计一个电路，每当等于1的输入的数目为奇数时，它就打开灯。所要构造的电路的真值表如下。

x	y	z	1的数目	输出	x	y	z	1的数目	输出
0	0	0	0	0	*1	0	0	1	1
*0	0	1	1	1	1	0	1	2	0
*0	1	0	1	1	1	1	0	2	0
0	1	1	2	0	*1	1	1	3	1

表中，对输出为1的行做了标记。所要求的布尔表达式是$(x' \wedge y' \wedge z) \vee (x' \wedge y \wedge z') \vee (x \wedge y' \wedge z') \vee (x \wedge y \wedge z)$，相应的电路如图10.17所示。■

用上述方法产生的布尔表达式通常比较复杂，所以对应于复杂的电路。图10.17所示的电路实际上比所看到的更复杂，因为，如果仅用3种原始的逻辑门来表示它，那么中间的每个有3个输入的门都必须替换为两个标准的2-输入的与门，右边有4个输入的门必须替换为3个标准的2-输入的或门。因此，图10.17中的电路需要6个非门、8个与门和3个或门，总共需要17个基本门。虽然可以用本节开头所给出的规则化简相应的布尔表达式，但我们并不清楚如何进行化简。10.3节将考虑一种系统化的化简布尔表达式的方法。

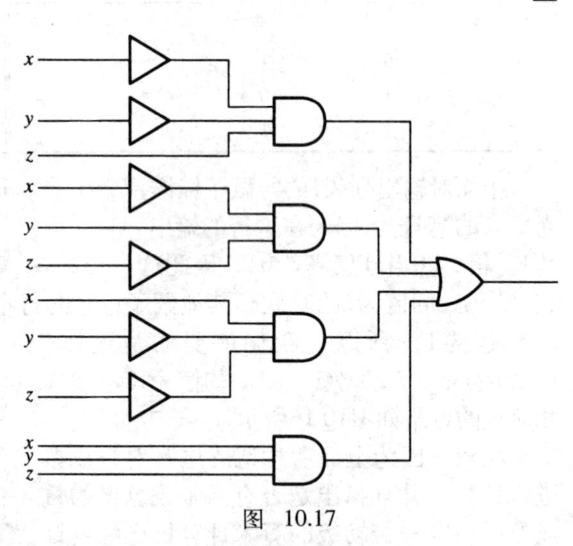

图 10.17

习题10.2

在习题1~8中，用真值表证明等式。

1. $x \wedge y = y \wedge x$

2. $x \wedge (y \vee z) = (x \wedge y) \vee (x \wedge z)$

3. $x \vee x = x$

4. $(x')' = x$

5. $(x \wedge y)' = x' \vee y'$

6. $x' \wedge y' = (x \vee y)'$

7. $x \wedge x' = 0$

8. $x \wedge (y \wedge z) = (x \wedge y) \wedge z$

在习题9~18中，用定理10.1证明等式。从等式左端的表达式开始，并用字母依次列出所使用的规则。

9. $(x \wedge y) \vee (x \wedge y') = x$

10. $x \vee (x' \wedge y) = x \vee y$

11. $x \wedge (x' \vee y) = x \wedge y$

12. $[(x \wedge y) \vee (x \wedge y')] \vee [(x' \wedge y) \vee (x' \wedge y')] = 1$

13. $(x' \vee y)' \vee (x \wedge y') = x \wedge y'$

14. $[(x \vee y) \wedge (x' \vee y)] \vee [(x \vee y') \wedge (x' \vee y')] = 0$

15. $(x \wedge y)' \vee z = x' \vee (y' \vee z)$

16. $((x \vee y) \wedge z)' = z' \vee (x' \wedge y')$

17. $(x \wedge y) \wedge [(x \wedge w) \vee (y \wedge z)] = (x \wedge y) \wedge (w \vee z)$

18. $(x \vee y)' \vee (x \wedge y)' = (x \wedge y)'$

在习题19~22中，证明其中的布尔表达式不相等。

19. $x \wedge (y \vee z)$和$(x \wedge y) \vee z$

20. $(x \wedge y)'$和$x' \wedge y'$

21. $(x \wedge y) \vee (x' \wedge z)$和$(x \vee x') \wedge (y \vee z)$

22. $(1 \vee x) \vee x$和x

在习题23~28中，求出具有给定的真值表的由极小项构成的布尔表达式，然后画出相应的电路。

23.

x	y	输出
0	0	0
0	1	1
1	0	1
1	1	0

24.

x	y	输出
0	0	0
0	1	1
1	0	0
1	1	1

25.

x	y	z	输出	x	y	z	输出
0	0	0	0	1	0	0	0
0	0	1	0	1	0	1	1
0	1	0	0	1	1	0	1
0	1	1	1	1	1	1	0

26.

x	y	z	输出
0	0	0	1
0	0	1	0
0	1	0	0
0	1	1	1
1	0	0	1
1	0	1	0
1	1	0	0
1	1	1	1

27.

x	y	z	输出
0	0	0	0
0	0	1	0
0	1	0	0
0	1	1	1
1	0	0	0
1	0	1	1
1	1	0	0
1	1	1	1

28.

x	y	z	输出
0	0	0	1
0	0	1	0
0	1	0	0
0	1	1	0
1	0	0	0
1	0	1	1
1	1	0	0
1	1	1	1

在习题29~34中，若用具有一个或者两个输入的与门、或门和非门表示所给定的电路，请指出所需要的各种门的个数。

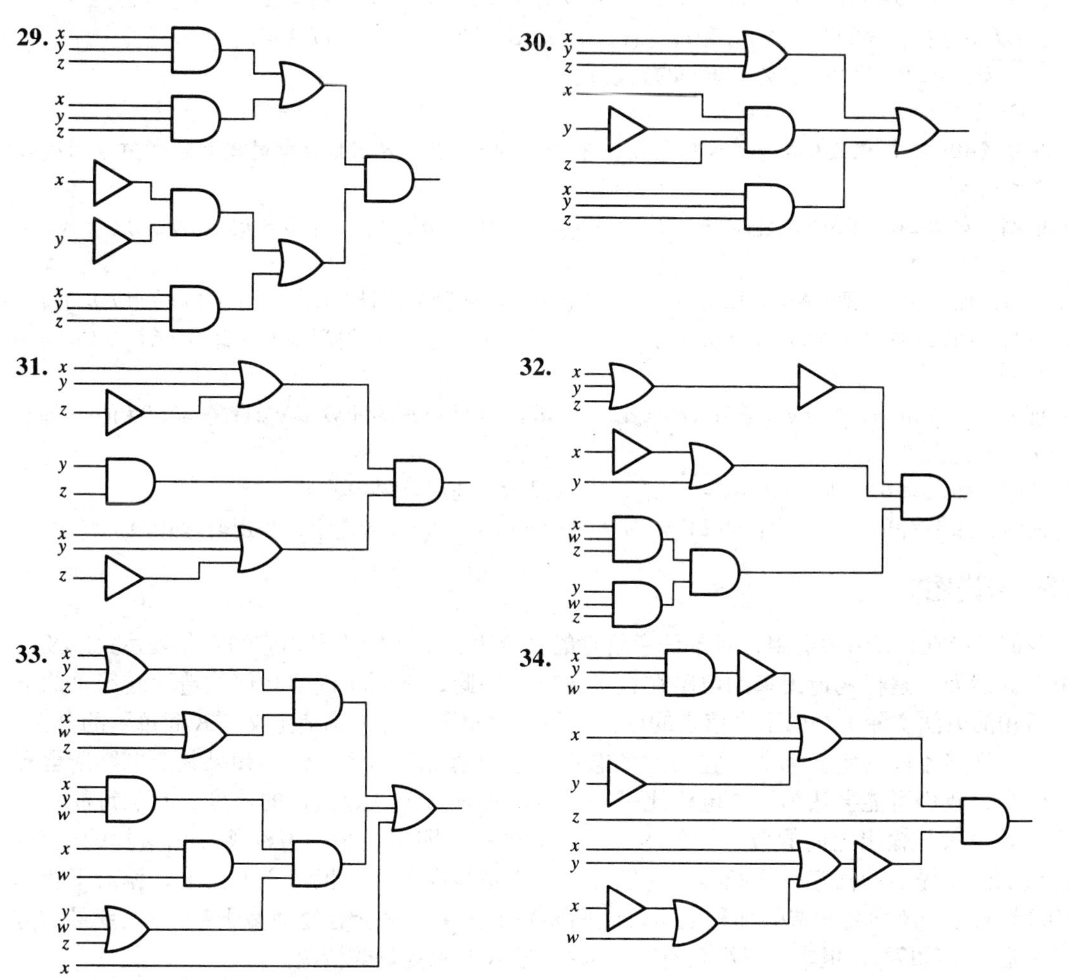

35. 假设某公司要生产逻辑设备，其输入为x和y，输出与逻辑命题$\sim(x \to y)$的值等效，其中，1对应于T，0对应于F。请用与门、或门和非门画出一个有此功能的电路。

36. 某导弹基地建立了一个安全网络，由3个警卫组成一个巡逻队。在下列情况下警报器将发出警报：一号警卫失去了联络，且另两个警卫中至少有一个也失去了联络；或者，一号警卫与二号警卫有联络，但三号警卫失去了联络。求出一个布尔表达式，它恰好在警报器发出警报时值为1。令输入值为1表示失去联系。

37. 某工厂的库存控制系统在下列情况下会识别出订单中的错误：订单中含有零件A和B但不含有零件C、含有零件B或者C但不含有D、含有零件A和D。找出一个以a，b，c和d为变量的布尔表达式，它恰好在识别出错误时为1。令a为1表示订单中有零件A，……。

38. 如果X，Y和Z代表实数，并用乘替换$\wedge$，用加替换$\vee$，用$-X$替换X'，则定理10.1中的哪些规则仍然成立？

39. 如果X，Y和Z代表集合U的子集，并用$\cap$替换代表$\wedge$、用$\cup$替换$\vee$、用$\overline{A}$（A的补集）替换A'、用U替换1、用$\varnothing$（空集）替换0，则定理10.1中的哪些规则仍然成立？

定义**布尔代数**（Boolean algebra）为满足下列条件的集合B：

(i) 对B中的任何一对元素a和b，B中定义了唯一的元素$a \vee b$和$a \wedge b$。

(ii) 如果a和b在B中，则$a \vee b = b \vee a$，$a \wedge b = b \wedge a$。

(iii) 如果a，b和c在B中，则$a \vee (b \vee c) = (a \vee b) \vee c$，$a \wedge (b \wedge c) = (a \wedge b) \wedge c$。

(iv) 如果a，b和c在B中，则$a \vee (b \wedge c) = (a \vee b) \wedge (a \vee c)$，$a \wedge (b \vee c) = (a \wedge b) \vee (a \wedge c)$。

(v) B中存在相异的两个元素0和1，使得如果$a \in B$，则$a \vee 0 = a$，$a \wedge 1 = a$。

(vi) 如果$a \in B$，则B中定义了唯一的元素a'。

(vii) 如果$a \in B$，则$a \wedge a' = 0$，$a \vee a' = 1$。

在习题40~45中，假设B是一个布尔代数。习题41~45指出：定理10.1中的规则在任何布尔代数中都成立。

***40.** 证明：如果a和b在B中，且$a \vee b = 1$，$a \wedge b = 0$，则$b = a'$。（提示：$b = b \wedge (a \vee a') = b \wedge a' = a' \wedge (a \vee b)$。）

***41.** 证明：如果$a \in B$，则$a \wedge 0 = 0$，$a \vee 1 = 1$。（提示：用两种方法计算$a \wedge (0 \vee a')$和$a \vee (1 \wedge a')$。）

***42.** 证明：如果a和b在B中，则$a \vee (a \wedge b) = a \wedge (a \vee b) = a$。（提示：用两种方法计算$a \wedge (1 \vee b)$和$a \vee (0 \wedge b)$。）

***43.** 证明：如果$a \in B$，则$a \vee a = a \wedge a = a$。（提示：用两种方法计算$(a \vee a) \wedge (a \vee a')$和$(a \wedge a) \vee (a \wedge a')$。）

***44.** 证明：如果$a \in B$，则$a'' = a$，$0' = 1$，$1' = 0$。（提示：利用习题40。）

***45.** 证明：如果a和b在B中，则$(a \vee b)' = a' \wedge b'$，$(a \wedge b)' = a' \vee b'$。（提示：利用习题40。）

10.3 卡诺图

我们已经在10.2节中看到，对于任意给定的真值表，如何构造出相应的布尔表达式以及逻辑电路。然而，这样构造出来的电路往往很复杂。因此，下面将说明如何构造比较简单的电路，所用的方法实际上是画出真值表的图。当然，这里还没有精确地定义“较简单”的含义。事实上，许多不同的定义都是适宜的。考虑到制造的紧凑性和经济性，如果某个电路所含有的门较少，我们可能会认为这个电路比另一个电路更好。考虑到执行的速度，我们可能会偏向于原始输入与输出之间的最大门数尽可能小的电路。即将描述的方法将导出这样的电路：尽管按照刚才提出的任意一项标准，它们都不一定是最简单的，但是，大体上，相对于我们在10.2节末尾处所学会构造的那种电路，它们要简单得多。尽管有处理多于4个输入变量的方法（见推荐读物[7]），但本书只涉及有2，3或4个输入布尔变量的情况。

下面将说明如何产生具有指定真值表的简单布尔表达式，电路可以随后从这个表达式构造出来。这种方法所处理的初始真值表可能刻画了正在设计的电路的预期输出，也可能是从一个现存在的电路或想要化简的布尔表达式计算出来的。

为了说明这种方法，从下面的真值表开始入手。

x	y	输出	x	y	输出
0	0	1	1	0	1
0	1	0	1	1	1

对这个真值表，以前的方法产生布尔表达式$(x' \wedge y') \vee (x \wedge y') \vee (x \wedge y)$以及图10.18所示的电路。为了找到更简单的电路，把真值表表示成图形，如图10.19a所示。在所示的网格中，每个单元格对应于真值表的一行，网格的行对应于x和x'，列对应于y和y'。例如，左上角的单元格对应于真值表$x = 1$和$y = 1$的那行，单元格中的1指出该行的输出列是1。在网格中，由于每一行都标以x和x'中的某一个，每一列都标以y和y'中的某一个，每个单元格中不是1就是0，所以，从现在起，省略标记x'，y'和0以节省时间，如图10.19b所示。这个图称为真值表的**卡诺图**（Karnaugh map）。

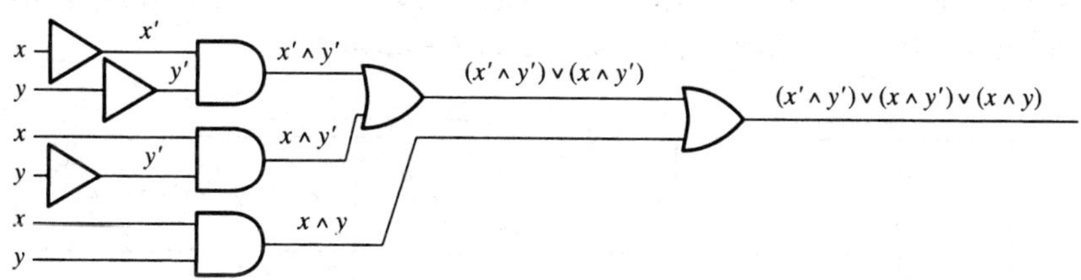

图 10.18

卡诺图中的每个单元格对应于一个极小项，如图10.20a所示。于是，用符号$\vee$将含有1（在图10.20b中，它们被画上圆圈）的单元格中的极小项连接起来，就可以构造出一个布尔表达式，这个布尔表达式所具有的真值表正是最初的真值表。这等同于10.2节的方法，得到布尔表达式

$$(x \wedge y) \vee (x \wedge y') \vee (x' \wedge y)。$$

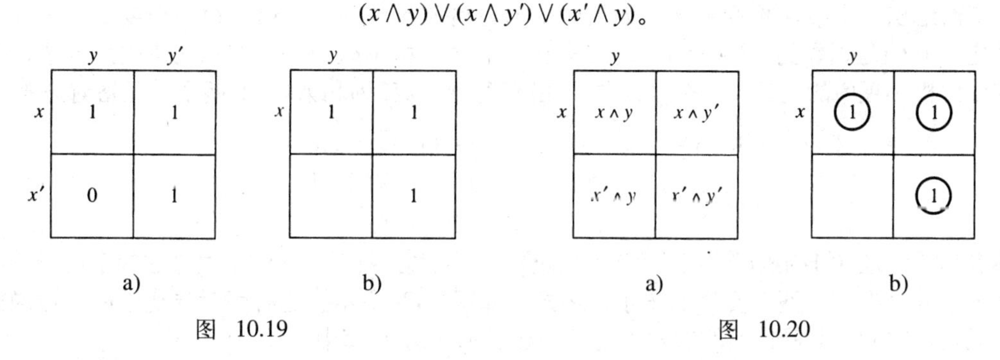

图 10.19　　图 10.20

这个方法的关键在于，注意到相邻的单元格可能有更简单的布尔表达式。比如，网格第1行的两个单元格可以简单地表示为x。这可以用定理10.1证明如下。

$$\begin{aligned}(x \wedge y) \vee (x \wedge y') &= x \wedge (y \wedge y') && \text{（规则（c））}\\ &= x \wedge 1 && \text{（规则（f））}\\ &= x && \text{（规则（g））}\end{aligned}$$

其他这样的两单元格的单元格组以及相应的布尔表达式如图10.21a和b所示，其中，用椭圆勾出了所命名的单元格组。

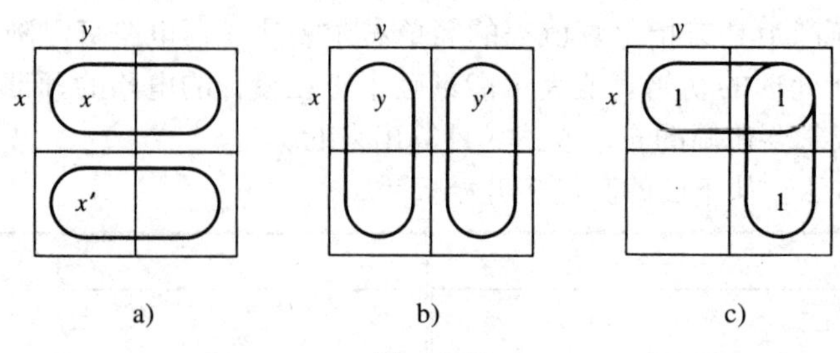

a)　　b)　　c)

图 10.21

在图10.21c中可以看到：3个带1的单元格可以看作是x椭圆或y'椭圆里的单元格，从而对应于布尔表达式$x \vee y'$。这就是所要找的较简单的表达式。

很容易检验出，$x \vee y'$具有所要求的真值表。相应的电路如图10.22所示。与图10.18所示的电路相比较，按任何合理的标准，图10.22所示的电路都更为简单。

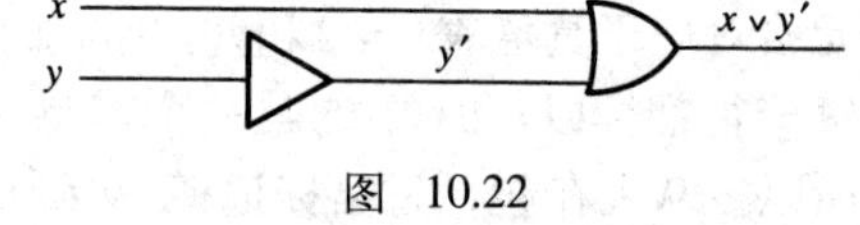

图 10.22

由于两个输入变量的情况很简单，所以下面要进一步考虑3个输入变量，如x，y和z的情况。所要用的网格如图10.23a所示。回忆一下上面的规则：未标记的第2行对应于x'。类似地，第3列和4列对应于y'，第1列和4列对应于z'。各单元格的极小项如图10.23b所示。

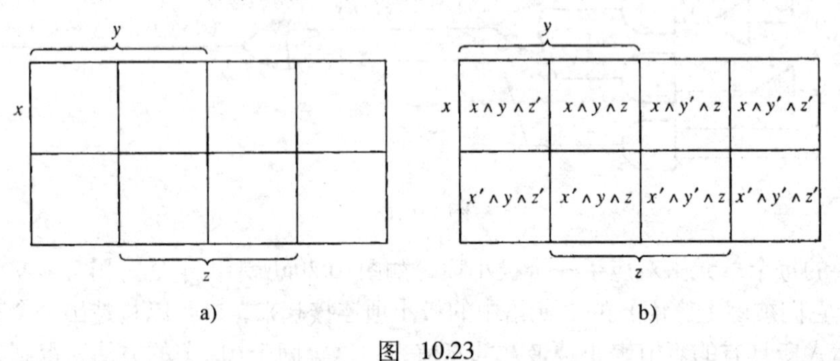

a)　　b)

图 10.23

下面给出一个技术性的定义。如果两个单元格所对应的极小项仅在一个变量上不同，那么就定义它们是**相邻的**（adjacent）。一对相邻的单元格可以用一个布尔表达式来描述，其中的变量比极小项中的变量少一个。比如，在第2行中，第3列和第4列的两个单元格对应于

$$\begin{aligned}(x' \wedge y' \wedge z) \vee (x' \wedge y' \wedge z') &= (x' \wedge y') \wedge (z \vee z') \\ &= (x' \wedge y') \wedge 1 \\ &= x' \wedge y',\end{aligned}$$

其中利用了定理10.1的规则（c）、（f）和（g）。一行或一列中，任何紧挨着的两个单元格都是相邻的，并且有一个两个变量的布尔表达式，如图10.24所示。还有两对卷绕于网格边缘的相邻单元格，它们与其简化后的布尔表达式一起展示在图10.25中。

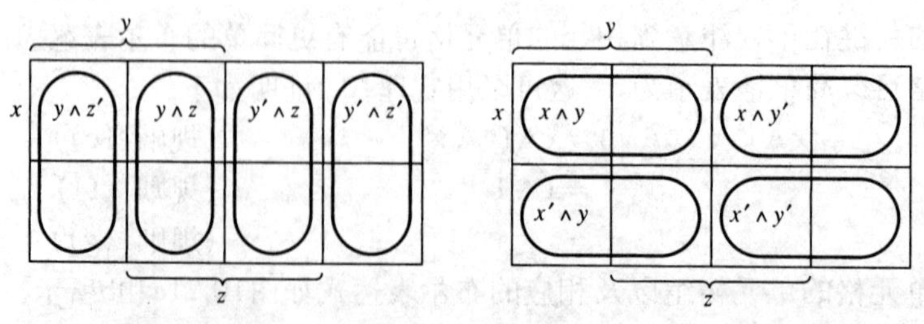

图 10.24

还有具有单变量布尔表达式的4个单元格的组，如图10.26所示。读者不必记忆图10.24、图10.25和图10.26中勾出的单元格组的布尔表达式，而应该研究这些布尔表达式，以理解其背后的原理。

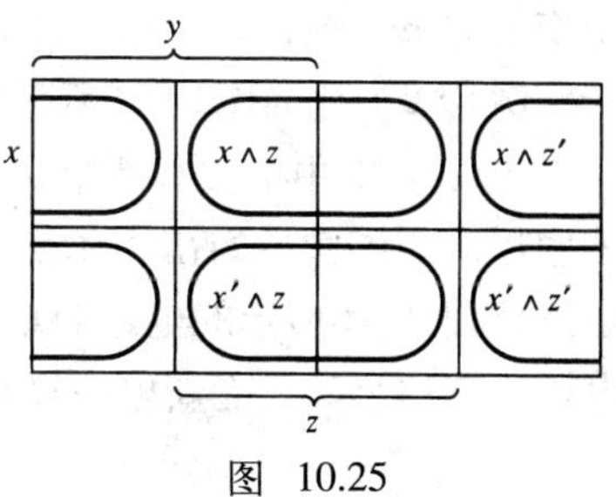

图 10.25

构造对应于某个真值表的简单布尔表达式的方法与两个变量的情况相似。画出真值表的卡诺图，然后把含有1的那些单元格（仅仅那些单元格）用椭圆围起来，这些椭圆有对应的布尔表达式。由于较大的单元格组有较简单的布尔表达式，所以只要可能，就使用较大的组，并避免使用不必要的组。最后，用$\vee$把这些表达式连接起来，就构成一个具有所要求的真值表的布尔表达式。

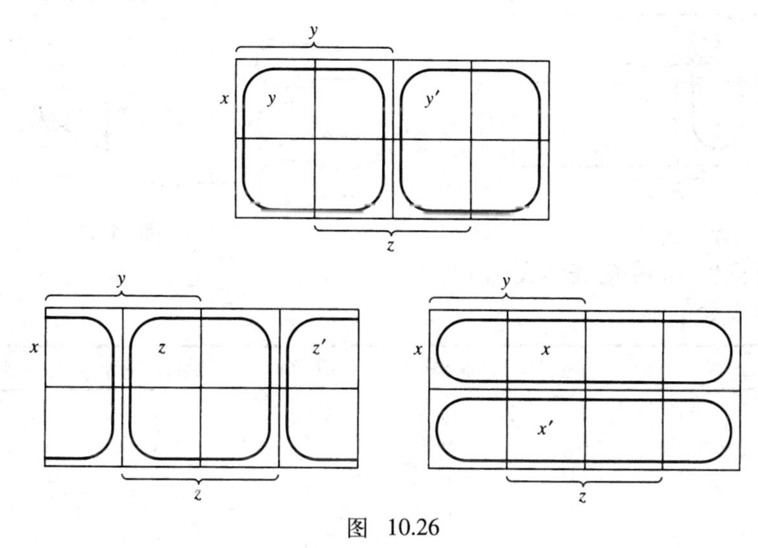

图 10.26

例如，考虑图10.27所示的两个卡诺图。合适的单元格组如图10.28所示。相应的布尔表达式分别是

$$x \vee (y' \wedge z)\text{和}(y \wedge z') \vee (x \wedge y) \vee (x' \wedge y' \wedge z)。$$

1	1	1	1
		1	

1	1		
1		1	

图 10.27

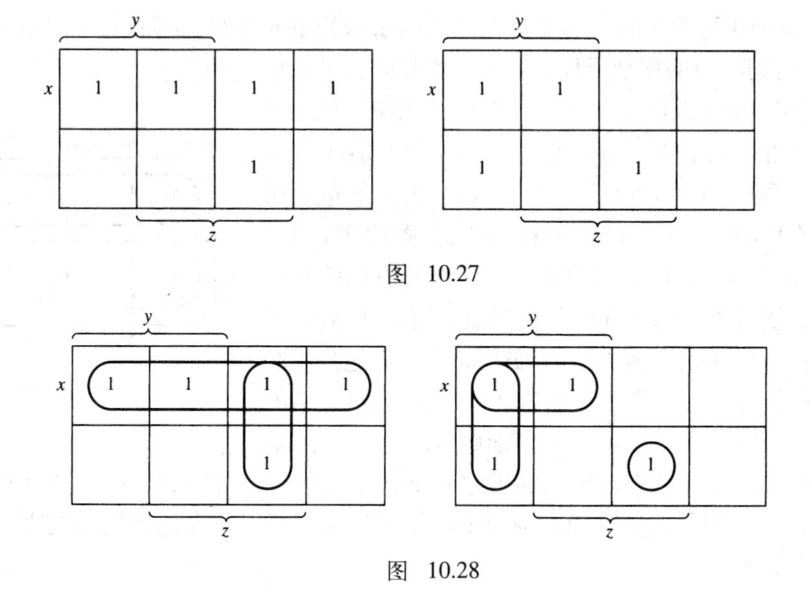

图 10.28

注意，第2个卡诺图中的第2行第3列的单元格不与任何为1的单元格相邻，所以必须使用其有3个变量的极小项。

例10.8 化简图10.16所示的投票机的电路。

当x，y和z中至少有两个是1时，投票机将给出结果1，相应的卡诺图如图10.29所示。利用图中所示的椭圆，写出布尔表达式$(x \wedge y) \vee (x \wedge z) \vee (y \wedge z)$。相应的电路如图10.30所示。这个电路比图10.16所示的电路简单得多。事实上，如果只使用不超过两个输入的门，那么前面的电路含有14个门，而新电路只有5个。 ■

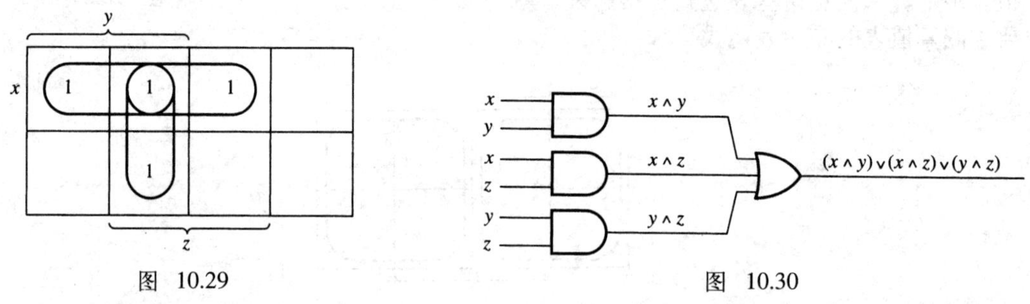

图 10.29　　图 10.30

例10.9 化简例10.6中的表达式$x \vee (y \wedge (x \wedge z')')$。

计算出真值表如下。

x	y	z	z'	$x \wedge z'$	$(x \wedge z')'$	$y \wedge (x \wedge z')'$	$x \vee (y \wedge (x \wedge z')')$
0	0	0	1	0	1	0	0
0	0	1	0	0	1	0	0
0	1	0	1	0	1	1	1
0	1	1	0	0	1	1	1
1	0	0	1	1	0	0	1
1	0	1	0	0	1	0	1
1	1	0	1	1	0	0	1
1	1	1	0	0	1	1	1

由此得到如图10.31所示的卡诺图。利用图中所示的单元格组，得到布尔表达式$x \vee y$，它与例10.6中利用定理10.1的规则所导出的表达式相同。 ■

最后，考虑有4个输入w, x, y和z的电路的卡诺图。使用被标记的4×4的网格，如图10.32a所示。例如，(1) 表示的单元格对应于极小项$w \wedge x' \wedge y \wedge z'$，(2) 和 (3) 表示的单元格分别对应于极小项$w \wedge x \wedge y' \wedge z$和$w' \wedge x' \wedge y \wedge z$。图10.32b展示了多组由两个相邻的单元格组成的单元格组以及它们的布尔表达式。当然，还有更多的这样的单元格组。图10.33展示了4个单元格的组的例子以及它们的两个变量的布尔表达式。注意，这些单元格组可以水平或垂直地卷绕。也有8个单元格的组，它们的布尔表达式只有一个变量，图10.34展示了其中的一些。

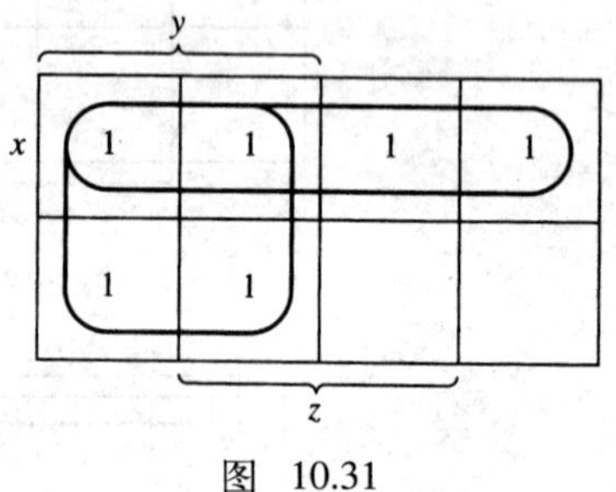

图 10.31

与前面一样，给定真值表，可以画出它的卡诺图，然后把其中的1（仅是其中的1）用尽可能大的1，2，4或8个单元格的矩形围起来。用∨把这些矩形的表达式连接起来，就形成了所要求的布尔表达式。

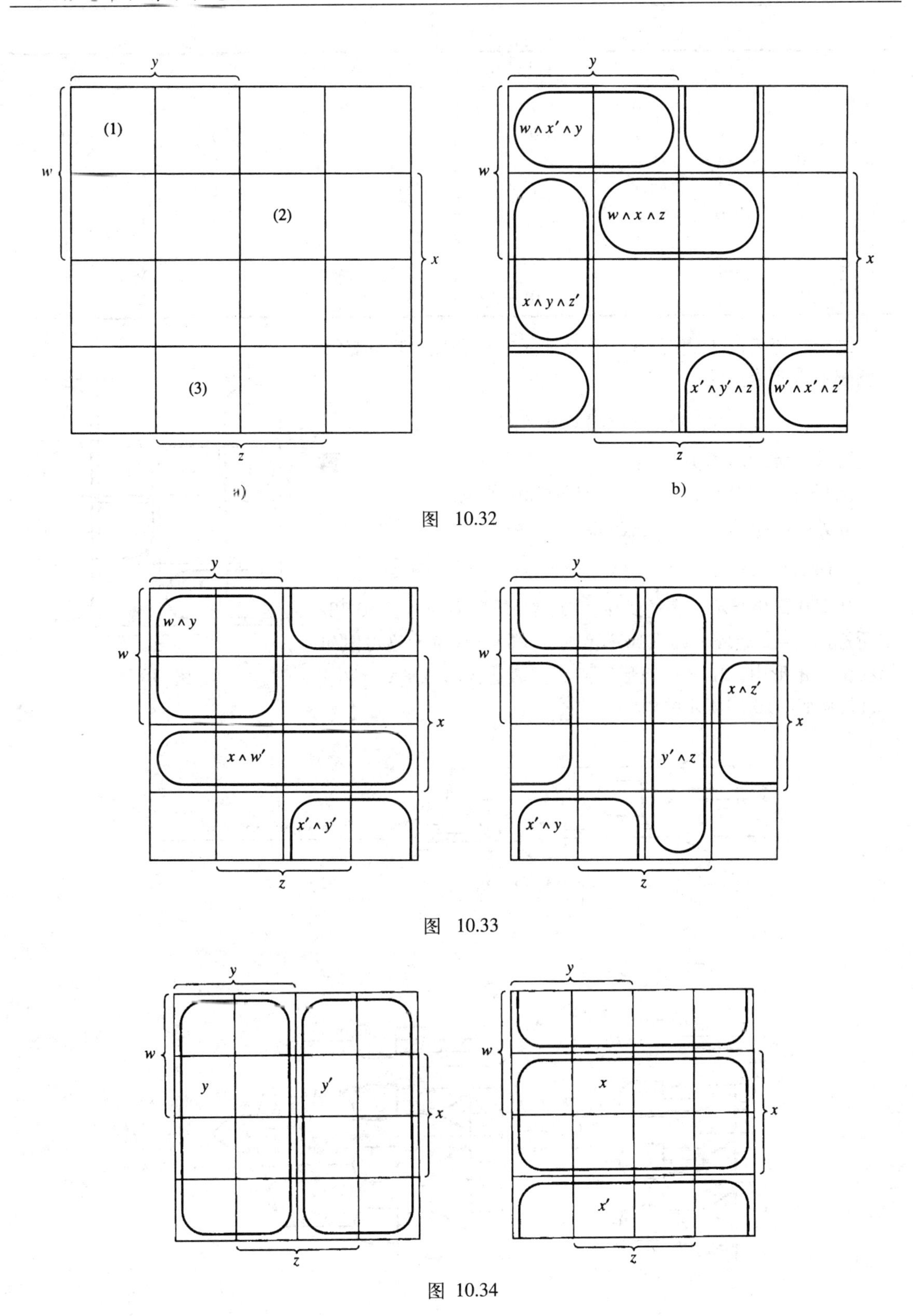

图 10.32

图 10.33

图 10.34

例10.10 构造出具有如下真值表的电路。

w	x	y	z	输出	w	x	y	z	输出
0	0	0	0	1	1	0	0	0	1
0	0	0	1	0	1	0	0	1	0
0	0	1	0	1	1	0	1	0	1
0	0	1	1	1	1	0	1	1	0
0	1	0	0	1	1	1	0	0	1
0	1	0	1	1	1	1	0	1	1
0	1	1	0	1	1	1	1	0	1
0	1	1	1	0	1	1	1	1	1

这个真值表的卡诺图如图10.35所示。利用图中所示的单元格矩形得到表达式

$$z' \vee (w \wedge x) \vee (x \wedge y') \vee (w' \wedge x' \wedge y)。$$

图10.36展示了相应的电路。■

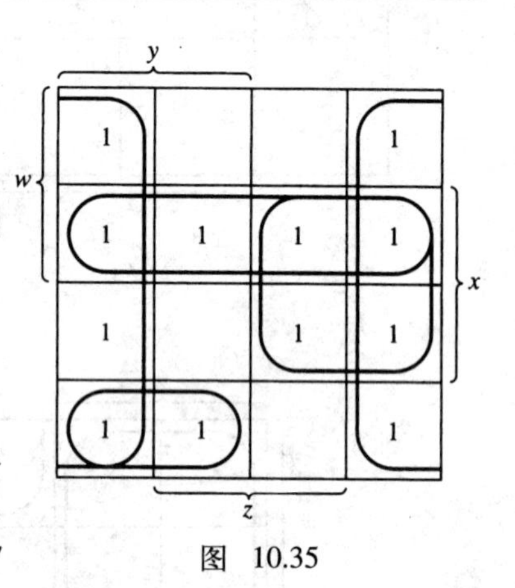

图 10.35

例10.11 利用卡诺图化简图10.37a中的电路。

计算出电路的布尔表达式

$$(w \wedge x \wedge y) \vee (w \wedge x \wedge z') \vee (w \wedge y' \wedge z) \vee (x' \wedge y' \wedge z)$$

如图10.37b所示。表达式中由 ∨ 隔开的项对应于图10.38a中所标出的4个矩形。如图10.38b所示，同一些单元格可以包括在两个矩形中。由这些矩形得到布尔表达式$(w \wedge x) \vee (x' \wedge y' \wedge z)$以及如图10.39所示的电路。■

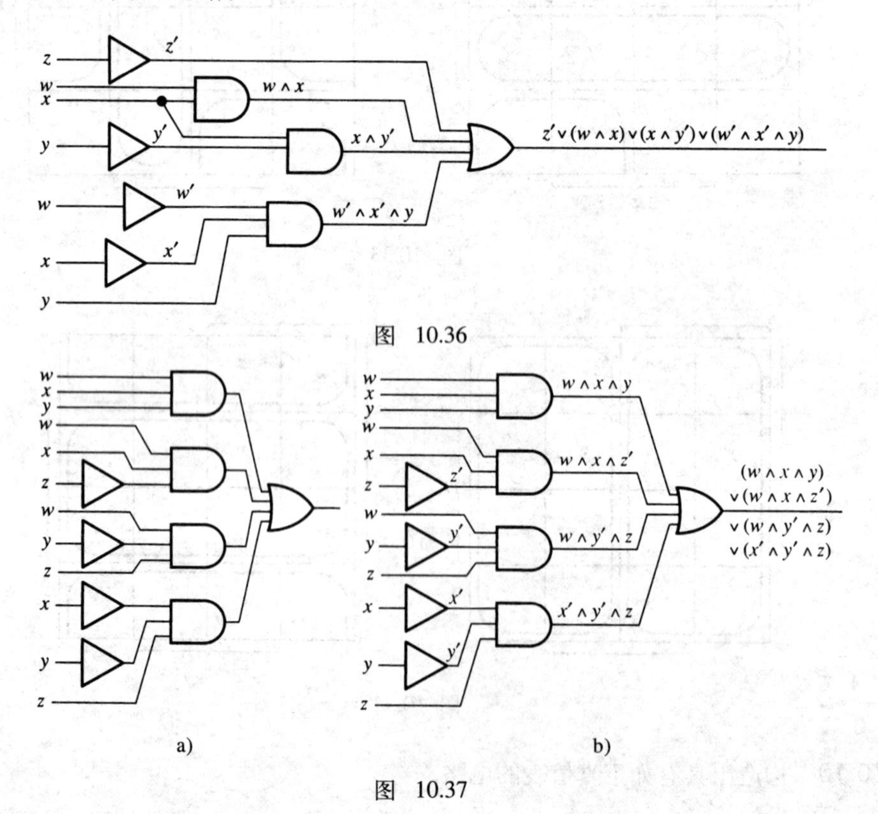

图 10.36

图 10.37

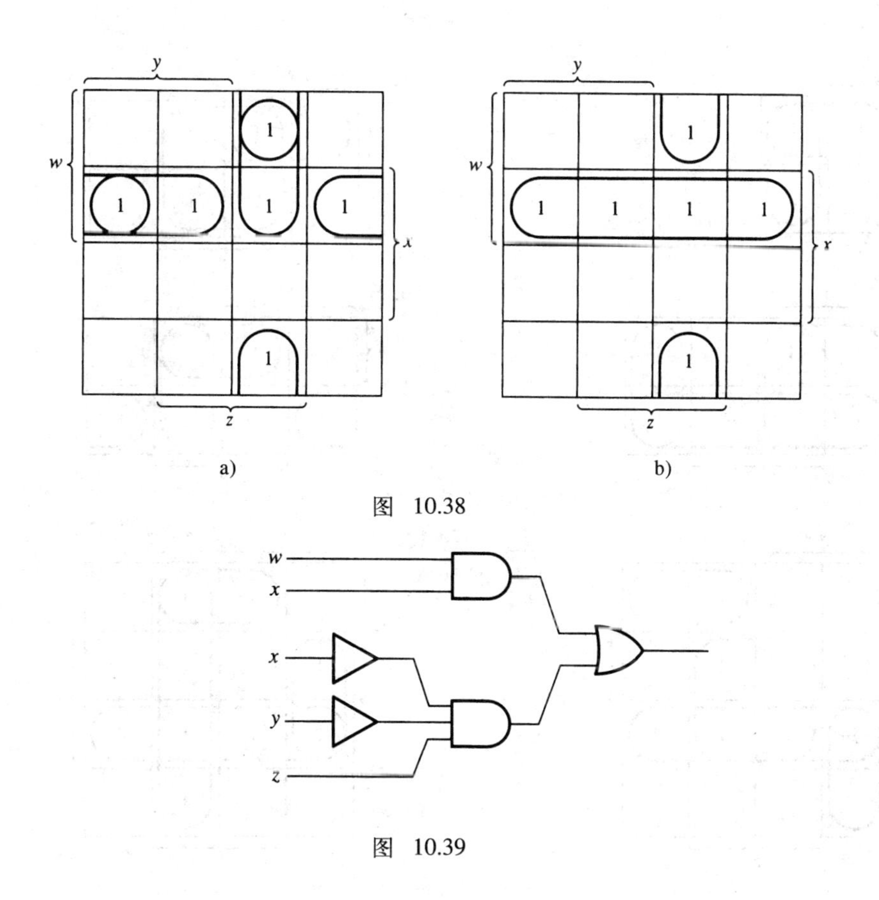

图 10.38

图 10.39

习题10.3

在习题1~6中，求出具有给定真值表的由极小项组成的布尔表达式。

1.

x	y	输出
0	0	1
0	1	1
1	0	0
1	1	1

2.

x	y	z	输出	x	y	z	输出
0	0	0	1	1	0	0	1
0	0	1	0	1	0	1	0
0	1	0	0	1	1	0	1
0	1	1	1	1	1	1	1

3.

x	y	z	输出	x	y	z	输出
0	0	0	1	1	0	0	0
0	0	1	1	1	0	1	0
0	1	0	1	1	1	0	0
0	1	1	1	1	1	1	0

4.

x	y	z	输出
0	0	0	0
0	0	1	1
0	1	0	0
0	1	1	1
1	0	0	1
1	0	1	1
1	1	0	1
1	1	1	0

5.

w	x	y	z	输出	w	x	y	z	输出
0	0	0	0	1	1	0	0	0	0
0	0	0	1	0	1	0	0	1	0
0	0	1	0	1	1	0	1	0	0
0	0	1	1	0	1	0	1	1	0
0	1	0	0	1	1	1	0	0	0
0	1	0	1	0	1	1	0	1	1
0	1	1	0	1	1	1	1	0	0
0	1	1	1	0	1	1	1	1	0

6.

w	x	y	z	输出	w	x	y	z	输出
0	0	0	0	1	1	0	0	0	1
0	0	0	1	0	1	0	0	1	0
0	0	1	0	0	1	0	1	0	0
0	0	1	1	0	1	0	1	1	0
0	1	0	0	0	1	1	0	0	0
0	1	0	1	1	1	1	0	1	1
0	1	1	0	0	1	1	1	0	0
0	1	1	1	1	1	1	1	1	1

在习题7~12中，写出与卡诺图中的椭圆相对应的布尔表达式。

7.

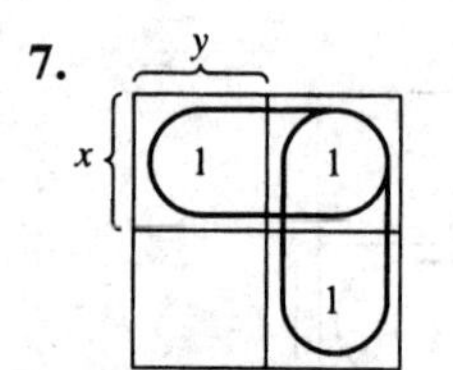

8.

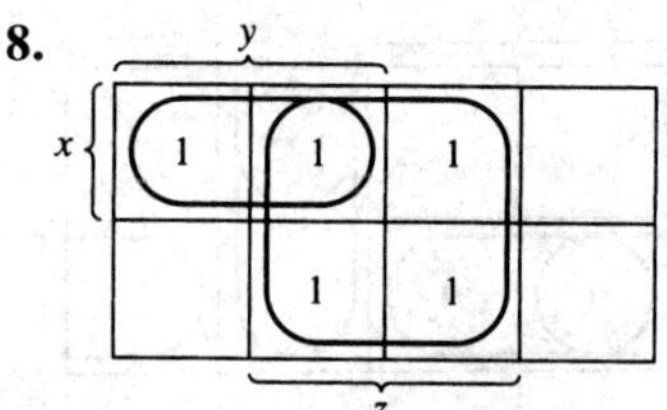

9.

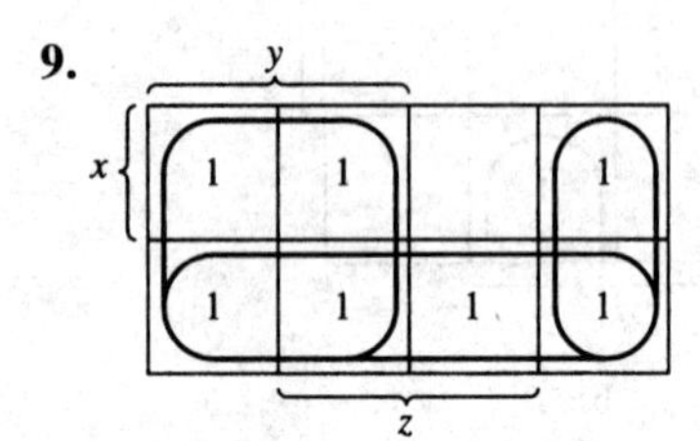

10.

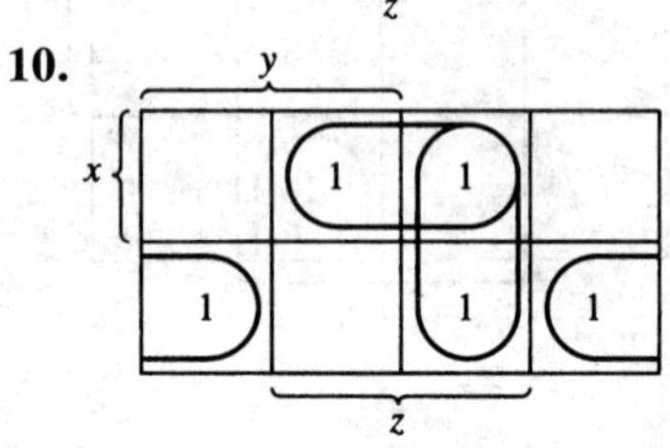

11.

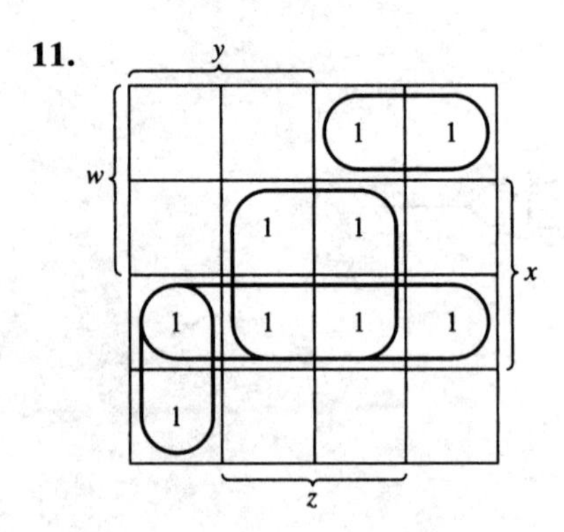

12.

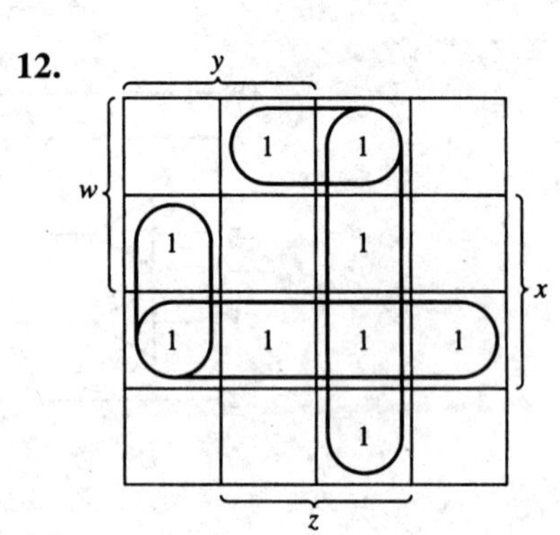

在习题13~18中，画出指定习题中的布尔表达式的卡诺图。

13. 习题1　　**14.** 习题2　　**15.** 习题3

16. 习题4　　**17.** 习题5　　**18.** 习题6

在习题19~24中，用卡诺图法化简指定习题中的布尔表达式，然后，画出对应于简化了的布尔表达式的电路。

19. 习题1　　**20.** 习题2　　**21.** 习题3

22. 习题4　　**23.** 习题5　　**24.** 习题6

在习题25~32中，用卡诺图法化简表达式。

25. $(x'\wedge y'\wedge z)\vee(x'\wedge y\wedge z)\vee(x\wedge y'\wedge z)$

26. $(x'\wedge y'\wedge z)\vee(x'\wedge y'\wedge z')\vee(x\wedge y\wedge z)\vee(x\wedge y'\wedge z')$

27. $(x'\wedge y'\wedge z)\vee(x'\wedge y\wedge z)\vee(x\wedge y'\wedge z')$

28. $[(x\vee y')\wedge(x'\wedge z')]\vee y$

29. $[x\wedge(y\vee z)]\vee(y'\wedge z')$

30. $(x\wedge y\wedge z)\vee(x\wedge y'\wedge z)\vee(x'\wedge y'\wedge z)$

31. $(w\wedge x\wedge y)\vee(w\wedge x\wedge z)\vee(w\wedge y'\wedge z')\vee(y'\wedge z')$

32. $(w'\wedge x'\wedge y')\vee(w'\wedge y'\wedge z)\vee(w\wedge y\wedge z)\vee(w\wedge x\wedge z')\vee(w\wedge y'\wedge z')\vee(w\wedge x'\wedge y\wedge z)\vee(w'\wedge x\wedge y\wedge z')$

在习题33和34中，用卡诺图化简给定的电路。

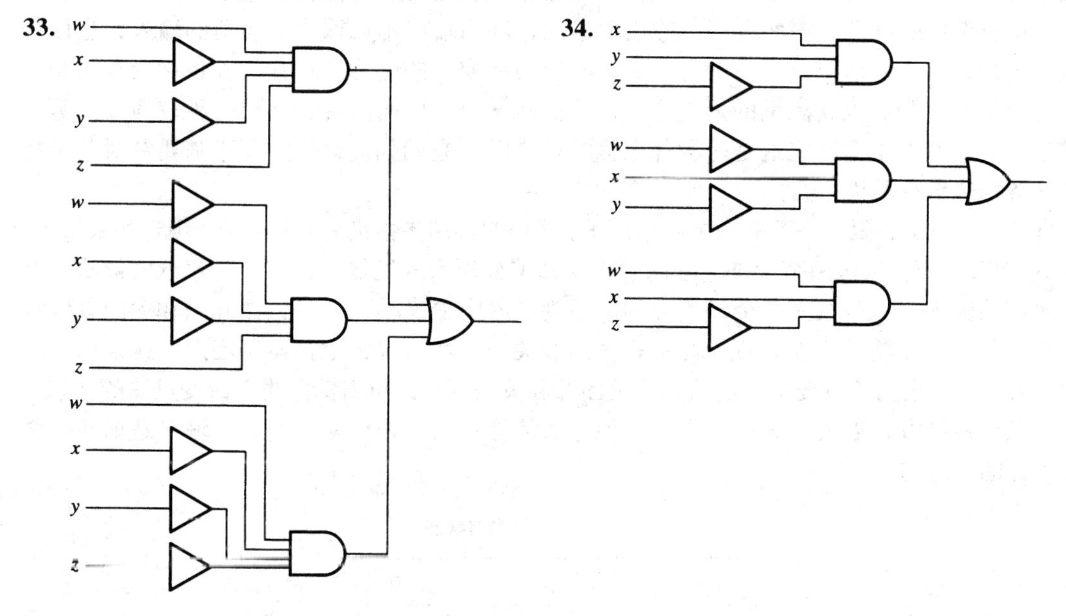

35. 在有4个布尔变量的卡诺图中，有多少组由两个相邻的单元格组成的单元格组？

36. 在有4个布尔变量的卡诺图中，有多少组由4个相邻的单元格组成的正方形单元格组？

尽管定理10.1的（b）规则提示：以任意两种方式在$x_1 \vee x_2 \vee \cdots \vee x_n$中插入括号，所得到的两个表达式都相等，但是我们没有给出正式的证明。（下面将只涉及$\vee$，$\wedge$可以以同样的方法处理。）递归地定义表达式$x_1 \vee x_2 \vee \cdots \vee x_n$如下：

$$x_1 \vee x_2 \vee \cdots \vee x_n = \begin{cases} x_1 & n=1 \\ (x_1 \vee x_2 \vee \cdots \vee x_{n-1}) \vee x_n & n>1 \end{cases}。$$

***37.** 对n应用归纳法，证明：对任意正整数m和n，

$$(x_1 \vee x_2 \vee \cdots \vee x_m) \vee (y_1 \vee y_2 \vee \cdots \vee y_n) = x_1 \vee x_2 \vee \cdots \vee x_m \vee y_1 \vee y_2 \vee \cdots \vee y_n。$$

***38.** 证明：如果在表达式$x_1 \vee x_2 \vee \cdots \vee x_n$中插入括号，那么任意两个这样得到的表达式都相等。

***39.** 用归纳法证明：对任意正整数n，$(x_1 \vee x_2 \vee \cdots \vee x_n)' = x'_1 \wedge x'_2 \wedge \cdots \wedge x'_n$，其中，第2个表达式的定义与关于$\vee$的定义相似。

***40.** 在$x_1 \vee x_2 \vee \cdots \vee x_n$中插入$n-2$组括号，以使其中$\vee$的运算次序没有二意性。设$q_n$表示这么做的方法的数目。比如，$q_3 = 2$记录了两个表达式为$(x_1 \vee x_2) \vee x_3$和$x_1 \vee (x_2 \vee x_3)$。同样，$q_4 = 5$。证明：对$n>1$，

$$q_n = q_1 q_{n-1} + q_2 q_{n-2} + \cdots + q_{n-1} q_1。$$

***41.** 用$\vee$以及括号把$x_1, x_2, \ldots, x_n$按任意顺序连接起来，设r_n表示这么做的方法数。比如，$r_1 = 1$，$r_2 = 2$记录了两个表达式$x_1 \vee x_2$和$x_2 \vee x_1$，$r_3 = 12$。证明：对所有的正整数n，$r_{n+1} = (4n-2) r_n$。

***42.** 证明：对任意正整数n，$r_n = \dfrac{(2n-2)!}{(n-1)!}$，$q_n = \dfrac{(2n-2)!}{n!(n-1)!}$，其中$r_n$和$q_n$的定义在习题40和41中给出。

10.4 有限状态机

本节将研究不仅有输入和输出，还有有限个内部状态的设备，比如计算机。当给予一个输入时，这种设备的行为不仅仅只依赖于该输入，还与设备当时所处的状态有关。例如，如果按下CD播放机上的“播放”按钮，所发生的情况将取决于许多事情，比如，播放机的电源

开关是否已打开、播放机中是否有CD盘或播放机是否正处于播放状态等等。

现在所考虑的设备与前面各节中的设备不同，因为输出不仅取决于当前的输入，也依赖于以往的输入历史。所以，设备的行为具有随时间而变化的能力。这样的设备称为**有限状态机**。可以给出多种有限状态机的形式定义，我们将学习其中的两种，其中一种较简单，另一种稍复杂些。我们主要研究这是一种什么样的机器以及它们如何运作，而不是要针对某个特定的任务构造出有限状态机。

自动售报机是有限状态机的一个简单例子。这样的自动售报机有两种状态，锁定和未锁定，下面分别用L和U表示这两个状态。考虑只接受25美分硬币的机器，25美分是报纸的价格。有两种可能的输入，一是投入一个25美分的硬币到机器中去（q），二是试图开门和关门以取报纸（d）。投入硬币将使机器解锁，此后，开门和关门又将再次锁定机器。当然，在未锁定的机器中投入一个硬币不改变机器的状态，试图开和关被锁定的机器的门也不改变机器的状态。

可以用多种方式来表示这种机器。一种方法是绘制一个表格来说明各个输入是如何改变机器所处的状态的。

		当前状态	
		L	U
输入	q	U	U
	d	L	L

这里，表格主体中的单元表示：取决于当前状态（列）和输入（行），机器将进入的下一个状态。例如，带阴影的单元表示：如果机器处于状态L，输入是q，则机器的状态改变为U。由于这个表格对每个有序偶对（i，s）都给出了一个状态，其中i是输入，s是状态，所以，这个表格描述了一个函数，这个函数以笛卡儿乘积$\{q, d\} \times \{U, L\}$为定义域，以状态集合$\{U, L\}$为上域。（有读者可能需要回顾一下2.1节和2.4节中的笛卡儿乘积和函数的概念。）这样的表称为该机器的**状态表**（state table）。

如图10.40所示，这个机器也可以用图来表示。这里，状态L和U表示为圆，带标记的箭头表示当机器处于各个状态时，各输入的作用。例如，粗箭头表示处于状态L的机器在输入q下将转到状态U。这种图称为机器的**迁移图**（transition diagram）。（按照4.5节的术语，这种迁移图是有向多重图。）

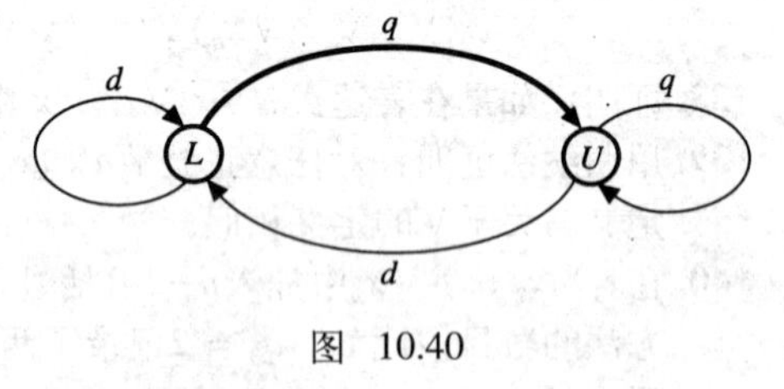

图 10.40

由于这里的例子都比较简单，所以将主要采用有限状态机的图形来表示。对有许多输入和状态的机器，图形可能很复杂，以至于状态表可能更为可取。

10.4.1 奇偶校验机

在给出有限状态机的正式定义之前再举一个例子，这个例子涉及3.4~3.6节所描述的检错码，但理解本例并不需要熟悉3.4~3.6节的内容。在电子设备之间传输的数据通常表示为0和1的序列。这里需要某种检测传输错误的方法。下面描述一种简单的方法。在发送数据前，对数据中的1进行计数。如果1的个数是奇数，则在数据的末尾加一个1；如果1的个数是偶数，则加一个0。所以，所有的数据传输都将含有偶数个1。

数据收到后，重新对1进行计数，以判断其中1的个数是偶数还是奇数。这种方法称为**奇偶校验**（parity check）。如果有奇数个1，则在传输中必定有错误。在这种情况下，可以请求重传。当然，如果在传输中有两个或者两个以上的错误，则奇偶校验无法向接受者报告错误。但是，如果每一位的传输都比较可靠，并且数据不是太长，则有两个或者两个以上错误的可能性远小于只有一个错误的可能性。如果收到的数据通过了奇偶校验，则丢弃该数据的最后一位，以恢复原来的数据。

实际上，要判断数据中1的个数是奇数还是偶数，不必对1进行计数。图10.41描绘了一种可用来完成这项工作的设备。

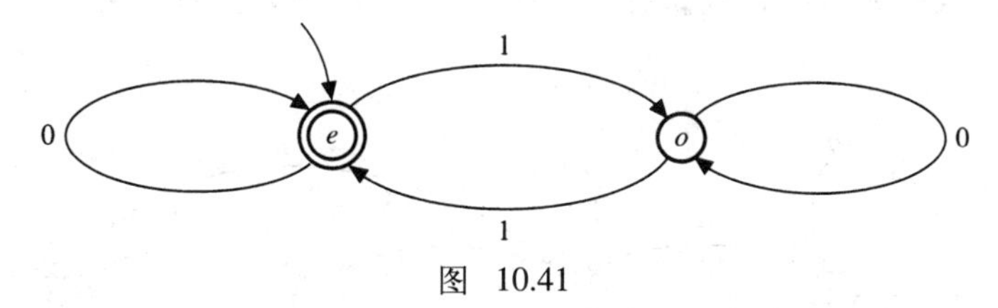

图 10.41

这里，状态是e（偶）和o（奇），输入是0和1。相应的状态表如下。

		状态	
		e	o
输入	0	e	o
	1	o	e

要判断一个0-1串中1的个数的奇偶性，可以使用这个设备，从状态e开始，把各个相继的数字当作新的输入。例如，如果把数据11010001用作输入（从左往右读），那么机器从状态e开始并迁移到状态o，因为第一个输入是1。第二个输入也是1，它把机器的状态转回到e，并在第三个输入0之后，机器仍保持状态e。机器从一种状态迁移到另一种状态的进程汇总在下表中。

输入：开始 1 1 0 1 0 0 0 1

状态：e o e e o o o o e

如果接收到11010001，那么就认为传输中没有错误发生，并且原始数据是1101000。

在图10.41中出现了两个新的记号。一个是指向状态e的箭头，它指出：为了使设备正常地工作，必须从状态e开始。另一个是对应于状态e的双圆，它指出：这个状态是想要的最终状态，否则，在本例中，就有错误发生了。

10.4.2 有限状态机

现在形式地定义**有限状态机**（finite state machine）：有限状态机由一个状态的有限集合S、一个输入的有限集合I和一个以$I \times S$为定义域、S为上域的函数f组成，其中，如果$i \in I$且$s \in S$，则当有限状态机处于状态s并给予输入i时，有限状态机将迁移到状态$f(i, s)$。根据具体的应用，还可以定义一个**初始状态**（initial state）s_0，以及S的一个子集S'，S'中的元素称为**接受状态**（accepting state），我们希望有限状态机终止于这些接受状态。

于是，奇偶校验机是一个这样的有限状态机，其中，$S = \{e, o\}$，$I = \{0, 1\}$，$s_0 = e$，$S' = \{e\}$。相应于前面的状态表，函数f定义为

$$f(0, e) = e, f(0, o) = o, f(1, e) = o, f(1, o) = e。$$

一个**串**（string）是一个输入的有限序列，比如上例中的11010001。假设给定串$i_1i_2\cdots i_n$及初始状态s_0，相继地计算出$f(i_1, s_0) = s_1$, $f(i_2, s_1) = s_2$，…，最后终止于状态s_n。这等价于从初始状态开始，从左至右应用串中的输入，最后终止在状态s_n上。如果s_n在S'中，则称该串**被**

接受（accepted），否则称该串**被拒绝**（rejected）。在奇偶校验的例子中，被拒绝的数据含有错误，而被接收的数据则被认为是正确的。

例10.12 图10.42展示了一个有限状态机，其输入集为$I = \{0, 1\}$，它接受并且只接受以100结尾的串。这里，$S = \{A, B, C, D\}$，$s_0 = A$，$S' = \{D\}$，函数f如图中带标记的箭头所示。例如，如果输入串101010，则状态迁移序列为$ABCBCBC$。由于C不在S'中，所以该串被拒绝。另一方面，如果输入串001100，则状态迁移序列为$AAABBCD$。因为D是一个接受状态，所以该串被接受。

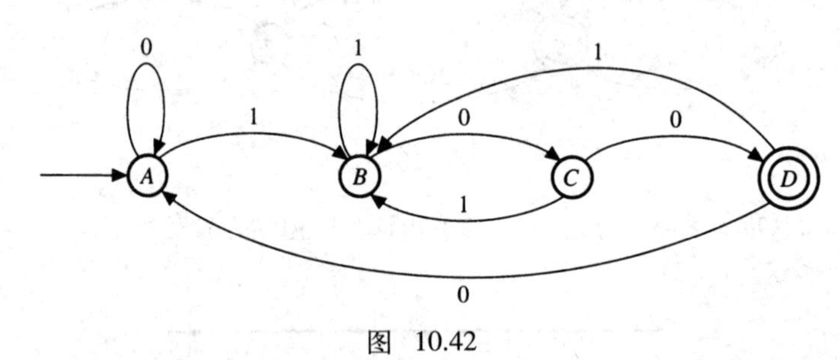

图 10.42

为了理解图10.42所示的机器能做我们所说的事情，读者应当首先验证：无论处于什么状态，只要输入串100，就会到达状态D。这说明所有以100结尾的串都会被接受。剩下还要说明可被接受的串必定以100结尾。由于有限状态机是从状态A出发的，可被接受的串显然至少必须包含3个数字。由于不管当前状态是什么，当输入1时，都要迁移到状态B，所以可被接受的串必须以0结尾。同理，任何以10结尾的串都将使有限状态机终止在状态C。于是，可接受的串必定以两个0结尾。最后，读者应当验证：任何以000结尾的串都将把有限状态机的状态置为A。所以，任何可被接受的串必定以100结尾。 ■

接受某些串并拒绝其他串的有限状态机的一个重要的应用是应用于计算机语言的编译器中。在运行程序前，程序中的每条语句都必须经过检查，以确定是否符合所用语言的语法。

10.4.3 带输出的有限状态机

现在来考虑一种稍复杂一些的设备。从口香糖自动售货机的例子开始，这个例子比自动售报机复杂。口香糖自动售货机只接受25美分的硬币，这是一包口香糖的价格。有3种可选的口香糖：强力薄荷味的（用D表示）、果味的（用J表示）和薄荷味的（用S表示），分别可通过按按钮d，j或s来选择。机器的内部状态有两个：锁定（L）和未锁定（U）。如果机器未锁定，那么它将返回任何投入其中的多余硬币。机器的输入是q（25美分），d，j和s。图10.43a展示了这种机器的部分动作。图10.43b展示了一种更简洁的表示方法，这种表示方法可用来表示在相同的两个状态之间的多个箭头。例如，图10.43a中的从U到L的3个箭头在图10.43b中被替换为一个箭头，相应的各个输入用逗号隔开。

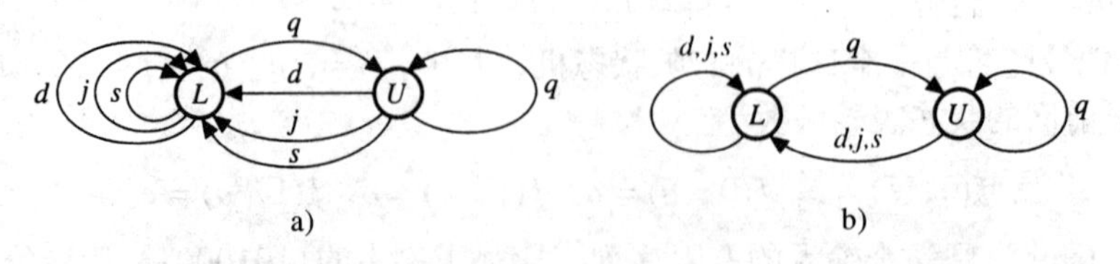

图 10.43

但是，图10.43并没有把所有的事情都表示出来。它没有说明如果在处于状态U的机器上按了d按钮，将得到一包强力薄荷口香糖；也没有说明多余的硬币会被返回。这里需要另外引入机器的输出的概念。在这个例子中，可能的输出是D，J，S以及Q（被返回的多余的硬币）和$\varnothing$，$\varnothing$表示没有输出，比如，当机器处于状态L时按下某个键。

注意，输出可能与输入以及机器的状态都有关。当机器处于状态U时，输入d和j分别产生两个不同的输出D和J。同样，根据机器是处于状态L还是状态U，输入d产生输出$\varnothing$或D。这里又涉及另一个函数，其定义域是输入集与状态集的笛卡儿乘积，上域是输出的集合。因为迁移图中的每个箭头都表示了对一个状态应用一个输入的结果，所以也可以标记这些箭头以表示相应的输出。如图10.44所示。

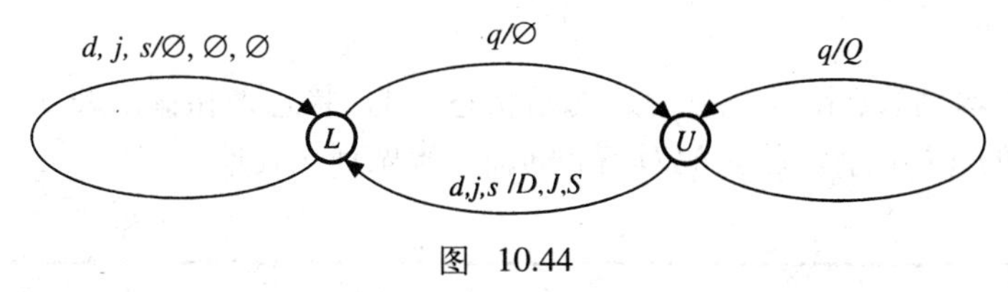

图 10.44

用斜杠分隔每个箭头上的输入和输出标记。于是，在图10.44中，从L到U的箭头上的$q/\varnothing$表示在处于锁定状态的机器上投入一个硬币，不会有任何输出；从U到L的箭头上的d，j，s/D，J，S表示在处于未锁定状态的机器上按按钮d，j和s，会分别产生输出D，J和S。

带输出的有限状态机（finite state machine with output）定义为由一个状态的有限集合S、一个输入的有限集合I、一个输出的有限集合O，以及函数f：$I\times S\to S$和函数g：$I\times S\to O$组成。其中，若输入是i，则机器将从状态s迁移到状态$f(i, s)$；若机器处于状态s，则$g(i, s)$是对应于输入i的输出。也可以指定一个特定的状态s_0为**初始状态**（initial state），这取决于具体的应用。

在口香糖自动售货机的例子中，$S=\{L, U\}$，$I=\{q, d, j, s\}$，$O=\{D, J, S, Q, \varnothing\}$。函数$f$和$g$如图10.44所示，但是如前所述，它们也可以用表格来刻画。

		状态	
		L	U
输入	q	U	U
	d	L	L
	j	L	L
	s	L	L

		状态	
		L	U
输入	q	$\varnothing$	Q
	d	$\varnothing$	D
	j	$\varnothing$	J
	s	$\varnothing$	S

第一个表格给出f的值，这个表仍然称为机器的状态表；而第二个表格给出g的值，称为**输出表**（output table）。

如果把一个输入串注入一台带输出的有限状态机中，就会产生一个相应的输出序列，称此序列为**输出串**（output string）。这在例10.13中得到了展示。

例10.13 图10.45显示了**单位时延**（unit delay）机的状态迁移图。这是一个带输出的有限状态机，其中，$I=\{0, 1\}$，$S=\{A, B, C\}$，$O=\{0, 1\}$，初始状态是A。注意，第一个输出总是0，而任何输入0总是把机器的状态置为B，从状态B出发，下一个输出将为0。同样，任何输入1总是把机器的状态置为C，从状态C出发，下一个输出将为1。所以，第一个输出后面的每个输出，总与前一步的输入相同。输入串$i_1i_2i_3\cdots i_n$产生输出串$0i_1i_2i_3\cdots i_{n-1}$。例如，输入串1100111产生输出串0110011。如果想要复制整个输入串，则在注入输入串之前，必须在输入串的后面附加一个0。 ■

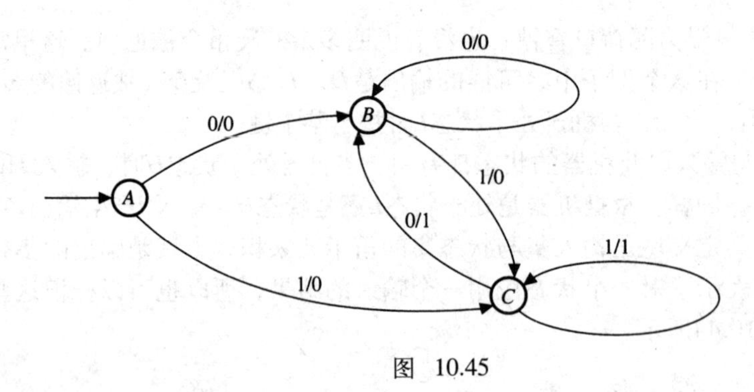

图 10.45

例10.14 在本例的有限状态机中，初始状态是A，状态表和输出表如下。画出这个带输出的有限状态机的迁移图，并描述它对x和y的输入串做什么处理。

		状态						状态					
		A	B	C	D	E	F	A	B	C	D	E	F
输入	x	A	C	C	E	E	F	0	1	1	2	2	3
	y	B	B	D	D	F	F	1	1	2	2	3	3

迁移图如图10.46所示。注意，一旦输入x或y把机器的状态置为状态A，B，C，D或E中的某一个，机器将一直保持该状态直至输入发生变化。输出是0或1，取决于第一个输入的是x还是y，并且每当输入从x变到y时，输出就加1。所以，在任何时刻，输出都是对输入串中连续的y所组成的组的计数，直至计数到3个这样的组。例如，输入串$xxyxxxyyyxx$产生输出串00111122222，最后的2是对输入串中y的组（y和yyy）的计数。■

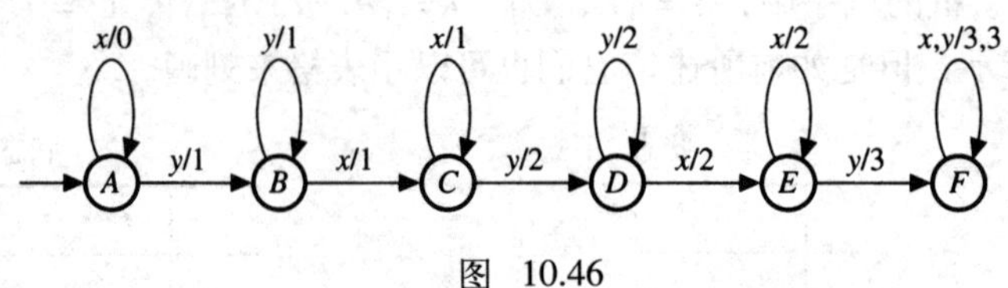

图 10.46

习题10.4

在习题1~6中，画出具有给定状态表的有限状态机的迁移图。

1.

	A	B
0	A	B
1	A	B

2.

	A	B	C
0	B	C	A
1	A	C	B

3.

	x	y	z
0	y	z	z
1	x	x	y

初始状态：x
接受状态：z

4.

	A	B
x	B	A
y	A	A
z	B	B

初始状态：A
接受状态：A

5.

	A	B	C	D
a	B	A	D	C
b	C	C	A	A

初始状态：B
接受状态：C、D

6.

	u	v	w
0	u	w	v
1	u	w	w
2	w	v	u

初始状态：u、v

在习题7~10中，给出具有给定迁移图的有限状态机的状态表。如果有任何初始状态或接受状态，则列出所有的初始状态和接受状态。

7.

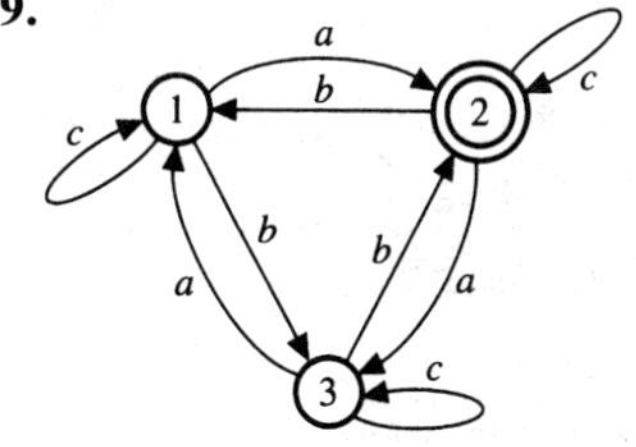

8.

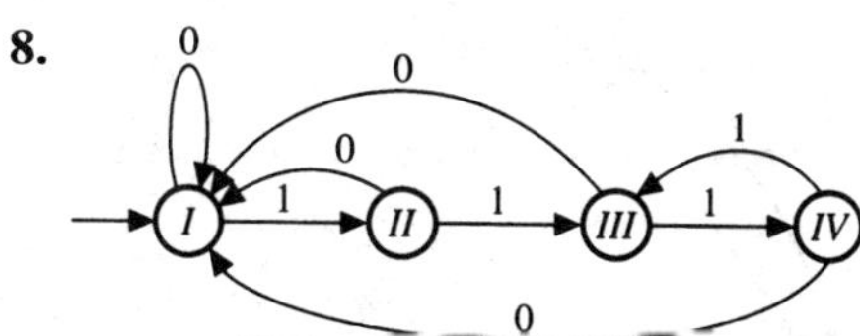

9.

10.

假如机器是从初始状态开始的，对习题11~14中的有限状态机和输入串，确定有限状态机终止时的状态。

11. 输入串：1011001，有限状态机：习题3中的有限状态机

12. 输入串：*xyyzzx*，有限状态机：习题4中的有限状态机

13. 输入串：*yxxxy*，有限状态机：习题7中的有限状态机

14. 输入串：0100011，有限状态机：习题8中的有限状态机

在习题15~18中，指出给定的输入串是否能被指定的有限状态机接受。

15. 输入串：*xyzxyzx*，有限状态机：习题4中的有限状态机

16. 输入串：*aabbaba*，有限状态机：习题5中的有限状态机

17. 输入串：*xyxxyy*，有限状态机：习题7中的有限状态机

18. 输入串：0011010，有限状态机：习题10中的有限状态机

在习题19~22中，画出具有给定状态表和输出表的带输出的有限状态机的迁移图。

19.

	A	*B*	*A*	*B*
0	*B*	*A*	*x*	*y*
1	*A*	*B*	*z*	*x*

20.

	1	2	3	1	2	3
红	2	3	1	*A*	*B*	*A*
蓝	1	1	3	*A*	*A*	*B*

21.

	A	*B*	*A*	*B*
0	*A*	*A*	*x*	*y*
1	*B*	*B*	*w*	*x*
2	*A*	*B*	*y*	*w*

初始状态：*A*

22.

	00	01	10	11	00	01	10	11
A	11	10	01	00	1	−1	0	1
B	01	10	11	11	−1	0	1	−1

初始状态：10

在习题23~26中，给出所示的带输出的有限状态机的状态表和输出表。如果有任何初始状态，则指出所有的初始状态。

23.

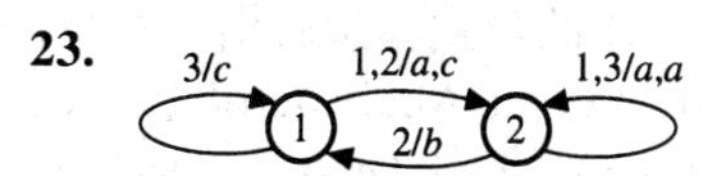

24.

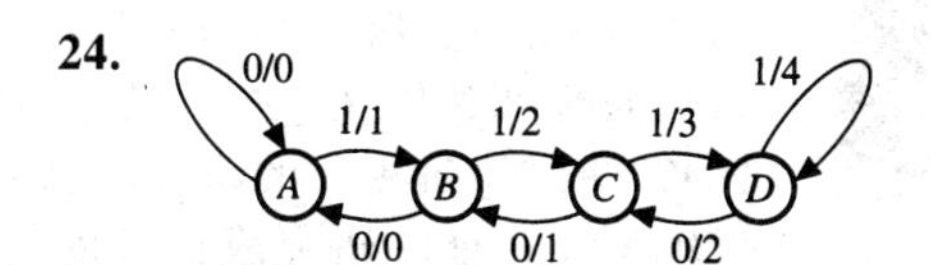

25. **26.**

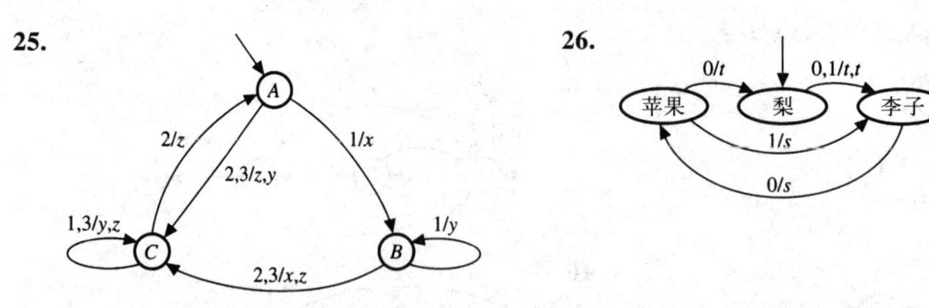

在习题27~30中，对给定的输入串和带输出的有限状态机，给出输出串。

27. 输入串：2101211，带输出的有限状态机：习题21中的带输出的有限状态机

28. 输入串：*BAABBB*，带输出的有限状态机：习题22中的带输出的有限状态机

29. 输入串：322113，带输出的有限状态机：习题25中的带输出的有限状态机

30. 输入串：10100110，带输出的有限状态机：习题26中的带输出的有限状态机

在习题31~34中，指出哪些0-1输入串能被所示的有限状态机接受。

31. **32.** **33.** **34.**

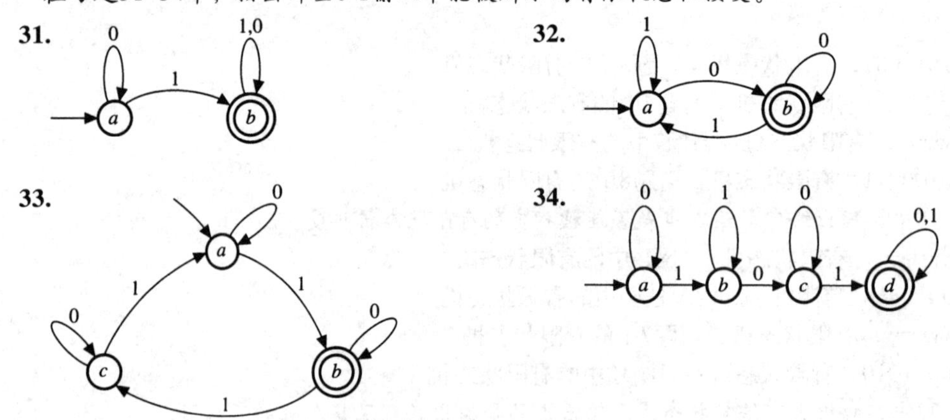

在习题35~38中，假设输入的集合是{0，1}。

35. 设计一个有限状态机，它接受一个串当且尽当该串以两个1结尾。

36. 设计一个有限状态机，它接受一个串当且尽当该串不含两个连续的0。

37. 设计一个带输出的有限状态机，对所给予的输入串，有限状态机的最终输出是该输入串中1的个数被3除的余数。

38. 设计一个带输出的有限状态机，使其输出串中含有的1的数目与其输入串中含有的由连续的两个0或连续的两个1组成的偶对的数目相同。

***39.** 设F和G是有限状态机。如果F和G有相同的输入集，而且，每当一个串被其中的一台有限状态机接受，则该串也被另一台有限状态机接受，那么称F和G是**等价的**（equivalent）。设I和S是集合。考虑这样的有限状态机的集合：其中的有限状态机的输入集和状态集分别是I和S的子集。证明：有限状态机的等价性是这个集合上的等价关系。

历史注记

Claude Shannon

莱布尼茨（Gottfried Wilhelm Leibniz，1646—1716）很可能是第一个用代数的方法来表示逻辑命题的人。逻辑符号摆脱了表示特定的解释的局限，这使数学家们以及其他人能够抽象地研究逻辑的形式。德摩根（Augustus De Morgan，1806—1871）和其他一些人为演绎逻辑的形式模型做出了贡献。布尔的两部著作《逻辑的数学分析》（The Mathematical Analysis of Logic，1847）和《思维规律的研究》（An Investigation of the laws of Thought，1854），详细阐述了他的研究成果。皮尔士（Charles Sanders Peirce，1839—1914）

和施罗德（Ernst Schröder，1841—1902）在19世纪的最后30年里拓展了布尔所建立的结构。

Willard Quine

1869年，杰文斯（William Stanley Jevons，1835—1882）构造了一台能够进行简单的布尔运算的初级机器。19世纪80年代，皮尔士的学生马昆德（Allan Marquand，1853—1924）对杰文斯的设计作了重大改进。马昆德的机器使用电路和电，并需要通过一个键盘手工地开和关电路[77]。

尽管有了这些进展，但布尔代数仍然主要用作逻辑推理和形式代数结构的模型。直到20世纪30年代后期，香农（Claude Shannon，1916—2001）意识到了布尔代数在开关电路设计中的应用以及其他应用。此后很快开发出了基于两状态开关的机器，其他基于它们和布尔代数模型的机器成为数字计算这个新兴领域的核心成分。

Edward McCluske

伴随着布尔命题和布尔运算的这种机器实现，产生了这样的要求：在实现给定的一组关系时，最小化开关或电路的数量。卡诺（Maurice Karnaugh，1924—）在1953年提出了一种基于绘图的方法。另一种最小化的方法是列表法，它是奎因（Willard Quine，1908—2000）在1952~1955年之间发展起来的。1956年，麦克拉斯基（Edward McCluskey，1929—）改进了这种方法[76]。

20世纪50年代早期，有限状态机首次出现在由糜利、赫夫曼和摩尔参与的文献中。

补充习题

1. 写出对应于下列电路的布尔表达式，并且构造出相应的真值表。

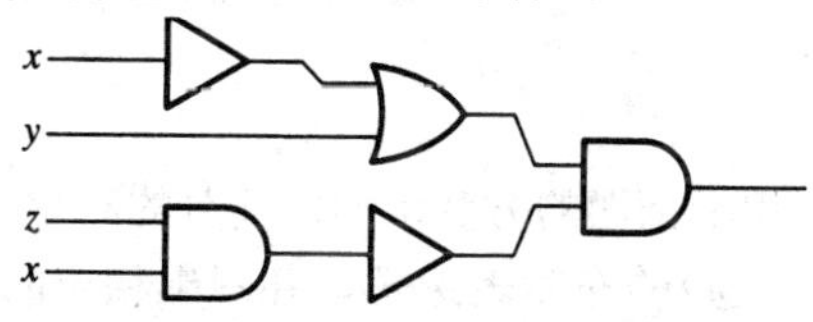

2. 画出表示布尔表达式$[y \wedge (x' \vee z)] \vee (y \wedge z)'$的电路，并构造出相应的真值表。

3. 判断以下各对布尔表达式是否相等。

(a) $x \wedge (y \wedge z)'$和$(x \wedge y') \vee (x \wedge z)$

(b) $x \wedge (y' \vee z)'$和$(x \wedge y) \vee (x \wedge z')$

4. 某私人网球场的灯由两个开关控制，一个在球场（用x表示），一个在室内（用y表示）。但是，如果第三个在室内的开关被关上，则球场上的开关都将失效。请给出为这种情形建模的真值表。1表示灯亮。

5. 用定理10.1证明以下的等式。用字母依次列出所用到的规则，并从左端的表达式开始。

(a) $[(x \vee y) \wedge (x' \vee y)] \vee y' = 1$

(b) $x' \wedge (y \wedge z')' = (x \vee y)' \vee (x' \wedge z)$

6. 求出对应于下面的真值表的布尔表达式，并用极小项来表示。画出相应的电路。该电路表示多少个有1个或2个输入的门？

x	y	z	输出	x	y	z	输出
0	0	0	1	1	0	0	0
0	0	1	1	1	0	1	0
0	1	0	0	1	1	0	1
0	1	1	0	1	1	1	1

7. 对习题4的真值表求出布尔表达式，用极小项来表示，并画出相应的电路。该电路表示多少个

有1个或2个输入的门?

8. 画出对应于下列各真值表的卡诺图。

(a)

x	y	输出
0	0	0
0	1	1
1	0	1
1	1	1

(b)

x	y	z	输出	x	y	z	输出
0	0	0	1	1	0	0	1
0	0	1	0	1	0	1	0
0	1	0	0	1	1	0	0
0	1	1	1	1	1	1	1

(c)

w	x	y	z	输出	w	x	y	z	输出
0	0	0	0	1	1	0	0	0	0
0	0	0	1	1	1	0	0	1	1
0	0	1	0	1	1	0	1	0	0
0	0	1	1	0	1	0	1	1	0
0	1	0	0	1	1	1	0	0	0
0	1	0	1	0	1	1	0	1	0
0	1	1	0	1	1	1	1	0	1
0	1	1	1	0	1	1	1	1	0

9. 写出对应于以下各卡诺图的布尔表达式。

(a)

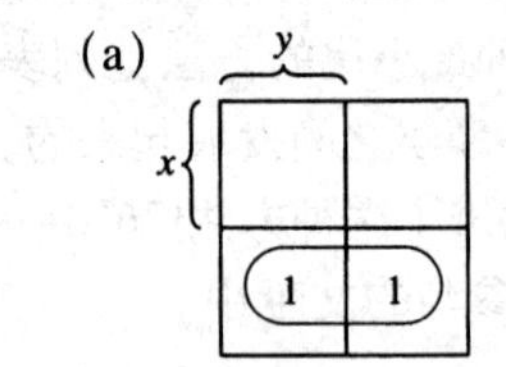

(b)

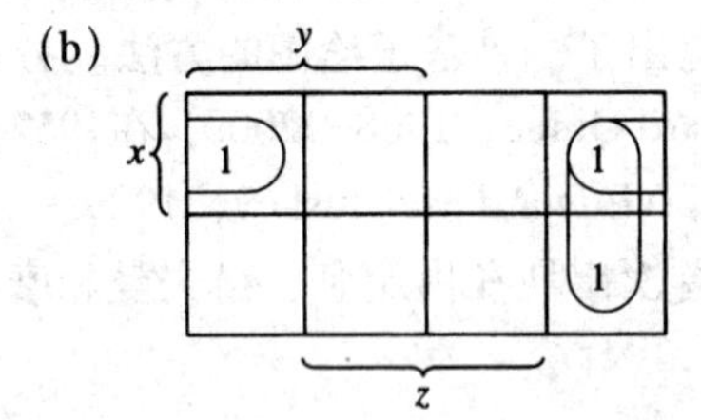

(c)

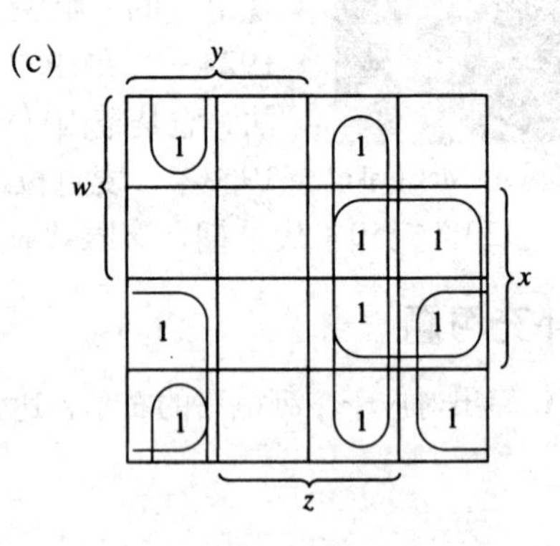

10. 对习题8中的真值表，用卡诺图的方法求出较简单的布尔表达式，并画出相应的电路。

11. 用卡诺图的方法化简习题7的布尔表达式，并画出相应的电路。新电路表示多少个有1个或2个输入的门?

12. 用卡诺图的方法化简以下各表达式。

(a) $(x\wedge y'\wedge z)\vee(x'\wedge y\wedge z')\vee(x'\wedge y'\wedge z')$

(b) $(w\wedge x'\wedge y'\wedge z)\vee(w'\wedge x\wedge y\wedge z')\vee(w'\wedge x\wedge y')\vee(w'\wedge x'\wedge y'\wedge z')\vee(w'\wedge y'\wedge z)$

13. 用卡诺图的方法化简下面的电路。

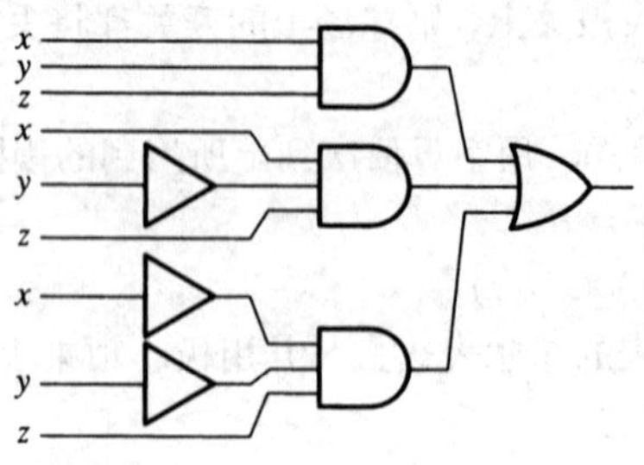

14. 画出具有下列状态表的有限状态机的迁移图。

	A	B	C
红	B	B	B
绿	A	B	C
黄	B	C	A

初始状态：A

接受状态：B

15. 在上题中，如果有限状态机的输入串是：绿红绿红黄，那么终止状态是什么？

16. 有限状态机的迁移图如下，请给出其状态表，并列出初始状态和接受状态。

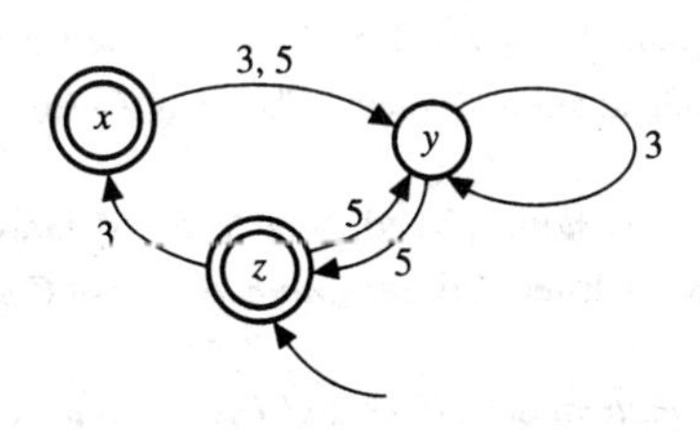

17. 在上题中，如果有限状态机的输入串是5, 5, 3, 3, 5, 5, 3，那么终止状态是什么？

18. 画出具有下列状态表和输出表的带输出的有限状态机的迁移图。

	热	冷	热	冷
a	热	冷	1	−1
b	冷	热	0	1

初始状态：冷

19. 在上题中，如果机器的输入串是$abaabba$，那么输出串是什么？

20. 请给出下图所示的带输出的有限状态机的状态表和输出表。

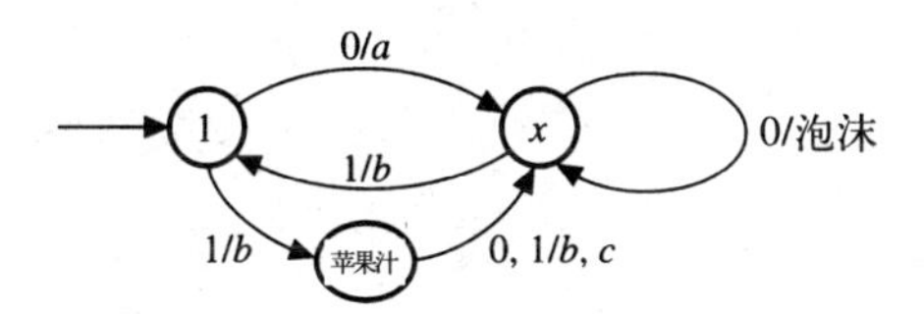

21. 在上题中，如果机器的输入串是1001001，那么输出串是什么？

22. 设计一个具有输入$I = \{0, 1\}$的有限状态机，它接受一个输入串$a_1a_2\cdots a_n$，当且仅当$n \geqslant 2$并且$a_{n-1} \neq a_n$。

计算机题

编写具有指定输入和输入的计算机程序。

1. 给定一个3元组（x，y，z），其中x，y和z为0或1，输出$(x \vee z) \wedge (y \vee z')$的相应值。

2. 输入一个5元组（A，B，x，y，z），其中A和B为2或3，x，y和z为0或1，其中2代表∧，3代表∨。输出$(x\ A\ y)B\ z$的相应值。

3. 把给定的8位的0-1串解释成由布尔变量x，y和z组成的布尔表达式的真值表最右面的那一列。输出相应的用极小项表示的布尔表达式。例如，输入11000000将产生输出$(x' \wedge y' \wedge z') \vee (x' \wedge y' \wedge z)$。

习题4~7参考10.4节的习题。

4. 给定有限长度的0-1串，如果该串是习题3的机器的输入，求出终止状态。

5. 给定有限长度的0-1串，如果该串是习题8的机器的输入，求出终止状态。

6. 对于习题21的机器，给定由0，1和2组成的输入串，求出终止状态。

7. 对于习题25的机器，给定由1，2和3组成的输入串，求出终止状态。

8. 给定一个有限状态机，其输入集是$I = \{1, 2, 3\}$，状态集是$S = \{1, 2, 3\}$，初始状态是1，接受状态是1和3，状态表是3×3阶的矩阵，判断给定的输入串是否被接受。

推荐读物

1. Dornhoff, Larry L. and Franz E. Hohn. *Applied Modern Algebra.* New York: Macmillan, 1978.
2. Fisher, James L. *Application-Oriented Algebra.* New York: Crowell, 1977.
3. Friedman, Arthur D. and Premachandran R. Menon. *Theory & Design of Switching Circuits.* Rockville, MD: Computer Science Press, 1975.
4. Liu, C.L. *Elements of Discrete Mathematics*, 2d ed. New York: McGraw-Hill, 1985.
5. Stanat, Donald F. and David F. McAllister. *Discrete Mathematics in Computer Science.* Englewood Cliffs, NJ: Prentice-Hall, 1977.
6. Stone, Harold S. *Discrete Mathematical Structures and Their Applications.* Chicago: Science Research Associates, 1973.
7. Tremblay, J.P. and R. Manohar. *Discrete Mathematical Structures with Applications to Computer Science.* New York: McGraw-Hill, 1975.

逻辑和证明简介

在数学、物理学和计算机科学这样的领域中，从事研究的人必须熟悉逻辑的基本原理，这样他们才能识别有效和无效的论证。第10章探讨了如何将逻辑应用于设计电路，比如那些出现在计算机中的电路。附录将对逻辑和证明做一个非形式化的介绍，为计算机科学、数学和自然科学专业的学生学习这些学科提供充分的基础知识。

A.1 命题和联结词

逻辑学的一个方面就是要判断一个有意义的断言是否正确。一个**命题**（statement）是一个语句，它或者是真的，或者是假的，但不能既真又假。例如，下面的每个语句都是命题。

（1）乔治·华盛顿是美国的第一任总统。

（2）巴尔的摩是马里兰州的州府。

（3）$6 + 3 = 9$。

（4）在美国的各个州中，得克萨斯是面积最大的。

（5）所有的狗都是动物。

（6）有些鸟类迁徙。

（7）每个大于2的偶数都是两个素数之和。

在上面的第六个命题中出现了“有些”这个词。在逻辑中，“有些”理解为“至少有一个”的意思。这样命题（6）的意思就是：至少有一种鸟类迁徙，或者存在迁徙的鸟类。

命题（1）、（3）、（5）是正确的，命题（2）、（4）是错误的。但是，至今我们还不知道命题（7）是否正确（这个命题就是著名的、尚未解决的数学问题——哥德巴赫猜想）。尽管如此，（7）是一个命题，因为它要么是正确的，要么是错误的，但不可能既真又假。

另一方面，下面的语句不是命题。

（1）为什么我们要学逻辑?

（2）请在自助餐厅吃饭。

（3）祝你生日快乐!

它们不是命题的原因是：它们都不能被判断为真或者假。

可能存在这样一种情况：一个语句是命题，但由于语义模棱两可或者缺少量化，而不能确定它的真假。下面的语句就属于这种类型。

（1）昨天很冷。

（2）他认为纽约是一座迷人的城市。

（3）存在一个数x满足$x^2 = 5$。

（4）Lucille肤色黝黑。

为了判断第一句的真假，需要说明“冷”这个词是什么意思。同样，在第二句中，需要知道这是谁的观点，才能明确这个句子是正确的或错误的。第三句的正确与否依赖于x是什么类型的数。最后一句的真假由一个人心中所想的是哪个Lucille决定。今后，我们不把这类模糊的句子看作命题，因为它们缺少判断语句的真假所必需的说明及量化，缺少关键词或关键变量的前置词。

例A.1 下列语句是命题。

(a) 1985年12月4日，在佛罗里达州的迈阿密，气温下降至冰点以下。

(b) 在有些科威特人眼中，乔治·布什是一个英雄。

(c) 存在一个整数x使得$x^2 = 5$。

(d) 歌唱家格洛里亚·埃斯特拉是古巴人。 ■

我们所感兴趣的是：研究利用下面的词语构成的命题的真假性，这些词语称为**联结词**(connective)。

联结词	符号	名称
不(not)	~	否定(negation)
且(and)	∧	合取(conjunction)
或(or)	∨	析取(disjunction)
如果……则……(if…then…)	→	条件(conditional)
当且仅当(if and only if)	↔	双向条件(biconditional)

在逻辑中，联结词“not”的用法与标准英文中的相同，即用来否定相应的命题。正如下面的例子中所展示的那样，对于大多数简单命题，很容易构造它们的否定命题。

例A.2 考虑下面的命题。

(a) 今天是星期五。

(b) 洛杉矶不是加利福尼亚的州府。

(c) $3^2 = 9$。

(d) 今天我去看电影不是真的。

(e) 温度超过60°F。

上述命题的否定如下。

(a) 今天不是星期五。

(b) 洛杉矶是加利福尼亚的州府。

(c) $3^2 \neq 9$。

(d) 今天我去看电影是真的。

(e) 温度低于或等于60°F。 ■

但是，对于包含“有些”“所有”“每个”之类的词的命题，取其否定时要小心。例如，考虑下面的命题

s：有些香蕉是蓝色的。

由于“有些”的意思是“至少有一个”，所以s的否定是命题

$\sim s$：没有香蕉是蓝色的。

类似地，命题

t：每个香蕉都是黄色的

的否定命题是

$\sim t$：有些香蕉不是黄色的。

这些例子说明：含有“有些”这个词的命题的否定就是把“有些”变为“没有”，而含有“所有”“每个”这些词的命题的否定就是把这些词变为“有些……不……”。

例A.3 求下列每个命题的否定。

(a) 有些牛仔住在怀俄明州。

(b) 有些电影明星并不出名。

(c) 没有一个整数可以被5整除。

(d) 所有的医生都很富裕。

(e) 每个大学生足球运动员的体重都至少是200磅。

这些命题的否定如下。

(a) 没有牛仔住在怀俄明州。

(b) 没有电影明星是不出名的。(或者，所有的电影明星都是出名的。)

(c) 有些整数可以被5整除。

(d) 有些医生不富裕。

(e) 有些大学生足球运动员的体重不到200磅。 ■

显然，真命题的否定是假的，假命题的否定是真的。这个信息可以记录在下面的表中，这种表称为**真值表**（truth table）。

p	$\sim p$
T	F
F	T

这里，p表示一个命题，$\sim p$表示它的否定。字母T和F分别表示命题为真和假。

两个命题的**合取**（conjunction）是指将两个命题用联结词“而且”联结起来。例如，两个命题

p：今天是星期一　和　q：我去了学校

的合取是

$p \wedge q$：今天是星期一，而且我去了学校。

当原命题p和q均为真时，$p \wedge q$才为真。于是，联结词“而且”的真值表如下所示。

p	q	$p \wedge q$
T	T	T
T	F	F
F	T	F
F	F	F

两个命题的**析取**（disjunction）是指把命题用词语“或”联结起来。例如，上述命题p和q的析取为

$p \vee q$：今天是星期一，或者我去了学校。

只要原命题有一个为真，那么这个命题就为真。例如，在下列每一种情况下，命题$p \vee q$都为真。

(1) 今天不是星期一，并且我去了学校。

(2) 今天是星期一，并且我没有去学校。

(3) 今天是星期一，并且我去了学校。

所以，联结词“或”的真值表如下所示。

p	q	$p \vee q$
T	T	T
T	F	T
F	T	T
F	F	F

联结词“如果…则…”和联结词“当且仅当”在平时的谈话中很少出现，但在数学中经常用到。含联结词“如果…则…”的命题称为**条件命题**（conditional statement），或者更简单地称为**条件**（conditional）。例如，假设玛丽是我们认识的一个学生，且p和q是命题

p：星期四晚上玛丽在玩，

q：星期五早上8点玛丽没有课，

则条件命题$p \to q$为

$p \to q$：如果星期四晚上玛丽在玩，那么星期五早上8点她没有课。

命题“如果p则q”的另一种念法是“p蕴涵q”。在条件命题“如果p则q”中，命题p称为**前提**（premise），命题q称为**结论**（conclusion）。

条件命题不能按照原因和结果来解释，这一点很重要。所以，当我们说“如果p则q”时，并不是指前提p导致了结论q，而仅仅指只要p为真，则q必为真。

在伊利诺伊州的驽马，有一个为帮助清洁工扫雪而设计的城市法令，即如果积雪的厚度达到或超过2英寸，则汽车就不能整晚停在街上。当把这个法令应用于一个特定的日子时，比如说2004年12月15日，这个法令就是一个条件命题，它的前提是

p：在2004年12月15日，积雪的厚度达到或超过2英寸，

它的结论是

q：在2004年12月15日，汽车不能整晚停在街上。

请想一下，在什么情况下条件命题$p \to q$为假，也就是在什么情况下，这个法令被违反了。显然，如果在2004年12月15日，积雪的厚度达到或超过2英寸，且汽车整晚停在街上，即p为真且q为假，那么这个法令就被违反了。此外，如果那天积雪的厚度达到或超过2英寸，但汽车没有整晚停在街上（即如果p，q均为真），那么这个法令没有被违反。如果积雪的厚度不到2英寸（即如果p为假），那么这条法令就不适用，在这种情况下，无论是否把汽车整晚停在街上，法令都没有被违反。所以，违反法令的情形只有前提为真且结论为假。

当p是假的时候，把条件命题$p \to q$当作是真的，这看来似乎有点不自然。确实，在前提为假时，倘若把条件命题看作是不适用的，似乎更合理些。但是，这样一来，条件命题$p \to q$就既非真又非假，于是，按照定义，$p \to q$将不再是一个命题。由于这个原因，逻辑学家就规定：当前提为假时，条件命题为真。因此，条件命题的真值表如下。

p	q	$p \to q$
T	T	T
T	F	F
F	T	T
F	F	T

双向条件（biconditional）命题$p \leftrightarrow q$是指$p \to q$且$q \to p$。所以，一个双向条件命题是两个条件命题的合取。双向条件命题$p \leftrightarrow q$读作“p当且仅当q”或者“p是q的充要条件”。下列命题即为双向条件命题。

星期四晚上玛丽在玩当且仅当星期五早上8点她没有课；
约翰·斯诺德格拉斯在庆典游行上驾驶1965型野马跑车的充要条件是他买了一个新的消音器。

可以从$p\to q$和$q\to p$的真值表获得$p\leftrightarrow q$的真值表。

p	q	$p\to q$	$q\to p$	$(p\to q)\wedge(q\to p)$
T	T	T	T	T
T	F	F	T	F
F	T	T	F	F
F	F	T	T	T

从真值表中可以看出：当p和q同时为真或同时为假时，条件命题$p\to q$和$q\to p$才同时为真。所以，双向条件命题的真值表如下。

p	q	$p\leftrightarrow q$	p	q	$p\leftrightarrow q$
T	T	T	F	T	F
T	F	F	F	F	T

在上面的表中可以看出：条件命题$p\to q$和$q\to p$并不总是有相同的真值。但是，很不幸，混淆这两个条件命题是一种常见的错误，当一个为真时认为另一个也为真。显然，这两个命题是有联系的（虽然它们不相同），因为它们都包含同样的p和q。命题$q\to p$称为$p\to q$的**逆命题**（converse），命题$\sim p\to\sim q$称为命题$p\to q$的**否命题**（inverse），命题$\sim p\to\sim q$称为命题$p\to q$的**逆否命题**（contrapositive）。

例A.4 假设关于约翰·斯诺德格拉斯的命题是：如果约翰有了一个新的消音器，那么他在庆典游行上驾驶野马跑车。求出这个命题的逆命题、否命题和逆否命题。

给定的条件命题是$p\to q$的形式，其中p和q分别是命题：

p：约翰有了一个新的消音器，

q：约翰在庆典游行上驾驶野马跑车。

其逆命题、否命题和逆否命题如下。

逆命题：如果约翰在庆典游行上驾驶野马跑车，那么他有了一个新的消音器。

否命题：如果约翰没有新的消音器，那么他没在庆典游行上驾驶野马跑车。

逆否命题：如果约翰没在庆典游行上驾驶野马跑车，那么他没有新的消音器。 ■

例A.5 求下列命题的逆命题、否命题和逆否命题。

如果今天不下雨，那么我将去海滩。

所求的命题如下。

逆命题：如果我今天去海滩，那么今天不下雨。

否命题：如果今天下雨，那么我将不去海滩。

逆否命题：如果我今天不去海滩，那么今天下雨。

对这种情况必须要小心，不要从给定的命题中读出比它本身所说的意思更多的意思。很容易把这个命题看作双向条件命题，意思是今天不下雨的话我就去海滩，而下雨的话就不去。但是，给定的命题并没有说如果下雨就不去海滩。这是它的否命题。同样，还必须随时预防这一点：在条件命题本身的真假性的基础上，设想其逆命题的真假性。 ■

需要指出的是，在数学中也普遍地使用术语“逆”，它的含义比上面所定义的更复杂。例

如，考虑命题

A：如果三角形的3条边都相等，则其3个角也都相等。

大多数数学家把下面的命题称为A的“逆”命题：

A^*：如果三角形的3个角都相等，则其3条边也都相等。

如果考虑到命题A具有$p \to q$的形式（p和q如下），那么这看上去确实与前面关于逆的定义相符。

p：三角形的3条边都相等。

q：三角形的3个角都相等。

这种解释存在的问题是p和q不是命题。例如，p的真假性依赖于所讨论的是哪个三角形。

实际上，命题A是表达下列事实的常见的简写形式，

对于所有的三角形T，如果T的三条边都相等，则T的三个角也都相等。

这个命题具有如下的形式：

B：对于S中所有的x，$p(x) \to q(x)$，

这里，x是一个变量，S是某个集合（在本例中，是指所有三角形的集合），$p(x)$和$q(x)$是语句，当x被赋予S中任何一个特定的值时，$p(x)$和$q(x)$就成为命题。于是，命题B在通常意义下的“逆”命题是

B^*：对于S中所有的x，$q(x) \to p(x)$。

在关于三角形的例子中，命题A及其“逆命题”A^*在欧几里得几何中都为真[⊖]。另一方面，

C：对于所有的实数x，如果$x > 3$，则$x > 2$

为真，然而，

C^*：对于所有的实数x，如果$x > 2$，则$x > 3$

不为真。注意，下面的两个命题都为假。

D：对于所有的整数n，如果n是偶数，则n是一个整数的平方，

D^*：对于所有的整数n，如果n是一个整数的平方，则n是偶数。

习题A.1

在习题1~12中，确定各个语句是否是命题，如果是命题，则确定它们的真假性。

1. 佐治亚州是美国最南面的州。

2. E.T.：给家里打电话。

3. 如果$x = 3$，则$x^2 = 9$。

4. 猫会飞。

5. 答案是什么？

6. 纽约是联合国大厦的所在地。

7. 5是奇数，并且7是偶数。

8. 6是偶数，或者7是偶数。

9. 在我结束以前请保持安静，要么就出去。

10. 9是小于10的最大素数，且2是最小的素数。

⊖ 事实上，命题A为真，而“逆命题”A^*为假。这里，译者没有纠正原著的错误，而是直译的。实际上，命题及其在这种意义下的所谓的“逆命题”都为真的情况确实存在，读者不难找到这样的例子。——译者注

11. 5是正数，或0是正数。
12. 你回家吧，让我一个人待着。
在习题13~24中，写出命题的否定。
13. $4+5=9$。
14. 圣诞节是在12月25日庆祝的。
15. 加利福尼亚不是美国最大的州。
16. 芝加哥从没下过雪。
17. 所有的鸟都会飞。
18. 有些人是富裕的。
19. 有个人体重超过400磅。
20. 每个百万富翁都要交税。
21. 有些学生没有通过微积分考试。
22. 每个芝加哥市民都喜欢Cubs棒球队。
23. 每个人都喜欢樱桃馅饼。
24. 南达科塔州没有农民。
对习题25~32中给定的每对命题p和q，写出它们的（a）合取，（b）析取。然后指出哪些命题是真的（如果有的话）。
25. p：1是偶数，q：9是正整数。
26. p：俄勒冈州与加拿大接壤，q：金字塔在亚洲。
27. p：大西洋是海洋，q：尼罗河是河。
28. p：红锡嘴雀是红的，q：知更鸟是蓝的。
29. p：鸟有4条腿，q：兔子有翅膀。
30. p：橘子是水果，q：土豆是蔬菜。
31. p：长笛是管乐器，q：定音鼓是弦乐器。
32. p：代数是英语课程，q：会计学是商业课程。
对习题33~36中的每个命题，写出其（a）逆命题，（b）否命题，（c）逆否命题。
33. 如果今天是星期五，那么我去看电影。
34. 如果我完成了这个任务，那么我将休息一下。
35. 如果肯尼迪不竞选参议院议员，那么他会竞选总统。
36. 如果我期末考试得A，那么这门课的总成绩我将得B。

A.2 逻辑等价

当分析一个含有联结词的复杂命题时，考虑组成它的较简单的命题常常是很有用的，于是就可以通过考虑较简单的命题的真假性来确定复杂命题的真假性。

例如，考虑命题

在今晚的比赛中，Fred Nitney开场就防守意味着Sam Smith的得分少于10，当且仅当Sam Smith的得分少于10分或者Fred Nitney没有开场就防守。

这个命题由两个较简单的命题组成：

p：在今晚的比赛中，Fred Nitney开场就防守，

q：在今晚的比赛中，Sam Smith的得分少于10。

给定的那个命题可以用符号表示为$(p\to q)\leftrightarrow(q\vee\sim p)$。

下面将根据p和q的真假来分析这个命题的真假。这个分析过程如下面的真值表所示，其

中，每一行对应一对不同的p和q的真假值。

p	q	$p\to q$	$\sim p$	$q\vee\sim p$	$(p\to q)\leftrightarrow(q\vee\sim p)$
T	T	T	F	T	T
T	F	F	F	F	T
F	T	T	T	T	T
F	F	T	T	T	T

于是就可以看到：无论命题“在今晚的比赛中，Fred Nitney开场就防守”和“在今晚的比赛中，Sam Smith的得分少于10”是否为真，在任何情况下，原命题“在今晚的比赛中，Fred Nitney开场就防守意味着Sam Smith的得分少于10，当且仅当Sam Smith的得分少于10分或者Fred Nitney没有开场就防守”总是为真。

例A.6 假设p，q和r是命题，用真值表分析复合命题$p\vee[(p\wedge\sim q)\to r]$。

下面的真值表说明命题$p\vee[(p\wedge\sim q)\to r]$总是真的。

p	q	r	$\sim q$	$p\wedge\sim q$	$[(p\wedge\sim q)\to r]$	$p\vee[(p\wedge\sim q)\to r]$
T	T	T	F	F	T	T
T	T	F	F	F	T	T
T	F	T	T	T	T	T
T	F	F	T	T	F	T
F	T	T	F	F	T	T
F	T	F	F	F	T	T
F	F	T	T	F	T	T
F	F	F	T	F	T	T

■

有些复合命题，诸如例A.6中的命题，无论组成它们的子命题是否为真，其值总是为真。我们对这类命题有特殊的兴趣，因为它们可用来构造有效的论证。这类命题称为**重言式**(tautology)。同样，也有这样的复合命题，无论其子命题是否为真，其值总为假，这类命题称为**矛盾式**（contradiction)。显然重言式的否定是矛盾式，反之亦然。

例A.7 从下面的真值表可以看出，命题$(p\wedge\sim q)\wedge(\sim p\vee q)$是矛盾式。

p	q	$\sim p$	$\sim q$	$p\wedge\sim q$	$\sim p\vee q$	$(p\wedge\sim q)\wedge(\sim p\vee q)$
T	T	F	F	F	T	F
T	F	F	T	T	F	F
F	T	T	F	F	T	F
F	F	T	T	F	T	F

所以，上述命题的否定式$\sim[(p\wedge\sim q)\wedge(\sim p\vee q)]$是重言式。 ■

两个复合命题称为是**逻辑等价的**（logically equivalent)，如果无论组成它们的子命题是否为真，这两个复合命题都有相同的真假性。所以，命题S和T是逻辑等价的当且仅当双向条件$S\leftrightarrow T$是重言式。例如，在本节的第一张真值表中，可以看到双向条件命题$(p\to q)\leftrightarrow(q\vee\sim p)$是重言式，所以命题$p\to q$和$q\vee\sim p$是逻辑等价的。

例A.8 证明复合命题$\sim(p\vee q)$和$(\sim p)\wedge(\sim q)$是逻辑等价的（这个结论称为德摩根律。)

为了证明这两个命题是逻辑等价的，只要证明：在真值表中，这两个命题所对应的列完全相同就足够了。因为下面的真值表正是这样的情况，所以可以得出结论$\sim(p\vee q)$和$(\sim p)$

$\wedge(\sim q)$是逻辑等价的。

p	q	$p\vee q$	$\sim(p\vee q)$	$\sim p$	$\sim q$	$(\sim p)\wedge(\sim q)$
T	T	T	F	F	F	F
T	F	T	F	F	T	F
F	T	T	F	T	F	F
F	F	F	T	T	T	T

■

在逻辑论证中，经常需要化简复杂的命题。为了使这种化简得出有效的论证，只需使替换后的命题与原命题是逻辑等价的，因为此时这两个命题总是有相同的真假性。于是，因为例A.8中的命题是逻辑等价的，所以命题$\sim(p\vee q)$和$(\sim p)\wedge(\sim q)$可以相互替换，而不会影响论证的有效性。

下面陈述一个定理以结束本节，这个定理包含多个重要的逻辑等价式，它们在数学证明中经常出现。定理的证明留作习题。注意这个定理的（a）~（h）与定理2.1的（a）~（c）以及定理2.2的（a）~（b）的相似性。

定理A.1 下列各对命题是逻辑等价的。

（a）$p\wedge q$和$q\wedge p$ （合取的交换律）

（b）$p\vee q$和$q\vee p$ （析取的交换律）

（c）$(p\wedge q)\wedge r$和$p\wedge(q\wedge r)$ （合取的结合律）

（d）$(p\vee q)\vee r$和$p\vee(q\vee r)$ （析取的结合律）

（e）$p\vee(q\wedge r)$和$(p\vee q)\wedge(p\vee r)$ （分配律）

（f）$p\wedge(q\vee r)$和$(p\wedge q)\vee(p\wedge r)$ （分配律）

（g）$\sim(p\vee q)$和$\sim p\wedge\sim q$ （德摩根律）

（h）$\sim(p\wedge q)$和$\sim p\vee\sim q$ （德摩根律）

（i）$p\to q$和$\sim q\to\sim p$ （逆否律）

习题A.2

在习题1~10中，为每个复合命题构造真值表。

1. $(p\vee q)\wedge[\sim(p\wedge q)]$

2. $(\sim p\vee q)\wedge(\sim q\wedge p)$

3. $(p\vee q)\to(\sim p\wedge q)$

4. $(\sim p\wedge q)\to(\sim q\vee p)$

5. $(p\to q)\to(p\vee r)$

6. $p\to(\sim q\vee r)$

7. $(\sim q\wedge r)\leftrightarrow(\sim p\vee q)$

8. $\sim[p\wedge(q\vee r)]$

9. $[(p\vee q)\wedge r]\to[(p\wedge r)\vee q]$

10. $(r\wedge\sim q)\leftrightarrow(q\vee p)$

在习题11~16中，证明给定的命题是重言式。

11. $\sim p\vee p$

12. $(p\to q)\vee(\sim q\wedge p)$

13. $(\sim p\wedge q)\to\sim(q\to p)$

14. $\sim(\sim p\wedge q)\to(\sim q\vee p)$

15. $\sim[((p\to q)\wedge(\sim q\vee r))\wedge(\sim r\wedge p)]$

16. $[(p\wedge q)\to r]\to[\sim r\to(\sim p\vee\sim q)]$

习题17~24中，证明给定的各对命题是逻辑等价的。

17. p和$\sim(\sim p)$

18. p和$p\vee(p\wedge q)$

19. $\sim(p\to q)$和$\sim q\wedge(p\vee q)$

20. $p\leftrightarrow q$和$(\sim p\vee q)\wedge(\sim q\vee p)$

21. $p\to(q\to r)$和$(p\wedge q)\to r$

22. $(p \to q) \to r$和$(p \vee r) \wedge (q \to r)$

23. $(p \vee q) \to r$和$(p \to r) \wedge (q \to r)$

24. $p \to (q \vee r)$和$(p \to q) \vee (p \to r)$

25. 证明定理A.1的（a）和（b）。

26. 证明定理A.1的（c）和（d）。

27. 证明定理A.1的（e）和（f）。

28. 证明定理A.1的（h）。

29. 证明定理A.1的（i）。

30. 命题$[(p \to q) \wedge \sim q] \to \sim p$称为**拒取式**（modus tollens），证明它是重言式。

31. 命题$[p \wedge (p \to q)] \to q$称为**假言推理**（modus ponens），证明它是重言式。

32. 命题$[(p \vee q) \wedge \sim p] \to q$称为**析取三段论**（disjunctive syllogism），证明它是重言式。

33. 定义一个新的联结词，称为“异或”，用符号$\underline{\vee}$表示，$p \underline{\vee} q$为真当且仅当p和q中有且仅有一个为真。

（a）写出“异或”的真值表。

（b）证明$p \underline{\vee} q$和$\sim (p \leftrightarrow q)$是逻辑等价的。

34. **谢菲尔竖**（Sheffer stroke）是一个联结词，用符号“|”表示，其真值表如下。

p	q	$p \mid q$
T	T	F
T	F	T
F	T	T
F	F	T

以下证明了所有的基本联结词都可以仅用谢菲尔竖来表示。

（a）证明$p \mid p$和$\sim p$是逻辑等价的。

（b）证明$(p \mid p) \mid (q \mid q)$和$p \vee q$是逻辑等价的。

（c）证明$(p \mid q) \mid (p \mid q)$和$p \wedge q$是逻辑等价的。

（d）证明$p \mid (q \mid q)$和$p \to q$是逻辑等价的。

A.3 证明的方法

数学可能是人类把逻辑和证明的使用放在如此核心重要位置上的唯一努力。能够以符合逻辑的方式思考问题和阅读证明必定会提高数学理解力，但更重要的是，这些技巧使我们能够把数学思想应用到新的情况中去。本节要讨论一些基本的证明方法，以使读者对书写证明的逻辑框架有更好的理解。

定理（theorem）是为真的数学命题。本质上，定理都是条件命题，虽然定理的文字表达可能会掩盖这一点。例如，定理1.3的文字表达是

有n个元素的集合恰好有2^n个子集。

从字面上看，这个定理似乎不是条件命题，但是，这个命题可以表示成条件命题

如果S是有n个元素的集合，那么S恰好有2^n个子集。

当定理表达为条件命题时，条件命题的前提和结论就分别称为定理的**前提**（hypothesis）和**结论**（conclusion）。

定理的**证明**（proof）是指逻辑论证，它确立定理是真的。最自然的证明形式是**直接证明法**（direct proof）。假如要证明定理$p \to q$。由于当p为假时，$p \to q$为真。所以，只需证明p为真时，q也为真就行了。因此，在直接证明法中，我们假设定理的前提p成立，并证明定理的结

论q成立。随之而来的结论就是$p \to q$为真。

下面将通过证明有关整数的某些基本结论来说明几种证明类型，其中用到了下面两个定义。

（1）如果一个整数n可以写成$n = 2k$（k为某个整数）的形式，那么称n为**偶数**（even）。

（2）如果一个整数n可以写成$n = 2k + 1$（k为某个整数）的形式，那么称n为**奇数**（odd）。同时还将用到下列结论：一个整数要么是偶数要么是奇数，但不能既为偶数又为奇数。下一个定理将用直接证明的方法来证明。

例A.9 假设要证明定理：如果n是偶数，那么n^2也是偶数。

要通过直接证明的方法证明这个结果，首先要假定前提为真，然后再证明结论为真。因此，假设n是偶数，再证明n^2是偶数。由于n是偶数，因此$n = 2k$（k为某个整数）。所以，

$$n^2 = (2k)^2 = 4k^2 = 2(2k^2)。$$

如果k是整数，则$2k^2$也是整数。因此n^2可以表示为2乘以整数$2k^2$，所以n^2是偶数。 ■

例A.10 证明定理：如果x是实数，且$x^2-1 = 0$，那么$x = -1$或$x = 1$。

由于$x^2-1 = 0$，由因式分解得到$(x + 1)(x-1) = 0$。然而，对任意两个实数来说，如果它们的乘积为0，则至少其中的一个实数必须为0。所以，$x + 1 = 0$或$x-1 = 0$。在第一种情况下，$x = -1$；在第二种情况下$x = 1$。因此$x = -1$或$x = 1$。 ■

例A.10的证明使用了**三段论**（law of syllogism），这个规则可以表示为

$$[(p \to q) \wedge (q \to r)] \to (p \to r)。$$

假设x是某个固定的实数，p，q，r和s是下列命题：

p：$x^2-1 = 0$，

r：$(x + 1)(x-1) = 0$，

s：$x + 1 = 0$或$x-1 = 0$，

q：$x = -1$或$x = 1$。

那么例A.10的证明可以写成

$$(p \to r) \wedge (r \to s) \wedge (s \to q)。$$

所以，通过使用两次三段论，可以得出结论：$p \to q$，从而证明例A.10中的定理。

另一类证明基于逆否律，这个推理规则断言：命题$p \to q$和命题$\sim q \to \sim p$是逻辑等价的。为了用这种方法证明$p \to q$，我们给出命题$\sim q \to \sim p$的直接证明，假设$\sim q$为真并证明$\sim p$为真，然后通过逆否律可以得出结论：$p \to q$也是真的。

例A.11 证明定理：如果$x + y > 100$，那么$x > 50$或$y > 50$。

假设x和y是某两个固定的实数，p和q分别是命题

$$p：x + y > 100，q：x > 50或y > 50，$$

那么只要证明$p \to q$就可以了。首先构造目标结论的逆否命题：$\sim q \to \sim p$。然后，假设$\sim q$为真并证明$\sim p$为真。由例A.8的结论可知，$\sim q$和$\sim p$分别是如下命题：

$$\sim q：x \leqslant 50且y \leqslant 50，\sim p：x + y \leqslant 100。$$

假设$x \leqslant 50$且$y \leqslant 50$，那么

$$x + y \leqslant 50 + 50 = 100。$$

于是就证明了$\sim p$，即$\sim q \to \sim p$。由逆否律可知$p \to q$为真。 ■

例A.12 证明定理：如果n是整数且n^2是偶数，那么n是偶数。

该定理的逆否命题为：如果整数n不是偶数，则n^2不是偶数。这个逆否命题也可以表示为

如果n是奇数，则n^2是奇数。

这个命题可用类似于例A.9中用到的论证方法来证明。假设n是奇数，那么$n = 2k + 1$（k是某个整数）。所以，

$$n^2 = (2k + 1)^2 = 4k^2 + 4k + 1 = 2(2k^2 + 2k) + 1。$$

由于k是整数，所以$2k^2 + 2k$也是整数。因此，n^2可以用整数$2k^2 + 2k$的2倍加1表示，从而n^2是奇数。所以就证明了：如果n是奇数，那么n^2也是奇数。由此，这个命题的逆否命题也为真：如果n是整数且n^2是偶数，则n是偶数。 ■

反证法（proof by contradiction）是一种完全不同的证明形式。在这种证明方法中，通过假设p和$\sim q$为真并推出一个假命题r，来证明命题$p \to q$为真。由于$(p \wedge \sim q) \to r$为真，但r为假，所以可以推出条件命题的前提$p \wedge \sim q$为假，于是其否命题$\sim(p \wedge \sim q)$为真，而它与目标命题$p \to q$是逻辑等价的。（见习题1。）

例A.13 证明定理：如果n是两个奇数的平方和，则n不是完全平方数。

用反证法来证明这个定理看来很自然，因为这个定理表达了否定的意思（即n不是完全平方数）。所以，如果否定这个结论，就得到一个肯定的命题，即n是完全平方数。

于是我们使用反证法。假定前提成立并否定结论，即，假设n是两个奇数的平方和，同时假设n是完全平方数。由于n是完全平方数，所以有$n = m^2$（m是某个整数）。但是n也是两个奇数的平方和。由于一个奇数等于一个偶数加1，所以n可以表示为

$$n = (2r + 1)^2 + (2s + 1)^2,$$

其中r和s是整数。根据上式可以推出

$$\begin{aligned} n &= (2r + 1)^2 + (2s + 1)^2 = (4r^2 + 4r + 1) + (4s^2 + 4s + 1) \\ &= 4(r^2 + s^2 + r + s) + 2, \end{aligned}$$

所以n是一个偶数。于是$m^2 = n$也是偶数。从例A.12可以推出m是偶数，于是$m = 2p$，其中p是整数。因此，$n = m^2 = (2p)^2 = 4p^2$可以被4整除。但是，可以看出$n = 4(r^2 + s^2 + r + s) + 2$不能被4整除。所以就得到了一个假命题：$n$既能被4整除又不能被4整除。于是，假设前提为真并否定结论导致了一个假命题。由此可知：若前提为真，则结论必为真。所以定理得证。 ■

例A.14 证明：不存在满足$r^2 = 2$的有理数。（回忆一下，有理数是这样的数：它可以写成两个整数的商的形式。）

待证的定理可以写成条件命题：如果r是有理数，则$r^2 \neq 2$。用反证法来证明这个定理看起来也很自然，因为这个定理也表达了否定的意思（即r^2不等于2）。所以，如果否定结论，就得到一个肯定的命题：存在一个有理数r满足$r^2 = 2$。

于是我们使用反证法。假定前提成立并否定结论，因此，假设有一个有理数r满足$r^2 = 2$。由于r是有理数，所以r可以表示成$\frac{m}{n}$的形式，其中m和n都是整数。此外，可以选择m和n，使它们没有大于1的公约数，从而用最小的整数来表示分数m/n。于是就有

$$\left(\frac{m}{n}\right)^2 = 2,$$

从中推出$m^2 = 2n^2$。因此m^2是一个偶数。由例A.12可知，m必为偶数，即$m = 2p$，其中p是整数。

在等式$m^2 = 2n^2$中用$2p$代替m，得到$4p^2 = 2n^2$，所以$2p^2 = n^2$。因此n^2是偶数，并且，同前面一样，可以推出n也是偶数。所以m和n都是偶数，即m和n有公约数2。这与我们对m和n的选择（m和n没有大于1的公约数）矛盾，所以就推出定理的结论必为真。于是定理得证。 ■

本节讨论了3种基本的证明方法：直接证明、逆否证明和反证法，除这些证明方法以外，也还有别的证明方法。在离散数学中，一种相当重要的证明方法是数学归纳法，2.5节讨论了数学归纳法。另一种证明方法是分情形证明，其中，把待证明的定理分成几部分，并分别证明每个部分。下面的例子演示了这种方法。

例A.15 证明：如果n是整数，则n^3-n是偶数。

由于一个整数n要么是偶数，要么是奇数，所以下面分两种情形来考虑。

情形1：n是偶数。于是$n = 2m$，其中m是某个整数。所以，

$$n^3-n = (2m)^3-2m = 8m^3-2m = 2(4m^3-m),$$

这是一个偶数。

情形2：n是奇数。于是$n = 2m + 1$，其中m整数。所以，

$$\begin{aligned} n^3-n &= (2m + 1)^3-(2m +1) \\ &= (8m^3 + 12m^2 + 6m + 1)-(2m + 1) \\ &= 8m^3 + 12m^2 + 4m \\ &= 2(4m^3 + 6m^2 + 2m), \end{aligned}$$

这是一个偶数。

因为在两种情形下n^3-n都是偶数，所以可以推出：对所有的整数n，n^3-n是偶数。 ■

本节结尾简要地考虑一下**反驳**一个命题$p \to q$的问题，即证明命题$p \to q$是假的。因为，只有当条件命题的前提为真且结论为假时，该条件命题才为假，所以，必须找到这样一个实例，其中p为真且q为假。这样的实例称为该命题的**反例**（counterexample）。

例如，考虑命题：如果一个整数n是两个偶数的平方和，那么n不是一个完全平方数。要反驳这个命题，必须找一个反例，即找一个整数n，它既是两个偶数的平方和同时又是一个完全平方数。等式$100 = 6^2 + 8^2$说明100就是这样的一个数。仅一个反例的存在就足以推翻命题，即使有许多n（如$40 = 2^2 + 6^2$）使该命题成立。该命题是假的，因为它并非对所有满足前提的n都为真。

习题A.3

1. 证明$\sim(p \wedge \sim q)$和$p \to q$逻辑等价。
2. 证明三段论是重言式。
3. 证明：如果m是整数且m^2是奇数，那么m也是奇数。（提示：证明逆否命题。）
4. 如例A.14那样证明：没有有理数r满足$r^2 = 3$。

证明习题5~12中的命题。假设这些习题中用到的符号都表示正整数。

5. 如果b可以被a整除，那么对于任意c，bc可以被ac整除。
6. 如果bc可以被ac整除，那么b可以被a整除。
7. 如果b可以被a整除且c可以被b整除，那么c可以被a整除。
8. 如果b可以被a整除，那么$a \leqslant b$。
9. 如果p和q是素数且q可以被p整除，那么$p = q$。
10. 如果b可以被a整除且$b + 2$可以被a整除，那么$a = 1$或$a = 2$。
11. 如果xy是偶数，那么x是偶数或y是偶数。

12. 对于所有大于10的正整数n，$12(n-2)<n^2-n$。

证明或反驳习题13~22中的结论。假设这些习题中提及的所有数都是整数。

13. 两个奇数的和是奇数。

14. 两个奇数的乘积是奇数。

15. 如果$ac=bc$，那么$a=b$。

16. 如果xy可以被3整除，那么x可以被3整除或y可以被3整除。

17. 如果xy可以被6整除，那么x可以被6整除或y可以被6整除。

18. 如果x和y可以被3整除，那么$ax+by$可以被3整除。

19. 如果a和b都是奇数，那么a^2+b^2是偶数。

20. 如果a和b都是奇数，那么a^2+b^2不能被4整除。

21. 对所有整数n，n是奇数当且仅当n^2-1可以被8整除。

22. 两个整数的乘积是奇数当且仅当这两个整数都是奇数。

23. 证明或反驳：对每一个正整数n，n^2+n+41都是素数。

24. 证明：在任何三个连续的正奇数（不为3，5和7）的集合中，至少有一个数不是素数。

25. 证明：对于每个正整数n，n^2-2都不能被3整除。

26. 证明：对于每个正整数n，n^4-n^2都可以被6整除。

27. 证明：如果p是正的素数，则$\log_{10}p$不能表示为两个整数的商。

28. 证明：存在无数个素数。

历史注记

从米利都（Miletus）的泰利斯（Thales，约公元前580—前500）时期开始，逻辑和证明的研究就已经在数学中起着核心的作用，泰利斯被认为是第一个给出演绎论证的数学家。公元前5世纪，雅典人柏拉图（Plato，公元前429—前348）在算术（数的理论）和逻辑学（计算的技术）之间做了区分。在描述这个区分时，柏拉图讨论了理论和应用的差异。柏拉图认识到存在于分析方法之中的数学本质。一个人从给定的前提（以公理或假设的形式）出发，一步步地工作，建立起一条推理路线，从而推导出特定的预期命题。贯穿于柏拉图的工作，柏拉图提高了理论相对于应用的地位。柏拉图的学生亚里士多德（Aristotle，公元前384—322）是第一个把演绎论证系统化为规则系统的人。虽然亚里士多德很少直接论述数学，但他在其哲学著作中展开的论证和在讨论论证形式时经常用到的一些数学概念在数学这门学科中留下了不可磨灭的印记[73，74]。

德国人莱布尼茨（Gottfried Wilhelm Leibniz，1646—1716）在他1666年出版的书《组合术》（De Arte Combinatoria）中，表达了他对系统化的论证形式的观点。当许多科学界的同行把莱布尼茨的工作视为“纯哲学的东西”时，莱布尼茨在1679年到1690年期间，在无定义术语、公理、假定、逻辑规则和导出命题的基础上发展了一个体系，他的目标是建立推理的通用代数。直到英国数学家布尔（George Boole，1815—1864）的工作出现后，这种思想体系才被人们广泛接受。布尔1847年的著作《逻辑的数学分析》（The Mathematical Analysis of Logic）和1854年的扩充本《思维规律的研究》（An Investigation of the Laws of Thought）引起了新的对证据、论证和证明的本质的关注。

Augustus De Morgan

德摩根（Augustus De Morgan，1806—1871）的《形式逻辑；或推理的演算，必要性和可能性》（Formal Logic; or, the Calculus of Inference, Necessary and Probable）充实了这些工作。同时，美国人皮尔斯（Charles

Sanders Peirce，1839—1914）主张把数学和逻辑学分开，并强调逻辑论证中量词的作用。在1880年和1885年之间，皮尔斯为他的逻辑学发展了一个包含逻辑真值和语义学的理论。皮尔斯在量词和命题代数上的工作将推理引领到一个新的方向。德国人施洛德（Ernst Schröder，1841—1902）的著作《逻辑代数讲义》（Vorlesungen über die Algebra der Logik）（1890—1905）和怀特海德（Alfred North Whitehead，1861—1947）的《通用代数专著》（A Treatise on Universal Algebra）（1898）[80]把皮尔斯的逻辑代数的严密性和形式化程度推进到一个新的高度。

C.S.Peirce

同时，许多数学家开始发展一个体系，以用这个新的逻辑语言来严格地表达数学中的所有东西。德国人弗雷格（Gottlieb Frege，1848—1925）在其两本书《算术基础》（Foundation of Arithmetic）（1879）和《算术的基本规律》（The Fundamental Laws of Arithmetic）（1903）的出版期间，试图为数学建立一个更严格的基础。意大利人皮亚诺（Giuseppe Peano，1858—1932）1894年的开创性著作《数学的形式化》（Formulaire de Mathématiques）基于零、数和后继等无定义概念以及下面的基本公理，勾画出算术的轮廓。

- 零是数。
- 对所有的数n，它的后继也是数。
- 没有一个数以零为它的后继。
- 如果两个数m和n有相同的后继，那么$m = n$。
- 如果T是数的集合，使得零是T中的成员，而且当n在T中时，n的后继也在T中，那么T是所有数的集合。

这里，顺序（后继）和归纳与数的产生联系在一起。这些思想也被狄德金（Julius Wilhelm Richard Dedekind，1831—1916）和其他一些人用来为算术和（更一般地说是）数学建立形式化的基础。其中最著名的著作是多卷本的《数学原理》（Principia Mathematica）(1910—1913)，由罗素（Bertrand Russell，1872—1970）和怀特海德（Alfred North Whitehead，1861—1947）所著。

出生在澳大利亚的数学家哥德尔（Kurt Gödel，1906—1978）1931年的论文证明了公理化方法有局限性。哥德尔的定理（称为Gödel不完备定理）证明了：任何一组足够充分从而包含正整数的基本性质的公理，必定也包含一个明确定义的命题，在这个系统中既不能证明该命题是真的，也不能证明它是假的[80，84]。

补充习题

在习题1~8中，判定每个语句是否是命题，如果是，则判断它们的真假性。

1. 所有的整数都是实数。
2. 每个实数都是整数。
3. 汤姆是班里最聪明的学生。
4. 星期四的前一天是星期五。
5. 对所有的整数n，$n^2 \geqslant n!$。
6. 有些矩形是正方形。
7. 没有一个整数的平方的个位数字是7。
8. 对所有的正整数n，$n! + 1$是素数。

写出习题9~16中每个命题的否定，并指出其真假性。

9. 没有一个正方形是三角形。
10. 所有的等腰三角形都是等边三角形。
11. 有些美国科学家获得了诺贝尔奖。

12. 红色是基本色，而蓝色不是。

13. $2+2>4$，或1是$x^5+1=0$的根。

14. 对所有的整数x，$x^2\geqslant 1$不成立。

15. 在沿纬度线周游地球时，一定会通过赤道两次，通过北极和南极各一次。

16. 等式$x^3-x=0$有3个复数根。

对习题17~20中的每对命题p和q，写出（a）它们的合取；（b）它们的析取。指出复合命题的真假性。

17. p：正方形有4条边；q：三角形有3条边。

18. p：$2^3=8$；q：$3^2=8$。

19. p：如果$3>2$，那么$3\times 0>2\times 0$；q：如果$4=5$，那么$5=9$。

20. p：玫瑰花是动物；q：老虎是植物。

对习题21~24中的每个命题，写出（a）逆命题；（b）否命题；（c）逆否命题。指出每个命题的真值。

21. 如果$3+3=6$，那么$3^2=6$。

22. 如果$(3+3)^2=18$，那么$(3+3)^2=3^2+3^2$。

23. 如果$3^2=6$，那么$3\times 2=6$。

24. 如果$(3+3)^2=6^2$，那么$3^2+2\times 3\times 3+3^2=6^2$。

在习题25~28中，为每个复合命题构造真值表。

25. $\sim[(p\vee q)\wedge \sim p]\wedge \sim p$

26. $\sim[(p\vee \sim q)\wedge p]\leftrightarrow(\sim p\wedge q)$

27. $[p\wedge(r\wedge(\sim p\vee q))]\rightarrow[(p\wedge r)\wedge(\sim p\vee q)]$

28. $[(p\rightarrow r)\wedge(p\rightarrow q)]\rightarrow[p\rightarrow(r\wedge q)]$

在习题29~32中，判定给定的命题是否是重言式。

29. $[p\vee(\sim p\wedge q)]\rightarrow(p\vee q)$

30. $(p\rightarrow q)\rightarrow[(p\vee q)\rightarrow q]$

31. $\{[(p\vee q)\wedge \sim p]\wedge q\}\rightarrow(q\wedge \sim q)$

32. $\sim\{[(p\vee q)\wedge(\sim p\vee r)]\vee \sim(q\wedge r)\}$

在习题33~36中，检验所给定的命题是否是逻辑等价的。

33. $[\sim p\wedge(\sim p\wedge q)]\vee[p\wedge(p\wedge \sim q)]$和$(\sim p\wedge q)\vee(p\wedge \sim q)$

34. $(p\rightarrow q)\wedge(p\rightarrow r)$和$q\rightarrow r$

35. $(p\wedge q\wedge r)\vee(p\wedge \sim q\wedge r)\vee(\sim p\wedge \sim q\wedge r)\vee(\sim p\wedge q\wedge r)$和$r$

36. $[(p\vee q)\vee \sim r]\wedge[p\vee(q\vee r)]$和$p\vee q$

在习题37~44中，证明或反驳给定的命题。假设习题中的所有变量都表示正整数。

37. 如果$n>4$，那么n可以写成两个不同的素数之和。

38. 如果x是偶数且x的个位数字不是0，那么x不能被5整除。

39. 如果x是偶数且x是完全平方数，那么x可以被4整除。

40. $6n+1$和$6n-1$中至少有一个是素数，或两个都是。

41. n^5-n可以被10整除。

42. 如果s是正整数n和n^2的和，那么s是偶数。

43. 如果d是两个连续的数的立方差，那么n是奇数。

44. 如果k是正整数c和c^3的和，那么k是偶数。

推荐读物

1. Kenelly, John W. *Informal Logic*. Boston: Allyn and Bacon, 1967.
2. Lucas, John. *An Introduction to Abstract Mathematics*. Belmont, CA: Wadsworth, 1986.
3. Mendelson, Elliott. *Introduction to Mathematical Logic*. Princeton, NJ: Van Nostrand, 1964.
4. Polya, G. *How to Solve It*. 2d ed. Garden City, NY: Doubleday, 1957.
5. Solow, Daniel. *How to Read and Do Proofs*. New York: Wiley, 1982.

矩　阵

在研究编码理论和图论时，有时将研究对象表示为0和1的阵列是很有用的。数的阵列不仅对表示图有用，而且对进行计算也很有用。本附录将讨论矩阵的加法和乘法，这两种运算将在第3章～第6章使用。

B.1 矩阵的概念

一个$m\times n$阶的**矩阵**（matrix）是一个长方形的数的阵列，其中有m个水平的**行**（row）和n个垂直的**列**（column）。例如，如果

$$A=\begin{bmatrix}1 & -2\\ 5 & 0\\ 6 & 7\end{bmatrix} \text{ 和 } B=\begin{bmatrix}-1 & 2 & 1\\ 3 & -4 & 0\\ 5 & 9 & -1\\ -7 & 8 & 2\end{bmatrix},$$

那么A是3×2阶矩阵，B是4×3阶矩阵，A的第3行和B的第2列分别是

$$[6 \quad 7]\text{和}\begin{bmatrix}2\\ -4\\ 9\\ 8\end{bmatrix},$$

矩阵中的数称为矩阵的元素。更具体地说，位于第i行第j列的数称为矩阵的（i，j）**元素**（entry）。在上面的矩阵B中，（3，2）元素是9，（4，1）元素是−7。

只要两个矩阵A和B有相同的行数和相同的列数，而且对i和j的每种可能的选择，A的（i，j）元素都等于B的（i，j）元素，即称矩阵A和B是**相等**（equal）的。换而言之，如果两个矩阵具有相同的**尺寸**且所有对应位置上的各对元素都相等，那么它们是相等的。就像对实数那样，如果矩阵A和B是相等的，那么就写成$A=B$，否则就写成$A\neq B$。

例B.1　考虑矩阵

$$C=\begin{bmatrix}1 & 2\\ 3 & 4\end{bmatrix},\ D=\begin{bmatrix}1 & 2 & 0\\ 3 & 4 & 0\end{bmatrix}\text{和 } E=\begin{bmatrix}1 & 3\\ 2 & 4\end{bmatrix}。$$

因为C和D有不同的尺寸（C是2×2阶矩阵，而D是2×3阶矩阵），所以$C\neq D$。同样，$C\neq E$，因为C的（1，2）元素是2，而E的（1，2）元素是3，它们不相等。但是，如果

$$F=\begin{bmatrix}(-1)^4 & \sqrt{4}\\ \sqrt[3]{27} & 2^2\end{bmatrix},$$

那么$C=F$。 ■

B.2 矩阵运算

矩阵可用于储存信息。此外，可以在矩阵上进行一些运算，这些运算相应于处理储存在矩阵中的数据的自然方式。这里仅讨论本书用到的矩阵运算，即矩阵的加法和乘法。

假设某大学的数学系有两个计算机实验室。为高年级课程配备的实验室有25台计算机和3台打印机，为低年级课程配备的实验室有30台计算机和两台打印机。记录这些信息的一种方法是使用2 × 2阶矩阵：

$$\begin{array}{c} \\ \text{高年级} \\ \text{低年级} \end{array}\begin{array}{c} \text{计算机}\quad\text{打印机} \\ \begin{bmatrix} 25 & 3 \\ 30 & 2 \end{bmatrix} = M\text{。} \end{array}$$

此外，假定计算机科学系也有两个实验室，分别用于高年级课程和低年级课程，这两个实验室分别有50台计算机和10台打印机、28台计算机和4台打印机。这些信息可以记录在2 × 2阶矩阵中：

$$\begin{array}{c} \\ \text{高年级} \\ \text{低年级} \end{array}\begin{array}{c} \text{计算机}\quad\text{打印机} \\ \begin{bmatrix} 50 & 10 \\ 28 & 4 \end{bmatrix} = C\text{。} \end{array}$$

于是，$M + C$的和是下列矩阵

$$M+C=\begin{bmatrix} 25 & 3 \\ 30 & 2 \end{bmatrix}+\begin{bmatrix} 50 & 10 \\ 28 & 4 \end{bmatrix}=\begin{bmatrix} 25+50 & 3+10 \\ 30+28 & 2+4 \end{bmatrix}=\begin{array}{c} \text{计算机 打印机} \\ \begin{bmatrix} 75 & 13 \\ 58 & 6 \end{bmatrix} \end{array}\quad\begin{array}{c} \text{高年级} \\ \text{低年级} \end{array}$$

这个矩阵的元素给出了数学系和计算机科学系为各年级课程配备的实验室中的计算机和打印机的总数。

一般地，假设A和B是两个$m \times n$阶矩阵，那么A与B的**和**（sum），记为$A + B$，是一个$m \times n$阶矩阵，它的（i，j）元素等于A的（i，j）元素与B的（i，j）元素的和。换而言之，通过把对应的元素相加，尺寸相同的矩阵可以相加。注意，只有尺寸相同的矩阵才可以相加，而且其和的尺寸与被相加的矩阵的尺寸相同。

例B.2 考虑矩阵

$$A=\begin{bmatrix} 6 & 4 \\ 2 & 1 \\ 0 & -5 \end{bmatrix}\text{和 } B=\begin{bmatrix} -2 & 6 \\ 3 & 0 \\ 7 & 4 \end{bmatrix}\text{。}$$

由于A和B都是3 × 2阶矩阵，所以它们可以相加，其和也是3 × 2阶矩阵

$$A+B=\begin{bmatrix} 6 & 4 \\ 2 & 1 \\ 0 & -5 \end{bmatrix}+\begin{bmatrix} -2 & 6 \\ 3 & 0 \\ 7 & 4 \end{bmatrix}=\begin{bmatrix} 6+(-2) & 4+6 \\ 2+3 & 1+0 \\ 0+7 & -5+4 \end{bmatrix}=\begin{bmatrix} 4 & 10 \\ 5 & 1 \\ 7 & -1 \end{bmatrix}\text{。}$$ ■

但是，矩阵的乘法比加法复杂。首先考虑$1 \times n$阶矩阵A和$n \times 1$阶矩阵B的乘法。如果

$$A=\begin{bmatrix} a_1\ a_2 \cdots a_n \end{bmatrix},\ B=\begin{bmatrix} b_1 \\ b_2 \\ \vdots \\ b_n \end{bmatrix},$$

则**乘积**（product）AB是一个1 × 1阶矩阵

$$AB=\begin{bmatrix} a_1 & a_2 & \cdots & a_n \end{bmatrix}\begin{bmatrix} b_1 \\ b_2 \\ \vdots \\ b_n \end{bmatrix}=\begin{bmatrix} a_1b_1+a_2b_2+\cdots+a_nb_n \end{bmatrix},$$

其中唯一的元素是A和B的对应元素的乘积之和。

例B.3　设

$$A=[1\ \ 2\ \ 3]\text{和}B=\begin{bmatrix}7\\8\\9\end{bmatrix}。$$

1×3阶矩阵A和3×1阶矩阵B的乘积是

$$AB=[1\ \ 2\ \ 3]\begin{bmatrix}7\\8\\9\end{bmatrix}=[1\times 7+2\times 8+3\times 9]=[50]。$$

■

更一般地，一个$m\times n$阶矩阵A和一个$p\times q$阶矩阵B的乘积仅当$n = p$，即A的列数等于B的行数时，才有定义。在这种情况下，**乘积**（product）AB是一个$m\times q$阶矩阵，它的（i，j）元素等于A的第i行与B的第j列对应元素的乘积之和。用符号来表示，如果A是$m\times n$阶矩阵，它的（i，j）元素记为a_{ij}，并且B是$n\times q$阶矩阵，它的（i，j）元素记为b_{ij}，那么AB是$m\times q$阶矩阵，它的（i，j）元素等于

$$a_{i1}b_{1j}+a_{i2}b_{2j}+\cdots+a_{in}b_{nj}。$$

注意，如上所述，这个值与把A的第i行与B的第j列相乘所得到的1×1阶矩阵中的元素的值相同。

例B.4　设

$$A=\begin{bmatrix}1&2&3\\4&5&6\end{bmatrix}\text{和}B=\begin{bmatrix}7&10\\8&11\\9&12\end{bmatrix}。$$

这里A是2×3阶矩阵，而B是3×2阶矩阵，所以乘积AB有定义并且是2×2阶矩阵。AB的（1，1）元素等于A的第1行与B的第1列对应元素的乘积之和（如例B.3）：

$$1\times 7+2\times 8+3\times 9=50。$$

类似地，AB的（1，2）元素等于A的第1行与B的第2列对应元素的乘积之和：

$$1\times 10+2\times 11+3\times 12=68;$$

AB的（2，1）元素等于A的第2行与B的第1列对应元素的乘积之和：

$$4\times 7+5\times 8+6\times 9=122;$$

AB的(2, 2)元素等于A的第2行与B的第2列对应元素的乘积之和：

$$4\times 10+5\times 11+6\times 12=167。$$

因此，AB是2×2阶矩阵

$$\begin{aligned}AB&=\begin{bmatrix}1&2&3\\4&5&6\end{bmatrix}\begin{bmatrix}7&10\\8&11\\9&12\end{bmatrix}\\&=\begin{bmatrix}1\times 7+2\times 8+3\times 9&1\times 10+2\times 11+3\times 12\\4\times 7+5\times 8+6\times 9&4\times 10+5\times 11+6\times 12\end{bmatrix}\\&=\begin{bmatrix}50&68\\122&167\end{bmatrix}。\end{aligned}$$

■

考虑矩阵乘法的一个应用，我们回到前面的计算机实验室的例子。假设数学系希望知道它的两个实验室里的设备的价值。如果每台计算机的价值是1000美元，每台打印机的价值是200美元，那么数学系高年级课程实验室中的设备的价值是

$$25 \times 1000 + 3 \times 200 = 25\,600\text{（美元）},$$

而低年级课程实验室中的设备的价值是

$$30 \times 1000 + 2 \times 200 = 30\,400\text{（美元）}。$$

注意，如果

$$V = \begin{array}{c} \text{价值} \\ \begin{bmatrix} 1000 \\ 200 \end{bmatrix} \end{array} \begin{array}{l} \text{计算机} \\ \text{打印机} \end{array}$$

那么乘积矩阵

$$MV = \begin{bmatrix} 25 & 3 \\ 30 & 2 \end{bmatrix} \begin{bmatrix} 1000 \\ 200 \end{bmatrix} = \begin{bmatrix} 25 \times 1000 + 3 \times 200 \\ 30 \times 1000 + 2 \times 200 \end{bmatrix} = \begin{array}{c} \text{价值} \\ \begin{bmatrix} 25\,600 \\ 30\,400 \end{bmatrix} \end{array} \begin{array}{l} \text{高年级} \\ \text{低年级} \end{array}$$

给出了数学系每个实验室的设备的价值。

在本书中，经常会遇到两个$n \times n$阶矩阵的乘积。注意，这样的乘积是有定义的并且是另一个$n \times n$阶矩阵。特别地，如果A是一个$n \times n$阶矩阵，那么乘积AA是有定义的。就像对实数那样，这个乘积记为A^2。既然A^2也是$n \times n$阶矩阵，所以乘积$A^3 = AA^2$也是有定义的并且是另一个$n \times n$阶矩阵。按照类似的方式，可以对任意正整数k定义$A^{k+1} = AA^k$，并且所有这些矩阵A，A^2，A^3，…都是$n \times n$阶矩阵。

在应用中，有两种特殊的矩阵经常出现。$m \times n$**阶零矩阵**（zero matrix）是指每个元素都为0的$m \times n$阶矩阵；一个$n \times n$阶矩阵，如果当$i = j$时其（i，j）元素为1，否则为0，则称该矩阵为$n \times n$阶**单位矩阵**（identity matrix），并记为I_n。例如，

$$\begin{bmatrix} 0 & 0 & 0 \\ 0 & 0 & 0 \end{bmatrix} \text{和} \begin{bmatrix} 1 & 0 & 0 \\ 0 & 1 & 0 \\ 0 & 0 & 1 \end{bmatrix}$$

分别是2×3阶零矩阵和3×3阶单位矩阵。

在一般情况下，矩阵乘法是不可交换的，即AB不一定等于BA。比如，在例B.4中，AB是2×2阶矩阵，而BA是3×3阶矩阵，所以$AB \neq BA$。而且，即使A和B都是$n \times n$阶矩阵，仍然可能有$AB \neq BA$。（参见习题25。）但是，实数加法和乘法的许多其他熟知的性质却对矩阵也成立。

定理B.1 令A，B和C是$m \times n$阶矩阵，D是$n \times r$阶矩阵，P和Q是$r \times s$阶矩阵。

(a) $A + B = B + A$。（矩阵加法运算的交换律）

(b) $(A + B) + C = A + (B + C)$。（矩阵加法运算的结合律）

(c) 如果O是$m \times n$阶零矩阵，那么$A + O = A$。

(d) 任何矩阵与零矩阵的乘积都为零矩阵，如果这个乘积是有定义的。

(e) $I_m A = A$，$AI_n = A$。

(f) $(AD)P = A(DP)$。（矩阵乘法运算的结合律）

(g) $(A + B)D = AD + BD$。（右分配律）

(h) $D(P + Q) = DP + DQ$。（左分配律）

(i) 令e_i表示一个$1 \times m$阶矩阵，其中，唯一的非零元素是（1，i）元素，且（1，i）元素为1，那么$e_i A$等于A的第i行。

证明 这里仅证明（f）、（g）和（i），其余留作习题。

（f）注意，乘积矩阵AD有定义，且是一个$m \times r$阶矩阵。因此，$(AD)P$也有定义，且是一个$m \times s$阶矩阵。类似地，$A(DP)$是一个$m \times s$阶矩阵。所以，只要证明$(AD)P$和$A(DP)$的各个相应元素都相等就可以了。令x_{ij}，y_{ij}和z_{ij}分别表示A，D和P的（i，j）元素。AD的（i，k）元素是

$$x_{i1}y_{1k} + x_{i2}y_{2k} + \cdots + x_{in}y_{nk},$$

所以，$(AD)P$的（i，j）元素是

$$(x_{i1}y_{11} + x_{i2}y_{21} + \cdots + x_{in}y_{n1})z_{1j} + (x_{i1}y_{12} + x_{i2}y_{22} + \cdots + x_{in}y_{n2})z_{2j} + \cdots + (x_{i1}y_{1r} + x_{i2}y_{2r} + \cdots + x_{in}y_{nr})z_{rj}。$$

类似地，DP的（k，j）元素是

$$y_{k1}z_{1j} + y_{k2}z_{2j} + \cdots + y_{kr}z_{rj},$$

所以，$A(DP)$的（i，j）元素是

$$x_{i1}(y_{11}z_{1j} + y_{12}z_{2j} + \cdots + y_{1r}z_{rj}) + x_{i2}(y_{21}z_{1j} + y_{22}z_{2j} + \cdots + y_{2r}z_{rj}) + \cdots + x_{in}(y_{n1}z_{1j} + y_{n2}z_{2j} + \cdots + y_{nr}z_{rj})。$$

把这两个表达式乘开以后，$(AD)P$的（i，j）元素中的每一项都是$A(DP)$的（i，j）元素中一项，反过来也是如此。所以，这些元素相等，从而 $(AD)P = A(DP)$。

（g）因为A和B都是$m \times n$阶矩阵，因而$A + B$也是$m \times n$阶矩阵。于是$(A + B)D$，AD和BD都是$m \times r$阶矩阵，从而$(A + B)D$和$AD + BD$都是$m \times r$阶矩阵。令a_{ij}，b_{ij}和d_{ij}分别表示A，B和D的（i，j）元素。下面将证明$(A + B)D$和$AD + BD$二者相等。因为$A + B$的（i，k）元素是$a_{ik} + b_{ik}$，所以，$(A + B)D$的（i，j）元素是

$$(a_{i1} + b_{i1})d_{1j} + (a_{i2} + b_{i2})d_{2j} + \cdots + (a_{in} + b_{in})d_{nj}。\tag{B.1}$$

类似地，AD和BD的（i，j）元素分别是

$$a_{i1}d_{1j} + a_{i2}d_{2j} + \cdots + a_{in}d_{nj}\text{和}b_{i1}d_{1j} + b_{i2}d_{2j} + \cdots + b_{in}d_{nj}。$$

所以，$AD + BD$的（i，j）元素是

$$(a_{i1}d_{1j} + a_{i2}d_{2j} + \cdots + a_{in}d_{nj}) + (b_{i1}d_{1j} + b_{i2}d_{2j} + \cdots + b_{in}d_{nj})。\tag{B.2}$$

显然，表达式（B.1）和（B.2）相等，所以，$(A + B)D$和$AD + BD$的（i，j）元素相等，这就完成了证明。

（i）e_iA和A的第i行都是$1 \times n$阶矩阵，所以只要证明它们的对应元素都相等就可以了。e_iA的（i，j）元素等于e_i的每个元素与A的第j列的各个相应元素的乘积之和。但是，因为e_i仅有一个非零元素（第i个），所以这个和等于$1 \cdot a_{ij} = a_{ij}$。因此，e_iA等于A的第i行。■

习题B.1

在习题1~8中，用矩阵

$$A = \begin{bmatrix} 1 & 2 & 3 \\ 0 & -1 & -2 \end{bmatrix},\ B = \begin{bmatrix} -2 & 0 \\ 1 & 3 \\ 4 & 1 \end{bmatrix}\text{和}C = \begin{bmatrix} -1 & 0 & 2 \\ 3 & 1 & 4 \end{bmatrix}$$

计算指定的矩阵（如果有定义）。

1. $A + B$　　**2.** $B + A$

3. $C + A$　　**4.** $A + C$

5. AB　　**6.** BA

7. AC　　**8.** CA

在习题9~16中，用矩阵

$$A=\begin{bmatrix}1 & 0\\ -1 & 1\end{bmatrix}\text{和 } B=\begin{bmatrix}3 & 2\\ 1 & 5\end{bmatrix}$$

计算指定的矩阵（如果有定义）。

9. AB **10.** BA **11.** A^2 **12.** B^2
13. A^2B^2 **14.** $(AB)^2$ **15.** A^3 **16.** B^3

在习题17~24中，用矩阵

$$A=\begin{bmatrix}1 & 1 & 1\\ 1 & 1 & 1\\ 1 & 1 & 1\end{bmatrix}\text{和 } B=\begin{bmatrix}1 & 0 & 0\\ 0 & -1 & 0\\ 0 & 0 & 1\end{bmatrix}$$

计算指定的矩阵（如果有定义）。

17. AB **18.** BA **19.** A^2 **20.** B^2
21. A^2B^2 **22.** $(AB)^2$ **23.** A^3 **24.** B^3

25. 设

$$A=\begin{bmatrix}1 & -1\\ -1 & 1\end{bmatrix}\text{且 } B=\begin{bmatrix}2 & 1\\ 2 & 1\end{bmatrix}\text{。}$$

（a）计算AB和BA。

（b）这个例子显示了矩阵乘法和实数乘法之间的两个差别。这两个差别是什么呢？

26. 证明定理B.1（a）。

27. 证明定理B.1（b）。

28. 证明定理B.1（c）。

29. 通过证明下列结论（a）和（b），证明定理B.1（d）。

（a）如果A是一个$m\times n$阶矩阵，O是$n\times p$阶零矩阵，那么AO是$m\times p$阶零矩阵。

（b）如果O是$m\times n$阶零矩阵，B是任意的$n\times p$阶矩阵，那么OB是$m\times p$阶零矩阵。

30. 证明定理B.1（e）。

31. 证明定理B.1（h）。

32. 对任意的正整数m和n，证明 $I_n^m = I_n$。

历史注记

矩阵的历史可以上溯到大约公元前250年左右的中国数学，一位不知名的作者在那个时期写了《九章算术》。与埃及的莱因德纸草书一样，手稿是题解的汇集，很可能被用作学生的数学课本。在考虑如今被写成如下形式的方程组的求解时：

$$\begin{aligned}3x + 2y + z &= 39\\ 2x + 3y + z &= 34\\ x + 2y + 3z &= 26,\end{aligned}$$

手稿包含了如下带框的阵列。

1	2	3
2	3	2
3	1	1
26	34	39

然后，通过在这个长方形阵列的列上施加一系列运算，获得了方程组的解。

Girolamo Cardano

用这样的阵列表示数学问题的方法在随后的日子里被忽视了一段时间。意大利数学家卡丹诺（Girolamo Cardano，1501—1576）在他1545年的著作《大术》（Ars Magna）中把这种方法带回到欧洲。荷兰数学家维特（Jan de Witt，1629—1672）在他的《曲线的原理》（Elements of Curves）中用阵列表示变换，但仅仅用于表示，别无他用。对于把欧洲数学家的注意力转向使用阵列来记录问题的信息以及问题的解，莱布尼茨（Gottfried Wilhelm Leibniz，1646—1716）也许是最大的贡献者。在1700~1710年期间，莱布尼茨的笔记显示他试验了50多个阵列系统。

直到19世纪中叶，矩阵的议题才超越了在求解方程组时在长方形阵列中书写数。1848年，西尔威斯特（James Joseph Sylvester，1814—1897）展示了阵列可以怎样用来更有效地解决这类问题。在这个过程中，西尔维斯特把这种数的阵列称为“矩阵”。

1858年，英国数学家凯莱（Arthur Cayley，1821—1895）写了一篇讨论几何变换的论文。在论文中，凯莱探索了表示以下变换的方法：

$$T=\begin{cases}x'=ax+by\\ y'=cx+dy\end{cases}。$$

为此，凯莱使用了长方形阵列，这令人想起了中国人的用法，但不包括阵列的旋转。凯莱将他的阵列写在两组竖线之间：

$$\begin{Vmatrix}a & b\\ c & d\end{Vmatrix}。$$

在操作这些系数的阵列时，凯莱认识到运算可以定义在阵列上，独立于导出阵列的那些方程或者变换。凯莱定义了这些阵列的加法和乘法，并指出由此导出的数学体系满足若干性质，这些性质也同样刻画了数的体系的特性，比如结合律及乘法对加法的分配律。凯莱还指出，加法是可以交换的，乘法却不可以。更进一步地，凯莱指出两个矩阵的乘积可以是零，尽管这两个矩阵本身都不是零矩阵。凯莱1858年的文章《矩阵理论专论》（Memoir on the Theory of Matrices）提供了后来的矩阵理论的发展框架。凯莱在文章中陈述了著名的Cayley－Hamilton定理，并用一个算例演示了其证明。

矩阵现在的括号表示法由英国数学家柯里斯（Cullis）在1913年首次使用，他的贡献还包括首次明确地用记号a_{ij}表示矩阵的第i行第j列的元素[73，74，75]。

本书中的算法

本书中的算法写成这样一种形式，尽管它们不对应于任何一种特定的计算机语言，但它们仍然仍是有结构的，从而可以容易地转换为程序。一个算法分成若干个步骤，这些步骤按顺序执行，但也服从某些循环或分支指令。循环以3个特殊的词中的一个开头：**while**、**repeat**和**for**，这些词印刷成粗体字。

C.1 while…endwhile 循环

这个结构的形式如下。

while 命题
　　一些指令
endwhile

这里，“命题”会被检查，如果它为真，则“一些指令”将被执行。重复执行这个过程，直到“命题”为假，此时，算法将从**endwhile**后面重新开始。下面是一个例子。

算法1

给定正整数n，本算法计算前n个正整数的和。

步骤1　令$S = 0$，$k = 1$

步骤2　**while** $k \leqslant n$
　　令$S = S + k$，$k = k + 1$
　endwhile

步骤3　打印S

下表展示了对$n = 4$应用此算法时，S和k的值是如何变化的。绘制这样一张表往往有助于理解一个新算法。

S	k
0	1
0 + 1 = 1	1 + 1 = 2
1 + 2 = 3	2 + 1 = 3
3 + 3 = 6	3 + 1 = 4
6 + 4 = 10	4 + 1 = 5

这里，步骤2重复执行，直到$k = 5$，使命题$k \leqslant n$为假为止。接着执行步骤3，打印出$S = 10$。

注意，**while**和**endwhile**之间的指令可能一次都不执行。例如，如果对$n = 0$应用算法1，则步骤2什么都不做，直接打印出$S = 0$。

C.2 repeat…until循环

另一种循环结构的形式如下。

repeat

一些指令

until命题

这里，先执行“一些指令”，再检查“命题”，如果发现命题为假，则再次执行“一些指令”，如此重复。仅当发现“命题”为真时，算法才从含有**until**的这一行的后面重新开始。

对任意正整数n，下面的算法具有与算法1一样的功能。

算法2

给定正整数n，本算法计算前n个正整数的和。

步骤1　令$S = 0$，$k = 1$

步骤2　**repeat**

　　令$S = S + k$，$k = k + 1$

until $k > n$

步骤3　打印S

与**while…endwhile**循环不同，**repeat**和**until**之间的指令总是至少要执行一次。所以，如果对$n = 0$应用算法2，则将打印出$S = 1$。

C.3　for…endfor循环

在对$n = 4$运行算法1时，步骤2中的指令对$k = 1$，2，3和4各执行一次。尽管这样编写算法对于想要对各个基本运算进行计数的人很有用，但是大多数计算机语言都有一条类似于“for k = 1 to 4”的命令。在本书的算法中，这种循环以**for**开始，以**endfor**结束。下面用这个语句重新编写算法1。

算法3

给定正整数n，本算法计算前n个正整数的和。

步骤1　令$S = 0$

步骤2　**for** $k = 1$ to n

　　令$S = S + k$

endfor

步骤3　打印S

在**for…endfor**循环中，只要加上“by d”，变量的增加量即可为d而非1。例如，下面的算法通过先加较大的数来计算$1 + 2 + \cdots + n$。

算法4

给定正整数n，本算法计算前n个正整数的和。

步骤1　令$S = 0$。

步骤2　**for** $k = n$ to 1 by-1

　　令$S = S + k$

endfor

步骤3　打印S

C.4　分支

算法中的分支是由**if…otherwise…endif**结构实现的，其形式如下。

```
if 命题
   一些指令
otherwise
   另一些指令
endif
```

这里，先检查“命题”，若发现“命题”为真，则执行“一些指令”，若“命题”为假，则执行“另一些指令”。在两种情况下，算法都从**endif**后面重新开始。如果没有“另一些指令”，则分支结构可以缩减为以下的形式。

```
if 命题
   一些指令
endif
```

算法5演示了**if**…**otherwise**…**endif**结构。

算法5

给定一个实数x，本算法计算其绝对值。

步骤1 **if** $x \geqslant 0$

  令$A = x$

 otherwise

  令$A = -x$

 endif

步骤2 打印A

在比较复杂的算法中，循环和分支结构常常嵌套在一起。在下面的例子中，**if**…**otherwise**…**endif**嵌套在**while**…**endwhile**中。这个例子涉及Collatz序列，其中，根据正整数n是偶数还是奇数，分别用$n/2$或$3n + 1$替换n，这个步骤被重复执行。人们猜测但尚未证明：无论从哪个整数n开始，最终都将到达1。下面这个算法对给定的n计算这个过程需要多少步。

算法6

本算法计算：从给定的正整数n开始，Collatz序列达到1需要多少步。

步骤1 令$k = 0$，$s = n$

步骤2 **while** $s > 1$

  步骤2.1 令$k = k + 1$

  步骤2.2 **if** s是偶数

   令$s = s/2$

  otherwise

   令$s = 3s + 1$

  endif

 endwhile

步骤3 打印k

下表展示了对$n = 3$应用这个算法时，k和s是如何变化的。

k	s
0	3
1	$3 \cdot 3+1=10$
2	$10/2=5$
3	$3 \cdot 5+1=16$
4	$16/2=8$
5	$8/2=4$
6	$4/2=2$
7	$2/2=1$

所以，在执行步骤3时，打印出$k = 7$。

C.5 递归算法

5.5节给出了几个递归的算法，即这些算法自己调用自己。下面是这类算法的一个简单例子。

算法7

给定正整数n，本算法打印出一个整数序列k_1，k_2，…，k_t，满足$n = k_1^2 + k_2^2 + \cdots + k_t^2$。

步骤1　令$s = n$。

步骤2　**if** $s>0$[⊖]

　　步骤2.1　令$k = 1$

　　步骤2.2　**while** $(k + 1)^2 \leqslant s$

　　　　令$k = k + 1$

　　endwhile

　　步骤2.3　打印k

　　步骤2.4　对$n = s-k^2$调用算法7

endif

这个算法找到满足$k^2 \leqslant n$的最大整数k，打印这个整数，并随后对$n-k^2$应用同一个算法。下表展示了对$n = 22$，s和k是如何变化的，以及所打印出的数。

s	k	打印的数
22	1	
	2	
	3	
	4	4
$22-4^2 = 6$	1	
	2	2
$6-2^2 = 2$	1	1
$2-1^2 = 1$	1	1

注意，

$$22 = 4^2 + 2^2 + 1^2 + 1^2。$$

⊖ 原文错误地使用了**while**…**endwhile**结构，译文纠正为**if**…**endif**结构。——译者注

参考文献

[1] Aho, Alfred, John Hopcroft, and Jeffrey Ullman. *Data Structures and Algorithms*. Reading, MA: Addison-Wesley, 1983.

[2] ———. *The Design and Analysis of Computer Algorithms*. Reading, MA: Addison-Wesley, 1974.

[3] Albertson, M.O. and J.P. Hutchinson. *Discrete Mathematics with Algorithms*. New York: Wiley, 1991.

[4] Althoen, Steven C. and Robert J. Bumcrot. *Introduction to Discrete Mathematics*. Boston: PWS-KENT, 1988.

[5] Anderson, Ian. *A First Course in Combinatorial Mathematics*. London: Oxford University Press, 1974.

[6] Barnier, William and Jean Chan. *Discrete Mathematics with Applications*. St. Paul, MN: West, 1989.

[7] Behzad, Mehdi, Gary Chartrand, and Linda Lesniak. *Graphs and Digraphs*. 3d ed. Boca Raton, FL: CRC Press, 1996.

[8] Benedicty, Mario and Frank R. Sledge. *Discrete Mathematical Structures*. San Diego: Harcourt Brace Jovanovich, 1987.

[9] Biggs, Norman. *Discrete Mathematics*. 3d ed. New York: Oxford University Press, 1993.

[10] Bogart, Kenneth. *Introductory Combinatorics*. 3d ed. San Diego: Academic Press, 1999.

[11] ———. *Discrete Mathematics*. Boston: Houghton Mifflin, 1988.

[12] Bondy, J.A. and U.S.R. Murty. *Graph Theory with Applications*. New York: Elsevier Science, 1979.

[13] Bradley, James. *Discrete Mathematics*. Reading, MA: Addison-Wesley, 1988.

[14] Brualdi, Richard A. *Introductory Combinatorics*. 3d ed. Upper Saddle River, NJ: Prentice Hall, 1999.

[15] Busacker, Robert, G. and Thomas L. Saaty. *Finite Graphs and Networks: An Introduction with Applications*. New York: McGraw-Hill, 1965.

[16] Chartrand, Gary. *Graphs as Mathematical Models*. Boston: Prindle, Weber & Schmidt, 1977.

[17] Cohen, Daniel I.A. *Basic Techniques of Combinatorial Theory*. New York: Wiley, 1978.

[18] Dierker, Paul F. and William L. Voxman. *Discrete Mathematics*. San Diego: Harcourt Brace Jovanovich, 1986.

[19] Doerr, Alan and Kenneth Levaseur. *Applied Discrete Structures for Computer Science*. 2d ed. New York: Macmillan, 1989.

[20] Epp, Susanna. *Discrete Mathematics with Applications*. Boston: PWS Publishers, 1990.

[21] Even, Shimon. *Graph Algorithms*. New York: Freeman, 1984.

[22] Finkbeiner, Daniel T., II and Wendell Lindstrom. *A Primer of Discrete Mathematics*. New York: Freeman, 1987.

[23] Fletcher, Peter, Hughes B. Hoyle III, and C. Wayne Patty. *Foundations of Discrete Mathematics*. Boston: PWS-KENT, 1991.

[24] Gerstein, Larry. *Discrete Mathematics and Algebraic Structures*. New York: Freeman, 1987.

[25] Gersting, Judith. *Mathematical Structures for Computer Science*. 2d ed. New York: Freeman, 1987.

[26] Grimaldi, Ralph. *Discrete and Combinatorial Mathematics*. 4th ed. Reading, MA: Addison-Wesley, 1998.

[27] Grossman, Jerrold W. *Discrete Mathematics*. New York: MacMillan, 1990.

[28] Harary, Frank. *Graph Theory*. Reading, MA: Addison-Wesley, 1994.

[29] Hillman, A., G.L. Alexanderson, and R.M. Grassl. *Discrete and Combinatorial Mathematics*. San Francisco: Dellen, 1987.

[30] Hirschfelder, R. and J. Hirschfelder. *Introduction to Discrete Mathematics*. Pacific Grove, CA: Brooks/Cole, 1991.

[31] Hu, T.C. *Combinatorial Algorithms*. Reading, MA: Addison-Wesley, 1982.

[32] Johnsonbaugh, Richard. *Discrete Mathematics*. 5th ed. Upper Saddle River, NJ: Prentice Hall, 2001.

[33] Kalmanson, Kenneth. *An Introduction to Discrete Mathematics*. Reading, MA: Addison-Wesley, 1986.

[34] Kincaid, David and E. Ward Cheney. *Introduction to Discrete Mathematics*. Pacific Grove, CA: Brooks/Cole, 1991.

[35] Knuth, Donald. *The Art of Computer Programming, Vol 1*. 3d ed. Reading, MA: Addison-Wesley, 1997.

[36] ______. *The Art of Computer Programming, Vol 2*. 3d ed. Reading, MA: Addison-Wesley, 1997.

[37] ______. *The Art of Computer Programming, Vol 3*. 2d ed. Reading, MA: Addison-Wesley, 1998.

[38] Kolman, Bernard and Robert Busby. *Discrete Mathematical Structures for Computer Science*. 2d ed. Upper Saddle River, NJ: Prentice Hall, 1987.

[39] ______. *Introductory Discrete Structures with Applications*. Englewood Cliffs, NJ: Prentice-Hall, 1987.

[40] Lawler, Eugene L. *Combinatorial Optimization: Networks and Matroids*. Mineola, NY: Dover, 1976.

[41] Liu, C.L. *Elements of Discrete Mathematics*. 2d ed. New York: McGraw-Hill, 1985.

[42] ______. *Introduction to Combinatorial Mathematics*. New York: McGraw-Hill, 1968.

[43] Maurer, Stephen B. and Anthony Ralston. *Discrete Algorithmic Mathematics*. 2d ed. Nantick, MA: A. K. Peters, 1998.

[44] McEliece, Robert, Robert Ash, and Carol Ash. *Introduction to Discrete Mathematics*. New York: McGraw-Hill, 1989.

[45] Minieka, Edward. *Optimization Algorithms for Networks and Graphs*. 2d ed. New York: Marcel Dekker, 1992.

[46] Molluzzo, John C. and Fred Buckley. *A First Course in Discrete Mathematics*. Prospect Heights, IL: Waveland Press, 1997.

[47] Mott, Joe, Abraham Kandel, and Theodore Baker. *Discrete Mathematics for*

Computer Scientists. 2d ed. Englewood Cliffs, NJ: Prentice-Hall, 1985.

[48] Nicodemi, Olympia. *Discrete Mathematics*. St. Paul, MN: West, 1987.

[49] Niven, Ivan. *Mathematics of Choice*. Washington, DC: Mathematical Association of America, 1965.

[50] Norris, Fletcher. *Discrete Structures: An Introduction to Mathematics for Computer Science*. Englewood Cliffs, NJ: Prentice-Hall, 1985.

[51] Pfleeger, Shari Lawrence and David W. Straight. *Introduction to Discrete Structures*. Melbourne, FL: Kreiger, 1985.

[52] Polimeni, Albert D. and Joseph Straight. *Foundations of Discrete Mathematics*. 2d ed. Pacific Grove, CA: Brooks/Cole, 1985.

[53] Prather, Ronald E. *Elements of Discrete Mathematics*. Boston: Houghton Mifflin, 1986.

[54] Reingold, Edward M., Jurg Nievergelt, and Narsingh Deo. *Combinatorial Algorithms: Theory and Practice*. Englewood Cliffs, NJ: Prentice-Hall, 1977.

[55] Roberts, Fred S. *Discrete Mathematical Models*. Englewood Cliffs, NJ: Prentice-Hall, 1976.

[56] ———. *Applied Combinatorics*. Englewood Cliffs, NJ: Prentice-Hall, 1984.

[57] ———. *Graph Theory and Its Applications to Problems of Society*. Philadelphia: Society for Industrial and Applied Mathematics, 1978.

[58] Roman, Steven. *An Introduction to Discrete Mathematics*. 2d ed. Philadelphia: Saunders, 1986.

[59] Rosen, Kenneth H. *Discrete Mathematics and Its Applications*. 4th ed. New York: McGraw-Hill, 1998.

[60] Ross, Kenneth and Charles Wright. *Discrete Mathematics*. 2d ed. Englewood Cliffs, NJ: Prentice Hall, 1988.

[61] Ryser, Herbert John. *Combinatorial Mathematics*. Washington, DC: Mathematical Association of America, 1963.

[62] Shiflet, Angela. *Discrete Mathematics for Computer Science*. St. Paul, MN: West, 1987.

[63] Skvarcius, R. and W.B. Robinson. *Discrete Mathematics with Computer Science Applications*. Reading, MA: Addison-Wesley, 1986.

[64] Stanat, Donald and David McAllister. *Discrete Mathematics in Computer Science*. Englewood Cliffs, NJ: Prentice-Hall, 1977.

[65] Stanton, Dennis and Dennis White. *Constructive Combinatorics*. New York: Springer-Verlag, 1986.

[66] Stone, Harold. *Discrete Mathematical Structures and Their Applications*. Chicago: Science Research Associates, 1973.

[67] Townsend, Michael. *Discrete Mathematics: Applied Combinatorics and Graph Theory*. Reading, MA: Addison-Wesley, 1987.

[68] Tremblay, J.P. and R. Manohar. *Discrete Mathematical Structures with Applications to Computer Science*. New York: McGraw-Hill, 1975.

[69] Tucker, Alan. *Applied Combinatorics*. 3d ed. New York: Wiley, 1994.

[70] Wiitala, Stephen. *Discrete Mathematics: A Unified Approach*. New York: McGraw-Hill, 1987.

历史注记的参考文献

[71] Biggs, N.L. "The Roots of Combinatorics." *Historica Mathematica*, vol. 6 (1979): 109–136.

[72] Biggs, N.L., E.K. Lloyd, and R.J. Wilson. *Graph Theory: 1736–1936*. Oxford, UK: Clarendon Press, 1986.

[73] Boyer, C.B., and U.C. Merzbach. *A History of Mathematics*. 2d ed. New York: John Wiley & Sons, 1989.

[74] Burton, D.M. *The History of Mathematics: An Introduction*. Dubuque, IA: William Brown, 1991.

[75] Cajori, F. *A History of Mathematical Notations* (2 vols). La Salle, IL: Open Court Publishing, 1928–29.

[76] Gardner, Martin. *Logic Machines and Diagrams*. New York: 1958.

[77] Goldstine, H. *The Computer from Pascal to von Neumann*. Princeton, NJ: Princeton University Press, 1972.

[78] Heath, T. *A History of Greek Mathematics* (vols 1–2). New York: Dover Publications, 1981.

[79] Heath, T. *Euclid's Elements* (vols 1–3). New York: Dover Publications, 1956.

[80] Houser, N. "Algebraic Logic from Boole to Schröder, 1840–1900." In I. Grattan-Guinness (ed.), *Companion Encyclopedia of the History and Philosophy of the Mathematical Sciences* (vol 2, pp. 600–616). London: Routledge, 1993.

[81] Kleiner, I. "Evolution of the Function Concept: A Brief Survey" *College Mathematics Journal*, vol. 20, no. 4 (1989): 282–300.

[82] Kline, M. *Mathematical Thought from Ancient to Modern Times*. New York: Oxford University Press, 1972.

[83] Perl, T. *Math Equals: Biographies of Women Mathematicians and Related Activities*. Menlo Park, CA: Addison Wesley, 1978.

[84] Rodríquez-Consuegra, F. A. "Mathematical Logic and Logicism from Peano to Quine, 1890–1940." In Ivor Grattan-Guinness (ed.), *Companion Encyclopedia of the History and Philosophy of the Mathematical Sciences* (vol 2, pp. 617–628). London: Routledge, 1993.

[85] Schreiber, P. "Algorithms and Algorithmic Thinking Through the Ages." In Ivor Grattan-Guinness (ed.), *Companion Encyclopedia of the History and Philosophy of the Mathematical Sciences* (vol 2, pp. 687–693). London: Routledge, 1993.

[86] Todhunter, I. *A History of the Mathematical Theory of Probability*. Cambridge, UK: Cambridge University Press, 1865.

[87] Wilson, R.J., and E.K. Lloyd. "Combinatorics." In Ivor Grattan-Guinness (ed.), *Companion Encyclopedia of the History and Philosophy of the Mathematical Sciences*. (vol 2, pp. 952–965). London: Routledge, 1993.

第1章

习题1.1

1. 33；*A-B-D-F-G*或*A-C-E-F-G*　**3.** 43；*B-D-E-G*　**5.** 20.7；*A-D-H-K*
7. 2.1；*A-C-E-H-J*　**9.** 23；*A-D-F-G*　**11.** 24；*B-C-F-G*
13. 15.7；*D-I*

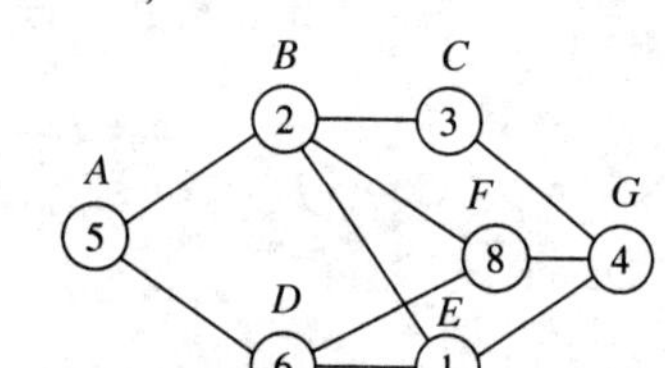

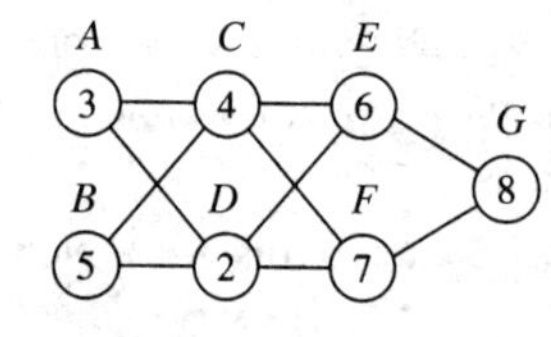

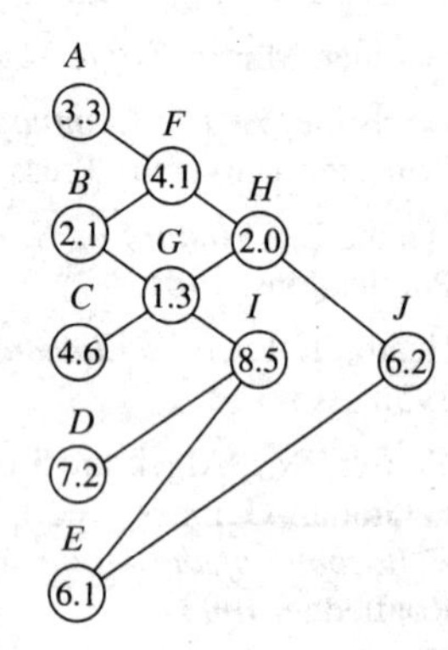

15. 0.29；*E-F-C-D-I*　**17.** 27分钟　**19.** 15天

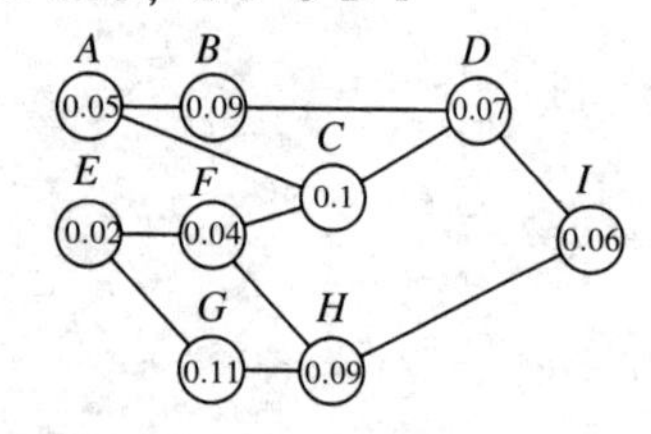

习题1.2

1. 120　**3.** 6720　**5.** 28　**7.** 840　**9.** 604 800　**11.** 25.2
13. 720　**15.** 56　**17.** 362 880　**19.** 720　**21.** 288　**23.** 210
25. 60　**27.** 20 118 067 200　**29.** 60

习题1.3

1. F　**3.** F　**5.** F　**7.** T　**9.** F　**11.** F　**13.** F　**15.** 可接受，28　**17.** 可接受，35
19. 1, 4, 5, 6, 7, 8, 9, 11, 12; 51　**21.** 128　**23.** 32　**25.** $n-m+1$　**27.** 31　**29.** 12.7天

习题1.4

1. 是；2　**3.** 不是　**5.** 不是　**7.** 3, 13；5, 13
9. −7, 3, 11, 3；−1, 0, 5, 3　**11.** 110110　**13.** 001110

15.

k	j	a_1	a_2	a_3
3		1	0	1
2		1	1	1
	3	1	1	0

17.

k	j	a_1	a_2	a_3	a_4
4		1	1	0	1
3		1	1	1	1
	4	1	1	1	0

19.

a_1	a_2	a_3	a_4	j	k
13	56	87	42	1	3
13	56	42	87		2
13	42	56	87		1
13	42	56	87	2	3
13	42	56	87		2
13	42	56	87	3	3
13	42	56	87		

21.

a_1	a_2	a_3	a_4	a_5	j	k
6	33	20	200	9	1	4
6	33	20	9	200		3
6	33	9	20	200		2
6	9	33	20	200		1
6	9	33	20	200	2	4
6	9	33	20	200		3
6	9	20	33	200		2
6	9	20	33	200	3	4
6	9	20	33	200		3
6	9	20	33	200	4	4
6	9	20	33	200		

23. 58分钟；0.8秒　**25.** 385 517年；6.4秒　**27.** $3n+1$

29. $4n-2$　**31.** 7, 3, 11, 3

补充习题

1. 18；*B-D-G-I*　**3.** 28分钟　**5.** 332 640　**7.** 990　**9.** F

11. F　**13.** T　**15.** T　**17.** 32　**19.** 80

21. 是；100　**23.** 不是　**25.** 3, 9, 31, 88

27.

a_1	a_2	a_3	a_4	a_5	j	k
44	5	13	11	35	1	4
44	5	13	11	35		3
44	5	11	13	35		2
44	5	11	13	35		1
5	44	11	13	35	2	4
5	44	11	13	35		3
5	44	11	13	35		2
5	11	44	13	35	3	4
5	11	44	13	35		3
5	11	13	44	35	4	4
5	11	13	35	44		

29. 39　**31.** $4n-3$

第2章

习题2.1

1. {1, 2, 3, 4, 5, 6, 7, 8, 9}；{3, 5}；{2, 7, 8}；{1, 4, 6, 9}；{2, 7, 8}

3. {1, 2, 3, 4, 7, 8, 9}；∅；{1, 2, 4, 8, 9}；{3, 5, 6, 7}；{1, 2, 4, 5, 6, 8, 9}

5. {(1, 7), (1, 8), (2, 7), (2, 8), (3, 7), (3, 8), (4, 7), (4, 8)}

7. {(a, x), (a, y), (a, z), (e, x), (e, y), (e, z)}

9.

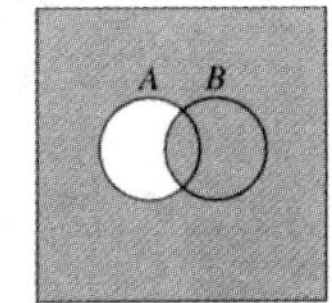

11.

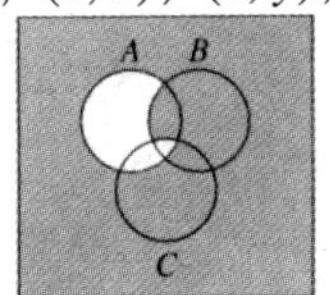

13. $A = \{1\}$，$B = \{2\}$，$C = \{1, 2\}$　**15.** $A = \{1, 2\}$，$B = \{1, 3\}$，$C = \{2, 3\}$

17. $\varnothing$　**19.** $A-B$　**21.** $B-A$　**23.** $A-B$

25. mn　**27.** $B \subseteq A$　**39.** $A = \{1\}$，$B = \{2\}$，$C = \{3\}$，$D = \{4\}$

习题2.2

1. 对称性和传递性　**3.** 自反性、对称性和传递性　**5.** 自反性和对称性

7. 自反性、对称性和传递性　**9.** 自反性、对称性和传递性

11. 自反性和传递性　**13.** $[z]$是奇数集，2个等价类

15. $[z]$是大于1且能被5整除但不能被任何大于5的素数整除的整数的集合，无限多个等价类

17. $[z]$由任何满足方程$x^2 + y^2 = 5^2$的有序偶（x，y）组成，无限多个等价类

19. {(1, 1)，(1, 5)，(5, 1)，(5, 5)，(2, 2)，(2, 4)，(4, 2)，(4, 4)，(3, 3)}

23. 可能没有与x相关的元素，即也许对任意y，$x\,R\,y$都不为真。

25. 2^{n^2}　**27.** $2^{n-1}-1$　**29.** 15

习题2.3

1. 不是自反的　**3.** 偏序　**5.** 偏序　**7.** 不是传递的

9.

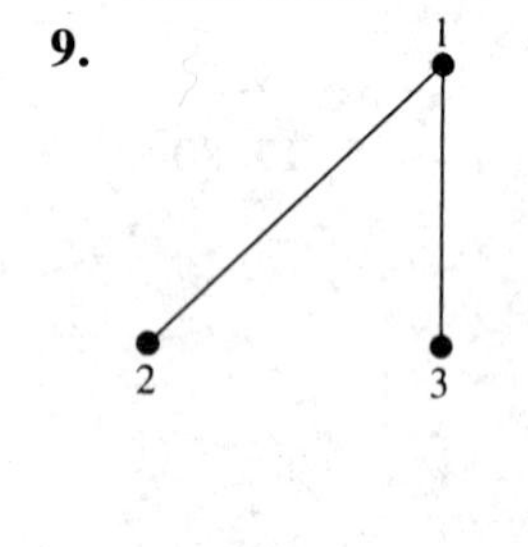

11.

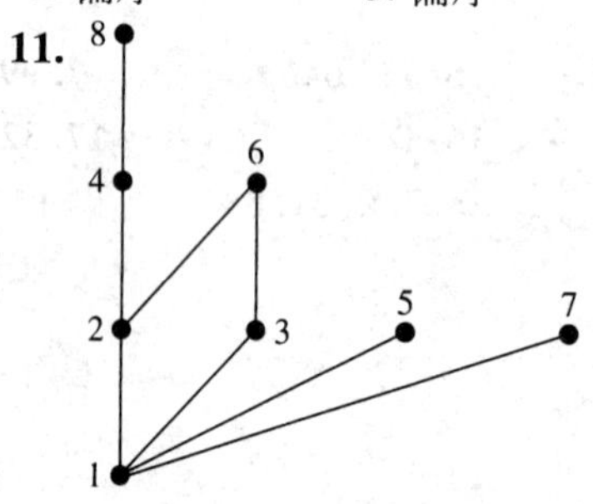

13. {(2，2)，(2，6)，(2，12)，(3，3)，(3，6)，(3，12)，(6，6)，(6，12)，(12，12)}

15. {(2，2)，(x，x)，(x，A)，(A，A)，($\varnothing$，$\varnothing$)}

17. 1是极小元；4，5和6是极大元　**19.** 2，3和4是极小元；1和2是极大元

21. $R \cup \{(1，2)，(1，4)\}$

23. 对$A_1 = \varnothing$，$A_2 = \{1\}$，$A_3 = \{2\}$，$A_4 = \{3\}$，$A_5 = \{1，2\}$和$A_6 = \{1，3\}$，定义$A_i\,T A_j$当且仅当$i \leqslant j$。

25. 不是　**27.** {1，2，4，8，16}

29. $S = \{2，3，4，5，6，9，15\}$，$x\,R\,y$当且仅当x整除y

31.

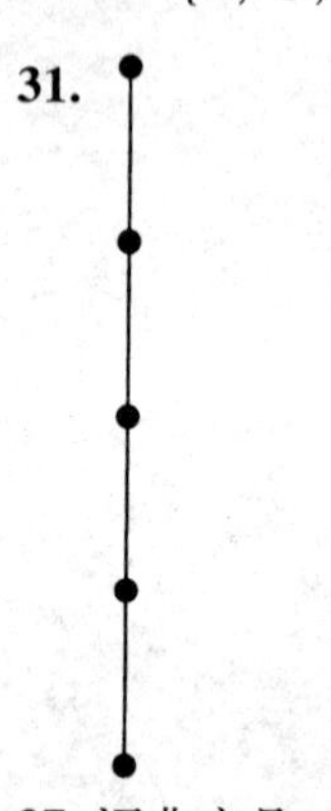

37. 词典序是$S_1 \times S_2$上的全序　**41.** $n!$

习题2.4

1. 是以X为定义域的函数　**3.** 不是以X为定义域的函数

5. 是以X为定义域的函数　**7.** 不是以X为定义域的函数

9. 不是以X为定义域的函数　**11.** 是以X为定义域的函数

13. 8　**15.** $\frac{1}{4}$　**17.** 2　**19.** -9

21. 3　**23.** 0　**25.** -4　**27.** -5

29. 5.21　**31.** -0.22　**33.** 0.62　**35.** 9.97

37. $8x+11$；$8x-5$　**39.** $5\cdot 2^x+7$；2^{5x+7}

41. $|x|(\log_2|x|)$；$|x\log_2 x|$　**43.** x^2-2x+1；x^2-1

45. 一对一；非映上　**47.** 一对一；映上

49. 映上；非一对一　**51.** 既非一对一又非映上

53. $f^{-1}(x)=\frac{x}{5}$　**55.** $f^{-1}(x)=-x$

57. $f^{-1}(x)=x^3$　**59.** 不存在

61. $Y=\{x\in X：x>0\}$；$g^{-1}(x)=-1+\log_2\left(\frac{x}{3}\right)$　**63.** n^m

习题2.5

1. 1，1，2，3，5，8，13，21，34，55　**3.** 3，4，7，11，18，29，47，76

5. 设x_n表示第n个正偶数，则 $x_n=\begin{cases}2 & n=1\\ x_{n-1}+2 & n\geqslant 2\end{cases}$

7. 没有归纳基础

9. 归纳步骤的证明是错的，因为$x-1$和$y-1$不一定是正数。

27. $\begin{cases}\dfrac{s_0(r^{n+1}-1)}{r-1} & r\neq 1\\ s_0(n+1) & r=1\end{cases}$

习题2.6

1. 21　**3.** 252　**5.** 330　**7.** 462　**9.** 1

11. $\frac{n(n-1)}{2}$　**13.** 64　**15.** 128　**17.** 256　**19.** 21

21. 792　**23.** 20　**25.** 120　**27.** $\frac{52!}{13!39!}$

43. $\frac{n(n-3)}{2}$　**47.** 刘易斯先生和太太各握n次手。

补充习题

1. $\{3\}$　**3.** $\{5，6\}$　**5.** $\{6\}$　**7.** $\{2\}$

9.

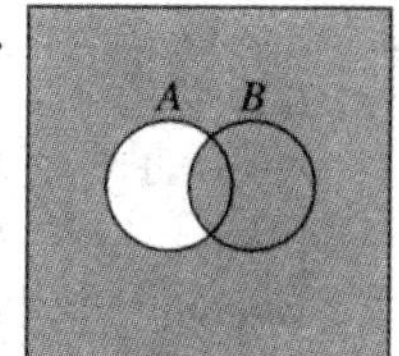

11.

13. $f(g(x))=5-8x^2$, $g(f(x))=-16x^2-48x-35$

15. 是以X为定义域的函数　**17.** 是以X为定义域的函数

19. 一对一，非映上　**21.** 映上，非一对一　**23.** 不存在

25. $f^{-1}(x)=\frac{1}{3}(x+6)$　**27.** 32　**29.** 5005

31. {1，5}，{2，6}，{3，7}，{4，8}　**33.** 集合$\{2n-1, 2n\}$，对每个整数n

35. 512　**37.** 27　**39.** $R=\{(s, s): s\in S\}$

41. 反对称性和传递性　**43.** 自反性、反对称性和传递性

45. A，B，C，D，E，F，G，H，I，J，K

47. $R=\{(s, s): s\in S\}$　**49.** f 必为一对一的

第3章

习题3.1

1. $q=7, r=4$　**3.** $q=0, r=25$　**5.** $q=-9, r=0$　**7.** $q=-9, r=1$

9. $p\equiv q \pmod m$　**11.** $p\not\equiv q \pmod m$　**13.** $p\not\equiv q \pmod m$　**15.** $p\equiv q \pmod m$

17. [2]　**19.** [4]　**21.** [6]　**23.** [1]

25. [2]　**27.** [8]　**29.** [4]　**31.** [4]

33. [2]　**35.** [11]　**37.** 8P. M.　**39.** 9

41. 7　**43.** （**a**）星期三　（**b**）星期六

45. 不相等，$10\in A$但是$10\notin B$。

47. 虽然3 R 11和6 R 10为真，但是9 R 21和18 R 110都为假。

49. 如果m不能整除n，则关系没有定义。

习题3.2

1. −45，−15，−9，−5，−3，−1，1，3，5，9，15，45

3. −10，−5，−2，−1，1，2，5，10

5.

i	r_i
−1	715
0	312
1	91
2	39
3	13
4	0
[打印13]	

7.

i	r_i
−1	247
0	117
1	13
2	0
[打印13]	

9.

i	r_i	i	r_i
−1	76	5	11
0	123	6	7
1	76	7	4
2	47	8	3
3	29	9	1
4	18	10	0
[打印1]			

11. 39

13.

i	q_i	r_i	x_i	y_i
−1		1479	1	0
0		272	0	1
1	5	119	1	−5
2	2	34	−2	11
3	3	17	7	−38
4	2	0	−16	87
[打印17, 7, −38]				

15.

i	q_i	r_i	x_i	y_i
−1		4050	1	0
0		1728	0	1
1	2	594	1	−2
2	2	540	−2	5
3	1	54	3	−7
4	10	0	−32	75
[打印54, 3, −7]				

17.

i	q_i	r_i	x_i	y_i
−1		546	1	0
0		2022	0	1
1	0	546	1	0
2	3	384	−3	1
3	1	162	4	−1
4	2	60	−11	3
5	2	42	26	−7
6	1	18	−37	10
7	2	6	100	−27
8	3	0	−337	91
[打印6, 100, −27]				

19. (**a**) 不可解 (**b**) 可解

21. (**a**) 不可解 (**b**) 可解

23. $x = 265$, $y = -1272$

25. $x = 267$, $y = 712$

习题3.3

1. 32, 10, 16, 8

3. 35, 36, 14

5.

Q	R	r_1	r_2	p	e
			1	19	41
20	1	88	19	88	20
10	0	9		9	10
5	0	81		81	5
2	1	9	83	9	2
1	0	81		81	1
0	1	9	80	9	0
[打印80]					

7.

Q	R	r_1	r_2	p	e
			1	11	73
36	1	121	11	121	36
18	0	55		55	18
9	0	33		33	9
4	1	154	176	154	4
2	0	154		154	2
1	0	154		154	1
0	1	154	176	154	0
[打印176]					

9.

Q	R	r_1	r_2	p	e
			1	90	101
50	1	966	90	966	50
25	0	980		980	25
12	1	877	214	877	12
6	0	1035		1035	6
3	0	1125		1125	3
1	1	529	572	529	1
0	1	426	582	426	0
[打印582]					

11. 64 **13.** 288 **15.** 5 **17.** 27 **19.** 65 **21.** 77 **23.** 8

习题3.4

1. 1 **3.** 0 **5.** 0 **7.** 1 **9.** 0.0480 **11.** 0.0020 **13.** 0.9227
15. 0.0914 **17.** 2 **19.** 4 **21.** 2 **23.** 4 **25.** 1100 **27.** 00101
29. 100101 **31.** 11010110 **33.** (**a**) 7 (**b**) 3 **35.** (**a**) 14 (**b**) 9

习题3.5

1. 32 **3.** 256 **5.** 10010011 **7.** 11010110 **9.** 9×6 **11.** 10×5

13. $\frac{2}{3}$ **15.** {00000, 10101, 01110, 11011}

17. {000000, 100001, 010011, 001111, 110010, 101110, 011100, 111101}

19. {0000000, 1001001, 0100110, 0010101, 1101111, 1011100, 0110011, 1111010}

21. $\begin{bmatrix} 0 & 1 & 1 \\ 1 & 1 & 1 \\ 1 & 0 & 0 \\ 0 & 1 & 0 \\ 0 & 0 & 1 \end{bmatrix}$ **23.** $\begin{bmatrix} 1 & 0 & 1 \\ 1 & 1 & 0 \\ 0 & 1 & 1 \\ 1 & 0 & 0 \\ 0 & 1 & 0 \\ 0 & 0 & 1 \end{bmatrix}$ **25.** $\begin{bmatrix} 0 & 1 & 1 & 1 \\ 1 & 0 & 1 & 1 \\ 1 & 1 & 0 & 1 \\ 1 & 0 & 0 & 0 \\ 0 & 1 & 0 & 0 \\ 0 & 0 & 1 & 0 \\ 0 & 0 & 0 & 1 \end{bmatrix}$ **27.** $\begin{bmatrix} 1 & 0 & 1 & 0 & 1 \\ 0 & 1 & 0 & 1 & 0 \\ 0 & 1 & 1 & 1 & 0 \\ 1 & 0 & 0 & 0 & 0 \\ 0 & 1 & 0 & 0 & 0 \\ 0 & 0 & 1 & 0 & 0 \\ 0 & 0 & 0 & 1 & 0 \\ 0 & 0 & 0 & 0 & 1 \end{bmatrix}$

29. $\begin{bmatrix} 1 & 0 & 0 & 0 & 1 & 0 & 1 \\ 0 & 1 & 0 & 0 & 1 & 1 & 1 \\ 0 & 0 & 1 & 0 & 0 & 1 & 1 \\ 0 & 0 & 0 & 1 & 1 & 1 & 0 \end{bmatrix}$

31. 不是 **33.** 是 **35.** 是 **37.** 不是 **39.** 2^{k-n}

41. $\begin{bmatrix} 1 & 0 & 0 & 0 & 1 & 0 & 1 & 0 \\ 0 & 1 & 0 & 0 & 1 & 0 & 0 & 1 \\ 0 & 0 & 1 & 0 & 0 & 1 & 1 & 0 \\ 0 & 0 & 0 & 1 & 0 & 1 & 0 & 1 \end{bmatrix}$

习题3.6

1. 0110，11　**3.** 0000，01　**5.** 0011，??　**7.** 1001，01　**9.** 0010，101
11. 1110，??　**13.** 0000，011　**15.** 1010，010　**17.** 0000，001　**19.** 1011，??
21. 0110，110　**23.** 0000，110　**25.** 0001，100　**27.** 1101，011
29. 11，??，11，10　**31.** 12　**33.** 25
35. $k=4$，$n=7$　**37.** $k=57$，$n=63$

补充习题

1. 假　**3.** 真　**5.** [9]　**7.** [1]　**9.** [3]　**11.** 10　**13.** 2　**15.** 14
17. 138　**19.** $55\times770-24\times1764=14$　**21.** $1\times(-9798)+18\times552=138$
23. (**a**) $x=-2070$，$y=975$　(**b**) 无解　**25.** 18，4，15，32

27.

Q	R	r_1	r_2	p	e
			1	18	29
14	1	39	18	39	14
7	0	39	18	39	7
3	1	39	18	39	3
1	1	39	18	39	1
0	1	39	18	39	0
[打印18]					

29. 1740　**31.** 50　**33.** 附加0
35. 大约0.000 000 000 209　**37.** 2
39. 码字间的最小汉明距离小于等于单个码字中最小的0的数目。
41. $C(n，s)$　**43.** 101010000　**45.** 码字是0000，0100，1011和1111。

47. $\begin{bmatrix} 1 & 1 & 1 & 1 \\ 0 & 0 & 1 & 1 \\ 1 & 0 & 1 & 0 \\ 1 & 1 & 0 & 0 \\ 0 & 1 & 0 & 1 \\ 1 & 0 & 0 & 0 \\ 0 & 1 & 0 & 0 \\ 0 & 0 & 1 & 0 \\ 0 & 0 & 0 & 1 \end{bmatrix}$　**49.** $\begin{bmatrix} 1 & 0 & 1 & 0 & 1 \\ 0 & 0 & 1 & 1 & 1 \\ 1 & 1 & 0 & 1 & 1 \\ 1 & 0 & 0 & 0 & 0 \\ 0 & 1 & 0 & 0 & 0 \\ 0 & 0 & 1 & 0 & 0 \\ 0 & 0 & 0 & 1 & 0 \\ 0 & 0 & 0 & 0 & 1 \end{bmatrix}$　**51.** $\begin{bmatrix} 1 & 0 & 1 & 0 & 1 \\ 0 & 1 & 0 & 1 & 1 \end{bmatrix}$

53. [1 1 1 1 1 1]　**55.** 0000,011　**57.** 0100,101　**59.** 0000,100
61. (**b**) 0101，1110，1101　(**c**) 2　(**d**) 1　**63.** 5　**67.** 不一定

第4章

习题4.1

1. $\mathcal{V}=\{A, B, C, D\}$; $\varepsilon=\{\{A, B\}, \{A, C\}, \{B, C\}, \{B, D\}, \{C, D\}\}$

3. $\mathcal{V}=\{F, G, H\}$, $\varnothing$

5. 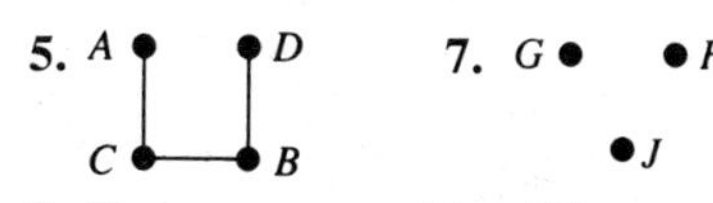

7. G H J

9. 是　**11.** 不是　**13.** 不是

15. 

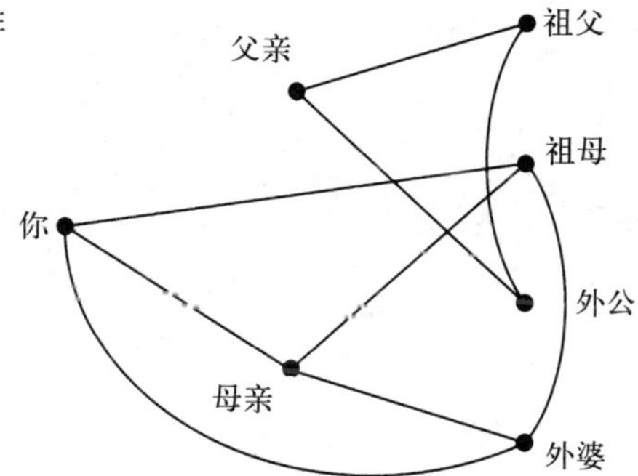

男性

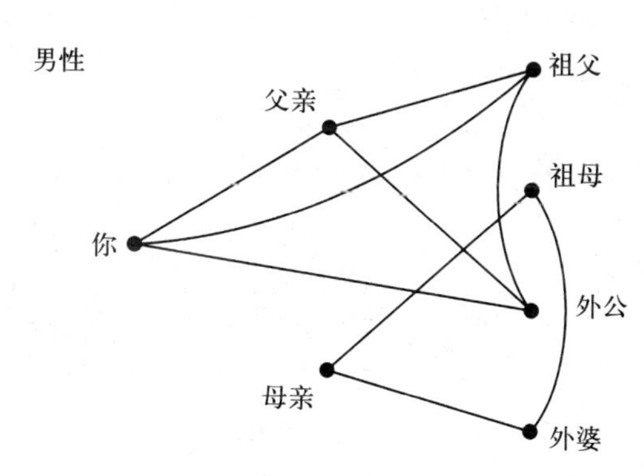

17. 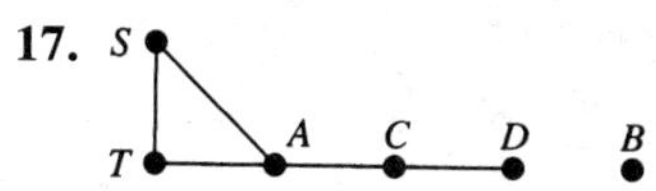

19. A（度数为4）：B，C，D，E；B（度数为3）：A，C，F

21. (a)　(b)

23. 3，6，10，$C(n, 2)=\dfrac{n(n-1)}{2}$　**25.** 10

27.
$$\begin{bmatrix}0&1&0&0&1\\1&0&1&0&0\\0&1&0&1&0\\0&0&1&0&1\\1&0&0&1&0\end{bmatrix}\begin{matrix}V_1:V_2,V_5\\V_2:V_1,V_3\\V_3:V_2,V_4\\V_4:V_3,V_5\\V_5:V_1,V_4\end{matrix}$$

29.
$$\begin{bmatrix}0&1&0\\1&0&0\\0&0&0\end{bmatrix}\begin{matrix}V_1:V_2\\V_2:V_1\\V_3:\text{空}\end{matrix}$$

31. V_1 V_2 V_3 V_4

33. V_1 V_2 V_3 V_4

35. 可能　**37.** 不可能，对角线上的元素非零　**39.** 不是　**41.** 不是

43. **(a)** 是　**(b)** 不，第一个图有两个度数为2的顶点　**(c)** 是

45.

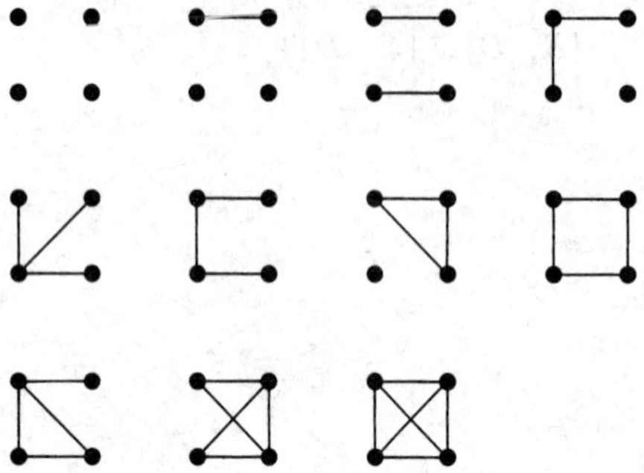

47.

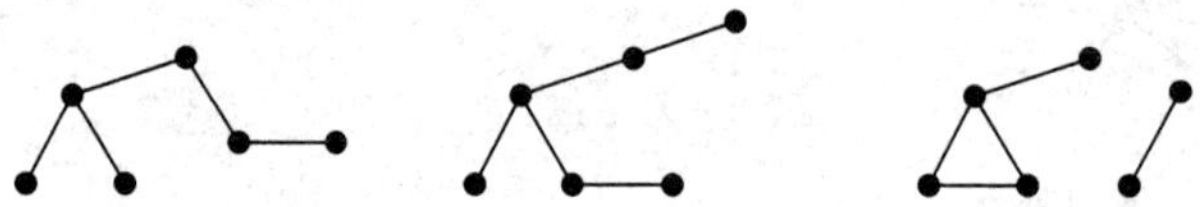

49. $\frac{n}{2}$(如果n是偶数)；$\frac{n+1}{2}$(如果n是奇数)

51. 最小的整数大于或等于 $\frac{1+\sqrt{8m+1}}{2}$　**53.** 每人握3次手

习题4.2

1. 是图　**3.** 不是图　**5.** 平行边：没有；环：a, c

7. 平行边：a，b，c，d；环：没有

9. **(a)** c长度为1；a，c长度为2；a，c，b长度为3

(b) c长度为1

(c) c是简单通路

(d) a长度为1；b长度为1

11. **(a)** 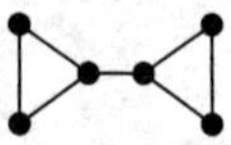　**(b)** 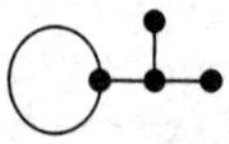　**(c)**

13. 是　**15.** 不是　**17.** 是　**19.** 没有

21. 有，d，a，b，c，e，g，k，m，h，i，j，f　**23.** 没有　**25.** 没有

27. 没有　**29.** 没有　**31.** 不可以　**33.** 不可以

35. 可以　**37.** 可以

39. c，h，i，d，a和g，k，f，b，e，j，n，m

41. **(a)** 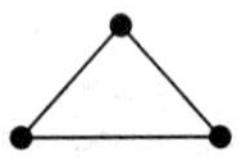　**(b)** 　**(c)** 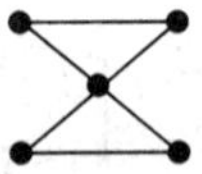　**(d)** 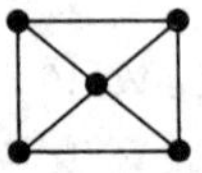　**(e)**

43.

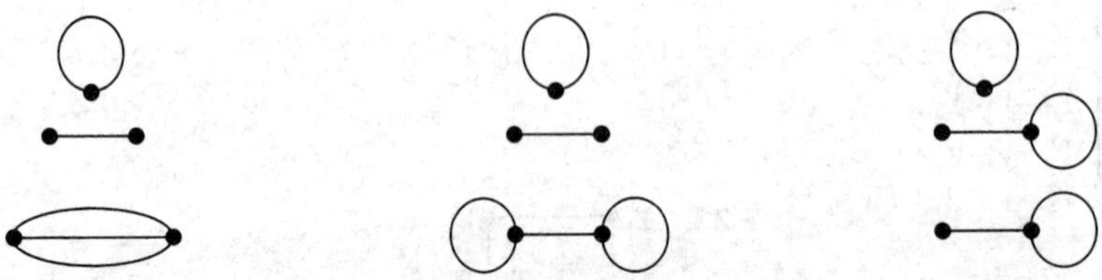

43. (续)

45.

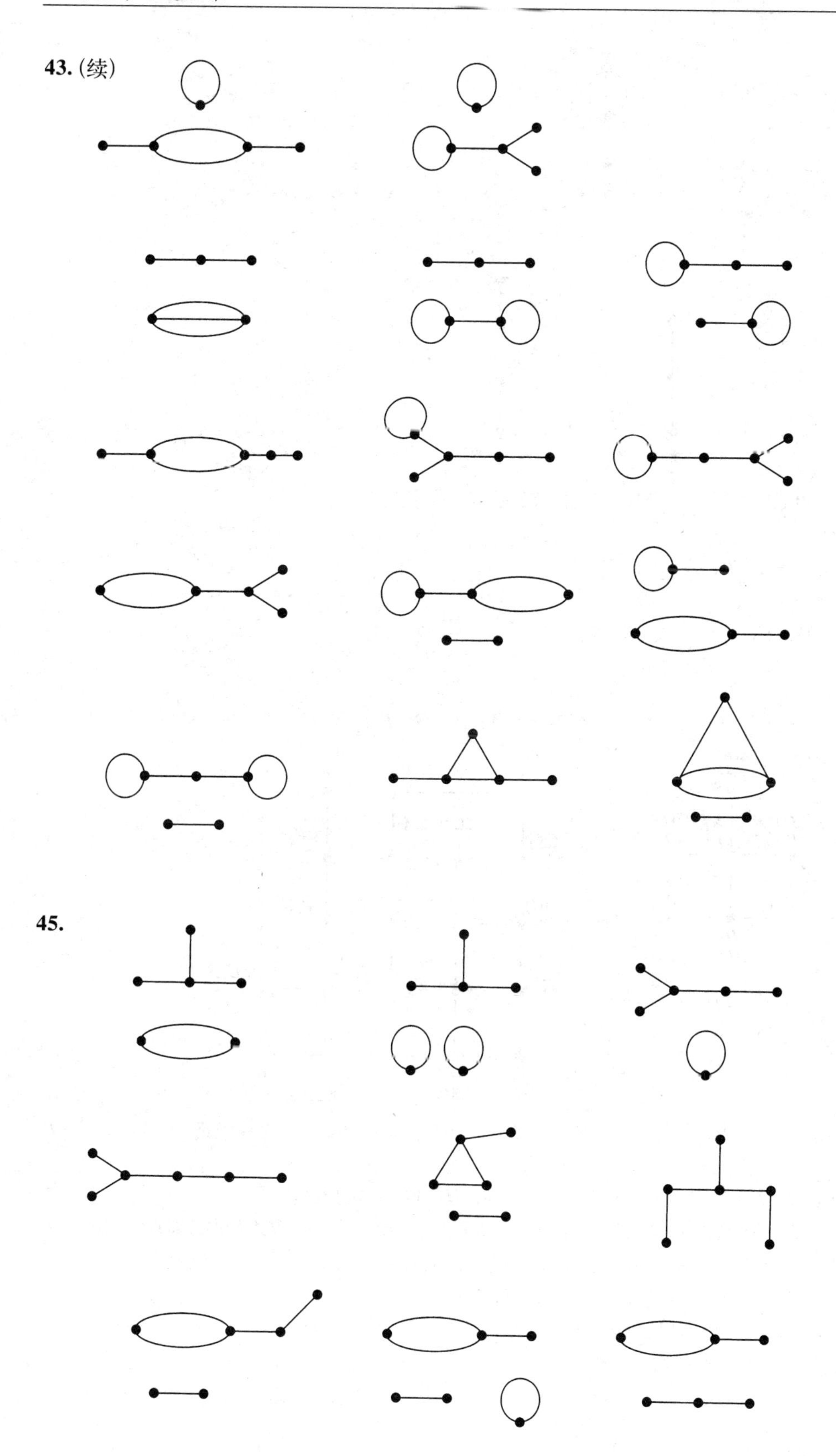

45. （续）

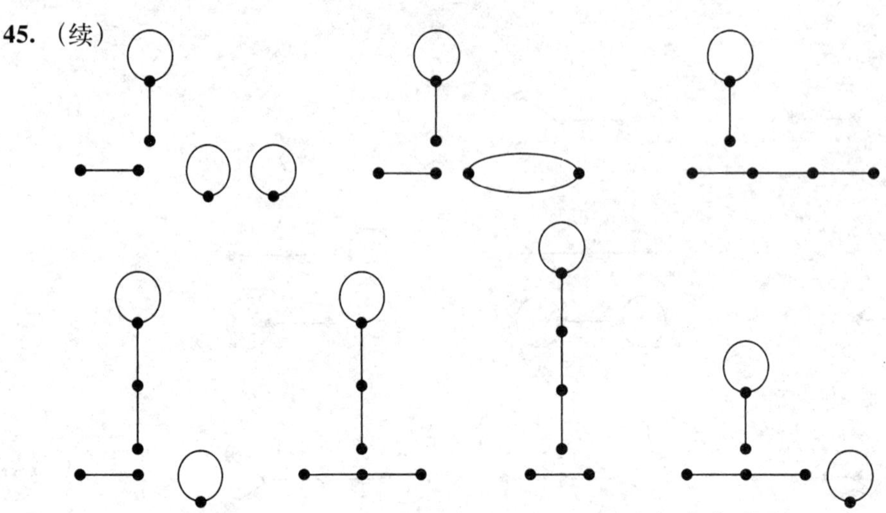

47. 是　　**49.** 是　　**51.** 不，第二个图有一个长度为3的环

53. m和n都是偶数

59. **(a)** $\{A, C, G, E\}$，$\{B, D, H, F\}$

(b) $\{I, J, K, L\}$

(c) $\{M, O, Q\}$，$\{N\}$，$\{P, R, S, T\}$

习题4.3

1. 5；S, D, G, E, F, T

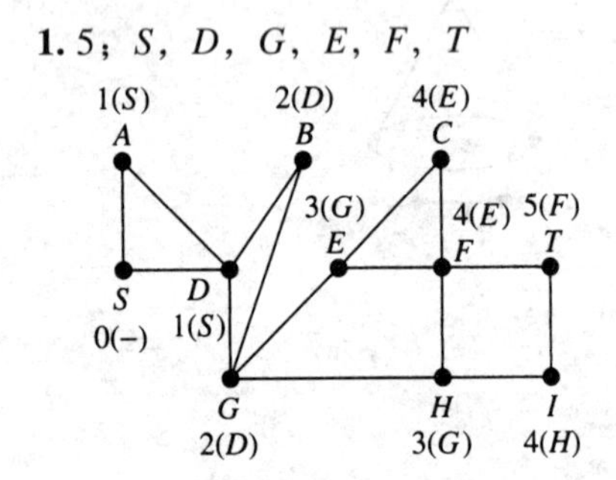

3. 7；S, A, F, G, B, C, O, T

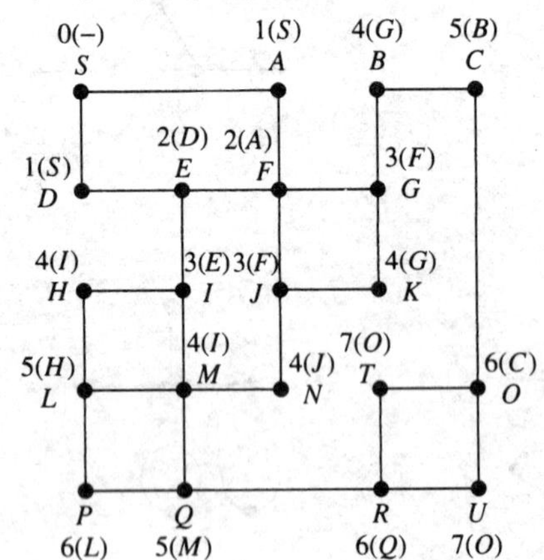

5. A：8；B：9；C：3；D：5；E：4；F：6；G：7；H：5；I：6；到A的最短路径为：S, C, E, F, G, A

7. A：8；B：6；C：3；D：5；E：2；F：3；G：6；H：1；到A的最短路径为：S, C, D, G, A

9. $S, E, F, K, L, G, A, G, L, M, T$；求出从$S$到$A$的最短路径，接着求出从$A$到$T$的最短路径。

11. S, F, A, C, D, E, T；求出从S到A的最短路径，接着求出从A到T的最短路径。

13. 从V_1到V_2：1，2，7，20；从V_2到V_3：1，2，7，20

15. 从V_1到V_1：0，4，8，34；从V_4到V_3：0，2，4，18

17. 从V_i到V_j长度至多为3的通路数

习题4.4

1. 3　　**3.** 3　　**5.** 3　　**7.** 2　　**9.** 没有边

11. (a) 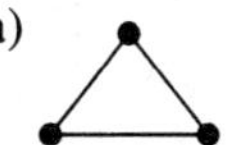 (b) 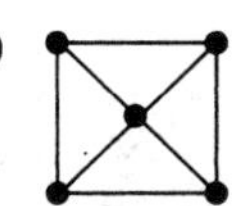

13. 本算法用两种颜色(红和蓝)为没有奇数长度的回路的图着色。在算法中，$\mathcal{L}$表示已被标记的顶点集（即已被着色的顶点）。

步骤1（初始化）

　　令$\mathcal{L}=\varnothing$

步骤2（为另一个连通分量中的所有顶点着色）

　　repeat

　　　步骤2.1（对未被着色的连通分量中的某个顶点着色）

　　　　（a）选取一个不在$\mathcal{L}$中的顶点S

　　　　（b）将S标记为0，并为S着红色

　　　　（c）将S归入集合$\mathcal{L}$

　　　　（d）令$k=0$

　　　步骤2.2（为该连通分量中的其余点着色）

　　　　repeat

　　　　　步骤2.2.1（增加标记）

　　　　　　令$k=k+1$

　　　　　步骤2.2.2（扩大标记范围）

　　　　　　while $\mathcal{L}$中有标记为$k-1$的、与$\mathcal{L}$外的某个顶点W邻接的顶点V

　　　　　　　（a）将W标记为k

　　　　　　　（b）如果k是偶数，则为W着红色；如果k是奇数，则为W着蓝色

　　　　　　　（c）将W归入$\mathcal{L}$

　　　　　　endwhile

　　　　until $\mathcal{L}$中没有与$\mathcal{L}$外的顶点邻接的顶点

　　until 所有顶点都在$\mathcal{L}$中

15. 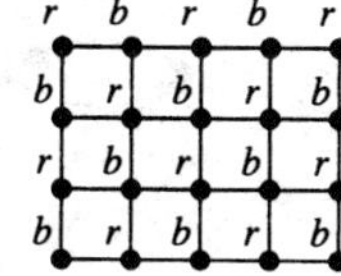

17. 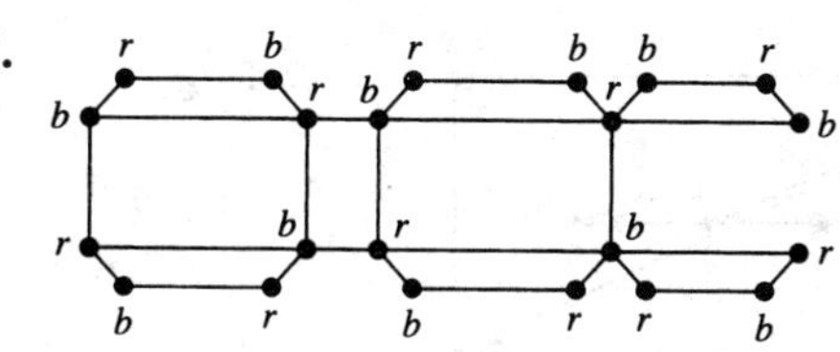

19. 5

21. n^n

23. 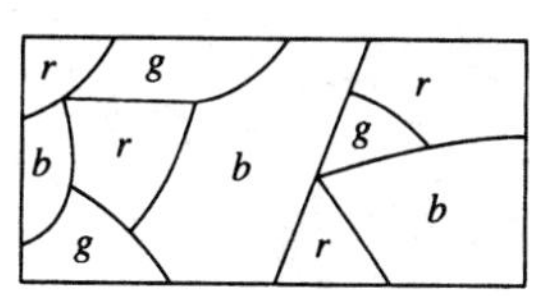

25. 

27. 需要三个不同的开会时间，其中金融和农业会议同时召开，预算和劳动会议也同时召开。

29. 3

习题4.5

1. 顶点：A，B，C，D

有向边：(A, B)，(B, D)，(C, A)，(C, D)

3. 顶点：A，B，C，D

有向边：(A, B)，(A, C)，(B, A)，(C, D)，(D, C)

5.

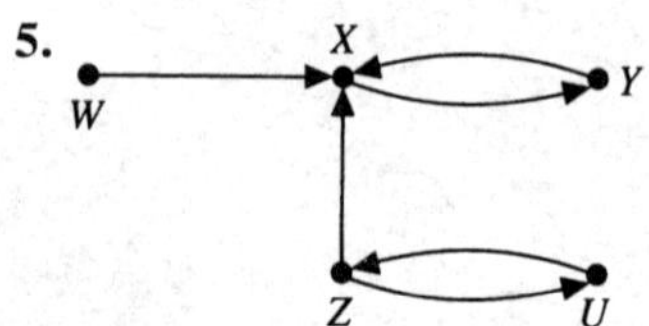

7.

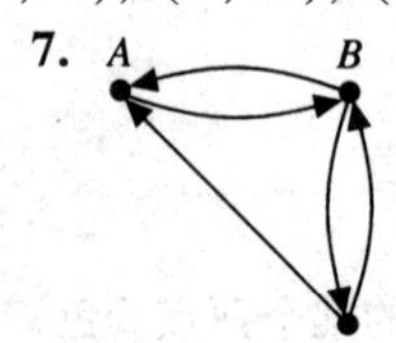

9.

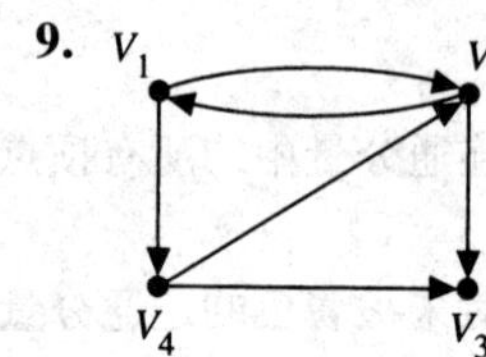

11.

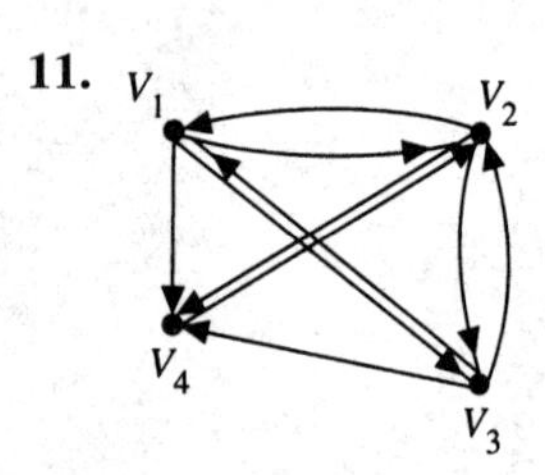

13. 到达A的顶点：B和C；从A到达的顶点：B和D；入度为2，出度为2

15. 到达A的顶点：B、C、D和E；从A到达的顶点：没有；入度为4，出度为0

17. (**a**) A，$B(1)$；A，C，$B(2)$；A，D，$B(2)$；A，D，C，$B(3)$；A，C，D，$B(3)$

(**b**) A，B，$A(2)$；C，D，$C(2)$；A，C，B，$A(3)$；A，D，B，$A(3)$；A，C，D，B，$A(4)$；A，D，C，B，$A(4)$

19. $\begin{bmatrix} 0 & 1 & 0 & 1 \\ 1 & 0 & 1 & 0 \\ 1 & 1 & 0 & 0 \\ 0 & 1 & 0 & 0 \end{bmatrix}\begin{matrix} A: B, D \\ B: A, C \\ C: A, B \\ D: B \end{matrix}$

21. $\begin{bmatrix} 0 & 0 & 0 & 0 & 0 \\ 1 & 0 & 0 & 0 & 0 \\ 1 & 1 & 0 & 0 & 0 \\ 1 & 1 & 0 & 0 & 0 \\ 1 & 0 & 0 & 0 & 0 \end{bmatrix}\begin{matrix} A: \text{空} \\ B: A \\ C: A, B \\ D: A, B \\ E: A \end{matrix}$

23.

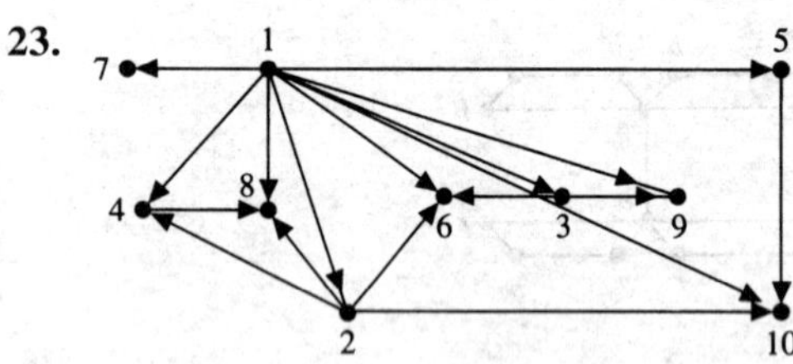

25.

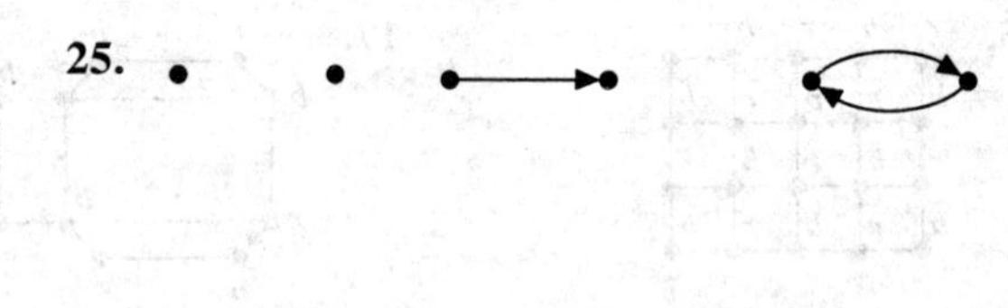

27.

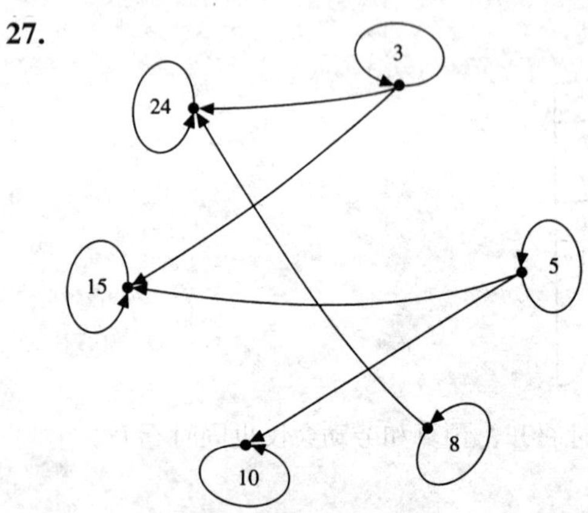

29. 从每个顶点出发都有一条到其自身的有向边。

31. 如果从A到B有有向边。且从B到A也有，那么$A=B$。

33. (A, B)是习题32中的有向图的有向边，当且仅当(B, A)是习题33中的有向图的有向边。

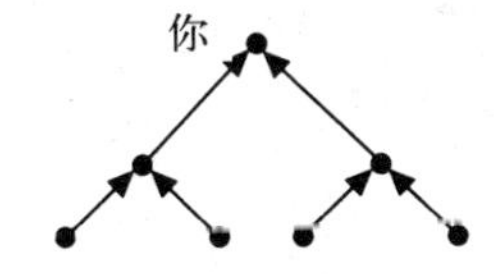

35. 是

37.

39. 不可以

41.

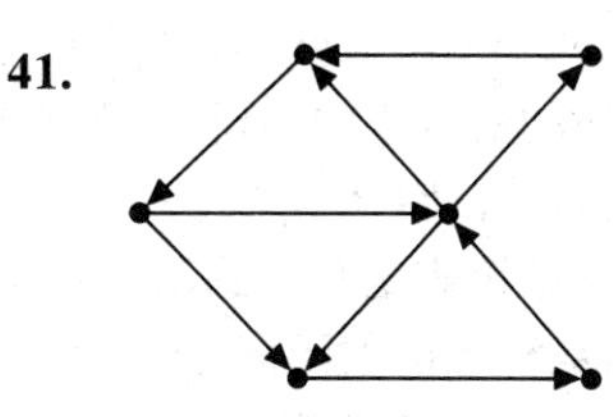

43. 可以沿着有向哈密顿回路从任意顶点到达其他任意顶点。

45. 欧拉回路：a，c，g，i，j，k，h，f，e，d，b

47. 欧拉通路：j，g，f，n，o，k，h，i，d，a，b，c，e，m

49. 都不是，有一个入度为3且出度为1的顶点。

53. 只有1条；d，b，c

55. 唯一的排序是：小甜饼，冰淇淋，小蛋糕，馅饼，布丁。

57. B和C有最高分3。从B到A，D和E有度为1的有向通路，而到C有度为2的有向通路。从C到B，D和E有度为1的有向通路，而到A有度为2的有向通路。

59. 唯一的排序是：大熊队，海盗队，巴克斯队，包装工队，狮子队。

61. 本算法求出有向图中从顶点S到其余各顶点的距离和一条最短的有向通路，如果从S到该顶点的有向通路存在。在算法中，$\mathcal{L}$表示已标记的顶点组成的集合，顶点A的前驱是用于标记A的$\mathcal{L}$中的顶点。

步骤1（标记S）

(a) 将S标记为0，并令S没有前驱

(b) 令$\mathcal{L}=\{S\}$，$k=0$

步骤2（标记顶点）

repeat

步骤2.1（增加标记）

令$k=k+1$

步骤2.2（扩大标记范围）

while $\mathcal{L}$中有标记为$k-1$的顶点V，且存在从V到$\mathcal{L}$外的某个顶点W的有向边

(a) 将W标记为k

(b) 令V为顶点W的前驱

(c) 将W归入$\mathcal{L}$

endwhile

until $\mathcal{L}$中没有顶点邻接到$\mathcal{L}$外的顶点

步骤3 （构造到T的最短有向通路）

if 顶点T在L中

从S到T的有向通路的长度是T上的标记。从S到T的最短有向通路由下列顺序的逆序形成：T，T的前驱，T的前驱的前驱，等等，直到到达S

otherwise

从S到T没有有向通路

endif

63. S，B，G，N，H，C，D，I，Q，J，K，T；长度11

65. S，A，F，G，M，N，V，W，O，I，D，T；长度11

67. 到A的距离是5，到B的距离是10，到C的距离是4，到D的距离是3，到E的距离是5，到F的距离是2，到G的距离是4；S，F，G，A

69. 到A的距离是7，到B的距离是11，到C的距离是5，到D的距离是6，到E的距离是14，到F的距离是2，到G的距离是5，到H的距离是6，到I的距离是8；S，F，G，H，A

73. 从V_1到V_4：0，2，1，4；从V_4到V_1：1，0，2，2

75. 有向边的数目；一条长度为n的有向通路

77. **(a)** 不是　　**(b)** 不是

补充习题

1.

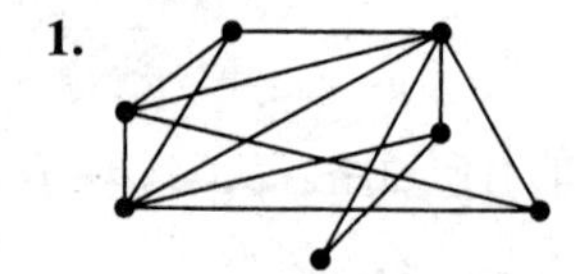

3.

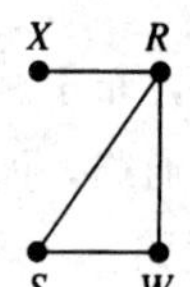

5. 不，第一个图有一个度为2的顶点。

7.

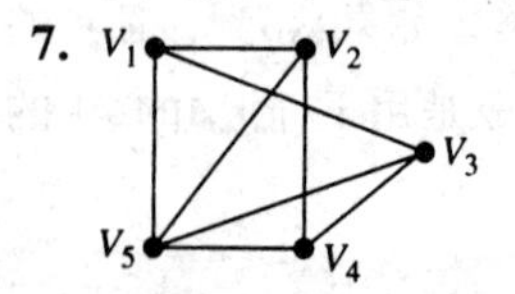

9. 不可能

11. 能，拆除任意一座桥并用一座新桥连接另两块地。

13. 存在；a，b，d，h，j，i，g，f，e，c

15. 是

17. 6；S，D，H，E，F，J，T

19. 到A的距离是11，到B的距离是13，到C的距离是2，到D的距离是7，到E的距离是3，到F的距离是4，到G的距离是6，到H的距离是8，到I的距离是12，到J的距离是5，到K的距离是9，到L的距离是13；S，C，D，H，A；S，C，E，J，K，B

21. 从V_1到V_2：0，1，1，4；从V_1到V_4：0，1，1，4

23.

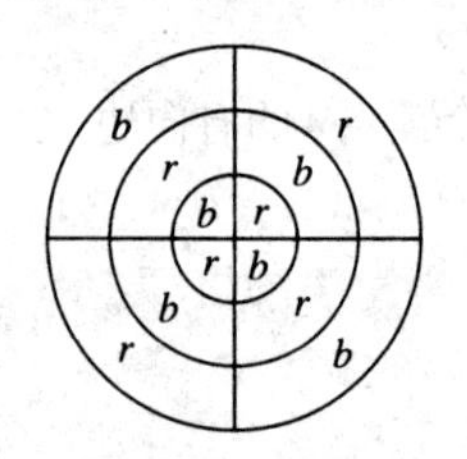

27. 4

29.

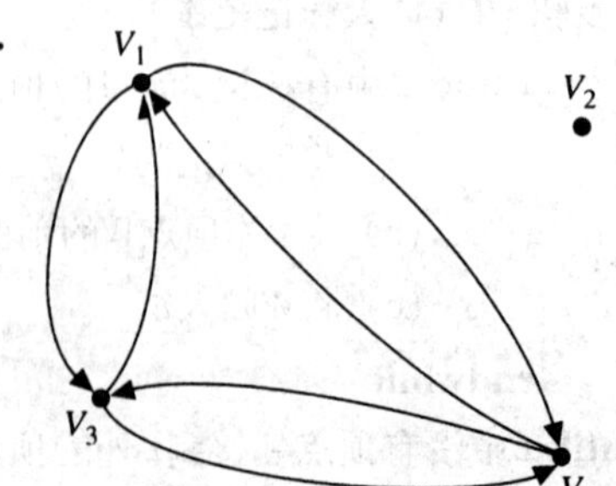

31.

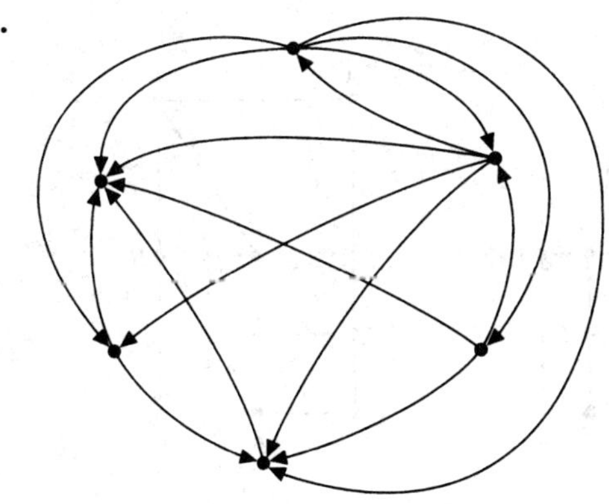

33. 0000100111101011

37. 从V_1到V_4：1，0，2，4；从V_2到V_5：0，1，1，4

39. 若每个顶点上都有环，那么关系是自反的。若每当从A到B有有向边，就从B到A也有有向边，那么关系是对称的。若每当从A到B和从B到C都有有向边，就从A到C也有有向边，那么关系是传递的。

第5章

习题5.1

1. 是 **3.** 不是 **5.** 不是 **7.** 是 **9.** 16

11. 将林肯镇与其余各镇相连，仅是使用6条线路。 **13.** 12

15.

17. $n+1$ **21.** 1，2

23.

丁烷

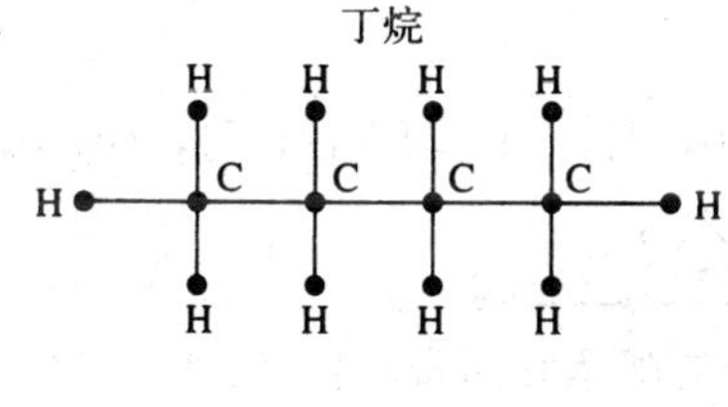

异丁烷

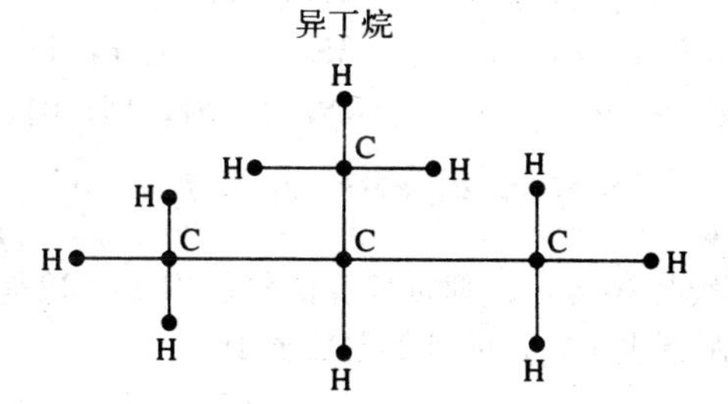

25. 不能

27.

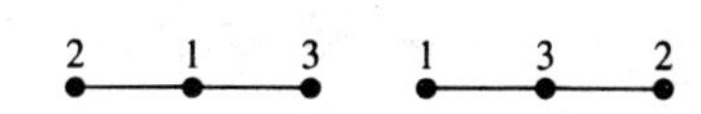

29. 2；1；3 **31.** 2，2，5，5，5

33.

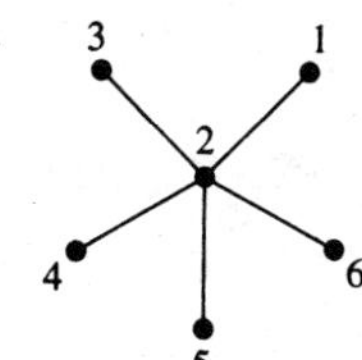

35.

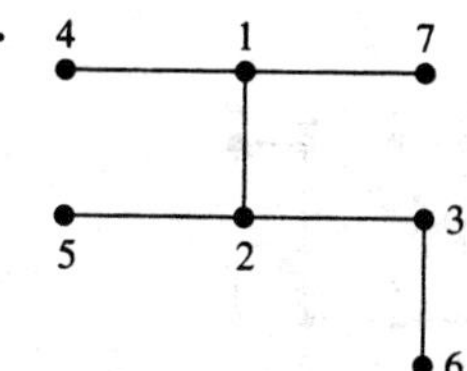

37.

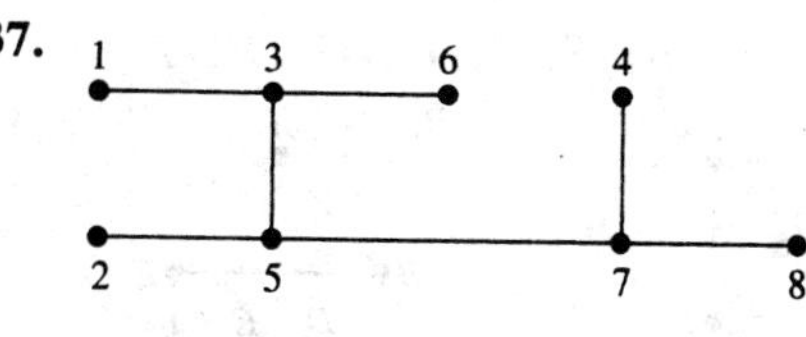

习题5.2

1.
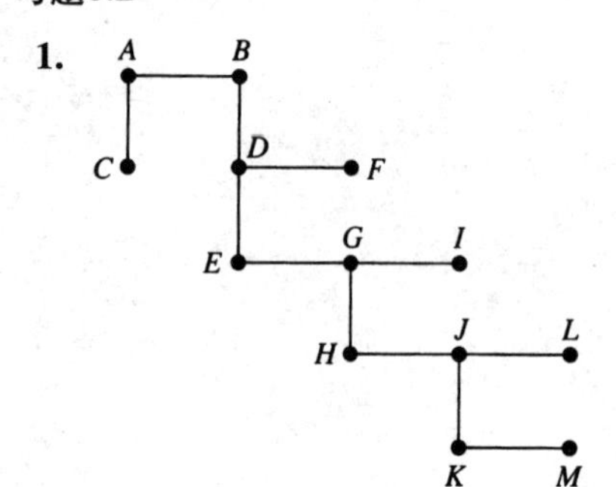

3.
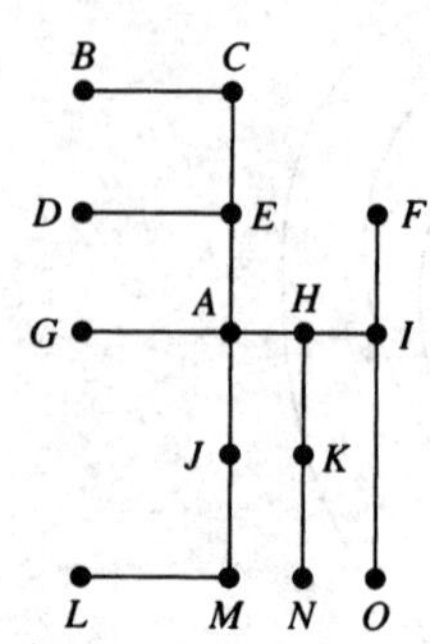

5.
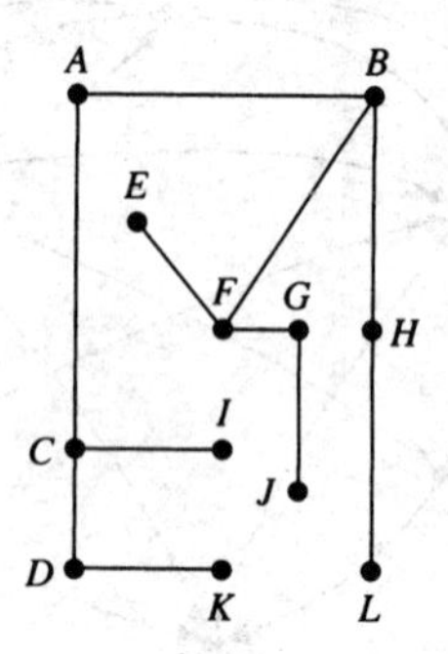

7.
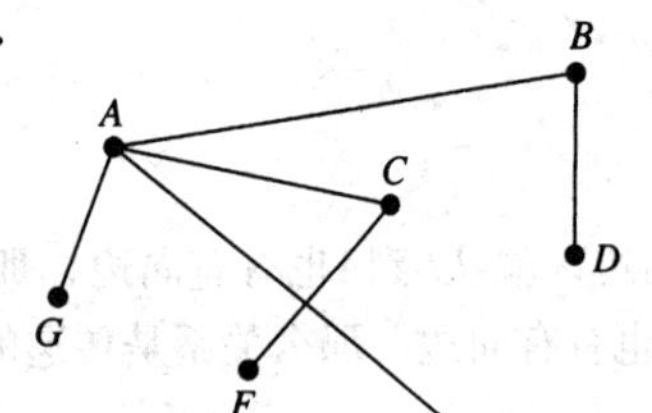

9. 不是

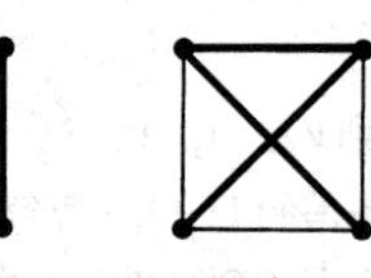

13.
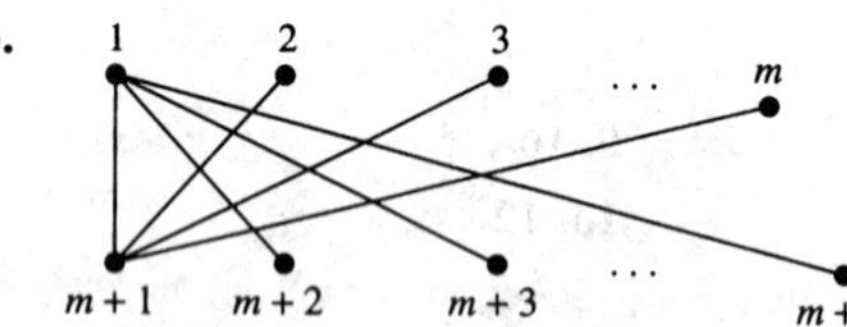

15. 是连通的

17. a，c，g，f；9

19. c，a，d，e，k，f，i，j；21

21. g，f，c，a；9

23. k，e，f，i，j，d，c，a；21

25. d，e，b，c；18

27. m，j，g，h，e，n，a，b；31

29. {1，5}，{5，6}，{6，4}，{4，2}，{2，7}，{6，3}

31.
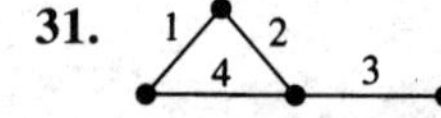

33. b，c，d，e，k，f，i，j

35.
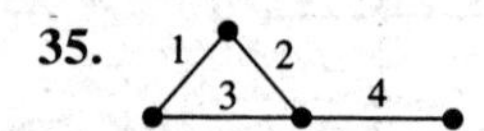

37. 如果邮包的邮费是26美分，则贪婪算法将使用一张22美分的邮票和四张1美分的邮票。但是，两张13美分的邮票也可以，而且邮票数更少。

39. i，m，d，f，g，b，c，n，a

41. k，f，j，c，e，g，b，d，q，i，o

43. b，k，e，f，i，c，j，d

习题5.3

1. A，C，F，B，D，E，G，H

3. A，B，E，C，D，H，J，I，G，F

5. A，C，E，B，F，J，D，G，H，I

7.
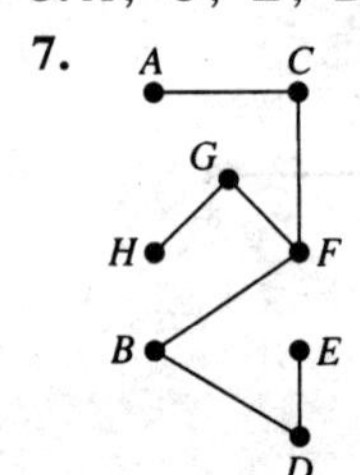

9.
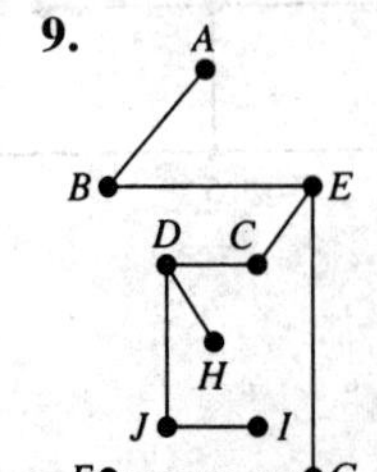

11.
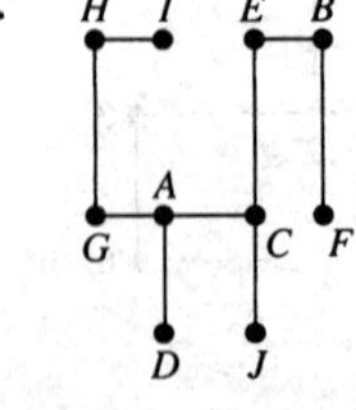

13. {A，H}，{F，E}，{B，E}，{G，C}，{H，F}

15. {A，E}，{B，F}，{C，H}，{C，I}

17. {A，I}，{F，C}

19. 没有桥

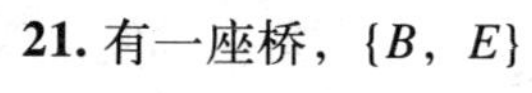

21. 有一座桥，{B, E}

23.

25.

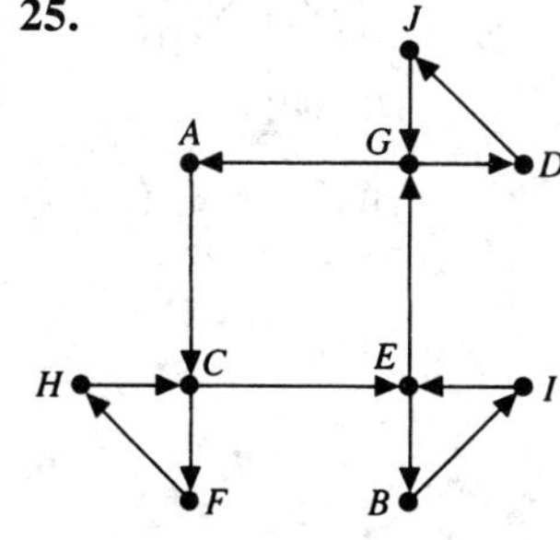

27.

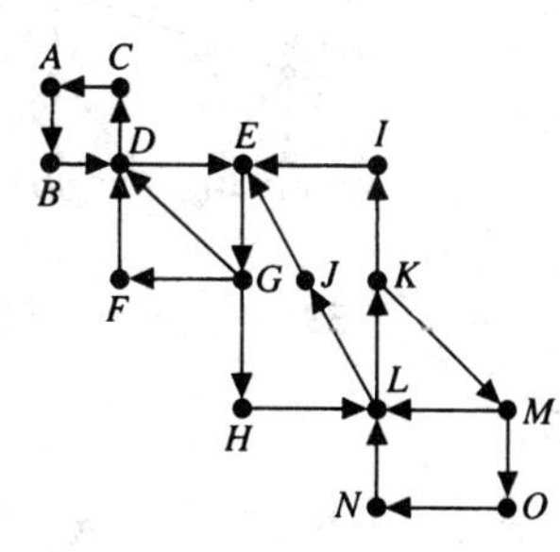

31. 2

33. $(n-1)!$

39.

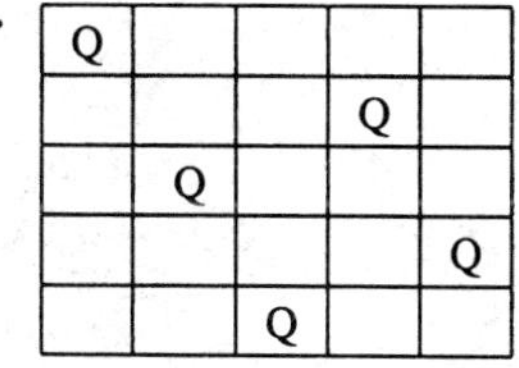

Q				
			Q	
	Q			
				Q
		Q		

41. 12131231

习题5.4

1. 是　**3.** 不是　**5.** 不是　**7.** 不是

9. **11.**

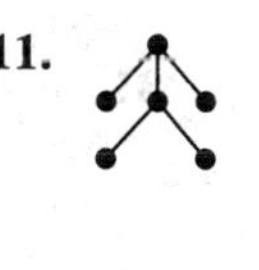

13.

S表达式
原子
表
数
符号
比率
整数
浮点数

15. 一个顶点的入度将大于1。

17. 本算法为一棵树的边定向，树中的一个顶点标记为R，本算法将这棵树转换成一棵以R为根的根树。

步骤1（标记根）

标记R

步骤2（为边定向）

while存在未标记的顶点

（a）寻找一个邻接于某个已标记的顶点U的未标记的顶点V

（b）把连接U和V的边定向为从U到V

（c）标记V

endwhile

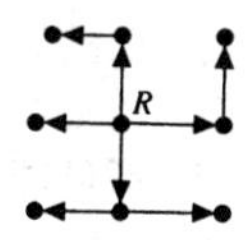

19. 只有一种方法

21. （**a**）A　（**b**）A，B，C，D，H，I　（**c**）J，K，L，E，F，G　（**d**）C
（**e**）D，E，F　（**f**）H，I，J，K，L　（**g**）A，B，D

23. （**a**）E　（**b**）E，A，D，I，J　（**c**）B，K，G，F，H，C　（**d**）D
（**e**）无　（**f**）G　（**g**）E，J

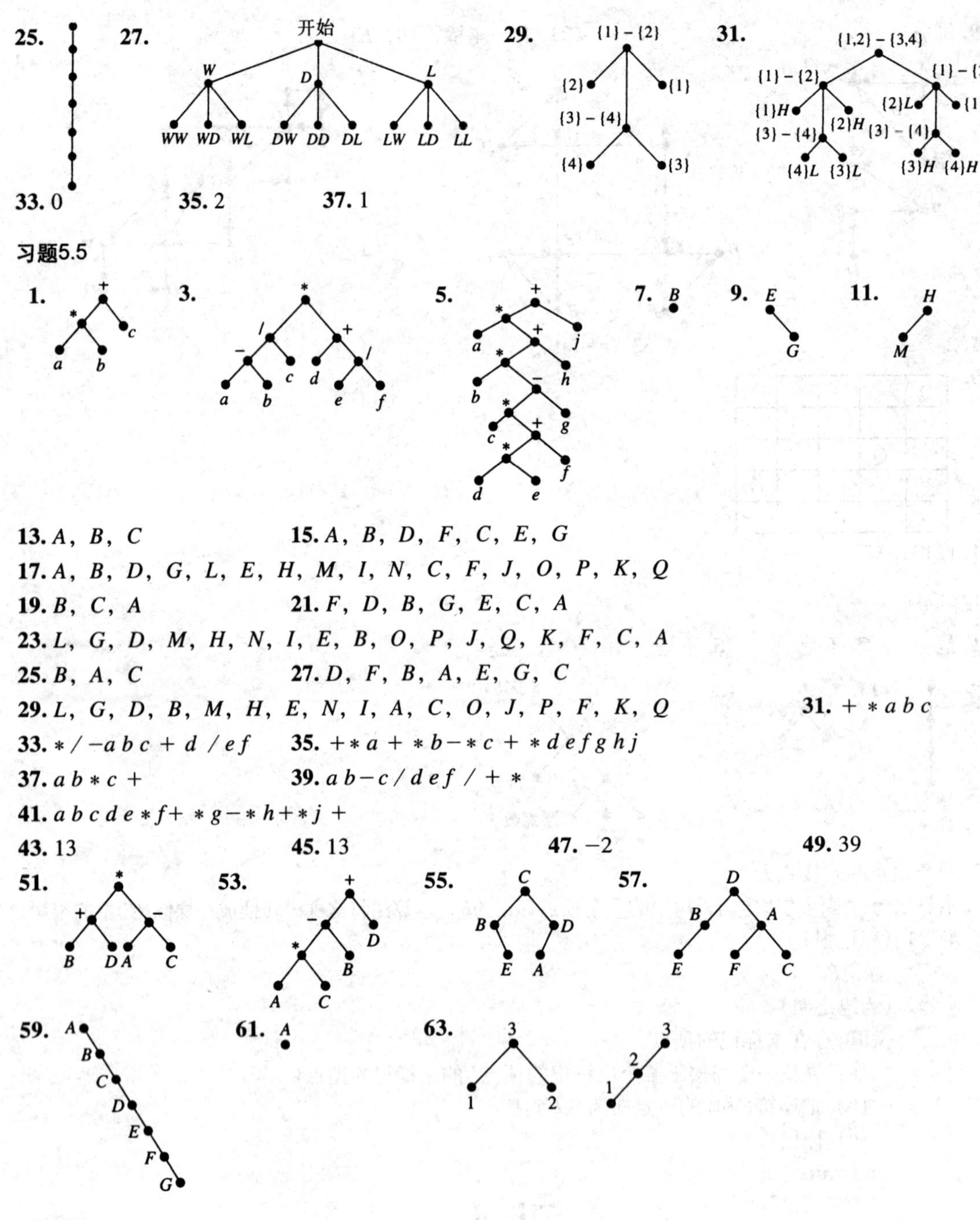

33. 0　　**35.** 2　　**37.** 1

习题5.5

13. A, B, C

15. A, B, D, F, C, E, G

17. A, B, D, G, L, E, H, M, I, N, C, F, J, O, P, K, Q

19. B, C, A

21. F, D, B, G, E, C, A

23. L, G, D, M, H, N, I, E, B, O, P, J, Q, K, F, C, A

25. B, A, C

27. D, F, B, A, E, G, C

29. L, G, D, B, M, H, E, N, I, A, C, O, J, P, F, K, Q

31. $+ * a\ b\ c$

33. $* / - a\ b\ c + d / e\ f$

35. $+ * a + * b - * c + * d\ e\ f\ g\ h\ j$

37. $a\ b * c +$

39. $a\ b - c / d\ e\ f / + *$

41. $a\ b\ c\ d\ e * f + * g - * h + * j +$

43. 13　　**45.** 13　　**47.** −2　　**49.** 39

习题5.6

1. 没有　　**3.** 没有　　**5.** 不可能

7. $a=1$, $b=1$, $c=1$

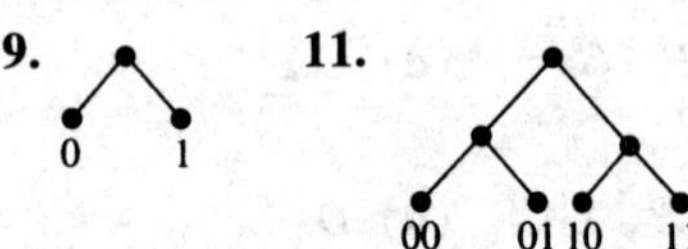

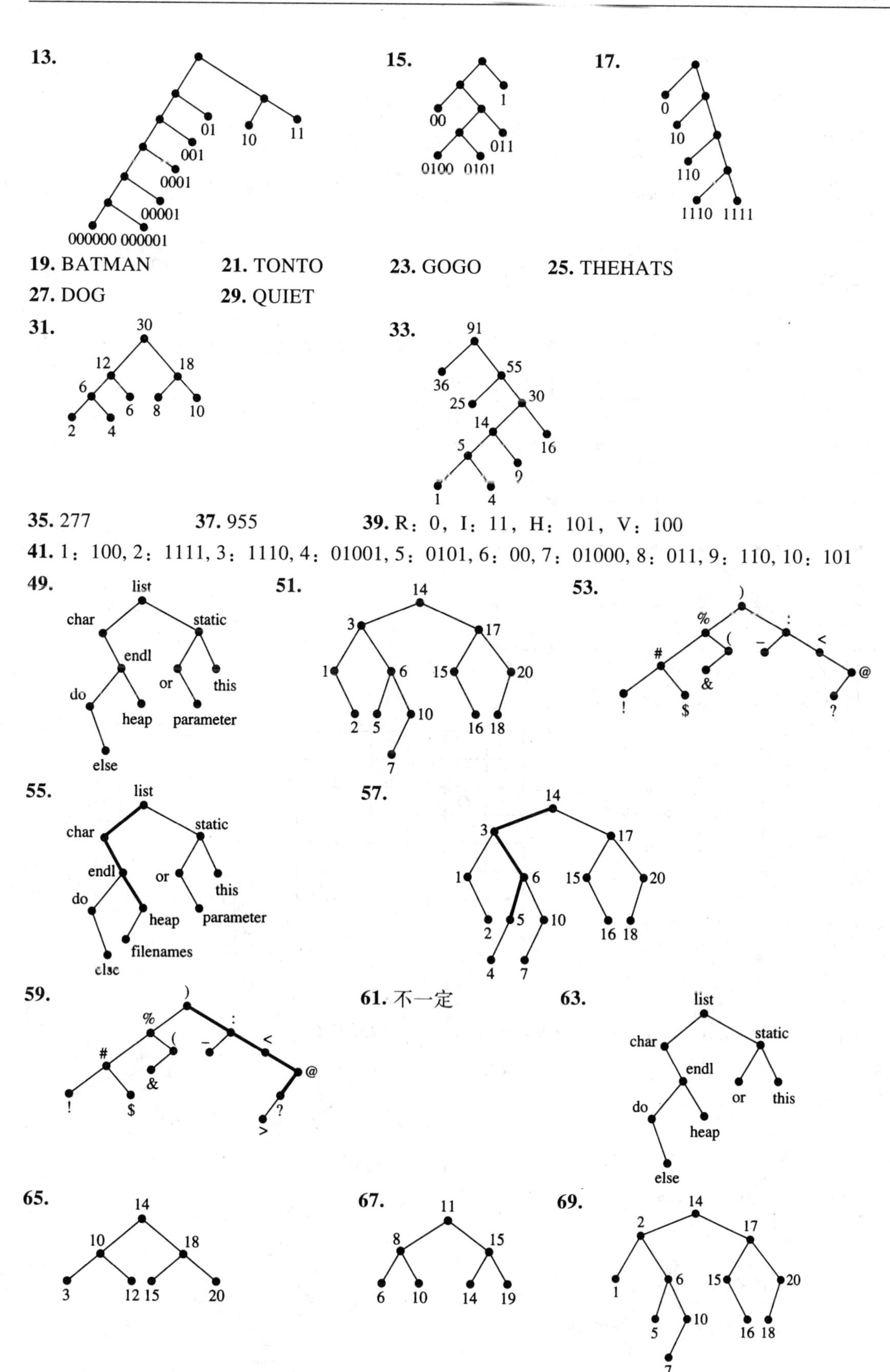

13.　15.　17.

19. BATMAN　21. TONTO　23. GOGO　25. THEHATS

27. DOG　29. QUIET

31.　33.

35. 277　37. 955　39. R：0，I：11，H：101，V：100

41. 1：100, 2：1111, 3：1110, 4：01001, 5：0101, 6：00, 7：01000, 8：011, 9：110, 10：101

49.　51.　53.

55.　57.

59.　61. 不一定　63.

65.　67.　69.

71.

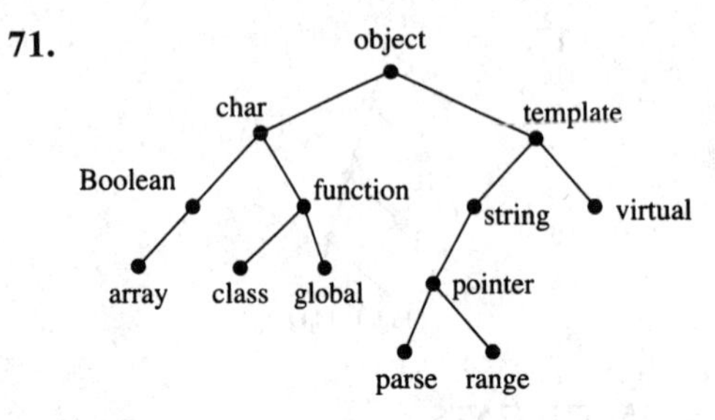

73.

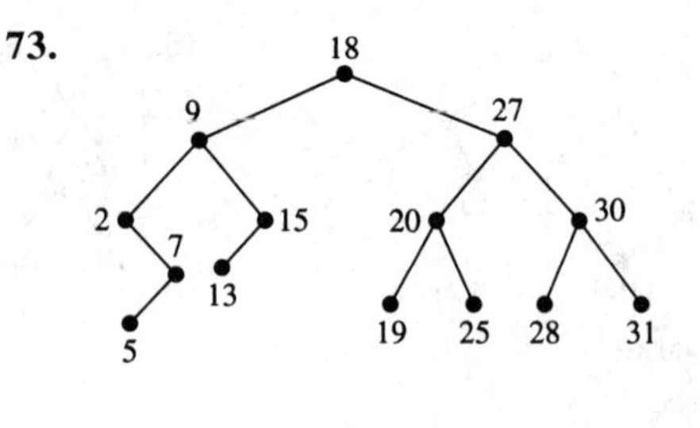

补充习题

1. 6　　**3.** 1

9.

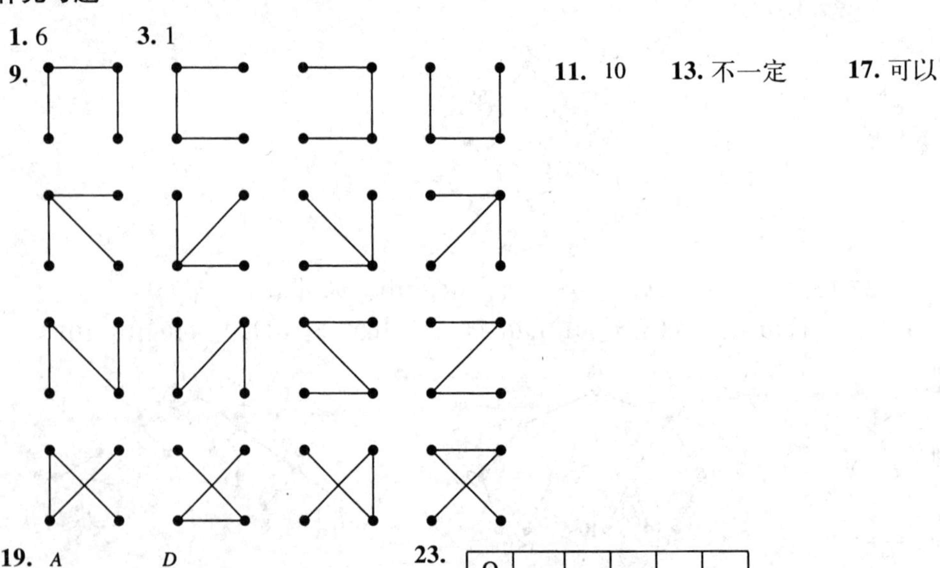

11. 10　　**13.** 不一定　　**17.** 可以

19.

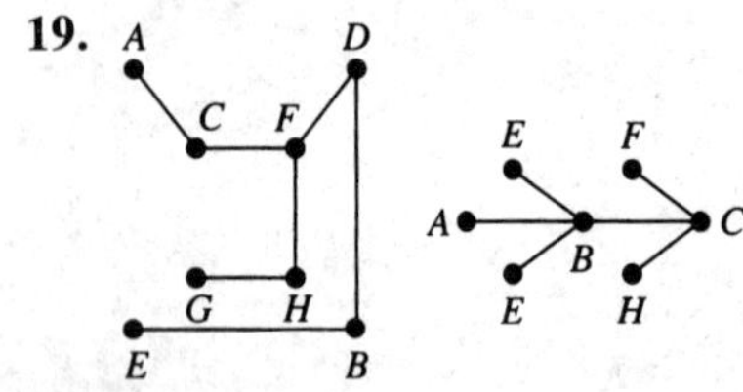

23.

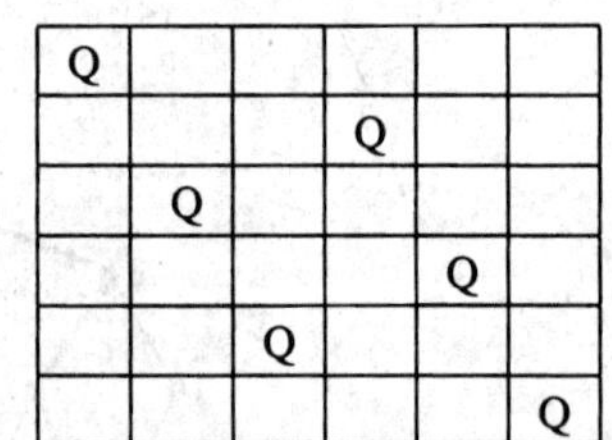

25. 存在　　**27.** $pq+1$

39.

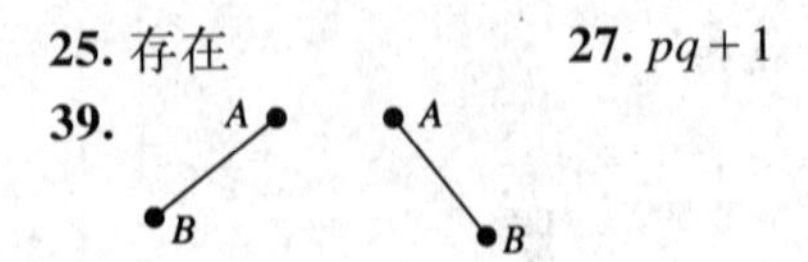

41. $*a*bc = **abc$，$abc** = ab*c*$　　**43.** 具有

45.

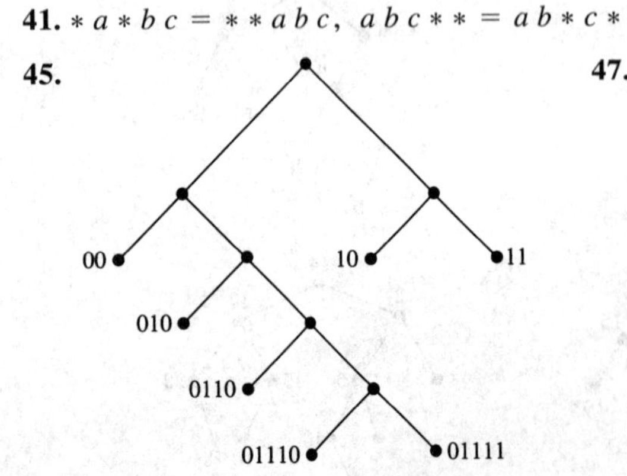

47.

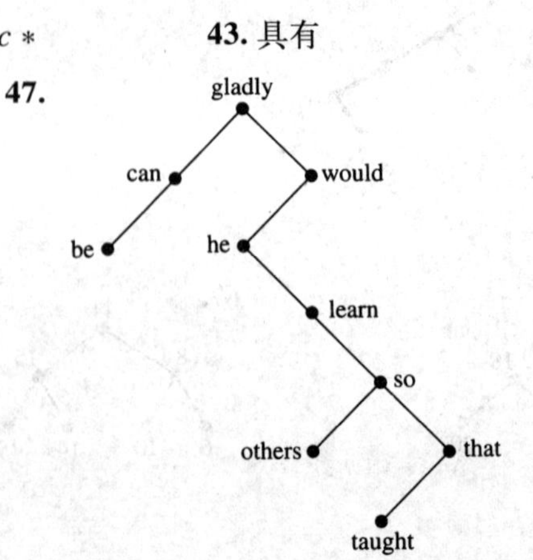

第6章

习题6.1

1. 2 **3.** 6 **5.** 0 **7.** 有

9. 没有 **11.** [3] **13.** {1，2，3，4，5} **15.** {1，3，4，6}

17. $n!$ **19.** 0

21. Amy，Burt，Dan和Edsel只喜欢其中的3种口味。

25. Timmack，Alfors，Tang，Ramirez，Washington，Jelinek，Rupp **29.** 2^n

习题6.2

1. $\mathcal{V}_1=\{1, 3, 6, 8, 9, 11, 13\}$，$\mathcal{V}_2=\{2, 4, 5, 7, 10, 12\}$

3. 不是 **5.** 不是

7. {{1，2}，{3，4}，{5，6}，{7，8}，{9，10}，{12，13}}，
{{1，4}，{3，5}，{6，7}}，{{1，2}，{3，4}}

9. {2，4，5，7，10，12}，{1，3，6，7}，{1，2，4}

11. $\begin{bmatrix}1&0&0&1&0&0\\1&0&1&0&0&0\\0&1&1&0&0&1\\1&0&1&1&0&0\\0&0&0&1&1&0\\0&0&1&0&0&0\end{bmatrix}$ **13.** $\begin{bmatrix}1&1&1&0&0&0\\1&1&0&1&0&0\\0&1&1&0&1&0\\1&0&0&1&0&1\\0&0&0&1&1&1\\0&0&1&0&1&1\end{bmatrix}$ **15.** $\begin{bmatrix}1&1&0&0&0&0\\0&0&1&0&0&0\\1&1&0&1&0&0\\0&0&0&0&1&0\\0&1&0&0&0&1\\0&0&1&0&0&0\\0&0&0&0&1&0\end{bmatrix}$

17. $\begin{bmatrix}*&0&0&0&0&0\\0&0&*&0&0&0\\0&*&0&0&0&0\\0&0&0&*&0&0\\0&0&0&0&*&0\\0&0&0&0&0&0\end{bmatrix}$ $\begin{bmatrix}0&0&0&*\\*&0&0&0\\0&*&0&0\\0&0&0&0\\0&0&0&0\end{bmatrix}$ 主对角线

19. 命名为5的行，命名为2，6，8，10的列；命名为3，5的行，命名为8的列；所有行

21.

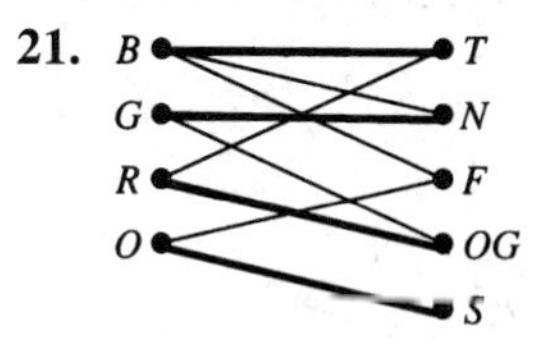

$$\begin{array}{c|ccccc} & T & N & F & OG & S\\ \hline B & 1^* & 1 & 1 & 0 & 0\\ G & 0 & 1^* & 0 & 1 & 0\\ R & 1 & 0 & 0 & 1^* & 0\\ O & 0 & 0 & 1 & 0 & 1^*\end{array}$$

23.

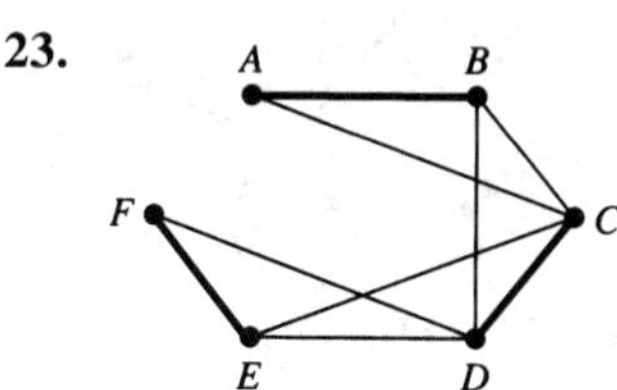

25.

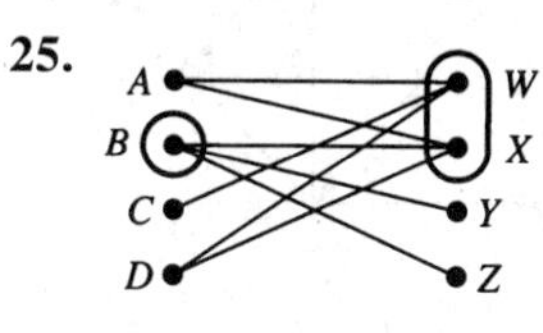

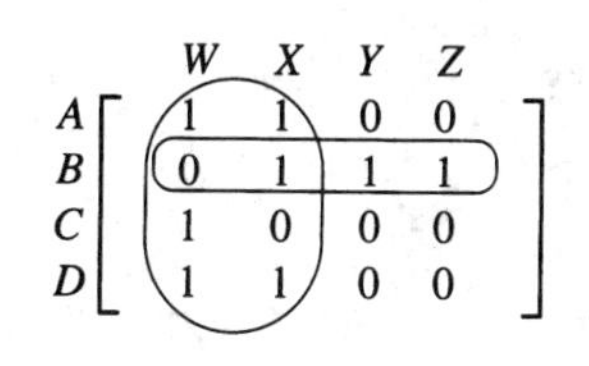

习题6.3

1. $\begin{array}{cccc|l}0&1^*&0&1&D\checkmark\\1^*&0&0&1&D\checkmark\\1&1&0&0&\\1&0&0&0&\\ \hline 2&1&\#\checkmark&\#\checkmark&\end{array}$ **3.** $3A, 2A, 2D$ **5.** $1D, 2A, 3C, 4B$ **7.** $1D, 2E, 3B, 4A$

9. $1D$，$2A$，$3B$，$5C$ **11.** $1B$，$3A$，$4D$ **13.** $\{1, B\}$，$\{2, C\}$，$\{3, A\}$

15. $\{1, A\}$，$\{2, D\}$，$\{3, E\}$，$\{4, B\}$，$\{5, C\}$ **17.** B，C，A，D

19. W，Z，Y，X　　**21.** 胡萝卜，香蕉，鸡蛋，苹果

23. Constantine号到码头1，Egmont号到码头2，Fungo号到码头3，Drury号到码头4，Arabella号到码头5

习题6.4

1. 第2行，第2和4列　　**3.** 第3行，第1、3、4列　　**5.** {2，A，C}

7. {B，C，D，E}　　**9.** 不可能　　**11.** {1，3，5，6}

13. 7小时　　**15.** {1，4，5，6，7，8，B}

习题6.5

1. 13　　**3.** 13　　**5.** 18　　**7.** 11　　**9.** 16　　**11.** 28

13. Addams到芝加哥，Hart到拉斯维加斯，Young到纽约，Herriman到洛杉矶

15. 匈牙利算法必须用于方阵。

补充习题

1. （**a**）60　　（**b**）36　　（**c**）0

3. （**a**）不是　　（**b**）是；$\mathcal{V}_1=\{1, 2, 5, 6, 7, 8, 11, 12\}$，$\mathcal{V}_2=\{3, 4, 9, 10, 13, 14, 15, 16\}$

5. （**a**）{2，4，6，7，9，11}　　（**b**）{1，2，5，6，7，8，11，12}

7. {1，2}，{3，4}，{6，7}，{8，5}

9. $\begin{bmatrix} 1^* & 0 & 0 & 0 & 1 \\ 0 & 0 & 1 & 1^* & 0 \\ 0 & 0 & 1^* & 0 & 0 \\ 1 & 1^* & 0 & 1 & 1 \\ 0 & 0 & 1 & 0 & 0 \end{bmatrix}$；第1行和第4行以及第3列和第4列

11. w，z，v，x，y　　**13.** 5小时

15. 一种方法是：Adam，Studebakers；Beth，Hupmobiles；Cal，Packards；Danielle，Hudsons。

第7章

习题7.1

1. 具有源A和汇E的网络　　**3.** 不是网络，因为弧（C，B）的容量为负

5. 具有源D和汇B的网络　　**7.** 不是流，因为流入D的流量为5，而流出D的流量为6

9. 值为3的流　　**11.** 不是流，因为流入D的流量为2，而流出D的流量为3

13. 不是割，因为顶点C不在$\mathcal{S}$或$\mathcal{T}$中　　**15.** 容量为40的割

17. 容量为34的割

19.

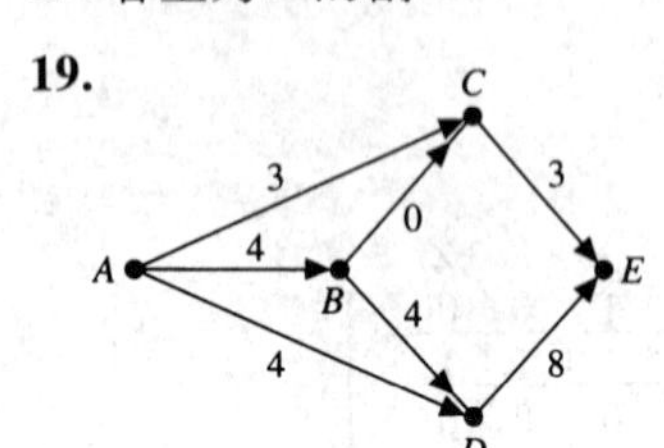

21.

23.

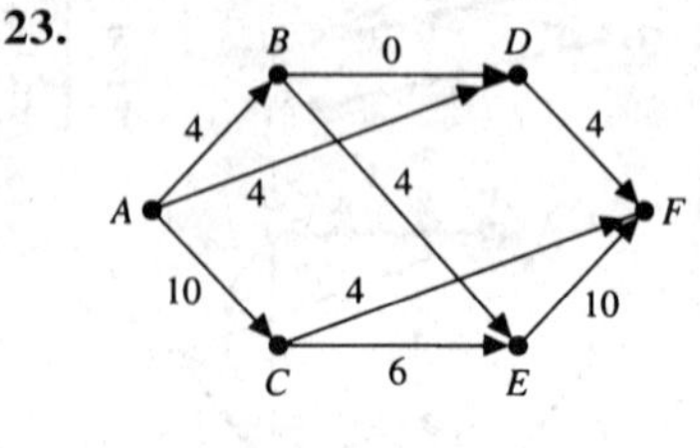

25. {A，B，C，D}，{E}　　**27.** {A，B，C}，{D，E，F}　　**29.** {A，C}，{B，D，E，F}

31.

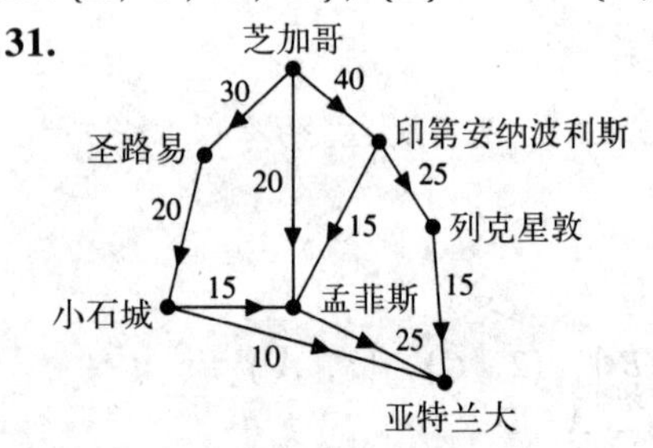

33. $f(\mathcal{U},\ \mathcal{V})=15$，$f(\mathcal{V},\ \mathcal{U})=3$

35. 对习题10中的流，取$\mathcal{U}=\{D\}$，$\mathcal{V}_1=\{A,\ B,\ C\}$，$\mathcal{V}_2=\{B,\ E,\ F\}$。

习题7.2

1. 1　　**3.** 2

5.

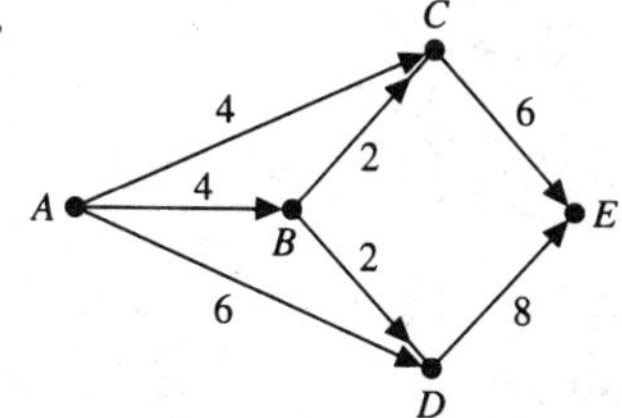

7.

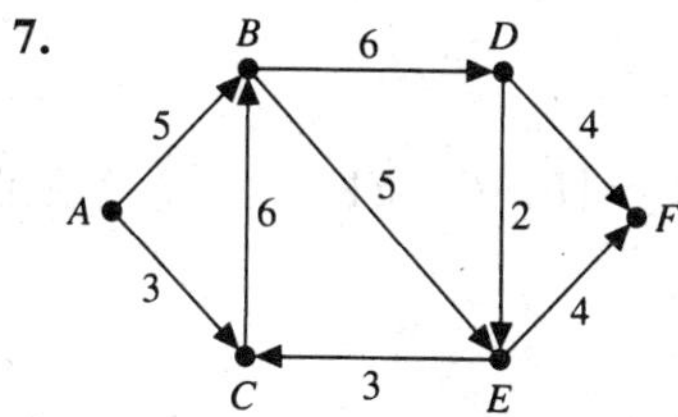

9. 沿通路A，C，E增加流量3。　**11.** 给定流是最大的。

13. 沿通路A，D，B，E，F增加流量2。

15. 沿通路A，B，D，C，F，E，G增加流量2。

17. 给定流是最大的。

19.

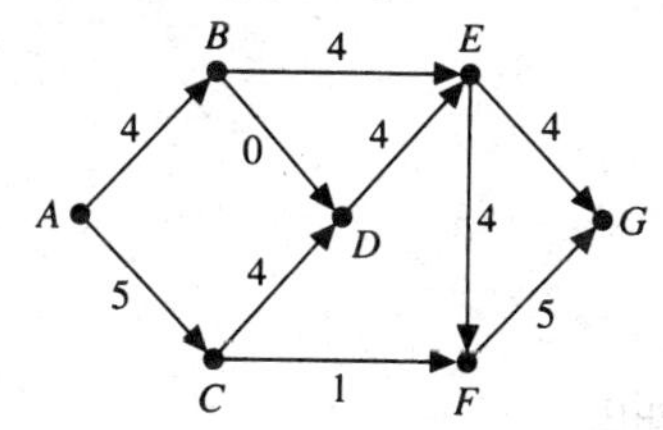

21.

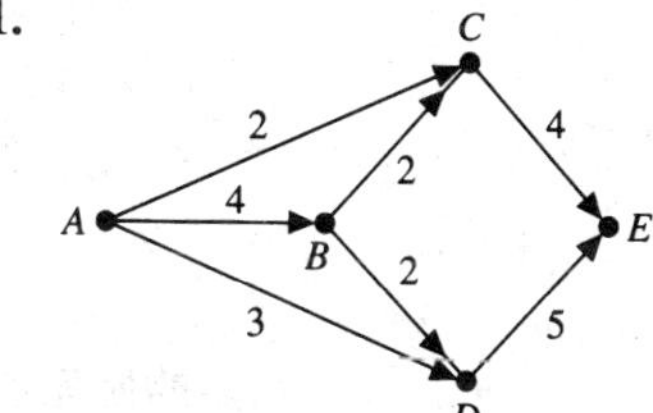

23.

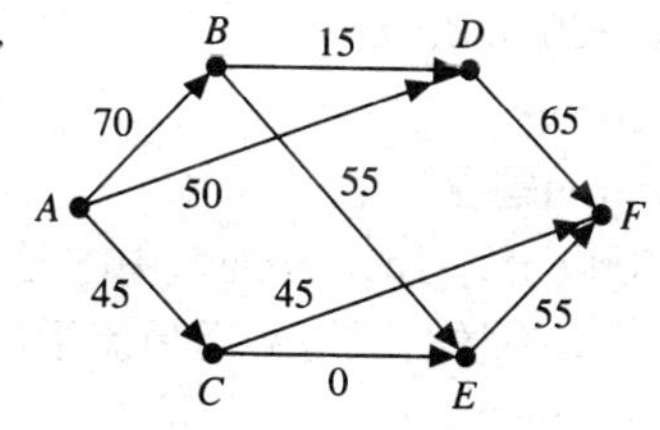

25.

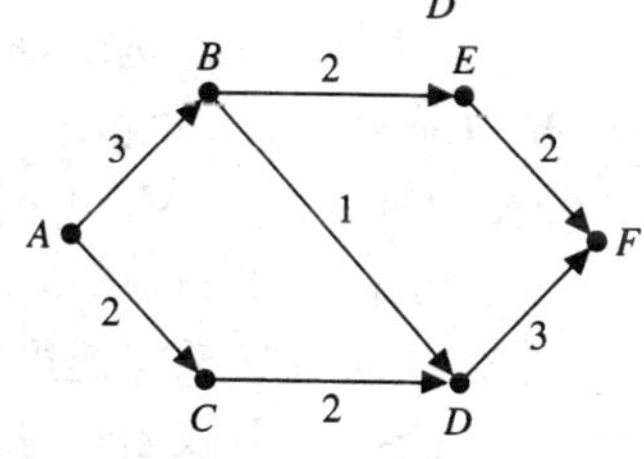

27.

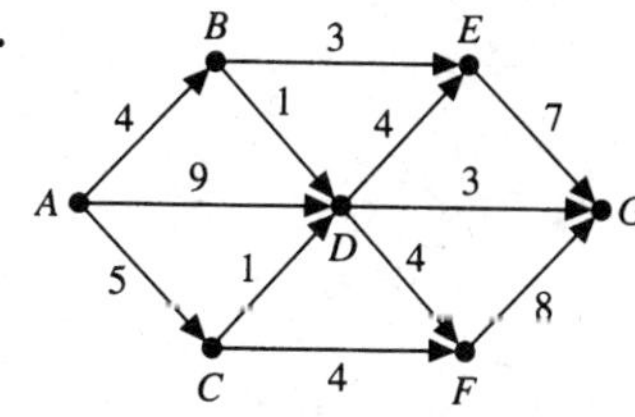

29.

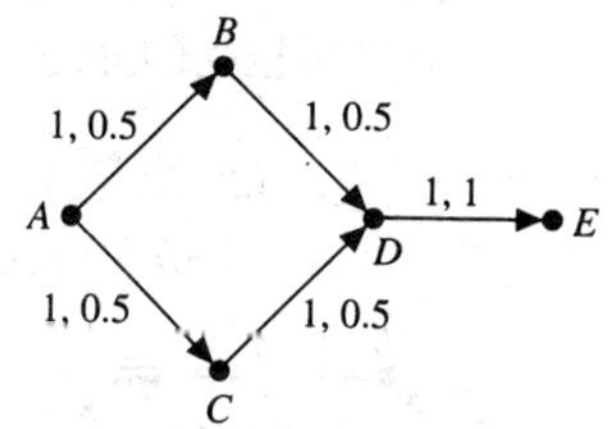

习题7.3

1. 21　　**3.** 28　　**5.** $\{A,\ B,\ C,\ E\}$，$\{D,\ F\}$　　**7.** $\{A,\ B,\ D\}$，$\{C,\ E,\ F\}$

9. $\{A,\ B,\ C,\ D\}$，$\{E\}$　　**11.** $\{A,\ C,\ F\}$，$\{B,\ D,\ E,\ G\}$

13.

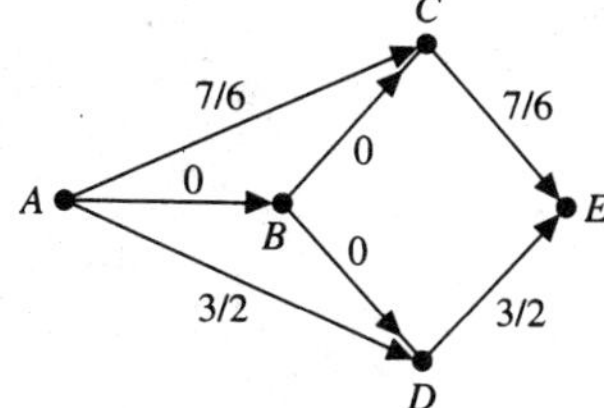

17. 2^{n-2}　　**19.** $\{(S,\ A),\ (F,\ T)\}$

23.

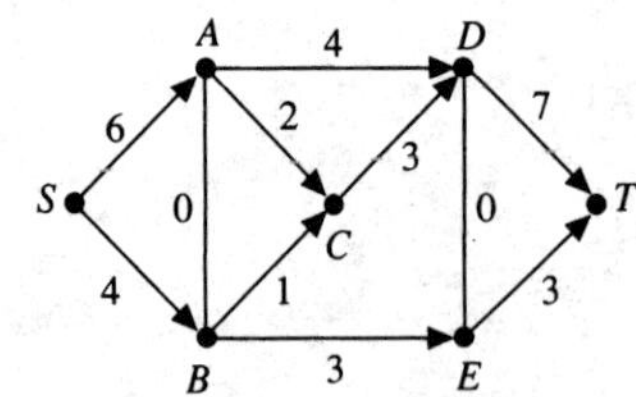

习题7.4

1. 是偶图；$\mathcal{V}_1=\{A, D, E\}$，$\mathcal{V}_2=\{B, C, F\}$

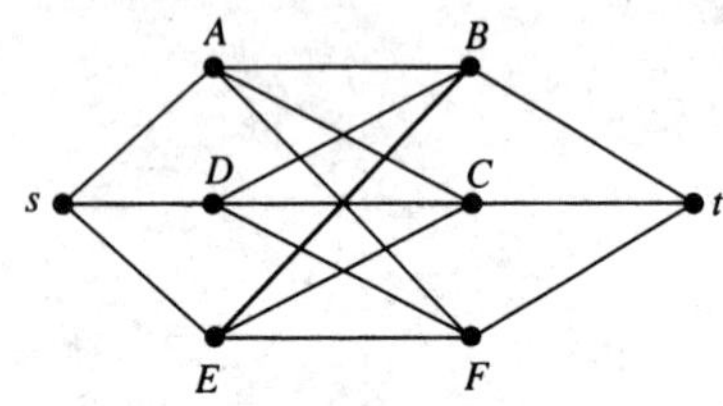

3. 不是偶图

5. 是偶图；$\mathcal{V}_1=\{A, D\}$，$\mathcal{V}_2=\{B, C, E, F\}$

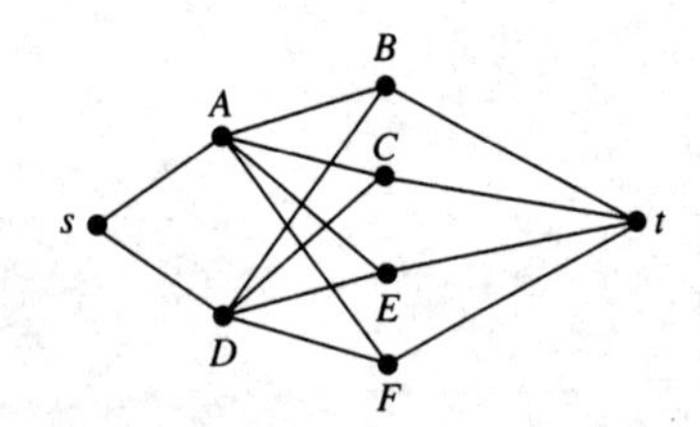

7. $\{(A, Y), (B, Z), (D, X)\}$

9. 给定的匹配是最大匹配

11. $\{(A, 1), (C, 3), (D, 2)\}$

13. $\{(a, A), (b, C), (c, B), (d, D)\}$

15. Andrew和Greta，Bob和Hannah，Dan和Flo，Ed和Iris

17. Craig整理档案，Dianne分发薪水，Gale校对，Marilyn打字，Sharon辅导学生

19. 创建一个偶图$\mathcal{G}$，其顶点U_i对应于集合$S_1, S_2, \cdots, S_n$，顶点V_j对应于$S_1\cup S_2\cup\cdots\cup S_n$中的元素。当且仅当与$V_j$对应的元素属于集合$S_i$时，把$U_i$和$V_j$连接起来。对与$\mathcal{G}$关联的网络$\mathcal{N}$运用流增广算法。那么$S_1, S_2, \cdots, S_n$有相异代表系，当且仅当$\mathcal{N}$的最大流的值是$n$。

21. 不存在相异代表系

23. 不存在可接受的分配

补充习题

1. 一个最小割是$\{A\}$，$\{B, C, D, E, F\}$。一个最大流如下所示。

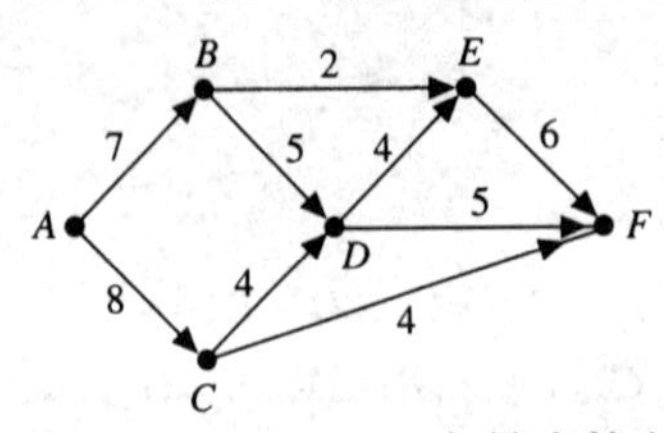

3. 一个最小割是$\{A, B, C\}$，$\{D, E, F, G\}$。一个最大流如下所示。

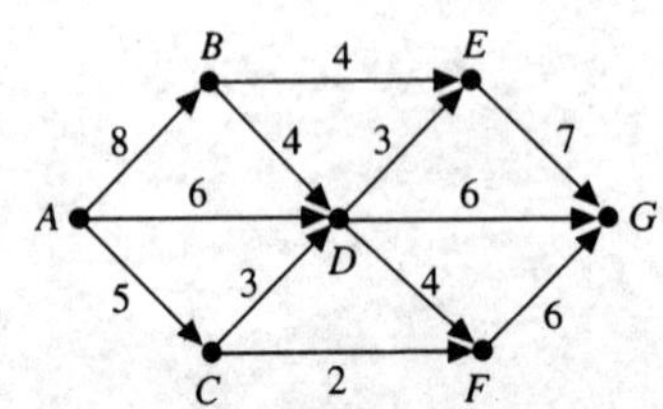

5. 一个最小割是$\{A, B, C, D, F\}$，$\{E, G, H\}$。一个最大流如下所示。

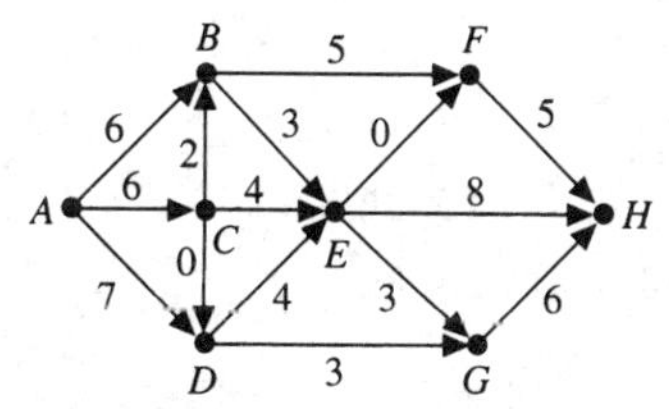

7. 一个最小割是{A，D}，{B，C，E，F，G，H，I，J，K}。一个最大流如下所示。

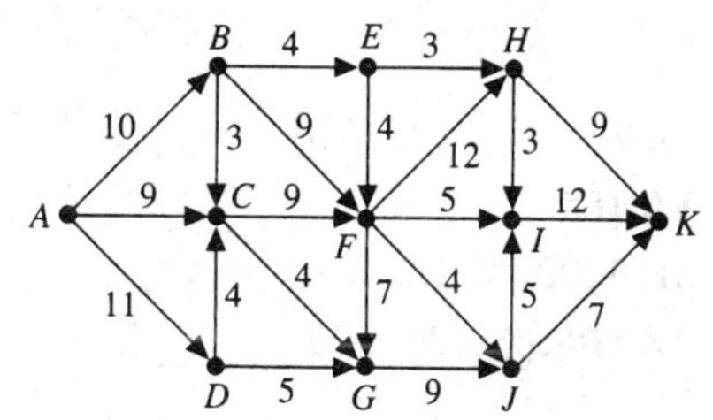

11.

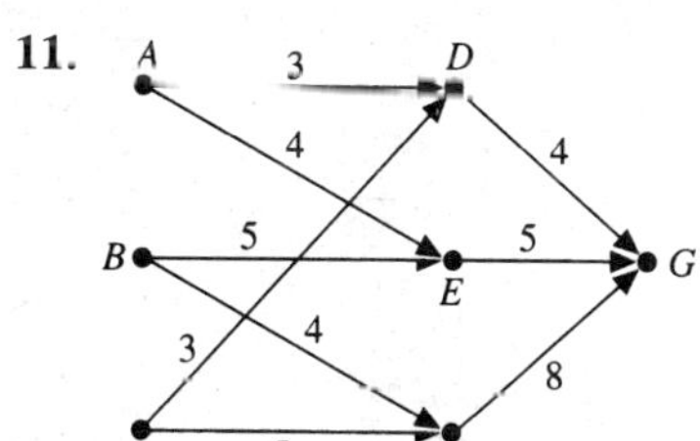

15.

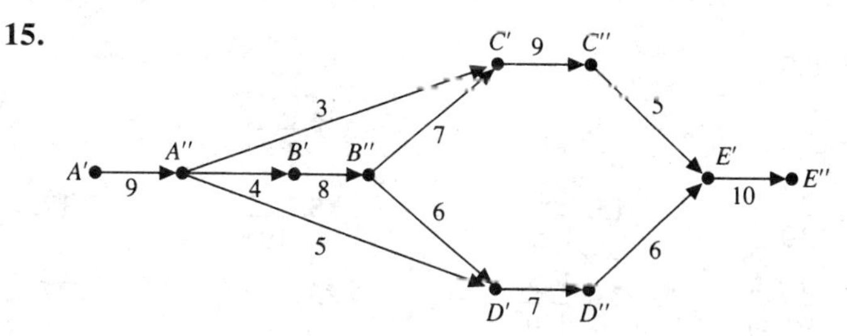

17.

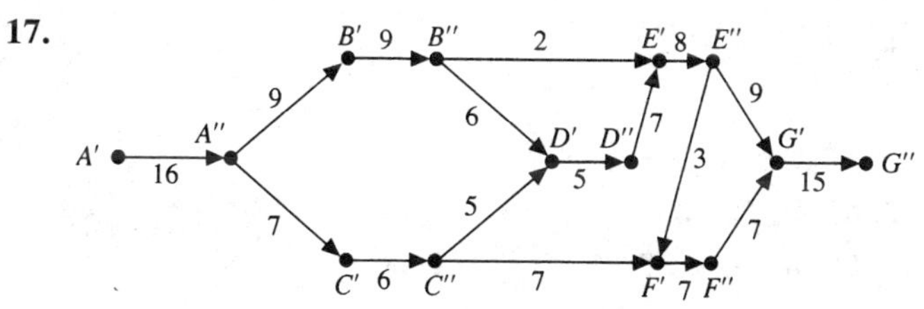

19.

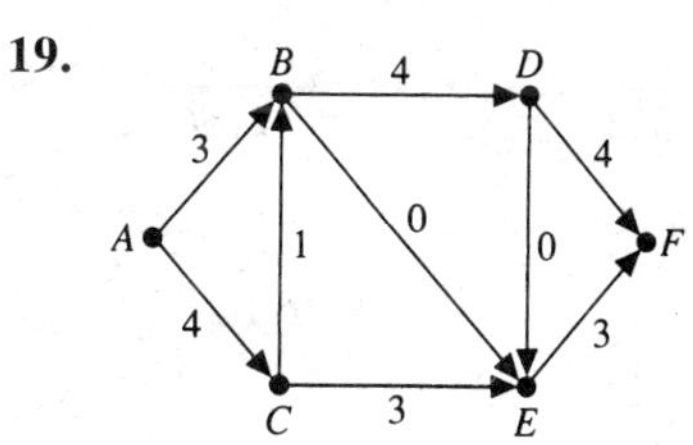

25.
$$\begin{bmatrix} 1 & 1 & 1 & 0 & 0 & 1 \\ 1 & 1 & 1 & 0 & 0 & 1 \\ 1 & 0 & 0 & 1 & 0 & 0 \\ 0 & 0 & 1 & 1 & 1 & 1 \end{bmatrix}$$

第8章

习题8.1

1. 10　**3.** 56　**5.** 6　**7.** −220
9. 3360　**11.** −262，440　**13.** 1，6，15，20，15，6，1
15. $x^6+6x^5y+15x^4y^2+20x^3y^3+15x^2y^4+6xy^5+y^6$　**17.** $81x^4-108x^3y+54x^2y^2-12xy^3+y^4$
19. 35　**21.** 252　**23.** 15

习题8.2

1. 13　**3.** 5　**5.** 14　**7.** 45
9. 32　**11.** 2^n　**13.** 168　**15.** 160
17. （a）720　（b）144　（c）36　（d）48　**19.** 3219
21. 70　**23.** 48　**25.** 36 504
27. （a）720　（b）360　（c）240　（d）576　**29.** 112
31. （a）1296　（b）360　（c）60　（d）240

习题8.3

1. 20 **3.** 10 **5.** 12 **7.** 15 120

9. 5040 **11.** n **13.** 24 **15.** 360

17. 286 **19.** 210 **21.** 120 **23.** 84

25. 200 **27.** 10 584

29. (**a**) 495 (**b**) 5 (**c**) 72 (**d**) 54

习题8.4

1. 1260 **3.** 210 **5.** 45 **7.** 1820

9. 63 063 000 **11.** 35 **13.** 165 **15.** 10

17. 140 **19.** 3 864 861 **21.** 4200 **23.** 462

25. 1050 **27.** 165 **29.** 6062 **31.** 220

33. 287 134 346

习题8.5

1. $\frac{5}{6}$ **3.** $\frac{1}{32}$ **5.** $\frac{1}{18}$ **7.** $\frac{5}{16}$ **9.** $\frac{4}{33}$

11. $\frac{1}{210}$ **13.** $\frac{63}{125}$ **15.** $\frac{1}{105}$ **17.** $\frac{1}{120}$ **19.** $\frac{1}{4}$

21. $\frac{10\,010}{59\,049}$ **23.** $\frac{175}{429}$ **25.** $\frac{3}{28}$ **27.** $\frac{140}{2187}$ **29.** $\frac{5}{12}$

31. $\frac{352}{833}$ **33.** $\frac{88}{4156}$ **35.** $\frac{969}{2530}$

习题8.6

1. 40 **3.** 160 **5.** 55 **7.** 27

9. $\frac{1}{64}$ **11.** 7 **13.** $k^4-4k^3+6k^2-3k$ **15.** 61

17. 231 **19.** 13 824 **21.** 685 464 **23.** 35

27. $D_k = k![1/0!-1/1!+\cdots+(-1)^k 1/k!]$

29. $S(n,0)=0$，$S(n,1)=1$，$S(n,2)=2^{n-1}-1$，$S(n,n-2)=C(n,3)+3\cdot C(n,4)$，$S(n,n-1)=C(n,2)$，$S(n,n)=1$

31. $S(n,1)+S(n,2)+\cdots+S(n,n)$

习题8.7

1. $p<q$ **3.** $p<q$ **5.** $p>q$

7. (2，1，4，3，6，5) **9.** (2，1，5，3，4，6)

11. (5，6，4，1，2，3) **13.** 没有

15. (5，3，1，2，4，6) **17.** (6，4，1，2，3，5)

19. (1，2，3，4)；(1，2，4，3)；(1，3，2，4)；(1，3，4，2)；(1，4，2，3)；(1，4，3，2)；(2，1，3，4)；(2，1，4，3)；(2，3，1，4)；(2，3，4，1)；(2，4，1，3)；(2，4，3，1)；(3，1，2，4)；(3，1，4，2)；(3，2，1，4)；(3，2，4，1)；(3，4，1，2)；(3，4，2，1)；(4，1，2，3)；(4，1，3，2)；(4，2，1，3)；(4，2，3，1)；(4，3，1，2)；(4，3，2，1)

21. {1，3，5，8，9} **23.** {2，3，6，7，8}

25. {3，4，5，7，9} **27.** {3，6，7，8，9}

29. {4，6，7，8，9} **31.** 没有

补充习题

1. 36 **3.** 3024 **5.** $x^6-6x^5+15x^4-20x^3+15x^2-6x+1$

7. $32x^5+240x^4y+720x^3y^2+1080x^2y^3+810xy^4+243y^5$

9. (8，2，4，1，3，5，6，7)

11. 24 310，19 448，12 376，6188，2380，680，136，17，1 **13.** 18 564

15. 21 **17.** 960 **19.** 240 240 **21.** 29/59

23. 27 720 **25.** 43 243 200 **27.** 1820 **29.** 14

31.（a）2520 （b）1/7 （c）10/21

33.（a）657 720 （b）142 506 **35.** 63 **37.** 10 005/191 216

39. 6188 **41.** 0.3439 **43.** 514 594 080 **45.** 63 063 000

47. 630 630 **49.** 没有 **51.** 105 293/3 811 606 **55.** $C(n+1, 3)$

第9章

习题9.1

1. 126 **3.** 331 **5.** −63 **7.** 56 **9.** 31

11. 3 **13.** $t_n=1.0525\, t_{n-1}$（$n\geqslant1$，$t_0=28\,000$）

15. $r_n=r_{n-1}+6$（$n\geqslant1$，$r_0=24$） **17.** $b_n=1.015b_{n-1}-25$（$n\geqslant1$，$b_0=280$）

19. $w_n=0.15w_{n-1}+2.0$（$n\geqslant1$，$w_0=1.7$）

21. $s_n=2s_{n-1}+3s_{n-2}+s_{n-3}$（$n\geqslant4$，$s_1=2$，$s_2=7$，$s_3=21$）

23. $a_n=na_{n-1}$（$n\geqslant2$，$a_1=1$） **25.** $s_n=s_{n-1}+(n-1)$（$n\geqslant1$，$s_0=0$）

27. $s_n=s_{n-1}+s_{n-2}+s_{n-5}$（$n\geqslant6$，$s_1=1$，$s_2=2$，$s_3=3$，$s_4=5$，$s_5=9$）；
对价值50分的饮料，有128种序列

29. $c_n=(2n-1)c_{n-1}$（$n\geqslant2$，$c_1=1$） **31.** $r_n=r_{n-1}+2(n-1)$（$n\geqslant2$，$r_1=2$）

33. $s_n=s_{n-1}+s_{n-2}+s_{n-3}$（$n\geqslant4$，$s_1=2$，$s_2=4$，$s_3=7$）

35. $c_n=c_0c_{n-1}+c_1c_{n-2}+\cdots+c_{n-1}c_0$（$n\geqslant2$，$c_0=1$，$c_1=1$）

37. $s_n=2s_{n-1}-s_{n-2}+s_{n-3}$（$n\geqslant4$，$s_1=2$，$s_2=4$，$s_3=7$，$s_6=37$）

习题9.2

9. $\frac{2}{3}n(2n+1)(n+1)=C(2n+2, 3)$ **11.** $s_n=9+4n$

13. $s_n=5\times3^n$ **15.** $s_n=6(-1)^n$

17. $s_n=1.75\times5^n-0.75$ **19.** $s_n=2(n^2-5n+5)$

21. $s_n=\dfrac{a^{n+1}+(-1)^n}{a+1}$ **23.** $s_n=n!\left(2+\dfrac{1}{0!}+\dfrac{1}{1!}+\cdots+\dfrac{1}{n!}\right)$

25.（a）$s_n=0.95\,s_{n-1}(n\geqslant1,\ s_0=1\,000)$ （b）$s_n=1\,000\times0.95^n\ (n\geqslant0)$ （c）599

27. $s_n=2n^2+2n$ **29.** $s_n=2^{n-1}(n+2)$

31. $r_n=\dfrac{n^2+n+2}{2}$ **33.** $m_n=2^{n+1}-2$

习题9.3

1. $s_n=2+3n$ **3.** $s_n=5\times4^n$

5. $s_n=3-7\times(-1)^n$ **7.** $s_n=4-3^n$

9. $s_n=100-5n$ **11.** $s_n=10\times(-2)^n-3$

13. $s_n=6\times(-1)^n+3\times2^n$ **15.** $s_n=(6-n)4^n$

17. $s_n=2\times3^n-(-3)^n$ **19.** $s_n=(3n-4)(-2)^n$

21. $s_n=(4n-7)5^n$ **23.** $s_n=9\times(-1)^n-6\times(-4)^n$

25. （**a**）$d_n = 0.80d_{n-1} + 25\ (n \geqslant 1,\ d_0 = 0)$ （**b**）$d_8 = 104.02848$毫克 （**c**）125毫克

27. 大约3 670.36美元 **29.** 1 190.30美元

31. $s_n = s_{n-1} + s_{n-2}$（$n \geqslant 3$，$s_1 = 1$，$s_2 = 2$）；$s_n = \frac{5+\sqrt{5}}{10}\left(\frac{1+\sqrt{5}}{2}\right)^n + \frac{5-\sqrt{5}}{10}\left(\frac{1-\sqrt{5}}{2}\right)^n$

33. $c_n = 3^n + 3 \times (-1)^n$

习题9.4

1. 243 **3.** 4 **5.** 0 **7.** 16

9.

b	e	m	a_m	a_m是否等于t
1	100	$\left\lfloor \frac{101}{2} \right\rfloor = 50$	50	不相等，太小
51	100	$\left\lfloor \frac{151}{2} \right\rfloor = 75$	75	不相等，太小
76	100	$\left\lfloor \frac{176}{2} \right\rfloor = 88$	88	不相等，太大
76	87	$\left\lfloor \frac{163}{2} \right\rfloor = 81$	81	不相等，太小
82	87	$\left\lfloor \frac{169}{2} \right\rfloor = 84$	84	不相等，太大
82	83	$\left\lfloor \frac{165}{2} \right\rfloor = 82$	82	不相等，太小
83	83	83	83	相等

11.

b	e	m	a_m	a_m是否等于t
1	300	$\left\lfloor \frac{301}{2} \right\rfloor = 150$	450	不相等，太大
1	149	$\left\lfloor \frac{150}{2} \right\rfloor = 75$	225	不相等，太小
76	149	$\left\lfloor \frac{225}{2} \right\rfloor = 112$	336	不相等，太小
113	149	$\left\lfloor \frac{262}{2} \right\rfloor = 131$	393	不相等，太小
132	149	$\left\lfloor \frac{281}{2} \right\rfloor = 140$	420	不相等，太大
132	139	$\left\lfloor \frac{271}{2} \right\rfloor = 135$	405	不相等，太大
132	134	$\left\lfloor \frac{266}{2} \right\rfloor = 133$	399	不相等，太小
134	134	$\left\lfloor \frac{268}{2} \right\rfloor = 134$	402	不相等，太大
134	133			

因为$b > e$，所以目标t不在表中

13.

(19) (56) (87) (42)

(19, 56) (42, 87)

(19, 42, 56, 87)

15.

(13) (89) (56) (45) (62) (75) (68)

(13, 89) (45, 56) (62, 75) (68)

(13, 45, 56, 89) (62, 68, 75)

(13, 45, 56, 62, 68, 75, 89)

17.

(95) (87) (15) (42) (56) (54) (16) (23) (73) (39)

(87, 95) (15, 42) (54, 56) (16, 23) (39, 73)

(15, 42, 87, 95) (16, 23, 54, 56) (39, 73)

(15, 16, 23, 42, 54, 56, 87, 95) (39, 73)

(15, 16, 23, 39, 42, 54, 56, 73, 87, 95)

19. $n > 4$

25. $e_n = e_{n-1} + 3$（$n \geqslant 2$，$e_1 = 1$）

27. $e_n = e_{n-1} + 5$（$n \geqslant 1$，$e_0 = 1$）

29. $e_n = 3n - 2$（$n \geqslant 1$）

31. $e_n = 5n + 1$（$n \geqslant 0$）

习题9.5

1. $2 + 3x + x^2 + 4x^4 + x^5$

3. $1 + 3x + 3x^2 + 2x^3 + 4x^4 + 5x^5 + 5x^6 + x^7$

5. $2 + 3x + x^2 + x^3 + 5x^4 + 2x^5 + x^6 + x^7 + \cdots$

7. $1+2x+3x^2+3x^3+3x^4+3x^5+3x^6+3x^7+\cdots$

9. $1-x^2+x^3+x^4-x^5+x^6+x^7-\cdots$

11. $1+x+x^2+2x^3+2x^4+2x^5+3x^6+3x^7+\cdots$

13. $(1+x+x^2+x^3)(1+x+x^2+x^3+x^4+x^5)$
$=1+2x+3x^2+4x^3+4x^4+4x^5+3x^6+\cdots$

15. $(1+x+x^2+x^3)(1+x+x^2+x^3+x^4)(1+x+x^2)$
$=1+3x+6x^2+9x^3+11x^4+11x^5+9x^6+\cdots$

17. $(1+x+x^2+x^3+x^4)(1+x+x^2+x^3)(1+x^2)(1+x^3)$
$=1+2x+4x^2+7x^3+9x^4+11x^5+12x^6+\cdots$

19. $(1+x+x^2+x^3)(1+x+x^2+\cdots)=1+2x+3x^2+4x^3+4x^4+4x^5+4x^6+\cdots$

21. $(x^4+x^5+\cdots)(x^2+x^3+\cdots)=x^6+\cdots$

23. $(1+x)^7(1+x+x^2+x^3+x^4+x^5)$

25. $(1+x+x^2+\cdots)(1+x^3+x^6+\cdots)(1+x^4+x^8+\cdots)$

27. $a_r=r+1$

29. $a_0=1$，$a_r=2\ (r>0)$

31. $a_0=1$，$a_r=0\ (r>0)$

33. $(x^2+x^3+x^5+x^7+x^{11}+\cdots)^2=x^4+2x^5+x^6+2x^7+2x^8+2x^9+3x^{10}+\cdots$

35. $(1+x+x^4+x^9+\cdots)^4=1+4x+6x^2+4x^3+5x^4+12x^5+12x^6+4x^7+6x^8+16x^9+18x^{10}+\cdots$

习题9.6

1. $1+3x+9x^2+\cdots$

3. $1-2x$

5. $1-x^2+x^4-x^6+\cdots$

7. $1+(x+x^2)+(x+x^2)^2+\cdots$

9. $\frac{1}{2}-\frac{3}{2}x+\frac{9}{2}x^2-\frac{27}{2}x^3+\cdots$

11. $S=2xS+1+x+x^2+\cdots$　　$S=(1-2x)^{-1}(1-x)^{-1}$

13. $S=1+x+2x(S-1)-x^2S$　　$S=(1-x)S=(1-x)^{-1}$

15. $S=-1-x(S+1)+2x^2S$　　$S=-(1+x)(1-x)^{-1}(1+2x)^{-1}$

17. $S=-2+x+x(S+2)+3x^2S+2x^2(1+x+x^2+\cdots)$
$S=(1-x)^{-1}(1-x-3x^2)^{-1}(-2+5x-x^2)$

19. $S=2-x+x^2+x(S-2+x)-3x^2(S-2)+x^3S$
$S=(2-3x+8x^2)(1-x+3x^2-x^3)^{-1}$

21. $a=1/3$，$b=-1/3$

23. $a=-1/3$，$b=4/3$

25. $a=1/2$，$b=1/2$

27. $s_n=2^n+1$

29. $s_n=-2^n+4(-5)^n$

31. 如果n是偶数，$s_n=2(3^{n/2})$；如果n是奇数，$s_n=0$

补充习题

1. 829

3. 3 840

5. 33

7. $s_n=1.04\,s_{n-1}+500$（$n\geqslant 2$，$s_1=16\,000$）

9. $c_n=c_{n-1}+c_{n-2}$（$n\geqslant 3$，$c_1=2$，$c_2=3$）

11. $e_n=e_{n-1}-k/n^2$，（k是常数，$n\geqslant 1$）

17. $s_n=6-3^n$（$n\geqslant 0$）

19. $s_n=(4-n)2^n$（$n\geqslant 0$）

21. 3，4，7，11，18，29，47，76，123，199

27. $s_n=2(4^n)+(-3)^n-7(2^n)$（$n\geqslant 0$）

29. $s_n=2^n+(3-5n)(-1)^n$（$n\geqslant 0$）

31. (a) $a=-1$，$b=-2$　　(b) $s_n=3^n-5(-2)^n-n-2$（$n\geqslant 0$）

33.

b	e	m	a_m	a_m是否等于6
1	4	$\left\lfloor \frac{(1+4)}{2} \right\rfloor = 2$	4	不相等，太小
3	4	$\left\lfloor \frac{(3+4)}{2} \right\rfloor = 3$	6	相等

35. 2　　**37.** 7

39. 1，2，…，m和$m+1$，$m+2$，…，$m+n$

41. $S=1+2xS$；$S=(1-2x)^{-1}$

43. $S=1+x-x^2S-2x(S-1)$；$S=\dfrac{1+3x}{(1+x)^2}$

45. $s_n=5\times(-2)^n$　　**47.** $s_n=2^n+2\times 3^n$

49. $(1+x+x^2+x^3)(1+x+x^2)(1+x+x^2+x^3+x^4+x^5)$

51. $(x^2+x^3+x^4)^6$　　**53.** $(1-x^5)^{-1}(1-x^{12})^{-1}(1-x^{25})^{-1}$

55. $(1-x)^{-1}(1-x^5)^{-1}(1-x^{10})^{-1}$

第10章

习题10.1

1. $(x\wedge y)\vee x$　　**3.** $((x'\vee y)\wedge x)'$　　**5.** $(x''\vee y')\wedge x'$　　**7.** $(x'\wedge(y'\wedge x))'$

9.

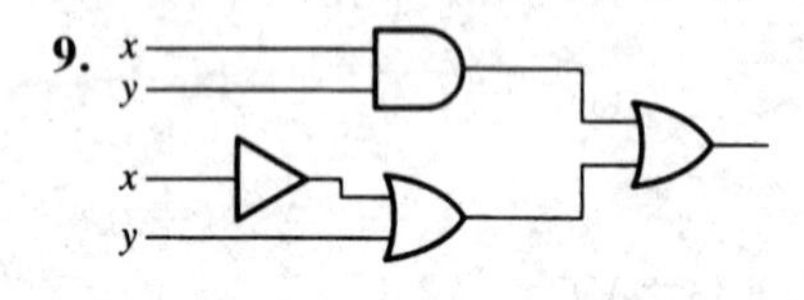

11.

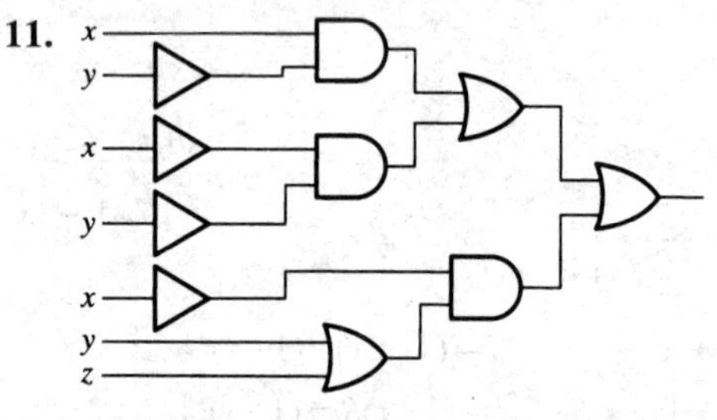

13.

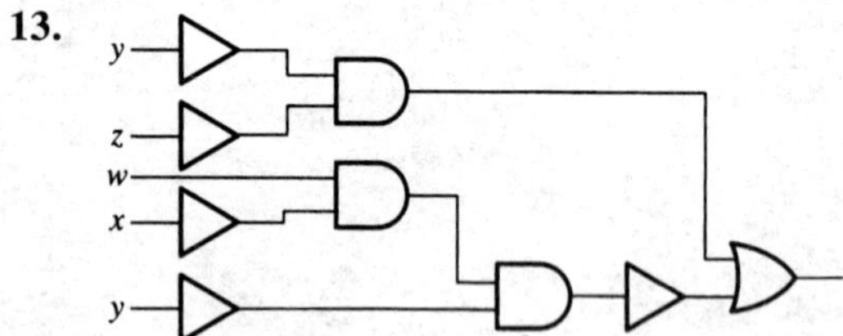

15. 0　　**17.** 1

19.

x	y	输出
0	0	1
0	1	1
1	0	0
1	1	1

21.

x	y	z	输出
0	0	0	0
0	0	1	0
0	1	0	0
0	1	1	0
1	0	0	0
1	0	1	0
1	1	0	1
1	1	1	0

23.

x	y	输出
0	0	0
0	1	0
1	0	0
1	1	1

25.

x	y	输出
0	0	0
0	1	1
1	0	1
1	1	1

27.

x	y	z	输出	x	y	z	输出
0	0	0	1	1	0	0	1
0	0	1	1	1	0	1	1
0	1	0	0	1	1	0	1
0	1	1	0	1	1	1	1

29. 等效　**31.** 等效　**33.** 等效　**35.** 不等效

37. 相等　**39.** 不相等　**41.** 不相等

43.

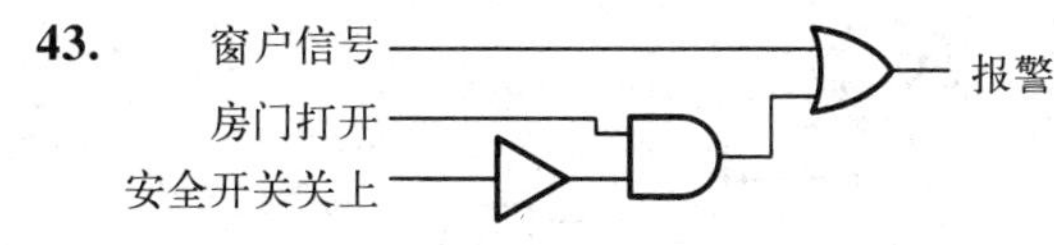

47. 1，无定义

习题10.2

9. (c)，(f)，(g)　**11.** (c)，(f)，(a)，(g)　**13.** (j)，(i)，(e)　**15.** (j)，(b)

17. (c)，(a)，(b)，(b)，(b)，(b)，(e)，(c)，(b)，(b)，(a)，(c)

19. 当$x=y=0$，$z=1$时，第一个布尔表达式的值是0，而第二个布尔表达式的值是1

21. 当$x=z=0$，$y=1$时，第一个布尔表达式的值是0，而第二个布尔表达式的值是1

23. $(x'\wedge y)\vee(x\wedge y')$

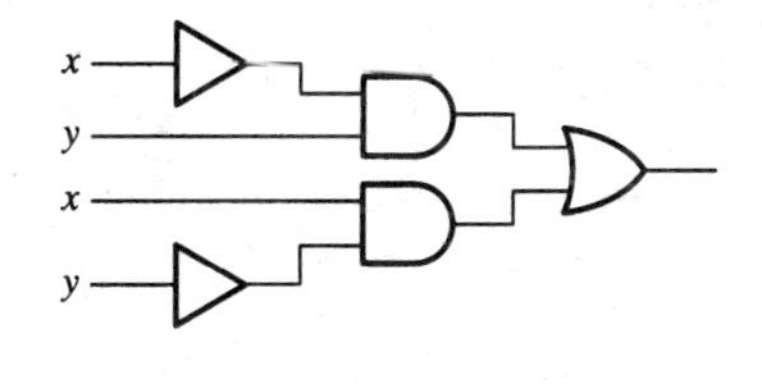

25. $(x'\wedge y\wedge z)\vee(x\wedge y'\wedge z)\vee(x\wedge y\wedge z')$

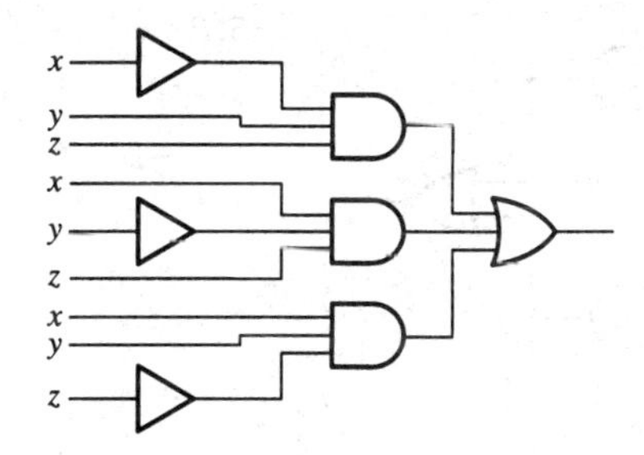

27. $(x'\wedge y\wedge z)\vee(x\wedge y'\wedge z)\vee(x\wedge y\wedge z)$

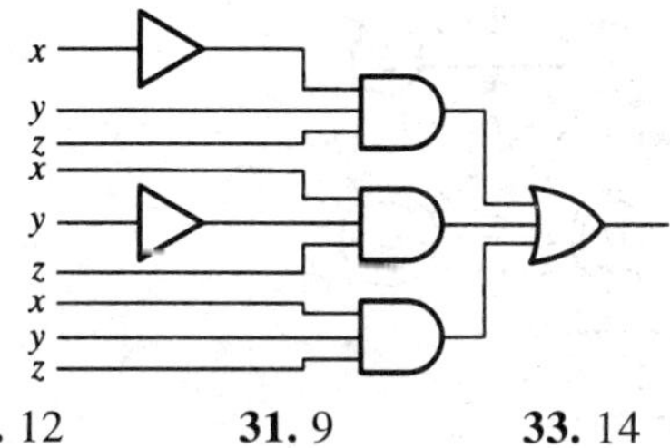

29. 12　**31.** 9　**33.** 14

35.

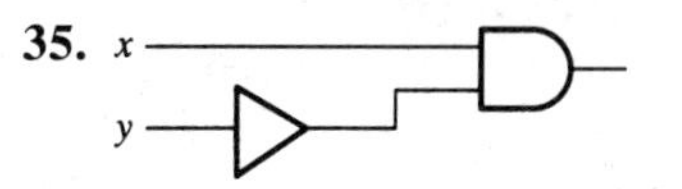

37. $(a\wedge b\wedge c')\vee((b\wedge c)\wedge d')\vee(a\wedge d)$　**39.** 所有规则

习题10.3

1. $(x'\wedge y')\vee(x'\wedge y)\vee(x\wedge y)$　**3.** $(x'\wedge y'\wedge z')\vee(x'\wedge y'\wedge z)\vee(x'\wedge y\wedge z')\vee(x'\wedge y\wedge z)$

5. $(w'\wedge x'\wedge y'\wedge z')\vee(w'\wedge x'\wedge y\wedge z')\vee(w'\wedge x\wedge y'\wedge z')\vee(w'\wedge x\wedge y\wedge z')\vee(w\wedge x\wedge y'\wedge z)$

7. $x\vee y'$　**9.** $y\vee x'\vee(y'\wedge z')$

11. $(x\wedge z)\vee(w'\wedge x)\vee(w\wedge x'\wedge y')\vee(w'\wedge y\wedge z')$

13.

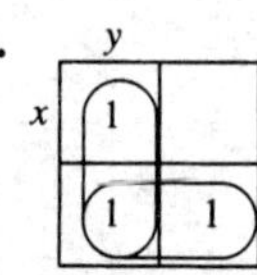

15.

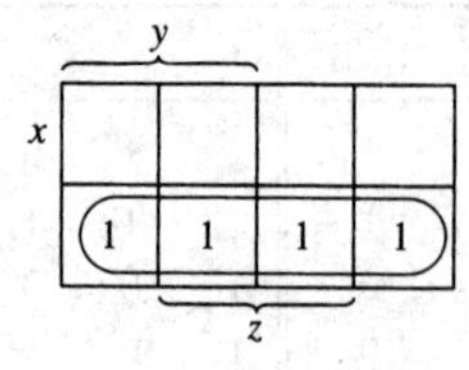

17.

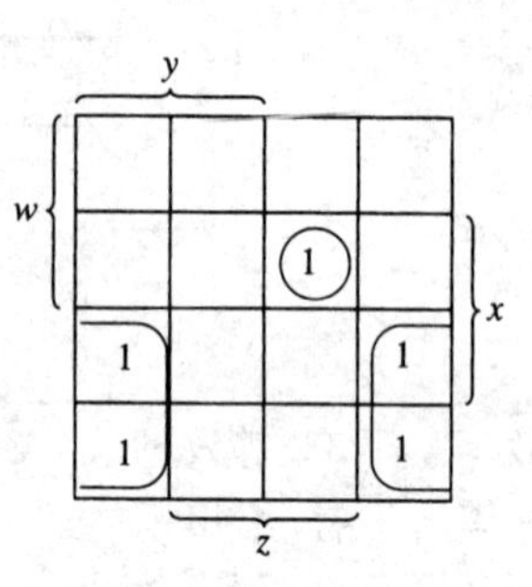

19. $x' \vee y$

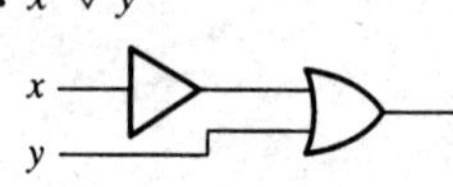

21. x'

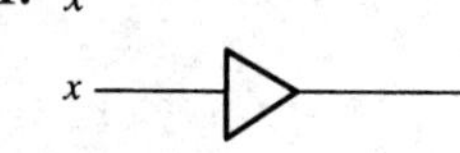

23. $(w' \wedge z') \vee (w \wedge x \wedge y' \wedge z)$

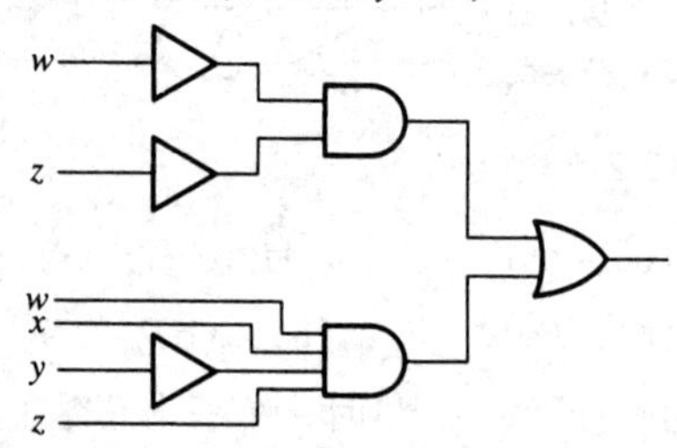

25. $(x' \wedge z) \vee (y' \wedge z)$

27. $(x' \wedge z) \vee (x \wedge y' \wedge z')$

29. $x \vee (y' \wedge z')$

31. $(w \wedge x) \vee (y' \wedge z')$

33.

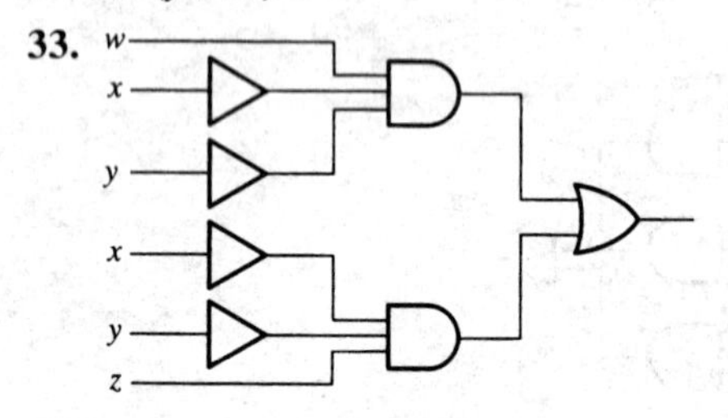

35. 32

习题10.4

1.

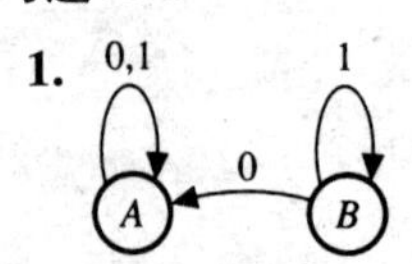

3.

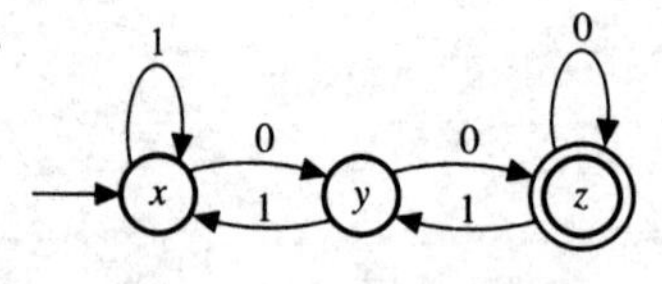

5.

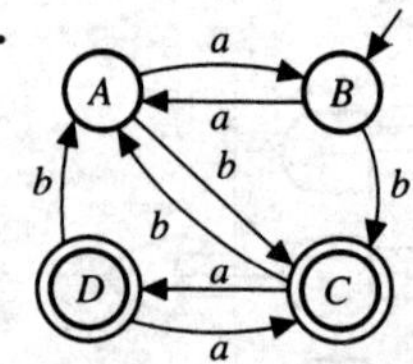

7.

	A	B	C
x	B	C	C
y	C	C	A

初始状态：B

接受状态：A

9.

	1	2	3
a	2	3	1
b	3	1	2
c	1	2	3

接受状态：2

11. y **13.** A **15.** 是 **17.** 否

19.

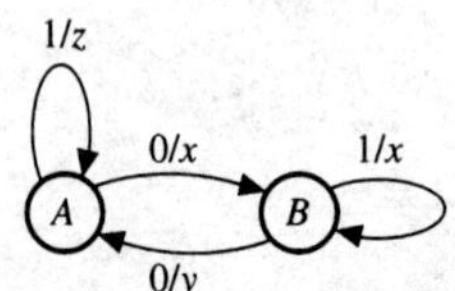

21.

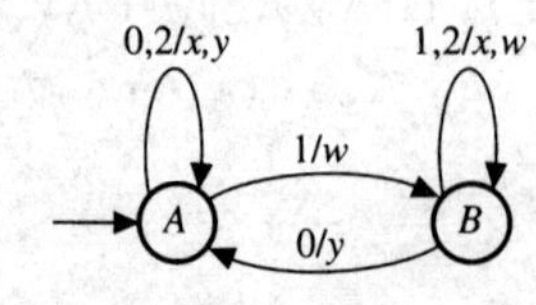

23.

	1 2	1 2
1	2 2	*a a*
2	2 1	*c b*
3	1 2	*c a*

25.

	A	*B*	*C*	*A*	*B*	*C*
1	*B*	*B*	*C*	*x*	*y*	*y*
2	*C*	*C*	*A*	*z*	*x*	*z*
3	*C*	*C*	*C*	*y*	*z*	*z*

27. *ywywwxx* **29.** *yzzyyz*

31. 所有含1的串

33. 所有恰好含n个1的串，其中n满足$n \equiv 1 \pmod 3$

35.

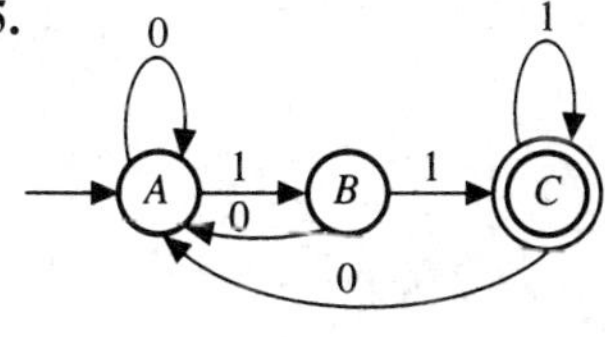

37.

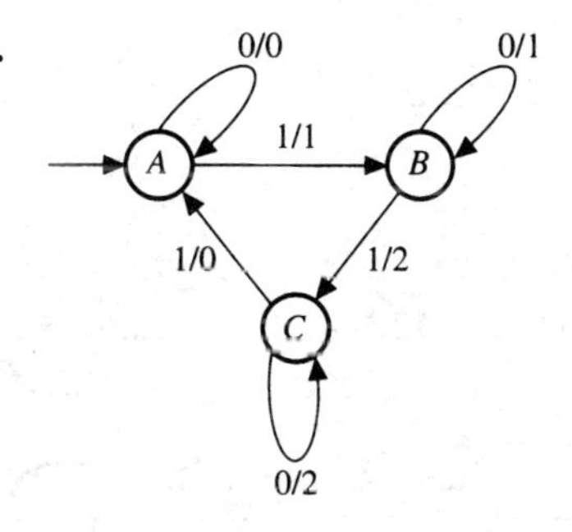

补充习题

1. $(x' \vee y) \wedge (z \wedge x)'$

x	y	z	$(x' \vee y) \wedge (z \wedge x)'$
0	0	0	1
0	0	1	1
0	1	0	1
0	1	1	1
1	0	0	0
1	0	1	0
1	1	0	1
1	1	1	0

3. （**a**）是　（**b**）否

5. （**a**）$[(x \vee y) \wedge (x' \vee y)] \vee y' = [(y \vee x) \wedge (y \vee x')] \vee y'$　(a)

$= [y \vee (x \wedge x')] \vee y'$　(c)

$= (y \vee 0) \vee y'$　(f)

$= y \vee y'$　(g)

$= 1$　(f)

（**b**）$x' \wedge (y \wedge z')' = x' \wedge (y' \vee z'')$　(j)

$= x' \wedge (y' \vee z)$　(i)

$= (x' \wedge y') \vee (x' \wedge z)$　(c)

$= (x \vee y)' \vee (x' \wedge z)$　(j)

7. $(x' \wedge y \wedge z') \vee (x' \wedge y \wedge z) \vee (x \wedge y' \wedge z') \vee (x \wedge y \wedge z)$

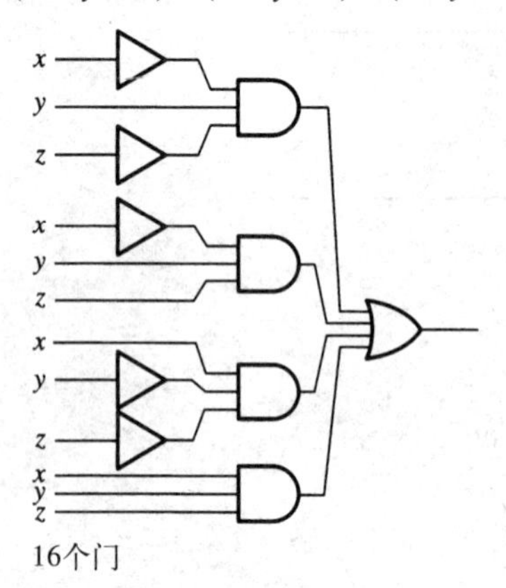

9. (**a**) x' (**b**) $(x \wedge z') \vee (y' \wedge z')$ (**c**) $(x' \wedge y \wedge z') \vee (y' \wedge z) \vee (x \wedge y') \vee (w' \wedge z')$

11. $(x' \wedge y) \vee (y \wedge z) \vee (x \wedge y' \wedge z')$

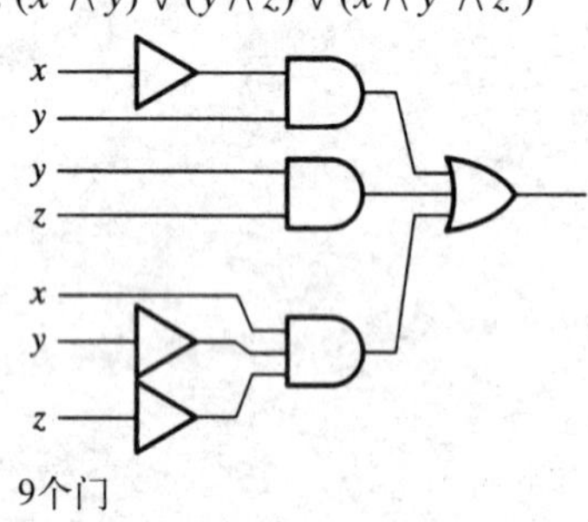

13.

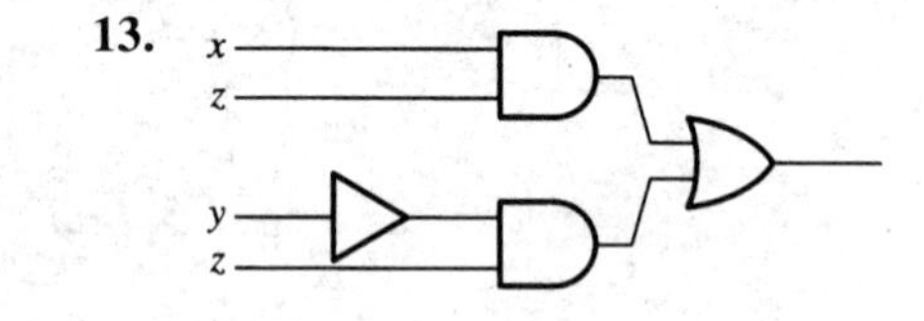

15. C **17.** y **19.** -1，1，1，1，0，1，1

21. b，b，泡沫，b，a，泡沫，b

附录A

习题A.1

1. 假命题 **3.** 真命题 **5.** 不是命题 **7.** 假命题

9. 不是命题 **11.** 真命题 **13.** $4+5 \neq 9$

15. 加利福尼是美国最大的州 **17.** 有些鸟不能飞。

19. 没有人体重超过400磅。

21. 没有学生未过微积分考试（所有学生都通过了微积分考试）

23. 有人不喜欢樱桃馅饼

25. (**a**) 1是偶数，并且9是正数。(假)

(**b**) 1是偶数或9是正数。(真)

27. (**a**) 大西洋是海洋，并且尼罗河是河。(真)

(**b**) 大西洋是海洋或尼罗河是河。(真)

29. (**a**) 鸟有4条腿，并且兔子有翅膀。(假)

(**b**) 鸟有4条腿或兔子有翅膀。(假)

31. (**a**) 长笛是管乐器，并且定音鼓是弦乐器。(假)

(**b**) 长笛是管乐器或定音鼓是弦乐器。(真)

33. (**a**) 如果我去看电影，那么今天是星期五。

(**b**) 如果今天不是星期五，那么我不会去看电影。

（c）如果我不去看电影，那么今天不是星期五。

35.（a）如果肯尼迪竞选总统，那么他就不会竞选参议院议员。

（b）如果肯尼迪竞选参议院议员，那么他就不会竞选总统。

（c）如果肯尼迪不竞选总统，那么他就会竞选参议院议员。

习题A.2

注意：这里仅给出了真值表的最后一列。

1.

p	q	$(p \vee q) \wedge [\sim(p \wedge q)]$
T	T	F
T	F	T
F	T	T
F	F	F

3.

p	q	$(p \vee q) \to (\sim p \wedge q)$
T	T	F
T	F	F
F	T	T
F	F	T

5.

p	q	r	$(p \to q) \to (p \vee r)$
T	T	T	T
T	T	F	T
T	F	T	T
T	F	F	T
F	T	T	T
F	T	F	F
F	F	T	T
F	F	F	F

7.

p	q	r	$(\sim q \wedge r) \leftrightarrow (\sim p \vee q)$
T	T	T	F
T	T	F	F
T	F	T	F
T	F	F	T
F	T	T	F
F	T	F	F
F	F	T	T
F	F	F	F

9.

p	q	r	$[(p \vee q) \wedge r] \to [(p \wedge r) \vee q]$
T	T	T	T
T	T	F	T
T	F	T	T
T	F	F	T
F	T	T	T
F	T	F	T
F	F	T	T
F	F	F	T

17.

p	$\sim p$	$\sim(\sim p)$
T	F	T
F	T	F

19. 如果真值表如上面的习题1那样组织，那么与给定命题相对应的列为：F，T，F，F。

21. 如果真值表如上面的习题5那样组织，那么与给定命题相对应的列为：T，F，T，T，T，T，T，T。

23. 如果真值表如上面的习题5那样组织，那么与给定命题相对应的列为：T，F，T，F，T，F，T，T。

25.

p	q	$p \wedge q$	$q \wedge p$	$p \vee q$	$q \vee p$
T	T	T	T	T	T
T	F	F	F	T	T
F	T	F	F	T	T
F	F	F	F	F	F

27.（e）如果真值表如上面的习题5那样组织，那么与给定的两个命题相对应的列都为：T，T，T，T，T，F，F，F。

（f）如果真值表如上面的习题5那样组织，那么与给定的两个命题相对应的列都为：T，T，T，F，F，F，F，F。

29. 如果真值表如上面的习题1那样组织，那么与给定的两个命题相对应的列都为：T，F，T，T。

33. (**a**)

p	q	$p \veebar q$
T	T	F
T	F	T
F	T	T
F	F	F

（**b**）如果真值表如（a）中那样组织，那么与这两个命题相对应的列都为：F，T，T，F。

习题A.3

1.

p	q	$\sim q$	$p\wedge(\sim q)$	$\sim[p\wedge(\sim q)]$	$p\to q$
T	T	F	F	T	T
T	F	T	T	F	F
F	T	F	F	T	T
F	F	T	F	T	T

13. 命题是假的。例如，$3+5=8$。

15. 命题是假的。例如，如果$a=3$，$b=2$，$c=0$，那么$ac=bc$，但是$a\neq b$。

17. 命题是假的。例如，如果$x=4$，$y=9$，那么6整除xy，但是6不整除x或y。

19. 命题是真的。　　**21.** 命题是真的。

23. 命题是假的。例如，如果$n=41$，那么$n^2+n+41=41^2+41+41=41\times 43$。

补充习题

1. 真命题　　**3.** 不是命题　　**5.** 假命题　　**7.** 真命题

9. 存在一个正方形，它是一个三角形。(假)

11. 没有来自美国的科学家得过诺贝尔奖。(假)

13. $2+2\leqslant 4$且1不是$x^5+1=0$的根。(真)

15. 在沿纬度线周游地球时，不一定会正好通过赤道两次，或者不通过北极，或者不通过南极。(真)

17. (**a**) 正方形有四条边，并且三角形有三条边。(真)

(**b**) 正方形有四条边或三角形有三条边。(真)

19. (**a**) 如果$3>2$，那么$3\times 0>2\times 0$，并且如果$4=5$，那么$5=9$。(假)

(**b**) 如果$3>2$，那么$3\times 0>2\times 0$，或如果$4=5$，那么$5=9$。(真)

21. (**a**) 如果$3^2=6$，那么$3+3=6$。(真)

(**b**) 如果$3+3\neq 6$，那么$3^2\neq 6$。(真)

(**c**) 如果$3^2\neq 6$，那么$3+3\neq 6$。(假)

23. (**a**) 如果$3\times 2=6$，那么$3^2=6$。(假)

(**b**) 如果$3^2\neq 6$，那么$3\times 2\neq 6$。(假)

(**c**) 如果$3\times 2\neq 6$，那么$3^2\neq 6$。(真)

25.

p	q	$\sim[(p\vee q)\wedge\sim p]\wedge\sim p$
T	T	F
T	F	F
F	T	F
F	F	T

27.

p	q	r	$[p\wedge(r\wedge(\sim p\vee q))]\to[(p\wedge r)\wedge(\sim p\vee q)]$
T	T	T	T
T	T	F	T
T	F	T	T
T	F	F	T
F	T	T	T
F	T	F	T
F	F	T	T
F	F	F	T

29. 是　**31.** 不是　**33.** 是　**35.** 是

37. 6不可以　**39.** 命题为真　**41.** 命题为真　**43.** 命题为真

附录B

习题B.1

1. 无定义

3. $\begin{bmatrix} 0 & 2 & 5 \\ 3 & 0 & 6 \end{bmatrix}$

5. $\begin{bmatrix} 12 & 9 \\ 7 & -1 \end{bmatrix}$

7. 无定义

9. $\begin{bmatrix} 3 & 2 \\ -2 & 3 \end{bmatrix}$

11. $\begin{bmatrix} 1 & 0 \\ -2 & 1 \end{bmatrix}$

13. $\begin{bmatrix} 11 & 16 \\ -14 & -5 \end{bmatrix}$

15. $\begin{bmatrix} 1 & 0 \\ -3 & 1 \end{bmatrix}$

17. $\begin{bmatrix} 1 & -1 & 1 \\ 1 & -1 & 1 \\ 1 & -1 & 1 \end{bmatrix}$

19. $\begin{bmatrix} 3 & 3 & 3 \\ 3 & 3 & 3 \\ 3 & 3 & 3 \end{bmatrix}$

21. $\begin{bmatrix} 3 & 3 & 3 \\ 3 & 3 & 3 \\ 3 & 3 & 3 \end{bmatrix}$

23. $\begin{bmatrix} 9 & 9 & 9 \\ 9 & 9 & 9 \\ 9 & 9 & 9 \end{bmatrix}$

25. $AB=\begin{bmatrix} 0 & 0 \\ 0 & 0 \end{bmatrix}$，$BA=\begin{bmatrix} 1 & -1 \\ 1 & -1 \end{bmatrix}$；矩阵乘法运算不是可交换的，并且两个非零矩阵的乘积可以为零矩阵。

推荐阅读

离散数学及其应用（原书第8版）

作者：Kenneth H. Rosen ISBN：978-7-111-63687-8 定价：139.00元

离散数学及其在计算机科学中的应用（英文版）

作者：Clifford Stein 等 ISBN：978-7-111-58097-3 定价：99.00元

离散数学及其应用（原书第7版·本科教学版）

作者：Kenneth H. Rosen ISBN：978-7-111-55539-1 定价：59.00元

离散数学及其应用（英文精编版·第7版）

作者：Kenneth H. Rosen ISBN：978-7-111-55536-0 定价：79.00元